기출 주제별로 완전 분석한 **상권**

건축전기설비 기술사

오진택, 김정진 지음

(주)도서출판 **성안당**

PREFACE

전기설비 학습의 첫 관문,
'막막함'을 넘어 '명확함'으로 ...

건축전기설비 분야는 그 특성상 방대한 정보와 끊임없이 확장되는 최신 기술로 가득합니다. 전력시스템부터 조명, 소방, 신재생에너지는 물론, 최근 급부상하는 스마트빌딩과 ESS (에너지 저장시스템)까지 그 학습범위는 때로 압도적으로 느껴지곤 합니다.

이처럼 거대한 지식의 바다는 비단 건축전기설비기술사 시험을 준비하는 수험생뿐만 아니라, 전기 분야에 첫걸음을 내딛는 입문자들에게도 '대체 어디서부터 시작해야 할까?'라는 깊은 막막함을 안겨줍니다.

저 역시 이러한 고민과 마주하며 오랜 시간 현장에서 직접 경험하고 부딪혀 왔습니다. 그 과정에서 얻은 깨달음은 방대한 지식을 체계적으로 구조화하고 실무와 유기적으로 연결 하는 것이야 말로 진정한 학습의 시작이라는 것이었습니다.

이 책은 바로 그 경험과 고민의 결과물입니다. 혼란스러운 정보의 숲에서 벗어나 'SECTION' 중심의 명확한 키워드 체계를 통해 학습자가 흐름을 쉽게 이해하고 전략적으로 지식을 쌓아갈 수 있도록 설계했습니다.

초보자부터 상급자까지, 실무와 이론을 아우르는 완벽한 로드맵

이 책은 가장 기초적인 전기이론과 회로해석에서 시작하여 수변전설비, 동력설비, 조명설 비를 거쳐 최신 기술 동향까지, 마치 잘 정돈된 길을 걷듯 부담 없이 따라올 수 있는 흐름을 마련했습니다. 특히 LED 조명, 신재생에너지 연계, 마이크로그리드, IoT 기반 설비관리 등 빠르게 변화하는 건축전기설비 기술 트렌드를 적극 반영하여 이론과 함께 실제 현장에서 요구되는 지식을 습득할 수 있도록 했습니다.

단순한 지식 나열을 넘어 대표적인 기술 계산문제와 명쾌한 해법을 단계별로 제시함으로써 논리적 사고력과 더불어 현장에서 바로 적용할 수 있는 실무 능력을 동시에 키울 수 있습니다. 전력시스템에서부터 수변전설비, 각종 전기설비, 그리고 새로운 기술 동향에 이르기까지 지식이 자연스럽게 축적되고 깊어지도록 체계적으로 배열했습니다.

각 'SECTION'에는 다년간의 기출문제를 면밀히 분석하여 선별한 실제 과년도 기출지문이 수록되어 있습니다. 이를 통해 단순한 암기를 넘어 해당 주제가 실제 기술사 문제에서는 어떻게 출제되고 응용되는지를 직접 확인할 수 있습니다. 이러한 구성은 학습자가 '왜 이 내용이 중요한가'라는 본질적인 이해를 돕고, 시험 합격뿐만 아니라 현장에서 곧바로 활용할 수 있는 전문지식을 습득하는 데 실질적인 도움이 되도록 하였습니다. 또한, 반복적으로 출제되는 주제를 중심으로 정리함으로써 학습의 효율을 극대화하고 문제해결 감각을 익힐 수 있도록 하였습니다.

당신에게 선사할 명확한 가치와 확실한 성장의 디딤돌

본서는 건축전기설비기술사 준비생뿐만 아니라 전기설비 설계자, 안전관리자 그리고 전기 분야에 대한 이해가 필요한 모든 분들에게 가장 실질적인 지침서이자 든든한 도구가 될 것입니다. 빠르게 변화하는 기술 환경 속에서도 변치 않는 기본기를 탄탄히 다지면서 미래 지향적인 관점을 기를 수 있도록 전통기술과 신기술 사이의 균형을 맞추는 데 최선을 다했 습니다.

이에 복잡하고 방대한 전기설비의 세계에서 이 책이 여러분의 학습 여정을 밝히는 든든한 이정표가 되어주기를 진심으로 바랍니다. 명확한 지식과 자신감으로 무장한 전문가로 성장하 시어 당신의 꿈과 목표를 향해 힘찬 발걸음을 내딛으시기를 응원합니다.

오진택·김정진 씀

시험방법은 이렇다!

01 개 요

전기의 생산, 수송, 사용에 이르기까지 모든 설비는 전기특성에 적합하게 시공되어야 안전하다. 특히 대량의 전력수요가 있는 건물, 공공장소 등에서는 각별한 주의가 요구된다. 이에 건축전기설비의 설계에서 시공, 감리에 이르는 전문지식과 실무경험을 겸비한 전문인력을 양성할 목적으로 자격제도를 제정하였다.

02 수행직무

건축전기설비에 관한 고도의 전문지식과 실무경험을 바탕으로 건축전기설비의 계획과 설계, 감리 및 의장, 안전관리 등을 담당하고 또한 건축전기설비에 대한 기술자문 및 기술지도를 한다.

03 진로 및 전망

- 건축물 관련 전기설비관리업체, 한국전력공사를 비롯한 전기공사업체, 전기설비 설계업체, 감리업체, 안전관리대행업체 등에 진출할 수 있다. 또는 전기시설설계 업체, 감리업체 등을 직접 운영하기도 한다.

- 건설경기의 활성화와 함께 앞으로 사무용 빌딩뿐만 아니라 아파트, 개인주택에 이르기까지 생활환경의 개선과 통신망의 확충을 위하여 수용전력량이 증가하고 전기공사가 늘어날 것으로 예상됨에 따라 건축전기설비 관련 전문가의 수요도 증가할 것으로 전망된다. 또한, 건설공사의 품질과 안전을 확보하기 위해 「건설기술관리법」에 의해 감리전문회사의 특급감리원으로 고용될 수 있다.

04 시행처

한국산업인력공단 http://www.q-net.or.kr

05 관련 학과

대학의 전기공학, 전기시스템공학, 전기제어공학, 전기전자공학 등 관련 학과

06 시험과목

건축전기설비의 계획과 설계, 감리 및 의장, 기타 건축전기설비에 관한 사항

07 검정방법

- **필기** : 단답형 및 주관식 논술형(매 교시 100분, 총 400분)
- **면접** : 구술형 면접(30분 정도)

08 합격기준

필기 · 면접 : 100점을 만점으로 하여 60점 이상

09 출제경향

- 건축전기설비와 관련된 실무경험, 일반지식, 전문지식 및 응용능력
- 기술자로서의 지도감리 · 경영관리능력, 자질 및 품위 등 평가

시험방법은 이렇다!

10 출제기준

주요 항목	세부 항목
1. 전기 기초이론	(1) 회로이론 ① R, L, C 회로의 전류와 전압, 전력관계 ② 전기회로해석, 과도현상 등 ③ 밀만, 중첩, 가역, 보상정리 등 ④ 비정현파 교류 (2) 전자계 이론 ① 플레밍, Amper의 주회적분, 패러데이, 노이만, 렌츠법칙 등 ② 전자유도, 정전유도 ③ 맥스웰방정식 등 (3) 고전압공학 및 물성공학 ① 방전현상 ② 고체, 액체 및 복합유전체의 절연파괴 ③ 금속의 전기적 성질, 반도체, 유전체, 자성체 ④ 전력용 반도체의 종류 및 응용
2. 전원설비	(1) 수전설비(수변전설비 설계) ① 수전방식, 변압기 용량계산 및 선정, 변전시스템 선정 ② 수전설비 기기의 선정 등 (2) 예비전원설비(예비전원설비 설계) ① 발전기 설비, UPS, 축전지설비 ② 조상설비, 전력품질개선장치 등 (3) 분산형 전원(지능형 신재생 구축) 분산형 전원의 종류 및 계통연계 (4) 변전실의 기획 변전실 형식, 위치, 넓이 배치 등 (5) 고장 계산 및 보호 ① 단락·지락 전류의 계산의 종류 및 계산의 실례 ② 전기설비의 보호 및 보호협조

주요 항목	세부 항목
3. 배전 및 배선 설비	(1) 배전설비(배전설계) 　① 배전방식 종류 및 선정 　② 간선재료의 종류 및 선정 　③ 간선의 보호 　④ 간선의 부설 (2) 배선설비(배선설비 설계) 　① 시설장소·사용전압별 배선방식 　② 분기회로의 선정 및 보호 (3) 고품질 전원의 공급 　① 고조파, 노이즈, 전압강하 원인 및 대책 　② Surge에 대한 보호 (4) 전자파 장해대책
4. 전력부하설비	(1) 조명설비 　① 조명에 사용되는 용어와 광원 　② 조명기구 구조, 종류, 배광곡선 등 　③ 조명계산, 옥내외 조명설계, 조명의 실제 　④ 조명제어 　⑤ 도로 및 터널조명 (2) 동력설비 　① 공기조화용, 급배수 위생용, 운반·수송설비용 동력 　② 전동기의 종류, 기동, 운전, 제동, 제어 (3) 전기자동차 충전설비 및 제어설비 (4) 기타 전기사용설비 등
5. 정보 및 방재설비	(1) IB(Intelligent Building) 　① IB의 전기설비 　② LAN 　③ 감시제어설비 　④ EMS (2) 약전설비 　① 전화, 전기시계, 인터폰, CCTV, CATV 등 　② 주차관제설비 　③ 방범설비 등

시험방법은 이렇다!

주요 항목	세부 항목
5. 정보 및 방재설비	(3) 전기방재설비 ① 비상콘센트, 비상용 조명, 유도등, 비상경보, 비상방송 등 ② 피뢰설비 ③ 접지설비 ④ 전기설비내진대책 (4) 반송 및 기타 설비 ① 승강기 ② 에스컬레이터, 덤웨이터 등
6. 신재생에너지 및 관련 법령, 규격	(1) 신재생에너지 ① 태양광, 연료전지, 풍력, 조력 등 발전설비 ② 에너지절약 시스템 및 기법 ③ 2차 전지 ④ 스마트그리드 ⑤ 전기에너지 저장(ESS) 시스템 ⑥ 기타 신기술, 신공법 관련 ⑦ 에너지계획 수립 ⑧ 친환경에너지계획 검토 (2) 관련 법령 ① 전기설비기술기준 ② 한국전기설비규정(KEC) ③ 전기공사업법, 시행령, 시행규칙 ④ 전력기술관리법, 시행령, 시행규칙 ⑤ 주택법, 시행령, 시행규칙 ⑥ 건축법, 시행령, 시행규칙 ⑦ 에너지이용 합리화법, 시행령, 시행규칙 ⑧ 정부 고시 등 (3) 관련 규격 ① KS(Korean Industrial Standard) ② IEC(International Electrotechnical Commission) ③ ANSI(American National Standards Institute) ④ IEEE(Institute of Electrical & Electronics Engineers) ⑤ JEM(Japanese Electrical & Machinery Standards) ⑥ ASA, CSA, DIN, JIS, KEC 등

주요 항목	세부 항목
7. 건축구조 및 설비 검토	(1) 구조계획 검토 (2) 하중 검토 (3) 설비시스템 검토 (4) 에너지계획 수립 (5) 친환경에너지계획 검토
8. 수·화력 발전 전기설비	(1) 조명방식, 기구 선정 및 설계 방법, 에너지절감 방법 (2) 건축 구조 미 시공방식, 부하용량, 용도, 사용전압, 경제성, 방재성 등을 고려한 전선로/케이블 설계방법 (3) 기타 설비설계 관련 사항 (4) 안전기준에 따른 접지 및 피뢰설비 설계방법 (5) 정보통신설비 관련 규정 및 설계방법 (6) 소방전기설비 관련 규정 및 설계방법 (7) 기타 발전 방재 보안설계 관련 사항

이 책의 구성 및 특징은?

'SECTION' 중심의 키워드 체계를 통한 기출 주제별 학습

01

방대한 지식과 정보를 'SECTION'별로 명확한 키워드와 기출 주제를 제시하고 실무와 유기적으로 연결해 학습자가 흐름을 쉽게 이해하고 전략적으로 지식을 쌓아갈 수 있도록 체계적으로 구성했습니다.

다년간 기출문제를 완전 분석한 'SECTION'별 기출지문 구성

02

각 'SECTION'별로 다년간의 기출문제를 면밀히 분석하여 선별한 실제 과년도 기출지문을 수록하여 단순한 암기를 넘어 해당 주제가 실제 기술사 문제에서는 어떻게 출제되고 응용되는지를 직접 확인할 수 있도록 구성했습니다.

'SECTION'에서 추가 주제가 필요한 내용은 'PLUS'로 구성

03

건축전기설비 분야는 그 특성상 방대한 정보와 끊임없이 확장되는 최신 기술로 체계적으로 서술하는 과정에서 추가적인 주제가 필요한 부분은 'PLUS'로 구성하여 그 학습범위를 넓혔습니다.

기술 계산문제는 '예제', 그리고 추가 설명은 '참고'로 구성

04

단순한 지식 정리를 넘어 대표적인 기술 계산문제는 '예제'로 구성하여 명쾌한 해법을 단계별로 제시하였고, 어려운 내용은 '참고'를 넣어 쉽게 이해하며 논리적 사고력과 실무 능력을 동시에 키울 수 있도록 구성했습니다.

SECTION

07 변압기용량 과도설계 시 문제점

 기출지문

01 변압기 과설계에 대한 변압기 손실과 효율에 대하여 설명하시오. [건 102회 출제]

02 우리나라 공동주택의 변압기용량 산정은 주택법에 의하여 산정되고 있다. 변압기용량 과적용에 대한 문제점과 대책을 설명하시오. [건 106회 출제]

03 최근 조사한 전력변압기의 연간 평균부하율이 낮게 나타나고 있어 설비용량의 과다로 변압기 효율적 이용을 못하고 있는 실정이다. 이에 대한 전력용 변압기의 효율적 관리방안에 대하여 설명하시오. [건 110회 출제]

04 변압기의 용량을 과도하게 설계했을 때 발생되는 문제점에 대하여 설명하시오. [건 91회 출제]

❀ 건축전기설비기술사 / ❀ 전기응용기술사 / ❀ 발송배전기술사 / ❀ 소방기술사 / ❀ 전기안전기술사 / ❀ 화공안전기술사 / ❀ 정보통신기술사

PLUS 네트워크 프로텍터의 동작특성

1. 역전력 차단

(1) 한전배전선, 수전변압기 1차 측의 사고 또는 전원 측의 정전 등에 의해 전원 측으로 전력이 유출할 때에는 차단기를 트립시키고 Network 모선 사고 시는 트립핑은 하지 않는다.

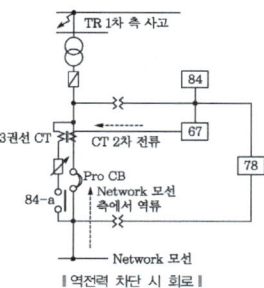

‖역전력 차단 시 회로‖

예제

01 설비용량별 수용률이 각기 표에서 제시된 값과 같고 수용가 A, B, C에 공급되는 배전선로의 최대 전력이 500kW일 때 부등률은?

[풀이]

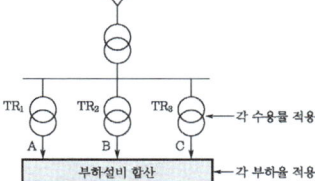

수용가	설비용량[kW]	수용률[%]
A	300	70
B	300	60
C	400	80

참고

1. 정격전압

규정한 조건에 따라 그 차단기에 부과될 수 있는 사용회로전압의 상한

$$정격전압 = 공칭전압 \times \frac{1.2}{1.1} \ [V]$$

예 공칭전압 22kV급 정격전압은 24kV이지만 한국전력공사표준에 의해 25.8로 규정한다.

답안 작성의 모든 것!

01 답안지 작성방법

(1) 답안지는 230mm×297mm 전체 양면 14페이지로 22행 양식이다(용지가 매우 우수한 매끄러운 용지임).

(2) 필기도구
검정색의 1.0mm 또는 0.5∼0.7mm 볼펜이나 젤펜 사용(본인의 감각에 맞게 선택)

(3) 1교시 답안지 작성법
답안지 작성 전에 전략을 세운다. 10문제를 선택하여 목차를 문제지나 답안지의 제일 앞장에 간단히 작성한다.
→ 답안지에 신속히 작성(25점 형태로 오버페이스 금지)하되 잘못 기재한 내용이 있으면 두 줄을 그어 지우고 진행한다.

(4) 2∼4교시 답안지 작성법
답안지 작성 전에 전략을 세우는데 4문제를 선택하여 목차를 문제지나 답안지의 제일 앞장에 간단히 작성한다.
→ 답안지에 신속히 작성(25점 형태로 일부 오버페이스 가능)하되 잘못 기재한 내용이 있으면 두 줄을 그어 지우고 진행한다.

02 답안 작성 노하우

기술사 답안은 논리적 전개가 확실한 기획서와 같은 형식으로 작성하는 것이 효율적이다.

다음은 기본적인 답안 작성 방법으로, 문제 형식에 맞춰 응용하며 연습하면 완성도 높은 답안을 작성할 수 있을 것이다.

(1) 서론

개요는 출제의도를 파악하고 있다는 것이 표현되도록 핵심 키워드 및 배경, 목적을 포함하여 작성한다.

(2) 본론

① 제목 : 제목은 해당 답안의 헤드라인이다. 어떤 내용을 주장하는지 알 수 있도록 작성한다.

② 답변 : 문제에서 요구하는 내용은 꼭 작성하여야 하며, 필요에 따라 사례 및 실무 내용을 포함하도록 작성한다.

③ 문제점 : 내가 주장하는 논리를 펼 수 있는 문제점에 대하여 작성하도록 하며, 출제 문제에 해당하는 정책, 법적 사항, 이행사항, 경제·사회적 여건 등 위주로 작성한다.

④ 개선방안 : 작성한 문제점에 대한 개선방안으로 작성한다.

※ 본론 전체의 내용은 다음을 염두에 두고 작성한다.

• 내가 주장하는 바의 방향이 맞는가
• 각 내용이 유기적으로 연계되어 있는가
• 결론을 뒷받침할 수 있는 내용인가

(3) 결론

전문가의 식견(주장)이 담긴 객관적인(과도한 표현 지양) 문장이 되도록 작성하며, 본론에서 제시한 내용에 맞게 작성한다.

답안 작성의 모든 것!

03 답안 작성 시 체크리스트

기술사 답안 작성 후 다음 항목들을 체크해 본다면 답안 작성의 방향을 설정할 수 있을 것이다.

- ☑ 출제의도를 파악했는가?
- ☑ 문제에 대한 다양한 자료를 수집하고 이해했는가?
- ☑ 두괄식으로 답안을 작성했는가?
- ☑ 나의 논지가 담긴 소제목으로 구성했는가?
- ☑ 가독성 있게 핵심 키워드와 함축된 문장으로 표현했는가?
- ☑ 전문성(실무내용) 있는 내용을 포함했는가?
- ☑ 적절한 표 또는 삽도를 포함했는가?
- ☑ 논리적(스토리텔링)으로 답안을 구성했는가?
- ☑ 논지를 흩트리는 과도한 미사여구가 포함됐는가?
- ☑ 임팩트 있는 결론인가?
- ☑ 나만의 답안인가?

04 답안지 작성 시 글씨 쓰는 요령

(1) 세로획은 똑바로, 가로획은 약 25도로 우상향하는 글씨체로, 굳이 정자체를 고집할 이유는 없고 채점자들이 알 수 있는 얌전한 글씨체로 쓴다.
그리고 세로획이 자기도 모르게 다른 줄을 침범하는 경우가 있는데, 이는 채점자에게 안 좋은 이미지를 줄 수 있다. 또한, 가로로 작성하다 보면 답안지 양식의 테두리를 벗어나는 경우에도 채점자에게 안 좋은 이미지를 줄 수 있다.

(2) 글씨의 크기와 작성
① 답안지 양식에서 가로 줄 사이 정중앙에 글을 쓴다.
② 수식은 두 줄을 이용하여 답답하지 않게 쓴다.
③ 그림의 크기는 5줄 이내로 나타낸다.
④ 복잡한 표는 시간이 많이 소요되므로 간략한 표로 나타낸다.

답안 작성의 모든 것!

답안지 작성 예

문1. 저압 전로에서 특별저압에 대한 ~

답)

1. 개요

　(1)

　(2)

　　　①

　　　②

2. 특성

　(1) 1 방법

　　　①

　　　　㉠

　(2) 2 방법

　　　①

　　　　㉠

> 테두리를
> 벗어나지
> 말 것

아래한글에서 다음 답안지 양식을 인쇄하여 답안지를 작성하는 연습을 한다.

[위 : 20mm, 머리말 : 8.0mm, 왼쪽 : 21.0mm, 오른쪽 : 25.0mm,

제본 : 0.0mm, 꼬리말 : 3.0mm, 아래쪽 : 15.0mm(A4 용지)]

건축전기설비기술사 상권

CHAPTER 1 수변전설비 계획 및 설계

CHAPTER 3 차단기 및 개폐기

CHAPTER 7 접지시스템(KEC)

CHAPTER 8 피뢰시스템(KEC)

CHAPTER 9 전력품질

수변전설비 계획 및 설계

1 CHAPTER

SECTION 01 수변전설비의 설계 시 고려사항

기출지문
Q1 수변전실 설계 시 고려해야 할 사항에 대하여 설명하시오. [건 119회 출제]
Q2 자가용 수전설비 계획 시 설계순서, 고려사항 및 에너지 절감대책을 설명하시오. [건 123회 출제]
Q3 고층 건물 내부에 수변전설비 계획 시 고려할 사항에 대하여 설명하시오. [건 94회 출제]

[건] 건축전기설비기술사 / [용] 전기응용기술사 / [발] 발송배전기술사 / [소] 소방기술사 / [안] 전기안전기술사 / [화] 화공안전기술사 / [정] 정보통신기술사

1 개요

(1) 수변전설비는 전력시설물의 핵심설비로서, 전력사용 시설물의 목적 및 용도에 맞게 설계하여야 하며, 안전성, 신뢰성, 경제성을 확보하여 효율적인 에너지 사용이 가능하도록 하여야 한다.

(2) 초고층 및 대용량 부하설비의 전력공급을 위한 수변전설비는 전력공급의 신뢰성이 중요하므로 정상 시 및 이상 시에 원활한 전력공급이 가능하도록 수변전설비를 구성한다.

(3) 수변전설비 설계 시 기본방침

기본방침	내용
건축물의 특성파악	건물의 용도 및 규모, 부하의 종류 및 중요도
합리적인 설계	결선의 간소화, 기기의 단순화, 자동제어 채택
신기술 도입	진보적인 기술 채택으로 획기적인 방법 유도
환경대책 고려	풍수해, 지진 등 자연조건 고려
	안전성, 신뢰성, 경제성의 상호 검토

2 수변전설비 설계 시 고려사항

(1) 건축물 용도의 적합성

(2) 신뢰성
① 상용전원의 이중화, 비상전원 이중화, 2중 모선, 보호의 2계열화 등
② 성능이 우수한 기기 및 취급과 조작이 간편한 기기의 채용
③ 전력설비의 감시 및 제어의 자동화
④ 고조파 등 전력품질 향상 대책 마련

(3) 안전성
① 인체의 감전에 대한 안전 확보를 위한 접지설계, 합리적인 절연체계 구축
② 고장 시 화재 및 폭발의 위험이 없는 설비

(4) 확장성

장래 부하의 증가에 따른 설비 증설을 고려한 기기의 배치 및 여유공간 확보

(5) 에너지 절약

① 고효율 기기(변압기, 전동기, 조명 등)의 채용

② 적정 용량 선정, 역률 개선을 위한 자동 역률제어장치 채용

③ 최대 수요전력 제어(부하율 개선, peak cut, peak shift)

(6) 환경대책

주위 온도, 습도, 소음, 진동, 염해, 지진 등의 피해에 대한 대책 마련

(7) 경제성

건설비, 운전경비, 유지관리비 전체적으로 고려

(8) 건축물 내부의 수변전설비

설비의 소형화 및 경량화가 필요하며, 방폭 및 화재의 위험이 없는 설비, 고신뢰성을 갖는 설비, 설비의 소음과 진동 대책 마련이 보다 강조

3 수변전설비 설계

(1) 사전조사

① 조사항목 : 수전방식, 인입선로

② 건축물 개요 : 층수 및 연면적, 용도 및 규모

③ 안전성 및 환경성 평가

(2) 변압기용량 산정

① 부하설비용량[VA] = 표준부하밀도[VA/m²]×연면적[m²]

② 대형 건축물 표준부하밀도[VA/m²]

구분	조명	동력	냉방동력	계
호텔	40	50	30	120
대형 사무실	35	60	35	130
IB	30(+30)	40	40(+10)	150
종합병원	50	70	50	170
백화점	60	70	45	175
전산센터	30	100	60	190
연구소	60	110	50	220

㉠ 부하군마다 수용률, 부등률, 부하율을 감안하여 변압기용량을 산출한다.

㉡ 변압기용량 $= \dfrac{\text{총설비용량} \times \text{수용률}}{\text{부등률}} \times 여유율(1.1 \sim 1.2)$

　　　ⓒ 장래 증설을 감안한 용량을 확보해야 한다.

　　　ⓓ Two-step 방식을 채택한 경우 Main 변압기에만 부등률을 적용한다.

(3) 수전전압 결정

계약전력	공급방식 및 공급전압
1000kW 미만	단상 220V/3상 380V
1000kW 이상 10000kW 이하	22.9kV
10000kW 초과 400000kW 이하	154kV
400000kW 초과	345kV

(4) 수전방식 결정

① 수전방식 선정 시 검토사항 : 건물의 용도 및 규모, 부하의 종류 및 중요도, 예비전원 유무, 계약전력, 경제성 및 신뢰성

② 수전방식의 종류

수전방식	경제성	신뢰성	특징
1회선	가장 경제적임	나쁨	가장 간단, 정전대비 없음
평행 2회선	비쌈	좋음	한쪽 배전선로 고장 시 대비 가능
본선 + 예비회선	비쌈	좋음	정전 시 예비회선으로 전원공급 가능
루프 방식	비쌈	좋음	인근에 루프 수용가가 있어야 함
Spot net work	가장 비쌈	가장 좋음	중요 시설에 설치, 무정전 가능

(5) 변전설비 시스템 결정

① 강압방식 : One-step 방식, Two-step 방식

② 모선구성방식 : 단일모선, 섹션을 가진 단일모선, 이중모선, 루프모선 등

③ 변압기뱅크 구성 및 대수 결정 : 1500kVA 미만 1뱅크, 3000kVA 이상 2뱅크

④ 전력용 콘덴서뱅크 구성 : 300kVA 이하 1뱅크, 600kVA 이하 2뱅크

⑤ 자가발전설비와 계통연계방법 결정

(6) 보호방식 결정

① 주보호, 후비보호, 구간보호, 한시차보호, 변압기보호, 콘덴서보호, 배전선보호

② 사고파급 방지를 위한 보호방식 결정

보호방식	보호대상	보호협조
PF-S형 : 300kVA 이하	변압기	계통 단락 강도 한전계전기 동작협조 검토
PF-CB형 : 500kVA 이하	콘덴서	
CB형 : 500kVA 초과	배전선, 모선	

(7) 감시제어방식과 감시제어항목

감시제어방식	감시제어항목
1 : 1 → 대상 기기마다 신호전송로 설치, 소규모 설비	정전, 복전 제어
1 : N → CPU를 이중화한 방식	발전기 부하 제어
N : N → 대상 기기마다 마이크로 컴퓨터 설치, 다양한 정보처리	최대 수요전력 제어
빌딩 군관리 → 빌딩의 생력화, 에너지 절감화, 공간 축소	역률 제어

(8) 주요 기기 선정

① 변압기
  ㉠ 유입식 변압기 : 신뢰성이 우수(고장 발생 가능성 낮음), 폭발, 화재위험 내포
  ㉡ 몰드변압기 및 가스변압기 : 난연성
  ㉢ 고효율 인증변압기 채용 : 자구미세화 변압기(고효율, 저소음)
② 차단기
  ㉠ 고압 및 특고압 : VCB 차단기(친환경 및 소형 경량화 측면)
  ㉡ 저압 : ACB(간선), MCCB, ELB(분기회로)
③ 변성기 : Mold PT, CT(난연성)
④ 스위치 기어(switch gear) : 금속제 외함을 적용한 큐비클 형태 선호

(9) 변전실 장소 결정

① 인입 · 인출 배선에 지장이 없는 장소일 것
② 가능한 부하의 중심에 가까울 것
③ 기기의 반 · 출입이 용이한 곳일 것
④ 분진, 습기, 부식성 가스가 없는 곳일 것
⑤ 전력회사와 책임분계점, 재산분계점 결정
⑥ 화재, 폭발 위험성이 작을 것
⑦ 장래증설에 대한 면적 확보가 용이할 것

(10) 변전실 면적 결정

① 동일한 용량이라도 변전실 형식 및 기기의 시방에 따라 변전실의 면적은 30 ~ 40% 차이가 발생하므로 주의한다.
② 변전실 면적에 영향을 주는 요소는 다음과 같다.
  ㉠ 수전전압 및 수전방식
  ㉡ 변압기의 강압방식, 변압기 용량, 대수 및 형식
  ㉢ 설치기기와 큐비클의 종류
  ㉣ 기기의 배치방법 및 유지보수 필요면적
  ㉤ 건축물의 구조적 여건

③ 면적 산정방법

방식	제1방식	제2방식	제3방식
수식	$A_1 = K \times (\text{TR용량})^{0.7}$ K값 → • 특고압 → 고압 : 1.7 • 특고압 → 저압 : 1.4 • 고압 → 저압 : 0.98	$A_2 = 3.3 \sqrt{\text{TR용량}} \times \alpha$ α값 → • 6000m² 미만 : 2.7 • 6000m² 이상 : 3.6 • 10000m² 이상 : 5.5	$A_3 = 2.15 \times (\text{TR용량})^{0.52}$ $A_4 = 5.5 \sqrt{(\text{TR용량})}$
현실	국내 대형 건축물의 변전실은 전체 건물면적의 약 1.5%		

④ 변전실의 높이

　㉠ 변전실의 높이는 실내에 설치되는 기기의 최고 높이, 바닥 콘크리트, 천장배선 및 여유율을 고려한 유효높이로 한다.

　㉡ 폐쇄형 큐비클식 수변전설비가 설치된 변전실인 경우로서, 특고압 수전 또는 변전 기기가 설치되는 경우 4.5m 이상, 고압의 경우 3m 이상의 유효높이로 한다. 단, 높이를 불필요하게 높게 하지 않도록 한다.

⑤ 변전실의 배치

　㉠ 집중식 : 건축물 내에 1개의 변전실을 설치하여 전력을 공급하는 방식으로, 중ㆍ소 규모의 건축물에 적합한 방식이다.

　㉡ 중간식 : 건축물 내에 상ㆍ중ㆍ하층에 설치하여 전력을 공급하는 방식으로, 중ㆍ대 규모의 건축물에 적합한 방식이다.

　㉢ 분산식 : 건축물 내에 여러 층에 변전실을 설치하여 전력을 공급하는 방식으로, 초고층 빌딩 이상의 대규모 건축물에 적합한 방식이다.

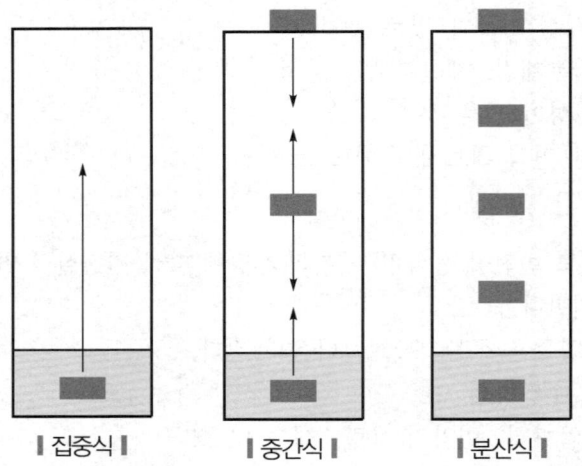

‖ 집중식 ‖　　‖ 중간식 ‖　　‖ 분산식 ‖

⑥ 변전실의 형식

㉠ 옥내형과 옥외형

㉡ 노출형과 큐비클형 : 최근에는 기기를 큐비클에 내장하는 방식(GIS 설비, compact 배전반)이 거의 주류를 이루고 있다. 큐비클 형식은 옥내·옥외형 모두 적용이 가능하다.

(11) 기기 배치 및 배열

① 보수점검에 필요한 공간 및 방화상 유효공간 확보

② 부하 증설에 대비한 공간 확보

③ 기기 반출입 통로 확보

④ 보수점검에 필요한 통로 확보

(12) 설계도서 작성

① 단선·복선 결선도

② 기기배치도

③ 접지계통도

④ 제어회로배선도

⑤ 전력인입배선도

⑥ 기타 각종 상세도

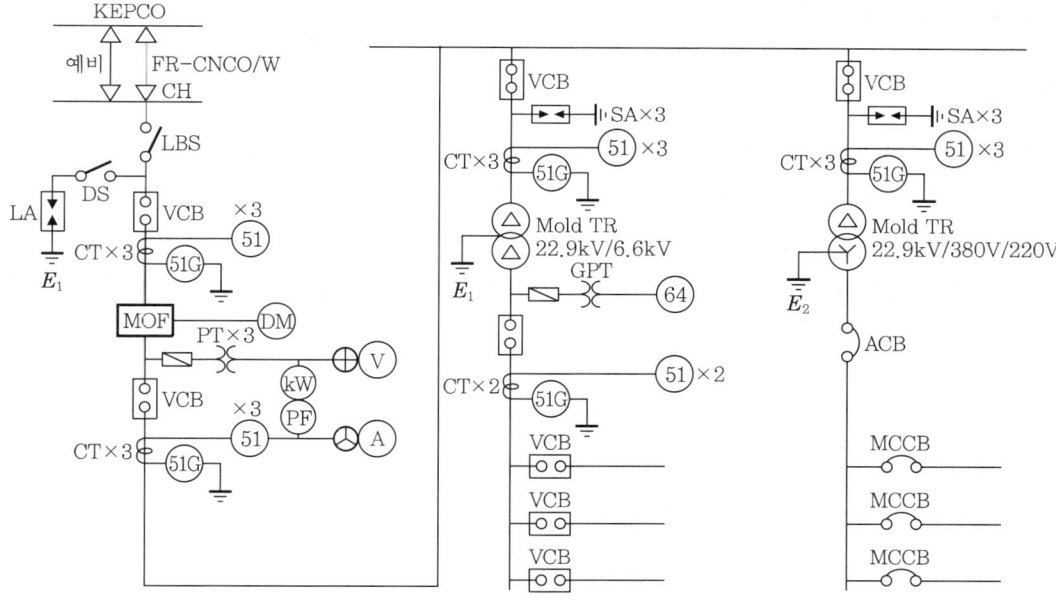

❚ 계통도 작성 예시 ❚

4 실무 시 고려사항

고려사항	내용
건축적	• 전기실 : 지하 1 · 2층 Open 여부 • 방재실, MDF실 : 지상 1층 확보 • ES 설치공간 확보
전기적	• 특고압 인입 시 퓨즈 부착형 LBS와 DS 조합 사용 • MOF는 충분한 과전류 정수 및 강도를 가질 것 • VCB 2차 측에 SA 설치
기타	• 기기 절연협조 및 기기별 보호협조 • 발전기용량은 변압기용량의 30% 정도 적용 • One-step : 에너지 세이빙 • Two-step : 고조파, 노이즈 감소

5 에너지 절약 대책

변압시설 효율화	역률관리	최대 수요전력 관리
One-step 방식 채택	콘덴서용량의 적정화	Peak cut
고효율 TR 채용	역률 변동 심한 곳에 APFR 설치	Peak shift
TR 적정 Tap 선정	저역률 기기는 개별 설치	Demand control
TR 적정용량 선정 및 대수 제어	콘덴서를 부하 측과 모선 측에 분산 설치	분산형 전원 이용

6 결론

① 수변전설비는 고정설비로서, 설치 후 이설 등이 곤란하므로 건축물의 계획 및 설계 시 에너지를 효율적으로 사용하며, 향후 증설 가능한 부하에 대한 여유율을 확보하여야 한다.

② 초고층 건축물의 경우 대용량 부하에 의한 주변전실 및 부변전실의 설치를 고려하여야 하며, 알루미늄 파이프 모선에 의한 대전력 공급이 가능한 경우에는 주변전실에 의한 공급도 고려하여야 한다.

PLUS 건축물 전기설비 설계 도서(설계 성과물)

※ 건축전기설비설계기준

1. 전기설비 설계 시 고려사항

(1) 전기설비의 계획

전기설비에서의 계획이란 우선 기획으로 시작하여 구상 및 그 통합 시스템 결정을 유도하기 위한 작업을 말하며, 기획설계, 요령, 아이디어, 신기술 도입, 연구조사이며, 사업의 실시 및 결정을 유도할 수 있는 내용이어야 한다.

주요 검토사항으로는 다음과 같다.

① 법적 규제
② 의장적 배려
③ 대응성의 배려
④ 기능적 검토
⑤ 운영 보수적인 고려
⑥ 안전성의 배려
⑦ 신뢰성의 검토
⑧ 경제적 검토
⑨ 내구성의 검토
⑩ 에너지 절감 등

(2) 전기설비의 설계

계획 시 결정 표시된 각 방식, 시방, 개략 가격에 따라서 공사가격 결정과 시공에 반영이 가능하게 기술하여 도서화하는 데 있다.

주요 작업내용으로는 다음과 같다.

① 건축설계도에 의한 전기설비도면 작성
② 설명서, 시방서의 작성
③ 공사예산서의 작성
④ 기타 계산서의 작성
⑤ 디자인적인 마무리 수습
⑥ 공기의 결정
⑦ 관공서 회사와 설계도에 대한 재확인
⑧ 시공의 여러 순서, 기타

계획	기본구상	• 여러 조건의 정리 • 설계조건의 설정
	⇩	
	기본계획	• 설비등급 결정 • 계획(안) 작성
설계	기본설계	• 기본 설계도서의 작성 • 개략 공사비의 파악
	⇩	
	실시설계	• 실시 설계도서의 작성 • 공사비의 적산

2. 기본계획

(1) 건축물의 명칭, 용도, 규모 등 건축설계의 요청에 따라 여러 조건을 정리하여 설계조건을 설정하고, 기본계획을 연구한다.

(2) 건축전기설비의 종류 및 방식을 선정해 건축설계 초안 작성 이전에 건축전기설비공사비의 면적당 개략 값을 건축설계자에게 제시한다.

(3) 건축 초안을 기본으로 연면적, 업무내용, 공기조화방식 등에서 중요 건축전기설비기기의 추정용량을 산출한다.

3. 기본설계

(1) 기본설계순서

① 중요 건축전기설비 및 기기의 형식, 방식 등을 정하고, 시설장소의 위치, 면적, 유효높이, 바닥하중, 장비 반입경로 등을 검토해 건축설계자와 협의한다.

② 건축플랜에 중요 건축전기설비기기의 개략 배치를 삽입하고, 건축전기설비면적의 재확인과 추정공사비의 산출에 필요한 기본도면(계통도, 단선접속도 등)을 작성한다.

③ 중요 건축전기설비기기의 추정용량, 시설면적, 종류, 방식, 건축주의 요망사항 등을 기본으로 하여 안전성, 신뢰성, 기능성, 유지보수성, 확장성, 경제성 등을 검토한다.

④ 공사비(예산), 건축전기설비등급의 결정, 건축전기설비종류의 증감, 공사범위, 공사기간 등을 확인해 건축주와 협의한다.

⑤ 기본설계의 내용은 기본설계도서를 정리하고 발주자에게 제출하여 승인받는다.

(2) 기본설계 성과물

① 기본설계 계획서

② 기본설계 도면

③ 공사비 내역서

④ 기타 사항

   ㉠ 용량 계획서(추정 계산서)

   ㉡ 시스템 선정 검토서

   ㉢ 협의기록서(협의, 자문 등)

(3) 기본설계도서에 포함되어야 할 내용

① 건축물의 개요 : 명칭, 용도, 구조, 규모, 연면적, 예정 공사기간 등 기재

② 공사종목 및 개요 : 수변전, 조명, 동력 등의 전력설비, 전화 및 정보통신, 방송, 텔레비전 공시청, 전기시계 등의 약전 설비 중 실시하는 공사의 개요 기재

③ 기본설계도면은 다음 조건을 만족하도록 간결하게 작성한다.

   ㉠ 공사비의 추정이 가능할 것

   ㉡ 기본계획 전체가 이해 가능할 것

   ㉢ 설계종목, 타 분야와의 중요 관련 사항이 명시되어 있을 것

   ㉣ 기타 필요한 실시설계도의 준비가 이루어져 있을 것

④ 개략 공사비 : 기본설계도면을 기초로 개략 공사비를 공사 종목별로 산출

⑤ 관계 관공서 등과의 협의사항 : 건축담당관청, 소방서, 전력회사, 통신회사 등과 기본설계단계에서 협의한 내용과 설계자문 등에 관련한 사항을 기록

⑥ 기타 사항

   ㉠ 건축주, 건축설계자, 건축전기설비기술사에 대한 설명자료 첨부

   ㉡ 제조업자의 견적서 등 개략 공사비 산출자료 첨부

   ㉢ 기본설계단계에서 결론이 구해지지 않는 사항, 실시 설계 시에 재검토를 필요로 하는 사항 등을 기재

4. 실시 설계성과물

(1) 설계순서

① 건축전기설비기기는 항상 새로운 것들이 개발되어 각각 독자적인 뛰어난 기능과 특성을 갖고 있으므로 기본설계에서 결정되지 않은 것은 물론 중요 기기의 용량 등 이미 결정되어 있는 것에 대해서도 다시 비교항목을 설정해 검토해야 한다.

② 실시 설계단계에서는 기본설계 개략 공사비를 기초로 예산범위가 결정되어 있다. 따라서, 설정된 예산범위에서 설계를 진행함과 동시에 설계에 따른 공사가 틀림없이 이루어지도록 정리해야 한다.

③ 설계도서의 작성이 완료된 후 공사예산서를 작성한다. 이때, 공사예산서는 건축주가 공사업자를 결정하기 위한 기준이 되는 것으로서, 적절한 예산안으로 설계가 이루어져 있는지, 타 공사와의 균형은 어떤지를 판단하는 중요한 역할을 하기도 한다.

(2) 실시 설계성과물

		설계설명서
실시 설계성과물	실시 설계도서	설계도면
		공사시방서
	공사비 적산서	내역서
		산출서
		견적서
	설계계산서	조도계산서
		부하계산서
		간선계산서
		용량계산서(변압기, 발전기 등)
		기타 계산서
	기타 사항	관공사 협의기록
		관계자 협의기록
		기타 기록(설계자문, 심의 등)

(3) 설계도서의 구성

① 표지 : 설계도서의 체계상 작성하는 것으로, 공사명칭, 설계자명 및 도면매수 등을 기재한다.

② 목록 : 설계도서를 철한 순서대로 도면번호와 도면명칭을 기재한다.

③ 배치도 : 설계대상 건축물, 대지상황, 인접건물, 통로, 구내 도로를 기입하며, 전력 인입선로, 전화 인입선로, 외등 등의 구내 배선도 포함하여 기입한다.

④ 건물 단면도 : 단면도에는 기준 지반면, 각 층 바닥면, 천장높이, 처마높이 등을 기입하며, 피뢰침, TV 안테나 등도 포함하여 기입하는 것이 일반적이다.

⑤ 단선접속도 : 분전반, 등력제어반, 수변전, 자가발전설비 등의 주회로 전기적 접속도를 단선으로 표시해 중요 기기의 전기적 위치와 계통을 명확하게 한다.

⑥ 계통도 : 건축전기설비 종목별로 기능을 계통적으로 도시하며 건축전기설비의 개요를 이해할 수 있도록 한다.

⑦ 배선도 : 조명, 콘센트, 동력, 약전 및 구내 통신, 전기방재설비 등으로 구분하여 층마다 평면도로 표시한다.

⑧ 기기시방 및 기기배치도 : 기기명칭, 정격, 동작설명, 개략, 마무리, 재질 등을 표시하고, 기기 주변의 배선은 필요에 따라 상세도, 설치도 등으로 표현한다.

⑨ 공사설계설명서

　　㉠ 공사시방서는 설계도면에서 표현이 곤란한 설계내용 및 공사방법에 관해 문장으로 표현한다. 그 내용은 공사개요, 지시사항, 주의사항, 사용자재의 지정, 공사범위 등이다. 또한, 공사비 견적을 정확히 할 수 있고, 공사에 대한 의심, 도급계약상 문제점이 생기지 않도록 작성해야 한다.

　　㉡ 공사시방서의 기재사항은 어떤 공사에나 적용할 수 있는 공통사항을 건설기술관리 법령 규정에 따라 시설물의 안전 및 공사시행의 적정성과 품질확보 등을 위하여 시설물별로 정한 표준적인 공사기준을 정한 것을 표준시방서라 하며 이것을 기준하되 설계자는 공사시방서를 작성한다.

　　㉢ 공사시방서는 표준시방서를 기본으로 하고, 공사의 특수성·지역여건·공사방법 등을 고려하여 설계도면에 구체적으로 표시할 수 없는 내용과 공사수행을 위한 공사방법, 자재의 성능, 규격 및 공법, 품질시험 및 검사 등 품질관리 등에 관한 사항을 기술해야 한다.

구내 배전전압의 선정

기출지문

Q1 배전전압 결정 시 고려사항 중 중요 3가지 결정요소에 대하여 설명하시오. 건 129회 출제

Q2 전력공급 시 경제적 배전을 위하여 배전전압이 중요한 검토항목이 되는 이유를 기술하시오. 건 74회 출제

Q3 송전선로의 선간전압을 2배로 높였을 경우 동일 전선, 동일 전력, 동일 손실 하에서의 송전거리는 어떻게 되는지 설명하시오. 발 122회 출제

Q4 송전선로 설계 시 경제적인 송전전압 결정방법에 대하여 설명하시오. 발 125회 출제

Q5 계통전압이 정격전압보다 낮거나 높을 경우 전력계통에 미치는 영향을 설명하시오. 발 125회 출제

건 건축전기설비기술사 / 용 전기응용기술사 / 발 발송배전기술사 / 소 소방기술사 / 안 전기안전기술사 / 화 화공안전기술사 / 정 정보통신기술사

1 개요

구내 특정 구간에 전력을 송전할 때, 통과전력의 크기와 전력 확보방식에 따른 손실 및 설비 부담을 고려하여 적정 배전전압을 선정해야 한다.

$$P = \sqrt{3}\, VI\cos\theta\,[\text{W}]$$

여기서, P : 공급필요전력, V : 전압

I : 전류, $\cos\theta$: 역률

전력확보방법	문제점
전압 증가 (V)	• 전로 및 기기의 절연 Level 상승 • 가격 상승
전류 증가 (I)	• 전선단면적 증대로 도체비용 증가 • 전력손실 증대 및 전압변동 초래
역률 개선 ($\cos\theta$)	최대로 개선해도 1이 최고

2 배전전압 결정 3요소

(1) 도체 비용 → E에 반비례

① 수식

$$M = \alpha \cdot \beta \cdot I \cdot l = K_1 l\frac{\alpha\beta P}{E}$$

여기서, M : 도체 비용, α : 전압 차이에 따른 가격 변동계수

β : 도체 사이즈에 따른 전류 밀도 변화계수, E : 선간전압

② α : 전압 차이에 따른 가격 변동계수

전압	200V용	400V용	3kV용	6kV용	20kV용	70kV용
가격	100(기준)	100	110	120	200	500

㉠ 전압 상승폭 대비 가격 상승폭은 크지 않다.

㉡ 전로가 길어질 때 전압은 높은 것이 더 저렴하다.

③ β : 도체 사이즈에 따른 전류밀도 변화계수[A/mm^2]

‖ 전력케이블의 허용전류 ‖

전선 사이즈[mm^2]	허용전류[A]	전류밀도[A/mm^2]
8	70	8.75
22	120	5.45
60	210	3.5
100	275	2.75
200	400	2.0
400	575	1.44
800	815	1.02
1000	895	0.89

㉠ 가는 전선에서는 전류밀도가 커지고 굵은 전선에서는 전류밀도가 작아지는 경향

㉡ 표피효과에 따라 전선을 굵게 할수록 전류밀도는 낮아짐

㉢ 전선이 가늘수록 전류밀도가 높고 고효율로 사용할 수 있으나 단시간 허용전류와의 관계에서 최소 사이즈가 결정되므로 함부로 가늘게 할 수 없음

(2) 전압변동 → E^2에 반비례

$$\varepsilon = \frac{I \cdot (r\cos\theta + x\sin\theta) \cdot l}{E} = K_2 l \frac{P}{E^2}$$

(3) 전력손실 → E^2에 반비례

$$W_L = I^2 \cdot r \cdot l = K_3 l \frac{P^2}{E^2}$$

여기서, ε : 전압변동

I : 통과전류

r : 도체 단위길이 저항

x : 도체 단위길이 유도 리액턴스

l : 송전거리

W_L : 전력손실

3 전압선정 시 고려사항

① 송전거리, 전압 변동, 전력 손실
② 수전전압과 부하전압
③ 부하용량, 정격과 제작 한계
④ 기설부하가 있을 때는 기설과의 관계
⑤ 안정성과 경제성
⑥ 자가발전설비의 유무

4 결론

① 도체비용 M, 전력손실 W_L, 전압변동 ε은 배전전압 E에 따라 변화한다.
② 도체비용 M은 전압에 반비례하나 α, β의 영향을 받는다.
③ 전력손실 W_L, 전압변동 ε은 E의 제곱에 반비례 관계로, E를 높여 해결할 수 있다.

SECTION 03 건축물 수전방식과 장단점

기출지문

Q1 수전설비의 수전방식에 대하여 비교 설명하시오. [건 86회 출제]

Q2 22.9kV 특고압 수전방식의 종류를 열거하고 설명하시오. [건 126회 출제]

Q3 수변전설비 계획 시 전력회사에서 공급하는 수전전압에 대해 사전 협의 및 조정할 사항을 설명하고, 회선수에 따른 수전방식을 분류하여 설명하시오. [건 127회 출제]

Q4 수변전설비의 계획 및 설계 중 다음 사항에 대하여 설명하시오. [안 126회 출제]
(1) 수변전설비의 계획 시 고려사항
(2) 수전전압 및 수전방식의 분류

건 건축전기설비기술사 / 용 전기응용기술사 / 발 발송배전기술사 / 소 소방기술사 / 안 전기안전기술사 / 화 화공안전기술사 / 정 정보통신기술사

1 개요

① 전기사업자로부터 전력을 공급받기 위한 수전설비용량은 계약전력과 밀접하며, 이 계약전력에 따라 수전전압도 결정된다.

② 수전전압은 가능한 고전압으로 수전하는 것이 전압변동 감소, 고품질 전기수전, 경제성면에서 유리하다.

③ 자가용 전기수전설비의 수전전압과 수전방식에 대해 설명하면 다음과 같다.

2 계약전력 산정

(1) 계약전력 결정

구분	계약전력
최대 수요전력계 설치하지 않은 고객	계약 최대 전력
최대 수요전력계 설치한 고객	검침 당월을 포함한 직전 12개월 중 7·8·9월 및 당월분 중 가장 큰 최대 수요전력

(2) 계약 최대 전력 결정

① 계약 최대 전력

㉠ 계약부하설비, 계약수전설비(변압기) 중 작은 것으로 결정한다.

㉡ 단, 고압 이상 수용가로 수용가가 희망하거나 부하조사가 곤란할 경우 계약수전설비로 한다.

② 계약부하설비

㉠ 부하설비 개별 입력의 합계×계약전력 환산율

ⓛ 계약전력 환산율

계약전력	계약전력 환산율[%]	공급방식 및 공급전압
처음 75kW에 대하여	100	계산의 합계치 단수가 1kW 미만일 경우에는 소수점 이하 첫째 자리에서 반올림
다음 75kW에 대하여	85	
다음 75kW에 대하여	75	
다음 75kW에 대하여	65	
300kW 초과분에 대하여	60	

(3) 계약수전설비(변압기)

① 변압기용량 합계
② V결선의 경우 단상 변압기용량의 합계×86.6[%]

3 수전전압 선정

신규로 전기를 사용하거나 계약전력을 증가시킬 경우의 공급방식 및 공급전압은 전기사용장소 내의 계약전력 합계를 기준으로 다음 표에 따라 결정하고, 희망할 경우에는 아래 기준보다 상위 전압으로는 공급받을 수 있다.

(1) 계약전력에 의한 공급전압 선정

구분	계약 전력	공급방식 및 공급전압
저압	1000kW 미만 (1계약단위 500kW)	교류 단상 220V 또는 교류 3상 380V 중 적당한 것으로 결정
특고압	1000kW 초과 10000kW 이하	교류 3상 22.9kV
	10000kW 초과 400000kW 이하	교류 3상 154kV
	400000kW 초과	교류 3상 345kV

(2) 구내 배전전압 산정 시 고려사항

① 송전거리, 전압변동, 전력손실 고려
② 수전전압과 부하전압 검토
③ 부하용량, 정격과 제작한계, 부하설비와 정격과의 관계 고려
④ 기설부하와의 관계 고려
⑤ 예비전원과의 관계를 검토하여 발전기, 축전지, UPS 확보
⑥ 안전성과 경제성 검토

4 회선에 따른 수전방식 결정

(1) 1회선 수전방식

① 가장 경제적인 수전방식이다.

② 공급선로 사고 시 정전이 발생되어 신뢰성이 낮다.

③ 가장 보편적으로 적용하는 방식으로, 주로 저압, 소규모에 적용한다.

④ 전용 수전과 분기수전방식이 있으며, 분기수전방식의 경우에는 타 수용가의 사고에 의한 영향을 받을 수 있다.

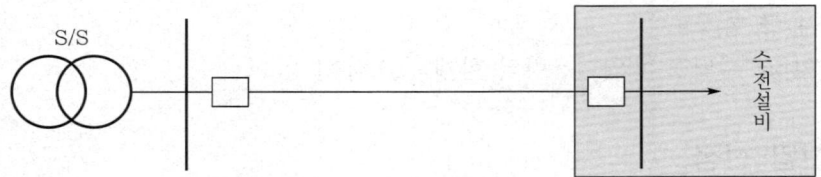

(2) 2회선 수전방식

① 동일한 변전소 또는 서로 다른 변전소에서 각각 1회선은 상용선으로 사용하고 나머지 회선을 예비선으로 설치한 방식이다.

② 상용선이 고장 등의 이유로 정전 시에 예비회선으로 전환된다.

③ 본선 정전으로 회선 전환 시에 정전이 있지만 1회선 수전방식에 비해서 정전시간을 단축할 수 있다.

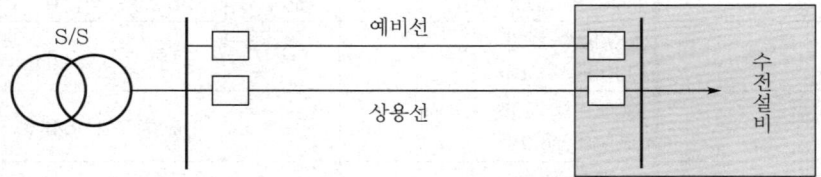

┃동일 계통 상용·예비선 수전방식┃

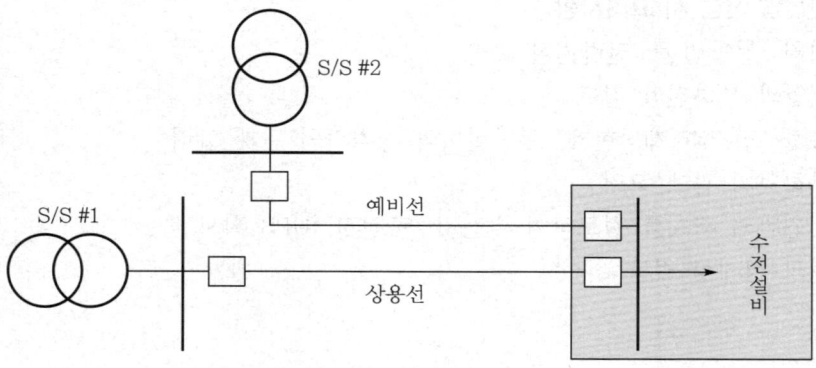

┃다른 계통 상용·예비선 수전방식┃

(3) 루프수전방식

① 정전구간 및 고장시간을 최소화 할 수 있는 공급방식이다.
② 고장구간 검출을 위해서 방향성 계전기를 적용한다.
③ 임의의 구간사고 시 루프가 끊어지지만 정전범위를 단축할 수 있다.
④ 전압변동률이 양호하며, 배전손실이 감소한다.
⑤ 단락전류가 증가되고, 방향성 계전기가 필요한 방식이다.

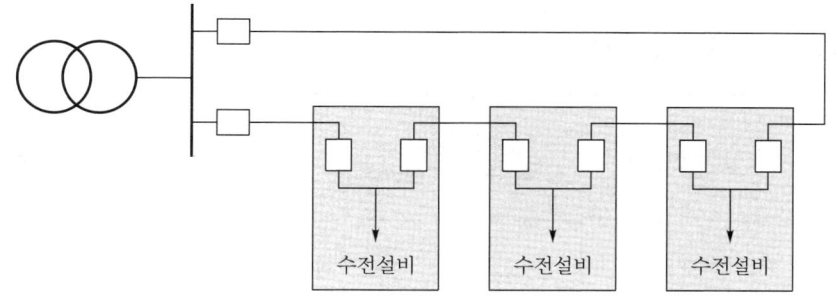

(4) 스폿 네트워크 수전방식

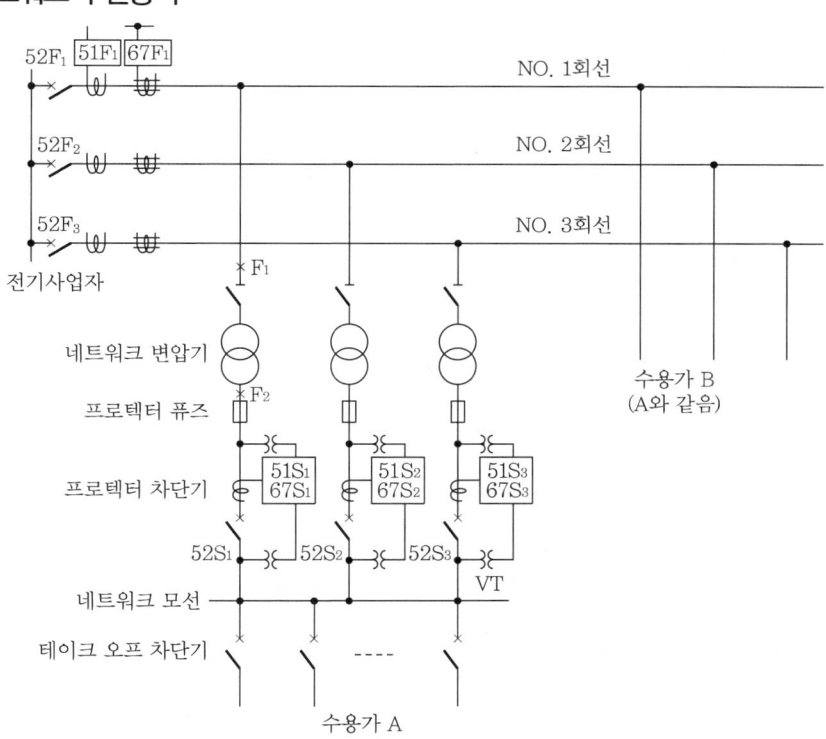

① 1회선 사고 시 무정전으로 전력공급이 가능하다.
② 1회선 유지보수 시 무정전으로 전력공급이 가능하다.
③ 부하 증가에 대한 적응성이 뛰어나다.
④ 전압변동률이 감소한다.
⑤ 선로복구 시 변압기 2차 측 차단기가 자동투입된다.
⑥ 초기 투자비가 고가인 단점이 있다.

5 수전방식의 구성과 특징

방식 구분 / 내용	1회선 수전방식	2회선 방식 상용-예비 회선방식	루프수전방식	스폿 네트워크 방식
수전 설비	전원 / 차단기 CB / 수용가 수변전설비			NWTR / N N / P·f P·f / NWTR : 네트워크 변압기 / N : 네트워크 프로텍터 / P·f : 프로텍터 퓨즈
지중선 방식의 경우 케이블	CNCV 케이블 1줄 (예비선이 있는 경우 1줄 추가)	CNCV 케이블 2줄 (예비선이 있는 경우 1줄 추가)	CNCV 케이블 2줄 (예비선이 있는 경우 1줄 추가)	수전횟수와 동일 (예비선이 있는 경우 1줄 추가)
정전시간	길다.	단시간	순시	없다.
공급 신뢰도	가장 나쁘다.	좋다.	좋다.	가장 좋다.
초기 투자비	가장 경제적이다.	비싸다.	비싸다.	가장 비싸다.

6 시설장소에 따른 수전방식 결정

분류	옥외 수전설비	옥내 수전설비
정의	변압기 등의 수전설비를 옥외에 설치	변압기 등의 수전설비를 옥내에 설치
특징	부지의 여유가 있는 장소	도시 과밀지역

7 변전설비형식에 따른 수전방식 결정

분류	개방형	큐비클형	GIS형
정의	수변전기기를 개방된 공간에 Steel frame 조립 설치	수변전기기를 접지된 금속함 내 설치	수변전기기를 철제로 된 금속함에 넣고 SF_6로 충진 밀폐
특징	• 공사비 절감 • 증설, 변경 용이 • 인축감전 우려 • 설치면적 큼	• 공사비 증대 • 증설, 변경 어려움 • 신뢰성 향상 • 설치면적 작음	• 해안, 산악 지역 대규모 전력설비 • 고전압, 대용량의 기간계통 전력설비 • 증설, 변경 어려움

SECTION 04 Spot network 수전방식

기출 지문

Q1 Spot network 수전방식의 구성요소와 동작특성 및 장단점에 대하여 설명하시오. 【건 100회 출제】

Q2 스폿 네트워크(spot network) 방식 수전회로의 사고구간 보호방법과 보호협조에 대하여 설명하시오. 【건 107회 출제】

Q3 배전 계통에 사용하는 스폿 네트워크 방식(spot network system)에 대해 간략하게 설명하고, 그 장단점에 대하여 설명하시오. 【발 121회 출제】

Q4 Spot network 배전방식에 대한 다음 물음에 답하시오. 【발 125회 출제】
(1) Spot network 배전방식의 특징
(2) 단선결선도를 작성하여 운전방법
(3) Spot network 배전방식을 구성하는 주요 기기
(4) Network protector의 동작책무

【건】 건축전기설비기술사 / 【응】 전기응용기술사 / 【발】 발송배전기술사 / 【소】 소방기술사 / 【안】 전기안전기술사 / 【화】 화공안전기술사 / 【정】 정보통신기술사

1 수전방식의 종류

① 1회선 수전방식(전용, T분기)
② 2회선 수전방식(예비선, 평행 2회선, loop 수전방식)
③ Spot network 수전방식

2 Spot network 수전방식

전력회사의 변전소에서 2회선 이상(보통 3 ~ 4회선) 수전하여 각 수용가를 단일 Network 모선에 병렬접속한 시스템으로, Network protector의 지령으로 자동 Trip 및 재투입되는 무정전 수전방식이다.

3 Spot network 도입 필요성

① 수용가 수전전압의 승압화
② 고신뢰성 요구
③ 도심지 전력 과밀 대책

4 Spot network 구성

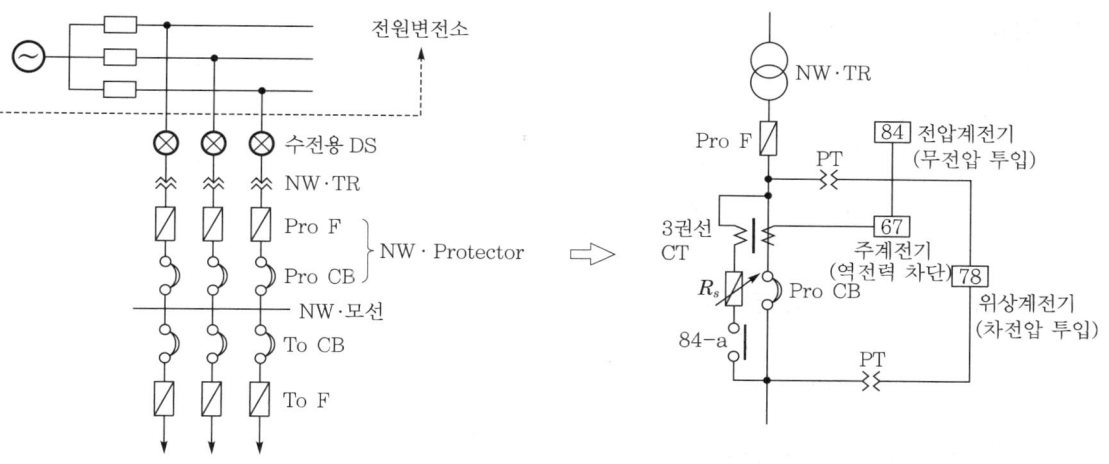

‖ 스폿 네트워크 수전방식 ‖　　　　　‖ 네트워크 프로텍터 단선결선도 ‖

(1) 수전용 단로기

① 변압기 점검 시 개폐, 여자전류 개폐(SF_6, 기중 부하개폐기 사용)

② 3극 연동 조작식, Protect 차단기가 해방될 때만 조작이 가능하도록 인터록 설치

(2) Network 변압기

① 1회선 전력공급이 중지되어도 타 건전회선의 Spot network 변압기로 무정전 공급

② 과부하 내량 130%, 8시간, 연 3회 운전 시 수명에 지장 없을 것

③ TR 용량 $= \dfrac{\text{최대 수용 전력}}{\text{회선수} - 1} \times \dfrac{1}{1.3} \, [\text{kVA}]$

④ Mold나 SF_6 가스 TR 사용

(3) 네트워크 Protector

Pro F, Pro CB, NW-Relay로 구성된다.

① Pro F : 역전력 후비 보호, TR 2차 이후의 단락사고 보호

② Pro CB : NW-Relay 지령에 의해 역전력 차단, 무전압 및 차전압 투입

(4) Network 모선

① 단일 모선으로 수용가 부하병렬 접속

② 절연피복 또는 기중거리 150mm 이상 이격

(5) Take off 장치

부하 측 고장 시 To CB 또는 To F 동작

5 네트워크 프로텍터의 동작특성

(1) 역전력 차단(67R 동작)

① 대전류 역차단 : 배전선, TR 1차 측 사고 시 역전류 차단(순방향은 51H 동작)

② 소전류 역차단

㉠ 전원 측 개방(무전압 상태) 시 또는 비접지 계통 지락 시 NW 변압기 역여자전류와 선로 충전전류의 합 검출

㉡ 정격전압 인가 시 정격전류의 0.1 ~ 3% 역전류 검출

(2) 무전압 투입(84R + 67R 동작)

① 초기 송전선 가압 시 NW 모선이 무전압 상태일 때

② 1차 측 전압 확립 후 차전압에 의해 자동 투입

(3) 차전압 투입(67R + 78R 동작)

전원 측 전압이 NW 측 전압보다 크고 위상 진상 시

6 SNW 수전설비의 특징

장점	단점
• 신뢰성 우수(1회선 정전 시 나머지 TR로 무정전 공급) • 자동운전에 의한 인력 절감(무전압, 차전압 투입) • 전압 강하, 전압 변동이 작음(병렬운전으로 임피던스 감소), 전력손실 감소 • 배전선 이용률 향상(3회선의 경우 1회선 정전 시 이용률 67%)	• 특정지역에 한정(대전 3청사 최초 적용) • 시설투자비 고가 • 보호장치 전량 수입 • 보호계전 복잡

7 사고 시 보호협조

Take off 장치가 Take off 차단기만으로 구성될 때 X 범위에서 Protect fuse와의 협조가 불가하므로 주의가 필요하다.

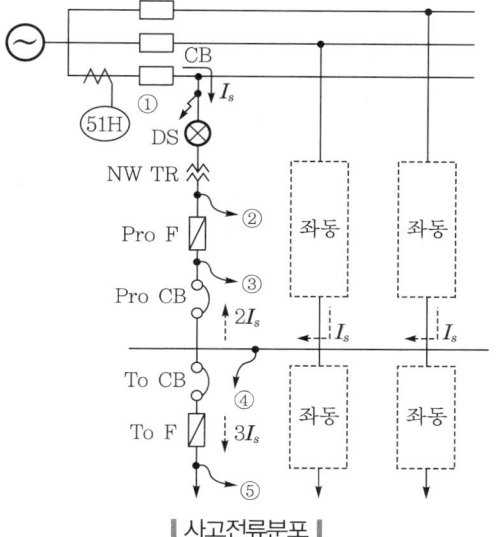

∎ 사고전류분포 ∎

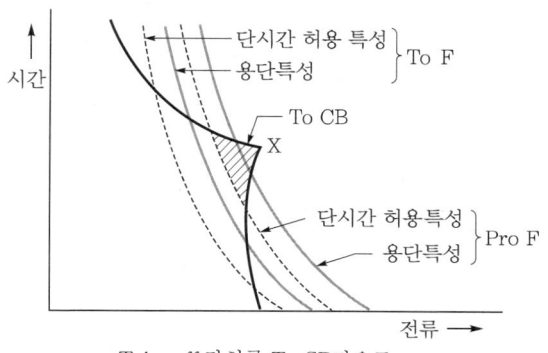

Take off 장치를 To CB만으로
구성 시 'X' 범위에서 와의
협조 불가 → 주의 필요

∎ ⑤지점 사고 시 보호협조]

사고구간	방향	주보호	후비보호	특기사항
배전선 (NWTR 1차 측)	순	변전소 차단기(51H)	–	–
	역	Pro CB(67)	Pro F	Pro CB가 Pro F 단시간 허용특성 이내에서 차단
NWTR 2차 ~ Pro F 간	순	변전소 차단기(51H)	–	계전기 동작특성에 따라 TR 과부하 내량 초과 주의
	역	Pro CB(67)	Pro F	사고회로 Pro F로 선택 차단(2 : 1)
Pro F ~ Pro CB 간	순	Pro F (고장회선, 건전회선)	–	보호협조 불가(전체 정전) ※ 사고방지책 – 모선길이 최대한 단축 – 절연강화(IBD 구조) – 기중거리 150mm 이상 이격
	역	Pro CB	–	
NW모선 간	순	Pro F (고장회선, 건전회선)	–	
	역	–	–	
인출 분기간선	순	To CB(51)	To F	Take off 장치를 차단기로만 구성 시 Pro F와 보호협조 맹점 발생 주의
			Pro F	

8 오동작 방지대책

발생원	현상	대책
발전기 병렬운전	역류에 의한 전뱅크 오차단	병렬운전 않도록 인터록 운전
진상 콘덴서 과보상	• NW 측 과보상 시 차전압 투입 불가 • 순환역류에 의해 오차단	NW 모선에 직접 접속 삼가 → 부하단에 개별접속(부하와 동시 개폐)
E/V 회생전력 및 전동기 단락기여전류	심야 경부하 시 전원 측 역류로 전뱅크 오차단	Sequence 회로 보완 : 동작지연 후에도 전뱅크 동시 역류 검출되면 Tripping 회로 Lock
NW TR 간 역순환전류	• NW 계전기의 동작 불일치에 기인 • Pumping 현상(차단 → 불요 차전압 투입 → 차단동작 반복)	$\overrightarrow{67R} + 78R$ 조합사용(차전압 투입조건) 또는 Anti-pumping relay에 의한 차전압 재투입 지연(lock) 기능 부가
NW 측 UVR 복귀지연	전회선 사고 후 복전 시 무전압 투입 후 UVR 투입 특성(복귀지연)에 의해 불요차단	고기능 디지털 계전기 채용

9 최근 동향 및 개선사항

(1) Fuseless화
  단락전류 증대에 따른 대용량 차단 경향

(2) 모선 분할 → NW 모선의 보수 점검, 증설, 개조 필요

(3) 소용량 SNW 도입 → 수용가 부하 실정에 맞춘 200V급, 2000kW 미만

(4) 복전 시 부하 제어 → 변압기 과부하 부담 경감 방안 마련

(5) SNW 기기 국산화 개발

10 결론

  SNW 수전방식 도입 시 부하밀도가 높은 신도시 지역을 중심으로 입지여건조사와 함께 관계기관의 사전조율 및 기술적 검토(한전배전지침, 안전공사의 사용 전 검사기준 등)가 필요하며, 관련 기기의 국산화 개발로 국내시장 적용 활성화에 대비해야 한다.

PLUS 네트워크 프로텍터의 동작특성

1. 역전력 차단

(1) 한전배전선, 수전변압기 1차 측의 사고 또는 전원 측의 정전 등에 의해 전원 측으로 전력이 유출할 때에는 차단기를 트립시키고 Network 모선 사고 시는 트립핑은 하지 않는다.

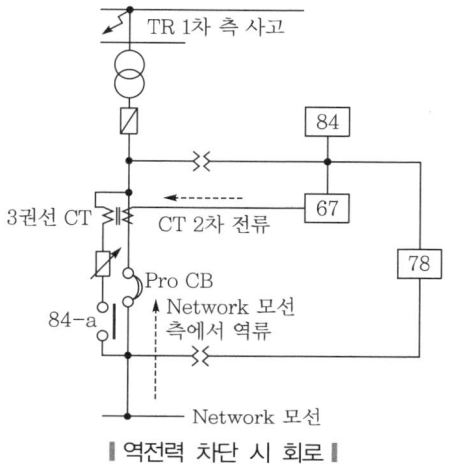

‖ 역전력 차단 시 회로 ‖

(2) 역전력 차단순서

Network 모선 측에서 사고지점으로 전류 역류 → CT 2차 전류에 의해 주계전기 동작(67) → 주계전기에 의해 Protector CB 개방

2. 무전압 투입

(1) Network 모선 측이 무전압(정전상태)이고 Protector TR 1차 측 전압이 확립되었을 때는 Protector CB를 자동투입한다.

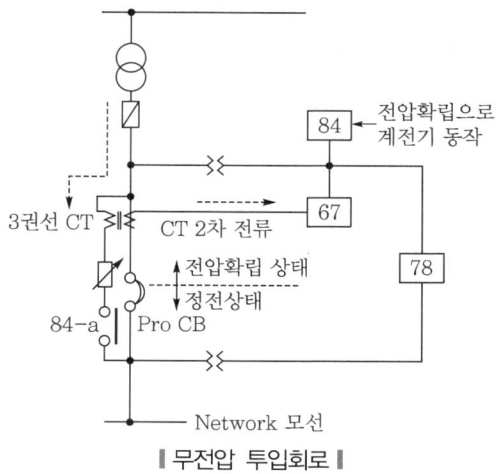

‖ 무전압 투입회로 ‖

(2) 무전압 투입순서

　　Protector TR 측 전압 확립 → 전압계전기 동작 → 84 – a접점 ON → 3권선 CT에 전류 유입
　　→ CT 2차 전류에 의해 계전기 동작(67) → 차단기 투입

3. 차전압 투입

(1) Network 측보다 전원 측이 전압이 높고, 또한 그 위상이 앞서며 전원 측에서 전력공급이 가능할
　　때 차단기 투입

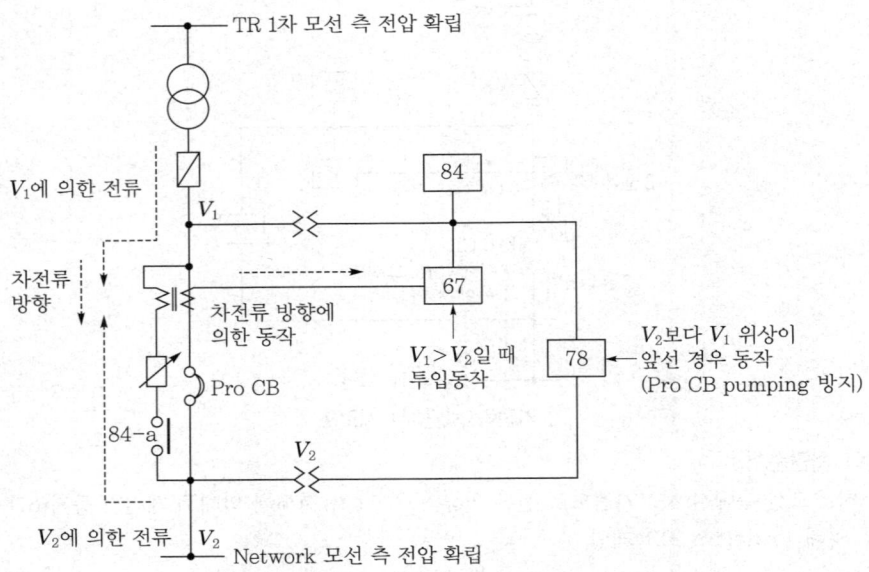

‖ 차전압 투입 시 회로 ‖

(2) 차전압 투입순서

　　TR 1차 모선 측 및 Network 모선 측 전압 확립 → 전원 측과 Network 측의 차전압에 의한 전류가
　　CT 3차 권선에 유입 → CT 2차 전류의 크기 및 방향에 의해 주계전기 동작($V_1 > V_2$) → V_2보다
　　V_1 위상이 앞선 경우 위상계전기 동작 → 주계전기와 위상계전기에 의해 차단기 투입

05 공급신뢰도 계산 (고장률과 고장정지시간)

기출 지문

Q1 수전설비에서 각 구성설비의 사고발생률, 평균정전시간을 이용하여 2개의 설비가 직렬로 접속되어 있는 경우와 병렬로 접속되어 있는 경우의 사고로 인한 정전시간을 구하시오. [건 102회 출제]

Q2 수변전설비의 공급신뢰도에 대한 다음 사항을 설명하시오. [건 106회 출제]
(1) 사고확률
(2) 신뢰도 계산

Q3 전력공급 신뢰도를 평가하는 데 사용되는 연평균 정전횟수(年平均停電回數) 및 연평균 정전시간(年平均停電時間)에 대하여 설명하시오. [발 66회 출제]

Q4 두 설비의 사고발생률과 평균 정전시간이 각각 $\lambda_1 S_1$과 $\lambda_2 S_2$라 할 때, 두 설비를 직렬 및 병렬로 운전하는 경우 직렬설비의 사고발생률과 평균 정전시간(λ_s, S_s), 병렬설비의 사고발생률과 평균 정전시간(λ_p, S_p)을 구하시오. [발 123회 출제]

Q5 특고압 배전계통의 정전사고 원인 및 전력공급 신뢰도 향상을 위한 정전사고 예방대책에 대하여 설명하시오. [발 134 · 129회 출제]

건 건축전기설비기술사 / 용 전기응용기술사 / 발 발송배전기술사 / 소 소방기술사 / 안 전기안전기술사 / 화 화공안전기술사 / 정 정보통신기술사

1 고장률과 정지시간

(1) 신뢰도 검토의 대상

① 설비의 공급신뢰도를 예상하는 경우 설비를 구성하고 있는 각 요소의 사고확률 및 정전시간을 과거의 실적 등을 통해서 구해야 한다.

② 각 설비의 상태는 운전상태와 정지상태로 나눌 수 있으며 정지상태에는 보수 등을 위한 계획정지와 사고정지가 있다.

③ 계획정지는 점검을 위해 정전계획을 세워서 행하는 것으로, 대책을 세울 수가 있으므로, 신뢰도 검토에서 대상이 되는 것은 사고정지이다.

(2) 사고확률

현재 설비가 운전상태에 있는 확률을 p라 하고 사고정지상태에 있는 확률을 q라 하며, 대상기간 중의 운전시간의 누계를 R, 사고정지시간의 누계를 S라 하면 다음의 관계가 성립한다.

$$p = \frac{R}{R+S}, \ q = \frac{S}{S+R}, \ p+q = 1$$

(3) 사고발생률

① 각 설비는 대상기간 중에 운전 → 사고정지 → 운전을 반복하므로 1회당 평균운전 계속시간 $\overline{R}$마다 사고를 일으킨다고 볼 수 있다.

② 따라서, 운전단위시간당 사고발생 횟수는 $\lambda = \dfrac{1}{R}$ 의 식으로 표시되는 λ를 사고발생률 또는 정지율이라 한다

2 공급신뢰도의 계산

(1) 각 설비가 직렬로 구성되어 있는 경우

설비의 공급신뢰도를 계산하려면 기본 데이터로서 각 구성설비의 사고발생률(λ)과 평균 정전시간(S)을 이용하여 다음과 같이 구한다.

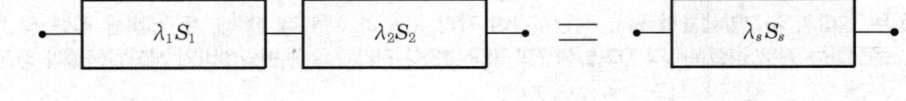

$$\lambda_s = \lambda_1 + \lambda_2$$
$$\lambda_s S_s = \lambda_1 S_1 + \lambda_2 S_2$$
$$S_s = \frac{\lambda_1 S_1 + \lambda_2 S_2}{\lambda_1 + \lambda_2}$$

(2) 각 설비가 병렬로 접속되어 있는 경우

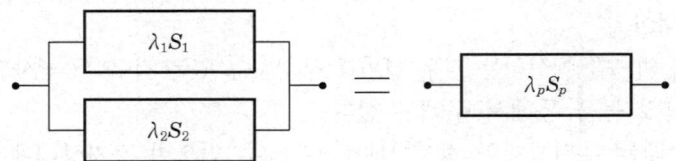

$$S_p = \frac{S_1 S_2}{S_1 + S_2}$$

만일, $S_1 = S_2$ 라면 $S_p = \dfrac{S_1}{2}$

$$\lambda_p S_p = (\lambda_1 S_1)(\lambda_2 S_2) = \lambda_1 \lambda_2 S_1 S_2$$
$$\lambda_p \cdot \frac{S_1 S_2}{S_1 + S_2} = \lambda_1 \lambda_2 S_1 S_2$$
$$\lambda_p = \lambda_1 \lambda_2 (S_1 + S_2)$$

(3) 대상기간

대상기간은 실용적으로 보통 1년을 기준으로 한다. 결국 연간 정지율 λ와 연간 정지시간의 곱 ($\lambda \cdot S$)가 작을수록 공급신뢰도는 높다고 할 수 있다.

(4) 계산 예

① 설비가 직렬로 구성되어 있는 경우 : 설비의 공급신뢰도를 계산하려면 기본 데이터로서 각 구성설비의 사고발생률(λ)과 평균 정전시간(S)을 이용하여 다음과 같이 구한다.

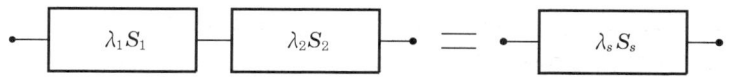

$$\lambda_s = \lambda_1 + \lambda_2$$

$$\lambda_s S_s = \lambda_1 S_1 + \lambda_2 S_2$$

$$S_s = \frac{\lambda_1 S_1 + \lambda_2 S_2}{\lambda_1 + \lambda_2}$$

$\lambda_1 = \dfrac{2}{10^4}$, $\lambda_2 = \dfrac{3}{10^4}$, $S_1 = 1$, $S_2 = 2$ 라면

$$\lambda_s = \frac{2}{10^4} + \frac{3}{10^4} = \frac{5}{10^4}$$

$$\lambda_s S_s = \left(\frac{2}{10^4} \times 1\right) + \left(\frac{3}{10^4} \times 2\right) = \frac{8}{10^4}$$

② 설비가 병렬로 접속되어 있는 경우

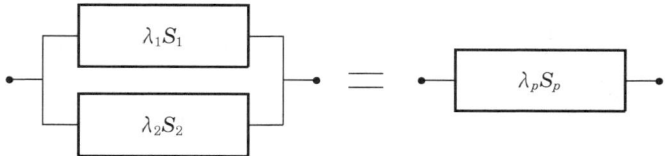

$$S_p = \frac{S_1 S_2}{S_1 + S_2}$$

만일, $S_1 = S_2$ 라면 $S_p = \dfrac{S_1}{2}$

$$\lambda_p S_p = (\lambda_1 S_1)(\lambda_2 S_2) = \lambda_1 \lambda_2 S_1 S_2$$

$$\lambda_p \cdot \frac{S_1 S_2}{S_1 + S_2} = \lambda_1 \lambda_2 S_1 S_2$$

$$\lambda_p = \lambda_1 \lambda_2 (S_1 + S_2)$$

위와 같은 조건이라면

$$S_p = \frac{1 \times 2}{1 + 2} = \frac{2}{3}$$

$$\lambda_p S_p = (\lambda_1 S_1)(\lambda_2 S_2) = \left(\frac{2}{10^4} \times 1\right)\left(\frac{3}{10^4} \times 2\right) = \frac{12}{10^8}$$

수용률, 부등률, 부하율

1 개요

① 수용률, 부등률, 부하율은 사용부하의 최적 용량을 산정하기 위한 주요 요소로서, 고조파, 여유율 등을 고려하여 효율적인 변압기용량을 선정하여야 한다.

② 수용률, 부등률 등은 변전소나 배전선로 변압기의 용량, 배전선로의 전선굵기 등을 결정하는데 사용되고 있다.

③ 과부하율에 대한 고려보다는 향후 사용자 부하에 안정된 전원공급을 위한 요소를 고려하며 Zero energy building에 의한 에너지 사용 효율화 방안을 추구하여야 한다.

2 최대 수요전력

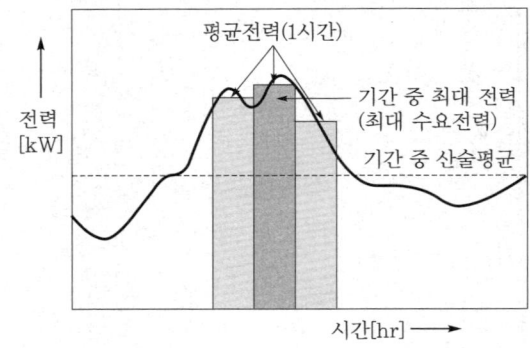

① 부하는 시시각각 변동하며 이 변동은 공급설비의 출력에 관계된다.

② 전력기기는 순간적인 과부하는 견딜 수 있기 때문에 순간적인 변동상태는 특별한 경우를 제외하곤 고려하지 않으며, 어느 기간 중의 평균부하에 대해서는 고려한다.

③ 보통 1시간 또는 30분을 사용하는 이 평균전력을 부하전력 또는 수요전력이라고 한다.

④ 최대 수요전력은 부하전력 중 어느 기간 중의 최댓값을 말한다.

3 수용률(demand factor)

(1) 의미

① 전력을 소비하는 전기기기가 동시에 어느 정도 사용되는가를 나타낸 것으로, 보통은 모든 기기가 동시에 사용되지 않으므로 수용률은 100% 보다는 작다.

② 수용가의 부하설비는 전부가 동시에 사용되는 일이 거의 없기 때문에 수용가의 부하설비 합계와 실제 사용 시의 최대 부하는 일치하지 않는다. 즉, 최대 수요전력은 부하설비 정격용량의 합계보다 작다.

③ 즉, 수용률이란 수용설비가 동시에 사용되는 정도를 나타내며, 변압기의 적정 공급용량을 파악하기 위하여 사용한다.

④ 적절한 변압기용량을 산출하기 위한 Factor이다.

$$수용률 = \frac{최대 \ 수요전력}{부하설비용량} \times 100[\%]$$

(2) 특징

① One-step 방식 변압기에만 적용한다.

② 최대 수요전력은 가능한 낮게 적용한다.

③ 기간, 부하용도, 계절에 따라 다르다.

④ LH에서는 공동주택 수용률을 46%로 적용하는 데이터가 있다.

4 부등률(diversity factor)

(1) 의미

① 수용가군, 배전변압기군, 배전간선군 등에서는 각각의 최대 부하가 같은 시각에 일어나지 않고 시간 차가 있다. 따라서, 각각의 최대 수요의 합계는 각각의 부하가 모인 군에서의 종합 최대 수요(합성 최대 전력) 보다도 크다.

② 즉, 부등률이란 각 부하의 최대 수요전력의 합계와 각각의 부하가 모인 군의 종합 최대 수요전력과의 비를 말하며, 이것은 최대 전력 발생시기 또는 시각의 분산을 나타내는 지표가 된다.

③ Main 변압기용량을 산정하기 위한 Factor이다.

$$부등률[\%] = \frac{각 \ 부하의 \ 최대 \ 수요전력의 \ 합계}{합성 \ 최대 \ 수요전력} \geq 1$$

(2) 특징

① Two-step 방식 채용 시 Main TR에만 적용한다.

② 동력부하는 타 부하의 부등률보다 크다.

③ 전원에 가까울수록 크다.

④ 일반사무용 빌딩은 1.09 ~ 1.18을 적용한다.

5 부하율(load factor)

(1) 의미

① 어느 기간의 평균전력(그 기간 내 사용전력량을 사용시간으로 나눈 것)과 그 기간 중의 최대 전력과의 비를 말한다.

② 공급설비가 유효하게 사용되는가를 나타낸다.

③ 부하율이 클수록 공급설비가 유효하게 사용된다고 볼 수 있다.

④ 즉, 부하율이 작다는 의미는 공급설비를 유용하게 사용하지 못하고 있고, 첨두부하설비가 필요하며, 평균전력과 최대 전력과의 차가 커지므로 부하설비의 가동률이 저하된다.

⑤ 부하사용상태 개선을 검토하기 위한 Factor이다.

$$부하율 = \frac{부하\ 평균전력}{최대\ 수요전력} \times 100\,[\%]$$

(2) 특징

① 기간, 범위를 명시한다.

② 기간, 범위가 넓을수록 작다.

③ 단위별(송전선, TR, 전주, 수용가 등)로 값이 다르다.

④ 부하율이 클수록 유효하게 사용되는 것이다.

⑤ 기간에 따라 일 부하율, 월 부하율, 연 부하율 등이 있다.

6 변압기용량 산정

$$
\begin{aligned}
변압기용량[kVA] &\geq 합성\ 최대\ 전력 \\
&= \frac{각\ 부하의\ 최대\ 수요전력의\ 합}{부등률} \\
&= \frac{설비용량[kVA] \times 수용률}{부등률}
\end{aligned}
$$

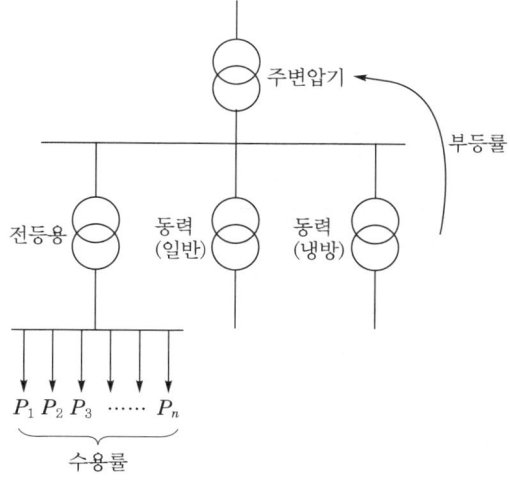

7 변압기용량 선정 시 고려사항

(1) 부하의 종류

    ① 부하의 종류별 전등 및 전열, 동력부하, 일반용 또는 비상용으로 구분

    ② 부하의 종류별 수용률, 효율 적용

(2) 변압기의 뱅크수

(3) 변압기의 강압방식

(4) 고조파 부하에 의한 용량증가계수

(5) 불평형 부하에 의한 용량증가계수

(6) 장래부하 증가에 대한 여유분 고려

(7) 전동기 기동 시 전압강하 고려

(8) 냉각방식 고려 및 단락전류

8 Factor 비교

    ① 최대 부하전력 $=\dfrac{\text{총설비용량} \times \text{수용률}}{\text{부등률}}$

    ② 변압기용량 $=\left(\dfrac{\text{총설비용량} \times \text{수용률}}{\text{부등률}}\right) \times \text{여유율}(1.1 \sim 1.2)$

    ③ 과부하율 $=\dfrac{\text{변압기용량}}{\text{최대 부하전력}} \times 100[\%]$

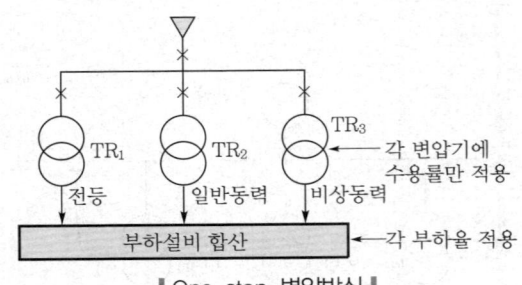

┃ One step 변압방식 ┃

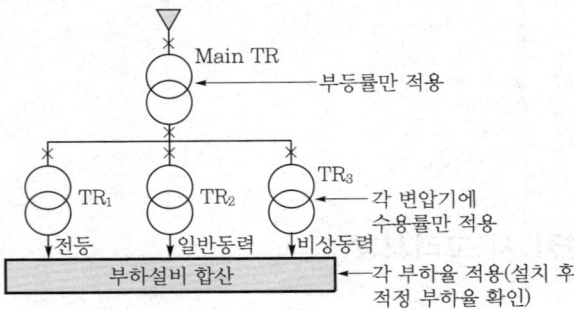

┃ Two step 변압방식 ┃

9 상호관계 검토

① 부등률 $= \dfrac{\text{각각의 최대 수요전력의 합계}}{\text{합성 최대 수요전력}} \geq 1$

② 수용률 $= \dfrac{\text{최대 수요전력(1시간 평균)}}{\text{총설비용량}} \times 100[\%]$

③ 부하율 $= \dfrac{\text{부하의 평균전력(1시간 평균)}}{\text{최대 수요전력(1시간 평균)}} \times 100[\%]$

$\quad\quad = \dfrac{\text{부하의 평균전력(1시간 평균)}}{\text{총설비용량}} \times \dfrac{\text{부등률}}{\text{수용률}} \times 100[\%]$

④ 최대 부하 $=$ 부하설비의 합계 $\times \dfrac{\text{수용률}}{\text{부등률}}$ [kW]

10 결론

① 변압기는 수변전설비의 핵심이며 고정설비로서 이동이 곤란하고 교체에 따른 소요비용 및 전력 미공급에 따른 영향이 크므로 건축물의 특성을 반영하여 계획단계에서부터 적합한 용량을 선정하여야 한다.

② 과부하 운전 시 변압기의 절연내력 등에 영향이 크므로 여유율을 확보하여 변압기의 수명 연한을 확보하여야 한다.

③ 초고층, 대면적, 산업현장 등에 사용되는 대용량 변압기의 경우에는 안전성과 전력공급 신뢰성 확보 및 장래 부하증설 등을 고려하여 변압기를 선정하여야 한다.

SECTION 07 변압기용량 과도설계 시 문제점

기출
지문

Q1 변압기 과설계에 대한 변압기 손실과 효율에 대하여 설명하시오. 건 102회 출제

Q2 우리나라 공동주택의 변압기용량 산정은 주택법에 의하여 산정되고 있다. 변압기용량 과적용에 대한 문제점과 대책을 설명하시오. 건 106회 출제

Q3 최근 조사한 전력변압기의 연간 평균부하율이 낮게 나타나고 있어 설비용량의 과다로 변압기 효율적 이용을 못하고 있는 실정이다. 이에 대한 전력용 변압기의 효율적 관리방안에 대하여 설명하시오. 건 110회 출제

Q4 변압기의 용량을 과도하게 설계했을 때 발생되는 문제점에 대하여 설명하시오. 건 91회 출제

건 건축전기설비기술사 / 용 전기응용기술사 / 발 발송배전기술사 / 소 소방기술사 / 안 전기안전기술사 / 화 화공안전기술사 / 정 정보통신기술사

1 수변전설비 설계계획

① 수전변압기용량에 따라 최대 전력이 결정되며 기본 전력요금에 영향을 주므로 변압기의 용량산정은 신중히 검토하여야 한다.

② 설비용량 산정 시 장래의 전망, 계통의 운용, 단락전류, 전압변동률을 고려한 부하설비용량 이 산정되어야 하며, 변압기용량을 과도하게 설계했을 경우 문제점은 다음과 같다.

2 변압기용량의 과도설계 시 문제점

(1) 전력손실 증가

① 변압기는 동손과 철손이 동일할 때 최대 효율운전이 된다.

② 평균부하가 최대 효율이 되는 용량 부근에서 운전되어야 에너지 절약 측면으로 이상적이다.

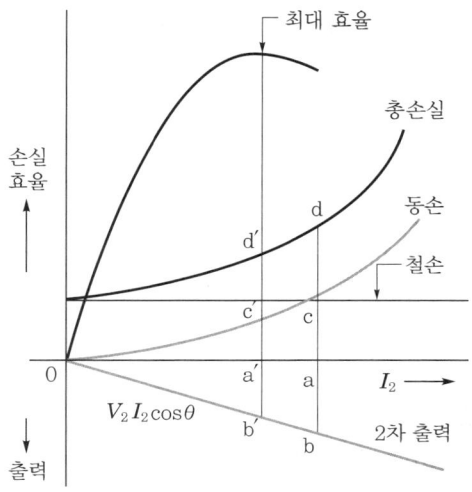

(2) 단락용량 증대

① 변압기용량이 증대되면 정격전류가 증대되어 단락전류가 증대된다.

$$I_S = \frac{100}{\%Z} \times I_n \rightarrow P_s = \frac{100}{\%Z} \times P_n$$

② 단락전류 증대에 따른 차단기의 차단용량이 커진다.

(3) 설치비 증가

① 변압기용량이 커지면 중량 및 설치면적이 커진다.

② 부하율 저하에 따른 투자비 효율이 저하된다.

(4) 전기요금 증가

① 전기요금＝기본요금＋사용량요금

② 변압기용량에 비례해서 기본요금이 증가한다.

③ 전력손실 증가로 전기요금이 증가한다.

(5) 수전전압 선정문제

① 10MVA까지 22.9kV 선정이 가능하며 한전의 주변압기 공급능력, 전력계통의 보호협조, 선로구성 등에 문제가 없을 경우 40MVA까지 22.9kV로 선정 가능하다.

② 하지만 변압기용량 과다 설계 시 22.9kV로 수전 가능한 것이 154kV로 수전해야 한다면 송전선로에 대한 공사비 및 유지관리비 등의 경제적 손실이 크다.

예제

01 설비용량별 수용률이 각기 표에서 제시된 값과 같고 수용가 A, B, C에 공급되는 배전선로의 최대 전력이 500kW일 때 부등률은?

〔풀 이〕

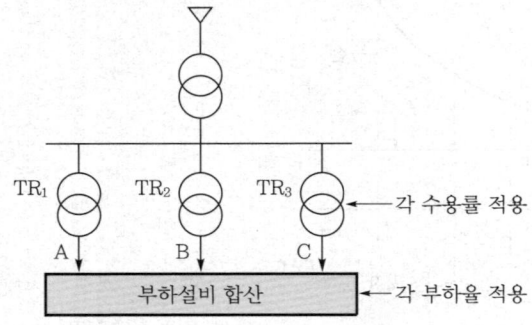

수용가	설비용량[kW]	수용률[%]
A	300	70
B	300	60
C	400	80

$$\begin{cases} A \text{ 수용가 최대 수요전력} = 300 \times 0.7 = 210\,\mathrm{kW} \\ B \text{ 수용가 최대 수요전력} = 300 \times 0.6 = 180\,\mathrm{kW} \\ C \text{ 수용가 최대 수요전력} = 400 \times 0.8 = 320\,\mathrm{kW} \end{cases}$$

$$\therefore \text{ 부등률} = \frac{210 + 180 + 320}{500} = 1.42$$

이와 같이 수용률만 적용하면 변압기용량이 과대하므로 부등률을 적용하여 변압기를 적정하게 선정한다. 구내 수용가에서 부등률은 2단 강압방식의 주변압기에만 적용하고 직강압방식에서는 수용률만 적용한다.

02 그림의 전력부하곡선에서 A · B 공장 상호 간 부등률은?

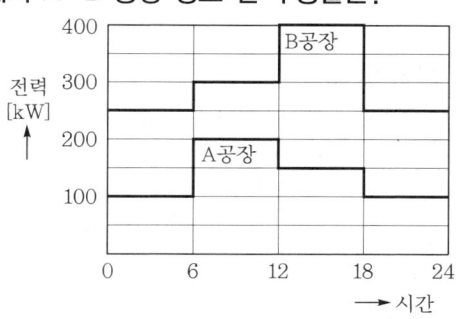

┌ **풀 이** ┐

(1) A공장 최대 전력 : 200 kW

(2) B공장 최대 전력 : 400 kW

(3) A · B 공장 합성 최대 전력(12 ~ 18시) = 150 + 400 = 550 kW

$$\therefore \text{ 부등률} = \frac{200 + 400}{550} = 1.09$$

SECTION 08 변전시스템 선정 시 고려사항

기출지문

Q1 수변전실 설계 시 고려해야 할 사항에 대해서 설명하시오. 건 63회 출제

Q2 배전계획에 있어 다음 변압기 사항에 대하여 설명하시오. 발 129회 출제
(1) 배전용 변압기의 최대 수요전력
(2) 배전용 변압기 적정용량 산출 시 고려사항
(3) 배전용 변압기 위치선정방법

건 건축전기설비기술사 / 응 전기응용기술사 / 발 발송배전기술사 / 소 소방기술사 / 안 전기안전기술사 / 화 화공안전기술사 / 정 정보통신기술사

1 변전설비 설계 시 기본방침

기본방침	내용
건축물의 특성파악	건물의 용도 및 규모, 부하의 종류 및 중요도
합리적 설계	결선의 간소화, 기기의 단순화, 자동제어 채택
신기술 도입	진보적인 기술 채택으로 획기적인 방법 유도
환경대책 고려	풍수해, 지진 등 자연조건 고려
안전성, 신뢰성, 경제성의 상호검토	

2 변전시스템 선정 시 고려사항

(1) 급전방식 및 대수제어

구분	1대 급전	2대 급전	3대 이상 급전
결선도			
특징	• 가장 간단하고 경제적임 • 고장 시 장시간 정전	• 배전의 신뢰도 향상 • 병렬운전 시 단락용량 과부하 주의	• 신뢰성 가장 우수 • 시설비 가장 고가

(2) 강압방식

One-step 방식	Two-step 방식
• 특고압-저압으로 강압하는 방식 • 에너지 세이빙에 유리 • 설치면적 절감 • 시설비 절감 • 일반적 규모의 건물에 주로 적용	• 특고압-고압-저압으로 강압하는 방식 • 고조파, 노이즈 감소 • 설치면적 넓음 • 시설비 고가 • 대규모 및 보안성 요구 장소

(3) 모선구성방식

분류	단일 모선	섹션을 가진 단일 모선	이중 모선
장점	• 변전실 면적 좁음 • 공사비 감소 • 무부하 손실 감소	• 사고 시 선택차단 용이 • 부하 증가 대처 유리 • 예비 전원 공급 원활	전원공급 신뢰도 우수
단점	• 사고 시 장시간 정전 • 부하 증가 대처 불리 • 예비전원 공급 불가	• 변전실 면적 넓음 • 공사비 증가 • 무부하 손실 증가	• 전력손실 큼 • 초기 투자비 많음 • 유지관리문제 발생
거리가 길고 면적이 넓은 경우(학교, 지하철) Two-step, 그 외는 One-step 적용				

(4) 변압기 Bank 구성 및 여유도

용량[kVA]	Bank 구성	여유도
1500 미만	1Bank	• 용량, 냉각방식에 따라 120%
1500 ~ 3000	1 ~ 2Bank	• 과부하에서 8시간 운전 가능
3000 이상	2Bank	• 자냉식 → 풍냉식

(5) 경제적인 %Z 및 허용전압강하, 고조파

경제적인 $\%Z$	허용전압강하	고조파
22.9kV : 6%	특고압 간선 : 10%	• 발주 시 K-factor, THDF 고려
154kV : 11%	주상 TR : 2%	• 용량의 2.0 ~ 2.5배 여유도
345kV : 15%	저압 간선 : 6%	

(6) 결선방식 및 냉각방식, 병렬운전 조건

결선방식	냉각방식(IEC 76)	병렬운전조건
△-△ 결선	건식 자냉식(AN), 건식 풍냉식(AF)	권수비 및 1·2차 정격전압 등가
Y-Y 결선	건식 밀폐자냉식(ANAN)	극성 등가
△-Y 결선	유입자냉식(ONAN), 유입풍냉식(ONAF)	상회전 방향 등가
Y-△ 결선	유입수냉식(ONWF)	%임피던스 등가
V-V 결선	송유자냉식(OFAN), 송유풍냉식(OFAF)	저항과 리액턴스 비등가
Y-Y-△ 결선	송유수냉식(OFWF)	온도 상승 한도 등가

(7) 보호방식

고장전류		보호방식
과부하 및 단락		과전류계전기, 비율차동계전기
지락	직접 접지	지락 과전류계전기, Y결선 잔류회로법
	비접지	ZCT + OCGR, GSC + ELB, GPT + OVGR, ZCT + GPT + SGR/DGR
	저항접지	Y결선 잔류회로법, 3권선 CT법, 관통형 CT법
고조파		발주 시 K-factor, THDF 고려, 용량 2.0 ~ 2.5배 여유도

41

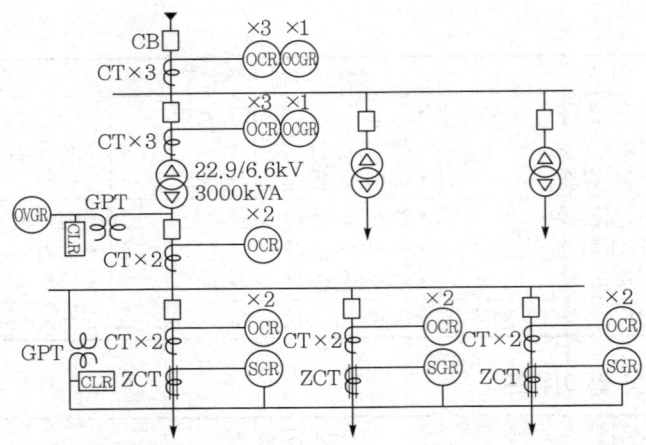

(8) 감시제어방식과 감시제어항목

감시제어방식		감시제어항목
1 : 1 → 대상기기마다 신호전송로 설치, 소규모 설비		정전, 복전 제어
1 : N → CPU 이중화 방식		발전기 부하 제어
N : N → 대상기기마다 마이크로컴퓨터 설치, 다양한 정보처리		최대 수요전력 제어
빌딩군 관리 → 빌딩 생력화, 에너지 절감, Space 축소		역률 제어

(9) 기타

① 경제성이 우수한 3상 TR 사용
② 동일 용량 TR은 뱅크 유도 및 절체가 용이
③ 자냉식 변압기에 Fan 부착 시 20% 출력 증가

3 에너지절약 대책

변압시설 효율화	역률 관리	최대 수요전력 관리
One-step 방식 채택	콘덴서용량의 적정화	Peak cut
고효율 TR 채용	역률 변동 심한 곳에 APFR 설치	Peak shift
TR 적정 Tap 선정	저역률 기기는 개별 설치	Demand control
TR 적정용량 선정 및 대수 제어	콘덴서를 부하 측과 모선 측에 분산설치	분산형 전원 이용

4 결론

변전설비는 부하에 직접 전력을 공급하는 설비로서, 전력사용시설물의 용도 및 특성에 따라 안전하고 공급신뢰성이 높은 경제적인 설비를 구성하여야 한다.

변압기의 합리적 Banking 방식

기출 지문

Q1 건축물 내 수변전설비에서 변압기의 합리적인 뱅킹(banking) 방식에 대하여 설명하시오.
〔건〕108회 출제

Q2 현행 공동주택(APT)이 변전설비 시스템에서 부하용량 추정과 변압기용량 결정을 위한 수용률 적용의 문제점을 설명하고, 건축전기설비설계기준(국토교통부)에 의한 변압기 뱅크구분과 효율적인 운전을 위한 모선구성방법을 설명하시오. 〔건〕102회 출제

Q3 수변전설비 시스템에서 변압기뱅크의 구성방법과 변압기모선 구성방식에 대한 특징을 각각 설명하시오.
〔건〕124회 출제

〔건〕 건축전기설비기술사 / 〔응〕 전기응용기술사 / 〔발〕 발송배전기술사 / 〔소〕 소방기술사 / 〔안〕 전기안전기술사 / 〔화〕 화공안전기술사 / 〔정〕 정보통신기술사

1 개요

① 합리적인 뱅킹방식이란 것은 변압기의 용량 결정 후 뱅크구성 및 대수 결정을 부하특성에 맞게 하는 것이다.

② 뱅크구성 시에는 변압기 상수, 변압기 Bank수, 변압기별 회로방식, 경제적인 $\%Z$, 허용 전압강하, 고조파, 결선방식, 냉각방식, 병렬운전 조건, 에너지절약 대책 등을 복합적으로 고려해야 하고, 안전성, 신뢰성, 경제성 측면에서 신중한 검토가 필요하다.

2 Bank 구성 시 고려사항

(1) 변압기 상수

① 과거에는 단상 변압기 3대로 △결선하여 사용했다(1대 고장 시 V결선 가능).

② 현재는 변압기의 품질이 향상되었고 신뢰도 증가 및 소요면적 절감을 위해 3상 변압기가 보편적으로 채용되고 있다.

(2) 변압기 Bank수(회로수)

① 뱅크수가 많으면 설비구성이 복잡하고 설치면적이 증대된다.

② TR용량이 커지면 정격 및 단락전류가 증대되어 기기 선정의 어려움이 발생한다.

③ 최근 부하의 특성에 따라 뱅크구성을 세분화하여 고조파, 노이즈, 무정전 전원공급을 고려한다.

④ 빌딩 내 일반적인 Bank수 산정기준

용량[kVA]	Bank 구성	여유도
1500 미만	1Bank	• 용량, 냉각방식에 따라 120%
1500 ~ 3000	1 ~ 2Bank	• 과부하에서 8시간 운전 가능
3000 이상	2Bank	• 자냉식 → 풍냉식

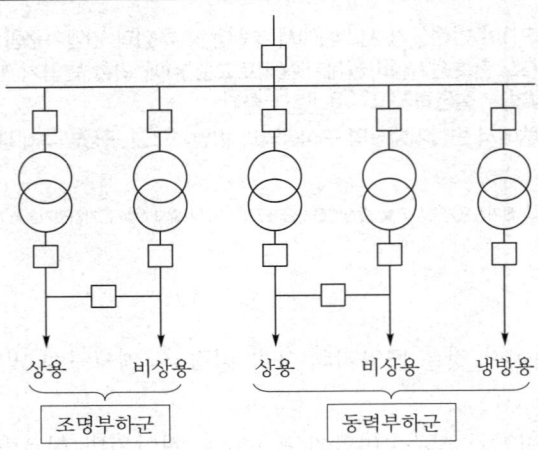

(3) 변압기별 회로방식

① 1뱅크 방식 : 가장 간단하고 소규모 빌딩에 적용하며 경제적이다.
② 2뱅크 방식 : 사고뱅크 제거 후 단시간 뱅크운전이 가능하다.
③ 3뱅크 방식 : 신뢰성이 우수하나 초기 투자비가 과다하다.
④ 변압기 뱅크수 비교

비교 항목	뱅크수 多	뱅크수 少
단락전류	작음	큼
전압변동	큼	작음
설치면적	증가	감소
차단기	용량 감소, 대수 증가	용량 증가, 대수 감소
경제성	낮음	높음

(4) 경제적인 %Z와 허용전압강하, 고조파

경제적인 $\%Z$	허용전압강하	고조파
22.9kV : 6%	특고압 간선 : 10%	• 발주 시 K-factor, THDF 고려
154kV : 11%	주상 TR : 2%	• 용량의 2.0 ~ 2.5배 여유도
345kV : 15%	저압 간선 : 6%	

(5) 결선방식과 냉각방식, 병렬운전 조건

결선방식	냉각방식(IEC 76)	병렬운전조건
△-△ 결선	건식 자냉식(AN), 건식 풍냉식(AF)	권수비 및 1·2차 정격전압 등가
Y-Y 결선	건식 밀폐자냉식(ANAN)	극성 등가
△-Y 결선	유입자냉식(ONAN), 유입풍냉식(ONAF)	상회전 방향 등가
Y-△ 결선	유입수냉식(ONWF)	%임피던스 등가
V-V 결선	송유자냉식(OFAN), 송유풍냉식(OFAF)	저항과 리액턴스 비등가
Y-Y-△ 결선	송유수냉식(OFWF)	온도 상승 한도 등가

(6) 에너지절약 대책

변압시설 효율화	역률관리	최대 수요전력 관리
One-step 방식 채택	콘덴서용량의 적정화	Peak cut
고효율 TR 채용	역률변동 심한 곳에 APFR 설치	Peak shift
TR 적정 Tap 선정	저역률 기기를 개별설치	Demand control
TR 적정용량 선정 및 대수 제어	콘덴서를 부하 측과 모선 측에 분산설치	분산형 전원 이용

(7) 기타

① 경제성이 우수한 3상 TR 사용
② 동일용량 TR 사용 시 뱅크 유도 및 절체 용이
③ 자냉식 변압기에 송풍기(fan) 부착 시 20% 출력 증가

3 결론

변압기뱅크 구성은 부하용도에 따라 구분하고 고조파 발생가능부하 등 악영향이 발생한 부하를 별도로 구분하며 효율적으로 에너지를 사용할 수 있도록 구성하여야 한다.

SECTION 10 배전선로에서 전력손실 경감대책

기출지문

Q1 배전선로에서 전력손실 정의와 경감대책에 대하여 설명하시오. 건 122회 출제

Q2 배전선로의 손실경감대책을 설명하시오. 발 125회 출제

Q3 배전계통의 전력손실 경감대책에 대하여 다음을 설명하시오. 발 130회 출제
　(1) 비기술적 손실의 정의, 종류 및 감소방안
　(2) 기술적 손실의 정의, 종류 및 감소방안

건 건축전기설비기술사 / 응 전기응용기술사 / 발 발송배전기술사 / 소 소방기술사 / 안 전기안전기술사 / 화 화공안전기술사 / 정 정보통신기술사

1 개요

전력공급은 적정 전압 및 주파수를 중단 없이 공급하되 경제적이어야 하므로 발전소 출력의 자동제어가 중요하고 경제적인 급전이 이루어진다 해도 전력설비의 전력손실을 줄이지 못하면 이러한 노력들이 수포로 돌아갈 우려가 있어 배전계통에서의 전력손실을 줄일 수 있는 방법에 대하여 모색하도록 한다.

2 배전손실 경감대책

(1) 전압승압

$$P_l = I^2 \cdot r \cdot l = K_3 l \frac{P^2}{E^2}$$

여기서, P : 공급 필요 전력, I : 송전전류
　　　　r : 도체 단위길이당 저항, l : 송전거리

① 전력손실은 E^2에 반비례하여 감소한다.
② 국내에서는 전압을 22.9kV → 154kV → 345kV → 765kV로 승압하여 송전한다.

(2) 역률개선

① 전력손실은 $\cos\theta^2$에 반비례하여 감소한다.

$$P_l = I^2 \cdot r \cdot l$$

$$P_l = \left(\frac{P}{E\cos\theta}\right)^2 \cdot r = \frac{P^2}{E^2\cos^2\theta} \cdot r \rightarrow P_l \propto \frac{1}{\cos^2\theta}$$

여기서, P_l : 전력손실, E : 선간전압
　　　　$\cos\theta$: 역률

② 역률요금(한전 전기공급 약관)

주간시간대(09 ~ 23시)	심야시간대(23 ~ 09시)
• 수전단 지상분 역률 : 90% 기준 • 60%까지 1%마다 기본요금 0.5% 추가 • 95%까지 1%마다 기본요금 0.5% 감액	• 수전단 진상분 역률 : 95% 기준 • 1%마다 기본요금 0.5% 추가 • 최대 17.5%까지 역률요금 발생

(3) 변전소 및 변압기 적정배치

① 전력손실은 거리에 비례하여 증가한다.

$$P_l = I^2 \cdot r \cdot l = K_3 l \frac{P^2}{E^2}$$

여기서, P_l : 전력손실, I : 송전전류,
r : 도체 단위길이당 저항, l : 송전거리
P : 공급 필요전력, E : 선간전압

② 변전소 및 배전용 변압기를 가능한 부하의 중심지에 가깝게 설치한다.
③ 분산형 전원의 보급을 확대한다.

(4) 고효율 기기 사용

① 아몰퍼스 변압기, 자구 미세변압기 등의 고효율 기기를 사용한다.
② 전일 효율이 높도록 변압기를 설계함으로써 손실을 감소시킨다.

(5) 선로저항 감소

① 전력손실은 저항에 비례하여 증가한다.
② 경제적 이유 때문에 전선을 무작정 굵게 할 수 없으므로 켈빈의 법칙 등으로 계산되는 경제적인 전선의 굵기를 선택한다.
③ 고온 초전도 케이블을 사용하면 기존 동도체에 비해 50 ~ 100배의 대전류를 흘릴 수 있고 송전용량도 3배 이상 증가하며 교류손실을 $\frac{1}{20}$로 감소시킬 수 있다.

(6) 배전방식 개선

단상 2선식 배전방식보다 단상 3선식, 3상 4선식 배전방식을 채택하면 동일 중량, 동일 전류조건에서의 선로손실을 감소시킨다.

(7) 간선방식 개선

수지식 배전방식 대신 루프식 배전방식을 채택하면 루프회로에 흐르는 전류밀도가 평형이 되어 배전선로손실이 감소한다.

3 결론

현재는 변전소 단위용량이 크고 지역적으로 멀리 떨어져 있기 때문에 배전손실이 상당하나 향후에는 스마트 그리드 구축에 따른 분산형 전원의 보급 확대, 신뢰성 높은 전력저장장치의 이용, 초전도 전력기기의 이용으로 전력손실을 획기적으로 줄일 것으로 예상된다.

SECTION

11 변전실 설계 시 고려사항 및 면적 계산방법

기출
지문

Q1 건축물 설계 시 변전실 계획과 관련한 전기적 고려사항(위치, 구조, 형식, 배치, 면적 등)과 건축적 고려사항을 구분하여 설명하시오. 건 109회 출제

Q2 대형 건축물 설계에서 변전실 선정 시 고려해야 할 사항 중 다음 내용에 대하여 설명하시오. 건 124회 출제
    (1) 위치선정 시 고려사항
    (2) 기기배치 시 고려사항
    (3) 건축 상 고려사항
    (4) 변전실 면적결정에 영향을 주는 요소

Q3 수변전설비 설계 시 환경에 미치는 영향과 대안을 설명하시오. 건 105회 출제

Q4 변전실을 시설할 경우 고려해야 할 다음 사항에 관하여 설명하시오. 건 86회 출제
    (변전실의 위치·구조, 갖추어야 할 설비·넓이)

건 건축전기설비기술사 / 응 전기응용기술사 / 발 발송배전기술사 / 소 소방기술사 / 안 전기안전기술사 / 화 화공안전기술사 / 정 정보통신기술사

1 개요

① 변전실은 수변전기기의 설치장소로서, 전력부하의 핵심설비이므로 안전하고 신뢰성 높은 전력공급을 위해 건축물의 계획단계에서부터 검토가 이루어져야 한다.

② 건축물의 최고층화에 따라 계획단계에서부터 전력설비의 반입·반출이 용이한 위치에 변전실의 위치를 고려하고 전기·건축·환경적 요소에 따른 고려사항에 대해 안전한 전력시설물 설치운영이 가능하여야 한다.

2 건축적 고려사항

건축요소	고려사항
천장고	고압 : 4m 이상, 특고압 : 4.5m 이상
바닥하중	500 ~ 1000kg/m² 이상 견딜 수 있는 구조
바닥	덕트 및 배관을 고려하여 200 ~ 300mm 콘크리트 타설
내진설계	건축물 내진등급에 맞게 대책 강구
출입문	60분(60분+)·30분 방화문, 기기 반입·반출이 용이할 것

3 환경적 고려사항

(1) 소음
저소음 TR, GCB, VCB, 큐비클, GIS, 건축구조상 방음

(2) 진동
방진고무, 스프링, 매트, 저진동기기

(3) 통신선 유도장해

이격, 차폐, 연가 등

(4) 고조파 장해

다펄스, 필터, 회로 분리 등

(5) 코로나 발생

굵은 전선, 복도체, 선간거리 크게

(6) 절연유 누출에 의한 대지오염

건식, 몰드 TR, Oil pan 설치

(7) 미관 및 경치 훼손

지중선로, 지하변전소, 철탑 7～8부 능선, 큐비클, GIS

(8) 재해 파급 방지

내화벽, 방화벽, 60분(60분+) · 30분 방화문

4 전기적 고려사항

① 부하의 중심에 있고 전원 인입, 간선 배선이 편리한 곳
② 장래 증설이 가능한 곳
③ 기술발달에 따른 신제품을 사용하여 효율성, 편리성을 기할 것

5 변전실 소요면적

(1) 변전실 면적 산정

방식	제1방식	제2방식	제3 및 4방식
수식	$A_1 = K \times (\text{TR용량})^{0.7}$ K값 → • 특고압 → 고압 : 1.7 • 특고압 → 저압 : 1.4 • 고압 → 저압 : 0.98	$A_2 = 3.3\sqrt{\text{TR용량}} \times \alpha$ α값 → • 6000m² 미만 : 2.7 • 6000m² 이상 : 3.6 • 10000m² 이상 : 큐비클 − 4.3 　　　　　　　무형식 − 5.5	$A_3 = 2.15 \times (\text{TR용량})^{0.52}$ $A_4 = 5.5\sqrt{(\text{TR용량})}$
현실	국내 대형 건축물의 변전실은 전체 건물면적의 약 1.5%		

(2) 기기배치 시 최소 이격거리(단위 : mm)

구분	앞면	뒷면	열 상호 간	옆면
특고압반	1700	800	1400	600
고압, 저압, 배전반	1500	600	1200	600
변압기 등	1500	60	1200	600

(3) 변전실의 높이

① 특고압수전 : 4.5m 이상

② 고압·저압 수전 : 3m 이상

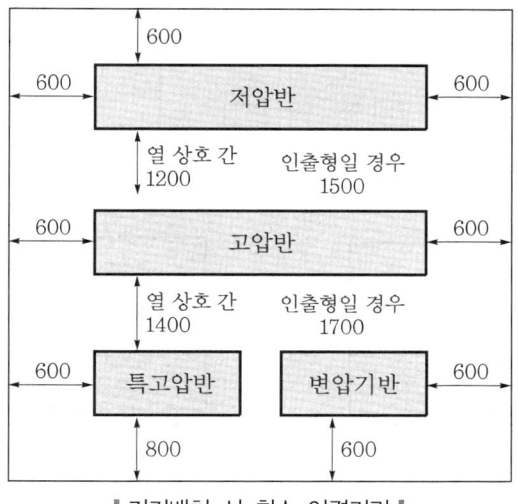

▐ 기기배치 시 최소 이격거리 ▐

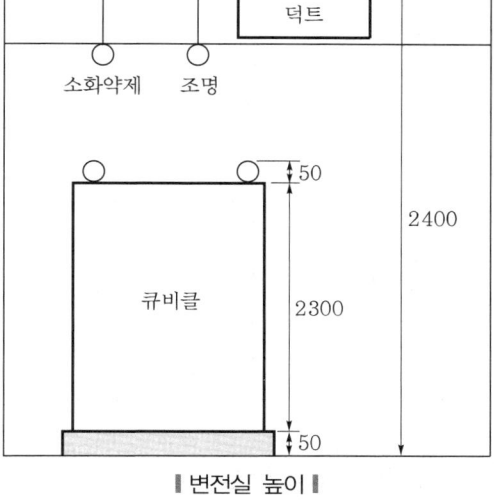

▐ 변전실 높이 ▐

6 변전실 형식

(1) 시설장소에 따른 분류

분류	옥외 수전설비	옥내 수전설비
정의	변압기 등의 수전설비를 옥외에 설치	변압기 등의 수전설비를 옥내에 설치
특징	부지의 여유가 있는 장소	도시 과밀지역

(2) 변전설비 형식에 따른 분류

분류	개방형	큐비클형	GIS형
정의	수변전기기를 개방된 공간에 Steel frame 조립 설치	수변전기기를 접지된 금속함 내 설치	수변전기기를 철제로 된 금속함에 넣고 SF_6로 충진 밀폐
특징	• 공사비 절감 • 증설, 변경 용이 • 인축감전 우려 • 설치면적 큼	• 공사비 증대 • 증설, 변경 어려움 • 신뢰성 향상 • 설치면적 작음	• 해안, 산악 지역 대규모 전력설비 • 고전압, 대용량의 기간계통 전력설비 • 증설, 변경 어려움

7 변전실 배치

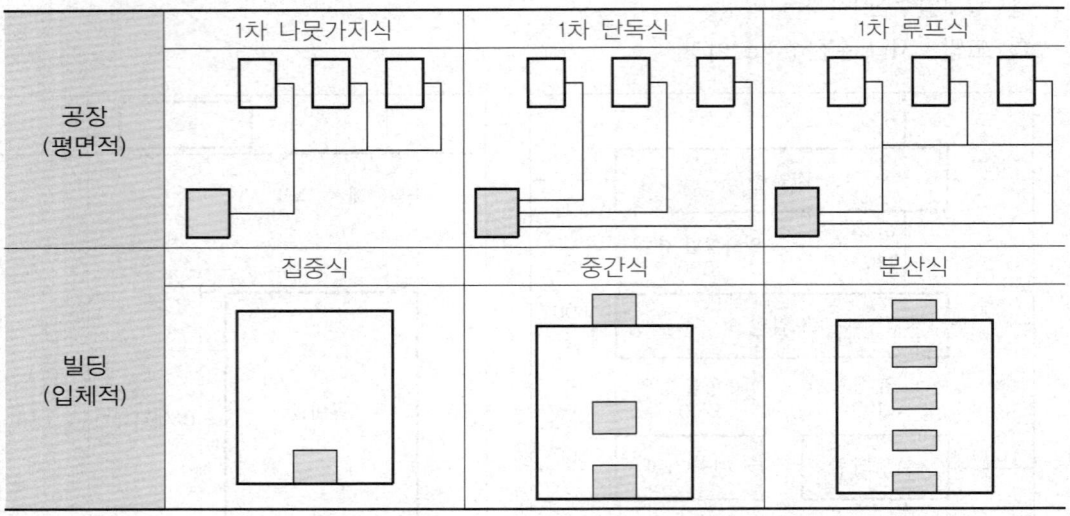

	1차 나뭇가지식	1차 단독식	1차 루프식
공장 (평면적)			
	집중식	중간식	분산식
빌딩 (입체적)			

8 기기별 고려사항

기기명	고려사항
변압기실	유입변압기는 타실과 격리, 방음·방화 구조
발전기실	별도의 독립 기초, 충분한 천장 높이
축전지실	배전반실에 가깝고 직사광선이 없을 것
감시제어실	쾌적한 환경, 충분한 공간 확보

9 기타 구비설비

① 발열대비 환기설비
② 침수대비 배수설비
③ 유지보수에 필요한 조명설비
④ 상주 근무원을 위한 공조설비

10 결론

초고층, 대용량, 대형 산업현장에서 변전실의 위치 및 환경적 영향에 대한 고려는 건축물의 계획단계에서부터 전력시설물의 안전성과 신뢰성을 확보하여야 한다.

PLUS

1. 수전실 등의 시설[KEC 부록 340-2]

▌A340-2-1 수전설비의 배전반 등의 최소 유지거리(단위 : m) ▌

위치별 기기별	앞면 또는 조작, 계측면	뒷면 또는 점검면	열 상호 간 (점검하는 면)	기타의 면
특고압배전반	1.7	0.8	1.4	–
고압배전반	1.5	0.6	1.2	–
저압배전반	1.5	0.6	1.2	–
변압기 등	0.6	0.6	1.2	0.3

2. 국내 대형 건물의 변전실 면적 대비표

건물명	연면적[m²] (평)	층수 지상/ 지하	변전실(A) 면적 [m²]	변전실(A) 비율 [%]	통신실(B) 면적 [m²]	통신실(B) 비율 [%]	EPS(C) 면적 [m²]	EPS(C) 비율 [%]	A+B+C 면적 [m²]	A+B+C 비율 [%]
포항제철 본사	31888 (9663)	13/2	760	2.38	207	0.65	138	0.43	1105	3.48
무역회관 사무동	107709 (31465)	55/2	1209	1.13	304	0.28	1263	1.17	2778 / 154kV 수전실 별도	258
대한생명 63빌딩	166097 (50244)	60/3	1694	1.02	250	0.15	1134	0.88	3078	1.85
제일은행 본점	77279 (23418)	22/4	1025	1.33	250	0.32	455	0.59	1730	2.24
럭키투원 빌딩	157835 (47764)	34/3	2283	1.45	265	0.17	1126	0.77	3784	2.39
안국화재 보험	55077 (16690)	21/6	591	1.07	42	0.08	337	0.62	970	1.77
중앙일보 사옥	70005 (21177)	21/3	1075	1.56	83	0.12	445	0.64	1623	2.30

3. 대규모 건축물의 변전실, 통신실, EPS실 면적비율

구분	변전실 비율[%]	통신실 비율[%]	EPS 비율[%]	계[%]
① 전체 평균 변전실 연면적 비율	1.49	0.27	0.67	2.43
② 연면적 40000평 이상 연면적 비율	1.49	0.22	0.62	2.33
③ 30층 이상 변전실 연면적 비율	1.37	0.24	0.80	2.41
④ ②와 ③의 평균 연면적 비율	1.43	0.23	0.71	2.37

SECTION 12

SF₆ 가스절연변전소(GIS) 설비의 특징

기출지문
Q1 대용량 변전소의 전력공급설비에 적용되는 GIS의 설비에 대하여 설명하시오. [건 102회 출제]
Q2 GIS(Gas Insulated Switchgear) 설비의 개요 및 주요 구성기기에 대하여 설명하고, 재래식 수전설비에 비하여 GIS의 장점을 설명하시오. [건 109회 출제]
Q3 변전소에 적용하는 GIS(Gas Insulation Switchgear) 설비의 가스 특성과 문제점 및 설비의 주요 관리항목(감시대상)에 대하여 설명하시오. [용 128회 출제]
Q4 가스절연변전소(Gas Insulated Substation)에 사용되는 가스의 특징과 가스절연변전소의 장단점에 대해 기술하시오. [발 84회 출제]
Q5 GIS(Gas Insulation Switchgear) 설비의 안전진단방법에 대하여 설명하시오. [안 120회 출제]

🟦 건 건축전기설비기술사 / 용 전기응용기술사 / 발 발송배전기술사 / 소 소방기술사 / 안 전기안전기술사 / 화 화공안전기술사 / 정 정보통신기술사

1 개요

(1) GIS(Gas Insulated Switchgear)

철재 용기 내 모선, 차단기, 단로기 등을 넣고 SF₆ 가스를 충진, 밀폐시킨 가스절연 개폐장치

(2) GIS(Gas Insulated Substation)

가스봉입 용기 내 개폐장치와 유입변압기, 계기용 변성기, LA, 접지장치까지를 모두 포함시킨 가스절연 변전소

2 GIS 도입 필요성

① 공장 밀집지역, 도심지 변전설비 증가 → 토지비용, 부지난 해소
② 염진해, 소음, 기타 환경문제 대두 → 내오손성, 친환경성
③ 안전성, 고신뢰성 요구 → 밀폐화, 무인자동화

3 GIS 정격기준(IEEE)

계통전압[kV]	연속 정격전류[A]	정격 단시간 전류[kA]
345, 765	1200, 1600	16, 20, 25
154	2000, 3000	31.5, 40, 50
22.9	4000, 5000	63, 80, 100

4 GIS의 분류

(1) 전압에 따른 분류

C-GIS(25.8kV급 compact형), 초고압 GIS(170kV 이상)

(2) Gas 구획형태에 따른 분류

Uint형, Hybrid형, Full형

(3) 절연물에 따른 분류

SF_6 Gas형, 환경친화형(SF_6 대체절연)

5 GIS의 특징

장점	단점
• Compact화 : 설치면적 축소(기존의 25%) • 안전성 향상 : 감전 및 화재위험 작음 • 고신뢰성 : 열화 및 사고 확대 방지 • 유지관리 용이 : On–line 진단 • 환경성 : 염진해, 소음, RFI 감소 • 경제성 : 토지비용 절감, 공기단축(20 ~ 40%)	• 가스압력, 수분 감시 필요 • 한랭지 액화방지대책 필요 • 부적절 대응 시 사고 확대 유발 • 육안점검 불가, 부품교환 어려움 • SF_6 가스 유출 시 지구환경오염(오존층 파괴) • 초기 투자비 고가

6 SF_6 가스의 특성

물리 · 화학적 특성	전기적 특성(부특성)
• 무색, 무취, 무미, 무독 • 불연성, 불활성 • 열전달성, 열적 안전성 우수 • 액화성(대기압 : −64℃)	• 절연내력 높음(공기의 2 ~ 3배) • 소호성 우수(공기의 100배) • 절연회복 빠름 • 아크안정

7 GIS 구성 및 Gas 구획

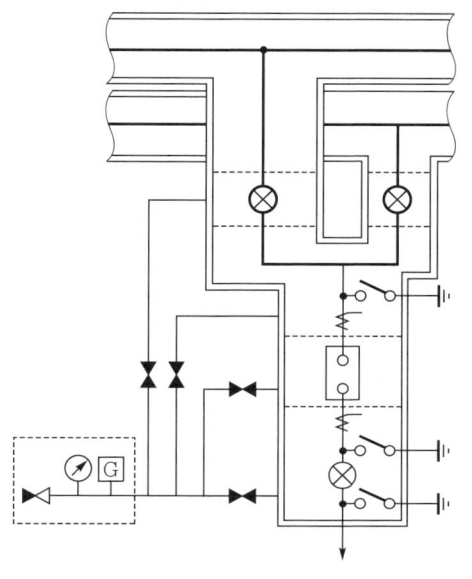

범례	
$\otimes$	단로기
—○ ○—	차단기
G	가스밀도 검출기
⊘	압력계
►◄	정지변(운전 시 닫힘)
►◄	정지변(운전 시 열림)
┆┄┄┆	제어함
—○ ○—‖	접지개폐기
┆┄┄┆	SF_6 가스구획

8 GIS 진단방법

(1) On-line 진단 System(부분방전 측정회로)

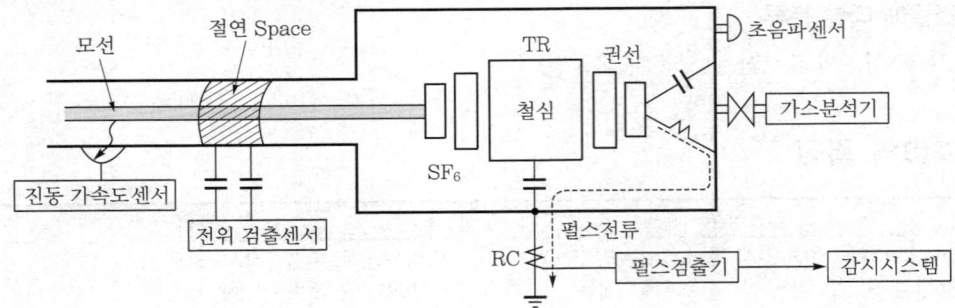

(2) 검출방법

① 전기적 검출법 : 절연 스페이스법(전위차법), 접지선 전류법
② 기계적 검출법 : 초음파, 진동, 화학적 검출법, X선 촬영법 등

9 시공 및 유지보수 고려사항

(1) 시공 시 고려사항

① 기초 : 구조물 부동침하, 내진대책 고려
② 접지 : Mesh접지
③ 시험 : 공장시험(수압 및 기밀 시험)과 현장시험
④ 접지 : Cable, TR 접속 시 절연 및 진동주의
⑤ 이물질 제거 : 제작 시 Clean house 설치
⑥ 기타 : 봉입가스 순도 97.7% 초과, 수분 함유량 200ppm 이하, SO_2 1ppm 이하

(2) 유지보수 시 고려사항

① 실내 바람, 먼지 발생 억제
② 가스압 저하, 유출, 액화 방지

10 GIS 기술동향

(1) Compact화 C-GIS 보급 확산

(2) 친환경화

SF_6 가스 대체절연물 개발 진행 → V-GIS(진공), Dry Air-GIS(기중), NIS(질소), SIS(고체) 등

(3) 무인화 운전, 보수의 고도화 실현

On-line 진단기술 도입

11 결론

최근 지구온난화 방지를 위한 SF_6 가스의 방출 제한 문제가 대두되고 있는바, 국내에서도 친환경적인 대체절연물질 개발에 대한 관심과 연구가 필요하다.

PLUS

01 가스절연 개폐장치(GIS : Gas Insulated Switchgear)

GIS는 밀폐된 탱크 내에 각종 기기를 넣고 그 공간을 SF_6 가스를 사용하여 절연한 개폐장치로서, 내장기기는 다음과 같다.

① 차단기(GCB : Gas Circuit Breaker)
② 모선(Main Bus)
③ 단로기(DS : Disconnecting Switch)
④ 접지개폐기(ES : Earthing Switch)
⑤ 피뢰기(LA : Lightning Arrester)
⑥ 계기용 변압기(PT, PD)
⑦ 계기용 변류기(CT)
⑧ Cable sealing end(지중선로일 경우)
⑨ Air bushing(가공선로일 경우)

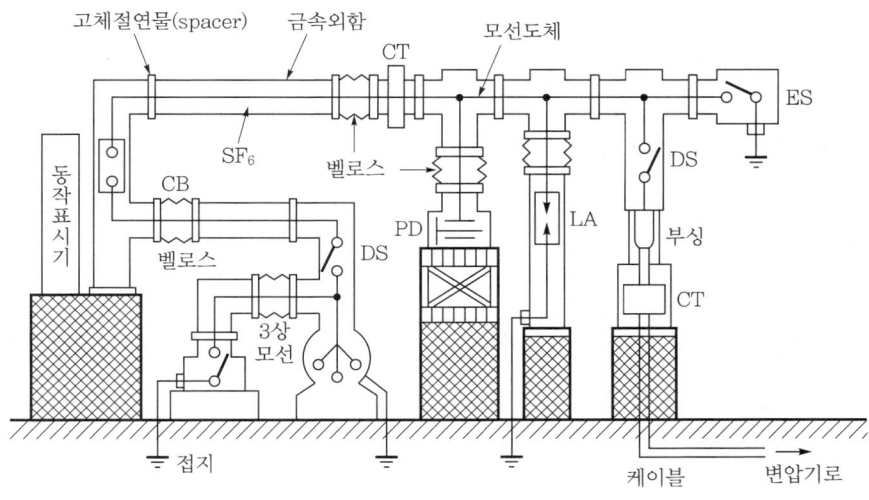

02 SF₆ 대체 절연기술

1. 고체절연 개폐장치(SIS : Solid Insulated Switchgear)

(1) 기존 에폭시를 유리전이온도점으로 높인 것

(2) 열팽창계수가 낮아 크랙이 적고 기계적 강도 30% 증가

(3) 특징

　① 각 상 개별 절연 가능, 부품 단순, 구조 간단

　② 난연성 화재위험 작고 노출도 전부 없어 감전위험 감소

2. 혼합가스(SF₆ + 완충 기체 혼합)

완전 대체 어려움, 사용량 감소효과($SF_6 + N_2$, $SF_6 + N_2 + CO_2$)

3. 대체가스

(1) Dry air($N_2 + O_2$)

　① 수분 및 불순물 제거한 순수한 공기로 절연

　② 차단능력은 SF_6 비해 $\frac{1}{3}$ 수준, 진공밸브 포함

　③ 진공밸브를 초고압에 사용하기 위한 기술개발 요구됨

(2) CO_2 개폐장치 + (C5PFK or g3 등)

　① ABB사 : CO_2 개폐장치(C5PFK : 170kV급)

　② Alstom사 : CO_2 개폐장치 + g3

(3) N_2 가스

절연성능 SF_6보다 낮고, 높은 압력 필요

(4) PFCS계(불활성 탄소계)

독성이 있어 안전성 측면에서 사용 불가

4. DAIS(Dry Air Insulated Switchgear)

(1) 차단부는 진공밸브, 나머지 부분은 Dry air로 절연

(2) 일본은 72.5kV급 개발 완료했고 국내에서는 개발 진행 중임

5. 특징 비교

구분	Dry air	고체절연	SF₆
절연성	공기의 1.6배	공기의 3.5배	공기의 3배
절연설계	어려움	어려움	간단
환경영향	친화적	특수폐기물	온난화 가스
유지보수	선택적	선택적	필수
중량[kg]	기준	5배	6.5배

SECTION 13 수변전설비 단선결선도 및 기기정격 선정

기출지문

Q1 다음 조건을 적용하여 수전설비 단선결선도를 작성하고, 사용되는 주요 기기를 설명하시오. 〔건 113회 출제〕

Q2 수변전설비에 적용되는 특고압 수전설비의 표준결선도와 특고압 간이수전설비의 표준결선도에 대하여 설명하시오. 〔건 63회 출제〕

Q3 배전계통에서 사용하는 자동부하절환개폐기(ALTS)의 적용기준, 운영방법, 개폐기 제어기능, 부하 측 고장 시 조작순서에 대하여 설명하시오. 〔발 124회 출제〕

Q4 고압 이상 수전설비에서 주차단장치의 종류에 의한 보호협조방식을 3가지로 대별하고, PF-CB형의 보호협조를 설명하시오. 〔안 66회 출제〕

〔건〕건축전기설비기술사 / 〔용〕전기응용기술사 / 〔발〕발송배전기술사 / 〔소〕소방기술사 / 〔안〕전기안전기술사 / 〔화〕화공안전기술사 / 〔정〕정보통신기술사

1 수변전설비의 개요

수전점에서 변압기 1차 측까지의 수전설비와 변압기에서 배전반까지의 변전설비를 총칭한다.

2 수변전설비의 계통 설명

(1) 적용 예

30000m^2 업무용 건축물

수전용량	수전/변압	수전방식	강압방식	변압기모선	변압기 Bank
3000kVA	22.9kV-Y/ 380-220V	본선·예비선 수전	직강압방식	섹션구분 단일모선	3Back

(2) On-line diagram

① LBS W/Fuse(부하개폐기)
   ㉠ 정격전압 및 정격전류 : 25.8kV, 630A
   ㉡ 수변전설비의 인입구 개폐기로 많이 사용
   ㉢ 전력퓨즈 용단 시 결상 방지를 목적으로 채용
   ㉣ 전력용 Fuse를 부착하여 후비보호용으로 사용

② Lightning arrester
   ㉠ 최근 Gapless형 피뢰기가 많이 사용
   ㉡ 정격전압 18kV, 공칭방전전류 2.5kA → 22.9kV 배전선로용

③ VCB
   ㉠ 정격전압 : 25.8kV, 정격전류 : 630A
   ㉡ 정격차단용량 : 520MVA

④ Mold Transformer

　㉠ 용량 : 22.9kV, 3P-4W-1500kVA

　㉡ Compact하고 보수점검이 간편함

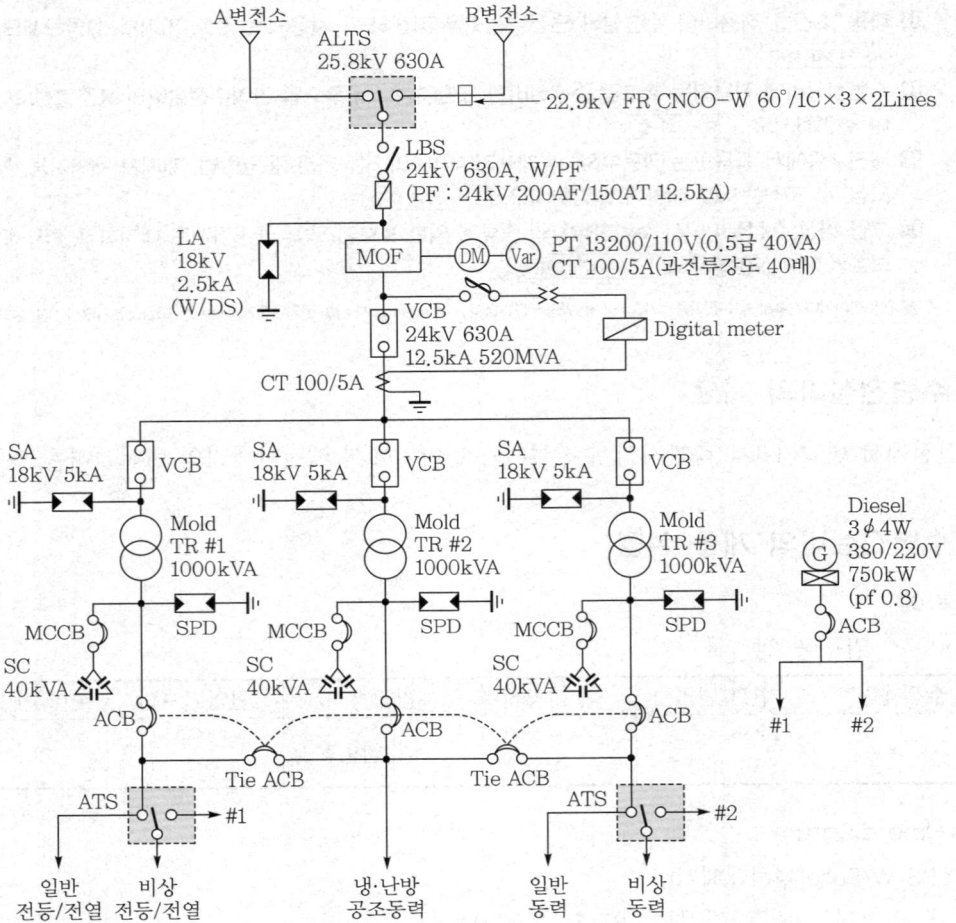

3 보호협조

(1) 수용가 내부사고 시 전력회사 계전기가 동작하지 않도록 보호협조

(2) 22.9kV 배선의 경우 보호계전기 정정

구분		동작치 정정	비고
단락보호 (OCR)	한시 요소	최대 계약전력의 150 ~ 170%	수전변압기 2차 3상 단락 시 0.6초 이하
		전기로, 전철 등 변동부하 200 ~ 250%	
	순시 요소	수전변압기 2차 3상 단락전류의 150 ~ 250%	0.05초 이하

구분		동작치 정정	비고
지락보호 (OCGR)	한시 요소	수전변압기 정격전류의 30% 이하 3상 불평형 전류의 1.5배 이상	완전 지락 시 0.2초 이하
	순시 요소	최소치(30% 이상)에 정정	0.05초 이하

(3) 평행 2회선 수전방식은 방향선택 계전방식을, Loop 수전방식은 표시선 계전방식을 적용 한다.

4 결론

수전방식은 건축물의 특성 및 용도에 맞게 선정하여야 하며, 국제경기장, 초고층 빌딩 산업현장 등에서는 전력공급의 신뢰성을 확보하여 안전하게 공급하여야 한다.

공동주택(APT) TR용량 산정방법(1000세대)

기출지문

Q1 550세대 고층 아파트단지를 건설하려고 한다. 이 경우 수전설비, 변전설비, 발전설비를 기획하시오. (단, 단위 세대면적은 108m², 공용시설 부하는 1.8kVA/세대로 가정함) [건] 120회 출제

Q2 공동주택 단위 세대의 부하산정방법을 설명하시오. [건] 125회 출제

[건] 건축전기설비기술사 / [용] 전기응용기술사 / [발] 발송배전기술사 / [소] 소방기술사 / [안] 전기안전기술사 / [화] 화공안전기술사 / [정] 정보통신기술사

1 부하산정방법(세대당)

관련 기준		산정방식
집합주택	KEC(부록 230-3)	$30\text{VA/m}^2 \times$ 전용면적[m³] + (500 ~ 1000VA) (3kVA 이하는 3kVA 적용)
	주택건설기술규정 제40조	$\left\{(\text{전용면적} - 60\text{m}^2) \times \dfrac{500\text{VA}}{10\text{m}^2}\right\} + 3000\text{VA}$
전전화 집합주택	KEC(부록 230-3)	$60\text{VA/m}^2 \times$ 전용면적[m²] + 4000VA (7kVA 이하는 7kVA 적용)

※ 세대 TR용량 산정 시 상기 표에 의한 산출용량에 수용률을 적용한다.

2 부하용량 산출 비교

전용면적 85m², 1000세대 기준으로 예를 들어보면 다음과 같다.

구분		부하용량 산출
집합주택	KEC	$30\text{VA/m}^2 \times 85\text{m}^3 + 1000\text{VA} = 3550\text{VA/세대}$ → 3550VA/세대×1000세대×0.4 = 1420000 → 1500kVA
	주택건설 기술규정	$\left\{(85 - 60)\text{m}^2 \times \dfrac{500\text{VA}}{10\text{m}^2}\right\} + 3000 = 4500\text{VA/세대}$ → 4500VA/세대×1000세대×0.4 = 1800000 → 2000kVA
전전화 집합주택	KEC	$60\text{VA/m}^2 \times 85\text{m}^2 + 4000 = 9100\text{VA/세대}$ → 9100VA/세대×1000세대×0.4 = 3640000 → 4000kVA

(1) $(85 - 60)\text{m}^2 = 25\text{m}^2$ → 30m²로 계산(10m² 단위로 반올림)

(2) 전전화 집합주택이란 대형, 초고층 APT, 주상복합, 고급빌라 등과 같은 주택에서 에너지원의 대부분을 전기로 사용하는 집합주택을 말한다.

62

(3) 수용률 : 40% 적용

① 100세대 이상일 경우 LH 규정을 적용한다.

② 800세대 초과할 경우 KEC를 적용한다.

3 변압기용량 산정

(1) 세대부하 1800kVA → TR 1000kVA×2기(「주택건설 기술규정」 적용)

(2) 공용부하 1kVA/세대×1000세대 → TR 1000kVA×1기

(3) 비상발전기 용량

① 건설기술 진흥법

$$GP \geq \left\{ \sum P + (\sum P_m - P_L) \times \alpha + (P_L \times \alpha \times C) \right\} \times k$$

(KDS 31 60 20 : 2021 참고)

여기서, GP : 발전기 용량[kVA]

$\sum P$: 전동기 이외 부하의 압력용량 합계[kVA]

$\sum P_m$: 전동기 부하용량 합계[kVA]

P_L : 전동기 부하 중 기동용량이 가장 큰 전동기 부하용량[kW]

α : 전동기의 kW당 입력용량 계수(고효율 1.38, 표준형 1.45)

C : 전동기 기동계수

k : 발전기 정수와 허용전압 강하율을 고려한 계수

② 주공산정법

(승강기 + 전동기 + 조명 + 정화조 부하) × $\dfrac{수용률}{부등률}$

③ 간이 추정식

총수전용량[kVA]×0.3(IB 인증조건 : 20% 이상) = 3000kVA×0.3 = 900kVA

→ 1000kVA(PF 0.8 → 800kW)×1대

4 One-line skeleton diagram(예시)

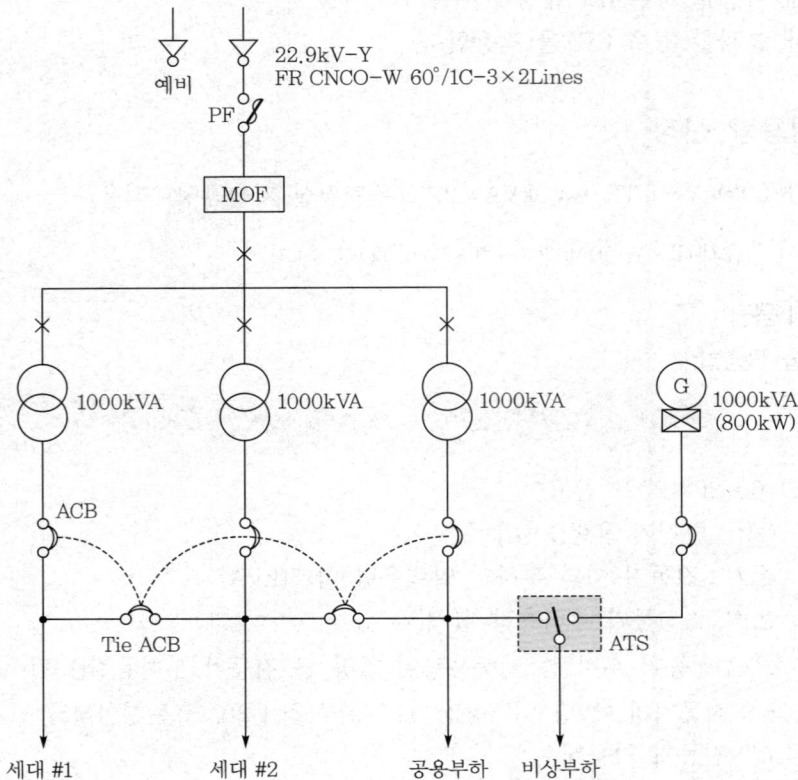

30000m² 업무용 건축물 수전설비 구성 및 변전실 선정 시 고려사항

기출지문

Q1 대단위(대지면적 : 약 100만m², 용도 : 종합대학, 자동차공장, 놀이시설, 공항 등) 단지의 구내에 다수의 변전실을 설계하고자 한다. 배전계통에 대하여 설명하고 적합한 계통 구성방식을 설명하시오. 건 115회 출제

Q2 IB(Intelligent Building)의 개념, 필요성, 구성요소 및 특성에 대하여 설명하시오. 건 92회 출제

건 건축전기설비기술사 / 홍 전기응용기술사 / 발 발송배전기술사 / 소 소방기술사 / 안 전기안전기술사 / 화 화공안전기술사 / 정 정보통신기술사

1 수전설비용량 산정

(1) 부하설비용량 추정

구분	부하밀도[VA/m²]	수용률[%]	연면적[m²]	여유율	용량 합계[kVA]
전등/전열	37	0.7	30000	1.1	855
일반동력	59	0.5	30000	1.1	973
냉방동력	37	0.8	30000	1.1	977

(2) 변압기용량 선정(표준변압기 선정)

전등/전열	일반동력	냉방동력	예비
3ϕ 1000kVA	3ϕ 1000kVA	3ϕ 1000kVA	3ϕ 1000kVA

(3) 발전기용량 산정

① 총부하설비의 30%(PF 0.8 적용) – (IB 등급기준 : 20%)

② 3000kVA×0.3×0.8 = 720kW → 750kW 채택

(4) 수전방식

① 전력인입

    ㉠ 3ϕ4W 22.9kV−Y/FR CNCO−W 2회선(예비 포함)

    ㉡ 지중인입

② 변압방식

    ㉠ 3ϕ 22.9kV−Y/380V−220V

    ㉡ One step 방식(경제성, S/S 면적 등 고려)

③ 모선방식 : 섹션구분 단일모선

2 계통 고장계산 및 기기정격 선정

(1) 단락용량 검토

① 수전점 정격전류 : $I_n = \dfrac{3000}{\sqrt{3} \times 22.9} \times 1.25 = 94.5 \rightarrow 100\,\text{A}$

② TR 1차 전류 : $I_n = \dfrac{1000}{\sqrt{3} \times 22.9} \times 1.25 = 31.5 \rightarrow 50\,\text{A}$

③ TR 2차 전류 : $I_{n2} = \dfrac{1000}{\sqrt{3} \times 0.38} \times 1.25 = 1898 \rightarrow 2000\,\text{A}$

④ 단락용량 추정

  ㉠ 154 kV 변전소 TR용량 → 45/60 MVA, 14.5%

  100 MVA 기준, %Z 환산 → $\%Z_M = \dfrac{100}{60} \times 14.5 = 24\%$

  ㉡ TR 기준 임피던스 환산(표준 6% 적용) → $\%Z_T = \dfrac{100}{1} \times 6 = 600\%$

  ㉢ 임피던스 Map 작성

  ㉣ A점 사고 시 : $I_{SA} = \dfrac{100}{24} \times \dfrac{100}{\sqrt{3} \times 22.9} = 10.5\,\text{kA} \rightarrow 12.5\,\text{kA}$ 선정

  ㉤ B점 사고 시 : $I_{SB} = \dfrac{100}{624} \times \dfrac{100}{\sqrt{3} \times 0.38} = 24.35\,\text{kA} \rightarrow 25\,\text{kA}$ 선정

  ㉥ A점 차단용량 : $P_S = \sqrt{3} \times 22.9 \times \dfrac{1.2}{1.1} \times 10.5 = 454 \rightarrow 520\,\text{MVA}$ 선정

(2) MOF 과전류강도

비대칭계수 α는 1.43, PF 용단시간은 0.02s라 가정한다.

① 최대 비대칭 단락전류 실효치 : $I_{\max} = I_S \times \alpha = 10.5 \times 1.43 = 15\,\text{kA}$

② 단시간 과전류 $I_{pf} = 15 \times \sqrt{0.02} = 2121\,\text{A}$

③ 과전류 강도 $S_n = \dfrac{\text{단시간 과전류}}{\text{정격 1차 전류}} = \dfrac{2121}{100} = 21.21 \rightarrow 40$배수 선정

(3) OCR 정정(50/51)

① 순시 Tap $I_{pf} \times \text{CT비} = 2121 \times \dfrac{5}{100} = 106\,\text{A} \rightarrow 110\,\text{A}$로 Setting

② 한시 Tap $I_n \times \text{CT비} = 94.5 \times \dfrac{5}{100} = 4.7\,\text{A} \rightarrow 5\,\text{A}$로 Setting

(4) 전력용 콘덴서 선정(TR용량의 4% 적용)

$$1000\,kVA \times 0.04 = 40\,kVA$$

3 주회로 계통구성

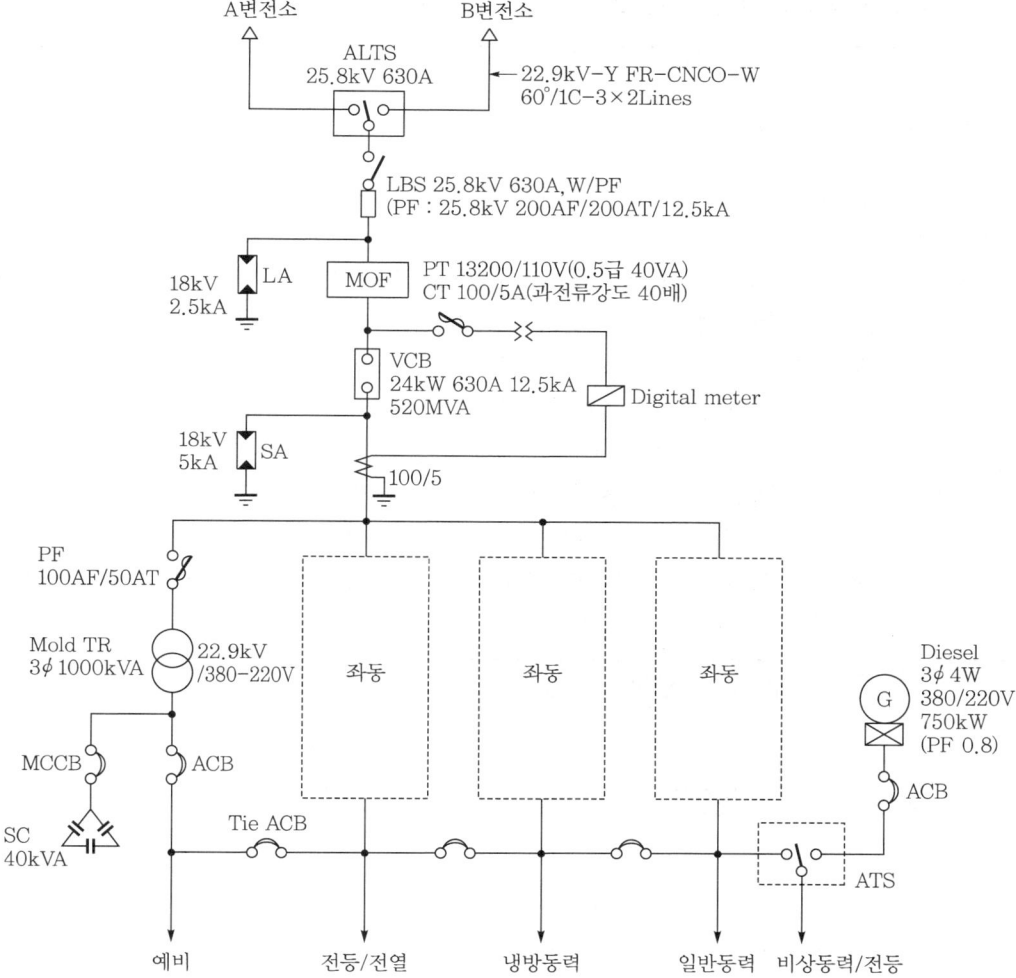

전기설비의 지진대책에 적용되는 내진, 면진 및 제진

기출지문

Q1 전기설비의 지진대책에 적용되는 내진, 면진 및 제진에 대하여 설명하시오. [건 127회 출제]

Q2 건축전기설비에서 내진, 면진 및 제진의 의미를 설명하시오. [건 134회 출제]

전 건축전기설비기술사 / 응 전기응용기술사 / 발 발송배전기술사 / 소 소방기술사 / 안 전기안전기술사 / 화 화공안전기술사 / 청 정보통신기술사

1 전기설비의 내진

내진이란 면진, 제진을 포함한 지진으로부터 전기설비의 피해를 줄일 수 있는 구조를 의미하는 포괄적인 개념을 말한다.

① 건축전기설비에 대한 내진설계의 목적은 지진으로 인하여 전기기기 및 파손 피해를 입거나 기능을 상실하는 것을 방지하고, 인명의 안전을 도모하며, 재산을 보호하고, 지진 후에 필요한 활동을 가능하게 하는 것으로, 건축전기설비에 대한 내진설계의 기본개념은 지진동 (지진으로 일어난 지면의 진동)으로 인하여 건축전기설비의 기기 및 배관이 전도, 낙하하지 않도록 기기 및 배관을 건축물에 견고하게 고정 혹은 정착하는 것이다.

② 건축전기설비 내진보호는 내진장치를 이용하여 지진 시에도 전도, 이동, 탈락 등이 발생되지 않도록 바닥, 벽 등에 정착(단단히 고정)하는 방법이 효과적이다.

③ 기기의 정착부에 대한 설계 개념 및 전제조건 등을 포함하여 정착방법별 구분과 방법은 다음과 같으며 단독 또는 상호 보완하여 시공한다.

정착방법	상세도	개요
앵커볼트		• 기기를 정착용 바닥에 고정 • 매립형 또는 후시공형
기초		바닥 콘크리트 슬래브와 결합된 부재
상단, 배면지지		• 기기 하단 장착에 추가장착 • 내진성 증대
내진 스토퍼		• 방진고무 혹은 고정철물로 고정 • 직접 앵커볼트 연결이 어려울 경우
받침대		• 앵커볼트로 직접 구조물에 연결이 어려운 경우 • 기기와 건축물 사이 프레임 설치

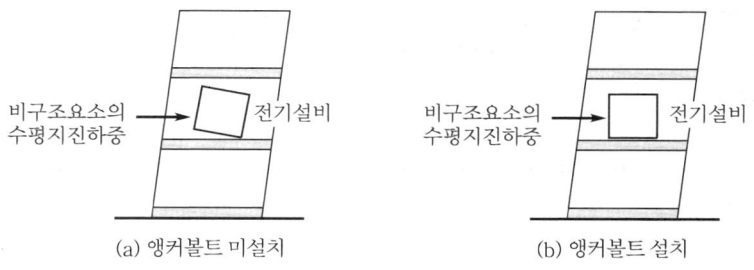

‖ 전기설비의 내진설계 이해도 ‖

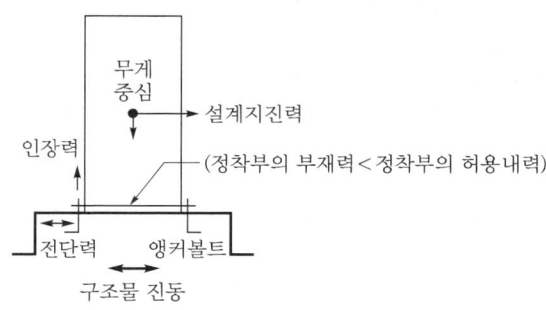

‖ 전기설비의 내진설계 개념도 ‖

2 전기설비의 면진

① 면진이란 건축물과 전기설비를 분리시켜 지반진동으로 인한 지진력이 직접 구조물로 전달되는 양을 감소시킴으로써 내진성을 확보하는 수동적인 지진제어기술을 말한다.

② 주로 통신장치 등 기기 내연성이 있는 설비에 적용하며, 수변전설비와 같은 대용량 설비는 케이블 등이 복잡하게 구성되어 있어 적용 시 면밀한 검토가 필요하다.

구분	장비단위 적용	일괄 적용	랙단위 적용
형태			
방법	면진 테이블	이중 마루	면진 랙

3 전기설비의 제진

제진이란 별도의 장치를 이용하여 지진력에 상응하는 힘을 구조물 내에서 발생시키거나 지진력을 흡수하여 구조물이 부담해야 하는 지진력을 감소시키는 능동적 지진제어기술을 말한다.

예 단독 전선관 배관은 내진 스프링행거, 제진 스프링행거로 수정해 내진설계, 내진시공한다.
레이스웨이 배관은 제진 스프링행거 사각형으로 수정해 내진설계, 내진시공한다.

전기설비 내진대책

1 내진설계의 기본개념

내진설계의 목적은 지진으로 인하여 전기 기기 및 배관 등이 파손피해를 입거나 기능을 상실하는 것을 방지하고, 인명의 안전을 도모하며, 재산을 보호하고, 지진 후에 필요한 활동을 가능하게 하는 것이다.

(1) 적용 대상건물

① 강구조, 콘크리트 강합성 구조 및 철근 콘크리트 구조인 70m 이상의 건물이다.

② 70m를 초과하는 건물에 설치된 건축전기설비는 동적 해석법을 적용해 건물의 총지진력을 계산하고, 설비의 동적 증폭을 고려하여 기기의 중심에 작용하는 설계지진력을 결정한다.

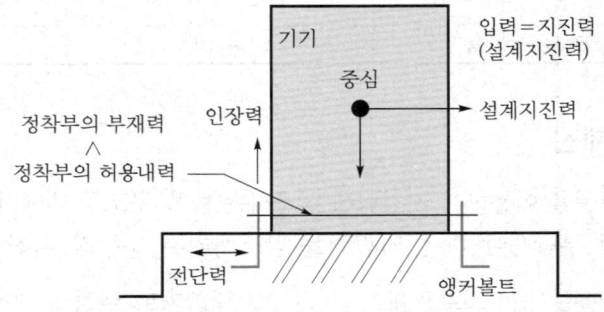

‖ 건축전기설비의 내진설계 개념도 ‖

(2) 대상설비

다음 설비에 포함되는 기기 및 배관을 대상으로 한다.

① 수변전설비

② 자가발전설비

③ 축전지설비

④ 간선·동력 설비

⑤ 조명설비

⑥ 약전설비

(3) 제외대상

① 가공배선

② 중량이 100kg 이하로서, 바닥에 정착하는 방식의 기기

③ 방진장치가 설치된 바닥에 정착하는 기기

2 내진등급

(1) 내진등급의 구분

지진 발생 이후에도 어떠한 기능을 필요로 하는 시설이 포함된 건축물 또는 설비는 내진설계의 중요성을 부각시킬 필요성이 있다.

① 보통의 경우에는 기기의 내진등급을 B로 결정한다.

② 방진장치를 부착한 기기(방진장치, 변압기 등)는 내진등급 A로 정한다.

③ 특별히 내진성에 관한 요구가 있는 경우 특정시설에 의한 내진등급으로 정한다.

(2) 내진등급의 적용

건축전기설비의 내진등급을 구분하는 경우 기기에 작용하는 설계지진력은 다음 표의 할증계수를 곱하여 결정한다.

❙ 건축전기설비기기의 내진등급에 따른 설계지진력의 할증계수 ❙

기기설치층	기기의 내진등급			적용 단층의 구분
	내진등급 S	내진등급 A	내진등급 B	
최상층, 옥상 및 옥탑	2.0	1.5	1.0	
중간층	2.0	1.5	1.0	
지하층 및 1층	2.0	1.5	1.0	

① 상부층의 정의
　㉠ 6층 이하 건축물에서는 최상층을 상부층으로 정한다.
　㉡ 9층 이하 건축물에서는 상층의 2개 층을 상부층으로 정한다.
② 내진등급의 적용
　㉠ 설계기기의 응답배율을 고려하여 내진등급을 결정한다.
　㉡ 적용층의 구분에서 기기가 천장에 부착된 경우, 즉 바로 위의 층이 슬래브에 지지된 경우는 그 위층을 기기의 설치층으로 한다.

3 설계기준 및 시공 시 고려사항

내진설계는 지진 중 운전이 가능하고 점검확인이 용이하며 자동적으로 재운전이 가능하도록 설비기능이 보전되어야 한다.

(1) 내진설계기준(건축법 시행령)
① 3층 이상 연면적 1000m² 이상 건축물
② 경간 10m 이상 5층 이상 APT, 연면적 500m²인 판매시설 등
③ 바닥면적 합계가 1000m² 이상인 발전소, 종합병원, 방송국, 공공건물
④ 바닥면적 합계가 5000m² 이상인 관람집회실, 판매시설

(2) 내진시공 시 고려사항
① 전기실은 지하층이나 저층에 시설한다.
② 옥외 기기의 기초는 건축구조와 일체구조로 한다.
③ 배관이나 리드선에는 가요성을 부여한다.
④ 지진 시에 변위량이 큰 것에는 내진스토퍼를 설치한다.

4 내진설계 시 고려사항

(1) 내진 중요도 설정
전력시설물의 내진성은 건물의 사회적 중요도나 용도를 고려해서 등급을 설정한다.
① 중요도 A : 건물의 기능 유지 및 재해의 경우 인명안전 확보상 필요한 중요설비로서, 비상발전기, 비상용 승강기, 비상간선 등이 해당한다.
② 중요도 B : 설비의 손상으로 인명 및 중요설비 기능에 대해 2차 재해가 발생할 염려가 있는 설비로서, 일반변압기, 일반간선, 배전반 등이 해당한다.
② 중요도 C : 설비기능에 피해가 있어도 비교적 간단히 보수·복구가 가능한 것이다.

(2) 설비계의 지진입력 예측
① 건물의 지진입력을 고려하여 그 이상의 내구력을 가진 설계·시공 방법으로 해야 한다.

② 기기에 작용하는 지진입력 계산

㉠ 수평 지진력 $F_H = K \cdot W$ [kg]

여기서, W : 기기의 중량[kg]

K : 설계용 수평진도

㉡ 연직 지진력 $F_V = \dfrac{1}{2} F_H$ [kg]

③ 설비의 적정 배치

㉠ 중요도가 높은 전력용 기기는 작용 지진력이 작은 건물 저층부에 배치한다.

㉡ 지진입력으로 오동작할 수 있는 설비는 작용 지진력이 작은 아래쪽에 배치한다.

㉢ 지진 시 다른 설비의 접촉으로 손상을 받지 않는 경로에 배치한다.

㉣ 점검, 확인 및 보수하기 쉬운 장소에 배치한다.

④ 사용자재의 강도 확보

㉠ 지진입력으로 인한 설비의 지진하중과 변위에 대해 허용강도를 가진 자재를 사용한다.

㉡ 내진설계에서 수평 지진력으로 자재 고정부에 가해지는 전단력, 인장력 및 복합된 힘을 계산해 허용강도 이상의 자재를 사용해야 한다.

㉢ 건물의 층간변위 $\dfrac{1}{200}$ 에 대해 강도적 탄성범위 이내에서 전기적 문제가 없는 설계를 한다.

⑤ 공진방지

㉠ 건물의 지진반응으로 전기설비가 건물과 공진이 되지 않게 설계·시공해야 한다.

㉡ 철골조 공진주기 $T_1 = 0.028H$ [s]

여기서, H : 건물의 높이[m]

㉢ 기타, 철근 콘크리트조, 철골 철근 콘크리트조 공진주기 $T_2 = 0.020H$ [s]

⑥ 기능보전

㉠ 지진 중의 운전조건 : 지진 중에 운전 또는 자동 및 수동 정지할 수 있어야 한다.

㉡ 지진 후의 운전조건 : 자동 재운전 또는 점검 후 재운전할 수 있어야 한다.

㉢ 설계 시 건축물의 중요도에 따라 건축 내진설계를 고려하여 적용한다.

5 전기설비의 내진설계

(1) 수변전설비의 내진설계

구분	내진대책
수전변압기	• 기초 볼트의 정적하중이 최대 체크포인트이다. • 방진장치가 있는 것은 내진스토퍼를 설치한다. • 애자는 0.3G, 공진 3파에 견디는 것으로 설치한다. • 저압 측을 부스바로 접속하는 경우 가요성 도체를 사용하고 절연커버를 설치한다.

구분	내진대책
스위치 기어 (배전반)	• 기초 볼트나 베이스와 프레임의 고정볼트가 지진입력에 의한 인장력과 전단력에 견디는 것을 사용한다. • 사용부재의 강성을 높이고 기초부를 보강한다. • 몸체를 벽체에 고정하는 것도 전도 방지에 유효하다. • 내진성이 문제가 되는 것은 반 높이를 $\frac{1}{2}$ 이하로 배치한다.
가스절연 개폐장치 — GIS	• 기초부를 중심으로 한 정적 내진설계로 계획한다. • 가공선 인입의 경우에 부싱은 공진을 고려하여 동적 설계를 한다.
가스절연 개폐장치 — C-GIS	• 스위치 기어와 동일하게 내진설계를 한다. • 반 사이 및 변압기와의 접속에는 케이블 및 Flexible conductor를 사용하고 가요성을 고려한다.
보호계전기	• 정지형 계전기나 디지털 릴레이를 사용한다. • 기계적 계전기류의 불필요 동작대책을 세운다. • 협조 가능한 범위에서 타이머를 넣는다.

(2) 예비전원설비의 내진설계

구분	내진대책
자가발전설비	• 발전기 연료는 외부 공급방식이 아닌 자체 저장시설에서 공급하는 방식일 것 • 발전기 냉각방식은 외부 시수이용 냉각방식이 아닌 자체 라디에이터 냉각방식일 것 • 엔진과 발전기에 방진장치를 시설할 경우에는 지진하중이 엔진 발전기의 중심에 작용한 경우 수평과 연직 방향의 변위에 대해 구속하는 스토퍼를 시설한다. • 엔진의 급·배기, 냉각수, 연료, 엔진오일, 시동용 공기의 각 출입구 부분에는 변위량을 흡수하는 가요관을 시설한다. • 보조기, 탱크류의 가대, 배관류, 배전반의 보강, 지지방법을 구체적으로 명시할 것 • 건물 중요도에 따라 내진형과 지진관제형을 구분해 결정하고 지진의 경우 안전 및 확실한 운전을 할 수 있도록 대책을 세운다.
축전지설비	• 앵글프레임은 관통볼트에 의하여 고정시키거나 또는 용접방식이 바람직하다. • 내진가대의 바닥면 고정은 지진강도에 충분히 견딜 수 있도록 처리한다. • 축전지 상호 간의 틈이 없도록 내진가대를 제작할 것 • 축전지 인출선은 가용성이 있는 접속재로 충분한 길이의 것을 사용하고 S자형으로 배선하는 것을 고려한다.
엘리베이터 설비	• 설계진도의 지진하중에 대하여 기기의 이동, 전도가 없이 구조 부분에는 위험한 변형이나 레일이 이탈하지 않도록 한다. • 지진 시에 로프나 케이블이 승강로 내의 돌출물에 영향을 주어 Car 운행에 지장을 주어서는 안 된다. • 지진 등 비상시에 대비해 지진 시 관제운전장치를 설치한다.

SECTION 18 전기설비 에너지 절약

기출
지문

Q1 건축물의 에너지 절약 설계기준에 따른 다음 용어를 설명하시오. [건 96회 출제]
(1) 고효율 조명기기
(2) 직접 강압강식
(3) 변압기 대수제어
(4) 대기전력 차단스위치
(5) 일괄 소등스위치
Q2 인텔리전트 빌딩(intelligent building)에 대하여 다음 사항을 설명하시오. [건 120회 출제]
(1) 정의 및 건물에너지 절약을 위한 요소
(2) 구비조건
(3) 경제성
Q3 건축전기설비 설계 시 에너지 절약을 위하여 전원설비, 광원 조명기구, 조명제어, 동력설비 및 기타 설비별로 적용 기술을 열거하고 설명하시오. [건 63회 출제]
Q4 수변전설비에서 에너지절약 방안을 제시하시오. [건 76회 출제]
Q5 귀하가 설계한 건축물의 전기설비 중 설비별로 에너지 이용 합리화 사례를 들고 설명하시오.
[건 68회 출제]
Q6 건축물의 수전설비와 동력설비의 에너지 절감대책에 대하여 설명하시오. [건 92회 출제]

건 건축전기설비기술사 / 용 전기응용기술사 / 발 발송배전기술사 / 소 소방기술사 / 안 전기안전기술사 / 화 화공안전기술사 / 정 정보통신기술사

1 개요

전기설비에너지 절약방안을 하드웨어적 측면과 소프트웨어적 측면으로 분리하면 다음과 같다.

하드웨어적 측면	소프트웨어 측면(합리적)
• 전기기기의 효율을 향상시킨다. • 에너지 절약형 기기를 개발한다.	• 에너지 절약설비의 시스템을 설계한다. • 유지관리방안을 검토한다.

2 수변전설비

(1) 수변전설비 적정 위치 선정

① 수변전설비는 전압강하 및 전력손실을 최소화하기 위해 가능한 부하중심에 설치한다.
② 부하가 분산되어 있는 경우 변압기뱅크를 적당한 장소에 분산배치하여 배전손실을 감소시키도록 한다.
③ 동력설비의 분포상태를 참고한다.

(2) 변압시설 효율화

① One-step 강압방식 채용 : 변전실 면적 축소, 공사비 절감, 무부하손실 감소
② 고효율 변압기 채용 : 일반 몰드변압기, 아몰퍼스 몰드변압기, 자구미세 몰드변압기 등
③ 변압기 적정 탭 선정 : 전기기기의 적정 전압유지는 기기효율을 향상시킴

④ **변압기 적정 용량 산정(수용률, 부등률 적용)** : Two-step 방식의 주변압기 용량을 산정할 때는 합성 최대 부하용량 이상일 것

$$합성\ 최대\ 부하용량 = 총설비용량 \times \frac{수용률}{부등률}$$

부하율 75%에서 최대 효율임

⑤ **변압기대수 제어** : 변압기운전 대수 제어가 가능하도록 뱅크를 구성
⑥ **전력량계 설치** : 변압기별 전력량계를 설치하여 부하 감시 및 예측해야 함
임대목적 건물은 임대구획별로 전력량계를 설치함

(3) 역률관리

① 콘덴서용량의 적정화 : $Q_c = P \times (\tan\theta_1 - \tan\theta_2)$
② 역률변동이 심한 곳에 APFR 설치
③ 저역률 기기는 개별 설치
④ 콘덴서는 부하 측과 모선 측에 분산 설치

(4) 피크부하관리

① Peak cut, Peak shift, 발전기 Peak 운전

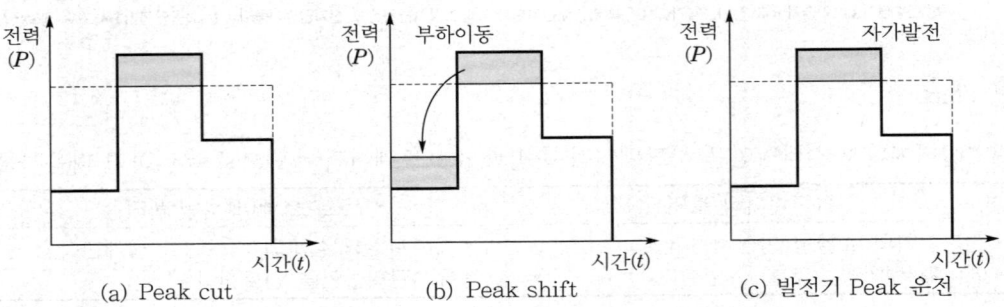

      (a) Peak cut   (b) Peak shift   (c) 발전기 Peak 운전

② Demand control
③ 분산형 전원

(5) 열병합 발전(co-generation) 시스템 채용

① 발전기 전력 및 원동기 폐열을 동시 이용
② 흡수식 냉동기 사용으로 소비전력을 경감

(6) 신재생에너지 이용

① 태양광, 소형 풍력, 연료전지 지열
② BIPV, 하이브리드 시스템

(7) 기타

전자화 배전반 사용, TR별 전력량계 사용, GIS 중앙감시제어

3 배전설비 측면

① 적정 배전방식으로 3상 3선식 및 3상 4선식 등을 부하특성에 따라 선정하고 3상 4선식 사용 시 제3고조파에 의한 중성선 과열문제를 고려한다.
② 적정 배선방식으로 전선관, 케이블, Bus duct 등을 선정한다.
③ 적정 배전선 사이즈는 허용전류, 허용전압강하, 기계적 강도, 고조파 등을 고려하고 선로의 불평형을 방지한다.

4 동력설비

(1) 전동기의 효율적 운전관리

① 전압의 불평형 방지
② 경부하 운전 방지
③ 공운전 방지
④ 정격전압 유지

(2) 고효율 전동기 채택

① 고효율 전동기는 표준전동기보다 4 ~ 10% 정도 효율이 향상된다.
② 신뢰성이 있고 수명이 길며 소음이 작다.

(3) 최적운전에 의한 운전효율 향상

① 전동기의 운전패턴이 시간에 따라 변하는 경우 변압기 대수제어를 한다.
② 직류전동기의 속도제어로는 전압제어, 저항제어, 계자제어 등이 있다.
③ 교류전동기의 속도제어로는 극수제어, 주파수제어, 전압제어, 2차 저항제어, 2차 여자제어 등이 있다.

(4) 전동기 절전 제어장치

① VVVF 제어방식 : 가변전압, 가변주파수 장치로 상용전원의 전압과 주파수를 변화시켜 모터 속도를 제어한다.
② VVCF 제어 : 가변전압, 고정주파수 장치로 제어회로신호에 따라 주기적으로 ON-OFF하여 전동기에 인가되는 전압을 조절하는 속도제어방식이다.

(5) 흡수식 냉동기 채용

① 하절기 냉방부하를 담당하는 터보냉동기는 효과는 좋지만 전력소비가 크다.
② 터보냉동기 대신 가스나 폐열을 이용하는 흡수식 냉동기를 채용한다.

(6) 빙축열시스템 구성

값싼 심야전력을 이용하여 축열조에 얼음을 만들어 저장하고 주간에 냉방으로 활용한다.

5 조명설비

(1) 에너지 절약요건

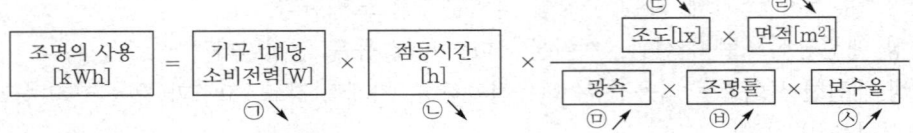

① 고효율 광원 사용 : ⓜ
② 기구효율과 조명률이 높은 기구를 사용 : ㉠, ⓗ
③ 조명의 TPO → 시간(Time), 장소(Place), 상황(Occasion) : ㉡, ㉣, ㉢
④ 조명기구 청소, 불량램프 교환 : ⓢ

(2) 필요조도 결정

① 방의 형태, 작업의 종류, 용도, 특징 경제성 고려
② 국내 조도기준(KSA 3011)

← 거친 작업 →	← 단순작업 →	← 보통작업 →	← 정밀작업 →	←초정밀작업 →
60	150	300	600	1500	3000lx

③ 학교 – 300 ~ 500lx, 강당 – 300 ~ 400lx, 체육관 경기 시 – 700 ~ 1000lx

(3) 고효율 광원 선정

① 전구식 형광램프(CFL) → 백열전구를 대체함
② T-10 : 32mm/40W → T-8 : 26mm/32W → T-5 : 16mm/28W
③ 일반적으로 T-8 : 26mm/32W → T-5 : 16mm/28W로 교체하며 교체 시 20% 절전효과
④ 무전극 램프, PLS, LED 램프, OLED 램프, CDM 램프, Cosmopolis 램프 등 고효율 광원 사용

(4) 고효율 조명기구 선정

① 저휘도, 고조도 반사갓 사용
② 공조형 조명기구 사용
③ 높낮이 조절 가능한 매입등기구 사용

(5) 조명방식 선정

① 인공조명 중에는 전반조명방식, 국부조명방식, TAL 방식, 건축화 조명, PSALI 조명 등이 있음
② 에너지 절약을 위해 TAL 방식과 PSALI 조명을 활용

(6) 에너지 절약을 위한 장치

① 주광 조명
　㉠ 조명수준과 분광조성(색)이 시간에 따라 변함

     ⓛ 지나친 휘도대비와 높은 온도로 인한 불쾌감 → 블라인드 차양 등의 제어수단 활용

     ⓒ 보조조명을 사용하여 유지조도 균형 확보

     ⓔ 광센서를 이용한 조광 → 에너지 절약 도모

② 인체감지센서

     ㉠ 작업조명은 부재 시 소등

     ⓛ 주기적으로 오동작 여부 점검

     ⓒ 수동 점등/부재 시 자동 소등방식이 효율적

6 제어방식

① 여러 대의 승강기가 설치되는 경우 군관리 운행방식을 채용한다.

② 팬코일유닛(FCU) 설치 시 전원의 방위별, 실의 용도별, 통합제어가 가능하도록 한다.

③ 수변전설비의 종합감시제어 및 기록이 가능한 자동제어설비를 채택한다.

④ 실내조명설비는 군별, 회로별로 자동제어가 가능하도록 설계한다.

⑤ 도어폰, 홈게이트웨이 등은 대기전력저감 우수제품으로 등록된 제품을 사용한다.

7 결론

    전기설비의 에너지 절약은 전기사용기기의 물리적 억제를 위한 것이 아니라 정상적인 운영을 하면서 전력시스템의 정밀분석 및 보수를 통해 전력사용량을 최소화하고 전력요금을 절약하는 기술을 개발해야 한다.

SECTION 19

전력수요관리(DSM), 가격 및 비가격 기능에 의한 수요관리방법

기출지문

Q1 전력수요관리제도(DSM : Demand Side Management)에 대해서 설명하시오. 건 113회 출제

Q2 최근 전력공급회사가 전력수요관리대책(DSM 대책)의 하나로 시행하고 있는 직접 부하제어방식을 설명하시오. 건 65회 출제

Q3 에너지 절약을 위한 수용가의 최대 수요전력 제어방법을 설명하시오. 건 92회 출제

건 건축전기설비기술사 / 응 전기응용기술사 / 발 발송배전기술사 / 소 소방기술사 / 안 전기안전기술사 / 화 화공안전기술사 / 정 정보통신기술사

1 개요

전력수요관리란 전기사용에 있어 소비자의 전기사용패턴에 영향을 주어 예측된 전력수요 절감 및 평균화로 전력공급설비의 투자를 지연 또는 회피시키고 기존 설비의 이용률, 효율을 향상시키는 전력공급자 측의 일련의 계획과 수단이다.

2 수요관리의 정의

(1) 수요관리(DSM : Demand Side Management)의 개념

최소의 비용으로 소비자의 전기에너지 서비스욕구를 충족시키기 위하여 소비자의 전기사용패턴을 합리적인 방향으로 유도하기 위한 전력회사의 제반활동이라고 정의하고 있다. 이는 전력공급설비 확충에 중점을 두어 온 종전의 공급 측 관리(SSM : Supply Side Management)에 대응되는 개념으로서, 부하관리(負荷管理)를 포괄하는 상위개념이다.

(2) 원래 수요관리(DSM)라는 용어는 1970년대 미국에서 시작하여 점차 각국으로 확산되었으며

그간 이론적 경제성과 높은 잠재적 기여도에도 불구하고 종전 전력회사 공급 측 위주의 전력수급계획 추진에 따라 별 관심을 받지 못하다가 전원입지의 확보난 가중, 건설에 따른 막대한 투자재원의 조달문제, 환경규제의 강화 등으로 공급설비의 적기 확보가 어려워지고 최근 최소 비용계획(least cost planning)의 일환으로 공급 측 대안과 수요 측 대안의 최적 조합을 찾는 통합자원계획(integrated resource planning) 개념의 확산으로 수요관리방안을 전력수급계획에서 필수적인 고려사항으로 간주하게 되어 수요관리의 중요성이 더욱 강조되었다.

3 수요관리의 필요성

(1) 부하율의 악화
① 산업구조가 산업용 중심에서 업무용, 주택용으로 비중 증대
② 계절성 단기부하(냉방, 난방)의 증대

(2) 발전설비 확충의 어려움 증대
① 전원입지 확보의 어려움
② 환경규제 강화
③ 발전소 건설지역 주민민원
④ 투자재원의 부족
⑤ 에너지자원의 한계

4 수요관리의 목적

수요관리의 궁극적 목적은 전력수요를 합리적으로 조절하여 부하율 향상을 통한 원가절감과 전력수급 안정을 도모함과 동시에 국가적인 에너지자원 절약에도 기여하는 데 있다. 또한, 최근에는 화석연료 사용에 따른 환경오염문제가 심각히 대두됨에 따라 환경친화적인 에너지정책 대안으로 강조되고 있다.

$$부하율 = \frac{평균전력}{최대\ 전력} \times 100$$

부하율이란 일정 기간에 있어서 최대 전력에 대한 평균전력의 비율을 말하며 최대 전력을 감소시키거나 평균전력을 증대시킴으로써 부하율을 향상시킬 수 있다.

5 수요관리유형의 검토

수요관리유형에는 여러 가지가 있지만, 크게 부하관리와 효율 향상으로 나누어 볼 수 있다.

(1) 부하관리(負荷管理)
부하관리는 피크를 억제하고 심야수요를 증대시킴으로써 최대 부하와 최저 부하 간의 차이를 감소시켜 부하평준화를 도모하고 전력공급설비의 이용효율을 향상시킬 목적으로 시행된다.

① 최대 수요억제(peak clipping)

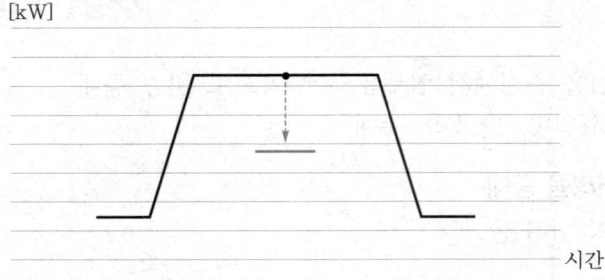

| 최대 수요억제(peak clipping) |

ㄱ 계절별 또는 시차별 최대 수요를 억제하는 가장 대표적인 모형
ㄴ 전기요금의 차등화 또는 인센티브 등 다양한 방법 채택

② 최대 부하 이전(peak shifting)

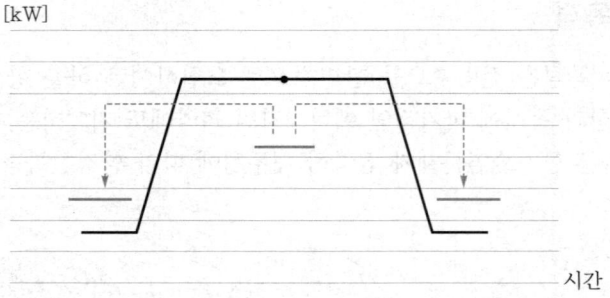

| 최대 부하 이전(peak shifting) |

ㄱ 피크시간대 전력수요를 경부하시간대로 이전
ㄴ 최대 수요 감소와 심야부하를 증대시키는 효과가 기대되므로 심야수요 개발을 활성화시킬 수 있는 제도적 지원이 필요

③ 기저부하 증대(valley filling)

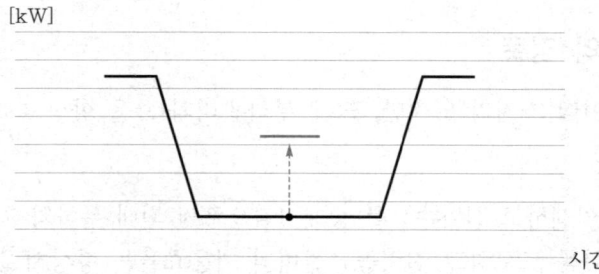

| 기저부하 증대(valley filling) |

ㄱ 경부하시간대의 수요를 증대시켜 설비이용률을 높이고 판매전력량을 증대시키는 방법
ㄴ 전기요금의 차등화 또는 인센티브 등 다양한 방법 채택

(2) 효율향상

효율향상(strategic conversation)은 전기의 이용효율향상을 통하여 전력수요(kW 및 kWh)를 절감시켜 에너지자원을 절약하고 환경을 보전하고자 하는 것이다. 이를 위하여 고효율 기기 기술개발 및 보급촉진을 통하여 기기의 효율향상을 유도하고, 고객의 전기설비를 진단하며, 절전정보 제공 등 효율개선과 적극적인 홍보 등을 실시하고 있다.

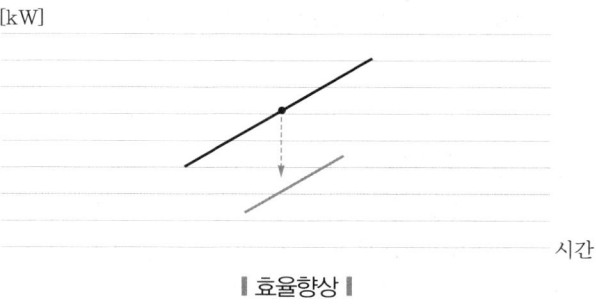

‖ 효율향상 ‖

SECTION
20 대기전력 차단시스템

기출
지문

Q1 대기전력의 종류와 저감방법에 대해 설명하시오. [건 98회 출제]

Q2 건축물에서 대기전력 차단장치의 설치기준과 시설방법에 대하여 설명하시오. [건 101회 출제]

건 건축전기설비기술사 / 용 전기응용기술사 / 발 발송배전기술사 / 소 소방기술사 / 안 전기안전기술사 / 화 화공안전기술사 / 정 정보통신기술사

1 개요

① 대기전력이란 기기가 외부의 전원과 연결된 상태에서 해당 기기의 주기능을 수행하지 않거나 또는 외부로부터 켜짐신호를 기다리는 상태에서 소비되는 전력을 말한다.

② 대기전력 차단으로 절전과 전기화재를 원천적으로 예방하여 에너지 낭비요인을 제거한다.

③ 네트워크로 상시 연결된 디지털기기는 전원을 꺼도 신호대기를 위한 내부 회로가 살아 있는 상태로 20 ~ 30W에 이르는 많은 전력을 소비하고 있다.

④ 「녹색건축물 조성 지원법」에서 에너지 절약계획서 전기부분 의무사항 중 대기전력 자동 차단장치를 규정하고 있다(콘센트 개수 30% 이상 – 거실 설치 대비).

2 대기전력의 문제점

(1) 대기전력에 의한 국가적 손실(가정대상)

분류	대기전력손실
전국 가정용 대기전력(순시전력)	856MW
전국 연간 대기전력 소모량	4.6TWh/년(6000억원)
전국 총소비전력 대비	1.67%
대기전력 1W 시 절감가능 전력량	3.3TWh/년(4300억원)

(2) 대부분의 사업장에서 사용되고 있는 전기제품은 점심시간, 퇴근 이후 및 공휴일에도 대기 전력을 차단하지 못하고 불필요한 전력이 소비되고 있으며, 누전 등에 의한 전기화재요인 이 잠재되어 있다.

(3) 이와 같은 소모전력을 국가적으로 환산하면 연간 6천억원 정도로 100만kWh 규모의 화력발 전소 1기를 돌리지 않아도 되는 전력낭비의 원인이 되고 있다.

3 대기전력 급증 전망

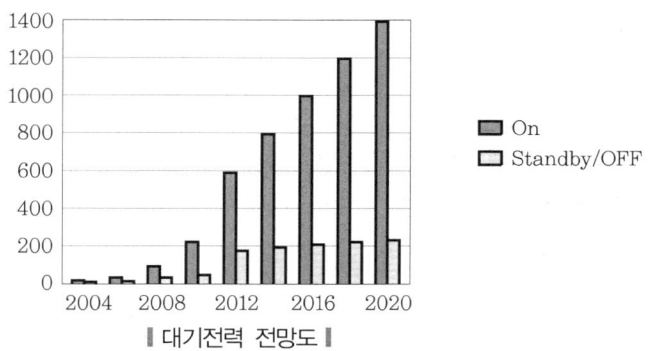

▌대기전력 전망도▐

가정의 홈네트워크화로 대기전력은 지속적으로 증가하고 있으나, 국제적 대기전력 저감정책과 고효율기기 도입으로 가정 소비전력의 약 5 ~ 10% 수준으로 관리되고 있다.

4 대기전력의 종류

구분	개념	전원	해당 기기	비고
No load	플러그가 꼽혀 있는 상태에서 소비되는 전력	–	핸드폰 충전기 직류전원장치	1W 프로그램 주타겟
OFF	전원을 꺼도 소비되는 전력(0 ~ 3W)	Put OFF	TV, PC, DVD, 모니터, 프린터	
Passive standby	리모컨으로 전원을 꺼도 소비되는 전력(3W)	Put OFF		
Active standby	네트워크로 연결된 디지털기기는 전원을 꺼도 20 ~ 30W 전력소모	Put OFF	셋톱박스 홈네트워크	향후 큰 이슈
Sleep	기기동작 중 사용하지 않는 대기상태에서 소비되는 전력	ON & Standby	PC, 모니터, 복사기, 스캐너	절전모드

5 대기전력 절감을 위한 제도

(1) Standby Korea(산업통상자원부, 한국에너지공단)

각 제품별 세분화된 대기전력 기준 설정 및 고효율 제품 보급 장려

(2) 대기전력 저감 프로그램 운용규정(산업통상자원부, 한국에너지공단)

대기전력 저감성이 우수한 제품의 보급을 활성화하기 위하여 실시

(3) 에너지 절약마크제품 보급 촉진 지원

6 대기전력 절감기기

(1) 대기전력 감소용 분전반 특징

① 단상 및 3상용 전원분전반에 설치하는 대기전력 차단장치이다.

② 인입구 전기분전함에 설치된 차단장치와 사용자의 조작이 가능한 곳에 컨트롤러를 설치하여 전력기기 미사용 시 기기의 전원을 차단한다.

③ 대기전력으로 인한 에너지 낭비의 방지와 누전 등에 의한 전기화재의 예방이 가능하다.

(2) 대기전력 감소용 콘센트 특징

① 기존의 수동적인 전원 OFF에 의한 대기전력 차단방식을 탈피한다.

② 메인 전원기기 사용에 따라 종속관계의 기기전원 흐름을 차단하여 대기전력을 제거한다.

③ 대기전력에 따른 전기에너지 절감과 제품의 수명을 향상시킨다.

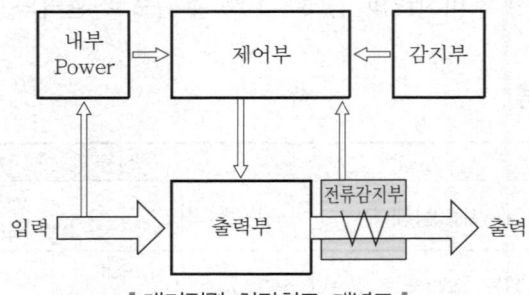

┃ 대기전력 차단회로 개념도 ┃

7 대기전력 저감기술

(1) 사회 / 기술 정책

① 에너지 효율제도

② 대기전력 조사 전문위원회의 설치

③ 대기전력 절감기술의 표준화

(2) Non-network 기기의 대기전력 절감기술

① Switch의 배치에 의한 절전 Topology 연구

② 저손실 반도체 스위치 및 부품 개발

③ Auto off power IC의 개발

④ 개별부품의 효율 개선

(3) Networked 기기의 대기전력 절감기술

① Power management S/W 기능의 범용화

② Stand by power control packet 개발

변압기

2 CHAPTER

기출 지문

Q1 2권선 변압기의 등가회로와 Vector도를 작성하시오. ⟨발 125·111·66회 출제⟩

Q2 변압기의 원리, 등가회로, 정격사항에 대하여 설명하시오 ⟨용 126회 출제⟩

Q3 정전압원과 정전류원의 의미와 적용방법을 설명하시오. ⟨건 94회 출제⟩

Q4 수변전설비에서 가장 중심이 되는 중요한 설비는 무엇이며 그 이유는? ⟨안 80회 출제⟩

건 건축전기설비기술사 / 용 전기응용기술사 / 발 발송배전기술사 / 소 소방기술사 / 안 전기안전기술사 / 화 화공안전기술사 / 정 정보통신기술사

1 변압기의 정의

(1) 변압기는 2개의 전기회로를 1개의 자기회로로 연결하여 전압과 전류의 크기를 변성시키는 장치이다.

(2) 구성은 권선, 철심, 절연재, 부싱, 외함 등으로 되어 있다.

(3) 구성재료에 따른 변압기의 분류

권선	철심	절연
• 일반 : 구리도체 • 초전도 : 초전도도체	• 일반 : 규소강판 • 아몰퍼스 : 아몰퍼스 박대상 • 자구미세 : 방향성 규소강판	• 유입 : 절연유(광유) • 몰드 : 에폭시 수지 • 가스 : SF_6 가스

2 등가회로 및 역기전력

(1) 이상변압기

① 코일에 저항이 없다.

② 코일에 흐르는 전류에 의한 자속은 전부 철심을 통한다(누설자속이 없다).

③ 철심의 투자율이 일정하고 자기포화가 없다.

④ 철심 중에 철손이 없다.

(2) 무부하 등가회로

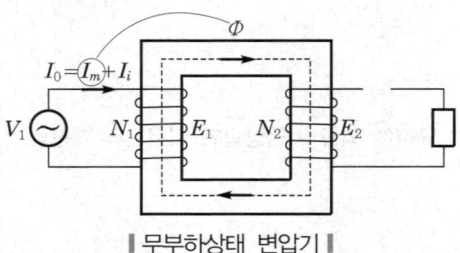

┃무부하상태 변압기┃

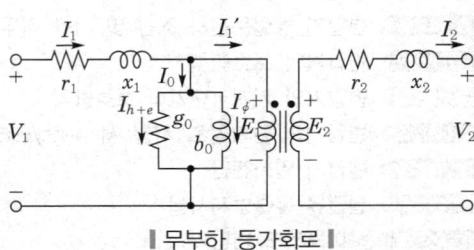

┃무부하 등가회로┃

① 무부하 시 변압기에 흐르는 여자전류

$$V_1 = I_0 \times j\omega L_m \rightarrow I_0 = \frac{V_1}{j\omega L_m}$$

여기서, I_0 : 여자전류, V_1 : 정격전압, L_m : 인덕턴스(비선형)

㉠ 여자전류에 의한 무효전력-철손 : $P_i = V_1 I_i = g_0 V_1^2$

$$I_\phi = b_0 V_1, \quad b_0 = \frac{I_\phi}{V_1}$$

㉡ 자화전류에 의한 무효전력-철손 : $P_\phi = V_1 I_\phi = b_0 V_1^2$

전전류 $I_1 = I_0 + I_1' = I_i + I_\phi + I_1'$

㉢ L_m은 선형구간에서 값이 매우 크며, 포화구간에서는 값이 줄어든다.

여자전류는 정격전압에서 정격전류의 3 ~ 5% 정도로 V_1을 증가시키면 철심포화가
심화된다.

$$N_1 I_0 = \Phi R_m \rightarrow \Phi = \frac{N_1 I_0}{R_m}$$

여기서, NI : 기자력, ϕ : 자속, R_m : 자기저항

여자전류는 자기회로의 기자력으로 작용하여 철심에 자속을 형성시킨다.

② 변압기 2차 측 개방 시 유기기전력 : 2차 측을 개방하고 1차 입력전압 $v_1 = V_m \sin\omega t[\text{V}]$를
인가하면 이상변압기에서는 저항이 없으므로 순유도리액턴스의 회로가 되어 v_1보다 90°
위상이 뒤진 여자전류가 흐른다.

$$i_0 = \frac{V_1}{X_L} = \frac{V_1}{j\omega L}\sin\omega t = \frac{V_1}{\omega L}\sin\left(\omega t - \frac{\pi}{2}\right) = I_{0m}\sin\left(\omega t - \frac{\pi}{2}\right)$$

(입력전압 v_1보다 여자전류 i_0가 90도 위상이 뒤짐)

따라서, i_0에 의해 1차 권선에 교번자속 ϕ_0이 생기고 이 자속과 코일이 쇄교하여 기전력
E_1이 유기되는데 E_1의 방향은 렌츠의 법칙에 의하여 역기전력이 된다.

$$E_1 = - V_m \sin\omega t = - N_1 \frac{d\phi}{dt}$$

위와 같이 유기되므로 자속 ϕ는 다음과 같다.

$$d\phi = \frac{V_{1m}}{N_1}\int \sin\omega t\, dt$$

$$\Phi = \frac{V_{1m}}{N_1}\int \sin\omega t\, dt = - \frac{V_{1m}}{\omega N_1}\cos\omega t = \frac{V_{1m}}{\omega N_1}\sin\left(\omega t - \frac{\pi}{2}\right) = \phi_m \sin\left(\omega t - \frac{\pi}{2}\right)$$

여기서, N_1 : 코일의 권회수, ϕ_m : 최대 자속

89

이 식으로부터

$$V_{1m} = \omega N_1 \phi_m = 2\pi f N_1 \phi_m \,[\mathrm{V}]$$

이를 전압의 실횻값으로 표시하면

$$E_1 = \frac{2\pi}{\sqrt{2}} f N_1 \phi_m = 4.44 f N_1 \phi_m \,[\mathrm{V}]$$

2권선 변압기에서 2차 코일에도 같은 자속이 쇄교하므로

$$E_2 = \frac{2\pi}{\sqrt{2}} f N_2 \phi_m = 4.44 f N_2 \phi_m \,[\mathrm{V}]$$

$$\therefore \ \frac{V_1}{V_2} = \frac{E_1}{E_2} = \frac{N_1}{N_2} = a$$

여기서, a : 변압비 또는 권수비

(3) 부하상태 변압기의 등가회로

부하전류에 의한 자속의 상쇄

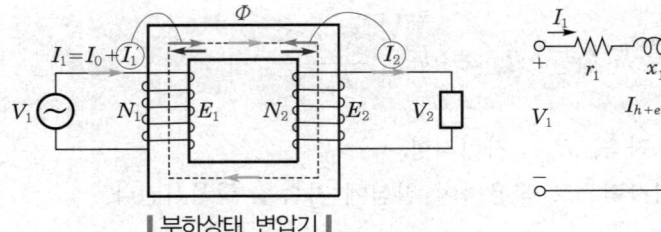

■ 부하상태 변압기 ■

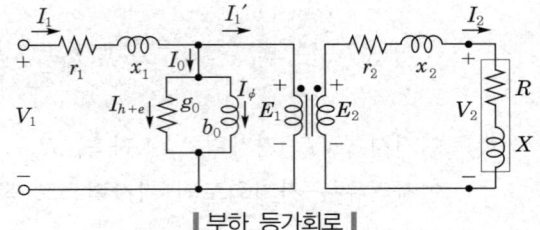

■ 부하 등가회로 ■

① 2차 부하전류(I_2)가 흘러서 $N_2 I_2$ 기자력이 발생되어 철심에 자속이 발생한다.

② 1차 부하전류($I_1{}'$)가 흘러서 $N_1 I_1{}'$ 기자력을 발생시켜 철심에 자속이 발생한다.

$$F = \oint_c \vec{H} \cdot \vec{dl} = NI = \varPhi R$$

$$N_1 I_1{}' + N_2 I_2 = 0 \ \rightarrow \ N_1 I_1 = -N_2 I_2$$

③ 철심에는 부하에 관계없이 여자전류에 의한 자속($\varPhi$)만 존재한다.

④ 1차 부하전류와 2차 부하전류는 반대 위상의 특성이 있다.

3 변압기 벡터도

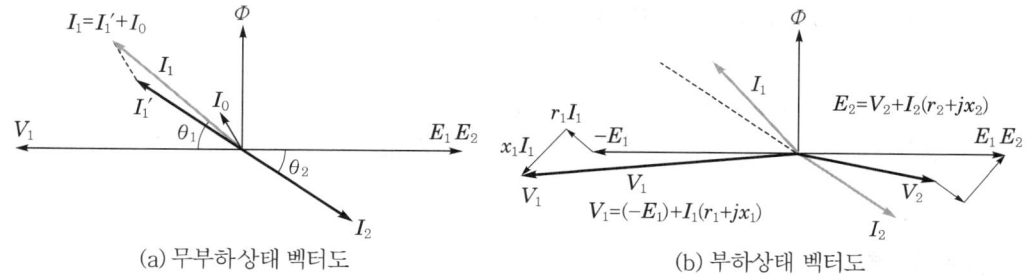

(a) 무부하상태 벡터도   (b) 부하상태 벡터도

‖ 변압기 벡터도 ‖

① 철심에는 부하에 관계없이 여자전류에 의한 자속(Φ)만 존재한다.
② 1차 부하전류와 2차 부하전류는 반대의 위상특성이 있다.
③ 변압기는 코일로 구성되어 유도성 부하로 간주한다.

$$\theta_2 = \tan^{-1}\frac{X+x_2}{R+r_2}$$

4 변압기의 분류

구조	절연	상수	권선수	탭 절체방식
내철형 외철형	건식 유입 몰드가스	단상 3상	단권 2권선 3권선	NLTC OLTC

5 전자유도(electromagnetic induction)

(1) 전자유도의 정의

도체의 주변에서 자기장을 변화시켰을 때 전압이 유도되어 전류가 흐르는 현상으로, 자기유도와 상호유도가 있다.

(2) 자기유도(self induction)

코일에 흐르는 전류가 변화하면 코일 중의 자속이 변화하여 그 코일에 유도전압이 발생하는 현상이다.

(3) 상호유도(mutual induction)

두 개의 코일이 인접해 있을 때 한 코일에 흐르는 전류가 변화하면 코일 중의 자속이 변화하여 다른 코일에 유도전압이 발생하는 현상이다.

6 패러데이의 법칙

전자유도에 의해 회로 내에 유발되는 기전력의 크기는 회로를 관통하는 자속의 시간적 변화율에 비례한다는 법칙이다.

$$E = -L\frac{di}{dt} = -N\frac{d\phi}{dt}$$

7 렌츠의 법칙

① 유도기전력과 유도전류는 자기장의 변화를 상쇄하려는 방향으로 발생한다는 전자기법칙이다.
② 즉, 패러데이 법칙의 부호가 렌츠의 법칙을 의미한다.

8 인덕턴스(L)

(1) 코일에 전류 I가 흐르면 앙페르 오른나사의 법칙에 의해 전류에 비례하는 자속 ϕ가 발생한다.

(2) 이 자속 ϕ는 도체의 재질, 권수 등에 의해 발생 정도가 변화되며 이 발생 정도를 결정하는 비례상수를 인덕턴스라고 한다.

(3) 기호는 L, 단위는 [H]이고, 자기 인덕턴스와 상호 인덕턴스가 있다.

(4) **자기 인덕턴스**
    자속이 코일 자신의 전류에 의한 것

(5) **상호 인덕턴스**
    자속이 다른 전선이나 코일의 전류에 의한 것

9 정전용량(C)

① 전압을 가했을 때 축적되는 전하량의 비율 또는 전하를 담을 수 있는 용량을 말한다.
② 기호는 C, 단위는 [F]이고 정전용량은 대지전압에 비례한다.

10 여자전류

① 여자는 자기장 안의 물체가 자기를 띠는 현상이다.
② 여자전류는 변압기 1차 권선에 전압을 인가하고 부하를 연결하지 않은 상태에서 1차 측에 흐르는 전류이다.
③ 여자전류는 철의 자기적 현상에 의해서 발생한다.
④ 여자전류 = 자화전류 + 철손전류
⑤ 파형은 철심의 자기포화현상 및 히스테리시스현상 때문에 왜형파이다.
⑥ 기본파와 제2고조파를 고려할 것

PLUS 실제 변압기

1. 벡터도

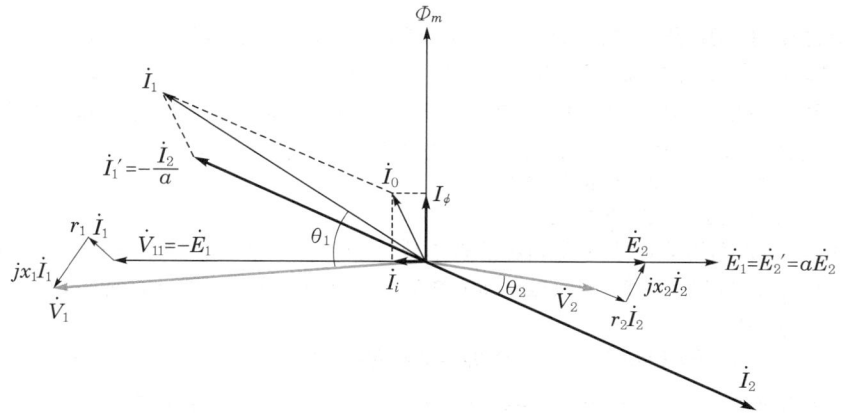

▌실제 변압기의 벡터도 ▌

2. 작도법

(1) 1차 및 2차 측에 각각 저항 및 리액턴스 강하가 발생하고, 철손이 있으므로 1차 측 기전력의 반대방향인 전압(이를 $\dot{V}_{11}$이라 둔다)과 동상인 철손전류도 고려하여야 한다.

(2) $\dot{V}_{11} = -\dot{E}_1$과 1차 기전력 $\dot{E}_1$을 서로 반대방향으로 그린다.

(3) $\dot{V}_{11}$과 동상으로 철손전류 $\dot{I}_i$를, 이보다 90° 뒤진 방향으로 자화전류 $\dot{I}_\phi$를 그린다.

(4) 자화전류 $\dot{I}_\phi$ 방향으로 최대 자속 Φ_m을 그리고, $\dot{I}_i$와 $\dot{I}_\phi$의 합성인 여자전류 $\dot{I}_o = \dot{I}_i + \dot{I}_\phi$를 그린다.

(5) 2차 기전력 $\dot{E}_2 = \dfrac{\dot{E}_1}{a}$을 $\dot{E}_1$ 방향으로 그리고, 2차 부하전류 $\dot{I}_2$도 그린다. 일반적으로 $\dot{I}_2$는 위상이 뒤진다.

(6) 1차 부하전류 $\dot{I}_1' = -\dot{I}_2' = -\dfrac{\dot{I}_2}{a}$를 $\dot{I}_2$와는 반대방향으로 그린다.

(7) 여자전류 $\dot{I}_o$와 1차 부하전류 $\dot{I}_1'$의 합성치인 1차 전류 $\dot{I}_1 = \dot{I}_o + \dot{I}_1'$를 그린다.

(8) 이제 각각의 임피던스강하를 그릴 차례이다. 먼저 $\dot{V}_{11}$에서 $\dot{I}_1$ 방향으로 저항강하 $r_1\dot{I}_1$을 그리고, 거기에다가 90° 앞선 방향으로 리액턴스강하 $jx_1\dot{I}_1$를 그리면 1차 측 인가전압 $\dot{V}_1$이 된다. 이때, $\dot{V}_1$과 $\dot{I}_1$ 간의 위상차 θ_1이 1차 측 역률각이 된다.

(9) 2차 측의 기전력 $\dot{E}_2$에서 2차 전류 $\dot{I}_2$의 방향으로 저항강하 $r_2\dot{I}_2$ 및 이보다 90° 진상인 리액턴스강하 $jx_2\dot{I}_2$를 그리면 2차 단자전압 $\dot{V}_2$가 된다. $\dot{V}_2$와 $\dot{I}_2$ 간의 위상차 θ_2가 2차 역률각이다.

변압기 여자돌입전류와 오동작 방지대책

1 여자돌입전류의 정의

① 여자돌입전류란 변압기에 전원을 투입한 경우 또는 변압기의 전압이 급속하게 변화한 경우 발생하는 과도전류이다.

② 여자돌입전류는 무부하상태에서 발생한다.

2 여자돌입전류의 발생 메커니즘

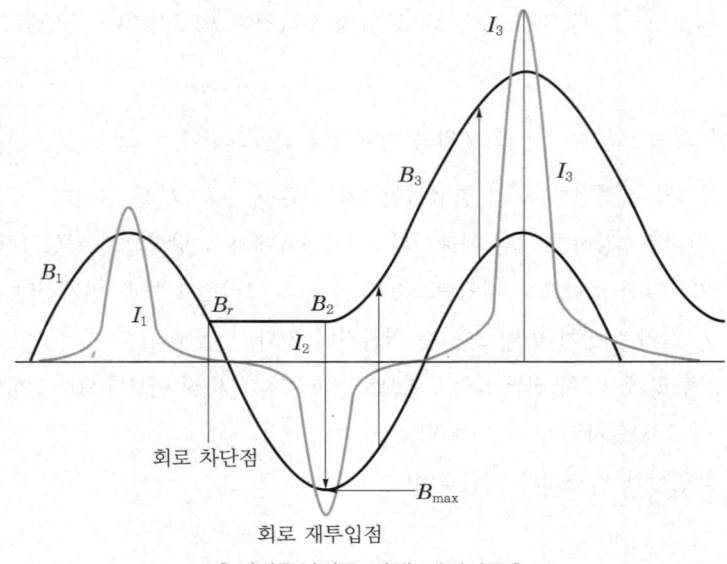

∥ 여자돌입전류 발생 메커니즘 ∥

① 운전 중인 변압기를 회로차단점에서 차단하면 여자전류 I_1은 0이 되나 변압기 철심 중에 자속 B_r이 남게 된다.

② 만약, 자속밀도가 부의 최대치($-B_{max}$)를 갖는 순간에 여자가 재개되면, 자속은 순간적으로 발생, 소멸이 불가능하므로 자속밀도는 B_2에서 B_3를 따라 증가하고, 여자전류는 I_3가 된다.

③ B_3의 최대치는 이론적으로 $B_{3max} = B_r + \phi_m(1 + \cos\theta) = B_r + 2B_{max}$가 된다.

④ 변압기철심은 설계포화자속 이상이 되면 포화되므로 여자임피던스가 매우 작아져서 정격 전류의 수 ~ 십수 배의 여자전류가 흐르게 된다. 이것이 여자돌입전류이다.

3 여자돌입전류의 특성

(1) 크기에 영향을 주는 요건

구분	여자돌입전류 大	여자돌입전류 小
투입 시 전압위상	0인 경우	파고치인 경우
철심재료	냉간압연 철심	열간압연 철심
철심잔류자속	많을 경우	적을 경우
전원(계통) 임피던스	낮을 경우	높을 경우

(2) 여자돌입전류 파형

고조파 차수	제2고조파	제3고조파	제4고조파	제5고조파
기본파에 대한 백분율[%]	63	27	5	4

(3) 여자돌입전류 크기

전압 0에서 투입이 시행되고, 잔류자속과 벡터적으로 중첩되는 경우가 최대이며 정격전류의 수 ~ 십수 배 정도이다.

(4) 여자돌입전류의 지속시간

시간이 지나면서 회로의 저항분, 와전류, 히스테리시스손 등에 의한 손실에 따라 감소되나, 대용량 변압기는 R이 L에 비해 작으므로, 시정수가 커서 감쇄시간이 길어진다.

4 비율차동 계전기의 오동작 방지대책

(1) 감도저하법

① 여자돌입전류는 시간경과와 함께 급속히 감쇄하는 것에 착안한다.

② 비율차동계전기 감도를 순간적으로(0.2s) 저하시키는 방식(타이머를 이용)이다.

③ 단점 : 저감도의 상태에서 내부사고가 발생하면 사고가 확대된다.

④ 적용 : 10MVA 미만 TR

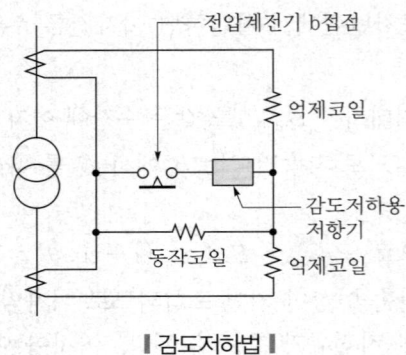

∥ 감도저하법 ∥

(2) 고조파 억제법

① 여자돌입전류에는 고조파분, 특히 제2고조파분이 많이 포함되어 있는 것에 착안한다.

② 필터로 기본파와 고조파를 나누어 기본파는 동작코일에, 고조파는 억제코일에 흘려주는 방식이다.

③ 변압기 내부고장 시 변류기 포화로 인한 고조파가 발생하여 계전기가 동작하지 않을 염려가 있다.

④ 적용 : 10MVA 이상 TR

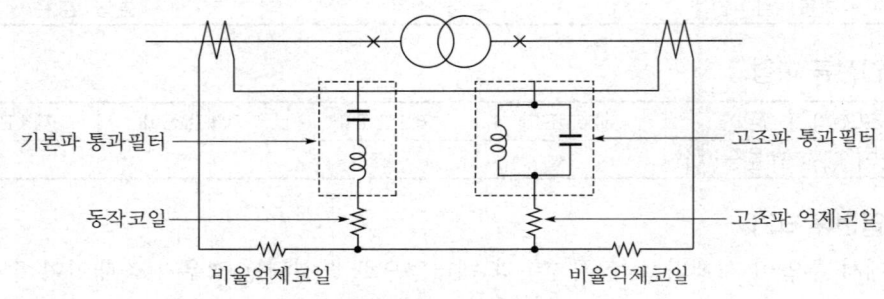

∥ 고조파 억제법 ∥

(3) 비대칭파 저지법

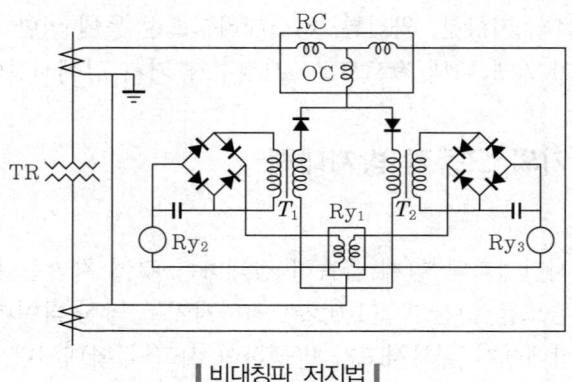

∥ 비대칭파 저지법 ∥

① 여자돌입전류는 반파정류파형에 가까울 정도로 비대칭이라는 점에 착안한다.
② (+)(−) 반파파형의 크기 차이가 많을 때 차동 동작계전기(Ry_1)를 통해 동작을 억제하는 방식이다.
③ 사고 시 과전류계전기 Ry_2, Ry_3가 동작하며 Ry_1이 동작해도 차단기는 트립된다.

5 COS, PF 용단 방지대책

① 변압기 정격전류 10배 0.1초 지점의 단시간 허용특성 이하 안전통전
② 변압기 정격전류 25배 2초 이내 용단될 것
③ PF 투입 시 무부하 투입보다는 전부하 투입 검토

6 과전류계전기(OCR) 오동작 방지대책

한시레버를 정정 Tap치의 10배 전류에서 동작시간 0.2초로 정정한다.

SECTION 03 전력용 변압기 결선방식

기출
지문

Q1 단상 변압기 3대를 △-△결선운전 중에 단상 변압기 1대 고장으로 V-V결선운전을 해야 할 경우 이용률, 출력량 및 각 상 전압 변동률과 역률관계 그리고 유도전동기에 미치는 영향에 대하여 설명하시오. [건] 89회 출제

Q2 분산형 전원 계통연계용 변압기의 결선방식에 대하여 설명하시오. [건] 118회 출제

Q3 3상 전력용 변압기(transformer)에 대하여 다음을 설명하시오. [용] 131회 출제
(1) 결선방식(△-△, △-Y, Y-Y, V-V)
(2) 용량산정방법

Q4 자가용 수용가에서 변압기 결선방식의 선택 시 변압기 이용률과 수전용량을 고려하여 설명하시오. [용] 122회 출제

Q5 IEEE C57.12.8에 따른 변압기 Vector 집합기호 Yd1과 Yyod1을 설명하시오. [발] 83회 출제

[건] 건축전기설비기술사 / [용] 전기응용기술사 / [발] 발송배전기술사 / [소] 소방기술사 / [안] 전기안전기술사 / [화] 화공안전기술사 / [정] 정보통신기술사

1 개요

변압기 결선방식은 부하의 용도분산형 전원 발전방식 등의 고려사항을 만족하는 결선방식을 선정하여야 한다.

2 결선방식(단상 변압기 3대를 1bank로 운전할 경우)

결선방식	장점	단점	적용
△-△ 결선	• 제3고조파 없음 • 대전류부하에 적합 (선전류 = $\sqrt{3}$ × 상전류) • 1대 고장 시 V결선 가능	• 중성점 접지 불가 • 지락검출 곤란 • 변압비가 다르면 순환전류 발생 • Z 다르면 부하전류 불평형	75kVA 이상 저전압 대전류의 중성점 접지가 필요 없는 곳
Y-Y 결선	• 중성점 접지 가능(단절연) • 순환전류 없음 • 고전압 결선 (선간전압 = $\sqrt{3}$ × 상전압)	• 제3고조파 있음 • 통신선 유도장애 발생 • V-V결선 불가	50kVA 이하 중성점 접지가 필요한 곳
△-Y 결선	• △-△, Y-Y 결선의 장점을 지님 • 승압용에 적합	• 1대 고장 시 V-V결선 불가 • 1·2차 간 30° 위상차 발생	75kVA 이상 2차 측에 중성점접지가 필요한 곳
Y-△ 결선	• △-△, Y-Y 결선의 장점을 지님 • 강압용에 적합	• 1대 고장 시 V-V결선 불가 • 1·2차 간 30° 위상차 발생	75kVA 이상 1차 측에 중성점접지가 필요한 곳
V-V 결선	△-△결선에서 1대 고장 시 2대 TR로 3상 공급 가능	• 이용률 : 86.6% • 출력비 : 57.7%	장례 부하증설이 예상되는 곳

결선방식	장점	단점	적용
Y-지그재그 결선	제3고조파 없음 (서로 상쇄)	순환전류 발생	• 고속차단기 필요한 곳 • 1·2차 중성점 접지가 필요한 곳
Y-Y-△ 결선	제3고조파를 제거하기 위해 안정권선(△)을 삽입	서지 유입 시 안정권선(△)에 고전압 유기, 절연파괴 위험	• 송전용 변압기 • 분산형 전원 변압기

3 결선방식 선정 시 고려사항

고려사항	내용
사용전류	대전류인 경우 △-△결선 사용
제3고조파	제3고조파를 순환하기 위해 △-△, △-Y, Y-△, Y-Z 결선 사용
승압, 강압	승압용 : △-Y결선, 강압용 : Y-△결선
중성점	△-△결선은 중성점 접지 불가
배전방식	중성점 다중 접지방식이라면 변압기 2차 측 Y결선(22.9kV-Y)
각변위	• △-Y결선 : 2차 측이 1차 측보다 30° 진행 • Y-△결선 : 2차 측이 1차 측보다 30° 지연
V-V결선	1대 고장 시 V-V결선 사용하려면 △-△결선 사용

4 결선방식에 따른 각변위

결선방식	전압벡터도		각변위	기호	결선도
	1차 측	2차 측			
Y-Y결선			0°	Yy0	
Y-△결선			30° 지연	Yd1	
△-△결선			0°	Dd0	
△-Y결선			30° 진행	Dy11	

※ 지연 : 1, 진행 : 11

99

5 병렬운전 가능결선과 불가능결선

병렬운전 가능	병렬운전 불가능
△-△와 △-△	△-△와 △-Y
Y-Y와 Y-Y	△-△와 Y-△
△-Y와 △-Y	Y-Y와 Y-△
Y-△와 Y-△	Y-Y와 △-Y

6 결론

부하용도에 맞는 결선방식을 선정하여 효율을 높이고 계통의 안정도를 향상시켜 안전하고 경제적인 전력운영을 하여야 한다.

PLUS V-V결선의 출력비와 이용률

1. △-△변압기의 출력(평형인 저항부하로 가정하면)

$$P_\triangle = V_{ab}I_{ba}\cos\theta + V_{bc}I_{cb}\cos\theta + V_{ca}I_{ac}\cos\theta = 3VI_{\text{phase}}\cos\theta = 3VI_{\text{phase}}$$

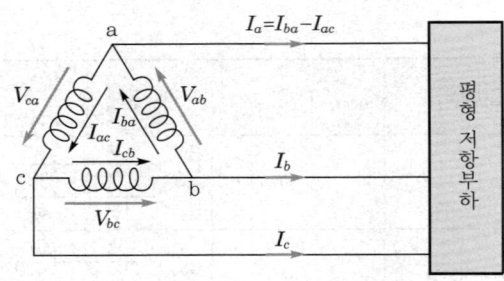
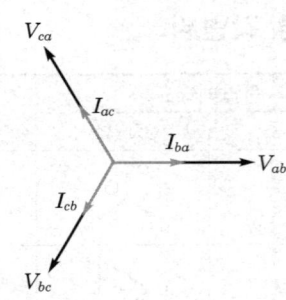
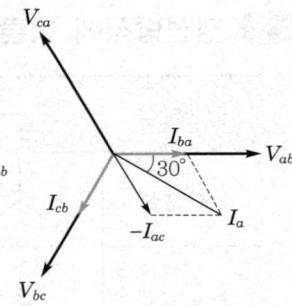

2. V-V변압기의 출력(평형인 저항부하로 가정하면)

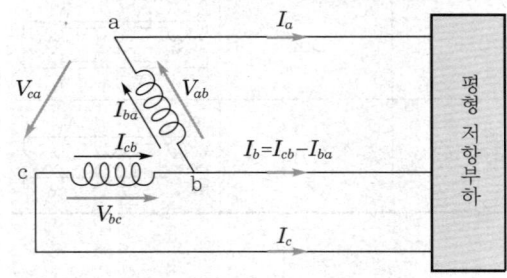
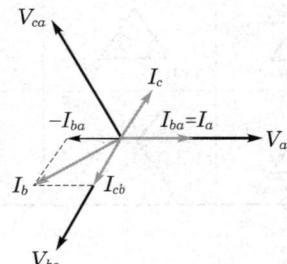
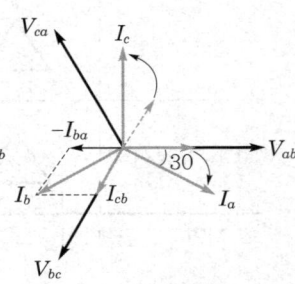

(1) 전류가 평형인 부하조건에 의해서 a·c상 전류가 $\sqrt{3}$ 배 증가하여 b상 전류와 동일하게 되고, 위상도 $120°$로 3상 평형을 이룬다.

(2) V−V결선에서는 저항부하인 경우에도 전압보다 $30°$ 뒤진 전류가 흐른다.

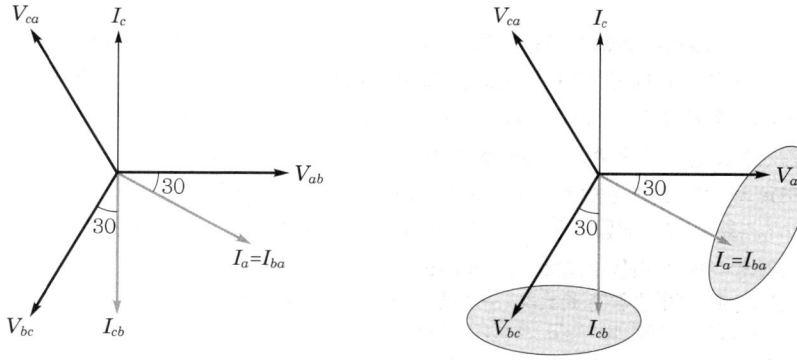

$$P_{\text{V}} = V_{ab}I_{ba}\cos(-30) + V_{bc}I_{cb}\cos 30 = VI_{\text{phase}} \times \frac{\sqrt{3}}{2} + VI_{\text{phase}} \times \frac{\sqrt{3}}{2} = \sqrt{3}\,VI_{\text{phase}}$$

3. V−V결선의 출력비

$$\frac{P_{\text{V}}}{P_{\triangle}} = \frac{\sqrt{3}\,VI_{\text{phase}}}{3\,VI_{\text{phase}}} = 0.577$$

△−△결선으로 운전 중인 변압기 1대가 고장나서 V−V결선으로 사용할 때는 변압기의 출력이 57% 수준으로 저감되는 것을 나타낸다.

4. V−V결선의 이용률

$$\text{이용률} = \frac{P_{\text{V}}}{2\text{대 용량}} \times 100 = \frac{\sqrt{3}\,VI_{\text{phase}}}{2\,VI_{\text{phase}}} \times 100 = 86.6\%$$

V−V결선을 한 변압기는 2대분의 용량을 모두 사용하지 못하고 86.6%만이 출력으로 사용된다. 이것은 위에서 언급했듯이 부하가 순저항 부하라 할지라도 전류가 $30°$ 뒤진 전류가 흘러서 그만큼 변압기의 출력이 감소되는 결과가 나온다.

변압기 손실 및 효율

건 건축전기설비기술사 / 용 전기응용기술사 / 발 발송배전기술사 / 소 소방기술사 / 안 전기안전기술사 / 화 화공안전기술사 / 정 정보통신기술사

1 개요

① 전력설비에 있어서 변압기는 비교적 고효율기기에 속하나 상시 전력계통에 연결되어 있으므로 이에 대한 손실은 매우 크다.

② 배전설비별 손실의 구성을 보면 총배전손실의 약 40%가 전력용 변압기의 손실이다.

2 변압기손실의 종류

(1) 무부하손(철손)

① 부하증감과 상관없이 일정한 손실로 히스테리시스손, 와류손 등이 있다.

② 히스테리시스손 : 철심의 자구 재배열에 의해 발생

$$P_h = K_h \cdot f \cdot B_m^{1.6 \sim 2.0}[\text{W/kg}]$$

여기서, K_h : 재료상수
  f : 주파수
  B_m : 자속밀도

③ **와류손** : 철심 내 와전류에 의해 발생

$$P_e = K_e (K_f \cdot f \cdot t \cdot B_m)^2 [\text{W/kg}]$$

여기서, K_e : 재료상수

K_f : 파형률

f : 주파수

t : 철심두께

B_m : 자속밀도

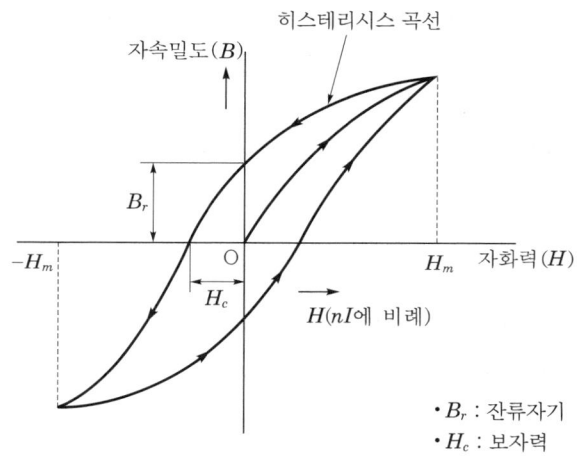

‖ 히스테리시스 손실($H-B$ 곡선) ‖

(2) 부하손(동손)

① 부하증감에 따라 변동되는 손실로, 저항손·와류손·표유부하손 등이 있다.

② **저항손** : 권선의 직렬저항에 의해 발생한다.

③ **와류손** : 도체 내의 와전류에 의해 발생한다.

④ **표유부하손** : 권선 이외에서 누설자속에 의해 발생한다.

3 변압기손실의 저감대책

(1) 설계에서 개선하는 방법

① 최고 효율은 $P_i = m^2 \cdot P_c$ 이므로 $m = \sqrt{\dfrac{P_i}{P_c}}$ (P_i : 철손, P_c : 동손, m : 부하율)

② 유입변압기의 경우 소용량은 이용률 50 ~ 60%에서, 중용량(1000kVA) 이상은 이용률 40 ~ 50%에서 최고 효율을 나타낸다.

③ 부하율이 낮으면 무부하손이 효율에 큰 영향을 미친다.

④ 부하율이 높으면 부하손이 효율에 큰 영향을 미친다.

⑤ 아몰퍼스 TR과 자구미세 TR 비교

구분	아몰퍼스 TR	자구미세 TR
무부하손	적음	다소 적음
효율	부하율 40% 미만에서 우수	부하율 40% 이상에서 우수

(2) 무부하손의 개선방법

① $P_h \propto B_m^{1.6 \sim 2.0}$, $P_e \propto t^2 \propto B_m^2$

② 철심재료 개선 : 아몰퍼스 박대상과 같은 저손실 철심재료를 사용한다.

③ 철심형태 개선 : 두께를 얇게 하여 와류손이 감소하고 모서리를 둥글게 하여 에너지효과가 감소한다.

④ 가공방법 개선 : 방향성 규소강판을 가공하여 자구가 미세화된다.

(3) 부하손의 개선방법

① $P_c \propto \rho \dfrac{l}{A}$

② 권선재료 개선 : 권선에 초전도 도체를 사용한다.

③ 권선형태 개선 : 권선단면을 얇게 하고, 권선길이를 짧게 하며 TR 크기를 작게 한다.

4 변압기의 효율

(1) 변압기의 총손실

$$P_l = P_i + m^2 \cdot P_c$$

여기서, P_i : 철손

P_c : 동손

m : 부하율

(2) 효율[%]

$$\eta = \frac{출력}{입력} \times 100[\%] = \frac{출력}{출력 + 손실} \times 100[\%] = \frac{m \cdot P\cos\theta}{m \cdot P\cos\theta + P_i + m^2 \cdot P_c}[\%]$$

(3) 최고 효율은 $P_i = m^2 \cdot P_c$이므로 $m = \sqrt{\dfrac{P_i}{P_c}}$ 가 된다.

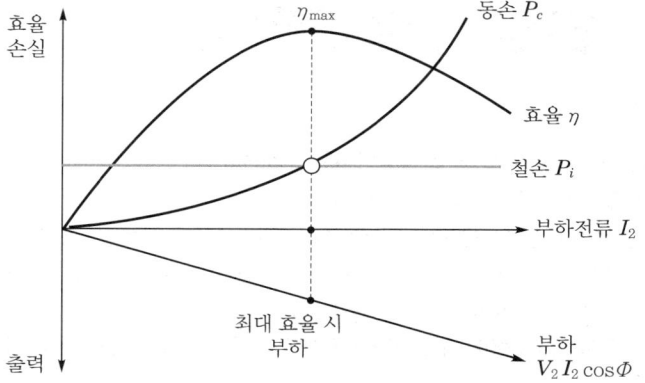

SECTION 05 변압기 절연방식

기출지문

Q1 변압기 절연방식의 종류를 들고 설명하시오. 건 97회 출제

Q2 변압기의 단절연에 대하여 설명하시오. 건 118회 출제

Q3 변압기의 절연방식 중 저감절연 및 단절연을 하는 이유와 이점을 설명하시오. 건 123회 출제

Q4 전기절연의 내열성 등급에 대하여 KS C IEC 60085에 따른 상대 내열지수, 내열등급을 기존의 절연종별 등급과 비교하여 설명하시오. 건 114회 출제

Q5 전기기기에 적용되는 절연계급을 허용온도에 따라 분류하고 적용기기에 대하여 설명하시오. 용 128회 출제

Q6 KS C IEC 60085(전기절연 – 내열성 평가와 표시)에 따라 전기절연, 내열성 등급 및 공기로 냉각할 수 있는 허용온도와 최대 허용온도의 관계에 대하여 설명하시오. 용 122회 출제

Q7 변압기 절연방식의 종류를 설명하시오. 안 123회 출제

Q8 변압기의 단절연 또는 저감절연에 대해 간단히 기술하시오. 발 63회 출제

Q9 전절연(full insulation), 균등절연(uniform insulation), 단절연(graded insulation), 저감절연(reduced insulation) 및 절연협조에 대해 설명하시오. 발 66회 출제

Q10 전력기기 절연물에 적용하고 있는 내열 절연계급에서 종별 최고 허용사용온도를 기술하시오. 발 72회 출제

건 건축전기설비기술사 / 용 전기응용기술사 / 발 발송배전기술사 / 소 소방기술사 / 안 전기안전기술사 / 화 화공안전기술사 / 정 정보통신기술사

1 개요

① 외부 이상전압에 대해서는 피뢰기를 제한전압 이하로 억제시켜 절연협조를 이루고 내부 이상전압인 개폐서지, 상용주파 과전압 등은 기기 자체의 절연레벨로 견디는 강도가 되어야 한다.

② 변압기의 절연방식은 전절연, 균등절연, 저감절연, 단절연 방식이 있다.

2 변압기의 절연방식

(1) 전절연

① 개념

㉠ BIL에 준하여 절연하며, 비유효접지계에 적용되는 기준이다.

㉡ 계통의 공칭전압[kV]을 1.1로 나눈 값과 절연계급의 수치가 일치하는 절연방식이다.

㉢ 전절연의 절연계급

- 3.3kV → 절연계급 : 3
- 6.6kV → 절연계급 : 6
- 22.9kV → 절연계급 : 20
- 154kV → 절연계급 : 140

② 특징
  ㉠ 절연비 및 계통 구성비가 고가이다.
  ㉡ 비경제적이다.
③ 154kV 계통의 절연레벨(BIL) : 전절연 → 140호×5 + 50(5E + 50) → 750kV 이상(full wave 충격시험전압)
④ 적용 : 비유효접지계통 또는 비접지계통에 접속되는 권선에 적용한다.

(2) 저감절연

① 개념
  ㉠ 유효접지계통에서는 1선 지락 시 '건전상의 전위 상승이 정격 상전압의 1.3배'를 넘지 않으므로 비유효접지계의 BIL보다 낮출 수 있는데 이를 저감절연이라 한다. 이는 비단 변압기뿐만 아니라 차단기, 기기 등에 모두 해당된다. 이것은 반드시 피뢰기를 사용하여 제한전압으로 낮추어야만이 가능(피뢰기 도움없이는 어려움)하다.
  ㉡ 유효접지계통에서 1선 지락 시 건전상의 대지전압이 비접지계통이나 유효접지계통보다 낮아 변압기 절연강도를 낮출 수 있는 절연방법을 말한다.
  ㉢ 저감절연에서 절연계급(호)은 공칭전압[kV]을 1.1로 나눈 값보다 낮은 것을 말한다.
  ㉣ 절연계급의 수치는 공칭회로전압의 약 80% 정도이다.
    • 22.9kV → 절연계급 : 20
    • 154kV → 절연계급 : 120
② 특징
  ㉠ 정격전압이 낮은 피뢰기 사용이 가능하다.
  ㉡ 전절연에 비해 절연레벨이 낮다.
③ 154kV 계통의 절연레벨(BIL) : 저감절연 → 120호×5 + 50(5E + 50) → 650kV 이상(full wave 충격시험전압)

(3) 단절연

① 개념
  ㉠ 유효접지계통에 접속되는 권선에 채용하는 방식이다.
  ㉡ 직접 접지계통의 경우 변압기 중성점이 항상 0전위를 유지하므로 선로 측으로부터 중성점으로 갈수록 단계적으로 절연기준을 낮추어서 적용하는 것을 단절연이라 한다.
  ㉢ 변압기 중성점을 기준으로 계단식으로 절연레벨을 정하는 것으로서, 중성점으로 갈수록 절연레벨이 낮아지며 기기의 이상전압 억제를 통해 경제적 계통구성이 가능하다.

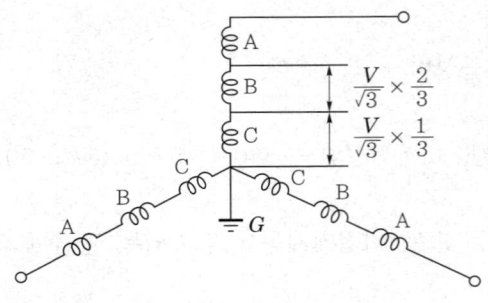

∎ 변압기 단절연 예 ∎

② 특징

ⓐ 절연강도는 선로 측은 강하고 중성점쪽으로 갈수록 약하다.

ⓑ 변압기의 치수, 중량이 경감된다.

ⓒ 경제적 설계가 가능하다.

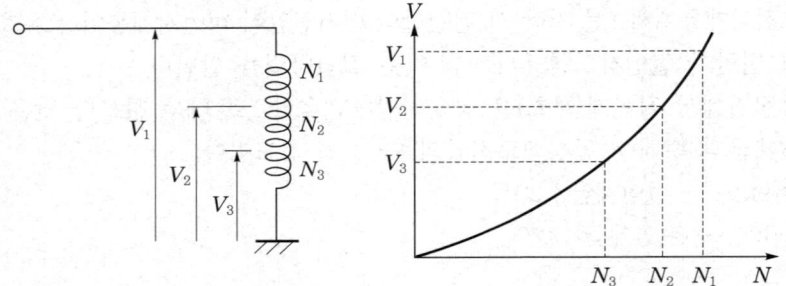

∎ 변압기 단절연 설계를 통한 경제적 설계 적용 예 ∎

$$\frac{V_1}{V_2} = \frac{N_1}{N_2} \rightarrow V \propto N$$

그림에서 중성점 근방의 권수비 N은 갈수록 작아지며 전위 또한 비례해서 줄어든다. 이를 이용한 것이 단절연 설계의 핵심이다.

(4) 균등절연

① 개념

ⓐ △결선이나 비접지식 Y결선의 경우 변압기권선은 모든 부분에 대하여 동일하게 절연기 준을 적용해야 하며 이를 균등절연이라 한다.

ⓑ 변압기 중성점 단자의 절연강도가 선로단자와 같은 경우 및 △ 결선 시 권선절연을 균등 절연이라 한다.

② 특징 : 단절연에 비해 절연비가 고가이다.

3 저감절연 및 단절연의 예

(1) 전압 154kV의 경우

① 절연레벨의 기준전압 $E = \dfrac{V}{1.1} = \dfrac{154}{1.1} = 140\,\text{kV}(140\text{호})$

② 전절연(140호) $\text{BIL} = 5 \times$ 절연계급$+ 50 = 5 \times 140 + 50 = 750\,\text{kV}$

③ 1단 저감절연(120호)
　　㉠ 공칭전압을 1.1로 나눈 값보다 낮은 수치를 적용한다.
　　㉡ 약 전절연의 80% 정도이다.
　　　　$5E + 50 = 5 \times 120 + 50 = 650\,\text{kV}$

④ 단절연(변압기권선의 경우)
　　㉠ 선로 측 : 1단 저감절연 → 650BIL
　　㉡ 중성점 : 150BIL

(2) 전압 345kV의 경우

① 절연레벨 기준전압 $E = \dfrac{V}{1.1} = \dfrac{345}{1.1} = 313.6\,\text{kV}$

② 전절연(300호) $\text{BIL} = 5 \times$ 절연계급$+ 50 = 5 \times 300 + 50 = 1550\,\text{kV}$

③ 변압기권선
　　㉠ 선로 측 : 2단 저감절연, 200호 → 1050BIL
　　㉡ 중성점 : 450kV/150BIL
　　　　• 특별한 언급이 없으면 변압기는 전절연으로 한다.
　　　　• 국내 전력계통 변압기의 중성점 BIL $= 150$으로 통일한다.

4 접지방식과 변압기 절연방식별 비교

구분	전절연	저감절연	단절연	균등절연
유효접지	–	○	○	–
비접지	○	–	–	○

PLUS 절연계급(등급)에 따른 분류

1. 전기절연 종별 등급(JISC 4003 절연종별 등급)

종별	허용온도 상승한도	절연물의 종류	용도
Y	90	면, 견, 종이 등	저전압기기
A	105	Y종 재료를 바니시 또는 기름에 채운 것	유입변압기
E	120	에폭시 수지, 멜라민 수지, 폴리우레탄 수지 등	대용량 기기
B	130	운모, 석면, 유리섬유 등의 재료를 접착재료와 같이 사용한 것	몰드변압기
F	155	B종 재료를 실리콘, 알키드수지 등의 비접착재료와 함께 사용한 것	몰드/건식 변압기 대부분 전동기
H	180	B종 재료를 규소수지 또는 동등 특성을 가진 재료와 함께 사용한 것	건식 변압기
C	200/220/250	운모, 석면, 자기 등을 단독 또는 접착제와 함께 사용한 것	고온을 요하는 특수기기

250℃ 이상에서는 25℃ 간격으로 등급을 나누고 있음

2. KS C IEC 60085 내열등급 및 상대 내열지수

IEC 60085 내열등급 (thermal class)	최고 허용온도[℃] (maximum hot spot temperature allowed)	상대 내열지수[℃] (relative thermal endurance index)
70	–	< 90
90	90	> 90 ~ 105
105	105	> 105 ~ 120
120	120	> 120 ~ 130
130	130	> 130 ~ 155
155	155	> 155 ~ 180
180	180	> 180 ~ 200
200	200	> 200 ~ 220
220	220	> 220 ~ 250
250	250	> 250

SECTION 06 임피던스전압이 변압기에 미치는 영향

1 개요

(1) 임피던스전압

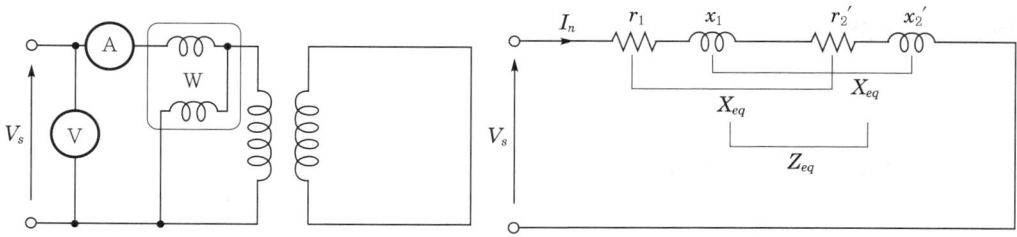

‖ 변압기 단락 특성시험 회로도 ‖

① 임피던스전압이란 변압기 한쪽 권선을 단락한 상태에서 단락한 권선에 정격전류가 흐를 때 다른 권선에 인가된 전압이다.

② 변압기, 발전기, 전선로 등에서 내부 임피던스에 의한 전압강하를 의미한다.

111

(2) 퍼센트 임피던스

① 퍼센트 임피던스란 1차 측 정격전압과 임피던스전압과의 비를 백분율로 나타낸 것이다.

② 공식

$$\%Z = \frac{I \cdot Z}{E} \times 100 = \frac{\text{임피던스전압}}{\text{1차 측 정격전압}} \times 100\,[\%]$$

2 임피던스전압이 변압기에 미치는 영향

(1) 전압변동률

① $\varepsilon = \dfrac{V_{20} - V_{2n}}{V_{2n}} \times 100 = p \cdot \cos\theta + q \cdot \sin\theta\,[\%]$

여기서, V_{20} : 변압기 2차 측 무부하전압

V_{2n} : 변압기 2차 측 정격전압

② %저항강하 $p = \dfrac{r \times I_{2n}}{V_{2n}} \times 100\,[\%]$

③ %리액턴스강하 $q = \dfrac{x \times I_{2n}}{V_{2n}} \times 100\,[\%]$

④ $\%Z = \sqrt{p^2 + q^2}$ 이므로 $\%Z$가 증가 시 전압변동률이 증가한다.

(2) 변압기 부하손과 무부하손의 손실비

① 부하손은 동손으로 저항성분과 관계가 있고, 무부하손은 철손으로 리액턴스성분과 관계가 있다.

② 일반적으로 임피던스전압이 크면 변압기의 부하손이 커지고, 임피던스전압이 작으면 무부하손이 커진다.

(3) 단락전류 및 단락용량

① 단락전류 $I_s = \dfrac{100}{\%Z} \times I_n\,[\text{A}]$

② 단락용량 $P_s = \dfrac{100}{\%Z} \times P_n\,[\text{MVA}]$

여기서, P_s : 단락용량

P_n : 기준용량

③ $\%Z$가 크면 단락용량이 감소한다.

(4) 변압기 병렬운전

① %Z가 다를 경우 작은 쪽 변압기가 과부하된다(± 10% 이내 허용).

$$P_{r1} = \frac{Z_2}{Z_1 + Z_2} \times P, \ P_{r1} = \frac{\%Z_2}{\%Z_1 + \%Z_2} \times P$$

$$P_{r2} = \frac{Z_1}{Z_1 + Z_2} \times P, \ P_{r2} = \frac{\%Z_1}{\%Z_1 + \%Z_2} \times P$$

② $\%\dfrac{X}{R}$가 다를 경우 역률에 따라 부하분담이 변동한다.

(5) 기기 전자기계력

%Z가 작으면 단락전류가 커지므로 단락사고 시 전자기계력이 커진다.

(6) 계통 안정도

%Z가 작으면 단락전류가 커지므로 단락사고 시 계통안정도 유지가 어려워진다.

3 경제적인 %Z

전압[kV]	22.9	154	345	765
%Z[%]	6	11	15	18

4 결론

① 변압기용량이 증가하면 %Z가 증가한다.

② 동일 용량의 변압기에서 %Z가 증가하면 전압변동률과 부하손이 증가하고, 단락용량 및 중량은 감소한다.

구분	전압변동률	부하손	단락용량	중량	비고
%Z 증가	증가	증가	감소	감소(동기계)	경제성 향상
%Z 감소	감소	감소	증가	증가(철기계)	신뢰성 향상

③ 또한, 기기 과전류 내량 등에 영향을 주므로 전력설비 선정 시 %Z를 적절히 고려하는 것은 대단히 중요하다.

PLUS 변압기 등가회로와 임피던스전압

1. 변압기의 등가회로

등가회로 및 2차 측 변압기 권수비로 등가회로를 환산한다.

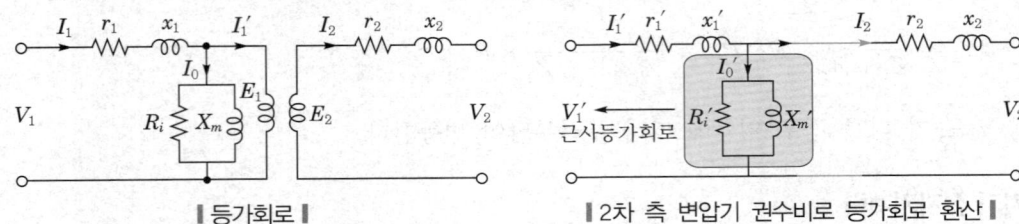

▌등가회로▐   ▌2차 측 변압기 권수비로 등가회로 환산▐

(1) 근사 등가회로

정격전류의 3 ~ 5%의 매우 작은 여자전류에 의한 전압강하를 무시한 등가회로[여자전류에 의한 전압강하 $V' = I_0'(r_1' + jx_1')$: 매우 작음]

(2) 권수비

$$a = \frac{N_1}{N_2} = \frac{E_1}{E_2} = \frac{V_1}{V_2} = \frac{I_2}{I_1} = \sqrt{\frac{Z_1}{Z_2}} = \sqrt{\frac{r_1}{r_2}} = \sqrt{\frac{x_1}{x_2}}$$

2. 임피던스전압

(1) 정의

① 임피던스전압은 변압기에 정격전류가 흐를 때 변압기의 임피던스(권선저항, 누설리액턴스)에 의한 전압강하로 정격전압의 3 ~ 10% 수준으로 변압기 내부임피던스의 전압강하를 말한다.

② 즉, 임피던스전압이 크다는 것은 그 변압기의 전압변동률이 크다는 것이다.

(2) 임피던스 강하

$$V = I_n Z_{eq} = I_n(R_{eq} + jX_{eq})$$

① 저항에 의한 전압강하 : $I_n R_{eq} = I_n(r_1' + r_2)$

② 누설리액턴스에 의한 전압강하 : $I_n X_{eq} = I_n(x_1' + x_2)$

(3) %임피던스

$$\%Z = \frac{I_n Z_{eq}}{V_{2n}} \times 100 [\%]$$

$$\%저항강하(\%IR) = \frac{I_n R_{eq}}{V_{2n}} \times 100$$

$$\%리액턴스강하(\%IX) = \frac{I_n X_{eq}}{V_{2n}} \times 100$$

(4) 변압기의 전압변동률

① 변압기에 정격부하를 접속하고 1차 측에 전압을 인가하여 2차 측이 정격전압이 되었을 때 1차 전압을 그대로 두고 부하를 제거했을 경우 2차 전압은 상승한다.

② 이 2차 전압변화분을 2차 정격전압의 백분율로 표시한 것을 전압변동률이라 한다.

$$\varepsilon = \frac{V_{20} - V_{2n}}{V_{2n}} \times 100 [\%]$$

여기서, ε : 전압변동률

$\qquad$ V_{2n} : 변압기 2차 측 정격전압

$\qquad$ V_{20} : 변압기 2차 측 무부하전압

3. $\%Z$ 선정 시 고려사항

(1) 경제성

① 변압기의 설계 시 $\%Z$값에 따라서 주요 재료비 및 중량이 달라진다.

② $\%Z$가 증가하면 주요 재료비용과 중량이 감소하나, 동량이 증가하므로 어느 순간부터는 비경제적이다. 그래서 표준 $\%Z$를 적용한다.

③ 전압등급이 올라가면 권선이 증가하여 $\%Z$가 증가한다.

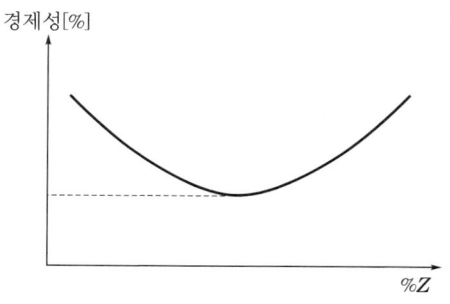

(2) 전압변동률

① 변압기는 내부 전압강하에 의해 부하상태에 따라서 2차 단자전압이 변동한다.

② $\%Z$가 작을수록 2차 단자전압의 변동이 작으며, $\%Z$가 클수록 2차 단자전압의 변동이 크다.

(3) 변압기의 병렬운전

$\%Z$가 동일하지 않으면 부하전류의 분담을 변압기의 용량비대로 사용할 수가 없으므로 변압기 용량의 합계까지 사용할 수 없다.

(4) 단락전류의 크기

① $\%Z$가 크면 단락전류가 감소하므로, 단락전류의 제한목적으로 $\%Z$를 증가시키는 경우가 있다.

② 차단기의 차단용량, 변압기 등의 전력기기의 단락에 대한 열적 · 기계적 강도에 영향을 준다.

예제

다음 회로에서 변압기 1차 측 전류(I_p), 변압기 2차 측 전류(I_s)의 전류를 구하시오. (단, 권선비는 10 : 1임)

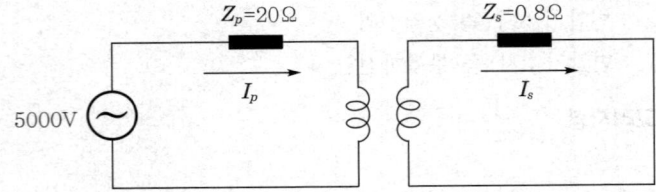

풀이

1. 변압기 권수비

$$a = \frac{N_1}{N_2} = \frac{V_1}{V_2} = \frac{I_2}{I_1} = \sqrt{\frac{Z_1}{Z_2}} = 10$$

2. 2차 측을 1차로 임피던스 등가환산 및 1차 전류

$$\sqrt{\frac{Z_1}{Z_2}} = 10 \rightarrow \frac{Z_1}{Z_2} = 10^2 \rightarrow Z_1 = Z_2 \times 100 = 0.8 \times 100 = 80\Omega$$

그러므로 1차 전류

$$I_1 = \frac{5000}{20+80} = 50A$$

3. 1차 측을 2차로 임피던스 등가환산 및 2차 전류

$$\sqrt{\frac{Z_1}{Z_2}} = 10 \rightarrow \frac{Z_1}{Z_2} = 10^2 \rightarrow Z_2 = \frac{Z_1}{100} = \frac{20}{100} = 0.2\Omega$$

그러므로 2차 전류(여기서, 권수비 조건에 따라 $V_2 = 500V$)

$$I_2 = \frac{500}{0.2+0.8} = 500A$$

→ 권수비가 10이기 때문에 2차 전류는 1차 전류보다 10배 큰 전류가 흐른다.

변압기 이행전압의 개념과 보호방법

기출
지문

Q1 변압기 이행전압의 개념과 보호방법을 설명하시오. [안 123회, 건 105회 출제]

Q2 변압기 이행전압의 종류와 억제대책에 대하여 설명하시오. [용 129회 출제]

Q3 변압기 이행전압의 종류와 대책에 대하여 설명하시오. [용 122회, 발 122회 출제]

건 건축전기설비기술사 / 용 전기응용기술사 / 발 발송배전기술사 / 소 소방기술사 / 안 전기안전기술사 / 화 화공안전기술사 / 청 정보통신기술사

1 개요

① 이행전압이란 변압기 1차에 가해진 Surge가 정전적·전자적으로 2차 측에 이행하는 전압을 말한다.

② 변압기 2차 권선 및 2차 권선접속기기의 절연에 영향을 주므로 변압비가 큰 변압기에 대해 이행전압이 2차 BIL을 상회할 경우에 대비한 보호장치가 필요하다.

③ 단상 변압기의 이행전압의 개념과 보호방법으로 각각 구분하여 설명한다.

2 이행전압의 개념

(1) 정전이행전압

① 개념 : 1·2차 양권선 간 정전용량(C_{12}) 및 2차 권선의 대지 간 정전용량에 의해 Surge 전압이 분압되어 발생되는 전압을 말한다.

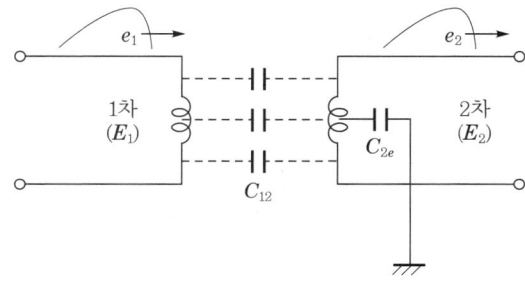

┃ 단상 변압기 이행전압 ┃

$$정전이행전압(e_2) = \frac{C_{12}}{C_{12} + C_{2e}} \times \alpha e_1$$

여기서, C_{12} : TR 1·2차 간 정전용량

C_{2e} : TR 2차 권선 대지 간 정전용량

α : 변압기구조에 따른 정수(보통 1.3~1.5)

e_1 : 1차 권선에 가해진 Surge

② 정전이행전압$\left(C_{12} \simeq \dfrac{1}{2}C_{2e}\text{라 하면}\right)$의 크기

　㉠ 단상 TR : 1차 권선에 가해진 Surge 전압의 40 ~ 50%가 이행된다.

　㉡ 3상 TR : 중성점 접지($\alpha = 0.6$) → 20%, 중성점 개방($\alpha = 1.5$) → 52%가 이행된다.

(2) 전자이행전압

① 개념 : 1차 권선을 흐르는 Surge 전류에 의한 자속이 2차 권선과 쇄교하여 유기되는 전압

② 단상 변압기 2차 권선으로의 전자이행전압(e_2)

$$e_2 = \frac{E}{r} \cdot \frac{Z_2}{Z_1 + Z_2}\left(1 - e\frac{Z_1 + Z_2}{Ls}\right)$$

여기서, e_2 : 전자이행전압

　　　　E : 1차 측 서지전압 파고치

　　　　r : 권수비

　　　　Z_1 : 1차 권선 측의 서지 임피던스

　　　　Z_2 : 2차 권선에 접속된 임피던스의 1차 측 환산치($r^2 \cdot Z_2{}'$)

　　　　Ls : 변압기권선의 임피던스($Ls = L_1 + L_2 - 2M$)

　　　　　L_1 : 1차 권선의 임피던스

　　　　　L_2 : 2차 권선의 임피던스 1차 측 환산치

　　　　M : 상호임피던스

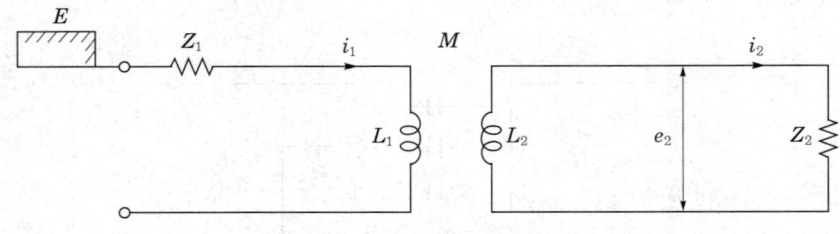

┃ 단상 변압기 전자이행전압 ┃

③ 특징

　㉠ 부하임피던스가 클수록 커진다.

　㉡ 특별한 경우 외는 보호대상이 아니다.

(3) 2차 권선 고유진동전압

상기 정전이행전압, 전자이행전압을 통해 변압기 2차 측에 유기되는 고유진동전압이다.

3 이행전압의 대책

(1) 정전이행전압

① 2차 측 보호콘덴서 설치

㉠ 보호콘덴서를 설치하는 방법이 많이 사용된다.

㉡ 보통 변압기권선 간의 정전용량은 $10^{-2}\mu$F이므로 2차 측 각 상 대지 간에 상기 용량의 약 5 ~ 10배인 0.05 ~ 0.1μF의 콘덴서를 설치할 경우 이행전압은 문제가 되지 않을 정도로 억제된다.

㉢ 케이블의 길이가 충분한 경우 보호콘덴서가 불필요하다.

② 2차 측 피뢰기를 설치한다.

③ 2차 BIL을 높인다.

(2) 전자이행전압

전자이행전압은 대체로 권수비대로 이행하므로 특수한 경우가 아니면 보호장치는 필요없다.

4 결론

① 1차 측 서지전압이 정전적 전자적인 결합으로 2차 측에 이행하는 것으로 특히 정전이행전압의 대책은 상기와 같은 3가지의 대책이 필요하다.

② 보호콘덴서를 설치할 때 정전이행전압이 억제되며 이외에도 선로길이가 충분히 긴 경우 정전이행전압이 억제됨을 알 수 있으므로 이행전압의 영향 여부는 계통특성 및 변압기 용량 등을 충분히 검토할 필요가 있을 것으로 판단된다.

SECTION

08 고효율 변압기

기출지문

Q1 아몰퍼스 고효율 몰드 변압기와 저소음 고효율 몰드 변압기를 비교 설명하시오. 건 96회 출제

Q2 배전용 변압기(154/22.9kV)의 이행전압을 설명하고, 이행전압 발생 시 절연파괴가 될 수 있는 전압을 구하시오. 발 129회 출제

건 건축전기설비기술사 / 응 전기응용기술사 / 발 발송배전기술사 / 소 소방기술사 / 안 전기안전기술사 / 화 화공안전기술사 / 정 정보통신기술사

1 정의

① 고효율 변압기란 종전 20 ~ 80%의 각 부하율에서 일정 손실[W] 이하인 경우 고효율 변압기로 규정된 것이 최근 개정된 기준에 의해 최대 효율을 발생시키는 50% 부하율에서 일정한 효율값 이상이 되는 변압기를 말한다.

② 최근 「에너지이용 합리화법」 및 「효율관리기자재 운용규정」에 의해 고효율 기기 및 고효율 변압기 적용이 장려되고 있다.

③ 고효율 변압기와 관련한 필요성, 최저 및 표준 소비효율제 개념, 고효율화 방안, 표준소비효율제 기준의 변압기(고효율 변압기)에 대해 구분하여 설명한다.

2 필요성

① 지구온난화 방지, CO_2 배출 감소, 에너지 절감, 환경보호 측면에서 필요하다.

② 「에너지이용 합리화법」 및 「효율관리기자재 운영규정」에 의해 고효율 변압기 및 고효율 기자재 보급 촉진이 장려된다.

③ 전력선이나 케이블에 비해 교체가 상대적으로 용이하다.

3 최저 및 표준 소비효율제 변압기

(1) 최대 전력효율은 부하손과 무부하손이 동일한 크기인 경우 발생한다.

(2) 최대 효율은 50%인 경우 발생한다.

(3) 특고압, 고·저압 및 건식, 유입 변압기에 대해 3000kVA까지 일정 효율 기준치로 최저 소비효율 변압기 및 표준소비효율 변압기로 구분된다.

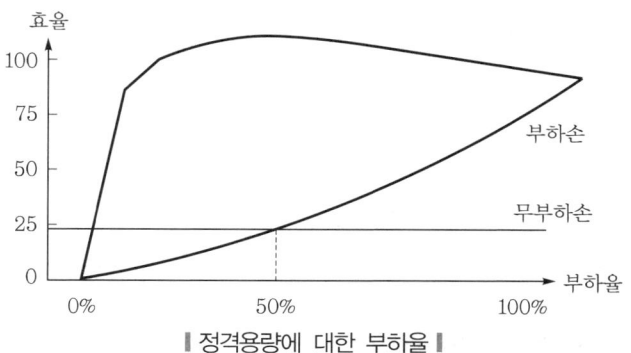

▮ 정격용량에 대한 부하율 ▮

(4) 구분

▮ 변압기의 구분 ▮

현재기준	종전기준
표준소비효율제 변압기	고효율 변압기
최저 소비효율제 변압기	일반변압기

4 변압기효율 개선방안

▮ 변압기효율 개선 ▮

무부하손 개선방안	부하손 개선방안
• 철심의 재료개선 • 철심의 자속밀도 저감 • 철심의 두께를 얇게 적층(와류손 절감)	• 권선의 저항 저감 • 권선의 길이를 짧게 함 • 변압기 코어를 작게 함

5 표준소비효율제 기준의 아몰퍼스 및 저소음 몰드 변압기

▮ 표준소비효율제 기준 고효율 변압기의 구분 ▮

종류 \ 구분	아몰퍼스(코어) 변압기	저소음 고효율 몰드 변압기(레이저코어)
철심재료	철(Fe), 붕소(B), 규소(Si) 등의 혼합 및 응용, 냉각의 비정질 자성체	규소강판 표면을 레이저로 표면처리하여 자구를 미세화함
장점	• 철손을 일반변압기 대비 약 70% 절감 • 평균부하율이 약 30%인 경부하에 효율적임	• 변압기 적용용량에 한계가 없음 • 동손 감소비율이 커 전기료가 싼 공장부하 등에 투자회수기간이 짧음(3년 이내) • 소음이 낮음(50dB) • 권선의 탄락력이 큼 • 고조파 부하장소에 적용이 가능

종류＼구분	아몰퍼스(코어) 변압기	저소음 고효율 몰드 변압기(레이저코어)
단점	• 소음이 큼 • 가격이 고가임 • 부러지기 쉬움 • 중량이 증가함 • 동일 몰드 변압기 기준 권선의 단락전자력이 약함	• 상대적 크기가 큼 • 가격이 고가임 • 충격과 내전압(BIL)이 작음

6 표준소비효율제 변압기의 적용

(1) 아몰퍼스코어 몰드 변압기

경부하에 유리하다.

(2) 저소음 몰드 변압기(레이저코어)

중부하에 유리하다.

SECTION 09 아몰퍼스 몰드 변압기

 기출 지문

Q1 수변전설비에 적용되는 아몰퍼스 변압기의 에너지 절감효과와 고조파 저감효과를 일반 변압기와 비교 설명하시오. 건 104회 출제

Q2 변압기 선정을 위한 효율과 부하율 관계를 설명하고, 유입 변압기와 몰드 변압기의 특성을 비교하여 설명하시오. 건 130회 출제

Q3 아몰퍼스(Amorphous) 변압기에 대하여 설명하시오. 건 63회 출제

Q4 최근에 많이 사용되기 시작한 아몰퍼스 변압기의 특성에 대하여 설명하시오. 안 69회 출제

건 건축전기설비기술사 / 응 전기응용기술사 / 발 발송배전기술사 / 소 소방기술사 / 안 전기안전기술사 / 화 화공안전기술사 / 정 정보통신기술사

1 개요

① 변압기란 2개의 전기회로를 1개의 자기회로로 연결하여 전압과 전류의 크기를 변성하는 장치로서, 구성은 권선, 철심, 절연재, 부싱, 외함 등으로 되어 있다.

② 아몰퍼스 몰드변압기란 철심에 규소강판 대신 아몰퍼스 박대상(Fe + C + B + Si)을 사용한 변압기이다.

③ 규소강판 변압기에 비해 철손을 $\frac{1}{4} \sim \frac{1}{3}$로 감소시킨 절전형 고효율 변압기이다.

2 특징

① 일반 변압기에 비해 철손(무부하손)을 최대 75% 수준으로 저감이 가능하여 대기전력 절감 효과가 크다.

② 철심가공기술의 한계로 제작용량에 한계가 있다. → 최대 1500kVA 정도

③ 소음이 매우 크며, 가격이 고가로, 거의 사용되지 않는다.

3 장점

① 손실(특히 우수)이 작고, 효율이 높으며, 컴팩트화를 할 수 있다.

② 철손 및 여자전류가 $\frac{1}{4} \sim \frac{1}{3}$로 작아 양호한 특성을 소유한다.

③ 히스테리시스 루프의 면적이 규소강판보다 작다. → 히스테리시스손 감소

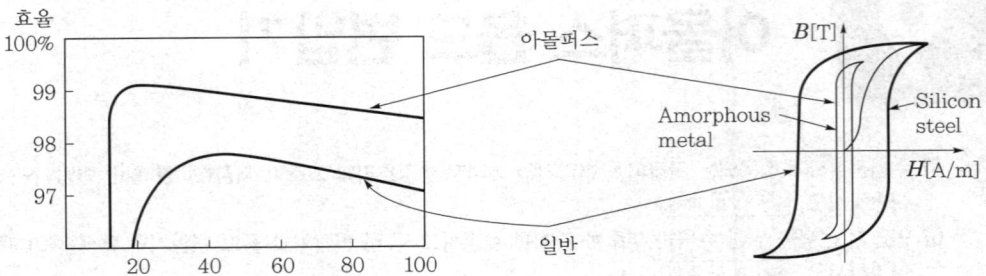

④ 아몰퍼스 자성재료는 두께가 20 ~ 30 µm 정도로 얇다. → 와류손 감소

⑤ 고조파에 강한 특성이 있다.

4 단점

① 자왜현상이 커서 소음이 크다.

② 포화자속밀도가 낮아 변압기 크기가 커진다.

③ 가공이 어렵고 철심의 점적률도 저하된다.

④ 가격이 비싸다.

⑤ 온도 상승에 따라 자기특성이 저하된다.

5 적용장소

① 부하율이 낮은 수용가에 적용된다.

② 효율 향상과 소형화가 기대되는 고주파 변압기에 적용된다.

③ 한전 주상 변압기용으로 최적이고, 현재 중소용량에 적용되고 있다.

6 변압기의 종류별 특성 비교

구분	일반 몰드 TR	아몰퍼스 TR	레이저 저소음 고효율 TR
철심재료	• 일반 규소강판 • 0.3mm	• 아몰퍼스 합금 • 0.02 ~ 0.03mm	• 자구 미세화 강판 • 0.023/0.027mm
가격	100	190	150
효율	–	• 무부하손 75% 경감 • 부하손 0% 경감	• 무부하손 60 ~ 70% 경감 • 부하손 30% 경감
소음	65dB	70dB	50dB
제작용량	20000kVA	1500kVA	20000kVA
용도	일반수용가	특수수용가(학교)	일반·고효율 모두 적용

자구 미세형 몰드 변압기

기출
지문 **Q1** 아몰퍼스 고효율 몰드 변압기와 저소음 고효율 몰드 변압기를 비교 설명하시오. 건 96회 출제
Q2 레이저 저소음 고효율(자구 미세화) 변압기의 특징에 대하여 설명하시오. 용 119회 출제

건 건축전기설비기술사 / 용 전기응용기술사 / 발 발송배전기술사 / 소 소방기술사 / 안 전기안전기술사 / 화 화공안전기술사 / 정 정보통신기술사

1 개요

① 변압기란 2개의 전기회로를 1개의 자기회로로 연결하여 전압과 전류의 크기를 변성하는 장치로서, 구성은 권선, 철심, 절연재, 부싱, 외함 등으로 되어 있다.

② 자구 미세형 몰드 변압기란 철심에 분자구조인 자구를 미세하게 분할한 방향성 규소강판을 사용한 변압기이다. 5 ~ 10% 개선되고, 두께는 230μm 정도이다.

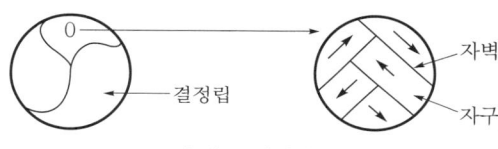

‖ 자구 미세화 ‖

2 미세화 방법

① Lager 처리, Geared roll에 의한 압입, 화학적 Etching 등이 있다.

② Lager 처리에 의한 방법은 임시적인 방법으로 500℃ 이상 열처리 시 효과가 상실된다.

3 특징

① 부하율 40% 이상에서 자구 미세형 변압기 효율특성이 가장 우수하다.

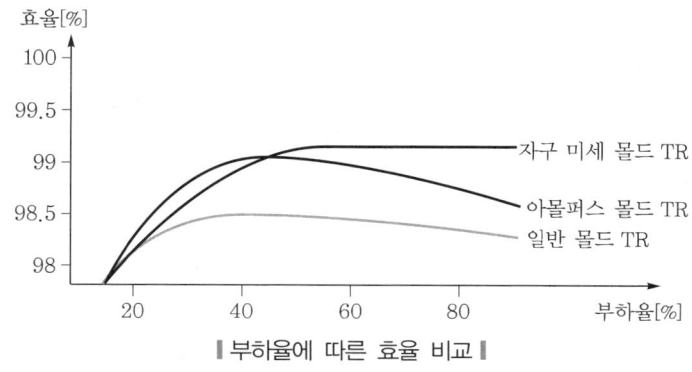

‖ 부하율에 따른 효율 비교 ‖

② 철손(무부하손실)을 약 50%, 부하손실을 약 30% 이상 감소시킨다.

③ 소음이 매우 낮고(약 50dB 수준) 대용량 제작이 가능하다.

구분	일반 몰드	아몰퍼스 몰드	자구 미세 몰드
소음	65dB	70dB	55dB
제작가능 용량	20MVA	1250kVA	20MVA

④ 철심의 자속밀도 및 권선의 온도 상승이 사용되는 절연물의 허용온도 보다 낮아 고조파가 많은 장소에 그대로 적용 가능하다.

⑤ 초기 비용이 고가이고, 장기적인 Life cycle 관점에서 전력손실이 절감되어 이익이다.

4 향후 전망

경제성, 대용량화, 저소음 등을 고려할 때 부하율 40% 이상에서 적용 확대가 예상된다.

PLUS TR 특성 비교

(3상 1000kVA 1대 기준)

항목	유입 변압기	일반 몰드 변압기	아몰퍼스 몰드 변압기	자구 미세 몰드 변압기
절연 종별	A종	B종	B종	B종
권선의 온도 상승한도	60℃	100℃	100℃	100℃
전부하효율	98.4%	98.6%	98.9%	99.1%
철심재료	규소강판	규소강판	아몰퍼스 (규소합금)	방향성 규소강판
총손실 (철손 + 동손)	보통	보통	적음	아주 적음
무부하전류	4.5%	3.0%	1.0%	1.0%
철심두께	250 ~ 300μm	250 ~ 300μm	20 ~ 30μm	230μm
수명	17 ~ 20년 정도	정상상태 운전에서 반영구적	정상상태 운전에서 반영구적	정상상태 운전에서 반영구적
화재, 폭발성	있음 (기름의 사용)	없음 (난연성 재료)	없음 (난연성 재료)	없음 (난연성 재료)
흡습성	있음	없음	없음	없음
소음[dB]	70(KS)	65	70	55
충격파 내전압	높음 150BIL	낮음 95 또는 125BIL	낮음 95 또는 125BIL	낮음 95 또는 125BIL

항목	유입 변압기	일반 몰드 변압기	아몰퍼스 몰드 변압기	자구 미세 몰드 변압기
과부하 내력	낮음 150%, 15분	높음 150%, 55분	높음 150%, 55분	높음 150%, 55분
공해요인	폐유 발생	없음	없음	없음
중량	많음	작음	가장 작음	작음
유지보수	정기적으로 절연유 점검, 교체	외관 청소 외의 유지보수 필요 없음	외관 청소 외의 유지보수 필요 없음	외관 청소 외의 유지보수 필요 없음
Life cycle cost	높음	낮음	다소 낮음	아주 낮음
가격	낮음	높음(100%)	가장 높음(200%)	다소 높음(150%)
장점	• 가격 저렴 • 절연특성 우수	• 난연성, 내습성 우수 • 전력손실 적음	• 난연성, 내습성 우수 • 전력손실 적음	• 난연성, 내습성 우수 • 전력손실 적음
단점	• 가연소성 • 전력손실 많음	가격 고가	가격이 가장 고가	가격 고가

단권변압기의 구조와 특징

1 정의

① 단권변압기란 1 · 2차 권선이 절연되지 않고 권선의 일부를 공동으로 가지는 변압기를 말한다.

② 단권변압기란 한 권선의 중간에 탭을 만들어 사용하는 변압기로서, 1차와 2차 권선이 절연되지 않고 권선의 일부를 공동으로 가지는 변압기이다.

2 용도

승압용, 감압용, 기동보상기, 계통연결 등에 사용된다.

3 단권변압기의 구조

변압기의 1차 및 2차 권선이 권선의 일부를 공유하는데 공유부분을 분로권선이라 하고, 그렇지 않은 부분을 직렬권선이라 한다.

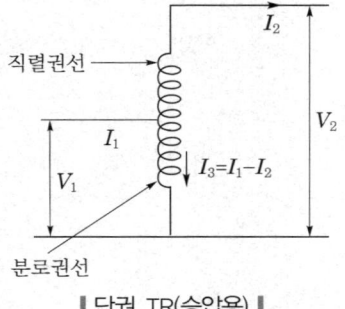

‖ 단권 TR(승압용) ‖

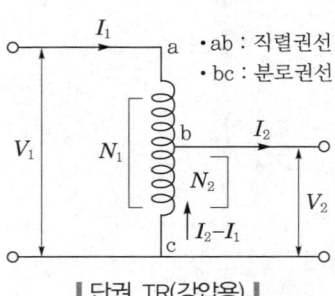

‖ 단권 TR(강압용) ‖

4 단권변압기와 2권선 변압기

(1) 회로도

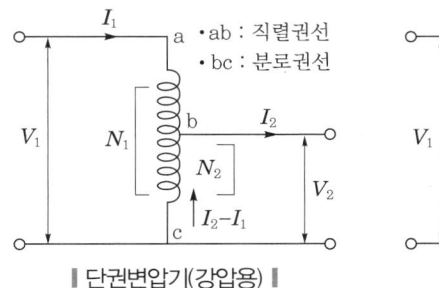

• ab : 직렬권선
• bc : 분로권선

┃ 단권변압기(강압용) ┃

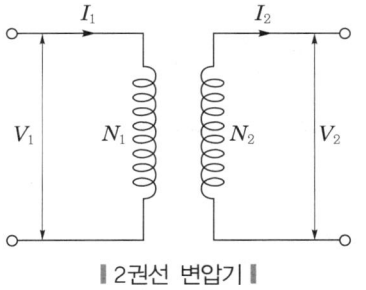

┃ 2권선 변압기 ┃

(2) 자기용량과 부하용량

단권변압기	2권선 변압기
부하용량$(P_2) = V_2 I_2 = V_2(I_2 - I_1) + V_2 I_1$ 자기용량$(P_1) = V_2(I_2 - I_1)$	자기용량(P_1) 부하용량$(P_2) = V_1 I_1 = V_2 I_2$

① 강압용 단권변압기

$$\frac{\text{자기용량}(P_1)}{\text{부하용량}(P_2)} = \frac{V_2(I_2 - I_1)}{V_2 I_2} = 1 - \frac{I_1}{I_2} = 1 - \frac{V_2}{V_1}$$

권수비$(\alpha) > 1$

② 승압용 단권변압기

$$\frac{\text{자기용량}(P_1)}{\text{부하용량}(P_2)} = \frac{(V_2 - V_1)I_2}{V_2 I_2} = 1 - \frac{V_1}{V_2}$$

권수비$(\alpha) < 1$

③ 강압용 단권변압기, 승압용 단권변압기 모두 $\dfrac{\text{자기용량}(P_1)}{\text{부하용량}(P_2)} = 1 - \dfrac{V_L}{V_H}$ 이다.

여기서, V_H : 고압

V_L : 저압

④ 2권선 변압기

$$\text{자기용량}(P_1) = \text{부하용량}(P_2) = I_1 V_1 = I_2 V_2$$

5 특징

장점	단점
• 소형이고 가격이 저렴 • 동손이 작아 효율이 좋음 • 전압변동이 작고 안정도가 증가 • 여자전류가 적음	• 임피던스가 작아 단락전류가 큼 • 1 · 2차가 완전히 절연되지 않음 • 1차 고장 시 2차로 파급이 용이함 • 1차 측 Surge가 2차로 이행이 용이함

6 용도

① 전동기의 기동보상기용
② 가정용의 승압 · 강압 변압기
③ 배전선로의 승압기
④ 초고압 계통의 계통연계용

3권선 변압기의 용도와 특징

기출
지문
Q1 3권선 변압기의 용도와 특징에 대하여 설명하시오. 건 105회 출제
Q2 3권선 변압기를 사용하는 주된 용도 4가지를 설명하시오. 발 86회, 건 105회 출제

건 건축전기설비기술사 / 용 전기응용기술사 / 발 발송배전기술사 / 소 소방기술사 / 안 전기안전기술사 / 화 화공안전기술사 / 정 정보통신기술사

1 개요

① 1·2차 권선에 3차 권선을 설치한 변압기로, 권수비에 따라 1조의 변압기로 2종의 전압과 용량을 얻을 수 있다.

② 즉, 한 개의 철심에 3개의 권선이 감긴 형태로, 각 권선은 1차(primary), 2차(secondary), 3차(tertiary) 권선이라 한다.

2 용도

① 설치장소가 좁아서, 2대 변압기를 설치하지 못하는 경우로서, 2종류의 전원이 필요한 곳

② 통신선 유도장애의 경감대책용 → 제3고조파 델타 결선 내 순환

③ 전압변동 경감대책용 → $\Delta V = X_S \Delta Q$에서 X_S 작게

④ 송전용 변압기 사용 → △결선 외부인출 소내 전원과 조상설비에 접속

⑤ 중성점이 필요한 경우 접지하여 사용 → 중성점 전위이동 없음

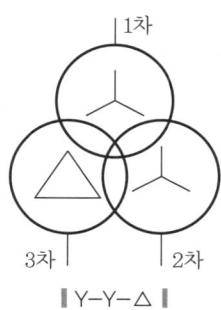

∥ Y-Y-△ ∥

3 결선

① Y-Y결선에서 중성점을 접지하지 않았을 때 제3고조파에 의한 기전력의 왜형파가 발생한다.

② 반면, Y-Y결선에서 중성점을 접지하면 여자전류의 제3고조파로 인해 유도장해가 문제된다.

③ 이를 해결하기 위해 제3고조파의 순환통로를 만들기 위해 제3의 권선을 △결선으로 하여 중성점을 접지할 수 있게 만들어 준다.

④ 전력계통에서는 일반적으로 단상·단권·3권선 변압기 3대를 Y-Y-△결선으로 사용한다.

4 사용형식 및 용량

(1) 345kV 계통

① Y–Y–△결선

② 345/154/23kV

③ 500/500/110MVA

④ 3차 권선에는 조상설비를 접속하고, 변전소 소내 전원용으로 사용한다.

(2) 154kV 계통

① Y–Y–△결선

② 154/23/6.6kV

③ 3차 측은 단자를 외부로 인출하여 폐회로를 구성하거나 외함에 접지하고 부하를 접속하지 않는 소위 안정권선으로 사용하며, 주권선의 $\frac{1}{3}$ 용량이다.

5 3권선 변압기의 특징

(1) 장점

① 제3고조파를 권선 내에서 순환시키기 위해 델타결선을 가지고 있다.

② 2차 권선에 유도성 부하가 있는 경우 3차 권선에 진상용 콘덴서를 설치하면 1차 회로에 역률을 개선할 수 있다.

③ 제3고조파의 통로로 3차 권선의 △결선이 이용되어 제3고조파에 의한 통신선에 유도장해를 일으키지 않는다.

④ 중성점이 필요한 경우에 접지하여 사용함으로써 중성점 전위의 이동이 없다.

⑤ 중성점을 접지하여 단절연을 채택할 수 있어 경제적이다.

⑥ 중성점 탭방식을 채택하므로 변압기의 중량과 크기를 줄일 수 있다.

(2) 단점

① 3차 측 전압 조정이 필요하다.

② 조상용량에 제한(델타결선 내 동기조상기 11kV로 제한)이 있다.

③ 모선에 단락방지 대책이 필요하다.

④ 이행전압에 의한 절연파괴의 위험이 있다.

(3) 결선

① Y–Y결선의 경우 중성점을 접지하지 않을 경우 제3고조파에 의한 기전력의 왜형파가 발생한다.

② Y–Y결선에서 중성점을 접지하면 여자전류의 제3고조파로 인해 유도장해가 문제가 된다.

③ 이를 해결하기 위해 제3고조파의 순환통로를 만들기 위해 제3의 권선을 △결선으로 하여 중성점을 접지할 수 있게 만들어 준다.

④ 전력계통에서는 일반적으로 단상·단권·3권선 변압기 3대를 Y-Y-△결선으로 사용한다.

6 임피던스의 등가환산

$Z_p + Z_s = Z_{ps}$ ·· 식 1)

$Z_s + Z_t = Z_{st}$ ·· 식 2)

$Z_p + Z_t = Z_{pt}$ ·· 식 3)

식 1) + 2) + 3)하면

$2(Z_p + Z_s + Z_t) = Z_{ps} + Z_{st} + Z_{pt}$

$\therefore \ Z_p + Z_s + Z_t = \dfrac{Z_{ps} + Z_{st} + Z_{pt}}{2}$ ·································· 식 4)

식 4) - 1)하면 $Z_t = \dfrac{Z_{st} + Z_{pt} - Z_{ps}}{2}$

식 4) - 2)하면 $Z_p = \dfrac{Z_{ps} + Z_{pt} - Z_{st}}{2}$

식 4) - 3)하면 $Z_s = \dfrac{Z_{ps} + Z_{st} - Z_{pt}}{2}$

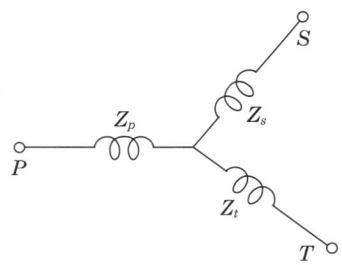

예제

단락용량 800MVA, 66kV 모선에 20MVA 기준의 1~2차 간 $Z_{12}=8\%$, 2~3차 간 $Z_{23}=12\%$, 1~3차 간 $Z_{13}=10\%$인 3권선 변압기가 접속되어 있다. 이 변압기의 2차 권선에 지상역률 80%, 10MVA 부하를, 그리고 3차 권선에 지상역률 60%, 5MVA의 부하와 4MVA의 전력용 콘덴서를 접속하였다. 변압기에 전부하가 걸렸을 때 2차 측과 3차 측 모선의 전압변화율을 구하여라.

〔풀이〕

앞의 내용을 그림으로 나타내면,

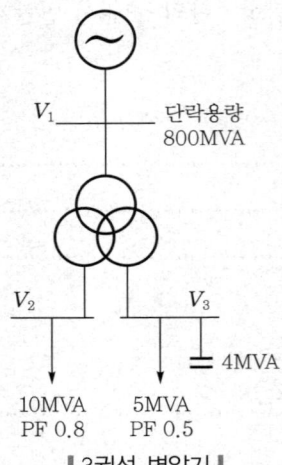

V_1 단락용량 800MVA

V_2 V_3

═ 4MVA

10MVA   5MVA
PF 0.8   PF 0.5

∥3권선 변압기∥

모든 임피던스를 100MVA 기준으로 환산하면 다음과 같다.

$$Z_{12} = 0.08 \times \frac{100}{20} = 0.4\,\mathrm{PU}$$

$$Z_{23} = 0.12 \times \frac{100}{20} = 0.6\,\mathrm{PU}$$

$$Z_{31} = 0.1 \times \frac{100}{20} = 0.5\,\mathrm{PU}$$

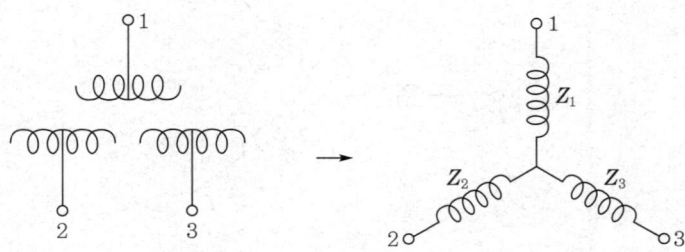

$$Z_1 = \frac{1}{2}(Z_{12} + Z_{13} - Z_{23}) = 0.15\,\mathrm{PU}$$

$$Z_2 = \frac{1}{2}(Z_{12} + Z_{23} - Z_{31}) = 0.25\,\mathrm{PU}$$

$$Z_3 = \frac{1}{2}(Z_{23} + Z_{31} - Z_{12}) = 0.35\,\mathrm{PU}$$

2차 측 부하 $P_2 = (0.8 - j0.6) \times 10 = 8 - j6\,[\mathrm{MVA}]$

3차 측 부하 $P_3 = (0.6 - j0.8) \times 5 + j4 = 3\,\mathrm{MVA}$

2차 측 임피던스는 $Z_{P2} = \dfrac{100}{8 - j6} = 8 + j6\,[\mathrm{PU}]$

3차 측 임피던스는 $Z_{P3} = \dfrac{100}{3} = 33.33\,\text{PU}$

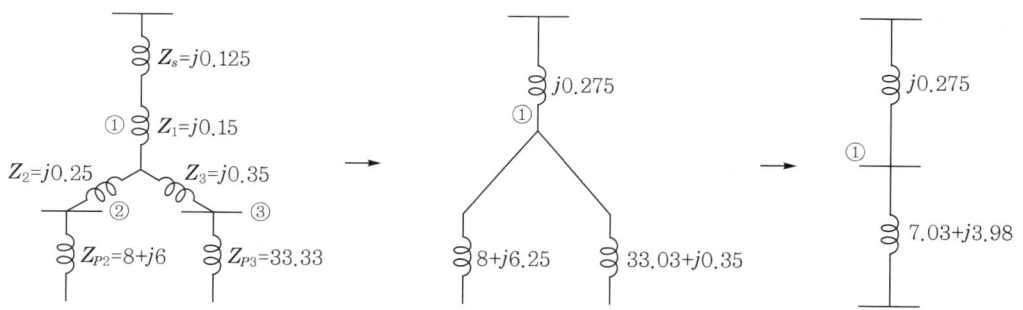

①번 모선의 전압은

$$V_1 = \frac{7.03 + 3.98}{j0.275 + (7.03 + j3.98)} = 0.983 \underline{/-1.62°}$$

$|V_1| = 0.983\,\text{PU}$

②번 모선 전압은

$$|V_2| = \left| \frac{Z_{P2}}{Z_2 + Z_{P2}} \right| \cdot |V_2| = \left| \frac{8 + j6}{j0.25 + (8 + j6)} \right| \times 0.983 = 0.954\,\text{PU}$$

③번 모선 전압은

$$|V_3| = \left| \frac{Z_{P3}}{Z_3 + Z_{P3}} \right| \cdot |V_1| = \left| \frac{33.33}{j0.35 + 33.33} \right| \times 0.983 = 0.9828\,\text{PU}$$

〔계산결과〕

(1) 변압기 2차 측의 전압변화율 $= \dfrac{1 - 0.954}{1} \times 100 = 4.6\%$

(2) 변압기 3차 측의 전압변화율 $= \dfrac{1 - 0.9828}{1} \times 100 = 1.72\%$

변압기 냉각방식

1 개요

① 변압기 냉각방식은 권선 및 철심을 냉각하는 내부 냉각매체와 내부 냉각매체를 냉각하는
외부 냉각매체로 구분하며, 순환방식에 의해 여러 가지로 나누어진다.

② 냉각방식의 규정에는 크게 ANSI 규정과 IEC 규정이 있다.

③ 변압기 냉각의 목적은 권선과 철심에서 발생하는 열에 의한 온도 상승을 방지하여 손실을
줄이고, 열화를 방지하여 변압기 사고를 방지하며, 변압기 수명을 보장하기 위해 변압기를
냉각시킨다.

2 IEC 76 냉각방식의 표기방법

원칙적으로 다음과 같이 4글자로 표기한다.

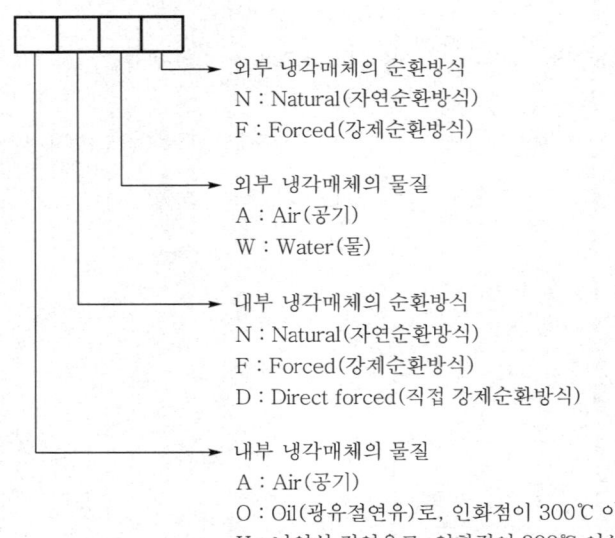

외부 냉각매체의 순환방식
N : Natural(자연순환방식)
F : Forced(강제순환방식)

외부 냉각매체의 물질
A : Air(공기)
W : Water(물)

내부 냉각매체의 순환방식
N : Natural(자연순환방식)
F : Forced(강제순환방식)
D : Direct forced(직접 강제순환방식)

내부 냉각매체의 물질
A : Air(공기)
O : Oil(광유·절연유)로, 인화점이 300℃ 이상인 것
K : 난연성 절연유로, 인화점이 300℃ 이상인 것
G : Gas(가스)

3 IEC 76/ANSI 냉각방식의 분류

(1) IEC 76 냉각방식

IEC 76 냉각방식		표시기호
건식	건식 자냉식	AN
	건식 풍냉식	AF
	건식 밀폐자냉식	ANAN
유입식	유입자냉식	ONAN
	유입풍냉식	ONAF
	유입수냉식	ONWF
송유식	송유자냉식	OFAN
	송유풍냉식	OFAF
	송유수냉식	OFWF

(2) ANSI 냉각방식

ANSI 냉각방식		표시기호
건식	통풍자냉식	AA
	통풍풍냉식	AFA
	비통풍 자냉식	ANV
	밀폐자냉식	GA
유입식	유입자냉식	OA
	유입풍냉식	FA
	유입수냉식	OW
송유식	송유풍냉식	FOA
	송유수냉식	FOW

4 주요 냉각방식

(1) 냉각방식

냉각방식	내용
건식 자냉식	소용량 변압기에 사용
건식 풍냉식	송풍기로 바람을 불어넣어 방열효과를 향상
유입자냉식	• 보수가 간단하고 가장 널리 사용 • 500MVA 이하 TR에 적용
유입풍냉식	• 유입자냉식의 방열기탱크에 송풍기를 설치 • 154kV 자냉식보다 20% 용량 증가
송유자냉식	방열기탱크와 본체 탱크접속관로에 기름을 강제적으로 순환
송유풍냉식	• 송유자냉식의 방열기탱크에 송풍기를 설치 • 300MVA 이상 대용량에 대부분 사용

(2) 각 방식의 비교

구분	유입자냉식	유입풍냉식	송유풍냉식	송유수냉식
냉각 장치	패널형 방열기 (라디에이터)	패널형 방열기 + 냉각팬	유닛쿨러	수냉식 유닛쿨러 +(냉각탑)
개요	• 내부 발생열은 오일의 대류에 의하여 외함 및 방열기에 전달되고 방사 및 공기의 대류에 의하여 대기 중에 방산됨 • 600MVA 이하의 변압기에 적용함	• 유입자냉식의 방열기에 냉각팬으로 바람을 내뿜어 방열효과를 증가시킨 방식 • 자냉식 변압기를 개조함으로써 25% 정도 용량을 증가시킴	• 오일을 강제순환시켜 내부 발생열을 오일/공기 유닛쿨러로 유도하여 대기 중에 방산 • 60MVA를 초과하는 대용량 변압기에 적용함	• 오일을 강제순환시키며 오일/물 유닛쿨러를 사용하는 방식 • 대기 중에 열의 방산이 곤란한 장소, 또한 물을 얻기 쉬운 장소에 적용함 • 옥외에 냉각탑을 설치한 순환수방식도 있음
설명도				

5 결론

① 변압기는 정지기로서 수변전설비의 중심설비이다. 최근 100kVA 초전도변압기 시제품 제작 및 자구 미세화 변압기, 아몰퍼스 변압기 등의 고효율 변압기의 사용이 증대되고 있다.

② 대용량 변압기, 단시간 과부하운전 변압기 등에 적절한 냉각방식을 적용하여 손실을 감소시켜 운전의 안정성을 확보하여야 한다.

변압기의 수명과 과부하운전과의 관계, 과부하운전 시 고려사항

기출
지문

Q1 변압기의 수명과 과부하운전과의 관계를 설명하고, 과부하운전 시 고려사항을 설명하시오.
　건 105회 출제

Q2 변압기의 과부하운전이 가능한 조건에 대하여 설명하시오. 　건 116회 출제

Q3 변압기의 용량 선정 시 고려사항 및 과부하운전이 가능한 경우에 대하여 설명하시오. 　용 128회 출제

건 건축전기설비기술사 / 용 전기응용기술사 / 발 발송배전기술사 / 소 소방기술사 / 안 전기안전기술사 / 화 화공안전기술사 / 정 정보통신기술사

1 개요

① 변압기의 수명이란 운전 중에 온도, 습도 및 산소의 존재 등에 의하여 절연물이 점차적으로 열화되고 이상전압이나 전자기계력 등의 전기적 또는 기계적 스트레스를 받을 경우 절연파괴될 위험성이 증가된다.

② 변압기의 경우 운전을 개시한 후에 이 위험도가 높아지는 시점까지의 기간을 변압기의 수명이라고 한다.

③ 변압기의 수명은 절연재료의 수명으로 결정된다. 절연재료에는 유입변압기에 해당되는 A종 및 몰드변압기에 해당되는 B종, F종 등으로 구별되며 이것들은 절연재료의 내열수명 특성에 의해 구분되고 있다.

④ 절연재료의 수명은 절연재료의 온도, 즉 운전 시의 부하율에 크게 의존하게 되므로 부하율과 내열수명과의 관계를 고려하여 절연재료의 온도가 허용 최고 온도 이하가 되도록 설계·제작하여야 한다.

2 변압기 수명과 과부하운전과의 관계

(1) 변압기 고장의 분류

① 초기 고장 : 설비는 당초, 제작상의 결점이나 환경과의 부적합 등에 의하여 높은 고장률을 나타낸다. 이 기간을 초기 고장기간이라고 한다.

② 우발고장 : 초기 고장의 기간을 지나면 고장은 우발적으로 발생하며, 거의 일정한 고장률을 나타내게 된다. 이 기간을 우발고장기간이라고 한다.

③ 열화고장 : 우발고장기간을 지나면 열열화, 마모 등에 의하여 급격히 높은 고장률을 나타내게 된다. 이 기간을 열화고장기간이라고 한다.

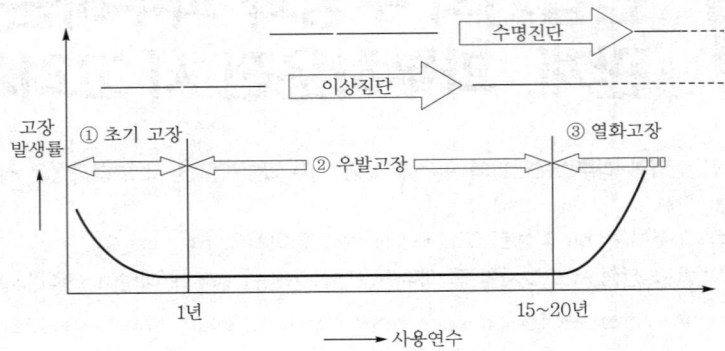

❚ 배스터브 커브(bathtub curve) ❚

(2) 수명과 과부하운전의 관계

① Montsinger 수식(85 ~ 105℃)

$$Y = a \cdot e^{-b\theta}$$

여기서, Y : 절연수명

a : 상수

b : 0.1155

θ : 절연물의 온도

② 과부하운전이 장시간 지속되면 열화고장의 원인이 되어 수명은 급격히 감소한다.

(3) 과부하운전의 영향

① 권선, 지지물, 리드선, 절연물 및 절연유의 온도가 허용치 이상으로 상승할 수 있다.

② 누설자속밀도의 증가로 금속부분에 와전류가 흘러 금속부가 가열된다.

③ 온도변화에 따라 절연물이나 절연유 내의 수분이나 가스량이 변한다.

④ 부싱, 탭절환기, 케이블 종단접속부 및 변류기에 보다 높은 스트레스가 가해져서 설계 및 운용의 여유가 감소하고 이러한 영향들이 계속하여 누적되면 수명이 단축되어 소손이 발생할 수 있다.

(4) 부하율과 수명

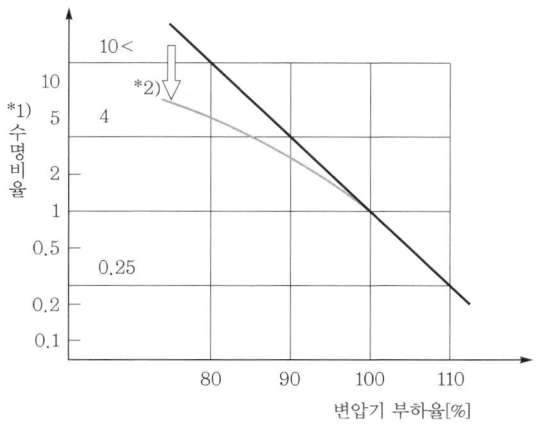

F종 절연재료 시의 부하율과 수명의 관계
*1) 수명비율은 정격부하 시의 수명을 1로 기준한 경우의 비율로 나타낸다.
*2) 열열화 이외의 열화요인으로 수명이 저하된 상태를 보여준다(장시간 운전 시에는 열열화 이외의 열화요인으로 수명이 저하됨).

∥ 부하율과 수명 ∥

① 부하율 110%의 과부하로 운전할 경우에는 수명이 짧아지고 내열수명은 정격부하운전 시 수명의 $\frac{1}{4}$이 된다.

② 부하율 80% 정도로 여유를 가진 운전상태일 경우 내열수명이 10배 이상이 된다.

③ 변압기의 수명은 절연재료의 사용온도, 즉 부하율이나 주위온도상태에 따라 크게 달라지게 된다.

3 과부하운전 시 고려사항

(1) 과부하운전의 조건

① 주위온도 저하로 인한 과부하

㉠ 냉각공기의 1일 최고 온도가 30℃에서 1℃ 내릴 때마다 [표 1]의 값 약 1%의 과부하가 가능하고 30℃ 이상에서는 1℃ 올라갈 때마다 2%를 감소하는 것이 가능하다.

　예 주위온도가 10℃인 경우, 변압기는 몇 %의 과부하운전인가?
　　0.8×(30℃ − 10℃) = 16%

㉡ 수냉식의 경우 냉각공기의 1일 최고 온도가 25℃에서 1℃ 내릴 때마다 약 1%의 과부하가 가능하다.

② 온도 상승 시험기록에 의한 과부하 : 규정의 온도 상승한도(가령 55deg)에서 시험치가 5deg 이상 낮은 경우는 그 차이 1deg마다 [표 2]의 값 약 1%씩 과부하운전이 가능하다.

∥표 1∥ 주위온도 저하에 의한 변압기의 과부하운전

냉각방식	정격출력에 대한 과부하의 비율[%]
유입변압기	0.8

∥표 2∥ 온도 상승 시험기록에 따른 과부하

냉각방식	정격출력에 대한 과부하의 비율[%]
유입변압기	1.0

③ 단시간의 과부하 : 24시간 이내에 일어나는 1회의 단시간 과부하에 대해서 변압기는 [표 3]의 수치만큼 과부하 할 수 있다.

▌표 3 ▌ 단시간의 과부하

냉각방식		자냉식 및 수냉식			송유식 및 송풍식		
과부하전의 부하[%]		90	70	50	90	70	50
시간	$\frac{1}{2}$	1.47	1.50	1.50	1.39	1.45	1.50
	1	1.33	1.39	1.45	1.26	1.30	1.32
	2	1.20	1.25	1.29	1.16	1.18	1.21
	4	1.10	1.14	1.15	1.08	1.10	1.12

④ 부하율 저하로 인한 과부하 : 24시간 이내의 시간주기를 가진 부하의 부하율이 90%보다 낮은 경우 90%와의 차이 1%마다 [표 4]의 수치만큼 과부하시킬 수 있다.

▌표 4 ▌ 부하율 저하에 따른 과부하

냉각방식	정격출력에 대한 증가의 비율[%]	최고[%]
자냉식·수냉식	0.5	20
송풍식·송유식	0.4	16

⑤ 냉각방식 변경에 의한 과부하 : 기설 자냉식 변압기에 송풍기를 부착하여 풍냉식으로 개조하면 20 ~ 30% 정도의 용량이 증가하여 과부하운전이 가능하다.

(2) 조건이 중복된 경우의 과부하

① 허용과부하 : 주위온도의 저하로 인한 과부하, 온도 상승 시험기록에 의한 과부하 및 부하율 저하로 인한 과부하는 그 과부하율[%]을 가산할 수 있다.

▌표 5 ▌ 중복조건에 따른 과부하

냉각방식	최고 허용부하
자냉식·송풍식·송유풍냉식	125%
수냉식·송유수냉식	120%

② 과부하 중복조건의 제한 : 연속적으로 과부하로 하는 경우에는 [표 5] 값 이상 과부하로 해서는 안 된다. 단시간 과부하의 경우는 [표 3] 값과 같이 150% 이상 과부하로 해서는 안 된다.

(3) 과부하운전 금지조건

① 주위온도가 40℃를 초과하는 경우
② 유중가스 분석결과가 1000ppm을 초과하는 경우
③ 사용연수가 15년 이상인 경우
④ 수리경력이 있는 경우
⑤ 직렬기기상태가 과부하운전 정격을 초과하는 경우

(4) 변압기의 냉각방식

냉각방식	표시기호	냉각방식	표시기호	냉각방식	표시기호
건식 자냉식	AN	유입자냉식	ONAN	송유자냉식	OFAN
건식 풍냉식	AF	유입풍냉식	ONAF	송유풍냉식	OFAF
건식 밀폐자냉식	ANAN	유입수냉식	ONWF	송유수냉식	OFWF

① 과부하가 필요한 경우 2중 정격용량으로 송풍기를 설치하여 강제 송풍식 냉각방식을 채택한다.
② 강제 송풍식은 자냉식 용량의 약 30% 정도 과부하운전이 가능하다.

(5) 변압기의 절연종류

절연종류	A	E	B	F	H
허용온도[℃]	105	120	130	155	180

① 변압기 절연재료의 허용온도가 높을수록 정격을 초과하여 부하를 걸 수 있다.
② 또한, 운전 시 발생하는 발열온도가 절연재료의 허용 최고 온도 이하가 되도록 설계·제작하여야 한다.

4 결론

① 변압기의 수명은 절연재료의 온도, 즉 운전 시의 부하율에 크게 의존하게 되므로 과부하운전 시 2중 정격용량으로 하여 강제 송풍식 냉각방식을 적용한다.
② 대용량 전동기나 아크로 등 정격용량을 초과할 우려가 큰 경우 과부하내량이 큰 유입식 변압기를 사용하므로 열화고장을 지연시켜 신뢰성을 향상시킨다.

변압기의 소음대책

Q1 변압기의 소음 발생원인 및 대책에 대하여 설명하시오. 건 112회, 발 75회 출제

Q2 변압기 소음 발생원인에 대하여 설명하시오. 안 116회 출제

건 건축전기설비기술사 / 용 전기응용기술사 / 발 발송배전기술사 / 소 소방기술사 / 안 전기안전기술사 / 화 화공안전기술사 / 정 정보통신기술사

1 개요

변압기는 사용주파수의 2배(120Hz)가 되는 저주파음으로, 소음공해를 발생시켜 도심이나 광역신도시의 경우 민원이 발생되며, 변압기소음 감소를 위해 적극 대처가 필요하다.

2 변압기소음의 발생원인

(1) 철심의 자왜현상에 기인하는 진동에 의한 것이다.
① 변압기소음의 주파수 특성은 100 ~ 수천 Hz이나 이중 저주파인 100 ~ 500Hz가 주성분이다.
② 철심의 히스테리시스 특성에 의한 진동소음

(2) 철심 이음새 및 성층 간
누설자속에 의해 작용하는 자기력에 의한 진동소음

(3) 권선의 진동
권선 도체 간, 코일 간의 전자력에 의한 진동소음

(4) 냉각기의 팬 및 펌프의 진동소음

(5) 기타 조립부의 불완전한 접촉 및 설치장소환경에 의한 공진, 반사 소음 등 공간전달에 의해서 변압기의 소음이 방사된다.

3 환경 관련 법상의 변압기소음의 범위

소음지역	지역특성	소음기준[dB]	
		주간	야간
가 지역	자연환경보존지역(국토이용)	50 이하	30 이하
나 지역	일반주거지역, 준주거지역	55 이하	45 이하
다 지역	상업지역	65 이하	55 이하
라 지역	공장	70 이하	65 이하

4 대책

(1) 변압기 측에서의 대책

항목	유입변압기	일반 몰드변압기	아몰퍼스 몰드변압기	자구 미세 몰드변압기
철심재료	규소강판	규소강판	아몰퍼스 (규소합금)	방향성 규소강판
철심두께	$250 \sim 300\mu m$	$250 \sim 300\mu m$	$20 \sim 30\mu m$	$230\mu m$
소음[dB]	70(KS)	65	70	55

(2) 수동적 대책

① 저감대책
  ㉠ 고배향성 규소강판의 사용 : 히스테리시스 곡선의 왜곡 정도를 최대한 작게 한다.
  ㉡ 자속밀도 저감 : 가장 본질적인 저감법으로, 비경제적이며, 자속밀도를 저하시킬 경우 소음저감이 최대 10% 정도 가능하다.
  ㉢ 철심의 구조 및 지지구조
    • 철심의 이음매가 작은 성층방법 채택
    • 볼트 체결토크 균일과 지지구조에 대한 전반적인 검토
  ㉣ 철심의 고유진동수 계산
    • 철심의 고유진동수가 전원주파수의 2배와 일치하면 소음이 된다.
    • 철심의 고유진동수가 120Hz가 되지 않도록 조정한다.

② 방음대책

방음대책	방음원리	저감효과
철심과 탱크 간 방진고무 설치	철심에서 탱크로 직접 전해지는 소음차단	약 3폰
철판 1중 방음벽	흡음재를 안에 붙인 차폐판으로 변압기탱크 전면에 차폐하는 방법	약 10폰
철판 2중 방음벽	1중 방음벽과 같은 방법을 2중으로 차폐하여 그 공간에 흡음재를 충진하는 구조	약 20폰
콘크리트 방음벽	변압기 둘레와 위를 둘러 쌓고 변압기에 부착되는 부싱 및 방압밸브는 방음벽을 관통하여 설치	약 30폰

(3) 능동적 대책

소음진폭의 반대위상을 갖는 인공소음을 발생시켜 중첩시킨다.

SECTION 16 변압기 병렬운전의 조건 및 다를 경우 현상

1 개요

(1) 병렬운전은 변압기 2대 이상을 연결하여 운전하는 것으로, 설비이용효율을 향상시키기 위한 방법이다.

(2) 병렬운전의 필요성 및 고려사항

목적	필요성	고려사항
• 계통안정도 향상 • 신뢰성 향상 • 경제적 운전 • 통합운전, 계절운전	• 부하 증가 및 고장 시 공급능력 저하 방지 • 부하변동에 대한 대응 • 에너지 절약	• 보호협조 • Cascading 장애현상 • %Z • 고조파

2 변압기의 병렬운전조건

(1) 단상 변압기

조건	문제점
극성이 같을 것	큰 단락전류의 발생으로 소손
1·2차 정격전압이 같을 것	전위차 발생으로 순환전류 발생
권수비가 같을 것	전위차 발생으로 순환전류 발생
$\%Z$가 같을 것	부하의 부담이 용량에 비례하지 않으며, 변압기용량의 합계까지 사용할 수 없는 문제
$\%R$과 $\%X$의 비가 같을 것 또는 저항과 리액턴스비가 같을 것	전위차 발생으로 순환전류 발생

(2) 3상 변압기

조건	문제점
상회전 방향과 각변위가 같을 것	큰 단락전류 발생으로 소손
1·2차 정격전압이 같을 것	전위차 발생으로 순환전류 발생
권수비가 같을 것	전위차 발생으로 순환전류 발생
$\%Z$가 같을 것	부하의 부담이 용량에 비례하지 않으며, 변압기용량의 합계까지 사용할 수 없는 문제
$\%R$과 $\%X$의 비가 같을 것 또는 저항과 리액턴스비가 같을 것	전위차 발생으로 순환전류 발생

3 조건이 맞지 않을 경우 현상

(1) 극성과 상순(3상) 상이

단락사고

(2) 전압비(권수비) 상이

순환전류로 인해 동손 증가 → 과열

(3) %임피던스 상이

부하분담이 $\%Z$에 반비례하여 심할 경우 소손
① 동일 용량 : $\%Z$가 작은 쪽이 더 큰 부하 분담
② 용량 상이 : $\%Z$가 작은 쪽이 정격이 될 때까지 분담

(4) 내부저항과 리액턴스비 상이

역률에 따라 부하분담이 다름 → 각 변압기 부하전류가 동상일 것

(5) 각변위(3상) 상이

위상차에 따른 내부순환전류 → 과열

4 병렬운전 가능 결선과 불가능 결선의 조합

병렬운전 가능 결선		병렬운전 불가능 결선	
A변압기	B변압기	A변압기	B변압기
△-△	△-△	△-△	△-Y
△-△	Y-Y	Y-Y	Y-△
Y-Y	Y-Y	-	-
△-Y	△-Y	-	-
Y-△	Y-△	-	-

5 병렬운전 부하분담

(1) 동일 용량($TR_1 = TR_2$)에 $\%Z$가 다른 경우의 부하분담

$$P_{T_1} = \frac{\%Z_2}{\%Z_1 + \%Z_2} \times P$$

$$P_{T_2} = \frac{\%Z_1}{\%Z_1 + \%Z_2} \times P$$

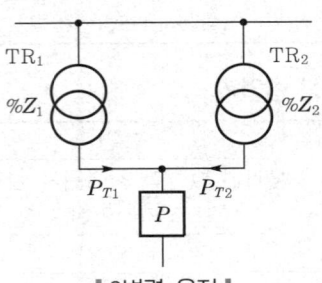

┃2병렬 운전┃

(2) 용량과 $\%Z$가 다른 경우 합성 최대 부하

$$P_{\max} \leq Z_a \left(\frac{P_a}{Z_a} + \frac{P_b}{Z_b} + \frac{P_c}{Z_c} \right)$$

여기서, Z_a가 가장 작음

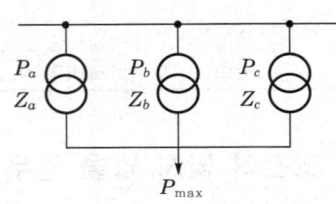

┃다병렬 운전┃

6 병렬운전의 문제점

① 계통에 $\%Z$가 작아져 단락용량이 증대된다.
② 차단기의 빈번한 동작으로 수명이 단축된다.
③ 전부하운전 시 손실이 증가한다.

7 병렬운전이 적합하지 않은 경우

(1) 1·2차 전압이 다른 경우

순환전류(I_C) 발생 → 동손 증가 → 출력 감소 및 과열에 의한 소손 우려

(2) 임피던스전압이 다른 경우

부하를 P, 임피던스가 $\{Z_1(TR_1) > Z_2(TR_2)\}$인 경우 → $Z_2(TR_2)$ 변압기가 과부하 운전됨

$$\rightarrow TR_1 = \frac{Z_2}{Z_1 + Z_2} \times P$$

$$\text{TR}_2 = \frac{Z_1}{Z_1 + Z_2} \times P$$

여기서, P : 부하용량

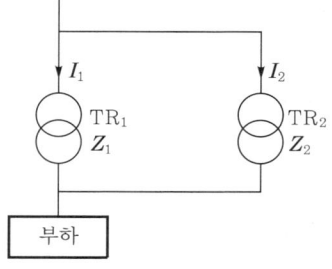

┃ 임피던스가 다른 병렬운전 ┃

(3) 저항과 리액턴스가 다른 경우

① 분로전류에 위상차 발생 → 순환전류 발생

② 부하역률에 따라 변압기부하 분담의 변화

③ 소손의 우려

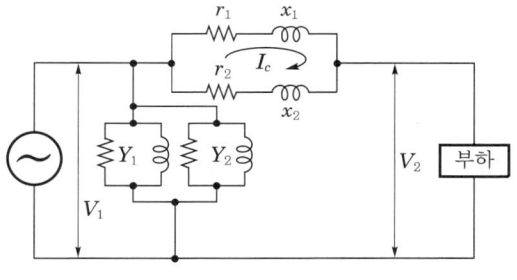

┃ 저항 리액턴스 등가회로 ┃

(4) 단상 변압기에서 극성이 다른 경우

① 극성이 다른 경우 등가적으로 단락상태

② 순환전류(I_C) 발생

(5) 3상 변압기의 상회전과 각변위가 다를 경우

① 각변위 차 발생 → 순환전류 발생

② 상회전이 다른 경우 → 단락회로 구성

8 결론

변압기 병렬운전은 병렬운전조건을 반드시 만족하여야 하며 정상 시 에너지의 효율적 사용 및 이상 시 사고전류가 균등분배되어 적합한 보호계전을 통하여 계통에의 사고파급영향을 최소화 하여야 한다.

01 병렬운전의 조건이 다를 경우

1. 단상 변압기에서 극성 불일치

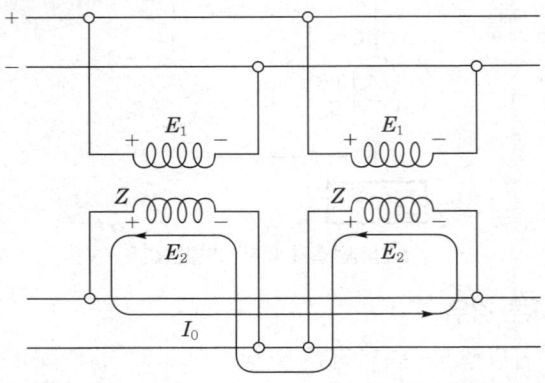

$$I_0 = \frac{2E_2}{2Z} = \frac{E_2}{Z}$$

2. 정격전압이 다른 경우

전위차가 발생되어 권선 간에 순환전류가 발생된다.

$$I_0 = \frac{|E_a - E_b|}{2Z}$$

3. 권수비가 다른 경우

권수비가 다르면 기전력의 크기 및 임피던스의 차이가 발생되어 순환전류가 발생된다.

$$I_0 = \frac{|E_a - E_b|}{Z_1 + Z_2}$$

- A변압기 2300V : 460V
- B변압기 2300V : 450V

4. 저항과 리액턴스 비가 다른 경우

서로 임피던스 각이 상이하여 기전력 간의 위상차로 전위차가 발생하여 순환전류가 발생

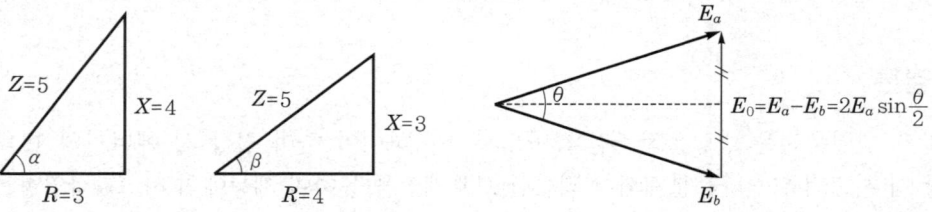

→ 위상차 $\theta = |\alpha - \beta|$라고 하면, 전위차 $E_0 = \dot{E}_a - \dot{E}_b = 2 \times E_a \sin\frac{\theta}{2}$가 발생

5. 3상 변압기에서 상회전 방향과 각변위가 다른 경우

(1) 상회전이 상이한 경우

단락회로가 구성되어 큰 순환전류가 흘러 권선이 소손된다.

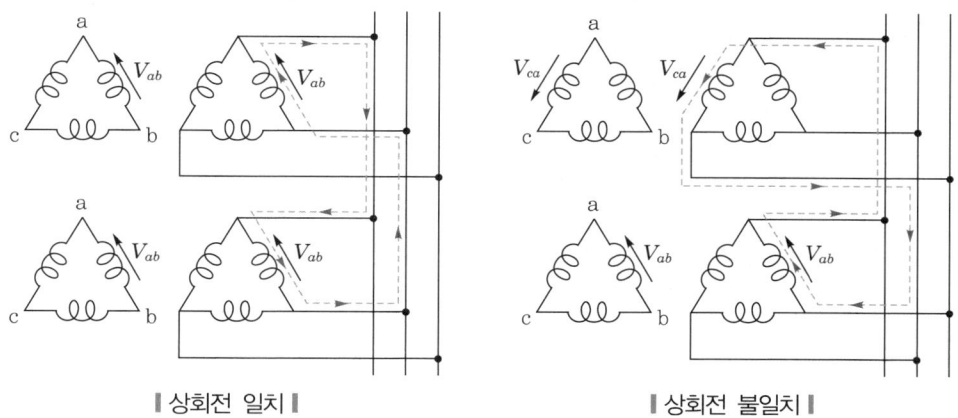

┃ 상회전 일치 ┃   ┃ 상회전 불일치 ┃

(2) 각변위가 상이한 경우

1 · 2차 결선방법이 다른 경우에 1 · 2차 선간전압 사이에 30° 위상차가 존재하므로 전위차 발생으로 순환전류가 발생되어 권선의 과열 및 소손이 발생한다.

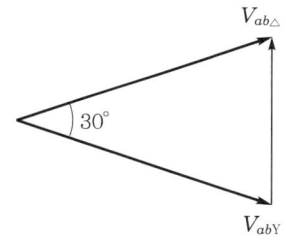

- $\triangle - Y$: 1 · 2차 선간전압의 위상차가 30° 발생
- $\triangle - \triangle$: 1 · 2차 선간전압의 위상차 없음
- $Y - Y$: 1 · 2차 선간전압의 위상차 없음

6. %Z가 다른 경우

부하의 부담이 용량에 비례하지 않으며, 변압기 용량의 합계까지 사용할 수 없는 문제가 발생된다.

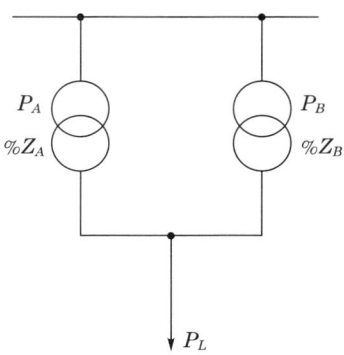

$$\frac{P_{LA}}{P_{LB}} = \frac{Z_B}{Z_A} = \frac{P_A}{P_B} \times \frac{\%Z_B}{\%Z_A}$$

02 병렬운전 시 각변위가 맞지 않을 경우 현상

1. 각변위의 의미

(1) 1·2차 결선이 Y-△인 경우 1차 측과 2차 측은 30°의 위상차가 발생한다.

(2) 변압기 병렬운전이 가능한 결선이라 하더라도 결선방법에 따라서 위상차가 발생한다.

(3) Y-△결선에서의 각변위

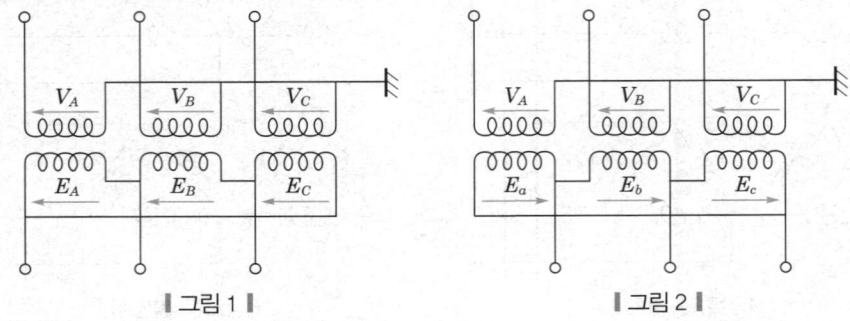

┃ 그림 1 ┃   ┃ 그림 2 ┃

[그림 1·2]는 Y-△의 동일한 결선이지만 2차 측에서는 위상차가 발생한다.

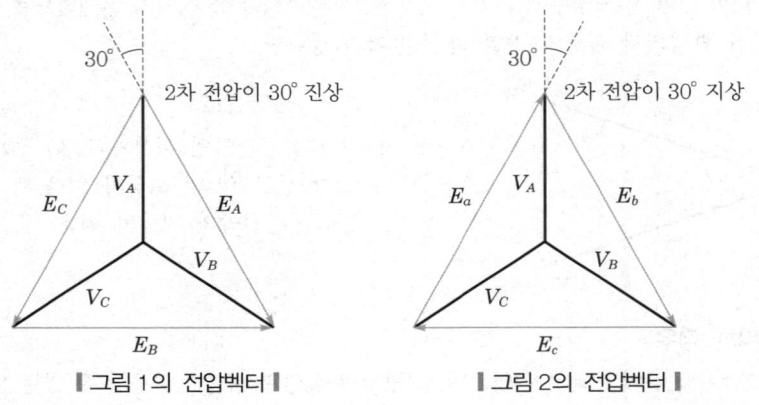

┃ 그림 1의 전압벡터 ┃   ┃ 그림 2의 전압벡터 ┃

2. 각변위가 다를 경우의 현상

(1) 전위차

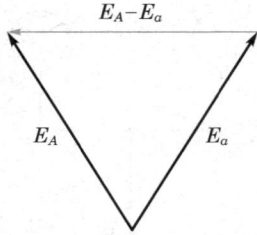

위의 전압벡터 중 a상만을 고려하면 크기가 동일할지라도 위상차에 따른 전위차가 발생한다.

(2) 위상차에 따른 현상

    ① A · B 변압기 2차의 전위차는 상전압에 해당된다.

    ② 이 경우는 상전압으로 단락된 것과 동일하다.

    ③ 단락 발생 시 과대한 전류가 흘러 변압기가 소손될 수 있다.

    ④ 결과적으로 각변위가 다른 경우 병렬운전을 할 수 없다.

예제

01 변압기를 병렬운전 시 서로 다른 임피던스의 부하분담인 경우 %Z가 다르고 용량이 같은 2대 변압기 병렬운전 시 다음 조건에 대하여 계산하시오.

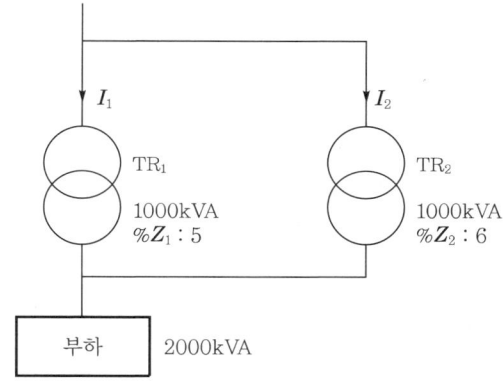

❚2대 변압기 병렬운전도❚

풀 이

1. $\mathrm{TR_1}$ 부하분담($P_{\mathrm{TR_1}}$)

$$P_{\mathrm{TR_1}} = \frac{6}{5+6} \times 2000 = 1090\,\mathrm{kVA}$$

2. $\mathrm{TR_2}$ 부하분담($P_{\mathrm{TR_2}}$)

$$P_{\mathrm{TR_2}} = \frac{5}{5+6} \times 2000 = 910\,\mathrm{kVA}$$

3. $\mathrm{TR_1}$이 과부하가 되지 않기 위한 부하용량[kVA]

$$\frac{6}{5+6} \times P = 1000\,\mathrm{kVA}$$

$$P = 1000 \times \frac{5+6}{6} \fallingdotseq 1833\,\mathrm{kVA}$$

02 정격전압이 같은 A · B 2대의 단상 변압기가 있다. A변압기는 용량 100kVA, 퍼센트 임피던스 5%이고, B변압기는 용량 300kVA, 퍼센트 임피던스 3%이다. 이 두 변압기를 병렬로 운전하여 360kVA의 부하를 접속하였을 때 각 변압기의 부하분담을 구하고, 퍼센트 임피던스가 같은 경우와 비교 설명하시오.

〔풀이〕

1. $\%Z$가 서로 다를 때 부하분담

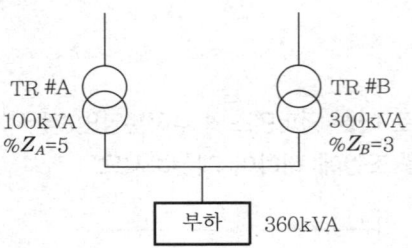

① 300kVA TR을 기준으로 하면

$$\%Z_A{}' = \frac{300}{100} \times 5 = 15\%$$

② 그래서 $\%Z' = 15\%$와 $\%Z_B = 3\%$가 병렬연결된 것
③ A변압기와 B변압기 각각 부하분담을 구해보면 다음과 같다.

$$P_A = \frac{3}{15+3} \times 360 = 60\,\text{kVA}$$

$$P_B = \frac{15}{15+3} \times 360 = 300\,\text{kVA}$$

④ 즉, A TR은 60% 부하가 걸리고, B TR은 100% 부하가 걸려 B TR은 과부하로 위험해지게 된다.

2. $\%Z$가 서로 같을 때 부하분담
① A TR과 B TR의 $\%Z$가 5%로 같다고 하면 A TR의 $\%Z$를 B TR 300kVA로 환산하면,

$$\%Z_A{}' = \frac{300}{100} \times 5 = 15\%$$

따라서, A TR은 $\%Z_A{}' = 15\%$와 B TR은 $\%Z_B = 5\%$가 병렬연결된 것
② A변압기와 B변압기 각각 부하분담을 구해보면

$$P_A = \frac{5}{15+5} \times 360 = 90\,\text{kVA}$$

$$P_B = \frac{15}{15+5} \times 360 = 270\,\text{kVA}$$

즉, A TR은 90%의 부하가 걸리고, B TR도 90%의 부하가 걸리게 되어 부하가 균일하게 분담됨을 알 수 있다.

3. $\%Z$가 다른 경우와 같은 경우 병렬운전 시 부하분담의 의미
① 병렬운전하는 두 변압기의 $\%Z$가 다를 경우 $\%Z$가 작은 쪽의 변압기에 100%의 부하가 걸려 용량이 작은 변압기가 과부하될 수 있다.
② 따라서, 변압기 병렬운전 시 한쪽 변압기가 과부하가 되지 않도록 두 변압기의 용량 및 $\%Z$에 대한 고려가 필요하다.

변압기의 보호대책

기출
지문
Q1 22.9kV-Y 수전용 변압기의 보호장치에 대하여 설명하시오. [건 106회 출제]

Q2 전력용 변압기에서 발생되는 고장의 종류 및 현상에 대하여 설명하시오. [건 118회 출제]

Q3 전력용 변압기의 이상(異狀)을 검출하는 각 방법을 설명하시오. [발 69회 출제]

Q4 특고압 변압기의 시설기준 중 뱅크용량 10000kVA 이상 설치 시 다음 사항을 설명하시오.
[안 132회 출제]
  (1) 변압기 보호장치 시설기준
  (2) 유입변압기의 내부고장 시 전기적 보호와 기계적 보호장치의 동작원리 및 특성

건 건축전기설비기술사 / 용 전기응용기술사 / 발 발송배전기술사 / 소 소방기술사 / 안 전기안전기술사 / 화 화공안전기술사 / 정 정보통신기술사

1 개요

① 변압기는 수변전설비에서 가장 중요한 기기로, 보호방식에는 외부사고에 의한 보호방식과 내부사고에 의한 보호방식이 있다.

② 여기에서는 변압기보호에 대한 목적 및 필요성, 고장 원인 및 종류, 외부사고 보호, 내부사고 보호, 예방보전 측면의 열화감시 등을 중심으로 언급하고자 한다.

2 변압기보호의 목적 및 필요성

목적	필요성
• 사고의 예방 및 확산 방지 • 내부의 단락 및 지락사고 방지 • 절연내력 저하 방지	• 최신 설비의 고도화, 대용량화 • 신·증설에 따른 복잡화 • 기존설비의 노후화

3 변압기고장의 원인 및 종류

원인	종류
• 제작상의 결점 • 경년변화에 따른 절연물의 열화 • 가혹한 운전 및 불충분한 유지보수	• 권선의 상간 및 층간 단락 • 고·저압 권선의 혼촉 및 단선 • 부싱 또는 리드의 절연파괴

4 외부사고에 대한 보호

(1) 1차 측 사고로부터의 보호

보호기기	내용
LA	낙뢰, 개폐서지 등의 이상전압 보호
VCB	고장전류 차단, 개폐서지 고려(전류재단, 반복 재점호)
SA	개폐서지, 순간과도전압 등의 이상전압 보호
PF	변압기 단락보호

(2) 2차 측 사고로부터의 보호

고장전류		보호방식
과부하 및 단락		과전류계전기, 비율 차동계전기
지락	직접 접지	지락 과전류계전기, Y결선 잔류 회로법
	비접지	ZCT + OCGR, GSC + ELB, GPT + OVGR, ZCT + GPT + SGR/DGR
	저항접지	Y결선 잔류회로법, 3권선 CT법, 관통형 CT법
고조파		발주 시 K-factor, THDF 고려, 용량 2.0 ~ 2.5배 증설

5 내부사고에 대한 보호

(1) 용량에 따른 보호장치 시설

변압기용량	보호장치	자동차단	경보	비고
5000 ~ 10000kVA	과전류	○	–	–
	내부고장	–	○	–
10000kVA 이상	과전류	○	–	–
	내부고장	○	–	–
	온도 상승	–	○	다이얼온도계 등에 의함

(2) 특고압용 변압기 내부고장 검출 및 차단장치 시설

① 전기적 방식인 비율 차동계전기, 과전류계전기는 차단용으로 사용한다.

② 기계적 방식인 부흐홀츠 계전기, 충격압력계전기, 유면계전기, 온도계전기는 진동, 외기 등에 따라 오동작 우려가 있으므로 차단용으로 사용하지 않는 것이 좋다.

(3) 보호계전기의 용도

보호계전기		검출 방법	동작요인(사고내용)	용도
명칭	기구 번호			
부흐홀츠 계전기	96	기계적	이상과열 및 유중아크에 의해 절연유가 가스화해서 유면 저하, 급격한 절연유 이동	• 1단계 : 경보용 • 2단계 : 트립용
방압장치			이상과열 및 유중아크에 의해 내압이 상승하여 방출될 때 동작, 외함, 방열기 등을 보호하는 장치	경보용

보호계전기		검출 방법	동작요인(사고내용)	용도
명칭	기구 번호			
충격압력계전기 (충압계전기)	96P	기계적	이상과열 및 유중아크에 의해 급격한 압력 상승	트립용
유면계전기 (접점부 유면계)	33Q	기계적	유류 누수에 의한 유면 저하	경보용
온도계전기 (접점부 온도계)	69Q	기계적	온도 상승	경보용
비율 차동 계전기	87	전기적	권선의 상간 및 층간 단락에 의한 단락전류	트립용
과전류계전기	51	전기적	• 권선의 상간 및 층간 단락에 의한 단락전류 • 변압기 외부의 과부하 및 단락전류	트립용
지락 과전류계전기	51G	전기적	• 권선과 철심 간의 절연파괴에 의한 지락전류 • 변압기 외부의 지락전류	트립용

6 예방보전 측면의 열화감시

열화진단방법	특징
충격전압시험	BIL과 같은 크기의 충격파 전압을 인가
유전정접시험	절연물의 유전체 손실각을 측정하고 $\tan\delta$를 측정
부분방전시험	미소코로나를 측정하여 판정
직류 누설전류시험	절연물에 직류전압 인가 시 흐르는 전류로 판정
절연저항시험	가장 간단하게 측정하고 저압 회로에서 많이 사용

7 사고 시 보호협조의 예

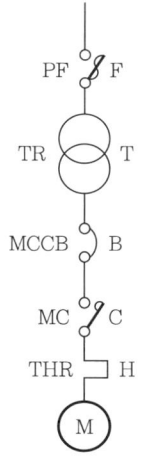

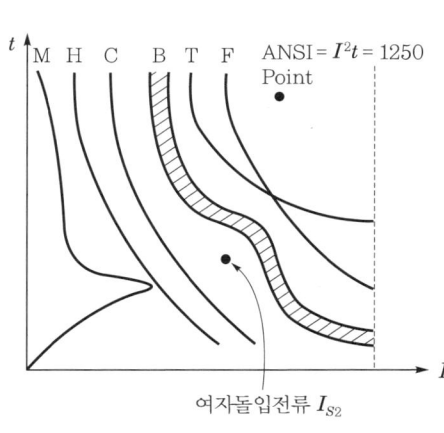

ANSI $= I^2 t = 1250$ Point

- M : 전동기 전류
- H : THR 동작 특성
- C : 전동기손상 특성
- B : MCCB 동작 특성
- T : TR 허용 과부하 특성
- F : Fuse 허용 시간-전류 특성
- I_{S2} : 2차 측 단락전류

여자돌입전류 I_{S2}

8 결론

① 변압기는 수변전기기의 핵심으로서, 고정설비이므로 전력사용시설물의 계획 시부터 변압기보호를 위한 최적의 시스템을 확보하여 안전성을 향상시켜야 한다.

② 고조파를 제거하기 위해서는 용량을 $2.0 \sim 2.5$배 증설하거나, 발주 시 K-factor, THDF를 고려하여야 한다.

변압기의 기계·전기적 보호방식

기출지문

Q1 변압기 고장원인과 점검방법에 대하여 설명하시오. [건 63회 출제]

Q2 변압기의 전기적 보호장치와 기계적 보호장치에 대하여 설명하시오. [건 126회 출제]

Q3 수전변압기 보호방식을 선정하기 위한 변압기의 종류별 기계적 보호장치에 대하여 설명하시오.
[건 130회 출제]

Q4 특고압용 유입변압기의 전기적 및 기계적 보호장치를 설명하시오. [안 128회 출제]

건 건축전기설비기술사 / 응 전기응용기술사 / 발 발송배전기술사 / 소 소방기술사 / 안 전기안전기술사 / 화 화공안전기술사 / 정 정보통신기술사

1 개요

전력계통용 변압기는 사고 시 계통에 미치는 영향이 매우 광범위하기 때문에 충분한 보호검토가 필요하다. 따라서, 사고요인을 조기검출하여 고장을 최소화하여야 하고, 사고가 계통에 파급되는 것을 방지하여야 한다. 변압기 보호방식에는 크게 기계식 보호와 전기적 보호로 나눌 수 있다.

2 변압기 보호방식

(1) 기계식 보호방식

기계식 보호방식에는 부흐홀츠계전기, 압력계전기, 경보접점부 유면계, 경보접점부 온도계 등을 들 수 있다.

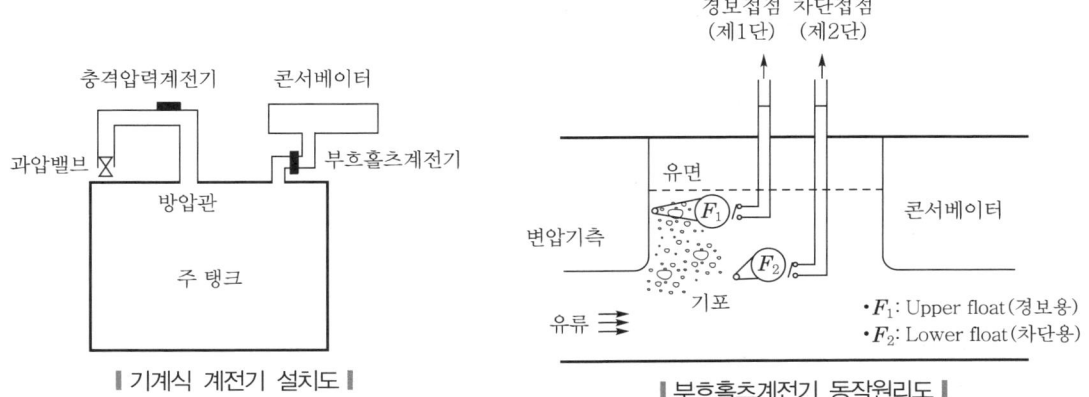

‖ 기계식 계전기 설치도 ‖   ‖ 부흐홀츠계전기 동작원리도 ‖

① 부흐홀츠계전기

㉠ 변압기 내부에서 절연파괴를 일으키면 절연물이 분해되어 다량의 가스가 생성되어 탱크 압력이 급격히 변화한다.

㉡ 부흐홀츠계전기는 변압기 탱크와 콘서베이터 사이에 일어나는 가스와 유류의 급격한 팽창을 감지하여 동작한다.

ⓒ 그림에서 권선 내부고장처럼 절연열화가 심한 경우 F_1이 동작하여 Trip시키고 그 외는 F_2를 동작시켜 경보로서 고장을 예보한다.

② 충격압력계전기

ⓐ 정상적인 상태에서 압력 $a = b$이다.

ⓑ 내부에 고장이 발생했을 경우 압력은 $a > b$가 되어 Limit SW를 동작시킴으로써 경보 또는 Trip 신호가 발생한다.

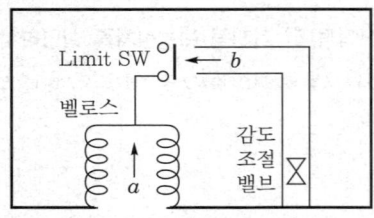

┃ 충격압력계전기의 구조 ┃

(2) 전기적 보호방식

고장의 종류	보호방식
권선의 상간, 층간 단락	비율차동보호
권선의 지락	지락 과전압, 지락 과전류
과부하 및 후비보호	• 주보호 : 비율차동방식 • 후비보호 : 과전류방식

① 차동계전기(DfR : Differential Current Relay)

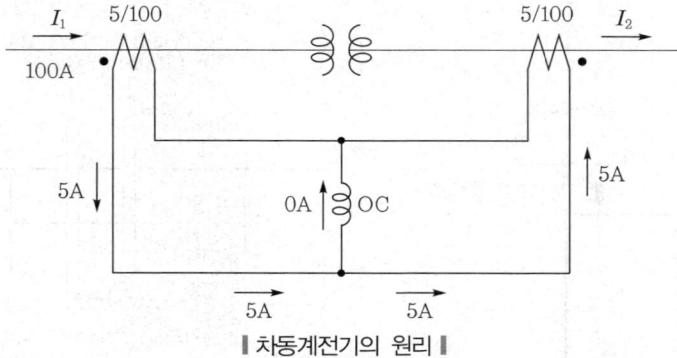

┃ 차동계전기의 원리 ┃

ⓐ 억제코일이 없는 형태

ⓑ 정상상태 시 OC에 흐르는 전류 : 0

ⓒ 외부에서 단락 시와 같은 큰 전류가 흐를 때 CT 특성 오차(포화, 과전류 정수 등)에 따른 오동작은 변압기를 미적용한다.

• 변압기 양단에 CT를 설치하여 그 2차 측에 차동적으로 계전기를 설치하여 양 CT의 2차 차전류를 계전기에 공급하는 방식이다.

• 계통이 비접지인 경우 상간 단락보호는 가능하지만, 지락고장은 보호가 어렵다.

- 변압기 충전 시나 외부 고장 시 고장전류에 포함된 직류분에 의한 철심의 포화로 CT 변류비에 마이너스 오차가 생기거나, 양 변류기의 특성 차이에 기인하는 불평형 전류로 인한 오동작 우려가 있다.
- 위와 같은 이유로 변압기 내부 고장보호는 차동계전기 대신 비율 차동계전기를 사용한다.

② 비율 차동계전기

㉠ 원리
- 억제코일 RC : 통과전류 i_1과 i_2에 의해 억제력이 발생한다.
- 동작코일 OC : 차전류 $i_{oc} = i_1 - i_2$에 의해 동작력이 발생한다.

  i_1, $i_2 \gg i_{oc}$이므로 억제력이 훨씬 커 CT 특성 오차에 따른 오동작이 발생하지 않는다.

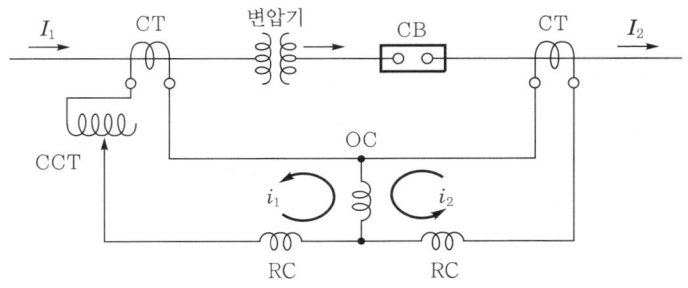

‖ 비율 차동계전기의 원리 ‖

㉡ 비율 차동계전기의 동작특성
- 정상부하 혹은 외부 고장 시 차전류 $i_{OC} = i_1 - i_2 \fallingdotseq 0$이고 직선 OC선상에 있다.
- 내부고장인 경우 차전류는 차이가 날 뿐 아니라 전류의 위상이 반대가 되므로 $i_{OC} = i_1 - i_2$는 매우 커진다. 이때는 아래 그림처럼 어느 쪽이든 동작범위로 들어가게 된다.
- 아래 동작특성 그래프의 a·b점이 최소 동작전류가 된다.

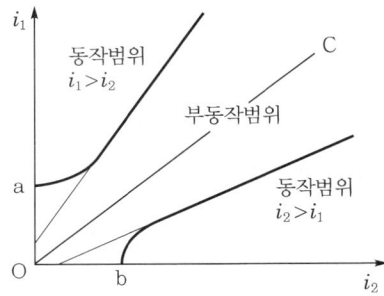

‖ 비율 차동계전기의 동작특성 ‖

㉢ 비율특성 조정(slope tap 조정)
- 동작비율 $= \dfrac{\text{유입전류} - \text{유출전류}}{\text{유출전류}(\text{작은 쪽})} = \dfrac{\text{동작전류 } i_{OC}}{\text{억제전류 } i_{RC}} \times 100 = \dfrac{i_1 - i_2}{i_2} \times 100[\%]$

161

- 변압기의 경우 1차 및 2차 간에는 다음과 같은 오차가 발생한다.
  - 전류 부정합률(mismatch) 및 ULTC : ±15%
  - Relay 오차 : ±10%
  - CT 오차 : ±5×2 = ±10%
  - CT 2차 배선 및 CT 부담오차 : ±2%
  - 기타 : ±2%
  - 여유 : ±2%
  ∴ 동작비율(slope tap)은 40%

  ※ 전류 부정합률(mismatch) = $\dfrac{\text{이상적인 Tap 간의 비} - \text{실제 사용 Tap 간의 비}}{\text{두 개의 비 중 작은 값}}$

  ㉣ 비율차동계전기 사용 시 주의사항
  - 위상각 보정
    - 변압기의 결선이 △-Y일 경우 1·2차 간에는 30°의 위상차가 생기므로 이를 보정해 주어야 한다.
    - 이때, CT결선은 변압기와 반대로 Y-△결선으로 해주면 위상각은 보정된다.
    - CT결선을 할 때는 결선은 반대로 하되 각변위는 주변압기와 일치시켜 주면 된다.
  - CT 2차 측의 전류 크기의 불일치
    - 보상변류기(CCT : Compensating CT)를 사용하여 전류 크기를 보정한다.
    - CCT 사용할 경우 굳이 변압기 결선과 반대로 CT결선을 하지 않고 CCT에서 결선을 반대로 하여도 무방하다.
  - 여자돌입전류에 의한 오동작 : 변압기 여자돌입전류는 정격전류의 약 8배 정도이다. 이때, 무부하일 경우 1차 측 전류는 여자전류가, 2차 측은 무부하이므로 전류가 0이 되어 1차 측 전류가 모두 동작전류가 되어 오동작한다.
    - 고조파 억제법 : 여자돌입전류에 포함되어 있는 제2고조파 성분(기본파의 30 ~ 50%)을 필터링하여 억제코일에 흘려 오동작 방지
    - 감도 저하법 : 변압기 투입 시 일정 시간 동안은 비율 차동계전기 감도를 저하시키는 방법
    - Trip lock : 차단기 트립회로를 Lock시키는 방법으로, 차단기 투입 직후 변압기 내부고장에는 대처방법이 없다는 것이 단점이다.

PLUS 전류 부정합률의 의미(전류비의 차이)

1차 전류 : 100A, 150/5, 2차 전류 : 500A, 600/5인 경우를 비교해 보면

$$i_1 = 100 \times \frac{5}{150} = 3.33\text{A}, \quad i_2 = 500 \times \frac{5}{600} = 4.17\text{A}$$

전류차 $4.17 - 3.33 = 0.84$A

전류 부정합률 $e = \dfrac{0.84}{4.17} \times 100 = 20.14\%$

너무 커서 부하전류에도 동작 가능성 내재 → 5% 이내 → CCT 사용
보조 CT 권선비

$$n = \frac{3.33}{4.17} = 0.798 \fallingdotseq 0.8$$

※ 주의 : 보조 CT는 큰 전류를 작은 전류로 변환

변압기의 단락강도 시험 시 ANSI/IEEE, IEC 규격에 의한 시험방법과 시험전류 계산법

Q1 변압기 단락강도 시험 시 ANSI / IEEE와 IEC 규격에 의한 시험전류에 대하여 설명하시오.
　건 74회 출제

Q2 변압기의 단락강도 시험 시 ANSI / IEEE, IEC 규격에 의한 (1) 시험방법, (2) 시험전류 계산법에 대해 설명하시오. 　건 84회 출제

Q3 ANSI / IEEE와 IEC 기준에 따른 변압기 단락강도 시험방법과 대칭단락전류 계산법에 대하여 설명하시오. 　건 133회 출제

건 건축전기설비기술사 / 응 전기응용기술사 / 발 발송배전기술사 / 소 소방기술사 / 안 전기안전기술사 / 화 화공안전기술사 / 정 정보통신기술사

1 개요

① 변압기는 고가의 중량물로 한번 시설하면 교체가 어렵기 때문에 예측 가능한 최악의 조건에 견딜 수 있도록 제작해야 한다.

② 제작 후에는 열적·기계적 강도에 대한 시험을 해야 하며 이 결과를 토대로 보호협조시스템을 구성해야 한다.

2 ANSI/IEEE에 의한 시험방법

(1) 시험전류

이 규격에서 변압기 대칭단락시험전류는 변압기의 정격용량, Tap의 전압, Tap의 전류, Tap의 임피던스를 기초로 산출한다.

$$I_{test} = \frac{I_r}{Z_T + Z_S}$$

여기서, I_{test} : 대칭단락시험전류[rms A]

I_r : 변압기 Tap 전류[rms A]

Z_T : 상기 탭에서의 변압기임피던스[%]

Z_S : 계통임피던스(일반적으로 무시함)

(2) 시험시간

매 시험 0.25초로 하되 장시간 대칭전류시험은 다음 식으로 계산된 시간으로 한다.

$$t = \frac{1250}{I^2}[\text{s}] \left(I = \frac{I_{test}}{I_r} \right)$$

(3) 시험횟수

각 상에 2회씩 총 6회로 하고 이 중 1회는 장시간 대칭전류시험을 실시한다.

3 IEC에 의한 시험방법

(1) 시험전류

IEC에서도 변압기 대칭단락시험전류는 변압기의 정격용량, Tap의 전압, Tap의 전류, Tap의 임피던스를 기초로 산출한다.

$$I = \frac{U}{\sqrt{3} \times (Z_T + Z_S)}$$

여기서, I : 대칭단락전류(교류분 실효치)

U : 시험되는 탭과 권선의 정격전압[kV]

Z_T : 시험되는 탭과 권선의 단락임피던스[Ω/상]

Z_S : 계통단락임피던스(일반적으로 무시함)

$$Z_T = \frac{z_t \times U_r{}^2}{100 \times S_r}$$

여기서, z_t : 기준온도에서의 임피던스

U_r : 탭의 정격전압

S_r : 변압기 정격용량[MVA]

(2) 시험시간

매 시험 0.5초로 한다.

(3) 시험횟수

각 상에 3회씩 총 9회로 한다.

4 ANSI Point(thermal limit point)

① 변압기의 온도상승한계(thermal limit)를 ANSI에서 ANSI Point로 표현한 것으로, 보호계전기 세팅에 이용한다.

② 변압기 단락강도시험 시 변압기가 견딜 수 있는 열적 한계로 $I^2 t = 1250$을 적용하며 보호계전기는 ANSI Point 이하에서 작동해야 한다.

5 결론

① ANSI/IEEE와 IEC 규격에 의한 대칭단락시험전류로 열적 강도를 비교할 경우 그 결과는 동일하다.

② 변압기 단락강도시험의 차이점을 비교하기 위해서는 비대칭 단락시험전류에 의한 기계적 강도까지 함께 검토해야 한다.

③ 여기서는 대칭단락시험전류의 크기와 횟수로 열적인 손상만을 비교하였고 그 결과는 동일함을 알 수 있다.

④ I^2t의 합은 ANSI/IEEE가 IEC에 비해 훨씬 크며 보호계전기 세팅 시에는 ANSI Point ($I^2t = 1250$)를 활용하고 있다.

SECTION 20 변압기 열화진단

기출
지문
Q1 몰드변압기의 열화과정 및 특성에 대하여 설명하시오. 건 101회 출제
Q2 전력용 변압기의 열화원인 및 진단방법에 대하여 설명하시오. 건 129회 출제
Q3 변압기 절연유의 구비조건 및 열화원인에 대하여 설명하시오. 용 129회 출제

건 건축전기설비기술사 / 용 전기응용기술사 / 발 발송배전기술사 / 소 소방기술사 / 안 전기안전기술사 / 화 화공안전기술사 / 정 정보통신기술사

1 개요

① 대용량 변압기는 전력의 안정공급과 관련된 중요설비로서 사고를 예방하기 위한 보수관리 및 절연진단이 필요하다.

② 최근 변압기 이상징후를 ON – Line에서 상시 감시하여 사고를 예방하는 기술로 변모하고 있다.

2 변압기 열화의 원인

(1) 유입변압기

① 공기 중의 산소와 화학작용

② 햇빛의 자외선

③ 공기 중의 흡습작용

(2) Mold 변압기

① 에폭시 수지 제조상의 Void 및 공극

② 공극 및 Void에 고전계 집중

3 유입변압기의 열화진단

(1) 활선상태

① 유중가스의 분석법

㉠ 원리 : 변압기 내부이상 시 그 부분의 과열로 절연유가 분해되어 가스가 발생되며 절연유 속에 함유된 가스의 성분을 분석하여 열화를 진단한다.

㉡ 목적
- 변압기 내부이상 유무 분석
- 내부이상상태 진단
- 운전 계속 여부 판단
- 해체, 점검 여부의 판단

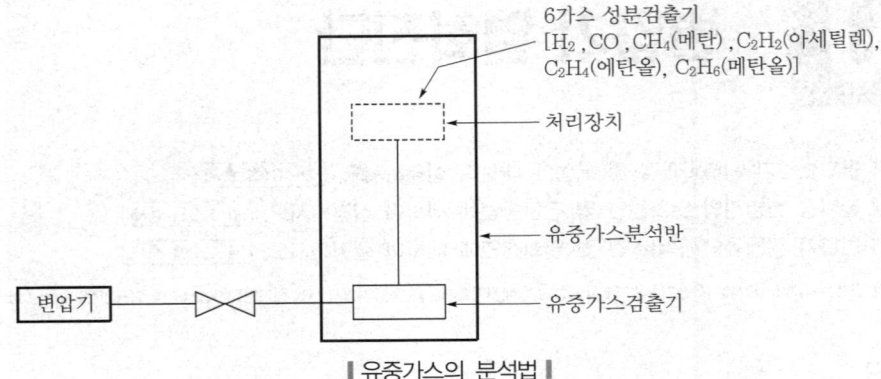

6가스 성분검출기
[H_2 , CO , CH_4(메탄) , C_2H_2(아세틸렌),
C_2H_4(에탄올), C_2H_6(메탄올)]

처리장치

유중가스분석반

유중가스검출기

변압기

▌유중가스의 분석법 ▌

  ⓒ 크로마토그래피를 이용한 유중가스분석
   • 도체가열 : CO, CO_2 생성
    CO_2/CO의 체적이 높을수록 높은 온도 발생
   • 절연유 파괴 : C_2H_2
   • 부분방전 : H_2
   • 아킹 : C_2H_2, H_2
  ⓔ 유중가스 축출법
   • 토리첼리 진공법
   • 도플러법
 ② **부분방전 측정법**
  ㉠ 접지선 전류법 : 변압기 내부에서 부분방전 발생 시 Pulse 형태의 방전전류가 환류하는
   데 이를 검출하여 열화진단에 이용한다.

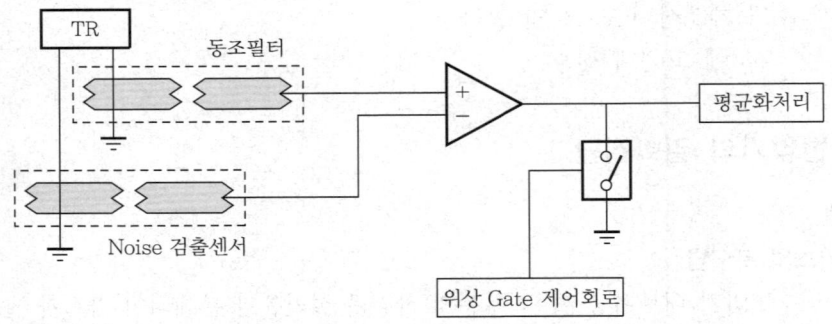

TR

동조필터

평균화처리

Noise 검출센서

위상 Gate 제어회로

▌접지선 전류법 ▌

  ㉡ 초음파 진단법 : 변압기 내부에 부분방전 발생 시 생기는 음향신호를 탱크 외벽에 밀착
   설치된 초음파 Sensor로 압력 진동파를 검출하여 전기신호로 변환시켜 열화진단에 이
   용한다.

③ 적외선 진단기법

　　㉠ 적외선 카메라로 열을 영상으로 변화시켜 열화를 진단한다.

　　㉡ 주로 배전용 변압기의 과부하 또는 열화 정도를 파악하는 데 사용한다.

(2) 정전상태

① 절연유시험법이 주로 사용된다.

② 원리 : 구상 전극에 30kV의 시험전압을 인가할 때 Flash over가 발생하거나 산가가 pH 0.4 이상일 경우 절연유를 교체하는 방법

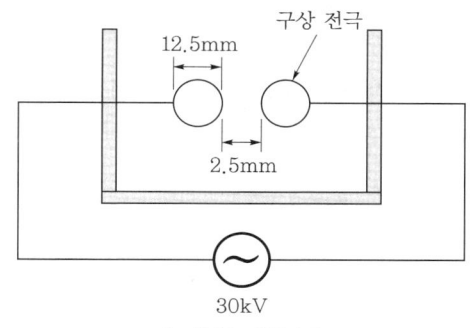

‖ 절연유시험법 ‖

⚃ 예방보전 System

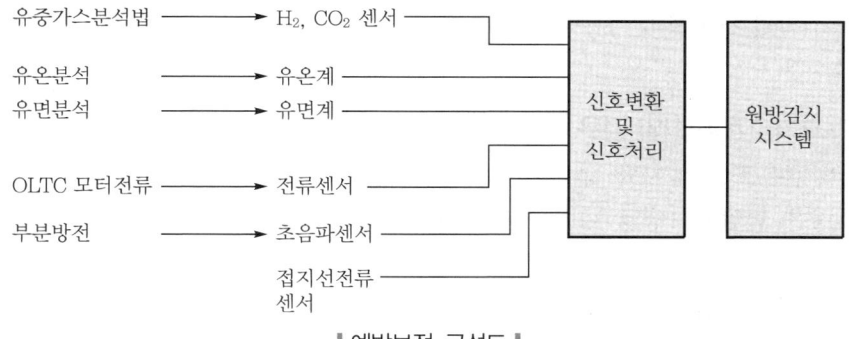

‖ 예방보전 구성도 ‖

SECTION

21 절연유 유출방지시설

1 개요

사용전압이 10만V 이상의 변압기를 설치하는 곳에는 절연유의 구외 유출 및 지하침투를 방지하기 위하여 기준에 적합한 절연유 유출방지설비를 하여야 한다.

2 시설기준

사용전압이 10만V 이상의 변압기를 설치하는 곳에는 절연유의 구외 유출방지설비

(1) 변압기 주변에 집유조 등을 설치할 것

(2) 절연유 유출방지설비용량의 조건

① 변압기 탱크 내장유량의 50% 이상으로 할 것

② 단, 주수식의 소화설비 사용이 예상될 경우에는 초기 소화 및 공공소방차의 방수소요량을 고려할 것

(3) 변압기 탱크가 2개 이상일 경우

① 공동의 집유조를 설치할 수 있음

② 그 용량은 변압기 1탱크 내장유량이 최대인 것의 50% 이상일 것

3 절연유 구외 유출방지시설 방법

(1) 옥외 변압기시설

① 변압기 분출유 및 소화용수(이하 '유수'라 함)의 확산방지를 위해서 유수 유출방지턱을 설치하여야 한다.

② 유수가 지하로 스며들지 않도록 시설하여야 한다.

③ 유류와 물을 분리할 수 있는 시설을 하여야 한다.

④ 유수방지턱 내부의 용량이 충분하지 않을 경우에는 변압기 주변에 배유수조를 설치하여야 한다.

⑤ 유수 유출방지시설의 소요용량은 다음의 계산 값 이상이어야 한다.

$$Q = Q_1 + Q_2 + Q_3 [\text{m}^3]$$

여기서, Q : 유수 유출방지시설의 소요용량

　　　　Q_1 : 변압기 사고 시의 분출유량(변압기 내장유량의 50%)

　　　　Q_2 : 초기 소화용 방수소요량

　　　　Q_3 : 공공소방차의 방수소요량(40m^3)

　　㉠ 자갈 깔기층의 자갈 사이의 공적률(유수점유율)은 30%로 본다.

　　㉡ 자연배수구조일 경우에는 Q_2, Q_3는 변압기 내장유량의 각각 50%로 본다.

　　　그러므로 절연유 구외 유출방지시설은 변압기 내장의 150% 이상의 용량이 바람직하다.

(2) 옥내 변압기시설

① 변압기실 바닥은 소화용수(이하 '유수'라 함)의 확산 방지를 위해서 유수 유출방지턱을 설치하여야 한다.

② 절연유 구외 유출방지시설의 용량은 다음의 계산 값 이상이어야 한다.

$$Q \geq Q_1 [\text{m}^3]$$

여기서, Q : 유수 유출방지시설의 소요용량

　　　　Q_1 : 변압기 사고 시 분출유량(변압기 내장유량의 50%)

171

하이브리드 변압기

기출지문

Q1 변압기 2차 측 결선을 Y-zig zag 결선 또는 △결선으로 하는 경우 제3고조파의 부하 측 유출에 대하여 비교 설명하시오. 전 107회 출제

Q2 수전용 자가용 변전소에서 적용하는 특고압(22.9kV/저압) 변압기로서 적용이 증가되는 하이브리드 변압기의 개념과 권선법을 설명하고, 그 특성을 일반 변압기 및 저소음 고효율 변압기와 비교 설명하시오. 용 103회 출제

전 건축전기설비기술사 / 용 전기응용기술사 / 발 발송배전기술사 / 소 소방기술사 / 안 전기안전기술사 / 화 화공안전기술사 / 정 정보통신기술사

1 개요

① 하이브리드 변압기는 에너지관리공단 고효율 인증, 한국전력 산하 5개 발전소와 공동 연구 개발한 제품이다.

② 산업통상자원부의 신기술이 인증된 기존의 고효율 저소음 변압기보다 한 단계 발전된 신기술 변압기이다.

2 하이브리드 변압기의 원리

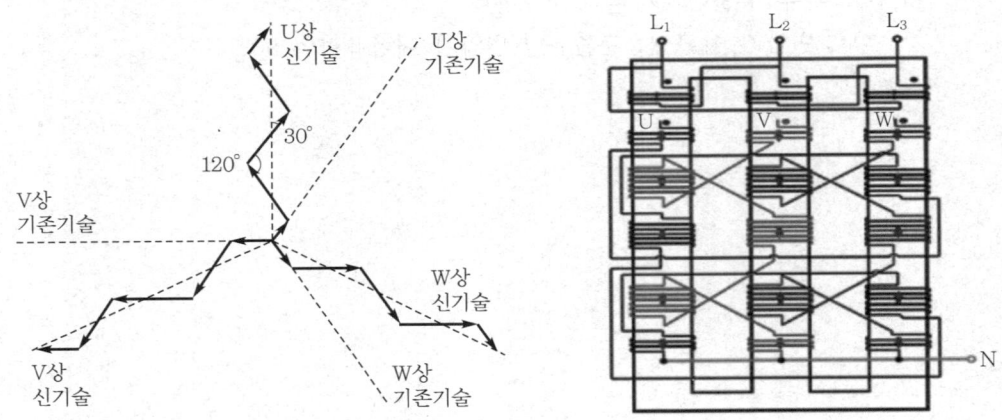

∣ 하이브리드 변압기 Zig-zag 벡터도 및 결선도 ∣

① Zig-zag 권선을 6조의 다중 권취법으로 하되 각 상에서 정방향과 역방향의 권선비를 갖고, 권선은 U상(정방향) → W상(역방향) → U상(정방향)순으로 반복 권취되는 형태이다.

② 비선형 부하에 의해 발생된 고조파는 각 상전류의 자속이 교번하는 과정에서 동차수의 고조파를 상호 상쇄시키는 기술원리이다.

③ 종래 기술은 120°의 위상차를 갖고 있어 불평형에 의한 위상변이가 발생하였다.

④ Zig-zag 권선은 종래 기술에 비해 각 상에서 30° 위상제어권선을 함으로써 고조파에 의한 상불평형을 제어하는 설계구조이다.

⑤ 또한, 위상제어권선으로 인한 위상각 보정효과로 역률 향상효과를 나타낸다.

3 하이브리드 변압기의 특징

(1) 특징

① 연가방식의 이중 지그재그 권선이다.

② 변압기능 외에 고조파 및 전류 불평형 개선기능이 추가되었다.

③ 즉, 변압기능＋고효율 및 저소음＋전력개선기능을 갖춘 고효율 에너지절감 변압기

④ 에너지절감률은 약 6±1% 정도이다.

→ 고효율 변압기의 절감률 1.8%와 전력개선에 의한 절감률 4 ~ 5%가 추가되었다.

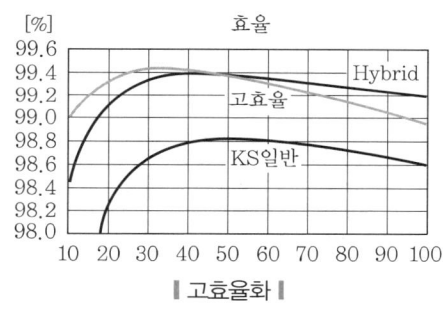

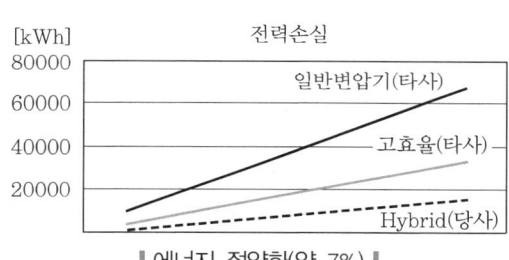

(2) 단점

① 고효율 저소음 변압기보다 가격이 높고(약 20%) 2중 지그재그로 코일 등 제조원가가 증가한다.

② 따라서, 제품크기 또한 약 5% 증가한다(약 5 ~ 15cm).

③ 중소기업제품 – 변압기 전문회사 ABB KOREA, KP Electric 제작으로 제품 신뢰성이 우수하다.

4 하이브리드 변압기의 개발배경

(1) 고조파 발생에 대한 대응

한전 송전계통 및 수용가의 수배전설비 피해 증가

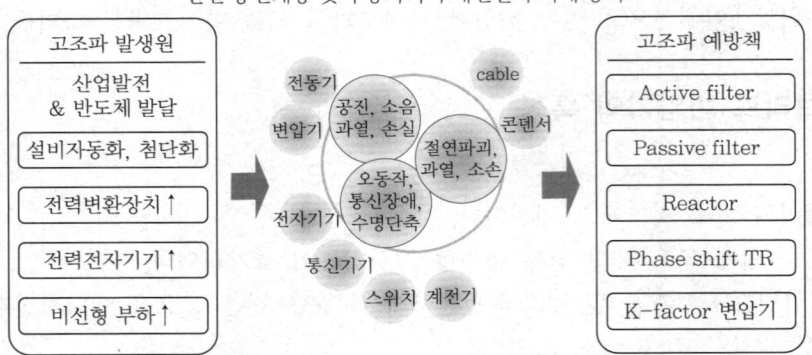

고조파 발생원
산업발전 & 반도체 발달
설비자동화, 첨단화
전력변환장치↑
전력전자기기↑
비선형 부하↑

고조파 예방책
Active filter
Passive filter
Reactor
Phase shift TR
K-factor 변압기

비선형 부하, 분산형 전원 증가 → 고조파 발생 증가

(2) 전력손실에 대한 대책

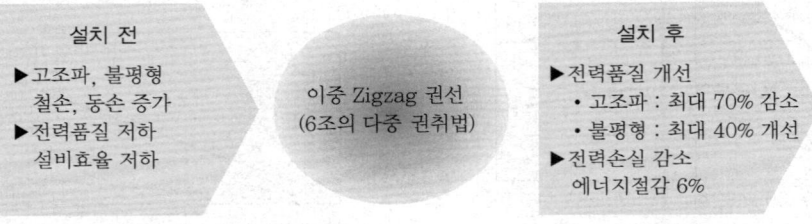

설치 전
▶고조파, 불평형
  철손, 동손 증가
▶전력품질 저하
  설비효율 저하

이중 Zigzag 권선
(6조의 다중 권취법)

설치 후
▶전력품질 개선
  • 고조파 : 최대 70% 감소
  • 불평형 : 최대 40% 개선
▶전력손실 감소
  에너지절감 6%

5 기존 지그재그와 비교

▶특징
Zigzag 권선이
상하의 수직결선 형태
▶장점
영상분 고조파 및
기계력 감소 효과

▶단점
• 누설자속에 의한 손실
• 5th, 7th, 11th 고조파 감
  쇄효과 미미함

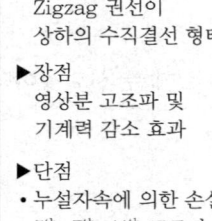

기존
Zigzag 권선

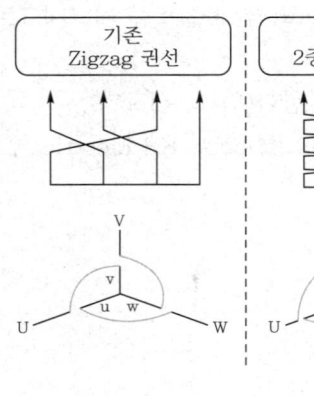

신기술
2중 Zigzag 권선

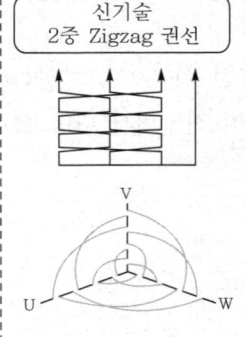

▶특징
Zigzag 권선이
평면의 수평결선 형태
▶장점
• 5th, 7th, 11th 고조파
  감쇄효과 향상
• 상간 불평형 감소,
  누설자속 감소
▶단점
• 작업공정 및 제작기간
  증가
• 외형(원가) 증대

174

6 하이브리드 변압기의 절감 예

> 예 1000KV 기준 경제성 비교
> - 일반변압기 : 1800만원
> - 고효율 : 3500만원
> - 하이브리드 : 4400만원

(1) 일반변압기를 고효율(저소음) 변압기로 교체 시 가격은 약 1700만원 비싸나 연간 900만원이 절감되어 20년간 무려 약 2억원이 절감되므로 고효율 변압기로 교체함은 당연하였다.

(2) 하이브리드 변압기로의 교체

고효율 변압기 절감률 1.8%보다 3배 이상인 6%가 절감되므로, 연간 3000만원이 절감되며 20년간의 절감금액은 약 6억원이 된다.

7 결론

① 하이브리드 변압기는 변압기능과 고조파 감쇄, 불평형 개선 등의 기능으로 한전의 5개 화력발전회사와 협력연구개발로 탄생한 신기술(NET) 제품으로 공인기관 성능시험과 현장 실증시험을 통해 기술의 우수성과 안전성이 입증되었다.

② 특히 일반변압기에 비해 철손과 동손을 크게 줄임으로써 변압기의 고효율, 저손실, 저소음 기능을 향상시킨 컴팩트한 제품이다.

③ 전력품질을 개선시켜 전력손실을 줄여주는 만큼 에너지절약은 물론 탄소배출을 억제시킬 수 있는 친환경제품이다. 기존 변압기와 달리 고조파 저감장치나 불평형 개선장치를 따로 설치할 필요가 없고, 유지보수가 용이하며 단락기계력, 내습성, 난연성이 우수하며 전철 급전설비 등 부하변동이 심한 설비에도 적합하다.

변압기 공장시험

기출
지문

Q1 변압기 인증을 위한 공장시험의 종류 및 시험방법을 설명하시오. [건 115회 출제]

Q2 변압기의 공장제작 시험항목 중 무부하시험과 단락시험에 대하여 설명하시오. [용 128회 출제]

Q3 변압기 공장 입회시험의 방법 및 특성에 대하여 설명하시오. [건 92회 출제]

건 건축전기설비기술사 / 용 전기응용기술사 / 발 발송배전기술사 / 소 소방기술사 / 안 전기안전기술사 / 화 화공안전기술사 / 청 정보통신기술사

1 개요

변압기 공장시험은 시공자로부터 제출된 사양대로 제작되었는지 확인하는 것으로, 공장검수를 통해 감리원이 확인하여 품질확보 및 납품기일 등을 확인하여야 한다.

2 변압기 공장시험의 종류 및 시험방법

(1) 외관검사

① 형식 및 일반구조 : 냉각방식, 부속품 부착 여부, 외관구조에 대하여 확인한다.

② 외형 : 표면처리 등 용접부의 마무리처리에 대하여 확인 및 찍힘, 부식, 기기 내 작업 중 흘린 재료, Slag 등의 외상에 대하여 확인한다.

③ 명판 : 승인도에 표시된 기재사항의 유무에 대하여 확인한다.

④ 단자함 : 외부 인입선과의 관련에 대하여 확인한다.

(2) 극성시험

① 극성시험 회로도

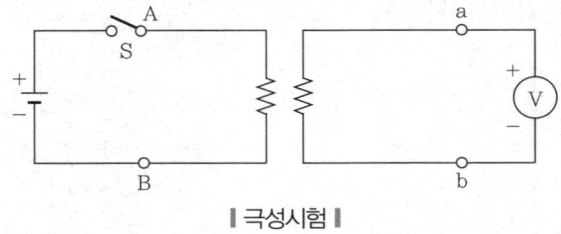

‖ 극성시험 ‖

② 스위치를 투입해서 전압계의 지침이 정방향 시 감극성이다.

(3) 권수비 측정

권수비 측정기로 1·2차 권수비를 측정한다.

(4) 무부하시험

① 무부하시험 회로도

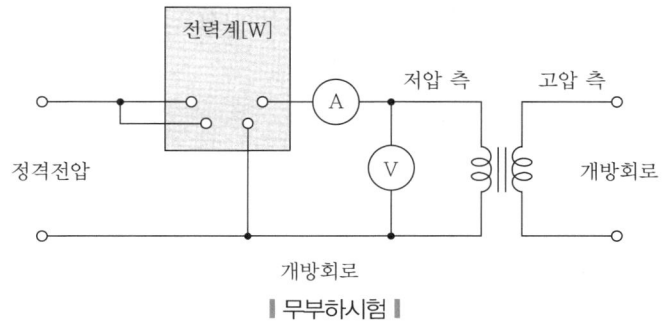

┃ 무부하시험 ┃

② 고압 측을 개방하고 정격전압을 인가하여 전류를 측정한다.

③ 여자전류와 철손을 측정할 수 있다.

(5) 단락시험

① 단락시험 회로도

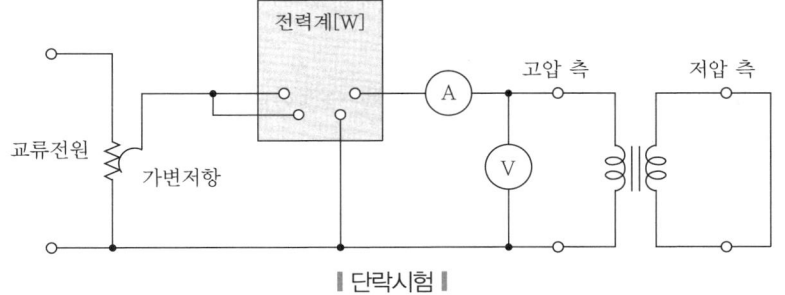

┃ 단락시험 ┃

② 저압 측을 단락한 상태에서 정격전류가 흐를 때 임피던스 전압을 측정한다.

③ 임피던스 전압과 동손을 측정할 수 있다.

(6) 온도상승시험

① 실제 부하를 인가하는 실부하법(금속저항기, 물저항기)

② 동일 변압기 2대를 이용한 반환부하법

③ 단락시험과 동일한 회로를 구성한 후 정격전류 대신 등가전류를 인가하는 등가부하법

④ 등가전류

$$I_{eq} = I_N \times \sqrt{\frac{\text{동손} + \text{철손} + \text{표유부하손}}{\text{동손}}}$$

(7) 유도 내전압시험

① 층간 절연내력을 확인하기 위해 정격전압의 2배를 인가한다.

② 자기포화를 방지하기 위해 높은 주파수를 사용한다(180Hz, 240Hz, 400Hz).

③ 시험시간

$$T = 120 \times \frac{정격주파수}{시험주파수}$$

(8) 충격전압시험

① 기준 충격절연강도(BIL)와 같은 충격전압파($1.2 \times 50\mu s$)를 인가하여 시험한다.

② 처음 시험전압은 50 ~ 70% 인가 후 100% 충격파를 인가한다.

(9) 상회전시험

상회전계로 고압 측과 저압 측의 회전방향을 확인한다.

(10) 절연저항 측정

500V, 1000V, 2000V용 절연저항계로 절연저항을 측정한다.

(11) 권선저항 측정

① 전압강하법 또는 브리지법으로 권선저항을 측정한다.

② F종 절연 : 115℃

③ A · B · E종 절연 : 75℃

3 결론

① 변압기는 주문제작으로 내부결함에 의한 시운전 시 사고가 발생하는 경우가 있다.

② 실제현장에서 공장검수부실에 따른 시운전사고로 공사기간이 늦어지는 사례가 있으므로 공장검수 시 감리자는 상기 시험항목에 대한 Check가 요구된다.

부하 시 탭절환장치
(ULTC : Under Load Tap Changer)

기출
지문
■ 변압기의 부하 시 탭절환장치 OLTC(On Load Tap Changer)에 대하여 다음을 설명하시오.
[건 87회 출제]
(1) 동작원리
(2) 표준부하 시 탭절환기의 정격
(3) 구조

건 건축전기설비기술사 / 응 전기응용기술사 / 발 발송배전기술사 / 소 소방기술사 / 안 전기안전기술사 / 화 화공안전기술사 / 정 정보통신기술사

1 개요

① ULTC는 부하 시에 변압기 권선의 탭을 절환하는 장치로, 부하변동 시에 변압기 2차 측의 전압을 일정하게 하기 위해 사용된다.

② 종류에는 무부하 시 탭절환장치(NLTC)와 부하 시 탭절환장치(ULTC : Under Load Tap Changer)가 있으며, ULTC는 일반적으로 대용량 변압기에 적용된다.

2 전압조정의 원리

2차 측 전압은 권수비와 관계되며($V_2 = V_1 \times N_2/N_1$), N_1 권수를 조정하여 V_2의 전압을 조정한다.

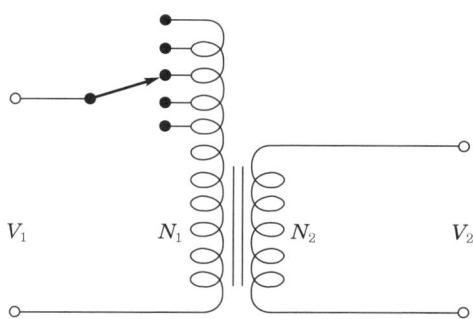

3 전압조정방법

① 탭선택기의 무부하상태에 있는 접점을 희망하는 탭에 연결한다.

② 절환스위치를 중앙으로 이동시킨다.

→ 두 탭에 동시에 연결되어 전위차에 의해 내부순환전류가 흐른다. 순환전류를 억제할 목적으로 천이저항(한류저항) 또는 리액터를 설치한다.

③ 절환스위치가 절환되면서 탭절환을 완료한다.

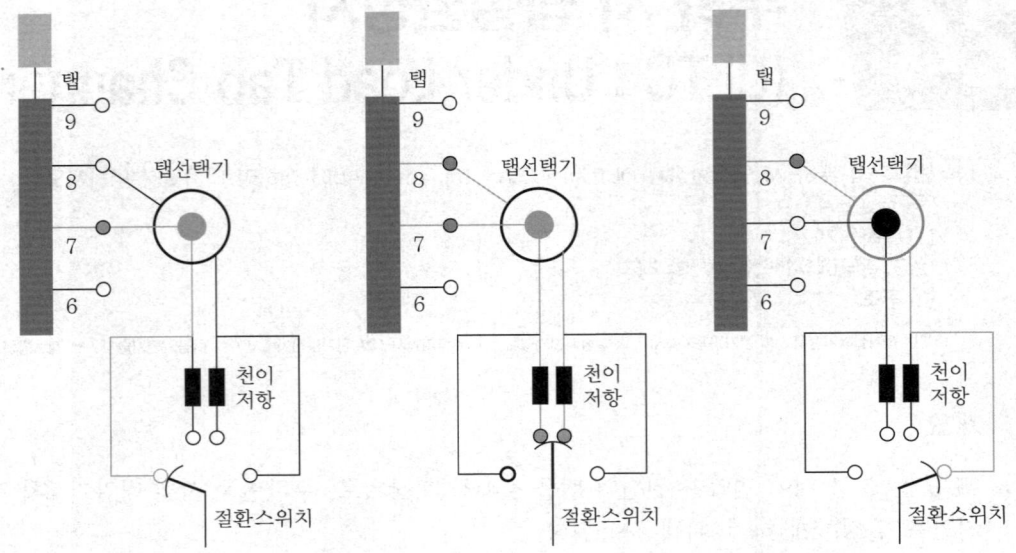

차단기 및 개폐기 CHAPTER 3

고압 부하개폐기의 종류, 기능 및 용도

기출 지문

Q1 차단기 개폐서지의 종류와 특징을 설명하고 고압 및 저압 측 대책을 설명하시오. 〔건 123회 출제〕

Q2 배전선로에 사용하는 개폐기 종류를 열거하고 각각에 대한 역할과 기능을 설명하시오. 〔발 92회 출제〕

Q3 배전선로 개폐장치의 다음 항목에 대하여 설명하시오. 〔발 134회 출제〕
    (1) 차단장치와 개폐장치의 정의
    (2) 개폐장치의 설치 목적
    (3) 가스절연 부하개폐기(G/S), 자동선로 구분개폐기(S/E), 고장구간 자동개폐기(ASS), 자동부하 전환 개폐기(ALTS)의 배전선로 적용사항

건 건축전기설비기술사 / 응 전기응용기술사 / 발 발송배전기술사 / 소 소방기술사 / 안 전기안전기술사 / 화 화공안전기술사 / 정 정보통신기술사

1 개요

① 고압 개폐기의 종류에는 자동 재폐로장치인 Recloser 및 Sectionalizer와 수변전설비 인입구에 주로 설치되는 LBS, LS, Interrupter switch, ASS, ALTS, COS, DS 등이 있다.

② 고압 개폐기는 종류에 따라 그 기능과 용도가 상이하며, 경제성과 신뢰성, 유지보수 등 LCC 개념에서 적용하되 신뢰성을 가장 우선 시 해야 한다.

2 자동 재폐로장치

(1) R/C(Recloser)

① 가공배전선로의 영구사고를 줄이고 고장범위를 최소화하는 목적으로 사용한다.

② 조류, 수목 등에 의한 접촉사고 발생 시 고장구간을 차단하고, 사고점 아크를 소멸시킨 후 즉시 재투입한다.

③ R/C의 동작책무는 CO-15초-CO이고, 재폐로동작은 2 ~ 3회이며, 그 이후는 영구사고로 구분하여 완전 차단한다.

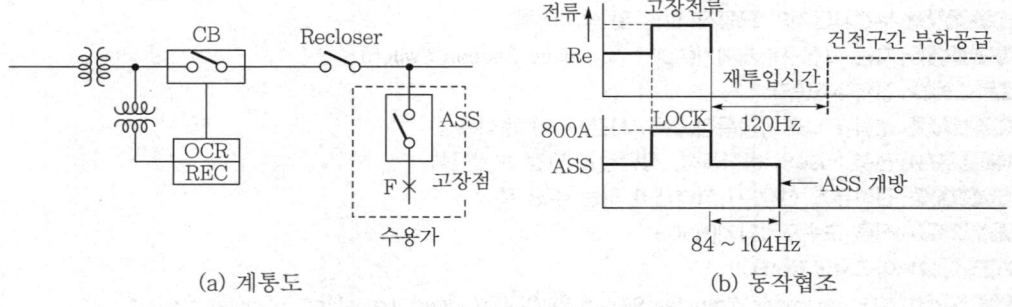

(a) 계통도   (b) 동작협조

┃R/C와 ASS와의 동작협조┃

(2) S/E(Sectionalizer)

① 부하전류 개폐만 가능하므로 단독으로 사용하지 못하고 R/C와 조합하여 사용한다.

② 선로사고 발생 시 사고횟수를 감지하여 R/C를 동작시키고 무전압상태에서 고장구간을 분리한다.

③ S/E는 R/C의 부하 측에 설치하고 R/C 동작횟수보다 1회 이상 적은 동작횟수를 설정한다.

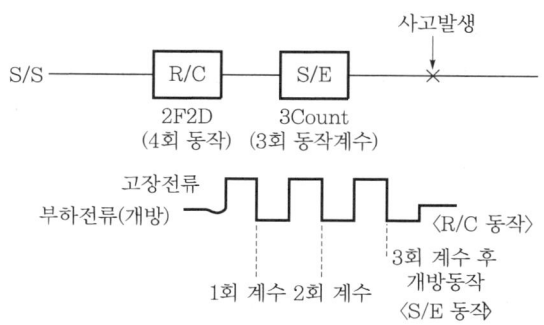

┃R/C와 S/E의 동작협조 ┃

(3) 수전에 따른 인입구장치 적용 검토

수전의 종류	인입구장치
고압 수전	OS, ASS 등
특고압 수전	3000kW 이하의 경우 COS 7000kW 이하의 경우 Int SW 14000kW 이하의 경우 Sectionalizer

3 수변전설비 인입구 개폐기

(1) 부하개폐기(LBS : Load Break Switch)

① 수변전설비 인입구 개폐기로 사용되고 있으며 PF 용단 시 결상방지를 목적으로 많이 채용한다.

② 3상 부하가 있는 경우 '부하개폐기(LBS) + 전력퓨즈(PF) 일체형'을 사용하는 것이 바람직하다.

③ PF 없는 LBS는 LS 대용으로 사용하고 부하전류는 개폐할 수 있으나 고장전류는 차단할 수 없다.

④ 퓨즈 일체형의 경우 대용량에는 적합하지 않으므로 설계 시 주의한다.

⑤ 정격전류 : 630A

(2) 선로개폐기(LS : Line Switch)

① 66kV 이상인 수변전설비 인입구 개폐기로 사용되고 있으며 최근에는 LS 대신 ASS를 사용한다.

② 단로기와 비슷한 용도로 무부하상태에서만 개폐가 가능하다.

③ 정격전류 : 400A, 800A

(3) 기중부하개폐기(Int SW : Interrupter Switch)

① 22.9kV-Y, 300kVA 이하인 수변전설비 인입구 개폐기로 사용한다.

② 부하전류 개폐만 필요로 하는 장소에도 사용이 가능하다(구내 선로 간선 및 분기선).

③ 부하전류는 개폐할 수 있으나 고장전류는 차단할 수 없다.

④ 정격전류 : 600A

(4) 자동 고장구분개폐기(ASS : Automatic Section Switch)

① 수변전설비 인입구 개폐기로 사용되고 있으며 고장구간 자동분리로 사고확대를 방지한다.

② 22.9kV-Y 경우 300kVA 초과 1000kVA 이하 수변전설비에 의무적으로 설치한다.

③ 정격전류 : 200A 및 400A, 정격차단전류 : 900A, 정격차단용량 : 40MVA

④ 탭 정정

상 동작전류 정정	정격전류×1.5
지락 최소 동작전류 정정	상 동작전류 정정×$\frac{1}{2}$
돌입전류시간 정정	0.5초, 1초

(5) 자동 부하전환개폐기(ALTS : Automatic Load Transfer Switch)

① 22.9kV-Y 지중인입선로의 인입구 개폐기로 사용한다.

② 정전 시 주전원에서 예비전원으로 순간 자동전환되어 무정전 전원공급을 수행하는 3회로 2스위치 개폐기

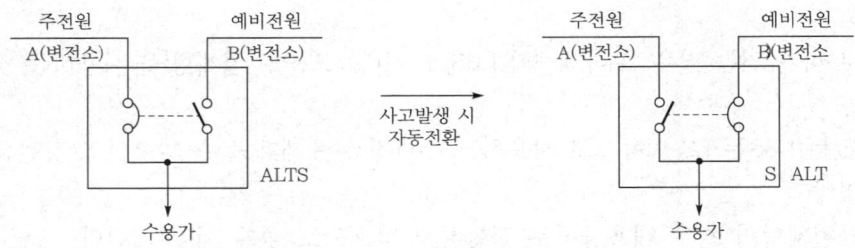

❚ ALTS 구성도 ❚

4 기타

(1) 컷아웃 스위치(COS : Cut Out Switch)

① 변압기의 과전류 보호와 선로의 개폐를 위하여 사용한다.
② 퓨즈는 고압 및 특고압 2종류가 있으며 변압기용량 300kVA 이하에서 사용한다.
③ 차단용량 10kA 이상의 것을 사용해야 한다.

(2) 단로기(DS : Disconnecting Switch)

고압 이상 전로에서 단독으로 사용하고, 무부하상태에서만 개폐가 가능하다.

5 결론

① 고압 개폐기의 종류는 그 용도와 기능에 따라 역할과 임무가 정해져 있으므로 적용 시 특별히 기능과 용도에 따라 적용이 필요하다.
② 특히 한전과의 협조체계를 잘 확인하여 안정적인 전력품질과 신뢰성 측면을 고려하여야 하며, 차단기도 개폐기의 일종이지만 경제성 측면과 함께 고려되어 적용되어야 할 것이다.

특고압 차단기의 종류 및 특징

1 개요

① 차단기들은 소호메커니즘에 따라 다양한 종류가 있으며 사용전압도 다르다.

② 특고압 차단기의 종류는 VCB, GCB, OCB, MBB, ABB가 있다.

③ 참고로 저압 차단기는 ACB, MCCB, ELCB가 있다.

2 VCB(Vacuum Circuit Breaker)

(1) 소호방식

진공 중의 높은 절연내력을 이용해, 아크생성물이 진공 중 급속히 확산하는 것을 이용하여 아크소호(10^{-4}Torr 이하의 진공상태 유지)

(2) 차단능력

차단시간이 짧고, 차단성능이 주파수에 영향을 받지 않는다(22.9kV에서 널리 사용).

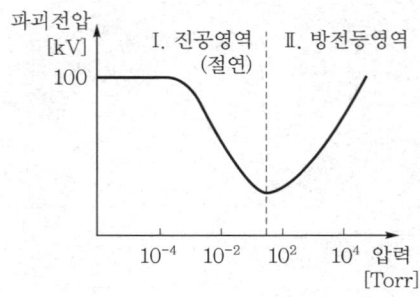

∥ 진공차단기의 기압과 절연내력 ∥

(3) 소음

조작 시 폭발음이 없으므로 저소음이 차단된다.

(4) 보수 및 점검

기름을 사용하지 않아 화재위험성이 없다.

(5) 기타

소형 경량, 전극 간 거리가 짧고 소요구동력이 적으며 차단 시 개폐서지가 발생한다(차단기 2차 측에 SA 설치).

3 GCB(Gas Circuit Breaker)

(1) 소호방식

발생아크를 불활성 기체인 SF_6(6불화유황) 가스를 소호매질로 하여 동작하는 방식

(2) 차단능력

① 재기전압 상승률이 가장 작다. 전류차단에 의한 이상전압이 발생한다.
② 과전압 발생이 작고, Arc 소멸 후 절연회복이 매우 우수하다.
③ 근거리 선로 고장, 탈조차단, 이상지락 등의 과혹한 조건에도 강하고 우수하다.

(3) 소음

소호가스를 밖으로 배출하지 않는다. → 저소음 차단으로 소음공해가 없다.

(4) 보수 및 점검

① 장점 : 아크접촉자의 소모가 작다. → 점검횟수를 줄일 수 있다.
② 단점 : 절연내력을 높이기 위해 고기압의 Gas 밀폐탱크 사용으로 Gas 기밀이 불량한 경우 부식성 Gas가 발생하고, 수분이 SF_6 Gas 중에 있으면 금속부식을 일으켜 절연파괴가 우려되므로 먼지나 수분관리에 특별히 주의가 필요하다.

(5) 기타

SF_6 Gas의 절연성을 이용해 변전기기 모두를 SF_6 속에 넣을 수 있다. → GIB, GIS 변전소 등

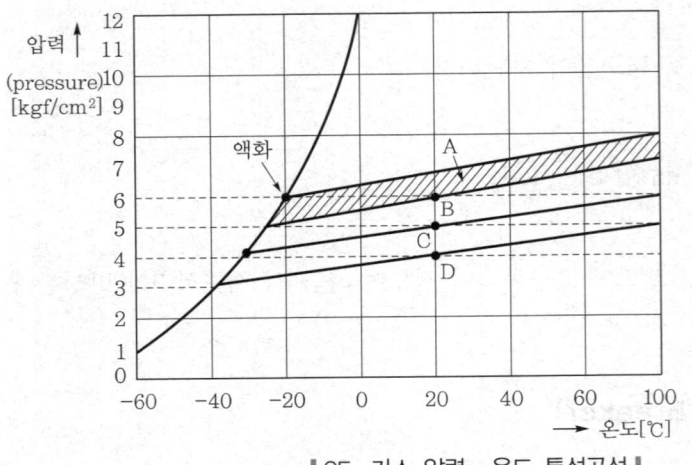

압력↑ (pressure) [kgf/cm²]

액화

A

B

C

D

온도[℃]

• 대기압 : 12기압 0℃에서 액화
• A : 가스증진 압력범위
• B : 정격압력
• C : 1차 경보압력
• D : 2차 경보압력 및 쇄정압

‖ SF₆ 가스 압력－온도 특성곡선 ‖

4 OCB(Oil Circuit Breaker)

(1) 소호방식
절연유의 소호작용으로 아크소호

(2) 차단능력
① 높은 재기전압 상승률에 비해 차단성능이 거의 영향을 받지 않는다.
② 근거리 고장에 강하고, 탈조차단과 같은 높은 회복전압에 우수하다.

(3) 소음
폭발음이 없어서 주택지, 도심지에서도 방음설비가 필요없다.

(4) 보수 및 점검
① 기름을 사용해서 화재위험성이 있고 보수가 번거롭다.
② 최근 MOCB 개발로 보수간격이 길어져 이 문제가 해결되었다.

(5) 기타
부싱형 변류기 사용이 가능해 별도의 CT가 필요없어 경제적이다.

5 MBB(Magnatic Blast Circuit Breaker)

(1) 소호방식
아크차단전류와 자계 사이의 전자력으로 아크를 소호실로 끌어넣어 냉각소호하는 방식

(2) 차단능력
① 전류절단에 의한 과전압이 발생하지 않는다. → 직류차단기

② 주파수의 영향을 받지 않는다.

③ 사용전압에 한계가 있다.

(3) 소음

차단기 투입 시 소음이 발생해 기기에 충격을 줄 수 있다.

(4) 보수 및 점검

① 화재의 위험성이 없다(기름 미사용으로).

② 소호실의 수명이 길다.

③ 분해점검이 간단해 보수점검시간이 단축된다.

6 ABB(Air Blast Circuit Breaker)

(1) 소호방식

아크를 강력한 압축공기($26kg/cm^2$)의 힘으로 소호한다(별도의 컴프레서 필요).

(2) 차단능력

대전류 차단용, 개폐빈도가 많은 곳에 사용하고 차단 시 강제소호시키므로 이상전압이 발생한다. 높은 재기전압이 생성(대책 필요)되고 회로의 고유주파수에 민감하다.

(3) 소음

폭발음이 발생하므로 소음기를 필히 부착한다.

(4) 보수 및 점검

보수점검이 간단(기름 사용 ×)하고 경제적으로 유지관리가 가능하다.

(5) 기타

Uint 구조이므로 차단정수만 증가시키면 임의의 정격전압이 얻어지므로 대량생산이 가능하다.

참고

1. 정격전압

규정한 조건에 따라 그 차단기에 부과될 수 있는 사용회로전압의 상한

$$정격전압 = 공칭전압 \times \frac{1.2}{1.1} \, [V]$$

예 공칭전압 22kV급 정격전압은 24kV이지만 한국전력공사표준에 의해 25.8로 규정한다.

2. 정격전류

정격전압, 정격주파수 하에서 규정의 온도상승한도를 초과없이 연속적으로 통과할 수 있는 전류의
한도

$$P = \sqrt{3}\, V I_n \cos\theta$$

$$I_n = \frac{P}{\sqrt{3}\, V \cos\theta}$$

여기서, P : 설비용량[kW]

V : 정격전압[kV]

$\cos\theta$: 역률

PLUS   특고압 차단기의 종류

1. 차단기의 개발순서

OCB $\rightarrow$ ABB $\rightarrow$ MBB $\rightarrow$ GCB $\rightarrow$ VCB

2. 소호물질의 특성

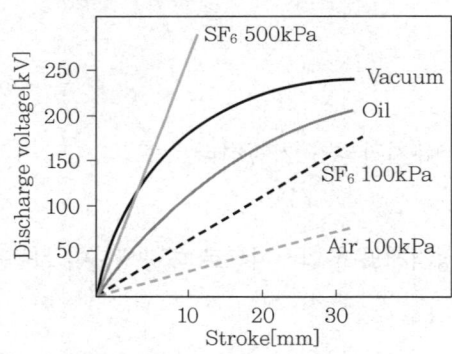
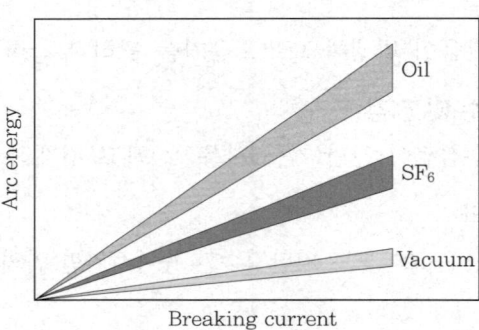

3. 소호방식에 따른 차단기의 분류

(1) OCB(Oil Circuit Breaker)

오일 속에서 전극을 개방하면 발생되는 아크로, 오일이 분리되고, 그로 인해서 수소를 주체로 한
가스의 팽창에 의한 냉각작용, 가스압의 불어제낌작용, 가스와 오일의 난류작용에 의해서 기중에서
의 차단보다도 우수한 차단능력을 갖는다.

(2) ABB(Air Blast Circuit Breaker)

고압의 압축공기를 아크에 불어서 소호하는 방식으로, 화재의 염려도 없다.

(3) MBB(Magnetic Blast Circuit Breaker)

MBB는 자기불어냄 방식의 기중차단기로서, 차단하는 전류에 의해 만들어지는 자계를 이용해서

아크를 구동하고, 좁고 긴 슬롯기구 내로 아크를 밀어넣어 아크의 길이를 연장하여 아크저항이 증대되고, 냉각되어 한류시키며 차단하는 방식이다.

(4) GCB(Gas Circuit Breaker)

① GCB는 우수한 절연특성 및 소호특성을 갖는 SF_6 가스를 사용하고 있다. 전에는 고압의 가스를 계속 유지하여 아크를 불어내어 차단하는 2중 입력방식을 주로 사용하였지만, 현재는 접점개리 운동을 이용하여 피스톤과 실린더의 상대적인 운동을 시킴으로써 고압의 가스를 발생시켜 절점에서 발생한 아크를 불어내는 Puffer 방식이 널리 사용된다.

② GCB의 특징

ㄱ SF$_6$ 가스는 소호특성이 우수하고, 아크 유지성능에도 우수하기 때문에 소전류 차단 시에 발생하는 서지전압이 작다.

ㄴ 전류차단 후의 절연회복특성이 우수하기 때문에 차단기가 전류를 차단한 후의 재뇌격이나 다중뇌 등에 대해서도 즉간절연의 신뢰성이 높다.

ㄷ 완전 밀봉방식을 채택하고 있기 때문에 배기소음이 없다.

ㄹ 소호성능이 우수하여 소호 시의 아크가 작기 때문에 접촉자의 소모가 극히 적고, 보수점검이 용이하다.

(5) VCB(Vacuum Circuit Breaker)

① VCB는 고진공(10^{-3}Torr 이하)으로 유지된 진공용기(VI : Vacuum Interrupter) 내에서 접점을 개리시켜 아크를 확산소호하는 차단기이다.

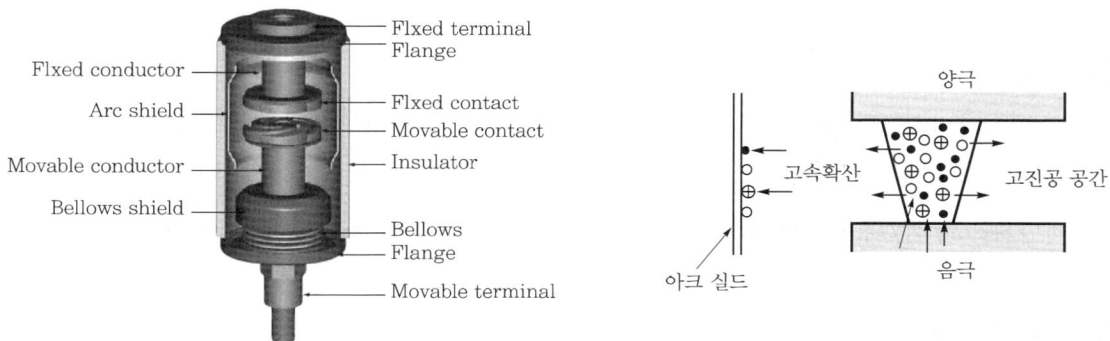

② VCB의 특징

ㄱ 전류차단 후의 극간 절연회복특성이 우수하기 때문에 차단성능이 좋다.

ㄴ 아크가 작기 때문에 전류차단에 의한 접점소모량이 작고, 개폐수명이 길기 때문에 다빈도용 차단기에 적합하다.

ㄷ 진공의 절연내력이 높기 때문에 접점간극이 작아서 소형 경량으로 제작된다.

ㄹ VI는 완전밀폐용기이므로 차단 시에 아크나 열가스의 방출이 없고, 안전하며, VI의 보수 및 점검이 불필요하다.

ㅁ 진공에서 전류를 차단하기 때문에 차단음이 발생하지 않고, 저소음이다.

ㅂ 접점간극이 작기 때문에 조작력이 작아서 경량이며 견고한 차단기가 된다.

차단기 정격

○ 기출
지문

Q1 차단기 용어의 뜻을 설명하시오. ﹇건 75회 출제﹈
  (1) 정격전류
  (2) 정격단시간 전류
  (3) 정격차단시간
  (4) 정격개극시간
  (5) 정격투입조작 전압

Q2 차단기 명판(name plate)에 기준충격절연강도(BIL) 150kV, 정격차단전류 12.5kA, 차단시간 8사이클 솔레노이드형이라고 기재되어 있다. 다음 물음에 대하여 설명하시오. ﹇건 125회 출제﹈
  (1) BIL의 의미
  (2) 이 차단기의 정격전압
  (3) 이 차단기의 정격차단용량

Q3 고압 차단기의 정격 중 정격차단전류(I_{sc})와 정격투입전류(I_p)에 대하여 설명하고, 정격투입전류가 정격 차단전류의 2.6배(60Hz)가 되는 이유를 설명하시오. ﹇건 129회 출제﹈

Q4 차단기 정격 선정 시 고려사항에 대하여 설명하시오. ﹇용 132회 출제﹈

Q5 전력용 차단기의 정격전류, 정격차단전류, 정격차단시간에 대해 설명하시오. ﹇발 84회 출제﹈

Q6 전력계통을 보호하기 위한 차단기의 각종 정격을 설명하고, 단락전류의 비대칭계수에 대하여 설명하시오. ﹇발 126회 출제﹈

﹇건﹈ 건축전기설비기술사 / ﹇용﹈ 전기응용기술사 / ﹇발﹈ 발송배전기술사 / ﹇소﹈ 소방기술사 / ﹇안﹈ 전기안전기술사 / ﹇화﹈ 화공안전기술사 / ﹇정﹈ 정보통신기술사

1 개요

(1) 차단기는 과전류, 단락, 지락, 부족전압 등 전력계통 이상 시 고장전류를 차단하는 기기로 그 동작횟수에 제한이 있다.

(2) 차단기는 부하전류를 개폐할 수도 있고 고장전류는 신속히 차단하여 기기 및 전선을 보호한다.

(3) **차단기 기능 및 구성**

기능	구성	선정순서
• 전류 투입/통전 • 고장전류 차단 • 절연기능 • 개폐기능	• 전류전달부 • 절연부 • 소호장치 • 보조장치	• 예상 Skeleton 작성 및 고장점 선정 • %Z 선정 및 기준용량 환산 • Z-map 작성 및 합성 %Z 결정 • 단락전류 및 차단용량 계산

2 정격전압

(1) 차단기에 가할 수 있는 사용회로의 최대 공급전압으로 선간전압의 실효치로 표시한다.

(2) 정격전압 = 공칭전압 $\times \dfrac{1.2}{1.1}$ [V]

(3) 차단기 정격전압

공칭전압[kV]	정격전압[kV]
3.3	3.6
6.6	7.2
22 OR 22.9	25.8
66	72.5
154	170
345	362

3 정격전류

(1) 정격전압 정격주파수에서 규정된 온도상승한도(40℃)를 초과하지 않고 연속하여 흘릴 수 있는 전류의 한도로 실효치로 표시한다.

(2) 정격전류

$$I_n = \frac{P}{\sqrt{3} \times V \times \cos\theta} [\text{A}]$$

4 정격차단전류

(1) 정격전압, 정격주파수, 규정된 회로조건에서 규정된 표준동작책무에 따라 차단할 수 있는 전류의 한도를 말한다.

(2) 직류비율이 20% 이하일 때 교류성분의 대칭분 실효치를 의미하며 일반적으로 [kA]로 표시한다.

(3) 정격차단전류

$$I_s = \frac{100}{\%Z} \times I_n [\text{kA}]$$

5 정격차단용량

(1) 그 차단기가 설치된 바로 2차 측에 3상 단락사고가 발생한 경우 이를 차단할 수 있는 용량 한도를 말한다.

(2) 정격차단용량

$$P_s[\text{MVA}] = \sqrt{3} \times 정격전압[\text{kV}] \times 정격차단전류[\text{kA}]$$

6 정격투입전류

① 모든 정격 및 규정된 회로조건에서 규정된 표준동작책무에 따라 투입할 수 있는 전류의 한도를 말한다.
② 회로가 단락사고로 차단된 후 고장이 회복되지 않은 상태에서 차단기를 재투입할 때 각 극에 흐르는 전류를 말한다.
③ 투입 시 최초 주파수에서 발생하며 순시치로 표시한다.
④ 통상 정격차단전류의 2.6배를 표준으로 한다.

7 정격개극시간

차단기의 트립코일이 여자된 순간부터 접촉자가 분리될 때까지의 시간을 말한다.

8 정격차단시간

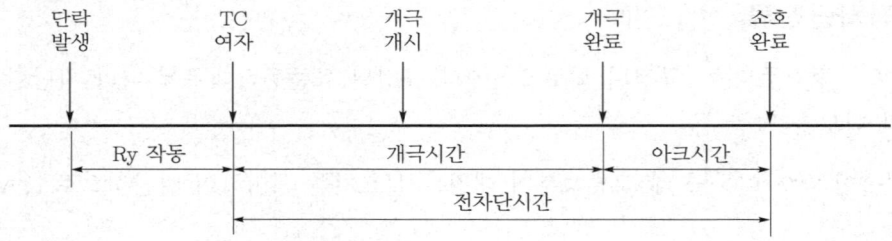

‖ 정격차단시간의 구성 ‖

① 모든 정격 및 규정된 회로조건에서 표준동작책무에 따라 정격차단전류를 차단할 때 소요되는 차단시간의 한도를 말한다.
② 개극시간 + 아크시간 = 정격차단시간
③ VCB 및 GCB는 대개 3 ~ 5Hz이다.

9 3상 부동시간

각 상 간의 불평형 시간은 72.5kV → 6ms, 170kV → 4ms이다.

10 차단기 조작전압

어떤 조건에서도 완벽한 투입, 개방이 가능한 조작전원의 상·하한치

11 기준충격 절연강도

(1) 유입변압기

$$BIL = \frac{공칭전압}{1.1} \times 5 + 50$$

(2) 건식 변압기

$$BIL = 상용주파\ 내\ 전압치 \times \sqrt{2} \times 1.25$$

12 기기별 주요 정격

구분	주요 정격	비고
변압기	kVA	부하가 정해지지 않아 kVA로 표시
차단기	kA, MVA	고장전류 차단능력 중요
전동기	kW, PS	일을 할 수 있는 능력 중요
부하기기	kW	부하기기마다 역률이 정해짐

13 결론

① 국내의 경우 22.9kV 계통 차단기로 25.8kV, 600A, 500MVA만 생산하고 있다.
② 즉, 단락전류계산과 관계없이 520MVA만 사용하므로 비경제적이다.
③ 수용가용량에 따라 정격용량을 선정할 수 있도록 개선이 필요하다.

SECTION 04 차단기의 동작책무

기출
지문

Q1 차단기의 정격차단전류, 정격차단용량, 정격차단시간, 표준동작책무에 대하여 설명하시오.
[응 126회 출제]

Q2 차단기의 정격이란 정해진 조건하에서 그 차단기를 사용할 수 있는 한도, 즉 성능보증한계를 말한다. 차단기의 정격과 동작책무에 대하여 설명하시오. [발 133회 출제]

Q3 전력용 차단기의 트립프리에 대하여 설명하시오. [건 104회 출제]

Q4 차단기의 동작책무(duty cycle, operating duty)란 무엇이며 국제표준규격(IEC)에 따라 정해진 두 종류의 표준동작책무를 기술하시오. [발 80회 출제]

[건] 건축전기설비기술사 / [응] 전기응용기술사 / [발] 발송배전기술사 / [소] 소방기술사 / [안] 전기안전기술사 / [화] 화공안전기술사 / [정] 정보통신기술사

1 개요

(1) 재폐로방식의 필요성

① 뇌격, 수목접촉 등의 일시적인 아크사고는 사고현장을 점검·수리하지 않아도 재투입함으로써 송전을 계속할 수 있다.

② 재폐로방식이란 '순간적인 아크사고 시 정전사고를 방지'하기 위한 차단기 조작방식이다.

(2) 재폐로시간

사고발생 시부터 재폐로에 의해 양측 차단기가 폐로할 때까지의 총시간

(3) 무전압시간

사고점 아크의 소멸에 필요한 시간이며, 무전압시간의 결정은 차단기의 허용투입시간 외에 소이온 시간과 계통안정도 등을 고려한다.

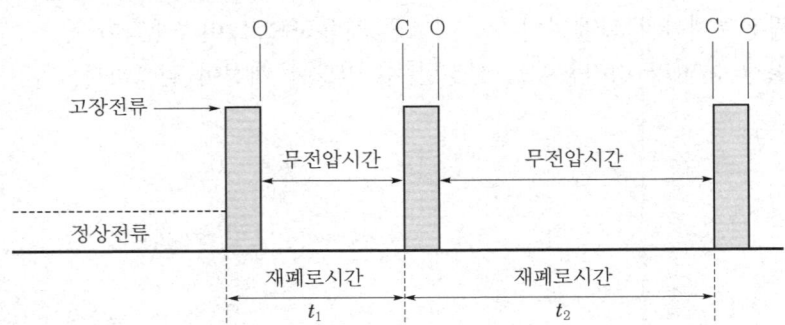

(4) 동작책무란 차단기에 부과된 1~2회 이상의 투입차단동작을 일정 시간간격으로 행하는 하나의 연속동작이다.

(5) 동작책무를 기준으로 하여 차단기의 차단성능, 투입성능 등을 정한 것이 표준동작책무이다.

2 표준동작책무

(1) ESB 150 규정(전력회사)

종별	전압[kV]	표준동작책무
일반용	7.2	CO – 15초 – CO
고속도 재투입용	25.8	O – 0.3초 – CO – 3분 – CO

① 현장에서 대부분 ESB로 정해진 표준동작책무를 사용한다.
② 일반용 표준동작책무는 7.2kV급 차단기, 전력용 콘덴서용 차단기, 분로리액터용 차단기에 사용한다.
③ 고속도 재투입용 표준동작책무는 25.8kV급 차단기에 사용한다.

(2) KS 규정(KS C 4611)

구분	기호	표준동작책무
일반용	기호 A	O – 1분 – CO – 3분 – CO
	기호 B	CO – 15초 – CO
고속도 재투입용	기호 R	O – t초 – CO – 1분 – CO

여기서, O(Open) : 차단
C(Close) : 투입
CO : 투입 직후 즉시 차단
t초 : 120kV급 이상에선 0.35초를 표준으로 함

(3) 시험동작책무란 차단기의 단락시험을 할 때 그 차단기에 주어지는 동작책무를 말한다.

3 트립프리(trip free)

① 투입보다 개방이 우선한 회로이다.
② 즉, 주회로가 통전상태일 때는 트립신호에 의해 트립될 수 있지만 트립완료 후에는 계속하여 투입명령을 가해도 트립명령을 해제하기 전까지 다시 투입되지 않는 회로를 의미한다.
③ 기계적 트립프리, 전기적 트립프리, 공기적 트립프리가 있다.

4 Anti-pumping

① Pumping은 차단기에 투입·개방 신호가 동시에 들어왔을 때 투입과 개방이 계속 반복되는 현상이다.
② Anti-pumping 회로는 트립완료 후에는 계속하여 투입명령을 가해도 트립명령을 해제하기 전까지 다시 투입되지 않는 회로를 의미한다.

PLUS   차단기의 트립프리 및 펌핑방지 회로

1. 트립프리장치

차단기가 설사 투입지령 중이라도 트립장치의 동작에 의해 차단기의 기계적 트립을 우선하는 장치

2. 펌핑방지장치

트립완료 후라도 계속적인 투입지령에 재차 투입동작을 하지 않고 일단 투입지령을 해제한 후 다시 투입지령을 주었을 때 비로서 투입동작을 할 수 있도록 하는 장치

3. 조작회로

(1) 차단기에 부착되어 있는 폐로제어, 개로제어회로, 보조릴레이 등으로 구성되는 전기회로를 차단기의 조작회로라고 부른다.

(2) 대표적인 조작회로로서 X relay와 Y relay라고 불리는 2개의 보조릴레이를 이용한 것이 있다.

(3) 차단기의 기본적인 성능인 트립우선 기능(폐로신호 중이라도 차단기를 트립할 수 있는 기능)을 전기적으로 완료하는 회로와 펌핑방지회로(폐로동작, 개로동작이 서로 반복적인 동작으로 Y relay 가 없는 경우에 발생)와 같은 구성이다.

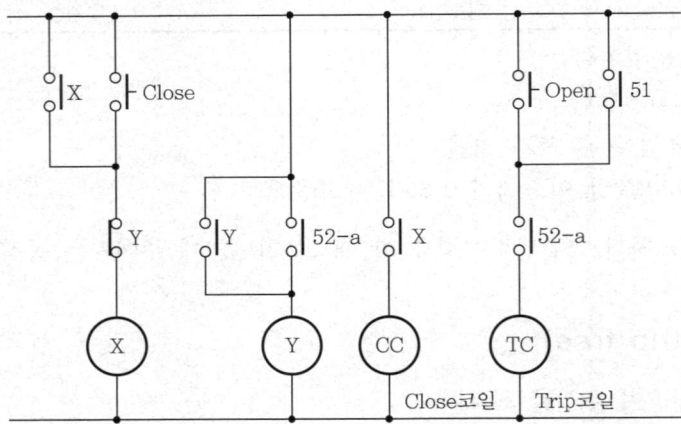

198

SECTION 05 차단동작 시 발생현상

기출
지문
Q1 차단기 트립 시 이상전압이 발생하는 이유에 대하여 설명하시오. 건 112회 출제
Q2 고압 차단기의 차단동작 시 발생하는 현상에 대하여 설명하시오. 용 130회 출제

건 건축전기설비기술사 / 용 전기응용기술사 / 발 발송배전기술사 / 소 소방기술사 / 안 전기안전기술사 / 화 화공안전기술사 / 정 정보통신기술사

1 개요

① 전력계통에서 차단기를 개폐하는 경우 과도현상으로 인하여 이상전압이 발생하며 특히 유도성, 용량성 전류가 발생될 경우 메커니즘이 복잡하다.

② 보통 개폐서지라는 것은 무부하 가공송전선, 무부하 케이블, 전력용 콘덴서 등의 용량성 소전류 개폐와 무부하 변압기, 리액터 등의 유도성 소전류 개폐에 의한 중간주파수의 이상전압을 말한다.

③ TRV(Transient Recovery Voltage)는 차단기의 정격과도회복전압으로서 차단기가 정격차단전류 또는 그 이하의 전류를 차단할 때 차단기 극간에 인가되는 고유 과도회복전압의 한도로, 2Parameter법과 4Paramenter법으로 표시한다.

④ 차단기 선정 시 고려사항은 한전표준규격 ES-5925-0001 교류차단기 규정에 의하여 안정성과 안전성을 확보한 차단기를 사용하여야 한다.

2 교류의 차단현상(차단 메커니즘)

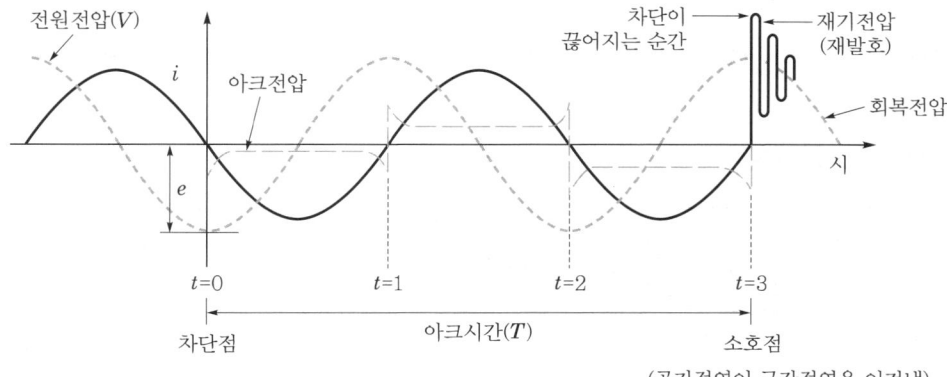

∥교류의 차단현상∥

개방 → $t = 0$에서 전류 i가 영점소호 → 아크 발생 → 전기적 도통 → 전류 i가 영점소호같은 과정 반복 → 공기절연이 극간절연을 이겨낼 때 차단완료

3 재기전압(재발호 단락전류 차단)

① 차단기를 차단 직후 차단기 양단자 간에 선로 및 기기의 RLC에 의해 발생하는 과도진동전압
② 전류 i가 영점소호 → 전원 측의 RLC회로에서 과도진동 발생 → 재기전압 발생
③ 재발호는 차단기의 차단능력을 저하시키지만 이상전압은 작다.
④ 차단기의 차단능력을 측정하는 중요한 요소가 된다.

4 재점호(충전전류 차단)

① 접촉자 간의 절연이 재기전압에 견디지 못하고 다시 아크를 일으키는 현상이다.

② $t = 0$에서 전류 i가 영점소호 → $\frac{1}{2}$ cycle 후 무부하 송전선로의 정전용량 C에 의해 진폭의
2배 전압이 차단기 극간에 걸리게 되어 재점호가 발생한다.

③ 재점호가 반복되면 Surge에 의해 3 ~ 7배 이상 전압이 발생한다.

5 회복전압(recovery voltage)

차단기의 차단 직후 계속하여 양단자 간 또는 차단점 간에 나타나는 상용주파수의 전압으로
실효치로 나타낸다.

6 전류재단(유도성 소전류 차단)

① 변압기 여자전류 등의 지상 소전류를 진공차단기 등의 소호력이 강한 차단기로 차단할
경우 전류가 자연영점 전에 강제 소호되는 현상이다.

② 전류영점 전에 지상 소전류 차단 → $e = -L\frac{di}{dt}$ → $t = 0$, $e = \infty$ → 이상전압 발생

7 이상전압의 구분

외부 이상전압 (뇌 과전압)	내부 이상전압			
	과도 이상전압(개폐 과전압)		지속성 이상전압(단시간 과전압)	
	계통 조작 시	고장 발생 시	계통 조작 시	고장 발생 시
직격뢰 유도뢰 간접뢰	무부하선로 개폐 시 유도성 소전류 차단 시 3상 비동기 투입 시	고장전류 차단 시 고속도 재폐로 시 아크지락 발생 시	페란티효과 발전기 자기여자 전동기 자기여자	지락 시 이상전압 철공진 이상전압 변압기 이행전압

8 결론

① 한전표준규격 ES-5925-0001 교류차단기 규정에 의하여 과도회복전압 발생 시 안정성과 안전성을 확보하기 위하여 관련 시험규격에 합격한 차단기를 사용하여야 한다.

② TRV는 차단기를 차단할 때 발생하는 고유 과도회복전압이므로 설치내량을 크게 하여 차단기 동작신뢰성을 확보하여야 한다.

③ 재점호가 발생하지 않도록 차단시간을 신속히 차단하여야 하며, 차단기 동착책무가 가혹한 조건임을 감안하여 차단기의 차단 시 이상현상이 발생되지 않도록 하여야 한다.

차단기에서 개폐서지의 종류 및 대책

 기출지문

Q1 차단기의 개폐에 의해 발생하는 서지의 종류별 특징과 방지대책에 대하여 설명하시오. 건 108회 출제

Q2 차단기 개폐서지의 종류와 특징을 설명하고 고압 및 저압 측 대책을 설명하시오. 건 123회 출제

Q3 차단기의 개폐 Surge 억제방법을 열거하시오. 건 65회 출제

Q4 차단기의 투입 또는 차단 시 부하조건에 따라 아래와 같은 개폐서지(surge) 현상이 발생한다. 이를 기술하시오. 건 74회 출제
   (1) 재점호
   (2) 전류절단
   (3) 투입서지(surge)에 대하여 기술하시오.

Q5 전력계통에서 발생하는 개폐이상전압의 발생원인과 그 방지대책에 관하여 설명하시오. 안 69회 출제

Q6 전력계통에서 차단기 투입 및 차단 시 발생하는 개폐서지(switching surge)의 종류 및 대책에 대하여 설명하시오. 발 127회 출제

건 건축전기설비기술사 / 용 전기응용기술사 / 발 발송배전기술사 / 소 소방기술사 / 안 전기안전기술사 / 화 화공안전기술사 / 정 정보통신기술사

1 개요

① 전력계통에서 차단기를 개폐하는 경우 과도현상으로 이상전압이 발생하고 특히 유도성, 용량성 전류의 경우 메커니즘이 복잡하다.

② 보통 개폐서지라는 것은 무부하 가공송전선, 무부하 케이블, 전력용 콘덴서 등의 용량성 소전류 개폐와 무부하 변압기, 리액터 등의 유도성 소전류 개폐에 의한 중간주파수의 이상전압을 말한다.

2 개폐서지의 종류

(1) 단락전류 차단(재기전압, 재발호 설명)

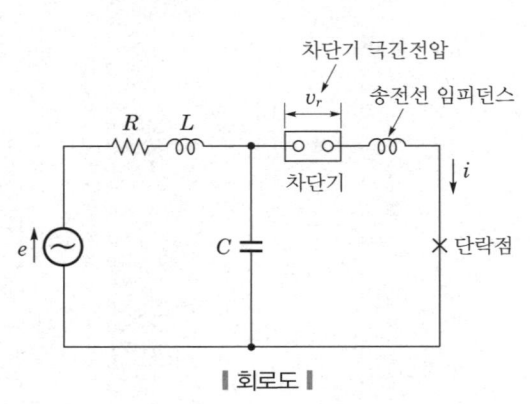

▮ 회로도 ▮

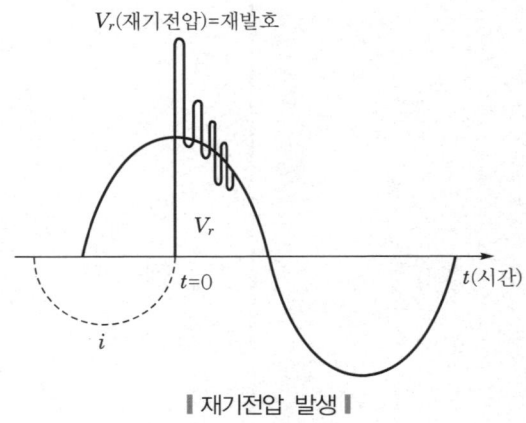

▮ 재기전압 발생 ▮

① 단락전류 i는 전원전압 e에 비하여 90° 정도 지상전류이므로 전류 i가 영점소호되었을 때 V_r은 선로 및 기기의 RLC에 의해 과도진동전압(재기전압)이 발생한다.

② 재기전압은 차단기의 차단성능을 저하시키지만 이상전압은 작다.

(2) 충전전류 차단

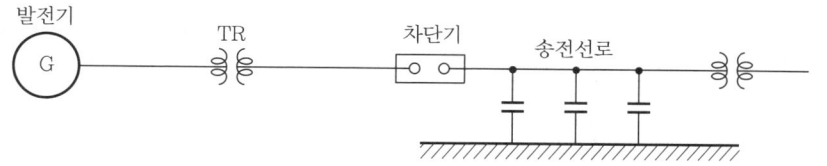

┃ 무부하 충전전류의 계통도 ┃

┃ 제동장치가 있는 경우 ┃   ┃ 제동장치가 없는 경우 ┃

① 충전전류는 차단하기 쉽지만 재점호를 일으킨다.

② 접촉자 간의 절연이 재기전압에 견디지 못하고 다시 아크를 일으키는 현상이다.

③ $t = 0$에서 전류 i가 영점소호 → $\frac{1}{2}$ cycle 후 무부하 송전선로의 정전용량 C에 의해 진폭의 2배, 전압이 차단기 극간에 걸리게 됨 → 재점호 발생

④ 재점호가 반복되면 Surge에 의해 3 ~ 7배 이상 전압이 발생한다.

(3) 여자전류 차단

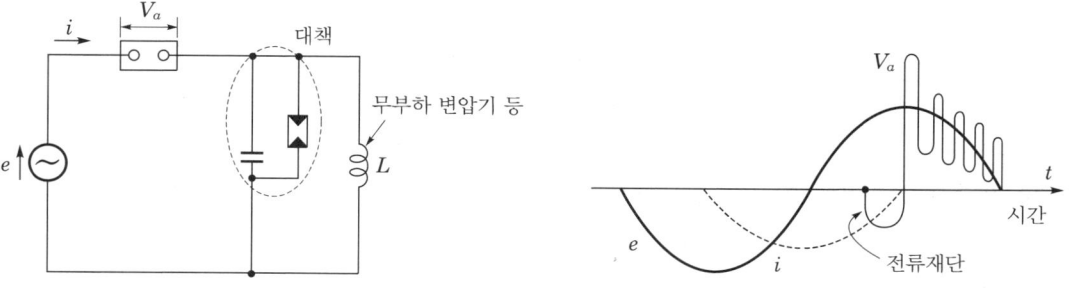

① 변압기 여자전류 등의 지상 소전류를 진공차단기 등의 소호력이 강한 차단기로 차단할 경우 전류가 자연영점 전에 강제소호되는 전류재단현상이 발생한다.

② 전류영점 전에 지상 소전류 차단 → $e = -L \dfrac{di}{dt}$ → $t = 0$, $e = \infty$ → 이상전압 발생

(4) 고속도 재폐로 시 차단(무부하선로의 투입 및 재투입 surge)

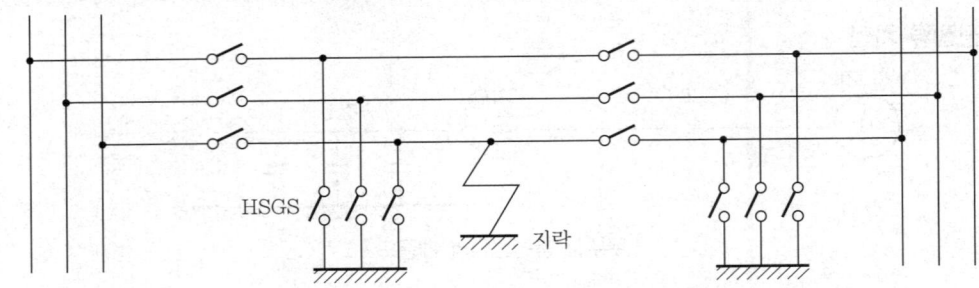

▌HSGS 동작▐

① 재폐로 시 선로 측에 잔류전하가 있고 재점호가 일어나면 큰 Surge가 발생한다.
② 차단 후 충분한 소이온시간이 지난 후에 재투입 → 재폐로 시의 재점호 방지
③ 소이온시간은 345kV에서 20cycle, 765kV에서 33cycle 정도이다.
④ HSGS(High Speed Ground Switch)를 설치하여 선로의 잔류전하를 대지로 방전시킨 후 재투입(765kV에 적용)한다.

(5) 직류차단

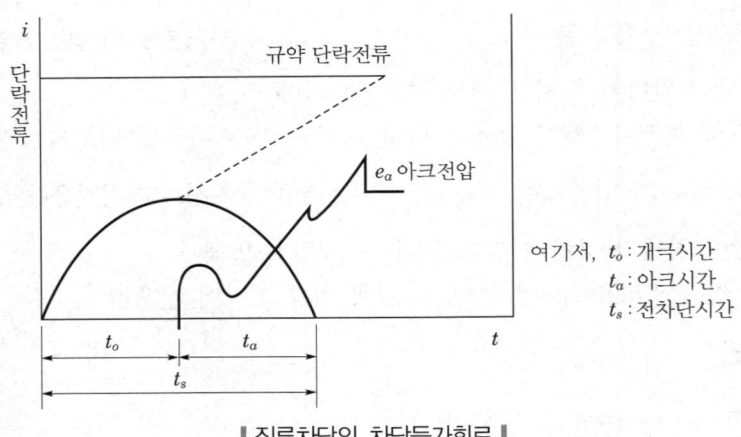

여기서, t_o : 개극시간
t_a : 아크시간
t_s : 전차단시간

▌직류차단의 차단등가회로▐

① 직류는 맥류이므로 전류영점이 없어 차단 시 전류재단에 의한 강한 Arc가 발생하고 폭발음이 크다.
② 차단기 접촉자의 마모가 쉬우므로 접촉자 간에 배리스터, ZNR 등을 삽입한다.
③ 직류 차단기로는 HSCB(High Speed CB)가 사용된다.

(6) 3상 동시 투입 실패 시

① 차단기 각 상의 전극은 동시에 투입되지 않고 근소한 시간적 차이가 생긴다.
② 이 차이가 심한 경우 정상 대지전압 파고치의 3배 정도의 Surge가 발생한다.

3 개폐서지의 대책

(1) 개폐서지 억제대책

① 경부하 시에는 역률개선용 콘덴서를 모두 개방하여 용량성 회로가 되지 않도록 한다.
② 수전단에 병렬로 리액터를 접속해서 진상 충전용량의 일부를 상쇄한다.
③ 단로기로 끊을 수 있을 정도의 유도성 소전류인 경우 단로기로 차단한다.
④ 중성점을 직접 접지하여 개폐 이상전압을 억제한다.

(2) 재점호 방지대책

① 직류 차단기로는 HSCB(High Speed CB)를 사용한다.
② 차단기의 차단속도를 빠르게 하여 차단한다.
③ 개폐기 또는 차단기의 용량을 충분히 크게 한다.
④ 콘덴서 회로용 개폐기는 진공개폐기를 사용하여 90° 진상 전류에 의한 재점호를 방지한다.

(3) 서지억제장치 사용

① 피뢰기를 사용하여 개폐서지의 파고치를 감소시킨다.
② 진공차단기와 몰드변압기 사이에 서지흡수기를 사용한다.
③ SVC, SVG, SPD 등을 활용한다.

4 결론

① 개폐서지는 뇌서지에 비해 파고값은 높지 않으나 그 계속시간이 수ms로 비교적 길기 때문에 기기의 절연에 주는 영향을 무시할 수 없다.
② 특히 무부하선로의 개폐서지, 유도성 소전류 차단서지의 경우 서지전압의 준도 완화 및 진폭제한을 해야 하고 LA 및 SA를 적절히 적용해야 한다.

SECTION 07 차단기의 과도회복전압(TRV)

기출지문

Q1 과부하 차단 시 TRV(Transient Recovery Voltage)의 발생현상에 따른 개선대책과 차단기 선정 시의 고려사항에 대하여 설명하시오. [건 99회 출제]

Q2 차단기 회복전압의 종류 및 특징에 대하여 설명하시오. [건 110회 출제]

Q3 차단기의 성능을 결정하는 TRV(Transient Recovery Voltage) 유형에 대하여 설명하시오. [건 92회 출제]

Q4 과도회복전압(TRV : Transient Recovery Voltage)에 대하여 설명하시오. [발 134회 출제]

건 건축전기설비기술사 / 용 전기응용기술사 / 발 발송배전기술사 / 소 소방기술사 / 안 전기안전기술사 / 화 화공안전기술사 / 정 정보통신기술사

1 과도회복전압(TRV : Transient Recovery Voltage)

① TRV는 차단기의 동작으로 회로의 상태가 변경되면서 과도적으로 나타나는 전압이다.

② 차단기는 전류를 차단하는 순간 차단기의 양극 간의 전위는 서로 다른 상태이고, 전원주파수의 전원전압으로 회복하려는 과정에서 나타나는 과도진동전압으로 양극 간의 전위차에 의해서 진동전압의 크기가 결정된다.

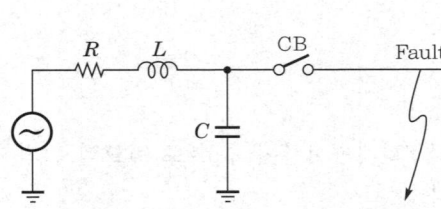

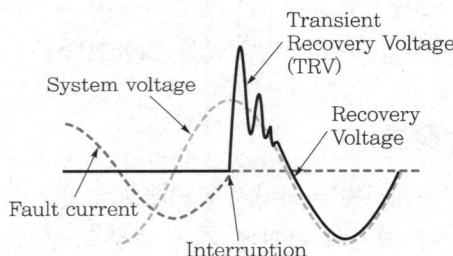

2 TRV의 유형

과도회복전압(TRV)의 크기 및 파형은 계통구성, 계통전압, 고장의 종류 등에 따라 다르다.

(1) 코사인형(cosine) TRV

이 유형의 TRV는 주로 변압기나 리액터 Feeder 측에서 고장이 발생된 경우에 발생한다.

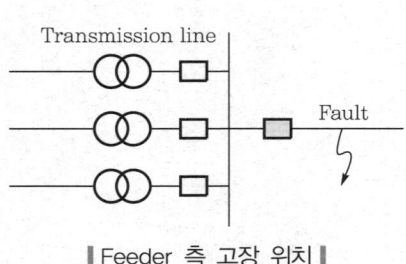

‖ Feeder 측 고장 위치 ‖

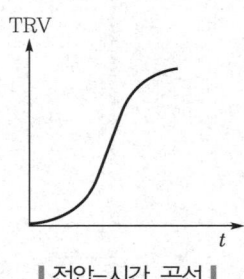

‖ 전압-시간 곡선 ‖

(2) 지수형(exponential) TRV

하나의 모선에 많은 송전선(transmission line)이 연결된 경우 차단기의 단자 측에 고장을 제거할 때 주로 발생되는데, 전원(모선) 측에서 이러한 형태의 TRV가 나타난다.

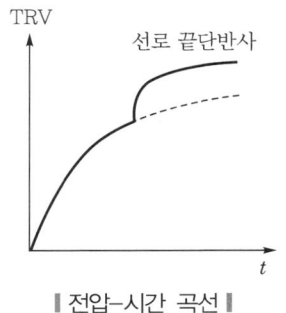

∥ 전압-시간 곡선 ∥

(3) 삼각파(triangular waveshape) TRV → SLF(Short Line Fault, 근거리 선로고장)

① 차단기의 비교적 근거리 선로에서 지락고장전류를 차단하면 선로 측에는 차단기와 고장점 사이에 전위의 왕복진동으로 삼각파 형태의 진동전압이 생기고, 이것은 전원 측의 코사인형의 TRV와 중첩되어 나타난다.

② SLF의 크기는 비교적 작지만 과도회복전압의 초기부분에 나타나기 때문에 차단기의 책무는 무척 어렵게 된다. → 전압 상승률(RRRV : Rate of Rise of Recovery Voltage)가 매우 크다.

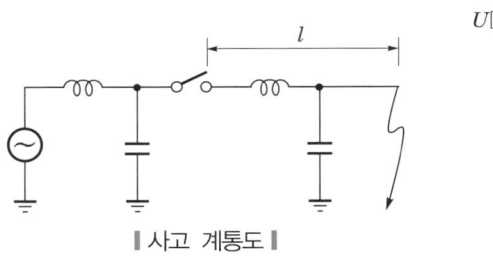

∥ 사고 계통도 ∥

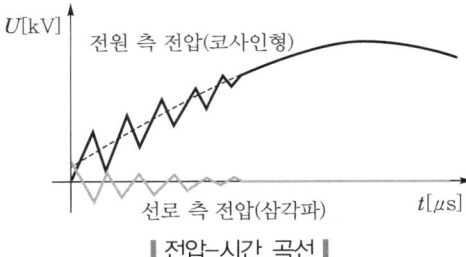

∥ 전압-시간 곡선 ∥

3 과도회복전압의 적용기준

정격 과도회복전압은 차단기 정격차단전류 또는 그 이하의 전류를 차단할 때 부과될 수 있는 고유회복전압의 한도로서, 2-Parameter법과 4-Parameter법의 규약치로 표시한다.

(1) TRV 파형분석을 위한 파라미터

① 과도회복전압은 TRV의 파고치와 상승률(RRRV)의 두 가지 파라미터값으로 정의된다. 또한, TRV 파형의 형태는 고장의 발생위치 및 유형 등의 다양한 요소에 의해서도 영향을 받는다. 일반적으로 TRV 상승률이 높을수록, 파고치가 클수록 차단기로서는 고장전류를 차단하기 어렵게 된다.

② TRV의 파형분석 시 고려되어야 할 파라미터는 크게 초기부분의 과도회복 전압상승률과 파고부분의 파고치로 구분된다.

(2) 적용기준

① 과도회복전압은 정격차단전류 또는 그 이하의 전류를 차단할 때 차단기 극간에 나타나는 전압을 말하며, 차단기는 이 전압에 견딜 수 있는 절연성능을 가져야 한다. 정격전압 100kV 이하 차단기의 과도회복전압은 2-Parameter(U_c, t_3)를, 100kV를 초과하는 차단기는 4-Parameter(U_1, t_1, U_c, t_2)를 적용한다.

② 차단기의 개발시험을 할 때에는 IEC 기준선 이상의 파형, 즉 IEC 기준상승률(RRRV)보다 가혹하고 기준파고치(U_c)보다 큰 파형으로 시험을 실시해야 한다.

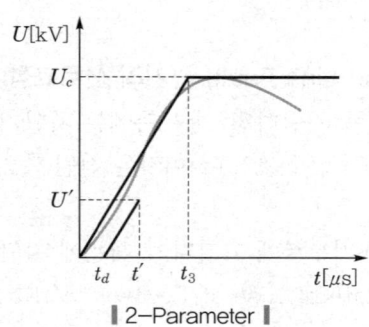

| 2-Parameter |

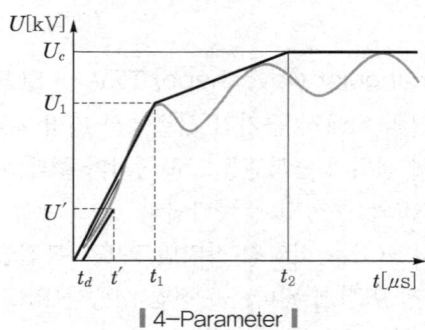

| 4-Parameter |

SECTION 08 저압 전선로에 적용되는 차단기의 종류와 배선용 차단기(MCCB)의 차단협조

기출지문

Q1 저압 전선로에 적용되는 차단기의 종류와 배선용 차단기(MCCB)의 차단협조에 대하여 설명하시오. 　건 103회 출제

Q2 배선용 차단기(MCCB)의 특징을 설명하고 저압 계통의 배선용 차단기 단락보호 협조방식을 설명하시오. 　건 115회 출제

Q3 차단기의 보호협조방식에 있어 아래 그림의 X점에서 고장이 발생할 경우 캐스케이드(cascade) 차단방법에 대하여 설명하시오. 　건 124회 출제

Q4 저압 배전선로용 MCCB의 선택차단방식과 Cascade 차단방식을 비교 설명하시오. 　용 132회 출제

Q5 저압 계통 배선용 차단기의 선택차단방식, 캐스케이드 차단방식, 전용량 차단방식과 과전류차단기의 적용방법에 대하여 설명하시오. 　용 131회 출제

　건 건축전기설비기술사 / 용 전기응용기술사 / 발 발송배전기술사 / 소 소방기술사 / 안 전기안전기술사 / 화 화공안전기술사 / 청 정보통신기술사

1 개요

① 부하의 특성에 따라 최적의 차단기를 선정하여야 한다.

② 이렇게 선정된 차단기 간에도 차단 시 보호협조(차단협조)를 반드시 검토하여 신뢰성과 경제성이 될 수 있도록 하여야 한다.

③ 저압 계통 배선용 차단기의 단락보호 협조방식으로 선택차단방식과 캐스케이드 차단방식이 있으며, 신뢰성과 경제성에서 대조적인 측면이 있다.

2 저압 차단기의 종류

(1) 기중차단기(ACB : Air Circuit Breaker)

① 아크를 공기 중에서 자력 소호하는 차단기이다.

② 교류 600V 이하 또는 직류차단기로 사용한다.

③ 설치방법에 따라 고정형과 인출형이 있고, 수동 조작방식과 전동기 조작방식이 있다.

(2) 배선용 차단기(MCCB : Molded Case Circuit Breaker)

① 개폐기구 및 트립장치 등을 몰드된 절연함 내에 수납하여 소형화한 차단기이다.

② 교류 600V 이하 또는 직류 250V 이하로 사용한다.

③ 통전상태의 전로를 수동, 자동으로 개폐할 수 있고, 과부하 및 단락 사고 시 자동으로 전로를 차단한다.

(3) CP(Circuit Protector)

① CP는 MCCB와 유사하나 그 전류용량이 작은 것이다.

② 정격차단전류는 0.3A, 0.5A, 1A, 3A, 5A, 10A 등이 있다.

③ MCCB의 경우에 최소 차단전류가 15A이기 때문에, 전류용량이 작은 것은 차단하지 못한다.

(4) 저압용 퓨즈

① 퓨즈는 검출부, 판정부, 동작부의 역할을 동시에 가지고 있다.

② 전로의 단락보호용으로, 후비보호 및 말단 부하보호에 적합하다.

③ 퓨즈는 반복사용이 불가능하다.

④ 3상 중 1상만 용단되면 결상이 될 우려가 크다.

(5) 전자개폐기

① 전자개폐기는 전자접촉기에 열동계전기를 조합한 것이다.

② 부하의 빈번한 개폐 및 과부하용으로 사용한다.

③ 전자개폐기 1차 측에서는 일반적으로 MCCB 또는 Fuse가 후비보호를 담당한다.

(6) 저압 차단기의 비교

항목	저압 · 기중 차단기	배선용 차단기	저압 한류퓨즈	전자개폐기
정격차단전류	최대 200kA(AC)	최대 200kA(AC)	최대 200kA(AC)	정격사용전류 10배
동작전류 설정치 조정	가능	가능과 불가능한 것 있음	불가능	시연 Trip만 가능
특징	• 주로 1000A 이상 간선용에 사용 • 보수점검 용이 • 선택협조 상위 CB	• 회로 개폐 과부하 전류의 반복차단에 특히 우수 • 충전부 노출 없음	• 한류 차단성능이 가장 좋음 • 보호효과 큼 • 차단전류 큼	• 전동기 보호 • 고빈도 개폐가 가장 큰 장점

3 배선용 차단기(MCCB)의 차단협조

(1) 전용량 차단방식

① 정의 : 캐스케이딩 방식과 상대적인 방식으로, 모든 차단기의 설치점에 흐르는 최대 고장전류 이상의 차단용량을 갖도록 보호구성한 방식이다.

② 적용 : 주회로 차단기에 ACB를 적용한 경우에는 차단시간이 느리기 때문에 캐스케이딩 차단방식의 적용은 불가능하다.

(2) 선택차단방식

① 정의 : 사고 시 사고회로에 직접 관계된 보호장치만 동작하고, 다른 건전선로는 급전을 계속하는 방식이다.

② 조건

㉠ 분기회로용 차단기 전차단시간은 주회로용 차단기 릴레이시간 미만일 것

㉡ 분기회로용 차단기 전자트립전류값은 주회로용 차단기 단한시 픽업전류값보다 작을 것

ⓒ 주회로용 차단기 설치점에서 단락전류는 주회로용 차단기 정격차단용량을 초과하지 않을 것

ⓓ 분기회로용 차단기 설치점에서 단락전류는 그 차단기의 정격차단용량을 초과하지 않을 것

(3) Cascade 차단방식

① 정의 : 분기회로 단락전류가 분기회로 차단기의 정격차단용량을 상회한 경우 상위 차단기로 후비보호를 행하는 방식

② 조건

ⓐ 통과에너지 i^2t가 $MCCB_2$의 허용값을 넘지 않을 것(열적 강도)

ⓑ 통과전류 파고값 I_P가 $MCCB_2$의 허용값을 넘지 않을 것(기계적 강도)

ⓒ $MCCB_2$의 아크에너지는 $MCCB_1$의 허용값을 넘지 않을 것

ⓓ $MCCB_2$의 전차단 특성곡선과 $MCCB_1$의 개극시간과의 교점이 $MCCB_2$의 정격차단용량 이하일 것

ⓔ 고압 회로에서는 적용이 불가능하고, 고장전류가 10kA 이상인 경우 1회에 한하여 적용 가능

③ 회로 및 동작 특성

ⓐ 회로특성 : 주회로 차단기($MCCB_1$)의 순시 요소의 전류되는 분기회로($MCCB_2$) 차단기 정격차단용량 80% 이하로 유지하고 회로의 단락용량은 캐스케이드 용량을 넘지 않을 것

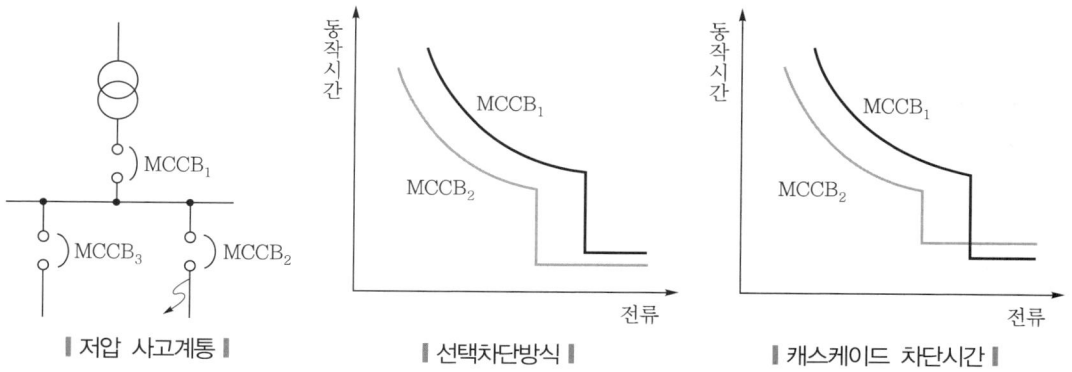

∥ 저압 사고계통 ∥ ∥ 선택차단방식 ∥ ∥ 캐스케이드 차단시간 ∥

ⓑ 동작시간특성 : $MCCB_1$의 동작시간은 $MCCB_2$보다 빠르거나 같은 특성을 가질 것

④ 캐스케이드 차단방식 Flow chart

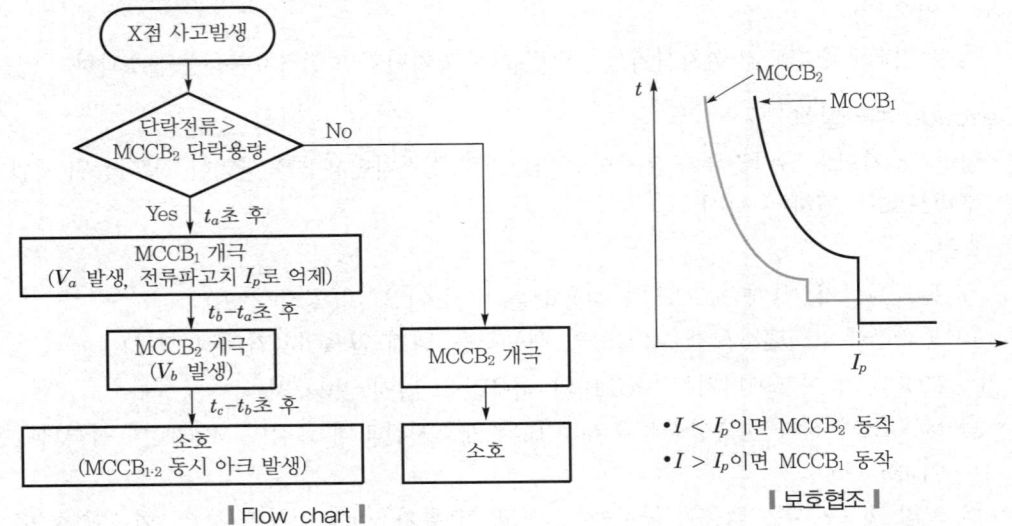

‖ Flow chart ‖

- $I < I_p$이면 MCCB$_2$ 동작
- $I > I_p$이면 MCCB$_1$ 동작

‖ 보호협조 ‖

(4) 선택차단과 Cascade 차단 비교

구분	선택차단방식	Cascade 차단방식
차단방법	사고회선만 차단	주차단기와 차단협조
설비가격	높음	낮음
MCCB 차단용량	높음	낮음
정전구간	사고회선에 한정	주차단기 이하 전체
적용선로	신뢰성 요구장소	경제성 요구장소

KEC 규정의 배선용 차단기 종류별 설치장소, 주택용 · 배선용 차단기의 주된 용도, 배선용 차단기의 전류-시간 동작특성

기출
지문

Q1 저압 차단기의 용도별(주택용과 산업용) 적용과 관련하여 다음 사항을 설명하시오. [건 106회 출제]
    (1) 용도별 구분의 적용
    (2) 적용범위
    (3) 동작시간 및 동작특성

Q2 배선용 차단기의 규격에서 산업용과 주택용에 대하여 비교 설명하시오. [건 110회 출제]

Q3 전동기용 분기회로 개폐기, 과전류차단기, 전선굵기에 대하여 설명하시오. [건 119회 출제]

Q4 전기설비기술기준에서 정하는 옥내 저압 간선의 시설기준에 따라 다음을 설명하시오. [건 121회 출제]
    (1) 간선에 사용하는 전선의 허용전류
    (2) 간선으로부터 분기하는 전로에서 과전류차단기를 생략할 수 있는 조건

Q5 주택용과 산업용 배선차단기(MCCB)를 한국전기설비규정(KEC)을 기반으로 비교하여 설명하시오. [건 126회 출제]

Q6 배전설비에서 전선의 단면적 산정과 관련된 다음 사항을 한국전기설비규정(KEC)의 기준에 맞게 설명하시오. [건 127회 출제]
    (1) 설계전류, 과전류보호장치의 정격전류를 고려한 단면적 계산방법
    (2) 전선 단면적과 차단기 정격과의 보호협조 검토

건 건축전기설비기술사 / 용 전기응용기술사 / 발 발송배전기술사 / 소 소방기술사 / 안 전기안전기술사 / 화 화공안전기술사 / 정 정보통신기술사

1 개요

주택용, 산업용 차단기로 구분하고, 일반인이 접촉할 우려가 있는 장소에는 주택용 배선차단기를 적용하도록 하고 있다.

2 산업용과 주택용 배선차단기의 비교

(1) 용어정의

구분	정의
산업용	숙련자나 기능자가 조작하는 전기설비
주택용	일반인도 조작하는 전기설비

(2) 산업용과 주택용 배선차단기 비교

항목	주택용 배선차단기	산업용 배선차단기
시험	KS C IEC 60898-1 주택용 과전류보호용 차단기	KS C IEC 60947-2 저전압 개폐장치 및 제어장치
적용범위	AC 380V 이하 125A, 25kA 이하	AC 1000V 이하 2000A, 200kA 이하

항목	주택용 배선차단기	산업용 배선차단기
동작시간	• 과전류 : 1.45배 동작 • 순시 : B형, C형, D형	• 과전류 : 1.3배 동작 • 순시 : 80%에서 0.2초
절연특성	• 절연저항 2MΩ • 절연내력 시험전압 1분 인가	절연내력 시험전압 5초 인가

3 배선용 차단기의 종류별 설치장소

일반인이 접촉할 우려가 있는 장소(세대 내 분전반 및 이와 유사한 장소)에는 주택용 배선차단기를 시설하여야 하고, 주택용 배선차단기를 정방향(세로)으로 부착할 경우에는 차단기의 위쪽은 켜짐(on)으로, 차단기의 아래쪽은 꺼짐(off)으로 시설하여야 한다.

4 주택용 배선용 차단기의 주된 용도

(1) 산업용 차단기

IEC 표준에서 산업용 차단기의 기본조건은 최소한 오손등급(pollution degree) 3을 기본으로 규정하고 있으며, 전동기(motor) 보호를 위한 반한시형 동작특성과 순시트립특성, 개폐동작 특성을 규정하고 있다. 따라서, 전동기(motor) 특성에 따른 차단회피영역이 필요하다. KS 표준에서는 225AF 이상의 차단기에만 순시트립을 적용하고 있다.

(2) 주택용 차단기

주택용 차단기의 기본조건은 사용자의 안전을 고려하여 이격성능, 보호등급을 규정하고 있으며, 보수할 수 없도록 설계하고 전류설정의 조정이 가능하지 않도록 하고 있다. 이 또한 비전문가의 사용을 고려하였다고 볼 수 있다. 또한, 일반적으로 낮은 단락전류(500A 또는 정격전류의 10배)에 대한 차단성능을 보유하고 있어서 산업용 차단기와는 다른 특성을 나타내고 있다.

(3) 용도별 구분

용도		일반인 조작(주택용)	숙련자 조작(산업용)	기기보호용
		주택, 사무실	공장, 변전실	정류기, 공작기계
적용 규격	배선용 차단기	KS C 8332 IEC 60898-1	KS C 8321 IEC 60947-1 IEC 60947-2	IEC 60934
	누전차단기	KS C 462 IEC 61009-1 IEC 61009-2-1 IEC 61009-2-2	KS C 4613 IEC 60947-1 IEC 60947-2	–

214

(4) 저압 차단기의 용도별 적용범위

IEC 표준에 따르면 차단기의 적용범위 및 사용장소를 '산업용'과 '주택용'으로 구분하고 있다. 즉, 전기설비의 사용에 관해 지식이 있는 사람이 유지하는 전기설비에 대한 규정(이하 산업용)과 그 지식이 없는 사람이 사용하는 전기설비에 대한 규정(이하 주택용)으로 구분하여 각각 표준번호가 다른 표준으로 발행하고 있다. 이를 다시 일반적으로 적용해보면, 주택용은 일반인도 조작하는 것을 전제로 하고 있고, 산업용은 숙련자나 기능자가 조작하는 것을 전제로 하고 있다. 따라서, 새로 제정되는 4종의 KS 표준을 사용장소별로 분류하면 다음 표와 같다. 숙련자, 기능자, 일반인에 대한 IEC 표준상의 정의는 다음과 같다.

① 숙련자(skilled person) : 전기에 의해 발생하는 위험을 방지하기 위하여 관련된 교육을 받고 경험을 쌓은 사람

② 기능자(instructed person) : 전기에 의해 발생하는 위험을 방지하기 위하여 숙련자에 의해 적절한 지도 및 감독을 받고 있는 사람

③ 일반인(ordinary, uninstructed, unskilled person) : 숙련자도 기능자도 아닌 사람

▌사용장소별 제품표준 ▌

사용장소	주택 등	아파트, 오피스 등	산업설비(공장, 변전소) 등
125A 초과	–	KS C 8321 KS C 4613	KS C 8321 KS C 4613
125A 이하	KS C 8332 KS C 4621	KS C 8332 KS C 4621 KS C 8321 KS C 4613	KS C 8321 KS C 4613

[주] 산업용에 준한 제품을 오피스 등의 일반인이 접근하는 장소에 사용하는 경우 안전성을 배려할 필요가 있다. 즉, 아파트 등의 내부세대 내 분전반 등은 주택에 준한 제품표준을 적용할 필요가 있다.

5 배선용 차단기의 전류-시간 동작특성

(1) 산업용

정격전류의 구분	시간	정격전류의 배수(모든 극에 통전)	
		부동작전류	동작전류
63A 이하	60분	1.05배	1.3배
63A 초과	120분	1.05배	1.3배

(2) 주택용

① 정격전류에 따른 정격전류의 배수

정격전류의 구분	시간	정격전류의 배수(모든 극에 통전)	
		부동작전류	동작전류
63A 이하	60분	1.13배	1.45배
63A 초과	120분	1.13배	1.45배

② 형에 따른 순시트립범위

형	순시트립범위
B	$3I_n$ 초과 $5I_n$ 이하
C	$5I_n$ 초과 $10I_n$ 이하
D	$10I_n$ 초과 $20I_n$ 이하

[비고] 1. B, C, D : 순시트립전류에 따른 차단기분류
      2. I_n : 차단기 정격전류

6 과전류 보호(IEC 60364-4)

(1) 과전류 보호장치의 동작특성

과전류 보호장치의 동작특성은 다음 2가지 조건을 만족할 것

$$I_B \leq I_n \leq I_Z$$
$$I_2 \leq 1.45 \times I_Z$$

여기서, I_B : 회로의 설계전류

     I_n : 보호장치의 정격전류, 사용장소에서 설정이 가능한 제품은 조정이 완료된 전류값

     I_Z : 케이블의 연속허용전류

     I_2 : 보호장치가 규약시간 이내에 유효하게 동작하는 것을 보장하는 전류로, 제조자가
         제시 또는 제품 표준에 따라 I_t, I_f 등으로 표기 가능

(2) 과전류 보호의 설계조건도

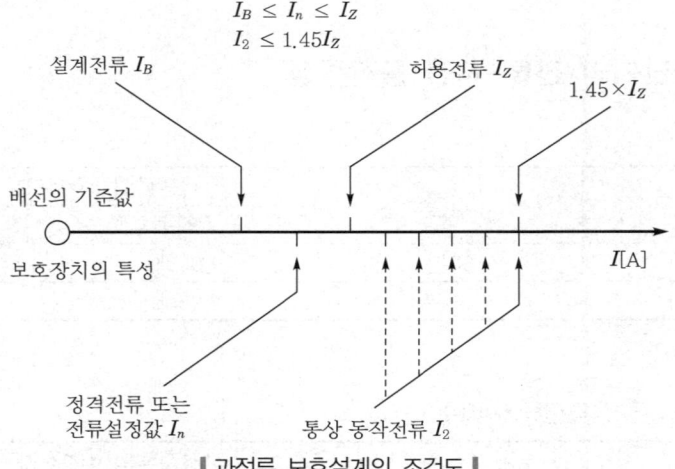

‖ 과전류 보호설계의 조건도 ‖

216

(3) 병렬도체의 과전류 보호

① 하나의 보호장치로 2개 또는 여러 개의 병렬도체를 보호할 때 단위병렬도체에서 회로분기 및 개폐장치 설치를 금지한다.

② 3개 이상 도체를 사용할 경우 불균등한 전류분담을 상세하게 검토한다.

③ 병렬케이블 간의 전류분담은 케이블의 임피던스 영향이 크다.

④ 단면적이 큰 케이블은 리액턴스성분이 저항성분보다 커지므로 전류분담에 중대한 영향을 미친다.

7 차단기의 AT(Ampere Trip), AF(Ampere Frame)

구분	AT	AF
정의	차단기 접점에 연속하여 흘릴 수 있는 전류의 한도	기술적 측면에서 차단기 소재 중 도체부분을 제외한 부도체부분, 즉 프레임에 연속하여 흘릴 수 있는 전류의 한도
특징	차단기 접점성능과 관계	• 차단기 자체 내열성능과 관계 • 외형적 측면에서 차단기 크기를 의미
선정 시 고려사항	보호대상의 정격을 고려하여 정확히 선정	• 경제성이 허락하는 한 큰 것으로 선정 • AF가 같은 차단기를 사용할 경우 분전반 제작이 용이 • AF 이상의 전류가 흐르면 그라파이트 현상 발생

※ 그라파이트 현상 : 프레임의 재질이 도체로 바뀌는 현상

8 차단기 선정 시 고려사항

① 단락전류 및 비대칭계수 고려

② 차단기 정격 → 정격전압, 정격전류, 정격차단전류, 정격차단용량, 정격투입전류, 정격차단시간

③ 차단기 형식 및 동작책무 검토

④ 투입 시 과도돌입전류에 견딜 것

⑤ 개방 시 재기전압에 견디어 재점호가 없어야 함

⑥ 보호계전시스템과 협조관계 검토

⑦ 전기적·기계적·다빈도 개폐에 견뎌야 함

⑧ 보수점검주기가 길고 수명이 길어야 함

⑨ 사용조건, 특징을 고려하고 경제성을 검토

⑩ 유지보수가 간단하여야 함

저압 계통의 배선용 차단기 단락보호 협조방식

1 개요

① 부하의 특성에 따라 최적의 차단기를 선정하여야 한다.

② 이렇게 선정된 차단기 간에도 차단 시 보호협조(차단협조)를 반드시 검토하여 신뢰성과 경제성이 될 수 있도록 하여야 한다.

③ 저압 계통 배선용 차단기의 단락보호 협조방식으로 선택차단방식과 종속적 차단방식이 있으며, 신뢰성과 경제성에서 대조적인 측면이 있다.

2 배선용 차단기(MCCB)

(1) 배선용 차단기의 특징

① 개폐기구 및 트립장치 등을 몰드된 절연함 내에 수납하여 소형화한 차단기이다.

② 교류 600V 이하 또는 직류 250V 이하로 사용한다.

③ 통전상태의 전로를 수동·자동으로 개폐할 수 있고, 과부하 및 단락사고 시 자동으로 전로를 차단한다.

(2) 배선용 차단기의 과전류차단 적용조건

① 과전류차단기의 정격전류 또는 설정값 I_n은 회로설계전류 I_B 이상일 것

② 과전류차단기의 정격전류 또는 설정값 I_n은 사용하는 전선의 연속허용전류 I_Z를 초과하지 않을 것

③ 과전류차단기의 동작전류 I_2는 I_Z의 1.45배를 초과하지 않을 것

    ㉠ $I_B \leq I_n \leq I_Z$

    ㉡ $I_2 \leq 1.45\,I_Z$

        여기서, I_B : 회로에 설계된 전류(추정전류)[A]

               I_n : 과전류차단기의 정격전류[A]

               I_Z : 전선의 연속허용전류[A]

               I_2 : 최대 동작전류(보호기의 유효한 동작을 보증하는 전류)[A]

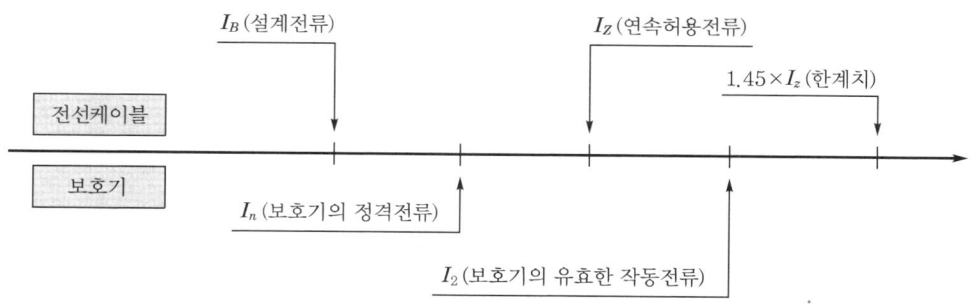

‖ 과전류보호기의 조건(전선과 보호기의 협조) ‖

3 배선용 차단기(MCCB)의 단락보호 협조방식

(1) 선택차단방식

① 정의 : 사고 시 사고회로에 직접 관계된 보호장치만 동작하고, 다른 건전선로는 급전을 계속하는 방식

② 조건

    ㉠ 분기회로용 차단기 전차단시간은 주회로용 차단기의 릴레이 시간 미만일 것

    ㉡ 분기회로용 차단기 전자트립전류값은 주회로용 차단기 단한시 픽업전류값보다 작을 것

    ㉢ 주회로용 차단기 설치점에서 단락전류는 주회로용 차단기 정격차단용량을 초과하지 않을 것

    ㉣ 분기회로용 차단기 설치점에서 단락전류는 그 차단기의 정격차단용량을 초과하지 않을 것

(2) Cascade 차단방식(종속적 차단방식)

① 정의 : 분기회로 단락전류가 분기회로차단기의 정격차단용량을 상회한 경우 상위 차단기로 후비보호를 행하는 방식

② 조건

    ㉠ 통과에너지 i^2t가 $MCCB_2$의 허용값을 넘지 않을 것(열적 강도)

    ㉡ 통과전류 파고값 I_P가 $MCCB_2$의 허용값을 넘지 않을 것(기계적 강도)

    ㉢ $MCCB_2$의 아크에너지는 $MCCB_2$의 허용값을 넘지 않을 것

 ② MCCB$_2$의 전차단특성곡선과 MCCB$_1$의 개극시간과의 교점이 MCCB$_2$의 정격차단용량
 이하일 것

③ 회로 및 동작특성

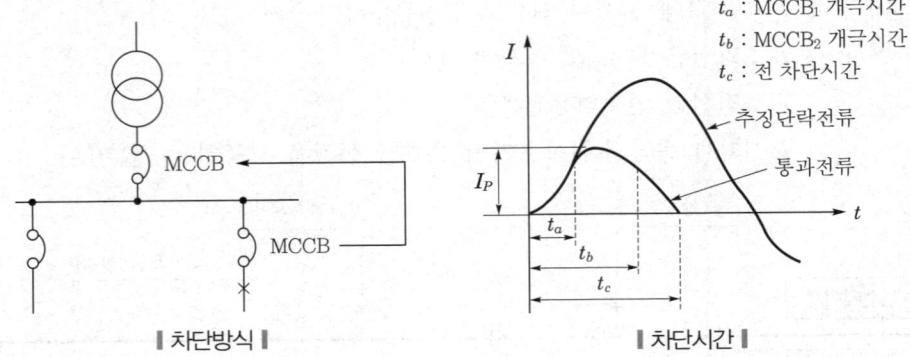

| 차단방식 | | 차단시간 |

 ① 회로 특성 : 부하 측 차단기(MCCB$_2$) 설치장소의 최대 단락전류가 10kA를 넘는 경우로
 경제상의 이유로 다소 급전 신뢰성을 저하시켜도 기술상 지장이 없는 계통에 있어서
 캐스케이드 차단방식 적용

 ① 동작시간 특성 : MCCB$_1$의 동작시간은 MCCB$_2$보다 빠르거나 같은 특성을 가질 것

④ Flow chart

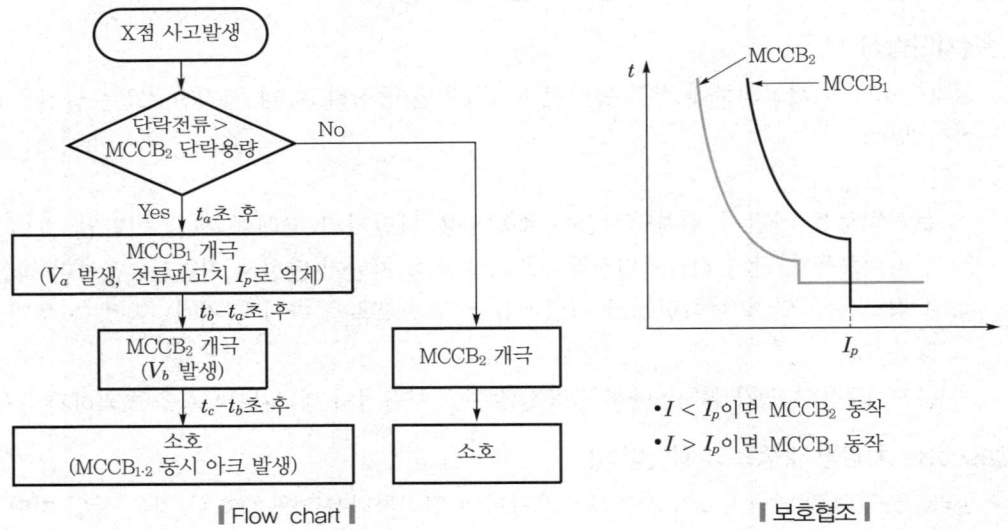

| Flow chart | | 보호협조 |

• $I < I_p$이면 MCCB$_2$ 동작
• $I > I_p$이면 MCCB$_1$ 동작

(3) 선택차단과 종속적 차단의 비교

구분	선택차단방식	종속적 차단방식
차단방법	사고회선만 차단	주차단기와 차단협조
설비가격	높음	낮음
MCCB 차단용량	높음	낮음
정전구간	사고회선에 한정	주차단기 이하 전체
적용선로	신뢰성 요구장소	경제성 요구장소

누전차단기(ELB)

기출
지문

Q1 내선에 사용되는 누전차단기의 원리에 대하여 설명하고, 누전차단기의 설치장소, 그리고 누전차단기 선정에 따른 누전차단기의 종류와 동작특성에 대하여 설명하시오. [건 99회 출제]

Q2 의료장소의 한국전기설비규정에서 다음 사항을 설명하시오. [건 109회 출제]
(1) 안전을 위한 보호설비시설
(2) 누전차단기시설
(3) 비상전원시설

Q3 전류동작형 누전차단기가 정상상태일 때와 누설전류가 흐를 때의 동작원리에 대하여 설명하시오.
[건 114회 출제]

Q4 누전차단기에 대하여 다음 사항을 설명하시오. [건 121회 출제]
(1) 전류동작형 누전차단기의 설치목적, 동작원리, 종류
(2) 다음에 주어진 회로에서 Motor A에 접촉 시 인체에 흐르는 전류를 산출한 후 누전차단기를 선정 하시오.

Q5 전원의 자동차단에 의한 저압 전로의 보호대책인 누전차단기를 시설해야 할 대상과 시설방법에 대하여 설명하시오. [건 128회 출제]

Q6 최근 갑작스런 폭우로 감전사고가 발생하였다. 이를 예방할 수 있는 누전차단기에 대하여 설명하시오.
[발 65회 출제]

Q7 누전차단기의 안전성에 대한 의미를 설명하고, 인체의 안전한계선과 위험한계선과의 관계(수식포함)를 설명하시오. [발 93회 출제]

건 건축전기설비기술사 / 응 전기응용기술사 / 발 발송배전기술사 / 소 소방기술사 / 안 전기안전기술사 / 화 화공안전기술사 / 정 정보통신기술사

1 개요

① 누전차단기는 교류 600V 이하의 저압 전로에서 누전으로 인한 감전사고 방지, 전기화재 방지를 목적으로 사용하는 차단기이다.

② 배선용 차단기와 마찬가지로 지락검출부(ZCT), 전자회로부, 트립차단부 등을 절연물용기 에 수납한 것이다.

2 구조 및 동작원리

(1) ELB의 구조

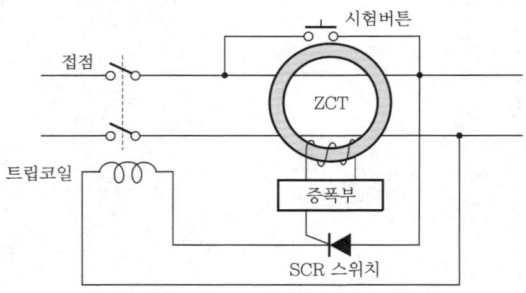

(2) 동작원리

① 지락 : 지락 발생 → $I_1 \neq I_2$ → ZCT 2차 측 전압유기 → 증폭 → 전자장치 여자 → 차단기 Trip

② 과부하 및 단락 : 내장된 기계장치를 이용하여 과부하 및 단락사고를 검출하고 차단

③ 시험버튼장치 : 고의로 영상전류를 흐르게 하여 지락사고에 확실하게 동작하는가를 확인하는 장치

3 종류

동작원리	동작시간	정격감도전류
• 전류형 : 접지식 전로 • 전압형 : 비접지식 전로 • 전력형 : 선택차단	• 고속형 : 0.1초 이하 (인체 0.03초 이하) • 시연형 : 0.1초 초과 2초 이하 • 반한시형 : 0.2초 초과 1초 이하	• 고감도형 : 30mA 이하(인체 15mA 이하) • 중감도형 : 30mA 초과 1000mA 이하 • 저감도형 : 1A 초과 20A 이하

4 시설방법

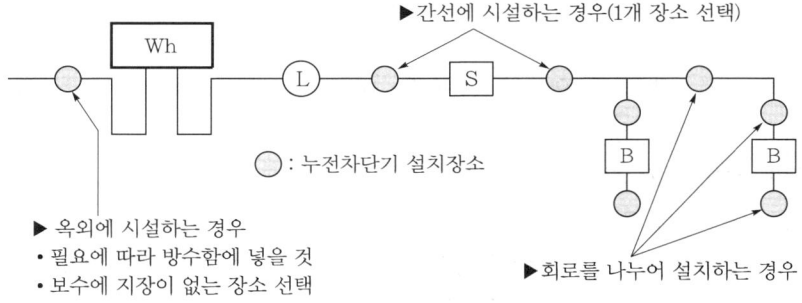

▶간선에 시설하는 경우(1개 장소 선택)

◯ : 누전차단기 설치장소

▶ 옥외에 시설하는 경우
• 필요에 따라 방수함에 넣을 것
• 보수에 지장이 없는 장소 선택

▶회로를 나누어 설치하는 경우

‖ 누전차단기의 시설방법 및 시설위치 ‖

5 설치장소

① 60V 초과하는 철제외함

② 300V 초과하는 저압 전로

③ 주택 내 대지전압 150V 이상 300V 이하 전로 또는 대지전압 150V 이상 이동기기

④ 고저압 전로에서 사람의 안전확보에 지장을 주는 기기

⑤ 화약고 내의 전기공작물 등 위험물 취급장소

⑥ 도로바닥 등의 발열선

⑦ 아케이드 조명설비, 풀장용 수중조명

⑧ 건축공사의 가설전로, 습기가 많은 장소

6 선정방식

① 저압 전로에는 전류동작형을 선정한다.
② 인입구장치에는 전류동작형 또는 충격파 부동작형을 선정한다.
③ 감전보호용으로 전류동작형을 선정한다.
④ 누전화재 방지용으로 전로를 차단하는 경우 ELB 200mA를 사용한다.
⑤ 누전화재 방지용으로 경보만 요구되는 경우 누전릴레이 500mA를 사용한다.
⑥ 동작시간 t[s]와 전류감도 I[mA]의 관계

$$I \cdot \sqrt{t} < 116$$

7 설치 시 고려사항

(1) 비접지계통에서 케이블의 정전용량을 고려하여 충전전류에 의해서 오동작하지 않도록 충분히 고려한다.

(2) 고조파 발생이 많은 부하에서 영상분 고조파전류에 의해서 오동작하지 않도록 고려한다.

(3) 누전차단기의 동작전원은 전로의 전압을 그대로 사용하므로 반드시 정격전압을 확인하고 설치한다.

(4) 누전차단기의 오접속에 따른 오동작, 부동작, 내부소손 등이 발생되므로 설치 시 유의한다.
① 전원 측과 부하 측의 역접속 : 트립코일 소손
② 병렬회로에 적용 불가 : 오동작 및 트립코일 소손
③ 병렬회로의 중성점에 지락검출을 위한 ZCT 설치 불가 : 오동작
④ 3상 4선식 배전선로에 3극형 누전차단기 설치 시 단상 부하 사용 불가 : 오동작
⑤ 누전차단기에 공통접지선을 접속하는 것 불가 : 부동작
⑥ 누전차단기의 부하 측에서 중성선 접지를 취하는 것 불가 : 부동작

8 최근 동향

① 최근 저항성분의 전류에 의해서만 동작하는 누전차단기가 개발되었다.
② 이 누전차단기는 누설전류를 저항성분과 충전전류성분으로 분리하고 저항성분의 전류에 의해서만 동작된다.
③ 따라서, 정밀한 누설전류의 검출이 가능하게 되었고 더욱 안전한 전기사용이 가능하게 되었다.

SECTION

12 누전차단기의 오동작 원인 및 방지대책

기출
지문

Q1 누전차단기의 오동작 방지대책에 대하여 설명하시오. 건 107회 출제
Q2 누전차단기의 오동작을 발생시키는 다음 사항에 대한 원인과 대책에 대하여 설명하시오. 건 110회 출제
   (1) 서지에 의한 것
   (2) 순환전류에 의한 것

건 건축전기설비기술사 / 용 전기응용기술사 / 발 발송배전기술사 / 소 소방기술사 / 안 전기안전기술사 / 화 화공안전기술사 / 정 정보통신기술사

1 개요

누전차단기는 교류 600V 이하의 저압 전로에서 누전으로 인한 감전사고 방지, 전기화재 방지를 목적으로 사용하는 차단기이다.

2 구조 및 동작원리

(1) ELB의 구조

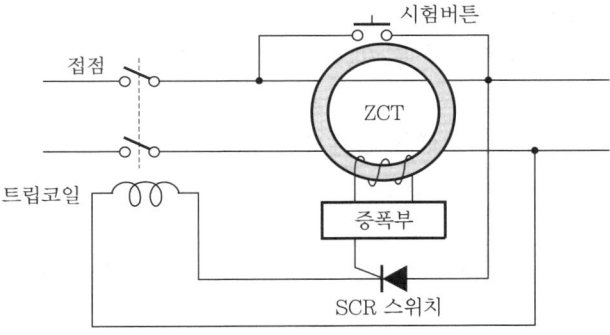

(2) 동작원리

① 지락 : 지락 발생 → $I_1 \neq I_2$ → ZCT 2차 측 전압유기 → 증폭 → 전자장치 여자 → 차단기 Trip

② 과부하 및 단락 : 내장된 기계장치를 이용하여 과부하 및 단락사고를 검출하고 차단

③ 시험버튼장치 : 고의로 영상전류를 흐르게 하여 지락사고에 확실하게 동작하는가를 확인하는 장치

3 종류

동작원리	동작시간	정격감도전류
• 전류형 : 접지식 전로 • 전압형 : 비접지식 전로 • 전력형 : 선택차단	• 고속형 : 0.1초 이하 　(인체 0.03초 이하) • 시연형 : 0.1초 초과 2초 이하 • 반한시형 : 0.2초 초과 1초 이하	• 고감도형 : 30mA 이하(인체 15mA 　이하) • 중감도형 : 30mA 초과 1000mA 　이하 • 저감도형 : 1A 초과 20A 이하

4 누전차단기 오동작의 원인

(1) 부적당한 감도전류

누전차단기 및 누전계전기의 감도전류가 회로의 정상적인 누설전류에 비하여 지나치게 예민한 경우에 동작하는 것으로서, 선정상의 문제라고도 할 수 있다.

(2) 서지(surge)에 의한 것

① 배전선의 유도뢰(誘導雷)에 의한 서지에 대하여서는 KS C 4613에 따라 뇌 임펄스 부동작시험을 하므로 내서지성능은 보증되고 있다.

② 유도뢰서지의 영향을 받으면 높은 전압이 전선로를 통하여 배전기기에 가해진다. 이 경우 ELB의 전자회로가 오동작하여 트립된다든지 전자부품이 파괴되어 동작 불능의 고장을 일으킬 수 있다.

③ 인입구용 ELB 등에서는 이 영향을 받기 쉬우므로 주의하여야 한다. 유도뢰에 의한 서지의 크기와 빈도는 지역에 따라서 상당히 다르지만 통계적으로 5kV 이하가 대부분이며 최고 6 ~ 7kV에 이른다.

④ 서지에 충분히 대응이 가능한 서지흡수소자 전자회로부에 사용한다.

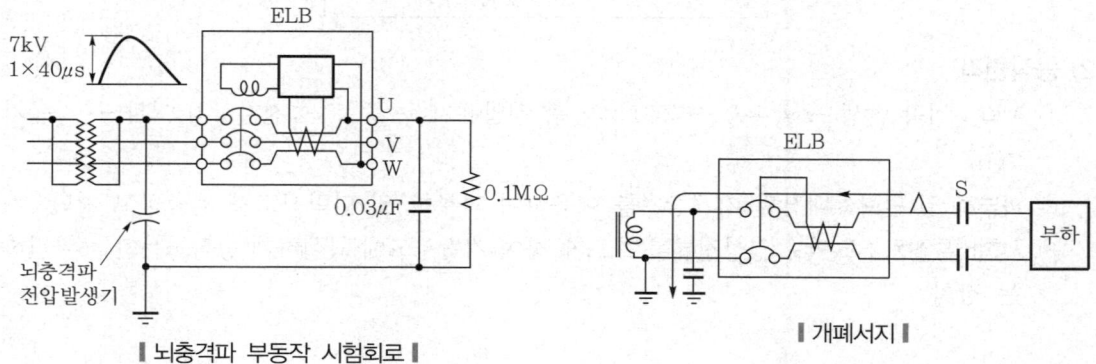

▌뇌충격파 부동작 시험회로 ▌　　　　　▌개폐서지 ▌

(3) 순환전류에 의한 것

부하 측 이 병렬결합된 회로에서는 좌우분기 각 상분의 분류전류가 반드시 동일하게 된다고 할 수 없으며, 예를 들어 A상이 11A와 9A로 분류하여 흐른다고 하면 그 차에 해당하는 1A의 전류가 이 병렬회로의 루프를 순환하게 된다. 이 순환전류는 ELB에 있어서 지락전류로 검출되므로 이러한 ELB의 병렬사용은 절대로 금지하여야 한다.

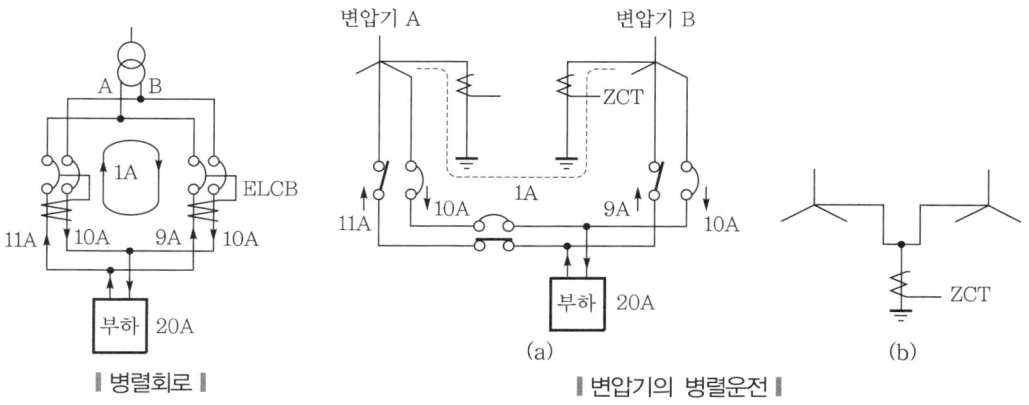

┃ 병렬회로 ┃   (a)   (b)
┃ 변압기의 병렬운전 ┃

(4) 유도에 의한 것

① 병렬회로에서는 ZCT의 1차 권선이 루프를 형성하고 있으므로 순환전류 뿐만 아니라 주변의 대전류모선의 자장에 의하여 유도전류가 발생하기 쉽다.

② 즉, 하나의 루프를 루프안테나로 본다면 영상변류기의 1차 권선이 안테나에 접속되어 있는 것으로, 쉽게 유도가 생기게 된다.

③ 루프의 면적이 1m²이고, 200A의 강전류원이 5m의 거리에 있는 경우의 예를 들면, 다음과 같다.

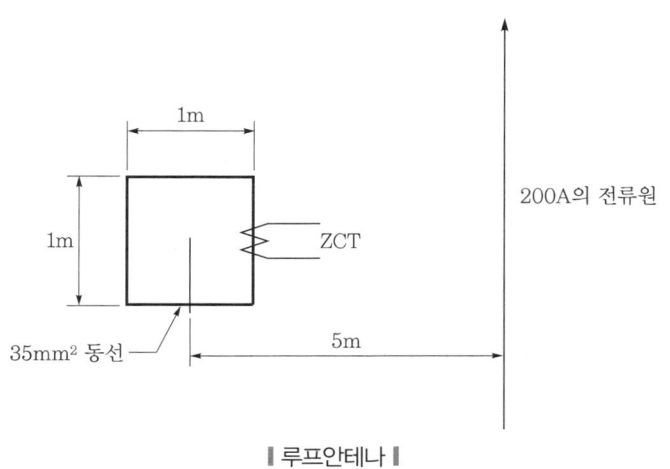

┃ 루프안테나 ┃

자계강도 $H[\mathrm{A/m}]$는 반지름 5m의 원주를 자로길이로 생각하면,

$$H = \frac{A}{2\pi r} = \frac{200}{31.4} = 6.37\,\mathrm{A/m}$$

여기에서, $\mu = \dfrac{1}{800000}$로 하면

$B = \mu H = 8 \times 10^{-6}\,\mathrm{Wb/m^2}$가 루프 내의 평균자속밀도가 된다.

루프면적 $S = 1\,\mathrm{m^2}$이므로, 전체 자속 Φ는

$\Phi = B \cdot S = 8 \times 10^{-6}\,\mathrm{Wb}$

유기전압 E는 $E = 4.44 f N \Phi$

단, $f = 60\,\mathrm{Hz}$, $N = 1$이므로

$E = 2.12 \times 10^{-3}\,\mathrm{V}$

35mm^{2}의 전선 4m의 저항 R은 $R ≒ 1.92 \times 10^{-3}\,\Omega$이므로, 루프에 흐르는 순환전류 I는 다음과 같다.

$$I = \frac{E}{R} = 1.1\,\mathrm{A}$$

④ 이 값은 감도전류 500mA까지의 누전차단기 및 누전계전기를 동작시키는 데 충분한 값이다.

(5) 오결선에 의한 것

3상 4선식 전로에서 아래 그림과 같이 중성선을 영상변류기에 통과시키는 것을 잊었을 경우는 단순한 오결선이다.

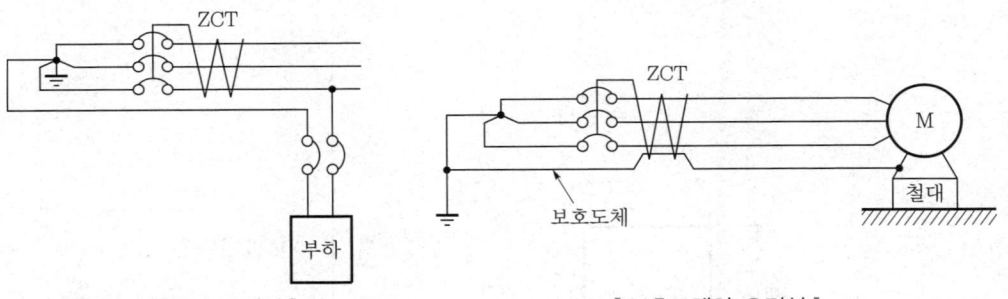

┃3상 4선식의 오결선┃　　　　　　　　　　┃보호도체의 오결선┃

(6) 접지의 부적당

접지 측 전선은 누전차단기의 전원 측에서 접지가 되어 있어도 부하쪽에서는 접지해서는 안된다.

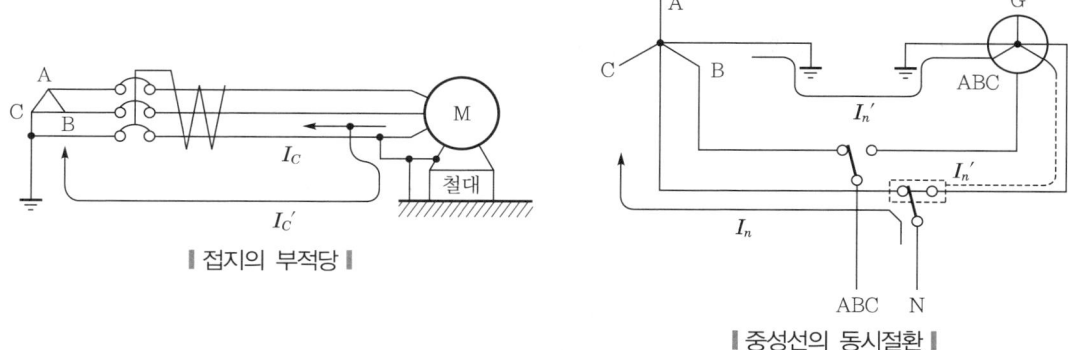

▌ 접지의 부적당 ▌   ▌ 중성선의 동시절환 ▌

(7) 분기회로 지락 시 건전회로의 동작

지락사고회로뿐만 아니라, 건전회로의 누전차단기도 동작하는 경우가 있는데 대지정전용량에 의한 누설전류와 균형을 이룬 감도전류로 하면 이를 방지할 수 있다.

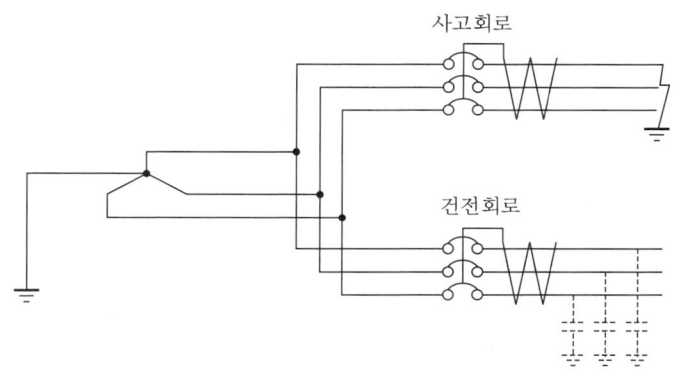

▌ 대지정전용량에 의한 건전회로의 동작 ▌

(8) 과부하 및 단락에 의한 동작

과부하 및 단락동작의 요소가 붙어 있는 것은 단락 등으로 동작하는 것은 당연한데, 누전차단기나 누전계전기는 그 대부분이 겸용형이므로 과부하 및 단락으로도 동작한다는 것을 누전차단기나 누전계전기라는 것 때문에 유의하지 않는 경우가 있다.

또한, 누전차단기나 누전계전기의 평형도에는 한도가 있으므로 지락 전용의 것이라도 큰 과부하 및 단락으로 동작하는 일도 있다.

(9) 진동, 충격, 고온 등의 주위환경

이들은 배선용 차단기와 거의 같게 생각해도 좋다. 부품에 정격에 대한 여유도를 크게 잡고 있으나, 진동, 충격, 고온 및 기타 환경에 따라 오동작될 수 있다.

(10) 반송전화장치(캐리어폰)에 의한 것

전력선을 이용하여 통화할 수 있는 캐리어폰이 설치되어 있는 전로에 ELB를 설치하면 오동작하게 된다.

캐리어폰 장치에서 나오는 고주파신호(통상 50 ~ 400kHz)를 ELB가 지락전류로 검출하게 되기 때문에 오동작하게 되는 것이다. 오동작할 것인지, 안 할 것인지는 고주파신호의 크기와 ELB의 고주파 특성 및 정격감도전류의 크기에 좌우된다. 이를 방지하기 위해서는 고주파 신호의 크기를 상시 누설전류로 고려하여 ELB의 감도전류를 선정하여야 한다.

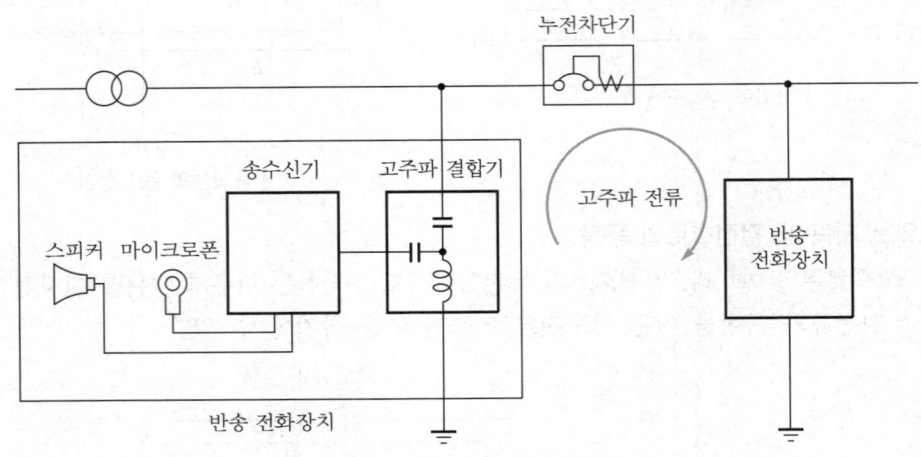

┃ 반송 전화장치의 배치 보기 ┃

5 선정방식

① 저압 전로에는 전류동작형을 선정한다.
② 인입구장치에는 전류동작형 또는 충격파 부동작형을 선정한다.
③ 감전보호용으로 전류동작형을 선정한다.
④ 누전화재 방지용으로 전로를 차단하는 경우 ELB 200mA를 사용한다.
⑤ 누전화재 방지용으로 경보만 요구되는 경우 누전릴레이 500mA를 사용한다.
⑥ 동작시간 t[s]와 전류감도 I[mA]의 관계

$$I \cdot \sqrt{t} < 116$$

6 최근 동향

① 최근 저항성분의 전류에 의해서만 동작하는 누전차단기가 개발되었다.
② 이 누전차단기는 누설전류를 저항성분과 충전전류성분으로 분리하고 저항성분의 전류에 의해서만 동작된다.
③ 따라서, 정밀한 누설전류검출이 가능하게 되었고 더욱 안전한 전기사용이 가능하게 되었다.

13

자동 고장구분개폐기
(ASS : Automatic Section Switch)

기출
지문

Q1 자동 고장구분개폐기(ASS)의 특징과 보호협조에 대하여 설명하시오. [용] 131회 출제

Q2 자동 고장구분개폐기의 개요, 동작기능 등에 대하여 기술하시오. [발] 68회 출제

Q3 전기수용가설비의 수전용 ASS(Autosection Switch)가 154kV/22.9kV-Y 공급 변전소의 재폐로 계전기
및 배전선 계통의 리크로자와의 보호협조를 하는 방법을 설명하시오. [발] 72회 출제

[건] 건축전기설비기술사 / [용] 전기응용기술사 / [발] 발송배전기술사 / [소] 소방기술사 / [안] 전기안전기술사 / [화] 화공안전기술사 / [정] 정보통신기술사

1 개요

① ASS는 수변전설비 인입구 개폐기로 사용되고 있으며 고장구간 자동분리로 사고확대를
방지한다.

② 22.9kV-Y 경우 300kVA 초과 1000kVA 이하 수변전설비에 의무적으로 설치한다.

③ 배전선로 Recloser 및 변전소 CB와 협조하여 정전을 최소한으로 제어하기 위한 장치이다.

2 적용 범위

① 300kVA 초과 1000kVA 이하는 간이수전설비를 할 수 있으며 인입구에 ASS를 설치해야
한다.

② 300kVA 이하는 ASS 대신 Int.SW 사용이 가능하다.

③ 300kVA 이하인 경우 PF 대신 COS(10kA 이상) 사용이 가능하나 가능한 PF 사용을 권장한다.

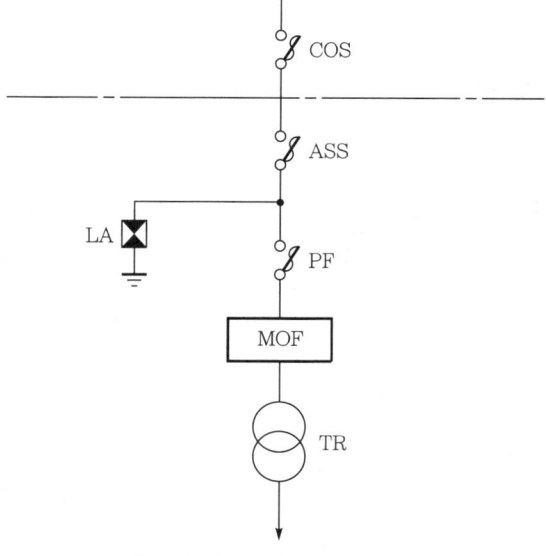

‖ 고압 간이수전설비 결선도 ‖

3 ASS의 특징

(1) 고장구간 자동분리
배전선로 Recloser 및 변전소 CB와 협조하여 1회 순간 정전 후 고장구간을 자동분리

(2) 과부하 보호
① 900A의 차단능력이 있다.
② 800A 미만의 과부하 및 이상전류에 대해 자동차단한다.

(3) 투입 및 차단(전부하 상태에서)
① 투입 : 수동 투입방식(최근에는 자동 및 수동 방식)
② 차단 : 자동 및 수동 방식

(4) 개폐조작
스프링 출력에 의한 구조로 작동이 확실하고 신속하다.

(5) 안전성
① 설치 및 취급이 간편하다.
② 900A 이상의 고장전류가 발생할 경우 Recloser의 협조에 의해 무전압상태에서 개방된다.

(6) 기능

$$개폐 횟수 = 200 \times \left(\frac{개폐 \ 시 \ 정격전류}{부하전류} \right)^2$$

4 ASS 동작협조

(1) 배전선로의 Recloser와 협조

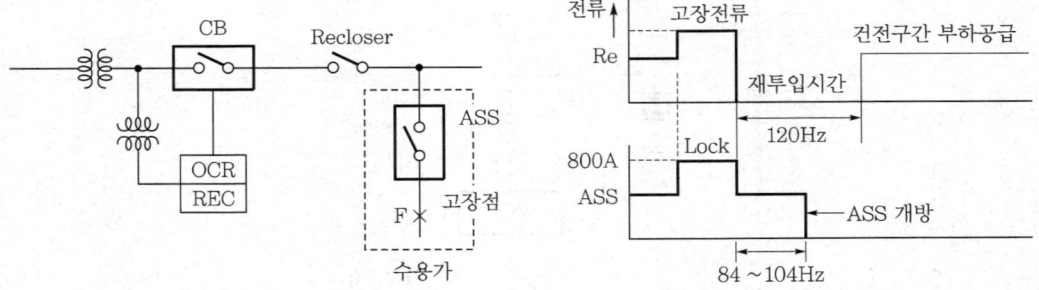

① 수용가에서 800A 이상 고장전류가 발생하면 배전선로의 Recloser가 트립된다.
② Recloser가 개방되어 전원이 없어지면 ASS는 개로준비시간인 84 ~ 104Hz를 거쳐 자동으로 트립된다.

③ 트립된 Recloser가 120Hz 후에 재투입될 때는 ASS는 Open되어 있기 때문에 고장수용가는 분리되어 계속 전력을 공급할 수 있게 된다.

(2) 변전소 CB와 협조

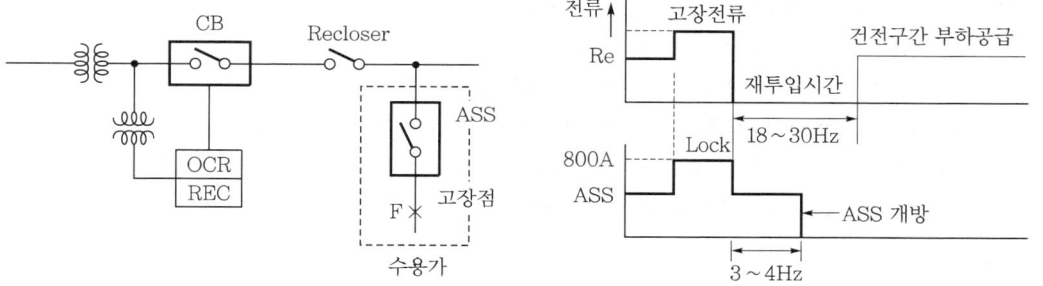

① 수용가에서 800A 이상 고장전류가 발생하면 변전소의 CB가 트립된다.

② CB가 개방되어 전원이 없어지면 ASS는 개로준비시간인 3 ~ 4Hz를 거쳐 자동으로 트립된다.

③ 트립된 CB가 18 ~ 30Hz 후에 재투입될 때는 ASS는 Open되어 있기 때문에 고장수용가는 분리되어 계속 전력을 공급할 수 있게 된다.

전력퓨즈(PF)

기출
지문

Q1 한류퓨즈와 비한류퓨즈의 장단점과 적용조건을 설명하시오. [건 97회 출제]

Q2 전력퓨즈(power fuse)의 종류와 그 기능 및 특징을 설명하시오. [건 120회 출제]

Q3 파워퓨즈(PF)에서 한류형과 비한류형의 구조 및 특징을 설명하시오. [건 124회 출제]

Q4 전력퓨즈(power fuse)의 종류와 특징에 대하여 설명하시오. [용 131회 출제]

Q5 수전설비에서 사용하는 전력퓨즈의 장단점을 각각 5가지 설명하시오. [안 132회 출제]

[건] 건축전기설비기술사 / [용] 전기응용기술사 / [발] 발송배전기술사 / [소] 소방기술사 / [안] 전기안전기술사 / [화] 화공안전기술사 / [정] 정보통신기술사

1 개요

① 전력퓨즈는 차단기, 변성기, 릴레이의 역할을 수행할 수 있는 단락보호용 기기로서, 소호방식에 따라 한류형과 비한류형으로 구분된다.

② 전력퓨즈의 경우 차단기에 비해 가격이 저렴하고 소형, 경량이며 한류특성이 우수해 현장에서 많이 사용되고 있으나 일회성이므로 다른 개폐기와 보호협조에 신중을 기해야 한다.

2 구조 및 원리

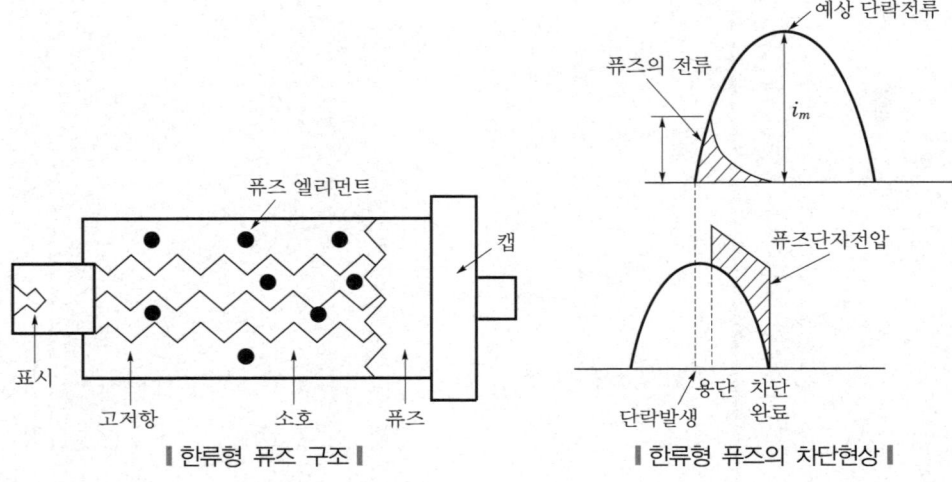

| 한류형 퓨즈 구조 | | 한류형 퓨즈의 차단현상 |

① 높은 아크저항을 발생시켜 고장전류를 강제로 차단하며 한류형의 경우 전압 0점에서 차단한다.

② 한류형 퓨즈는 소호원리상 아크전압이 높으며 일반적으로 정격전압 파고치의 3배까지 허용된다.

3 전력퓨즈의 종류

구분	한류형	비한류형
소호방식	높은 아크저항을 발생시켜 강제로 차단(전압 0점에서 차단)	소호가스로 극 간의 절연내력을 높여 차단(전류 0점에서 차단)
장점	• 소형이다. • 한류효과가 커서 백업용으로 적당하다. • 차단용량이 크다.	• 과전압이 발생하지 않는다. • 과부하 보호가 가능하다. • 퓨즈가 녹으면 반드시 차단한다.
단점	• 과전압이 발생한다. • 최소 차단전류가 존재한다.	• 대형이다. • 한류효과가 작다.
전차단 시간	0.5Hz	0.65Hz

4 전력퓨즈의 특성

특성	내용	적용
단시간 허용특성	열화를 일으키지 않는 I와 t와의 관계	퓨즈 정격전류 선정
용단특성	일정 전류를 보내 용단시킨 경우 I와 t와의 관계	–
전차단특성	고장발생, 용단, 아크 소멸까지 I와 t와의 관계	보호협조 검토
한류특성	단락전류가 흐를 경우 어느 정도까지 억제 가능한가를 나타냄	• 차단기 : 3 ~ 8cycle • PF : 0.5cycle
I^2t 특성	전류순시치의 2승 적분치를 나타냄	개폐기, 차단기 후비보호

5 전력퓨즈의 장단점 및 보안대책

장점	단점	보완대책
• 가격 저렴 • 소형 경량 • 차단 시 무소음(한류형) • 현저한 한류특성(한류형) • 완벽한 후비보호	• 결상 우려 • 재투입 불가 • $I-t$ 특성 조정 불가 • 차단 시 과전압 발생(한류형) • 비보호영역이 있음(한류형)	• 용도 한정 • 큰 정격전류 선정 • 절연협조 고려 • 과소정격의 배제 • 동작 시 전체 상 교체

6 전력퓨즈의 정격선정

(1) 정격전압 선정

① 정격전압은 사용회로 최고 선간전압 이상의 것을 선정한다.

$$\text{정격전압} = \text{공칭전압} \times \frac{1.2}{1.1}$$

② 한류형 퓨즈는 차단 시 과전압이 발생하므로 회로전압보다 한 단계 높은 것은 피하도록 한다.

(2) 정격전류의 선정

구분	내용
일반적 회로	• 상시 부하전류 안전통전, 반복 부하 충분한 여유 • 과부하 및 과도돌입전류는 단시간 허용특성 이하 • 타 기기와 보호협조
변압기	• 상시 부하전류 안전통전 • 과부하 및 여자돌입전류는 단시간 허용특성 이하 • 2차 측 단락 시 변압기 보호
전동기	• 상시 부하전류 안전통전 • 과부하 및 시동전류는 단시간 허용특성 이하 • 빈번한 개폐나 역전 시에도 퓨즈가 열화되지 않을 것
콘덴서	• 상시 부하전류 안전통전 • 과부하 및 과도돌입전류는 단시간 허용특성 이하 • 콘덴서 파괴확률 10% 특성이 퓨즈 전차단 특성보다 우측에 있을 것

(3) 정격차단용량의 선정

① 퓨즈가 차단할 수 있는 단락전류 최댓값[kA]

② 교류분만의 대칭실효치로 나타내므로 역률이 나쁠 경우 비대칭계수 1.6을 적용한다.

$$K_1 = \frac{최대\ 비대칭\ 단락전류\ 실효치}{대칭\ 단락전류\ 실효치}\ (선로역률이\ 나쁠수록\ 큼)$$

③ 정격차단용량의 예

정격전압[kV]	정격차단전류[kA]				
7.2	8	12.5	20	31.5	40
25.8	12.5 이상의 것				

(4) 최소 차단전류의 선정

① 차단할 수 있는 전류 최솟값

② 최소 차단전류 이하에서 동작하지 않도록 큰 정격의 전력퓨즈를 사용한다.

③ 최소 차단전류 이하는 다른 기기로 보호시킨다.

④ 한류형 퓨즈의 경우 단락전류는 바로 차단하나 과전류는 차단하지 않는다.

7 전력퓨즈와 차단기의 비교

구분	전력퓨즈(한류형)	차단기
임무	단락전류를 차단	과부하, 단락, 지락, 부족전압 차단
목적	경제적인 설계, 직렬기기 비용 감소	보호협조체계를 구성
차단시간	0.5cycle에 차단하고, 전압 0점에서 차단	3 ~ 5cycle에 차단하고, 전류 0점에서 차단
소호 메커니즘	• 0.01초 이상에서 3가지 영역이 있으나 사용 안 함 • 0.01초 이하에서 한류특성이 우수	• 10초 이상에서는 열동형의 반한시 작동 • 0.1 ~ 0.5초 범위는 선정차단점에서 작동

8 전력퓨즈와 각종 개폐기의 비교

구분	회로분리		사고차단	
	무부하	부하	과부하	단락
전력퓨즈	○	–	–	○
차단기	○	○	○	○
개폐기	○	○	○	–
단로기	○	–	–	–
전자접촉기	○	○	○	–

9 결론

① 정격선정에 필요한 단시간 대전류특성은 동일 정격전류라도 용단특성이 각 회사마다 다르므로 설계 시 Maker의 동작특성곡선을 참고하여 과도돌입전류 이상 ANSI Point 이하로 선정해야 한다.

② 용단특성과 불용단특성을 동시에 만족하기는 어려우므로 먼저 불용단특성에 맞는 PF를 선정한 후 용단특성에 맞는 PF를 선정하도록 해야 한다.

┼LUS 전력퓨즈(power fuse)의 종류

1. 보호범위

한류형 퓨즈에는 차단 가능한 소전류에 한계가 있다. 이 영역에 있어서는 주의가 필요하다. 한류형 퓨즈를 소형, 경제적으로 제작하기 위해서는 최소 차단전류를 정격전류의 수 배로 잡는 것이 보통이며, 용단특성이 KS C 4612에서 소전류 차단성능을 최소 차단전류값으로 해서 제조업체가 보증하도록 요구하고 있으며 다음 2종류로 분류해 표시한다.

(1) 광역퓨즈(비한류형)

① 보호범위 : 퓨즈의 정격전류의 '약 200% 수준 ~ 정격차단전류'

② 용도 : 과부하보호 및 단락보호

(2) 후비보호퓨즈(한류형)

① 보호범위 : '최소 차단전류 ~ 정격차단전류'의 보호범위를 갖으며, 퓨즈의 최소 차단전류는 퓨즈가 반드시 동작하는 전류로 비보호영역을 초과한 전류이다.

② 용도 : 단락보호로 사용되며, 과부하보호를 위해서 LBS와 같은 개폐기 등과 협조하여 사용한다.

2. 동작특성

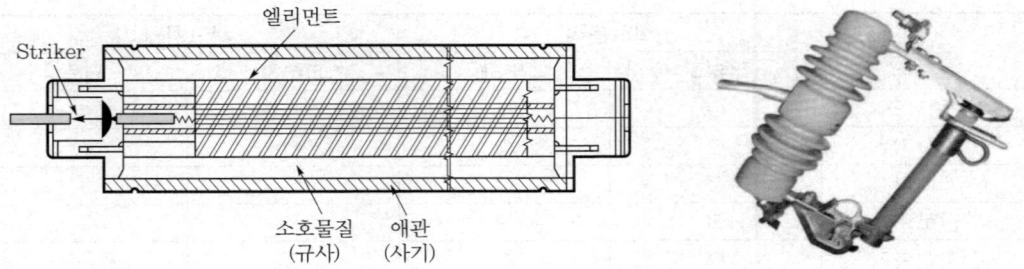

(1) 한류형
퓨즈의 엘리먼트가 용단되면서 발생하는 높은 아크저항에 의한 한류작용에 의한 강제적 차단

(2) 비한류형
퓨즈링크의 용단 시 아크열은 퓨즈홀더 내벽에서 소호성 가스를 발생시킨다. 퓨즈의 차단 시 소호성 가스의 작용으로 극간 절연내력을 과도회복전압 이상으로 높혀 차단한다.

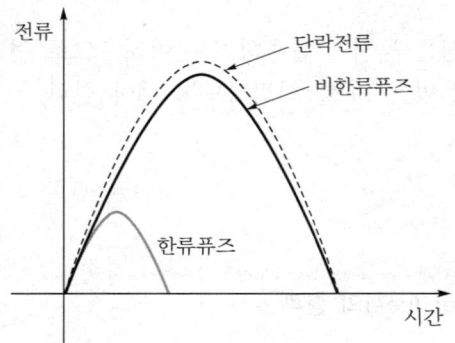

┃한류퓨즈와 비한류퓨즈의 특징 ┃

구분	한류형	비한류형
차단시간	0.5cycle 이내	0.5cycle(전류 영점)
장점	• 소형이며 차단용량이 큼 • 무소음 차단	과전압 발생이 없음
단점	• 과전압 발생 • 소전류차단이 곤란 • 과부하보호가 곤란	• 한류효과가 없음 • 차단 시 소음 발생 • 차단용량이 작음
용도	단락보호	단락, 과부하 보호
적용	• 소전류(정격의 300 ~ 400% 이하) 특성이 좋지 않아 다른 개폐기와 조합하여 사용 • 한 상의 결상을 고려하여 결상계전기와 함께 사용 • 변압기, 모터, 콘덴서 단락보호	• 정격전류 100A 이하는 200 ~ 240%에서 300초 • 정격전류 100A 초과는 220 ~ 264%에서 600초 • 변압기의 과부하 보호

3. 용도별

(1) 일반부하용(G-type)

전력계통의 전기설비 및 기기의 과전류 및 단락전류 보호를 위한 용도로 사용한다.

(2) 변압기 보호용(T-type)

① 변압기는 전압을 인가 시 여자전류 유입에 따른 퓨즈의 용단이나 열화가 없어야 한다.

② 허용과부하로 인해 퓨즈의 용단 및 열화가 없어야 한다.

③ 변압기 여자돌입전류를 고려하여 정격전류의 10배로 0.1초 동안 100회 반복하여도 용단되지 않는 적합한 정격을 선정해야 한다.

(3) 콘덴서 보호용(C-type)

① 콘덴서를 투입할 때 예상되는 과도돌입전류를 고려하여 선정하며, 순간돌입전류가 정격전류의 70배가 0.002초 동안 100회 반복하여도 이에 용단되지 않는 특성을 갖는 퓨즈를 선정해야 한다.

② 허용과부하로 인해 퓨즈의 용단 및 열화가 없어야 한다.

③ 병렬콘덴서로부터의 유입되는 전류도 함께 감안해서 선정해야 한다.

(4) 전동기 보호용(M-type)

① 전동기의 기동전류가 퓨즈정격전류의 5배의 크기로 10초 동안 10000회 반복하여도 용단되지 않는 특성으로 규정되어 있다.

② 전동기의 기동전류특성이 퓨즈의 허용시간특성 이내가 되는 정격전류의 퓨즈를 선정한다.

③ 허용과부하로 인해 퓨즈의 용단 및 열화가 없어야 한다.

SECTION 15

전력퓨즈의 동작특성
(전류-시간($I-t$) 동작특성)

기출지문

Q1 전력퓨즈(PF)의 주요 특성과 정격차단용량에 대하여 설명하시오. [건 125회 출제]

Q2 한류퓨즈의 특성 3가지를 설명하시오. [안 66회 출제]

건 건축전기설비기술사 / 용 전기응용기술사 / 발 발송배전기술사 / 소 소방기술사 / 안 전기안전기술사 / 화 화공안전기술사 / 청 정보통신기술사

1 개요

(1) 퓨즈가 동작하는 전류와 시간과의 관계에는 전류가 커질수록 시간이 짧아지는 특성이 있어 0.5cycle 이하에 차단하고 파고치도 낮아 한류효과가 크다.

(2) 여기에서는 한류작용이 없는 0.01초 이상의 영역과 한류작용이 있는 0.01초 이하의 영역으로 구분해서 언급하고자 한다.

(3) 10초와 0.1초에서의 용단특성
① 과부하 10초 용단전류(I_{10}) : $2I_n \leq I_{10} \leq 5I_n$
② TR 돌입전류 0.1초 용단전류($I_{0.1}$) : $10I_n \leq I_{0.1} \leq 25I_n$

2 전력퓨즈의 전류-시간 특성

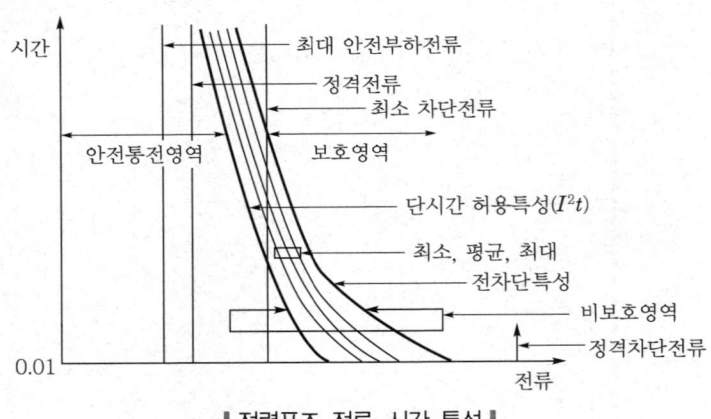

▮ 전력퓨즈 전류-시간 특성 ▮

3 동작시간 0.01초 이상의 동작특성(한류작용 없음)

(1) 안전통전영역
안전 부하전류 통전영역과 안전 과부하전류 통전영역으로 구분된다.

(2) 보호영역

어떠한 경우에도 퓨즈가 용단되어 보호되는 영역이다.

(3) 비보호영역

① 단시간 허용특성, 최소 용단특성, 평균 용단특성, 최대 용단특성, 전차단특성이 있다.

② 이 영역의 사고전류는 보호되지 않고 용단되지 않아도 손상·열화될 우려가 있다.

③ 이 영역에서 전류를 흘리지 않는 것이 중요 → 정격을 키우든지 다른 차단기로 보호한다.

④ 전류폭으로 ±20%를 넘지 않아야 한다.

4 동작시간 0.01초 이하의 동작특성(한류작용 있음)

(1) 이 영역에서 차단기는 동작하지 않으나 퓨즈는 동작하므로 주의가 필요하다.

(2) 단시간 허용 I^2t(안전통전 I^2t)

① 퓨즈가 수용할 수 있는 열에너지 한계치이다.

② 과도전류 I^2t가 단시간 허용 I^2t보다 커지면 퓨즈는 용단·열화한다.

(3) 차단 I^2t

① 퓨즈가 차단을 완료할 때까지 회로에 유입되는 열에너지이다.

② 피보호기기 내량 I^2t보다 퓨즈 차단 I^2t를 작게 하면 완전보호가 된다.

(4) 통과전류 파고치

① 한류퓨즈는 한류작용에 따라 사고전류를 크게 한류하는 특성을 가진다.

② 한류작용으로 열적 강도 $\dfrac{1}{30}$, 기계적 강도 $\dfrac{1}{50}$ 경감할 수 있다.

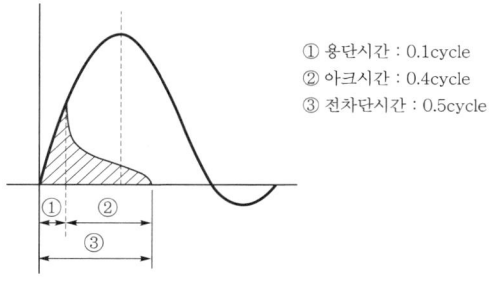

① 용단시간 : 0.1cycle
② 아크시간 : 0.4cycle
③ 전차단시간 : 0.5cycle

5 전력퓨즈의 동작특성 결정 시 고려사항

① 회로단락전류, 사용장소 – 옥내, 옥외, 극수 – 3극 각각, 2극 각각

② 정격전압, 정격전류, 정격차단용량, 최소 차단전류

6 한류형 및 비한류형과 차단기 비교

구분	한류형 퓨즈	비한류형 퓨즈	차단기
전차단시간	0.5cycle	0.65cycle	10cycle
최대 통과전류	단락전류 파고치의 10%	단락전류 파고치의 80%	단락전류 파고치(최대 단락 전류 실효치의 $2\sqrt{2}$ 배)
차단 $I^2 t$	크게 증가하지 않음	단락전류와 같이 증가	단락전류와 같이 증가
소전류 차단기능	용단시간이 긴 소전류 영역에서 차단되지 않고 큰 고장전류에 차단이 용이함	정격차단전류 이하에서 동작하면 반드시 차단됨	정격차단전류 이하에서 동작하면 반드시 차단됨
과부하보호	과부하보호에 사용이 곤란	과부하보호 가능함	과부하보호 가능함

전력 Fuse의 동작특성, 장단점과 단점 보완대책

기출
지문

Q1 22.9kV 계통의 주변압기 1차 측을 PF(Power Fuse)만으로 보호할 경우 결상 및 역상에 대한 보호방안에 대하여 설명하시오. 전 107회 출제

Q2 전력퓨즈의 역할, 장단점, 종류, 고압 이상변압기 과부하보호장치 적용방법 및 기기별 기능을 비교하여 설명하시오. 전 128회 출제

Q3 특고압 전기설비에서 사용되는 전력퓨즈의 장점과 단점을 설명하시오. 안 129회 출제

전 건축전기설비기술사 / 용 전기응용기술사 / 발 발송배전기술사 / 소 소방기술사 / 안 전기안전기술사 / 화 화공안전기술사 / 정 정보통신기술사

1 개요

① 전력퓨즈는 전류가 커질수록 동작시간이 짧아지는 특성(I^2t = 일정)을 가지며, 단락 시 $\frac{1}{2}$ cycle(0.01초) 이하에서 우수한 한류특성을 나타내는 반면, 비보호영역이 있어 이에 대한 보완대책이 필요하다.

② 전력퓨즈는 한류형과 비한류형으로 분류되며 여기서는 한류형 퓨즈 중심으로 설명하였다.

2 PF의 역할

① 부하전류를 안전하게 통전(과도·과부하 전류에는 용단 안 됨)한다.

② 일정치 이상의 과전류(단락전류)를 신속히 용단하여 전로나 기기를 보호한다.

3 전력퓨즈의 동작특성

(1) 전류 – 시간 특성곡선

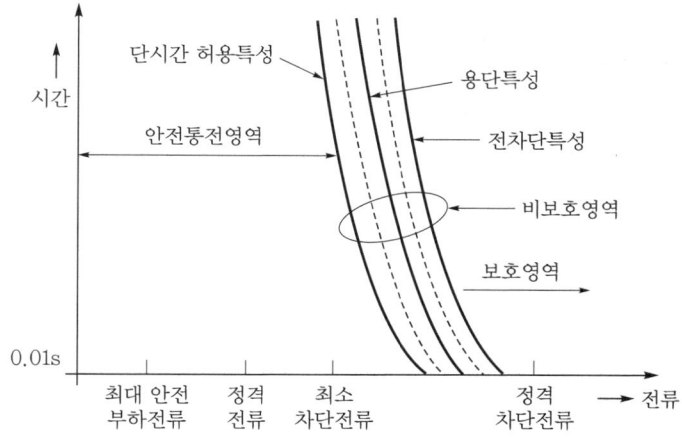

① 안전통전영역 → 허용전류영역

② 보호영역 → 단락전류영역(fuse의 용단으로 보호되는 범위)

③ 비보호영역 → 과도전류영역(열화, 결상을 일으킬 수 있는 범위)

(2) PF의 주요 동작특성

① 단시간 허용특성

　㉠ Fuse가 열화하지 않는 한계시간을 나타내는 특성

　㉡ Fuse의 정격전류 선정의 기초로 활용

② 용단특성

　㉠ Fuse에 일정 전류를 흘려 용단시킨 경우의 전류와 시간관계를 나타낸 것

　㉡ 최대·평균·최소 용단특성이 있음

③ 전차단 특성

　㉠ Fuse가 고장 발생부터 용단, 발호하여 차단완료 시까지의 최대 소요시간 – 전류특성을 표시한 것(최대 용단시간+아크시간)

　㉡ 퓨즈를 타 개폐기나 차단기와 조합사용 시 보호협조 검토에 적용

④ 한류특성(0.01초 이하의 동작영역)

　㉠ Fuse에 단락전류가 어느 정도까지 억제되는가를 나타낸 것

　㉡ 단락전류에 의한 전자력 등 피보호기기와의 협조검토 시 적용

　㉢ 차단시간 및 한류특성의 비교

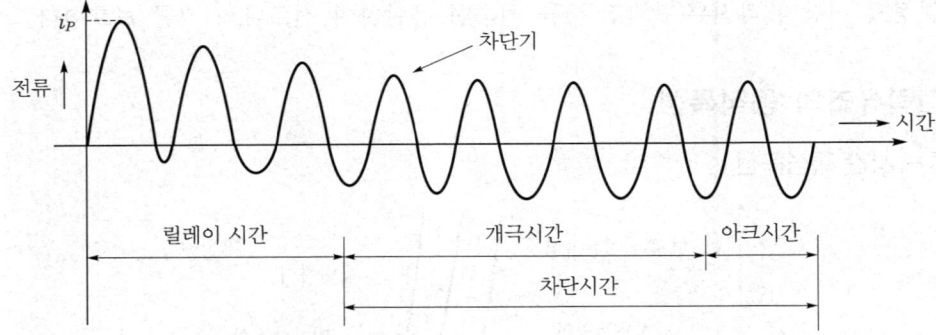

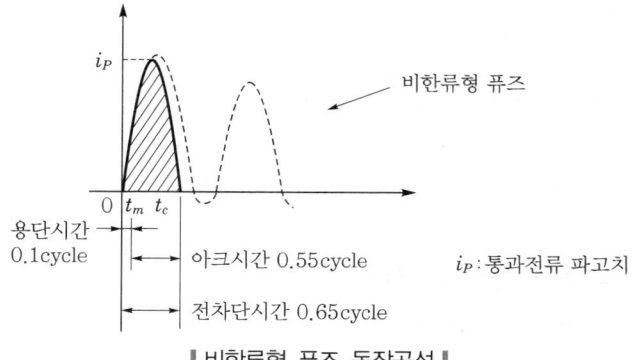

용단시간
0.1cycle

아크시간 0.55cycle

전차단시간 0.65cycle

i_P : 통과전류 파고치

‖ 비한류형 퓨즈 동작곡선 ‖

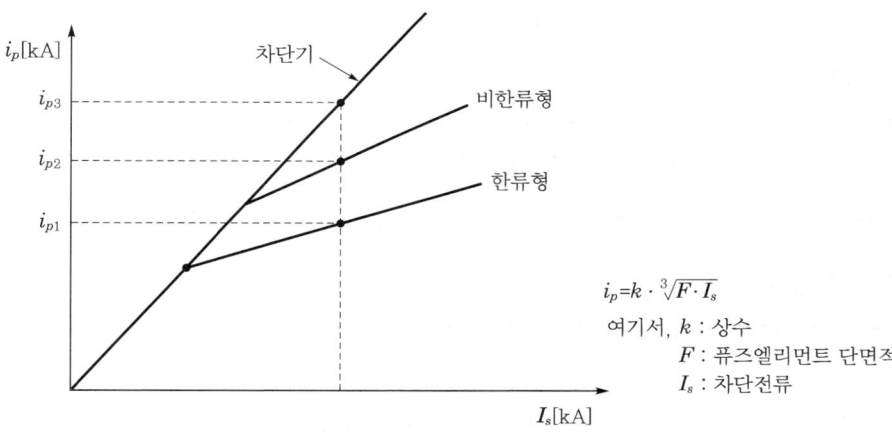

용단 $I^2 t = \int_o^{t_m} i^2 dt$

아크 $I^2 t = \int_{t_m}^{t_c} i^2 dt$

차단 $I^2 t = \int_o^{t_c} i^2 dt$

용단시간
0.1cycle

아크시간 0.4cycle

전차단시간 0.5cycle

‖ 한류형 퓨즈 동작곡선 ‖

$i_p = k \cdot \sqrt[3]{F \cdot I_s}$

여기서, k : 상수

F : 퓨즈엘리먼트 단면적

I_s : 차단전류

‖ 한류 특성 비교 ‖

⑤ $I^2 t$ 특성

㉠ 단시간 허용 $I^2 t$: 과전류가 허용 $I^2 t$ 보다 커지면 단시간에 소멸되는 정도에서도 Fuse 가 용단 또는 열화하므로 주의한다.

ⓒ 차단 $I^2 t\left(= \int_{o}^{tc} i^2 dt\right)$

- 퓨즈가 차단완료 시까지 회로에 유입되는 열에너지로 이 값이 피보호기기의 내 $I^2 t$ 보다도 작은 Fuse를 사용하면 완전보호된다.
- 피보호기기와의 열적 협조를 검토하는 데 적용한다.

4 전력퓨즈의 장단점(한류형 기준)

장점	단점
• 가격 저렴 • 소형 경량, 차단용량이 큼 • 고속도 차단 • 보수 간단 • 릴레이, 변성기 불필요 • 밀폐형으로 차단 시 무소음, 무방출 • 한류특성 우수 • 후비보호에 완벽	• 과도전류에 용단되기 쉬움 • 재투입(재사용) 안 됨 • 동작시간 – 전류특성이 계전기처럼 임의조정 안 됨 • 비보호영역이 있어 열화나 결상을 일으키기 쉬움(최소 차단전류 존재) • 차단 시 과전압 발생 • 고임피던스 접지계통의 지락보호를 할 수 없음

5 단점의 보완대책

(1) 과도전류가 안전통전영역 내 들어가도록 큰 정격전류를 선정한다.

(2) 용도의 한정
① 단락사고 시만 Fuse가 동작하도록 정격전류를 선정한다.
② 재투입이 필요한 곳에는 사용을 피한다.

(3) 용도, 회로특성, Fuse의 시간 – 전류 특성을 비교하여 적정 정격전류를 선정한다.

(4) 과소정격의 배제
최소 차단전류 이하(또는 비보호영역)에서 동작하지 않도록 충분히 여유를 주어 정격전류를 선정한다.

(5) 회로의 절연강도가 Fuse의 과전압보다 높게 선정한다.

(6) 전원 측 차단기에 지락 Relay를 부착, 지락 검출 및 차단(비접지계통이나 고임피던스 접지계통의 경우)

(7) 한류형 Fuse 차단 시 과전압 발생 방지
① 엘리먼트 선지름을 몇 단으로 변화시켜 단락전류에 의해 가는 부분부터 차례로 발호시켜 이상과전압을 방지한다.

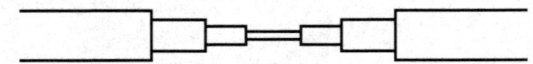

② 리본 엘리먼트의 경우 홈이나 구멍에 의한 노치가공으로 좁은 부분을 차례로 발호시킨다.

(8) 결상대책

① 퓨즈 동작 시 전체 상(相) Fuse를 교체하고 퓨즈붙이 LBS를 사용한다.

② 간이 특고설비의 경우 TR 1차 측에 PF 설치 및 2차 측에 ACB + OPR을 설치한다.

➕PLUS 전력퓨즈(PF)의 특성

1. 전력퓨즈(PF)의 용단특성

(단위 : A)

퓨즈의 종류	불용단 전류	용단특성			
		$\dfrac{I_{f7200}}{I_n}$	$\dfrac{I_{f60}}{I_n}$	$\dfrac{I_{f10}}{I_n}$	$\dfrac{I_{f0.1}}{I_n}$
G (일반용)	정격전류의 1.3배 전류로, 2시간 이내에 용단되지 않을 것	$\dfrac{I_{f7200}}{I_n} \leq 2$	–	$2 \leq \dfrac{I_{f10}}{I_n} \leq 5$	$7\left(\dfrac{I_n}{100}\right)^{0.25} \leq \dfrac{I_{f0.1}}{I_n} \leq 20\left(\dfrac{I_n}{100}\right)^{0.25}$
T (변압기용)		–	–	$2.5 \leq \dfrac{I_{f10}}{I_n} \leq 10$	$12 \leq \dfrac{I_{f0.1}}{I_n} \leq 25$
M (전동기용)		–	–	$6 \leq \dfrac{I_{f10}}{I_n} \leq 10$	$15 \leq \dfrac{I_{f0.1}}{I_n} \leq 35$
C (콘덴서용)	정격전류의 2배 전류로, 2시간 이내에 용단되지 않을 것	–	$\dfrac{I_{f60}}{I_n} \leq 10$	–	–

[비고] I_{f7200} : 2시간 용단전류(평균값)
  I_{f60} : 60초 용단전류(평균값)
  I_{f10} : 10초 용단전류(평균값)
  $I_{f0.1}$: 0.1초 용단전류(평균값)
  I_n : 정격전류

2. 전력퓨즈(PF) 반복 과전류의 특성

퓨즈의 종류	반복 과전류의 특성
G (일반용)	–
T (변압기용)	정격전류의 10배 전류를 0.1초간 통전하고, 이것을 100회 반복하여도 용단되지 않을 것
M (전동기용)	정격전류의 5배 전류를 10초간 통전하고, 이것을 10000회 반복하여도 용단되지 않을 것
C (콘덴서용)	정격전류의 70배 전류를 0.002초간 통전하고, 이것을 100회 반복하여도 용단되지 않을 것

247

SECTION 17 전력퓨즈 선정 시 고려해야 하는 주요 특성

 기출지문
Q1 전력퓨즈 선정 시 고려해야 하는 주요 특성에 대하여 종류별로 구분하여 설명하시오. [건] 104회 출제

Q2 전력용 파워퓨즈(PF)의 선정방법에 대하여 설명하시오. [용] 129회 출제

Q3 변압기 보호용 전력퓨즈 선정 시 유의할 점을 설명하고 차단기와의 차이점을 비교 설명하시오.
[발] 68회 출제

Q4 수전설비 인입구에 시설하는 LBS(부하개폐기) 설계 및 시공 시 고려사항에 대하여 설명하시오.
[건] 97회 출제

[건] 건축전기설비기술사 / [용] 전기응용기술사 / [발] 발송배전기술사 / [소] 소방기술사 / [안] 전기안전기술사 / [화] 화공안전기술사 / [정] 정보통신기술사

1 개요

① 파워퓨즈는 차단기 대비 릴레이와 변성기가 생략되는 경제적인 개폐기로, 우수한 한류특성으로 인해 단락보호회로에 많이 적용된다.

② 퓨즈의 선정 시 고려해야 하는 주요 특성에 대해 일반적인 선정기준과 함께 변압기용, 전동기용, 콘덴서용, 케이블용을 중심으로 설명하였다.

2 일반적 선정기준

(1) 예상 과부하, 과전류에 동작하지 말 것

단락보호용으로 전부하전류의 2배 정격을 사용한다.

(2) 과도적 Surge 전류에 부동작할 것

전동기 기동전류, 변압기 여자전류, 콘덴서 돌입전류 등

(3) 타 부하기기와 보호협조를 할 것

① 피보호기기, 회로의 단시간내량 보다 퓨즈의 차단특성 및 한류특성이 아래에 있을 것
② 전원 측 차단기의 릴레이시간은 퓨즈의 차단특성 이상일 것

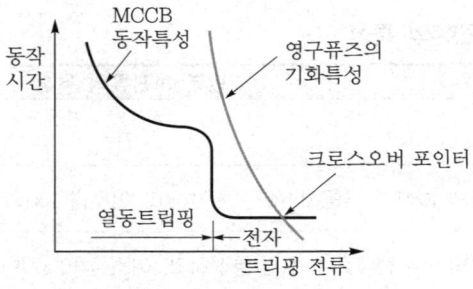

‖ 전력퓨즈-차단기 간의 보호협조 ‖

3 변압기회로의 선정기준

(1) 일반적인 경우

① 변압기의 허용 과부하로 퓨즈가 손상되지 않을 것

② 변압기의 돌입전류로 퓨즈가 손상되지 않을 것(일반적으로 변압기 전부하전류의 10배, 0.1초가 퓨즈의 단시간 허용특성 이하일 것)

③ 2차적 단락 시 변압기를 보호할 것

    ㉠ 퓨즈의 차단특성은 변압기의 전부하전류의 25배, 2초 이하일 것

    ㉡ 퓨즈의 최소 차단전류는 예상단락전류보다 작은 편이 좋음

(2) 3상, 단상 일괄보호의 경우

① 각 상마다 3상, 단상을 합한 전부하전류, 여자돌입전류를 계산해 그것을 안전통전하는 정격치로 하며, 각 상 중의 최대 정격의 것으로 통일함

② 각 변압기의 2차 단락보호에 변압기마다 퓨즈를 사용함

(3) 계기용 변압기의 경우

부하전류에서 PT 손상방지용으로 1A 정격퓨즈를 사용함

(4) 변압기 콘덴서 일괄보호용인 경우

변압기 단독일 때의 표준정격과 같은 정격전류를 사용함

4 전동기회로의 선정기준

(1) 일반적인 경우

① 전동기의 허용 과부하를 안전통전할 것

② 전동기의 시동전류로 퓨즈가 손상하지 않을 것(일반적으로 전부하전류의 5배, 10초의 점이 전동기 단시간 허용특성 내에 있는 정격으로 함)

③ 빈번한 개폐, 역전에 따른 반복전류에 손상하지 않을 것

(2) 전동기의 시동전류 – 시간 특성 검토

직입기동에서 사용조건, 전동기 특성에 따라 검토함

(3) 고압 전자접촉기와 조합 시 주의가 필요함

5 진상 콘덴서회로용 선정기준

① 콘덴서 돌입전류로 퓨즈가 손상되지 않을 것(콘덴서의 돌입전류 I^2t가 퓨즈 단시간 허용전류 I^2t 이하일 것)

② 콘덴서의 연속 최대 과부하전류를 안전하게 통전할 수 있을 것

[퓨즈의 정격전류 $I_n \geq$ 콘덴서 연속 최대 과부하전류(콘덴서 정격전류 $I_c \times 1.43$)]

③ 콘덴서 케이스의 파괴확률이 10% 이하일 것

④ 콘덴서와 조합하여 개폐가 빈번한 곳에 사용하는 경우 일단 상위 정격을 사용함

6 케이블 보호

단락 시 퓨즈는 고속도 차단하므로 비교적 큰 정격전류라도 작은 치수의 케이블을 보호할 수 있다.

7 정격전류 선정의 비교

구분	내용
일반적 회로	• 상시 부하전류 안전통전, 반복부하 충분한 여유 • 과부하 및 과도돌입전류는 단시간 허용특성 이하 • 타 기기와 보호협조
변압기	• 상시 부하전류 안전통전 • 과부하 및 여자돌입전류는 단시간 허용특성 이하 • 2차 측 단락 시 변압기 보호
전동기	• 상시 부하전류 안전통전 • 과부하 및 시동전류는 단시간 허용특성 이하 • 빈번한 개폐나 역전 시에도 퓨즈가 열화되지 않을 것
콘덴서	• 상시 부하전류 안전통전 • 과부하 및 과도돌입전류는 단시간 허용특성 이하 • 콘덴서 파괴확률 10% 특성이 퓨즈 전차단특성보다 우측에 있을 것

8 결론

① 한류형 파워퓨즈는 기본적으로 일반적인 선정기준인 예상 과부하, 과전류에 동작하지 않아야 하며, 과도적 Surge 전류에 부동작되어야 한다.

② 타 부하기기와 보호협조될 수 있게 해야 하고 상기와 같이 파워퓨즈가 적용되는 용도에 적합한 선정기준이 설계 및 시공단계에서 적용될 수 있게 해야 한다.

PLUS 부하개폐기(LBS : Load Breaker Switch)의 시설

1. 전력퓨즈(PF)의 용단특성

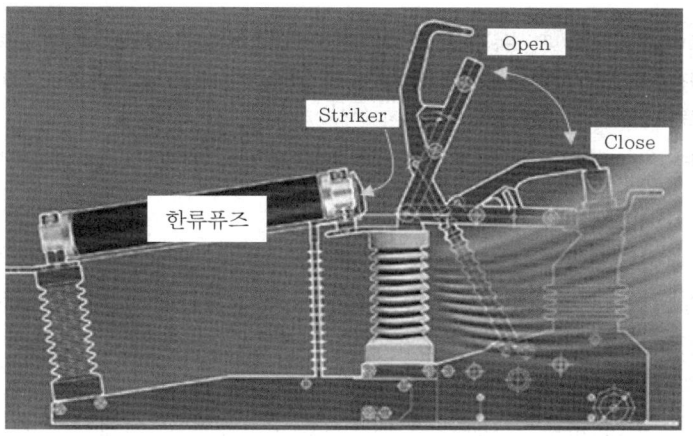

2. LBS의 설치위치 및 특징

(1) LBS는 수변전설비의 인입구 개폐기로 사용한다.

(2) LBS는 부하전류를 개폐할 수 있으나 고장전류를 차단할 수 없으므로 일반적으로 한류퓨즈와 직렬로 사용한다.

(3) 단락사고 시 한류퓨즈가 고속도로 차단하므로 보호효과가 우수하다.

(4) 한류퓨즈 부착형의 경우 3상 동시에 개로되므로 결상의 우려가 없다.
　　LBS는 한류퓨즈의 스트라이커 핀 트립방식으로 한류퓨즈의 용단 시에 스트라이커 핀의 돌출에너지에 의해서 개폐기의 래치를 트립시키는 방식을 사용하므로 3상이 동시에 개로되어 결상을 방지한다.

(5) LBS의 종류는 한류퓨즈가 없는 것과 한류퓨즈가 있는 것 2종류가 있다.

3. 설계 및 시공 시 유의사항

(1) 정격은 사용회로의 정격(전압, 전류, 단락전류)보다 큰 것을 선정한다.
　　① 정격전압(24kV)
　　② 정격전류(SW : 630A, PF : 100A)
　　③ 정격차단전류(40kA)

(2) 설치위치는 MOF 전단에 설치한다.

(3) 한류퓨즈의 예비품을 구비해 한 상이 동작할 때 3상 일괄 교체한다.

(4) 모터의 구동전원은 유지관리 측면을 고려하여 DC 110V로 한다.

(5) 한류퓨즈의 설치위치(전원 측, 부하 측)를 고려한다.

SECTION 18 직류 고속도차단기(HSCB)

기출지문
Q1 직류 고속도차단기의 자기유지현상과 그 대책에 대하여 설명하시오. [건 96회 출제]
Q2 전철 변전설비에서 사용하는 직류 고속도차단기(HSCB : High Speed Circuit Breaker)에 요구되는 기본성능 4가지를 설명하시오. [안 132회 출제]

권 건축전기설비기술사 / 응 전기응용기술사 / 발 발송배전기술사 / 소 소방기술사 / 안 전기안전기술사 / 화 화공안전기술사 / 정 정보통신기술사

1 개요

① 최근 분산형 전원(태양광, 연료전지 등)의 급속한 보급과 함께 직류를 소비하는 부하가 증가되면서 직류배전의 필요성이 점차 증가추세이다.

② 직류는 교류와 달리 전류 0점이 존재하지 않아 차단 시 아크 발생이 크므로 DC 차단기는 사고전류의 조속한 검출기능과 고속차단기능이 요구되며 현재 직류전기철도 급전회로나 HVDC 송전선로 차단에 주로 사용되고 있다.

여기서는 가장 널리 사용되는 직류 기중기차단기를 설명하고자 한다.

2 직류차단현상

(1) 돌진율(突進率)

① 단락전류 증가율로서 $t = 0$인 단락시점에서 최대 전류증가율을 나타낸다.

즉, $i = \dfrac{E}{R}e^{-\frac{R}{L}t}$에서 $\left.\dfrac{di}{dt}\right|_{t=0} = \dfrac{E}{L}$가 된다.

② 이 돌진율의 크기에 따라 차단 시 역기전력의 크기가 결정된다.

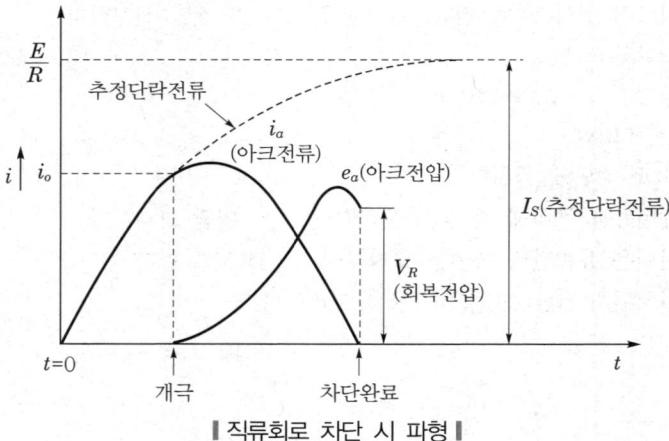

‖ 직류회로 차단 시 파형 ‖

(2) 유도분로와 선택 특성

① 직류차단기에서는 트립코일과 병렬로 유도분로를 설치하여, 회로에 흐르는 전류의 급격한 변화$\left(\text{즉, 돌진율}=\dfrac{di}{dt}\right)$를 감지한다. 이 유도분로는 정상적인 부하전류와 고장 시 흐르는 과전류를 구분하는데 도움을 주며 고장 시 돌진하는 고장전류를 감지하여 차단기 트립코일을 동작시킴으로써 회로를 차단한다.

② 돌진율이 클 때 큰 역기전력을 발생시켜 트립 Coil쪽으로 전환한다.

  ㉠ 정상 시 : $R_1 > R_2$ → 유도분로로 전류 흐름

  ㉡ 고장 시 : $L_1 < L_2$ → 유도분로에 역기전력 발생, 트립코일로 전류 흐름

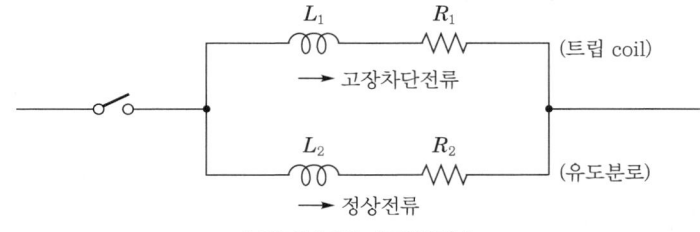

▮ 유도분로와 선택차단 ▮

(3) 구조 및 동작 Mechanism

① 구조

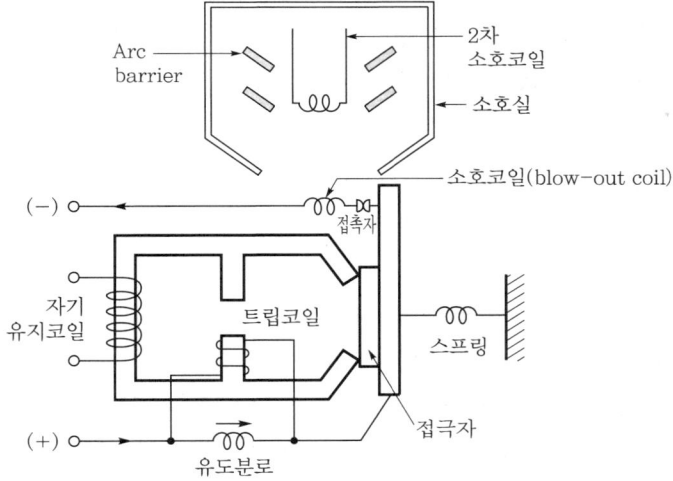

▮ 폐로 시 정상전류 흐름 ▮

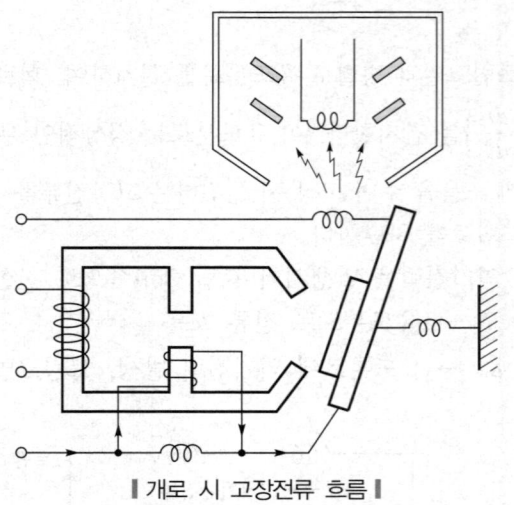

❙ 개로 시 고장전류 흐름 ❙

② 동작 Mechanism

ⓐ 폐로 시 : 자기유지코일에 DC 인가 → 전자력 발생 → 접촉자 흡인 → 전류도통 → 저항이 작은 유도분로를 통해 정상전류 흐름

ⓑ 개로 시 : 고장전류 발생 → 전류의 급격한 증가$\left(\dfrac{di}{dt}\ \text{증가}\right)$ → 돌진율 큼 → 역기전력 발생$\left(L_2\dfrac{di}{dt}\right)$ → 유도분로의 전류 흐름 저지 → 트립코일로 고장전류 흐름 → 자기유지코일의 자속을 상쇄 → 스프링관성에 의한 접촉자 이탈 → 개극 → 아크 발생 → 소호코일 전자력 발생 → 소호실로 아크흡인 → 아크소호

(4) 문제점 및 대책

① 변전소 내 사고 시 대책 : 변전소 내 사고 시 역방향 대전류가 발생하면 자기유지코일과 트립코일의 방향이 같아 기자력이 상쇄되지 않아 트립이 불가해 역방향 고속도 차단기를 채용한다.

ⓐ 자기유지코일 전류를 역방향으로 전환 필요

ⓑ 역방향 직류지락(또는 단락) 검출 필요

② 소음, 진동, Arc 발생이 큼(접촉자 마모) → 고성능의 차단기 채용(GTO 차단기나 HSVCB 등)

③ 소호코일방식에서는 소전류 차단이 곤란 → 공기소호방식 병용

PLUS 직류차단기의 원리별 종류

1. 한류식 직류차단기 → DC 1500V 이하에 적용

직류고속도 기중차단기에 사용되는 방식으로, 차단 시에 아크저항에 의해서 직류전류가 한류하여 전류영점을 만들어서 차단하는 방식이다.

전류영점을 만들기 위해서는 아크전압을 회로전압보다 높게 할 필요가 있다. 아크전압을 증대시키기 위해서 개폐속도를 고속으로 하고, 기중에서 아크를 늘리기 위해 절연 베리어에 아크를 불어넣는다. 한류를 이용한 직류전류 차단은 계통전압이 높아지면 그 효과가 미미하므로 1500V 이하에서 주로 채용되는 방식이다.

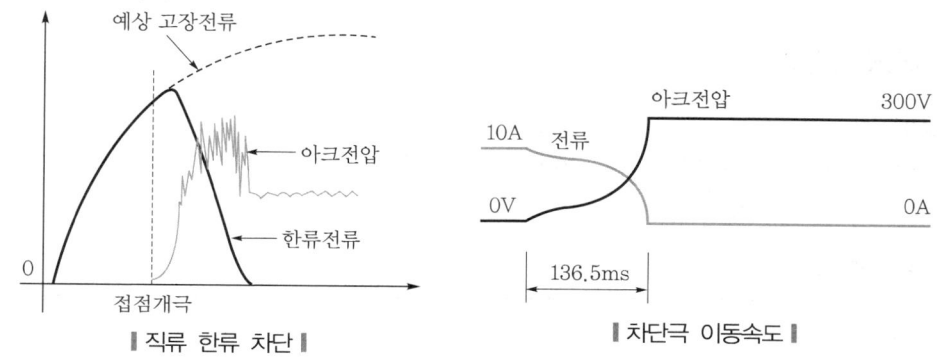

‖ 직류 한류 차단 ‖ 　　　　　　　　 ‖ 차단극 이동속도 ‖

2. 역류주입식 직류차단기 → 고압에 적용

이 방식은 직류고속도 진공차단기방식으로 차단기에 병렬로 콘덴서와 리액터로 구성된 역류주입회로를 설치 개극 후 이 역류주입회로로부터 차단기에 흐르는 전류와 역방향의 고주파 대전류를 주입함으로써 전류영점을 만들어서 차단하는 방식이다.

3. 복합형 직류차단기 → HVDC에 적용

기계식 차단기의 장점과 반도체차단기의 장점을 복합화한 방식이다. 최근에 HVDC 시스템 국가 간 계통연계에 따른 초고압급에 적용되는 방식으로 ABB가 이 방식을 통해서 상용화에 성공하였다. 반도체소자의 단점인 통전손실이 크고, 소자의 가격이 고가라는 단점을 보완하기 위해서 주통전로에 기계식 고속차단기와 반도체 스위칭소자(GTO 또는 IGBT)를 조합하고, 병렬회로에 반도체 스위칭소자를 배열하여 우회된 고장전류를 차단하는 방식이다.

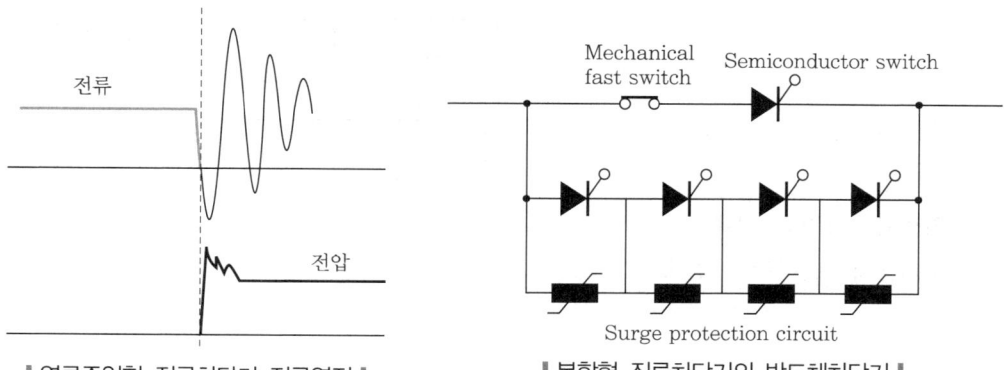

‖ 역류주입형 직류차단기 전류영점 ‖ 　　　 ‖ 복합형 직류차단기의 반도체차단기 ‖

SECTION 19 아크차단기(AFCI)

기출지문

Q1 아크차단기(AFCI : Arc Fault Circuit Interrupter)에 대하여 설명하시오. 〔건 119회 출제〕

Q2 아크의 정의, 아크 차단기의 구성과 동작원리를 설명하시오. 〔소 130회 출제〕

Q3 전선로를 포함한 전기설비의 이상현상 중의 하나로 아크현상이 있다. 아크현상의 발생원인과 그 대책을 설명하시오. 〔안 78회 출제〕

건 건축전기설비기술사 / 응 전기응용기술사 / 발 발송배전기술사 / 소 소방기술사 / 안 전기안전기술사 / 화 화공안전기술사 / 정 정보통신기술사

1 아크차단기

(1) 정의

아크차단기란 전선 및 기기 등의 결함으로 인하여 아크가 발생되었을 때 이를 감지하여 회로의 전류를 차단하는 장치

(2) 아크의 종류

구분	직렬 아크	병렬 아크
회로	V_{AC} ～ $I_{ac} \geq 5A$	V_{AC} ～ $I_{ac} \geq 75A$
정의	전기적으로 부하와 직렬로 연결된 도전선 사이에서 발생하는 아크	극성이 다른 두 도체 사이 전로가 형성될 때 발생하는 아크
발생이유	• 전선의 불완전한 접속 • 콘센트 등 접속불량	• 절연불량 • 트래킹

(3) 단상 아크차단기의 구성

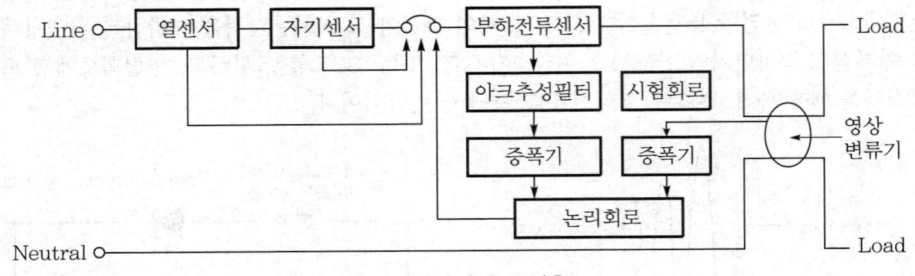

┃아크차단기의 구성┃

① 열센서 : 과전류 검출
② 자기센서 : 단락전류 검출

③ 부하전류센서 : 부하전류의 파형 관찰

④ 아크특성 필터 및 증폭기 : 아크 가능성이 높은 불연속 펄스를 검출하여 증폭회로를 차단

(4) 아크검출 알고리즘

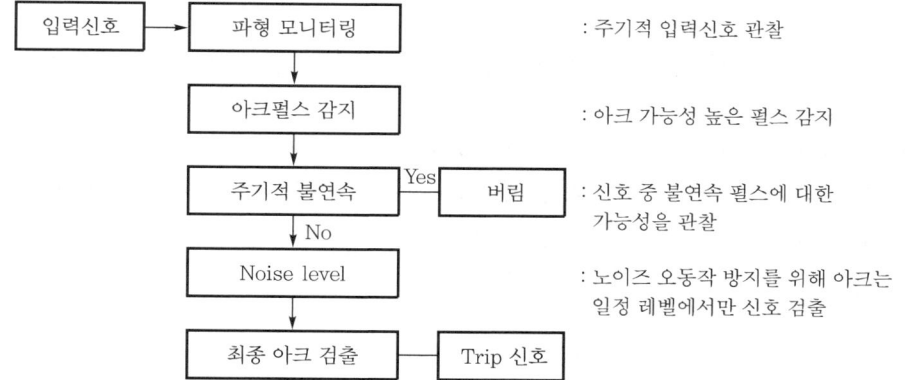

2 아크차단기의 필요성

(1) 재래식 차단기의 문제점

① 배선용 차단기

㉠ 열센서 : 사용부하전류보다 큰 과부하전류 감지

㉡ 자기센서 : 단락 시 큰 전류를 감지하여 순간동작

② 누전차단기

㉠ 열센서, 자기센서는 배선용과 동일 기능

㉡ 영상변류기는 누전 및 지락 전류 검출

③ 재래식 차단기는 아크전류를 검출 못함

(2) 아크전류의 특징

① 직렬아크 : 접촉 불량, 반단선 등에 의한 아크전류는 부하전류보다 작아 직렬아크전류가 발생해도 보호장치를 감지 못함

② 병렬아크 : 절연 열화, 트래킹, 전선의 물체에 의한 압력 등 두 가닥 전선의 단선, 파열의 아크전류 크기가 불특정이라 보호장치 동작이 불명확함

3 결론

① 미국 AFCI(Arc Fault Circuit Interrupters)를 2002년에 주택에 의무적으로 사용했다.
② IEC 62606 AFDD(Arc Fault Detection Devices)를 제정하여 세계적 보급기틀을 마련하였다.
③ 국내 KEC를 2018년에 제정하였으며 아크차단기 설치에 관한 내용을 명기하였으나 의무사항은 아니다.
④ 미국은 AFCI 제정을 통해 주택 연간 화재를 50% 이상 감소시켰다.
⑤ 국내의 경우 AFCI가 누전차단기에 비해 20~30배 가격이 비싸고, 실증 재현을 통한 경험적 Data가 부족한 상태이므로 정부 정책자금 지원 및 다방면 재현실험을 통해 신뢰도 높은 보급형 아크차단기 개발이 필요하다.

ATS(Automatic Transfer Switch)와 CTTS(Closed Transition Transfer Switch)

기출
지문

Q1 ATS(Automatic Transfer Switch)와 CTTS(Closed Transition Transfer Switch)의 특성을 비교 설명하시오. [건 118회 출제]

Q2 수변전설비에 사용되는 ATS(Autom atic Transfer Switch)와 CTTS(Closed Transition Transfer Switch)의 특성을 비교 설명하시오. [건 130회 출제]

Q3 수전설비에서 비상발전기(3상 4선식, 380/220V)가 기동 후 중성선이 개방된 상태로 ATS가 절체되었을 경우 부하에 미치는 영향에 대하여 설명하시오. [발 128회 출제]

[건] 건축전기설비기술사 / [응] 전기응용기술사 / [발] 발송배전기술사 / [소] 소방기술사 / [안] 전기안전기술사 / [화] 화공안전기술사 / [정] 정보통신기술사

1 개요

일반적인 ATS의 개방형 절체와 달리 폐쇄형 절체로서 발전기를 가동시켜 한전 전원과 발전 전원의 주파수 및 전압 동기 확립 후 병렬운전하여 무정전으로 전원계통을 절체하는 System이다.

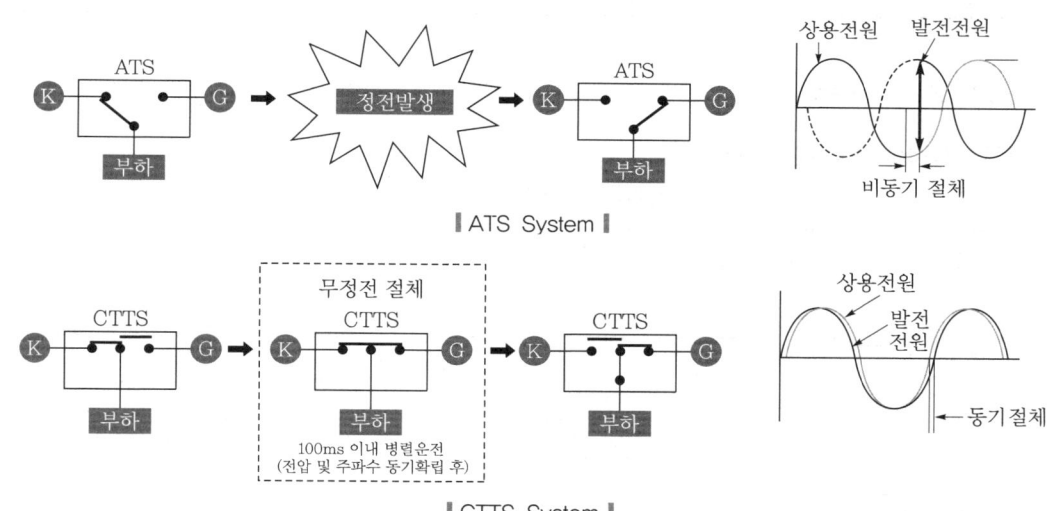

‖ ATS System ‖

‖ CTTS System ‖

2 ATS와 CTTS의 특성 비교

(1) 대부분의 비상발전기는 절체장치 ATS(Automatic Transfer Switch)로 구성되어 있어 부하 운전 시 정전이 불가피한 단점이 있다.

(2) CTTS(Closed Transition Transfer Switch) System은 ATS의 단점을 보완하고 부하운전 시 무정전으로 절체할 수 있는 장점을 가지고 있다.

(3) CTTS System을 구축하기 위해서 기존의 ATS를 유지하고 CTTS를 추가로 설치하거나 기존의 시스템을 제거하고 신규로 CTTS System을 설치하는 방법이 있다.

(4) ATS와 CTTS의 특성 비교

❚ATS와 CTTS 성능 비교❚

항목	ATS	CTTS
변성기 구조	비인출형 구조	완전 인출형 구조
차단기 Type	ATS, ATB, ACB	CTTS(ATS type), ATB, ACB
절체방식	개방형 절체(정전 수반)	폐쇄형 절체(무정전 절체)
동작시간	투입 60ms, 개극 30ms	100ms 미만 폐쇄 절체
차단기 트립기능	없음	있음
구동방식	솔레노이드	모터 스프링차지
동기장치	없음	있음
계전기기능	없음	있음
단락용량	작음	큼
부하조정	일정 부분 단순절체	무정전절체 및 계통연계

3 CTTS System

(1) CTTS System 장단점 비교

❚CTTS 차단기의 종류별 장단점❚

차단기 Type	장점	단점
ATS Type CTTS 부하	설치공간이 협소해도 가능	비인출형 구조로, 교체 시 정전 장시간 필요
	ATS에서 CTTS 교체 시 용이함	수동 투입 시 동작순서가 복잡함
ATB Type CTTS 부하	설치공간이 협소해도 가능	소형 용량이 없음(630A 이상)
	수동 투입·차단 시 동작방법이 간단함	ATS Type보다 가격이 조금 비쌈
	인출형 구조로 고장 시 교체가 간단함	인출형 구조로 고장 시 교체가 간단하지만 정전이 발생함
ACB, VCB Type CTTS 부하	인출형 구조로 고장 시 교체가 간단하고 정전없이 교체 가능	설치공간이 넓음
	차단용량이 큼	–
	BYPASS 기능으로도 사용 가능	–
	이중 차단장치 사용으로 안전성이 뛰어남	–

(2) CTTS System의 동기화 조건

① 정격전압 동일
② 위상의 일치
③ 정격주파수 동일
④ 파형의 일치

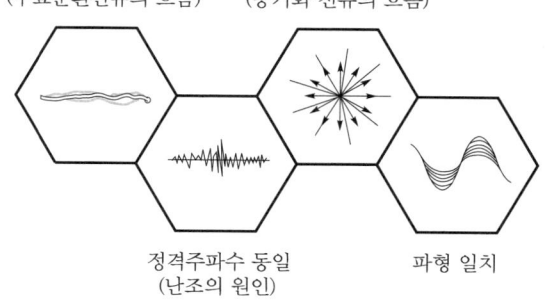

정격전압 동일
(무효순환전류의 흐름)

위상 일치
(동기화 전류의 흐름)

정격주파수 동일
(난조의 원인)

파형 일치

(3) CTTS System의 비교

전원공급방식에 따라 일반형, 계통연계형으로 구분되며, CTTS 절체 시 발전기 조속기 및 전압 제어가 필요하다.

구분	일반형	계통연계형
전력공급방식	한전 or 발전	한전 and 발전
	절체 Type	병렬 Type
설비설치	변압기별 설치	1대 설치
	발전기용량 > 부하량	발전기용량 > 부하량
한전 정전 시	• 비상시 : 정전 • 발전전원 공급 시 : 무정전	• 비상시 : 정전 • 계통연계 시 : 무정전
용도	ATS 대체용, DR용(전력수요관리), PEAK 관리	ATS 대체용, DR용(전력수요관리), PEAK 관리
승인사항	필요없음	한전병렬운전 조작합의서 협약 필요함
발전기 고장 시	정전	정전없음(발전기부하만 차단)
설계 및 발전전력 흐름		

"할 수 있다고 믿는 사람은 그렇게 되고,
할 수 없다고 믿는 사람 역시 그렇게 된다."

- 샤를 드골 -

계기용 변성기
및 보호계전기

4
CHAPTER

계기용 변류기(CT : Current Transformer)의 원리 및 종류

1 개요

(1) 정의

변류기는 1차 권선, 2차 권선 및 철심으로 구성되고 철심을 지나는 자속을 매개로 해서 1차 전류를 이것에 비례하는 2차 전류로 변성하는 것이다.

(2) 목적

① 계기, 계전기를 고전압, 대전류의 주회로로부터 절연시킨다.
② 주회로의 전압, 전류를 계기, 계전기의 입력으로 변성한다.
　㉠ 측정, 보호범위의 확대
　㉡ 계기, 계전기의 소형화, 표준화

2 원리

① 계통의 부하전류 I_1에 의해 철심 내 자속 Φ_1이 유기되고 자속 Φ_1이 2차 코일과 쇄교하여 2차 코일에 전압이 유기되고 이로 인해 전류 I_2가 흐른다.
② I_2에 의한 자속 Φ_2는 Φ_1과 크기는 같으나 방향이 반대이고 $\Phi[\text{Wb}] = \Phi_1 - \Phi_2$만큼이 여자 자속이 되며 이 자속을 만드는 전류가 여자전류(I_0)가 된다.

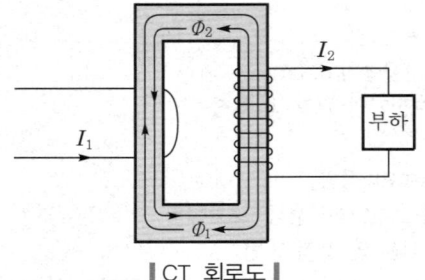

┃CT 회로도┃

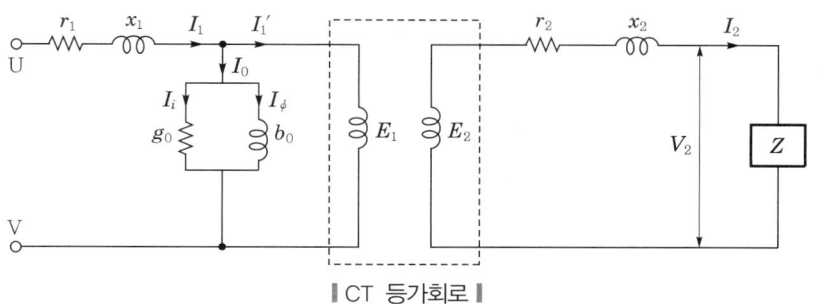

┃CT 등가회로┃

③ 1·2차 권선수를 N_1, N_2라 하면 $N_1 I_1 = N_2 I_2$가 되고 1차 전류 $I_1 = \dfrac{N_2}{N_1} I_2$가 되며

$\left(\dfrac{N_1}{N_2} = a\right)$ 전류계[A]로 I_2를 측정하여 I_1을 측정한다.

④ 등가회로도에서 2차 전류를 1차 전류로 환산하면 $I_1 = I_0 + I_1' = \dfrac{1}{a} I_2 + I_0$

I_0만큼의 오차가 발생하며 이를 보정하기 위해 2차 측 권선을 적게 결선한다.

3 사용목적 및 선정순서

사용목적	선정순서
• 측정범위의 확장 • 절연유지(안전확보) • 정밀도 유지 • 원격계측 가능 • 2차 회로의 표준화	• 최대 부하전류 산출 • CT 1차 정격전류 산출 • 정격부담, 오차계급 • 정격과전류강도, 정격과전류정수 • 단락보호 검토

4 계기용 변류기의 종류

분류방식	종류
절연구조	건식, 유입, 몰드, 가스
권선형태	권선형, 관통형, 봉형, 부싱형, 이중비
철심형태	다중 철심형, 공심형
용도	계측기용, 보호용, C형, T형

5 포화특성

(1) CT 1차 측 단락전류와 같은 대전류가 흐를 경우

① 철심에 대전류가 흐를 때 어느 정도 한도를 넘어서면 전류가 증가해도 자속은 더 이상 증가되지 않는 포화현상이 발생된다.

② 포화된 곡선부분에서는 전압이 0이 되므로 2차 측 전류의 흐름이 없다(전류 0).

③ 포화현상에 따른 2차 측 전압파형은 왜형파형태로 유기되며 이로 인해 전체적으로 2차 측 전류도 감소하게 된다.

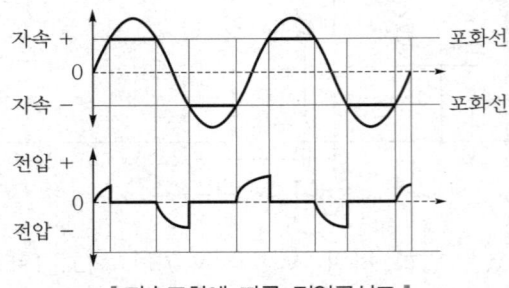

∥ 자속포화에 따른 전압곡선도 ∥

(2) CT 2차 개방(open)

① 2차 측에 전류가 흐르지 못하므로 CT 등가회로에서처럼 1차 측 전류는 모두 여자전류가 되어 철심에 흐르게 되며 철심포화현상이 발생된다.

② 철심에 유기되는 전압$[V] = n\dfrac{d\Phi}{dt}$ 에서 철심이 포화되기 전까지의 $\dfrac{d\Phi}{dt}$ 는 매우 커서 철심에 유기되는 전압은 크게 증가하게 된다.

③ 과전류 특성이 좋은 변류기일수록 또 동일 변류기에서 2차 전류가 클수록 높은 전압이 발생한다.

④ JEC 규정에 2차 개로에 대해 정격 1차 전류가 흐르는 상태에서 1분간 개로 시 전기·기계적 손상이 생기지 않도록 규정하였다.

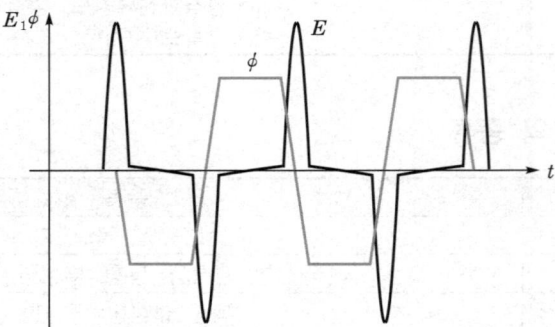

∥ CT 2차 개방 시 Peak파 전압 및 자속 파형 ∥

6 변류기의 구분

(1) 분류

① 권선형태

    ㉠ 권선형 CT

    ㉡ 관통형 CT

ⓒ 다중비 CT

ⓓ 부싱 CT

② 절연형태

㉠ 유입형 CT

㉡ Mold형 CT

㉢ 가스형 CT

③ 철심 유무

㉠ 다중 철심형 CT

㉡ 공심형 CT

④ 사용목적

㉠ 계전기용 CT

㉡ 계측기용 CT

⑤ 사용장소

㉠ 옥내형 CT

㉡ 옥외형 CT

(2) CT의 분류에 따른 개요

① 권선형 CT

㉠ 1차 측 권선이 2turn 이상이 되는 CT로, 일반적으로 750A 이하에서 사용된다.

㉡ 정격 1차 전류가 400A 이상인 CT에서는 3차 권선변류기를 사용한다.

㉢ 사용전압에 따른 구분

• 20kV 미만 옥내형 : 주로 몰드형이 사용된다.

• 20kV 이상 옥외형 : 주로 유입식이 사용된다.

㉣ 최근 동향 : 에폭시레진 또는 부틸고무 등을 사용한 몰드형으로 많이 사용되며 일반수전 설비에서 오차계급 1.0급을 많이 사용한다.

② 관통형 CT : 케이블, 모선, 부싱 등을 변류기 1차 권선으로 1turn 시킴으로써 1차 권선의 전류범위가 작을 경우 좋은 오차특성을 얻기가 어렵다.

③ 이중비(다중비) CT

㉠ 변류비가 2개 이상인 CT로 1차 권선을 다르게 결선하거나 2차 권선에 여러 탭을 두어 변류비를 변경한다.

㉡ 하나의 CT에 보호계전기용과 계기용을 겸용으로 사용할 수 있다.

㉢ CT비 구성 : 200/100/5, 100/50/5, 40/20/5 등

㉣ 과전류정수(n) 선정은 높은 변류비를 기준으로 선정한다.

ⓜ 관통형과 권선형의 이중비 CT

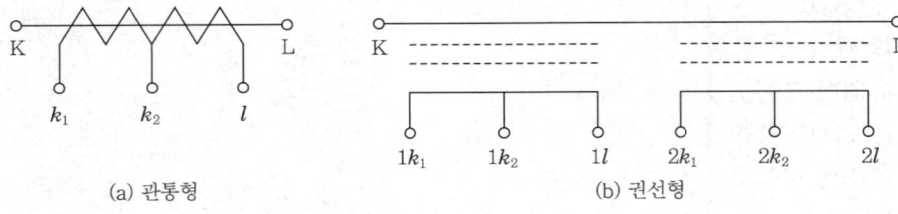

(a) 관통형　　　　　　　　　(b) 권선형

❙ 이중비 CT 결선도 ❙

④ 공심형 변류기

　　㉠ 일반변류기의 철심이 없는 CT 구조이다.

　　㉡ 2차 측 전압 $E_s = J\omega M I_p$(통과전류 : 1차 전류)의 관계에 의해 2차 측에 전압이 유기된다.

　　㉢ CT 2차 측이 개방되어도 일반 CT와 같은 과전압이 없다.

　　㉣ 정격전압 1000/5와 같은 초고압 모선용에 적용된다.

⑤ 다중 철심형 CT

　　㉠ 2개 이상의 CT 같은 외함에 들어 있는 CT로, 1차 도체는 공용한다.

　　㉡ 사용목적에 따라 CT를 나누어 사용한다.

　　㉢ 경제성과 설치장소의 절약을 목적으로 한다.

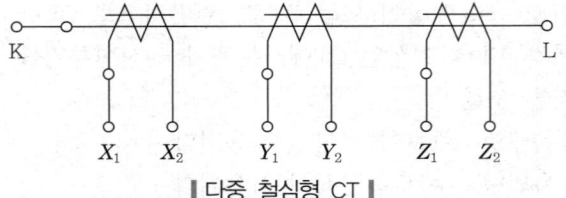

❙ 다중 철심형 CT ❙

⑥ 계측용 CT

　　㉠ 계측용은 평상시 정상부하상태에서 사용되므로 정격 이내에서 정확하게 계측되어야 하며 사고 시에는 포화되어 계측기 및 회로를 보호하는 특성이 구비될 것

　　㉡ 오차계급이 중요하게 고려된다.

　　㉢ 표준형의 경우 0.1, 0.2급 등이 적용된다.

　　㉣ 일반 계측용은 보통 1.0급이 적용된다.

⑦ 계전기용 CT

　　㉠ 보호계전기용은 사고 시 대전류영역에서 사용된다.

　　㉡ 대전류영역에서 포화되지 않는 특성이 우수해야 한다.

　　㉢ ANSI 규정에서 정격 20배의 전류에 포화되지 않고 비오차가 10% 이내로 유지되게 규정하고 있다.

ⓔ 과전류정수가 중요하게 고려되며 과전류정수가 작을수록 고장전류의 유입이 적다.

ⓜ 정격 이상의 과전류정수 선정 시 CT의 열적 충격이 커질 가능성이 있다.

┃ 계측기용과 보호용의 차이점 ┃

항목	계측기용	보호용
오차계급	0.1, 0.2, 0.5, 1, 3, 5	5P, 10P
과전류에 대한 1차 정격	IPL	정격오차한도 1차 전류
과전류에 대한 규정	FS	과전류정수 $n=5$, 10, 15, 20, 30
과전류강도(열적)	계통고장전류(rms, kA)	계통고장전류(rms, kA)
과전류강도(기계적)	계통고장전류의 파고치	계통고장전류의 파고치

7 설계 시 고려사항

① 2차 배선은 $3.5mm^2$ 이상으로 결선하고 전압강하는 1% 이하일 것

② 경제성을 고려한 변성기 계급을 선정한다.

③ 2차 측에 접속되는 계기, 계전기, Cable의 합계부담[VA]은 정격부담을 넘지 않을 것

④ 정격전압은 주회로의 정격전압 이상의 것을 채용한다.

⑤ 비율차동계전기에 사용하는 변류기의 정격 과전류정수 및 오차계급은 동일한 것을 사용하고 오차에 의한 전류로 계전기가 작동되지 않도록 할 것

SECTION
02 변류기(CT) 정격 및 특성

기출
지문
Q1 계기용 변류기(CT)의 주요 정격으로 CT계급, 최고 전압, 정격전류, 정격부담, 정격내전류, 과전류강도에 대하여 설명하시오. 건 99회 출제

Q2 계기용 변류기(CT)의 선정 시 고려할 사항 중 정격전류, 정격부담, 과전류정수, 과전류강도에 대하여 설명하시오. 용 121회 출제

Q3 변류기(CT)의 ANSI 또는 IEC 오차계급(accuracy) 규격의 종류에 대하여 상세히 설명하고, 다음 용어에 대하여 간단히 설명하시오. 발 86회 출제
(1) 극성
(2) 과전류정수
(3) 정격부담
(4) 포화곡선
(5) C200 변류기의 부담(CT 2차 정격 : 5A, 과전류정수 : 20)
(6) CT 선정 시 고려사항
(7) 부담과 과전류정수와의 상관관계

Q4 ANSI Standard에 따른 변류기의 규격인 C200과 C100의 의미를 설명하고, 변류기의 2차 임피던스가 1.5Ω일 때 상기 변류기 중 규격을 선정하고, 선정방법을 설명하시오. 발 123회 출제

건 건축전기설비기술사 / 용 전기응용기술사 / 발 발송배전기술사 / 소 소방기술사 / 안 전기안전기술사 / 화 화공안전기술사 / 정 정보통신기술사

1 CT계급

계기용 변성기의 정확도를 나타낸 것이다.

계급	호칭	중요 용도	비고
0.1급 0.2급	표준용	• 초정밀 측정, 시험용의 표준기 • 정밀측정용, 요금계산용	계측기용
0.5급 1.0급 3.0급	일반계기용	• 정밀계측용, 요금계산용 • 보통계측용(공업용 계측)-전압, 전류, 전력 등 • 배전반용(전압, 전류, 과전류 및 과전압 계전기)	계측기용
5P, 10P	보호용	계통고장전류의 검출	보호용

2 정격전류

(1) 정격 1차 전류

그 회로의 최대 부하전류를 계산하여 여유치를 고려한다.
① 수전회로, 변압기용 : 최대 부하전류×1.25 ~ 1.5[배]
② 전동기 부하용 : 최대 부하전류×200 ~ 250[%]

(2) 정격 2차 전류

① 일반계기, 보호계전기용 : 5A

② Digital 계전기용 : 1A, 5A

③ 변류기 2차 전류 : 변류기 2차 부하전류와 동일

3 정격전압(최고 전압)

(1) 규정된 조건하에서 CT 특성을 보증할 수 있는 회로의 최고 전압이다.

(2) 정격전압의 분류

공칭전압[kV]	3.3	6.6	22.9(22)	66	154
최고 전압[kV]	3.6	7.2	25.8(24)	72.5	170

4 정격부담[VA]

(1) 정의

CT 2차 측의 부하가 정격주파수의 2차 전류하에서 소비하는 피상전력[VA]이다.

$$정격부담 = Z \times I^2 [\text{VA}]$$

여기서, I : 정격 2차 전류

Z : CT 2차 권선의 임피던스[Ω]

(2) 정격 2차 부담

❙ 일반계기용 정격 2차 부담 ❙

계급	정격 2차 부담	역률
0.5급	15, 25, 40, 100	0.8
1.0 ~ 3.0	5, 10, 15, 25, 40, 60, 100	0.8

(3) 선정 시 주의사항

① CT 2차 측의 부하보다 큰 정격부담을 선정한다.

② 일반적으로 특고압용 → 100VA, 고압용 → 40VA

③ 부하가 정격부담보다 클 경우 오차 증가에 의한 과전류특성이 나빠진다.

④ 변류기 2차 배선의 길이가 긴 경우 배선임피던스에 의한 부담을 고려한다.

⑤ 차단기, 계전기, 계측기와 조합사용 시 조합성능이 확인된 기기를 선정해야 한다.

5 정격과전류강도(정격 내 전류)

(1) 정의

회로에 단락사고 발생 시 CT 1차에 고장전류가 흐르는데 이 경우 열적·기계적으로 정격 1차 전류 대비 몇 배의 전류배수까지 CT가 견딜 수 있는가를 나타낸 정도를 말하며, 열적 과전류강도와 기계적 과전류강도로 구분된다.

(2) 표준값

40배, 75배, 150배, 300배(별도 주문품)

(3) 종류

① 열적 과전류강도

㉠ 정의 : 단락전류(1초간)에 의한 권선의 온도 상승 시 권선이 용단에 견디는 강도를 나타낸 값으로, CT를 손상시키지 않고 1차 측에 흘릴 수 있는 최대 전류(kA, rms)를 말한다.

㉡ 관계식

$$S = \frac{S_n}{\sqrt{t}}$$

여기서, S : 통전시간 t초에 대한 열적 과전류강도

S_n : 정격과전류강도, t : 통전시간

② 기계적 과전류강도

㉠ 정의 : 단락전류에 의한 전자력에 권선이 열적·기계적으로 손상되지 않는 1차 측 전류의 파고치[kA Peak]를 말하며 IEC, JEC에서 열적 과전류의 2.5배로 한다.

㉡ 관계식

$$기계적\ 과전류강도 \geq \frac{최대\ 단락전류[A]}{CT\ 1차\ 정격전류[A]}$$

6 과전류정수(n)

(1) 정의

① 과전류영역에서의 오차특성을 나타낸 값으로, 정격부담, 정격주파수하에서 변성비 오차가 -10%가 될 때의 1차 전류와 정격 1차 전류의 비를 n으로 표시한 것이다.

② 관계식

$$과전류정수(n) = \frac{I_1}{I_{1n}}$$

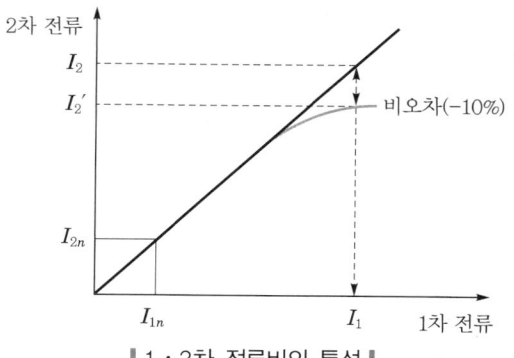

║ 1·2차 전류비의 특성 ║

(2) 표준오차

$n = 5$, $n = 10$, $n = 20$

① $n = 10$의 의미 : 10배의 전류에서 −10% 오차보증(즉, −10% 비오차)

② $n = 20$의 의미 : 20배의 전류에서 −10% 오차보증(즉, −10% 비오차)

(3) 선정 시 고려사항

① 고장전류에 의한 CT가 포화되지 않도록 n값을 정한다.

② 가능한 과전류정수가 적은 것을 선정한다. → 1선 지락과 같은 고장 발생 시 계전기로 유입되는 전류를 적게 한다.

③ 겉보기 과전류정수(n')

$$n' = n \times \frac{\text{변류기 정격부담[VA]} + \text{변류기 정격 내부손실[VA]}}{\text{변류기 사용부담[VA]} + \text{변류기 내부손실[VA]}}$$

║ 과전류정수의 사용부담에 따른 변화 ║

n \ VA	정격부담	사용부담		
	40VA	25VA	15VA	10VA
과전류정수	$n > 10$	$n' > 15$	$n' > 20$	$n' > 25$

④ 보호계전기의 정격 내전류와의 관계

　㉠ 보호계전기의 내전류 : $40 I_n$(일본), $80 I_n$(유럽)

　㉡ 보호계전기의 과부하내량을 β, CT의 과부담도를 α라 할 때

　　• $\beta > \alpha$

　　• $\alpha = \dfrac{\text{최대 고장전류}}{\text{CT 1차 정격전류} \times \text{과전류정수}(n)}$

　　• $\beta < \alpha$인 경우 CT 1차 정격전류 또는 과전류정수를 큰 값으로 수정한다.

❚ 계전방식에 따른 과전류정수 ❚

보호대상		계전방식	과전류정수	
			표준	특수
발전기		차동계전	10	20
변압기	2권선	차동계전	10	20
	3권선		20	40
전동기		과전류	10	20
배전선		과전류	5	10

(4) 과전류정수와 오차계급과의 관계

과전류정수(n)	오차계급	비오차	위상각(분)
$n > 40$	0.5급	±0.5	20
$n > 20$	1.0급	±1.0	40
$n > 10$	3.0급	±3.0	120

7 비오차(변류 비오차)

(1) 개념

실제 변류비와 공칭변류비가 어느 정도 차이가 있는지를 백분율[%]로 나타낸 것이다.

(2) 비오차의 식

$$비오차 = \frac{공칭변류비 - 실제\ 변류비}{실제\ 변류비}$$

(3) 비오차 계산의 예

공칭변류비가 100/5의 CT에 1차 전류 100A가 흐를 경우 2차 측에 4.9A의 전류가 흐를 때 비오차를 계산하면, 다음과 같다.

$$비오차 = \frac{공칭변류비 - 실제\ 변류비}{실제\ 변류비} = \frac{\frac{100}{5} - \frac{100}{4.9}}{\frac{100}{4.9}} = -2\%$$

03 변류기의 비오차, 오차계급, 포화특성, 과전류정수의 관계

기출지문

Q1 변류기부담의 종류 및 적용에 대하여 설명하시오. 건 106회 출제

Q2 변류기의 포화특성을 설명하시오. 건 117회 출제

Q3 변류기 Knee point voltage의 정의와 CT(Current Transformer)에 미치는 영향에 대하여 설명하시오.
건 124회 출제

Q4 변류기에 대하여 다음을 설명하고 계산하시오. 건 124회 출제
  (1) 비오차
  (2) 합성오차
  (3) 비보정계수(ratio correction factor)
  (4) 100/5의 변류기 1차에 100A가 흐르고 2차에 4.96A가 흐를 경우 변류기 비오차를 계산하시오.

Q5 변류기(CT) 포화전압의 정의와 포화전압과 부하 임피던스(impedance)의 관계에 대하여 설명하시오.
안 122회 출제

건 건축전기설비기술사 / 응 전기응용기술사 / 발 발송배전기술사 / 소 소방기술사 / 안 전기안전기술사 / 화 화공안전기술사 / 정 정보통신기술사

1 변류기의 등가회로

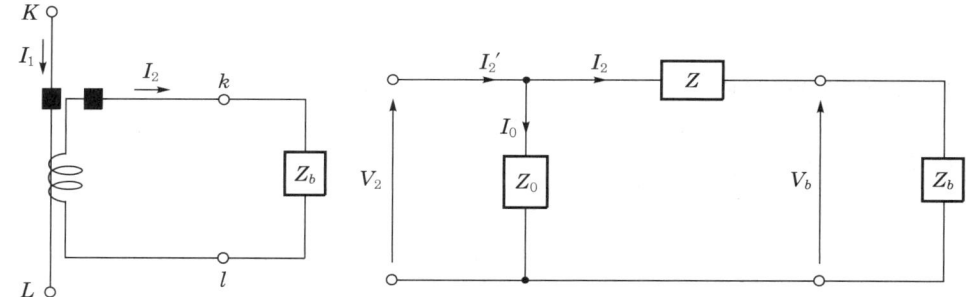

여기서, I_2' : 변류기의 공칭변류비에 의한 (이상적인) 2차 전류

$\quad\quad I_2$: 변류기의 실제 2차 전류

$\quad\quad I_0$: 여자전류

$\quad\quad Z_0$: 변류기의 여자임피던스

$\quad\quad V_2$: 변류기 2차 측 전압

$\quad\quad V_b$: 변류기 2차 측 단자전압 또는 부담전압

$\quad\quad Z$: 변류기의 내부임피던스

$\quad\quad Z_b$: 변류기의 부담(케이블, 계전기 등)

2 비오차

(1) 비오차의 유도

$$\varepsilon = \frac{K_n - K}{K} \times 100 = \frac{1 - \left(1 + \dfrac{I_0}{I_2}\right)}{\dfrac{I_2 + I_0}{I_2}} \times 100$$

$$= -\frac{I_0}{I_2 + I_0} \times 100 \simeq -\frac{I_0}{I_2} \times 100\,[\%]$$

$$\rightarrow I_0 = \frac{V_2}{Z_0}$$

여기서, K_n : 공칭변류비

$\quad\quad K$: 실제 변류비

(2) 위상오차(phase error)

비오차는 1차 전류와 2차 전류의 크기에 따른 오차를 의미하며 위상오차는 1차 전류와 2차 전류의 위상이 정확히 180°가 발생되지 않는 오차이다. 비오차, 위상오차 모두 여자전류가 증가되면 오차가 증가한다.

(3) 합성오차(composite error)

비오차와 위상오차를 동시에 고려한 것을 합성오차라 하며, 합성오차는 다음 식에서 산출한다 (IEC 규격에서만 있음).

$$\varepsilon = \frac{100}{I_2} \sqrt{\frac{1}{T} \int_0^T (K_n i_2 - i_1)^2 dt}$$

여기서, I_1 : 1차 전류(실횻값)

$\quad\quad i_1$: 1차 전류(순시값)

$\quad\quad i_2$: 2차 전류(순시값)

3 포화전압(knee point voltage)

(1) Knee point voltage(포화전압)

변류기 1차 측을 개방하고 2차 측에 정격주파수의 전압을 인가하면서 변류기의 여자특성을 측정할 때 포화되기 직전 2차 전압이 +10% 증가될 때 2차 여자전류가 +50% 증가되는 점이다.

(2) 포화전압이 높은 특성의 계전기에 사용하면 큰 고장전류에서도 확실한 보호계전기 동작을 기대할 수 있다.

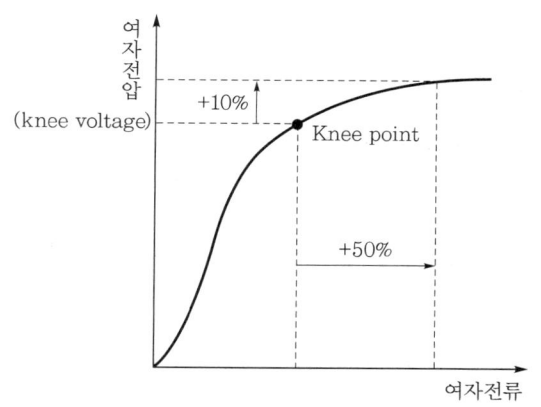

4 변류기의 부담

(1) 부담

변류기의 2차 또는 3차에 회로에 접속된 부하(케이블, 계기 및 계전기) 임피던스 또는 피상전력 (2차 정격전류×부하 임피던스)으로 나타낸다.

(2) 정격부담

정격부담은 2차 정격전류(5A, 1A)가 부하임피던스에 흐를 때 규정된 오차범위를 유지할 수 있는(성능을 보증할 수 있는) 피상전력을 [VA]로 표시한 것이다.

(3) 표준 정격부담

5, 10, 15, 20, 25, 40, 60VA

(4) 사용부담이 정격부담 이상이 될 경우 규정된 오차범위를 벗어나게 된다.

$$[VA] = I_2{}^2 \times Z_b$$

여기서, I_2 : 2차 정격전류

Z_b : 부하임피던스(계전기, 계측기 및 케이블의 임피던스를 포함한 총부하)

277

5 과전류정수

(1) 과전류정수(n)

보호계전기용 변류기는 과전류영역에서 비오차가 중요하게 되므로, 과전류 영역에서의 비오차를 보증하기 위한 값이다.

(2) 과전류정수는 과전류영역의 오차특성을 표시하는 값으로, 정격부담(PF = 0.8 지역률)에서 비오차가 −10%가 될 때의 1차 전류를 1차 정격전류로 나눈 값이다.

$$n = \frac{정격부담에서\ 비오차가\ -10\%가\ 될\ 때의\ 1차\ 전류}{1차\ 정격전류}$$

(3) 표준값은 $n > 5$, $n > 10$, $n > 20$으로 보호용 CT의 과전류에서 포화특성을 나타낸다.

┳LUS 변류기의 과전류정수와 부담과의 관계

1. 변류기의 2차 측 부담에 따른 포화특성

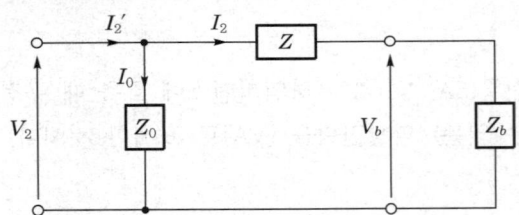

(1) 관련식

① 회로전압 관계 : $V_2 = V_b + I_2 Z$

② 전류기 부하 전압식 : $V_b = I_2 Z_b$

③ 전류관계 : $I_2{}' = I_2 + I_0$

(노드에서 오른쪽으로 흐르는 전류 I_2와 CT의 자기적 누설/자화류 등 I_0의 합이 입력 $I_2{}'$임)

④ 비오차 : $\varepsilon ≒ -\dfrac{I_0}{I_2}$

(부가적인 자화류·누설류 I_0 때문에 생기는 상대오차는 대략 위와 같다. −부호는 정의에 따라 달라질 수 있음)

(2) 해석

① 2차 부하 임피던스 Z_b 감소효과 : 일정한 2차 전류 I_2 조건에서, 2차 측 부하 임피던스 Z_b가 작아지면 부하전압 $V_b = I_2 Z_b$가 낮아지고, 따라서 전체 2차 전압 V_2도 함께 감소한다.

② 여자전류 감소 및 비오차 축소 : V_2가 낮아지면 CT의 여자전류 I_0도 감소한다. 특히 포화 이전 영역에서는 여자 임피던스가 매우 크므로 $I_2' = I_2 + I_0 ≒ I_2$로 근사할 수 있다. 이 경우 비오차 $\varepsilon ≒ -\dfrac{I_0}{I_2}$가 매우 작아진다.

③ 과전류정수의 상대적 증가 : 여자전류가 줄어듦에 따라 동일한 정격부담 조건에서도 CT는 더 큰 전류를 정확하게 측정할 수 있다. 즉, CT의 과전류정수(accuracy limit factor)가 상대적으로 증가하게 되며, 2차 측 부하를 줄이면 더 높은 과전류 영역까지 사용 가능하다.

④ 부담 증가 시의 반대현상 : 반대로, 2차 부하가 커지면 V_2가 증가하고 이에 따라 여자전류 I_0도 상승한다. 그 결과 비오차가 커지고, CT의 과전류정수도 낮아진다. 따라서, CT는 과부하조건에서 정확도가 떨어지게 된다.

2. 과전류정수와 부담과의 관계

(1) CT의 과전류정수와 CT의 2차 부담의 곱은 거의 일정한 관계를 갖는다.

> 과전류정수×정격부담 ≒ 일정

(2) 사용부담이 정격부담의 $\dfrac{1}{2}$이면 과전류정수는 대략 2배가 되며, 반대의 경우는 과전류정수가 감소하게 된다.

(3) 큰 과전류정수가 필요로 할 때는 부담(전자형 계전기, 디지털 계전기 또는 케이블의 길이 등)을 줄여야 한다.

(4) 과전류정수를 너무 크게 하게 되면 변류기 2차 측에는 사고전류에 비례한 큰 전류가 흘러 계전기의 열적·기계적 내량이 문제가 되므로 주의하여야 한다.

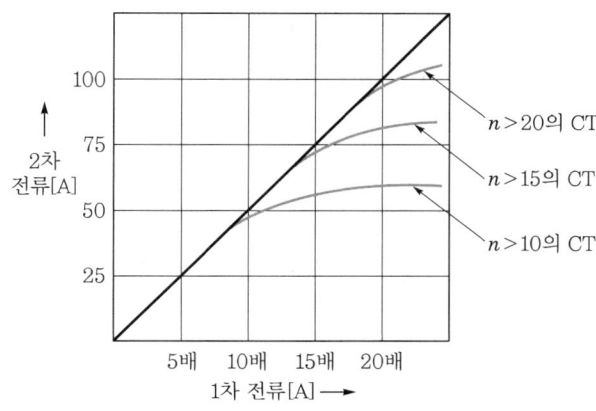

SECTION 04 변류기(CT) 2차 측 개방현상과 대책

1 개요

① 계기용 변류기(CT)는 대전류를 직접 계측·보호할 수 없어 소전류로 변성한 것으로, 용도상 계측용과 보호용으로 구분된다.

② CT 2차 개방 시 1차 전류가 모두 여자전류가 되어 철심이 과도하게 여자되고, 포화에 의한 한도까지 고전압이 유기되어 절연이 파괴될 우려가 있으므로 변류기 2차 측은 1차 전류가 흐르고 있는 상태에서는 절대로 개방되지 않도록 주의해야 한다.

2 등가회로 및 벡터도

(1) 이상적인 변류기는 $I_1 = I_2$이지만 실제 변류기는 1차 전류 I_1이 여자전류 I_o로서 철심의 여자에 소비되고 나머지 전류가 I_2가 된다.

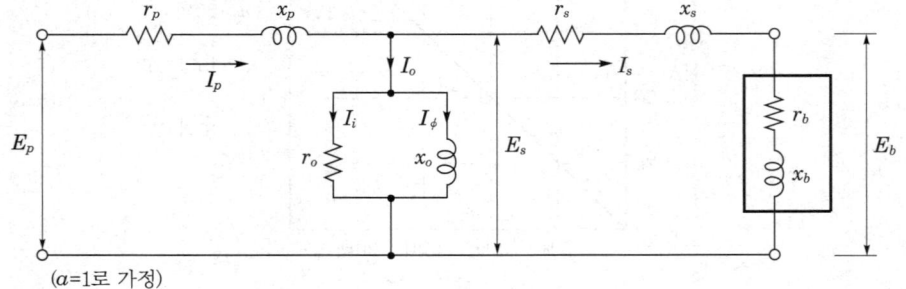

| 변류기의 등가회로 |

여기서, r_p, x_p : 1차 권선저항 및 누설리액턴스

r_s, x_s : 2차 권선저항 및 누설리액턴스

r_b, x_b : 2차 부담 및 리액턴스

r_o, x_o : 철심의 철손저항 및 여자리액턴스

I_p, I_s : 1차 전류 및 2차 전류

I_o, I_i, I_ϕ : 여자전류, 철손전류, 자화전류

E_s : 1차 유기전압, 2차 유기전압

(2) 벡터도

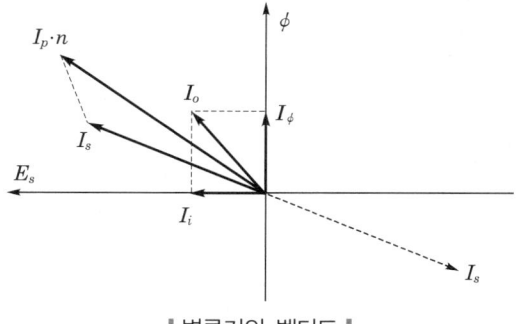

┃ 변류기의 벡터도 ┃

(3) 관련 수식

① $n = \dfrac{V_1}{V_2} = \dfrac{N_1}{N_2} = \dfrac{I_2}{I_1}$

② $I_1 = I_2 + I_o$, $I_o = I_i + I_\phi$

③ $E_s = E_2 = I_2\{(r_p + r_s) + j(x_p + x_s)\}$

▣ 3 CT 2차 측 개방 시 현상

(1) 개방 시 등가회로

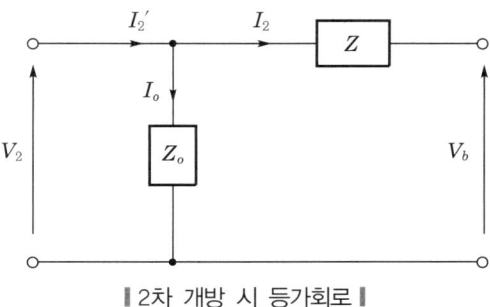

┃ 2차 개방 시 등가회로 ┃

(2) 2차 측 개로 시 현상

① R_2, X_2가 무한대가 되는 것을 의미한다.

㉠ $V_2 = \dfrac{I_1}{I_2} \times V_1$

㉡ 2차 측 개방 → $I_2 = 0$, 즉 $\dfrac{\text{상수}}{0} = \infty$

㉢ V_2 전압이 상승되어 절연이 파괴된다.

281

② 1차 전류 I_1은 계속 흐르지만 2차 전류 I_2는 흐를 수 없게 되므로 I_1이 모두 여자전류 I_o가 된다.

③ 철심이 과도하게 여자되고, 포화에 의한 한도까지 고전압이 유기된다.

4 2차 측 개로 시 전압파형

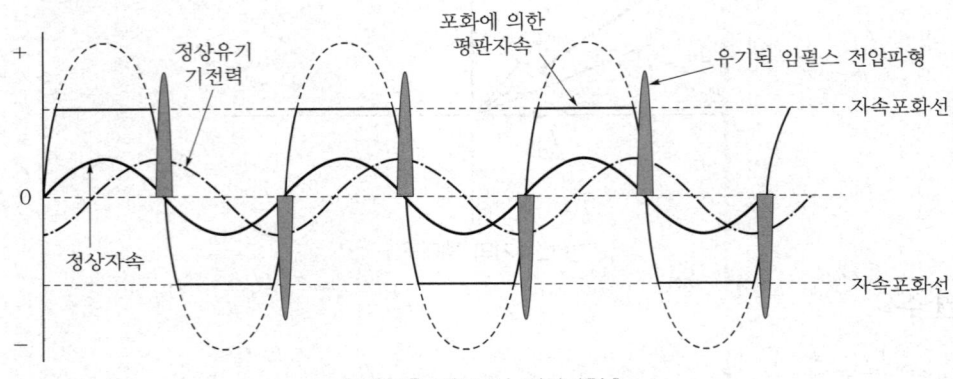

┃2차 측 개로 시 전압파형┃

참고

CT 2차 측 개방 시 현상

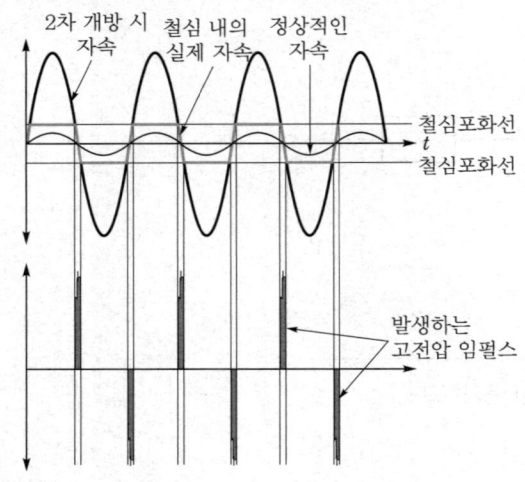

① CT의 철심에 흐르는 자속은 $\Phi = \Phi_1 - \Phi_2$ [Wb]

② 2차가 개방이면 $\Phi_2 = 0$

③ 1차 전류가 모두 여자전류로 되면 CT 철심은 포화된다.

④ 철심이 포화상태에 있는 구간 $\dfrac{d\Phi}{dt} = 0$이므로

역기전력 $E = -n\left(\dfrac{d\Phi}{dt}\right) = 0$

⑤ 철심이 포화상태가 아닌 구간 $\dfrac{d\Phi}{dt}$가 매우 커지므로 역기전력 $E = -n\left(\dfrac{d\Phi}{dt}\right)$가 매우 커진다.

⑥ 즉, 임펄스형태의 고전압이 불연속적으로 유기된다.

5 CT 2차 측 개방에 대한 대책

(1) CT 2차 측은 반드시 접지한다.

① 1차 권선과 2차 권선 사이의 정전용량에 의해 1차쪽 고압이 2차쪽으로 이행될 수 있다.

② 그 이행전압을 대지로 방전시키기 위해 2차 측을 접지한다.

(2) 변류기 2차 측은 1차 전류가 흐르고 있는 상태에서는 절대로 개로되지 않도록 주의한다.

(3) 2차 개로전압 억제를 위한 적당한 보조장치가 필요하다.

① 셀렌정류기를 사용(비직선 저항 이용)해 고전압 방류

② 2차 개로 후 곧바로 폐로 시 그대로 사용해도 무방하나 잔류자기에 의한 오차가 발생
→ 감자하여 잔류자기 제거 필요

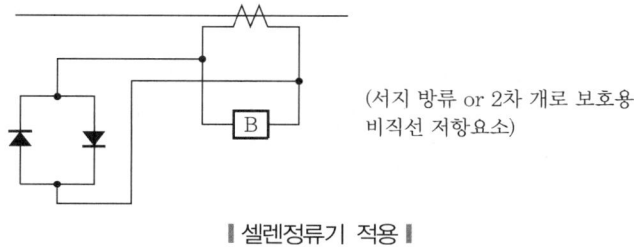

(서지 방류 or 2차 개로 보호용
비직선 저항요소)

▌ 셀렌정류기 적용 ▌

283

Knee point voltage (포화전압)

기출
지문

Q1 공심변류기의 구조와 특성에 대하여 설명하시오. [건 105회 출제]

Q2 변류기의 포화특성을 설명하시오. [건 117회 출제]

Q3 변류기 Knee point voltage의 정의와 CT(Current Transformer)에 미치는 영향에 대하여 설명하시오.
[건 124회 출제]

Q4 전류변성기(Current Transformer)의 Knee point voltage란 무엇인가? [건 66회 출제]

Q5 CT(Current Transformer)의 포화특성에 대하여 설명하시오. [안 128회 출제]

건 건축전기설비기술사 / 웅 전기응용기술사 / 발 발송배전기술사 / 소 소방기술사 / 안 전기안전기술사 / 화 화공안전기술사 / 청 정보통신기술사

1 정의

포화되기 직전의 2차 여자전압으로, 변류기 1차를 개방하고 2차 측에 정격주파수의 전압을 인가하면서 변류기의 여자전류를 정할 때 포화되기 직전 2차 전압이 +10% 증가될 때 2차 여자 전류가 +50% 증가되는 점의 전압을 말한다.

2 포화곡선

(1) 2차 여자포화곡선

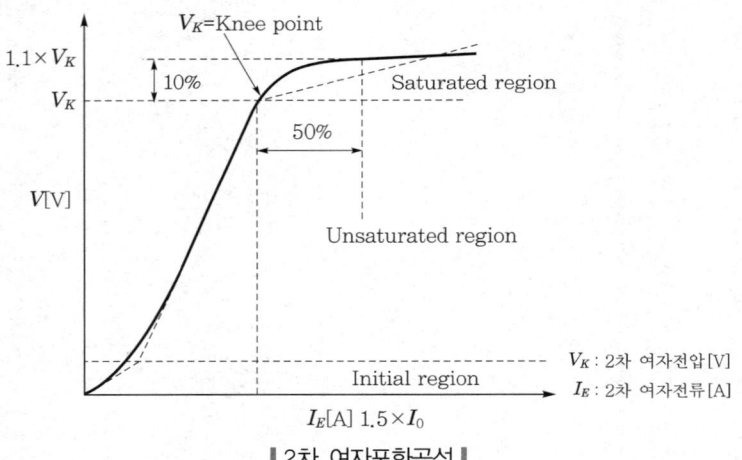

‖ 2차 여자포화곡선 ‖

① 포화곡선상에서 2차 여자전압이 +10% 증가할 때 2차 측 여자전류가 +50% 증가되는 포화곡 선상의 어떠한 기준점의 전압이 Knee point voltage이다.

② Knee voltage가 높은 특성의 CT를 계전기에 사용해야 큰 고장전류에서도 보호계전기가 확실하게 동작이 가능하다.

(2) Knee point voltage(V_K) 계산식

$$V_K = \frac{\text{VA}}{I_2} \times n$$

여기서, VA : CT 2차 정격부담

I_2 : CT 2차 정격전류(5A)

n : 과전류정수

(3) 포화특성

① 포화전압

㉠ 포화점의 인가전압을 포화전압이라 하고, 이것이 충분히 높아야 대전류영역에서 확실한 보호가 가능하다.

㉡ 보호방식 중 차동계전방식 또는 Pilot wire 방식 등에서는 사용한 양단 CT의 포화특성 일치가 매우 중요한 요소가 된다.

② 포화특성 : CT는 1차 전류가 증가하면 2차 전류도 변류비에 비례하여 증가하나 어느 한계에 도달하면 1차 전류는 증가하여도 2차 전류는 포화하여 증가하지 않는다.

(4) 포화 대책

Knee point voltage가 높은 특성의 CT를 계전기에 사용하여야 큰 고장전류에도 확실한 보호계전기 동작을 기대할 수 있다.

3 적용 시 고려사항

(1) 계전기용 CT의 경우 높을수록 유리하다.

① 대전류영역에서 CT가 포화되어 버리면 2차 전류가 상대적으로 감소하게 되어 계전기의 동작을 제대로 기대할 수 없다.

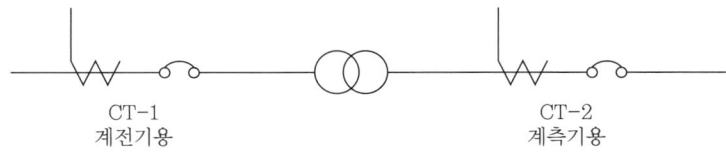

CT-1
계전기용

CT-2
계측기용

② CT-2는 계측기용으로 정격전류의 300% 정도 이상은 감지할 수 없으므로 계전기가 동작하기까지 상당한 시간이 걸려 계전기용 CT-1이 먼저 동작하여 전체가 Shut down된다.

(2) 과전류정수가 높으면 V_K(knee point voltage)도 증가한다.

(3) 적용

① 전압 차동계전기에 적용한다.

② 계전기의 동작특성 선정 시 CT의 포화특성 고려

    ㉠ CT의 포화한계전류

$$I = \frac{V_K}{2\text{차 부담}[\Omega]} = \frac{200\,\text{V}}{4\,\Omega} = 50\,\text{A}$$

    ㉡ 과전류배수 $= \dfrac{\text{CT의 포화한계전류}}{\text{CT의 정격 2차 전류}} = \dfrac{50}{5} = 10\,\text{배}$

    ㉢ 계전기 선정 시 $10I_n$의 포화특성을 고려하여 선정한다.

SECTION 06 IPL과 FS

기출지문

Q1 계측기기용 변류기와 보호계전기용 변류기의 차이점에 대하여 설명하시오. [건 114회 출제]

Q2 계측기용 변류기와 보호계전기용 변류기의 과전류 특성을 설명하시오. [건 123회 출제]

Q3 수변전설비에 사용되는 계측용 CT와 보호용 CT의 성능 및 특성에 대하여 설명하시오. [건 92회 출제]

Q4 계측용 및 계전기용 변류기의 특성 차이에 대하여 설명하시오. [안 66회 출제]

건 건축전기설비기술사 / 용 전기응용기술사 / 발 발송배전기술사 / 소 소방기술사 / 안 전기안전기술사 / 화 화공안전기술사 / 정 정보통신기술사

1 변류기의 용도

(1) 계측용
① 전류 측정 자체를 목적으로 하는 변류기이다.
② 계측용은 과전류영역에서 포화특성보다는 정격전류에서 측정 정밀도(비오차)가 우선이다.
③ 전류계, 전력계, 전력량계 등에 사용한다.

(2) 보호용(계기용)
① 고장전류를 검출하여 보호계전기를 동작시키는 것을 목적으로 하는 변류기이다.
② 보호용은 측정 정밀도(비오차)보다 과전류영역에서 포화특성(과전류정수) 및 과전류 강도가 우선이다.
③ 보호계전기용(단락 및 지락 보호)으로 사용한다.

2 변류기의 성능

계측용 변류기의 성능은 정격전류에서의 비오차로 등급을 나타내며(IEC), 전력량계에는 정밀급인 0.2급 또는 0.5급이 적용되고, 배전반의 전류계나 전력계에는 1.0급 또는 3.0급의 변류기로 적용한다.

┃ CT 용도별 오차한도 ┃

항목	계측용	보호용(계기용)
오차계급	0.1, 0.2, 0.5, 1, 3, 5	5P, 10P, 20P C100, C200, C400, C800(ANSI) T100, T200(ANSI)
과전류에 대한 1차 정격	IPL	정격오차 한도 1차 전류
과전류에 대한 규정	FS	과전류정수($n > 5$, 15, 20, 30)
과전류강도(열적)	계통고장전류(rms, kA)	
과전류강도(기계적)	계통고장전류의 파고치	

(1) IPL(Rate Instrument Limit Primary Current)

① CT 2차 부담이 정격부담일 때 계측용 CT의 합성오차가 10% 또는 그 이상일 때의 1차 전류의 최솟값이다.

② 계통고장으로 인한 높은 전류로부터 계측용 CT에 연결된 계측기 또는 이와 유사한 장치를 보호하기 위하여 합성오차는 10%보다 커야 한다.

(2) FS(Instrument Security Factor)

① 정격 1차 전류와 IPL과의 비이다.

② CT의 1차 측에 계통고장전류가 흐를 경우 계측용 CT의 2차 측에 연결된 계측기 또는 이와 유사한 장치는 FS값이 작을수록 안전하다.

③ FS의 값은 특별히 정해진 바는 없으나 계측용일 경우 5 또는 10 이하로 적용한다.

변류기의 과전류정수

기출
지문
Q1 변류기(CT)의 과전류정수와 과전류강도에 대하여 설명하시오. [건 116회 출제]

Q2 변류기의 이상현상 발생원인 중 직류분 전류에 의한 영향을 설명하시오. [건 129회 출제]

Q3 계기용 변류기에 대하여 다음을 설명하시오. [건 131회 출제]
  (1) 정격 과전류정수 및 과전류정수 선정 시 주의사항
  (2) 기계적 과전류강도

Q4 CT 1차 측에 흐르는 3상 단락전류가 20kA일 때 정격 과전류강도와 정격 과전류정수를 계산하시오.
  (단, CT비는 400/5A, 2차 부담은 40VA, CT 2차 측 실제부담은 30VA, 과전류정수 선정 시 계수는 0.5임) [건 107회 출제]

Q5 과전류정수와 과전류강도에 대하여 설명하시오. [건 65회 출제]

건 건축전기설비기술사 / 응 전기응용기술사 / 발 발송배전기술사 / 소 소방기술사 / 안 전기안전기술사 / 화 화공안전기술사 / 정 정보통신기술사

1 과전류정수(n)

(1) 정의

① 보호계전기용 변류기는 과전류영역에서 비오차를 보증하기 위한 방법으로 과전류정수라는 용어를 사용한다.

② 과전류정수란 과전류영역의 오차특성을 표시하는 값으로, 정격부담(PF = 0.8지역률)에서 비오차가 −10%가 될 때의 1차 전류를 1차 정격전류로 나눈 값이다.

$$n = \frac{정격부담에서 \ 비오차가 \ -10\%가 \ 될 \ 때의 \ 1차 \ 전류}{1차 \ 정격전류}$$

CT 100/5A 과전류정수 $n = 20$배(1차 전류 20배)

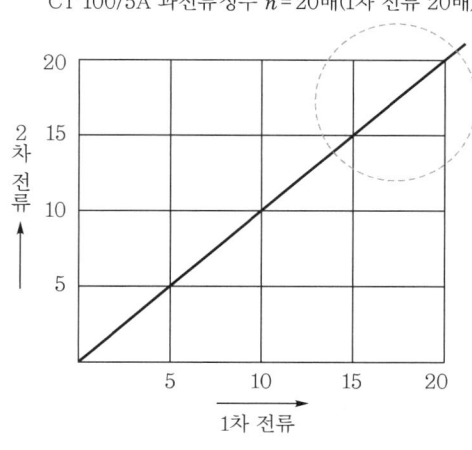

1차 전류

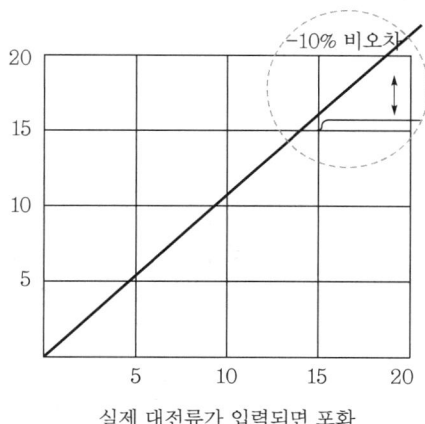

실제 대전류가 입력되면 포화

CT $100 \times n(20) = 2000$A
이상적인 100/5A → $n = 20$

(2) 표준값

$n > 5$, $n > 10$, $n > 20$으로 보호용 CT의 과전류에서 포화특성을 나타낸다.

(3) 과전류정수는 과전류가 흘렀을 때의 변류기 특성으로서, 회로에 큰 고장전류가 흐를 때 과전류정수가 작은 것이 변류기 2차에 흐르는 전류가 작아 2차에 접속된 계기 및 계전기 등을 보호하는 측면에서 유리하다.

2 CT의 비오차

(1) 비오차(ε)

공칭변류비와 측정변류비 사이에서 얻어진 백분율 오차를 말한다.

$$\varepsilon = \frac{K_n - K}{K} \times 100 \, [\%]$$

여기서, ε : 비오차

K_n : 공칭변류비$\left(K_n = \dfrac{\text{정격 1차 전류}}{\text{정격 2차 전류}} = N\right)$

K : 측정한 실제 변류비$\left(K = \dfrac{I_2 + I_0}{I_2} = 1 + \dfrac{I_0}{I_2}\right)$

$$\varepsilon = \frac{K_n - K}{K} \times 100 = \frac{1 - \left(1 + \dfrac{I_0}{I_2}\right)}{\dfrac{I_2 + I_0}{I_2}} \times 100 = -\frac{I_0}{I_2 + I_0} \times 100 \fallingdotseq -\frac{I_0}{I_2} \times 100 \, [\%]$$

(2) CT의 2차 전류가 일정하다라고 보면 CT의 오차는 여자전류에 의해 결정되고 과전류정수는 비오차가 -10%가 될 때의 여자전류를 구하는 것으로 결정한다.

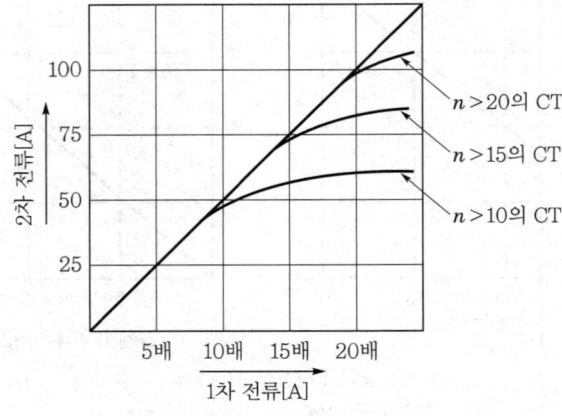

∥ 과전류 범위에서의 특성 ∥

(3) CT의 비오차 및 위상각은 여자전류의 크기에 의해 정해지므로 오차가 작은 CT는 여자전류가 작아야 한다. → 여자임피던스가 커야 한다 $\left(I_0 = \dfrac{V_2}{X_0}, \quad V_2 : \text{변류기 2차 전압} \right)$.

(4) 위상오차

① 비오차는 1차 전류와 2차 전류의 크기에 따른 오차를 의미한다.
② 위상오차는 1차 전류와 2차 전류의 위상이 정확히 180°가 발생되지 않는 오차이다.
③ 비오차, 위상오차 모두 여자전류가 증가되면 오차는 증가한다.

(5) 합성오차

비오차와 위상오차를 동시에 고려한 것이 합성오차이며 IEC 규격에서만 적용한다.

$$\varepsilon = \frac{100}{I_1} \sqrt{\frac{1}{T} \int_0^T (K_n i_2 - i_1)^2 \, dt}$$

여기서, I_1 : 1차 전류(실횻값)
$\quad\quad\quad i_1$: 1차 전류(순시값)
$\quad\quad\quad i_2$: 2차 전류(순시값)

3 2차 부담[VA]

(1) 정격부담

정격부담은 2차 정격전류(5A, 1A)가 부하임피던스에 흐를 때 규정된 오차범위를 유지할 수 있는, 즉 성능을 보증할 수 있는 피상전력을 [VA]로 표시한 것이다.

(2) 표준정격부담

5, 10, 15, 20, 25, 40, 60VA

(3) 사용부담이 정격부담 이상이 될 경우 규정된 오차범위를 초과한다.

$$VA = I_2^{\,2} \times Z_b$$

여기서, I_2 : 2차 정격전류
$\quad\quad\quad Z_b$: 부하임피던스(계전기, 계측기 및 케이블의 임피던스를 포함한 총부하)

$$VA > VA_1 \left(VA_1 = \sum_{i=1}^{n} VA_i, \ \text{전선 임피던스 포함} \right)$$

여기서, VA : 정격부담
$\quad\quad\quad VA_1$: 사용부담

(4) 과전류정수 × 부담 = 일정(손실을 무시할 경우)

(5) 겉보기 과전류정수(n')

$$n' = n \times \frac{\text{VA}}{\text{VA}_1}$$

(6) 과전류정수의 사용부담에 따른 변화

n ＼ VA	정격부담	사용부담		
	40VA	25VA	15VA	10VA
과전류정수	$n > 10$	$n' > 15$	$n' > 20$	$n' > 25$

(7) 과전류정수의 특징

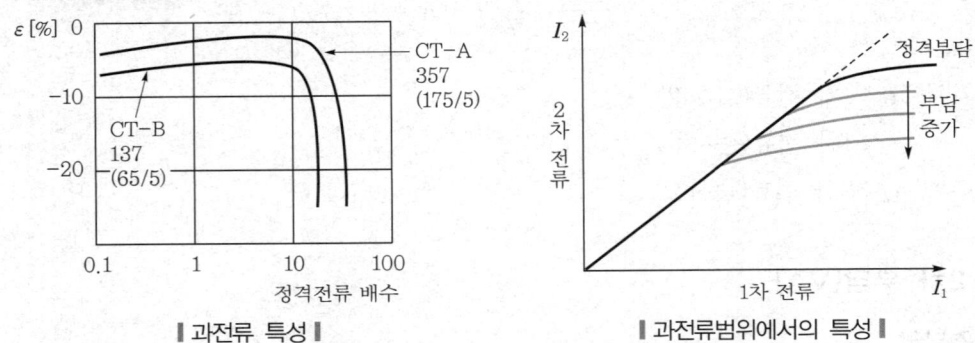

| 과전류 특성 |　　　　　　| 과전류범위에서의 특성 |

4 보호계전기의 정격 내전류(1초간 흘릴 수 있는 최대 실효전류치)에 의한 과전류정수

(1) 보호계전기의 과부하내량을 β라 할 때 $\beta > \alpha$가 성립해야 한다.

$$\alpha = \frac{\text{최대 고장전류}}{\text{정격 1차 전류} \times \text{과전류정수}}$$

여기서, α : CT의 과부담도

(2) 만약, $\beta < \alpha$일 경우 CT의 1차 전류를 한 단계 올리든가 과전류정수를 큰 값으로 수정한다.

SECTION 08 변류기의 과전류강도

1 과전류강도

① 계통에 단락사고 발생 시 그 회로에 접속된 변류기에 큰 전류가 흘러 온도가 상승하여 권선이 용단되거나 큰 전자기력에 의하여 변류기가 변형되어 버리는 경우가 발생된다.

② 위와 같은 것에 대비하여 변류기는 열적 및 기계적으로 견뎌야 하는데 변류기의 정격 1차 전류의 몇 배까지 견딜 수 있는가를 정한 것이 과전류강도이다.

$$과전류강도 = \frac{최대\ 고장전류}{CT의\ 정격\ 1차전류}$$

③ 과전류강도에는 열적 과전류강도 및 기계적 과전류강도가 있으며, 정격 과전류강도를 표시하는 경우 40, 75, 150, 300배 등이 있다.

2 열적 과전류강도

(1) 계통에 단락사고 시 도체에 모든 열이 축적되었다고 가정하고 최종 온도 상승이 절연물의 허용온도를 초과하지 않는 전류의 한계이다.

(2) 관련 수식

$$S = \frac{S_n}{\sqrt{t}}\ [kA]$$

여기서, S : 통전시간 t초에 대한 열적 과전류강도
　　　　S_n : 정격 과전류강도
　　　　t : 통전시간[s]

3 기계적 과전류강도

(1) 비대칭 단락전류의 최댓값의 전자력에 대한 내력

$$F = k \times 2.08 \times 10^{-8} \times \frac{I_1 \cdot I_2}{D} \, [\text{kg/m}]$$

여기서, F : 도체에 작용하는 힘

$I_1 \cdot I_2$: 각 도체의 전류순시값

D : 도체간격[m]

(2) 전자력에 대한 권선의 변형에 견디는 정도

$$기계적\ 과전류강도 = \frac{최대\ 고장전류}{CT의\ 정격\ 1차전류}$$

4 과전류강도의 적용기준

① MOF의 과전류강도는 기기설치점에서의 단락전류에 의하여 계산을 적용한다.

22.9kV급으로서 60A 이하의 MOF 최소 과전류강도는 전기사업자 규격에 의한 75배, 계산값이 75배 이상인 경우 150배 적용하고, 60A 초과 시 MOF의 과전류강도는 40배를 적용한다.

② MOF 전단에 한류형 전력퓨즈를 설치하였을 때는 그 퓨즈로 제한되는 단락전류를 기준으로 과전류강도를 계산하여 적용한다.

③ 수요자 또는 설계자가 MOF 또는 CT의 과전류강도를 150배 이상 요구한 경우 그 값을 적용한다.

‖ 변류기의 정격 과전류강도(전기사업자 규격) ‖

정격 1차 전압 정격 1차 전류	6.6/3.3kV	22.9kV	22kV	66kV
60A 이하	75배	75배	75배	75배
60A 초과 500A 미만	40배	40배	40배	75배
500A 이상	40배	40배	40배	40배

5 MOF 과전류강도(22.9kV 계산 예)

(1) 조건

① 전원공급변압기(45MVA, 154/22.9kV, $\%Z = 14.5\%$)

② 전선로 임피던스 : 100MVA 기준 가공 $\%Z = 3.47 + j7.46$, 지중 $\%Z = 1.08 + j2.67$[%/km]

③ MOF 임피던스 : 5/5A $Z = 0.26 + j1.17$, 10/5A $Z = 0.15 + j0.39$[Ω]

PF 용단시간을 고려한 단시간 과전류는 KS C-1706의 식에 의한다.

여기서, S : 통전시간 t초에 있어서 정격 과전류강도

S_n : 정격 과전류강도

(2) 과전류강도의 계산

한전변전소로부터 가공전선로 3km 지점의 수용가가 설치된 특고압 CT 5/5A의 정격 과전류강도 계산 예

① 한전 공급변압기, 가공전선로의 %Z를 고려하여 계산한 CT 설치점에서의 최대 비대칭 단락전류실효치 $I_S = 4.1\,\text{kA}$

② CT 전단의 보호기기(전력퓨즈) 동작시간 $t = 1.5\,\text{cycle}(0.025\text{s})$인 경우

③ 보호기기의 동작시간을 고려한 단시간 과전류

$$S = \frac{S_n}{\sqrt{t}}\,[\text{kA}]\text{에서 } S_n = S\sqrt{t} = S\sqrt{0.025} = 0.158 \times S$$

$$I_{Sn} = I_S \times \sqrt{t} = 4.1 \times \sqrt{0.025} \times 10^3 = 648.26\,\text{A}$$

④ 특고압 CT 과전류강도(배수) : $S_n = \dfrac{\text{단시간 과전류}}{\text{CT 의 정격 1차 전류}} = \dfrac{648}{5} = 130\,\text{배}$

따라서, 예시에 필요한 특고압 CT의 과전류강도는 130배 이상인 150배의 과전류강도를 갖는 제품이 설치되어야 한다.

PLUS 보호용 변류기에서 25VA 5P20, C100의 의미

1. 개요

(1) 보호용 변류기를 선정할 때 가장 중요한 것은 변류기 설치점의 최대 고장전류에서 변류기의 포화 여부를 판단하는 것이다.

(2) 변류기는 비오차가 10%를 초과하면 급격하게 과포화되기 때문에 신뢰성있는 보호를 위해서 해당 설치점에 적합한 변류기를 선정하여야 된다.

2. 25VA 5P20

(1) IEC 규격에 의한 보호용 변류기의 등급(class)

(2) 의미

① 정격부담 25VA

② P → Protection(보호용)

③ 5P20 → 과전류정수 20에서 비오차가 5% 이내인 보호용 변류기

즉, 고장전류가 정격전류의 20배가 흘렀을 때 비오차가 5% 이내인 보호용 변류기를 의미한다.

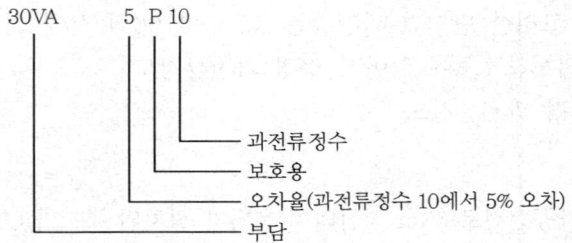

3. C100

(1) ANSI 규격에 보호용 변류기의 등급(class)

(2) 의미

① C : 관통형, 부싱형 변류기(T : 권선형)

② 100 : 변류기의 2차 정격전류(5A)의 20배 전류가 흘렀을 때 비오차가 ±10% 이내인 2차 단자전압은 100V인 보호용 변류기

③ 정격부담 = 25VA, 표준부담(Z_b) = 1Ω

$$\rightarrow Z_b = \frac{100}{5 \times 20} = 1Ω$$

광 CT

기출
지문

Q1 광 CT에 대하여 설명하시오. 출제예상
Q2 CT의 원리 및 특징에 대해 설명하시오. 출제예상
Q3 보호계전 측면에서의 광 CT와 기존 CT를 비교 설명하시오. 출제예상

건 건축전기설비기술사 / 응 전기응용기술사 / 발 발송배전기술사 / 소 소방기술사 / 안 전기안전기술사 / 화 화공안전기술사 / 정 정보통신기술사

1 개요

(1) 전자기 유도현상을 이용한 철심형 CT는 자속포화, 잔류자속, 비선형성, 고전압 시 대형화 등의 기술적인 문제점이 발생한다. 따라서, 기존 CT의 단점을 해결하기 위해 광학적 현상을 이용한 신개념의 광(光) CT가 개발되었다.

(2) 자기광학효과

① 자기장 중에 물질이 놓여질 때 물질의 광학적 성질이 변화하는 현상을 말한다.

② Faraday 효과 : 선형 편광의 방향이 변화하는 현상이다.

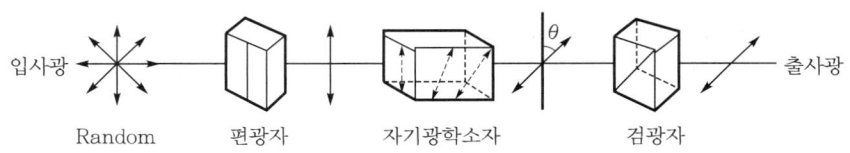

입사광 Random 편광자 자기광학소자 θ 검광자 출사광

‖ Faraday 효과의 개념도 ‖

2 광 CT의 동작원리

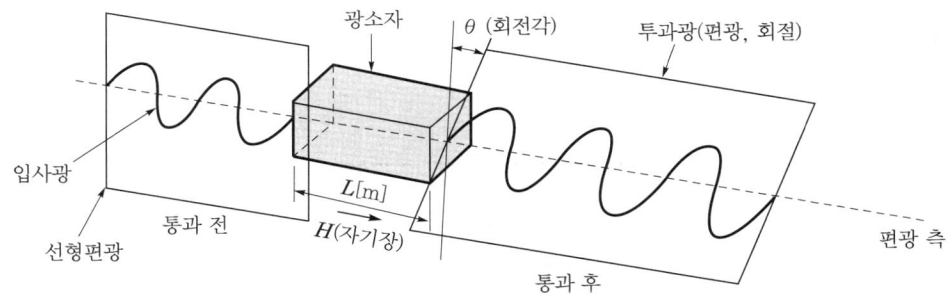

광소자 θ (회전각) 투과광(편광, 회절)
입사광 L[m] 편광 측
선형편광 통과 전 H(자기장) 통과 후

① 자기광학현상인 Faraday 효과를 응용한다.

② 입사하는 선형편광이 광학매질(faraday 소자)을 통과할 때 주어진 거리에서 자기장의 크기에 비례해 회전하는 회전각(θ)으로부터 전류를 측정한다.

③ $\theta = V \cdot n \int H \cdot dl = V \cdot n \cdot I$

여기서, V : Verdet 상수[rad/A]

  – 반자성체 : Verdet 상수가 작고 온도특성이 우수

  – 상(강)자성체 : Verdet 상수가 크고 온도에 의한 영향

H : 자계의 세기[AT/m]

L : 패러데이 소자길이(광경로)[m]

n : 광섬유를 감은 횟수

I : 인가전류

3 광 CT의 종류

(1) 회전각 측정에 따른 분류

① 편광분석형 : 회전각에 따라 출력의 크기 측정한다.

② 간섭계형 : 두 원형 편광성분의 위상차를 간섭신호로 측정한다.

(2) 광소자형태에 따른 분류

① 벌크(bulk)형

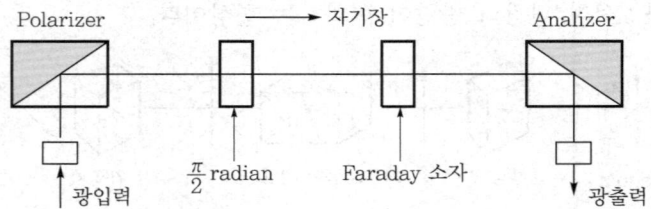

㉠ 구조와 신호처리가 간단하고 소형이며 저가이다.

㉡ 광학매질 : RIG(Rare-earthdoped Iron Garmet)

㉢ 도체와의 간격이 변할 경우 출력에 변동이 있고 타 신호에 영향을 미친다.

② 폐회로 벌크형

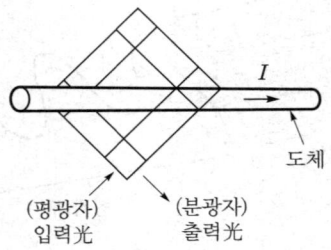

㉠ 벌크형의 단점을 보완한 것이다.

㉡ 벌크소자가 도체를 감싸도록 구성한다.

㉢ 벌크형보다 고가이고 복잡하며 취급이 어렵다.

③ 광섬유형

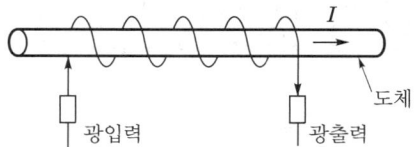

광입력　　　광출력　　도체

㉠ 광정렬이나 손실이 감소하고 측정을 별도로 하며 범위조절이 용이하다.
㉡ 광섬유의 선형 복굴절량이 커서 온도나 진동에 민감하며, 출력이 변화한다(선형 복굴절 : 굴절률이 축에 따라 다른 정도를 나타내는 것).

4 광 CT의 특징(장점)

① 광범위한 측정영역
② 빠른 응답 특성
③ 소형 경량화 구조 → 경제적 절감효과
④ 자기포화, 잔류자기, 히스테리시스 영향 없음 → 과전류에 의한 변류기 오차 없음
⑤ 저손실, 고절연성, 무유도성
⑥ 초고압 적용 시 경제적
⑦ 취급 안전성 및 유지보수 용이(2차 측 개방에 의한 위험 없음)
⑧ CT 효율 상승

5 각종 CT의 특성 비교

(◎ : 아주 좋음, ○ : 좋음, △ : 보통, × : 나쁨)

항목	기존 CT	로고스키 Coil CT	ZCT	광 CT
성능	△	◎	○	◎
호환성	◎	○	△	△
경제성	○	◎	×	○
성장성	△	○	×	◎

6 결론

① 최근 광기술의 발전으로 기술적 문제점(선형 복굴절 등)이 해결되었고 비용 측면에서 경제성을 확보했다.
② 전력계통의 고전압, 대용량화, 디지털화 경향으로 이에 대응한 광 CT의 적용이 확대될 전망이다.

10 계기용 변압기(VT)의 원리 및 중성점 불안정현상

기출 지문

Q1 GPT(Grounded Potential Transformer)에서 발생되는 중성점 불안정현상의 발생원인과 대책에 대하여 설명하시오. [건 105회 출제]

Q2 PT, GPT에서 중성점 불안정현상과 이에 대한 대책에 대하여 설명하시오. [건 91회 출제]

Q3 중성점 불안정현상에 대하여 설명하시오. [건 92회 출제]

[건] 건축전기설비기술사 / [용] 전기응용기술사 / [발] 발송배전기술사 / [소] 소방기술사 / [안] 전기안전기술사 / [화] 화공안전기술사 / [정] 정보통신기술사

1 정의

계기용 변압기(Voltage Transformer)는 1차 권선, 2차 권선 및 철심으로 구성되고 1차 전압에 비례한 2차 전압을 변성하는 계기용 변성기이다.

2 사용목적

계기, 계전기를 고전압, 대전류의 주회로로부터 절연하고 주회로의 전압·전류를 계기, 계전기의 입력으로 변성한다.
① 측정, 보호범위의 확대
② 계기, 계전기의 소형화, 표준화
③ 계측, 보호의 집중화

3 원리

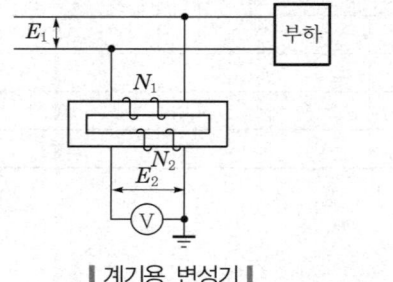

| 계기용 변성기 |

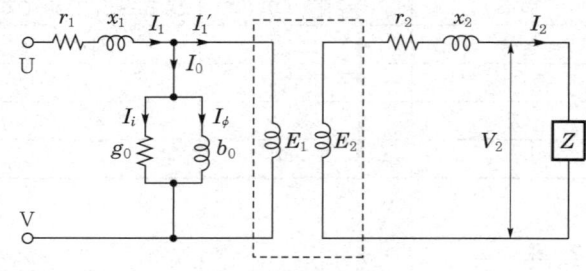

| 등가회로 |

① 이상적인 변압기에서는 1차 및 2차의 권선수를 각각 N_1, N_2라 하면 변압비는

$$\frac{E_1}{E_2} = \frac{N_1}{N_2} \text{이며 } E_2 = \frac{N_2}{N_1}E_1[\text{V}]\text{이다.}$$

여기서, N_1 : 1차 권선수

N_2 : 2차 권선수

② 원리상 변압기와 동일하며 권수비$(n) = \dfrac{N_1}{N_2}$인 경우 1차 측, 전압·전류·임피던스를 2차 측으로 환산 시 $\dfrac{1}{n}$, n, $\dfrac{1}{n^2}$을 곱해서 2차 측으로 환산한다.

4 중성점 불안정현상

(1) 정의

① 중성점 불안정현상이란 계기용 변압기의 특이현상 중 하나이다.

② 1선 지락복구, 단선 등의 전기적 충격으로 계기용 변압기의 대지전압이 높아져 철심이 포화되고 이로 인해 일방향의 돌입전류가 흘러 타 상의 대지전압을 높이고 그 상의 계기용 변압기가 다시 포화되는 현상이다.

(2) 발생원인

① 전력계통이 비접지계일 때 계기용 변압기를 접지한 경우

② 전력계통이 접지계일 때 일시적인 계통분리로 인하여 전력계통이 비접지계통으로 되는 경우

③ 계기용 변압기의 2차 부담이 극히 적을 경우

    ㉠ 계통에 갑작스런 전압인가 또는 사고복구와 같은 충격에 의한 계통 혼란

    ㉡ 단선 또는 차단기 퓨즈 등의 용단

(3) 발생형태

① 기본파 철공진 : 선로의 단선 개폐기류의 불확실한 투입, 퓨즈의 용단 등으로 회로가 단선상태로 되면 변압기 여자임피던스와 선로의 정전용량이 기본파 철공진형태로 나타난다.

② 고조파 철공진

    ㉠ 철심을 갖는 리액터의 포화로 고조파 전압·전류가 발생되어 회로가 고조파 공진형태로 나타난다.

    ㉡ 비접지계통에서 1차에 Y결선, 2차 또는 3차에 Open-△에서 1선 지락복구 등의 전기적 충격이 가해질 때 철심포화 및 계통의 대지정전용량의 원인으로 중성점이 과도한 진동을 일으켜 정상진동과 같은 형태로 나타난다.

(4) 영향

① 계통의 절연파괴가 일어난다.

② 1선 대지전압이 2 ~ 3배까지 상승한다.

③ GPT에 상시 여자전류의 수십 배의 전류가 흐른다.

(5) 대책

① GPT 부담의 적정용량을 선정한다.

② CLR을 설치(브로큰 델타회로)한다.

    ㉠ 3.3kV, 50Ω

    ㉡ 6.6kV, 25Ω

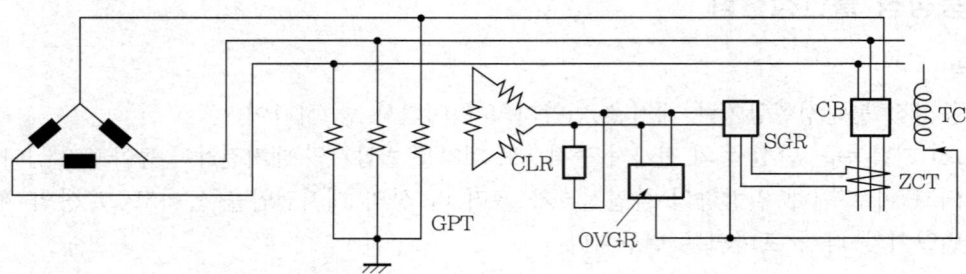

▌중성점 불안정현상의 대책 CLR 설치▐

철공진(ferro resonance)

기출지문

Q1 기본파 철공진 이상전압, 특수 철공진 이상전압에 대해 설명하시오. [출제예상]

Q2 철공진의 종류와 방지대책을 설명하시오. [발 134회 출제]

건 건축전기설비기술사 / 응 전기응용기술사 / 발 발송배전기술사 / 소 소방기술사 / 안 전기안전기술사 / 화 화공안전기술사 / 정 정보통신기술사

1 철공진(ferro resonance)의 정의

변압기, Reactor 등의 철심이 어떤 원인으로 포화되어 계통의 Capacitance와 공진을 일으켜 이상전압이 발생하는 현상을 말한다.

2 발생 개요

(1) 공진회로의 모델링

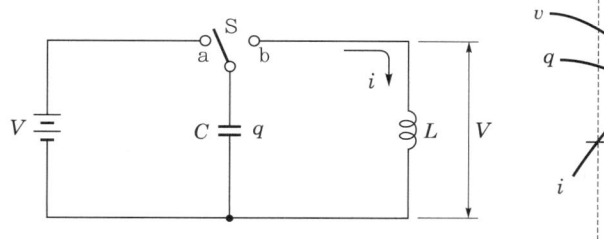 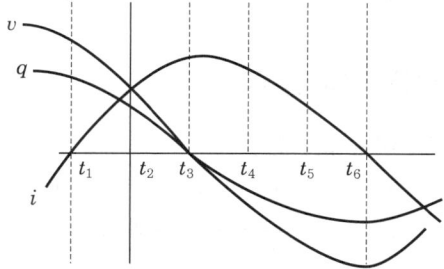

(2) 공진 발생과정

① 위 그림에서 SW를 a쪽으로 V_m의 전압으로 절환하면 커패시터에 전하가 충전된다. 이때의 전하는 $Q_m = CV_m$이며 커패시터에 저장되는 전기에너지는 $W_c = \dfrac{1}{2}CV_m{}^2$이 된다.

② 여기서, SW를 b쪽으로 절환하면 커패시터에 축적되어 있는 전하 Q_m은 인덕터 L쪽으로 방전되려고 한다. 만약 이 자리에 인덕터 대신 저항체가 있다면 전류는 급격히 흐르지만 인덕터가 있어 급격히 큰 전류를 허용하지 않을 것이다.

③ 그림의 파형에서와 같이 전류 i의 값은 갑자기 증가하지 않고 0에서부터 서서히 증가한다.

④ 이때, 전류의 증가와 더불어 커패시터 전하 q는 감소한다.

⑤ 또한, 이때의 단자전압은 $V = L\dfrac{di}{dt}$로부터 전류의 증가율$\left(\dfrac{di}{dt}\right)$도 처음 $t = 0$에서 보다 $t_1 \rightarrow t_2$ 단계에서는 조금 완만하게 된다.

⑥ 이렇게 q가 감소하고 i가 증가되는 현상은 t_3에 이르면 커패시터에 축적되어 있는 전하 q가 완전히 소멸되어 없어지게 되며 그 결과 단자전압도 0이 된다.

⑦ 이렇게 되면 전류를 흐르게 했던 전원전압 V가 0이 되었기 때문에 여기서 변화는 그치고 인덕터에 최대 전류 $i = i_m$이 흐르면서 축적에너지는 최대가 된다. 이때의 자기에너지는 $W_m = \dfrac{1}{2}Li^2$이 축적된다.

⑧ 따라서, 전압이 0으로 되어도 인덕터의 특성에 의해 전류를 계속 흐르게 하고 $t_3 \rightarrow t_4$에서 커패시터는 이 전류에 의해서 반대방향의 극성으로 충전되며, 인덕터의 자기에너지 $W_m = \dfrac{1}{2}Li^2$는 다시 커패시터의 정전에너지 $W_c = \dfrac{1}{2}CV^2$으로 옮겨가서 인덕터 L의 전류 i_L은 0, 커패시터의 전압과 전류의 크기가 처음과 같고 극성이 반대인 t_6로 충전된다.

⑨ 이 커패시터의 전하는 방전되어 그림의 t_6 이후는 다시 인덕터에 역방향으로 축적되고 이런 과정이 반복되는 전기적 진동이 공진주파수로 계속된다.

⑩ 철공진은 정현파 전압이 인가된 회로에서 포화인덕턴스와 정전용량 간에 일어나는 비선형의 지속적인 진동현상이라 할 수 있다.

3 철공진의 종류

(1) 기본주파수 철공진
선로의 단선, 개폐기의 불확실한 투입, Fuse의 용단 등으로 회로가 단선상태가 되면 변압기의 여자임피던스와 선로의 정전용량이 공진을 일으킨다.

(2) 특수 철공진(고조파 철공진)
철심을 갖는 리액터의 포화로 고주파 전압, 전류가 발생하여 회로가 고주파로 공진한 경우에 발생하는 것으로, 접지형 계기용 변압기의 중성점 불안현상 등이 있다.

(3) 배전용 변압기의 철공진
변압기의 여자리액턴스가 대지 간 정전용량에 근접할 때 공진회로가 형성되어 나타나는 현상이다.

4 철공진의 트리거 기구

① 단상 단로기 조작 등의 각 상을 개별적으로 개폐하는 경우
② 차단기의 기능불량 등으로 상이 잘못 조작된 경우(결상)
③ Fuse 용단으로 회로의 단상 조작
④ 가공도체의 지락 등

5 철공진이 빈번한 장소

(1) 변압기 규모가 작다.

PT 등과 같이 용량이 적은 경우 철공진이 발생하기 쉽다.

→ 적은 정전용량으로도 공진 발생이 용이하다.

(2) 높은 계통전압

계통전압이 높을수록 철공진 발생이 쉽다.

(3) 케이블 선로

가공선에 비해 용량성 리액턴스가 약 2%에 불과해서 철공진 가능성이 크다.

(4) 케이블의 길이가 긴 경우

케이블 길이가 긴 경우 커패시턴스가 증가하여 PT보다는 변압기 철공진이 일어나기 쉽다.

(5) 경부하 변압기

(6) 비접지된 1차 회로

6 철공진 방지대책

(1) 3상 동시 개폐장치 채용

일시적으로 단상만 유지되는 상태를 제거한다.

(2) 변압기정격의 5 ~ 10%의 저항부하를 변압기 2차 측에 설치한다.

(3) 접지형 계기용 변압기의 경우 2차 Open-△ 단자에 저항을 삽입한다.

$3.3\text{kV} \rightarrow 25\Omega$, $6.6\text{kV} \rightarrow 50\Omega$

리액터의 철심포화

기출
지문 ■ 공심리액터를 쓰는 이유에 대해 설명하시오. 출제예상

건 건축전기설비기술사 / 용 전기응용기술사 / 발 발송배전기술사 / 소 소방기술사 / 안 전기안전기술사 / 화 화공안전기술사 / 정 정보통신기술사

1 리액터의 철심포화

(1) 자기포화곡선

① 자화가 되지 않은 철에 자계(H)를 가하여 점점 자계를 증가하면 자구가 회전을 시작하여 이에 따라 자화의 세기(J)가 증가한다.

② 이때 초기에 H는 비례하여 J는 서서히 증가($\overline{oa}$)한다.

③ $\overline{oa}$ 한계를 넘으면 H의 증가에 비례하여 급격하게 J가 증가($\overline{ab}$)한다.

④ $\overline{ab}$를 넘으면 J의 증가는 점차 작아져 그 이상 증가하지 않고 포화상태에 이른다.

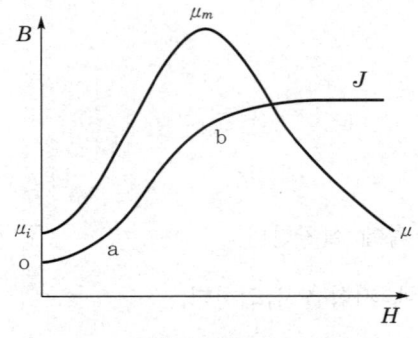

$$\Phi = \frac{\mu NIA}{l}$$

자로의 한계(A, N, l : 고정)로 큰 자속이 흐르지 못해 포화하면 전류(I)는 증가하고 투자율(μ)은 감소한다.

$$e = -N\frac{d\Phi}{dt} \coloneqq 0$$

∴ X_L은 감소, I는 증가

∥ 자기포화곡선 ∥

(2) 자기포화현상의 발생원인

① 일정 자계(H) 이상에서는 자구의 회전이 더 이상 없기 때문

② 히스테리시스손에 의하기 때문

③ 자성체 내의 H와 반대되는 H'가 존재하기 때문(H' : 감자력)

2 중성점 불안정현상

① 비접지계통의 특정조건에서 변압기 및 PT의 자화리액턴스와 대지정전용량과 철공진이 발생되어 중성점이 교란되어 이상전압이 발생되는 것을 말한다.

② 철공진은 변압기, PT와 같이 '철심에 감긴 코일의 인덕턴스는 비선형 특성'을 가지고 있으며, 계통의 대지정전용량과 특정한 운전조건에서 공진이 발생하여 전압이 일시적으로 상승되는 것을 말한다.

③ 실제 철공진현상은 매우 복잡하며, 다양한 방법에 의해서 발생된다.

$$V = (R \times I) + j\left\{\omega L(I) \times I - \frac{1}{\omega C} \times I\right\}$$

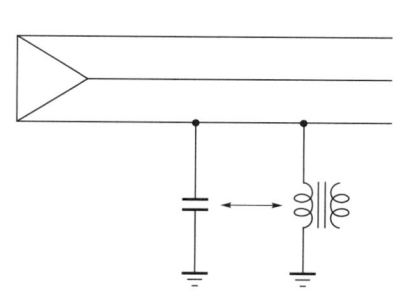

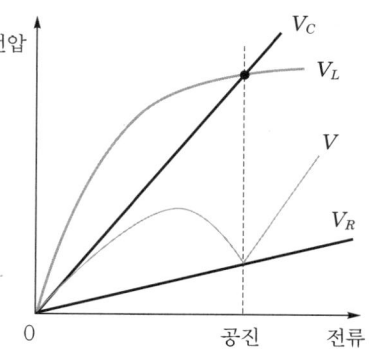

3 철공진 이상전압

(1) 특수 철공진 이상전압

① 발생원인 및 현상

㉠ 철심포화에 의한 파형이 찌그러지면 고조파가 발생하는데 회로가 이 고조파로 공진하는 것을 특수 철공진 이상전압이라 한다.

㉡ 대표적인 예로 접지형 계기용 변압기의 중성점 불안정현상이 있다. 이 현상은 비접지계통에서 GPT를 사용할 경우 계통이 돌연 변동되거나 또는 1선 지락, 복귀 등 전기적 충격이 가해졌을 때 중성점이 복잡한 과도진동을 일으키고, 이것이 오래 지속해서 정상진동이 되는 수가 있으며 수 배의 대지이상전압이 발생한다.

㉢ 현상
  • 계통 절연파괴
  • 계기용 변압기에 정상값의 수십 배 이상전류가 흘러 잡음 발생

② 방지대책

㉠ 계기용 변압기의 2차 개방 △단자에 전류제한저항기(CLR)를 삽입한다.

㉡ 전류제한저항기는 비접지계에서의 근소한 지락유효분 전류를 얻기 위해서 사용되지만 저항접지계에서도 접지형 계기용 변압기 자체의 철공진같은 이상현상을 방지하기 위해 사용된다.

(2) 기본파 철공진 이상전압

① 발생원인 및 현상

㉠ 선로의 단선, 개폐기류의 불확실한 투입, 퓨즈의 용단 등으로 회로가 단선상태가 되면 변압기 여자임피던스와 선로정전용량이 기본파 철공진을 일으킨다.

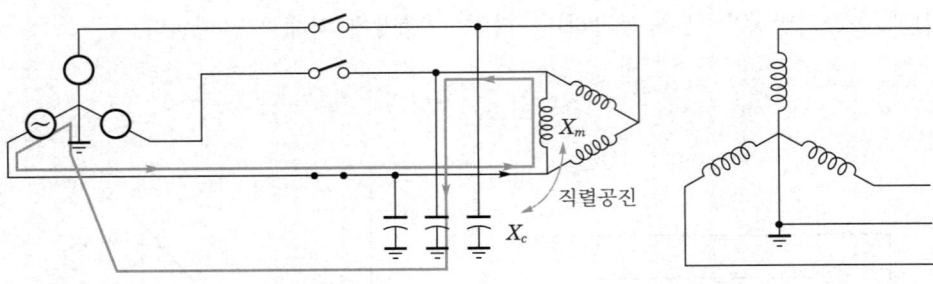

$$V_a = \frac{\dfrac{X_c}{X_m}}{3 - 2\dfrac{X_c}{X_m}} \cdot E_a[\text{V}]$$

여기서, X_c : 선로의 정전용량에 의한 용량성 리액턴스

  X_m : 변압기 리액턴스

ⓛ $\dfrac{X_c}{X_m}$의 값이 $\dfrac{3}{2}$에 접근하면 직렬공진이 되고, 손실분을 무시하면 무한대 이상전압이 발생한다. 그러나 실제는 철심포화가 전압을 억제하여 규정전압의 3배 정도가 된다.

② **방지대책** : 보통 계통의 정상상태에서는 $\dfrac{X_c}{X_m} = \dfrac{3}{2}$ 이므로 공진은 발생하지 않지만 단선상태에서는 회로에 어떤 충격이 가해져서 X_c가 변했을 때 공진이 발생할 수 있다.

  ㉠ 사고 시 직렬공진을 일으키지 않도록 회로구성

  ㉡ 차단기, 개폐기류의 불안정한 투입이 없도록 보수, 조작에 유의할 것

4 철공진의 대표적 사례

① 비접지계통에서 PT의 자화리액턴스와 대지정전용량과 직렬공진이 발생한다.
② 변압기 여자돌입 시 철심의 포화에 의한 공진이 발생한다.
③ 비접지계통에서 1상만 투입된 경우 변압기의 자화리액턴스와 대지정전용량과 직렬공진이 발생한다.

5 대책

① GPT의 2차 부담 적정용량을 산정한다.
② GPT의 경우 3차 오픈델타결선에 적절한 CLR 저항을 삽입한다.

SECTION 13 영상전류를 검출하는 방법

기출지문

Q1 케이블 관통형 영상변류기 설치방법에 대해 설명하시오. [건 74회 출제]

Q2 계전기동작에 필요한 영상전류 검출방법에 대하여 설명하시오. [건 104회 출제]

Q3 영상변류기(ZCT)의 검출원리, 정격 과전류 배수, 정격 여자임피던스, 잔류전류 및 시공 시 고려사항에 대하여 설명하시오. [건 110회 출제]

Q4 영상변류기의 원리를 설명하고, 중성점 직접 접지식 전로와 비접지식 전로의 지락보호를 각각 설명하시오. [건 123회 출제]

Q5 계기용 변류기(current transformer)를 이용하여 영상전류를 얻기 위한 방법들의 회로도를 그리고 간단히 설명하시오. [발 121회 출제]

Q6 전력계통의 지락 과전압 계전기의 동작을 위한 영상전압 검출에 대하여 다음을 설명하시오.
[안 63회 출제]
(1) 검출방법의 종류
(2) 계기용 변압기의 접속방법 및 검출원리

Q7 지락전류 검출방식에 대해 설명하시오. [발 123회 출제]

[건] 건축전기설비기술사 / [용] 전기응용기술사 / [발] 발송배전기술사 / [소] 소방기술사 / [안] 전기안전기술사 / [화] 화공안전기술사 / [정] 정보통신기술사

1 개요

① 1선 지락, 2선 지락, 선간단락 등 불평형 고장에서는 영상전류가 발생하고 기기보호와 인체 안전 확보를 위해서는 영상전류를 신속·정확히 검출해야 한다.

② 영상전류 검출방법에는 CT를 사용하는 방법과 ZCT를 사용하는 방법 2가지가 있고 이는 접지방식별로 구분된다.

2 영상전류 검출방법

(1) 비접지계통

ZCT를 이용하여 영상전류를 구한다.

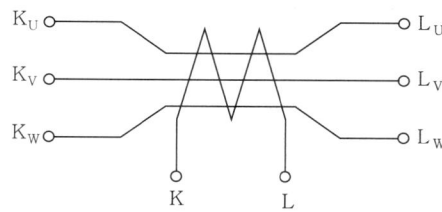

‖ ZCT에 의한 영상전류 검출 ‖

(2) 저항접지, 직접 접지, 다중 접지계통

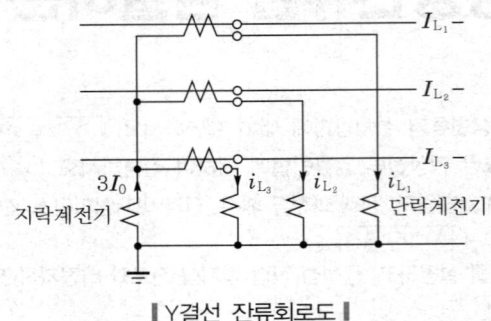

┃ Y결선 잔류회로도 ┃

① Y결선에 의한 CT 잔류회로

$$I_n = I_a + I_b + I_c = 3I_0$$

㉠ CT비 300/5 이하 저항접지계통, 직접 접지계통에서 사용한다.

㉡ CT 결선에서 가장 많이 사용한다.

㉢ 잔류회로에 지락계전기를 설치하지 않을 때도 영상 2차 회로의 개방방지를 위해 폐회로를 구성한다.

㉣ 배전반 1개소를 접지한다.

② 3권선 CT 이용법(3권선 영상분로회로)

㉠ 고저항 접지계통 또는 변류비가 큰 경우(CT비 300/5 이상) 사용하는 방식이다.

㉡ 접속방법

　• 2차를 Y로 하되 잔류회로를 구성하지 않는다.

　• 3차는 △ 결선한다.

㉢ 2차 권선 → 정상분, 역상분

　3차 권선 → 영상분 검출

㉣ 변류비

　• 1・2차 변류비 → $n : 5$

　• 1・3차 변류비 → 100 : 5(일정)

㉤ 3차 권선 영상전류(I_{03})

$$I_{03} = \frac{5}{300} \times 3I_0 = \frac{5}{100} \times I_0$$

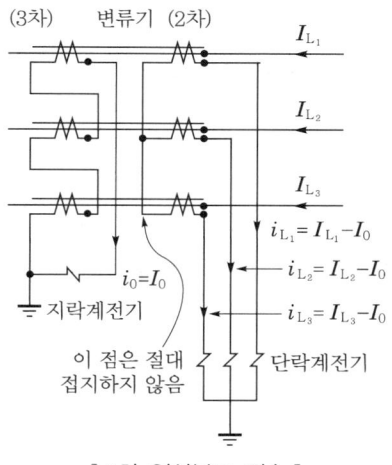

┃ 3차 영상분로 접속 ┃

3 CT 결선에 따른 영상전류 검출 비교

분류	회로도	특징
Y결선 잔류회로법 (CT비가 작은 경우)	I_a I_b I_c i_a i_b i_c 50/51 G 50/51×3 $3i_0$	• 정확한 3상 전류, 지락전류 검출 • $3i_0 = i_a + i_b + i_c$ • 계전기 1차 측 1개소만 접지 • 직접 접지계통, 저저항 접지계통 • CT비 300/5 이하 사용
3권선 CT법 (CT비가 큰 경우)	I_a I_b I_c i_a i_b i_c 50/51G 50/51×3	• 결선에 따라 ±30° 전류 얻음 • 2차 : Y(정상, 역상) • 3차 : △(영상) • 고저항 접지계통 • CT비 300/5 초과 사용

4 ZCT 결선방법

(1) 단상의 경우

지락, 누전 발생 → $I_A \neq I_B$ → ZCT 2차 측 전압유기 → 증폭 → 전자장치 여자 → 차단기 Trip

(2) 3상의 경우

지락, 누전 발생 → $I_A + I_B + I_C \neq 0$ → ZCT 2차 측 전압유기 → 증폭 → 전자장치 여자
→ 차단기 Trip

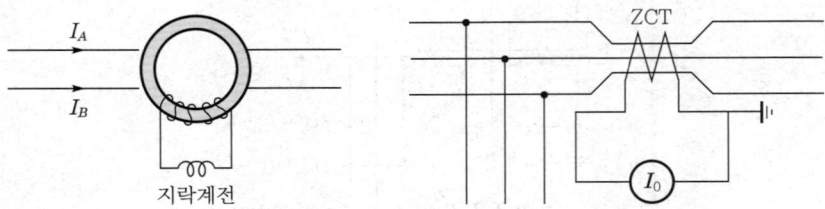

지락계전

5 기타 방법

(1) 중성점 접지선의 단상 CT로부터 얻는 방법

① 변압기나 발전기의 중성점 접지선에 단상 CT를 접속하여 영상전류를 검출하는 방식이다.

② CT비 : 100/5를 많이 사용한다.

③ 저압 계통의 변압기 발전기가 중성점 접지인 경우 적용한다.

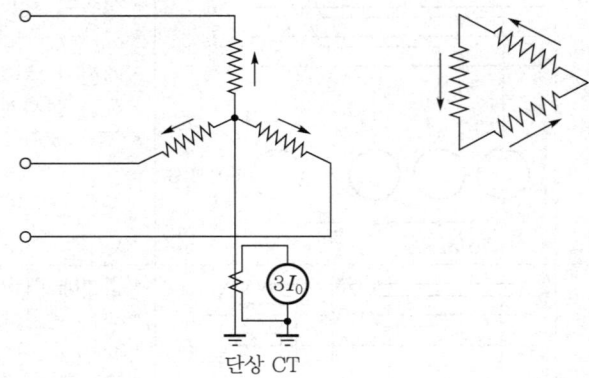

단상 CT

(2) Auto trans의 △ 권선 내부 CT로부터 얻는 방법

① △ 권선 내부 CT를 병렬 결선하여 방향요소계전기의 전류극성용 영상전류로 사용하는 방식이다.

② 사고위치에 따라 중성점 영상전류방향이 변할 수 있는 Y결선 Auto trans, Y-Y결선 변압기

6 결론

① 영상전류 검출방법은 접지방식별로 구분되고 비접지방식의 경우 검출이 어려워 주의가 필요하다.

② CT 및 ZCT 오결선은 보호기기 오동작 및 오부동작으로 연결되므로 주의가 필요하다.

③ 비선형 부하에서 발생하는 영상분 고조파전류에 대한 고려도 해야 한다.

한류저항기 (전류제한저항기 : CLR)

 기출 지문
Q1 전류제한저항기(CLR : Current Limit Resistor)의 용량 산출 및 설치목적에 대하여 설명하시오. 출제예상

Q2 GPT에 설치되는 한류저항인 CLR의 설치목적에 대해 설명하시오. 출제예상

건 건축전기설비기술사 / 용 전기응용기술사 / 발 발송배전기술사 / 소 소방기술사 / 안 전기안전기술사 / 화 화공안전기술사 / 정 정보통신기술사

1 개요

① 한류저항기는 방향성 지락계전기(SGR, DGR)를 동작시키는 데 필요한 유효전류를 발생시킨다.

② 개방 3상 결선회로의 각 상 전압 중의 제3고조파 전압의 발생을 방지하며, 중성점 불안정 현상 등의 이상현상을 제어하는 데 필요하다.

2 설치위치

GPT Open-△ 측에 설치한다.

3 설치목적

(1) 비접지계통

① SGR 동작을 위한 유효전류(380mA)를 검출한다.

② Open-△ 측에 CLR 설치 시 Open-△ 회로 구성으로 제3고조파 순환에 의한 중성점 이상전압 및 불안정 현상을 방지한다.

(2) 저저항 접지계통

철공진과 같은 이상현상을 방지하기 위해서이다.

$$Z = R + j(X_L - X_C)$$

여기서, R : 접지저항[Ω]

L : 선로리액턴스[mH]

C : 대지정전용량[μF]

① $X_L = X_C$인 경우 공진현상이 발생하고 $R \to 0$인 경우 영상 1차 유효전류가 증대되어 GPT 1차 소손이 발생한다.

② GPT 공진현상을 방지(CLR 설치)한다.

4 CLR 정격

(1) 1차 영상유효분 전류($3I_N$)는 0.38A로 정한다(SGR의 감도가 0.38A에서 고감도).

‖CLR 정격‖

3.3kV		6.6kV		22kV	
저항[Ω]	용량[kW]	저항[Ω]	용량[kW]	저항[Ω]	용량[kW]
50	1	25	2	8	5

(2) CLR 소비전력[W]

① 계산식(3차 open-△ 를 1차로 환산)

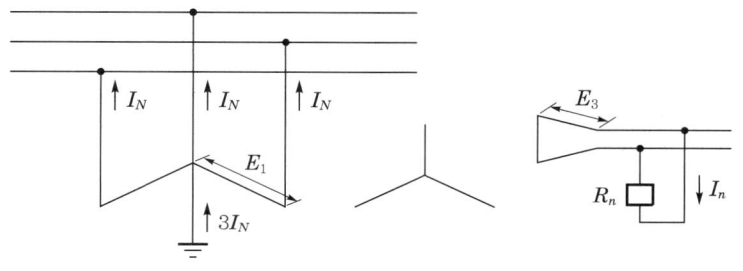

‖GPT 결선도‖

$$R_n = \frac{3E_1}{\left(\dfrac{E_1}{E_3}\right)^2 I_N} = \frac{3E_3}{\dfrac{E_1}{E_3} I_N}$$

$$I_N = \frac{3E_1}{\left(\dfrac{E_1}{E_3}\right)^2 R_n} = \frac{3E_3}{\dfrac{E_1}{E_3} R_n}$$

$$I_n = I_N \times \frac{E_1}{E_3}$$

$$W = I_n^{\,2} \times R_n = 3I_N E_1$$

여기서, I_N : 1차 영상유효분 전류[A]

$\quad\quad I_n$: 한류저항기 전류[A]

$\quad\quad E_1$: 1차 상전압[V]

$\quad\quad E_3$: 3차 상전압[V]

$\quad\quad R_n$: 한류저항기 저항[Ω]

$\quad\quad W$: 한류저항기 용량[W]

② 1차 전압이 6.6kV, GPT 3차 정격 영상전압이 190V인 경우 CLR 소비전력[W]

$$W = I_n^2 \times R_n = 3I_N E_1 = 0.38 \times \frac{6600}{\sqrt{3}} \cong 1448 \cong 2\text{kW}$$

(3) CLR 저항용량[Ω](open-△의 저항을 1차로 환산)

GPT 3차 CLR 저항을 1차로 환산한 등가저항(R_N)

$$R_N = \frac{n^2 R_n}{9} = \frac{E}{3I_N}$$

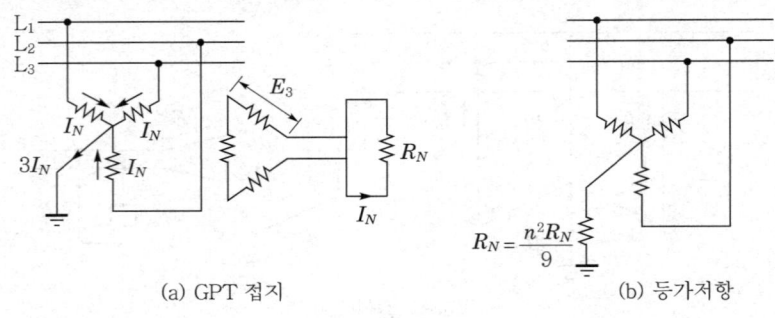

(a) GPT 접지　　　　　　　　　　　　(b) 등가저항

‖ 등가저항 ‖

5 적용 시 주의사항

① 현장 설치 시 CLR의 발열을 고려한 설치방법을 검토한다.
② 1선 지락 시 CLR에 과부하가 걸리지 않는 용량을 선정하도록 검토한다.

SECTION 15 유도형과 디지털 계전기의 원리 및 특징

기출 지문

Q1 디지털 보호계전기의 특성, 기본구성 및 주요 기능에 대하여 설명하시오. 건 121회 출제

Q2 디지털 보호계전기의 특성에 대하여 설명하시오. 건 101회 출제

Q3 최근 전자통신분야의 발달로 계전기분야도 많은 기술발전을 이루고 있다. 다기능 일체형 디지털 보호계전기(배전용)에 대하여 설명하시오. 발 65회 출제

Q4 Analog 계전기와 Digital 계전기의 특성을 비교 설명하시오. 건 65회 출제

건 건축전기설비기술사 / 용 전기응용기술사 / 발 발송배전기술사 / 소 소방기술사 / 안 전기안전기술사 / 화 화공안전기술사 / 정 정보통신기술사

1 보호계전기의 분류

(1) 전자(電磁) 기계형

① 가동철심형 : 플런저형, 힌지형, 밸런스빔형, 유극형

② 유도형 : 유도원판, 유도원통, 유도환형

③ 가동 Coil형

④ 기타 : 정류형, 모터형, 열동형 등

(2) 정지형(靜止型)

① Analog형 : Transistor형, IC형, Hybrid형

② Digital형

 ㉠ 연산처리방식별 : 연산형, 간이구성 연산형, 계수형, Scanner형

 ㉡ 구성형태별 : Unit형, System형, Combination형

(3) 기능 및 용도별

OCR, OVR, UVR, RDR, OCGR, SGR 등

2 유도형 계전기

(1) 유도원판형 과전류계전기의 구조

① 탭(TAP) : 계전기가 최소 동작전류를 정정한다.

 한시형 정정탭 – 4 ~ 12A

② 레버(lever) : 동작시간을 정정한다.

③ 원판

④ 주접점 : 가동접점과 고정접점이 접촉된다.

⑤ 보조접점 : 주접점을 보호한다.

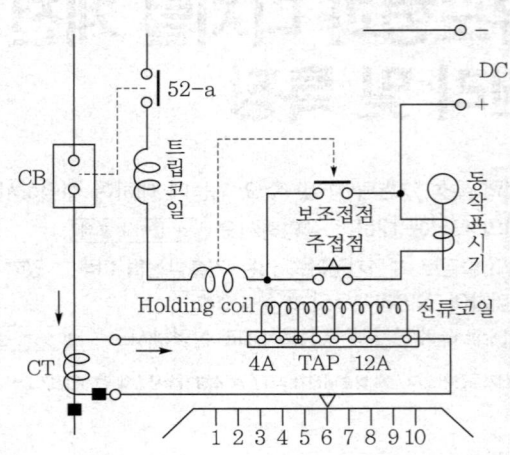

(2) 회전원리

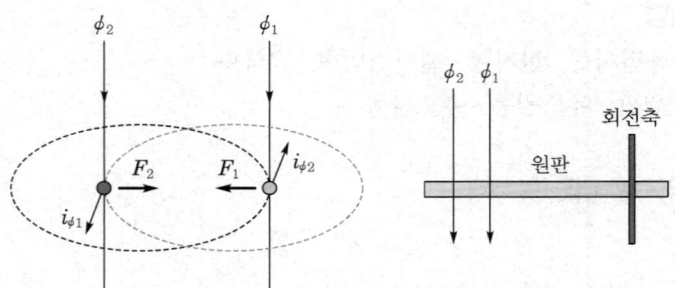

① 외부자속에 의한 금속원판의 전자유도 : ϕ_2가 ϕ_1보다 위상이 빠른 경우

$\phi_1 = \Phi_1 \sin\omega t$

$\phi_2 = \Phi_2 \sin(\omega t + \theta)$

※ 원판의 유도전류와 기전력과의 관계 : Self inductance 무시하면 In phase

$$i_{\phi 1} \propto \frac{d\phi_1}{dt} \propto \frac{d}{dt}(\sin\omega t) \propto \Phi_1 \cos\omega t$$

$$i_{\phi 2} \propto \frac{d\phi_2}{dt} \propto \frac{d}{dt}\{\sin(\omega t + \theta)\} \propto \Phi_2 \cos(\omega t + \theta)$$

② 발생토크 : 합성힘(F_{net})은 다음과 같이 표현할 수 있다.

$$\overrightarrow{F_{net}} = \overrightarrow{F_2} - \overrightarrow{F_1}$$

$$\left[\vec{f} = \vec{J} \times \vec{B} \rightarrow \frac{F}{A} = \frac{i}{A} \times \frac{\phi}{A} \rightarrow F = i\phi, \ A : 단면적 \right]$$

$$F_{net} \propto i_{\phi 1}\phi_2 - i_{\phi 2}\phi_1 = \Phi_1 \Phi_2 \{\sin(\omega t + \theta) \cdot \cos\omega t - \sin\omega t \cdot \cos(\omega t + \theta)\}$$

$$F_{net} = k\Phi_1 \Phi_2 \sin\theta$$

∴ 원판이 Shaft에 Mount되어 있다면, 위의 Force는 Torque로 작용할 것이다.

$$F_{net} = k\Phi_1\Phi_2\sin\theta \;\rightarrow\; T = K\Phi_1\Phi_2\sin\theta$$

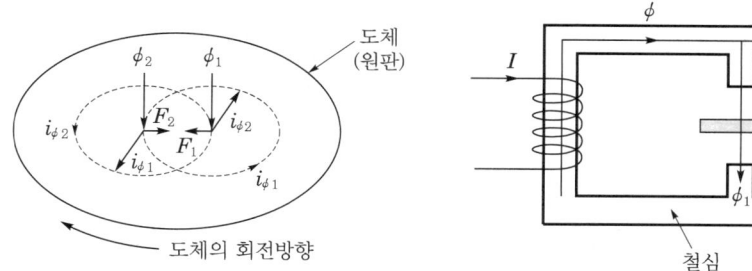

▌ ϕ_1보다 ϕ_2가 늦을 때($\phi_1 \rightarrow \phi_2$방향) ▌　　▌ 세이딩 Coil형 유도원판형 계전기 ▌

③ 회전축에 주어진 도체원판에 2개의 교류자속 ϕ_1, ϕ_2가 작용한다.

이때, ϕ_1보다 ϕ_2가 θ만큼 위상이 지연되고 있으면

$$\phi_1 = \phi_{m1}\sin\omega t$$

$$\phi_2 = \phi_{m2}\sin(\omega t - \theta)$$

여기서, ϕ_1, ϕ_2 : 교류자속의 순시치

　　　　　ϕ_{m1}, ϕ_{m2} : 교류자속의 최대치

④ 이것으로부터 도체에 유도되는 전류는

$$i_{\phi 1} \propto \frac{d\phi_1}{dt} = \phi_{m1}\cos\omega t$$

$$i_{\phi 1} \propto \frac{d\phi_2}{dt} = \phi_{m2}\cos(\omega t - \theta)$$

가 되고 토크는 한쪽의 유도전류와 다른 쪽 자속의 상호작용으로 생기므로

전(全)토크 $T \propto F_1 - F_2 = \phi_1 \cdot i_{\phi 2} - \phi_2 \cdot i_{\phi 1}$

$$= \phi_{m1} \cdot \phi_{m2}\{\sin\omega t \cdot \cos(\omega t - \theta) - \sin(\omega t - \theta) \cdot \cos\omega t\}$$

$$= \phi_{m1} \cdot \phi_{m2}\sin\theta$$

$$= \phi_{m1} \times \phi_{m2}$$

⑤ 이와 같이 유도형에서는 반드시 2개 이상의 동일 주파수의 교류자속이 함께 작용하지 않으면 토크가 생기지 않으므로 본질적으로는 고장전류의 직류분의 영향을 받는 일이 작다.

3 디지털 계전기

(1) 디지털 전송과정

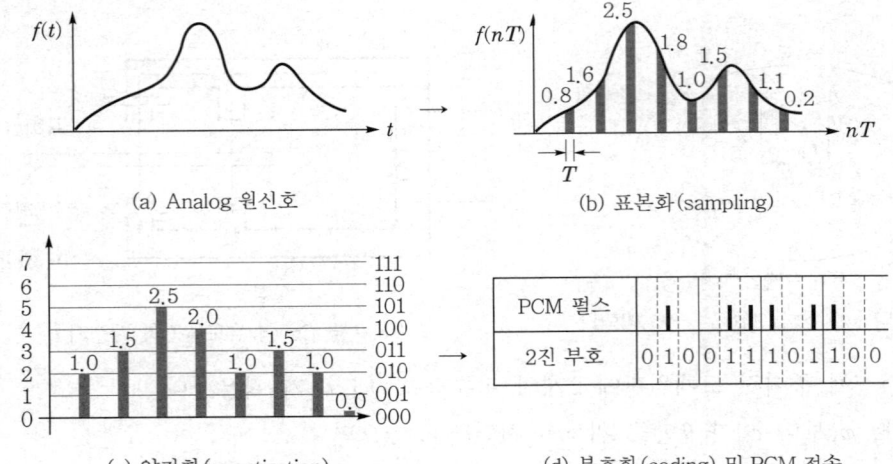

(a) Analog 원신호

(b) 표본화(sampling)

(c) 양자화(quantization)

(d) 부호화(coding) 및 PCM 전송

① 표본화(samlping) : 아날로그 입력신호를 이산신호로 만들기 위해 Sampling하여 PAM 신호를 얻는 과정 → 횡축에 대한 폭(종선)을 원신호의 2배 이상 속도로 샘플링($n=1$, 2, 3, ……, T : 샘플링 주기)

② 양자화(quantization) : 샘플링된 값들은 양자화레벨(2^n개의 스텝수)에 맞게 이산적인 대푯값으로 근사화시키는 과정(4사 5입적 조작)

③ 부호화(coding) 및 PCM 전송

　㉠ 양자화된 PAM 진폭크기를 2진 부호로 변환하는 과정

　㉡ PCM(Pulse Coded Madulation) : 디지털 신호에 대응하여 펄스 유무 조합형태로 데이터를 전송하는 기법

④ 재생중계 : 장거리 전송 시 신호재생 기능

⑤ 복호화(decoding) : 수신 측에서 원신호 복원을 위해 역과정을 수행(디지털 신호를 CPU에서 연산처리하여 출력)

(2) 구성 및 기능

① 구성도

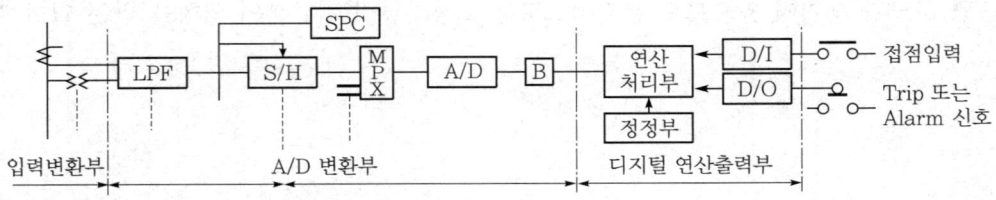

② 각 부의 기능

    ㉠ 입력변환부 : 입력전기량을 적정수준의 신호로 변환

    ㉡ LPF(Low Pass Filter)

       • 연산수행에 필요한 파형만 통과

       • 고주파대역 확실한 차단 → Sampling에 따른 Folding error 제거

    ㉢ S/H(Sampling & Hold) : Sampling 후 그 값을 Sampling 주기동안 유지시킴

    ㉣ MPX(Multiplexer) : S/H에서 공급된 여러 입력데이터(analog hold 값)를 시분할하여 순차적으로 A/D에 전송

    ㉤ A/D Converter : Analog 신호를 Digital로 변환, 그 데이터를 Buffer에 경유해서 CPU로 전달(buffer : computer 처리능력을 분담)

    ㉥ Digital 연산출력부

       • 연산처리부 : 프로그램 메모리 내용에 따라 연산수행(CPU, RAM, ROM 구성)

       • 기타 : 정정부, D/I, D/O 등

4 유도형과 디지털형의 특성 비교

구분	유도형	Digital형
동작원리	전자유도 → 회전력	디지털 신호변환 → CPU에 의한 연산처리
주요 구성품	유도원판	LSI, A/D 등
성능	저속, 저기능	고속, 고감도, 고기능
신뢰성	낮음	높음
보수성	정기적 점검 필요	자동점검(무보수)
크기	큼	작음
내환경성	잡음에 강하나 진동에 약함	진동에 강하나 서지, 노이즈 대책 필요
경제성	저가/유지비 증가	고가/유지비 감소
장래성	보통	매우 유리

SECTION 16 과전류계전기

Q1 대형 건물의 구내 배전용 6.6kV 모선에 6.6kV 전동기와 6.6kV/380V 변압기가 연결되어 있다. 6.6kV 전동기 부하용 과전류계전기(50/51)와 6.6kV/380V 변압기의 고압 측에 설치된 과전류계전기(50/51)를 정정하는 방법을 각각 설명하시오. 건 108회 출제

Q2 과전류계전기의 정정방법에 대하여 설명하시오. 용 129회 출제

건 건축전기설비기술사 / 용 전기응용기술사 / 발 발송배전기술사 / 소 소방기술사 / 안 전기안전기술사 / 화 화공안전기술사 / 정 정보통신기술사

1 정의

과전류계전기는 예정동작치 이상의 전류가 흐르면 동작하는 계전기이다.

2 한시 특성의 분류

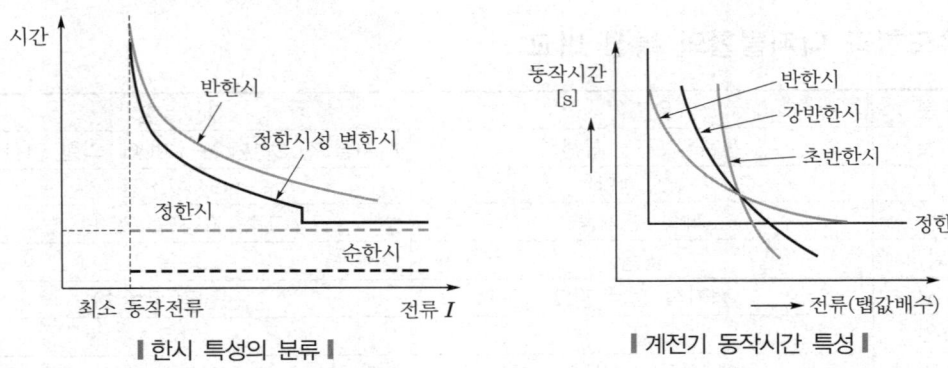

‖ 한시 특성의 분류 ‖   ‖ 계전기 동작시간 특성 ‖

(1) 순한시

정정된 최소 동작전류 이상의 전류가 흐르면 지연 없이 동작한다.

(2) 정한시

정정된 값 이상의 전류가 흐를 때 크기와 무관하고 일정 시간 지연 후 동작한다.

(3) 반한시

정정된 값 이상의 전류가 흘러서 그 크기와 동작시간에 반비례해서 동작한다.

(4) 반한시성 정한시

정한시와 반한시 특성의 조합

3 반한시 특성의 분류(IEC-60255)

반한시(SI : Standard Inverse)	$t = \dfrac{0.14}{\left(\dfrac{I}{I_s}\right)^{0.02} - 1} m$
강반한시(VI : Very Inverse) [KEPCO 채택 사용]	$t = \dfrac{13.5}{\dfrac{I}{I_s} - 1} m$
초반한시(EI : Extremely Inverse)	$t = \dfrac{80}{\left(\dfrac{I}{I_s}\right)^2 - 1} m$

4 한시차 계전방식

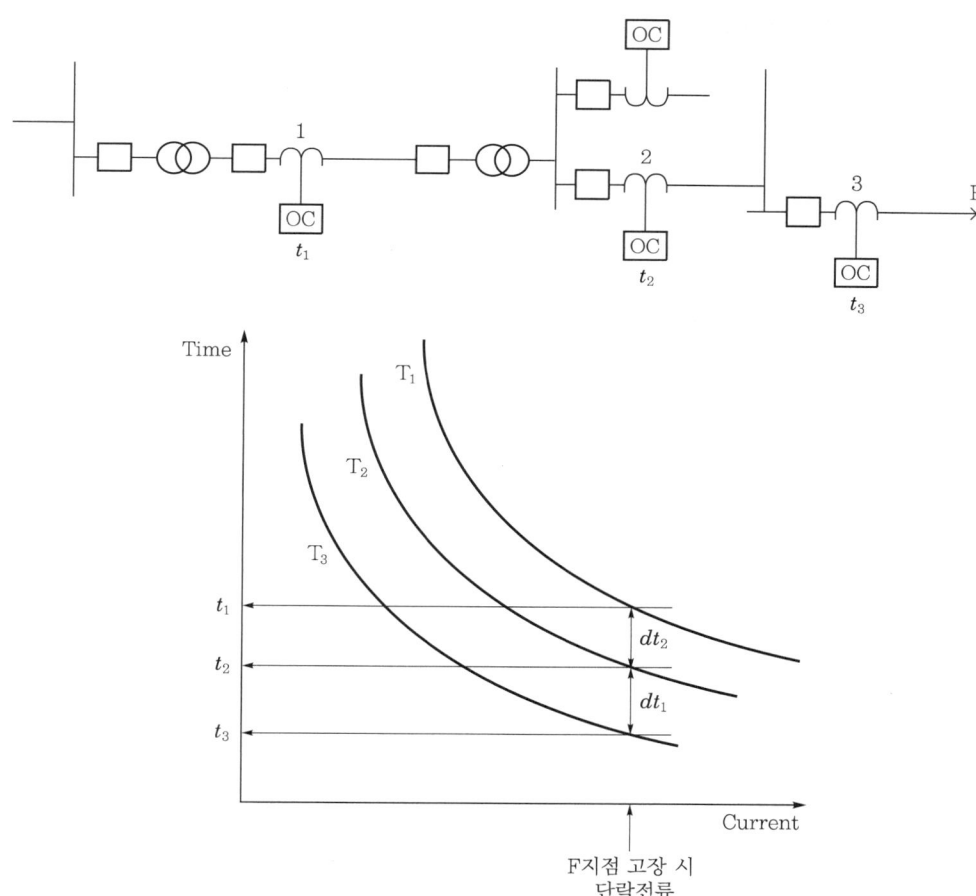

(1) F점에서 고장 시 1, 2, 3번 계전기 모두 정정값 이상이므로 모든 계전기가 Pickup한다.

323

(2) 각 계전기의 동작시간은 $t_1 > t_2 > t_3$이므로 3번 계전기가 t_3시간 지연 후에 동작하여 사고를 제거한다.

(3) 1, 2번 계전기는 정상으로 복귀한다.

(4) 협조시간

이때, 3번 계전기가 동작하여 3번 차단기가 동작할 때까지 2번 계전기의 동작을 막기 위해서 협조시간을 $dt_1(t_2 - t_3)$ 시간으로 설정한다. 이것을 협조시간이라한다.

[협조시간 = 2번 계전기의 관성에 의한 Over-travel(digital relay에서는 고려 안 함)
　　　　　　 + 2번 차단기의 동작시간 + 여유시간]

→ 디지털 계전기 : 0.3초, EM type : 0.4초

(5) 3번 계전기의 부동작 및 3번 차단기 차단 실패 시에는 2번 계전기가 t_2시간 후에 동작하여 2번 차단기를 동작시키는 후비보호를 수행한다.

과전류보호계전기(OCR) 정정

기출
지문

Q1 계전기의 정정(整定 : Setting)과 정정범위(setting range)를 설명하시오. [건 65회 출제]

Q2 변압기 과전류계전기 정정에 대해 설명하시오. [출제예상]

[건] 건축전기설비기술사 / [용] 전기응용기술사 / [발] 발송배전기술사 / [소] 소방기술사 / [안] 전기안전기술사 / [화] 화공안전기술사 / [정] 정보통신기술사

1 한시 TAP 설정

(1) 목적 : 과부하 보호

(2) Setting : 4 ~ 12A

(3) TAP값 : $\dfrac{\text{정격전류}(I_n)}{\text{CT비}} \times 150[\%]$

2 순시 TAP 설정

(1) 목적 : 단락전류 보호

(2) Setting : 20 ~ 80A

(3) TAP값 : $\dfrac{\text{고장전류}(I_s)}{\text{CT비}} \times 130 \sim 250[\%]$(보통 150%)

3 Time lever 설정

(1) 목적 : 보호협조(동작시간 정정)

(2) Setting : 0 ~ 10Lever

(3) $\text{Current}[\%] = \dfrac{\text{계전기에 흐르는 고장전류}}{\text{한시 TAP}} \times 100 = \dfrac{\text{고장전류}}{\text{한시 TAP} \times \text{CT비}} \times 100[\%]$

(4) Time & Current characteristics(OCR, OCGR) 검토

① 반한시(NI : Normal Inverse type)

② 강반한시(VI : Very Inverse type)

③ 초반한시(EI : Extremery Inverse type)

④ 정한시(DI : Definite Inverse type)

⑤ 장반한시(LI : Longtime Inverse type)

(5) 한전 계전기 정정지침을 참고하여 동작시한을 정한 후 반한시 특성 Curve에서 Time lever 설정한다.

예제 과전류계전기의 정정 예

01 22.9kV/440V, 1500kVA, $\%Z = 7.5\%$, CT비 50/5일 때 OCR을 정정하시오.

풀이

1. 한시 TAP 설정

   ① $I_n = \dfrac{1500}{\sqrt{3} \times 22.9} = 37.8\text{A}$

   ② 탭전류 $= \dfrac{37.8}{50/5} \times 1.5 = 5.67 \longrightarrow 6\text{A}$

2. 순시 TAP 설정

   ① $I_s = \dfrac{100}{\%Z} \times I_n = \dfrac{100}{7.5} \times 37.8 = 504\text{A}$

   ② 탭전류 $= \dfrac{504}{50/5} \times 1.3 = 65.6 \longrightarrow 70\text{A}$ 선정

3. Time lever 설정

   ① $\text{Current}[\%] = \dfrac{504}{6 \times 50/5} \times 100 = 840\%$

   ② 0.6s 이하로 동작시간 설정 시 NI일 경우 Time lever 2로 설정(특성 curve 참고)

02 아래 그림에 제시된 조건에서 OCR 정정방법

풀이

1. A상 OCR에는 4A, C상 OCR에는 38A가 흐른다면 전류탭은 5A로 정정되어 있으므로 탭정정전류의 배수는
   - A상 OCR → $4 \div 5 = 0.8$배
   - C상 OCR → $38 \div 5 = 7.6$배

   시간정정레버가 10인 경우 아래의 한시특성곡선으로부터 동작시간은 3.4초이다.

   $3.4 \times \dfrac{2}{10} = 0.68$초가 된다.

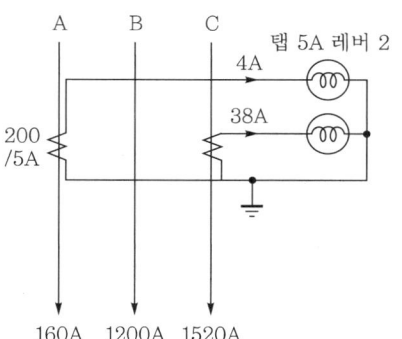

2. 사용 중인 OCR의 전류탭 정정

사용 중에 있는 전류탭을 뽑아내고 새로운 탭구멍에 넣는 작업을 하면 뽑아낼 때 CT 2차 회로가 개방된다. CT 2차 회로를 개방하면 고전압이 유기되어 CT의 절연파괴를 일으키므로 예비탭 나사를 써서 새로 정정하려는 전류탭 구멍에 넣은 다음 기존의 탭나사를 불꽃의 유무를 확인하면서 천천히 뽑아내면 된다.

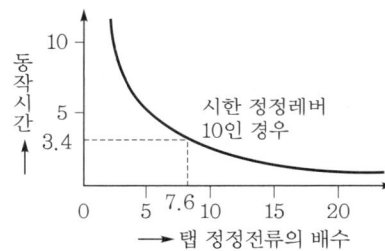

수용가 수전설비의 보호계전기 정정지침(한전규정)

계전기명	구성요소		정정기준
과전류계전기 (OCR)	한시(51)	전류	계약전력의 150 ~ 170%
		시간	• 수전 TR 2차 측 3상 단락전류에서 0.6s 이하 • 수전 측 TR 1차 측 3상 단락전류에서 한전 측과 시간차 0.3s 이하
	순시(50)	전류	수전 TR 2차 3상 단락전류×150[%]
		시간	최대 고장전류에서 0.05s 이하
지락과전류계전기 (OCGR)	한시(51N)	전류	계약전력의 30% 이하로서, 3상 수전 불평형 전류의 150% 이상
		시간	• 수전단 최대 1선 지락전류에서 0.2s 이하 • 최소 지락전류에서 한전 측과 시간차 0.3s 이하
	순시(50N)	전류	최소치에 정정
		시간	순시

계전기명	구성요소		정정기준
지락과전압계전기 (OVGR)	–	전압	1선 완전 지락 시 최대 영상전압의 30% 이하 (단, 평상시 최대 잔류전압의 150% 이상)
과전압계전기 (OVR)	–	전압	정격전압의 130%
		시간	정정치의 150% 전압에서 2초
부족전압계전기 (UVR)	–	전압	정격전압의 70%
		시간	정정치의 70% 전압에서 2s

예제

01 그림과 같은 수변전 단선결선도에서 50/51.1과 50/51.2의 보호계전기 정정치를 구하시오.

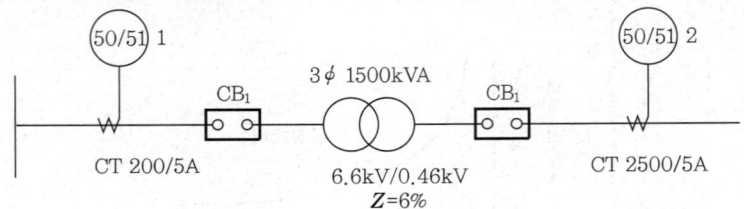

[조건] 1. 한전 측은 무시한다.

2. 역률 : 1.0

3. 한시 OCR의 탭 : 4, 5, 6, 7, 8, 10, 12A

4. 순시 OCR의 탭 : 20 ~ 80A

풀 이

1. 계통의 전류계산

(1) 변압기 정격전류

① 변압기 1차 정격전류 $I_{1N} = \dfrac{1500}{\sqrt{3} \times 6.6} = 131.2\text{A}$

② 변압기 2차 정격전류 $I_{2N} = \dfrac{1500}{\sqrt{3} \times 0.46} = 1882.7\text{A}$

(2) 변압기 2차 측 고장 시 고장전류(최대 전류 및 최소 전류)

① 0.46kV 측 사고전류

$$I_{s\,\max} = \dfrac{1882.7 \times 100}{6} = 31378\text{A} \rightarrow 2\text{차 측 CT 전류} : 62.7\text{A}$$

$$I_{s\,\min} = \dfrac{1882.7 \times 100}{6} \times \dfrac{\sqrt{3}}{2} = 27174\text{A} \rightarrow 2\text{차 측 CT 전류} : 54.3\text{A}$$

② 6.6kV 측 사고전류

$$I_{s\max}' = 31378 \times \frac{0.46}{6.6} = 2187\text{A} \rightarrow 2\text{차 측 CT 전류}: 54.7\text{A}$$

$$I_{s\min}' = 27174 \times \frac{0.46}{6.6} = 1894\text{A} \rightarrow 2\text{차 측 CT 전류}: 47.3\text{A}$$

③ 변압기 1차 측 단락 시 고장점(최소 전류)은 한전 측 변전소 변압기와 선로의 임피던스를 고려하여 계산하나 문제의 조건에서 생략한다. 여기서는 안전상 최소 고장전류(2상 단락전류)에 동작치를 정정하기로 한다.

2. OCR$_2$의 정정

(1) 한시요소의 정정

① 전류탭요소 결정

$$\text{탭전류} = \text{부하전류}(1882.7\text{A}) \times \frac{5}{2500} \times 1.4(1.3 \sim 2\text{배}) \simeq 5.27$$

∴ 5A탭으로 정정함

② 정정값에 대한 고장전류의 최소치는 54.3A이므로 충분히 보호된다.

$$\text{Current\%} = \frac{54.3}{5} \times 100 = 1086\%$$

→ 즉, 탭값의 10.86배

③ 동작시한의 정정은 OCR$_2$ 전단에 계전기가 없으므로 최저값으로 한다.

0.5눈금으로 정정 시 동작시간은

$$NI = \left\{ \frac{0.24}{(10.86)^{0.4} - 1} + 0.12 \right\} \times 0.5 = 0.135\text{s}$$

(2) 순시요소 정정

① 변압기 2차 측 주차단기의 과전류계전기의 순시요소는 생략한다.

② 변압기 1차 측 차단기로 후비보호하여 보호협조를 취한다.

3. OCR$_1$의 정정

OCR$_1$은 1차 측 고장은 순시요소로, 2차 측 고장은 반한시로 보호한다.

(1) 한시요소의 정정

① 전류 TAP 결정 : $131.2 \times 1.5 \times \frac{5}{200} = 4.92\text{A}$

∴ 5A 탭으로 정정

② 정정값에 대한 2차 측 고장전류의 최소치를 1차 측으로 환산한 전류는 47.3A(TAP값의 9.46배)이므로 충분히 후비보호 가능

③ 동작시한 정정

㉠ 한전규정 : 2차 측 3상 단락전류를 1차 측으로 환산한 값에 대해 0.6s 이하로 동작되는 Lever로 설정하도록 되어 있으나 여기서는 안전상 2상 단락전류를 기준으로 한다.

㉡ 유도원판형의 경우 0.4s의 여유를 둔다.

㉢ 디지털형인 경우 0.15 ~ 0.2s의 여유를 둔다.

㉣ 정정 목푯값 = $0.135 + 0.4 = 0.535\text{s}$

㉤ 한시요소눈금의 정정을 2로 할 경우

$$NI = \left\{ \frac{0.24}{(9.46)^{0.4} - 1} + 0.12 \right\} \times 2 = 0.57\text{s}$$

329

ⓑ 정정의 목푯값을 약간 상회하지만 일반적으로 0.6s 이하로 정정하면 되므로 정정눈금은 2 이하로 되도록 한다.

(2) 순시요소부 동작값 결정

① 전류 TAP 정정(한전규정 동작시한 : 0.05s)

   ㉠ 최소 고장전류(2상 단락) $47.3 \times 1.5 = 70.95$

     ∴ 70A로 정정

   ㉡ 이 값을 6.6kV CT 1차 측으로 환산하면 $70 \times \dfrac{200}{5} = 2800A$

② CT 과전류정수 $= \dfrac{2800}{200} = 14$

   ∴ 20배 선정

③ 1차 측 단락 최소 전류에 동작 여부를 확인한다.

한전 측 변압기 및 선로 임피던스를 고려한 2상 단락전류의 CT 2차 전류가 70A를 충분히 상회하므로 보호협조에 문제없다.

4. 기타 고려사항

(1) 여자돌입전류 이상에서 동작한다.

(2) ANSI-Point 이하에 설정한다.

$$I^2 t = K \rightarrow t = \dfrac{K}{I^2}$$

여기서, K : 최대 I값에서 결정되는 상수(2초 기준, category Ⅰ TR의 경우 $K = 1250$)

$$I = \dfrac{I_s}{I_n} : 돌입전류배수$$

$$I = \dfrac{I_s}{I_n} = \dfrac{2800}{131.2} = 21.34$$

$$t = \dfrac{1250}{21.34^2} = 2.7s$$

5. 보호협조곡선

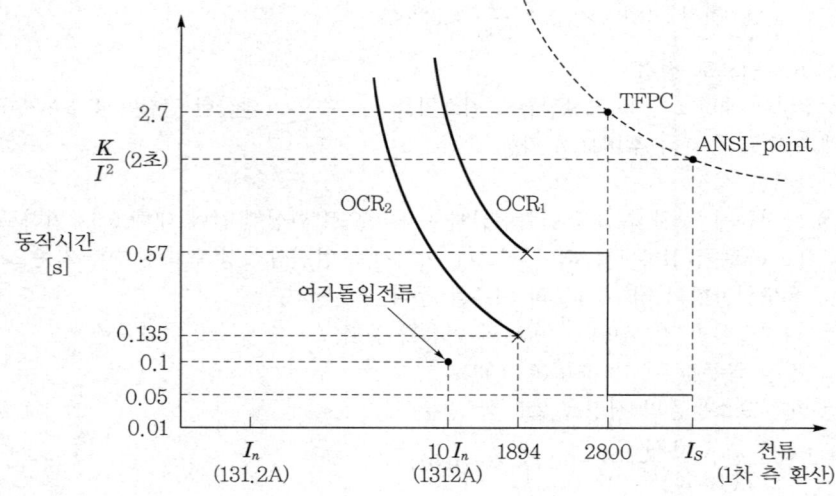

02 다음 수변전설비의 단선도에서 보호계전기를 정정하고 시간 – 전류 협조곡선을 그리시오.

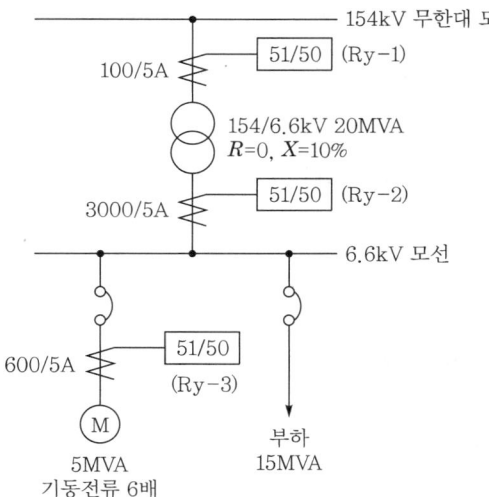

(풀 이)

1. 변압기 1차 측 계전기(Ry – 1, 100/5A) 정정

   (1) 변압기 정격전류

   ① 1차 : $I_{n1} = \dfrac{20 \times 10^3}{\sqrt{3} \times 154} = 75\,\mathrm{A}$

   ② 2차 : $I_{n2} = \dfrac{20 \times 10^3}{\sqrt{3} \times 6.6} = 1750\,\mathrm{A}$

   (2) CT비 : 100/5A가 적절함

   (3) 한시탭

   ① 최대 부하전류의 150%(한전 기준)

   $\therefore\ 75 \times 1.5 \times \dfrac{5}{100} = 5.63\,\mathrm{A}$

   ② 한시탭은 3 ~ 9A 중에서 6A에 정정

   ③ 정정치

   $6 \times \dfrac{100}{5} = 120\,\mathrm{A}$

   $\dfrac{120}{75} \times 100 = 160\%$

   ④ Time dial : TR 2차 3상 단락전류에 0.6s 이내에 동작하도록 선정

   (4) 순시탭

   ① 2차 측 최대 단락전류

   $I_{s2} = \dfrac{100}{\%Z_{\mathrm{TR}}} I_{n2} = \dfrac{100}{10} \times 1750 = 17500\,\mathrm{A}$

331

② 2차 측 최대 단락전류의 1차 측 환산치

$$I_{s1} = I_{s2} \times \frac{6.6}{154} = 17500 \times \frac{6.6}{154} = 750\,\mathrm{A}$$

③ 변압기 2차 측 최대 단락전류의 150%로 한다(125 ~ 200%).

$$\therefore\ 750 \times 1.5 \times \frac{5}{100} = 56.3\,\mathrm{A}$$

④ 순시탭은 20 ~ 80A 중에서 56A보다 크고 사용 가능한 것 첫 번째 탭을 선정한다.

$$\therefore\ 60\,\mathrm{A}에\ 정정 \rightarrow 60 \times \frac{100}{5} = 1200\,\mathrm{A}(154\mathrm{kV}\ 측)$$

(5) 여자돌입전류(정격전류의 10배, 0.1초)에 동작하지 않아야 한다.

$$\therefore\ I_o = I_{n1} \times 10 = 75 \times 10 = 750\,\mathrm{A}$$

2. 변압기 2차 측 계전기(Ry-2, 3000/5A) 정정
   (1) 한시탭
   ① 최대 부하전류의 130% 적용

$$\therefore\ I_{TAP} = \frac{20 \times 10^3}{\sqrt{3} \times 6.6} \times 1.3 \times \frac{5}{3000} = 3.8\,\mathrm{A}$$

   ② 한시탭은 4A에 정정한다.
   ③ 정정치

$$4 \times \frac{3000}{5} = 2400\,\mathrm{A}$$

$$2400 \times \frac{6.6}{154} = 103\,\mathrm{A}$$

   ④ Time dial은 전후위 보호계전기 간의 협조를 고려하여 정정한다.
   (2) 순시탭 : 정전범위 확대를 방지하기 위하여 제거한다.

3. 전동기 회로보호용 계전기(Ry-3, 600/5A)
   (1) Long time inverse type(장한시형)을 적용한다.
   (2) 정격전류

$$① I_M = \frac{5 \times 10^3}{\sqrt{3} \times 6.6} = 437.4\,\mathrm{A}$$

   ② 154kV 측 정격전류 : $437.4 \times \frac{6.6}{154} = 18.7\,\mathrm{A}$

   ③ 154kV 측 기동전류 : $18.7 \times 6 = 112\,\mathrm{A}$

   (3) 한시탭
   ① 기동시간은 10초 정도로 보고 정정은 115%로 한다.

$$\therefore\ I_{TAP} = 437.4 \times 1.15 \times \frac{5}{600} = 4.2\,\mathrm{A}$$

   ② 한시탭은 4A에 정정한다.

③ 정정치

$$4 \times \frac{600}{5} = 480\,\text{A}$$

$$\frac{480}{437.4} \times 100 = 109.7\%$$

$$\rightarrow 480 \times \frac{6.6}{154} = 20.6\,\text{A}(154\text{kV 측})$$

④ 만약 SF = 1.15 이상이면 한시정정치를 더 올린다.

⑤ Time dial은 전후위 보호계전기 간의 협조를 고려하여 정정한다.

(4) 순시탭

① 전동기 순시돌입전류(기동전류의 1.5배, 즉 정격전류×6×1.5 = 정격전류×9배 이상)에 동작하지 않아야 하며, 2상 단락전류에 동작하여야 한다.

② 즉, 2상 단락전류는 6.6kV 모선단락전류의 $\dfrac{\sqrt{3}}{2}$으로 취하면

$$I_{s2} \times \frac{\sqrt{3}}{2} = 17500 \times \frac{\sqrt{3}}{2} = 15155\,\text{A} \text{ 이하에 정정한다.}$$

$$\rightarrow \text{즉, } 154\text{kV 측 환산치 } 15155 \times \frac{6.6}{154} = 650\,\text{A의 } 50\% \text{ 정도에 정정한다.}$$

③ 보통 정격전류의 1200% 정도에 정정한다.

$$\therefore I_{\text{TAP}} = 437.4 \times 12 \times \frac{5}{600} = 44\,\text{A}$$

④ 순시탭은 44A보다 크고 사용 가능한 첫 번째 탭에 정정한다.

$$\therefore 45\text{A에 정정} \rightarrow 45 \times \frac{600}{5} \times \frac{6.6}{154} = 231\,\text{A}(154\text{kV 측, } \le 650 \times 0.5 = 325\,\text{A})$$

4. 시간 – 전류 협조곡선

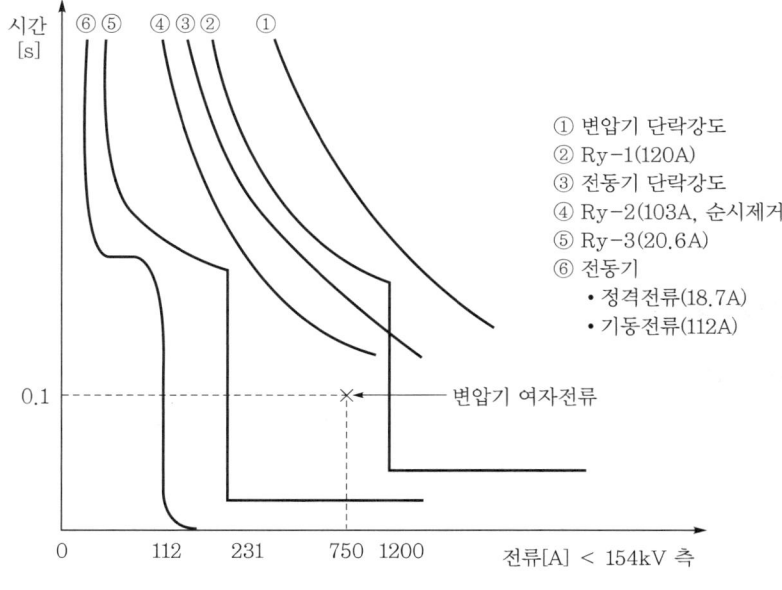

① 변압기 단락강도
② Ry-1(120A)
③ 전동기 단락강도
④ Ry-2(103A, 순시제거)
⑤ Ry-3(20.6A)
⑥ 전동기
  • 정격전류(18.7A)
  • 기동전류(112A)

특고압 수전설비의 보호방식, 정정, 보호협조

1 개요

(1) 보호계전의 목적
  ① 사고구간 선택차단
  ② 사고파급 최소화
  ③ 사고복구 신속화
  ④ 계통 안정 및 신뢰도 향상
  ⑤ 인명안전, 설비보호

(2) 보호대상
  ① 수전회로보호
  ② TR 보호
  ③ 배전계통보호
  ④ 기타(SC, 모선 보호 등)

2 보호방식의 기본

(1) 주보호와 후비보호
  ① 주보호 : 사고발생지점 부근에서 가장 먼저 동작하고, 최소한의 고장구간을 분리한다.
  ② 후비보호 : 주보호가 오부동작 시 Back up 동작한다.

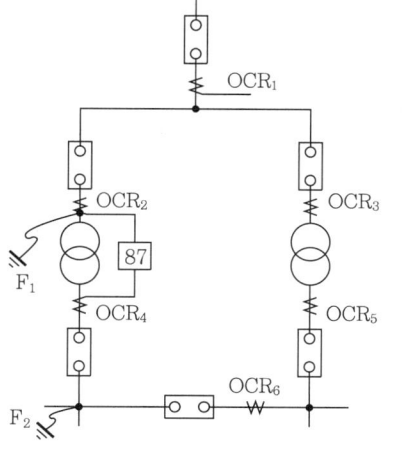

사고점	주보호	후비보호
F_1	87 OCR_2	OCR_1
F_2	OCR_4 OCR_6	OCR_2 OCR_5

(2) 구간보호방식

보호구간 양단에 차단기와 변류기를 설치(비율차동계전기) → 차전류로 동작, 보호구간 내부사고 검출 및 제거

(3) 한시차보호방식

① 보호장치의 동작시간차로 사고구간을 판별한다.
② 반한시특성의 과전류계전기에 의한 단락보호방식이 주로 사용된다.

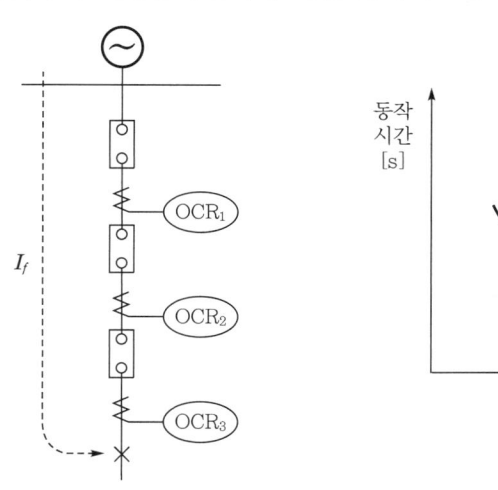

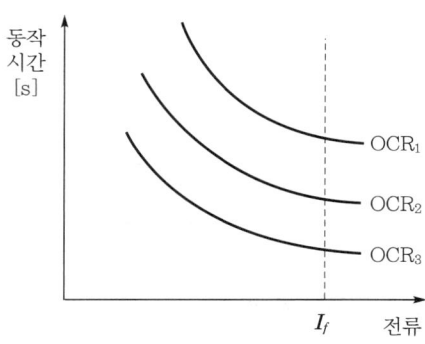

3 수전회로보호

수전방식	보호방식	내용
1회선 또는 상용 예비회선	주부호/예비보호 한시차 보호	부하 측 단락, 지락, 변압기 2차 측 사고 시 전력회사와의 보호협조 시
루프수전	표시선 계전방식	방향, 전류 비교방식(전류순환식, 전압반향식)

수전방식	보호방식	내용
평행 2회선 수전	전력평형 계전방식	회선 내 사고 시 전류불평형 검출
Spot network 수전	프로덱터(네트워크) 계전방식	네트워크 프로덱터에 의한 고장 트리핑 및 자동 재투입 → 역전력 차단, 무전압 투입, 차전압 투입 등

4 수전용 변압기의 보호

(1) 특고압용 변압기 보호장치 기준(KEC-351.4)

5000kVA 이상 변압기 내부고장 시 자동차단을 한다.

(2) 외부사고보호

① 1차 측 보호 : LA, PF, VCB, SA 등

② 2차 측 보호

    ㉠ 단락보호 : 순시요소부 반한시특성의 과전류계전기

    ㉡ 지락보호

       • 반한시특성의 지락 과전류계전기(직접, 저항 접지계)

       • 비접지계 : GVT + ZCT + SGR/DGR, GSC + ELB, GVT + OVGR

(3) 내부사고보호

구분	계전기의 종류	적용
전기적 보호	OCR	모든 T/R, 수전회로와 겸용
	RDR	변압기 내부 단락·지락 고장검출 (여자돌입전류 억제기능)
기계적 보호	부흐홀츠 계전기	Float S/W + Flow 계전기 → 절연유 열화 시 경보 및 차단
	충격 압력 계전기	변압기 내부사고 시 충격성 이상압력 검출 차단
	방출 안전장치	외함 내 이상압력 시 동작, 폭발 방지
	온도계·유면계	온도 상승경보/절연유 누출경보

5 고압 콘덴서의 보호

(1) 조상설비(콘덴서/분로 리액터) 보호장치의 기준

KEC-351.5

(2) 계통 이상보호

과전압 보호	저전압 보호	단락보호	지락보호
한시과전압 계전기 사용 (정격의 130% 이상, 2초)	한시부족전압 계전기 사용 (정격의 70% 이하, 2초)	한시과전류 계전기 사용 (정격의 150% 이상)	선택계전기 적용

(3) 내부소자 사고에 의한 보호

① 중성점 전류(NCS) 검출방식
② 중성점 전압(NVS) 검출방식
③ Open delta 방식
④ 전압차동방식
⑤ 기타 : Arm switch 방식, Lead cut 방식

6 모선보호방식

(1) 전류차동방식

비율차동, 리니어 커플러, 부분차동방식

(2) 전압차동방식

(3) 위상비교방식

(4) 방향비교방식

(5) 기타

환상모선방식, 차폐모선방식 등

7 계전기 정정 및 보호협조

(1) 수용가 수전설비 보호계전기 정정지침(한전규정)

계전기		동작치 정정	동작시한
OCR	한시	최대 계약전력(설비용량)×150 ~ 170%	TR 2차 3상 단락 시 0.6초 이하
	순시	TR 2차 3상 단락전류×150%	최대 고장전류에서 0.05초 이하
OCGR		완전지락 시 지락전류×30% 이하	완전지락 시 0.2초 이하

(2) 변압기 보호협조(예)

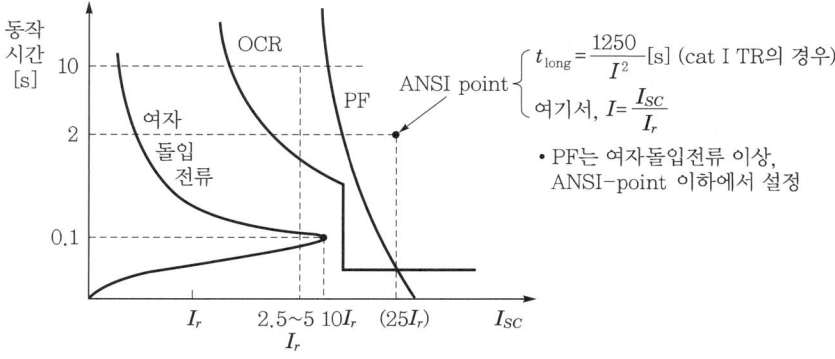

$$t_{long} = \frac{1250}{I^2}[s] \text{ (cat I TR의 경우)}$$

여기서, $I = \dfrac{I_{sc}}{I_r}$

• PF는 여자돌입전류 이상, ANSI-point 이하에서 설정

19 비율차동계전기의 결선 및 정정 방법

기출 지문

Q1 변압기 보호계전기 중 비율차동계전기에 대하여 각각 설명하시오. [건 101회 출제]
 (1) 동작원리
 (2) 동작특성
 (3) 적용 시 문제점 및 대책

Q2 수전설비에서 사용하는 정지형 비율차동계전기의 정의, 원리 및 특성을 설명하시오. [안 132회 출제]

Q3 아래 그림은 변압기 명판의 일부이다. 변압기 TAP 위치가 2에 설정되어 있으며, 변압기 내부고장 보호방식으로 비율차동계전기를 설치하려고 한다. 다음 물음에 답하시오. [발 123회 출제]

삼상변압기

3상	내철형	옥외용 유입자냉식	연속정격
정격용량	10,000 kVA	주파수	60 Hz
정격전압 1차	22,900 V	2차	6,600 V
BIL 1차/2차	150/ kV	IMP(75℃)	6.5 %

TAP위치	결선	전압(V)
1	3-4	F 23,900
2	3-5	R 22,900
3	2-5	21,900
4	2-6	20,900
5	1-6	19,900

 (1) 비율차동계전기가 포함된 변류기의 3상 결선도를 그리시오.
 (2) 2차 측 전압이 6300V일 때 TAP을 한 단계 조정해서 2차 전압을 높이고자 할 경우 TAP의 위치와 TAP 조정 후 2차 전압을 구하시오.
 (3) TAP 전압 앞에 표기되어 있는 기호(F와 R)의 의미와 무기호의 의미에 대하여 설명하시오.

건 건축전기설비기술사 / 응 전기응용기술사 / 발 발송배전기술사 / 소 소방기술사 / 안 전기안전기술사 / 화 화공안전기술사 / 정 정보통신기술사

1 비율차동계전기

① CT비 부정합, CT의 오차, ULTC의 사용 등에 의해 내부고장이 아닌 경우에도 차전류에 의해 계전기 오동작이 발생한다.

② 비율차동계전기는 억제코일을 설치하여 억제전류에 대한 차전류의 비율이 설정값 이상에서만 동작함으로써 오동작을 방지할 수 있다.

2 비율차동계전기의 원리

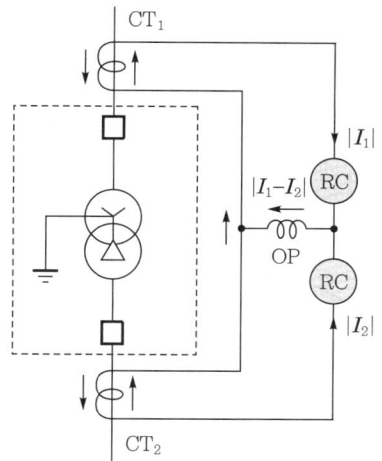

① 동작전류 : $I_d = |I_1 - I_2|$
② 억제전류 : $I_r = |I_1| + |I_2|$
③ 동작설정 : $K > \dfrac{I_d}{I_r} \times 100[\%]$

일반적으로 동작비율을 30% 이상으로 정정한다.

(1) 동작전류는 1·2차 측 전류의 벡터차 크기

$$I_d = |I_1 - I_2|$$

(2) 억제전류는 1·2차 측 전류의 스칼라 크기

$$I_r = |I_1| + |I_2|$$

(3) 외부고장

차전류가 0이므로 계전기가 동작하지 않는다(조건 : $I_1 = I_2 = I$).

$$I_d = |I_1 - I_2| = 0$$

$$I_r = |I_1| + |I_2| = 2I$$

$$K = \frac{I_d}{I_{r_s}} \times 100 = 0\%$$

오차를 고려하여 일반적으로 30% 이상으로 정정한다.

(4) 내부고장

동작비율이 100%가 되어 계전기가 동작한다(조건 : $I_1 = I_2 = I$).

$$I_d = |I_1 + I_2| = 2I$$

$$I_r = |I_1| + |I_2| = 2I$$

$$\frac{I_d}{I_r} \times 100 = 100\%$$

3 비율차동계전기의 동작 특성곡선

특성곡선에서 $I_{d,\,min}$은 계전기를 동작시키기 위한 최소 전류이고, 억제전류 I_r은 CT 성능차이 등에 의한 오동작을 방지하는 비율차동계전기의 안전성을 향상시키는 역할을 한다.

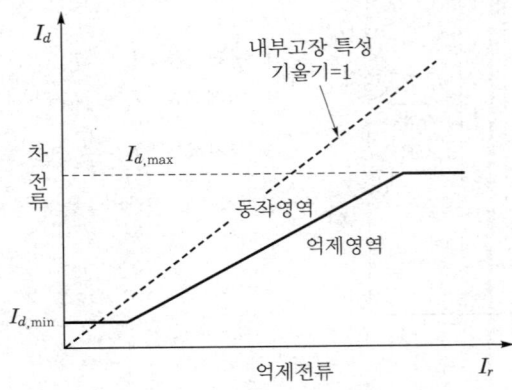

4 비율차동계전기의 결선

(1) Dyn11 변압기

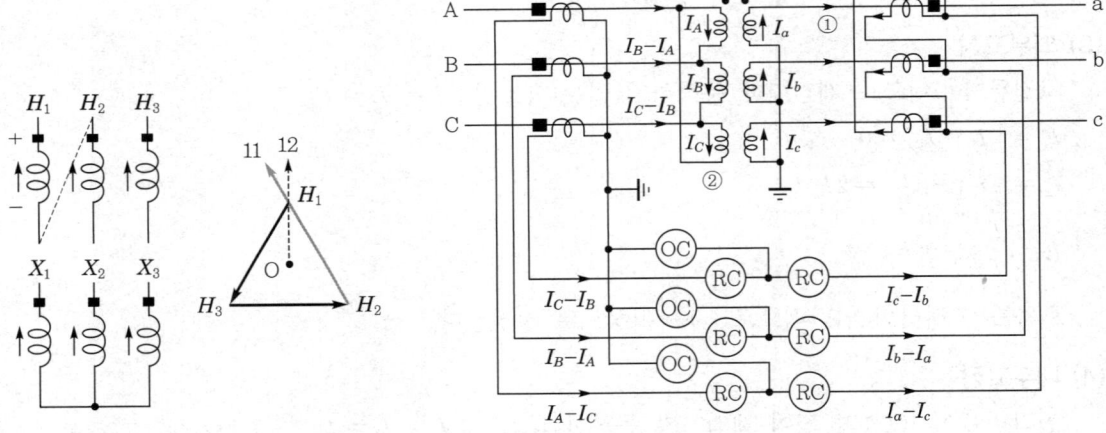

Dyn11 변압기는 1차 측이 Delta 결선이고 2차 측은 Y결선인 변압기로, 2차 측 전압의 위상이 30° 앞선 결선이다.

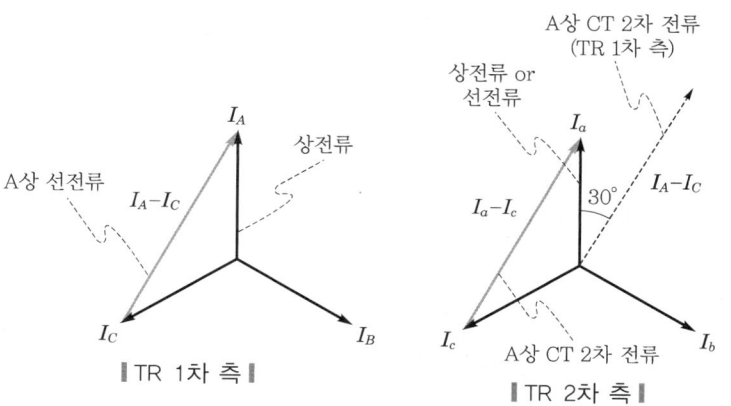

||TR 1차 측||

||TR 2차 측||

(2) Dyn1 변압기

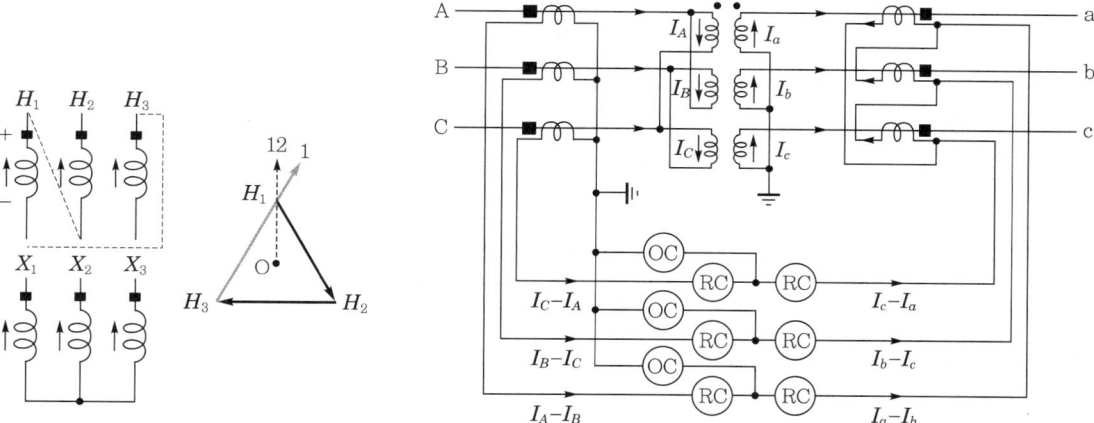

5 비율차동계전기의 적용상 고려사항

(1) CT의 Mismatch(부정합)

① 변압기 변압비의 오차도 없고, ULTC를 적용하고 있지 않은 변압기인 경우 양측에 $\frac{n_1}{5}$, $\frac{n_2}{5}$ CT를 적용했다면 각각의 CT 2차 측에 흐르는 전류는 각각 다음과 같다.

　㉠ 변압기 1차 측 CT의 2차 측 전류 : $i_1 = I_1 \times \dfrac{5}{n_1}$

　㉡ 변압기 2차 측 CT의 2차 측 전류 : $i_2 = I_2 \times \dfrac{5}{n_2}$

　　$I_1 \times \dfrac{5}{n_1} = I_2 \times \dfrac{5}{n_2}$

② 이 두 전류가 정확히 같아지는 권수비를 갖는 CT를 선정하면 되지만 적용상 표준 CT를 사용해야 되기 때문에 CT의 부정합은 존재한다.

③ 기계식 계전기(EM type)는 보조변류기(CCT)를 사용하여 보완하여 적용하고, 디지털계전기는 변압비와 CT비의 정보가 주어지면 이론적으로 정확하게 부정합을 해결할 수 있다.

(2) ULTC의 탭절환에 따른 변압비 변경을 고려한다.

(3) 위상의 차이

① 변압기는 제3고조파 방지를 위하여 △결선을 갖는 것을 사용하고 있다.

② 즉, △-Y, Y-Y-△결선이 사용되는데 △-Y결선은 30°의 위상차가 생긴다.

③ 이 때문에 Y측의 CT는 △로 하고, △측의 CT는 Y로 하여 위상각을 맞추어 주어야 한다.

(4) 변압기 여자돌입전류

① 돌입전류는 변압기 내부에 고장이 발생하지 않았는데도 불구하고 발생하는, 비율차동계전요소의 기본원리를 위배하는 현상이다.

② 여자돌입전류는 변압기를 가압하는 경우 등 변압기 철심의 비선형적인 포화특성에 의해 발생하고, 그 크기는 차단기 투입시점, 계통특성, 변압기 코어재질, 변압기 잔류자속 등 많은 요소에 영향을 받으며, 대부분의 경우는 변압기 전부하 정격전류의 8 ~ 12배 수준이다.

③ 이 돌입전류는 마치 변압기 내부사고와 마찬가지로 변압기 가압 측(1차 측)에는 나타나지만, 2차 측에는 나타나지 않아서 변압기보호용 비율차동계전기가 오동작할 우려가 있다.

(5) CT의 포화에 따른 차전류 발생

① CT 포화가 발생하면, CT 2차 측 전류가 왜곡되어 차전류를 발생시킨다.

② 그림은 CT가 포화되었을 때 CT 2차 측에 나타나는 전류이다. 그림에서 A선은 포화가 발생하지 않았다면 CT 2차 측에 나타날 전류이고, B선은 CT 포화로 인해 왜곡된 전류이다.

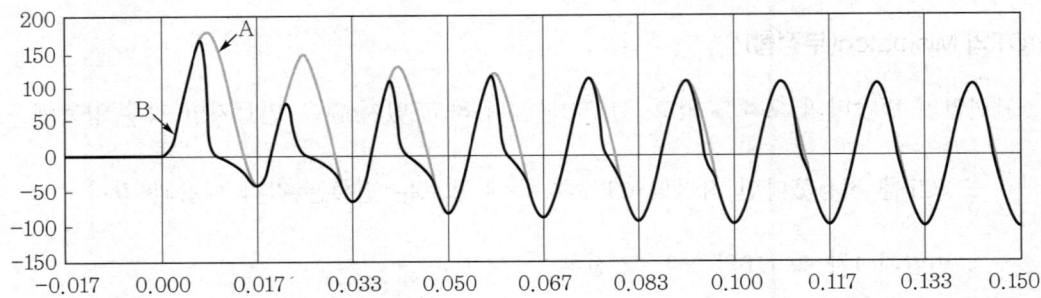

6 비율차동계전기의 비율 정정

(1) 비율차동계전기의 전류탭(보상탭)을 이용하는 방법

$$부정합률 = \frac{변류기\ 2차\ 전류의\ 비 - 정정탭의\ 비}{정정탭의\ 비} \times 100\,[\%]$$

(2) 보조변류기(CCT)를 이용하는 방법

부정합률이 5% 이내가 되도록 선정한다.

(3) 보상탭을 이용하는 방법

① 전부하 시 CT 2차 측 전류(기본용량 30MVA로 계산)

  ㉠ 변압기 1차 측 변류기 2차 전류 $i_1 = 112.5 \times \dfrac{5}{200} = 2.81\,A$

   • 계전기 유입전류 $= \sqrt{3} \times 2.81 = 4.87\,A$ (변류기 △결선)

   • 정정탭 : 5A 선택

  ㉡ 변압기 2차 측 변류기 2차 전류 $i_2 = 756.3 \times \dfrac{5}{1200} = 3.15\,A$

   정정탭 : 3.2A 선택 (변류기 Y결선)

② 부정합률(mismatch) 계산

  ㉠ 공식 : $부정합률 = \dfrac{변류기\ 2차\ 전류의\ 비 - 정정탭의\ 비}{정정탭의\ 비} \times 100\,[\%]$

   $$= \frac{\dfrac{3.15}{4.87} - \dfrac{3.2}{5}}{\dfrac{3.2}{5}} \times 100 = 1.06\%$$

  ㉡ CT의 부정합률(1.06%), CT 오차(10%), 탭절환(10%), 여유(5%)를 고려하면 총오차는 약 26.06%를 고려한다.

   ∴ 비율차동계전기의 동작비율치 정정은 30%를 적용하는 것이 합리적이다.

③ CCT(보상변류기를 적용하는 경우)

  ㉠ 보상변류기(compensating current transformer)는 차동계전기 결선과 같은 곳에 변류기의 변류비를 보상하기 위한 보조변류기이다.

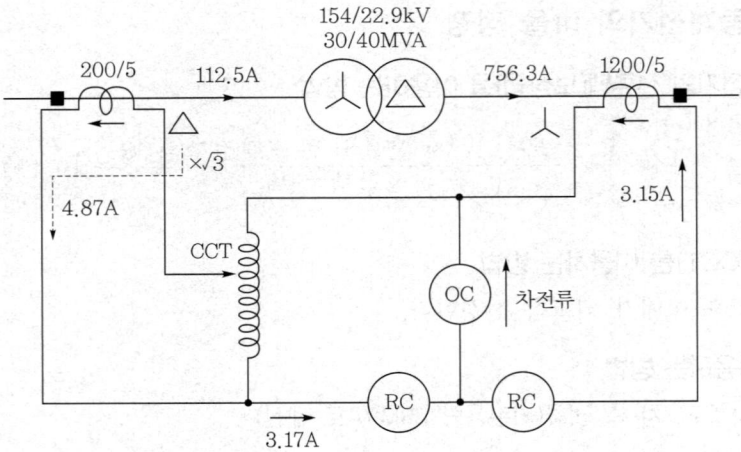

ⓛ CCT는 총 100턴에 5턴당 탭이 있는 경우를 고려하면, 변압기에서 턴수와 전류는 반비례하고, 전류가 작은 쪽을 $N_2 = 100$으로 하고 보상탭을 선정하면

$$\frac{i_1}{i_2} = \frac{N_2}{N_1} \rightarrow \frac{4.87}{3.15} = \frac{100}{N_1} \rightarrow N_1 = 64.68$$

보상탭을 65로 선정하면 $i_1{}' = 4.87 \times \frac{65}{100} = 3.17\text{A}$

부정합률$= \frac{3.17 - 3.15}{3.17} \times 100 = 0.63\%$

ⓒ CT의 부정합률(0.63%), CT 오차(10%), 탭절환(10%), 여유(5%)를 고려하면 총오차는 약 25.63%를 고려한다.

∴ 비율차동계전기의 동작비율치 정정은 30%를 적용하는 것이 합리적이다.

SECTION 20

비율차동계전기용 CT가 변압기 결선과 반대로 되어야 하는 이유

기출지문

Q1 변압기보호용으로 비율차동계전기를 적용할 경우 고려사항을 설명하시오. 건 113회 출제

Q2 변압기의 내부고장보호를 위해 비율차동계전기를 사용할 경우 고려사항에 대하여 설명하시오.
발 133회 출제

건 건축전기설비기술사 / 응 전기응용기술사 / 발 발송배전기술사 / 소 소방기술사 / 안 전기안전기술사 / 화 화공안전기술사 / 정 정보통신기술사

1 개요

(1) 비율차동계전기(RDR)는 변압기 내부고장보호용으로 사용되며 오동작 방지를 위해 억제전류에 대한 동작전류의 비율이 일정치 이상일 때 동작하도록 한 계전기이다.

(2) 계전기 오동작 원인 및 방지대책

원인	여자돌입전류	변류비오차	위상차
대책	• 감도저하식 • Trip-Lock 법 • 고조파 억제법 • 비대칭파 저지법	• CCT(보상 변류기) 사용 • 적정 과전류정수 or 비율탭 선정	CT를 변압기 권선과 상반되게 결선 • TR △-Y이면 → CT Y-△ 결선 • TR Y-△이면 → CT △-Y 결선

2 Y-△결선 변압기의 1·2차 Vector 관계

[가정] 권수비와 변성비는 1로 가정

(1) 변압기 1차 전류 I_{L_1}과 동상이 되는 2차 전류는 $i_{L_1} - i_{L_2}$이다.

(2) i_{L_1}과 $-i_{L_2}$의 위상차는 $60°$이므로

$$i_{L_1} - i_{L_2} = 2 \cdot I_{L_1} \cos 30° = \sqrt{3} \, I_{L_1}$$

$$\therefore \ I_{L_1} = \frac{1}{\sqrt{3}}(i_{L_1} - i_{L_2}) \text{가 되고 마찬가지로}$$

$$I_{L_2} = \frac{1}{\sqrt{3}}(i_{L_2} - i_{L_3})$$

$$I_{L_3} = \frac{1}{\sqrt{3}}(i_{L_3} - i_{L_1})$$

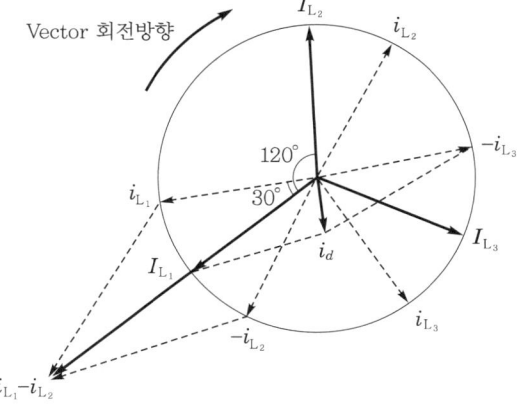

(3) CT를 변압기 결선과 상반되게 하는 이유

① TR Y-△결선일 때 CT Y-△결선으로 한 경우

㉠ 평상시

- 1차 측 CT(L₁상)의 2차에 흐르는 전류

$$i_1 = I_{L_1} = \frac{1}{\sqrt{3}}(i_{L_1} - i_{L_2})$$

- 2차 측 CT(R상)의 2차에 흐르는 전류 $i_2 = i_{L_1}$

- 87T의 동작 Coil에 흐르는 차전류

$$i_d = i_1 - i_2 = \frac{1}{\sqrt{3}}(i_{L_1} - i_{L_2}) - i_{L_1} \fallingdotseq 0.5i_{L_1}\underline{/75°}$$

- 따라서, Vector도에서 알 수 있듯이 차전류 i_d는 거의 2차 전류($i_2 = i_{L_1}$)의 90° 앞선 전류이고, 전류치는 2차 전류의 약 $\frac{1}{2}$이 된다.

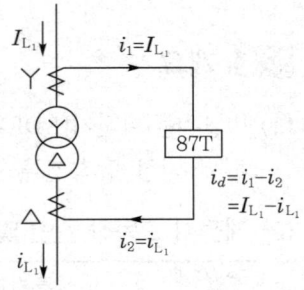

- 비율특성에서 차전류 i_d가 2차 전류 i_2의 52%나 정상적으로 흐르므로(2차 측 차전류= 5A×0.52 = 2.6A) 52% 이하로 탭을 선정할 경우 오동작이 발생할 수 있다.

㉡ 외부 사고 시 : 외부 지락사고 시 Y-△ 변압기 Y측 중성점 접지를 통해 변압기 Y결선에 흘러 전원 측으로 유출되므로 이를 CT가 검출하여 오동작이 발생한다.

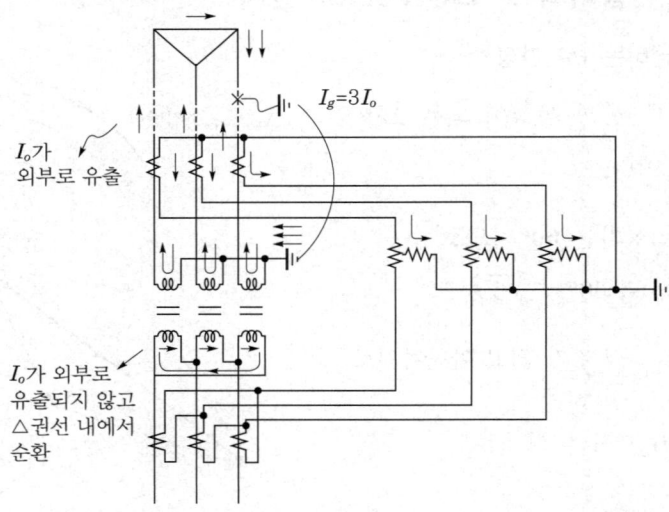

② TR Y-△결선일 때 CT △-Y결선으로 한 경우

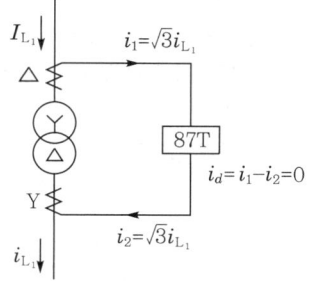

㉠ 평상시
- 변압기 Y측의 CT 2차 회로(L_1상)에 흐으는 전류 △ 결선이므로 선전류 $i_{L_1} = I_{L_1} - I_{L_3}$ or $i_1 = \sqrt{3}\,I_{L_1}$이 된다.

$$\therefore\ i_1 = \dot{I}_{L_1} - \dot{I}_{L_3} = \frac{1}{\sqrt{3}}\left\{(i_{L_1} - i_{L_2}) - (i_{L_3} - i_{L_1})\right\}$$

$$= \frac{1}{\sqrt{3}}\left\{3i_{L_1} - (i_{L_1} + i_{L_2} + i_{L_3})\right\} = \sqrt{3}\,i_{L_1}$$

- 변압기 △측 CT(L_1상) 2차 전류는 $i_2 = \sqrt{3}\,i_{L_1}$이 되어 결국 $i_1 = i_2$가 된다. 따라서, 87T의 동작 Coil에는 차전류가 흐르지 않는다.

㉡ 외부 사고 시 : △ 권선의 경우 지락으로 인한 2차 전류가 외부로 유출되지 않고 △ 결선 내를 환류하므로 87T에 유입되는 일이 없다.

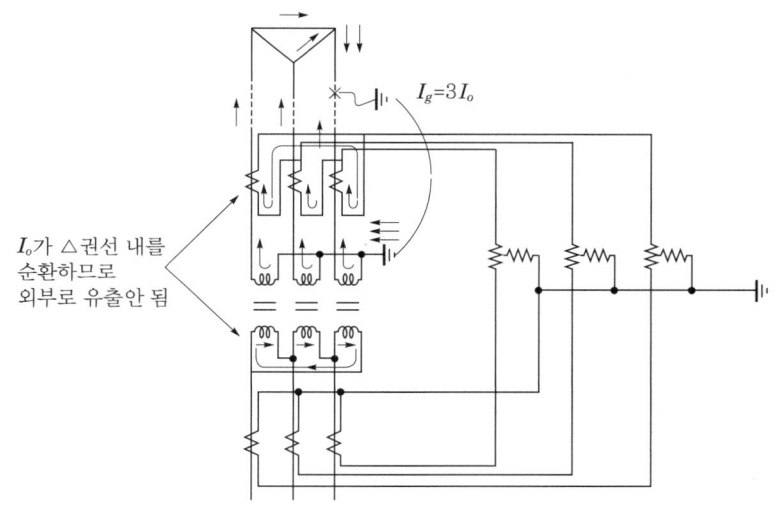

I_o가 △권선 내를 순환하므로 외부로 유출안 됨

3 결론

비율차동계전기의 CT결선은 사용하는 계전기의 Type(유도형, 정지형, 디지털형)과 변압기 중성점 접지 여부에 따라 불필요 동작이 발생할 수 있으므로 CT의 결선은 반드시 변압기권선의 결선과 서로 반대로 함으로써 어떠한 경우에도 비율차동계전기의 위상차로 인한 오동작을 방지할 수 있다.

예제

다음과 같은 특성의 수전용 주변압기 보호에 사용되는 비율차동계전기의 부정합비율[%]을 구하고, 적정한 비율탭을 정정(setting)하시오. (단, 부정합 비를 줄이고자 보조 CT를 사용하는 경우 2 : 1 사용)

변압기권선(2권선)	고압 측	저압 측
변압비	154kV	22.9kV
변압기결선	△(delta)	Y(wye)
변압기용량	30/40MVA(ONAN/ONAF)	
변압기탭	OLTC	
Relaycurrent TAP[A]	2.9-3.2-3.8-4.2-4.6-5.0-8.7	
비율탭[%]	15-25-40	

※ 오차는 변압기 TAP 절환 10%, CT 오차 5%, 여유 5%로 한다.

풀이

1. 변압기의 정격전류

$$I_{1n} = \frac{30000}{\sqrt{3} \times 154} = 112.5A$$

$$I_{2n} = \frac{30000}{\sqrt{3} \times 22.9} = 756.3A$$

2. CT비 선정

   TR 1차 측 : $112.5 \times 1.5 = 168.7A \rightarrow \therefore 200/5A$ 선정

   TR 2차 측 : $756.3 \times 1.5 = 1134.5A \rightarrow \therefore 1200/5A$ 선정

3. 전류탭 정정

   ① 계전기 TAP에 의한 방법

   ㉠ 계전기 TAP 선정

   • CT 2차 측 전류

   – TR 1차 측 전류 : $i_1 = 112.5 \times \frac{5}{200} = 2.81A$

   – TR 2차 측 전류 : $i_2 = 756.3 \times \frac{5}{1200} \sqrt{3} = 5.45A$

   • 계전기 TAP

   – 1차 : 2.9 ← $5 \times \frac{2.81}{5.45} = 2.57$(2차 5A를 기준으로 1차 TAP 정정)

   – 2차 : 5

   ㉡ 부정합률(mismatch ratio) 검토

   • CT 2차 전류비 $= \frac{2.81}{5.45} = 0.515$

   • 정정탭의 비 $= \frac{2.9}{5.0} = 0.58$

- 부정합비 $= \dfrac{0.58 - 0.515}{0.515} \times 100 = 12.6\%$

   일반적으로 부정합비는 5% 이내로 하여야 하므로 TAP 재수정이 필요하다.

ⓒ 계전기 TAP 재수정
  - CT 2차 측
    - TR 1차 측 전류 : 2.81A
    - TR 2차 측 전류 : 5.45A
  - 2차 측을 한 단계 up시켜 8.7A를 기준으로 하면 1차 측은

   $8.7 \times \dfrac{2.81}{5.45} = 4.48 \rightarrow \therefore 4.6$으로 탭 선정

ⓔ 부정합률 재계산
  - CT 2차 전류비 $= \dfrac{2.81}{5.45} = 0.515$

  - 정정탭비 $= \dfrac{4.6}{8.7} = 0.529$

   $\therefore$ 부정합비 $= \dfrac{0.529 - 0.515}{0.515} \times 100 = 2.7\%$ (따라서, 5% 이내를 만족함)

ⓜ 동작비율 정정
  - TR탭(OLTC) 변환오차 : 10%
  - 변류기오차 : 5%(제의에 의함)
  - 탭 부정합률 : 2.7%
  - 여유도 : 5%
   $\therefore$ 비율탭 $= 10 + 5 + 2.7 + 5 = 22.7\% \rightarrow \therefore 25\%$에 정정

② CCT(보조변류기탭)에 의한 방법
  ⓐ 부정합률 검토
    - CT 2차 전류비 $= \dfrac{2.81}{5.45} = 0.515$

     보조 CT가 100turn으로 5turn마다 TAP을 갖는다고 가정하면 $n = 50$turn으로 선정한다 (제의에 따라 보조 CT 2 : 1 사용).
     또는 CCT 1·2차 간 암페어턴은 같아야 하므로 적은 쪽 전류 측을 100turn으로 하면
     $2.81 \times 100 = 5.45 \times N_2$에서 $N_2 = \dfrac{2.81}{5.45} \times 100 = 51.56$turn이므로 따라서 i_2쪽에 50%의 권선 탭을 설정한다.
    - 부정합률 $= \dfrac{0.515 - 0.5}{0.5} \times 100 = 3\%$ ($\therefore$ 5% 이내 만족)

[별해]

$i_1 = 2.81, \ i_2 = 5.45$

CCT 2차 측 보정전류 $i_2{}' = 5.45 \times \dfrac{50}{100} = 2.725$

∴ 부정합률 $= \dfrac{2.81 - 2.725}{2.725} \times 100 = 3.1\%$

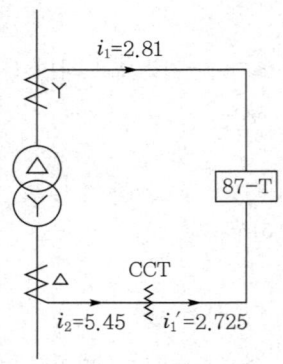

ⓛ 동작비율 정정

비율탭 = TR탭(OLTC) 변환오차 + 변류기오차 + 탭 부정합률 + 여유도

∴ 비율탭 = 10 + 5 + 3 + 5 = 23% → ∴ 25%에 정정

4. 결론

비율차동계전기의 동작비율 정정치를 계산해 본 결과

① 계전기 TAP에 의한 방법 → 탭 부정합비 2.7%, 동작비율 25% 선정

② CCT(보조변류기탭)에 의한 방법 → 탭 부정합비 3.0%, 동작비율 25% 선정

변압기 여자돌입전류에 의한 비율차동계전기의 오동작 방지대책

Q1 변압기 여자돌입전류의 발생과 그에 따른 보호장치의 오동작 방지에 대하여 설명하시오.

건 121회 출제

Q2 변압기의 내부고장 보호를 위해 비율차동계전기를 사용할 경우 고려사항에 대하여 설명하시오.

발 133회 출제

Q3 변압기 여자돌입전류의 영향과 비율차동계전기(RDFR : Ratio Differential Relay)의 오동작 방지대책에 대하여 설명하시오. 발 134회 출제

건 건축전기설비기술사 / 홍 전기응용기술사 / 발 발송배전기술사 / 소 소방기술사 / 안 전기안전기술사 / 화 화공안전기술사 / 정 정보통신기술사

1 개요

(1) 여자돌입전류란 무부하상태에서 변압기 가압 시 발생하는 매우 큰 과도돌입전류를 말하며 많은 고조파를 포함하고 그 크기는 정격전류의 수 ~ 수십배에 달하며 지속시간은 수cycle 내 급격히 감쇄된다.

(2) 전원 임피던스가 큰 경우 여자돌입전류에 의한 순간적인 전압강하가 발생되며 때로는 과전류계전기나 비율차동계전기를 오동작시키는 원인이 되기도 한다. 따라서, 이러한 오동작 방지법을 설명하면 다음과 같다.

2 비율차동계전기의 오동작 방지대책

(1) 감도저하법

① 종류별 동작원리

㉠ 한시동작계전기 이용 : 변압기 투입 시 동작 Coil을 약 수초동안 Bypass하여 감도저하 후 Bypass 접점을 Open하여 정상복귀

㉡ 부족전압계전기 이용 : 변압기 투입 시 순간적인 전압강하를 이용하여, 동작 Coil을 Bypass한 후 정상복귀

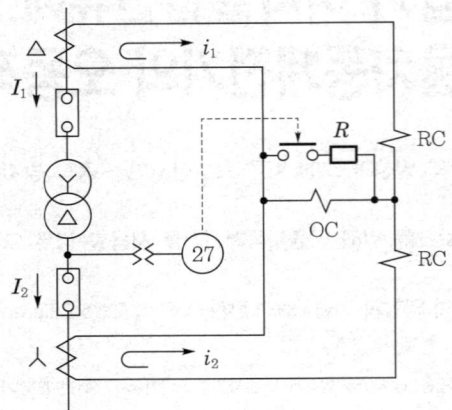

ⓒ Trip-lock법 : 변압기 투입 후 일정시간 Trip 회로를 Lock-out시킨다.

② 특징(단점) : 계전기가 쇄정 또는 저감도상태에 있는 동안에 내부사고발생 시 사고제거시간 이 길게 되어 사고가 확대된다.

(2) 고조파억제법

① 원리 : 여자돌입전류 파형은 고장전류 파형과 달리 고조파분(특히 제2고조파)이 많이 포함 되어 있는 점을 착안해 차동회로를 Filter 회로로 나누어 기본파분으로 동작력을, 고조파분 으로 억제력을 발생시켜 오동작을 방지한다.

② 문제점 : 내부사고 시에도 변류기의 포화로 인하여 고조파분이 발생하여 억제요소동작으로 계전기가 오부동작이 가능하다.

③ 대책

㉠ 여자돌입전류의 최댓값에서는 부동작하고 변류기가 포화되는 전류에서는 일정 전류 이상에서 동작하는 과전류동작요소를 부가설치 또는 적정 과전류정수를 선정한다.

㉡ 동작특성은 제2고조파분이 기본파분의 15 ~ 20% 이상 시 동작이 억제되며, 과전류동작 요소는 CT 정격 2차 전류의 약 8 ~ 10배 이상에서 동작하도록 한다.

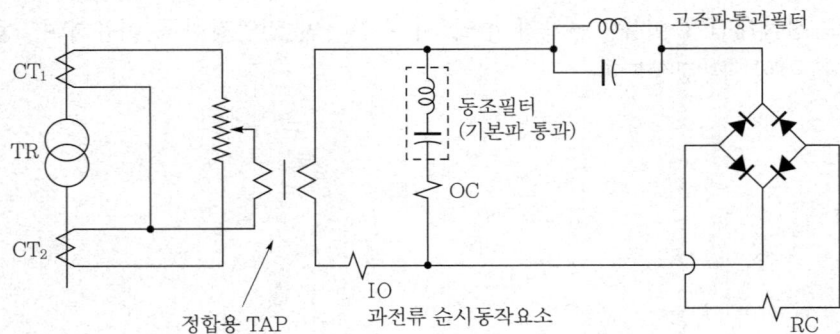

(3) 비대칭 저지법

① 여자돌입전류의 가장 큰 특성인 반파정류파형에 가까운 비대칭파를 발생하는 점을 착안한 것이다.

② 여자돌입전류와 같이 비대칭파가 발생하면 2권선식 차동동작계전기(Ry_1)를 각 반파의 전류와 비교하여 그 차가 어느 값 이상이 되면 동작하여 Trip 회로를 개방한다.

③ 사고 시에는 과전류요소 Ry_2, Ry_3가 동시에 동작하면 직류분에 의해 Ry_1이 동작하여도 Trip 회로를 유지시킨다.

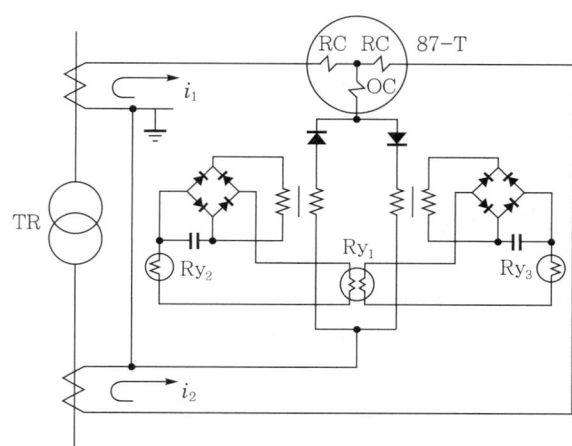

SGR
(Selective Ground Relay)

1 개요

SGR은 비접지계통의 지락보호를 위한 계전기로, 영상전압(GVT)과 영상전류(ZCT)의 위상각으로 동작 여부를 결정하는 선택차단하는 방향성 계전기이다.

2 비접지 보호계통의 구성

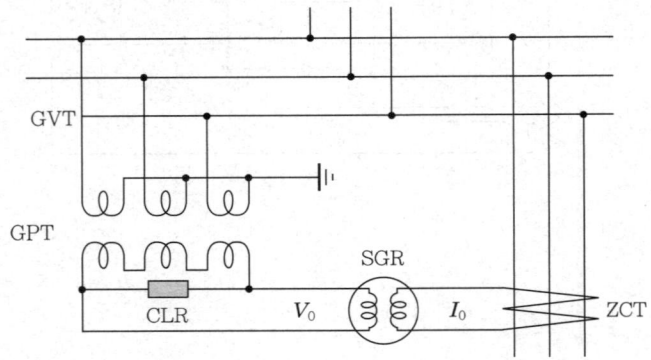

(1) GVT

1차 : Y(6.6kV/$\sqrt{3}$), 2차 : Y(110V/$\sqrt{3}$), 3차 : △(110V/3 또는 190V/3)

① GVT의 1차 측은 Y결선하여 중성점을 직접 접지하고, 2차 측 Y결선, 3차 결선을 Open delta 결선하여 개방단에 CLR을 설치한다.

② 지락고장이 발생되면 CLR 양단에는 영상전압(V_0)이 나타나며 SGR의 전압코일에 연결되어 SGR 동작을 위한 기준물리량이 된다.

(2) ZCT

1차 : 200mA, 2차 : 1.5mA

① 지락 발생 시 ZCT에 흐르는 전류는 영상전류(I_0)이며, 이 전류는 SGR의 전류코일에 연결되어 영상전압을 기준으로 상대적인 위상각의 차와 크기에 의해서 SGR의 동작 여부를 결정한다.

② 지락고장이 발생되면 건전회선에는 부하 측에서 모선 측으로 전류가 흐르며 변압기을 통해서 고장점으로 유입되며, 고장회선에서는 전원 측에서 부하 측(사고점)으로 전류가 흐르므로 서로 방향이 상이하므로 고장회선과 건전회선의 차단을 선택할 수 있다.

(3) CLR

$6.6kV - 25\Omega$, $100W/1min$, $3.3kV - 50\Omega$, $100W/1min$ at $190V/3(GPT)$

① SGR 동작에 필요한 지락전류의 유효분전류를 발생시킨다. 즉, 380mA

② GPT 3차의 델타결선 내에서 3고조파를 순환시켜 제3고조파에 의한 계전기(SGR, OVGR)의 오동작을 방지한다.

③ 지락고장 제거 후 정상복귀 시 대지정전용량의 불균형에 의한 중성점 전위진동을 억제(지락상 대지정전용량 충전 지연)한다.

3 SGR의 동작특성

(1) 1선 지락 시 충전전류와 유효분전류의 흐름

a상에서 1선 지락사고가 발생된 경우로 가정하면, 다음과 같다.

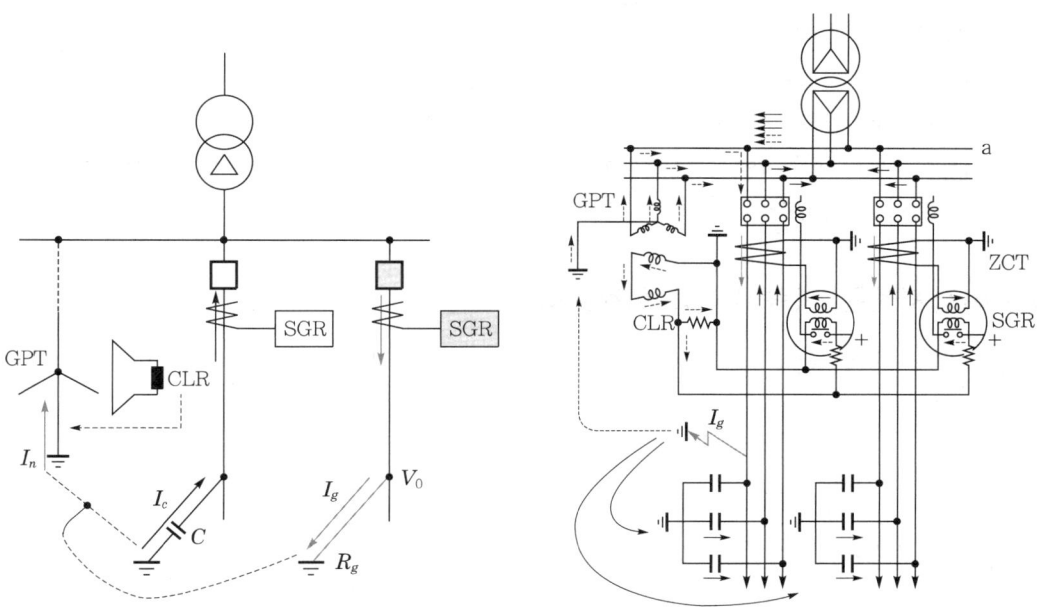

① 유효분전류 : 지락점 → GVT의 중성점을 통과 → △변압기 순환 → 지락점으로 유입

② 충전전류 : 지락점 → 고장회선(2 : b, c), 건전회선(2 : b, c) → △변압기 순환 → 지락점으로 유입(4)

(2) SGR의 위상특성 곡선

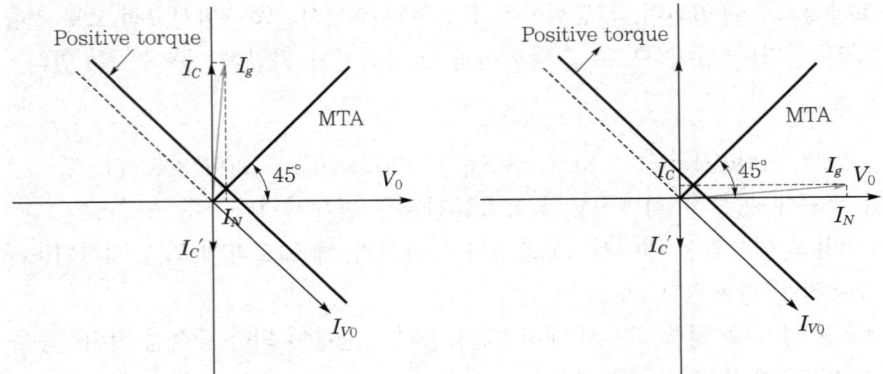

① 비접지계통에 사고가 발생되면 고장점에 흐르는 전류(지락전류)는 대부분 충전전류(I_c)이고, 충전전류는 영상전압(V_0)보다 90° 앞서며, GPT에 흐르는 전류(I_N)는 영상전압과 동상으로 대개 전체 지락전류는 영상전압 보다 65 ~ 85° 정도 위상이 앞선다.

② 따라서, SGR의 경우에 이 지락전류가 동작범위 내에 들어가면 계전기가 동작하고 타 선로의 사고점에는 자기선로의 충전전류만이 사고선로와 반대방향으로 흐르기 때문에 부동작한다.

③ 만약 선로의 길이가 짧은 경우에 정전용량이 작아서 충전전류값이 매우 작아 중성선전류가 지배적이면 지락전류는 0° 근처에서 앞선 전류가 흐른다.

④ 이 두 사항을 모두 충족하기 위해서 최대 감도각(Maximum Torque Angle ; MTA)을 45°가 되도록 외부 직렬저항값을 조정한다. 다시 말해서, 전압코일의 리액턴스와 동일한 값의 외부저항을 삽입하면 된다.

4 비접지계통 지락사고의 회로분석

(1) 비접지시스템에서는 $Z_0 \gg Z_1$, Z_2이므로 Z_1, Z_2를 무시하여 간략 등가회로를 표현하면 다음과 같다.

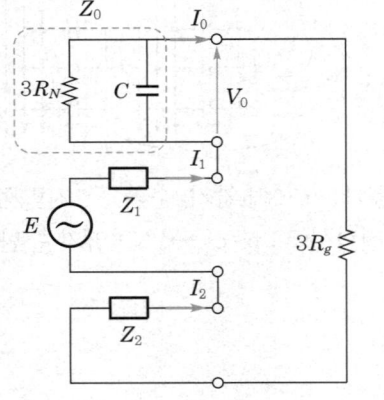
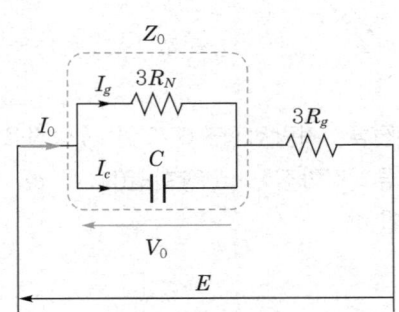

$$V_0 = \frac{Z_0}{Z_0 + 3R_g} \times E \quad (Z_0 \text{의 분압되는 전압강하는 } V_0 \text{임})$$

$$Z_0 = \frac{1}{1/3R_N + j\omega C}$$

$$V_0 = \frac{\dfrac{1}{1/3R_N + j\omega C}}{\dfrac{1}{1/3R_N + j\omega C} + 3R_g} \times E = \frac{E}{\left(1 + \dfrac{R_g}{R_N}\right) + j3\omega C \cdot R_g}$$

$$= \frac{E}{\left(1 + \dfrac{R_g}{R_N}\right) + j\omega C_0 \cdot R_g} = \frac{E}{\left(1 + \dfrac{R_g}{R_N}\right) + \left(\dfrac{I_c}{E} \times R_g\right)}$$

결과식으로부터 다음과 같은 사항을 도출할 수 있다.

① 지락점 저항 R_g가 클수록 지락 시 영상전압은 작아진다.

② 충전전류 I_c가 클수록 지락 시 영상전압은 작아진다.

③ GVT의 CLR을 1차 측 환산한 등가저항 R_N이 작을수록 영상전압은 작아진다.

④ 1Bank에 다수의 GVT가 설치되어 있으면 R_N값은 병렬로 되어 합성저항값은 더 작아진다. 따라서, 영상전압은 작아진다.

(2) 고장저항이 영상전압에 미치는 영향

고장점 저항은 임의로 설정할 수는 없지만 고장저항값이 매우 커지면 영상전압을 측정하여 고장 유무를 판별하는 계전기의 감도는 크게 저하된다.

(3) 충전전류가 영상전압에 미치는 영향

고장저항과 충전전류에 따라 검출되는 GVT open-delta 전압과의 관계를 나타낸 것이다.

(4) GVT 설치개수가 영상전압에 미치는 영향

만약 1개의 Bank에 2개 이상의 GVT로 접지되어 있다면 등가회로는 아래 [그림 1]과 같이 되고 CLR을 1차 측으로 환산한 등가저항의 합성저항값은 [그림 2]와 같이 더 작아져 계전기가 검출하는 영상전압을 작게 하므로 GVT의 개수를 선정할 때는 적정 개수를 사전에 검토해야 한다. [그림 3]은 GVT 설치 개수와 GVT 1차 측 영상전압과의 관계를 나타내고 있다.

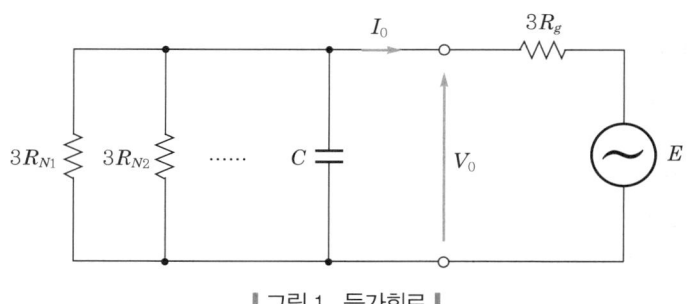

∥ 그림 1. 등가회로 ∥

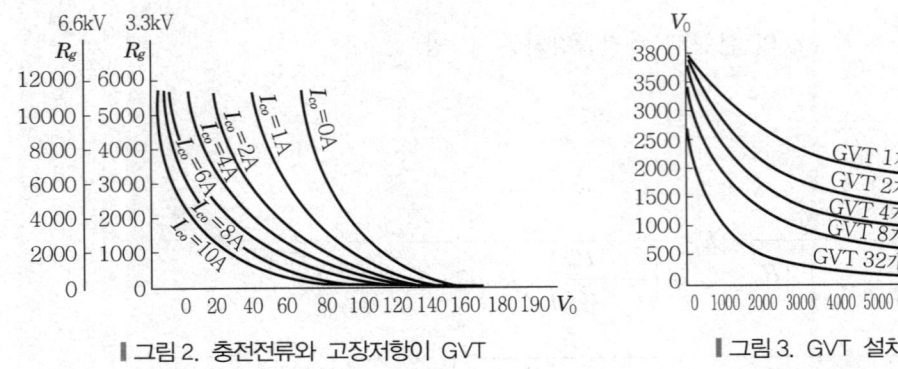

‖그림 2. 충전전류와 고장저항이 GVT
3차 전압에 미치는 영향‖

‖그림 3. GVT 설치개수와 GVT
1차 측 영상전압과의 관계‖

5 GVT의 3차 권선 출력전압

VT의 1차 권선과 2차 권선을 각각 Y로 결선하여 그 중성점을 접지하고 3차 권선을 Open-delta 결선하여 2차 권선은 계측 또는 일반전원으로 사용하고 3차 권선에는 2단자 사이에 한류저항 (CLR)을 삽입하여 영상전압을 얻는다.

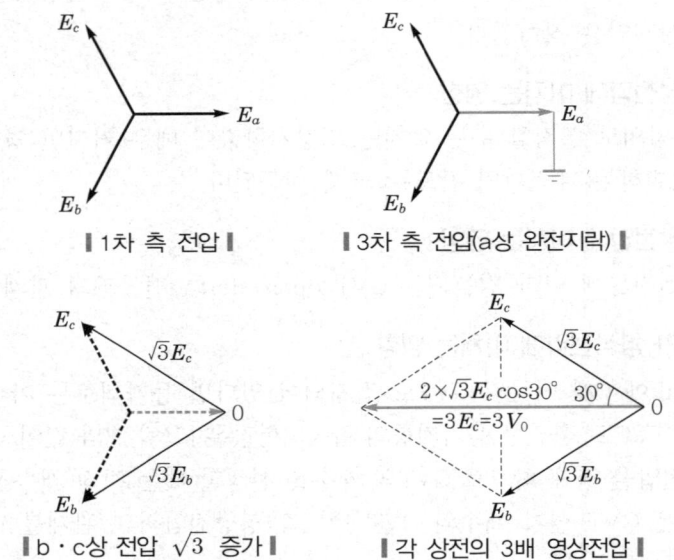

‖1차 측 전압‖   ‖3차 측 전압(a상 완전지락)‖

‖b · c상 전압 √3 증가‖   ‖각 상전의 3배 영상전압‖

(1) 3상 평형, 정상 시

$$\dot{E}_a + \dot{E}_b + \dot{E}_c = 0$$

(2) a상 완전지락 시

a상 0전위가 되면서 각 상의 전압은 각각 $\sqrt{3}$ 배가 증가한다.

두 전압의 합성치는 각 상전압의 3배가 된다. 즉, 3배의 영상전압이 오픈델타 단자전압이 된다.

358

(3) GVT 3차 권선의 정격표시

① 110/3 : 완전 1선 지락 시 영상전압 110V(각 상전압 : 36.67V)

② 190/3 : 완전 1선 지락 시 영상전압 190V(각 상전압 : 63.33V)

※ 일반적으로 GVT 3차 권선에 완전 1선 지락 시 190V의 출력이 되도록 한다.

6 CLR의 저항 및 용량 선정

$$n^2 = \frac{Z_1}{Z_2} \;\to\; Z_1 = n^2 Z_2$$

$$\text{CLR 저항}(r) \;\to\; \frac{1}{3}r \;\text{(각 상 권선저항)} \;\to\; \frac{1}{3}n^2 r \;\text{(1차로 환산)} \;\to\; \frac{1}{9}n^2 r \;\text{(3병렬)}$$

※ 일반적으로 1차 측 지락전류가 380mA가 되도록 CLR값을 선정한다.

계통전압[kV]	한류저항[Ω]	1차 환산값[Ω]	1선 지락전류[mA]
3.3	50	5000	380
6.6	25	10000	380

(1) 3.3kV 계통

$$R_N = \frac{\dfrac{3300}{\sqrt{3}}}{0.38} \simeq 5000\,\Omega$$

$$n = \frac{\dfrac{3300}{\sqrt{3}}}{\dfrac{190}{3}} = 30, \quad R_N = \frac{n^2}{9}r$$

$$\therefore\ r = 50\,\Omega$$

(2) 6.6kV 계통

$$R_N = \frac{\dfrac{6600}{\sqrt{3}}}{0.38} \simeq 10000\,\Omega$$

$$n = \frac{\dfrac{6600}{\sqrt{3}}}{\dfrac{190}{3}} = 60 \ \text{(PT의 권수비)}$$

$$R_N = \frac{n^2}{9}r$$

$$\therefore\ r = 25\,\Omega$$

359

계통 전압[kV]	PT 권수비(n)	GPT 3차 전류[A]	(연속)용량[W]
3.3	30	3.8	722
6.6	60	7.6	1444

PLUS Phase characteristic(GVT)

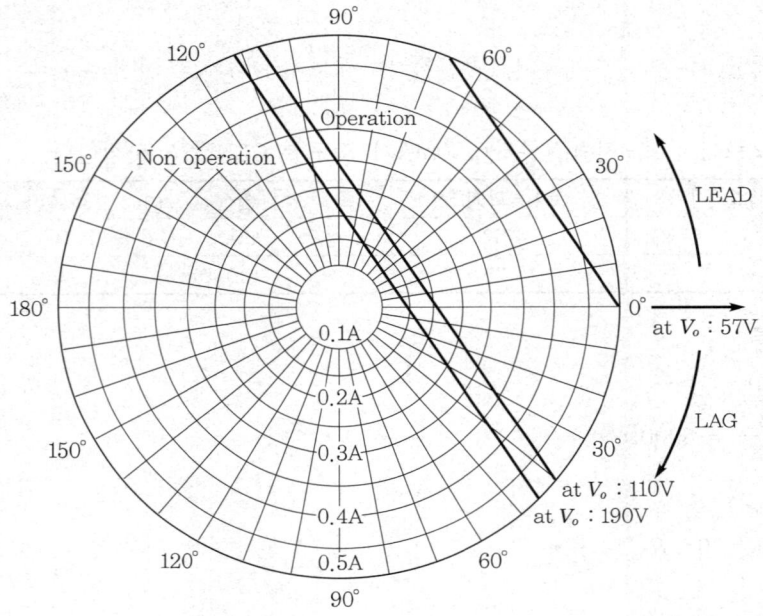

접지형 계기용 변압기(GVT)의 설치개수와 영상전압과의 관계

기출
지문

Q1 접지형 계기용 변압기(GVT) 사용 시 고려사항에 대하여 설명하고, 설치개수와 영상전압과의 관계에 대해서도 설명하시오. 전 116회 출제

Q2 6.6kV 비접지계통에서 1선 지락사고 시 영상전압 산출식을 유도하고 GPT-ZCT에 의한 선택지락계전기(SGR)의 감도저하현상에 대하여 설명하시오. 전 107회 출제

Q3 비접지보호에 사용하는 GPT의 개요와 CLR의 사용목적을 설명하고, 22.9kV에 사용하는 CLR의 크기[Ω]와 용량[kW]을 구하시오. 발 126회 출제

전 건축전기설비기술사 / 용 전기응용기술사 / 발 발송배전기술사 / 소 소방기술사 / 안 전기안전기술사 / 화 화공안전기술사 / 정 정보통신기술사

1 개요

접지형 계기용 변압기(GVT)는 비접지계통에서 지락사고검출에 사용되며 적절히 설치하지 않을 경우 오동작으로 인한 정전범위가 확대 또는 오부동작으로 인한 계통에 악영향을 미칠 수 있다.

2 GVT 사용 시 고려사항

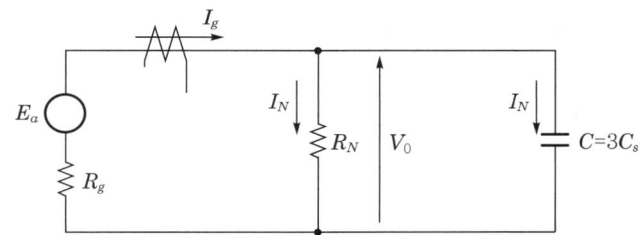

$$V_{01} = \frac{Z_0}{Z_0 + R_g} \cdot E_a = \frac{\dfrac{1}{\dfrac{1}{3R_N} + j\omega C_s}}{\dfrac{1}{\dfrac{1}{3R_N} + j\omega C_s} + R_g} \cdot E_a = \frac{E_a}{\left(1 + \dfrac{R_g}{R_N}\right) + j\dfrac{I_C}{E_a} \cdot R_g}$$

상기의 수식에 따라 GPT를 사용할 때는 R_N, R_f, C_s에 대해 고려해야 한다.

(1) 지락저항(R_f)과 충전전류

지락저항 증가 시 영상전압이 감소하여 검출감도가 저하할 수 있으나 지락저항은 직접적으로 제어할 수 있는 부분이 아니므로 R_N을 충분히 높게 설계하여야 하나 R_N이 지나치게 클 경우 유효지락전류가 낮아져 감도가 저하된다.

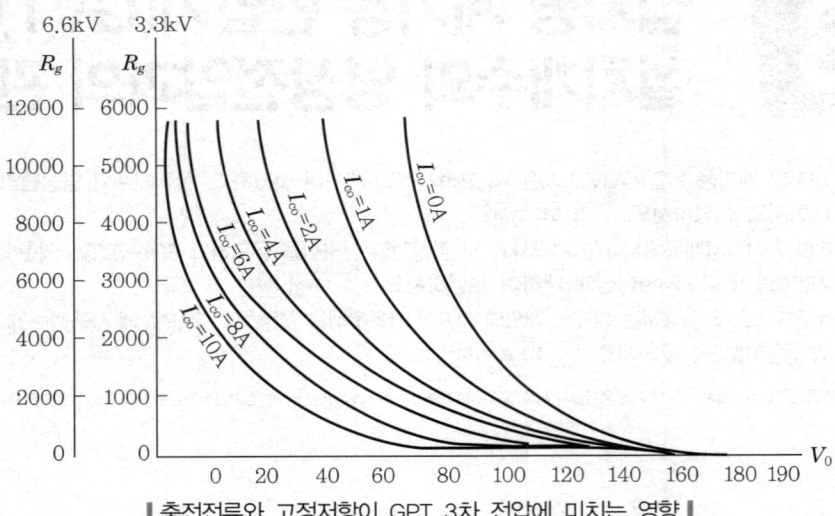

┃ 충전전류와 고정저항이 GPT 3차 전압에 미치는 영향 ┃

(2) 적정 CLR(R_N)의 선정

① 설치목적

㉠ 지락전류를 적정치로 제한한다.

㉡ 계전기동작에 필요한 유효분전류(dynamic current) I_N을 공급한다.

㉢ $L - C$ 공진(철공진)을 인한 중성점 불안정 현상을 방지한다.

② 한류저항계산 : 지락전류의 식은 다음과 같다.

$$I_g = \frac{E}{\sqrt{3}} \times \frac{9}{n^2 R}$$

여기서, n : GPT 전압비

R : CLR 저항

위 식은 완전지락인 경우이며 이때 지락전류를 제한하는 것은 Open-delta에 삽입된 제한저항에 의해서만 좌우되므로 이 제한저항의 크기를 1차 측으로 환산하여 계산한다. 물론 이 경우는 Feeder가 1개일 경우이고 Feeder가 여러 개일 경우는 건전회선의 충전전류가 포함된다.

③ 계산 예 : 기본적으로 SGR의 동작전류는 380mA로 두고 계산한다. 이는 곧 계전기의 정격이라 할 수 있다.

㉠ 전압 3.3kV, 전류 380mA, 3차 전압 190V일 경우

$$R = \frac{3300}{\sqrt{3}} \times \frac{9}{0.38 \times \left(\dfrac{3300/\sqrt{3}}{190/3} \right)^2} = 50\Omega$$

ⓛ 전압 3.3kV, 전류 380mA, 3차 전압 110V일 경우

$$R = \frac{3300}{\sqrt{3}} \times \frac{9}{0.38 \times \left(\frac{3300/\sqrt{3}}{110/3}\right)^2} = 16.71\Omega$$

ⓒ 전압 6.6kV, 전류 380mA, 3차 전압 190V일 경우

$$R = \frac{6600}{\sqrt{3}} \times \frac{9}{0.38 \times \left(\frac{6600/\sqrt{3}}{190/3}\right)^2} = 25\Omega$$

ⓔ 전압 6.6kV, 전류 380mA, 3차 전압 110V일 경우

$$R = \frac{6600}{\sqrt{3}} \times \frac{9}{0.38 \times \left(\frac{6600/\sqrt{3}}{110/3}\right)^2} = 8\Omega$$

④ 계통전압별 한류저항(CLR 적용값)

GPT 용량[VA]	1차 전압[V]	2차 전압[V]	3차 전압[V]	한류저항[Ω]	접지유효전류[A]
500	$\frac{6600}{\sqrt{3}}$	$\frac{110}{\sqrt{3}}$	190	25	0.381
200	$\frac{6600}{\sqrt{3}}$	$\frac{110}{\sqrt{3}}$	190	50	0.19
500	$\frac{6600}{\sqrt{3}}$	$\frac{110}{3}$	110	8	0.39
250	$\frac{3300}{\sqrt{3}}$	$\frac{110}{\sqrt{3}}$	190	50	0.381
200	$\frac{3300}{\sqrt{3}}$	$\frac{110}{3}$	110	100	0.19

(3) SGR(Selective Ground Relay) 적용 검토

① 비접지계통에서 지락전류의 흐름

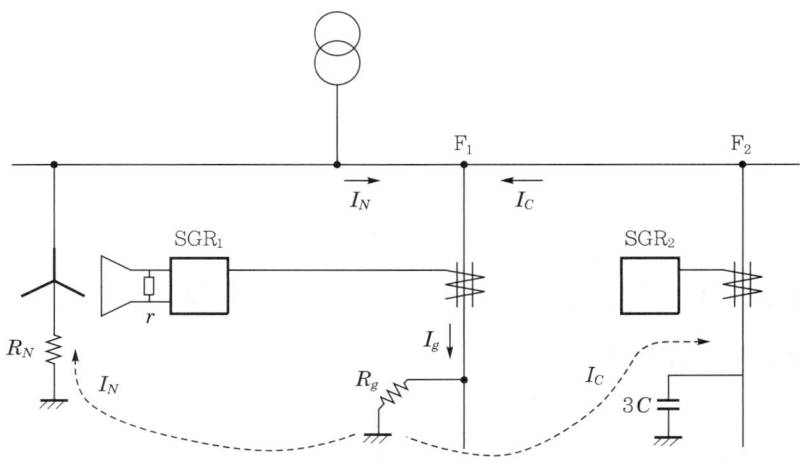

② **위상특성** : 위 계통에서 SGR의 동작특성을 해석해 보면 다음과 같다.

　㉠ 각 Feeder의 전류를 I_1, I_2라면

$$I_1 = \overrightarrow{I_N} + \overrightarrow{I_C}$$

$$I_2 = -\overrightarrow{I_C}$$

　㉡ 위상곡선

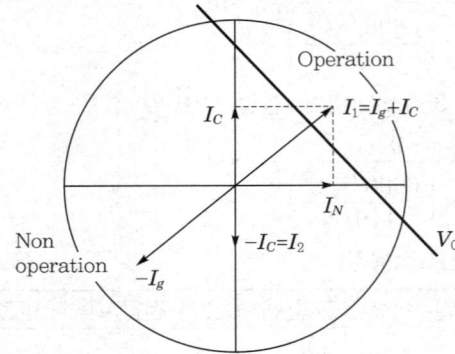

위 그림에서 V_0를 나타내는 직선을 기준으로 볼 때
- I_1은 동작영역이므로 SGR₁은 동작(정동작)
- I_2는 부동작영역이므로 SGR₂는 부동작(정부동작)

　㉢ SGR 동작범위 : 지락이 발생한 회로만을 정확히 차단하기 위해서는 SGR을 설치할 필요가 있다.

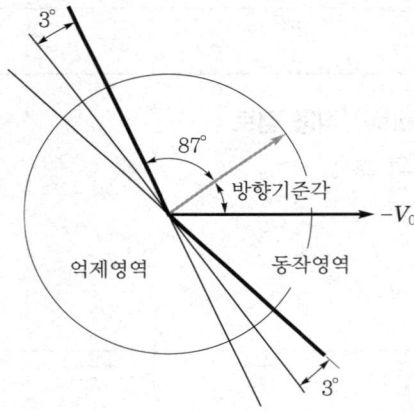

3 접지형 계기용 변압기(GVT) 설치개수와 영상전압과의 관계

(1) 설치개수에 대한 등가회로도

만약 1개의 Bank에 2개 이상의 GVT로 접지되어 있다면 등가회로는 그림과 같이 되고 CLR을 1차 측으로 환산한 등가저항의 합성저항값은 다음과 같이 더 작아져 계전기가 검출하는 영상전압을 작게 하므로 GVT의 개수를 선정할 때는 적정개수를 사전에 검토해야 한다.

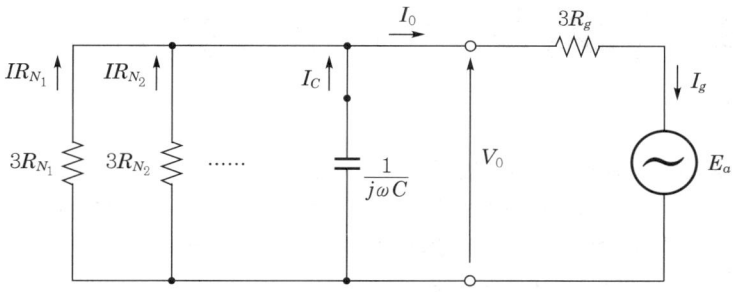

(2) 설치개수와 GVT 1차 측 영상전압과의 관계

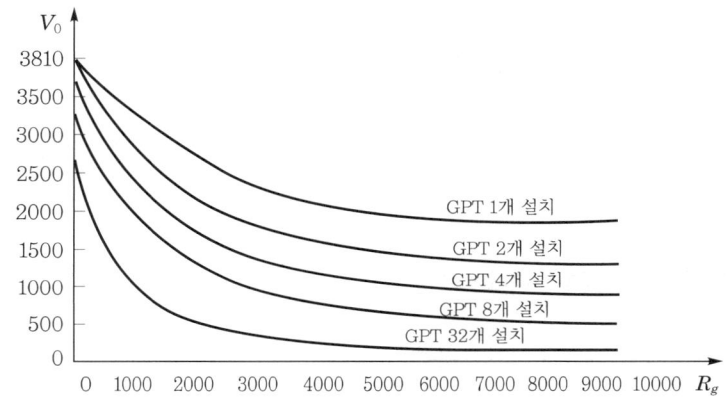

(3) 적용방법

모선 측에 하나의 GVT를 설치하고 피더회로에 각각의 ZCT를 설치하여 회로를 구성한다.

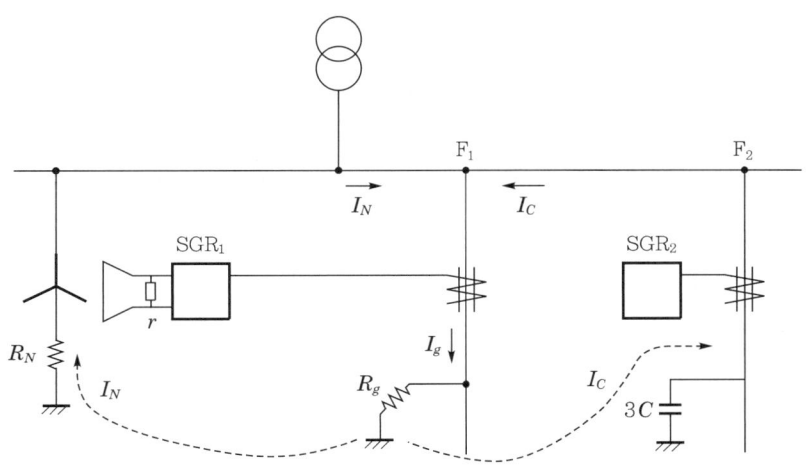

SECTION 24 접지용 콘덴서(GSC)

기출지문
Q1 서지 흡수용 콘덴서와 접지용 콘덴서에 대해 설명하시오. [출제예상]
Q2 비접지 변압기의 영상전류 검출을 위한 접지용 콘덴서방식에 대해 설명하시오. [출제예상]
Q3 콘덴서에 의한 지락차단장치 및 방법에 대해 설명하시오. [출제예상]

정 건축전기설비기술사 / 응 전기응용기술사 / 발 발송배전기술사 / 소 소방기술사 / 안 전기안전기술사 / 화 화공안전기술사 / 정 정보통신기술사

1 개요

① 비접지방식에서 비교적 낮은 전압이나 짧은 전로의 경우 1선 지락 시 발생하는 지락전류(대지충전전류 $I_C = \omega CE$)가 적기 때문에 지락검출이 곤란하다.

② 따라서, 영상전류의 통로를 만들어 지락전류검출을 용이하게 하기 위해 접지용 콘덴서를 설치한다.

2 접지용 콘덴서를 통한 귀환회로

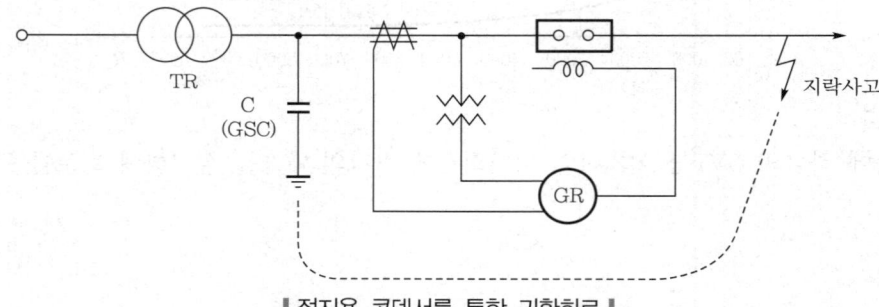

‖ 접지용 콘덴서를 통한 귀환회로 ‖

(1) TR 2차 측과 ZCT 사이에 접지용 콘덴서(GSC)를 접속하여 영상전류의 통로를 만들어 준다.

(2) 접지용 콘덴서

① 6.6kV 계통에서 $0.3\mu F$ 정도 사용한다.

② 3.3kV 계통에서 $0.6\mu F$ 정도 사용한다.

3 주의점

① 부하 측에 전로가 길고 케이블을 사용하는 경우 전원 측 지락사고에 계전기가 오동작할 수 있다.

② 따라서, GR의 정정치는 충전전류 이상으로 해야 하나, 계전기의 감도상 무한정 크게 할 수 없으므로 이런 경우에는 GPT와 OVGR, SGR을 사용하는 것이 바람직하다.

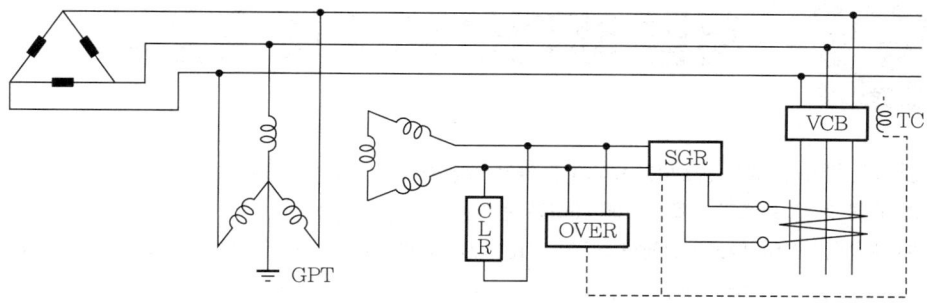

┃비접지계통 GPT 및 SGR 적용 계통도┃

저압 배전선로의 보호방식

Q1 수전설비의 저압 선로보호방식에 대하여 설명하시오. 건 86회 출제
Q2 교류 저압 회로의 지락보호에 대하여 논하시오. 안 71회 출제
Q3 한국전기설비규정(KEC)에서 정하는 저압 배선의 과전류 보호협조방법을 설명하시오. 안 129회 출제

> 건 건축전기설비기술사 / 응 전기응용기술사 / 발 발송배전기술사 / 소 소방기술사 / 안 전기안전기술사 / 화 화공안전기술사 / 정 정보통신기술사

1 개요

① 교류 600V 이하의 저압 배전선로에는 많은 분기회로가 연결되어 있다.
② 따라서, 선로사고 시 피해의 범위가 넓고 막대한 영향을 미치게 되므로 안전하고 신뢰성 높은 선로를 구성하기 위해 적절한 보호장치를 구비해야 한다.

2 저압 회로 보호기기의 선정원칙

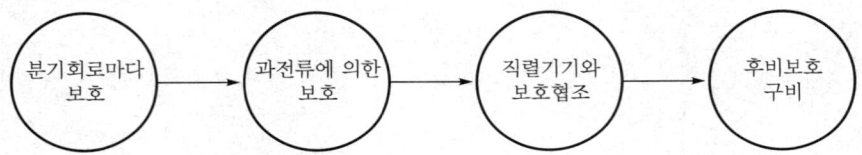

3 저압 배전선로의 보호

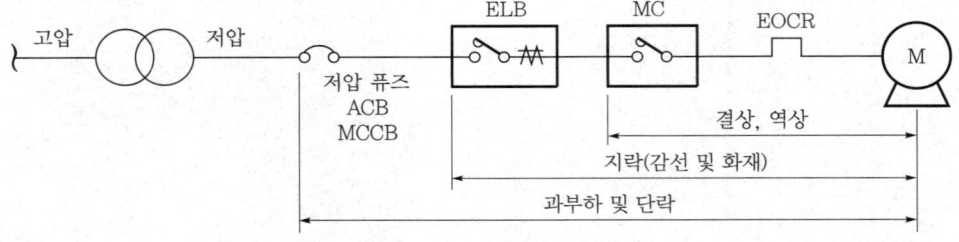

┃ 보호계전기의 접속개념도 ┃

4 저압 배전선로의 보호계전시스템

보호방식	내용
과전류	반한시형 과전류계전기(51)
단락	순시 과전류계전기(50)
지락	• 전류동작형 : ZCT+OCGR, 중성점 접지+ELB, GSC+ELB • 전압동작형 : GPT+OVGR • 전압·전류 동작형 : ZCT+GPT+SGR, ZCT+GPT+DGR

보호방식	내용
과전압 및 부족전압	과전압계전기(OVR), 부족전압계전기(UVR)
결상	열동형 과전류계전기(2E), 정지형 과전류계전기(3E), EOCR(4E)
역상	정지형 과전류계전기(3E), 전자식 과전류계전기(4E)
주보호	주로 VCB, GCB 사용
후비보호	한류형 전력퓨즈

5 저압 배전선로의 단락보호기기

보호기기	내용
ACB	• 교류 600V 이하 또는 직류차단기로 사용 • 아크를 공기 중에서 자력으로 소호
MCCB	• 교류 600V 이하 직류 250V 이하의 옥내 전로에 사용 • 개폐기구 및 트립장치 등을 몰드된 절연함 내에 수납
CP	• CP는 MCCB와 유사하나 그 전류용량이 작은 것 • MCCB는 최소 차단전류가 15A이므로 전류용량이 작은 것은 차단하지 못함
저압 퓨즈	• 한류특성과 용단특성을 이용한 단락보호 • 후비보호 및 말단부하보호에 적합
전자개폐기	• 전자개폐기는 전자접촉기에 열동계전기를 추가한 것 • 부하의 빈번한 개폐 및 과부하보호용으로 사용

6 저압 배전선로의 단락보호방식

고장종류	보호방식	내용
과부하 및 단락	선택차단방식	• 한시차 보호방식에 의해 고장회로만 선택차단 • 공급신뢰도 > 경제성
	Cascade 차단방식	• 주회로 차단기로 후비보호하는 방식 • 단락전류가 10kA 이상에 적용
	전정격 차단방식	• 각 차단점에 추정단락전류 이상의 차단용량을 지닌 보호기기 선정 • 경제성이 떨어짐
	지락	• 계통별 접지방식 구성 차이로 일괄보호방식 적용 곤란 • 선택차단방식 적용

7 저압 배전선로의 지락보호기기

(1) 누전차단기

교류 600V 이하의 저압 전로에서 누전으로 인한 감전사고방지, 전기화재방지를 목적으로 하는 차단기이다.

(2) 절연 변압기

%Z가 작아 전압강하 및 전력손실이 작아야 하고, 1·2차 코일의 혼촉이 발생하지 않아야 한다.

8 저압 배전선로의 지락보호방식

지락보호방식	내용
보호접지방식	• 감전방지가 주목적 • 전로에 지락 발생 시 접촉전압을 허용치 이하로 억제하는 방식으로, 제3종 접지가 이에 해당함 • 기계·기구 외함, 배선용 금속관, 금속덕트 등을 저저항 접지
과전류차단방식	• 전로의 손상 방지가 주목적 • 접지전용선을 설치하여 지락 발생 시 MCCB로 전로 자동차단
누전차단방식	• 전로에 지락 발생 시 영상전류나 영상전압을 검출하여 차단 • 전류동작형 : ZCT + OCGR (가장 많이 사용) • 전압동작형 : GPT + OVGR • 전류·전압 동작형 : ZCT + GPT + SGR/DGR
누전경보방식	• 화재경보에 많이 사용 • 전류동작형이 주로 사용 • 전압동작형은 보호접지 필요
절연변압기방식	• 절연변압기 사용 • 보호대상 전로를 비접지식 또는 중성점 접지식으로 하여 접촉전압 억제 • 병원 수술실, 수중 조명설비 등에 이용
기타	감전방지 대책 : 이중절연, 전용 접지방식

9 결론

① 비접지방식은 과도안정도가 높고, 통신선 유도장애가 작으며 기기손상 위험이 작아 병원이나 단거리 구내 배전선로에 많이 사용된다.

② 하지만 지락전류가 작아 보호협조에 어려운 단점이 있으므로, 지락보호방식에 대한 확실한 이해가 필요하며 지락사고 시에는 사고가 파급되지 않도록 확실한 보호계전시스템을 구성해야 한다.

SECTION

26 Cascade 보호방식

기출
지문

Q1 차단기의 보호협조방식에 있어 아래 그림의 X점에서 고장이 발생할 경우 캐스케이드(cascade) 차단방법에 대하여 설명하시오. 건 124회 출제

Q2 저압 뱅킹 배전방식에서 일어나는 캐스케이딩 현상을 설명하고, 그 대책에 대하여 설명하시오.
발 122회 출제

Q3 저압 배전방식에서 일어나는 캐스케이딩(cascading) 현상과 대책을 설명하시오. 안 123회 출제

건 건축전기설비기술사 / 용 전기응용기술사 / 발 발송배전기술사 / 소 소방기술사 / 안 전기안전기술사 / 화 화공안전기술사 / 정 정보통신기술사

1 개요

① 부하의 특성에 따라 최적의 차단기를 선정하여야 한다.

② 이렇게 선정된 차단기 간에도 차단 시 보호협조(차단협조)를 반드시 검토하여 신뢰성과 경제성이 될 수 있도록 하여야 한다.

③ 저압 계통 배선용 차단기의 단락보호 협조방식으로 선택차단방식과 캐스케이드 차단방식이 있으며, 신뢰성과 경제성에서 대조적인 측면이 있다.

2 저압 차단기의 종류

(1) 기중차단기(ACB : Air Circuit Breaker)

① 아크를 공기 중에서 자력을 소호하는 차단기이다.

② 교류 600V 이하 또는 직류차단기로 사용한다.

③ 설치방법에 따라 고정형과 인출형이 있고, 수동 조작방식과 전동기 조작방식이 있다.

(2) 배선용 차단기(MCCB : Molded Case Circuit Breaker)

① 개폐기구 및 트립장치 등을 몰드된 절연함 내에 수납하여 소형화한 차단기이다.

② 교류 600V 이하 또는 직류 250V 이하로 사용한다.

③ 통전상태의 전로를 수동·자동으로 개폐할 수 있고, 과부하 및 단락사고 시 자동으로 전로를 차단한다.

(3) CP(Circuit Protector)

① CP는 MCCB와 유사하나 그 전류용량이 작은 것이다.

② 정격차단전류로 0.3A, 0.5A, 1A, 3A, 5A, 10A 등이 있다.

③ MCCB의 경우에는 최소 차단전류가 15A이기 때문에, 전류용량이 작은 것은 차단하지 못한다.

(4) 저압용 퓨즈

① 퓨즈는 검출부, 판정부, 동작부의 역할을 동시에 가지고 있다.

② 전로의 단락보호용으로, 후비보호 및 말단 부하보호에 적합하다.

③ 퓨즈는 반복 사용이 불가능하다.

④ 3상 중 1상만 용단되면 결상이 될 우려가 크다.

(5) 전자개폐기

① 전자개폐기는 전자접촉기에 열동계전기를 조합한 것이다.

② 부하의 빈번한 개폐 및 과부하용으로 사용한다.

③ 전자개폐기 1차 측에서는 일반적으로 MCCB 또는 Fuse가 후비보호를 담당한다.

(6) 저압 차단기의 비교

항목	저압/기중 차단기	배선용 차단기	저압 한류퓨즈	전자개폐기
정격차단전류	최대 200kA(AC)	최대 200kA(AC)	최대 200kA(AC)	정격사용전류 10배
동작전류 설정치 조정	가능	가능과 불가능한 것 있음	불가능	시연 Trip만 가능
특징	• 주로 1000A 이상 간선용에 사용 • 보수점검 용이 • 선택협조 상위 CB	• 회로 개폐 과부하 전류의 반복차단에 특히 우수 • 충전부 노출 없음	• 한류 차단성능이 가장 좋음 • 보호효과 큼 • 차단전류 큼	• 전동기 보호 • 고빈도 개폐가 가장 큰 장점

3 배선용 차단기(MCCB)의 차단협조

(1) 선택차단방식

① 정의 : 사고 시 사고회로에 직접 관계된 보호장치만 동작하고, 다른 건전선로는 급전을 계속하는 방식

② 조건

㉠ 분기회로용 차단기 전차단시간은 주회로용 차단기 릴레이 시간 미만일 것

㉡ 분기회로용 차단기 전자트립 전류값은 주회로용 차단기 단한시 픽업 전류값보다 작을 것

㉢ 주회로용 차단기 설치점에서 단락전류는 주회로용 차단기 정격차단용량을 초과하지 않을 것

㉣ 분기회로용 차단기 설치점에서 단락전류는 그 차단기의 정격차단용량을 초과하지 않을 것

(2) Cascade 차단방식

① 정의 : 분기회로 단락전류가 분기회로 차단기의 정격차단용량을 상회한 경우 상위 차단기로 후비보호를 행하는 방식

② 조건

　㉠ 통과에너지 $i^2 t$가 MCCB₂의 허용값을 넘지 않을 것(열적 강도)

　㉡ 통과전류 파고값 I_P가 MCCB₂의 허용값을 넘지 않을 것(기계적 강도)

　㉢ MCCB₂의 아크에너지는 MCCB₁의 허용값을 넘지 않을 것

　㉣ MCCB₂의 전차단 특성곡선과 MCCB₁의 개극시간과의 교점이 MCCB₂의 정격차단용량 이하일 것

　㉤ 고압 회로에서는 적용이 불가능하고, 고장전류가 10kA 이상인 경우 1회에 한하여 적용 가능

③ 회로 및 동작특성 : MCCB₁의 동작시간은 MCCB₂보다 빠르거나 같은 특성을 가질 것

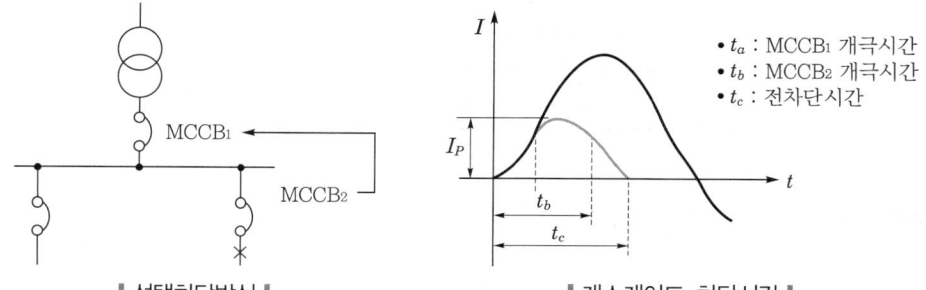

‖ 선택차단방식 ‖　　　　　　　‖ 캐스케이드 차단시간 ‖

- t_a : MCCB₁ 개극시간
- t_b : MCCB₂ 개극시간
- t_c : 전차단시간

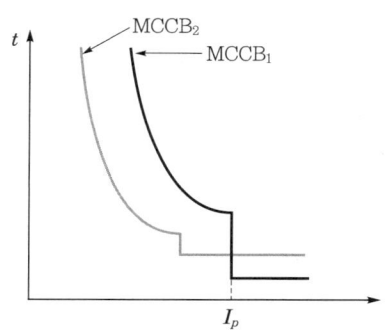

- $I < I_p$이면 MCCB₂ 동작
- $I > I_p$이면 MCCB₁ 동작

‖ 보호협조 ‖

373

④ Flow chart

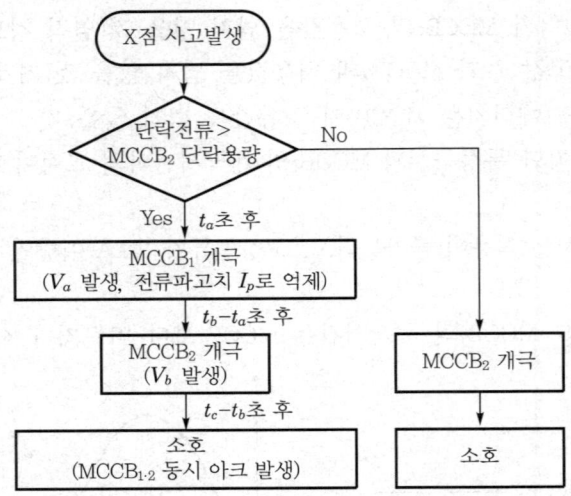

| Flow chart |

(3) 선택차단과 Cascade 차단 비교

구분	선택차단방식	Cascade 차단방식
차단방법	사고회선만 차단	주차단기와 차단협조
설비가격	높음	낮음
MCCB 차단용량	높음	낮음
정전구간	사고회선에 한정	주차단기 이하 전체
적용선로	신뢰성 요구장소	경제성 요구장소

콘덴서 설비

5 CHAPTER

교류회로에서 임피던스 개념과 진상 또는 지상의 발생 이유

Q1 교류회로에서 임피던스의 개념과 진상 또는 지상이 발생하는 이유를 설명하시오. 건 75회 출제

Q2 역률의 정의, 역률의 저하 원인 및 역률 개선방법에 대해 설명하시오. 출제예상

건 건축전기설비기술사 / 응 전기응용기술사 / 발 발송배전기술사 / 소 소방기술사 / 안 전기안전기술사 / 화 화공안전기술사 / 정 정보통신기술사

1 임피던스

(1) 교류회로에서 전류의 흐름을 방해하는 정도를 말한다.

(2) 크기와 위상을 함께 표현하는 벡터량

$Z = R + jX = |Z| \underline{/\theta°}\,[\Omega]$

여기서, R : 저항

　　　　X : 리액턴스

2 X_L(유도성 리액턴스) 회로에서 지상이 되는 이유

(1) X_L이 전류를 제한하는 이유

역기전력 $e = -N\dfrac{d\Phi}{dt} = -L\dfrac{di}{dt}\,[V]$

즉, 유도성 리액턴스에 의한 역기전력이 전류의 흐름을 방해한다.

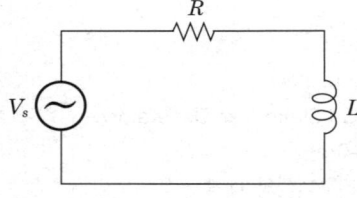

▮ 유도성 회로 ▮

(2) 유도성 회로에서 전류가 전압보다 늦은 이유

$e = -N\dfrac{d\Phi}{dt} = -L\dfrac{di}{dt}\,[V] \rightarrow e = L\dfrac{di}{dt}\,[V]$의 양변을 적분하면

$\displaystyle\int e\,dt = Li$

$i = \dfrac{1}{L}\displaystyle\int e\,dt = \dfrac{1}{L}\displaystyle\int E_m \sin\omega t \cdot dt = -\dfrac{E_m}{\omega L}\cos\omega t = \dfrac{E_m}{\omega L}\sin\left(\omega t - \dfrac{\pi}{2}\right) = \dfrac{e}{j\omega L}$

따라서, e를 기준으로 하면 i는 $\dfrac{1}{j}$이므로 90° 늦는다.

3 X_C(용량성 리액턴스) 회로에서 진상이 되는 이유

(1) X_C가 전류를 제한하는 이유

$$Q = CV \, [\text{C}]$$

$$i = \frac{dq}{dt} = C\frac{dv}{dt} \, [\text{A}]$$

이므로 전압의 크기에 따라 Q가 제한되기 때문이다.

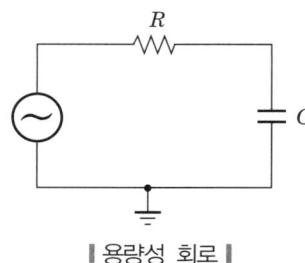

▮용량성 회로▮

(2) 용량성 회로에서 전류가 전압보다 앞서는 이유

$$i = C\frac{dv}{dt} = C\frac{d}{dt} V_m \sin\omega t = \omega CV_m \cos\omega t = \omega CV_m \sin\left(\omega t + \frac{\pi}{2}\right) = j\omega CV$$

따라서, e를 기준으로 하면 i는 j이므로 90° 앞선다.

SECTION

02 전력의 종류와 역률

기출
지문
Q1 무효전력의 의미에 대하여 설명하시오. [건 72회 출제]

Q2 전력계통에서 무효전력의 의의와 영향에 대하여 설명하시오. [건 86회 출제]

Q3 전력계통에서 피상전력과 유효전력, 무효전력을 설명하시오. [출제예상]

Q4 전력을 공급함에 있어서 한전에서는 일정 역률 이상을 요구하고 있다. 역률보상에 따른 이점을 전력
회사 측면과 수용가 측면으로 나누어 간략히 설명하시오. [건 95회 출제]

[건] 건축전기설비기술사 / [응] 전기응용기술사 / [발] 발송배전기술사 / [소] 소방기술사 / [안] 전기안전기술사 / [화] 화공안전기술사 / [정] 정보통신기술사

1 전력의 종류

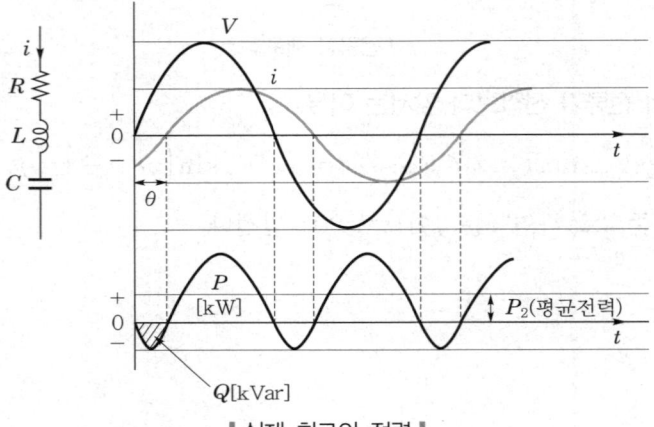

┃ 실제 회로의 전력 ┃

(1) 유효전력(active power)

① 전원에서 공급되는 전력 중 저항성 부하에 공급되어 부하에서 실제로 소비되는 전력이다.

② 터빈에 공급되는 증기의 양과 같다.

$$P = VI\cos\theta\,[\text{W}]$$

(2) 무효전력(relative power)

① 무효전력의 발생원리

㉠ 전기회로에서 기본적인 3가지 요소는 R, L, C인데 R에 전류가 흐르면 실제 전력을 소비하나 L과 C는 실제 전력을 소비하지 않는다.

㉡ L과 C는 순시적인 에너지 저장장치일 뿐이므로 L과 C에 전압이 가해져서 전류가 흐르면 에너지를 저장했다가 다시 전원 측으로 에너지를 방출했다가 하는 일만을 반복할 뿐 저항 R처럼 스스로 에너지를 소비하지 않는다.

ⓒ 이 과정에서 L은 전류의 위상을 전압보다 90° 뒤지게 하고, C는 90° 앞서게 한다.

ⓔ 즉, 교류회로의 유도성, 용량성 부하에서 전원으로부터 공급된 에너지가 자기에너지나 정전에너지로 변환되어 부하에 축적된 후 다시 전원으로 되돌려지면서 아무런 일도 하지 않고 전원과 부하 사이를 왕복한다.

② 회전자에 공급되는 계자전류로 조정한다.

$$P = VI\sin\theta[\text{Var}]$$

③ 무효전력의 의미 : L과 C가 에너지를 소비하지는 않지만 교류의 경우에는 에너지를 받았다가 주었다하는 과정에서 실제로 전류가 흐르기 때문에 이때 흐르는 전류를 무효전류라 하고 그때 전압과 전류로 계산되는 전력을 말한다.

④ 무효전력의 영향

㉠ 무효전류가 L과 C의 내부에 흐를 때는 에너지를 소비하지 않는다.

ⓛ 변압기와 선로를 통해서 흐르게 되면 변압기저항과 선로저항에서 유효전력을 소비한다.

ⓒ 즉, I^2R의 Joule열이 발생하여 변압기, 발전기 및 전선의 온도를 상승시키고 전력손실을 초래한다.

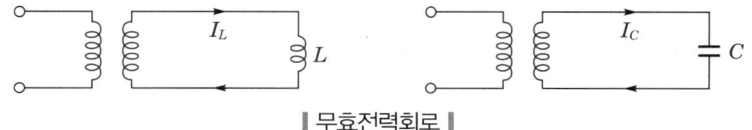

‖ 무효전력회로 ‖

⑤ 대책

㉠ 무효전력은 회전자에 공급되는 계자전류로 조정한다.

ⓛ 동기조상기, 전력용 콘덴서, FACTS, SVC, STATCON을 활용한다.

(3) 피상전력

① 전원용량을 나타내는 데 사용하는 겉보기 전력이다.

② 피상전력의 식

$$P = VI[\text{VA}]$$

2 역률

(1) 정의

① 교류에서 전류와 전압과의 사이에 위상차가 있으면 전력은 전류와 전압의 곱과 같지 않고 전력이 항상 작다.

② 실제 전류 및 전압의 실제치의 곱에 어떤 인수(factor)를 곱한 것인데 이 인수를 그 회로의 역률이라 한다.

(2) 피상전력에 대한 유효전력의 비

$$\cos\theta = \frac{R}{Z} = \frac{유효전력}{피상전력}$$

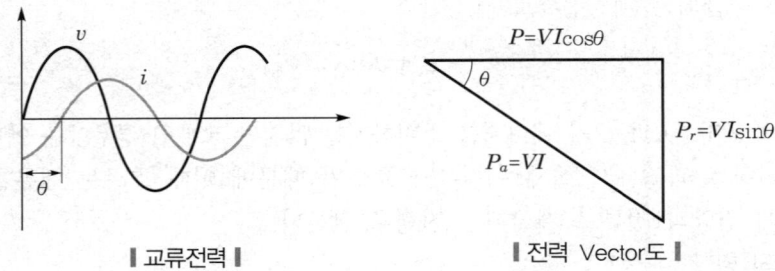

┃교류전력┃ 　　　　　　　　┃전력 Vector도┃

(3) 유효전력은 $P = VI\cos\theta$[W]로 표현되고 θ는 전압과 전류의 위상차를 의미한다.

(4) 역률이 큰 경우에는 유효전력이 피상전력에 근접하므로 설비용량 여유도가 증가하고 전압이 강하하며, 전력이 손실되며 전력요금이 감소한다.

(5) 역률의 개선방법 및 효과 · 문제점

개선방법	설치효과	문제점
• 병렬로 콘덴서 설치	• 설비용량 여유도 증가	• 과보상 문제
• 동기조상기	• 전압강하 경감	• 개폐 시 특이현상
• 발전기 회전자의 계자 조정	• 전력손실 경감	• 열화에 의한 2차 피해
• 분로리액터	• 전력요금 경감	• 고조파 공진 발생

전력용 콘덴서의 역률개선 원리와 설치효과

기출지문

Q1 전기설비에서 역률개선 기대효과에 대하여 설명하시오. [건 105회 출제]

Q2 전기설비에 역률개선용 전력콘덴서 설치 시 기대효과를 설명하시오. [건 120회 출제]

Q3 공장이나 빌딩의 전기설비의 역률을 개선하기 위하여 콘덴서를 설치하는데 콘덴서 설치 시 역률개선 등가회로를 벡터로 설명하고, 개별 · 공용 설치에 따른 유의점 및 필요한 부대장치를 설명하고 보호계 전기 등에 대하여 상술하시오. [발 68회 출제]

Q4 수전단의 전력을 일정하게 유지하기 위해 부하의 역률만을 개선할 경우 그 효과를 열거하시오. [발 81회 출제]

건 건축전기설비기술사 / 용 전기응용기술사 / 발 발송배전기술사 / 소 소방기술사 / 안 전기안전기술사 / 화 화공안전기술사 / 정 정보통신기술사

1 개요

(1) 전력용 콘덴서는 무효전력을 보상하는 장치로, 전력용 콘덴서를 병렬로 설치하면 역률개선 효과를 볼 수 있지만 각종 문제가 발생하므로 주의가 필요하다.

(2) 전력용 콘덴서 설치효과와 문제점 및 대책

설치효과	문제점	대책
• 설비용량 여유도 증가 • 전압강하 경감 • 전력손실 경감 • 전력요금 경감	• 과보상 문제 • 개폐 시 특이현상 • 열화에 의한 2차 피해 • 고조파 공진 발생	• APFR 설치 • 직렬리액터, 방전장치 설치 • VCS, GCS 설치 • 적정 보호방식 선정

2 역률개선의 원리

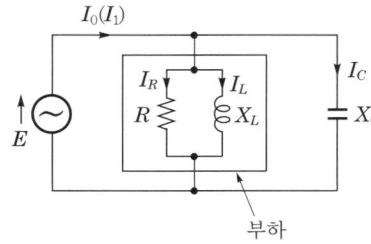
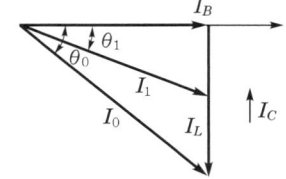
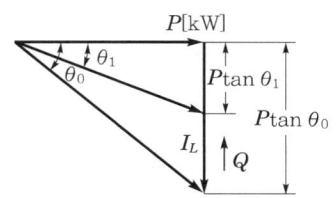

여기서, $\cos\theta_0$: 개선 전 역률

$\cos\theta_1$: 개선 후 역률

P : 부하전력[kW]

(1) 전력부하는 R과 X_L에 의해 θ만큼 위상차가 발생한다(지상역률).

(2) 부하에 병렬로 X_C를 접속하면 I_L과 I_C가 상쇄되어 역률이 개선된다.

(3) 콘덴서용량

$$Q_c = P \cdot (\tan\theta_0 - \tan\theta_1) = P \cdot \left(\frac{\sin\theta_0}{\cos\theta_0} - \frac{\sin\theta_1}{\cos\theta_1} \right)$$

$$= P \cdot \left(\frac{\sqrt{1-\cos^2\theta_0}}{\cos\theta_0} - \frac{\sqrt{1-\cos^2\theta_1}}{\cos\theta_1} \right)$$

$$= P \cdot \left(\sqrt{\frac{1}{\cos^2\theta_0} - 1} - \sqrt{\frac{1}{\cos^2\theta_1} - 1} \right)$$

$$= P \cdot (\tan \cdot \cos^{-1}\theta_0 - \tan \cdot \cos^{-1}\theta_1)$$

3 설치기준

내선규정	한전 전기공급약관
• 원칙적으로 부하를 개별설치 • 부득이하게 집중 설치 시 인입구보다는 부하 측에 설치 • 300kVA 이하 1군, 600kVA 이하 2군	• 수전단 역률, 90% 유지 • 60%까지 1%마다 기본요금의 1% 추가 • 95%까지 1%마다 기본요금의 1% 감액

4 설치방법

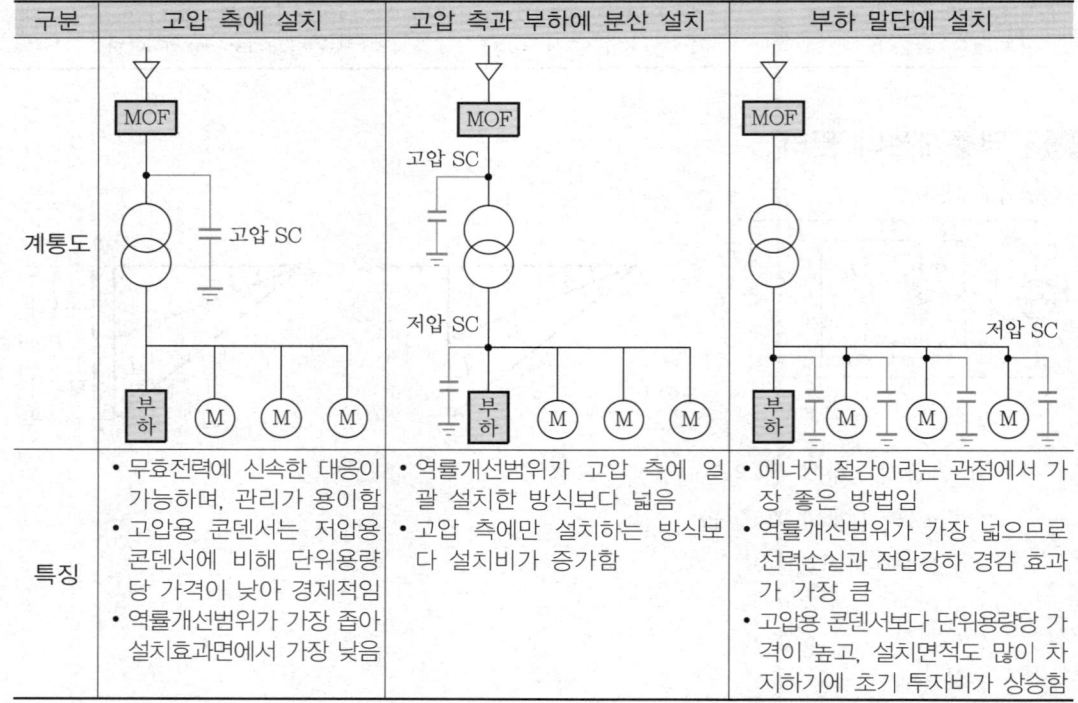

구분	고압 측에 설치	고압 측과 부하에 분산 설치	부하 말단에 설치
계통도	MOF / 고압 SC / 부하 M M M	MOF / 고압 SC / 저압 SC / 부하 M M M	MOF / 저압 SC / 부하 M M M
특징	• 무효전력에 신속한 대응이 가능하며, 관리가 용이함 • 고압용 콘덴서는 저압용 콘덴서에 비해 단위용량당 가격이 낮아 경제적임 • 역률개선범위가 가장 좁아 설치효과면에서 가장 낮음	• 역률개선범위가 고압 측에 일괄 설치한 방식보다 넓음 • 고압 측에만 설치하는 방식보다 설치비가 증가함	• 에너지 절감이라는 관점에서 가장 좋은 방법임 • 역률개선범위가 가장 넓으므로 전력손실과 전압강하 경감 효과가 가장 큼 • 고압용 콘덴서보다 단위용량당 가격이 높고, 설치면적도 많이 차지하기에 초기 투자비가 상승함

5 설치효과

(1) 설비용량 여유도 증가

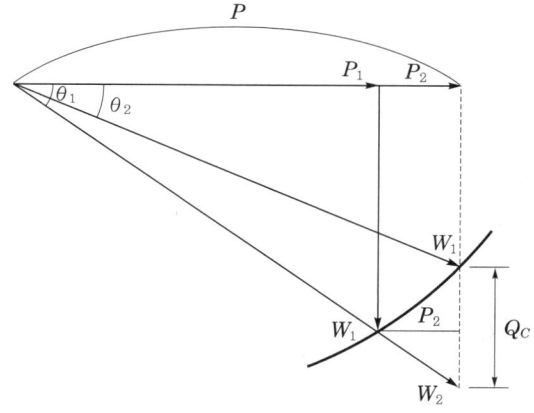

① 전력용 콘덴서용량

$$Q_c = P(\tan\theta_1 - \tan\theta_2) = W_1\cos\theta_2(\tan\theta_1 - \tan\theta_2)$$

② 증가유효전력

$$P_2 = P - P_1 = W_1\cos\theta_2 - W_1\cos\theta_1 = W_1(\cos\theta_2 - \cos\theta_1)$$

③ 증가피상전력

$$W_2 = \frac{P_2}{\cos\theta_1} = \frac{W_1(\cos\theta_2 - \cos\theta_1)}{\cos\theta_1} = W_1\left(\frac{\cos\theta_2}{\cos\theta_1} - 1\right)$$

④ 40MVA TR용량의 역률을 75%에서 100%로 개선 시

∥ 역률개선 시 출력 증가 및 출력용량 ∥

용량/역률	1	0.95	0.9	0.85	0.8	0.75
설비용량 증가[MW]	10	8	6	4	2	0
출력용량[MW]	40	38	36	34	32	30

(2) 전압강하 경감

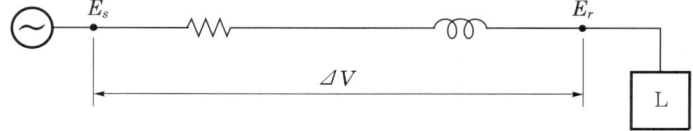

① 콘덴서 설치 전 전압강하

$$\Delta V = E_s - E_r$$
$$= I(R\cos\theta_1 + X\sin\theta_1)$$
$$= \frac{P_r}{E_r\cos\theta_1}(R\cos\theta_1 + X\sin\theta_1)$$
$$= \frac{P_r}{E_r}(R + X\tan\theta_1)$$

② 콘덴서 설치 후 전압강하

$$\Delta V' = \frac{P_r}{E_r}(R + X\tan\theta_2)$$

③ 전압강하 경감

$$\Delta V - \Delta V' = \frac{P_r X}{E_r}(\tan\theta_1 - \tan\theta_2) \rightarrow \Delta V > \Delta V'$$

$$\therefore (\theta_1 > \theta_2) \rightarrow (\cos\theta_1 < \cos\theta_2) \rightarrow (\tan\theta_1 > \tan\theta_2)$$

(3) 변압기 및 배전선, 손실경감

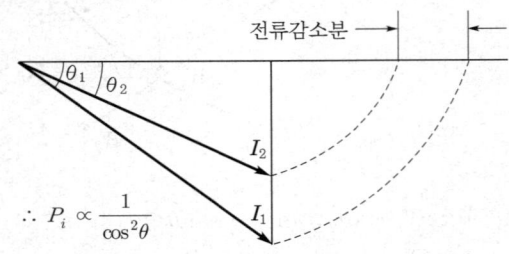

┃변압기, 배전선 손실경감┃

① 전력손실

$$P_l = I^2 R$$

$$P_l = \left(\frac{P}{E\cos\theta}\right)^2 R = \frac{P^2}{E^2\cos^2\theta}R$$

$$\therefore P_l \propto \frac{1}{\cos^2\theta}$$

즉, 전력손실은 역률의 제곱에 반비례한다.

② 전력손실 경감률

㉠ 역률을 $\cos\theta_1$에서 $\cos\theta_2$로 개선 시 개선되는 손실(ΔL)은 다음과 같다.

$$개선된\ 손실(\Delta L) = \frac{역률\ 개선\ 전\ 손실 - 개선\ 후\ 손실}{역률\ 개선\ 전\ 손실} \times 100[\%]$$

㉡ $\alpha = \dfrac{I_1^2 R - I_2^2 R}{I_1^2 R} = 1 - \dfrac{I_2^2 R}{I_1^2 R} = 1 - \dfrac{\cos^2\theta_1}{\cos^2\theta_2}$

(4) 전기요금의 경감

① 전기요금 = 기본요금 + 전력사용량 요금

② 기본요금 = 계약전력 × 계약전력단가 × $\left(1 + \dfrac{90(95) - 역률}{100}\right)$

③ 전력사용량 요금 = 전력사용량 × 전력단가

1. 지상역률 09 ～ 23시 평균역률 90% 기준

    ① 미달역률 60%까지 → 매 역률 1%당 기본요금 0.2% 추가

    ② 95%까지 초과 시 → 매 역률 1%당 기본요금 0.2% 감액

2. 진상역률 23 ～ 09시

    평균역률 95% 미달하는 경우에 미달하는 매 1%당 기본요금 0.2% 추가

6 설치 시 주의사항 및 저역률의 문제점

주의사항	저역률의 문제점
• 콘덴서용량을 과보상하지 말 것 • 콘덴서 개폐 시 특이현상을 고려함 • 주위온도 상승에 유의하고 필요 시 환기설비를 설치함 • 고조파 공진에 주의할 것	• 설비용량 극대화가 곤란함 • 전압강하, 전압변동이 큼 • 전력손실이 큼 • 전력요금이 비쌈

7 전력용 콘덴서의 자동제어방식

(1) 회로도

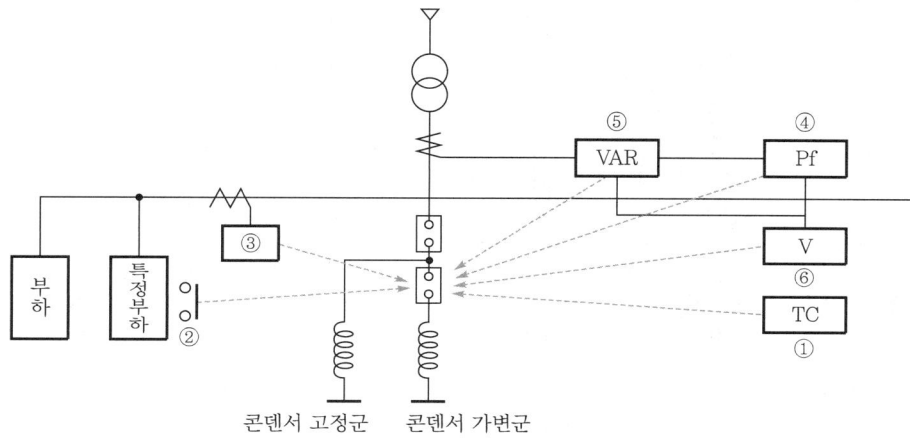

┃ 전력용 콘덴서의 자동제어방식 ┃

(2) 자동제어방식의 종류 및 특징

번호	자동제어방식	적용 가능 부하	특징
1	프로그램 제어	하루 중 부하변동이 거의 없는 곳	• 타이머 조정과 조합으로 기능변화 가능 • 특정 부하개폐신호에 의한 제어 다음으로 설치비 저렴
2	특정부하 개폐신호에 의한 제어	변동하는 특정부하 이외의 부하는 무효전력이 일정한 곳	• 개폐기의 접점만으로 간단히 제어 • 설치비가 가장 저렴
3	부하전류 제어	전류크기와 무효전력 관계가 일정한 곳	• CT 2차 전류만으로 적용하고 조작 간단 • 말단부하의 역률 개선에 효과적
4	수전점 역률 제어	모든 변동부하	• 같은 역률에서도 부하크기에 따라 무효전력이 다르므로 판정회로가 필요함 • 일반적인 수용가에서는 채택하지 않음
5	수전점 무효전력 제어	모든 변동부하	• 부하변동패턴과 관계없이 적용 가능함 • 순간적인 부하변동만 주의하면 됨
6	모선전압 제어	전원임피던스가 커서 전압변동이 큰 계통	• 역률개선보다는 전압강하 억제가 목적임 • 전력회사에서 주로 채용함

8 고압·특고압 콘덴서의 설치기준

(1) Bank 구분

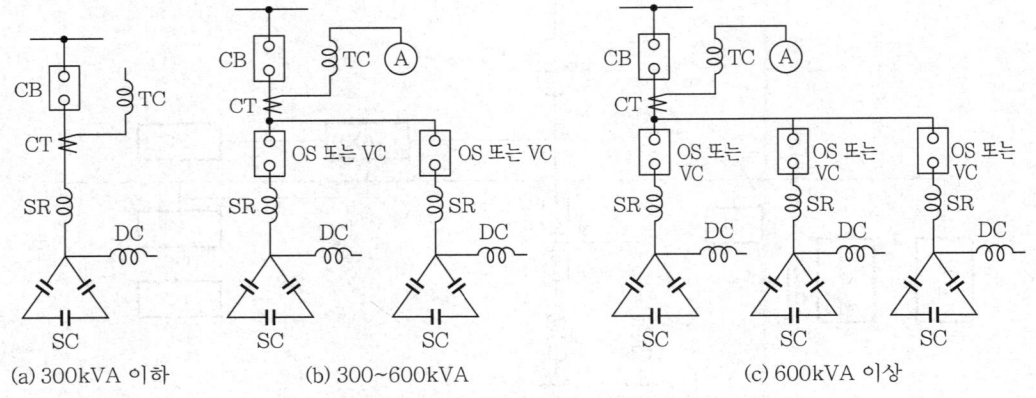

(a) 300kVA 이하   (b) 300~600kVA   (c) 600kVA 이상

❙ 리액터용량별 Bank 구분 ❙

(2) 콘덴서용량의 구분

① 변압기용량의 기준

구분	TR용량[kVA]	콘덴서용량[kVA]
수전변압기	500	TR용량×5%
	500 ~ 2000	TR용량×4%
	2000 이상	TR용량×3%

② 저압 기계기구(내선규정)

┃부하종별 콘덴서용량┃

부하종별	콘덴서용량(최저[kVA])
380V 3상	부하정격입력[kVA]$\times \dfrac{1}{3}$
200V 3상 또는 단상	부하정격입력[kVA]$\times \dfrac{1}{4}$
100V 단상	부하정격입력[kVA]$\times \dfrac{1}{5}$
기타 전기기기	전기사업자와 고객이 협의 결정

③ 내선규정의 고압·저압 전동기 콘덴서의 설치용량

  ㉠ 고압 전동기 : 역률 90%, 95%, 98%까지 개선한 용량 제시

  ㉡ 저압 전동기 : 역률 90%까지 개선한 용량 제시

  • 콘덴서 300kVA 이하는 1군, 600kVA 이하는 2군, 600kVA 초과는 3군 이상으로 분할한다.

  • 콘덴서회로는 전용의 과전류 트립코일부 차단기를 설치하며 콘덴서용량 100kVA 이하는 OCB, VCB, VCS, IS를 사용하고 50kVA 이하는 COS를 사용할 수 있다.

  • 수전변압기 2차 측에 사용할 경우 콘덴서의 용량 500kVA 이하는 TR용량의 5% 이내, 500 ~ 2000kVA는 TR용량의 4% 이내, 2000kVA 초과는 TR용량의 3% 이내로 한다.

9 결론

① 전력용 콘덴서 설치 시 변압기 1차 측에 설치하는 경우가 있다.

② 이는 역률보상용이라기 보다는 무부하 투입 시 여자돌입전류 보호용으로 가격이 고가이므로 차단기 아래 설치하는 것이 좋다.

③ 각 콘덴서에 직렬리액터를 설치하여 돌입전류, 이상전압, 고조파를 억제하고 부하변동이 심한 곳에는 APFR을 설치하여 불필요한 전력손실 및 기기손상을 막아야 한다.

④ 또한, 콘덴서 설치 시 문제점인 과보상 문제, 개폐 시 특이현상, 열화에 의한 2차 피해, 고조파 공진 발생 등의 해결책으로 동기전동기, 유도전동기 등의 부하를 적절히 배치하여 역률개선효과를 높이는 방안을 검토해야 한다.

PLUS 전력용 콘덴서 설치효과를 전압과 전류의 페이저도를 이용하여 설명

1. 전력계통 모델링

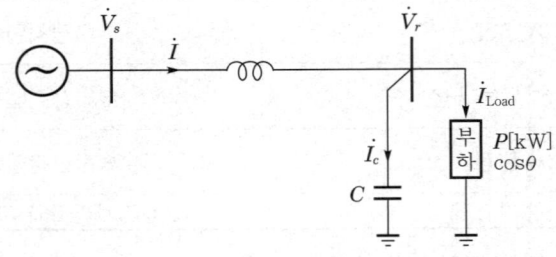

2. 전압 · 전류 페이저도

(1) 전압방정식

$$\dot{V}_s = \dot{V}_r + j\dot{I}X \cdots\cdots\cdots \dot{I} = \dot{I}_{\text{Load}} + \dot{I}_c$$

(2) 페이저도

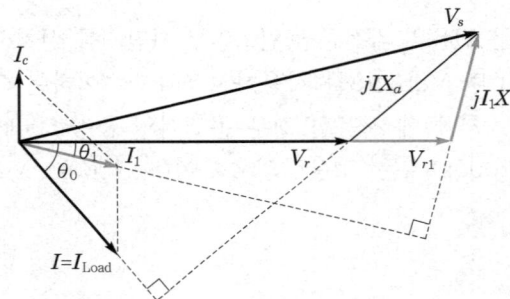

여기서, V_s : 송전단전압(일정 조건), V_r : 콘덴서 설치 전 수전단전압

  X : 선로임피던스, V_{r1} : 콘덴서 설치 후 수전단전압

  I : 콘덴서 설치 전 선로전류, I_{Load} : 부하전류

  I_1 : 콘덴서 설치 후 선로전류, θ_0 : 콘덴서 설치 전 역률각

  θ_1 : 콘덴서 설치 후 역률각

3. 콘덴서의 설치효과

위의 페이저도를 관계하여 콘덴서 설치효과를 정리하면 다음과 같다.

(1) 부하의 역률개선($\cos\theta_0 \rightarrow \cos\theta_1$)

(2) 선로전류의 감소($I \rightarrow I_1$)

   ① 전압강하의 감소로 수전단전압이 상승

   ② 선로 및 변압기의 손실 경감

   ③ 설비용량의 여유분 증가

   ④ 역률개선에 따른 전기요금 경감

SECTION 04 방전코일 및 직렬리액터

기출지문

Q1 직렬리액터에 대하여 다음 사항을 설명하시오. [건 109회 출제]
 (1) 설치목적
 (2) 용량산정
 (3) 설치 시 문제점 및 대책

Q2 인버터 제어회로를 운전하는 경우 역률개선용 콘덴서의 설계 및 선정 방안에 대하여 다음 사항을 설명하시오. [건 114회 출제]
 (1) 인버터 종류 및 역률개선용 콘덴서 설치 개념
 (2) 콘덴서 회로 부속기기 및 용량 산출
 (3) 직렬리액터 설치 시 효과 및 고려사항

Q3 직렬리액터가 설치된 역률개선용 콘덴서의 단자전압 상승현상에 대하여 설명하시오. [건 131회 출제]

Q4 전력용 콘덴서의 부속기기인 방전장치와 직렬리액터에 대하여 설명하시오. [건 92회 출제]

[건] 건축전기설비기술사 / [응] 전기응용기술사 / [발] 발송배전기술사 / [소] 소방기술사 / [안] 전기안전기술사 / [화] 화공안전기술사 / [정] 정보통신기술사

1 직렬리액터

(1) 직렬리액터의 설치목적

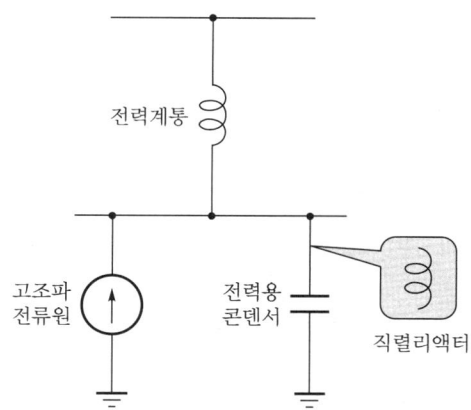

① 전원 측으로 고조파 확대 억제
② 콘덴서 투입 시 돌입전류 억제
③ 고조파전류의 유입에 따른 콘덴서의 과열 소손방지
④ 전압파형의 개선

(2) 설치효과

① 투입 시 돌입전류 억제, 개방 시 이상전압 억제, 고조파 억제, 파형 개선 등

② 각종 리액터의 사용목적

종류	사용목적
직렬리액터	파형 개선
한류리액터	단락전류 제한
분로리액터	페란티현상 방지
소호리액터	아크소호

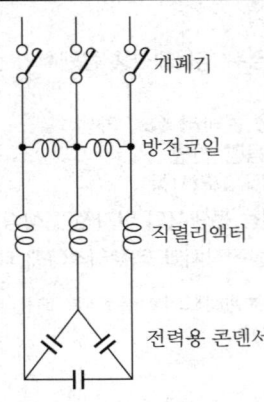

개폐기

방전코일

직렬리액터

전력용 콘덴서

┃콘덴서 부속기기┃

(3) 직렬리액터의 용량 산출

① 선정방법

㉠ 직렬리액터는 고조파성분에 따라 용량을 선정한다.

㉡ 유도성 일반부하 : 6% 적용

㉢ 변환기, 아크로 등 : 8 ~ 15%까지 적용

② 5고조파 발생설비 : 콘덴서의 리액터는 4% 이상인 6%를 표준으로 선정한다.

$$5\omega L = \frac{1}{5\omega C} \rightarrow \omega L = \frac{1}{25\omega C} = 0.04\frac{1}{\omega C}$$

③ 3고조파 발생설비 : 콘덴서의 리액터는 11% 이상인 13%를 표준으로 선정한다.

$$3\omega L = \frac{1}{3\omega C} \rightarrow \omega L = \frac{1}{9\omega C} = 0.11\frac{1}{\omega C}$$

(4) 직렬리액터의 주의사항

① 콘덴서 단자전압 상승

㉠ 5%일 때 $E_c = \frac{1}{1-0.05} \times E = 1.052E$

㉡ 즉, 콘덴서 단자전압은 전원전압보다 5.2%만큼 상승한다.

② 콘덴서 최대 사용전류

  ㉠ 콘덴서 최대 사용전류는 고조파가 포함되어 있는 경우 정격전류의 135% 이내이다.

  ㉡ 콘덴서에 흐르는 전류가 정격전류의 120% 이상인 경우 고조파영향을 받고 있는 것으로 간주한다.

  ㉢ 따라서, 타 기기에 영향을 줄 수 있으므로 직렬리액터를 사용한다.

③ 모선의 단락전류 : 병렬콘덴서군의 경우 콘덴서 투입 시 돌입전류가 과대하므로 직렬리액터를 사용한다.

2 방전코일

(1) 설치효과

① 콘덴서 개방 시 발생되는 잔류전하에 의한 위험 방지

② 재투입 시 발생되는 과전압 방지

(2) 방전코일 적용용량

① 방전코일 : 콘덴서용량이 200 ~ 300kVA 이상 대용량인 경우 사용

② 방전저항 : 콘덴서용량이 200 ~ 300kVA 미만 소용량인 경우 사용하며 보통 콘덴서에 내장

(3) 잔류전압 방전시간

① 고압 : 콘덴서 개방 후 잔류전압 50V 이하로 5초 이내에 방전

② 저압 : 콘덴서 개방 후 잔류전압 75V 이하로 3분 이내에 방전

3 개폐스위치

(1) 콘덴서 개폐의 성능조건

① 투입 시에 과대한 돌입전류에 견딜 것

② 개방 시 회복전압에 견디고 재점호가 없을 것

③ 전기 · 기계적 다빈도에 견딜 것

④ 보수점검의 주기가 길고 수명이 길 것

⑤ 보수가 간편하고 경제적일 것

(2) 개폐기의 종류

① 고압 회로 : VCB, GCB, VCS, GCS, COS

② 저압 회로 : MCCB, MC

4 결론

① 전력용 콘덴서에 직렬리액터를 설치하여 투입 시 돌입전류를 억제하고 개방 시 이상전압을 억제하며, 고조파도 억제하고 파형 개선 등의 효과가 있다.

② 전력용 콘덴서는 고압 측보다 저압 측에 설치할 때 역률개선효과가 좋으며 고조파문제가 심각한 최근에는 저압 측에도 직렬리액터를 설치한다.

③ 저압 측에 직렬리액터를 설치할 경우 고조파 확산 방지와 에너지 절감효과를 동시에 볼 수 있어 경제적이다.

PLUS 직렬리액터 설치 시 문제점 및 대책

1. 직렬리액터의 용량과 콘덴서의 단자전압

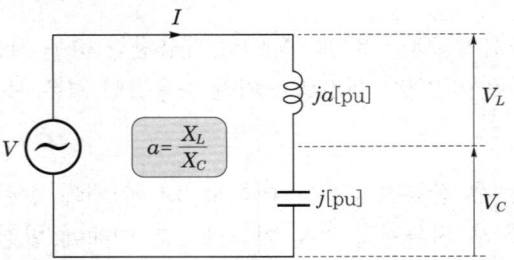

(1) 직렬리액터 설치 전 콘덴서의 전압 : $V_C = 1.0\,\mathrm{pu}$

(2) 직렬리액터 설치 후 콘덴서의 전압 : $V_C' = \dfrac{1}{|a-1|}\,[\mathrm{pu}]$

① 콘덴서용량의 6% 설치 시 단자전압 상승 : $V_c' = \dfrac{1}{|0.06-1|} = 1.0638\,\mathrm{pu}$

② 콘덴서용량의 13% 설치 시 단자전압 상승 : $V_c' = \dfrac{1}{|0.13-1|} = 1.149\,\mathrm{pu}$

콘덴서용량의 6% 설치 시 6.38% 단자전압이 상승하고, 13% 설치 시 14.9%의 단자전압이 상승하므로 과전압을 고려하여 콘덴서의 정격을 선정한다.

2. 직렬리액터의 설치 시 문제점 및 대책

(1) 콘덴서 유입전류의 증가

　① 문제점

　　㉠ 직렬리액터가 설치되면 리액턴스가 보상되어 콘덴서회로의 합성임피던스는 감소하기 때문에 유입전류가 증가한다.

　　㉡ 전력용 콘덴서용량의 6% 직렬리액터 설치 시 6.38%, 13% 직렬리액터 설치 시 14.9% 콘덴서 유입전류가 증가한다.

　② 대책 : 적절한 방열대책을 세워 과열되어 소손되는 것을 방지한다.

(2) 콘덴서의 단자전압의 증가

① 문제점 : 콘덴서용량의 6% 설치 시 6.38% 단자전압이 상승하고, 13% 설치 시 14.9%의 단자전압이 상승하므로 콘덴서가 과전압에 의해서 절연소손될 수 있다.

② 대책 : 콘덴서의 과전압 허용한계인 110%를 초과하지 않도록 콘덴서의 정격전압을 선정 또는 직렬리액터의 용량을 선정한다.

(3) 운전 중 콘덴서의 용량을 변화시키는 경우 용량성 회로로 변하는 것 주의

① 문제점 : 계통에 설치되어 운전되는 전력용 콘덴서는 운전 중에 용량을 변경하는 경우에 용량성 운전이 될 수 있다.

② 대책 : 운전 중 콘덴서의 용량변경은 10%를 초과해서는 안 되며 콘덴서의 용량이 변경될 경우 직렬리액터도 함께 용량변경을 고려해야 한다.

(4) 직렬리액터의 고조파에 의한 영향

① 문제점 : 과도한 고조파전류가 유입되면 직렬리액터의 철심이 포화되어 리액턴스의 저하를 초래하게 되므로 콘덴서회로가 고조파에 대해 용량성 회로가 되고 전원 측으로 고조파전류의 확대원인으로 작용한다.

② 대책 : 직렬리액터 철심재료와 설계의 최적화 및 방음·방열에 대한 대책이 필요하다.

역률개선용 콘덴서 설치 시 고조파 제거효과 검토

**기출
지문**

Q1 고조파 발생원이 많은 수용가에서 역률을 개선하는 방법에 대하여 설명하시오. [건 98회 출제]

Q2 비선형 부하가 연결되어 있는 회로에서 역률을 계산하는 방법에 대하여 설명하시오. [건 103회 출제]

Q3 전력용 콘덴서의 허용 최대 사용전류에 대하여 설명하시오. [건 109회 출제]

Q4 고조파가 콘덴서에 미치는 영향과 대책에 대하여 설명하시오. [건 110회 출제]

Q5 전기설비에서 영상분 고조파가 콘덴서에 미치는 영향을 설명하시오. [건 121회 출제]

건 건축전기설비기술사 / 용 전기응용기술사 / 발 발송배전기술사 / 소 소방기술사 / 안 전기안전기술사 / 화 화공안전기술사 / 정 정보통신기술사

1 고압 측에 역률개선용 콘덴서 설치

(1) 계통도

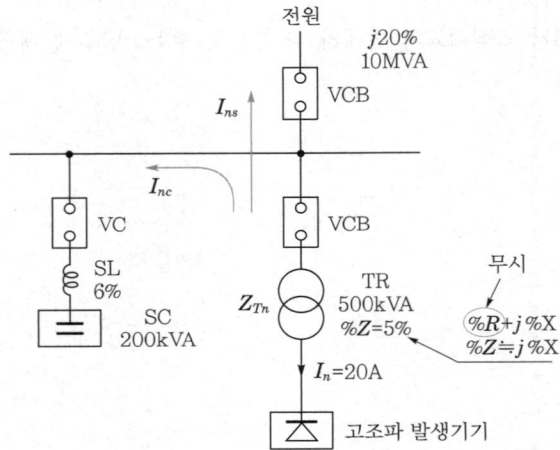

(2) 등가회로

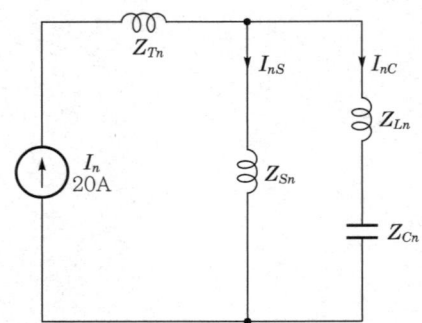

394

(3) 기준용량 100MVA로 환산 → pu법

$$\text{pu법} = \%Z \times \frac{1}{100}\,[\text{pu}]$$

$$\text{환산값} = \frac{\text{기준용량}}{\text{실제 용량}} \times \text{실제값}$$

① 전원 측 $Z_{Sn} = \dfrac{100\text{MVA}}{10\text{MVA}} \times j\,20 \times \dfrac{1}{100} = j\,2\,[\text{pu}]$

② 변압기 $Z_{Tn} = \dfrac{100\text{MVA}}{500\text{kVA}} \times j\,5 \times \dfrac{1}{100}$

$$= \frac{100\text{MVA}}{0.5\text{MVA}} \times j\,5 \times \frac{1}{100} = j\,10\,[\text{pu}]$$

③ 콘덴서 $Z_{Cn} = -\dfrac{100\text{MVA}}{200\text{kVA}}$

$$= -\frac{100\text{MVA}}{0.2\text{MVA}} = -j\,500\,[\text{pu}]$$

④ 직렬리액터 $Z_{Ln} = j\,500 \times 0.06 = j\,30\,[\text{pu}]$ → 제5고조파 전류 20A가 유입 시

㉠ $X_L = \omega L = 2\pi \cdot f \cdot L \rightarrow nX_L = n \cdot 2\pi \cdot f \cdot L$

㉡ $X_C = \dfrac{1}{\omega C} = \dfrac{1}{2\pi \cdot f \cdot C} \rightarrow \dfrac{1}{n}X_C = \dfrac{1}{2\pi \cdot f \cdot C} \times \dfrac{1}{n}$

• $Z_{S5} = j\,2 \times 5 = j\,10\,[\text{pu}]$

• $Z_{T5} = j\,10 \times 5 = j\,50\,[\text{pu}]$

• $Z_{C5} = -j\,500 \times \dfrac{1}{5} = -j\,100\,[\text{pu}]$

• $Z_{L5} = j\,30 \times 5 = j\,150\,[\text{pu}]$

⑤ 제5고조파 전류(전원 측으로 유출)

$$I_{n5} = \frac{Z_{L5} - Z_{C5}}{Z_{S5} + (Z_{L5} - Z_{C5})} \times I_5$$

$$= \frac{j\,150 - j\,100}{j\,10 + (j\,150 - j\,100)} \times 20\text{A} = 16.67\text{A}$$

→ 억제효과

$$\text{억제율} = \frac{20\text{A} - 16.67\text{A}}{20\text{A}} \times 100\% \fallingdotseq 17\%$$

∴ 17%가 억제된다.

2 저압 측의 역률개선용 콘덴서 설치

(1) 계통도

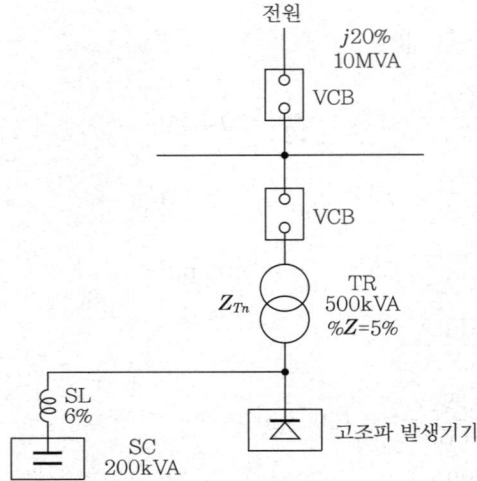

(2) 등가회로

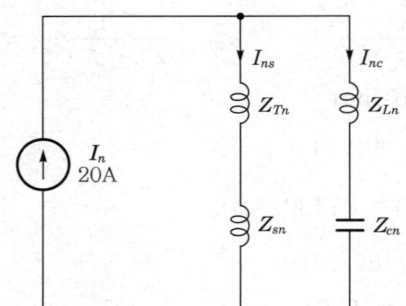

(3) $I_{S5} = \dfrac{Z_{L5} - Z_{C5}}{(Z_{T5} + Z_{S5}) + (Z_{L5} - Z_{C5})} \times I_5$

$\qquad = \dfrac{j150 - j100}{j50 + j10 + j150 - j100} \times 20 = 9.09\,\text{A}$

→ 억제효과

억제율 $= \dfrac{20\text{A} - 9.09\text{A}}{20\text{A}} \times 100\% = 54.5\%$

∴ 54.5%가 억제된다.

3 결론

역률개선용 콘덴서를 고압 측보다 저압 측에 시설하면 제5고조파가 더 많이 억제된다.

유도전동기의 자기여자현상

기출지문

Q1 페란티현상과 자기여자현상을 벡터 및 그래프를 활용하여 설명하고, 그 영향에 대하여 기술하시오.
[발 65회 출제]

Q2 유도전동기 인버터 제어회로의 콘덴서 선정방법과 콘덴서회로의 부속기기에 대하여 설명하시오.
[용 134회 출제]

건 건축전기설비기술사 / 용 전기응용기술사 / 발 발송배전기술사 / 소 소방기술사 / 안 전기안전기술사 / 화 화공안전기술사 / 정 정보통신기술사

1 개요

(1) 자기여자현상이란 아래 그림에서 개폐기를 개방한 후 전압이 즉시 영이 되지 않고 이상 상승하거나 꽤 오랫동안 감쇠하지 않는 현상을 말한다.

(2) 발생이유

콘덴서전류가 전동기의 무부하전류보다 큰 경우에 발생한다.

(3) 현상

전동기의 단자전압이 일시적으로 정격전압을 초과하는 현상이다.

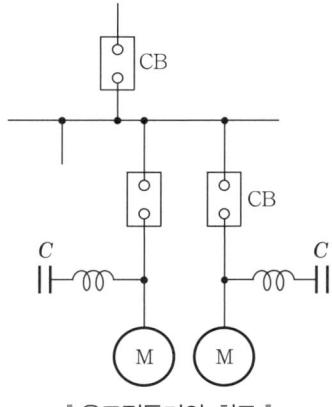

‖ 유도전동기의 회로 ‖

2 자기여자(自己勵磁) 현상

① 유도전동기에 그 여자용량보다 큰 콘덴서를 삽입하면 다음 그림과 같이 개방 후 무부하 포화곡선과 콘덴서 전압·전류 직선과 교점의 정격전압보다 높은 자동전압으로 회전한다.

② 이 전압도 서서히 저하하지만 정격출력에 대해 역률을 100%로 하는 콘덴서용량인 경우는 140% 정도 상승한다.

③ 즉, 콘덴서의 전류는 진상전류로 전동기의 전기자 반작용에 의하여 증자작용을 함으로써 일시적으로 전동기 단자전압이 정격전압을 초과하는 현상이 발생한다.

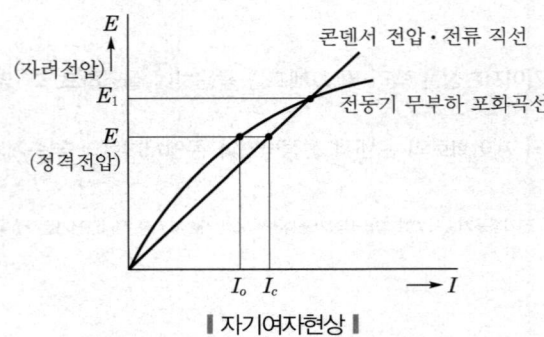

▌자기여자현상 ▌

3 대책

① 콘덴서용량은 전동기 여자용량보다 항상 작게 할 필요가 있다.

② 여자용량은 보통 전동기 출력값의 $\frac{1}{4} \sim \frac{1}{2}$ 정도가 기준이다.

역률제어방식

기출
지문
Q1 전력용 콘덴서 자동제어방식의 종류와 특징을 설명하시오. [건 74회 출제]

Q2 역률개선용 콘덴서회로에서 직렬리액터 설치 시 문제점 및 대책에 대하여 설명하시오. [건 134회 출제]

전 건축전기설비기술사 / 용 전기응용기술사 / 발 발송배전기술사 / 소 소방기술사 / 안 전기안전기술사 / 화 화공안전기술사 / 정 정보통신기술사

1 필요성

전기설비의 효율적인 사용을 위해 필요한 무효전력 양만큼 콘덴서를 투입시키는 자동제어방식이 필요하며 수전점 무효전력제어가 가장 많이 적용되고 있고 야간 경부하 시 페란티현상이 발생되지 않도록 부하상황에 맞는 적절한 제어방식이 필요하다.

2 전력용 콘덴서 자동제어방법

(1) 무효전력제어

① 무효전력 계전기를 이용하여 무효전력 정정치보다 커졌을 때 콘덴서를 투입하고 작아졌을 때 차단하는 방식이다.

② 역률개선용으로 가장 적합한 방식이다.

③ 콘덴서군을 가져야 한다.

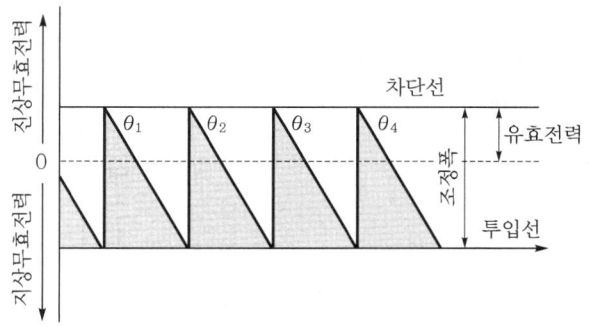

‖ 무효전력제어 ‖

(2) 제어방식별 특징 비교

자동제어	적용	특징
❶ 수전점 무효전력제어	모든 변동부하	• 부하변동의 종류에 관계없이 적용함 • 순간적인 부하변동에 주의함 • 역률개선용으로 가장 적합함 • 무효전력계전기 사용함
❷ 수전점 역률제어	모든 변동부하	• 역률계전기를 사용함 • 같은 역률이라도 부하의 크기에 따라 무효전력이 달라짐
❸ 모선전압제어	전압변동이 큰 계통	전압강하를 억제할 목적으로 적용하며 주로 전력회사에서 적용함
❹ 프로그램제어	부하변동이 하루 중 거의 일정한 곳	부하변동시간대에 Timer의 조정을 이용하는 경제적인 방식임
❺ 부하전류제어	부하상태에 따라 역률이 일정한 곳	전류계전기로 검출하여 제어하는 경제적인 방식임
❻ 특정부하 개폐제어	변동하는 특정부하 외 무효전력변동이 일정한 곳	개폐기 접점만으로 간단히 제어하는 경제적인 방식임

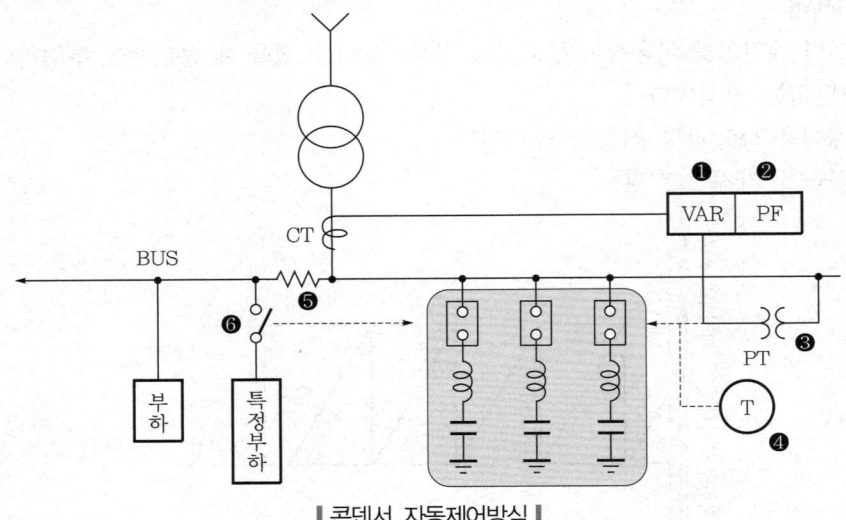

‖ 콘덴서 자동제어방식 ‖

SECTION

08 역률제어기기의 종류

기출
지문 ■ 역률 자동제어방법에 대하여 설명하시오. [출제예상]

건 건축전기설비기술사 / 용 전기응용기술사 / 발 발송배전기술사 / 소 소방기술사 / 안 전기안전기술사 / 화 화공안전기술사 / 정 정보통신기술사

1 전력용 콘덴서(SC)

부하와 병렬로 X_c를 접속하여 지상전류와 진상전류를 서로 상쇄시켜 역률을 보상하는 장치이다.

2 동기조상기(RC)

(1) 원리

무부하상태에서 운전되는 동기발전기로, 계자전류를 변화시켜 역률을 조정하는 장치이다.

(2) 특징

① 부족여자운전의 경우 지상전류로 수전단 전압상승을 억제한다.
② 과여자운전의 경우 진상전류로 수전단 전압강하를 억제한다.
③ 주로 1차 변전소에 설치한다.

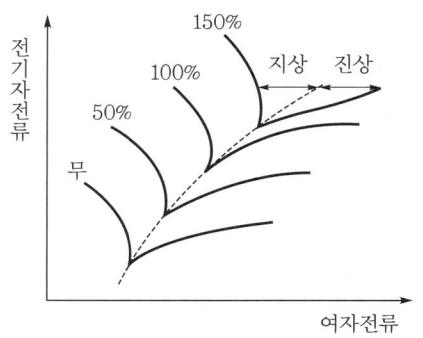

‖ 동기조상기의 역률조정원리 ‖

3 정지형 무효전력 조정장치(SVC)

(1) 원리

사이리스터와 콘덴서, 리액터의 조합을 이용하여 무효전력을 자유로이 조정하는 장치이다.

(2) 특징

분류	TSC	TCR	SVG
구성도			
특징	• 다단계 제어임 • 고조파 없음 • 비경제적임	• 비교적 연속적임 • 저주파 대역 고조파가 발생함 • 적당한 과도특성	• 연속적이고 정확함 • 진상 · 지상 모두 공급함 • 과도특성이 우수함

4 정지형 동기보상장치(STATCOM)

(1) 원리

인버터로 무효전력을 흡수 · 발생시켜 역률을 조정하는 장치이다.

(2) 특징

① 전압을 유지하고 전압불안정을 방지한다.
② 최대 전력수요관리 및 정전을 예방한다.
③ 무효전력 및 유효전력을 제어한다.
④ 과도안정도 및 동적 안정도를 개선한다.
⑤ 직류에너지 저장장치를 가진다.
⑥ 설치면적이 작고 조작신뢰도가 높다(SVC의 30% 이하).

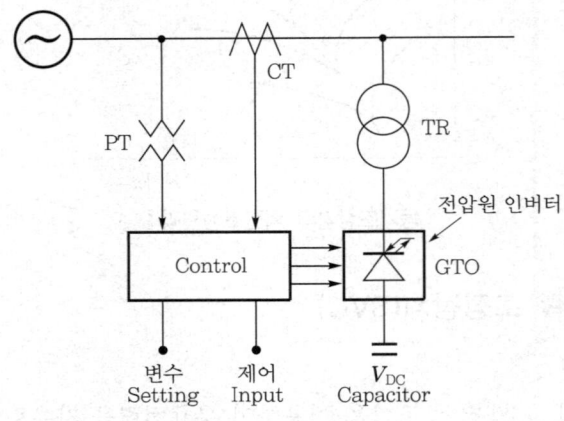

┃STATCOM 구성도┃

5 APFR(Automatic Power Factor Relay)

(1) 원리

콘덴서를 여러 군으로 나누어 제어하는 장치로, 무효전력을 제거해 주는 전기여과기이다.

(2) 특징

① 역률의 개선과 감시가 1대로 가능하다.

② 1대로 최대 6군의 콘덴서의 컨트롤이 가능하다.

③ 콘덴서의 투입상태를 한눈에 알 수 있다(LED 표시).

④ 타이머에 의해 부하의 순시변동에도 안정적으로 작동한다.

⑤ 채터링(chattering) 방지회로를 내장하고 있다.

⑥ 역률, 전류, 시간의 3요소가 연속가변으로 설정될 수 있다.

⑦ 3상, 단상 어느 쪽이든 사용할 수 있다.

6 역률제어기기의 특성 비교

구분	SC	RC	SVC	STATCOM	APFR
진상 무효전력 보상	불가능	가능	가능	가능	가능
지상 무효전력 보상	가능	가능	가능	가능	가능
제어방식	다단계	연속	연속(TSC 제외)	연속	연속
과도안정도	보통	우수	우수	우수	우수
전력손실	작음	큼	작음	작음	작음
투입·개방 시간	늦음	빠름	빠름	빠름	빠름
저역률, 저전압, 플리커 등 수전단 전압 안정화, 계통 안정도 향상					

SECTION 09

SVC
(Static Var Compensator)

 기출
지문

Q1 전력시스템에서 보상설비 중의 하나인 SVC(Static Var Compensater)의 보호제어기능을 기술하시오.
발 66회 출제

Q2 무효전력 보상설비인 SVC(Static Var Compensator)와 STATCOM(Static Compensator)의 동작원리
와 동작특성에 대한 차이점을 비교하여 설명하시오. 발 81회 출제

Q3 대용량 수용가의 플리커(flicker) 문제를 해소하기 위한 SVC(Static Var Compensator) 설계절차에
대하여 설명하시오. 건 92회 출제

Q4 정지형 무효전력 보상장치인 STATCOM과 SVC를 비교하여 설명하시오. 발 125회 출제

건 건축전기설비기술사 / 응 전기응용기술사 / 발 발송배전기술사 / 소 소방기술사 / 안 전기안전기술사 / 화 화공안전기술사 / 정 정보통신기술사

1 개요

① SVC란 동기조상기와 유사한 기능을 가진 장치로서, 가변 무효전력을 Thristor에 의해 규정
된 Reactor, Capacitor bank로부터 연속적으로 공급하여 모선의 전압을 허용범위 이내로
유지시키는 장치이다.

② 대형 철강회사의 Flicker 방지용으로 사용했으나 현재 무효전력 보상장치로 사용된다.

2 내용설명

(1) 구성도

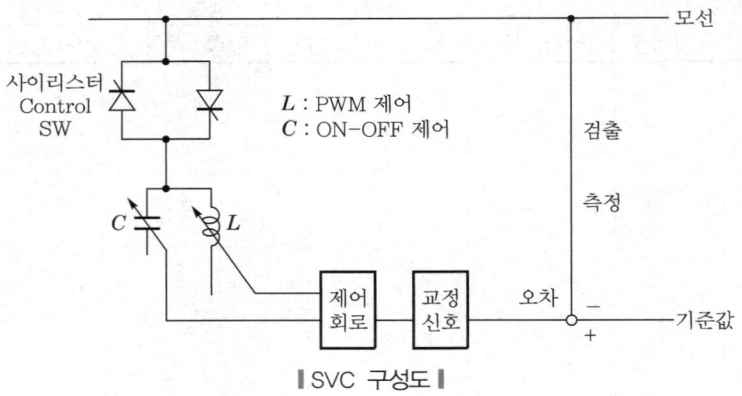

‖ SVC 구성도 ‖

(2) 특징

① 응답특성이 빠르다(0.004s).

③ 신뢰성이 높다.

② 조작에 제한이 없다.

④ 유지보수가 간단하다.

(3) 용도

① 무효전력보상 측면

    ㉠ Arc로, Rolling mill과 같은 극심한 무효전력 변동을 보상한다.

    ㉡ 상별로 무효전력을 각각 보상·전압·전류의 불평형을 해소한다.

    ㉢ 무효전력부하의 역률을 개선한다.

② 전압보상

    ㉠ 전력계통의 갑작스런 전압변동을 보상한다.

    ㉡ 계통사고, 개폐 등의 과도안정도가 향상된다.

    ㉢ 전압변동률을 개선한다.

(4) 종류

① TCR(Thristor Controlled Reactor) : 리액터 위상제어방식

    ㉠ 원리 : 고정 Reactor에 역병렬 Thristor를 연결하여 지상무효전력을 발생시킨다.

    ㉡ 특징

      • 불규칙하고 크게 급변하는 무효전력을 보상하는 데 가장 유효하다.

      • PWM 제어에 의한 연속제어

      • 응답속도가 빠르다.

      • 대용량에 적합하다.

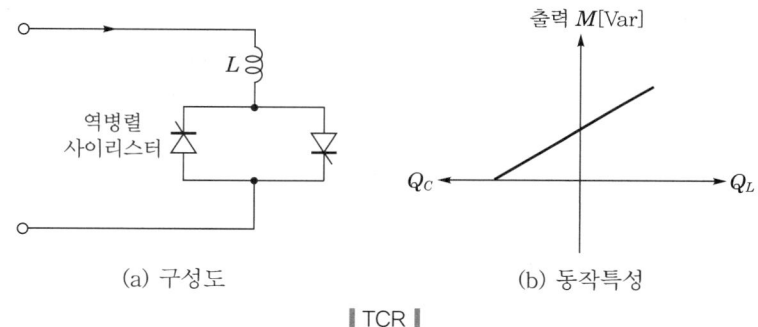

(a) 구성도   (b) 동작특성

‖ TCR ‖

② TSC(Thristor Switched Capacitor) : 콘덴서 Thristor ON/OFF 제어방식

    ㉠ 원리 : 전력용 콘덴서에 역병렬 Thristor switch를 연결하여 부하의 지상무효전력 변화에 대응하여 필요한 수만큼의 콘덴서뱅크를 선택투입하여 진상무효전력을 조정시킨다.

    ㉡ 특징

      • 병렬로 연결된 콘덴서 개수를 제어하여 무효전력을 보상한다.

      • 제어응답속도가 늦어(0.5cycle) 심한 변동부하에 부적합하다.

      • 소용량에 적용한다.

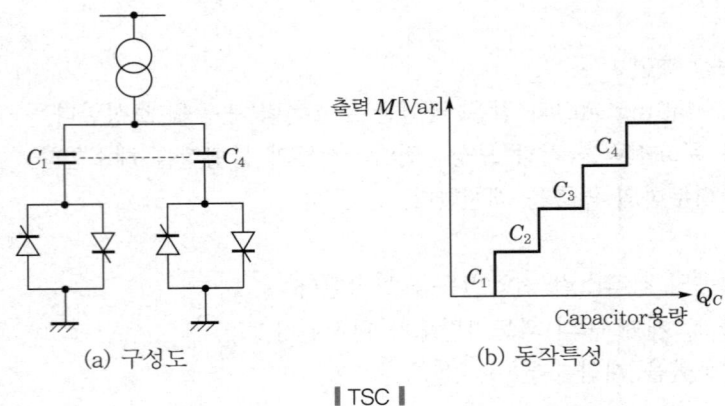

(a) 구성도　　　　　　(b) 동작특성

‖ TSC ‖

③ FC-TCR

　㉠ 원리 : TCR 방식에 고정된 전력용 콘덴서를 첨가한 방식이다.

　㉡ 특징 : TCR에 의해 콘덴서의 진상전류를 상쇄시킨다.

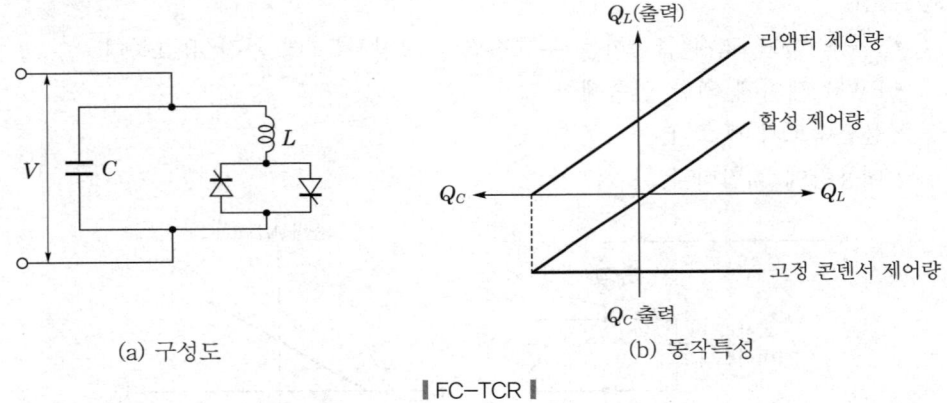

(a) 구성도　　　　　　(b) 동작특성

‖ FC-TCR ‖

④ TSC-TCR

　㉠ 원리 : N개의 TSC와 1개의 TCR로 구성된다.

　㉡ 특징 : 송전계통의 손실 감소와 운전의 유연성이 요구되는 곳에 적용된다.

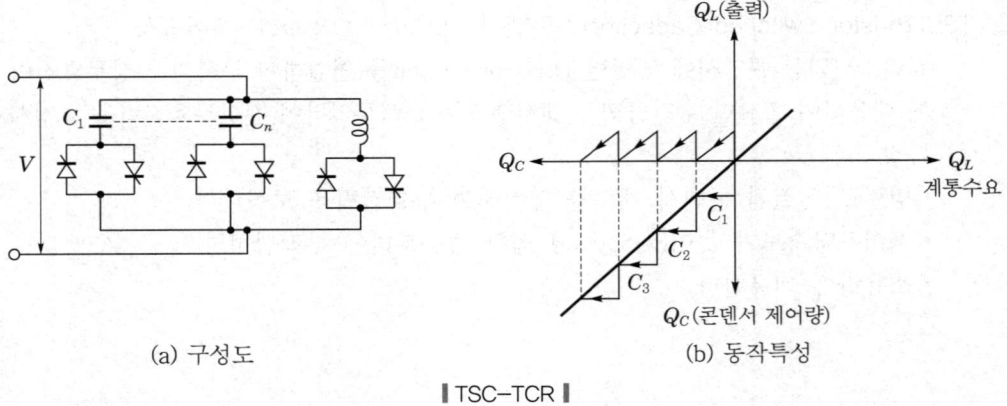

(a) 구성도　　　　　　(b) 동작특성

‖ TSC-TCR ‖

자려식 인버터방식 (SVG : Static Var Generator)

기출
지문
Q1 무효전력 보상장치 중에서 SVG시스템에 대하여 논하시오. 건 59회 출제

Q2 무효전력 보상장치인 SVC와 SVG에 대해 비교 설명하시오. 출제예상

건 건축전기설비기술사 / 용 전기응용기술사 / 발 발송배전기술사 / 소 소방기술사 / 안 전기안전기술사 / 화 화공안전기술사 / 정 정보통신기술사

1 구성

GTO Thristor, 콘덴서, 변압기로 이루어져 있다.

2 동작원리

계통전압(V_s), 인버터 출력전압(V_r)의 위상을 동기시킨 상태에서 운전한다.

(1) $V_s = V_r$인 경우

SVG 출력전류(I) → 0

(2) $V_s > V_r$인 경우

SVG 출력전류(I) → 지상전류 발생

(3) $V_s < V_r$인 경우

SVG 출력전류(I) → 진상전류 발생

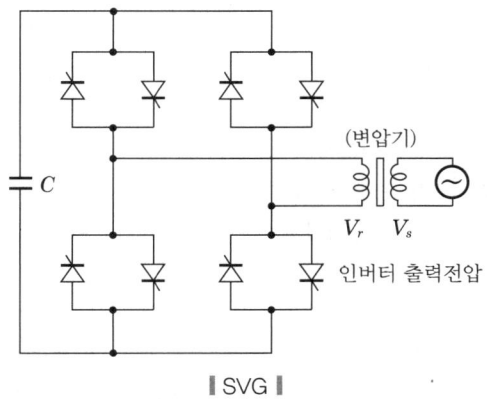

‖ SVG ‖

3 동작특성

① 동기전동기 대비 유지보수가 용이하고 소음이 작다.
② PWM 제어에 의해 응답속도가 빠르고 빠른 부하변동에 신속한 역률변동이 가능하다.

③ 콘덴서 리액터를 사용하지 않아 전력계통과 공진이 없다.

④ 콘덴서에 의한 과도현상이 없다.

⑤ 3상 출력의 각 상을 개별적으로 제어할 수 있어 3상 불평형 부하에 대한 보상이 가능하다.

PLUS 한국전력공사 기본공급약관 시행세칙 제43조 역률 요금 개정사항(2025.2.1 개정)

Ⅰ. 지상역률 09~23시 평균역률 92% 기준
  ① 미달역률 60%까지 → 매 역률 1%당 기본요금 0.2% 추가
  ② 97%까지 초과 시 → 매 역률 1%당 기본요금 0.2% 감액
Ⅱ. 진상역률 22시 ~ 익일 08시
  평균역률 95% 미달하는 경우에 미달하는 매 1%당 기본요금 0.2% 추가

1. **제41조(역률의 유지)**

   ① 고객은 전체 사용설비의 역률을 지상역률(遲相力率) 92%(이하 '기준역률'이라 함) 이상으로 유지해야 한다.

   ② 고객은 제1항의 기준역률을 유지하기 위하여 적정용량의 콘덴서를 개개 사용설비별로 설치하되, 사용설비와 동시에 개폐되도록 해야 한다. 다만, 고객의 전기사용형태에 따라 한전이 기술적으로 타당하다고 인정할 경우에는 사용설비의 부분별로 또는 일괄하여 콘덴서를 설치할 수 있다. 이때, 고객은 콘덴서의 부분 또는 일괄 개폐장치 등 한전이 인정하는 조정장치를 설치하여 진상역률(進相力率)이 되지 않도록 해야 한다.

2. **제42조(역률의 계산)**

   ① 전기를 사용하지 않는 달의 역률과 무효전력을 계량할 수 있는 전력량계를 설치하지 않은 고객의 역률은 지상역률(遲相力率) 92%로 본다.

   ② 무효전력을 계량할 수 있는 전력량계가 설치된 고객은 전력량계에 의하여 30분 단위로 누적된 계량값으로 역률을 계산한다. 다만, 저압으로 전기를 공급받는 고객과 원격검침이 되지 않는 고객은 전력량계에 1개월간 누전된 계량값으로 역률을 계산한다.

3. **제43조(역률에 따른 요금의 추가 또는 감액)**

   ① 역률에 따른 요금의 추가 또는 감액 대상 고객은 제38조 「전력량계 등의 설치기준」에 따라 무효전력을 계량할 수 있는 전력량계가 설치된 고객으로 다음에서 정한 고객으로 한다.

   1. 저압으로 전기를 공급받는 계약전력 20kW 이상의 일반용 전력, 산업용 전력, 농사용 전력, 임시전력

   2. 고압 이상의 저압으로 전기를 공급받는 일반용 전력, 교육용 전력, 산업용 전력, 농사용 전력, 임시전력. 단, 제25조(고객변압기설비 공동이용)에 따라 대표고객의 변압기설비를 공동으로 이용하는 고객인 경우에는 계약전력 20kW 이상인 일반용 전력, 교육용 전력, 산업용 전력, 농사용 전력, 임시전력에 한한다.

   ② 역률에 따른 요금의 추가 또는 감액은 다음과 같이 시간대별로 구분하여 산정한다.

   1. 08시부터 22시까지의 역률에 따른 요금의 추가 또는 감액

      가. 지상역률(遲相力率)에 대하여 적용하며, 평균역률이 92%에 미달하는 경우에는 미달하는

역률 60%까지 매 1%당 기본요금의 0.2%를 추가하고, 평균역률이 92%를 초과하는 경우에는 역률 97%까지 초과하는 매 1%당 기본요금 0.2%를 감액한다.

나. '가'의 평균역률은 제42조(역률의 계산) 제2항의 본문에 따라 계산된 30분 단위의 역률을 1개월간 평균하여 계산한다. 다만, 30분 단위의 역률이 지상역률 60%에 미달하는 경우 역률 60%로, 지상역률 97%를 초과하는 경우 역률 97%로 간주하여 1개월간 평균역률을 계산한다.

다. '나'에도 불구하고, 제42조(역률의 계산) 제2항의 단서에 해당하는 고객의 평균역률은 전력량계에 1개월간 누전된 계량값으로 역률을 계산한다.

2. 22시부터 다음 날 08시까지의 역률에 대한 요금 추가

가. 진상역률(進相力率)에 대하여 적용하며, 평균역률이 95%에 미달하는 경우에 미달하는 매 1%당 기본요금의 0.2%를 추가한다.

나. '가'의 평균역률은 제42조(역률의 계산) 제2항의 본문에 따라 계산된 30분 단위의 역률을 1개월간 평균하여 계산한다. 다만, 30분 단위의 역률이 진상역률 60%에 미달하는 경우에는 역률 60%로, 지상역률인 경우에는 역률 100%로 간주하여 1개월간 평균역률을 계산한다.

다. '나'에도 불구하고, 제42조(역률의 계산) 제2항의 단서에 해당하는 고객은 진상역률 요금을 적용하지 않는다.

③ 해당 월에 지상역률 또는 진상역률의 추가요금이 발생한 경우 첫 번째 달에서 추가요금의 청구를 예고하고 두 번째 달부터 추가요금을 청구한다.

┃기본공급약관 시행세칙 제43조 역률 요금 개정 요약┃

NO	항목	개정 전	개정 후
1	기준역률	지상역률 90%	지상역률 92%
2	지상역률	• 감액구간 : 90% 초과 95% 이하 • 추가구간 : 90% 미만 60% 이상	• 감액구간 : 92% 초과 97% 이하 • 추가구간 : 92% 미만 60% 이상
3	진상역률	현행 유지	변동없음
4	적용시간	• 지상역률 : 09시부터 ~ 23시까지 • 진상역률 : 23시부터 ~ 익일 09시까지	• 지상역률 : 08시부터 ~ 22시까지 • 진상역률 : 22시부터 ~ 익일 08시까지
5	시행일자	2025년 2월 1일	

SECTION 11 콘덴서회로 개폐 시 특이현상

기출
지문

Q1 전력용 콘덴서 개폐 시의 특이사항과 개폐장치에서 요구되는 성능을 설명하시오. 건 104회 출제

Q2 전력용 커패시터의 개폐 시 현상과 개폐장치의 요구성능에 대하여 설명하시오. 용 126회 출제

Q3 전력용 콘덴서의 개폐현상에 대하여 설명하시오. 건 94회 출제

건 건축전기설비기술사 / 용 전기응용기술사 / 발 발송배전기술사 / 소 소방기술사 / 안 전기안전기술사 / 화 화공안전기술사 / 정 정보통신기술사

1 개요

콘덴서를 개폐하는 경우 일반유도부하와 달리 충전전류에 의한 영향으로 투입 · 차단 시 다음과 같은 특이현상이 발생된다.

(1) 투입 시 현상

① 과도돌입전류에 의한 CT 2차 과전압이 발생한다.

② 모선의 전압강하가 발생한다.

(2) 차단 시 현상

① 재점호에 의한 과전압이 발생한다.

② 유도전동기의 자기여자현상이 발생한다.

2 콘덴서 투입 시 현상 및 대책

일반유도부하의 투입 시 최대 전류가 2배인데 반해 콘덴서회로에서는 전류를 억제하는 것이 리액턴스 밖에 없어 과대한 투입전류가 발생된다.

(1) 과도돌입전류의 발생

$$I_{c\max} = I_c \left(1 + \sqrt{\frac{X_c}{X_L}} \right) [\text{A}]$$

$$f_1 = f \sqrt{\frac{X_c}{X_L}} \, [\text{Hz}]$$

$$E_{c\max} = 2E_c [\text{V}]$$

여기서, I_c : 콘덴서 정상전류[A]

X_c : 콘덴서 용량성 리액턴스[Ω]

X_L : 콘덴서회로 전 유도리액턴스[Ω]

f_1 : 과도주파수[Hz]

f : 상용 주파수[Hz]

E_c : 콘덴서 정상 시 전압[V]

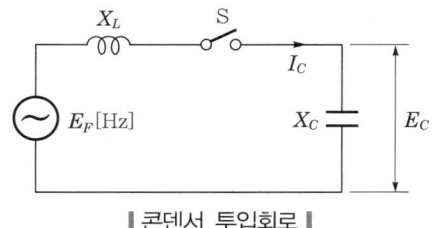

‖ 콘덴서 투입회로 ‖

① 크기 : X_L값이 작은 경우 과도돌입전류는 수십 ~ 수백배로 증가한다.

② 원인

 ㉠ 직렬리액터 미설치

 ㉡ 전원단락용량이 클 때

 ㉢ 병렬뱅크에서 직렬리액터 미설치

 ㉣ 콘덴서에 잔류전하 존재 시

③ 영향

 ㉠ CT 2차 회로에 과전압 발생 → 접속된 2차 기기에 손상 유발

 ㉡ CT비가 작은 경우 CT의 과전류강도가 문제가 됨

④ 대책 : 직렬리액터 설치(6%)

$$I_{c\,\max} = I_c\left(1 + \sqrt{\frac{100}{6}}\right) \cong 5\,I_c$$

$$f_1 = f\sqrt{\frac{X_c}{X_L}} \cong 4f$$

(2) 모선전압강하(ΔV)

① 원인 : 콘덴서 투입 시 X_c는 거의 0이므로 모선전압강하

$$\Delta V = \frac{X_S}{X_S + X_L} \times 100[\%]$$

$$X_S \gg X_L 인 \ 경우 \ 크게 \ 증가함$$

여기서, X_S : 전원 측 리액턴스

   X_L : 직렬리액터 리액턴스

② 영향 : Thyristor zero crossing 전류(轉流) 실패

③ 대책 : 수전단에 문제가 되지 않는 범위 내에서 X_L 투입

411

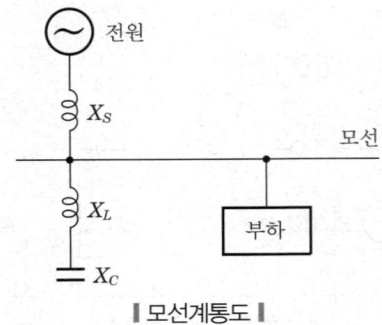

┃ 모선계통도 ┃

3 콘덴서 차단 시(개방 시) 현상

(1) 극간 회복전압 발생에 의한 재점호

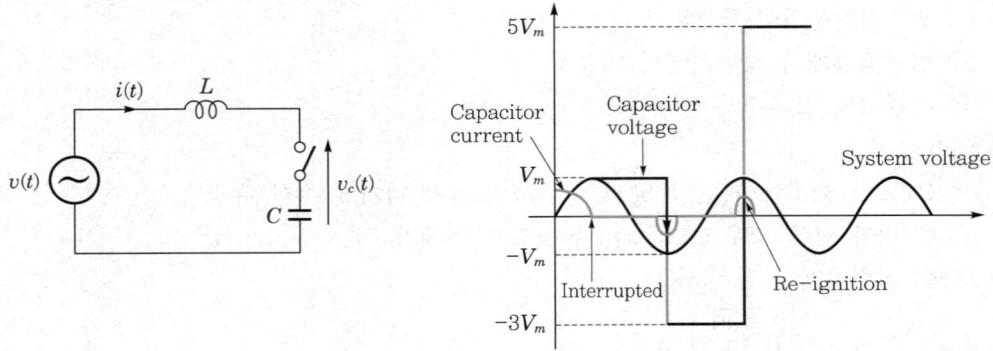

┃ 콘덴서 개방 시 회복전압 ┃

① 극간 회복전압 발생 : 스위치 개방 시 전류 I_c는 전류 0점 차단되나 스위치 극간의 전압은 전류 0점에서 전원전압과 콘덴서 잔류전압차에 의해 $\frac{1}{2}$ cycle 후 약 2배의 전압이 된다(3상 → 2.5배).

② 재점호에 의한 과전압 발생

　㉠ 발생원인 : 잔류전하에 의한 소호, 점호의 반복으로 개폐기 극간 전압상승률이 증가하여 접촉자의 절연이 $\frac{1}{2}$ cycle 후 파괴된다.

　㉡ 과전압의 크기 : 3 · 5 · 7 · 9배

　㉢ 영향 : 콘덴서 파괴 및 모선기기 절연파괴

　㉣ 대책
　　• 고압 회로 : GCB, VCB 이용
　　• 저압 회로 : MCCB, MC 이용

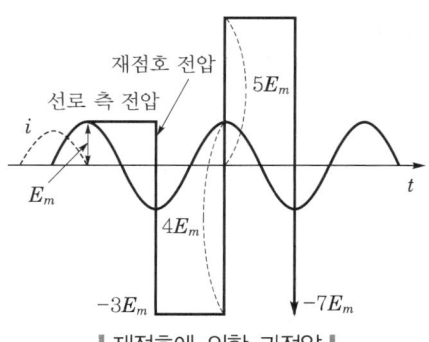

‖ 재점호에 의한 과전압 ‖

(2) 유도전동기의 자기여자현상

① 정의 : CB 개방 시 콘덴서 단자전압이 즉시 0이 되지 않고 이상 상승하거나 장시간 감쇄하지 않는 현상이다.

② 영향 : 전동기 소손 가능성

③ 대책 : 콘덴서용량 < 전동기 여자용량 = 전동기 정격출력의 25 ~ 50% 정도

④ 주의사항 : 각각의 유도전동기의 여자용량보다 작은 콘덴서용량을 개별로 각각의 유도전동기에 취부한다.

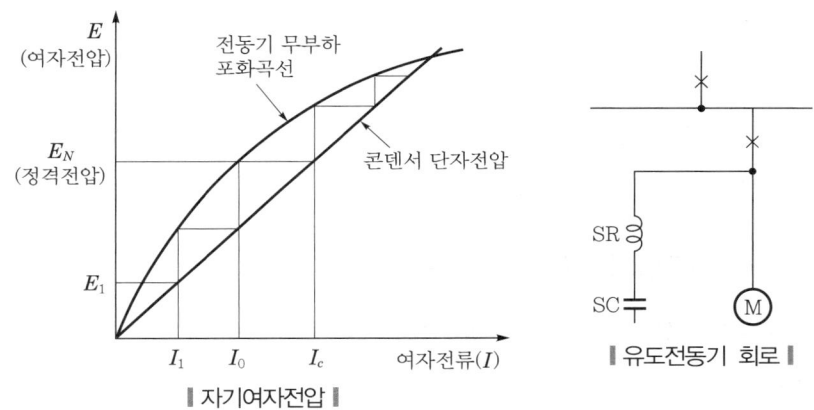

‖ 자기여자전압 ‖   ‖ 유도전동기 회로 ‖

▌4 콘덴서 개폐 시 이상현상 대책

(1) 투입 시 대책

① 직렬리액터 설치(고조파 대책)

구분	내용
설치효과	돌입전류 억제, 이상전압 억제, 고조파 억제, 파형 개선
용량산출	• 제5고조파 존재 시 계산상 4%, 실제 6% 적용 • 제3고조파 존재 시 계산상 11%, 실제 13% 적용
주의사항	• 콘덴서 단자전압 상승 • 최대 사용전류는 정격전류의 130%

② 방전장치 설치(잔류전하 대책)

종류	적용용량	고압	저압
방전코일	200 ~ 300kVA 이상	50V 이하 5초 이내	75V 이하 3분 이내
방전저항	200 ~ 300kVA 미만		

(2) 개방 시 대책

① 차단속도가 빠르고 재점호가 없는 콘덴서보호용 개폐장치를 선정한다.

② 콘덴서용량을 전동기출력의 $\frac{1}{4}$ ~ $\frac{1}{2}$ 로 설계한다.

■5 개폐장치에 요구되는 성능

(1) 접점용량

투입 시 정격전류의 2 ~ 2.5배가 흐르므로 개폐기의 정격전류는 콘덴서 정격전류의 1.5 ~ 2배의 것을 사용한다.

(2) 고속동작

재점호가 발생하기 전에 접점 간의 간격을 충분히 이격시키도록 하기 위해서 고속으로 동작하는 전자접촉기 또는 진공접촉기를 사용한다.

(3) 소호능력

재점호에 의한 아크 발생을 억제하고 아크가 발생해도 이를 곧 소호할 수 있도록 하기 위해서 소호능력이 큰 진공차단기 또는 유입차단기 등을 사용한다.

■6 콘덴서 보호개폐장치 설치 시 주의사항

(1) 뱅크용량 500kVA 이상 시 자동 차단장치를 설치한다.

(2) 개폐기 및 차단기 선정

① 차단속도와 절연회복성능이 빠른 개폐기를 선정한다.

② 고압 회로 : VCB, GCB, VCS, GCS, COS

③ 저압 회로 : MCCB, MC

(3) 전력퓨즈의 선정

① 상시 부하전류 안전 통전한다.

② 과부하 및 과도 돌입전류는 단시간 허용특성 이하이어야 한다.

③ 콘덴서 파괴확률 10% 특성이 퓨즈 전차단 특성보다 우측에 있을 것

7 결론

에너지 절감 측면에서 콘덴서의 설치는 반드시 필요하나 충전특성상 개폐 시 상기와 같은 현상이 발생되므로 콘덴서 개폐장치에 요구되는 성능을 만족하는 개폐기를 설계 및 시공에 반영할 수 있도록 해야 한다.

콘덴서 역률 과보상 시 문제점과 대책

1 개요

콘덴서는 무효전력 공급장치로서, 콘덴서 설치 시 변압기 및 배전선 손실 경감, 설비여유도 증가, 전력요금 절감 등의 효과가 있으나 과보상 시 모선전압 상승, 송전손실 증가, 고조파 왜곡, 비상발전기 자기여자현상이 발생된다.

2 역률 과보상 시 문제점

(1) 모선전압 과상승

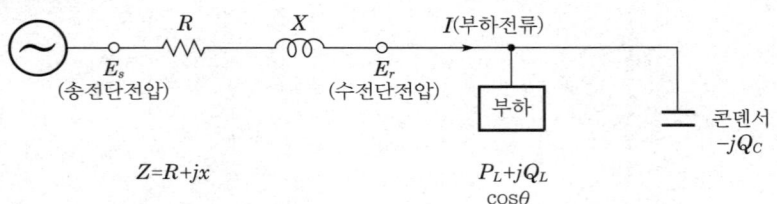

∥ 전력계통 선로계통도 ∥

① 선로의 전압강하

$$\Delta V = E_s - E_r = I \cdot (R\cos\theta + X\sin\theta) = \frac{PR + QX}{E_r}$$

② 주간 중부하 시 전압강하 $\Delta V^{'}$

$\Delta V^{'} = RP_L + X(Q_L - Q_C)$가 되며

$\Delta V - \Delta V^{'} > 0$가 된다.

③ 야간 경부하 시 콘덴서가 투입된 채로 운전될 경우 진상무효전력만큼 상승이 발생되며 수전단전압이 송전단전압보다 높게 되는 페란티현상이 발생된다.

지상역률인 경우($X_L > X_C$) → $E_s > E_r$	진상역률인 경우($X_L < X_C$) → $E_s < E_r$
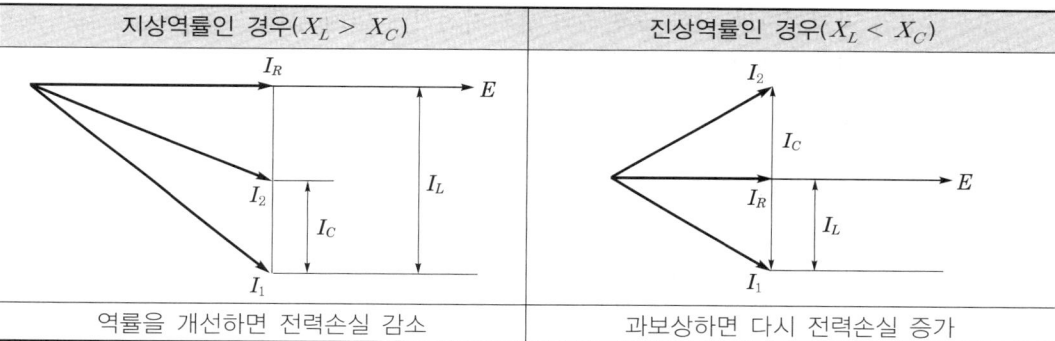	
역률개선하면 전압강하 경감	과보상하면 부하의 무효전력 감소분만큼 모선전압 상승

④ 무부하 시 모선전압이 계통기기의 허용전압 한계를 초과하지 않게 해야 한다.

⑤ 모선전압 상승대책

　㉠ 과전압계전기에 의한 콘덴서 Trip

　㉡ 야간 경부하시간대 콘덴서 Trip

(2) 전력손실(송전손실) 증가

$$전력손실 \ P_l = I^2 R \ \rightarrow \ P_l \propto \frac{1}{\cos^2\theta}$$

① 일반적으로 콘덴서 투입 시 역률이 $\cos\theta_1 \rightarrow \cos\theta_2$로 개선되어 손실이 저감된다.

② 과보상 시 앞선 역률(진상)이 되면 진상만큼 손실분이 발생되며 송전손실로 작용한다.

지상역률인 경우($X_L > X_C$)	진상역률인 경우($X_L < X_C$)
역률을 개선하면 전력손실 감소	과보상하면 다시 전력손실 증가

(3) 고조파 왜곡의 증대

① 야간 경부하 시 콘덴서를 투입한채 사용되면 고조파 왜곡이 커져 콘덴서 및 타 기기의 손상 등이 발생된다.

② 제5고조파의 침입에 의한 전압왜곡현상

　㉠ 부하가 용량성인 경우

　㉡ 제5고조파 전압이 전원에서 부하로 침입할 경우

　㉢ 부하단전압이 전원단전압보다 상승하면 전원단으로 고조파가 왜곡된다.

　㉣ 다시 전원에서 부하로 고조파 왜곡은 확대된다.

구분	회로 조건	n차 고조파
유도성	$nX_L - \dfrac{X_c}{n} > 0$	• 확대 안 됨 • 바람직한 패턴
직렬공진	$nX_L - \dfrac{X_c}{n} = 0$	모두 콘덴서로 유입
용량성	$nX_L - \dfrac{X_c}{n} < 0$	확대
병렬공진	$nX_0 = \left\| nX_L - \dfrac{X_c}{n} \right\|$	극단적으로 확대

(4) 비상발전기의 자기여자

① 원인

    ㉠ 장거리 송전선로의 무부하 충전전류(I_c)

    ㉡ 콘덴서 과보상

② 현상

    ㉠ 선로의 정전용량이나 콘덴서의 과보상에 의해 0역률 진상전류가 전기자권선에 흐르게 되어 전기자권선에 기전력이 유기된다.

    ㉡ 0역률 진상전류에 의한 포화특성곡선과 부하특성곡선과의 교점만큼 전압이 상승한다.

    ㉢ 발전기 자기여자로 인한 oa만큼의 유기기전력에 의해 부하로 충전전류 ab가 흐르고 다시 기전력은 bc만큼 증가되며 계속하여 전압이 증가하며 m점까지 전압이 증가하는 현상을 말한다.

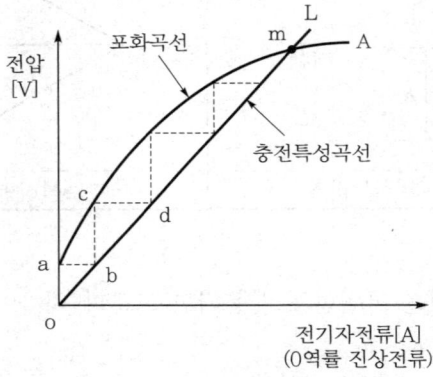

‖ 발전기 자기여자현상 ‖

③ 대책

    ㉠ 콘덴서 자동제어방식 채용

    ㉡ 수전단에 리액턴스를 병렬로 접속

    ㉢ 경부하 시 부하 차단과 동시에 콘덴서 Trip

(5) 기타 : 발전기 기동실패 및 이상전압 발생

용량성 부하인 경우 발전기 기동 시 발전기 단자전압 상승으로 과전압계전기(OVR)가 동작한다.

3 역률 과보상 시 대책

① 자기여자현상을 방지한다.

② 경부하 시에도 과보상되지 않도록 콘덴서설비를 계획한다.

③ 모선에 과전압계전기(OVR)를 설치하여 콘덴서를 트립한다.

④ 자동 역률조정장치(APFR) 시스템을 도입한다.

⑤ 송전용 변전소에 분로리액터를 설치한다.

⑥ 직렬리액터를 설치한다.

SECTION 13 전력용 콘덴서의 열화 원인 및 대책

기출
지문

Q1 전력용 콘덴서의 절연열화 원인과 대책에 대하여 설명하시오. [건 112·105회 출제]

Q2 고압 콘덴서에 고장이 발생한 경우 사고의 확대와 파급방지를 위한 고장검출방식에 대해 설명하시오. [건 98회 출제]

Q3 전력용 콘덴서의 내부소자 보호방식에 대하여 설명하시오. [건 110회 출제]

Q4 전력용 콘덴서의 내부고장 보호방식에 대하여 설명하시오. [건 116회 출제]

Q5 전력용 콘덴서에서 다음을 설명하시오. [건 117회 출제]
　(1) 운전 중 점검항목
　(2) 팽창(배부름) 원인과 대책

Q6 역률개선을 위한 전력용 콘덴서의 사고형태에 따른 보호방식과 콘덴서 내부소자 사고에 대한 보호방식에 대하여 설명하시오. [건 125회 출제]

[건] 건축전기설비기술사 / [용] 전기응용기술사 / [발] 발송배전기술사 / [소] 소방기술사 / [안] 전기안전기술사 / [화] 화공안전기술사 / [정] 정보통신기술사

1 개요

진상용 콘덴서는 무효전력 공급장치로 전압 변동 및 손실을 억제시키는 효과가 있으며 계통이상 시 수전단의 전위 상승에 의한 콘덴서 파손문제를 발생시키므로 보호기준과 보호방식을 분류하여 기술하였다.

2 열화 원인 및 대책

구분	열화원인(수명단축)	대책
온도	• 주위온도 최고 40℃ 초과 • 일 평균 35℃ 초과 • 연 평균 25℃ 초과	• 발열기기(변압기)와 200mm 이상 이격 • 복수설치 시 측면 100mm 상부 300mm 이상 이격 • 환기구 설치
전압	• 정격전압 최고 115% 초과 • 일 평균 110% 초과	• 앞선 역률 금지, 자기여자현상 방지 • 완전방전 후 재투입 • 재점호 방지 개폐기 선정(VCS, GCS)
전류	• 고조파 전류 유입 • 투입 시 돌입전류($1.35 I_n$)	• 직렬리액터 설치(고조파, 돌입전류, 억제) • 직렬리액터용량(제5고조파 : 6%, 제3고조파 : 13%)

3 보호장치의 설치기준

변압기 뱅크용량	자동차단장치
500 ~ 15000kVA 미만	내부고장, 과전류일 때 동작
15000kVA 이상	내부고장, 과전류, 과전압일 때 동작

4 전력용 콘덴서의 허용 최대 사용전류의 기준

전압 구분	최대 사용전류		허용 과전압
	리액터(무)	리액터(유)	
저압용(100 ~ 400V)	130% 이하	120% 이하 제5고조파 35% 이하	110%
고압용(3 ~ 6kV)	고조파 포함 135% 이하	120% 이하 제5고조파 35% 이하	최고 115%
특고압용(10kV)	고조파 포함 135% 이하	120% 이하 제5고조파 35% 이하	110%

5 보호방식

(1) 계통 이상 시 보호

① 과전압 보호 : 과전압계전기(OVR)

② 저전압 보호 : 부족전압계전기(UVR)

(2) 콘덴서 설비 내의 단락 · 지락 사고 보호

① 단락보호

㉠ 한시 과전류계전기가 적용된다.

㉡ 콘덴서 투입 시 과도돌입전류에 부동작이 일어난다.

② 지락보호 : 특별히 필요한 경우 모선에 접속된 타 Feeder와 같이 선택차단방식을 적용한다.

(3) 콘덴서 자체 사고 보호

① 특고압

㉠ 전압차동방식

㉡ Open-△ 방식

㉢ 중성점 전압검출방식(NVS)

㉣ 중성점 전류검출방식(NCS)

㉤ 과전류계전방식

② 고압

 ⊙ 중성점 전류검출방식(NCS)

 ⓒ 중성점 전압검출방식(NVS)

 ⓒ Open-△ 방식

 ⓔ 전압차동방식

 ⓜ 과전류계전방식

 ⓗ Fuse 방식

③ 저압

 ⊙ MCCB

 ⓒ MCCB, 열동계전기

④ 기계적 보호 : Limit SW방식

6 계통이상 시 보호

콘덴서를 계통이상에서 보호하고 콘덴서가 접속되어 있는 타 계통으로의 파급방지를 위해 시설하였다.

(1) 이상전압 발생원인

① 고조파 방지용 직렬리액터 미설치 시 콘덴서 단자전압이 상승한다.

② 페란티현상

(2) 콘덴서 허용전압

① 고압용 : 정격전압의 110%(24시간 평균), 정격전압 115%(단시간 최고)

② 특고압 : 정격전압의 110%

(3) 계전기 적용

① 과전압계전기(OVR)

 ⊙ 계통 고장 혹은 야간 경부하 시 부하단 전압 상승에 대한 보호

 ⓒ 장시간 전압 : 정격전압의 110% 이상에서 콘덴서 개방(유도형 한시 과전압계전기 사용)

 ⓒ 과도전압 : 정격전압의 130% 정도에서 동작하며 시한은 약 2초 정도임

② 부족전압계전기(UVR) : 회로가 저전압 무전압 시 콘덴서가 투입되어 있는 경우 전압 회복 시까지 콘덴서만 운전되어 콘덴서로 인한 전압 상승으로 타 기기의 손상을 초래하는 요인이 된다.

 ⊙ 저전압, 정전 시 콘덴서 개방

 ⓒ 복전 시 콘덴서 단독 투입 방지

 ⓒ 유도형 한시 부족전압계전기가 적용(동작전압은 정격전압의 70% 이하, 동작시한은 2초)

7 콘덴서 내부소자 보호방식

(1) 전압차동방식

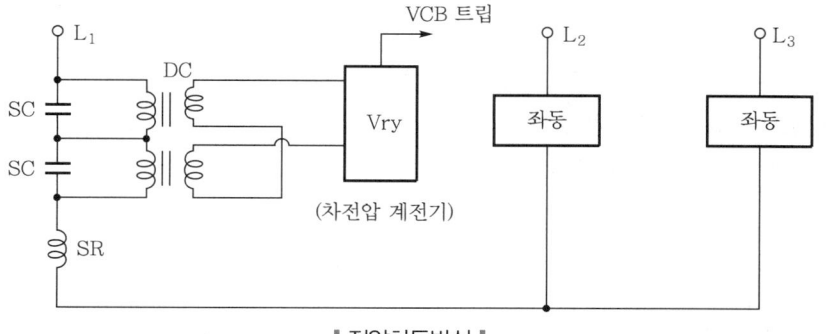

┃ 전압차동방식 ┃

① 콘덴서 소손 시 불평형에 의해 차전압 계전기가 동작하여 차단기를 Trip시킨다.

② 특징

  ㉠ Open−△와 같은 전압검출방식이다.

  ㉡ 절연상의 잇점으로 인해 사용하며 고압 이상 특고압($6.6 \sim 22.9$kV) 계통에 적용되는 방식이다.

  ㉢ 고조파, 여자돌입전류, 불평형에 오동작이 없다.

(2) Open−△ (델타) 방식

① 각 상 방전코일 2차 측을 Open−△로 결선한 방식이다.

② 정상 시 전압은 0V, 고장 시 이상전압이 검출된다.

③ 보통 22.9kV 계통에서 적용한다.

④ 차단시간이 짧다.

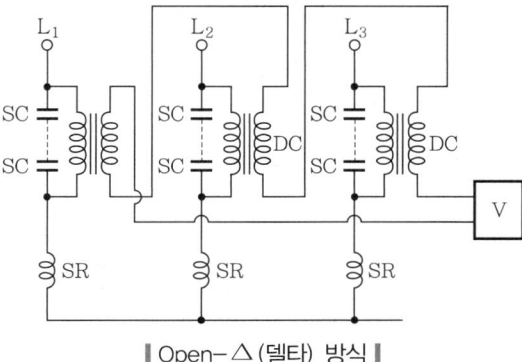

┃ Open−△ (델타) 방식 ┃

(3) 중성점 전류검출방식(NCS : Neutral Current Sensing)

① 특징

㉠ 검출속도가 빠르고 동작이 확실하다.

㉡ 회로의 전압변동, 직렬리액터 유무, 고조파의 영향을 받지 않는다.

㉢ 콘덴서 투입 시 여자돌입전류에 의한 오동작이 없다.

② Y결선도 2조의 콘덴서에 고장 시 중성선에 흐르는 전류를 검출하는 방식이다.

③ 콘덴서 고장 시 중성선에 흐르는 전류

$$\Delta I = \frac{1.5k}{6 - 5k} I_a \,[\text{A}]$$

여기서, I_a : 정격전류[A]

$$k = \frac{\Delta X_C}{X_C} \ (\text{리액턴스 변화율})$$

여기서, ΔX_C : 변화분 리액턴스[Ω]

X_C : 정상리액턴스[Ω]

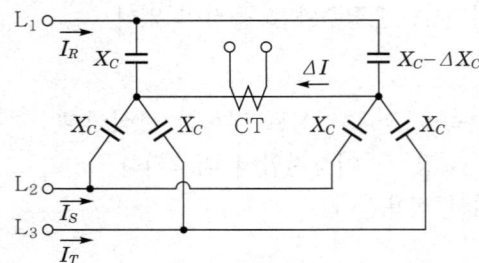

┃ 중성점 전류검출방식 ┃

(4) 중성점 전압검출방식(NVS : Neutral Voltage Sensing)

① 중성점 전압을 검출하는 방식이다.

② 콘덴서의 뱅크는 단상 3대를 Y로 결선하는 방식이다.

③ 중성점 전압(V_N)

$$V_N = \frac{V_P}{3P(S - 1) + 1} \,[\text{V}]$$

여기서, V_P : 상전압[V]

P : 콘덴서 병렬소자의 수

S : 콘덴서 직렬소자의 수

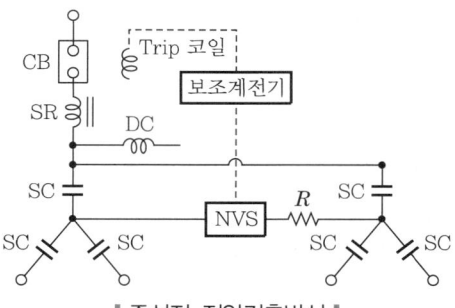

❚ 중성점 전압검출방식 ❚

(5) 과전류계전방식(OCR : Over Current Relay)

① CT 2차 측에서 검출된 과전류를 검출한다.

② 정격전류의 120% 과부하 시 OCR 한시요소부가 동작한다.

③ 사고에서 차단 시까지 동작시간이 소요된다.

④ 콘덴서 복수접속 시 돌입전류에 의한 OCR 정정치에 주의한다.

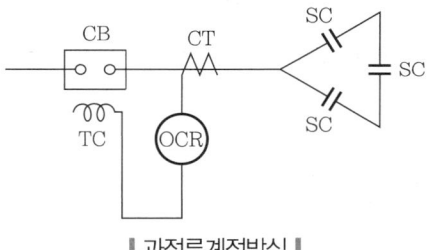

❚ 과전류계전방식 ❚

(6) 파워퓨즈(PF)에 의한 단락보호

① 콘덴서 보호용으로 파워퓨즈의 한류특성을 이용하여 보호하는 방식이다.

② 100 ~ 200kVA 정도의 용량에 적용하는 방식이다.

(7) Limit switch 방식

콘덴서 외함이 팽창되면 이를 감지하는 방식이다.

(8) 압력 Switch 방식

콘덴서 절연파괴 등의 고장으로 인해 내부압력이 상승될 경우 외함이 변형을 일으킬 때 이를 검출하는 방식이다.

8 저압 콘덴서 보호

(1) 시설방식

개별 부하에 설치하는 것이 원칙이다.

① 저압 전동기 전력장치 등 저역률의 것은 역률개선을 위한 진상용 콘덴서를 시설해야 한다.

② 고주파가 발생하는 제어장치의 출력 측에 접속하는 부하에는 진상용 콘덴서를 설치하지 않는다.

(2) 방전장치

① 방전코일, 방전저항의 방전장치가 내장되어야 한다.

② 방전장치가 적용되지 않는 경우

  ㉠ 현장조작 개폐기보다 부하 측에 접속되고 또한 부하기기의 내부에 개폐기를 갖추지 않은 경우(콘덴서 전용의 개폐기 등을 설치하지 않은 경우)

  ㉡ 콘덴서가 변압기 2차 측 개폐기 등을 경유하지 않고 직접 접속된 경우

③ 방전장치는 개로 후 3분 이내 잔류전하를 75V 이하로 저하시킬 수 있을 것

(3) 부하에 개별 콘덴서 시설방법

① 콘덴서용량이 부하의 무효분보다 크지 않을 것

② 콘덴서는 개폐기 2차에 시설한다.

③ 본선에서 분기하여 콘덴서에 이르는 전로에는 개폐장치를 설치하지 말 것

(4) 저압 진상용 콘덴서를 각 부하에 공용하는 경우(부득이한 경우 설치)

① 콘덴서는 현장 조작개폐기보다는 전원 측으로 또한 인입구 장치보다 부하 측에 접속할 것

② 콘덴서는 취급하기 편리한 곳에 전용의 개폐기 및 방전코일이 부착된 개폐기를 설치할 것

③ 개폐기는 전동기 운전개시와 함께 투입하고 운전 정지 시 함께 개방할 것

(5) 설치장소

① 옥내 시설 시 습기, 물기가 많은 장소 및 주위온도가 40℃를 초과하는 장소를 회피하여 견고히 시설한다.

② 옥외형 콘덴서 : 옥외 시설이 가능하다.

③ 옥내형 콘덴서 : 방수구조함에 넣는다.

  ㉠ 전선인 입구를 빗물이 스며들지 않도록 함의 아래에 설치한다.

  ㉡ 함을 견고히 하고 점검이 쉬운 것으로 하며 강판제의 것은 방청도료를 칠한다.

  ㉢ 함은 외상을 받지 않는 장소에 선정하고 견고히 설치한다.

상기의 3가지 항목에 대해서는 옥내형도 옥외 사용이 가능하다.

SECTION 14

NCS(Neutral Current Sensor) 및 NVS(Neutral Voltage Sensor) 방식

**기출
지문**

Q1 고압 콘덴서에 고장이 발생한 경우 사고의 확대와 파급방지를 위한 고장검출방식에 대해 설명하시오.
〔건 98회 출제〕

Q2 전력용 콘덴서의 내부소자 보호방식에 대하여 설명하시오. 〔건 110회 출제〕

Q3 전력용 콘덴서의 내부고장 보호방식에 대하여 설명하시오. 〔건 116회 출제〕

Q4 역률개선을 위한 전력용 콘덴서의 사고형태에 따른 보호방식과 콘덴서 내부소자 사고에 대한 보호방식
에 대하여 설명하시오. 〔건 125회 출제〕

건 건축전기설비기술사 / 용 전기응용기술사 / 발 발송배전기술사 / 소 소방기술사 / 안 전기안전기술사 / 화 화공안전기술사 / 정 정보통신기술사

1 콘덴서 보호

콘덴서 보호방식에는 과전류계전기에 의한 보호방식과 콘덴서 내부고장 보호방식인 NCS (Neutral Current Sensor) 및 NVS(Neutral Voltage Sensor) 방식이 이용되고 있다.

2 NCS(Neutral Current Sensor) 방식

(1) 개요도

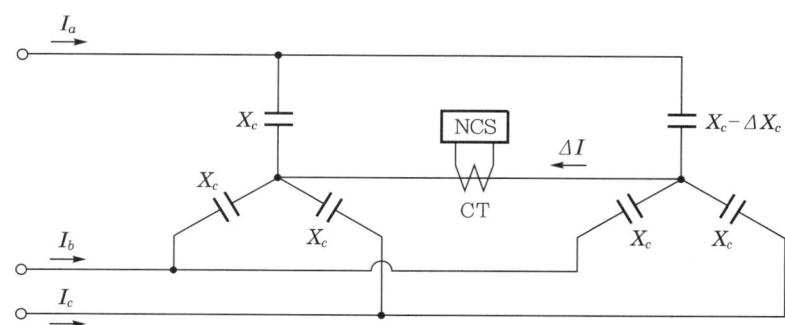

┃ NCS(Neutral Current Sensor) 방식 ┃

① Y결선된 콘덴서 2조를 병렬로 결선한다.

② 2개 회로의 중성점을 연결한 중성선에 CT를 설치해 전류를 감지하여 고장회로를 제거하는
방식이다.

③ 3.3/6.6kV 계통에서는 150 ~ 500kVA까지 사용한다.

④ 반드시 Y결선이 이중이어야만 적용이 가능하다.

(2) 동작원리

① 정상상태에서는 중성선에 전류가 흐르지 않는다($\Delta I = 0$).

② 소자가 고장나면 3상 평형이 깨지므로 고장소자의 중성점 전압이 상승하여 중성점 연결선에 전류가 흐른다.

③ 이 전류를 검출하여 차단기를 차단시킨다.

④ 고장 시 중성점 간 전류

$$\Delta I = \frac{1.5K}{6 - 5K} I_a [\text{A}]$$

$$K = \frac{\Delta X_c}{X_c}$$

여기서, K : 콘덴서 뱅크의 리액턴스 변화율

I_a : 콘덴서의 정상전류[A]

X_c : 정상상태에서의 리액턴스[Ω]

ΔX_c : 고장분의 리액턴스[Ω]

(3) NCS 방식에서의 중성점 간 전류 예

전압 [kV]	결선도 및 고장상태	리액턴스 변화율 $\left(\dfrac{\Delta X}{X}\right)$	중성점 간 전류 ΔI[A]	고장 상전류
3.3		1	$1.5 I_a$	$3 I_a$
6.6		0.5	$0.22 I_a$	$1.5 I_a$
		1	$1.5 I_a$	$3 I_a$

3 NVS(Neutral Voltage Sensor) 방식

(1) 개요도

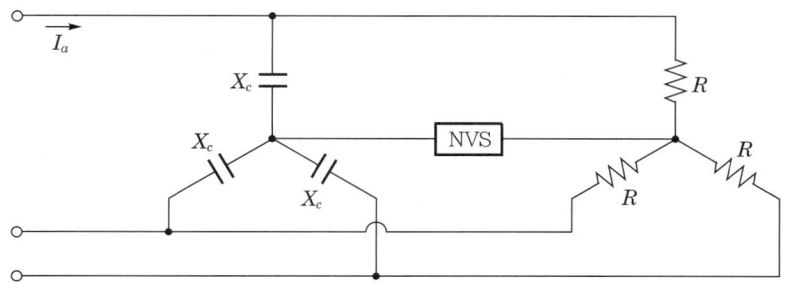

① 콘덴서소자 파손 시 중성점 간의 전압을 검출하는 방식이다.

② 보조저항을 Y결선 단자에 연결하여 보조중성점을 만들어 불평형 전압을 검출하는 방식이다.

③ 콘덴서결선이 단일 Y결선이어도 적용이 가능하다.

④ 콘덴서 NVS 보호방식의 종류

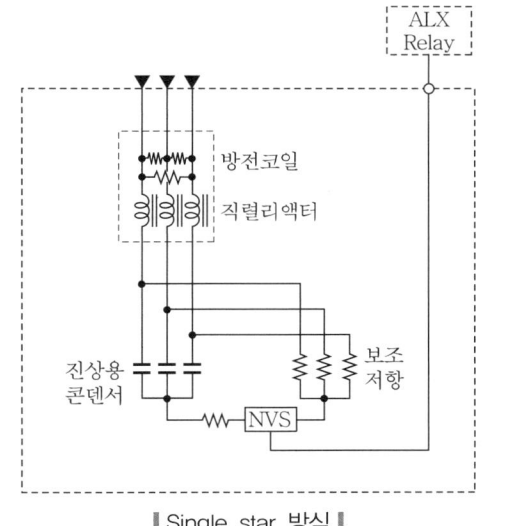

┃Single star 방식┃

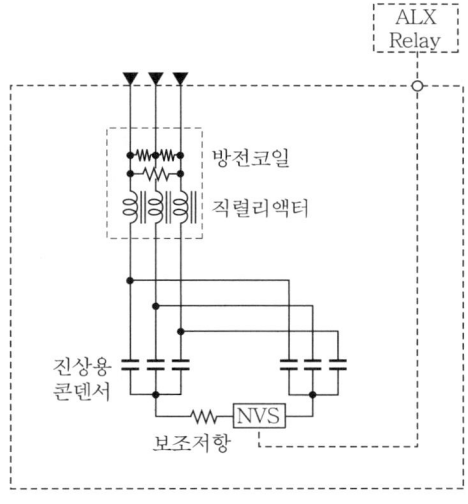

┃Double star 방식┃

(2) 동작원리

① 콘덴서소자 고장 시 중성점 간의 전압이 상승하는 것을 감지하여 차단기를 차단한다.

② 중성점 전위 상승

$$V_N = \frac{E}{3(S-1)+1}[\text{V}]$$

여기서, E : 상전압

$\quad\quad\quad S$: 직렬 소자수

(3) 내부소자 고장 시 전압 · 전류의 변화

구성	직렬 소자수	고장 소자수	V_N	콘덴서 단자전압		전류	
				사고상	건전상	사고상	건전상
단일 Y결선	1	1	E	0	$1.73E$	$3.0I_a$	$1.73I_a$
	2	1	$0.25E$	$0.75E$	$1.73E$	$1.5I_a$	$1.73I_a$
	1	2	E	0	$1.73E$	$3.0I_a$	$1.73I_a$
2중 Y결선	1	1	E	0	$1.73E$	$2.0I_a$	$1.32I_a$
	2	1	$0.25E$	$0.75E$	$1.73E$	$1.25I_a$	$1.07I_a$
	2	2	E	0	$1.73E$	$2.0I_a$	$1.32I_a$

4 기타

(1) 과전류보호방식

과전류계전기 및 전력퓨즈에 의한 일괄보호한다.

(2) 차전압검출방식

방전코일 2차 측 불평형 전압을 검출하여 과전압계전기를 동작시키는 원리이다.
콘덴서 내부소자가 1개만 고장나도 신속하게 고장전압을 검출할 수 있다.

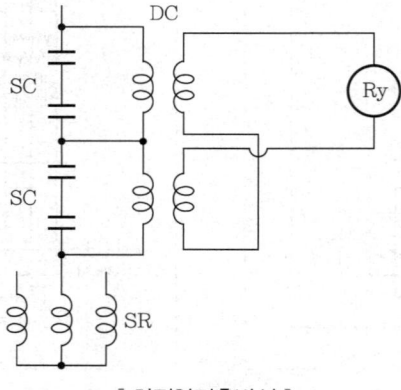

‖ 차전압검출방식 ‖

(3) 전압차동방식

각 상의 방전코일 2차 측 전압을 검출하여 과전압계전기를 동작시키는 원리이다. 콘덴서 내부
소자가 1개만 고장나도 신속하게 고장전압 검출이 가능하다.

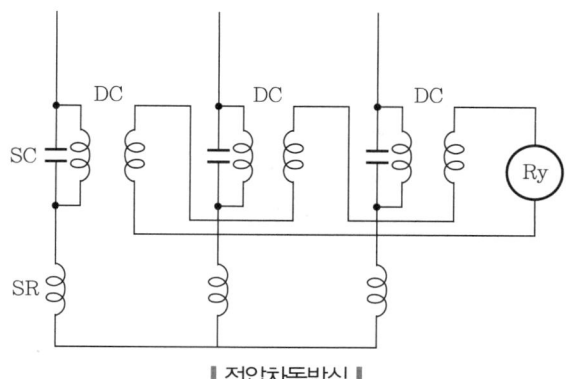

▎전압차동방식▎

(4) 중성점 전류검출(NCS : Neutral Current Sensor)

위 회로의 중성선에 흐르는 전류를 검출하여 차단기를 트립시키는 방식이다.

(5) 외부 보호방식

콘덴서 내부압력 상승에 의한 외부팽창을 리밋 스위치에 의해 검출한다.

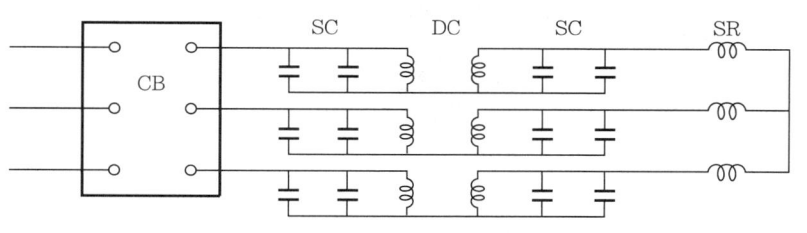

▎특고압에서의 결선회로▎

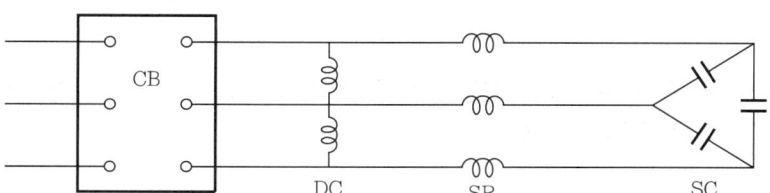

▎고압에서의 결선회로▎

PLUS 콘덴서용량 계산방법

1. 콘덴서용량 계산

$$Q_c = P(\tan\theta_1 - \tan\theta_2) = P\left(\sqrt{\frac{1}{(\cos\theta_1)^2} - 1} - \sqrt{\frac{1}{(\cos\theta_2)^2} - 1} \right)$$

$$= P(\tan\cos^{-1}\theta_1 - \tan\cos^{-1}\theta_2)$$

2. 콘덴서용량 환산

(1) 단상

$$Q_c = E \times I_c = E \times \omega \times C \times E = \omega C E^2 = \omega C E^2 \times 10^{-3} \times 10^{-6}$$

$$C = \frac{Q_c}{2\pi f \times E^2} [\mu\text{F}]$$

(2) 3상 △결선

$$Q_c = \omega C E^2 \times 10^{-9}$$

$$Q_\triangle = 3\omega C E^2 \times 10^{-9}, \quad \triangle 결선은 \ E와 \ V가 \ 동일$$

$$C = \frac{Q_\triangle [\text{kVA}]}{3 \times 2\pi f \times V^2 \times 10^{-9}} [\mu\text{F}]$$

(3) 3상 Y결선

$$Q_c = \omega C E^2 \times 10^{-9}$$

$$Q_Y = 3\omega C E^2 \times 10^{-9}, \quad Y결선은 \ E = \frac{V}{\sqrt{3}}$$

$$C = \frac{Q_Y [\text{kVA}]}{2\pi f \times V^2 \times 10^{-9}} [\mu\text{F}]$$

예제

01 3φ 220V 전류가 60A(부하율 75%일 때 전류), 역률 86%(부하율 75%일 때), 99% 개선 시 필요한 역률개선용 콘덴서의 용량은? (단, kVA를 μF로 변환)

풀이

1. $Q = P \cdot (\tan\theta_1 - \tan\theta_2) \text{kVA}$

2. 전력 $P = \sqrt{3} \cdot V \cdot I \cdot \cos\theta = \sqrt{3} \times 220 \times 60 \times 0.86 = 19.66 \text{kW}$

3. $Q = 19.66 \times \left(\dfrac{\sqrt{1-0.86^2}}{0.86} - \dfrac{\sqrt{1-0.99^2}}{0.99} \right) = 8.864 \, \mu\text{F}$

4. $C = \dfrac{Q \times 10^9}{6\pi \cdot f \cdot E^2} [\mu\text{F}] = \dfrac{8.864 \times 10^9}{6\pi \times 60 \times 220^2} = 161.93 \, \mu\text{F}$

5. 정격 $175 \, \mu\text{F}$

02 뒤진 역률 $\cos\theta = 0.8$, $60\,\mathrm{kW}$ 사용 중에 뒤진 역률 $\cos\theta = 0.6$, $40\,\mathrm{kW}$ 새로 연결해서 사용 시 변화한 역률 $\cos\theta_1$은 얼마인가?

〔풀이〕

1. 역률의 개선 조건

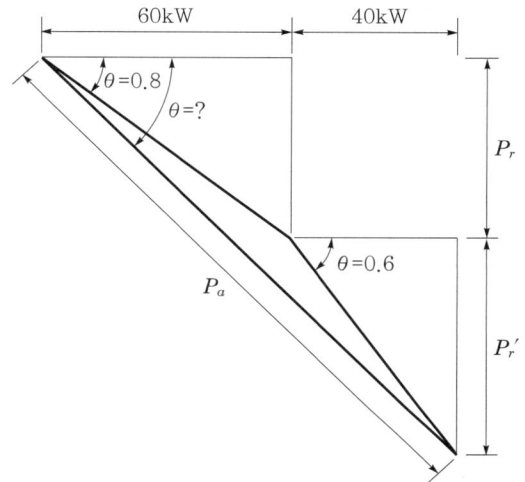

$$P_r = \frac{60}{0.8} \times \sqrt{1-0.8^2} = 45\,\mathrm{kVar}$$

$$P_r{}' = \frac{40}{0.6} \times \sqrt{1-0.6^2} = 53.33\,\mathrm{kVar}$$

2. $P_r = \dfrac{60}{0.8} \times \sqrt{1-0.8^2} = 45\,\mathrm{kVar}$

3. $P_r{}' = \dfrac{40}{0.6} \times \sqrt{1-0.6^2} = 53.33\,\mathrm{kVar}$

4. 전체 무효전력

$$P_r = 45 + 53.33 = 98.33\,\mathrm{kVar}$$

$$P_a = \sqrt{100^2 + 98.33^2} = 140.25\,\mathrm{kVar}$$

$$\therefore \ \cos\theta_1 = \frac{P}{P_a} = \frac{100}{140.25} = 0.713$$

5. $Q = 100 \times \left(\dfrac{\sqrt{1-0.713^2}}{0.713} - \dfrac{\sqrt{1-0.9^2}}{0.9} \right) = 50\,\mathrm{kVA}$

03 역률 60%에서 93% 개선 시 전력손실은 처음의 몇 %인가?

〔풀이〕

1. 전력손실 $P_l = I^2 \cdot R = \dfrac{P^2 \cdot R}{V^2 \cdot \cos^2\theta}$

   $P_l \propto \dfrac{1}{\cos^2\theta}$

2. $\dfrac{\cos\theta_2}{\cos\theta_1} = \dfrac{\dfrac{1}{0.93^2}}{\dfrac{1}{0.6^2}} = 0.42$

3. $0.42 \times 100\% = 42\%$

4. 감소량 $= \dfrac{\dfrac{1}{0.6^2} - \dfrac{1}{0.93^2}}{\dfrac{1}{0.6^2}} \times 100\% = 58\%$

04 그림과 같은 선로길이가 6km인 3상 배전선 말단(C지점)에서의 전압강하율을 계산하시오. (단, 온도, 표피 · 근접 효과 무시)

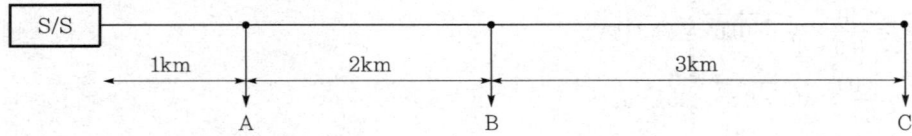

(1) 선로 1km당 저항 0.6Ω, 리액턴스 0.5Ω
(2) 배전방식 : 3상 3선식
(3) 배전선 B지점의 전압 : 22000V
(4) 부하현황

부하군	부하전류[A]	부하역률(지상)
A	50	0.8
B	40	0.6
C	30	0.8

〔풀이〕

1. 각 부하군의 전류 및 역률
   ① 각 부하군의 전류
   $I_A = (50 \times 0.8) - j(50\sin\cos^{-1}0.8) = 40 - j30\,[\text{A}]$
   $I_B = (40 \times 0.6) - j(40\sin\cos^{-1}0.6) = 24 - j32\,[\text{A}]$

$$I_C = (30 \times 0.8) - j(30\sin\cos^{-1}0.8) = 24 - j18[\mathrm{A}]$$

② 전류분포

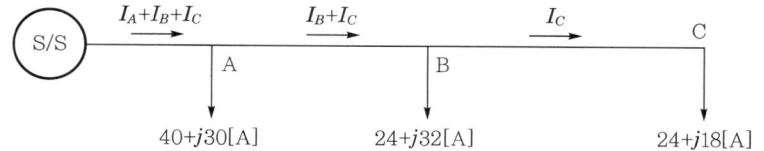

③ 변전소-A구간

$$I_{SA} = (40 + 24 + 24) - j(30 + 32 + 18) = 88 - j80 = 118.9\,\mathrm{A}$$

따라서, 역률은 $\cos\phi_{SA} = \dfrac{88}{88 - j80} = 0.74$

⊙ A-B구간

$$I_{AB} = (24 + 24) - j(32 + 18) = 48 - j50 = 69.3\,\mathrm{A}$$

$$\cos\phi_{AB} = \dfrac{48}{48 - j50} = 0.693$$

ⓒ B-C구간

$$I_{BC} = 24 - j18 = 30\,\mathrm{A}$$

$$\cos\phi_{BC} = 0.8$$

2. 전압강하 및 송·수전단 전압

① 전압강하

⊙ 변전소-A구간

$$\begin{aligned}\Delta V_{SA} &= \sqrt{3}\,I_{SA}(R\cos\phi_{SA} + X\sin(\cos^{-1}\phi_{SA}))\\ &= \sqrt{3} \times 118.9(0.6 \times 0.74 + 0.5\sin(\cos^{-1}0.74)) = 160.7\,\mathrm{V}\end{aligned}$$

⊙ A-B구간

$$\Delta V_{AB} = \sqrt{3} \times 69.3(1.2 \times 0.693 + 1.0\sin(\cos^{-1}0.693)) = 186.4\,\mathrm{V}$$

따라서, 송전단전압은 $V_S = 22000 + 160.7 + 186.4 = 22347\,\mathrm{V}$

ⓒ B-C구간

$$I_{BC} = 24 - j18[\mathrm{A}]$$

$$\cos\phi_{BC} = 0.8$$

$$\Delta V_{BC} = \sqrt{3} \times 30(1.8 \times 0.8 + 1.5 \times 0.6) = 121.6\,\mathrm{V}$$

따라서, 수전단전압 $V_R = 22000 - 121.6 = 21878\,\mathrm{V}$

3. 전압강하율

$$\varepsilon = \dfrac{V_S - V_R}{V_R} \times 100 = \dfrac{22347 - 21878}{21878} \times 100 = 2.144\%$$

05 다음과 같은 부하가 존재할 때 종합역률과 피상전력을 계산하시오.

구분	용량[kW]	역률	피상전력[kVA]
부하 1	50	0.5	100
부하 2	100	0.75	133.33
부하 3	200	0.9	222.222
합계	350	?	?

풀이

1. 용어의 정의
   ① 유효전력이란 전원에서 공급되고 부하에서 실제로 소비되는 전력으로서, 단위에는 W 또는 kW를 사용한다. 전압의 실횻값을 V[V], 전류의 실횻값을 I[A]로 하면 유효전력 P는 $P = VI\cos\phi$[W]로 구해진다.
   ② 피상전력이란 교류의 부하 또는 전원의 용량을 나타내는 데 사용하는 값으로, 단위에는 VA 또는 kVA를 쓴다. 단상의 피상전력공식은 $P = VI$[VA]로 구해진다.
   ③ 역률이란 교류회로에서 유효전력과 피상전력(皮相電力)과의 비를 나타낸다. 직류회로에서는 전압과 전류와의 곱이 전력이 되나, 교류회로에서는 전압과 전류와의 곱은 피상전력이며, 피상전력에 역률을 곱하여 실제 사용 가능한 유효전력이 된다.

2. 풀이법 Ⅰ
   ① 종합 역률 : 부하를 복소전력으로 계산하면
      ㉠ 부하 1
      $$P_1 + jQ_1 = P_1 + jP_1\tan(\cos^{-1}\phi_1) = 50 + j50\tan(\cos^{-1}0.5) = 50 + j86.6[\text{kVA}]$$
      ㉡ 부하 2
      $$P_2 + jQ_2 = 100 + j100\tan(\cos^{-1}0.75) = 100 + j88.19[\text{kVA}]$$
      ㉢ 부하 3
      $$P_3 + jQ_3 = 200 + j200\tan(\cos^{-1}0.9) = 200 + j96.86[\text{kVA}]$$
      ㉣ 전체 부하
      $$P + jQ = 350 + j271.65 = 443\text{kVA} \quad \cdots\cdots 1)$$
      ㉤ 종합역률
      $$\cos\phi = \frac{P}{P+jQ} = \frac{350}{350+j271.65} \fallingdotseq 79\underline{/(-37.8)}\ \% \ (\text{지상}) \quad \cdots\cdots 2)$$
   ② 피상전력
      식 1)에서 $S = 443\text{kVA}$ 또는 $S = \sqrt{P^2 + Q^2} = \sqrt{350^2 + 271.65^2} = 443\text{kVA}$

3. 풀이법 Ⅱ

① 벡터도

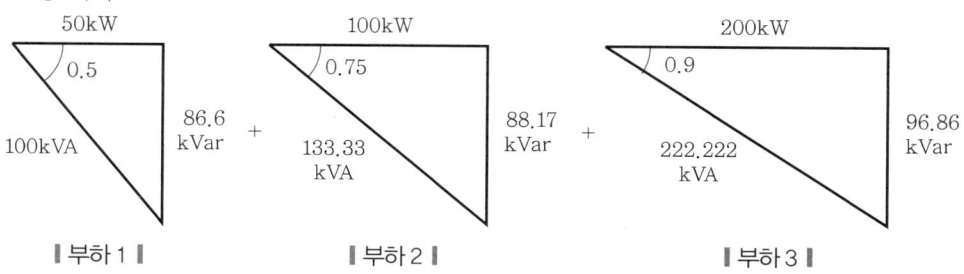

|‖ 부하 1 ‖| |‖ 부하 2 ‖| |‖ 부하 3 ‖|

② 합성 피상전력 & 종합역률 계산

㉠ 합성 피상전력$(S) = \sqrt{(유효전력)^2 + (무효전력)^2}$

$$= \sqrt{(50+100+200)^2 + (86.6+88.17+96.86)^2}$$

$$= \sqrt{(350)^2 + (271.63)^2} = 443.038$$

㉡ 종합역률 $\cos\theta = \dfrac{P}{S} = \dfrac{350}{443.038} = 0.79$

┌계산결과┐

(1) 종합역률 = 79%

(2) 피상전력 = 443.038kVA

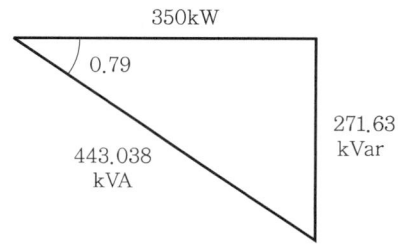

06 단상 100kVA, 2400/240V, 60Hz의 배전용 변압기가 직렬 임피던스 $(1.0+j2.0)$[Ω]의 선로를 통하여 전력을 공급받고 있다. 변압기 1차 측 환산 임피던스는 $(1.0+j2.5)$[Ω]이고 변압기 2차 측 부하가 240V, 지역률(지상역률) 0.8로 운전할 때 다음을 구하시오. (단, 변압기 부하율은 50%로 운전한다고 본다)

(1) 변압기 1차 측 단자전압

(2) 선로 인입단 전압

풀이

지문을 이해하자. 지문의 내용은 '변압기 – 선로 – 부하'로 구성된 것이 아니라 '선로 – 변압기 – 부하'로 구성된 것으로 파악할 수 있는데 이는 변압기 1차 측 단자전압과 선로 인입단 전압을 묻는 것에서 유추할 수 있다. 변압기 부하율 50%라 함은 사실상 유효전력의 부하율이 50%란 의미이나 여기서는 피상전력의 50%에 역률을 감안하고 부하율을 적용하였다.

1. 부하 및 회로도

① 부하전력 : 부하율이 50%이고 역률이 지상 0.8이므로 부하전력은

$$P + jQ = 50\cos 0.8 + j50\sin(\cos^{-1}0.8) = 40 + j30\,[\text{kVA}] \quad \cdots\cdots\cdots 1)$$

② 회로도

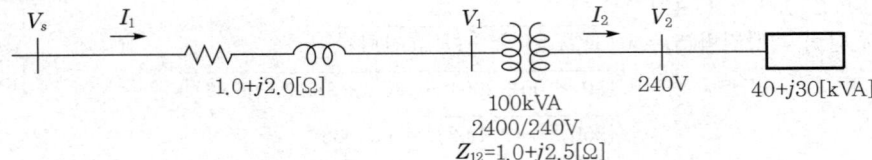

2. 변압기 1차 측 단자전압

① 부하전류(단자전압 V_2를 기준벡터로 취함)

$$I_2 = \frac{P - jQ}{V_2} = \frac{40 - j30}{0.24} = 166.7 - j125 = 208.3\,\underline{/(-36.9)}\;\text{A} \quad \cdots\cdots\cdots 2)$$

이를 1차 측으로 환산하면

$$I_1 = \frac{I_2}{a} = \frac{166.7 - j125}{(2400/240)} = 16.67 - j12.5 = 20.84\text{A} \quad \cdots\cdots\cdots 3)$$

② 변압기에서의 전압강하

$$\Delta V_{\text{TR}} = Z_{12}I_1 = (1.0 + j2.5)(16.67 - j12.5) = 47.92 + j29.18 = 56.1\underline{/31.33}\;\text{V}$$

③ 변압기 1차측 전압

$$V_1 = 2400\,\underline{/0} + 56.1\,\underline{/31.33} = 2448\,\underline{/0.682}\;\text{V}$$

3. 선로 인입단 전압

$$V_s = V_1 + Z_L I_1 = 2448\,\underline{/0.682} + (1.0 + j2.0)(16.67 - j12.5) = 2475\underline{/1.447}\;\text{V}$$

07 5km , 3φ3W, 배전선로 말단에 1000kW, $\cos\theta = 0.8$, $V = 6000$V, $Z = 0.3 + j0.4[\Omega/\text{km}]$ 콘덴서를 설치하여 $\cos\theta = 100\%$로 개선 시

(1) 전압강하 개선 전과 비교해서 몇 % 변화?
(2) 전력손실 개선 전과 비교해서 몇 % 변화?

풀 이

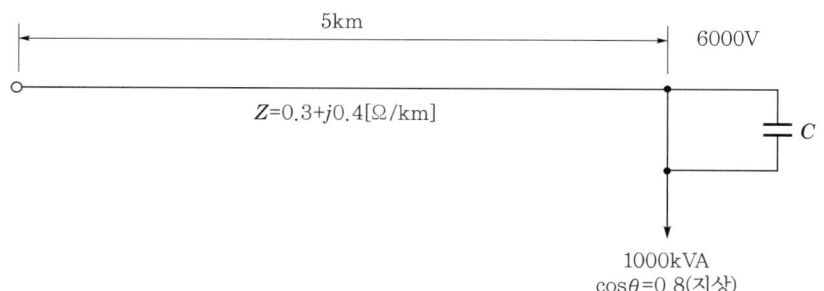

1. 전압강하

   ① 개선 전

   $$e_1 = \sqrt{3} \cdot I_1 \cdot (R\cos\theta_1 + X\sin\theta_1) \rightarrow I_1 = \frac{P}{\sqrt{3} \cdot V \cdot \cos\theta_1}$$

   $$e_1 = \sqrt{3} \times \frac{1000}{\sqrt{3} \times 6 \times 0.8} \times \{(0.3 \times 5) \times 0.8 + (0.4 \times 5) \times 0.6\} = 500\,\text{V}$$

   ② 개선 후

   $$e_2 = \sqrt{3} \cdot I_2 \cdot (R\cos\theta_2 + X\sin\theta_2) = \sqrt{3} \times \frac{1000}{\sqrt{3} \times 6 \times 1} \times \{(0.3 \times 5) \times 1 + (0.4 \times 5) \times 0\}$$

   $$= 250\,\text{V}$$

   ③ 전압강하 경감률 e

   $$e = \frac{e_1 - e_2}{e_1} \times 100[\%] = \frac{500 - 250}{500} \times 100 = 50\%$$

2. 전력손실

   $$P_l = I^2 \cdot R[\text{W}]$$

   ① 개선 전

   $$P_{l1} = 3 \cdot I_1^2 \cdot R = 3 \times \left(\frac{1000}{\sqrt{3} \times 6 \times 0.8}\right)^2 \times 0.3 \times 5 \times 10^{-3} = 65.104\,\text{kW}$$

   ② 개선 후

   $$P_{l2} = 3 \cdot I_2^2 \cdot R = 3 \times \left(\frac{1000}{\sqrt{3} \times 6 \times 1}\right)^2 \times 0.3 \times 5 \times 10^{-3} = 41.667\,\text{kW}$$

   ③ 전력손실 경감률 P_l

   $$P_l = \frac{P_{l1} - P_{l2}}{P_{l1}} \times 100[\%] = \frac{65.104 - 41.667}{65.104} \times 100 = 36\% \text{ 감소}$$

"언제나 길은 있다.
나는 어디에도 존재한 적 없는 나의 길을 간다."

- O. 윈프리 -

케이블 및 간선설비

6

CHAPTER

SECTION 01
XLPE 케이블과 CNCV-W 케이블

기출 지문

Q1 XLPE 케이블의 특성에 대하여 설명하시오. 건 100회 출제

Q2 154kV 지중선로에 사용되는 OF 케이블(Oil Filled cable)과 XLPE 케이블(Cross Linked Polyethylene Insulated Vinyl/PE Sheathed Cable)에 대하여 비교 설명하시오. 건 114회 출제

Q3 가교폴리에틸렌(XLPE) 케이블에 대하여 다음을 설명하시오. 건 125회 출제
   (1) 구조와 특징
   (2) 시스(sheath) 전위 저감대책인 접지방식 2가지(고압 케이블 기준)

Q4 특고압 FR-CNCO 케이블의 구조 중 차폐층, 반도전층(내부, 외부)에 대하여 설명하시오. 용 131회 출제

Q5 CN/CV 케이블은 무엇의 약자인지를 기술하고 특징을 약술하시오. 발 68회 출제

Q6 XLPE 케이블과 CN/CV-W 케이블은 무엇의 약자인가 기술하고 그 특징을 간단히 설명하시오. 발 72회 출제

건 건축전기설비기술사 / 용 전기응용기술사 / 발 발송배전기술사 / 소 소방기술사 / 안 전기안전기술사 / 화 화공안전기술사 / 정 정보통신기술사

1 XLPE 케이블

(1) 전기가 흐르는 도체의 주위에 XLPE로 절연한 케이블로, 154kV, 345kV급에도 지중케이블로 적용되고 있으며, 최근에는 송전급 400kV급까지 개발되었다.

(2) 원어

Cross-linked Polyethylene Insulated Cable

(3) XLPE 케이블의 특징(OF 케이블과 비교)

① 케이블의 설비가 단순해 시공·보수가 간편하다.
② 동급 규격 OF 케이블에 비해 송전용량이 크다.
③ 절연유가 없어 누유로 인한 환경오염을 유발하지 않는다.
④ 난연성이 우수하다.

2 CNCV 케이블

CNCV란 Concentric Neutral Conductor with Water Brocking Tapes and PVC Sheathed Power Cable의 약자이다.

(1) 정식명칭

동심중성선 차수형 전력케이블

(2) CNCV는 CV 케이블에 중성선을 추가한 케이블로, 중성선 측만 수밀처리한다.

(3) 중성선 양측에 부풀음 테이프를 삽입하여 수분침투 및 확대를 방지한다

3 CNCV-W 케이블

(1) 정식명칭
수밀형 동심중성선 전력케이블

(2) CNCV-W는 중성선층의 수밀처리 이외에 도체부분까지 수밀처리한다.

(3) 도체를 구성하는 원형 소선을 압축연선으로 하고 수밀 컴파운드를 소선 사이에 충진하여 도체에 수분침투를 방지한다.

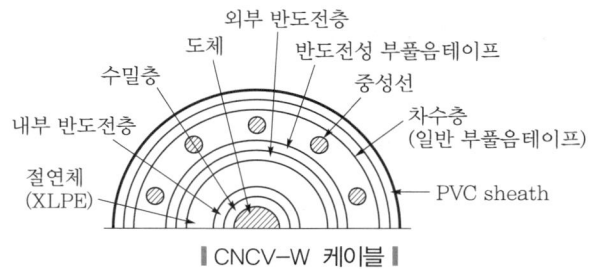

▮CNCV-W 케이블▮

(4) 구성요소
① 수밀층 : 도체 틈 사이로 물의 침투를 방지한다.
② 내부 반도전층 : 도체와 절연층의 간격을 일정하게 유지하고 부분방전을 방지시킨다.
③ XLPE 절연층 : 도체의 전계강도에 대한 절연을 유지시킨다.
④ 외부 반도전층 : 절연층과 중성선 사이의 전계를 일정하게 유지시키며, 절연체의 절연내력을 향상시킨다.
⑤ 부풀음테이프 : 수분과 접촉 시 수분을 흡습하여 부풀어 올라 물의 침입을 방지한다.
⑥ 중성선
　㉠ 고장전류를 흘릴 수 있으며 차폐층 유도전압을 억제시킨다.
　㉡ 중성선의 단면적은 도체단면적의 $\frac{1}{3}$ 정도이다.
⑦ 외피 : PVC/PC를 사용하며 내약품, 내화학, 방수, 기계적 강도에 대한 내력, 난연성의 특성으로 케이블을 보호하는 역할을 한다.

4 TR-CNCV-W

(1) 정식명칭
수트리억제형 동심중성선 전력케이블

(2) TR-CNCV-W는 CNCV-W에서 절연체로 사용되었던 가교폴리에틸렌 대신 수트리 억제용 XLPE를 사용한 케이블이다.

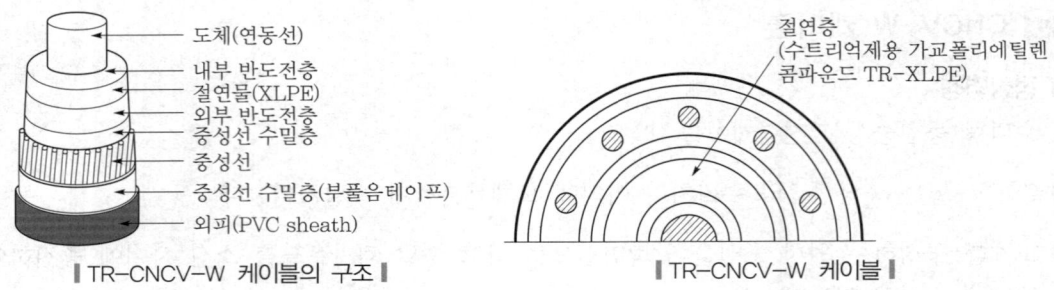

┃ TR-CNCV-W 케이블의 구조 ┃ 　　　　　 ┃ TR-CNCV-W 케이블 ┃

5 FR-CNCO-W(현재 특고압 지중인입선으로 사용 많음)

(1) 정식명칭

수밀형 동심중성선 무독성 난연케이블

(2) FR-CNCO-W는 CNCV-W에서 시스로 사용되었던 PVC 대신 할로겐프리 폴리올레핀을 사용한 케이블이다.

(3) PVC(Polyvinyl Chloride)

폴리염화비닐

┃ FR-CNCO-W 케이블 ┃

6 CNCV 케이블 비교

(1) 타 케이블과의 비교

약어	CNCV	CNCV-W	FR-CNCO-W	TR-CNCV-W	TR-CNCE-W
정식 명칭	동심중성선 차수형 전력케이블	수밀형 동심중성선 전력케이블	수밀형 동심중성선 무독성 난연케이블	수트리억제형 동심중성선 전력케이블	수밀형 수트리억제형 충실케이블
도체	원형 압축 연동연선	수밀혼합물 충전 원형 압축 연동연선	수밀혼합물 충전 원형 압축 연동연선	수밀혼합물 충전 원형 압축 연동연선	수밀혼합물 충전 원형 압축 연동연선

약어	CNCV	CNCV-W	FR-CNCO-W	TR-CNCV-W	TR-CNCE-W
절연층	가교폴리에틸렌	가교폴리에틸렌	가교폴리에틸렌	수트리억제용 가교폴리에틸렌 콤파운드 (TR-XLPE)	수트리억제용 가교폴리에틸렌 콤파운드 (TR-XLPE)
중성선수밀층(안쪽)	반도전성 부풀음 테이프	반도전성 부풀음 테이프	반도전성 부풀음 테이프	반도전성 부풀음 테이프	반도전성 부풀음 테이프
중성선수밀층(바깥쪽)	부풀음 테이프	부풀음 테이프	부풀음 테이프	부풀음 테이프	부풀음테이프 없음 (내부충실형 중성선)
시스	PVC	PVC	할로겐프리 폴리올레핀	PVC	난연성 PE (폴리에틸렌)
비고	• 중성선 양측에 부풀음테이프 삽입 • 중성선만 수밀처리	• 도체공간을 메꿈 • 중성선 및 도체 수밀처리	• 난연 저독성 시스 사용 • 유독가스 방지	• 수트리억제형 절연체 사용 • 수명, 신뢰성 향상	내부 반도전층에 Super-smooth급 반도전 콤파운드 충진

(2) CNCV-W와 CVCN 케이블의 특징 비교

구분	CNCV-W	CVCN
케이블헤드 수분침입	×	○
수트리 열화	×	○
옥외 수전용	가능	불가

SECTION 02 전력케이블(고압 CV)의 차폐층

기출
지문

Q1 전력용 Cable 차폐층 접지방식에 대하여 논하시오. 건 59회 출제
Q2 고압 케이블의 차폐층을 접지하지 않을 때의 위험성에 대하여 설명하시오. 건 110회 출제
Q3 고압 CV 케이블 차폐층의 역할과 접지방식에 따른 특징에 대하여 설명하시오. 용 121회 출제
Q4 154kV 지중 송전선로 XLPE 시스 유기전압과 유기전압 저감대책에 대해서 설명하시오. 발 83회 출제
Q5 고압 케이블의 차폐층 역할에 대하여 설명하시오. 건 76회 출제

건 건축전기설비기술사 / 용 전기응용기술사 / 발 발송배전기술사 / 소 소방기술사 / 안 전기안전기술사 / 화 화공안전기술사 / 정 정보통신기술사

1 개요

(1) 차폐층은 일반적으로 전계 또는 자계의 영향을 차단하기 위한 층을 말하며 구리, 알루미늄 등 도전성 재료 또는 철, 퍼멀로이 등의 자성 재료가 이용되고, 전력손실 경감 및 인체 감전위험을 방지하기 위해 설치되며, 고압 케이블에서는 동 Tape가 주로 사용된다.

(2) **차폐 구분**

① 차폐도체 : 동 Tape, 동심중성선

② 절연차폐

㉠ 내부 반도전층 : 도체와 절연체 틈 사이의 부분방전 방지 및 도체 외주의 절연층의 불균일에 의한 전계분포의 불균일을 방지한다.

㉡ 외부 반도전층 : 차폐층과 절연체 틈 사이의 부분방전 방지 및 절연체와 차폐층 간의 충격흡수를 목적으로 한다.

2 차폐층의 원리

① 동 Tape와 같은 차폐층을 갖는 고압 케이블에 교류전류가 흐르면 도체로부터 전자유도작용에 의해 차폐층에 전압이 유기된다.

② 이 전압에 의해 와전류가 흘러 케이블의 손실 및 감전을 유발시킨다.

③ 차폐층의 접지를 통해 유기전압을 억제시켜 케이블의 손실 및 감전을 방지한다.

3 차폐층의 역할

(1) **전력선**

① 내전압 성능의 향상 : 절연체에만 균일전압을 유기시킨다.

② 트래핑 현상방지 : 부분방전 또는 충전전류에 의한 트래핑현상을 방지한다.

③ 통신선으로 유도장해를 방지한다.

④ 전력손실이 경감된다.

⑤ 인체감전을 보호한다.

⑥ 고장전류의 귀로

⑦ 대기 중 습기의 절연체로의 혼입을 방지한다.

(2) 통신선

① 전력선으로부터 유기된 Noise, 전자파, 고조파를 제거한다.

② 통신선의 신뢰성을 확보한다.

4 차폐층 유기전압

(1) 접지형태에 따른 차폐층 유기전압

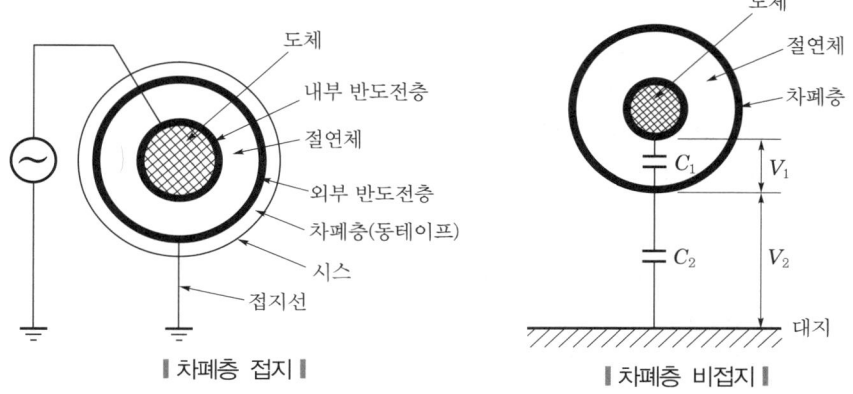

┃ 차폐층 접지 ┃   ┃ 차폐층 비접지 ┃

① 차폐층 접지

　㉠ 도체와 대지 간의 전압을 인가 시 차폐층 유기전압은 거의 0전위가 되어 와전류 발생이 방지된다.

　㉡ 차폐층과 대지 간의 유기전압이 경감된다(시스 유기전압 경감).

② 차폐층 비접지

　┌ C_1 : 도체 ↔ 차폐층 간 정전용량
　└ C_2 : 차폐층 ↔ 대지 간 정전용량

　㉠ 인가전압 V 가 도체에 가해지면 정전용량 C_1, C_2에 의해 전압이 V_1, V_2로 분압되며 그 크기는 정전용량의 크기와 반비례한다.

　㉡ 일반적으로 $C_1 \gg C_2$의 관계에 의해 차폐층 ↔ 대지 간 유기전압 V_2는 거의 인가전압에 가깝다.

　㉢ 이러한 이유로 비접지, 접속 불량, 단선의 경우 차폐층의 유기전압이 높아 위험한 형태가 된다.

(2) 시스 유기전압에 영향을 미치는 요인

차폐층과 대지 간의 전압인 시스 유기전압의 기본식

$E_s = j\omega LI = \sum jX_{mi} \cdot I_i[\text{V/km}]$에 의해 다음과 같은 관계가 성립한다.

① 전류 : 도체에 흐르는 전류가 클수록 유기전압이 크다.

② 케이블의 굵기 및 길이 : 장거리 선로에서 유기전압이 크다.

③ 주파수 : 주파수가 높을수록 유기전압이 커진다.

5 통신선 유도장해 경감

(1) 차폐선 양단이 완전히 접지된 경우 통신선에 유도되는 전압(V)식

$$V = -Z_{12}I_0 + Z_{2S}I_1 = -Z_{12}I_0 + Z_{2S}\frac{Z_{1S}\,I_0}{Z_S} = Z_{12}I_0\left(1 - \frac{Z_{1S}\,Z_{2S}}{Z_S\,Z_{12}}\right)$$

여기서, I_0 : 전력선의 영상전류[A]

I_1 : 차폐선의 유도전류[A]

Z_{12} : 전력선과 통신선 간의 상호임피던스

Z_{1S} : 전력선과 차폐선 간의 상호임피던스

Z_{2S} : 통신선과 차폐선 간의 상호임피던스

Z_S : 차폐선의 자기임피던스

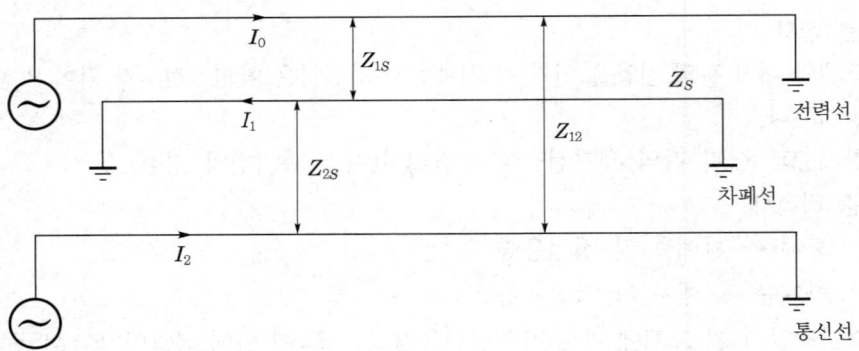

┃통신선 차폐효과┃

(2) 차폐선 차폐계수(λ)

$$\lambda = \left| 1 - \frac{Z_{1S}\,Z_{2S}}{Z_S\,Z_{12}} \right|$$

Z_S 를 저감시킬수록 차폐효과가 커진다.

6 차폐층 접지방식

(1) 편단접지

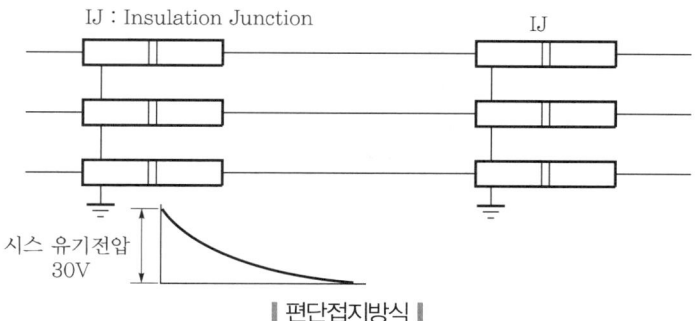

‖ 편단접지방식 ‖

① 접지형태 : 케이블의 차폐층 중 한쪽만을 접지하는 방식으로, 케이블의 길이에 대응하여 도체전류에 의한 전자유도전압으로 접지점에서 거리에 대응한 유도전압이 발생된다(비접지점 ↔ 접지점).

② 특징
  ㉠ 접지된 쪽의 유기전압은 낮다.
  ㉡ 순환전류가 없어 회로손이 0이다.
  ㉢ Surge 침입 시 비접지단에 이상전압이 발생된다.

③ 적용 : 단심 케이블로 긍장이 짧은 경우 적용한다.

(2) 양단접지

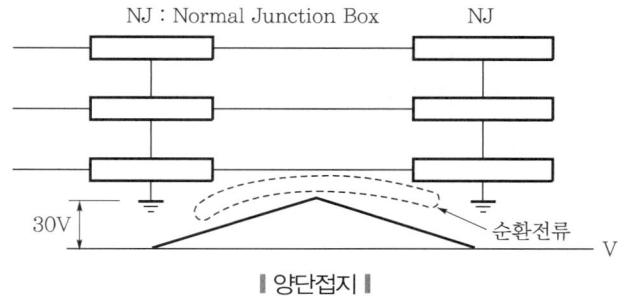

‖ 양단접지 ‖

① 접지형태 : 케이블 차폐층의 양쪽을 접지하는 방식으로, 차폐층의 접지는 거의 0V가 된다.

② 특징
  ㉠ 중규모 이상 선로에서 대지 간을 통해 시스 순환전류가 발생된다.
  ㉡ 시스 유기전압은 크게 저하되나 순환전류로 전력손실이 발생된다.

③ 적용
  ㉠ 300m 이상 중규모설비에 적용된다.
  ㉡ 단심 케이블로 허용전류면에서 충분한 여유가 있는 경우에 적용한다.

(3) Cross bonding 방식

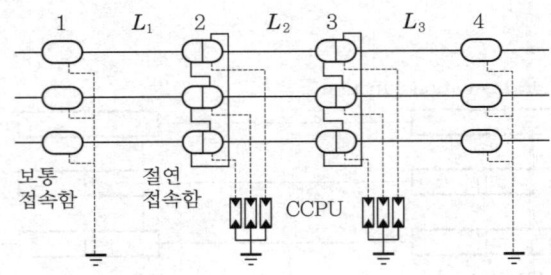

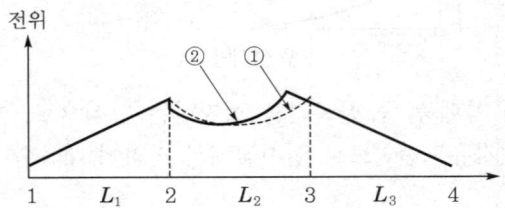

① 이상적인 유기전압 : Sheath 연가길이가 완전히 동일할 경우($L_1 = L_2 = L_3$)
② 실제 유기전압 : Sheath 연가길이가 이상적으로 동일하지 않기 때문($L_1 \fallingdotseq L_2 \fallingdotseq L_3$)

‖ Cross bonding 접지방식과 Sheath 유기전압 ‖

① **접지형태** : 케이블 차폐층 간을 Cross bonding시켜 접지하는 방식
② **특징**
  ㉠ 접지선을 본드선으로 연가시킨다.
  ㉡ 대규모 선로에 적합한 방식이다.
  ㉢ 경제성 및 보수성이 우수하다.
③ **적용** : 선로긍장이 길어 편단접지 및 양단접지 적용이 어려운 경우 적용한다.

ＰLUS 양단 · 편단 접지의 문제점

1. 양단접지의 문제점

(1) 단심 Cable에 전자유도로 인해 케이블시스에 전압이 유기되고 2개소 이상 접지 시 접지점 간의 대지 및 시스 전위차로 시스에 순환전류가 발생한다.

(2) 시스에 흐르는 순환전류로 시스발열 및 시스손실이 발생한다. → Cable 용량이 감소한다.

2. 편단접지의 문제점

(1) 시스접지 시 접지점으로부터 거리에 비례하여 전위차가 발생한다.

(2) **시스전위 허용값** : 30 ~ 60V(일본에서는 50V 초과 시 감전 안전조치)

3상 송전선의 중성점 잔류전압

■ 3상 송전계통에서 중성점 잔류전압에 대하여 설명하시오. 발 133회 출제

건 건축전기설비기술사 / 용 전기응용기술사 / 발 발송배전기술사 / 소 소방기술사 / 안 전기안전기술사 / 화 화공안전기술사 / 정 정보통신기술사

1 개요

① 선로에 있어 각 선의 정전용량이 다소간 차이가 있어 그 중성점은 다소의 전위가 있다.
② 보통 운전의 상태에서 중성점을 접지하지 않을 경우 중성점에 나타나게 될 전위를 잔류전압
이라고 한다.

2 발생원인

① 정상상태에서 송전선의 연가 불충분으로 3상 각 상의 대지정전용량의 불평형에 기인한다.
② 과도상태에서 차단기의 개폐가 3상 동시에 이루어지지 않음에 따른 3상 불평형 또는 단선사
고의 발생 등으로 잔류전압이 나타난다.

3 잔류전압의 크기

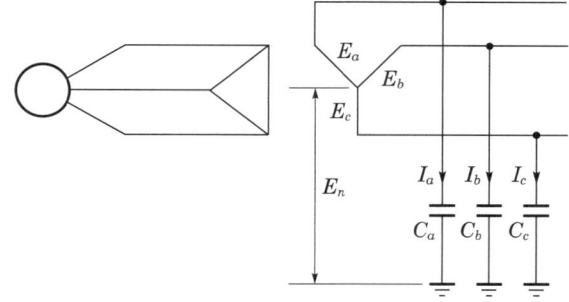

(1) 3상 대칭전압을 a상 기준으로 표현하면 다음과 같다.

E_a, $a^2 E_a$, $a E_a$

여기서, a연산자는 $1 \underline{/120°} = -\dfrac{1}{2} + j\dfrac{\sqrt{3}}{2}$

(2) 각 선로의 충전전류

$I_a = j\omega C_a (E_a + E_n)$

$I_b = j\omega C_b (a^2 E_a + E_n)$

$I_c = j\omega C_c (a E_a + E_n)$

(3) 중성점 비접지 대칭 3상에서 $I_a + I_b + I_c = 0$인 관계이므로

$$j\omega C_a(E_a + E_n) + j\omega C_b(a^2 E_a + E_n) + j\omega C_a(a E_a + E_n) = 0$$

$$E_n = \frac{\sqrt{C_a(C_a - C_b) + C_b(C_b - C_c) + C_c(C_c - C_a)}}{C_a + C_b + C_c} \times E_a[\text{V}]$$

4 영향

① 중성점 접지 시 기본주파의 단상 전류로 인한 통신선 유도장해가 발생한다.
② 3상 4선식 Y결선에서 단상 부하의 전위 상승에 따른 절연레벨의 상승이 필요하다.

5 대책

① 충분한 연가로 $E_n = 0$가 되게 한다.
② 소호리액터 접지방식에서 소호리액터의 탭값을 각 상의 정전용량의 합과 병렬공진시킨다.

선로정수

기출
지문

Q1 3선로정수를 구성하는 요소를 들고 설명하시오. [건 107회 출제]

Q2 전기회로에서 선로정수의 구성요소 및 각각의 특성을 설명하시오. [건 123회 출제]

Q3 전력케이블의 전기적인 특징에 영향을 주는 선로정수와 표피효과 및 근접효과를 설명하시오. [용 128회 출제]

Q4 전기설비에서 배선의 표피효과와 근접효과에 대하여 설명하시오. [건 121회 출제]

Q5 선로정수인 저항, 인덕턴스, 정전용량, 누설컨덕턴스를 각각 설명하시오. [안 116회 출제]

Q6 교류도체 실효저항에 대하여 설명하시오. [건 86회 출제]

건 건축전기설비기술사 / 용 전기응용기술사 / 발 발송배전기술사 / 소 소방기술사 / 안 전기안전기술사 / 화 화공안전기술사 / 정 정보통신기술사

1 개요

① 선로정수의 구성요소로는 저항, 인덕턴스, 정전용량, 누설컨덕턴스가 있다.

② 이들 값은 케이블의 종류, 굵기, 배치 등에 따라 결정되고 전압, 전류, 역률 등에 영향을 받지 않는다.

③ 선로정수는 케이블의 기능에 관계되기보다는 계전기 정정, 단락전류 계산, 이상전압 발생 계산, 유도설계 등에 필요한 전기적 특성을 계산하는 데 사용된다.

2 저항

(1) 직류도체저항

① 전류가 흐르기 어려운 정도를 나타내는 양으로, 단위는 [Ω]이다.

② 직류도체의 저항은 온도에 따라 변하므로 일반적으로 20℃에서 저항을 기준으로 한다.

$$r_0 = \rho \frac{l}{A} \, [\Omega] \, \left(\rho = \frac{1}{58} \times \frac{100}{C} \, [\Omega \cdot \text{mm}^2/\text{m}] \right)$$

여기서, l : 도체의 길이[m]

A : 도체의 단면적[m²]

ρ : 고유저항 또는 저항률[Ω·m]

C : 퍼센트 도전율로, 20℃를 표준, 연동선 0.97%, 알루미늄 0.67%

(2) 저항-온도 관계

$$R_2 = R_1 \times \{1 + \alpha_1 (T_2 - T_1)\}$$

여기서, R_1 : 기준온도 T_1에서의 저항[Ω]

R_2 : 온도 T_2에서의 저항[Ω]

α_1 : 온도계수

T_1 : 기준온도(20℃)

T_2 : 실제온도[℃]

① 도체는 온도가 상승하면 저항이 상승한다.
② 반도체, 전해액, 절연체 등은 온도가 상승하면 저항이 감소한다.

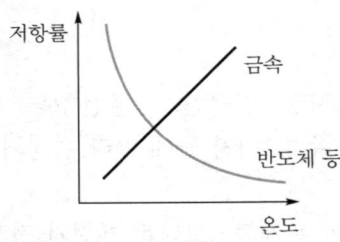

┃ 물질의 온도특성 ┃

(3) 교류도체저항

$$r = r_0 \times k_1 \times k_2 \, [\Omega/\text{cm}]$$

여기서, r_0 : 직류도체의 저항

k_1 : 저항온도계수에 따른 도체저항의 변화

k_2 : 교류저항의 비($k_2 = 1 + \lambda_S + \lambda_P$)

① 표피효과
㉠ 전선에 교류가 흐를 때 도체 중심부의 쇄교자속 증가로 인덕턴스가 커져 도체 중심부의 전류밀도가 낮아지는 현상이다.

$$\text{전류 침투깊이 } \delta = \sqrt{\frac{2}{\omega\mu\sigma}} = \sqrt{\frac{1}{\pi f \mu\sigma}}$$

여기서, μ : 투자율

σ : 도체의 도전율

㉡ 전선의 유효면적이 줄어들고 직류의 경우보다 저항값이 증가한다.
㉢ 전선 단면적이 클수록, 주파수가 높을수록, 도전율·투자율이 클수록 크게 나타난다.

② 근접효과

    ㉠ 많은 도체가 근접배치되어 있는 경우 전류의 크기, 방향, 주파수에 따라 각 도체 단면에 흐르는 전류밀도의 분포가 변화하는 현상이다.

    ㉡ 전선의 유효면적이 줄어들고 주파수가 높을수록, 도체가 근접해 있을수록 크게 나타난다.

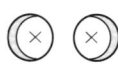  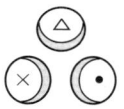

‖ 전류가 같은 방향일 경우 ‖   ‖ 전류가 다른 방향일 경우 ‖   ‖ 3심 케이블(다른 방향) ‖

3 인덕턴스

(1) 전류를 흘렸을 때 발생되는 자속의 크기를 결정하는 비례상수이다.

(2) 기호는 L, 단위는 [H]이고, 자기인덕턴스와 상호인덕턴스가 있다.

    ① 자기인덕턴스 : 자속이 코일 자신의 전류에 의한 것

    ② 상호인덕턴스 : 자속이 다른 전선이나 코일의 전류에 의한 것

(3) 인덕턴스 계산

$$L = 0.05 + 0.4605 \log_{10} \frac{D}{r} \, [\text{mH/km}]$$

여기서, D : 등가 선간거리[m]

        r : 도체의 반지름[m]

4 정전용량

(1) 전압을 가했을 때 축적되는 전하량의 크기를 결정하는 비례상수이다.

(2) 기호는 C, 단위는 [F]이고, 정전용량은 대지전압에 비례한다.

(3) 정전용량 계산

$$C = \frac{0.02413\varepsilon}{\log_{10} \dfrac{D}{r}} \, [\mu\text{F/km}]$$

여기서, ε : 유전율

        D : 등가 선간거리, 절연 반지름[m]

        r : 도체의 반지름[m]

5 누설컨덕턴스

① 송·배전 선로의 대지 또는 선로 상호 간의 절연저항의 역수로, 전기의 누설을 나타내는 정수
② 평상시에는 거의 무시할 정도로 작기 때문에 회로 해석 시 고려하지 않는다.

6 결론

① 배전선로의 전기적 특성은 기본적으로는 송전선로의 특성과 다를 바 없다.
② 그러나 배전선로는 소규모의 부하가 분산접속되어 있고, 수용가와 직결되어 있어 수요변동의 영향을 직접 받기 쉽다는 특징을 지니고 있다.
③ 케이블 선로정수는 케이블의 전력손실을 발생시키고 전력손실 저감대책에 영향을 미친다.
④ 따라서, 송전선로뿐만 아니라 배전선로의 선로정수도 상세히 검토해야 한다.

SECTION 05 표피효과

**기출
지문**

Q1 교류도체의 실효저항 개선 시 적용하는 표피효과계수와 근접효과계수에 대하여 설명하시오.
[건] 102회 출제

Q2 표피효과에 대하여 설명하고 표피효과 전기 및 통신 케이블의 도체에 미치는 영향에 대하여 설명하시오. [건] 104회 출제

Q3 표피효과는 케이블에 영향을 준다. 표피효과와 표피두께는 주파수와 재질의 특성에 의하여 어떻게 결정되는지 설명하시오. [건] 115회 출제

Q4 전기설비에서 배선의 표피효과와 근접효과에 대하여 설명하시오. [건] 121회 출제

Q5 전력케이블의 전기적인 특징에 영향을 주는 선로정수와 표피효과 및 근접효과를 설명하시오.
[용] 128회 출제

[건] 건축전기설비기술사 / [용] 전기응용기술사 / [발] 발송배전기술사 / [소] 소방기술사 / [안] 전기안전기술사 / [화] 화공안전기술사 / [정] 정보통신기술사

1 표피효과(skin effect)의 정의

① 권선에 AC 전류가 흐를 때 권선 중심부일수록 그 전류가 만드는 자속과 쇄교하여 인덕턴스가 커지기 때문에 중심부보다 도체 표면에 많은 전류가 흐르는 현상을 말한다.

② 직류는 모두 같은 전류밀도로 흐르지만, 주파수가 있는 교류는 도체 표면의 전류밀도가 커진다.

2 AC 전류에 의한 리액턴스 증가

① 전선의 중심부 전류와 쇄교하는 자속수가 가장 크므로 리액턴스가 가장 크다.

② 전류밀도의 분포는 $I_1 \rightarrow I_2 \rightarrow I_3$가 된다.

③ AC의 경우 전선의 유효면적은 감소되고 저항값은 직류보다 증대된다.

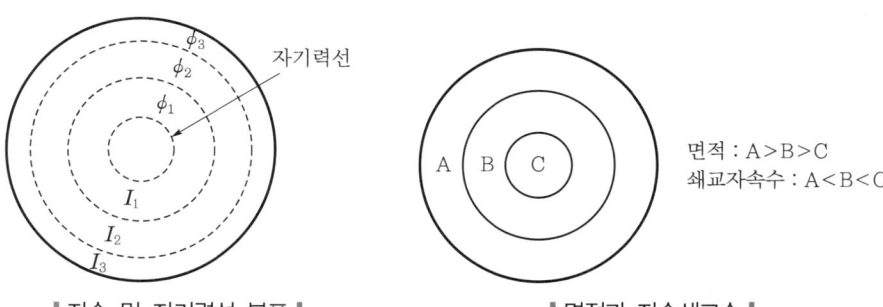

‖ 자속 및 자기력선 분포 ‖   ‖ 면적과 자속쇄교수 ‖

3 영향

① 유효단면적이 축소된다.
② 저항값은 직류일 때보다 증대된다.
③ 권선의 단면적이 클수록, 주파수·도전율·투자율이 클수록 표피효과가 증대된다.

4 발생원리

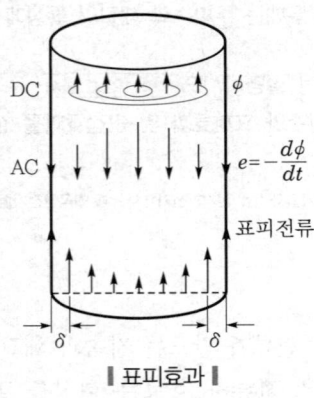

‖ 표피효과 ‖

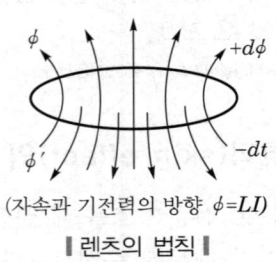

(자속과 기전력의 방향 $\phi=LI$)

‖ 렌츠의 법칙 ‖

(1) 주파수가 있는 교류전류자속이 시간에 따라 변화하고 유도기전력이 발생한다.

(2) 중심부일수록 인덕턴스가 증가하고 자속쇄교에 의한 기전력이 증가한다.

즉, 인덕턴스 $L=\dfrac{d\phi}{dt}=\dfrac{\phi}{I}$에서 ϕ가 커지면 L이 커진다.

(3) 전류밀도 변화에 따라 표피효과 발생

① 표면으로 갈수록 전류밀도가 커진다.

② 렌츠의 법칙에서 유도기전력 $e=-\,N\dfrac{d\phi}{dt}$ [V]가 중심부에서 가장 크기 때문에 중심부 전류는 감소하고, 표피에 많은 전류가 흐르게 되는 표피효과가 발생한다.

(4) 침투깊이

① 수식

$$\delta = \frac{1}{\sqrt{\pi f \mu \sigma}}\,[\text{m}]$$

여기서, δ : 침투깊이
μ : 투자율
σ : 도전율

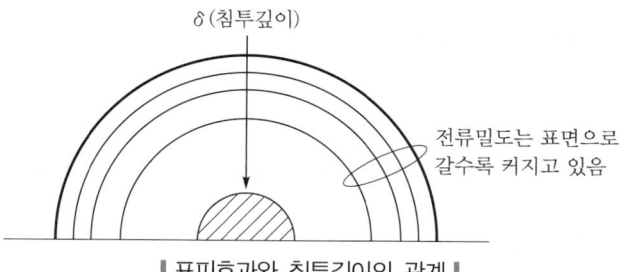

‖ 표피효과와 침투깊이의 관계 ‖

② 위 수식에서 직류저항 대비 교류저항 증가(표피효과에 영향을 주는 요인)

ㄱ 전선이 굵을수록 표피효과는 증가한다.

ㄴ 도전율, 투자율, 주파수가 증가할수록 증가한다.

ㄷ 온도에는 반비례한다.

③ 표면전류밀도의 $\dfrac{1}{e} = e^{-1} = 0.368$ 배가 되는 표피에서부터의 깊이를 δ[m]라 하면, 이것을 침투깊이(skin depth)라 한다.

④ 이 깊이에서의 전류값은 표면전류의 36.8%가 되고, 이곳에서의 수송전력도 $0.135 (= 0.368^2)$배로 감소한다.

⑤ 완전 도체($K \rightarrow \infty$) 또는 초고주파($f \rightarrow \infty$)에서는 전류 또는 자속이 도체 내로 침투하지 못하고 표면에만 흐른다.

5 대책

① 교류보다는 직류송전으로 한다.

② 케이블은 연선으로 사용한다.

③ 가공송전일 경우 복도체를 사용(154kV-2 도체, 345-4 도체, 765-6 도체)한다.

④ **고주파영역** : 중공도선을 사용(도체 내부의 무효분을 없앰)한다.

⑤ 즉, 위의 식에서 분모가 작아지면 침투깊이는 깊어져 $\left(\dfrac{1}{0} = \infty \right)$ 전류밀도가 좋아지며, 직류송전과 같은 효과가 된다.

⑥ **공식 방법** : 부스바를 사용한다.

6 적용

① 표피효과에 의해서 전계·자계가 도체 내부에 들어가지 못하는 현상을 이용한 것이 전자차폐(eletro magnetic shielding)이다.

② 실계통에서는 $250mm^2$ 이상의 경우 케이블의 경우 근접효과, 표피효과를 검토한다.

③ 통신분야에서 고주파를 이용하는 분야에서는 중공도선을 적용한다.

SECTION 06 근접효과

기출지문

Q1 교류도체의 실효저항 개선 시 적용하는 표피효과계수와 근접효과계수에 대하여 설명하시오. 건 102회 출제

Q2 도체의 근접효과(proximity effect)에 대하여 설명하시오. 건 107회 출제

Q0 전기설비에서 배선의 표피효과와 근접효과에 대하여 설명하시오. 건 121회 출제

건 건축전기설비기술사 / 응 전기응용기술사 / 발 발송배전기술사 / 소 소방기술사 / 안 전기안전기술사 / 화 화공안전기술사 / 정 정보통신기술사

1 정의

표피효과의 일종으로, 표피효과는 도체 1본의 개념이나 근접효과는 도체 2본 이상이 근접배치된 경우 각 도체에 흐르는 전류의 크기, 방향, 주파수에 따라 각 도체의 단면에 흐르는 전류밀도분포가 변하는 현상을 말한다.

2 근접효과에 영향을 주는 요인

① 주파수의 크기
② 2개 이상의 도체 근접배치 시 전류의 크기 및 방향

3 영향

① 각 전선의 자계는 다른 전선의 전류흐름에 악영향을 미친다.
② 전선의 전류밀도를 변화시킨다.
③ 도선의 온도가 상승하고 저항이 증가한다.
④ 자화손이 증가한다.

4 전류방향에 의한 전류밀도분포

(1) 전류방향이 동방향 → 전류밀도가 밀한 지역이 반대쪽에 형성

(2) 전류방향이 이방향 → 전류밀도가 근접하여 형성
① 전류가 같은 방향일 경우 전류분포

② 전류가 다른 방향일 경우 전류분포

③ 3심 케이블인 경우(다른 방향)

5 근접효과의 대책

① 이격 및 차폐시공
② 연선 및 ACSR 사용

461

SECTION 07 케이블 전력손실

> **기출지문**
>
> **Q1** 배전선로에서 전력손실 정의와 경감대책에 대하여 설명하시오. [건 122회 출제]
> **Q2** 케이블의 손실(저항손, 유전체손, 연피손)에 대하여 설명하고, 유전체손의 표현방식으로 $\tan\delta$를 사용하는 이유를 설명하시오. [용 122회 출제]
> **Q3** 케이블의 저항손, 유전체손 및 연피손에 대하여 설명하시오. [용 121회 출제]
> **Q4** 지중케이블의 각종 손실과 경감 대책에 대하여 논하시오. [발 84회 출제]
>
> 건 건축전기설비기술사 / 용 전기응용기술사 / 발 발송배전기술사 / 소 소방기술사 / 안 전기안전기술사 / 화 화공안전기술사 / 정 정보통신기술사

1 전력 Cable 구조

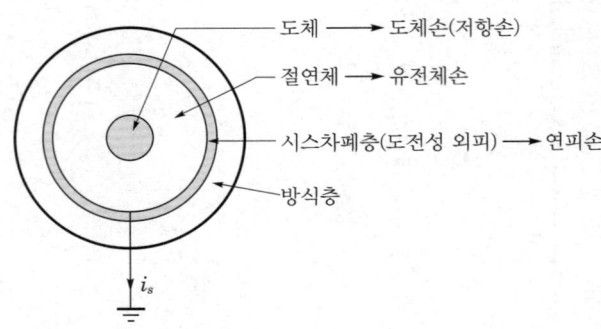

2 Cable 발생손실 및 저감대책

(1) (도체) 저항손

① Cable 도체에서 발생하는 손실로서, 손실 중 가장 크며 Cable의 허용전류를 결정하는 요소이다.

㉠ $P_l = I^2 \cdot R \,[\text{W}]$

$$R = r_0 \times k_1 \times k_2 \quad \begin{cases} k_1 : 1 + \alpha\,(T - 20) \\ k_2 : 1 + \lambda_s + \lambda_p \end{cases}$$

→ 20℃에서 직류도체저항

→ 교류도체 실효저장

$$r_0 = \frac{10^3}{58A\sigma} \times K_1 \cdot K_2 \cdot K_3 \cdot K_4 \,[\Omega/\mathrm{km}]$$

           → 도체저항계수

         → 가공경화계수

       → 도체집합연입률

     → 소선연입률

   → 도전율 $\begin{cases} \mathrm{Al} : 0.61 \\ \mathrm{Cu} : 0.96 \sim 0.97 \end{cases}$

  ⓛ 따라서, 도체저항은 도체재료의 도전율, 단면적과 소선연입률, 가공경화계수 등에 따라 변화한다.

 ② 저감대책

  ㉠ 단면적 증대 → 다회선 채용

  ⓛ 직류송전

  ⓒ 도전율 ↑, 저항률 ↓ : 초전도 Cable 채용

(2) 유전체손(dielectric loss)

 ① Cable 유전체 속에서 생기는 손실

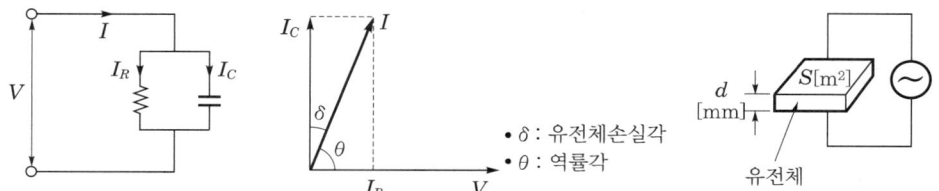

  • δ : 유전체손실각
  • θ : 역률각

  ㉠ $\tan\delta = \dfrac{I_R}{I_C} \rightarrow I_R = I_C \cdot \tan\delta = \omega CV \tan\delta$

  ⓛ 유전체손 $W_d = I_R \cdot V = \omega CV^2 \cdot \tan\delta = 2\pi f \varepsilon E^2 dS \tan\delta \,[\mathrm{W}]$

       $= 2\pi f \varepsilon E^2 \tan\delta \,[\mathrm{W/m}^3] = \dfrac{5}{9} f \varepsilon_s E^2 \tan\delta \times 10^{-10} \,[\mathrm{W/m}^3]$

 ② 저감대책

  ㉠ 비유전율(ε_s)을 작게 한다.

  ⓛ 직류송전

  ⓒ 우수한 절연체를 사용한다.

(3) 연피손(cable sheath loss)

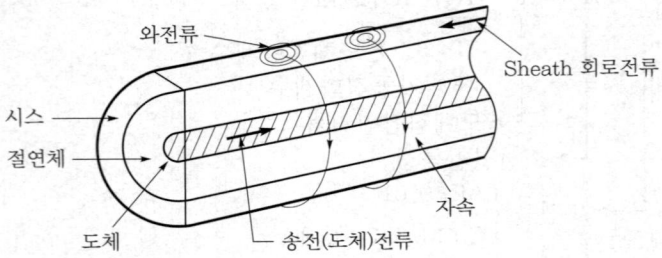

와전류

Sheath 회로전류

시스

절연체

도체

송전(도체)전류

자속

① 연피 및 Al피 등 도전성 외피를 갖는 Cable에서 발생한다.

② 도체전류에 의한 시스유기전압

$$V_s = -jX_m \cdot I \, [\mathrm{V/km}]$$

여기서, I : 도체전류[A]

X_m : 도체와 시스 간 상호리액턴스[Ω/km]

③ 연피손의 종류 및 원인

㉠ 시스회로손 : Cable 도체전류에 의한 전자유도작용으로 시스전압 유기 → 시스 양단 접지 시 대지귀로를 통해 순환전류가 흐른다.

이때의 전류 $i_s = \dfrac{X_m}{\sqrt{X_m^{\,2}+r_s^{\,2}}} \times I \, [\mathrm{A}]$

∴ 손실 $W_s = i_s^{\,2} \cdot r_s = \dfrac{X_m^{\,2} \cdot I^2}{X_m^{\,2}+r_s^{\,2}} \times r_s \, [\mathrm{W/km}]$

(X_m은 cable 배열에 따라 값이 다름)

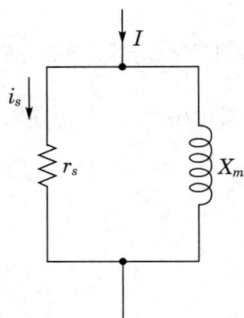

㉡ 와전류손 : 시스에 근접효과로 발생한다.

④ 연피손 증가요인

㉠ 연피저항이 작을수록

㉡ 도체전류가 클수록

ⓒ 주파수가 높을수록

ⓔ 단심 Cable의 경우 각 상 이격거리가 클수록

⑤ 영향

ⓐ 전력손실 초래 및 임피던스 증가요인

ⓑ 열손실에 의한 송전용량 감소

ⓒ Cable 길이가 긴 경우 Cable 손상원인

⑥ 저감대책

ⓐ 단심 Cable은 가능한 근접시공(정삼각 배열)

ⓑ Cable 연가

ⓒ 3심 Cable 채용

ⓔ 차폐층 접지 시 편단, 크로스 본딩방식을 채용한다.

3 결론

상기와 같이 살펴본 바 대로 전력 Cable의 손실에 영향을 주는 요소로는 도체의 종류, 굵기, 외부 절연체의 특성, 주위온도, 주파수, 표피효과, 근접효과, Cable 부설방식 등에 좌우된다.

케이블의 전위경도

기출
지문

Q1 전력케이블의 단절연에 대하여 설명하시오. [건] 128회 출제

Q2 전력케이블에 적용하는 단절연을 설명하고 유전율이 다른 물질(유전율 ε_1, ε_2)로 단절연이 적용된 경우에 대하여 설명하시오. [발] 127회 출제

[건] 건축전기설비기술사 / [응] 전기응용기술사 / [발] 발송배전기술사 / [소] 소방기술사 / [안] 전기안전기술사 / [화] 화공안전기술사 / [정] 정보통신기술사

1 개요

전력케이블에 통전전류가 흐르면 Joule 열에 의한 저항손, 유전체손, 연피손 등이 발생되고 인가전압에 따라 전위경도는 달라지며 절연체의 절연내력이 충분히 커서 케이블의 안전사용이 가능하도록 해야 한다.

2 전위경도(potential gradient)

(1) 정의

전계 중의 전위곡선의 구배를 나타낸 것이다.

(2) 전위경도

$$G = \frac{\Delta V}{\Delta l} = \tan\theta$$

여기서, ΔV : 심선과 연피 사이에 인가된 전압

Δl : 절연층의 두께

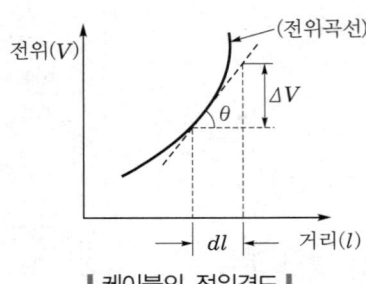

‖ 케이블의 전위경도 ‖

(3) 케이블의 절연내력

절연지의 두께에 의해 정해지나 그 평균전위경도는 심선과 연피와의 사이에 인가된 전압을 절연층의 두께로 나눈 값으로 정해진다.

(4) 전위경도의 최대 점은 도체의 표면에서 나타난다.

(5) 단심 케이블(차폐케이블)의 경우 케이블 중심에서 x[m] 떨어진 점에서의 전계의 세기 E_x는

$E_x = \dfrac{E}{x \ln \dfrac{R}{r}}$ 이다(임의의 A동심원의 반경은 r, B동심원의 반경은 R이고 중심에서 x[m] 떨어짐).

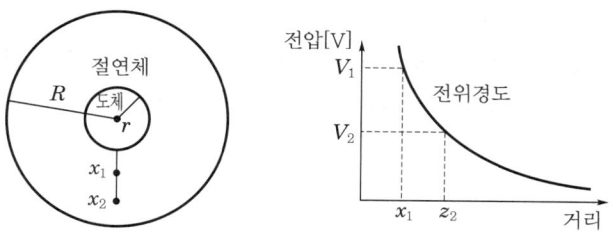

┃ 케이블의 전위경도 ┃

(6) E_x가 최대가 되는 곳은 $x=r$인 점으로 다음과 같다.

$$E_{\max} = \dfrac{E}{r \ln \dfrac{R}{r}} [\text{kV/cm}]$$

(7) 케이블의 절연내력 > $E_{\max}$가 되게 하여 충분히 안전성을 보장할 수 있게 한다.

(8) 절연지의 파괴전압은 실횻값으로 $200 \sim 300$kV/cm이며 통상 $E_{\max}$는 $40 \sim 50$kV/cm로 안전하다.

3 케이블에서 단절연의 응용

만약 유전율이 각각 다른 유전체를 단계적으로 감싼다면 도체에서 멀어질수록 유전율이 낮은 유전체를 사용해도 되므로 경제성이 확보된다.

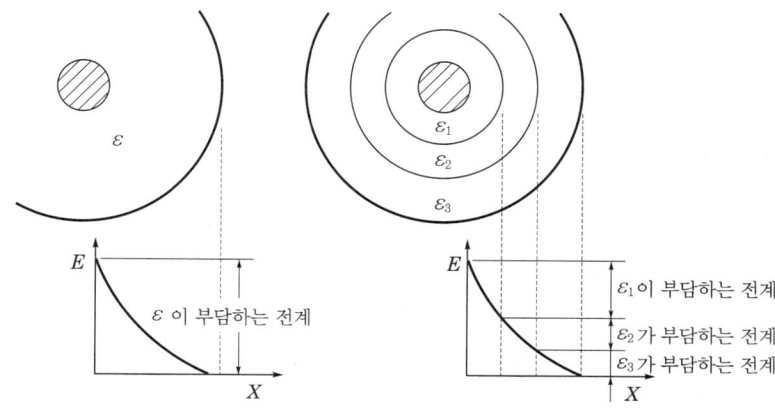

┃ 균등절연과 3단계의 단절연 예시 ┃

위 그림에서 균등절연의 경우 비용이 비싼 유전율이 큰 유전체를 반지름 모두를 감싸야 하나 단절연의 경우 1차적으로 전계가 완화된 것을 유전율이 보다 작은 것으로 다시 감싼 후 단계적으로 유전율이 낮은 유전체로 감쌀 수 있어 경제적이다.

전력케이블의 내·외부 반도전층과 차폐층의 설치목적

기출
지문

Q1 특고압 FR–CNCO 케이블의 구조 중 차폐층, 반도전층(내·외부)에 대하여 설명하시오. [용 131회 출제]
Q2 단심 전력케이블 시스(sheath)의 안전상 접지요건과 방법에 대하여 기술하시오. [안 78회 출제]

전 건축전기설비기술사 / 용 전기응용기술사 / 발 발송배전기술사 / 소 소방기술사 / 안 전기안전기술사 / 화 화공안전기술사 / 정 정보통신기술사

1 개요

(1) 전계 또는 자계의 영향을 차단하기 위한 층을 말하며 구리, 알루미늄 등 도전성 재료 또는 철, 퍼멀로이 등의 자성재료가 이용된다.
  ① 도전성 재료만 이용 : 정전차폐층
  ② 도전성 재료와 자성 재료의 조합을 이용 : 전자차폐층

(2) 고압 케이블의 차폐층은 고전위가 인가되므로 접지된다.

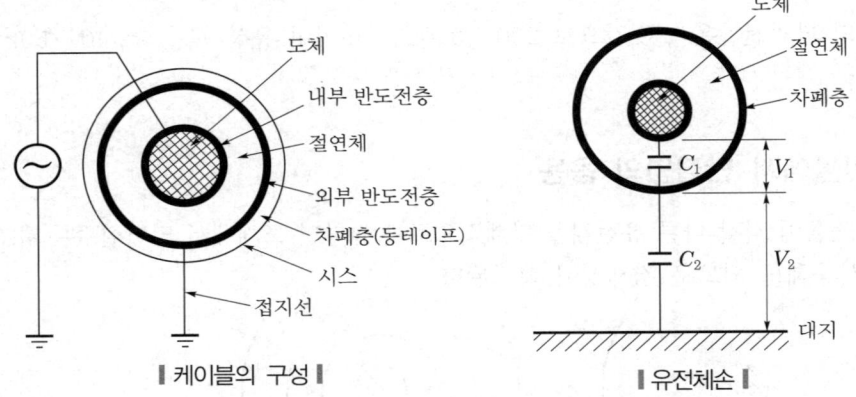

‖ 케이블의 구성 ‖　　　　　　‖ 유전체손 ‖

2 차폐층의 역할

① 정전유도, 전자유도에 의한 통신선로 유도장애를 방지한다.
② 사고전류를 대지로 방류하여 감전위험이 감소된다.
③ 절연체에 균일한 전계가 가해져 절연체 내전압을 향상시킨다.
④ 부분방전 또는 충전전류에 의한 트래핑(trapping) 현상을 방지한다.
※ 트래핑현상 : 전자파가 전파덕트 내에 갇혀 목적하는 방향으로의 전파가 감쇄하는 것이다.

3 내부 반도전층

① 열팽창으로 인한 도체와 절연체 틈새의 부분방전을 방지한다.
② 도체 외주 단차로 인한 전력선 분포의 불균일을 방지한다.

4 외부 반도전층

① 차폐층 동테이프와 절연체 틈새의 부분방전을 방지한다.
② 차폐층 동테이프와 절연체 간 기계적 쿠션역할을 한다.

SECTION

10 전력케이블의 충전전류

기출
지문

Q1 케이블에서 충전전류의 발생원인, 영향(문제점) 및 대책에 대하여 설명하시오. 건 116회 출제

Q2 전력케이블에 흐르는 충전전류의 다음 사항에 대하여 설명하시오. 건 124회 출제
    (1) 발생원인
    (2) 문제점 및 영향

Q3 케이블에 흐르는 충전전류에 대하여 다음 사항을 설명하시오. 건 101회 출제
    (1) 발생원인
    (2) 문제점 및 영향
    (3) 대책

Q4 Cable에 흐르는 충전전류의 발생원인과 문제점 및 미치는 영향에 대해 설명하시오. 건 66회 출제

건 건축전기설비기술사 / 응 전기응용기술사 / 발 발송배전기술사 / 소 소방기술사 / 안 전기안전기술사 / 화 화공안전기술사 / 정 정보통신기술사

1 개요

① 충전전류란 선로의 정전용량에 의해 전압에 비해 위상이 90° 앞선 진상전류가 선로에 충전되어 흐르는 전류이다.

② 무부하선로에서 선로의 길이가 긴 경우 충전전류가 클 때 페란티현상 및 차단기 개폐서지 증가 등의 악영향이 발생되며 수전단의 단로기 선정 시 충전전류를 차단할 수 있는 능력이 있어야 한다.

2 충전전류의 개념

(1) 3상 1회선 충전전류(I_c)

$$I_n = 2\pi f C_n \cdot l \cdot \frac{V}{\sqrt{3}} \, [\text{A/km}]$$

여기서, f : 주파수[Hz]

      C_n : 정전용량[μF/km](단위길이당 정전용량)

      V : 선간전압[V]

(2) 3상 1회선 작용정전용량을 C_n이라 하면 $C_n = \dfrac{0.02413}{\log \dfrac{D}{r}}$ 을 적용할 경우 충전전류는 다음과 같이 표현된다.

$$I_c = 2\pi f \frac{0.02413}{\log \dfrac{D}{r}} \frac{V}{\sqrt{3}} \, [\text{A/km}]$$

3 발생원인

(1) 충전전류는 케이블의 정전용량이 크기 때문에 발생한다.

(2) 정전용량

$$C = \frac{0.02413\varepsilon}{\log_{10}\dfrac{D}{r}}\,[\mu\text{F/km}]$$

케이블은 등가선간거리 D가 매우 작으므로 정전용량이 가공전선로에 비해 약 30 ~ 40배 정도로 커진다.

(3) 3상 1회선의 경우 1선당 충전전류

$$I_c = 2\pi f C_w \times \frac{V}{\sqrt{3}}\,[\text{A}]$$

여기서, C_w : 전체 정전용량[μF]

4 충전전류의 영향

(1) 페란티현상 발생

수전단에 큰 부하가 걸려 있을 때는 문제가 없으나 경부하 또는 무부하인 경우에는 그림과 같이 수전단의 전압이 송전단 전압보다도 높게 상승하는 문제가 생긴다.

그림에서 I_c는 충전전류로 수전단전압 E_r보다 거의 90° 앞서게 되고, $I_c R$은 I_c에 평행하게, 그리고 $I_c X$는 $I_c R$에 수직으로 되어 결국 $E_s < E_r$이 된다.

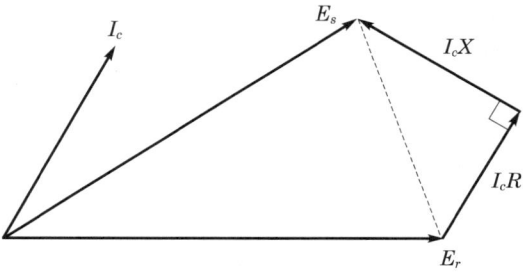

(2) 발전기 자기여자현상 발생

동기발전기에 역률 1의 전류가 흐르면 교차자화작용을 하고, 지상전류는 감자작용, 진상전류는 증자작용을 하게 되는데, 충전용량이 큰 송전계통은 하나의 거대한 콘덴서역할을 해서 발전기에 진상전류를 흘리므로, 증자작용을 해서 발전기의 자기여자현상을 일으키게 된다. 이 경우 역여자능력이 없는 발전기는 AVR로 전압 상승을 억제할 수 없는 경우도 생긴다.

(3) 개폐서지 증대

충전용량이 커지면 선로차단 시에 선로의 L, C에 의한 전압진동이 심해져서 재기전압이 높아지고, 높은 재기전압은 재점호를 유발시키므로 선로의 개폐서지를 크게 하는 문제가 있다.

(4) 보호계전기 동작의 불확실성

(5) 유효전력 송전의 제한

5 충전전류에 영향을 미치는 요인

(1) 주파수(f)

주파수가 증가할 때 충전전류는 증가한다.

(2) 등가선간거리(D)

① 가공케이블의 경우 D를 적용하며 D값이 커 충전전류는 작아진다.
② 지중케이블의 경우 D 대신 절연반지름을 사용하기 때문에 작용정전용량이 증가하여 충전전류가 가공대비 약 30배 정도 크다.

(3) 도체의 반지름(r)

반지름이 커질수록 충전전류(I_c)가 커진다.

(4) 선간전압

전압이 커질수록 충전전류(I_c)가 커진다.

6 충전전류의 대책

항목	대책
발전기 자기여자현상 방지	단락비를 크게 함
분로리액터 사용	충전용량 일부 상쇄
동기발전기 저여자운전	진상무효전력 흡수
동기조상기 지상운전	진상무효전력 흡수
중성점 직접 접지	개폐이상전압 억제
유연 송전시스템 사용	SVC, STATCOM 등을 활용
직류송전(HVDC)	가장 근본적인 대책

전력케이블의 고장점 탐지법

건 건축전기설비기술사 / 용 전기응용기술사 / 발 발송배전기술사 / 소 소방기술사 / 안 전기안전기술사 / 화 화공안전기술사 / 정 정보통신기술사

1 개요

(1) 지락고장 발생 시

① 1~2심 지락으로 절연저항이 3kΩ 이하 → 저압 Murray loop법

② 1~2심 지락으로 절연저항이 3kΩ 이상 → 고압 Murray loop법

③ 3심 지락으로 건전상이 없는 경우

    ㉠ Pulse radar법

    ㉡ 보조선 설치 후 Murray loop

(2) 단선고장 발생 시

① 정전용량법

② Pulse radar법

(3) 단선 · 지락 발생 시

Pulse radar법

2 Murray loop법

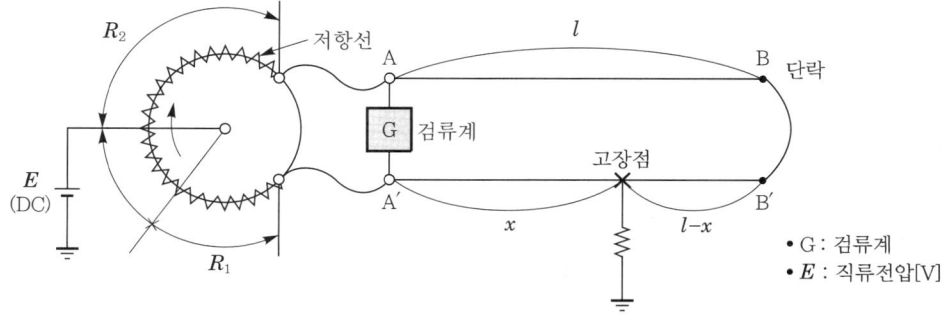

(1) 원리

① 휘트스톤 브리지 평형원리에 의해 고장점을 검출한다.

② 저항은 도체의 길이에 비례하므로 브리지회로가 평형을 이루면($G=0$)

$$R_2 \cdot x = R_1(2l - x)$$

$$x = \frac{R_1}{R_1 + R_2} \times 2l \, [\text{m}]$$

(2) 특징

① 오차가 $0.1 \sim 0.5\%$로 정밀도가 높다.

② 장비가 소형, 경량으로 현장 측정에 적합하다.

③ 3상 동시고장이나 단선사고에는 적용이 불가하다.

3 정전용량측정에 의한 방법

(1) 원리

① 건전상의 정전용량과 사고상의 정전용량을 비교하여 고장점을 산출한다.

② 케이블 정전용량은 도체의 길이에 비례한다.

$$L_X = \text{선로긍장} \times \frac{C_X}{C_O}$$

여기서, C_X : 고장상의 사고점까지의 정전용량 측정치[μF]

C_O : 건전상의 정전용량 측정치[μF]

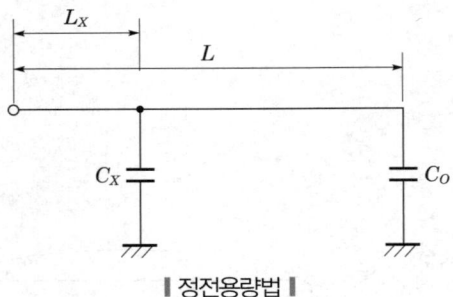

‖ 정전용량법 ‖

(2) 특징

① 단선 고장 시 간단한 측정법이다.

② 측정 정도는 높다.

③ 케이블 개개의 정전용량이 불균일 시 오차 발생 가능성이 있다.

4 Pulse에 의한 방법

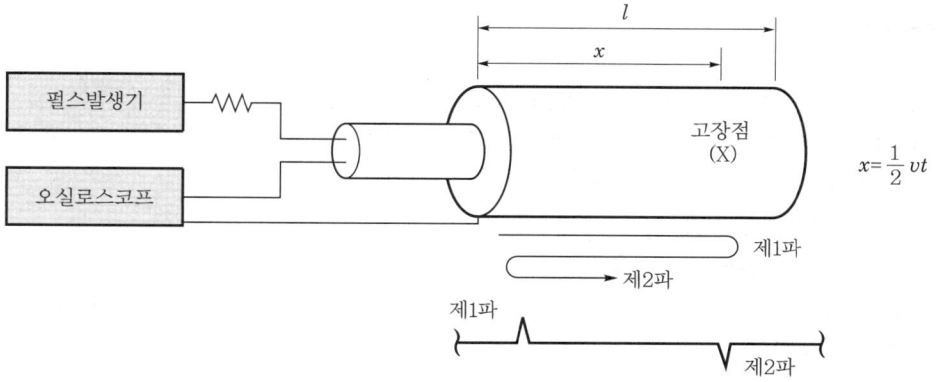

(1) 원리

① 고장케이블에 Pulse 전압을 인가하고 고장점에서 반사되는 펄스를 검출한다.

② 펄스의 전파시간 측정으로부터 고장점 거리를 구한다.

③ $V = \dfrac{V_0}{\sqrt{\varepsilon}} = (0.51 \sim 0.54)\, V_0$

$x = \dfrac{1}{2}\, Vt\,[\text{m}]$

여기서, V : 펄스 전파속도[m/s]

V_0 : 광속도[m/s], ε : 절연체 비유전율

x : 고장점까지 거리[m]

t : 펄스를 보내고 되돌아올 때까지 시간[s]

(2) 특징

① 케이블 길이가 불분명하여도 측정이 가능하다.

② 오차 2 ~ 5%, 측정기 조작 및 판독에 시간이 필요하다.

③ 지락·단락·단선 사고가 검출된다.

5 수색코일에 의한 방법

고장케이블 한쪽에서 600Hz 전후의 단속전류를 흘리면 단속전류에 의해 수색코일에 전압이 유도되고 소리가 들린다.

6 음향에 의한 방법

고장케이블에 고전압 펄스를 보내 고장점의 방전음을 듣고 고장점을 찾아내는 방법이다.

초전도케이블의 구조 및 특징

기출
지문

Q1 초전도케이블의 특징에 대하여 설명하시오. [건 102회 출제]

Q2 초전도케이블에 사용되는 제1종 초전도체와 제2종 초전도체의 특성을 비교 설명하시오. [건 115회 출제]

Q3 초전도 기술에 대한 다음 물음에 답하시오. [발 125회 출제]
　(1) 초전도의 정의 및 특징
　(2) 초전도 기술의 응용분야 5가지
　(3) 초전도 기술의 적용 효과

Q4 초전도 현상을 설명하고, 퀜치(Quench) 현상과 마이스너 효과(Meissner effect)에 대하여 설명하시오.
[발 130회 출제]

건 건축전기설비기술사 / 용 전기응용기술사 / 발 발송배전기술사 / 소 소방기술사 / 안 전기안전기술사 / 화 화공안전기술사 / 정 정보통신기술사

1 원리 및 개발 배경

① 고온 초전도 전력케이블은 현재 전력케이블에 사용되고 있는 구리 또는 알루미늄 도체 대신 고온 초전도 도체를 사용한다.

② 전기저항이 없어지는 초전도현상을 이용해 제작되는 저손실, 대용량 전력 수송이 가능한 전력케이블이다.

③ 대도시의 전력공급문제를 해결할 수 있는 환경 친화적 전력케이블이다.

2 초전도 현상

(1) 전기저항이 없다(zero).

① 에너지손실은 I^2R로 되나 저항이 없어 에너지손실없이 많은 양을 멀리 보낼 수 있다.

② 초전도는 임계온도(천이온도) 및 임계자계 이하에서는 저항률이 0이 되어 완전도체로 되는 현상을 말한다.

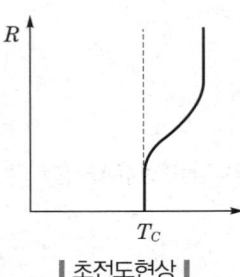

| 초전도현상 |

(2) 마이스너효과(meissner effect)

① 보통의 물질과 달리 자기장을 밖으로 밀어내는 성질(자기부상효과)이다.

② 자속밀도(B)가 0이 되고 이러한 초전도체의 완전반자성을 마이스너효과라고 한다.

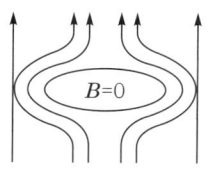
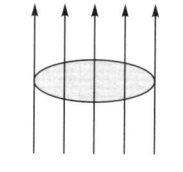
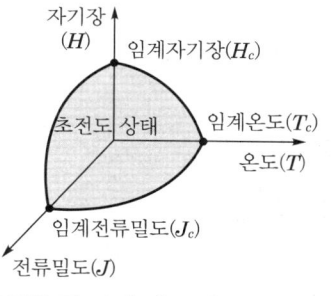

| 반자성체 성질(저온) | 상자성체 성질(상온) | 전류 및 자계 밀도 임계치 존재 |

(3) 전류밀도, 자계밀도의 임계치 존재

① 고유의 임계온도 이외의 전류밀도, 자계밀도의 임계치가 존재한다.

② 주위 온도가 올라가 임계온도 이상이 되면 초전도성질을 잃어버리게 된다(Quench 현상).

3 구조 및 재료

(1) 재료

① 비스머스(Bi)계 재료 : 현재 케이블 도체용 재료로서, 선행되고 있는 것은 Bi계 초전도테이프이며, 대용량화, 장척화, 고강도화, 교류손실 저감이 검토 및 시도되고 있다.

② 이트륨(Y)계 박막재료

    ㉠ Y계 박막재료는 고결정, 배향성에 의한 고경계 전류밀도 및 뛰어난 자장특성을 갖기 때문에 차세대 재료로서 기대되고 있다.

    ㉡ 현재는 재료의 제조속도 향상, 제조길이의 장척화, 저코스트화가 진행되고 있다.

(2) 구조 및 절연 방식

① 구조

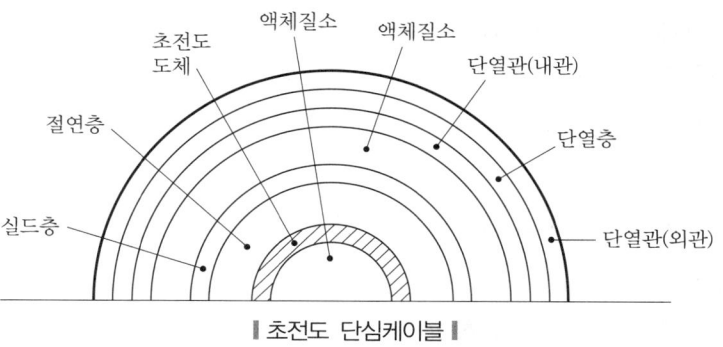

| 초전도 단심케이블 |

② 절연방식

    ㉠ 단심케이블 : 도체부분만 냉각하여 상온부에 절연체를 마련한 웜(warm) 절연

    ㉡ 3심 케이블 : 절연체도 도체와 마찬가지로 액체질소에 담근 콜드(cold) 절연

ⓒ 초전도케이블의 콤팩트성이라는 장점을 살리기 위해서 콜드절연 3심 케이블의 실용화
가 바람직하다.

4 특징

(1) 대용량 저손실

① 기존의 동도체에 비해 50 ~ 100배의 대전류를 흘릴 수 있다.

② 교류손실이 $\frac{1}{20}$ 로 극히 작다.

③ 송전용량도 3배 이상 증가한다.

(2) 저전압 송전 가능

① 현재의 전력케이블은 주로 송전전압을 상승시켜 송전용량을 증대시킨다.

② 대전류를 흘릴 수 있으므로 동일 용량을 송전할 경우 낮은 전압으로 송전할 수 있다.

③ 즉, 345kV, 765kV로 승압하여 송전하지 않고 154kV, 22.9kV로 수용가까지 저전압·대전
류의 대용량 송전이 가능하다.

(3) 송전비용의 절감

① 지중계통 전압등급의 균일화가 가능하다.

② 도심의 초고압 변전소(345/154kV)의 에너지가 절감하고 송전비용이 절감된다.

③ 절연 전압레벨의 감소로 송·변전 기기의 콤팩트화 및 전력기기 가격의 저하가 가능하다.

④ 저전압화에 의해 케이블의 충전전류가 크게 감소하기 때문에 보상용 리액터의 경감으로
계통 전체에 걸쳐 송전비용이 절감된다.

(4) 케이블의 소형화

(5) 송전관로의 소형화(건설비용 절감)

① 전력구 터널 직경을 60% 정도 작게 할 수 있다.

② 기존 관로나 전력구 활용이 가능하다.

(6) 장거리 송전

저손실 대전류송전이 가능하여 케이블 허용전류 중 충전전류가 차지하는 비중이 작다.

(7) 선로점유율 축소

순시전압 강하 경감, 전압안정도 향상, 운전기술의 단순화 등

(8) CO_2 배출 억제, 환경조화성의 향상, 안전도 향상

478

(9) 금속계 저온 초전도 전력케이블과의 비교

① 종래의 액체 헬륨 냉각방식에 비해 냉동기의 운전비용, 설치면적 등의 냉각계 비용 대폭 절감

② 냉각 단열관의 구조가 간단, 케이블 및 부속품 비용이 대폭 절감

③ 초기 냉각에 필요한 시간과 비용 절감

5 향후 기술개발 과제

① 기계적 유연성 및 도선제조가 쉬운 선재의 개발 필요

② 임계전류, 임계자계, 임계온도의 향상

③ 교류송전 시 손실저감 대책

④ 절연체를 설치한 전력케이블로서의 평가

⑤ 실용화를 위한 과제검토

6 초전도체의 응용

(1) 의료분야

MRI, 자기공명, 자기차폐장치, 심자도 측정장치, 뇌자도 측정장치

(2) 수송시스템

전기추진선, 자기부상열차, 엘리베이터, 우주정거장

(3) 전자 분야

전류리드선, 이동체 위성통신, 초전도 컴퓨터, 초전도 전자소자, 초전도 양자 간섭소자

(4) 기계분야

초전도 모터, 무접촉 자기베어링, 플라이휠

(5) 전력에너지 관련 기기 응용

전력케이블, 발전기, 변압기, 차단기, 초전도 전력저장(SMES)

7 초전도케이블과의 비교

항목		고온 초전도케이블	저온 초전도케이블	OF 케이블	CV 케이블
도체	재료	고온 초전도도체 (Bi-2223)	NbTi, Nb$_3$Sn	Cu	Cu
	구조	Tape 형태의 적층	Tape 또는 극세 다심연선	원형 압축 연동연선	원형 압축 연동연선
사용온도		77K(-196℃)	4.2K(-269℃)	상시 최고 90℃	상시 최고 90℃

항목	고온 초전도케이블	저온 초전도케이블	OF 케이블	CV 케이블
냉매	액체질소	액체헬륨	OF 케이블용 절연유	없음
절연	냉매함침 복합 절연방식	냉매함침 복합 절연방식	OF 절연유 함침	XLPE 압출
Sheath	고온 초전도도체 (Bi-2223)	저온 초전도도체	Aluminium	Aluminium
냉각계통	액체질소의 순환 및 냉동기 부착	액체헬륨의 순환 및 냉동기 부착	PT 등 유압조절장치	냉각수

※ 0K ≒ -273℃

PLUS 초전도체의 종류

초전도체는 크게 두 종류로 나눌 수 있다. Type I은 Onnes가 처음 발견한 초전도 물질들이다. 순수한 금속물질로 대표적인 금속은 수은(Hg)이 있다.

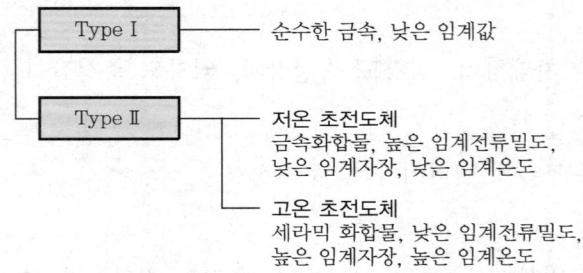

┃ 초전도체의 종류 ┃

[그림 1]은 Type I의 온도와 자계의 임계곡선이다. Type I 물질들은 [그림 1]과 같이 임계값들이 상당히 낮기 때문에 응용하기에는 많은 어려움이 따르게 된다. Type II는 또다시 저온 초전도체와 고온 초전도체로 나눌 수 있다. Type II 물질은 Type I보다 비교적 높은 임계자기장값을 갖기 때문에 Type II 초전도물질의 발견으로 비로소 초전도체의 응용에 길이 열리게 된다. Type I과 Type II를 구분하는 것은 초전도상태에서 상전도상태로 상전이할 때 그 중간단계의 차이점에 있다. Type I 초전도체는 중간상태(intermediate state)라는 것이 존재한다. 이는 순간적으로 존재하는 상태로 초전도체의 일부분이라도 상전이하게 되면 곧바로 전체가 상전도상태로 된다.

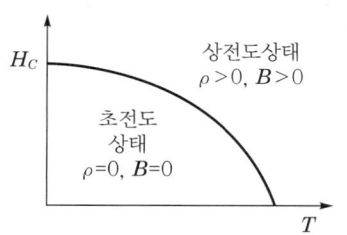

┃그림 1. Type Ⅰ의 온도와 자계의 임계곡선┃   ┃그림 2. Type Ⅱ의 온도와 자계의 임계곡선┃

다음 [그림 2]는 Type Ⅱ의 온도와 자계의 임계곡선이다. Type Ⅱ 초전도체는 [그림 2]에서 볼 수 있듯이 혼합상태(mixed state)가 존재하는데 이는 초전도체와 상전도체가 공존하는 상태이다. 혼합상태는 물리적으로 안정하여 임계값을 넘지 않는 범위에서 계속적으로 존재가 가능하다. 저온 초전도체는 임계온도가 낮아 붙여진 이름으로, Type Ⅰ과 마찬가지로 액체헬륨(LHe)에서 초전도체가 된다. 저온 초전도체는 임계전류밀도는 높지만, 임계자장이나 임계온도는 상당히 낮은 편이다.

481

전력케이블의 절연열화 및 판정기준

1 개요

① 열화란 사용 혹은 보관 중인 재료의 성능이 전기적 · 열적 · 생물학적 · 화학적 · 기계적 요인으로 성능이 저하되는 현상을 말한다.

② CV 케이블의 경우 지중매설 시 6 ~ 8년 정도 경과하면 열화현상이 발생될 가능성이 있으며 외적으로 쉽게 예측할 수 없는 특징이 있다.

2 열화의 원인과 형태

요인	원인	형태
전기적	운전전압, 과전압	전기 Tree, 수 Tree, 부분방전열화
열적	이상온도 상승, 열신축	고분자재료의 변화
화학적	화학물질, 물의 침투	고분자재료의 변화
기계적	기계적 압력, 인장, 충격	전기적 요인과 복합작용
생물학적	개미, 쥐 등의 잠식	절연체 피복 손상

3 케이블 열화의 형태

① 내외부 반도전층의 돌기

② 절연체와 반도전층 사이의 Air gap(①과 ②의 결합방지를 위해 평활성 반도전재료의 개발)

③ Void

④ 수분(③과 ④의 결합방지를 위해 건식 가교재 선정)

⑤ 이물질(amber, black metal) : 이물질 침입방지를 위해 Clean PE, Close system 압출을 적용한다.

⑥ 내부 반도전층에서 진전한 수트리

⑦ 외부 반도전층에서 진전한 수트리

⑧ 코로나방전에 의한 전기트리

⑨ 보타이트리

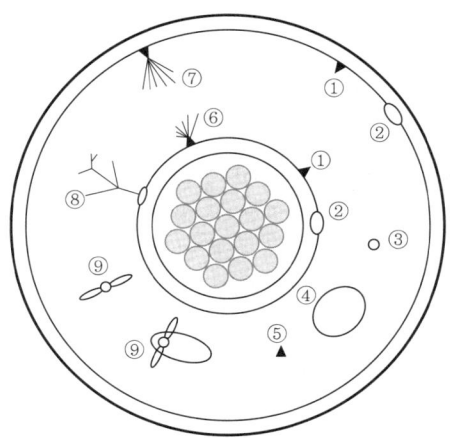

‖ 케이블 구조 및 트리 발생 ‖

(1) 전기적 열화

케이블 내 돌기, 이물질, Void 등에 의해 유전율(ε)이 변화는 경우 열화로 진전된다.

① 수 Tree

㉠ 절연체 내의 이물질, 내·외부 도체의 부정(不整) 등으로 집중전계가 걸리고 물과 전계의 공존상태에서의 장시간 집중전계로 인해 발생된다.

㉡ 전기 Tree보다 저전계에서 트리가 발생된다.

㉢ 내·외부 반도전층(내·외부 트리) 및 절연체 내(보이드트리), 이물질(보타이트리)에 의한 트리로 구분된다.

㉣ 수 Tree 대책

• 제조공정 개선 : 내·외부 반도체층의 3층 동시 압출방식 채용

• 케이블의 건식 공법 채용

• 균일한 반도전층 제조

• 케이블 내 물침투 방지

• 케이블헤드 처리 시 물침입을 방지함

② 부분방전 Tree

㉠ 절연체의 Void나 절연체와 차폐층 간 또는 절연체와 도체 간의 공극에 의해 부분적인 방전이 발생되어 Tree로 발전한다.

㉡ 제조공정 및 시공상의 외상 등으로 발생된다.

③ 전기 Tree

㉠ 절연체 내의 국부 고전계에 의해 부분적으로 수지형태상으로 진전해 가는 열화이다.

© 절연체 내의 이물질, Void, 돌기 등에 의한다.

© 케이블 제조공정상 문제 등으로 트리현상을 유발한다.

(2) 열적 열화

① 고분자재료가 전류에 의해 장시간 고온특성을 통해 분자구조가 변형되어 열화로 발전해 가는 형태이다.

② 케이블 부설환경에 영향을 받는 특징이 있다.

(3) 화학적 열화

① 기름 또는 화학물질이 절연체를 통과 또는 이들 절연체와 화학적인 반응을 통해 케이블을 열화시키는 형태이다.

② 케이블 부설환경에 영향을 받는 특징이 있다.

(4) 생물학적 열화

개미나 쥐 같은 소동물 등이 케이블의 절연체, 외피 등을 손상시켜 케이블이 열화되는 형태이다.

(5) 기계적 열화

케이블이 포설된 환경에서 케이블에 가해지는 기계적인 압력, 신장, 충격 등의 원인으로 케이블이 변형되고 전기적인 원인과 복합작용으로 열화가 진행되는 형태이다.

4 열화진단방법

(1) 정전상태의 진단법

① 절연저항측정법

㉠ Meggar를 이용하여 절연체와 시스와의 절연저항을 측정한다(측정 후 1분 후의 값).

㉡ 판정기준

• 도체 ↔ 대지(본체 절연저항) : 500MΩ 미만 → 불량

• 실드 ↔ 대지(방식층 절연저항) : 1000MΩ 미만 → 불량

㉢ 특징

• 양부판정은 가능하나 정밀분석은 어렵다.

• 가장 간단한 방법이나 전압에 한계가 있다.

② 직류 누설전류시험법

㉠ 절연내력시험기를 이용하여 시험전압은 DC 30kV를 인가하여 검출되는 누설전류의 크기 및 시간변화율을 측정한다.

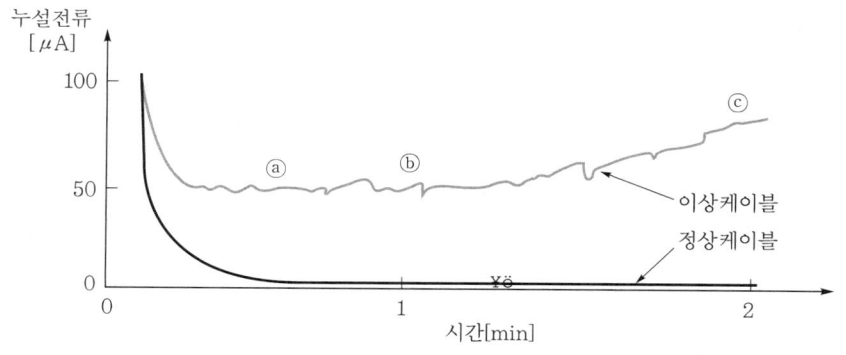

┃ 측정된 누설전류 ┃

여기서, ⓐ 누설전류의 절대치가 큼

　　　 ⓑ 킥현상이 나타남

　　　 ⓒ 전류가 증가하는 현상이 나타남

ⓛ 열화판정기준

항목	판정기준			비고
	양호	요주의	불량	
누설전류	$10\mu A/km$ 이하	$11 \sim 50\mu A/km$	$51\mu A/km$	22.9kV CNCV DC 30kV 인가
성극비	1.5 이상	$1 \sim 1.5$	1 미만	
선간 불평형률	200% 미만	–	200% 이상	
절연저항	$1000M\Omega$	$500 \sim 1000M\Omega$	$500M\Omega$ 미만	
킥현상	–	–	있음	

• 누설전류 : 전압인가시간의 최종 전류치

• 절연저항 : $\dfrac{인가전압}{누설전류}$

• 성극비 $= \dfrac{전압인가\ 후\ 1분\ 후\ 누설전류}{10분\ 경과\ 후의\ 누설전류}$

　성극비 > 1.5(양호), 1.5 > 성극비 > 1.2(주의), 성극비 < 1.0(불량)

• 선간 불평형률 $= \dfrac{3상\ 누설전류(최대-최소)}{3상\ 누설전류\ 평균치} \times 100[\%]$

• 약점비

　– 약점비 $= \dfrac{6kV\ 인가\ 시의\ 절연저항(저전압)}{10kV\ 인가\ 시의\ 절연저항(고전압)}$

　– 약점비는 통상 1 정도이지만 절연열화 진행 시 고전압 영역에서 절연저항이 작아지고 약점비는 커진다.

ⓒ 특징

• OF 케이블에는 잘 적용된다.

• 고분자 절연전력케이블에서는 시험과정에서 직류전계의 형성, 케이블의 절연체에 공간전하 축적으로 전기트리 등의 가능성이 있다.

③ 등온완화전류 시험법
  ㉠ 측정원리
    • 케이블 방전 시 완화전류의 크기를 시간대별로 분석하여 절연체의 열화 정도에 따라 시간대별 완화전류의 크기를 시간대별로 분석한다.
    • 가장 많이 사용되고 있는 시험법이다.
  ㉡ 측정과정 : DC 1kV 전압을 30분간 인가하여 충전한 후 5초간 방전하며 이후 30분간 측정하여 열화판정을 한다.
  ㉢ 열화판정기준

판정기준	양호	요주의	불량
열적 인자	2.0 미만	2.0 ~ 2.5	2.5 초과

  ㉣ 특징
    • Pc-Software에 의한 완화전류를 분석한다.
    • 정밀측정이 가능하다.

④ 유전정접법(tanδ법)
  ㉠ 절연체에 상용주파수 교류전압을 인가하여 셰링브리지회로에서 유전체의 손실각(tanδ)을 측정하여 열화를 판정하는 방법이다.

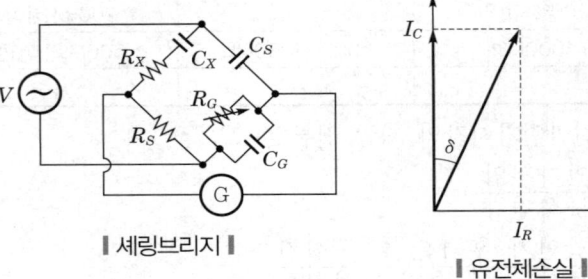

‖ 셰링브리지 ‖   ‖ 유전체손실 ‖

  여기서, C_X : 케이블 절연체 직렬정전용량
         R_X : 케이블 절연체 직렬저항
         R_s : 표준 저항용량
         C_s : 표준 콘덴서용량
         C_G : 가변 콘덴서용량
         R_G : 가변저항
  ㉡ 측정방법 : 셰링브리지를 이용해 R_G를 조정하여 C_G를 구함으로써 tanδ값을 측정한다.
  ㉢ 절연상태가 양호한 경우 : 피측정기기는 완전한 콘덴서로 되어 전류가 전압보다 90° 앞선다.

  ㉢ 절연물이 열화된 경우

    • 위상각은 90°보다 작아진다.

    • 전류위상이 전압위상보다 86° 진상 → $\tan\delta = \tan 4° = 0.07$ → 7% 유전정접

  ㉣ 판정기준($\tan\delta$)

    • 0.5% 이하 → 양호

    • 0.5~5% → 주의

    • 5% 이상 → 불량

  ㉥ 특징

    • 가장 정확한 시험방법이다.

    • 시험설비의 대형화로 이동에 문제점이 있다.

    • 주로 케이블 제작상에서 적용한다.

⑤ **부분방전 시험법**

  ㉠ 절연체에 상용주파 교류전압을 인가하여 이상열화로부터 부분방전을 정량적으로 측정 분석하는 방법이다.

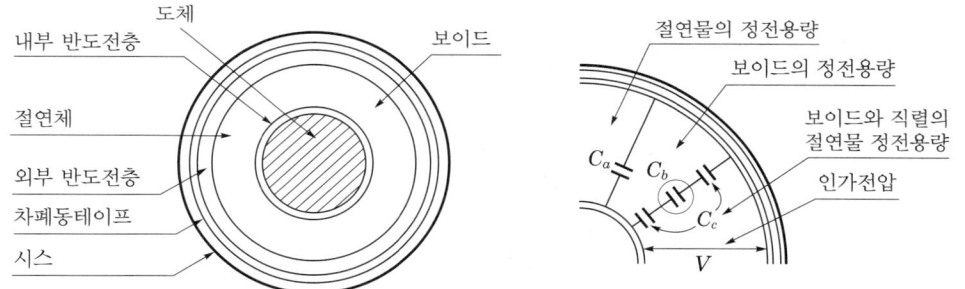

(a) CV 케이블의 단면도   (b) 보이드부의 정전용량 분포

▮ 케이블의 정전용량분포 ▮

  ㉡ 부분방전 발생메커니즘 : 절연물의 정전용량을 C_a, 보이드의 정전용량을 C_b, 보이드에 직렬로 된 절연물의 정전용량을 C_c라 하면 보이드 C_b에 가해진 전압 ΔV는 절연물에 인가시킨 전압을 V라 하면 $\Delta V = \dfrac{Q}{C_b} = \dfrac{1}{C_b} \times \dfrac{C_b C_c}{C_b + C_c} \times V = \dfrac{C_c}{C_b + C_c} \times V$가 되고 고체절연물은 3kV/mm로 낮으며 C_b와 C_c의 직렬회로에 고전압이 인가될 때 C_b의 보이드부분에서 절연파괴가 일어나서 부분방전이 발생된다.

  ㉢ 특징

    • 실제 케이블 절연체의 C_c와 ΔV는 구하기 어려운 값이다.

    • 일반적으로 교정기를 사용하여 방전전하를 구하는 방법을 많이 채용한다.

    • 대형 전원설비가 필요하다.

    • 실드 Room 등에서 시험이 요구된다.

(2) 활선상태의 진단법

① 직류성분법

㉠ 피측정 고압 케이블의 수트리 열화상태를 활선진단으로 시험하는 방법으로, 수트리 활선진단장치를 이용하여 고압 케이블의 수트리열화에 의해 발생되는 직류성분전류를 검출하여 케이블의 열화 정도를 분석하는 진단법이다.

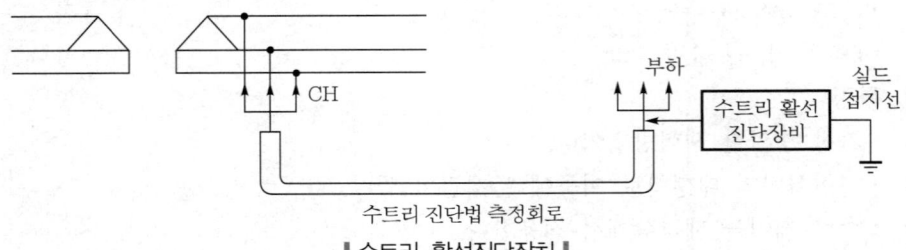

수트리 진단법 측정회로

▌수트리 활선진단장치 ▌

㉡ 측정방법

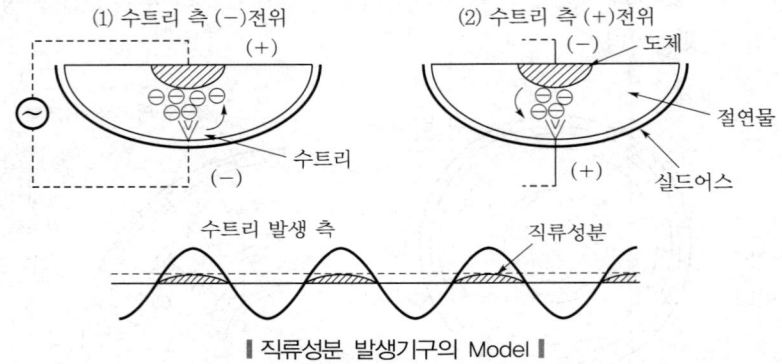

▌직류성분 발생기구의 Model ▌

- 케이블의 충전전류 중에 수트리가 발생된 케이블의 경우 정류작용으로 직류성분이 관측된다.
- 수트리가 발생된 케이블에 교류전압이 인가될 때((−) → (+)로 인가 시)
  - 수트리 발생쪽이 부전하(−) 전위인 경우 수트리 선단부분으로 많은 부전하가 공급 → 전류흐름이 많아짐
  - 수트리 발생쪽이 양전하(+) 전위인 경우 수트리 선단부분으로 적은 부전하가 공급 → 전류흐름이 적어짐

㉢ 판정기준

시스절연저항 및 직류성분		판정	조치
시스절연저항 100kΩ 미만		보류	수리 후 재측정
시스절연저항 100kΩ 이상	1nA 미만	양호	5년 내의 재측정
	1 ~ 10nA	경주의	3년 내의 재측정
	10 ~ 100nA	중주의	1년 내의 재측정
	100nA 이상 또는 변동폭 100nA 이상	불량	케이블 교환

ㄹ 특징
- 측정용 전원이 불필요
- 고압 충전부와 비접촉
- 구조가 간단함(직류전압 중첩법 대비)
- 열화 검출감도가 낮음

② 접지선 전류법

㉠ 수트리가 발생하여 진전하고 있는 CV 케이블은 수트리 열화에 의하여 케이블의 정전용량이 증가하며, 수트리 열화 시 접지선 전류가 증가하므로 이 전류로써 수트리 열화를 진단하는 방식이다.

㉡ 장시간 소요특징이 있다.

③ 직류전압 중첩법

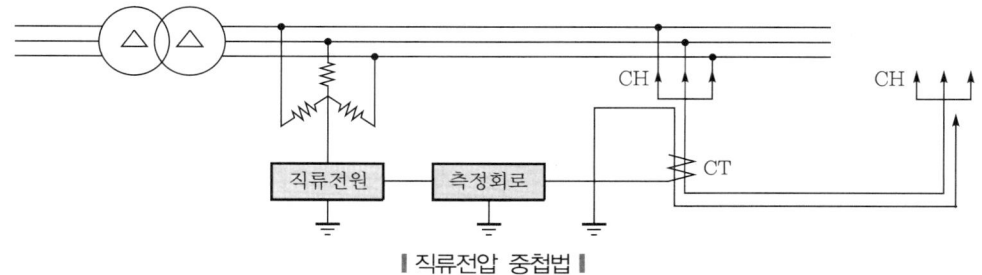

▌ 직류전압 중첩법 ▌

㉠ 측정방법 : GPT 중성점을 통해 직접 선로에 DC 50V의 전압을 중첩시키면 열화된 케이블의 경우 큰 직류 누설전류가 발생되어 열화판정이 가능하다.

㉡ 판정기준

▌ 22kV CV 케이블의 측정치에 대한 판정기준 ▌

측정대상	측정치	평가	케이블조치
본체절연저항 (R_i)	5000MΩ 이상	양호	계속 사용
	5000MΩ 미만 1000MΩ 이상	경(輕) 주의	주의하면서 계속 사용
	1000MΩ 미만 100MΩ 이상	중(中) 주의	부분적으로 교체를 시작
	100MΩ 미만	중(重) 주의	케이블 즉시 교체
방식층 절연저항 (R_s)	1000MΩ 이상	양호	계속 사용
	1000MΩ 미만	불량	불량계소는 부분수리 후 계속 사용

㉢ 특징
- 절연저항 측정이 용이하다.
- GPT에 높은 직류전압을 장시간 인가 시 영상전압이 발생하여 오동작의 원인을 제공한다.

㉣ 적용 : 비접지계통에서 적용한다.

④ 활선 tanδ법

㉠ 측정방법 : 고압 배전선으로부터 전압원은 분압기를 통해 검출하고 전류원은 CT를 이용하여 접지선에 흐르는 전류를 측정하여 그 위상에 의해 tanδ를 구하여 그 수치의 크기로서 열화 정도를 분석하는 방법이다.

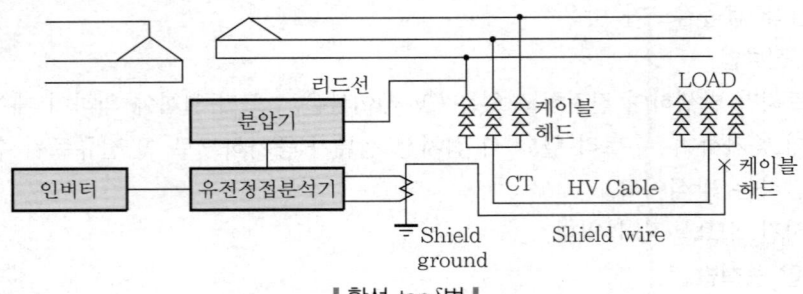

‖ 활선 tanδ법 ‖

㉡ 판정기준
- 0.5% 이하 → 양호
- 0.5 ~ 5% → 주의
- 5% 이상 → 불량

㉢ 특징
- 미주(迷走)전류 등 외부의 영향을 받지 않는다.
- 국부적인 열화검출이 가능하다.
- 고압선을 직접 연결해야 하므로 위험성이 내포된다.
- 안전사고의 위험성으로 현장적용이 어려운 진단법 중의 하나이다.
- 현장적용 시 고압 접촉부위에 감전주의가 필요한 진단법이다.

⑤ 저주파 중첩법

㉠ 직류전압 중첩법의 문제점을 보완하기 위하여 교류 저전압인 20V, 저주파수 7.5Hz인 저주파 전압을 케이블에 인가하여 케이블 접지선에 흐르는 저주파 전류를 검출해 절연저항치로 환산하여 케이블의 열화상태를 판정하는 진단법이다.

㉡ 판단기준(6.6kV 케이블)
- 100MΩ 이하 : 즉시 교체
- 1000MΩ 이하 : 1년 후 재측정
- 1000MΩ 이상 : 정기 절연진단

ⓒ 특징
- 현재 국내에는 미적용 중이다.
- 상용화까지 장시간 소요가 예상된다.
- 진단법으로는 이상적이나 저주파 발생부의 대형화로 이동측정이 어렵다.

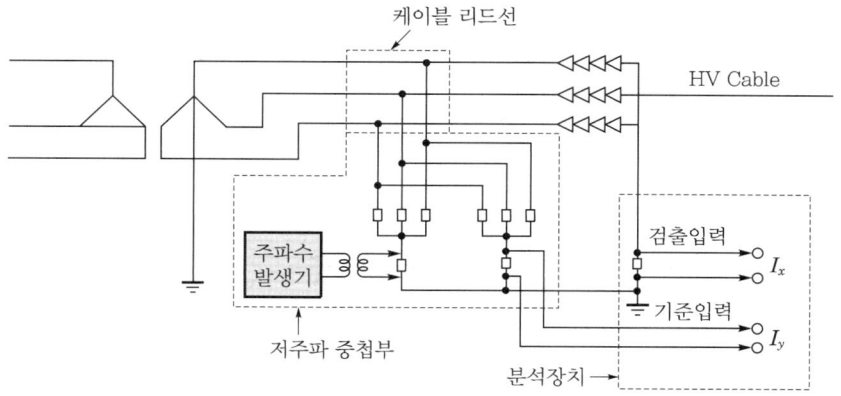

∥ 저주파 중첩법 ∥

⑥ **맥동전류 검출법** : 고압 케이블에 교류전압을 인가한 상태에서 수트리 열화부위의 정전용량이 변화하기 때문에 발생하는 주파수를 맥동으로서 관측하는 방법이다.

5 열화대책

① 케이블 제작공법을 건식 공법으로 하고 절연층을 균질성있게 제작한다.
② 도체와 절연층 사이의 경계면을 매끄럽게 제작한다.
③ 케이블에 물이 침투되지 않도록 Compound 처리한다.
④ 절연체에 Voltage stabilizer 등의 첨가로 전계의 집중을 방지한다.
⑤ 케이블 단말처리를 철저히 한다.
⑥ 케이블 포설 시 기계적 Stress에 유의한다.
⑦ 케이블의 반도전층을 균일하게 배치한다.
⑧ 케이블 열화진단법을 통해 사고를 미연에 방지한다.

PLUS 직류고전압 시험(직류누설전류 시험법)

1. 절연체에 직류고전압을 인가하여 검출된 누설전류와 시간변화를 측정하여 열화상태를 분석한다.

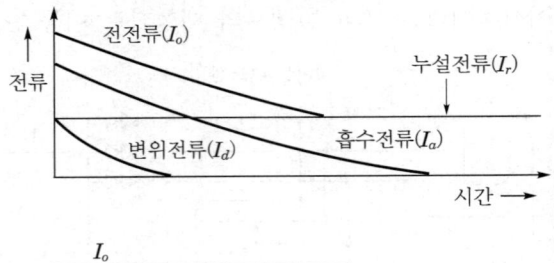

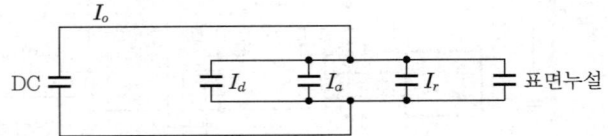

┃ 직류전압 인가 및 누설전류의 등가회로 ┃

(1) $I_0 = I_d + I_a + I_r$

여기서, I_0 : 전전류

I_d : 변위전류

I_a : 흡수전류

I_r : 누설전류

(2) 변위전류 및 흡수전류

절연물 중의 원자, 분자의 분극이나 캐리어의 이동에 수반되어 공급전류에서 비교적 짧은 시간에 감쇄되는 전류성분이다.

(3) 누설전류는 절연물의 내부 및 표면의 오손 등의 전기저항분에 의한 전류로써 시간의 경과에 대해 비교적 일정하게 연속되며 절연열화와 관계가 깊은 전류성분이다.

2. 판정기준(누설전류)

(1) $10\mu A$ 이하 → 양호

(2) $10\mu A$ 이상 → 불량

3. 특징

(1) 직류고전압 발생이 용이하다.

(2) 사용 중인 케이블의 수명에 악영향을 미치므로 2회 이상 사용이 금지된다.

(3) 국내의 경우 154kV까지 적용한다.

Q1 NFTC 102 [별표 1]에 의한 내화배선의 공사방법을 설명하고, 내화배선에 1종 금속제 가요전선관을 사용할 수 없는 이유와 내화전선을 전선관 내에 배선할 수 없는 이유에 대하여 설명하시오. 소 121회 출제

Q2 내열배선과 내화배선의 종류, 공사방법 및 적용장소와 케이블 방재에 대한 설계방안에 대하여 설명하시오. 건 110회 출제

Q3 건축물의 화재 시 확산방지가 중요하다. 다음을 설명하시오. 건 119회 출제
(1) 방화구획재(fire stop) 종류 및 특성
(2) 내화구조
(3) 난연케이블(flame retardant cable), 내열케이블(heatproof cable)

건 건축전기설비기술사 / 응 전기응용기술사 / 발 발송배전기술사 / 소 소방기술사 / 안 전기안전기술사 / 화 화공안전기술사 / 정 정보통신기술사

1 VLF(Very Low Frequency)의 정의

사용주파수[60Hz보다 매우 낮은 주파수인 초저주파수(1 ~ 0.01Hz)]를 인가하여 XLPE Cable 의 절연내력 또는 열화의 정도를 진단하는 데 사용하는 전원을 말한다.

2 VLF 시험도입경위

XLPE 케이블의 열화진단 중 유전정접 측정은 상용주파 내 전압시험으로 장비의 대형화로 주로 제조사에 국한되어 현장설치된 케이블의 열화진단은 불가능하였으나 최근 VLF 진단방법의 개발로 현장에서도 열화진단이 가능하게 되었다.

(1) 주파수와 충전용량의 관계

$$Q = VI_c = \omega CV^2 = 2\pi f CV^2 \quad \cdots\cdots\cdots\cdots\cdots\cdots\cdots\cdots\cdots\cdots\cdots\cdots 식\ 1)$$

여기서, V : 시험전압[kV]

C : 케이블의 정전용량[μF]

f : 전원의 주파수[Hz]

위 식 1)에서 V, C는 시험전압, 정전용량이므로 변동의 여지가 없으나 주파수 f는 조정이 가능하다. 즉, $Q \propto f$의 관계가 성립한다.

(2) 시험전원의 축소

상용주파전원 60Hz와 0.1Hz의 정현파전원을 이용할 경우의 전원용량은 다음과 같다. 일반적으로 CNCV 325mm^{2}의 정전용량은 0.3μF/km이므로 긍장 10km에 20kV를 인가하여 시험한다고 가정하면 이때의 충전용량(시험전원용량)은 다음과 같다.

① 60Hz 인가 시

$$Q_{60} = VI_c = \omega CV^2 = 2\pi f CV^2$$

$$= 2\pi \times 60 \times 0.3 \times 10^{-6} \times 10 \times (20 \times 10^3)^2 \times 10^{-3}$$

$$= 452\,\text{kVA} \quad \cdots\cdots\cdots\cdots\cdots\cdots\cdots\cdots\cdots\cdots\cdots\cdots\cdots\cdots \text{식 2)}$$

② 0.1Hz 인가 시

$$Q_{0.1} = 2\pi \times 0.1 \times 0.3 \times 10^{-6} \times 10 \times (20 \times 10^3)^2 \times 10^{-3} = 0.75\,\text{kVA} \quad \cdots\cdots\cdots \text{식 3)}$$

③ 위에서와 같이 60Hz와 0.1Hz에서의 시험전원용량은 $\dfrac{1}{600}$로 줄어듦을 알 수 있다.

(3) 현장적용성

① 과거의 상용주파전압시험은 전원용량의 한계로 제조사에서의 최초 제작시험에 한정되어 적용하였다.

② VLF 시험은 전원용량의 축소로 현장에 설치된 케이블의 열화진단이 가능하다.

③ 장비의 Smart화로 $\tan\delta$, PD, DC 내 전압 등을 한 개의 장비에서 진단이 가능하다.

3 주요 측정알고리즘

(1) $\tan\delta$(유전정접)

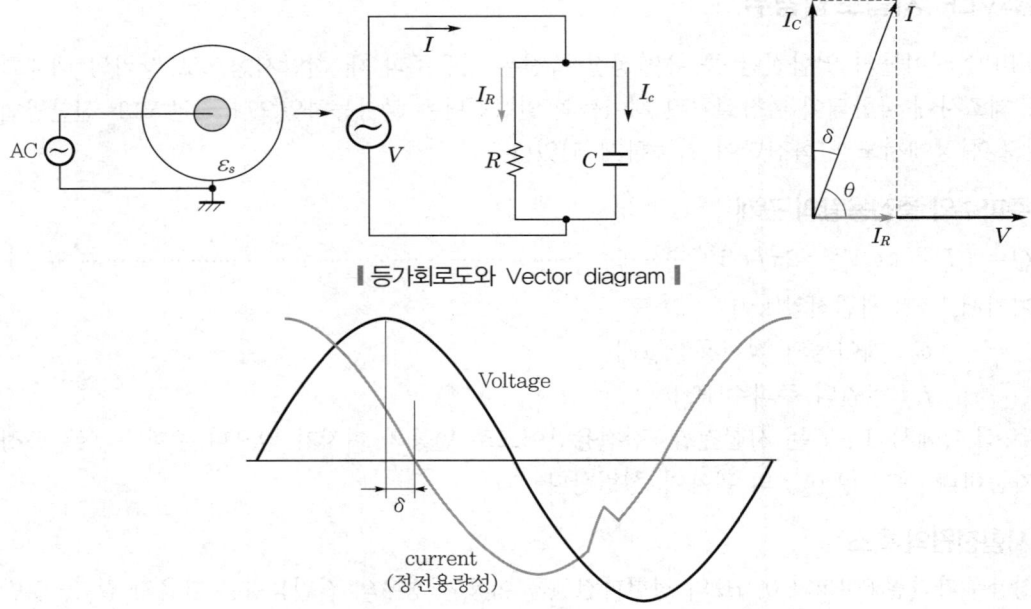

┃ 등가회로도와 Vector diagram ┃

┃ 실제 측정그래프 ┃

① 케이블의 도체와 Sheath 간은 그림과 같이 절연저항 R과 정전용량 C의 병렬결합으로 볼 수 있다.

② 케이블의 도체와 Sheath 간에 교류전압 인가 시 흐르는 전류는 절연저항에 의한 누설전류 I_R과 정전용량에 의한 충전전류 I_C의 벡터적 합성전류이다.

③ I_R은 전압 V와 동상이며, I_C는 전압보다 $90°$ 진상이 된다.

④ 벡터도에서 θ를 유전손실각이라 하며 유전체손실은 $W_d = VI_R = VI_c\tan\delta = \omega CV^2\tan\delta$

⑤ 유전정접 $\tan\delta = \dfrac{I_R}{I_C} = \dfrac{\dfrac{V}{R}}{\omega CV} = \dfrac{1}{\omega CR}$ ·················· 식 4)

위 식에서 누설전류 I_R이 클수록, δ가 클수록, $\tan\delta$가 클수록 절연물이 불량에 가깝다는 것을 알 수 있다.

⑥ 상태판정

┃$\tan\delta$ 측정에 따른 상태판정┃

$\tan\delta$	판정	진단
0.5% 미만	양호	–
0.5 ~ 5%	요주의	수트리 발생
5% 이상	불량	수트리 진전, 내전압 극히 저하

(2) Partial discharge

① 절연체 내부의 이물질, 공극(void) 등에서 전계차에 따른 미소부분 방전량을 측정하는 방법이다.

② 외부 Noise(background noise)에 매우 취약하여 차폐실에서 측정해야 한다.

③ 현장설치된 케이블을 VLF 장비로 하는 시험은 현실적으로 많은 오차를 동반한다.

④ 측정방법 : 다음 그림에서 전압 V를 인가했을 때 분압된 전압을 V_c, ΔV라면

$$\Delta V = \frac{Q}{C_b} = \frac{1}{C_b} \times \left(\frac{C_b C_c}{C_b + C_c}\right) \times V = \left(\frac{C_c}{C_b + C_c}\right) \times V[\text{V}]$$

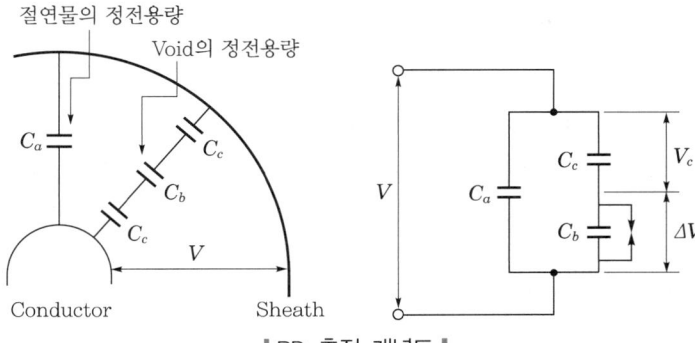

┃PD 측정 개념도┃

495

⑤ 상태판정

▎부분방전시험 상태판정기준 ▎

구분	기준	판정
22.9kV	2000pC 미만	정상
	2000 ~ 5000pC	요주의
	5000pC 이상	이상
154kV	1000pC 미만	정상
	1000pC 이상	요주의

4 VLF 장비를 이용한 내전압 시험방법의 종류

일반적으로 장비 내에 아래와 같은 기능이 모두 내장되어 있다.
① Cosine 파형을 이용한 시험
② Sin(정현)파를 이용한 시험
③ Bipolar rectangular 파형을 이용한 시험
④ 정·부극성 DC 내전압시험

5 VLF 시험방법의 장단점

(1) 장점
① 주기적인 극성의 교번으로 공간전하(space charge)가 미축적된다.
② 경량의 장비로 높은 시험전압 인가가 가능하다.
③ 유전정접, 부분방전, 누설전류, 손실계수 등 여러 가지 스펙트럼분석으로 열화진단 및 판정이 용이하다.
④ 타 시험에 비해 결선 등이 간단하고, 이동이 용이하여 현장측정이 용이하다.
⑤ 별도의 큰 시험용 전원이 불필요하다.

(2) 단점
① 측정 및 진단에 약간의 숙련도가 요구된다.
② 주파수를 0.01Hz 등으로 낮출 경우 공간전하 축적시간이 길고 축적될 가능성이 있다.
③ 사선상태에서만 측정이 가능하다.
④ 반드시 Sheath가 있는 케이블만 측정이 가능하다.
⑤ 장비가격이 비교적 고가이다.

6 결론 및 향후 전망

케이블 진단은 IEEE400 Series에서 이미 제정되어 적용하고 있고, 국내에서는 XLPE 케이블의 적용이 154kV까지 확대적용됨에 따라 초저주파 진단방법은 케이블 열화진단에 활용도가 높아질 것이며, 향후 진단알고리즘의 개발, 상태판정수치 체계화, 진단엔지니어 양성 등의 활동이 요구된다.

내화전선과 내열전선

기출
지문

Q1 NFTC 102에 의한 내화배선의 공사방법을 설명하고, 내화배선에 1종 금속제 가요전선관을 사용할 수 없는 이유와 내화전선을 전선관 내에 배선할 수 없는 이유에 대하여 설명하시오. 〔소 121회 출제〕

Q2 소방시설공사에 사용되는 내열·내화 배선에 사용되는 전선의 종류와 공사방법을 기술하고 각각(자동화재탐지설비, 옥내 소화전설비, 비상콘센트설비, CO₂ 소화설비)의 내열·내화 배선 구간을 Block diagram상에 표시하시오. 〔소 65회 출제〕

Q3 내화배선의 시공방법에 대하여 간단히 설명하시오. 〔안 65회 출제〕

Q4 내화전선과 내열전선에 대하여 설명하시오. 〔안 129회 출제〕

〔건〕 건축전기설비기술사 / 〔응〕 전기응용기술사 / 〔발〕 발송배전기술사 / 〔소〕 소방기술사 / 〔안〕 전기안전기술사 / 〔화〕 화공안전기술사 / 〔정〕 정보통신기술사

1 개요

① 소방용 배선의 종류로는 내화배선, 내열배선, 차폐배선이 있으며, 적용에 따라 공사방법이 다르다.

② 소방설비에 사용되는 상용 및 비상전원의 배선은 화재 시에도 일정 시간은 기능이 유지되도록 내열 및 내화 배선이 필요하다. 기본적으로 내열 이상의 성능이 요구된다.

2 전선의 종류

(1) 내화전선

(2) 기타 전선

① 450/750V 저독성 난연 가교 폴리올레핀 절연전선(HFIX)

② 0.6/1kV 가교 폴리에틸렌 절연 저독성 난연 폴리올레핀 시스 전력케이블

③ 6/10kV 가교 폴리에틸렌 절연 저독성 난연 폴리올레핀 시스 전력케이블

④ 가교 폴리에틸렌 절연 비닐시스 트레이용 난연 전력케이블

⑤ 0.6/1kV EP 고무절연 클로로프렌 시스 케이블

⑥ 300/500V 내열성 실리콘 고무절연전선(180℃)

⑦ 내열성 에틸렌-비닐 아세테이트 고무절연케이블

⑧ 버스덕트(bus duct)

⑨ 기타 주무부장관이 인정하는 것

3 내화·내열 배선 적용장소

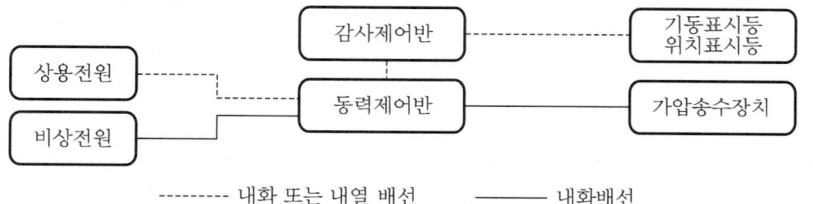

-------- 내화 또는 내열 배선   ———— 내화배선

(1) 내화배선

① 비상전원설비로부터 가압송수장치 및 동력제어반 간의 전원회로 배선

② 수신기 전원회로 배선

③ 비상콘센트설비, 비상방송설비의 전원회로 배선

(2) 내열배선

① 상용전원으로부터 동력제어반, 감시조작 또는 표시등 회로의 배선

② 감시·조작 또는 표시등 회로의 배선

③ 감지기 상호 간

(3) 차폐배선

① R형 설비의 Network 통신배선 및 계통배선

② 아날로그 감지기 배선

③ 다신호식 감지기 배선

4 내화배선의 공사방법

(1) 내화전선 : 케이블 공사방법

(2) 기타 전선

매립할 경우	매립하지 않을 경우
• 금속관, 제2종 금속제 가요전선관, 합성수지관에 수납 • 내화구조로 된 벽 또는 바닥으로부터 25mm 이상의 깊이로 매설	• 내화성능을 갖는 배선전용실 또는 배선용 샤프트, 피트 등에 설치 • 다른 설비배선과 15cm 이상 이격 또는 배선지름의 1.5배 이상의 불연성 격벽 설치

5 내열배선의 공사방법

(1) 내열전선 : 케이블 노출시공 금지(내화전선 시공)

(2) 기타 전선

노출공사	배선전용실 등에 설치
• 금속관, 금속제 가요전선관, 금속덕트에 수납하여 설치 • 케이블공사(불연성 덕트 내 설치에 한함)	• 내화성능을 갖는 배선전용실 또는 배선용 샤프트, 피트 등에 설치 • 다른 설비배선과 15cm 이상 이격 또는 배선지름의 1.5배 이상의 불연성 격벽 설치

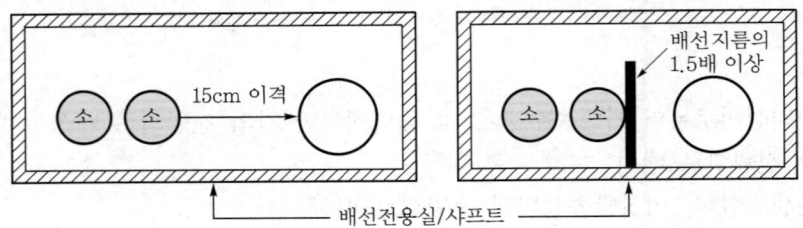

6 내화배선의 성능 (법개정 전후 비교)

구분	기존 내화전선	개정 내화전선
개념	일반내화성능	고내화성능
시험규격	KS C IEC 60331-11, -21	KS C IEC 60331-1, -2
주요 시험조건	• 시험온도 : 750℃ • 가열시간 : 90분 • 타격시험 : 없음	• 시험온도 : 830℃ • 가열시간 : 120분 • 타격시험 : 있음(5분마다)
비고	−	그 외 KS C IEC 60332-3-24 (전선의 불꽃전파시험) 성능 이상

7 차폐배선의 공사방법

사용전선의 종류	공사방법
• 제어용 가교폴리에틸렌 절연비닐시스 케이블 (CVV-SB) • 소방신호제어용 비닐 절연비닐시스 차폐케이블 (STP)	• 내화·내열 배선 공사방법 동일 • 차폐배선을 끊어짐 없이 연결하며 수신기 접지단자에 연결 • 차폐선은 외함, 전선관 등 금속체에 접속되지 아니하게 설치
• 난연성 비닐절연시스 케이블(FR-CVV-SB) • 내열성 비닐시스 제어용 케이블(H-CVV-SR)	• 케이블 공사방법에 의해 설치하여야 함 • 차폐배선을 끊어짐 없이 연결하며 수신기 접지단자에 연결 • 차폐선은 외함, 전선관 등 금속체에 접속되지 아니하게 설치

8 감지기회로의 배선

(1) 감지기 상호 간 또는 감지기로부터 수신기에 이르는 감지기회로의 배선

① 아날로그식, 다신호식 감지기나 R형 수신기용으로 사용되는 것은 전자파 방해를 받지 아니하는 실드선을 사용하여야 하며, 광케이블의 경우에는 전자파 방해를 받지 아니하고 내열성능이 있는 경우 사용할 수 있다.

② ① 외의 일반배선 : 내화배선 또는 내열배선

(2) 감지기회로의 도통시험을 위한 종단저항 설치기준

① 점검 및 관리가 쉬운 장소에 설치할 것

② 전용함을 설치하는 경우 그 설치높이는 바닥으로부터 1.5m 이내로 할 것

③ 감지기회로의 끝부분에 설치하며, 종단감지기에 설치할 경우에는 구별이 쉽도록 해당 감지기의 기판 및 감지기 외부 등에 별도의 표시를 할 것

(3) 감지기 사이의 회로배선방식

배선은 송·배전식으로 한다.

(4) 감지기회로 및 전로와 대지 사이 및 배선 상호 간의 절연저항 기준 0.1MΩ 이상으로 할 것

(5) 다른 전선과 별도의 관·덕트(절연효력이 있는 것으로 구획한 때에는 그 구획된 부분은 별개의 덕트로 봄)·몰드 또는 풀박스 등에 설치할 것

(6) P형 수신기 및 GP형 수신기의 감지기회로의 배선에 있어서 하나의 공통선에 접속할 수 있는 경계구역은 7개 이하로 할 것

(7) 감지기회로의 전로저항은 50Ω 이하가 되도록 하여야 하며, 수신기의 각 회로별 종단에 설치되는 감지기에 접속되는 배선의 전압은 감지기 정격전압의 80% 이상이어야 할 것

9 결론

① 화재 시 피해를 경감시키기 위해서 소방시설이 작동되어야 하므로 중요선로에는 내화배선, 나머지 선로에는 내열배선으로 설치하고 있다.

② 내화배선과 내열배선의 구분은 전선의 종류로 구분하지 않고 공사방법에 따라서 구분한다.

케이블 방화대책

1 개요

① 최근 건축물이 대형화·고층화되면서 전력공급의 우수성, 시공의 편리성, 지진·진동에 대한 안전성 등에 부합된 배선방식인 케이블공법이 주로 사용되고 있다.

② 이러한 케이블의 절연재나 피복재는 고분자물질로서, 화재 발생 시 유독가스, 부식성 가스를 발생시키고 연소속도가 빠르며 열기가 강해 대형화재로 이어지므로 주의가 필요하다.

2 케이블 화재의 원인

(1) 케이블 자체 발화

① 과전류, 단락, 지락, 누전에 의한 발화

② 접촉부의 과열에 의한 발화

③ 탄화 및 절연열화에 의한 발화

④ 시공불량 등에 의한 온도 상승으로 부분발열

⑤ 허용전류 저감률 부족에 의한 온도 상승으로 발화

⑥ 스파크 등에 의한 발화

(2) 외부에 의한 발화

① 타 구역에서 발생한 화재가 케이블로 연소확대

② 방화

③ 기기류의 과열에 의한 발화

④ 용접불꽃 등에 의한 발화

⑤ 가연물의 연소에 의한 발화

3 케이블 화재의 문제점

① 농연 및 부식성 가스가 발생한다.
② 연소에너지가 높고 열기가 강하다.
③ 연소가 빠르다.
④ 사고 시 타 계통에 연계피해 우려가 있다.
⑤ 사고 시 대형피해로 기간산업이 마비된다.

4 케이블 화재의 방지대책

(1) 출화방지

① 케이블 선로, 전기기기를 적정하게 설치한다.
② 케이블의 유지·보수·점검 등을 철저히 한다.
    ㉠ 외부요인에 의한 손상을 방지한다.
    ㉡ 정기적인 점검 및 절연진단을 실시한다.
    ㉢ 유압온도 감시장치를 부착하고 이상온도 감시 및 경보를 한다.
③ 케이블의 난연화, 불연화
    ㉠ FR-8 사용하고 발화, 연소, 화재의 확대를 방지한다.
    ㉡ 난연재 Coating, 피복물질에 난연재를 첨가한다.

(2) 연소확대 방지

① 케이블의 난연화, 불연화, 방화보호
② 케이블의 관통부 방화조치
③ 화재의 조기 발견, 초기 소화
④ 방재설비시스템 적용

5 결론

① 케이블 화재의 주요 원인은 접촉불량, 합선, 과부하가 대부분이다.
② 사고보호장치의 개발, 절연물의 성능 향상, 관련 법규의 강화에도 불구하고 케이블 화재는 여전히 발생하고 있다.
③ 따라서, 설계나 시공에 있어서의 고려뿐만 아니라 체계적이고 지속적인 유지관리가 필요하다.

고체 유전체의 트리잉 (treeing)과 트래킹(tracking)

기출
지문
Q1 고체 유전체의 트리잉(treeing)과 트래킹(tracking) 현상을 비교설명하시오. [전 118 · 101회 출제]
Q2 전기화재원인 중 하나인 트래킹(tracking)의 발생 메커니즘과 방지대책을 설명하시오. [전 125회 출제]
Q3 흑연화현상과 트래킹(tracking) 현상에 대하여 비교설명하시오. [소 117회 출제]
Q4 그래파이트(graphite) 현상과 트래킹(tracking) 현상에 대하여 설명하시오. [소 119회 출제]
Q5 트래킹(tracking) 화재의 진행과정과 방지대책에 대하여 설명하시오. [소 122회 출제]

건 건축전기설비기술사 / 용 전기응용기술사 / 발 발송배전기술사 / 소 소방기술사 / 안 전기안전기술사 / 화 화공안전기술사 / 정 정보통신기술사

1 고체 유전체의 특징

고체 유전체(절연물)는 기체 및 액체 유전체에 비하여 절연파괴가 일어나면 자기회복이 되지 않는 특성이 있다.

2 트리잉(treeing) 현상

(1) 고체 유전체 속에 나뭇가지모양의 방전흔적을 남기는 절연열화현상이다.

(2) 종류
① 수트리(water tree) : 절연체 내에 수분이 침투하면 수분이 이온화되고, 이 이온에 교번전계가 가해져서 진동함으로써 절연체에 틈을 만든다.
② 전기트리(electrical tree) : 절연체 내부에 공극(void), 이물질, 반도전층의 돌기 등이 존재하면, 부분방전에 의해 전기적 트리가 가속되어 절연파괴된다.
③ 화학적 트리(chemical tree) : 토양 등에 함유된 화학적 성분이 케이블 시스층 및 절연체를 투과하여 도체에 도달해 도체와 반응하여 트리가 진전되어 절연파괴된다.

3 트래킹(tracking) 현상

① 절연물 표면에 전계가 존재할 때 연면방향으로 탄화도 전로가 형성되는 현상이다.
② 절연물 연면방향의 절연성능에 나쁜 영향을 미친다.
③ 도전전류의 Joule열에 의하여 표면의 수분이 증발하면 도전로가 끊어지면서 미소불꽃방전이 발생되어 탄화생성물이 생성되고, 연속 반복적인 방전에 의하여 절연체 표면이 침식되면서 결국 절연파괴된다.

4 트리잉(treeing)과 트래킹(tracking) 현상 비교

구분	트래킹(tracking)	트리잉(treeing)
발생 절연물	고체 유전체	고체 유전체
최초 시작점	유전체 표면	유전체 내부, 반도전층과 유전체 계면, 도체 표면과 유전체,
주요 요인	유전체 표면의 오염	유전체 내부의 공극, 돌기, 수분, 토양의 화학성분

SECTION 18 전력간선 설계

기출
지문

Q1 건축물의 전력간선 설계순서에 대하여 설명하시오. [건 107회 출제]

Q2 대전류용량을 가지는 전력간선(케이블, 버스덕트)의 단락 시 단락전자력과 단락기계력의 계산방법에 대하여 설명하시오. [건 99회 출제]

Q3 전력간선의 종류를 사용목적에 따라 분류하고, 설계순서 및 설계 시 고려하여야 할 사항에 대하여 설명하시오. [건 101회 출제]

Q4 초고층 빌딩의 수직 간선설비 설계 시 주요 검토항목을 설명하고 문제점 및 대책, 고려하여야 할 사항에 대하여 설명하시오. [건 104회 출제]

Q5 한국전기설비규정(KEC)에서 배선규격을 결정하는 요소 중 전선의 단면적 결정요소에 대하여 설명하고, 전선의 허용전류 선정 시 고려사항에 대하여 설명하시오. [발 133회 출제]

Q6 전기사용설비에서 케이블의 굵기 선정방법에 대하여 기술하시오. [발 72회 출제]

건 건축전기설비기술사 / 용 전기응용기술사 / 발 발송배전기술사 / 소 소방기술사 / 안 전기안전기술사 / 화 화공안전기술사 / 정 정보통신기술사

1 개요

(1) 간선의 정의

변압기 또는 배전반에서 분전반에 이르는 배선 또는 발전기나 축전지로부터의 전원공급배선을 말한다.

(2) 간선의 설계순서

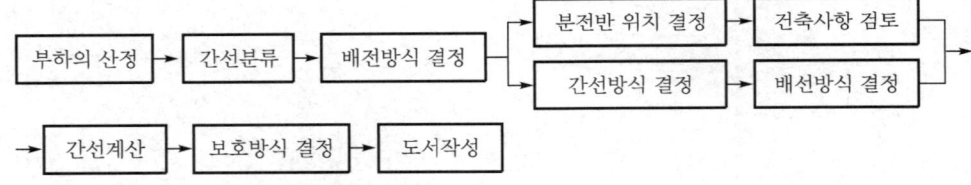

2 간선설계 시 고려사항

(1) 부하의 산정

① 부하설비 파악 : 부하명칭, 설치장소, 용도, 용량 등

② 부하설비 검토 : 부하 운전특성, 중요도, 비상전원 유무, 수용률 등

(2) 간선의 분류

① 전등간선 : 상용, 비상용

② 동력간선 : 상용, 비상용

③ 특수용 간선 : 컴퓨터용, 기타(OA용, 의료기기용)

(3) 배전방식의 결정

전압에 따른 분류	저압 배전	고압 배전	특고압 배전
전기방식에 따른 분류	$1\phi(2, 3W)$	$3\phi3W$	$3\phi3W(22kV)$
	$3\phi(3, 4W)$		$3\phi4W(22.9kV-Y)$

(4) 간선방식의 결정

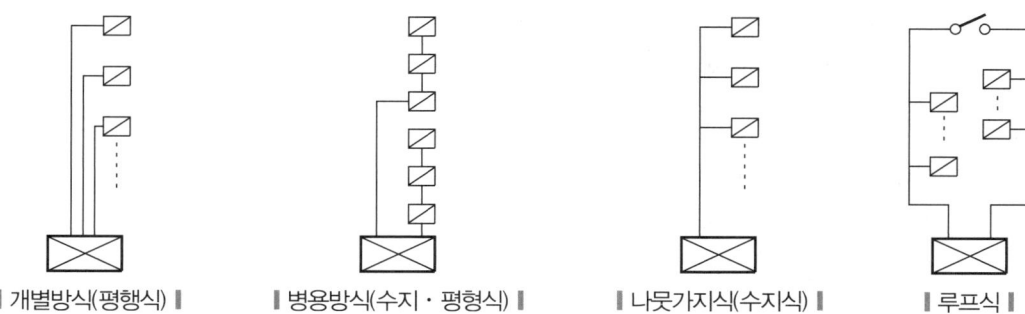

▮ 개별방식(평행식) ▮　　▮ 병용방식(수지 · 평형식) ▮　　▮ 나뭇가지식(수지식) ▮　　▮ 루프식 ▮

(5) 배선방식의 결정

① 재료에 따른 분류 : 절연간선, 케이블, 나도체

② 간선부설방식에 따른 분류

간선부설방식	장점	단점	종류
배관배선 방식	• 화재의 우려가 없고 기계적 보호성 우수 • 경제적, 시공 간편	• 수직배관 시 장력지지 어려움 • 증설 불리 • 간선용량이 제한적	• 합성수지관 공사 • 금속관 공사
케이블 Tray 방식 (케이블 배선방식)	• 허용전류 크고 방열특성 우수 • 증설, 변경, 유지보수 용이 • 내진성이 큼	• 굴곡반경이 크고 공간을 많이 점유 • 화재 시 유독가스 발생	• 사다리형(래더형) • 바닥밀폐형 • 펀칭형 • 메시형
Bus duct 방식	• 대용량을 콤팩트하게 공급 • 부하증설 용이 • 임피던스, 전압강하 작음 • 방재성 우수, 친환경적	• 접속부품이 많음 • 사고 시 파급범위 큼 • 내진성이 작음	• Feeder bus duct • Plug-In bus duct • Expension, Tap off • Transposition bus duct

③ 경제성 비교

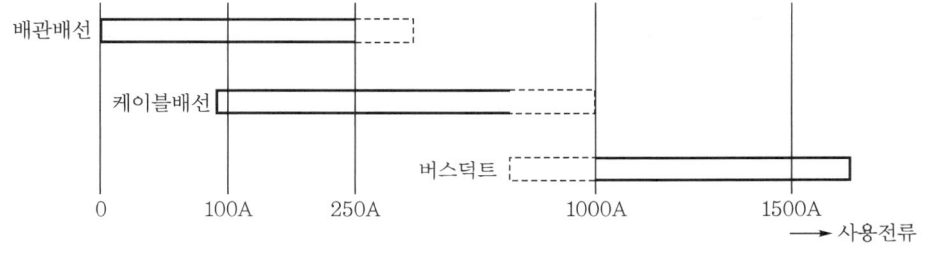

(6) 분전반 위치결정

각 층별로 가급적 부하의 중심 배치, 점검 및 유지보수 공간 확보 등을 고려한다(복도 or EPS실 등에 설치).

(7) 건축사항, 타 공종 간의 협의

① 건축주 : 장래증설 계획, 부하율, 수용률 검토

② 건축설계자 : 간선루트, Shaft, 점검구 등 위치, 넓이

③ 설비설계자 : 동력설비 제원, 제어반 위치, 배관 상호 간섭부 조정 협의

(8) 간선용량 계산

① 허용전류(IEC-60364-4, 5)

ㄱ 상시 허용전류 $I = AS^m - BS^n$ [A]

ㄴ 단락 시 허용전류 $I = k\dfrac{S}{\sqrt{t}}$ [A]

여기서, S : 단면적[mm²]

A, B : 시공방법에 따른 계수

m, n : 시공방법에 따른 지수

k : 절연재료, 도체에 따른 계수

t : 단락 지속시간(5초 이하)[s]

② 전압강하

ㄱ 임피던스법 : $\Delta e = K_w(R\cos\theta + X\sin\theta) \cdot I$

ㄴ 간이 실용식(옥내 배선) : $\Delta e = \dfrac{K \cdot I \cdot l}{1000A}$

구분	1ϕ2W	1ϕ3W 3ϕ4W	3ϕ3W
K_w값	2	1	$\sqrt{3}$
K값	35.6	17.8	30.8

ㄷ 수용가설비의 전압강하(KEC 232.3.9)

설비의 유형	조명[%]	기타[%]
저압으로 수전하는 경우	3	5
고압 이상으로 수전하는 경우	6	8

※ 1. 배선설비가 100m 초과분은 m당 0.005% 증가(최대 0.5%)

2. IEC 규정 : 인입구에서 부하말단까지 4% 이하

③ 기계적 강도

    ㉠ 단락 : 열적 용량, 단락전자력

    ㉡ 신축 : Expansion joint 사용(접속부 이완 방지)

    ㉢ 진동 : Cable은 Cleat 고정, Bus duct는 Spring hanger로 고정

④ 기타 : 고조파, 열방산 조건, 연결점 허용온도, 다수조 포설 시 불평형 대책, 장래 부하 증설 고려

(9) 보호방식의 결정

① 과전류보호(과부하, 단락) : 설계, 정격, 허용, 동작 전류 관계(IEC 60364-4-43)

$$I_B \leq I_N \leq I_Z, \ I_2 \leq 1.45 I_Z$$

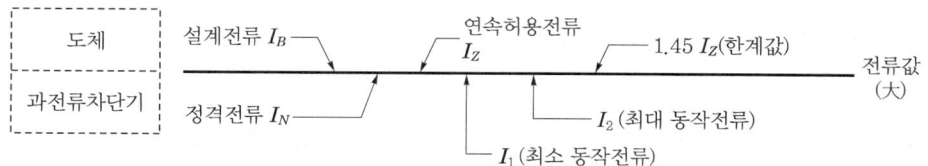

② 지락보호 → 감전보호, 열적 보호, 과전압보호 등

SECTION 19 전압강하 계산법

기출
지문

Q1 전력간선의 전압강하 계산에서 간이계산식과 정식계산식의 차이점을 설명하시오. [건 97회 출제]

Q2 수용가설비에서 설비 인입구와 부하점 사이의 전압강하 허용기준에 대하여 설명하시오. [건 100회 출제]

Q3 전압강하에 관한 벡터도를 그리고 기본식을 설명하시오. [건 106회 출제]

Q4 3상 4선식 공급방식의 전압강하 계산식에 대하여 설명하시오. [건 117회 출제]

Q5 한국전기설비규정(KEC)에 따른 수용가설비에서의 전압강하를 저압으로 수전하는 경우와 고압 이상으로 수전하는 경우 전압강하범위에 대하여 설명하시오. [건 128회 출제]

Q6 한국전기설비규정(KEC)을 기준으로 저압 및 고압 이상으로 수전하는 수용가설비의 전압강하를 설명하시오. [건 130회 출제]

Q7 다음 그림을 이용하여 아래 사항을 설명하시오. [건 121회 출제]
(1) 벡터도를 이용하여 전압강하식 유도
(2) 3상 4선식 전압강하 계산식

Q8 전압강하 계산방법의 종류를 설명하고, 단거리선로에 대하여 옴법 전압강하식을 등가회로 및 벡터도로 설명하시오. [건 130회 출제]

건 건축전기설비기술사 / 응 전기응용기술사 / 발 발송배전기술사 / 소 소방기술사 / 안 전기안전기술사 / 화 화공안전기술사 / 정 정보통신기술사

1 개요

(1) 전압강하란 부하전류가 회로에 흐르면 계통의 임피던스에 의해 전원 측 전압보다 부하 측 전압이 낮아지는 현상이다.

(2) **수용가설비에서의 전압강하**(KEC 232.3.9)

설비의 유형	조명[%]	기타[%]
A-저압으로 수전하는 경우	3	5
B-고압 이상으로 수전하는 경우*)	6	8

*) 가능한 한 최종회로 내의 전압강하가 A유형의 값을 넘지 않도록 하는 것이 바람직하다.
　사용자의 배선설비가 100m를 넘는 부분의 전압강하는 미터 당 0.005% 증가할 수 있으나 이러한 증가분은 0.5%를 넘지 않아야 한다.

(3) **계산방법**
① 임피던스법
② 등가저항법 ┐ 변압기를 포함하지 않는 간단한 회로에 적용한다.
③ %임피던스법 : 변압기를 포함한 복잡한 회로에 적용한다.
④ 암페어 미터법 : 선로길이가 긴 배전선이나 Cable에 적용한다.
⑤ 옥내 배선의 전압강하 약산법

2 전압강하 계산방법

(1) 임피던스법

① 단상 등가회로 및 Vector도

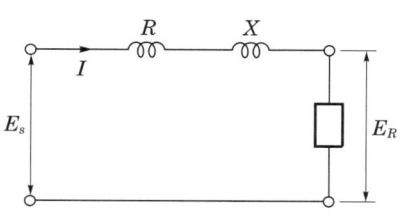

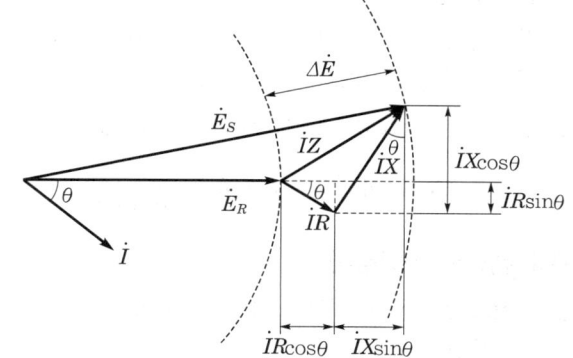

여기서, $\Delta \dot{E}$: 전압강하
$\dot{E}_S$: 전원전압
$\dot{E}_R$: 부하 측 전압

② 계산식 유도

㉠ $\dot{E}_S = (\dot{E}_R + \dot{I}R\cos\theta + \dot{I}X\sin\theta) + j(\dot{I}X\cos\theta - \dot{I}R\sin\theta)$

j항을 무시하면 $\Delta \dot{E} = \dot{E}_S - \dot{E}_R = \dot{I}(R\cos\theta + X\sin\theta)$

㉡ 각 배전방식의 전압강하 일반식은 다음과 같다.

$\Delta \dot{E} = K\dot{I}(R\cos\theta + X\sin\theta)$

여기서, K : 배전방식별 정해지는 계수 $\begin{cases} \text{단상 2선식 : 2} \\ \text{단상 3선식/3상 4선식 : 1} \\ \text{3상 3선식 : } \sqrt{3} \end{cases}$

(2) 등가저항법

$\dot{E}_S = \dot{E}_R + \dot{I}(R + jX)\varepsilon^{-j\theta}$ 에서 j항 무시

$$\Delta \dot{E} = \dot{E}_S - \dot{E}_R = \dot{I}(R\cos\theta + X\sin\theta) = \dot{I} \cdot R_e = \dot{I} \cdot r_e \cdot l[\text{V}]$$

여기서, R_e : 등가저항으로, 전선의 굵기, 배치, 부하역률에 따라 정해짐
r_e : 단위길이당 등가저항[Ω/km]

(3) %임피던스법

$$\varepsilon = \frac{\dot{E}_S - \dot{E}_R}{\dot{E}_R} \times 100[\%] = \frac{P \cdot R + Q \cdot X}{10 V^2}[\%] = \frac{P \cdot \%R + Q \cdot \%X}{\text{기준kVA}}[\%]$$

여기서, P : 유효전력[kW]
Q : 무효전력[kVar]

511

V : 선간전압[kV]

%R : 퍼센트 저항강하

%X : 퍼센트 리액턴스강하

(4) 암페어미터법

① 암페어미터법 : 1V의 전압강하에 대한 전류[A]와 배선의 선로길이[m]와의 곱으로 나타 낸 것(암페어미터표를 이용하면 편리)이다.

② $\Delta \dot{E} = K(r\cos\theta + x\sin\theta)\dot{I} \cdot L$ (r, x는 [Ω/m])

$\Delta \dot{E} = 1\text{V}$라 하면 → $\dot{I} \cdot L = \dfrac{1}{K(r\cos\theta + x\sin\theta)}$ [A · m]

(5) 옥내 배선의 전압강하

① 계산조건 : 교류회로의 배선도체저항은 직류저항과 같다고 본다.

→ 배선의 리액턴스 무시, $\cos\theta = 1$ (∵ 전선의 긍장이 짧으므로)

② 약산식

㉠ $\Delta E = K \cdot I \cdot R = K \cdot I \cdot r \cdot L = \dfrac{K}{k} \times \dfrac{I \cdot L}{A}$

여기서, K : 배전방식별 전압강하계수

k : 표준동의 도전도, $k = 58 \times \dfrac{234.5 + 20}{234.5 + t}$ [℧ · m/mm]

r : 배선의 단위길이당 저항, $r = \dfrac{1}{kA} = \dfrac{1}{58A} \cdot \dfrac{234.5 + t}{234.5 + 20}$ [Ω/m]

A : 전선단면적[mm²]

㉡ 20°에서 도체의 k값

• 표준동 : 58×10^3 ℧/mm $= 58$ ℧ · m/mm² (도전율 100%)

• 연동선 : 56.5×10^3 ℧/mm $= 56.5$ ℧ · m/mm² (도전율 97%)

③ 전압강하식 요약(배선의 허용온도 20°를 근거한 연동선의 경우)

배전방식별	$\dfrac{K}{k}$[Ω · mm²/m]	전압강하 근사식 $\left(\Delta E = \dfrac{K}{k} \times \dfrac{I \cdot L}{A}\right)$
단상 2선식	35.6×10^{-3}	$\Delta E = \dfrac{35.6 L \cdot I}{1000 A}$
단상 3선식/3상 4선식	17.8×10^{-3}	$\Delta E' = \dfrac{17.8 L \cdot I}{1000 A}$ (중성선과 외측선 간)
3상 3선식	30.8×10^{-3}	$\Delta E = \dfrac{30.8 L \cdot I}{1000 A}$

1. 전선재료의 도전도와 도전율(20℃ 기준)

전선재료	도전도[℧·m/mm²]	도전율[%]
표준동	58	100
경동선	55.6	96
연동선	56.2	97
알루미늄선	35.3	61
철선	9.2	16

표준동의 고유저항 및 도전도(20℃ 기준)

$$\rho = 1.7241\,\mu\Omega \cdot cm = 1.7241 \times 10^{-5}\Omega \cdot mm$$

$$k = \frac{1}{\rho} = \frac{1}{1.7241 \times 10^{-5}} = 58 \times 10^{3}\,℧/mm$$

2. 암페어미터법

$I \cdot L$의 값을 각 배선사이즈, 부하역률에 대해서 구한 예를 아래 표에 표시한다. 이 표에서 배전사이즈 60mm² 부하역률 0.85, 3상 3선의 $I \cdot L$을 구하면 $I \cdot L$=1700이다.

즉, 부하전류가 170A이면 10m 배선에서 1V의 전압강하가 생긴다는 것을 알 수 있다. 500m에서 50V의 전압강하가 일어나는 셈이다.

❚ 암페어미터표 ❚

배전방식	전선사이즈[mm²] / 역률	2.0	3.5	5.5	8	14	22	30	38	50	60	80	100	125	150	200	250	325
단상 2선	$\cos\phi = 0.95$	50	90	140	200	350	550	700	900	1200	1400	1800	2200	2700	3200	3900	4700	5500
단상 2선	$\cos\phi = 0.85$	60	100	150	220	380	600	750	950	1200	1500	1900	2300	2700	3100	3600	4300	4900
단상 3선	$\cos\phi = 0.95$	100	180	270	390	690	1100	1400	1800	2300	2700	3600	4400	5400	6400	7700	9300	11000
단상 3선	$\cos\phi = 0.85$	100	200	300	440	760	1200	1500	1900	2400	2900	3700	4500	5400	6200	7200	8500	9700
3상 3선	$\cos\phi = 0.95$	58	100	160	230	400	640	810	1000	1300	1600	2100	2500	3100	3700	4400	5400	6400
3상 3선	$\cos\phi = 0.85$	64	120	180	250	440	690	870	1100	1400	1700	2100	2600	3100	3600	4200	4900	5600

＊CV케이블(동) 3C, 온도 : 50℃

SECTION 20 전압변동률 계산법

기출 지문 Q1 배전선로의 전압강하율과 전압변동률에 대하여 설명하시오. 건 112회 출제
Q2 전압강하와 전압변동률에 대하여 설명하시오. 건 126회 출제

건 건축전기설비기술사 / 응 전기응용기술사 / 발 발송배전기술사 / 소 소방기술사 / 안 전기안전기술사 / 화 화공안전기술사 / 정 정보통신기술사

1 전압변동률의 정의

$$\varepsilon = \frac{\dot{V}_{20} - \dot{V}_n}{\dot{V}_{2n}} \times 100 \, [\%]$$

변압기에 정격부하를 접속하고, 1차 측 전압을 조정하여 2차 전압이 정격치와 같게 되었을 때 1차 전압을 그대로 두고 부하를 떼어버리면 2차 전압이 상승하게 되는데, 이를 2차 정격전압에 대한 백분율로 나타낸 것이다.

2 등가회로 및 Vector도

(1) 등가회로도

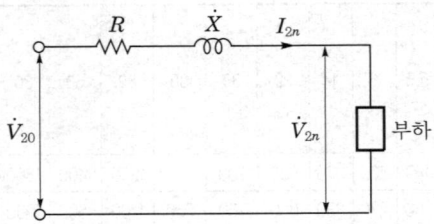

1차를 2차로 환산한 저항, 리액턴스

$R = \dfrac{r_1}{a^2} + r_2$

$\dot{X} = \dfrac{\dot{x}_1}{a^2} + \dot{x}_2$

(2) Vector도

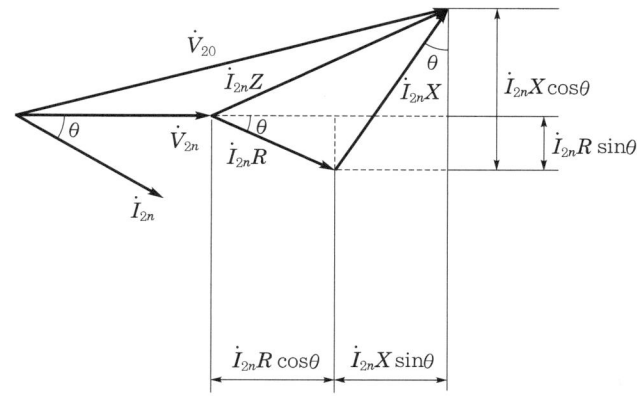

$\dot{V}_{20}$: 무부하 시 수전단전압[V]

$\dot{V}_{2n}$: 전부하 시 수전단전압[V]

3 계산방법

(1) 상세식

① $V_{20} = V_{2n} + I_{2n} \cdot Z$

$\quad = V_{2n} + I_{2n}(R\cos\theta + X\sin\theta) + jI_{2n}(X\cos\theta - R\sin\theta)$

$V_{20}^{\,2} = (V_{2n} + I_{2n}R\cos\theta + I_{2n}X\sin\theta)^2 + (I_{2n}X\cos\theta - I_{2n}R\sin\theta)^2$ ····················· 식 1)

② 조건(정의)

$$\left.\begin{array}{l} \%저항강하 \quad p = \dfrac{I_{2n} \cdot R}{V_{2n}} \times 100\,[\%] \\[4mm] \%리액턴스강하 \quad q = \dfrac{I_{2n} \cdot X}{V_{2n}} \times 100\,[\%] \end{array}\right\}$$ ··· 식 2)

③ 식유도

식 1)을 $V_{2n}^{\,2}$ 으로 양변을 나누어 주면

$$\left(\frac{V_{20}}{V_{2n}}\right)^2 = \left(1 + \frac{I_{2n} \cdot R}{V_{2n}}\cos\theta + \frac{I_{2n} \cdot X}{V_{2n}}\sin\theta\right)^2 + \left(\frac{I_{2n} \cdot X}{V_{2n}}\cos\theta - \frac{I_{2n} \cdot R}{V_{2n}}\sin\theta\right)^2$$

·· 식 3)

식 3)을 식 2)에 의해 정리하면

$$\left(\frac{V_{20}}{V_{2n}}\right)^2 = \left(1 + \frac{p}{100}\cos\theta + \frac{q}{100}\sin\theta\right)^2 + \left(\frac{q}{100}\cos\theta - \frac{p}{100}\sin\theta\right)^2$$ ····················· 식 4)

$$\varepsilon = \left(\frac{V_{20}}{V_{2n}} - 1\right) \times 100$$

$$\quad = \left\{\sqrt{\left(1 + \frac{p}{100}\cos\theta + \frac{q}{100}\sin\theta\right)^2 + \left(\frac{q}{100}\cos\theta - \frac{p}{100}\sin\theta\right)^2} - 1\right\} \times 100$$ ········· 식 5)

여기서, $\dfrac{p}{100}\cos\theta + \dfrac{q}{100}\sin\theta = a$, $\dfrac{q}{100}\cos\theta - \dfrac{p}{100}\sin\theta = b$ 라 놓으면

$$\varepsilon = \left(\dfrac{V_{20}}{V_{2n}} - 1\right)\times 100$$

$$= \left\{\sqrt{(1+a)^2 + b^2} - 1\right\}\times 100$$

$$= \left\{(1+a)\cdot\sqrt{1 + \left(\dfrac{b}{1+a}\right)^2} - 1\right\}\times 100$$

이항정리를 하면, 즉 $\sqrt{1+x} \simeq 1 + \dfrac{x}{2}$ 의 형태를 이용하여 정리하면

$$\varepsilon = \left[(1+a)\left\{1 + \dfrac{\left(\dfrac{b}{1+a}\right)^2}{2}\right\} - 1\right]\times 100$$

$$= \left\{1 + a + \dfrac{b^2}{2(1+a)} - 1\right\}\times 100 = \left\{a + \dfrac{b^2}{2(1+a)}\right\}\times 100$$

여기서, $a \ll 1$ 이므로

$$\varepsilon \cong \left(a + \dfrac{b^2}{2}\right)\times 100 \quad\cdots\cdots\cdots\cdots\cdots\cdots\cdots\cdots\cdots\cdots\cdots\cdots\cdots\cdots\cdots\cdots 식\ 6)$$

이를 다시 정리하면 다음과 같이 된다.

$$\varepsilon = \left\{\dfrac{p}{100}\cos\theta + \dfrac{q}{100}\sin\theta + \dfrac{1}{2}\times\dfrac{(q\cos\theta - p\sin\theta)^2}{100^2}\right\}\times 100$$

$$\therefore\ \varepsilon = p\cos\theta + q\sin\theta + \dfrac{(q\cos\theta - p\sin\theta)^2}{200} \quad\cdots\cdots\cdots\cdots\cdots\cdots\cdots\cdots 식\ 7)$$

(2) 약산식

① $V_{20} = V_{2n} + I_{2n}R\cos\theta + I_{2n}X\sin\theta + j(I_{2n}X\cos\theta - I_{2n}R\sin\theta)$

여기서, j항을 무시하면

$V_{20} - V_{2n} \cong I_{2n}(R\cos\theta + X\sin\theta)$

② $\varepsilon = \dfrac{V_{20} - V_{2n}}{V_{2n}}\times 100[\%] = \dfrac{I_{2n}(R\cos\theta + X\sin\theta)}{V_{2n}}\times 100[\%]$

$\therefore\ \varepsilon = p\cos\theta + q\sin\theta\,[\%]$

(3) 역률 100%일 때의 전압강하

역률 100%(즉, $\cos\theta = 1$) 시 $\varepsilon = p$가 되므로

$$\varepsilon = \dfrac{I_{2n}\cdot R}{V_{2n}}\times 100 = \dfrac{I_{2n}{}^2\cdot R}{V_{2n}I_{2n}}\times 100 = \dfrac{전부하동손}{정격용량}\times 100[\%]$$

전압강하	전압변동
선로에 전류가 흐름으로써 발생하는 역기전력 때문에 생기는 '송전단과 수전단의 전압 차이'	부하가 갑자기 변화하였을 때에 무효전력흐름에 기인한 '무부하 시 전압과 전부하 시 전압의 차이'
• 부하전류가 회로에 흐르면 선로, 변압기, 리액터 등 임피던스 때문에 전압강하가 발생한다. • 인접 수용가의 전동기부하의 기동, 아크로, 용접기 등의 운전에 기인한다(과도적).	• 부하가 갑자기 변동하는 것으로 부하변동, 사고, 계통변환 등 항상 전압변동이 있다. • 모선전압은 부하변동, 사고, 계통변환 등으로 항상 전압변동이 있다(정상적).
전동기의 기동과 같이 초 또는 분 단위의 변동하는 순시전압강하이다.	아크로, 용접기의 운전처럼 사이클단위로 변동하는 Flicker 현상
전압강하율은 어떤 주어진 시점에서 그때 흐르던 부하전류에 따른 전압 크기 변동범위를 대상	전압변동률은 부하가 갑자기 변화하였을 때에 그 단자전압의 변동범위를 나타낸다.
전압강하율 $e = \dfrac{E_s - E_r}{E_r} \times 100[\%]$	전압변동률 $\varepsilon = \dfrac{V_{20} - V_{2n}}{V_{2n}} \times 100[\%]$

예제

정격용량 1000kVA, 1차 전압 22.9kV, 2차 전압 3.3kV인 몰드변압기의 부하손실이 8.0kW, 임피던스전압이 1100V인 경우 부하의 역률 0.8, 부하율 100%일 때 변압기의 전압변동률을 계산하시오.

풀이

1. 전압변동률

$\varepsilon = p\cos\theta + q\sin\theta \, [\%]$

$\%Z = \sqrt{p^2 + q^2} \, [\%]$

여기서, p : $\%IR$로 %저항강하

q : $\%IX$로 %리액턴스강하

2. %저항강하$(p) = \dfrac{\text{부하손}}{\text{정격용량}} \times 100[\%] = \dfrac{W_s}{V_{1n}I_n} \times 100[\%] = \dfrac{8\text{kW}}{1000\text{kVA}} \times 100 = 0.8\%$

그러므로 $q = \sqrt{z^2 - p^2} = \sqrt{4.8^2 - 0.8^2} = 4.73\%$

$\therefore \ \varepsilon = p\cos\theta + q\sin\theta = 0.8 \times 0.8 + 4.73 \times 0.6 = 3.48\%$

1 불평형 전압의 발생원인

① 부하접속 불평형으로 수전전압 불평형이 발생한다.

② 변압기 및 선로 임피던스 불평형으로 선전류 불평형이 발생한다.

③ 고조파에 의한 전원 불평형이 발생한다.

2 불평형 전압의 영향

① 역률 저하로 전압강하가 커지고 전력손실이 증가한다.

② 임피던스가 작은 쪽 케이블에 과전류현상이 발생한다.

③ 영상 및 역상 전류가 흘러 전압의 찌그러짐이 발생한다.

④ 설비이용률이 저하된다.

⑤ 3상에서 불평형률이 30%를 넘을 경우 계전기가 동작할 우려가 있다.

3 전압 방지대책

(1) 불평형 부하 제한

① 단상 3선식 : 40% 이하

$$\text{설비불평형률} = \frac{\text{중성선과 각 상에 접속되는 부하설비용량의 차}}{\text{총부하설비용량의 } \frac{1}{2}} \times 100[\%]$$

② 3상 3선식, 3상 4선식 : 30% 이하

$$설비불평형률 = \frac{각\ 선\ 간에\ 접속되는\ 단상\ 부하}{총부하설비용량의\ \frac{1}{3}} \times 100[\%]$$

(2) 변압기

① 단상 변압기를 균형있게 배치한다.

② 변압기 2차 측 부하를 균형있게 배치한다.

(3) 간선

① 선로정수가 평형이 되도록 케이블을 배치한다.

② 정삼각형 배치, 상연가 등

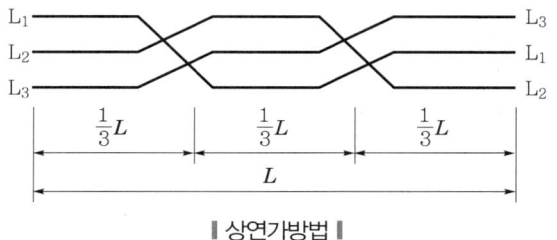

┃상연가방법┃

(4) 전동기

무효전력 보상장치를 설치한다.

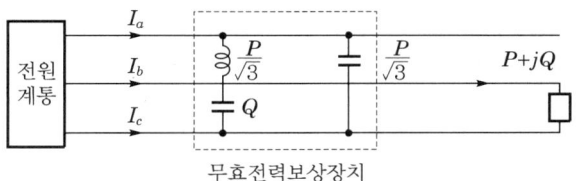

무효전력보상장치

┃단상 부하의 평형화 보상┃

(5) 고조파 발생기기

고조파 필터를 설치한다.

(6) 중성선

상선과 동일한 굵기 또는 그 이상으로 선정한다.

519

4 설계 시 고려사항

① 신뢰성 있는 전원공급을 요구하고 있으므로 3상 평형전압을 공급한다.
② 부하접속이 3상 평형이 되도록 설계 시 고려한다.
③ 고조파 발생부하는 계통분리를 설계 시 고려한다.
④ 불평형 전압 허용범위를 설계 시 고려한다.
⑤ 불평형 전압 방지대책을 설계 시 고려한다.

PLUS 케이블 단락 시 열적 용량, 허용전류 및 단락전자력

1. 열적 용량

(1) 단락전류에 의한 줄열은 수 초 이하로 도체의 온도를 상승시킴과 동시에 외기온도와의 차이는 절연물을 통하여 외부로 발산된다.

(2) $S^2 K^2$(케이블 열적 용량) $\geq I^2 t$(차단기동작 열적 용량)

2. 단락 시 허용전류

$$S^2 K^2 \geq I^2 t, \ I = \frac{S \cdot K}{\sqrt{t}}$$

여기서, S : 케이블 단면적[mm^2]
  K : 케이블 절연물의 열적 용량계수(CV 143)
  I : 단락전류[A]
  t : 단락 고정시간[s]

3. 단락전자력

(1) 케이블전자력

케이블의 경우 두 개의 케이블도체에 전류가 흐르면 전자력에 의해 도체 상호 간에 힘이 작용한다. 즉, 전류가 같은 방향으로 흐르면 흡인력, 반대방향이면 반발력이 되고 이때, 케이블전자력은 다음과 같다.

$$F = K \times 2.04 \times 10^{-8} \times \frac{I_m^2}{D} \ [\text{kg/m}]$$

여기서, K : 케이블배열에 따른 정수(삼각배열 $K=0.866$)
  I_m : 단락전류 최댓값(비대칭)[A]
  D : 케이블 중심간격[m]

(2) 3심 케이블 단락장력과 비틀림모멘트

케이블에 단락이 생기면 아래 식에 의하여 기계력이 생기고 3심 케이블에서 축방향 장력과 비틀림모멘트가 발생한다. 따라서, 3심 케이블은 트리플렉스형을 사용한다.

$$T = \frac{3rFP\sqrt{(2\pi r)^2 + P^2}}{(2\pi r)^2} \ [\text{kg}]$$

$$Q = \frac{3rF\sqrt{(2\pi r)^2 + P^2}}{2\pi} \ [\text{kg} \cdot \text{m}]$$

여기서, T : 축방향 장력[kg]

F : 전자력[kg/m]

P : 피치[m]

r : 케이블 중심간격[m]

Q : 비틀림모멘트[kg · m]

Bus duct 설계 시 고려사항

기출
지문

Q1 Bus duct system의 구성 및 설계, 공사 시 유의사항에 대하여 설명하시오. [건 106회 출제]

Q2 간선 및 분기회로의 Bus duct 설치 시 고려사항에 대하여 설명하시오. [건 77회 출제]

Q3 Bus duct 선정 시 고려사항에 대해 선정하시오. [출제예상]

건 건축전기설비기술사 / 응 전기응용기술사 / 발 발송배전기술사 / 소 소방기술사 / 안 전기안전기술사 / 화 화공안전기술사 / 정 정보통신기술사

1 개요

① Bus duct 배선이란 절연 전선이나 케이블을 사용하지 않고 관모양이나 막대모양의 도체를 이용하여 대전류, 대전력 전력간선을 구성하는 배선방식이다.

② 전력간선 System은 최근 케이블공법이 주류를 이루고 있으나 대용량 간선을 많이 사용하는 전산센터, 대형빌딩, 공장 등에서는 Bus duct 공법을 사용한다.

③ Bus duct 배선은 공급신뢰도가 높고 전력수요 증가와 방재에 대한 대응이 가능하지만 내진성의 성능이 요구된다.

2 시설장소 제한

노출장소, 점검 가능한 은폐장소에는 설치를 제한한다.

3 Bus duct 구조 및 구성품

(1) Bus duct 구조

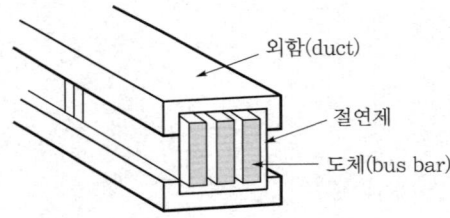

외함(duct)
절연제
도체(bus bar)

(2) 구성품

① Straight feeder : 표준 3m

② Elbow : 상하좌우 방향전환

③ Tee : Main 간선분기

④ Plug-In box : 부하분기

⑤ Expansion : 열 수축·팽창 대응(직선길이 60mm 변화 흡수)

⑥ Reducer : 대 → 저용량 변환되는 곳에 연결, 경제적 라인 구성 시

⑦ Spring hanger, Rigid hanger : 입상 Hanger로써 Bue duct 신축, 진동에 따른 완충작용

⑧ End closer : 말단보호

⑨ 기타 지지금구 등

4 Bus duct 재료

① Al－Fe(알루미늄도체－금속덕트)

② Al－Al(알루미늄도체－알루미늄덕트)

③ Cu－Fe(구리도체－금속덕트)

④ Cu－Al(구리도체－알루미늄덕트)

알루미늄도체가 가볍고 구리와의 접속이 용이하여 Al－Fe Bus duct가 가장 많이 보급되었다.

5 Bus duct 용량

① 200 ~ 1000A로 제조되고 있으며 대용량 간선에 적합하다.

② 경제적 사용전류는 1000A 이상이다.

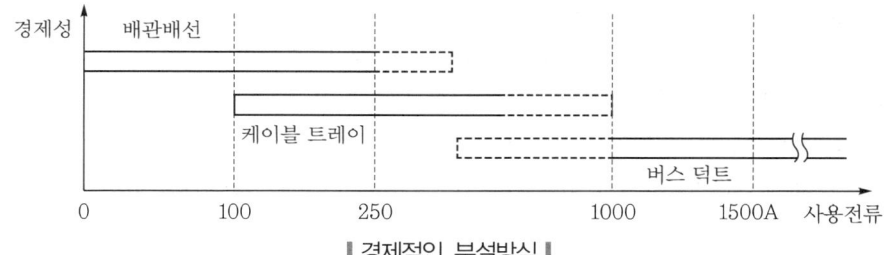

▌경제적인 부설방식 ▌

6 Bus duct의 종류

(1) Feeder bus duct

① 도중에 부하를 접속하지 않는 것이다.

② 변압기와 배전반 간, 배전반과 분전반 간 사용한다.

(2) Plug－in bus duct

도중에 부하접속용 플러그를 시설한다.

(3) Trolly bus duct

도중에 이동부하를 접속할 수 있도록 트롤리 접속식 구조로 한다.

7 Bus duct 접지

① 사용전압이 400V 미만인 경우는 Bus duct를 제3종 접지한다.
② 사용전압이 400V 이상인 경우는 Bus duct를 특별 제3종 접지한다.

8 도체 채용범위

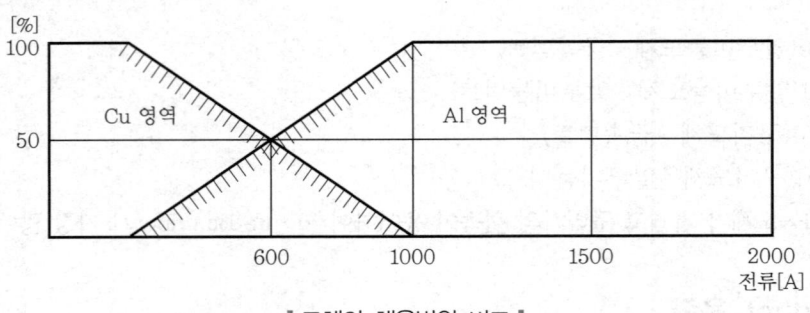

❙ 도체의 채용범위 비교 ❙

9 Bus duct 시공방법

① Bus duct는 수평 3m, 수직 6m 간격으로 견고하게 지지한다.
② Bus duct 상호는 견고하고 전기적으로 완전하게 연결한다.
③ Bus duct 내부는 먼지가 침입하지 않도록 방지한다.
④ Bus duct 종단부는 폐쇄(환기형 제외)한다.
⑤ Bus duct를 수직으로 시설할 경우 Bus duct 지지물은 수직으로 지지하는 데 적합한 것을 사용한다.
⑥ 습기가 많은 장소에 시설할 경우 옥외용 Bus duct를 사용한다.

SECTION 23

Bus duct 시공 시 고려사항

기출 지문

Q1 Bus duct system의 구성 및 설계, 공사 시 유의사항에 대하여 설명하시오. 〔건 106회 출제〕

Q2 버스덕트시스템(bus duct system)의 특징 및 공사 시 유의사항에 대하여 설명하시오. 〔건 133회 출제〕

Q3 버스덕트공사에 의한 저압 옥내 배선 시설공사에 대해 설명하시오. 〔출제예상〕

건 건축전기설비기술사 / **응** 전기응용기술사 / **발** 발송배전기술사 / **소** 소방기술사 / **안** 전기안전기술사 / **화** 화공안전기술사 / **정** 정보통신기술사

1 시설방법

① 수평 3m, 수직 6m 이하 간격으로 지지한다.

② Bus duct 끝부분을 막을 것(비환기형)

③ 습기, 물기가 있는 장소는 옥외용 Bus duct를 사용한다.

④ Bus duct 관통부에서 접속금지한다.

2 도체의 접속과 절연

① 상호 볼트접속 또는 동등 이상

② 접속면에 은, 주석, 카드뮴 등 도금처리를 한다.

③ 버스덕트 내 0.5m 이하 간격으로 절연물로 견고히 지지한다.

3 Bus duct riser 구성방안(T-PJT 현장시공 예)

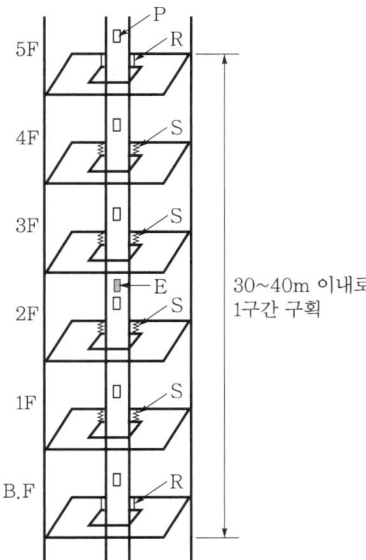

30~40m 이내로
1구간 구획

- E : Expansion joint
- S : Spring hanger
- R : Rigid hanger
- P : Plug-in box

① 직선구간 30 ~ 40m 이내에 구간을 구획하여 중간에 Expansion joint부를 설치한다.

② 층간 Spring hanger를 설치한다.

③ 상·하 양단에 Rigid hanger를 설치한다.

4 접속부 조립절차

① 접속면에 변형이나 이물질을 확인한다.

② 접속방향으로 Bus duct를 정렬한다.

③ 토크랜치를 이용하고 이중 볼트의 바깥쪽 볼트가 파단될 때까지 볼트를 서서히 조인다. (적정 torque 값 : 700 ~ 1000kgf · cm)

5 입상 Hanger 시공방법

(1) Spring hanger

① 층간 Bus duct를 지지한다.

② 원활한 완충작용을 위하여 설치완료 후 A부분 너트를 제거한다.

③ 층간높이 4.5m 이상 시 Medium hanger를 설치(높낮이 조정 가능)한다.

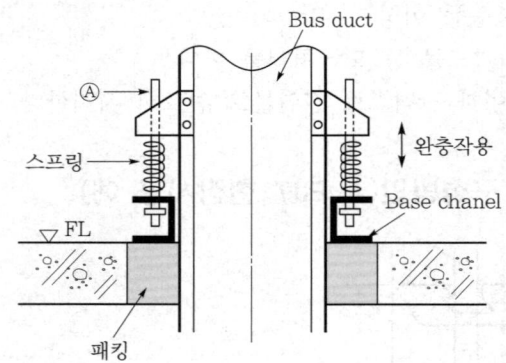

(2) Rigid hanger

Spring 없는 고정 Type으로 30 ~ 40m 이내 구간에서 상·하층 양단에 설치한다(설계상 필요한 개소에 spring hanger 대신 설치 가능).

6 수평구간 Hanger 시공방법

(1) 일반 Hanger

수평구간 1.5m 간격으로 설치한다(직경 12mm 전산볼트 이용).

(2) Wall hanger

일반 Hanger 설치가 어려운 장소에 벽면을 이용한다.

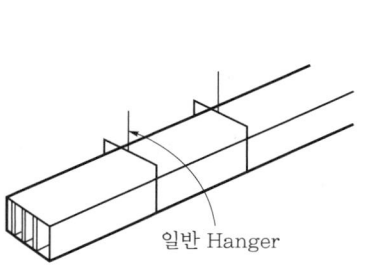
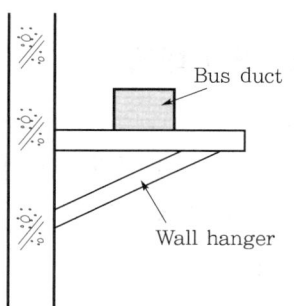

7 Expansion joint 시공방법

(1) 설치기준

직선구간 40m 초과 시 30 ~ 40m 이내로 구간구획하고 각 중간부에 설치한다.

(2) 용도

주위온도 및 부하전류의 증감에 따른 온도변화로 발생되는 도체의 열신축과 건물 Shortening, 진동 및 내진대책

(3) 효과

Rigid/Spring hanger 등과 조합 설치 → 1구간당 15 ~ 20mm 정도의 완충작용효과 (설치 완료 후 신축방지용 볼트 제거)

8 방화구획 관통부의 시공방법

(1) Wall flange 마감

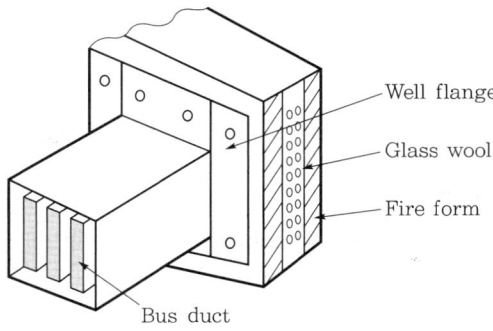

① 벽체나 천장 바닥 등 Bus duct를 관통시키기 위해 생긴 공간을 Wall flange로 마감한다.
② 벽체 Opening 치수는 Bus duct 외곽치수의 +30mm이다.

527

(2) Floor opening

바닥 Floor opening 치수는 Bus duct 외곽치수의 +30mm이다.

9 진동 및 내진 대책

(1) 건물진동 고려

① Bus duct는 건물에 기대어 포설되므로 건물과의 진동을 검토해야 한다.

② 중·고층 건물 진동주기 $T_1 = (0.06 \sim 0.1)N[\text{s}]$

(2) Bus duct 진동

① 수직 Bus duct는 Spring hanger에 의해 적당한 간격으로 설치하여 진동을 분담한다.

② Spring Hanger 상호간 공진을 고려하고 Hanger 간격을 설정한다.

③ Bus duct 고유진동주기

$$T = \frac{2\pi l^2}{\lambda^2} \sqrt{\frac{\rho_A}{E_I \cdot g}} \ [\text{s}]$$

여기서, T : 진동주기[s]

l : 부재의 길이[m]

λ : 형상계수(무차원)

ρ_A : Bus duct 단위길이당 중량[kg/m]

E_I : Bus duct 휨강성[kg·cm²]

g : 중력 가속도[m/s²]

(3) Bus duct 신축

① 열신축에 따른 이상응력, 구부러짐 발생 방지를 위해서이다.

② 직선부가 긴 구간에 적당한 개소에 Expansion joint부를 설치한다.

10 기타 고려사항

(1) 3000A 이상 대전류는 Eddy current를 고려하고 한쪽 Sus를 시공한다.

(2) Bus duct 온도감시시스템 구성

Optical fiber를 이용하고 후방 산란광(back scattering light) Spectrum 검사를 한다.

전동기 기동 시 순시전압강하 계산방법

기출
지문

Q1 유도전동기 기동 시 발생하는 순시전압강하 계산방법에 대하여 설명하시오. [건] 100회 출제

Q2 유도전동기 기동 시 전압강하와 변압기용량 및 임피던스에 대해 설명하시오. [출제예상]

[건] 건축전기설비기술사 / [용] 전기응용기술사 / [발] 발송배전기술사 / [소] 소방기술사 / [안] 전기안전기술사 / [화] 화공안전기술사 / [정] 정보통신기술사

1 순시전압강하의 의미

계통사고나 전동기 기동 등의 원인으로 짧은 시간동안 발생하는 전압 저하 현상이다.

2 순시전압강하 발생의 Mechanism

전동기 기동 → 큰 기동전류 발생(정격의 $4 \sim 7.5$배) → 수전단 계통 전압강하

→ 전동기 단자전압강하 ⎡→ 기동토크 저하($\propto V^2$) → 기동실패
⎣→ 기동용량 감소($\propto V$) → 기동전류 변동(감소) → Flicker 발생

3 순시전압강하율 계산

(1) 기동순시의 전압강하율

$$\varepsilon = \frac{T_s - T}{T_s} \times 100 \, [\%]$$

$$\therefore \ T = \left(1 - \frac{\varepsilon}{100}\right) \cdot T_s$$

여기서, T_s : 전전압 기동용량[kVA]

T : 감소된 기동용량[kVA]

기동순시의 유효전력, 무효전력 변동분과의 관계 $\begin{cases} P = T \cdot \cos\theta \\ Q = T \cdot \sin\theta \end{cases}$

(2) %Z법에 의한 순시전압강하율

$$\varepsilon = \frac{E_s - E_r}{E_r} \times 100 = \frac{P \cdot \%R + Q \cdot \%X}{\text{기준 kVA}} = \frac{T(\%R\cos\theta + \%X\sin\theta)}{T_B}$$

$$= \frac{\left(1 - \dfrac{\varepsilon}{100}\right) \cdot T_S}{T_B}(\%R\cos\theta + \%X\sin\theta)$$

여기서, E_s : 전동기 정격전압

E_r : 기동 시 전동기 단자전압

T_B : 기준용량[kVA]

$$\varepsilon \cdot \frac{T_B}{T_S} = \left(1 - \frac{\varepsilon}{100}\right) \cdot (\%R\cos\theta + \%X\sin\theta)$$

이를 정리하면 다음과 같다.

$$\varepsilon = \frac{\%R\cos\theta + \%X\sin\theta}{100\dfrac{T_B}{T_S} + \%R\cos\theta + \%X\sin\theta} \times 100\,[\%]$$

(3) 등가회로($\%Z$법)

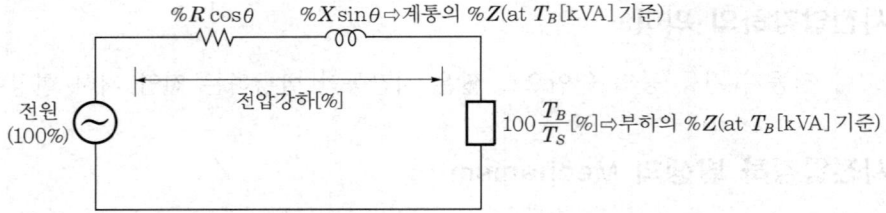

항목	설명
$\%R(\cos\theta$ 성분)	송전선이나 배전선, 변압기 등의 등가 임피던스 중 저항 성분, 전압강하의 유효전력 부분과 관련
$\%X(\sin\theta$ 성분)	등가 임피던스 중 리액턴스 성분, 무효전력과 관련된 전압강하 요인
$\%Z$(임피던스의 크기)	$\%Z = \sqrt{\%R^2 + \%X^2}$, 전원에서 부하까지의 총 임피던스를 %로 나타낸 값
전동기 기동전류 I_S	일반적으로 전동기의 정격전류보다 5～8배 큰 전류
전압강하율 T_S	기동 시 전압강하를 정격전압 기준으로 백분율로 나타낸 값

① 전압강하율 계산식 : 전동기 기동 시 전압강하율은 다음과 같이 계산한다.

$$T_S = 100 \times \%Z \times \frac{I_S}{I_N}\,[\%]$$

여기서, I_S : 기동전류, I_N : 정격전류

　　　　$\%Z$: 전원에서 전동기까지의 합성 임피던스를 기준용량[kVA] 기준으로 환산한 값

② 실무 적용 예

$$T_s\,[\%] = 100 \times 0.05 \times \frac{6}{1} = 30\%$$

→ 기동순간전압이 약 30% 떨어질 수 있다는 의미이다.

(4) 간략식

유도전동기 기동 시 역률이 $0.2 \sim 0.4$ 정도이므로 이를 무시하면($\cos\theta = 0$이라 가정)

$$\varepsilon \simeq \frac{\%X}{100\dfrac{T_B}{T_S} + \%X} \times 100\,[\%]$$

4 결론

농형 유도전동기를 직입 기동순간에 큰 기동전류와 매우 낮은 역률로 인하여 계통에 큰 전압강하를 초래함으로써 기동실패나 Flicker의 원인이 되기도 한다.

따라서, 용량이 큰 전동기에 대해서는 사전에 기동특성에 대하여 충분한 검토를 해야 한다.

동상 다수조의 케이블 포설

Q1 한 상에 여러 가닥의 케이블을 병렬로 배선 시 이상현상과 동상 케이블에 흐르는 전류불평형 방지대책에 대하여 설명하시오. 건 125회 출제

Q2 케이블 동상 다수조 포설방식의 불평형 발생원인과 대책을 설명하시오. 건 130회 출제

Q3 동상 다수조 케이블을 포설할 때 동상 케이블에 흐르는 전류의 불평형 방지방안에 대하여 설명하시오. 건 105회 출제

Q4 병렬도체의 과부하와 단락보호방법에 대하여 설명하시오. 건 101회 출제

Q5 교류회로에서 전선을 병렬로 사용하는 경우 포설방법에 대하여 설명하시오. 건 116회 출제

Q6 전선을 병렬로 사용하는 경우 포설방법과 접속방법에 대하여 설명하시오. 건 122회 출제

건 건축전기설비기술사 / 응 전기응용기술사 / 발 발송배전기술사 / 소 소방기술사 / 안 전기안전기술사 / 화 화공안전기술사 / 정 정보통신기술사

1 개요

건축물의 규모가 대형화, 첨단화되면서 부하의 용량 증가로 케이블이 다수조 포설되면서 전선 상호 간의 인덕턴스, 자체 선로정수의 변화 등의 영향으로 선로에 불평형이 발생하므로 케이블시설에 있어서 전류를 평형시키는 배치를 해야 한다.

2 동상 다수조 케이블의 불평형 현상과 대책

(1) 동상 다수조 케이블의 불평형 원인

① 이론적 배경

㉠ 전선 평형배치 시 작용인덕턴스[mH/km]

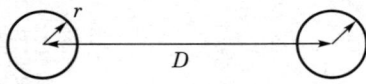

$$L = 0.05 + 0.4605\log_{10}\frac{D}{r}\,[\text{mH/km}]$$

㉡ 삼각배치 시 작용인덕턴스

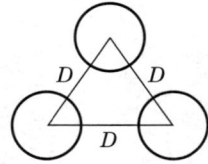

$$L = 0.05 + 0.4605\log_{10}\frac{D_e}{r}\,[\text{mH/km}]$$

$$= 0.05 + 0.4605\log_{10}\frac{\sqrt[3]{D \cdot D \cdot 2D}}{r}\,[\text{mH/km}]$$

② 원인
  ㉠ 케이블 포설방법에 따라 선로인덕턴스의 불평형으로 각 상 임피던스($Z = R + jX_L$)가 각 케이블마다 심하게 차이가 나므로 각 상에 전류의 차가 발생한다.
  ㉡ 임피던스 $Z = R + jX_L$에서 무효성분 X_L의 증가로 무효분전류가 증가하여 전체 역률이 저하된다.

(2) 불평형으로 인한 영향

3상 평형부하에도 선로정수의 불평형, 즉 인덕턴스의 불평형으로 케이블의 각 임피던스가 심하게 달라지며 아래와 같은 영향이 발생한다.
① 역률 저하로 전압강하 및 손실 증가
② 임피던스가 작은 케이블 과전류현상 발생
③ 각 케이블의 전류위상차로 케이블 이용률 저하
④ 3상에서 불평형률이 30% 넘을 경우 계전기 동작 우려

(3) 대책

여러 가닥의 전선을 병렬로 하여 사용할 경우 선로정수평형을 위해 다음 조건이 필요하다.
① 동일 굵기의 케이블 사용
② 동일 종류의 케이블 사용
③ 동일한 길이
④ 선로정수가 평형이 되도록 케이블 포설
  ㉠ 연가 : 선로의 전 구간을 3등분하여 각 선로를 일주시킨 것

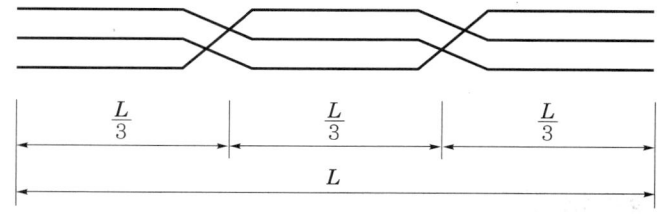

┃ 케이블의 연가 ┃

  ㉡ 동상 다수조 케이블의 불평형이 없는 대표적인 배치 예(KSC IEC 60364-5-52)
    • 6병렬 단심케이블의 수평배치

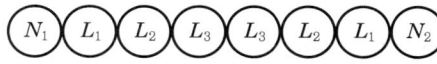

    • 6병렬 단심케이블의 상위배치

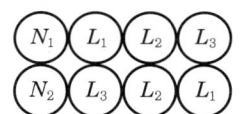

• 6병렬 단심케이블의 삼각배치

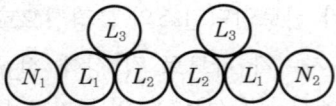

• 9병렬 단심케이블의 수평배치

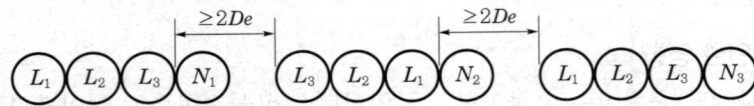

여기서, De : 케이블 바깥지름

• 9병렬 단심케이블의 상위배치

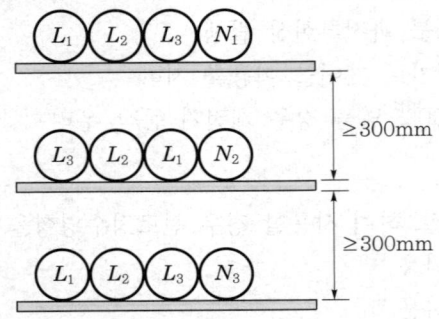

• 9병렬 단심케이블의 삼각배치

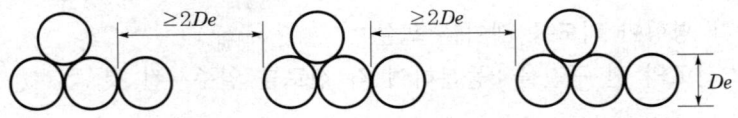

PLUS 설비불평형률 한도

1. 저압 단상 3선식

$$설비불평형률 = \frac{각 \ 상과 \ 중성선 \ 간 \ 접속부하 \ 설비용량의 \ 차}{총부하설비용량 \times \frac{1}{2}} \times 100[\%] \leq 40\%$$

2. 저·고·특고압 3상 3선식 / 3상 4선식

$$설비불평형률 = \frac{각 \ 선 \ 간 \ 접속 \ 단상 \ 부하설비용량의 \ 최대와 \ 최소의 \ 차}{총부하설비용량 \times \frac{1}{3}} \times 100[\%] \leq 30\%$$

기출지문

Q1 초고층 빌딩의 수직 간선설비 설계 시 주요 검토항목을 설명하고 문제점 및 대책, 고려하여야 할 사항에 대하여 설명하시오. 건 104회 출제

Q2 초고층 건축물의 수직 간선 계획 및 설계 시 아래 사항에 대하여 설명하시오. 건 124회 출제
　(1) 초고층 건축물의 정의
　(2) 수직 간선 선정 시 고려사항
　(3) 간선의 부설방법에 따른 문제점 및 대책

Q3 초고층 빌딩의 간선설비계획에 대하여 설명하시오. 건 128회 출제

건 건축전기설비기술사 / 응 전기응용기술사 / 발 발송배전기술사 / 소 소방기술사 / 안 전기안전기술사 / 화 화공안전기술사 / 정 정보통신기술사

1 개요

① 초고층 빌딩은 건축자, 건축주, 사용자 입장에서 경제적이고 편리하며 도시의 활력을 주는 상징체계이며 복합적인 요소들의 결합으로 형성되는 결과물로, 총부하 밀도가 $160VA/m^2$ 이상 수천[A]의 전력이 필요하다.

② 초고층 설비의 수직 간선설비에 대해 설명하면 다음과 같다.

2 설비적 측면의 초고층

① 서울특별시 건축위원회 심의를 받은 50층 이상

② 높이(옥탑·장식탑 등 포함)가 200m 이상의 건축물

3 수직 간선의 문제와 대책

(1) 건물변위에 따른 간선의 영향

① 건물변위는 지진, 풍압 등 외부 응력으로부터 발생한다.

② 버스덕트, 금속배선, 케이블공법 순으로 영향이 축소된다.

③ 버스덕트공법

　㉠ 각 층의 지지금속구에 의해 층마다 지지한다.

　㉡ 수직 분기장소는 버스덕트 관성 억제 금속구를 설치한다.

　㉢ 수평 분기장소는 진동흡수 금속구 및 케이블처리를 한다.

　㉣ 천장에서 Panel로 인하되는 경우 진폭치를 줄이기 위한 금속구를 사용한다.

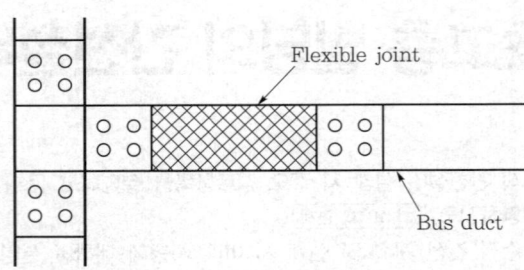

∥Bus duct 분기 예∥

④ 금속관공사

　　㉠ 유연구조로 거의 영향이 없다.

　　㉡ 금속관 접속 시 Expention coupling을 사용한다.

⑤ 케이블공사

　　㉠ 가장 확실한 내진공사이다.

　　㉡ 층간 변위응력에 영향이 없다.

(2) 간선의 단락전류강도

① 초고층 빌딩의 경우 수직 간선이 100m를 초과하여 최상층까지 부하가 연결되고 있다.

② 연결부하 증대로 사고발생확률 및 파급범위가 증가되고 있다.

③ 열적 용량

　　㉠ 단시간 대전류로 도체의 열축적에 의한 온도 상승에 견디도록 한다.

　　㉡ 허용온도 $= \dfrac{\text{단락전류[A]}}{\text{도체의 단면적[mm}^2\text{]}} \times \text{단락차단시간}$

　　㉢ 주회로용 도체의 허용전류 $I_t = I_{(40)} \times \sqrt{\dfrac{40}{t}}$ [A]

　　　예 $350mm^2$의 경우 정격전류 450A, 주위온도 60℃ 사용 시

$$I_t = 450 \times \sqrt{\frac{40}{60}} = 450 \times \sqrt{\frac{2}{3}} = 367.4\text{A}$$

④ 전자기계적 강도

　　㉠ 케이블을 최상층에 고정금속구로 설치하는 경우 간선단락전류에 의한 도체 간 전자기계력이 문제가 된다.

　　㉡ 전자기계력

　　　• 간격을 둔 두 개의 도체에 전류가 흐르면 전류의 상호작용에 의해 개개의 도체에 전자력이 작용한다.

　　　• 2개의 평형도체가 동일 전류방향으로 흐를 때 흡인력이 발생한다.

　　　• 반대방향의 전류에는 반발력으로 작용한다.

　　　• 전자력 $F = 2.04 \times 10^{-8} \times \dfrac{I_m{}^2}{r}$ [kg/m]

536

• 정격내전류(실횻값)×2.5배에 견디어야 한다.

ⓒ 대책으로 클리트, 새들, 스페이서 등을 사용하여 고정시킨다.

(3) 케이블의 자중문제

① 간선도체를 수직 포설하는 경우

ⓐ 클리트 지지점의 종하중을 고려한다.

ⓑ 줄열에 의한 열팽창을 고려한다.

ⓒ 자중과 열응력에 의한 반복하중을 고려한다.

ⓓ 단락 시 전자력에 의한 하중을 고려한다.

② 케이블을 고정하는 H빔은 케이블 정하중 3배의 안전율 이상이어야 한다.

(4) 수직 간선 분기방법

전기·기계적인 양호한 접속상태를 유지한다.

(5) 최고층 빌딩의 전기샤프트(ES)

① 전기샤프트를 부하의 중심부의 구조벽에 배치함으로써 배선효율, 전압강하 감소, 내화·구조적 안전성 확보

② 관통 시 방호구획 공법처리를 한다.

③ E/V 샤프트 부근은 지양한다.

④ 굴뚝 부근은 지양한다.

⑤ 관리동선상에 위치시킨다.

⑥ ES의 면적은 기준층 바닥면적을 기준으로 1% 내외로 한다.

⑦ 전력 및 통신 ES는 분리설치를 고려한다.

⑧ 장래 부하배선 등에 대한 여유성을 고려한다.

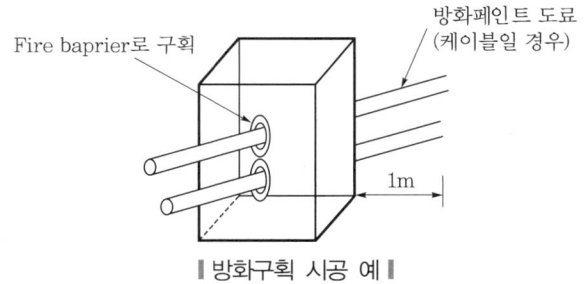

Fire baprier로 구획

방화페인트 도료
(케이블일 경우)

1m

‖ 방화구획 시공 예 ‖

(6) 특수전원 사용

① 특별전압(110V) 사용 시 타이트랜스를 설치한다.

② 타이트랜스를 설치하는 방법으로 각 층 또는 2 ~ 3개 층마다 설치하는 방법, 빌딩 전체를 일괄로 하는 방법, 2 ~ 3블럭으로 분할설치하는 방법이 있다.

4 설계 시 고려사항

① 배전전압을 고압으로 할수록 전압변동, 신뢰성, 경제적인 면에서 유리하다.

② 부하를 일반용, 동력용으로 구분하여 간선설비를 고려한다.

③ 배전방식 산정을 저층부, 중층부, 고층부로 나누어 Loop를 계통구성하여 안정적 전력구성을 고려하여야 한다.

④ 간선의 방재대책, 전압강하, 정전축소화 방안을 고려하고 전기 Shaft의 2중화, Space 확보를 검토하여야 한다.

⑤ 장래 부하증설에 대해 여유성을 확보하고 유지보수성 및 안전성을 검토한다.

SECTION 27 OA 빌딩 배선의 설계 및 시공 시 고려사항

기출
지문

Q1 이중 바닥 내의 케이블 배선방법에 대하여 설명하시오. 〔건 104회 출제〕

Q2 플로어 덕트(floor duct) 배선에서 전선규격과 부속품 선정, 매설방법, 접지에 대한 특기사항을 설명하시오. 〔건 107회 출제〕

건 건축전기설비기술사 / 응 전기응용기술사 / 발 발송배전기술사 / 소 소방기술사 / 안 전기안전기술사 / 화 화공안전기술사 / 청 정보통신기술사

1 개요

OA 빌딩의 환경변화	대응방안
• IB화, OA기기 증가 • 다양한 통신서비스, Multivendor • 시스템, 기기변경 및 확장 • 기타	• 공급신뢰도, 안정성, 방재성, 경제성 • 통합배선 구축 • 장래 증설, 유연성, 유지보수성 • 미관, EMC, 환경대책 등

2 OA 배선설계 및 시공 시 고려사항

(1) 배선방식 선정

① 건물규모, 용도, 구조 및 형태 등 고려

② 건축주 의도 반영, 서비스 종류 또는 Grade 결정

③ 시공 및 유지보수 편리성, 장래확장성, 경제성 고려

(2) 배선재료 선정

① 유도장해, 열적(FR3, FR8), 환경적(HFCO) 고려

② 통합배선(voice + data + 영상) : UTP, 동축, 광 Cable

(3) 기타 고려사항

① 전용 간선 Shaft 별도구획 → EPS/TPS실 분리

② 소동물 침입대책 → 기피제 도포, 개구부 폐쇄 등

③ 관통부 방화조치, 내진 및 소방 대책

④ 동선 및 가구배치 고려, 타 설비와의 간섭 고려

⑤ 용도별 배선구분 시공(통신/전력)

⑥ EMC 대책 → 차폐, 이격, 뇌서지 대책 등

⑦ 공급신뢰도 대책 → 무정전, 이중화 방안 고려

3 OA 배선 부설방식

(1) 일반 부설방식

배선수납방식	시공방법/적용	시공도
이중바닥 (OA, Access floor)	• 슬래브 위에 높이 300mm(OA floor는 100mm) 이내의 간이 이중바닥 구조 내부로 배선 • 배선이 집중되는 곳이나 배선변경이 빈번한 테넌트 빌딩 등에 적용	
평형 보호층 (under carpet)	• 절연된 Flat cable을 타일카펫 아래 부설 • 배선변경이 빈번한 Show room 등에 적용	
Floor duct	• 슬래브 내 금속제 덕트 매입, 일정 간격 설치된 인서트 홀에서 전선을 인출하는 방식 • 중간급 OA 빌딩에 적용	
Cellular-duct	• Deck plate 하부 홈 이용, 특수 Cover를 부착하고 인서트캡을 이용하여 전선을 인출하는 방식 • 대규모 OA 빌딩에 적용	

(2) 기타 부설방식

① Trench duct(pit), Cable duct, Cable tray, Bus duct

② 전선관, Race way, 배선 Partition 등

4 주요 부설방식별 성능비교

(① : 양호, ② : 보통, ③ : 나쁨)

배선방식	경제성	기능성(유연성)	안정성	시공성
이중바닥	③	①	①	①
Under carpet	③	①	③	①
Floor-duct	②	②	①	③
Cellular-duct	②	②	①	③
Trench-duct	③	②	①	③
전선관	①	③	②	②

5 OA 간선재료의 최근동향

① 조립식 분기 Cable → 비용절감, 공기단축, 분기부 신뢰성 향상
② 멀티타입 플랫형 Cable → 도체부 여러 개 분할, 유연성 및 공사능력 향상
③ 비할로겐(HF) 난연 Cable → 난연성, 저연, 무독성 가스
④ 환경친화형 Cable → 폴리올레핀 피복, 유해물질 없고 재활용 가능
⑤ 소용량 Bus duct → 중간급 규모의 OA 빌딩 수직 간선용

"행복한 삶의 비밀은
올바른 관계를 형성하고
그것에 올바른 가치를 매기는 것이다."

– 노먼 토머스 –

접지시스템(KEC) CHAPTER 7

접지 기초이론

기출
지문
Q1 접지란 무엇이며, 접지의 목적 그리고 접지를 땅에 묻는 이유를 쓰시오. [안 63회 출제]
Q2 접지의 목적과 기기접지, 계통접지에 대하여 설명하시오. [용 134회 출제]

건 건축전기설비기술사 / 용 전기응용기술사 / 발 발송배전기술사 / 소 소방기술사 / 안 전기안전기술사 / 화 화공안전기술사 / 정 정보통신기술사

1 접지의 원리

전하량 $Q = CV = It \rightarrow [A \cdot s = C]$

전위 $V = \dfrac{Q}{C} = \dfrac{It}{C} \rightarrow \left[\dfrac{A \cdot s}{F} = V \right]$

접지선을 통하여 dt시간에 대지로 유입하는 전하량 $dQ = I \cdot dt[A \cdot s]$라 하면, $t[s]$ 동안 대지로 방전되는 접지전류 $I[A]$에 의한 대지전위는 다음 식과 같이 나타낸다.

$$V = \frac{\int_0^t dQ}{C} = \frac{\int_0^t I \cdot dt}{C} [V]$$

위 식에서 정전용량 C가 클수록 전위상승은 낮아지므로 정전용량이 매우 큰 대지를 접지에 이용하여 대지전위의 상승을 억제하는 것이 접지의 원리이다.

2 접지저항의 정의

① 아래 그림에서와 같이 접지전류가 유입되면 전극 주위에는 전위가 형성된다.
② 옴의 법칙에 따라 전위상승 V에 대한 접지전류 I의 비를 접지저항이라 한다.

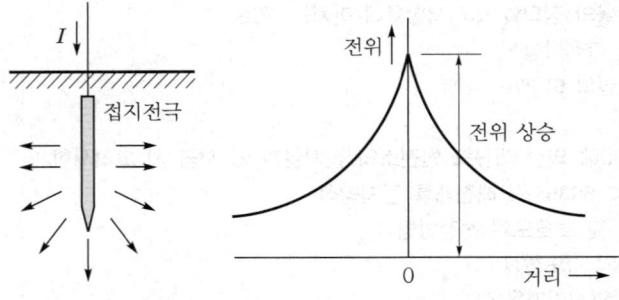

▮ 지락전류 유출과 전위 상승 ▮

$$R = \frac{V}{I} [\Omega]$$

3 접지저항

$$RC = \rho \, \varepsilon \rightarrow R = \frac{\rho \, \varepsilon}{C}$$

여기서, R : 유전체(절연체)의 절연저항[Ω]

C : 정전용량[F]

ρ : 고유저항률[$\Omega \cdot$ m]

ε : 유전율[F/m]

여기서, 반경 a[m]인 반구형 도체 대지의 저항은 다음과 같다.

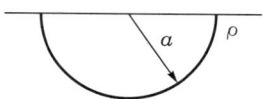

$$R = \frac{\rho \, \varepsilon}{C} = \frac{\rho \, \varepsilon}{2\pi\varepsilon a} = \frac{\rho}{2\pi a} \, [\Omega]$$

4 구형 도체

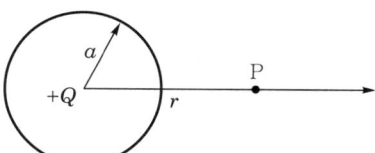

쿨롱력 $F = \dfrac{Q^2}{4\pi\varepsilon r^2} = 9 \times 10^9 \left(\dfrac{Q^2}{\varepsilon_s r^2} \right) [\text{N}]$

전계의 세기 $E = \dfrac{F}{Q} = \dfrac{Q}{4\pi\varepsilon r^2} = 9 \times 10^9 \left(\dfrac{Q}{\varepsilon_s r^2} \right) [\text{V/m}]$

전위 $V = - \displaystyle\int_{\infty}^{r} E \cdot dr = \dfrac{Q}{4\pi\varepsilon} \displaystyle\int_{\infty}^{r} \left(-\dfrac{1}{r^2} \right) dr = \dfrac{Q}{4\pi\varepsilon r} [\text{N}]$

이상에서 구 표면의 전위는 $r = a$이므로

$V_a = \dfrac{Q}{4\pi\varepsilon a} [\text{N}]$

$\therefore$ 반경 a인 구의 정전용량 $C = \dfrac{Q}{V_a} = 4\pi\varepsilon a = 4\pi\varepsilon_0\varepsilon_s a [\text{F}]$ ⋯⋯⋯⋯⋯⋯⋯⋯⋯⋯⋯⋯ 식 1)

만약, 반구형 도체라면 아래 그림은

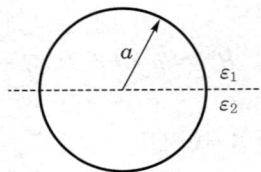

$C_1 = 2\pi\varepsilon_1 a[\mathrm{F}]$

$C_2 = 2\pi\varepsilon_2 a[\mathrm{F}]$

$\therefore \; C_1 + C_2 = 2\pi(\varepsilon_1 + \varepsilon_2)a[\mathrm{F}]$

만약, $(\varepsilon_1 = \varepsilon_2)$라면 위 식은

$C = C_1 + C_2 = 4\pi\varepsilon a[\mathrm{F}]$ ·· 식 2)

식 1)=2)가 되며 반구의 정전용량은 $\dfrac{C}{2} = 2\pi\varepsilon a[\mathrm{F}]$가 된다.

5 접지저항 측정

(1) 2전극법

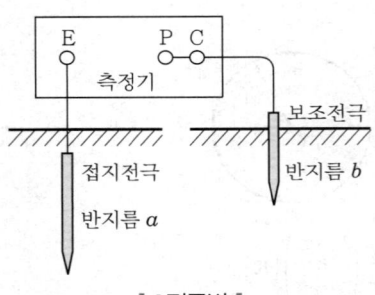

‖2전극법‖

① 측정대상 접지전극단자를 E, 보조전극단자를 P − C(com)단자에 연결한다.

② 접지저항값

$$R = \frac{\rho}{2\pi}\left(\frac{1}{a} + \frac{1}{b} + \frac{2}{x}\right)[\Omega]$$

여기서, a : 접지극의 반경[m]

　　　　b : 보조극의 반경[m]

　　　　x : $a-b$ 간 거리[m]

이때, 보조전극 반경을 충분히 작게 하면 $R = \dfrac{\rho}{2\pi a}[\Omega]$이 된다.

(2) 3전극법

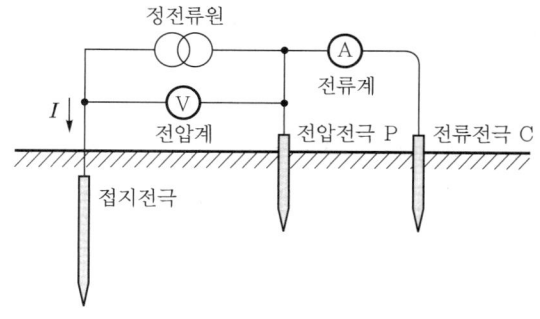

‖ 3전극법 ‖

① 정전류원으로 접지전극에 전류를 흘리면 이 전류는 접지전극과 전압전극 사이에서 전압이 발생되며 옴의 법칙에 의해 접지저항값을 산출한다.

② 유효접지저항 면적이 겹치는 부분을 피하기 위해서는 전류전극 거리의 61.8% 지점에 전압 전극을 설치해야만 오차를 줄일 수 있다.

(3) 4전극법

① 이 방법은 주로 대지저항률을 측정하는 데 사용한다.

② 아래 그림과 같이 접지전극 4개를 대지에 타입 후 전류극에는 전류계를, 전위극에는 전압계를 두고 전류극의 양단자 간에 전원을 인가, 전류와 전압을 측정한다.

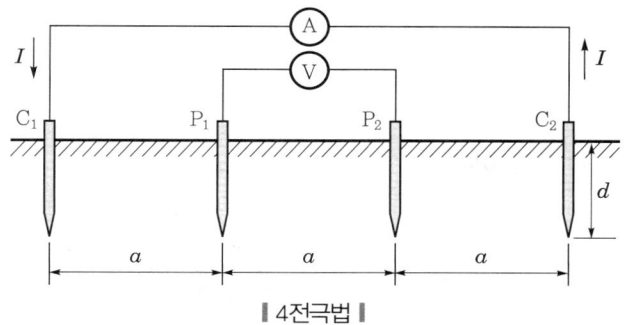

‖ 4전극법 ‖

여기서, C_1, C_2 : 전류접지극

$\qquad$ P_1, P_2 : 전압접지극

③ 측정조건

　㉠ $a = 20d$

　　여기서, a : 접지극 간의 거리

　　　　　d : 접지극 매설깊이

　㉡ 즉, $d \geq \dfrac{1}{20}a$일 것

547

④ 대지저항률 계산 : 전류계, 전압계의 값에 의해

저항 $R = \dfrac{V}{I}$, 대지저항률 $\rho = 2\pi a R [\Omega \cdot \text{m}]$

(4) Hook-on 식

① 이 방식은 접지전극이 반드시 여러 개의 폐회로가 구성되어야만 측정오차를 줄일 수 있다.
② 다중 접지방식에서 간단하게 접지저항을 측정할 수 있는 방법으로 널리 사용된다.

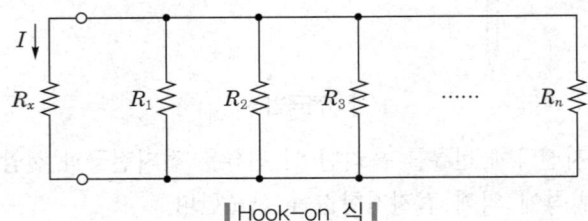

‖Hook-on 식‖

③ 위 그림에서 전류 I를 유입시키고, 전압 V를 계측한다.

여기서, 수많은 접지저항이 병렬로 연결되어 있으며 이때의 합성저항은 아래와 같다.

$$R = R_x + \left(\dfrac{1}{\dfrac{1}{R_1} + \dfrac{1}{R_2} + \cdots\cdots + \dfrac{1}{R_N}} \right)$$

우변의 2항은 1항에 비해 매우 미미하므로 결국 접지저항 $R \fallingdotseq R_x$가 된다.

PLUS 기기접지를 하는 이유

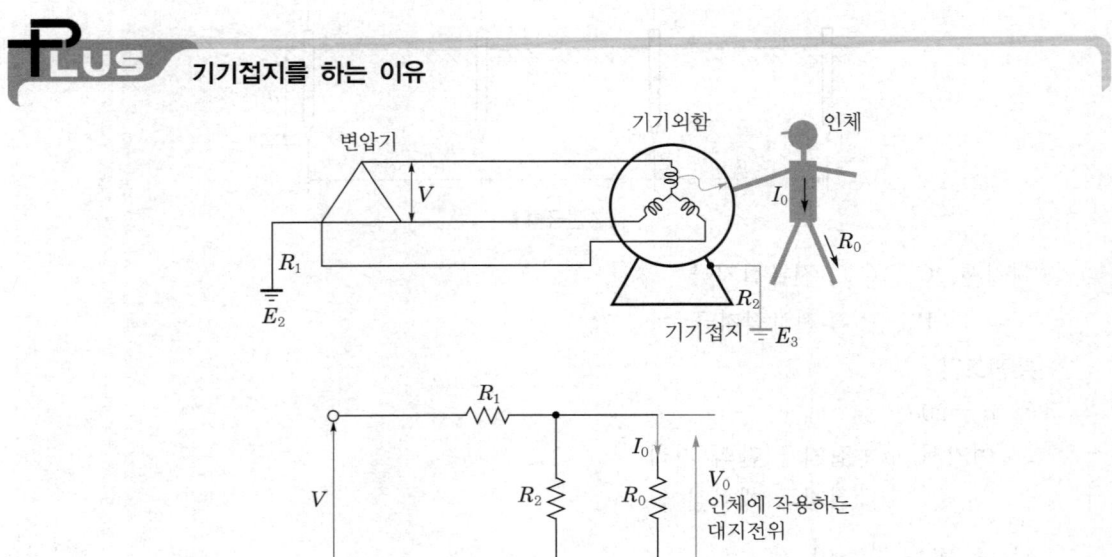

$$V_0 = \frac{R_0}{R_1 + R_0} \times V \cdots\cdots \text{기기접지 안 한 경우}$$

$$V_0 \simeq \frac{R_2}{R_1 + R_2} \times V \cdots\cdots \text{기기접지 한 경우}$$

예를 들어 계산하면, $V = 200\text{V}$, $R_1 = 20\Omega$, $R_2 = 20\Omega$, $R_0 = 5000\Omega$

(1) 기기접지하지 않은 경우

$$V_0 = \frac{5000}{20 + 5000} \times 200 = 199.2\text{V}$$

$$I_0 = \frac{V_0}{R_0} = \frac{199.2}{5000} = 40\text{mA}$$

(2) 기기접지를 한 경우

$$V_0 = \frac{20}{20 + 20} \times 200 = 100\text{V}$$

$$I_0 = \frac{V_0}{R_0} = \frac{100}{5000} = 20\text{mA}$$

SECTION 02 자가용 수전설비의 접지목적과 목적에 따른 접지의 분류

 기출 지문

Q1 접지의 목적과 방법에 대하여 설명하시오. 건 75회 출제

Q2 접지의 종류를 목적별로 분류하고 간단하게 설명하시오. 출제예상

건 건축전기설비기술사 / 용 전기응용기술사 / 발 발송배전기술사 / 소 소방기술사 / 안 전기안전기술사 / 화 화공안전기술사 / 정 정보통신기술사

1 개요

① 접지는 전기설비와 대지 사이에 확실한 전기적 접속을 실현하는 기술이며, 이들을 접속하기 위한 매체가 접지전곡이다. 접지전극과 무한대지 사이에는 전기적 저항, 즉 접지저항이 있기 때문에 지락전류가 발생하면 접지전극 부근에 전위가 상승하여 여러 가지 장해를 일으킨다.

② 이상적으로는 접지저항이 '0'이면 전위상승이 없으므로 아무런 장해도 발생하지 않으나 현실적으로는 불가능하다. 따라서, 이러한 장해가 없도록 하거나 최소화하기 위한 조치가 접지의 목적이라 할 수 있다.

2 접지의 목적 및 Concept

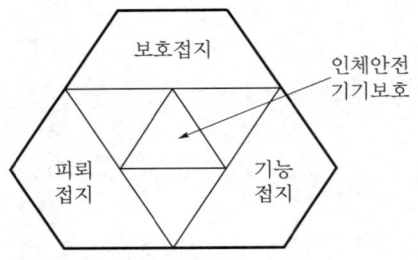

① 감전사고 방지
② 대지전위 상승 억제
③ 접촉 및 보폭전압 저감
④ 보호계전기 동작확보

3 접지설계방식의 국내 수용성 향상을 위한 접지시스템의 시설종류 설정

(1) 단독접지

(특)고압 계통의 접지극과 저압 접지계통의 시설종류 설정으로 시설하는 접지방식이다.

(2) 공통접지

① **적용장소** : 고압 및 특고압과 저압 전기설비의 접지극이 서로 근접하여 시설되어 있는 변전소 또는 이와 유사한 곳에서는 공통접지를 할 수 있다.

② **적용방법**

　㉠ 저압 접지극이 고압 및 특고압 접지극의 접지저항 형성영역에 완전히 포함되어 있다면 위험전압이 발생하지 않도록 이들 접지극을 상호접속하여야 한다.

　㉡ 고압 및 특고압 계통의 지락사고로 인해 저압 계통에 가해지는 상용주파 과전압은 아래 표에서 정한 값을 초과해서는 안 된다.

❚ 고압 지락사고 시 저압 설비 허용 과전압 ❚

고압 계통에서 지락고장시간[s]	저압 설비 허용 상용주파 과전압[V]	비고
> 5	$U_0 + 250$	중성선 도체가 없는 계통에서 U_0는 선간전압을 말함
≤ 5	$U_0 + 1200$	

[비고] 1. 순시 상용주파 과전압에 대한 저압 기기의 절연설계기준과 관련된다.
　　　 2. 중성선이 변전소 변압기의 접자계통에 접속된 계통에서, 건축물 외부에 설치한 외함이 접지되지 않은 기기의 절연에는 일시적 상용주파 과전압이 나타날 수 있다.

(3) 통합접지

① **적용장소** : 전기설비의 접지계통과 건축물의 피뢰설비 및 통신설비 등의 접지극을 공용하는 경우 통합접지공사를 할 수 있다(일반아파트).

② **적용방법** : 낙뢰 등에 의한 과전압으로부터 전기설비 등을 보호하기 위해 KSC-IEC 기준 또는 한국전기기술기준위원회 기술지침에 따라 서지보호장치(SPD)를 설치하여야 한다.

(4) 비교

구분	공통접지	통합접지
접지방식	고압 및 특고압 접지계통과 저압 등전위가 되도록 공통으로 접지하는 방식	전기설비, 통신설비, 피뢰설비의 접지와 수도관, 가스관, 철근, 철골 등과 같은 계통 도전부도 모두 함께 접지하는 방식
특징	통신 및 피뢰설비는 각각 단독 접지형태임	건물 내 모든 도전부가 항상 등전위를 형성함
구성도		

4 변압기 중성점 접지(KEC 142.5)

(1) 변압기의 중성점 접지저항값은 다음에 의한다.

① 일반적으로 변압기의 고압·특고압 측 전로 1선 지락전류로 150을 나눈 값과 같은 저항값 이하

② 변압기의 고압·특고압 측 전로 또는 사용전압이 35kV 이하의 특고압 전로가 저압 측 전로와 혼촉하고 저압 전로의 대지전압이 150V를 초과하는 경우 저항값은 다음에 의한다.

  ㉠ 1초 초과 2초 이내에 고압·특고압 전로를 자동으로 차단하는 장치를 설치할 때는 300을 나눈 값 이하

  ㉡ 1초 이내에 고압·특고압 전로를 자동으로 차단하는 장치를 설치할 때는 600을 나눈 값 이하

(2) 전로의 1선 지락전류는 실측값에 의한다. 단, 실측이 곤란한 경우에는 선로정수 등으로 계산한 값에 의한다.

5 공통접지 및 통합접지(KEC 142.6)

(1) 고압 및 특고압과 저압 전기설비의 접지극이 서로 근접하여 시설되어 있는 변전소 또는 이와 유사한 곳에서는 다음과 같이 공통접지시스템으로 할 수 있다.

① 저압 전기설비의 접지극이 고압 및 특고압 접지극의 접지저항 형성영역에 완전히 포함되어 있다면 위험전압이 발생하지 않도록 이들 접지극을 상호접속하여야 한다.

② 접지시스템에서 고압 및 특고압 계통의 지락사고 시 저압 계통에 가해지는 상용주파 과전압은 표에서 정한 값을 초과해서는 안 된다.

‖ 저압 설비 허용 상용주파 과전압 ‖

고압 계통에서 지락고장시간[s]	저압 설비 허용 상용주파 과전압[V]	비고
> 5	$U_0 + 250$	중성선 도체가 없는 계통에서
≤ 5	$U_0 + 1200$	U_0는 선간전압을 말함

[비고] 1. 순시 상용주파 과전압에 대한 저압 기기의 절연설계기준과 관련된다.

 2. 중성선이 변전소 변압기의 접지계통에 접속된 계통에서, 건축물 외부에 설치한 외함이 접지되지 않은 기기의 절연에는 일시적 상용주파 과전압이 나타날 수 있다.

③ 고압 및 특고압을 수전받는 수용가의 접지계통을 수전전원의 다중 접지된 중성선과 접속하면 '②'의 요건은 충족하는 것으로 간주할 수 있다.

④ 기타 공통접지와 관련한 사항은 KS C IEC 61936-1(교류 1kV 초과 전력설비-제1부 : 공통규정)의 '10 접지시스템'에 의한다.

(2) 전기설비의 접지계통·건축물의 피뢰설비·전자통신설비 등의 접지극을 공용하는 통합접지시스템으로 하는 경우 다음과 같이 하여야 한다.

① 통합접지시스템을 적용할 수 있는 건물의 접지극은 구조체 접지전극이나 개별 접지극의 연접 등이므로, 철근 콘크리트구조(RC조), 철골·철근 콘크리트조(SRC조), 철골구조(S조) 등의 건축물에 적용할 수 있다.

② 낙뢰에 의한 과전압 등으로부터 전기전자기기 등을 보호하기 위해 153.1의 규정에 따라 서지보호장치를 설치하여야 한다.

전력계통 중성점 접지방식

1 개요

(1) 계통접지란 발전기, 변압기 등 전력계통의 중성점을 접지시키는 것으로, 그 종류에는 직접 접지, 저항접지, 리액터접지, 비접지 등이 있다.

(2) 중성점 접지목적

중성점 접지목적	선정 시 고려사항
• 전선로 및 기기의 절연레벨 경감	• 변전소 대지면, 위험한 전위경도 발생금지
• 이상전압 경감 및 억제, 대지전위 저감	• 기기의 Case 등과 대지면의 전위차가 작을 것
• 보호계전기 동작확보	• 접지도체는 지락전류에 견디고 부식에 강할 것
• 피뢰기 정격전압을 낮춰 경제적으로 유리	• 접지저항은 저 임피던스 유지

2 접지방식의 비교

분류	직접 접지	저항접지	소호리액터접지	비접지
지락전류	최대 수십 ~ 수천[A]	고저항 5 ~ 100A 저저항 100 ~ 300A	최소 수[mA] 정도	작음 수백[mA] 정도
건전상 전위상승	1.3배 이하	$1.3 \sim \sqrt{3}$ 배 이하	$\sqrt{3}$ 배 이상	$\sqrt{3}$ 배 이상
과도안정도	최소	중간	최대	높음
유도장애	최대	중간	최소	적음
계전방식	가장 확실 Y결선 잔류회로법	확실 Y결선, 3권선, 관통형 CT	불가능	곤란할 경우 있음 GPT+ZCT+SGR/DGR

분류	직접 접지	저항접지	소호리액터접지	비접지
절연레벨	저감절연, 단절연 가능 최저	전절연 비접지보다 낮음	전절연 높음	전절연 높음
전압	22.9kV-Y, 154kV 345kV, 765kV	3.3kV, 6.6kV	특고압 회로 66kV	3.3kV, 6.6kV, 22kV
기기손실	큼	중간	작음	작음
적용	장거리 배전선로	중거리 구내 배전선로	특고압 회로	단거리 구내 배전선로
기타	• 사고회로 검출 가능 • 가장 경제적	• 고장전류를 제한시켜 과도안정도 향상 목적 • 고저항 : 100 ~ 1000Ω • 저저항 : 30Ω	• 단선 시 직렬공진 주의 • 접지기기 가격 고가	• V결선 가능 • 3고조파 없음

3 중성점 접지방식의 종류

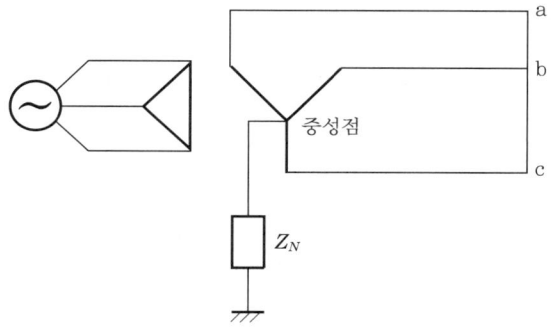

① $Z_n = 0$: 직접 접지

② $Z_n = R$: 저항접지(저저항, 고저항)

③ $Z_n = L$: 리액터접지(리액터, 소호리액터)

④ $Z_n = \infty$: 비접지

4 결론

① 국내의 특고압 및 초고압 전력계통에서는 모두 직접 접지방식을 채용하고 있다.

② 직접 접지방식은 1선 지락 시 건전상의 대지전위 상승폭이 상전압의 1.3배 이하이다.

③ 그러므로 LA의 정격전압을 낮출 수 있어 선로 및 기기의 절연비용을 크게 줄일 수 있다.

케이블 충전전류에 따른 중성점 접지방식 선정 시 고려사항

기출
지문

Q1 고압 계통에서 선로의 충전전류에 따른 접지방식 선정에 대하여 설명하시오. [건 96회 출제]

Q2 전력계통의 중성점 접지방식 중 직접 접지, 저항접지, 비접지방식에 대하여 특징을 비교 설명하시오. [건 109회 출제]

Q3 중성점 비접지식 전로의 지락보호방법에 대하여 설명하시오. [건 127회 출제]

Q4 중성점 직접 접지전로와 비접지전로의 지락보호방법을 설명하시오. [건 131회 출제]

건 건축전기설비기술사 / 응 전기응용기술사 / 발 발송배전기술사 / 소 소방기술사 / 안 전기안전기술사 / 화 화공안전기술사 / 정 정보통신기술사

1 개요

① 계통의 1선 지락 시 건전상 이상전압 상승은 계통의 유효접지전류와 충전전류의 관계에 의해 좌우된다.

② Cable 충전전류는 가공배전선로의 나동선에 비해 약 30배 정도 크기로, 개략 3kV Cable의 경우 0.6 ~ 1.5A/km, 6kV Cable의 경우 0.9 ~ 2.0A/km 정도이다.

2 Cable 충전전류 계산

(1) 각 Feeder 회선 합계와 장래 증설분을 고려한다.

(2) 충전전류의 크기

$$I_c = j3\omega CE_a = j\omega C_0 E_a = j\omega C_0 \times \frac{V}{\sqrt{3}} \times 10^{-6} [\text{A/km}]$$

여기서, C_0 : 1심, 3심 일괄 대지정전용량[μF/km], $C_0 = 3C$

E_a : 상전압[V]

V : 선간전압[V]

3 Cable 충전전류에 따른 문제점(비유효접지계통)

(1) 접지계전기 오동작

① 현상

㉠ 1선 지락 시 건전 Feeder의 접지계전기에 역방향으로 충전전류가 흐르고 이것이 계전기 동작값 이상이면 오동작이 발생한다.

㉡ 1선 지락전류의 대지충전전류와 유효접지전류의 비에 따라 결정한다.

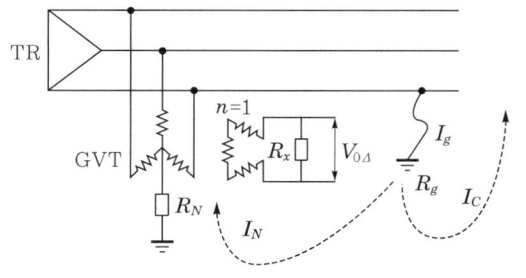

‖VT 접지계통에서의 1선 지락사고‖

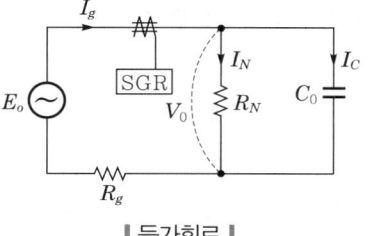

‖등가회로‖

ㄷ 지락전류 $\dot{I}_g(3I_0) = \dfrac{3E_a}{Z_0 + Z_1 + Z_2 + 3R_c}$

$Z_1 = Z_2 \ll Z_0$이고 완전지락 시 $(R_s = 0)$

$Z_0 = \dfrac{1}{\dfrac{1}{3R_N} + j\omega C}$ 에서 $I_g \simeq \dfrac{3E_a}{Z_0} = \dfrac{E_a}{R_N} + j3\omega CE_a = I_N + jI_c$

즉, 완전지락 시 $I_g = \sqrt{I^2 + I_c^2 I_N^2}$

$\theta = \tan^{-1}\dfrac{I_c}{I_N} = \tan^{-1}\omega C_0 R_N$

② 대책

ㄱ 방향성 접지계전기를 사용한다.

ㄴ CLR 설치 : 유효지락전류가 발생한다.

(2) 건전상 대지전위 상승

① 1선 지락 시

$V_b = \dfrac{Z_0(a^2 - 1) + Z_2(a^2 - a)}{Z_0 + Z_1 + Z_2} \times E_a$

$V_c = \dfrac{Z_0(a - 1) + Z_2(a - a^2)}{Z_0 + Z_1 + Z_2} \times E_a$

$Z_0 \gg Z_1,\ Z_2$ 라면

$V_b \simeq (a^2 - 1)E_a,\ \ V_c \simeq (a - 1)E_a$

$\therefore |V_b| = |V_c| = \sqrt{3}E$

따라서, 1선 지락 시 $Z_0 \gg Z_1,\ Z_2$이면 건전상 대지전압은 정상 대지전압의 $\sqrt{3}$ 배, 즉 선간전압까지 상승한다.

② 대책 : 적정 유효전류(I_N)를 결정한다.

비접지방식	고저항 접지방식	저저항 접지방식
0.2 ~ 0.5A	10A	100A

557

(3) 지락 전압계전기 검출감도 저하

① GVT 2차 영상전압크기

등가회로에서 $\dot{E} = R_g \dot{I}_g + R_N \dot{I}_N = R_g(\dot{I}_N + \dot{I}_c) + R_N \dot{I}_N$

$$\therefore \dot{I}_N = \frac{\dot{E} - R_g \cdot \dot{I}_c}{R_N + R_g}$$

$$\dot{V}_{0\triangle} = \frac{nR_e}{3} \times \dot{I}_N = \frac{3R_N}{n} \times \frac{\dot{E} - R_g \cdot \dot{I}_c}{R_N + R_g}$$

여기서, $R_c = \dfrac{9}{n^2} R_N$

② GVT 2차 영상전압 저하 → 계전기 검출감도 저하

㉠ 지락점 저항 R_g, 충전전류 I_c가 클수록 저하한다.

㉡ 계통접지저항 R_N이 작을수록(GVT 설치개소가 많을수록) 저하한다.

③ 대책

㉠ GVT 설치개소를 줄일 것

㉡ 계전기 정정치 변경

㉢ 3차 출력전압(V_0) 증폭

㉣ 케이블 길이가 짧은 저전압 계통에 적용

4 Cable 충전전류에 따른 중성점 접지방식 선정(고압 계통)

접지방식			선정조건
콘덴서 접지방식			구내 대지충전용량 $0.01\mu F/\phi$ 이상
비접지방식			구내 대지충전용량 $0.01\mu F/\phi$ 미만
VT 접지방식		무방향성	계통 대지충전전류 $I_c \leq 100mA$
	방향성	표준 VT 접지	$100mA \leq I_c \leq 500mA$
		충전전류 보상식($1A_{max}$)	$500mA \leq I_c \leq 1A$
고저항 접지방식	5A 이상 100A 미만		$1A \leq I_c$
	100A 이상		단기 10MVA 이상의 자가용 발전기 있음 또는 발전기 내부지락 검출

5 결론

가공배선이 많았던 종래에는 충전전류도 작아 비접지방식이 별 문제가 되지 않았으나 근래에는 Cable 배선이 주류를 이루게 되어 계통계획 시 반드시 충전전류를 고려한 신중한 검토가 필요하다.

SECTION 05 유효접지와 비유효접지계

기출지문

Q1 전력계통에서의 유효접지와 비유효접지를 비교하여 설명하시오. 건 124회 출제

Q2 계통접지에 있어 유효접지의 의미와 장단점에 대하여 설명하시오. 발 133회 출제

Q3 전력계통의 직접 접지계에서 유효접지조건과 그 유효접지조건을 만족시키기 위한 건전상의 전압 상승, 영상전압, 1선 지락전류에 대하여 설명하시오. 발 63회 출제

Q4 154kV급 이상 송전선로에서 사용 중인 유효접지방식을 설명하고, 그 조건 및 장단점에 대하여 서술하시오. 발 68회 출제

Q5 직접 접지계통에서 유효접지의 의미와 유효접지조건에 관하여 설명하시오. 발 71회 출제

Q6 유효접지방식을 설명하고, 유효접지방식의 특징을 기술하시오. 발 75회 출제

건 건축전기설비기술사 / 용 전기응용기술사 / 발 발송배전기술사 / 소 소방기술사 / 안 전기안전기술사 / 화 화공안전기술사 / 정 정보통신기술사

1 유효접지의 개념

(1) 1선 지락 시 건전상의 전위 > 1.3×상전압

전력계통에서 1선 지락고장 시 건전상의 전위가 상전압의 1.3배 이하가 되도록 중성점 임피던스를 억제한 중성점 직접 접지방식이다.

(2) 1선 지락고장 시 건전상의 대지전위 ≤ 정상 시 선간전압×0.75

1선 지락고장 시 건전상의 대지전위가 정상 시 선간전압의 75% 이하로 하기 위해 중성점 임피던스를 억제한 중성점 직접 접지방식이다.

(3) 적용 예

① 154kV의 대지전압 $= \dfrac{154}{\sqrt{3}} = 88.91\,\mathrm{kV}$

② 대지전압$\times 1.3 = 88.91 \times 1.3 = 115.58\,\mathrm{kV}$

③ $154 \times 0.75 = 115.5\,\mathrm{kV}$

2 유효접지의 조건

(1) 1선 지락 시 이상전압

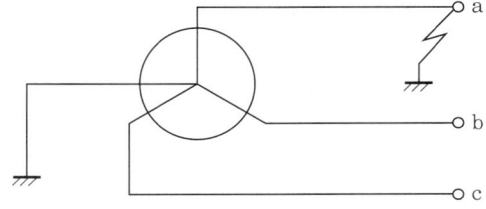

접지계수 $a = \dfrac{1\text{선 지락 시 건전상의 대지전위}}{\text{계통의 선간전압}} = 0.75$

즉, $\dfrac{\dfrac{154}{\sqrt{3}} \times 1.3}{154} = 0.75$

이 식을 다시 쓰면

$$\alpha = \frac{V_c}{E_a} = \frac{(a-1)Z_0 + (a-a^2)Z_2}{Z_0 + Z_1 + Z_2} \leq 1.3 \quad \text{.....................................} \quad \text{식 1)}$$

여기서, $a = -\dfrac{1}{2} + j\dfrac{\sqrt{3}}{2}$

$$a^2 = -\frac{1}{2} - j\frac{\sqrt{3}}{2}$$

$$Z_0 = R_0 + jX_0$$

$$Z_1 = R_1 + jX_1$$

$$Z_2 = R_2 + jX_2$$

송전선로나 변압기 등 정지기에서는 $Z_1 = Z_2$, $R_1 \ll X_1$, $R_2 \ll X_2$이므로,

$R_1 = R_2 = 0$으로 두면 위 식 1)은

$$\alpha = \frac{(a-1)(R_0 + jX_0) + (a-a^2)jX_1}{(R_0 + jX_0) + 2jX_1} \quad \text{...} \quad \text{식 2)}$$

$$= \frac{\left(-\dfrac{1}{2} + j\dfrac{\sqrt{3}}{2} - 1\right)(R_0 + jX_0) + \left\{\left(-\dfrac{1}{2} + j\dfrac{\sqrt{3}}{2}\right) - \left(-\dfrac{1}{2} - j\dfrac{\sqrt{3}}{2}\right)\right\}jX_1}{(R_0 + jX_0) + 2jX_1}$$

$$= \frac{\left(-\dfrac{3}{2} + j\dfrac{\sqrt{3}}{2}\right)(R_0 + jX_0) - \sqrt{3}\,X_1}{(R_0 + jX_0) + 2jX_1} \quad \text{...............................} \quad \text{식 3)}$$

식 3)의 분모, 분자를 X_1으로 나누면

$$\alpha = \frac{\left(-\dfrac{3}{2} + j\dfrac{\sqrt{3}}{2}\right)\left(\dfrac{R_0}{X_1} + j\dfrac{X_0}{X_1}\right) - \sqrt{3}}{\left(\dfrac{R_0}{X_1} + j\dfrac{X_0}{X_1}\right) + j2} \quad \text{.........................} \quad \text{식 4)}$$

위 식 4)에서 $\dfrac{R_0}{X_1}$의 값을 $0 \rightarrow 0.5 \rightarrow 1 \rightarrow 1.5$로 단계적으로 증가시키면서 $\dfrac{X_0}{X_1}$의 값을 −10에서 +10까지 변화한 그래프는 다음과 같이 된다.

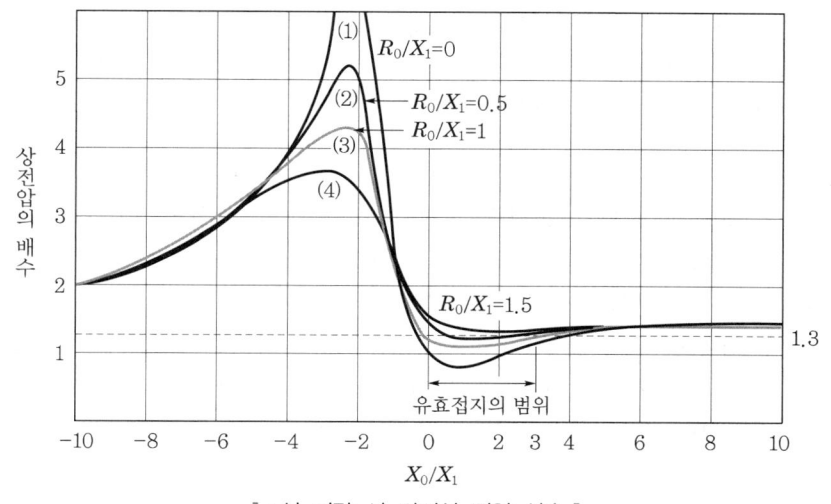

∥1선 지락 시 건전상 전압 상승 ∥

위 그래프에서의 유효접지조건은

$\dfrac{R_0}{X_1} \leq 1, \ 0 \leq \dfrac{X_0}{X_1} \leq 3$ 을 만족하여야 한다.

(2) 중성점 접지는 전체계통이 유효접지 내(접지계수가 75% 이내)에 있어야 한다.

(3) 어느 점에서도 1선 지락전류는 3상 단락전류의 60% 이상이어야 한다.

(4) 접지계수 $a = \dfrac{1선 \ 지락 \ 시 \ 건전상의 \ 대지전위}{정격 \ 선간전압} = 0.75$

3 유효접지의 장단점

(1) 장점

① **절연레벨의 경감** : 1선 지락고장 시 건전상의 대지전위 상승이 거의 없고, 아크지락 등에 의한 이상전압, 개폐서지 등도 다른 접지방식에 비해 매우 낮은 편이므로 각종 기기들의 절연을 낮출 수 있으며, 애자의 개수도 줄일 수 있어 전압이 높을수록 경제적인 측면이 유리해진다. 현재 154, 345, 765kV 계통은 직접 접지방식을 채용한다.

② **변압기의 단절연(graded insulation)** : 변압기의 중성점은 항상 0전위 부근을 유지한다. 따라서, 선로 측에 비해 중성점 부근의 절연레벨을 단계적으로 낮추어서 시행하는 소위 단절연이 가능하여 변압기 중량과 가격을 줄일 수 있다.

③ **피뢰기 책무 경감** : 개폐서지의 값이 낮으므로 정격전압이 낮은 피뢰기를 사용할 수 있으며, 충격방전 개시전압과 제한전압을 낮출 수 있다.

④ 보호계전기 동작 확실 : 1선 지락고장은 1상 단락과 같아 고장전류가 크다. 따라서, 고장 발생 시 고장검출이 용이하고 고속도 차단이 가능하다. 그러므로 1선 지락 시 발생되는 문제점은 고속도차단으로 해결 가능하다.

(2) 단점

① 지락전류가 매우 커서 계통의 직렬기기들의 손상이 우려된다.

② 지락전류가 저역률, 대전류이므로 과도안정도가 나빠진다.

③ 지락전류에 의한 통신선에의 전자유도장해가 발생한다.

④ 계통고장의 70 ~ 80%가 1선 지락고장이므로 차단기가 대전류를 차단할 기회가 잦다.

⑤ 1선 지락 시 전압강하가 심하여 배전계통의 경우 순시전압강하가 10 ~ 20ms 지속되면 정밀 기기의 오동작이나 메모리 손실 등의 우려가 있다.

4 유효접지의 계통 및 설계, 경제성에의 영향

(1) 계통에 주는 영향 – 계통의 안정도 저하

① 1선 지락전류가 타 방식보다 커서 계통의 충격이 크다.

$$I_g = \frac{3E_a}{Z_0 + Z_1 + Z_2}\,[A]$$

② 계통의 안정도 저하

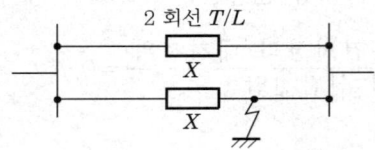

2 회선 T/L

㉠ 평상시 $X' = \dfrac{X}{2}$

㉡ 1회선 고장 시 $X'' = X$

$$P_r = \frac{E_s E_r}{X}\sin\delta$$ 에서 지락임피던스 상승으로 계통의 안정도가 저하된다.

③ 대책

㉠ 고속도 차단

㉡ 고속도 재폐로 시행

㉢ 연계력 강화

(2) 설비의 설계에 주는 영향

① 보호계전기 동작 확실 : 1선 지락전류가 크므로 보호계전기 동작이 확실하다.

② 기기 및 선로의 절연레벨 저감 : 345kV 계통의 절연협조의 예를 들면

송전애자 1550kV → CPD, CT, DS 1300kV → 붓싱, CB 1175kV → 변압기 1050kV → 피뢰기 735kV

③ 통신선에의 전자유도장해가 발생한다.

④ 차단기가 대전류를 차단할 기회가 많아져서 신뢰도가 높은 차단기 선택이 요구된다.

(3) 경제성에 주는 영향

① 기기 및 선로의 절연레벨을 낮출 수 있어 절연비를 절약할 수 있다.

② 변압기 중섬점 부근은 0전위를 유지하므로 단절연이 가능하여 변압기 중량 및 가격이 절감된다.

③ 개폐 Surge의 제한 : 중성점 접지로 개폐서지 및 3상 비동기 투입 시 이상전압 발생을 억제하며 피뢰기 동작책무 경감 및 피뢰기효과가 증대된다.

SECTION 06 한국전기설비규정(KEC)의 접지방식

**기출
지문**

Q1 한국전기설비규정(KEC)의 접지방식 중 저압 전로의 보호도체 및 중성선의 접속방식에 따른 TN, TT, IT 계통접지에 대하여 설명하시오. [건 124회 출제]

Q2 전기설비기술기준의 판단기준을 대체하는 한국전기설비규정(KEC) 제·개정 주요 사항 중 수전전압별 접지설계 시 고려사항에 대하여 설명하시오. [건 125회 출제]

Q3 KS C IEC 60364-3 규격의 배전계통접지방식 중 TT 방식과 TN 방식에 대하여 설명하시오. [발 83회 출제]

Q4 TN 방식과 TT 방식의 특징(차이점)에 대하여 기술하시오. [건 74회 출제]

Q5 저압 전선로에서 TN과 TT 계통의 간접접촉에 의한 감전보호방법을 설명하시오. [건 75회 출제]

Q6 국제전기기술위원회(IEC)에서의 전력계통 TN, TT 및 IT 방식의 특징과 감전방지대책에 대하여 계통별로 도시하여 설명하시오. [안 65회 출제]

건 건축전기설비기술사 / 응 전기응용기술사 / 발 발송배전기술사 / 소 소방기술사 / 안 전기안전기술사 / 화 화공안전기술사 / 정 정보통신기술사

1 개요

(1) 도입배경

WTO/TBT 협정에 의거, IEC 도입 → 접지계통 국제 규격화

(2) 접지 개념의 변화

기기 보안위주	인체 안전위주
• 단독접지 • 접지저항값 기준	• 통합접지(공통 + 메시 + 본딩) • 보폭전압, 접촉전압기준

2 충전용 도체의 분류

(1) 교류계통

1kV 이하($1\phi-2W$, $3W/3\phi-3W$, 4W, 5W)

(2) 직류계통

1.5kV 이하(직류 2선식, 직류 3선식)

3 문자의 의미

(1) 자리의 의미

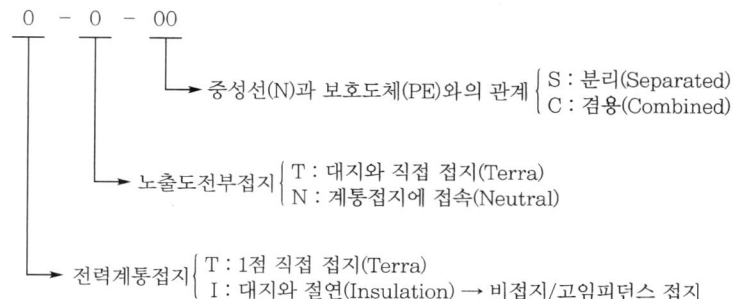

중성선(N)과 보호도체(PE)와의 관계 { S : 분리(Separated)
C : 겸용(Combined)

노출도전부접지 { T : 대지와 직접 접지(Terra)
N : 계통접지에 접속(Neutral)

전력계통접지 { T : 1점 직접 접지(Terra)
I : 대지와 절연(Insulation) → 비접지/고임피던스 접지

(2) 기호

기호	의미	기호	의미	기호	의미
⚬	중성선(N)	╱	보호도체(PE)	●	겸용(PEN)

4 접지방식의 종류

(1) TN-System

① 정의 : 1점을 직접 접지하고 기기 노출도전부를 PE 도체를 이용해 계통에 접속하는 방식이다.

분류	계통도	내용
TN-C 계통	L₁ L₂ L₃ PEN 노출도전부	계통 전체에 대해 중성선과 보호도체 기능을 동일 도체로 겸용
TN-S 계통	L₁ L₂ L₃ N PE	계통 전체를 중성선과 보호도체로 분리
TN-C-S 계통	L₁ L₂ L₃ PEN PE	계통의 일부에서 중성선과 보호도체 겸용 (다른 일부에서는 별도 분리)

② 특징

㉠ 고장 루프임피던스가 작아 고장전류가 크다.

㉡ TN-C 계통은 PEN 도체에 불평형 부하전류나 고조파 영상전류가 흘러 잡음에 약한 반면 TN-S 계통은 잡음에 강하다(EMI 측면에서 유리).

㉢ 미·유럽 등지에서 주로 사용한다.

(2) TT-System

① 정의 : 계통의 1점을 직접 접지하고 기기의 노출도전부를 계통의 접지극과 별도로 접지하는 방식이다.

② 계통도

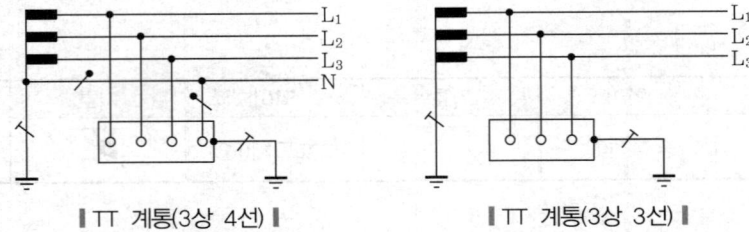

‖TT 계통(3상 4선)‖　　　　‖TT 계통(3상 3선)‖

③ 특징

㉠ 지락 시 지락전류가 작다.

㉡ 종래 일본, 국내(수용가 계통)에서 사용한다.

(3) IT-System

① 정의 : 계통 측을 대지로부터 절연 또는 고임피던스를 삽입하여 대지에 접속하고 기기노출도 전부를 개별, 그룹별 또는 PE 도체에 일괄 접속하는 방식이다.

② 계통도

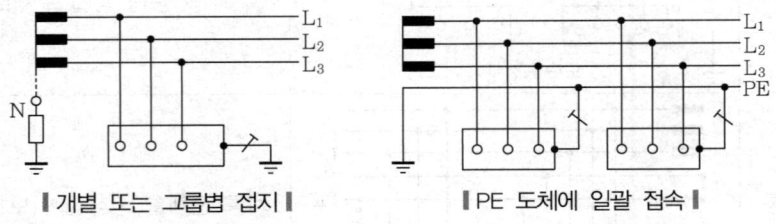

‖개별 또는 그룹별 접지‖　　　　‖PE 도체에 일괄 접속‖

③ 특징

㉠ 초기 고장 시 긴급차단을 요하지 않는 곳에 적용(병원, 화학공장 등)한다.

㉡ 대규모 전력계통에 채택이 곤란하다.

5 전원자동차단에 의한 보호

계통별	보호장치
TN 계통	• TN-C 계통 : 과전류차단기 사용추천(누전차단기 사용금지) • TN-S 계통 : 과전류차단기 사용추천(조건 불충분 시 누전차단기 사용)
TT 계통	누전차단기 사용추천 단, 과전류차단기 적용 시는 R_A(접지극 + 노출도전부저항)값이 상당히 낮을 경우 한함
IT 계통	• 초기 고장 : 절연 모니터링 및 경보 • 2차 고장 : 전원차단 ┬ 개별, 그룹별 접지 : TT 계통조건 적용 　　　　　　　　　　　 └ PE 도체에 일괄 접속 : TN 계통조건 적용

6 결론

국내의 현행 접지방식은 WTO/TBT 협정에 따른 IEC 국제규격을 도입하고 시행 초기단계인 바, 종래의 접지방식에서 탈피하여 신 국제규격을 적극 수용함으로써 국제 표준화 및 이를 통한 기술경쟁력 강화가 요구된다.

PLUS IEC 접지방식에 따른 감전보호방식

1. TT 계통에서 감전에 대한 보호

(1) 자동차단조건

$$R_A \times I_a \leq 50\,V$$

여기서, I_a : 정해진 시간 내에 차단기가 작동하는 전류(5초 이내)

R_A : 보호도체저항(R_{PE})+기기접지저항(R_A) $\simeq R_A$

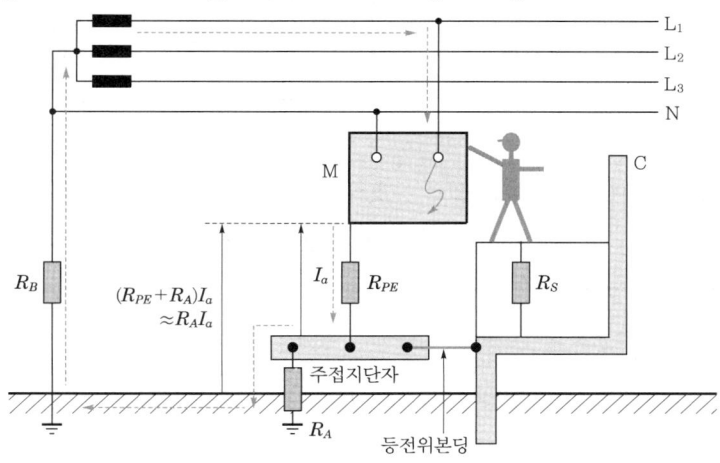

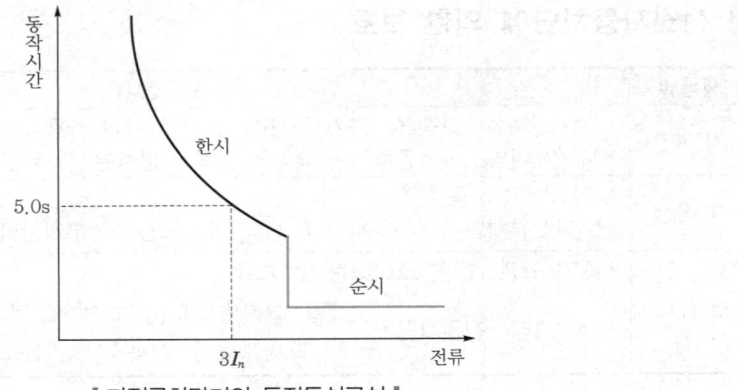

│ 과전류차단기의 동작특성곡선 │

(2) TT 계통의 특징

① 기기접지저항과 계통접지저항을 통해서 고장전류가 흐르므로 고장전류가 TN 계통에 비해 작다.

② 기기의 절연파괴와 같은 고장 시에 대지전위는 계통접지저항(R_B)과 기기접지저항(R_A)에 분압

되어 나타난다. 두 값이 동일한 경우 공칭대지전압(U_0)의 $\frac{1}{2}$ 값이 된다. 어떠한 경우라도 인체의

안전을 위해서 대지전위 상승을 50V 이하가 되도록 기기접지를 해야 한다. 이 조건에 불만족한

경우에는 등전위접지를 강화하거나 누전차단기를 시설해야 한다.

③ TT 계통에서는 기기접지저항은 일반적으로 크기 때문에 대지전위는 50V를 초과하는 것이 일반

적이므로 과전류차단기가 5초 이내에 자동으로 동작할 수 있는 전류조건과 전위 상승이 50V를

초과하지 않는 낮은 R_A값을 얻을 수 있는 경우에만 과전류차단기를 적용한다.

(3) TT 계통에서 감전보호 → 누전차단기(권장), 등전위본딩 강화

2. TN 계통에서 감전에 대한 보호

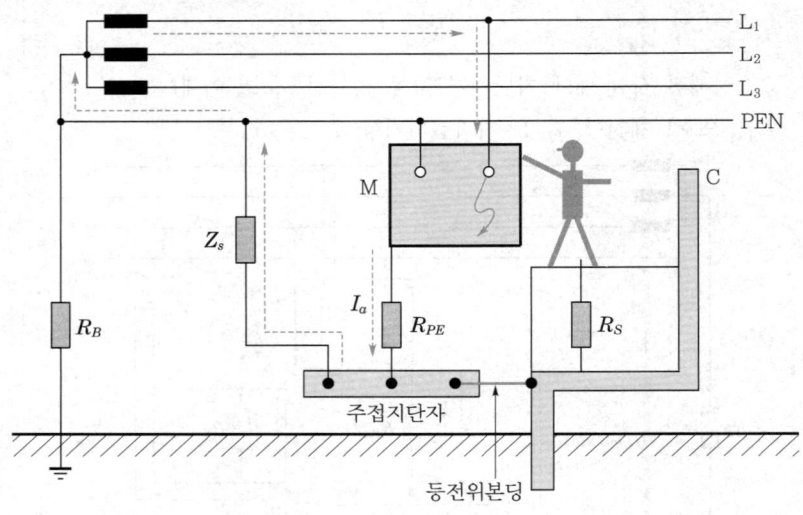

(1) 자동차단조건

$$Z_s \times I_a \leq U_0$$

여기서, I_a : 정해진 시간 내에 차단기가 작동하는 전류

Z_s : 고장루프 임피던스(R_{PE} 포함)

U_0 : 공칭대지전압(실횻값)

‖ TN 계통에서 최대 차단시간 ‖

공칭대지전압(U_0)[V]	차단시간[s]
120	0.8
(220)	(−)
230	0.4
277	0.4
400	0.2
400 초과	0.1

(2) TN 계통의 특징

① 고장루프 임피던스(Z_s)가 매우 작으므로 고장전류가 매우 큰 계통이다.

② 보호도체의 저항(R_{PE})에 의한 대지전위가 상승하므로 비교적 안전하다.

③ 감전보호를 위해 과전류차단기를 주로 적용하는 계통이다.

④ 과전류차단기가 조건 불만족 시 누전차단기에 적용하지만 대부분 조건을 만족하는 계통이므로 누전차단기의 적용이 불필요한 계통이다.

(3) TN 계통에서 감전보호장치

① 과전류차단기(권장)

② 누전차단기(예외적인 경우)

→ 과전류보호장치가 정해진 시간 내 차단이 어려운 경우나 Z_s가 커서 접촉전압을 50V 이하로 유지가 어려운 경우

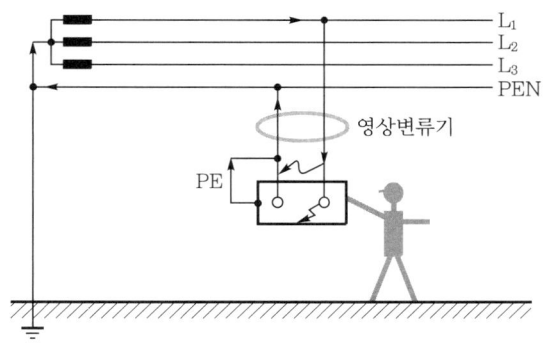

‖ 그림 1. TN−C ‖

* 누전차단기 부동작 가능성 큼

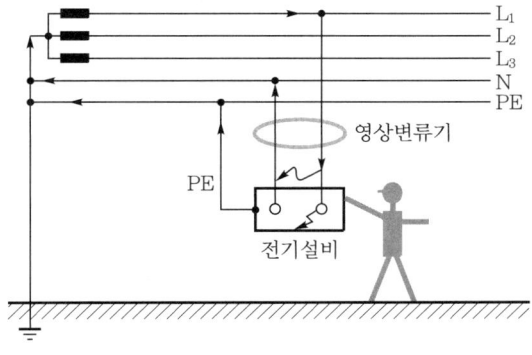

‖ 그림 2. TN−S ‖

* 누전차단기 적용은 가능하지만 권장하지 않음

3. IT 계통에서 감전에 대한 보호

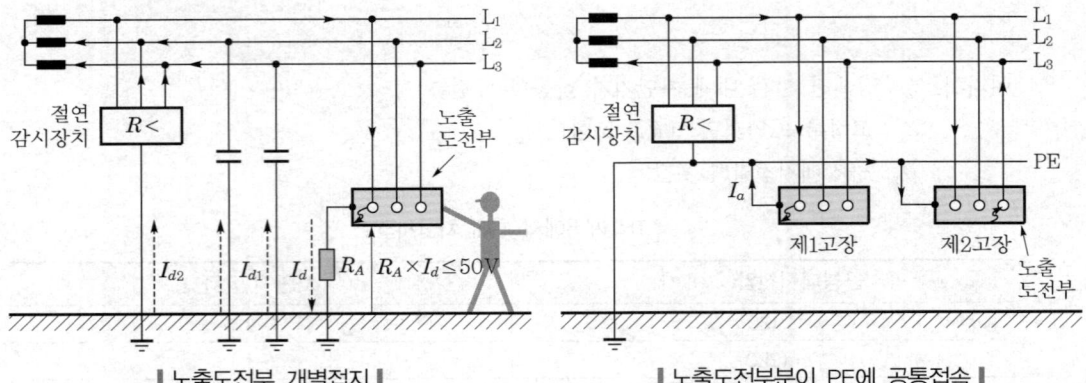

| 노출도전부 개별접지 | 노출도전부분이 PE에 공통접속 |

(1) IT 시스템의 특징

① IT 시스템에서는 대지정전용량을 통해서 전류가 흐르므로 그 전류가 매우 작아 기기의 절연사고 시에도 허용접촉전압인 50V를 초과할 가능성이 매우 낮으므로 감전에는 안전하다.

② 제1고장을 발견하고 절연감지장치에 의해서 경보하거나 가능한 제거한다.

③ 제1고장이 제거되지 않은 상태에서 제2고장이 발생된 경우 자동차단장치에 의해 차단한다.

  • 노출도전성 부분이 PE에 공통접속된 경우 : TN 시스템과 동일 조건으로 보호

  • 노출도전성 부분이 개별접지된 경우 : TT 시스템과 동일 조건으로 보호

(2) IT 시스템에서 보호

① 절연보호장치(경보장치)

② 과전류차단기

③ 누전차단기에 의한 보호는 바람직하지 않음

07 접촉전압과 보폭전압

기출
지문

Q1 허용보폭전압(step voltage)의 정의와 계산방법을 설명하시오. 건 121회 출제

Q2 변전소 내에 메시접지 시설 시 보폭전압(step voltage), 접촉전압(touch voltage)을 최소화하여야 한다.
다음 사항에 대하여 설명하시오. 건 125회 출제
(1) 보폭전압(step voltage)의 개념 및 저감대책
(2) 접촉전압(touch voltage)의 개념 및 저감대책

Q3 KS C IEC 60364의 규정에 따른 다음 용어를 설명하시오. 건 100회 출제
(1) 공칭전압
(2) 접촉전압
(3) 예상접촉전압
(4) 규약동작전류
(5) 규약접촉전압한계

Q4 허용접촉전압의 정의와 계산방법을 설명하시오. 건 102회 출제

Q5 변전소 설계 시 고려하는 허용접촉전압(touch voltage), 허용보폭전압(step voltage) 및 저감방법에
대하여 설명하시오. 응 132회 출제

Q6 변전소 접지설계 시 검증할 수 있는 접촉전압, 보폭전압과 심실세동전류에 대하여 설명하시오.
건 86회 출제

Q7 위험전압(보폭전압 및 접촉전압)과 이의 저감대책에 관하여 설명하시오. 안 68회 출제

건 건축전기설비기술사 / 응 전기응용기술사 / 발 발송배전기술사 / 소 소방기술사 / 안 전기안전기술사 / 화 화공안전기술사 / 정 정보통신기술사

1 개요

① 접지는 대지에 전기적인 단자를 설치하는 것을 의미하며, 접지대상물을 대지와 낮은 임피던
스로 접속하는 기술이다.

② 국내의 접지설계방법은 접지저항값을 얻기 위한 접지전극설계를 위주로 하지만 ANSI/
IEEE 접지설계방법은 접촉전압 및 보폭전압을 고려한 안전한계전압설계를 위주로 하고
있다.

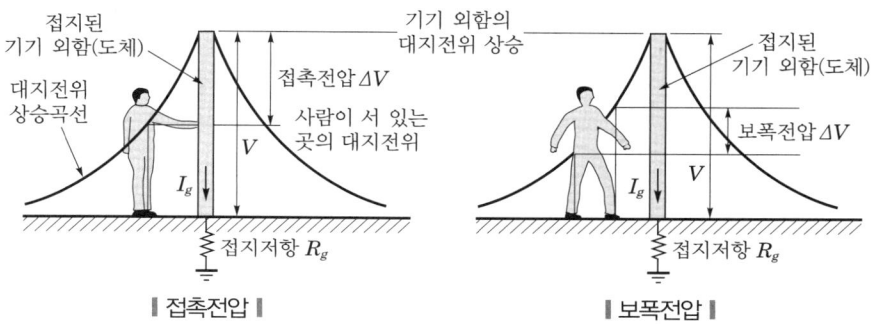

‖ 접촉전압 ‖　　　　　　　　　　‖ 보폭전압 ‖

2 접촉전압

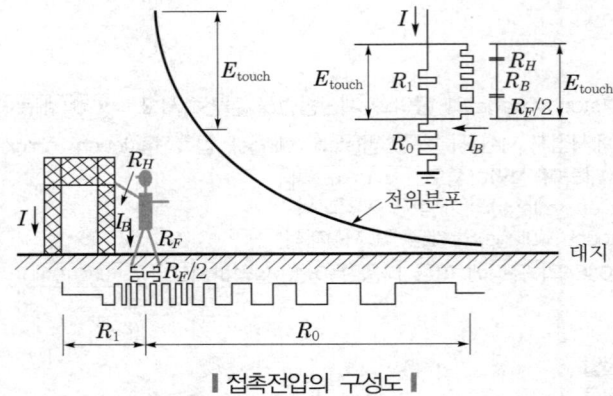

∥ 접촉전압의 구성도 ∥

$$E_{\text{touch}} = \left(R_B + \frac{R_F}{2}\right)I_B = \frac{(1000 + 1.5\rho_s) \cdot 0.157}{\sqrt{t_c}} = \frac{157 + 0.24\rho_s}{\sqrt{t_c}}$$

여기서, R_B : 인체의 몸통저항[Ω](1000 : 가정)

R_F : 한발의 저항[Ω] $\simeq 3\rho_s$

ρ_s : 표토층 저항률[Ω · m]

I_B : 인체허용전류[A](실횻값)

$$I_B = \frac{0.157}{\sqrt{t_c}} \text{(Dilziel의 실험식)}$$

t_c : 지속시간[s]

① 사람이 대지 위에 서서 대지전위가 상승된 기기 외함에 접촉했을 때 사람의 발과 손 사이에 발생되는 전압을 말한다.

② 건축물과 대지 간 길이 1m의 전위차이다.

3 보폭전압

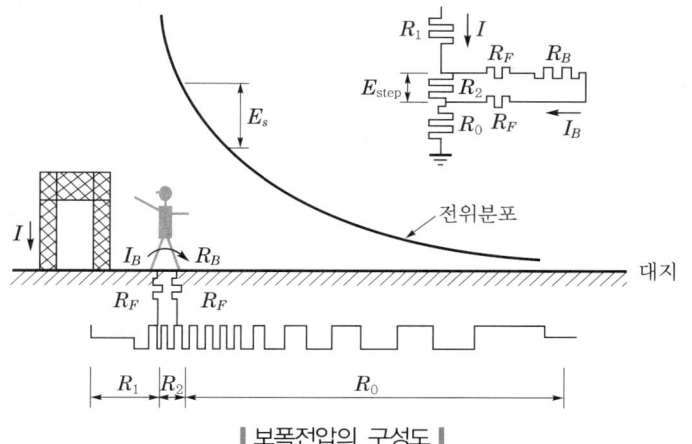

∥ 보폭전압의 구성도 ∥

$$E_{\text{step}} = (R_B + 2R_F)\,I_B = \frac{(1000 + 6\rho_s) \cdot 0.157}{\sqrt{t_c}} = \frac{157 + 0.94\rho_s}{\sqrt{t_c}}$$

여기서, R_B : 인체의 몸통저항[Ω](1000 : 가정)

R_F : 한발의 저항[Ω] $\simeq 3\rho_s$

ρ_s : 표토층 저항률[Ω·m]

I_B : 인체허용전류[A](실횻값), $I_B = \dfrac{0.157}{\sqrt{t}}$ (Dalziel의 실험식)

t_c : 지속시간[s]

① 접지전극 부근 지표면상에 생기는 전위차로서, 사람의 두 발 사이에 발생되는 전위차 최대치를 말한다.

② 접지전극 부근 대지면 두 점 간 길이 1m의 전위차이다.

4 접촉전압과 보폭전압의 저감방법

① 접지전극을 깊게 매설한다.

② Mesh식 접지방법을 채용하고 Mesh 간격을 좁게 한다.

③ 철구 주변에 자갈 또는 콘크리트를 타설한다.

④ 접지저항을 충분히 작게 하여 기기의 대지전위 상승을 억제한다.

⑤ 3상 4선식 대신 단상 3선식을 채택하여 대지전압을 $\dfrac{1}{2}$로 감소시킨다.

⑥ 보조접지선을 매설하고 이것을 주접지선과 접속한다. 즉, 등전위화시킨다.

5 비교

구분	보폭전압	접촉전압
정의	고장전류(뇌서지, 지락)로, 접지전극 근처에 전위차가 생겼을 때 사람의 두 다리에 걸리는 전위차	사람이 지상에 서서 기기의 외함이나 철구에 접촉한 경우 인체에 가해지는 전압
개념도 및 등가회로	▌보폭전압▐	▌접촉전압▐
산출식	$E_{step} = (R_B + 2R_f)\,I_k$ $= \dfrac{(1000 + 6\rho_s)\cdot 0.157}{\sqrt{t_c}}$ $= \dfrac{(157 + 0.94\rho_s)}{\sqrt{t_c}}$	$E_{touch} = \left(R_B + \dfrac{R_f}{2}\right)I_k$ $= \dfrac{(1000 + 1.5\rho_s)\cdot 0.157}{\sqrt{t_c}}$ $= \dfrac{157 + 0.24\rho_s}{\sqrt{t_c}}$
IEEE	접지전극 부근의 대지면의 두 점 간 (양다리)의 거리 1m의 전위차를 말함	인체 접촉 시 구조물과 대지면의 거리 1m의 전위차를 말함
저감방법	철구, 가대 등의 접지	보조접지선의 매설

SECTION 08 SELV와 PELV를 적용한 특별저압에 의한 보호

Q1 KS C IEC 60364-4에서 정한 특별저압전원(ELV : Extra-Low Voltage)에 의한 보호방식에 대하여 설명하시오. 건 116회 출제

Q2 다음 중 특별저압 감전보호에 대하여 다음을 설명하시오. 건 131회 출제
  (1) 보호대책 일반요구사항
  (2) 기본보호와 고장보호에 관한 요구사항
  (3) SELV와 PELV용 전원
  (4) SELV와 PELV 회로에 대한 요구

Q3 SELV(Safety Extra Low Voltage), FELV(Functional Extra Low Voltage)용 전원의 구비조건에 대하여 설명하시오. 건 91회 출제

Q4 한국전기설비규정(KEC)의 특별저압(ELV)에 대하여 구분하고, 전로의 사용전압에 따른 시험전압과 저압 전로의 최소 절연저항에 대하여 설명하시오. 소 134회 출제

Q5 KS C IEC 60364에 의한 특별저전압의 종류를 분류하고, 특별저전압 전원회로에 의한 감전보호방법에 대하여 설명하시오. 안 122회 출제

건 건축전기설비기술사 / 응 전기응용기술사 / 발 발송배전기술사 / 소 소방기술사 / 안 전기안전기술사 / 화 화공안전기술사 / 정 정보통신기술사

1 보호대책 일반요구사항

(1) 특별저압에 의한 보호는 다음의 특별저압계통에 의한 보호대책이다.
  ① SELV(Safety Extra-Low Voltage)
  ② PELV(Protective Extra-Low Voltage)

항목	전원	회로	대지와의 관계
SELV	• 안전절연변압기 • 동등한 전원	구조적 분리 있다.	• 비접지회로로 한다. • 노출도전성 부분은 고의로 접지하지 않는다.
PELV			• 접지회로를 허용한다. • 노출도전성 부분은 접지해도 된다.
FELV	안전전원이 아니다.	구조적 분리 없다.	• 접지회로를 허용한다. • 노출도전성 부분은 1차 측 회로의 보호도체에 접속한다. • 보호도체가 있는 회로로 접속하는 것은 허용된다.

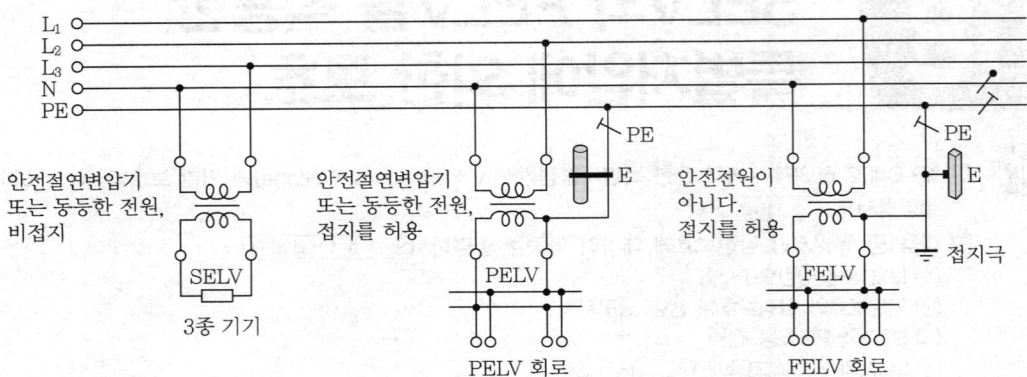

E : 외부도체와의 접지회로, 금속배관, 건물의 철근 등

❙ SELV, PELV, FELV ❙

(2) 보호대책의 요구사항

① 특별저압 계통의 전압한계는 KS C IEC 60449(건축전기설비의 전압밴드)에 의한 전압밴드
Ⅰ의 상한값인 교류 50V 이하, 직류 120V 이하이어야 한다.

종류	전압밴드의 적용범위
밴드 Ⅰ	• 전압값의 특정조건에 따라 감전보호를 하는 경우의 설비 • 전기통신, 신호, 벨, 제어 및 경보설비 등 기능상의 이유로 전압을 제한하는 설비
밴드 Ⅱ	가정용, 상업용 및 공업용 설비에 공급하는 전압을 포함한다. 또한, 이 밴드는 공공배전계통의 전압을 포함한다.

② 특별저압 회로를 제외한 모든 회로로부터 특별저압 계통을 보호분리하고, 특별저압 계통과
다른 특별저압 계통 간에는 기본절연을 하여야 한다.

③ SELV 계통과 대지 간의 기본절연을 하여야 한다.

2 기본보호와 고장보호에 관한 요구사항

다음의 조건들을 충족할 경우에는 기본보호와 고장보호가 제공되는 것으로 간주한다.

① 전압밴드 Ⅰ의 상한 값을 초과하지 않는 공칭전압인 경우

② 211.5.3(SELV와 PEVL용 전원) 중 하나에서 공급되는 경우

③ 211.5.4(SELV와 PEVL 회로에 대한 요구사항)의 조건에 충족하는 경우

3 SELV와 PELV용 전원(211.5.3)

특별저압 계통에는 다음의 전원을 사용해야 한다.

① 안전절연변압기 전원[KS C IEC 61558-2-6(전력용 변압기, 전원공급장치 및 유사기기의
안전-제2부 : 범용 절연변압기의 개별요구사항에 적합한 것)]

② '①'의 안전절연변압기 및 이와 동등한 절연의 전원

③ 축전지 및 디젤발전기 등과 같은 독립전원

④ 내부고장이 발생한 경우에도 출력단자의 전압이 211.5.1(전압밴드 I의 상한값이 교류 50V 이하, 직류 120V 이하)에 규정된 값을 초과하지 않도록 적절한 표준에 따른 전자장치

⑤ 안전절연변압기, 전동발전기 등 저압으로 공급되는 이중 또는 강화절연된 이동용 전원

4 SELV와 PELV 회로에 대한 요구사항(211.5.4)

(1) SELV 및 PELV 회로는 다음을 포함하여야 한다.

① 충전부와 다른 SELV와 PELV 회로 사이의 기본절연

② 이중절연 또는 강화절연 또는 최고 전압에 대한 기본절연 및 보호차폐에 의한 SELV 또는 PELV 이외 회로들의 충전부로부터 보호분리

③ SELV 회로는 충전부와 대지 사이에 기본절연

④ PELV 회로 및 PELV 회로에 의해 공급되는 기기의 노출도전부는 접지

(2) 기본절연이 된 다른 회로의 충전부로부터 특별저압 회로 배선계통의 보호분리는 다음의 방법 중 하나에 의한다.

① SELV와 PELV 회로의 도체들은 기본절연을 하고 비금속 외피 또는 절연된 외함으로 시설하여야 한다.

② SELV와 PELV 회로의 도체들은 전압밴드 I 보다 높은 전압회로의 도체들로부터 접지된 금속시스 또는 접지된 금속차폐물에 의해 분리하여야 한다.

③ SELV와 PELV 회로의 도체들이 사용 최고 전압에 대해 절연된 경우 전압밴드 I보다 높은 전압의 다른 회로 도체들과 함께 다심케이블 또는 다른 도체그룹에 수용할 수 있다.

④ 다른 회로의 배선계통은 211.3.2의 4에 의한다.

(3) SELV와 PELV 계통의 플러그와 콘센트는 다음에 따라야 한다.

① 플러그는 다른 전압계통의 콘센트에 꽂을 수 없어야 한다.

② 콘센트는 다른 전압계통의 플러그를 수용할 수 없어야 한다.

③ SELV 계통에서 플러그 및 콘센트는 보호도체에 접속하지 않아야 한다.

(4) SELV 회로의 노출도전부는 대지 또는 다른 회로의 노출도전부나 보호도체에 접속하지 않아야 한다.

(5) 공칭전압이 교류 25V 또는 직류 60V를 초과하거나 기기가 (물에)잠겨 있는 경우 기본보호는 특별저압 회로에 대해 다음의 사항을 따라야 한다.

① 절연

② 격벽 또는 외함

(6) 건조한 상태에서 다음의 경우는 기본보호를 하지 않아도 된다.

① SELV 회로에서 공칭전압이 교류 25V 또는 직류 60V를 초과하지 않는 경우

② PELV 회로에서 공칭전압이 교류 25V 또는 직류 60V를 초과하지 않고 노출도전부 및 충전부가 보호도체에 의해서 주접지단자에 접속된 경우

(7) SELV 또는 PELV 계통의 공칭전압이 교류 12V 또는 직류 30V를 초과하지 않는 경우에는 기본보호를 하지 않아도 된다.

한국전기설비규정(KEC)의 등전위본딩

기출
지문

Q1 등전위본딩의 개념과 감전보호용 등전위본딩에 대하여 설명하시오. 건 105회 출제

Q2 KS C IEC 60364-4-41(안전을 위한 보호-감전에 대한 보호)에 근거한 비접지 국부 등전위본딩에 의한 보호에 대하여 설명하시오. 건 110회 출제

Q3 통합접지 시공 시 감전보호용 등전위본딩의 적용대상물과 시설방법에 대하여 설명하시오.
건 121회 출제

Q4 한국전기설비규정(KEC)에서 규정하는 감전보호용 등전위본딩에 대하여 설명하시오. 건 안 129회 출제

Q5 비접지 국부 등전위본딩의 개념을 설명하시오. 건 131회 출제

건 건축전기설비기술사 / 용 전기응용기술사 / 발 발송배전기술사 / 소 소방기술사 / 안 전기안전기술사 / 화 화공안전기술사 / 정 정보통신기술사

1 개요

(1) 등전위본딩이란 등전위를 형성하기 위해 도전부 상호 간을 전기적으로 접속하는 것을 말한다.

(2) 전기기기의 노출도전성 부분(금속 제외함)과 계통 외 도전성 부분을 동일 또는 근사적인 동일 전위로 하기 위한 도전적 결합이다.

(3) 전기설비기술기준의 판단기준 제19조의 개정내용

KEC 143(감전보호용 등전위본딩)은 2021년 1월 1일자로 개정되어 최신 기준을 반영하고 있다.

2 등전위본딩(equipopential bonding)의 개념

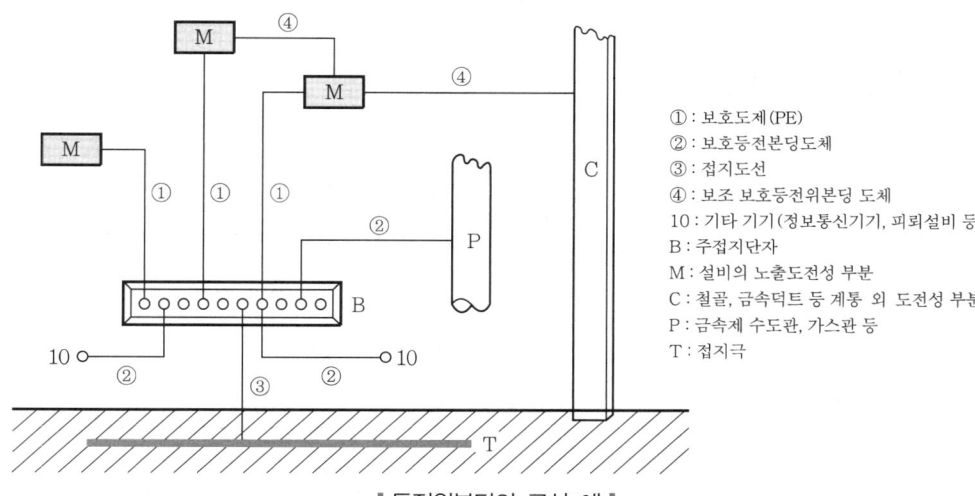

①: 보호도체(PE)
②: 보호등전위본딩도체
③: 접지도선
④: 보조 보호등전위본딩 도체
10: 기타 기기(정보통신기기, 피뢰설비 등)
B: 주접지단자
M: 설비의 노출도전성 부분
C: 철골, 금속덕트 등 계통 외 도전성 부분
P: 금속제 수도관, 가스관 등
T: 접지극

┃ 등전위본딩의 구성 예 ┃

① 등전위성을 얻기 위해 도체 간을 전기적으로 접속하는 조치를 말한다.
② 서로 다른 노출도전성 부분 상호 간, 노출도전성 부분과 계통 외 도전성 부분 간 및 다른 계통 외 도전성 부분 간을 실질적으로 등전위로 하는 전기적 접속을 말한다.

3 등전위본딩의 역할

(1) 저압 전로
감전방지

(2) 정보통신설비
기능보증, 전위기준점의 확보, EMC 대책

(3) 피뢰설비
뇌로 인한 과전압에 대한 보호불꽃 방전방지, EMC 대책으로 구분된다.

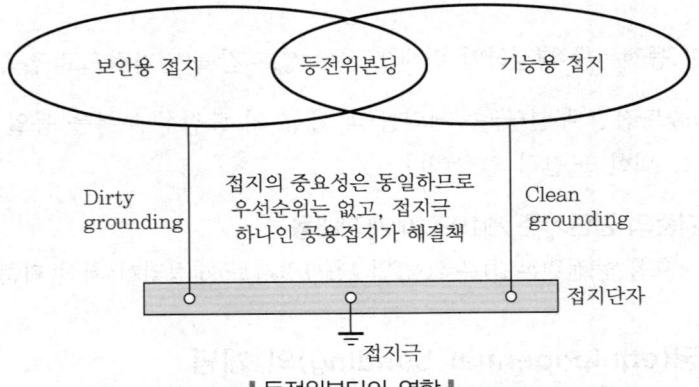

┃ 등전위본딩의 역할 ┃

4 등전위본딩의 분류

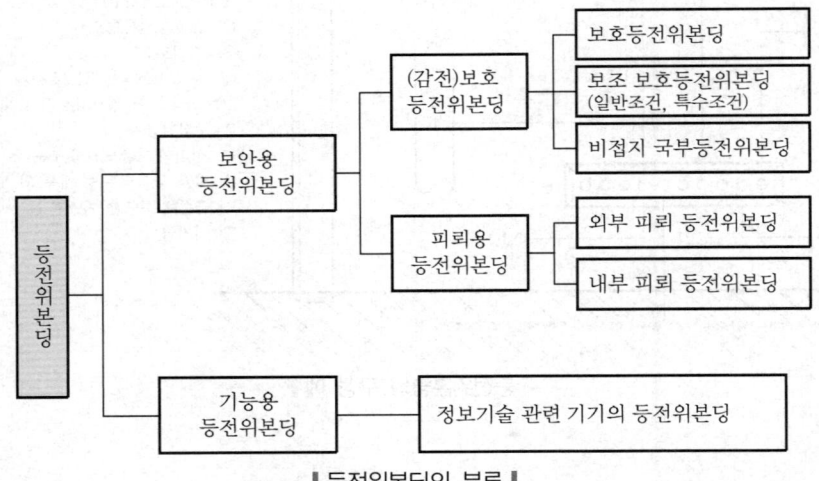

┃ 등전위본딩의 분류 ┃

5 감전보호용 등전위본딩

(1) 목적

위험전압의 저감 및 등전위화를 도모하여 내부시설기기의 기능을 보장하고 인체의 안전을 확보하기 위함이다.

(2) 주요 내용

① 보호 등전위본딩

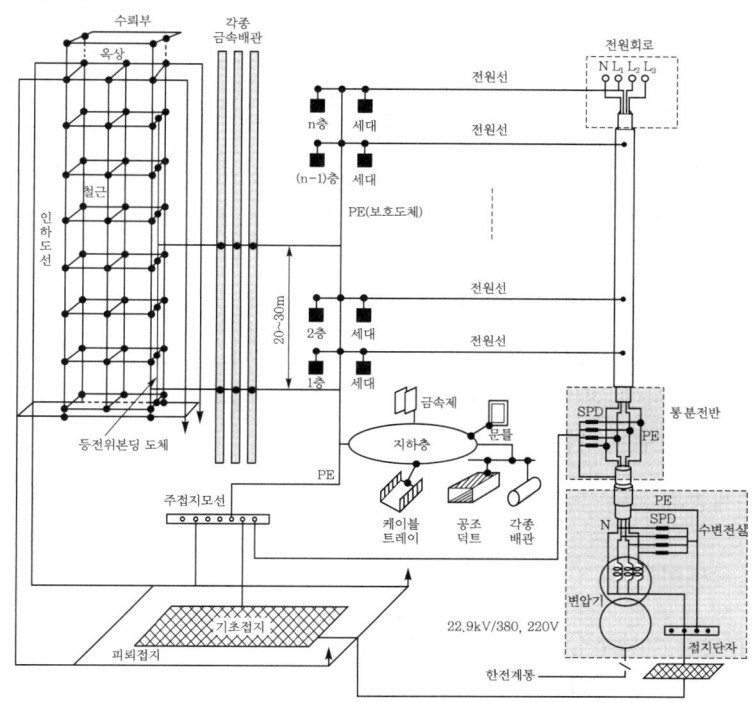

‖ 주등전위본딩 시설 ‖

ㄱ 건축물의 외부에서 인입하는 각종 금속제 인입설비의 배관은 최대 단면적을 갖는 배관 부분에서 서로 접속되어야 한다.

ㄴ 가능한 인입구 부근에서 접속하며 건축물 안에서 수도관과 가스관의 배관은 건축물 내부로 유입하는 방향의 최초 밸브 후단에서 등전위본딩을 한다.

ㄷ 건축물에서 접지도체, 주접지단자와 다음의 도전성 부분은 등전위본딩에 접속한다.
  • 수도관, 가스관과 같이 건축물로 인입되는 인입계통의 금속관
  • 접촉할 수 있는 건축물의 계통 외 도전부 금속제 중앙난방설비
  • 철근콘크리트조의 금속보강재

② 보조 보호 등전위본딩

　㉠ 보조 보호 등전위본딩은 고장에 대한 추가보호대책으로서, 화재·기기의 응력에 대한 보호 등 다른 이유에 의한 전원의 차단이 필요한 경우도 포함되며, 설비 전체 또는 일부분, 특정한 장소 및 기기에 적용할 수 있다.

　㉡ 전기설비에서 고장이 발생한 때 자동차단조건이 충족되지 않은 경우 보조 등전위본딩을 하며 보조 등전위본딩을 실시한 경우라도 전원의 차단은 필요하다.

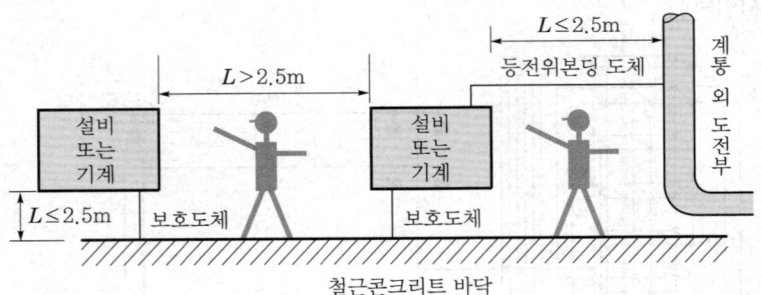

∥ 보조 등전위본딩의 시설 ∥

　㉢ 보조 보호 등전위본딩은 보호 등전위본딩을 보완하기 위한 것으로, 유효성이 의심되는 경우에는 동시에 접촉할 수 있는 노출도전부와 계통 외 도전부 사이의 전기저항 R이 다음 조건을 충족하는지 확인해야 한다.

　　• 교류계통의 경우 : $R \leq \dfrac{50\,V}{I_a}$ [Ω]

　　• 직류계통의 경우 : $R \leq \dfrac{120\,V}{I_a}$ [Ω]

　　　여기서, I_a : 보호장치의 동작전류[A] → 누전차단기의 경우 정격감도전류, 과전류차단기의 경우 5초 이내에 작동하는 전류임

　㉣ 보조 보호 등전위본딩은 다음의 특수한 장소 또는 설비에 시설한다.

　　• 욕조 또는 샤워욕조가 설치된 장소의 설비

　　• 수영풀장 또는 기타 욕조가 설치된 장소의 설비

　　• 농업 및 원예용 전기설비

　　• 이동식 숙박차량 또는 정박지의 전기설비

　　• 피뢰설비 등

③ 비접지 국부 등전위본딩

　㉠ 비접지 국부 등전위본딩은 절연고장에 대한 감전보호대책으로서 전원의 자동차단에 의한 보호가 적용될 수 없는 경우, 즉 접지를 하지 않은 경우의 보호대책으로 사용된다.

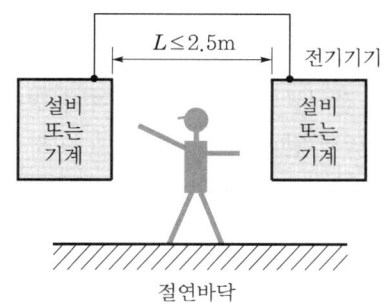

┃ 비접지 국부 등전위본딩의 시설 ┃

ⓛ 비접지 국부 등전위본딩은 대지에 전기적으로 접촉되어서는 안 되며 노출도전부 또는
   계통 외 도전부를 통해서도 대지에 직접 전기적으로 접촉되어서는 안 된다.

ⓒ 절연된 바닥이란 각 측정점에서 도전부와 바닥 또는 벽 사이의 절연저항이 설비의 공칭
   전압이 500V 이하인 경우 50kΩ 이상, 500V 초과의 경우 100kΩ 이상의 전기저항을
   갖는 경우를 말한다.

④ 저압 전원계통의 등전위본딩

ⓐ TN 계통

   • 전기설비의 노출도전부와 계통 외 도전부는 주등전위본딩에 접속해야 한다.

   • 고장 시 전원의 자동차단시간이 최종단 회로가 32A 이하인 경우 아래 표의 규정된
     시간을 넘거나 최종단 회로가 32A 초과하는 회로 또는 분전반의 회로에서 5초를 넘는
     경우 보조 등전위본딩을 해야 한다.

┃ TN 계통의 최대 차단시간 ┃

공칭대지전압[V]	$50 < V_0 \leq 120$	$120 < V_0 \leq 230$	$230 < V_0 \leq 400$	$V_0 > 400$
차단시간[s]	0.8	0.4	0.2	0.1

ⓑ TT 계통

   • 전기설비의 노출도전부 및 계통 외 도전부는 전기적으로 접속하고 접지해야 하며 동일
     한 보호장치에 의해 총괄적으로 보호하는 모든 노출도전부를 공통의 접지전극에 보호
     도체로 접속해야 한다.

   • 분기회로 차단기의 정격전류가 32A 이하인 경우 고장 시 전원의 자동차단시간이 다음
     표에 규정된 시간을 초과하거나 분기회로 차단기의 정격전류가 32A를 초과 또는 분전
     반의 회로에서 최대 차단시간이 1초를 넘는 경우 보조 등전위본딩을 해야 한다.

┃ TT 계통의 최대 차단시간 ┃

공칭대지전압[V]	$50 < V_0 \leq 120$	$120 < V_0 \leq 230$	$230 < V_0 \leq 400$	$V_0 > 400$
차단시간[s]	0.3	0.2	0.07	0.04

6 결론

① 등전위본딩 중 감전방지용 등전위본딩을 앞의 보호 등전위본딩, 보조 보호 등전위본딩, 비접지 국부 등전위본딩, 저압 전원계통의 등전위본딩으로 구분하여 설명하였다.

② 주등전위본딩 외 보조 등전위본딩, 비접지 등전위본딩, 접지방식(TN, TT)별 등전위본딩은 계통의 특성에 따라 Case – by – case로 적용하여 저압 회로에 감전방지가 될 수 있도록 설계 및 시공에 반영해야 할 것으로 판단한다.

PLUS

1. 뇌 보호용 본딩부품의 재료와 치수

┃본딩부품의 최소 단면적(IEC 62305-4의 5.5)┃

본딩부품		재료	단면적[mm^2]
본딩바(구리 또는 아연 도금강)		Cu, Fe(아연도)	50
본딩바에서 접지시스템 또는 다른 본딩바까지 접속도체 (본딩바 상호 간)		Cu	16
		Al	25
		Fe	50
내부금속설비에서 본딩바까지 접속도체		Cu	6
		Al	10
		Fe	16
SPD용 접속도체	Class Ⅰ	Cu	16
	Class Ⅱ		6
	Class Ⅲ		3
	기타		1

※ 내부시스템에 대한 뇌 등전위본딩 접속 예

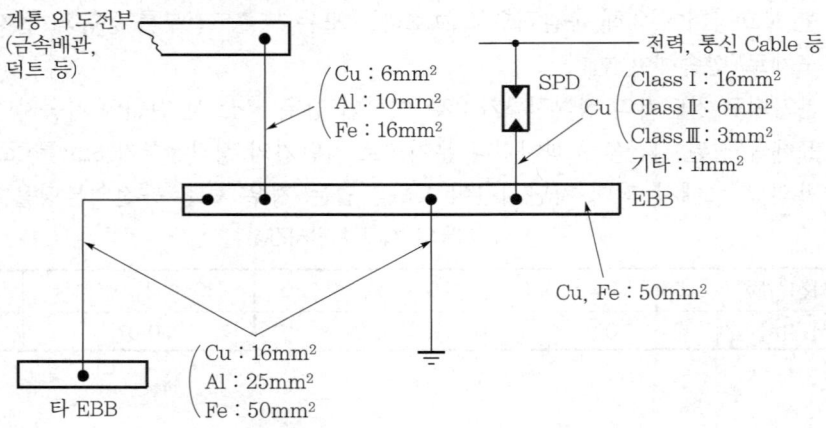

2. 접지와 본딩

(1) 접지와 본딩의 차이점

접지	본딩
이상전류를 대지로 방류하기 위한 의도적 설비로서, 항상 전압이 인가되거나 발생될 수 있는 기기를 대상으로 함	• 건축공간에서 노출도전성 부분 간 또는 계통외 도전성 부분과 노출도전성 부분을 서로 연결하여 전위의 등전위화를 형성시키기 위한 것 • 사고 시 전위차 해소 및 루프 임피던스 저감 효과

(2) Bonding network의 특징 비교

구분	Isolated형	Integrated형
특징	• 외부 잡음영향을 받기 어려움 • 보수, 점검이 용이함 • 직류전원으로 가동하는 기기의 경우에 유용함	• 등전위화를 이루기 쉬움 • 외부잡음의 영향을 받기 쉬움
시공형태	• 스타형(바닥면 절연) • 수평메시형(바닥, 벽면 절연)	다중 메시형(바닥, 벽면 본딩)
시공방법	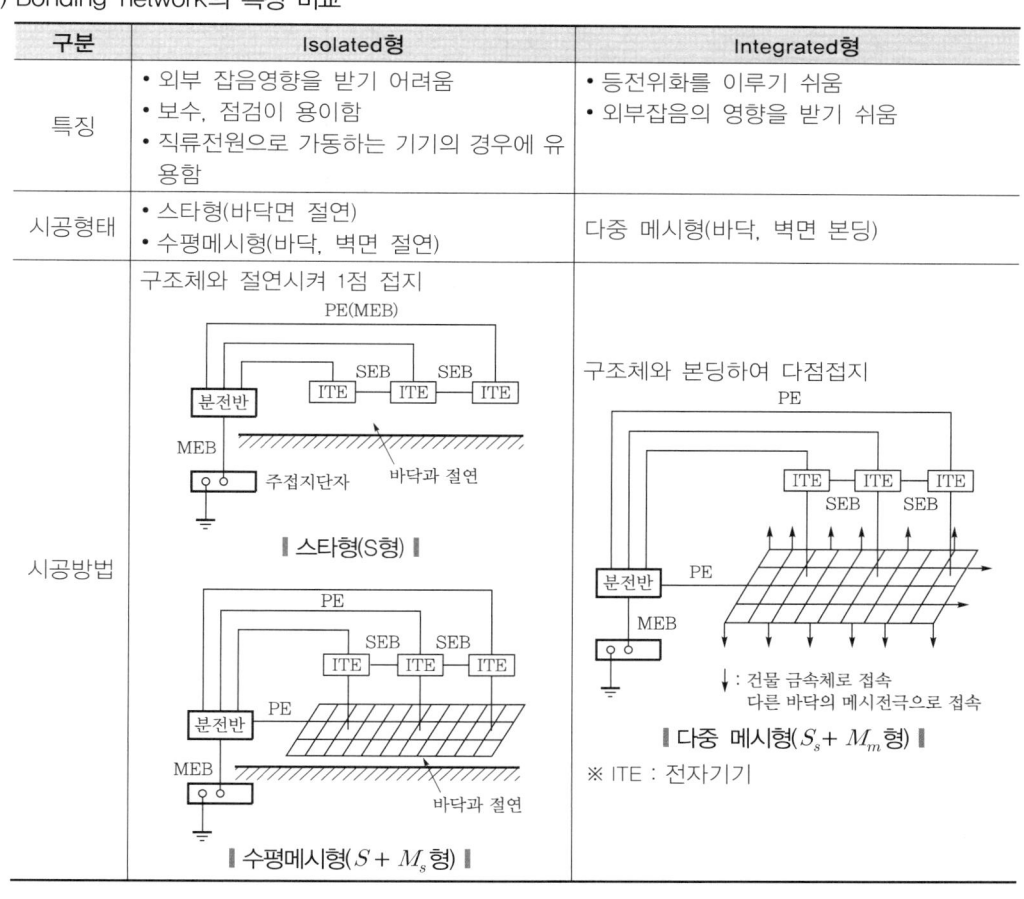	

※ ITE : 전자기기

3. KEC 등전위본딩의 분류

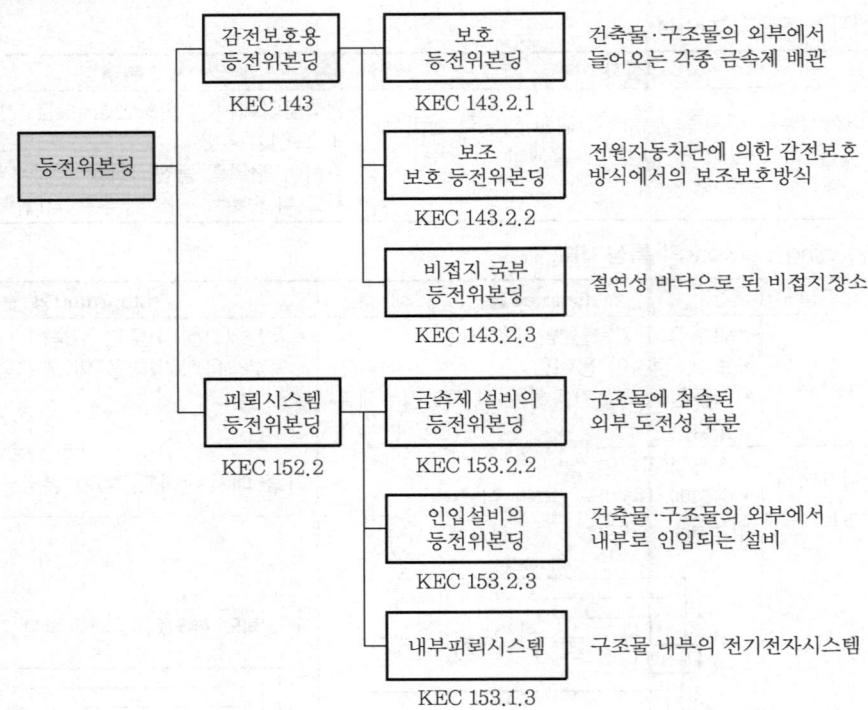

감전보호용 등전위본딩 KEC 143

보호 등전위본딩 KEC 143.2.1 — 건축물·구조물의 외부에서 들어오는 각종 금속제 배관

보조 보호 등전위본딩 KEC 143.2.2 — 전원자동차단에 의한 감전보호 방식에서의 보조보호방식

비접지 국부 등전위본딩 KEC 143.2.3 — 절연성 바닥으로 된 비접지장소

피뢰시스템 등전위본딩 KEC 152.2

금속제 설비의 등전위본딩 KEC 153.2.2 — 구조물에 접속된 외부 도전성 부분

인입설비의 등전위본딩 KEC 153.2.3 — 건축물·구조물의 외부에서 내부로 인입되는 설비

내부피뢰시스템 KEC 153.1.3 — 구조물 내부의 전기전자시스템

SECTION 10 독립접지와 공용 · 통합 접지시스템

기출
지문

Q1 공간적 효율을 위한 다목적 건축물의 접지방식으로 사용되는 공용접지의 장점을 설명하고, 큐비클식 고압 수전설비에서 전위 상승의 영향을 설명하시오. 〔건 102회 출제〕

Q2 통합접지시스템(integrated grounding system)에 대하여 다음 사항을 설명하시오. 〔용 129회 출제〕
  (1) 필요성
  (2) 효용성
  (3) 구성요소
  (4) 단독접지와 비교하여 장단점

Q3 통합 접지시스템(공용화 접지설비, 겸용화 접지설비라고도 함)의 구축방안에 대하여 논하시오.
  〔건 68회 출제〕

건 건축전기설비기술사 / 용 전기응용기술사 / 발 발송배전기술사 / 소 소방기술사 / 안 전기안전기술사 / 화 화공안전기술사 / 정 정보통신기술사

1 독립접지(개별접지)

(1) 독립접지는 접지를 각각 독립적인 접지전극으로 시공하는 방식으로, 다른 접지로부터 영향을 받지 않고 장비나 시설을 보호하기 위한 접지방식이다.

(2) 이상적인 독립접지는 한쪽의 접지극에 어떤 접지전류가 흐르더라도 다른 쪽 접지극에 전위 상승을 일으키지 않는 것이다(무한대 이격시켜야 하므로 비현실적).

(3) 현실적인 독립접지는 일반적으로 20m 이상 이격하고, 전위 상승이 일정한 범위 이내로 되었을 경우 독립접지되었다고 간주한다.

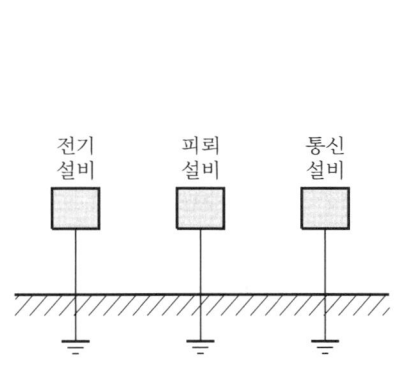

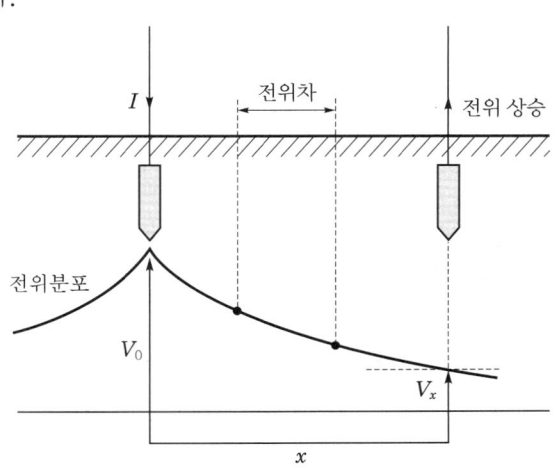

(4) 이격거리를 정하는 고려인자
  ① 발생지점의 접지전류의 최댓값
  ② 전위 상승의 최댓값
  ③ 그 지점의 대지저항률

(5) 전위간섭

한 접지전극에 접지전류가 흐르면 접지전류와 접지저항에 의해서 전위가 상승하고 접지전극의 부근도 전위가 상승한다. 이렇게 타 전극의 전위에 영향을 미치는 것을 전위간섭이라고 한다.

$$전위간섭계수 \rightarrow k = \frac{V_x}{V_0}$$

2 공통접지 · 공용접지(통합접지)

(1) 공통접지

등전위가 형성되도록 고압 및 특고압 접지계통과 저압 접지계통을 공통으로 접지하는 방식이다.

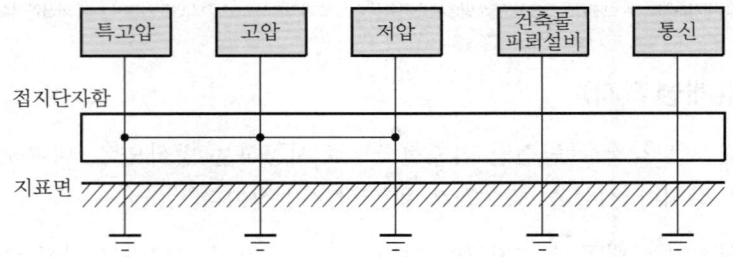

(2) 공용(통합)접지

① 정의 : 목적이 다른 접지를 하나의 공용시스템으로 하여 신뢰성, 편의성, 경제성을 추구하는 시스템을 실현하기 위한 접지시스템
　㉠ 신뢰성 : 전위차 문제해결, 기준전위 확보
　㉡ 편의성 : 사무실의 레이아웃 변경 시 대응에 편리
　㉢ 경제성 : 독립접지에 비해서 시공이 쉽고, 접지계통의 단순화로 경제성 확보

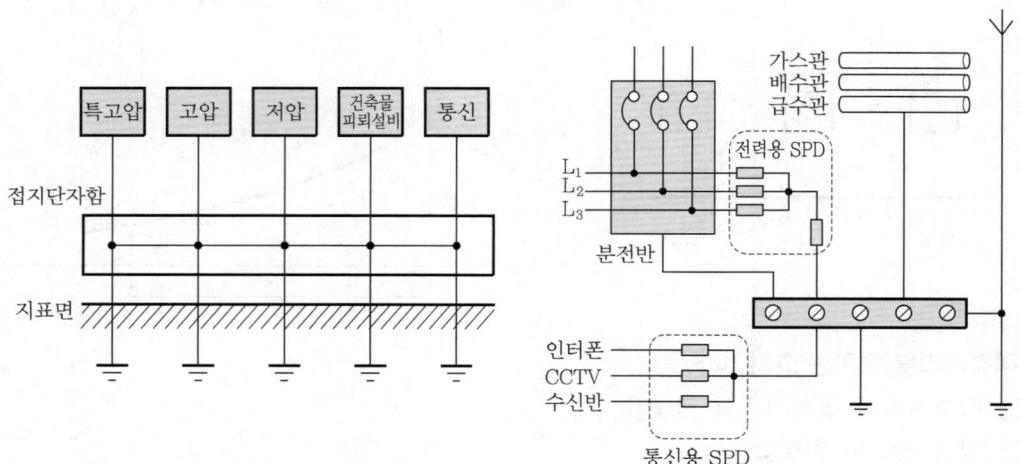

② 통합접지의 목적

  ㉠ 모든 도전부는 등전위가 형성되도록 접지하여 접촉전압을 저감시켜 인체의 감전으로부터 보호 → 안전확보

  ㉡ 정보·통신 설비의 기준전위의 확보로 손상 및 오동작 방지 → 기능확보

③ 통합접지의 시설기준 : 보호도체(접지선 포함)의 단면적은 다음 '㉠·㉡' 중 어느 한 가지 방법을 선택하여 사용할 수가 있다. 두 항 모두 '㉢'을 고려해야 한다.

  ㉠ 계산식에 의한 보호도체의 최소 단면적 산출

$$A = \frac{\sqrt{t_s}}{K} \times I_g \ (0 \leq t_s \leq 5)$$

▌절연물의 허용온도와 상수(K) ▌

구분		나동연선	절연전선	XLPE
상시 허용온도[℃]		–	70	90
단시간 허용온도[℃]		1083	160	250
K	옥내(30℃)	284	143	176
	옥외(55℃)	276	126	162

  ㉡ IEC 60364-5-54 표에 의한 보호도체 최소 단면적 산정 : 이 표에 의해서 산정할 때 위 '㉠'에 적합한지 고려할 필요가 없다.

설비의 상도체 단면적[mm²]	보호도체 최소 단면적[mm²]
$S \leq 16$	S
$16 < S \leq 35$	16
$S > 35$	$\frac{S}{2}$

  ㉢ 보호도체의 최소 단면적 : 보호도체가 전원케이블 또는 케이블용기의 일부로 구성되어 있지 않은 경우에는 단면적을 어떠한 경우에도 다음 값 이상으로 하여야 한다.

    • 주등전위본딩 도체의 단면적 : 연동선 16mm² 이상

    • 보조 등전위본딩 도체의 단면적

      – 기계적 보호(방호)가 되어 있는 경우 : 연동선 2.5mm² 이상

      – 기계적 보호(방호)가 되어 있지 않은 경우 : 연동선 4.0mm² 이상

3 독립접지와 공용(통합)접지의 특징

구분	공용접지	독립접지
장점	• 뇌전류로 인한 각각의 장비 간의 전위차 발생을 방지함 • 등전위구성으로 감전사고 예방 • 뇌전류와 고장전류를 여러 접지전극에서 동시에 대지에 방전함 • 낮은 접지저항을 얻기가 용이함 • 접지공사비의 저감	• 다른 기기나 계통에 영향이 작음 • 어떤 설비에 고장전류가 발생하여도 타 설비에 영향을 미치지 않음
단점	• 접지시스템의 한계를 초과하는 문제가 발생하는 경우 연결된 모든 시스템에 손상을 가져올 수 있음 • 전위 상승 파급의 위험이 있음	• 시스템 간의 충분한 이격거리를 확보해야 하지만 현실적인 제약이 있음 • 뇌전류 및 큰 서지전압 유입 시 시스템 간의 전위차 발생으로 기기손상이 우려됨
설계	접지저항은 장비의 특성 및 외부환경을 고려하여 가능한 한 낮게 시공함	각각의 시스템 간의 완전한 절연분리가 필수이며 접지저항은 각각의 시스템에 맞게 다른 형태로 시공
적용	뇌전류 및 개폐서지전압의 과전압에 의해 발생하는 시스템 간의 전위차를 방지하여 안정된 기기운용이 목적	• 장비사양에서 분리를 요구하는 장비 • 장비운용상 Noise에 매우 민감하여 오작동 발생 우려가 있는 곳

SECTION 11 대지저항률의 정의와 대지저항률에 미치는 요소

기출지문

Q1 웨너(Wenner) 4전극법에 의한 대지저항률의 측정법에 대하여 설명하시오. [건 96회 출제]

Q2 대지고유저항 측정 시 대지저항률에 영향을 미치는 요인과 대지저항률의 측정방법에 대하여 설명하시오. [건 126회 출제]

Q3 건축물의 접지전극을 설계하고자 한다. 다음의 내용을 설명하시오. [건 128회 출제]
  (1) 접지전극의 설계 기본순서
  (2) 대지저항률
  (3) 접지공법의 종류

Q4 대지저항률에 영향을 미치는 요인들에 대하여 설명하시오. [건 96회, 안 122회 출제]

Q5 대지저항률의 정의, 영향요소, 측정방법에 대하여 설명하시오. [용 131회 출제]

건 건축전기설비기술사 / 용 전기응용기술사 / 발 발송배전기술사 / 소 소방기술사 / 안 전기안전기술사 / 화 화공안전기술사 / 정 정보통신기술사

1 대지저항률의 정의

① 대지저항률(이하 ρ라고 함)이라 함은 한마디로 말하자면 대지-토양의 일정 체적의 전기저항이며, 다른 명칭으로 대지고유저항이라고도 한다(또한, 물리학회 이외에는 대지 비저항이라는 용어를 사용하고 있지만 동일한 것임).

② 대지저항률이란 전류가 흐르기 어려운 정도를 나타내는 상수이며, 대지는 물질적으로 보면 여러 가지의 대지저항률이 있는 집합체이다.

③ 단위는 [$\Omega \cdot$ m] 또는 [$\Omega \cdot$ cm]이지만, 최근 국제규격이 SI단위로 통일되어 [$\Omega \cdot$ m]가 사용된다.

④ 단일 종류의 토양일 때는 '고유저항'을, 발·변전소 용지 등 넓은 부지의 복수 종류의 토양을 대상으로 하는 경우는 '저항률'을 사용하고 있다.

⑤ 대지저항률은 항상 일정한 값이 아니라 기후, 온도, 습도와 주위환경의 조건에 따라 변화한다.

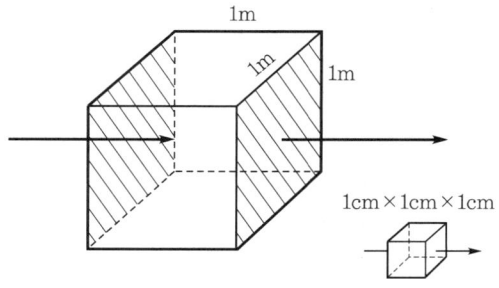

‖ 대지저항률의 표현 ‖

2 대지저항률에 미치는 요소

(1) 토양의 종류

토양의 종류에 따라서 대지저항률의 크기가 달라지고 점토, 마사, 조사, 자갈 등의 순서로 토지 고유저항은 커지며 대지저항률 또한 커지게 된다.

분류	진흙	점토	모래	사암
저항률[Ω·m]	80 ~ 200	150 ~ 300	250 ~ 500	10000 ~ 100000

(2) 계절에 따른 변화

① 접지저항은 계절에 따라 크게 변동하는데, 이 변화는 토양의 수분함량과 온도변화가 상호작용해서 발생한 것이다.

② 접지봉의 접지저항 변화를 연간 그래프로 그려보면 최대와 최소의 차가 약 2배 정도임을 알 수 있다.

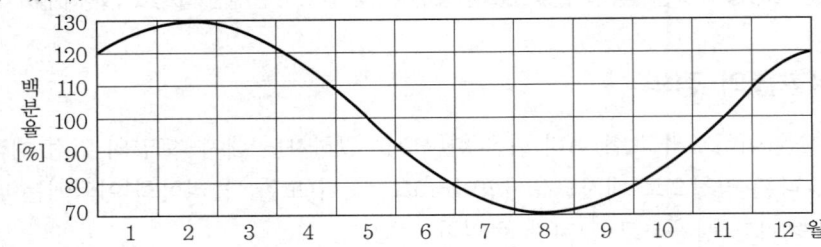

(3) 수분함량(함수율)

① 흙의 입자에 수분이 포함되어 있으면 저항률은 급격히 감소한다.

② 토양의 수분이 2%에서 28%로 증가하면, 저항률은 $\dfrac{1}{30}$까지 낮아진다.

수분함량[%]	2	6	10	28
저항률[Ω·m]	1800	380	220	60

(4) 온도(토양온도)

① 저항률은 물질의 온도에 따라 변한다.

② 금속의 저항은 온도가 상승하면 증가하지만, 반도체, 전해액, 절연체 등은 온도가 상승하면 저항이 감소한다.

③ $R_2 = R_1 \times \{1 + \alpha_1 (T_2 - T_1)\}$

여기서, α_1 : 온도계수

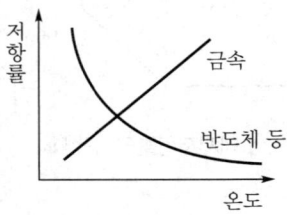

┃ 물질의 온도특성 ┃

(5) 화학물질

① 토양 속에 수분과 함께 전해질의 화학물질이 포함되어 있으면 저항률이 크게 감소한다.

② 이런 특성을 이용한 것이 접지저항 저감제이다.

3 대지파라미터 추정

(1) 대지저항률 측정

대지저항률 측정방법으로는 보링법, 전기탐사법, 비저항 검층법, Wenner 4전극법이 있으나, 전기 토양학적으로 가장 많이 사용되는 방법은 Wenner 4전극법이다.

(2) Wenner 4전극법

① 4개의 전극을 일직선상에 등간격으로 배치하고 외부의 전류극(C_1, C_2)에 교류전원을 공급할 때 내부의 전위극(P_1, P_2) 간의 전위차를 측정한다.

② $R = \dfrac{\rho}{2\pi a} \rightarrow \rho = 2\pi a \times R = 2\pi a \times \dfrac{V}{I} \ \left(d \leq \dfrac{a}{20} \right)$

여기서, R : 대지저항

ρ : 대지저항률

a : 전극간격

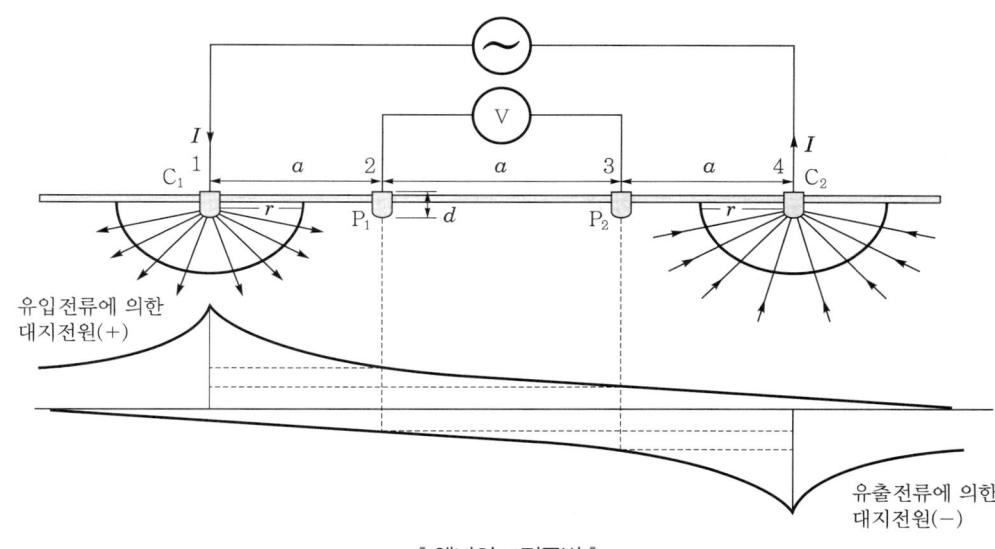

┃ 웨너의 4전극법 ┃

(3) $\rho - a$ 곡선

① $\rho - a$ 곡선이란 Winner 4전극법에서 얻어지는 대지저항률(ρ)과 전극간격(a)을 이용하여 ρ를 추적하는 것이다.

② C_1과 C_2의 간격을 크게 잡으면 전류가 깊숙이 침투해 깊은 층의 대지저항률을 측정할 수 있다.

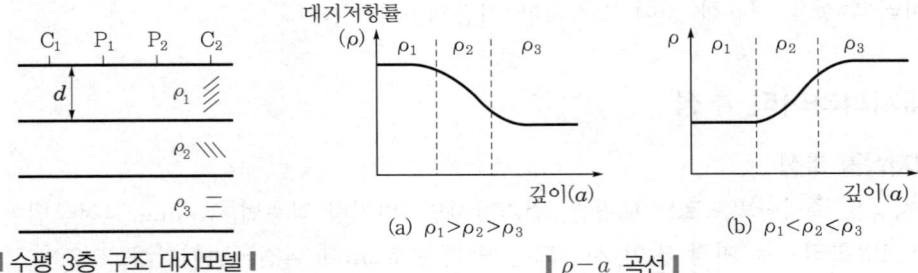

┃수평 3층 구조 대지모델┃

(a) $\rho_1 > \rho_2 > \rho_3$ (b) $\rho_1 < \rho_2 < \rho_3$

┃$\rho - a$ 곡선┃

③ 효과적인 접지공법

$\rho_1 < \rho_2 < \rho_3 \rightarrow$ 수평공법 $\rightarrow$ ┌ 접지봉타입법
├ 매설지선방식
└ 접지극판타입법

$\rho_1 > \rho_2 > \rho_3 \rightarrow$ 수직공법 $\rightarrow$ ┌ 심타법
└ 보링공법

4 결론

① $\rho - a$ 곡선은 대지의 지층구조를 파악하고 효과적인 접지공법과 매설깊이를 선정하는 중요한 정보를 제공하는 기초자료이다.

② Wenner 4전극법에 의해 지표면에서 측정하여 얻을 수 있는 대지저항률은 종합대지저항률이며 다층 구조일 경우 서로 영향을 받는다.

③ 현재 실용적으로 쓰이고 있는 대지저항률 계산방법은 대부분 대지를 균일한 구조로 가정하고 사용하므로 대지 파라미터 파악을 통한, 보다 정확한 접지설계가 필요하다.

SECTION

12 대지저항 측정방법

기출
지문

Q1 웨너(Wenner) 4전극법에 의한 대지저항률의 측정법에 대하여 설명하시오. [건 96회 출제]

Q2 대지고유저항 측정 시 대지저항률에 영향을 미치는 요인과 대지저항률의 측정방법에 대하여 설명하시오. [건 126회 출제]

Q3 접지저항을 정의하고 접지저항 측정 시 주의사항을 쓰시오. [안 63회 출제]

Q4 대지고유저항률 측정방법에 대하여 다음을 설명하시오. [발 130회 출제]
(1) 2전극법(Two Electrode Method, Two-point Method)
(2) Wenner의 4전극법
(3) Schlumberger-Palmer법
(4) 간이측정법

건 건축전기설비기술사 / 용 전기응용기술사 / 발 발송배전기술사 / 소 소방기술사 / 안 전기안전기술사 / 화 화공안전기술사 / 정 정보통신기술사

1 대지저항률 측정(Wenner 4전극법)

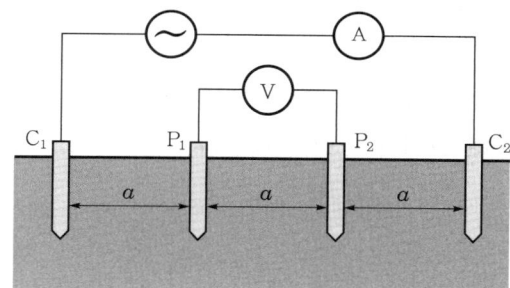

① 위의 그림과 같이 4개의 보조전극을 일직선상에 등간격으로 대지에 박는다.

② C(전류보조전극)에 전압원으로 전류를 인가하여 전류를 측정한다.

③ P(전위보조전극)의 단자 사이의 전위차를 측정한다.

④ 대지의 저항을 측정하고 영향범위 내에서 a값을 변경하면서 측정한다.

⑤ 측정된 전압 및 전류를 이용하여 저항을 계산한다(4단자법).

$$R = \frac{V}{I}$$

계산된 대지저항값을 이용하여 아래의 산출식으로 대지저항률을 산출한다.

$$\rho = 2\pi a \times R \, [\Omega \cdot m]$$

2 접지저항의 측정(전위강하법)

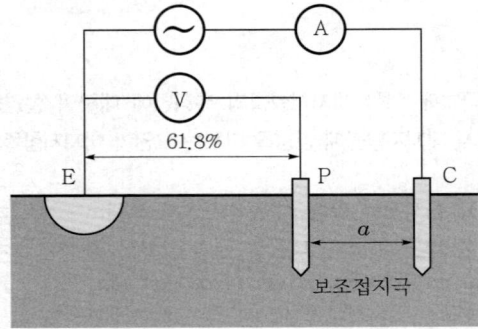

(1) 접지저항의 측정은 2개의 보조전극을 이용한다.

(2) 측정하고자 하는 접지봉으로부터 전류보조전극(C)을 박는다.

→ 접지극 규모의 6.5배 이상 또는 접지극과 전류보조전극(C)과 80m 이상 이격한다.

(3) 접지극과 전류보조전극(C) 사이 일직선상에서 일정 간격으로 C를 향해가며 전압과 전류를 측정한다.

(4) 측정된 전압과 전류값으로부터 저항을 계산하여 전위보조전극(P)의 위치에 대하여 저항값을 아래 그림과 같이 나타낸다.

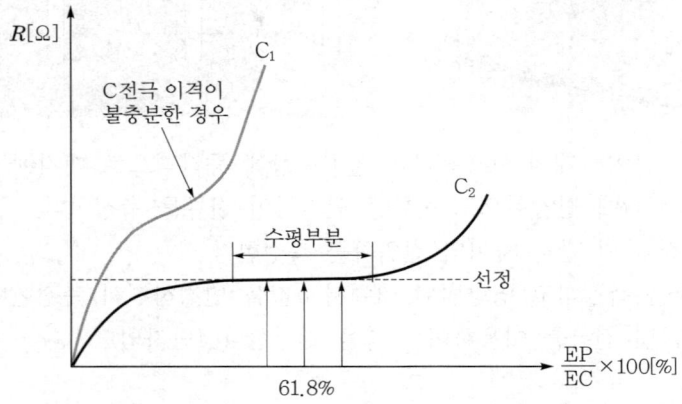

(5) 전류보조전극(C)쪽으로 EC 간 거리의 61.8%의 곳에 전위보조전극(P)을 설치하면 정확한 접지저항값을 얻을 수 있다.

① 전류보조전극(C_1)과 접지극의 이격거리가 불충분한 경우에 위의 그림과 같이 수평부분이 나타나지 않아 측정불량으로 본다. → 저항구역의 중첩

② 전류 보조전극(C_2)은 접지극과 거리가 충분하여 수평부분이 나타나 대지저항 참값으로 판정한다.

③ 51.8%, 71.8% 지점의 값을 추가로 측정하여 검증한다(대개 평균값을 취함).

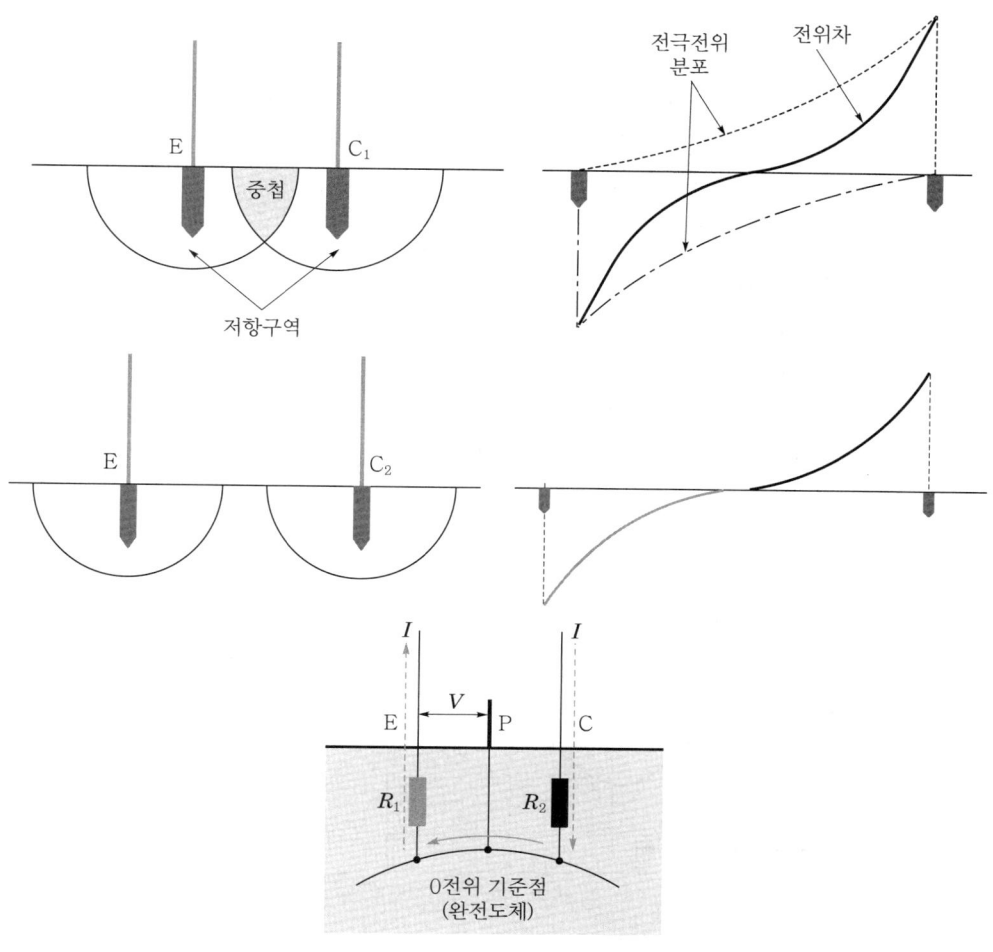

3 $\rho-a$ 곡선법에 의한 대지 파라미터 추정

Wenner 4전극법으로 얻어지는 ρ(대지저항률)의 실측치와 a(전극간격)의 관계그래프를 통하여 다층의 표준곡선과 보조곡선을 이용하여 이를 조합함으로써 대지의 파라미터(지층의 구조, 각 지층의 두께, 각 지층의 저항률)를 추정하는 것이다.

(1) Wenner 4전극법에 의한 대지저항률 측정

전극간격(a)의 값을 1 ~ 1000m로 하고 각 저항률을 측정한다.

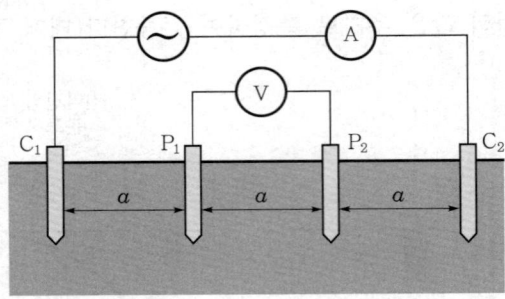

(2) $\rho - a$ 그래프 작성 및 해석

아래의 그림과 같이 $\rho - a$ 그래프를 작성하여 '다층의 Sundberg의 표준곡선과 Hummel의 보조곡선'을 이용하여 대지 파라미터를 해석한다. 아래의 경우는 3층 구조이며, 2층의 저항률이 낮아 접지층으로 활용하는 것이 효율적이다.

보링접지를 설계할 경우에 이와 같은 대지의 지층별 파라미터를 조사한 다음에 보링의 깊이, 직경을 산정한다.

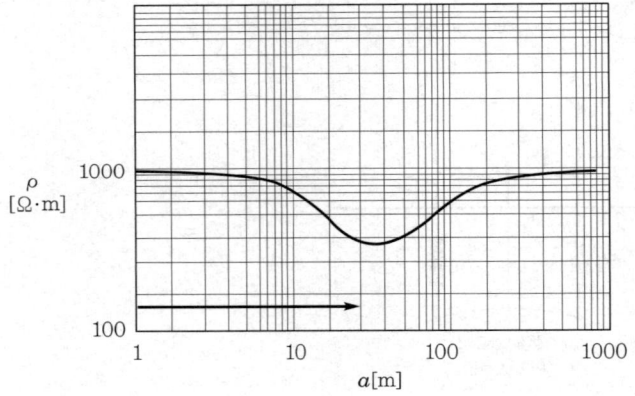

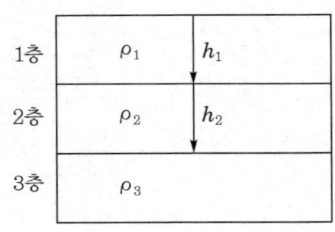

SECTION 13

전위강하법의 61.8%

Q1 가공송전접지와 관련하여 다음 각 항목에 대하여 설명하시오. 발 128회 출제
    (1) 접지저항 측정 시 61.8% 법칙
    (2) 대지고유저항의 특성 및 접지저항의 과도특성
    (3) 봉상전극 및 선상전극의 접지저항 관계
Q2 전위강하법을 이용한 접지저항 측정에서 측정값의 오차가 최소가 되는 조건(61.8%)에 대하여 설명하시오. 건 92회 출제
Q3 접지저항을 정의하고 접지저항 측정 시 주의사항을 쓰시오. 안 63회 출제

건 건축전기설비기술사 / 용 전기응용기술사 / 발 발송배전기술사 / 소 소방기술사 / 안 전기안전기술사 / 화 화공안전기술사 / 정 정보통신기술사

1 개요

접지저항 측정방법인 전위강하법에 의한 접지저항 측정값은 정확한 측정 여부와 관련하여 전류보조극과 전압보조극의 간격을 E전극(기준전극)을 중심으로 61.8%이어야 정확한 값을 얻을 수 있다는 법칙이다.

2 61.8%의 구성도

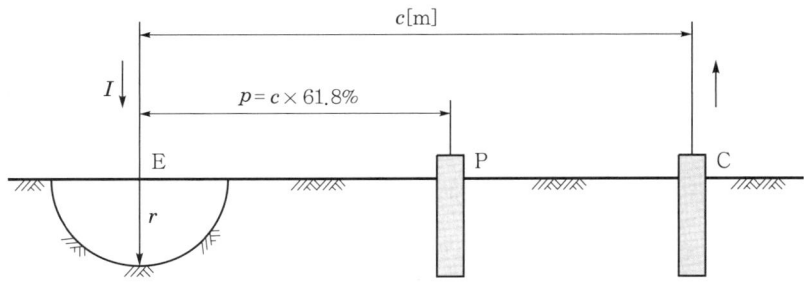

‖ 61.8% 법칙 구성도 ‖

① 그림과 같이 반지름이 r인 반구형 접지전극(E전극)을 설치한다.
② P·C 전극은 E전극에서 직선으로 p가 c의 61.8%의 거리에 설치하고 전류 I가 E로 들어오고 C로 나가는 것으로 회로를 구성한다.
③ 또 주위 대지저항률 ρ는 일정한 것으로 가정한다.

3 수식적 증명

(1) E전극에 전류 I가 유입하는 경우 E·P 간의 전위차 V_{EP1}을 구하면

① E전극의 전위 상승 → $V_{E1} = \dfrac{\rho I}{2\pi r}$[V]

② 전위전극 P의 전위 상승 → $V_{P1} = \dfrac{\rho I}{2\pi p}$[V]

$$V_{EP1} = V_{E1} - V_{P1} = \frac{\rho I}{2\pi}\left(\frac{1}{r} - \frac{1}{p}\right) \quad\cdots\cdots\cdots \text{식 1)}$$

(2) C전극에서 전류 I가 유출되는 경우 E·P 간의 전위차 V_{EP2}를 구하면(E전극에 유입되는 전류와 반대방향)

① E전극의 전위 상승 → $V_{E2} = -\dfrac{\rho I}{2\pi c}$[V]

② 전위전극 P의 전위 상승 → $V_{P2} = -\dfrac{\rho I}{2\pi(c-p)}$[V]

$$V_{EP2} = V_{E2} - V_{P2} = -\frac{\rho I}{2\pi}\left(\frac{1}{c} - \frac{1}{c-p}\right) \quad\cdots\cdots\cdots \text{식 2)}$$

(3) 유입전류(I)와 유출전류(I)에 의한 전위 상승의 합성으로 E·P 전극 간의 전위는 식 1)+2)가 된다.

$$V_{EP1} + V_{EP2} = \frac{\rho I}{2\pi}\left(\frac{1}{r} - \frac{1}{p} - \frac{1}{c} + \frac{1}{c-p}\right) \quad\cdots\cdots\cdots \text{식 3)}$$

(4) 접지저항(R)

$$R = \frac{\rho}{2\pi}\left(\frac{1}{r} - \frac{1}{p} - \frac{1}{c} + \frac{1}{c-p}\right)$$

여기서, $p' = \dfrac{p}{r}$, $c' = \dfrac{c}{r}$로 치환하면

$$R = \frac{\rho}{2\pi r}\left\{1 - \left(\frac{1}{p'} + \frac{1}{c'} - \frac{1}{c'-p'}\right)\right\}$$

반구형 접지전극의 접지저항$(R) = \dfrac{\rho}{2\pi r}$이며 $\left(\dfrac{1}{p'} + \dfrac{1}{c'} - \dfrac{1}{c'-p'}\right)$은 오차항으로 이 값이 0이 될 때 측정값이 참값과 동일하게 된다.

$$\therefore\ \frac{1}{p'} + \frac{1}{c'} - \frac{1}{c'-p'} = 0 \quad\cdots\cdots\cdots \text{식 4)}$$

① 식 4)를 통분하여 정리하면

$$\frac{p'+c'}{p'c'} - \frac{1}{c'-p'} = \frac{(c'-p')(p'+c') - p'c'}{p'c'(c'-p')} = \frac{c'^2 - p'^2 - p'c'}{p'c'(c'-p')} = 0$$

② 분자항이 0이 되어야 하므로

$c'^2 - p'^2 - p'c' = p'^2 + p'c' - c'^2 = 0$

③ 근의 공식을 이용하여 p'값을 구하면 다음과 같다.

$$p' = c' \frac{-1 \pm \sqrt{(1)^2 - 4 \times (1) \times (-1)}}{2 \times 1} = \frac{(-1 \pm \sqrt{5})c'}{2}$$

$\therefore \ p' = 0.618c'$ 혹은 $-1.618c$

$p'c'$ 값은 공히 +값이어야 한다.

$p' = 0.618c'$ 가 산출된다.

SECTION 14 접지공법

기출지문

Q1 건축물의 접지전극을 설계하고자 한다. 다음의 내용을 설명하시오. [건 128회 출제]
(1) 접지전극의 설계 기본순서
(2) 대지저항률
(3) 접지공법의 종류
Q2 한국전기설비규정(KEC)에서 정하는 피뢰설비의 접지극시스템(A형, B형)에 대하여 설명하시오.
[용 131회 출제]
Q3 접지공사 시 접지저항 저감방법 중에서 물리적 저감방법과 화학적 저감방법에 대하여 설명하시오.
[용 121회 출제]
Q4 한국산업규격(KS)에서 정한 접지설비에 관한 사항 중 다음을 설명하시오. [건 76회 출제]
(1) A형 접지극 및 B형 접지극
(2) 접지극의 재질 및 형태에 따른 시공 시 유의하여야 할 점
(3) 접지선의 도체재질과 부식 및 기계적 보호 여부에 따른 최소 단면적
Q5 접지저항 저감방법에 대하여 기술하시오. [안 80회 출제]
Q6 접지저항 저감방법을 물리적 방법과 화학적 방법으로 설명하시오. [소 126회 출제]

[건] 건축전기설비기술사 / [용] 전기응용기술사 / [발] 발송배전기술사 / [소] 소방기술사 / [안] 전기안전기술사 / [화] 화공안전기술사 / [정] 정보통신기술사

1 개요

접지저항을 원하는 값으로 얻기 위해서는 접지목적에 맞는 설계를 해야 하며 우선 대지 파라미터를 파악한 후 접지목적에 따라 접지공법이 선택되고 설계도를 작성하여 접지공사를 시공해야 한다. 또한, 접지설계는 경제성, 신뢰성, 보전성을 고려해야 한다.

2 봉상접지공법

(1) 심타공법

① 접지봉으로 지층에 따른 대지저항률에 따라 깊이 박는 형태의 접지공법이다.
② 대지저항률과 접지봉 깊이의 관계를 검토해야 한다.
③ $\rho_1 > \rho_2 > \rho_3 \rightarrow$ 심타공법이 유리하다.

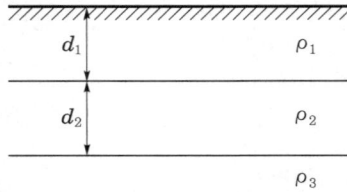

┃ 수평 2층 구조의 대지모델 ┃

(2) 병렬접속공법

① 접지봉으로 심타공법에 비해 비교적 낮게 박는 형태의 접지공법이다.

② 전극배열방법

　　㉠ 직선 배열

　　㉡ 삼각형 배열

　　㉢ 사각형 배열 등

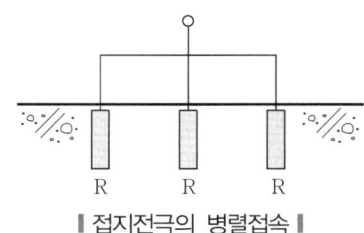

❚ 접지전극의 병렬접속 ❚

3 매설지선공법

① 접지선을 선모양으로 포설하고 필요한 막대모양의 전극을 병렬로 시공하는 방법이다.

② 1개의 매설지선으로 접지저항을 얻지 못할 경우 다수의 접지선을 포설한다.

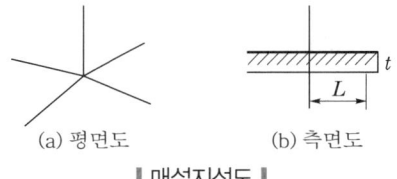

(a) 평면도　　　　(b) 측면도

❚ 매설지선도 ❚

4 망상접지공법(mesh 공법)

(1) 접지선과 접지봉을 이용하여 그물형태로 접지를 한 방식이다.

(2) 장점

① 저접지저항이 요구되는 대규모 접지방식에 적합하다.

② Surge 임피던스 저감효과가 크다.

(3) 단점

시공기간 및 비용이 많이 소요된다.

(4) 적용

발·변전소, 공장, 빌딩 등에 적용한다.

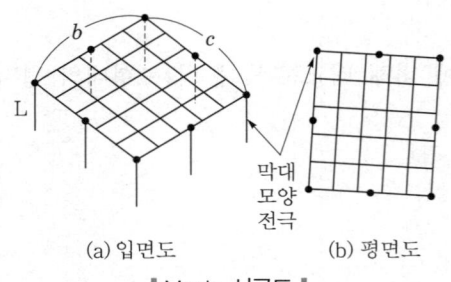

| Mesh 시공도 |

5 건축구조체 접지

(1) 개요

① 건축물의 고층화, 대형화, 첨단화에 따라 건축물의 접지 System은 양질의 전원공급과 양호한 전기환경 조성의 측면에서 건축전기설비의 중요한 과제가 되고 있으며 가장 유효한 접지방식으로 대형 건축물에서 많이 적용되고 있고 도심지의 한정된 부지 내에서 접지저항치의 확보가 가능하며, 경제적 측면에서도 가장 유리한 방식이다.

② 구조체가 연속성이 있는 철골조, 철근 등의 경우로써 대지와의 접촉면적이 큰 경우 빌딩구조체의 일부분인 철골에 접지선을 고정시키므로 접지선 및 접지전극으로 대용하는 System을 말한다.

(2) 독립 접지의 문제점 및 구조체 접지의 적용

① 독립 접지의 문제점

㉠ 접지극 A에서 지락전류가 유입 시 전위 상승(ΔV)이 접지극 B에 간섭된다.

㉡ 전위 상승(ΔV)에 영향을 미치는 요인

- 접지전류
- 대지저항률
- 전극 간의 거리

② 구조체 접지의 적용 : 각 접지극들을 구조체에 접속함으로써 건축물 내 각 기기의 전위를 등전위화하여 접지전위의 상승을 억제하고 접지저항을 저감시키는 효과가 있다.

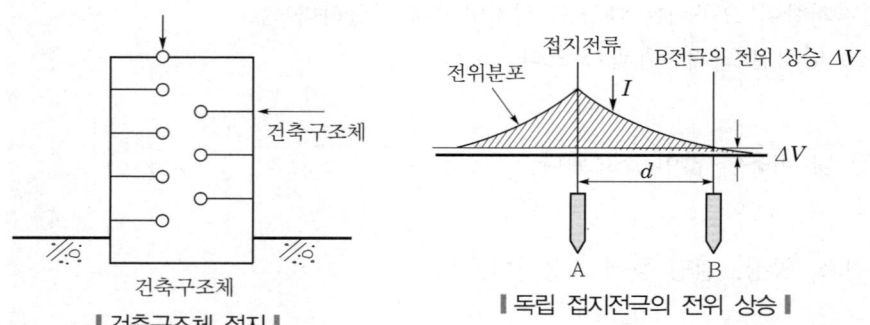

| 건축구조체 접지 | | 독립 접지전극의 전위 상승 |

(3) 건축구조체의 전위 상승

① 빌딩에 낙뢰가 발생할 경우 뇌방전전류는 구조체의 철골, 철근을 통해 대지로 확산되고 이때, 대지전위 상승을 V라 하면 구조체를 Cage로 보는 경우

② 빌딩 내 각 기기의 전위 상승(ΔV)

$$\Delta V = V - E$$

여기서, V : 대지전위 상승
E : 빌딩전위 상승

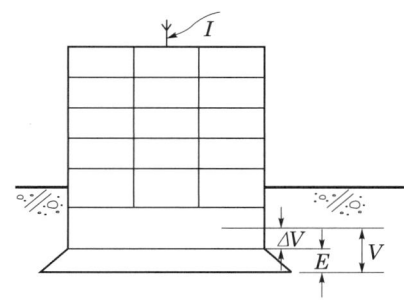

‖ 구조체의 전위 상승 개념 ‖

(4) 건축물의 임피던스

① 현상 : 구조체의 경우 접지저항에 의한 전위 상승 외에 뇌전류가 철골 등에 흐르는 경우 Surge 임피던스를 고려해야 한다.

② 대책 : 초고층일수록 전기적 Cage 구조체일지라도 임피던스가 커지는 경향이 있어 각 층바닥에 기준접지를 실시한다.

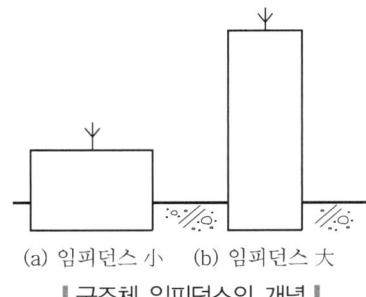

(a) 임피던스 小   (b) 임피던스 大
‖ 구조체 임피던스의 개념 ‖

(5) 기준접지의 구조체 접지적용

① 목적 : 전자·통신과 같은 약전용 설비에서는 특히 임피던스를 고려해야 하는데 이는 마이크로프로세서가 저전압 고주파수로 구동되어 미소한 Noise로도 장해가 발생하게 되어 이를 방지하기 위함이다.

② 효과 : 접지임피던스가 저감되어 약전설비의 접지에 효과적이다.

③ 시공 시 유의사항

㉠ 기준접지 연결접지선은 가능한 짧게 구성한다.

㉡ 기준접지극 접속부위저항은 5Ω 이하이며 전기적으로 우량도체일 것

④ **시공방법** : 기준접지극에는 동메시 또는 전기적으로 양호한 도체인 패널, 도전성 타일 등이 사용되고 있으며 일반적으로 빌딩의 층바닥에 간단하게 설치하는 곳은 동선을 격자모양으로 부설하고 그것에 각 설비기기의 접지선을 1점에 통합하여 연결한다.

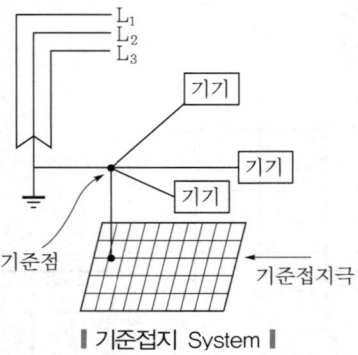

▌기준접지 System ▌

⑤ 특징

㉠ 구조체 접지인 경우 기준접지가 효과적이다.

㉡ 고층일 경우 특히 유효하다.

㉢ 기준접지로 등전위화가 가능하다.

㉣ 기준접지는 건축구조체가 아닌 경우에는 각 층바닥의 기준접지극을 전용 접지선에 접속하여 기준접지 System 형성이 가능하다.

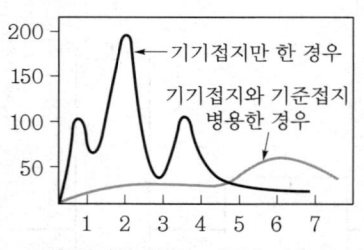

▌접지임피던스 저감효과 ▌

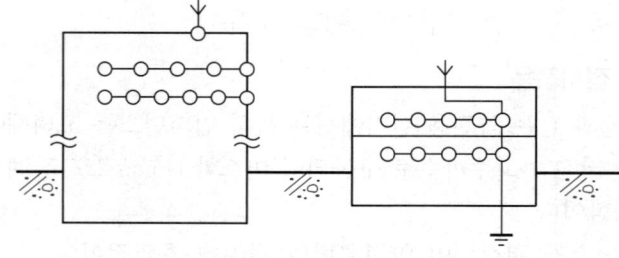

▌건축구조체의 기준접지 ▌

(6) 빌딩 접지 전극 System

‖ 인공전극과 자연전극의 구분 ‖

접지형태	접지전극 시공법
인공전극	• 봉상전극의 병렬접속 　– 직선배치 　– 격자배치 • 대상전극의 루프형 접지공법
자연전극	• 철근콘크리트 기초계의 병렬접지 　– 정형배치 　– 임의배치 • 건축구조체의 대용접지

① 대상전극의 루프형 접지공법

　㉠ 대상전극(폭 200mm, 두께 1.4mm 대지와의 접촉면적이 커 접지효과가 커서 큰 대지저항률 지대)에서 사용한다.

　㉡ 루프상(가로, 세로)으로 배열하는 이유는 임피던스를 저감시키기 때문이다.

　㉢ 빌딩접지에 적합한 공법이다.

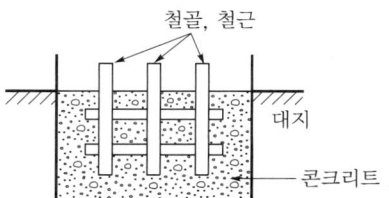

‖ 루프상 대상전극 ‖

② 건축구조체 대용접지공법

　㉠ 구조체의 접지저항 실측값은 인공접지값보다 훨씬 낮다.

　㉡ 설계단계에서 구조체의 접지저항을 측정하는 데는 반구상의 등가표면적 치환법에 의해 계산한다.

　㉢ 접지저항계산

　　• 대지와 접촉하고 있는 건축구조체 지하부분(전표면적)을 반구형 전극과 치환한다.

　　• 구조체 접촉면적(A) = 반구형 전극표면적($2\pi r^2$ (r : 반지름))

　　• 반구형 전극의 접지저항(R)

$$R = \frac{\rho}{2\pi r} = \frac{\rho}{2\pi\sqrt{\dfrac{A}{2\pi}}} = \frac{\rho}{\sqrt{2\pi A}} \, [\Omega]$$

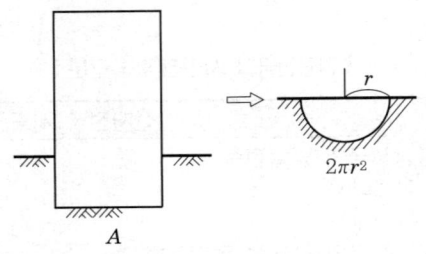

‖ 반구모양 전극과의 치환 ‖

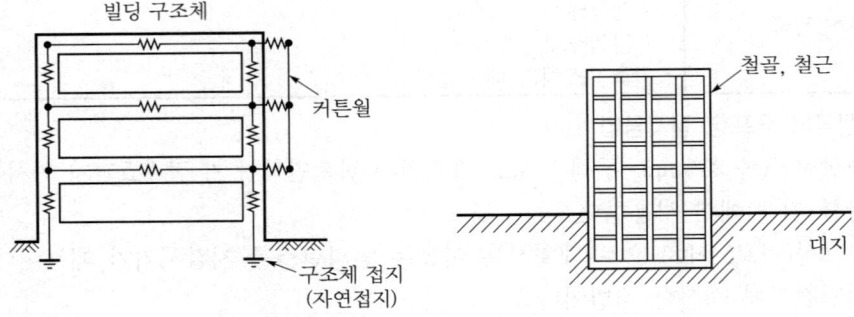

‖ 구조체 접지도 ‖

(7) 건축구조체 접지 시 문제점과 대책

① 문제점

㉠ 약전설비와 공용접지 시 평상시에 잡음 발생 우려가 있다.

㉡ 독립 접지를 하는 경우 낙뢰 발생 시 접지전위차에 의한 기기절연파괴를 유발할 가능성
이 있다.

② 대책

㉠ 평상시 독립 접지가 이상적이고 낙뢰 시 절연성이 낮은 약전설비의 피해가 많으므로
공용접지가 이상적이다.

㉡ Earth master를 설치하여 완벽한 보호가 필요하다.

• 평상시 → 독립 접지

• 이상 시 → 공용접지(구조체 접지)

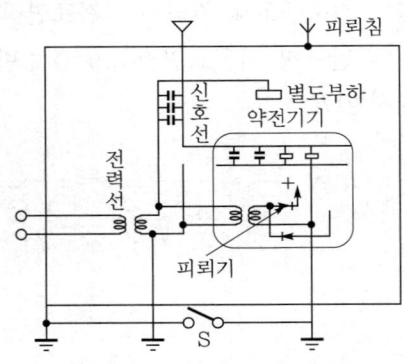

‖ 전력과 약전접지와의 관계 ‖

(8) 설계 시 고려사항

① 가능하면 인공 접지극보다 구조체 접지로 설계한다.

② 주위 토양의 성질과 시공 여건을 고려한 설계를 한다.

③ 약전접지와 분리하는 경우 Earth master를 사용한 완벽한 보호가 되도록 설계한다.

④ 경제성을 고려한 설계를 한다.

6 접지저항값

(1) 접지방식에 따른 접지저항값

종류	구성	접지저항값
접지봉	∥1개의 경우∥	$R = \dfrac{\rho}{2\pi l}\left(\log\dfrac{4l}{a} - 1\right)$ • a : 접지봉 반경[cm] • l : 접지봉 길이[cm]
	∥2개 이상의 경우∥	합성접지저항 $R_n = k\dfrac{1}{\displaystyle\sum_{n=1}^{n}\dfrac{1}{R_n}}$ • k : 접속계수 • n : 집합전극 매설수
접지판		$R = \dfrac{\rho}{2\pi t}\log_e\dfrac{r+t}{r}$ • r : 등가반경 $= \sqrt{\dfrac{ab}{2\pi}}$ [cm] • t : 매설깊이[cm] • $a,\ b$: 가로, 세로[cm]
메시공법 (망상접지)		$R = \dfrac{\rho}{4r} + \dfrac{\rho}{L}$ • r : 등가반경 $= \sqrt{\dfrac{ab}{\pi}}$ [cm] • L : 망상 전체길이 $= b(n+1) + a(m+1)$[cm]

(2) 접지저항 저감방법

① 물리적 저감방법

종류	구성	특징
접지극 병렬접속 및 치수확대	저항 2개-55%/3개-40% 4개-30%/5개-25% 개수	• 연결개수 및 면적을 증가시켜 접지저항을 낮춤 • 접지저항 $R = k\dfrac{1}{\sum \dfrac{1}{R_n}}$ (k : 접속계수)
수직공법	접지저항 13mm 50mm 매설깊이	• 매설깊이를 깊게 하여 접지저항을 낮춤 • 보링공법, 심타공법
매설지선공법	분포 집중 10m 20~80m	• 낮은 저항값을 필요로 하는 장소 • 대지고유저항 : 300Ω·m의 장소에 유효 • 적용장소 : 송전선, 철탑, 소규모 발전소, 변전소 등 • 분포접지와 집중접지로 접지저항을 작게 함
평판접지극공법	0.75m 이상 1m 이상 2m 이상 직렬 병렬	• 직렬시공이 효과적임 • 매설 시 표면 접촉저항에 유의 • 극판 크기, 두께 0.7mm, 면적 300×300mm^2 이상
다중 접지 시트공법	비닐 3중 알루미늄막	• 알미늄박과 특수유를 교대로 겹침 • 가볍고 유연성이 있음 • 접지저항이 매우 저감됨 • 가격이 고가임

② 화학적 저감방법 : 접지극 주변의 토양을 개선하는 방식으로, 토양의 고유저항 ρ값을 화학적인 방법으로 저감시키는 방식으로 화이트아스론, 염, 황산암모니아, 탄산소다, 카본분말, 벤토나이트 등을 사용하며 저감효과는 일시적이다.

ㄱ 저감재의 종류
- 반응형 저감제 : 접지전극 주위에 저감재를 주입하여 접지저항을 일시적으로 저감시킨다.
  - 종류 : 화이트아스론, 티코젤 등
  - 특징 : 비반응형보다 접지저감효과가 오래 지속된다(4 ~ 5년).
- 비반응형 저감제 : 접지전극 주위의 토양에 혼합하여 접지저항을 일시적으로 저감시킨다.
  - 종류 : 염, 황산암모니아, 탄산소다, 카본분말, 벤토나이트 등
  - 특징 : 반응형보다 접지저감효과가 짧다(1 ~ 2년).

ㄴ 저감제의 구비조건
- 저감효과가 클 것
- 효과가 영속적일 것
- 접지극 부식이 없을 것

- 공해가 없을 것
- 경제적이고 공법이 용이할 것

ⓒ 저감제 주입법 : 체류조법과 유입법인 타입법, 보링법, 수반법, 구법으로 구분된다.

- 타입법
  - 막대모양의 접지전극과 접지저감재를 이용하는 방식
  - 토질에 따라 보링이 필요함
  - 전극의 틈새에 접지저감재를 주입하는 방식

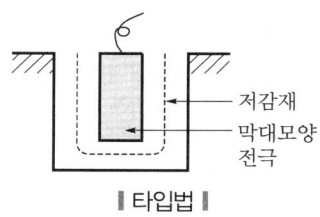

‖ 타입법 ‖

- 보링법
  - 막대모양의 접지전극 대신에 선모양, 띠모양의 접지전극을 포설함
  - 보링공법으로 구멍을 뚫어 전극을 설치한 후 그 속에 저감재를 주입시킴

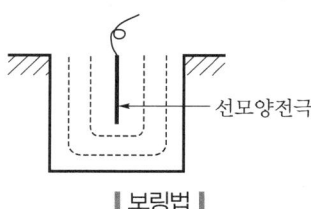

‖ 보링법 ‖

- 수반법 : 접지전극 부근의 대지에 저감재를 뿌리는 방식
- 구법 : 접지전극 주변에 고리모양의 홈을 파서 그 속에 저감재를 유입시키는 방식
- 체류조법
  - 접지전극 주위에 저감재를 넣어 되메우기를 하는 방법
  - 구덩이의 바닥면, 벽면은 밀도가 큰 진흙으로 방수처리하여 물의 침입방지 및 저감재 누설을 방지함

‖ 체류조법 ‖

611

ANSI/IEEE에 의한 대규모 변전소의 접지설계 및 시공 시 고려사항

Q1 IEEE std.80에 의한 접지설계 흐름도를 제시하고 설명하시오. 〖건 94회, 안 122회 출제〗

Q2 대용량 초고압 변전소 접지망 설계 시 IEEE의 접지설계 흐름도와 고려사항을 설명하시오.
〖발 126회 출제〗

Q3 발·변전소의 접지설계 Flow chart를 작성하고 접지의 목적과 설계 시 고려사항을 설명하시오.
〖발 129회 출제〗

Q4 변전소 Mesh 접지설계의 다음 항목에 대하여 설명하시오. 〖발 134회 출제〗
(1) 최대 허용 보폭전압과 최대 허용 접촉전압의 의미(등가회로, 수식)
(2) 최대 대지전위 상승(GPR : Ground Potential Rise)
(3) 최대 대지전위 상승(GPR)이 최대 허용 보폭전압이나 최대 허용 접촉전압보다 클 경우 대책

〖건〗 건축전기설비기술사 / 〖용〗 전기응용기술사 / 〖발〗 발송배전기술사 / 〖소〗 소방기술사 / 〖안〗 전기안전기술사 / 〖화〗 화공안전기술사 / 〖정〗 정보통신기술사

1 개요

① 국내의 접지설계방법은 접지저항값을 얻기 위한 접지전극설계를 위주로 하지만, ANSI/IEEE 접지설계방법은 접촉·보폭 전압을 고려한 안전한계전압 설계를 위주로 하고 있다.

② 국내 한전 '변전설계기준 DS-2601(2013. 9. 30 개정)'에서 변전소의 시설물 및 인체보호를 위한 접지설계에 적용하고 있다.

2 ANSI/IEEE 접지설계순서

(1) 토양특성 조사

면적[m²], 대지저항률(ρ)

(2) 접지전류 및 접지선 굵기(1선 지락)

$$I_g = 3I_0 = \frac{3E}{Z_0 + Z_1 + Z_2 + 3R_g}\,[\text{A}]$$

$$A = I_g \cdot \frac{\sqrt{t_c}}{K}\,[\text{mm}^2]$$

여기서, t_c(지속시간) : 0.5 ~ 3.0s(한전규격 2s 권장)

(3) 안전한계전압 산정(70kg 1인 기준)

① 최대 허용 접촉전압

$$E_{\text{touch}} = \left(R_B + \frac{R_f}{2}\right)I_k = \frac{(1000 + 1.5\rho_s)\cdot 0.157}{\sqrt{t_c}} = \frac{157 + 0.24\rho_s}{\sqrt{t_c}}\,[\text{V}]$$

② 최대 허용 보폭전압

$$E_{\text{step}} = (R_B + 2R_f)(I_k) = \frac{(1000 + 6\rho_s) \cdot 0.157}{\sqrt{t_c}} = \frac{157 + 0.94\rho_s}{\sqrt{t_c}} \, [\text{V}]$$

(4) 예비설계 실시

① 포설간격(D), 도체길이(L)

② 매설깊이(h)

③ 접지봉 수량(n)

(5) 접지저항 계산

① Mesh 접지

$$R_g = \rho \left\{ \frac{1}{L} + \frac{1}{\sqrt{20A}} \left(1 + \frac{1}{1 + h\sqrt{\dfrac{20}{A}}} \right) \right\}$$

② 봉접지

$$R_g = \frac{\rho}{2\pi l} \ln \frac{2l}{r}$$

여기서, ρ : 대지저항률[$\Omega \cdot$ m], L : 접지선 도체길이[m]

A : 메시면적[m^2], h : 접지선 매설깊이[m]

l : 봉의 길이[m], r : 봉의 반지름[m]

(6) 최대 지락전류 계산(최대 접지전류)

$$I_G = C_p \cdot D_f \cdot \beta \cdot I_g = 0.5 \sim 0.75 I_g$$

여기서, C_p : 계통확장계수(1.0 ~ 1.5)

D_f : 감쇄계수(비대칭에 대한 교정계수)

β : 지락전류 분류계수(10 ~ 20%)

I_g : 최대 지락전류

(7) 접지망 전위 상승과 최대 허용 접촉전압의 비교

$$GPR = I_G R_g < E_{\text{touch}}$$

만족 – 상세설계 / 불만족 – 다음 단계로

(8) 접지망의 최대 Mesh 전압(E_m), 최대 보폭전압(E_s) 계산

$$E_m = \frac{\rho \cdot K_m \cdot K_i \cdot I_G}{L}$$

$$E_s = \frac{\rho \cdot K_s \cdot K_i \cdot I_G}{L}$$

여기서, K_m, K_s : Mesh 간격계수

  K_i : Mesh 보정계수

  L : 도체길이

(9) 안전한계전압과 비교

① 최대 메시전압(E_m) < 최대 허용 접촉전압(E_{touch})

② 최대 보폭전압(E_s) < 최대 허용 보폭전압(E_{step})

③ 만족 – 상세설계 / 불만족 – 예비설계부터 재설계(D : 좁게, n, L : 크게)

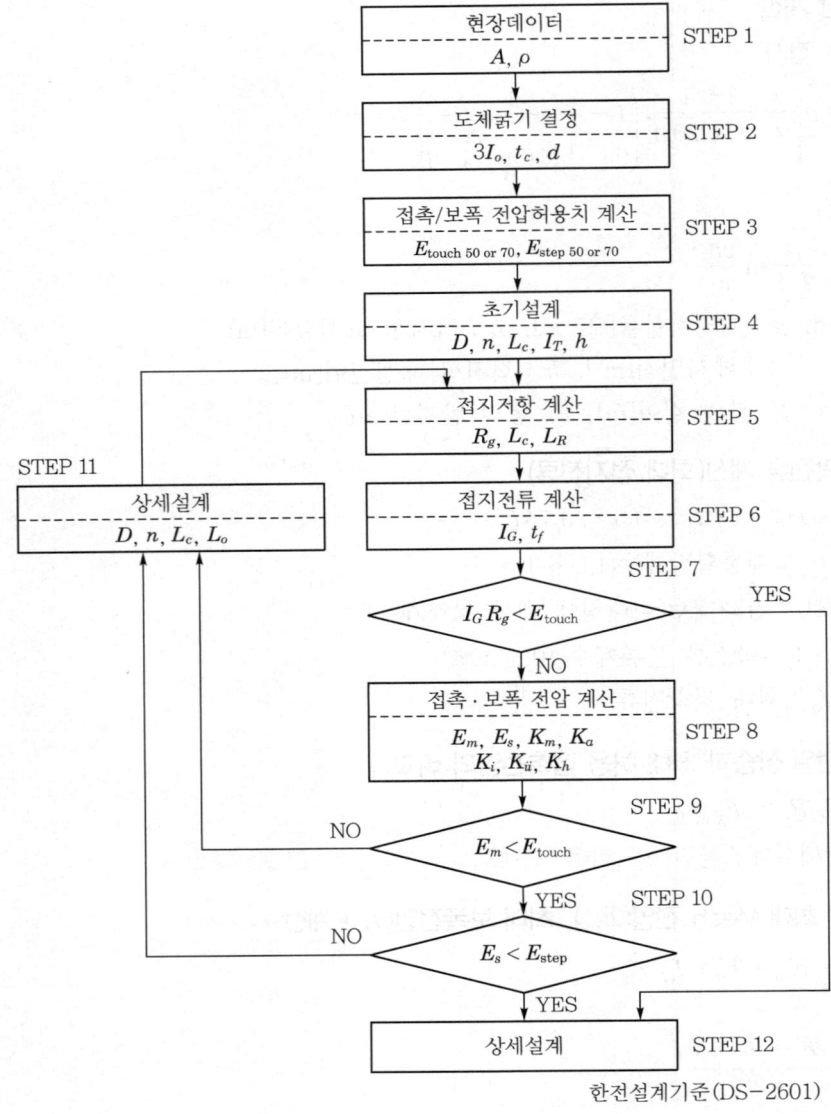

한전설계기준(DS–2601)

‖ 접지설계순서 Flow ‖

614

3 접지선 굵기 적용

(1) 접지공사방법에 의한 경우

구분	적용	저항	접지선 굵기[mm²]
1종(E_1)	특고압 및 고압 기기 외함, 피뢰기 등	10Ω	6
2종(E_2)	• TR 2차 측 중성점 또는 1단자 • 고 · 저압 혼촉 방지판	$\dfrac{150}{1선\ 지락전류}$	16
3종(E_3)	400V 이하 저압 기기 외함	100Ω	2.5
특3종	400V 초과 저압 기기 외함	10Ω	2.5

(2) 고장전류계산에 의한 경우

규정	IEC 60364	내선규정	한전	피뢰기용
계산식	$I\,\dfrac{\sqrt{t_c}}{k}$	$0.0496I_n$	$I\sqrt{\dfrac{8.5\times10^{-6}\times t_c}{\log_{10}\left(\dfrac{T}{274}+1\right)}}$	$\dfrac{\sqrt{t_c}}{282}\times I$

여기서, I : 접지선의 고장전류
$\quad\ I_n$: 과전류 차단기 정격전류
$\quad\ k$: 접지도체의 절연물 종류 및 주위온도에 따라 정해지는 계수
$\quad\ t_c$: 고장지속시간[s] → 22.9kV 계통 1.1초, 66kV 비접지계통 1.6초
$\quad\ T$: 접지선 최고 허용 온도상승[℃] → 나동연선 850℃, GV전선 120℃

4 결론

① 국내 접지는 안전한계를 무시한 기기중심 접지가 대부분이므로, 사고 시 인명피해가 발생할 수 있다.

② 또한, 접지저항계산의 기술적 근거가 불분명하다.

③ 그러므로 ANSI/IEEE에서 제시하는 인간중심 접지방식을 도입할 필요가 있다.

분류	국내	ANSI/IEEE
중심 Point	기기중심 접지	인간중심 접지
접지저항	최대 100Ω	5Ω 이하
접지규정	접지저항 강조	접지공사방법 강조
접지공사	접지저항값을 얻기 위한 접지전극설계 위주	접촉 · 보폭 전압 고려한 안전전압 위주 노이즈, 고조파까지 고려

SECTION 16

KS C IEC 60364-3 배전계통 접지방식

기출 지문

Q1 인체 감전에 대한 실험식에서 심실세동 전류값을 $\frac{165}{\sqrt{t}}$[mA]라고 할 때, 165와 t가 무엇을 의미하는 지를 절연물의 $v-t$ 특성과 연계하여 설명하시오. [안 72회 출제]

Q2 국제전기기술회의(IEC) 전문위원회(TC) 64/건축전기설비에서는 전력선의 배전방식을 3가지로 구분하고 있다. 각 배전방식에 대해 설명하고, 우리나라가 채택하고 있는 방식을 그림으로 나타내시오. [안 72회 출제]

Q3 한국전기설비규정에서 정하는 저압 전로의 계통접지방식을 보호도체 및 중성선의 접속방식에 따라 구분하여 설명하시오. [발 127회 출제]

건 건축전기설비기술사 / 용 전기응용기술사 / 발 발송배전기술사 / 소 소방기술사 / 안 전기안전기술사 / 화 화공안전기술사 / 정 정보통신기술사

1 개요

(1) 접지는 대지에 전기적인 단자를 설치하는 것을 의미하며 접지대상물을 대지와 낮은 임피던스로 접속하는 기술이다.

(2) IEC 60364-3 배전계통의 접지방식에는 TN 방식, TT 방식, IT 방식이 있다.

(3) 접지의 목적

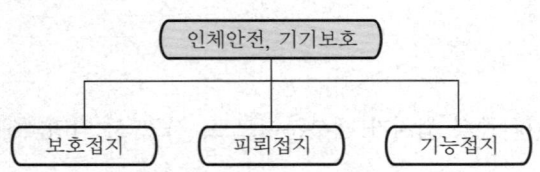

접지목적
• 접촉전압 저감
• 대지전위 상승 억제
• 보호계전기 동작 확보
• 감전사고 방지

2 IEC에서 사용된 코드가 갖는 의미

(1) 첫 번째 문자

전력계통과 대지와의 관계

① T(Terr) : 한 점을 대지에 직접 접속한다.

② I(Insulation) : 모든 충전부를 대지(접지)로부터 절연시키거나 임피던스를 삽입하여 한 점을 직접 접속한다.

(2) 두 번째 문자

설비의 노출도전성 부분과 대지와의 관계

① T(Terre) : 전력계통의 접지와는 관계없으며 노출도전성 부분을 대지로 직접 접속한다.

② N(Neutral) : 노출도전성 부분을 전력계통의 접지점에 직접 접속한다.

(3) 세 번째 문자

보호도체와 중성선과의 관계

① S(Seperated) : 보호도체 기능을 중성선 도체와 분리된 도체로 실시한다.

② C(Combined) : 보호도체 및 중성선의 기능을 한 개의 도체로 겸용한다(PEN 도체).

3 직접 접지방식(TN 방식)

(1) 전력계통

직접 접지한다(T).

① 전력공급 측은 1점을 직접 접지(계통접지)하고, 설비의 노출도전성 부분은 보호도체에 의해서 전원접지점에 연접시킨다. 이 계통은 중성선과 보호도체의 관계에 따라서 3가지로 나뉜다.

② 이 계통은 지락전류가 매우 커서 지락보호를 과전류차단기에 의해서 실행하며 사고 시 고장점 임피던스를 고려하여 일정 시간 내에 차단할 수 있도록 차단기의 차단시간 및 접지도체의 굵기를 선정하는 것이 중요한 과제가 된다.

(2) 노출도전성 부분

보호도체(PE)를 이용하여 전력계통 접지점에 직접 접속한다(N).

① TN-C : 계통 전체의 보호도체(PE)와 중성선(N)을 PEN 선으로 겸용한다. 잡음(EMI)에 약하다.

② TN-S : 계통 전체를 보호도체(PE)와 중성선(N)으로 분리한다. EMI 측이 바람직하다.

③ TN-C-S : 계통의 일부에서 PE와 N을 분리한다.

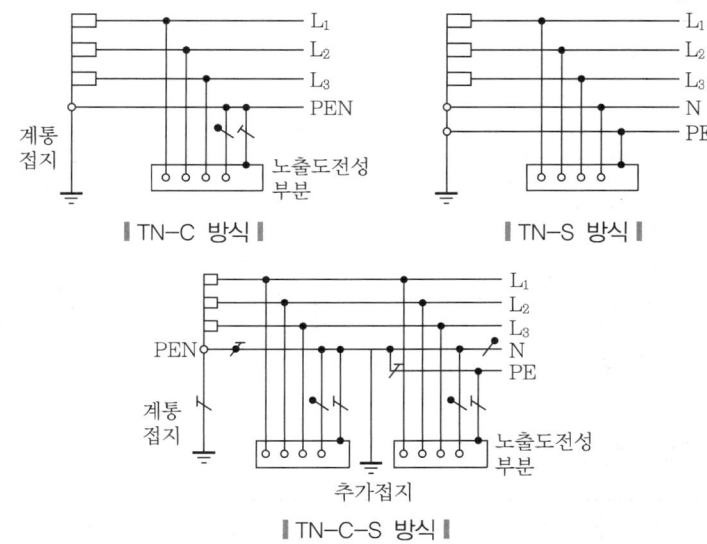

‖TN-C 방식‖   ‖TN-S 방식‖

‖TN-C-S 방식‖

617

4 직접 다중 접지방식(TT 방식)

(1) 전력계통

직접 접지한다(T).

① 전력공급 측은 1점을 직접 접지(계통접지)하고, 설비의 노출도전성 부분은 보호도체에 의해서 계통접지와는 전기적으로 독립된 접지(기기접지)로 한다.

② 이 계통은 개별접지방식으로서, 지락사고를 과전류차단기 또는 누전차단기로 보호하며, 기기프레임의 대지전위 상승을 억제하기 위한 조건이 필요하다.

(2) 노출 도전성 부분

계통과 분리하여 별도 접지한다(T).

5 비접지방식(IT 방식)

(1) 전력계통

비접지 또는 임피던스접지한다.

① IT 방식의 전력계통은 모든 충전부를 대지에서 절연하거나 또는 1점을 임피던스를 통하여 접지(계통접지)하고, 설비의 노출도전성 부분은 단독 또는 일괄해서 접지하는 방식으로서, 대규모 계통에는 적용하기 어렵다.

② 이 계통은 기기프레임 측의 접지저항을 낮게 유지함으로써 1점 지락사고 시 프레임에 걸리는 전압을 낮추는 것에 의해서 보호되지만 2점 지락 시에는 대책을 고려하여야 한다.

(2) 노출 도전성 부분

보호접지는 별도 접지한다.

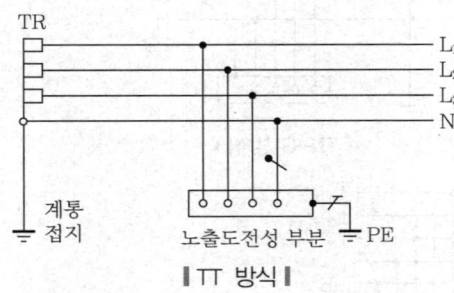

▮ TT 방식 ▮

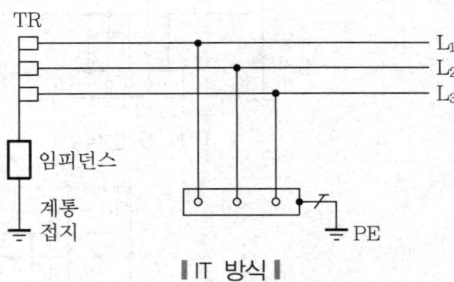

▮ IT 방식 ▮

6 IEC와 NEC의 비교

IEC 60364	NEC
TN, TN-C, TN-C-S, TT, IT System 모두 허용	• TN, TN-C, TN-C-S System 허용 • TT, IT System 금지

7 IEC 60364-3 접지방식의 장단점 비교

구분	TT 방식	TN-C 방식	TN-S 방식	TN-C-S 방식
전선가닥수 (변압기 ~ 부하기기)	2	2	3	2 (C-S 분기점부터 3)
접촉전압 (전원전압에 대한 배율)	$\dfrac{1}{2}$	$\dfrac{1}{2}$	$\dfrac{1}{2}$	$\dfrac{1}{2}$
등전위본딩	불필요	필요	필요	필요
PEN선의 단선 시 위험	안전	위험	안전	중간
중성선의 수용가 측 추가접지	불필요	불필요	불필요	필요 (PEN선 단선위험 저감)
배선용 차단기에 의한 감전보호 (누전차단기 생략)	불가능	가능	가능	가능
누전차단기(RCD)	가능	불가능	가능	가능

SECTION 17 접지설비 및 보호도체 선정방법

기출
지문

Q1 한국전기설비규정(KEC)에서 정의하는 보호도체 단면적 산정에 대하여 설명하시오. [건 126회 출제]

Q2 접지설비 및 보호도체 선정방법에 대해 설명하시오. [건 98회 출제]

Q3 건축물에 시설하는 전기설비의 접지선 굵기 산정에 대하여 설명하시오. [건 118회 출제]

Q4 한국전기설비규정(KEC)에서 정의하는 보호도체 단면적 산정에 대하여 설명하시오. [건 126회 출제]

건 건축전기설비기술사 / 용 전기응용기술사 / 발 발송배전기술사 / 소 소방기술사 / 안 전기안전기술사 / 화 화공안전기술사 / 정 정보통신기술사

1 개요

(1) 접지의 목적

인체의 안전과 기기의 절연보호

① 기본 및 고장 보호 : 감전 방지

② 전원차단(계전기 동작 확보), 기기 Stress 전압 차감

(2) 관련 근거

KSC IEC-60364-5-54, 62305-4, KEC-142.3

2 접지설비

(1) 기기 노출도전부와 대지 사이를 전기적으로 접속하고 고장전류를 방류시키기 위한 설비

(2) 기본요건

① 접지저항값은 IEC 60364-413에서 규정한 값과 기계적 요구사항을 만족하고 전기적 연속성을 유지할 것

② 고장전류를 열적·기계적 변형없이 안전하게 흘릴 수 있을 것

③ 부식, 전식 등 외적 영향에 견딜 것

④ 토양의 건조나 동결로 인해 접지저항값이 증가되지 않을 것

(3) 구성도

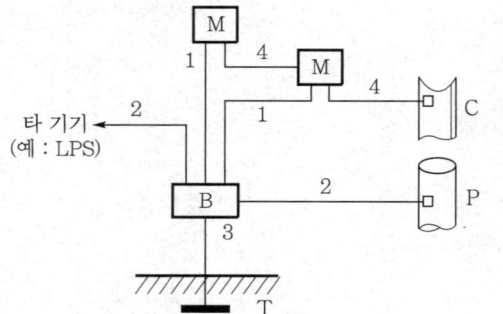

1. 보호도체(PE)
2. 보호 본딩도체(MEB)
3. 접지도체
4. 보조 보호 본딩도체(SEM)

M : 노출도전성 부분
B : 주접지단자
C : 계통 외 도전성 부분
P : 금속제 수도관
T : 접지극

(4) 접지설비의 구성

① 접지극

㉠ A형

• 재질형상 : 판상($0.35m^2$), 봉상, 선상
• 시공형태 : 수평형, 수직형, 수평방사형

㉡ B형 : 환상, 망상 또는 기초 접지극

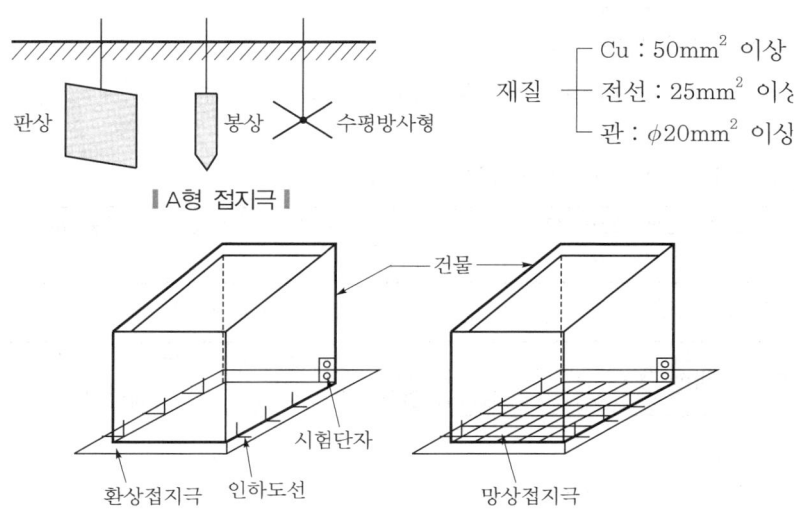

재질 $\begin{cases} \text{Cu : } 50mm^2 \text{ 이상} \\ \text{전선 : } 25mm^2 \text{ 이상} \\ \text{관 : } \phi 20mm^2 \text{ 이상} \end{cases}$

┃ A형 접지극 ┃

┃ B형 접지극 ┃

② 접지도체 : 최소 단면적(KEC-142.3)

고장전류가 흐르지 않을 경우	Cu $6mm^2$ 이상, Fe $50mm^2$ 이상
	피뢰시스템 접속 시 : Cu $16mm^2$ 이상, Fe $50mm^2$ 이상
고장전류가 흐를 경우	특고압 및 고압 : $6mm^2$ 이상의 연동선 또는 동등 이상
	중성점 접지용 : $16mm^2$ 이상의 연동선 또는 동등 이상

③ 주접지단자(또는 BAR)

㉠ 각 도체 간 동일 전위 유지 목적 : 주접지단자(BAR)에 접지도체, 보호도체, 주등전위본딩 도체 및 기능용 접지도체(필요시) 연결

㉡ 접지저항 측정이 가능하도록 접지도체 분리 및 점검 가능할 것

3 보호도체

(1) 안전(감전에 대한 보호)을 목적으로 제공되는 도체

(2) 보호도체의 최소 단면적

① 계산에 의한 방법

$$단면적\ S = \frac{\sqrt{I^2 t}}{K}\ (단,\ t \leq 5s)$$

여기서, S : 단면적[mm²]

I : 지락고장전류[A]

t : 차단기 동작시간[s]

K : 도체의 절연물, 초기 및 최종 온도로 정해지는 계수

② 표에 의한 방법

㉠ 보호도체가 Cable 심선이 아니고 단독포설의 경우

기계적 보호 有[mm²]	기계적 보호 無[mm²]
Cu 2.5, Al 16	Cu 4.0, Al 16

㉡ 상도체 크기 기준 : 산출한 값과 표의 값 중 단면적이 큰 쪽 도체를 적용한다.

선도체 단면적[mm²]	보호도체 단면적[mm²]	
	재질이 선도체와 동일	재질이 선도체와 상이
$S \leq 16$	S	$\frac{k_1}{k_2} \times S$
$16 < S \leq 35$	16	$\frac{k_1}{k_2} \times 16$
$S > 35$	$\frac{S}{2}$	$\frac{k_1}{k_2} \times \frac{S}{2}$

여기서, k_1 : 선도체에 대한 K값

k_2 : 보호도체에 대한 K값

㉢ 보호도체 선정 시 유의사항

- 인화성 가스관이나 유류관은 보호도체로 사용금지
- 계통 외 도전성 부분을 보호도체로 사용 시

→ 기계적 강도, 부식에 대한 보호, 전기적 연속성, 견고한 접속 등의 조건을 갖출 것

(3) 노출도전성 부분을 타 기기의 보호도체로 사용을 금지한다.

4 PEN, PEL, PEM 도체

① 고정 전기설비에서만 사용 가능하다.

② TN 계통의 보호 및 기능목적 겸용 접지설비로서, Cu 10mm²(Al 16mm²) 이상에 사용한다.

③ TN-C 계통에서 PEN 도체 단독으로 단로금지(상전압 상당의 전압 상승 방지)한다.

④ 계통의 도전성 부분을 PEN, PEL 또는 PEM 도체로 사용금지한다.

⑤ TN-S 계통은 배선분리 후 접속금지(루프 순환전류에 의한 EMI 장해 방지)한다.

5 보호 본딩도체

(1) 고장전류 발생 시 노출도전성 부분 간 접촉전압 발생을 방지한다.

(2) 도체 최소 단면적[mm²]

보호 본딩	• 보호도체 최대 단면적의 $\frac{1}{2}$ 이상 • 최소 Cu 6.0mm², Al 16mm², Fe 50mm²
보조 보호 본딩	• 2개의 노출도전부 접속 시 작은 쪽 보호도체의 단면적 이상 • 노출도전부와 계통 외 도전부 접속 시 해당 보호도체 단면적의 $\frac{1}{2}$ 이상

뇌보호용
등전위본딩
	• 내부 금속설비와 본딩바 간 접속도체
	  – Cu : 6.0mm² 이상
	  – Al : 10mm² 이상
	  – Fe : 16mm² 이상
	• SPD 접속도체(Cu)
	  – Class Ⅰ : 16mm² 이상
	  – Class Ⅱ : 6.0mm² 이상
	  – Class Ⅲ : 3.0mm² 이상
	  – 기타 : 1.0mm² 이상

🔑 참고

PEN, PEL, PEM 도체

1. 고정전기설비에서만 사용 가능하고 단면적 Cu 10mm² 또는 Al 16mm² 이상(기계적 이유)

2. 구성

　① PEN 도체 : PE + 중성선(N)

　② PEL 도체 : PE + 선도체(L)

　③ PEM 도체 : PE + 중간선(M)

3. 선도체의 정격전압에 대해 절연

4. N, L, M 및 보호기능이 별도 도체로 배선되면 N, L, M을 설비의 모든 접지부분에 접속금지

5. N, L, M 각각 하나 이상과 하나 이상의 보호도체 구성 허용

6. PEN, PEL 또는 PEM 도체는 보호도체용 단자 또는 바에 접속되어야 함

7. 계통 외 도전부는 PEN, PEL, PEM 도체로 사용금지

8. 직류 SELV 회로에서 공급되는 계통은 PEL 또는 PEM 도체가 없음

접지전극의 과도현상

기출
지문

Q1 건축물의 접지공사에서 접지전극의 과도현상과 그 대책에 대하여 설명하시오. [건] 106회 출제

Q2 접지전극의 과도특성을 설명하시오. [안] 129회 출제

[건] 건축전기설비기술사 / [송] 전기응용기술사 / [발] 발송배전기술사 / [소] 소방기술사 / [안] 전기안전기술사 / [화] 화공안전기술사 / [정] 정보통신기술사

1 접지전극의 과도현상

(1) 상용주파수 영역

접지극은 전도전류성분이 지배적이어서 임피던스에 의한 전압강하가 매우 작기 때문에 단순한 저항으로 해석한다.

(2) 고주파 영역

주파수가 비교적 낮을 때는 유도성, 높을 때는 용량성 특성을 가지기 때문에 임피던스로 해석한다.

(3) 접지임피던스

접지극에 서지가 침입할 때 서지는 $\dfrac{\text{최대 전압}}{\text{최대 전류}}$[Ω]로 표시하는데 이는 접지극의 형상, 포설방식, 포설면적 등에 따라 달라진다.

$$접지임피던스 = \frac{접지극에\ 걸리는\ 전압}{접지극에\ 흐르는\ 전류}[Ω]$$

(4) 서지침입 시에 대지전위는 수[μs] 동안에 급격히 상승했다가 서서히 내려간다.

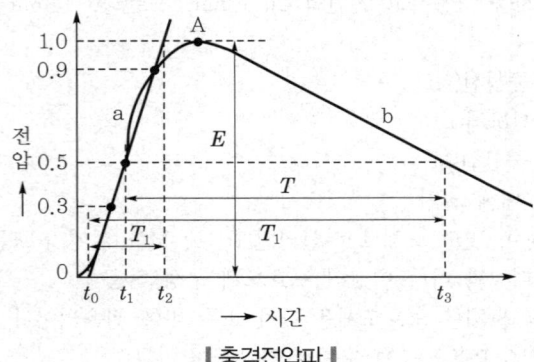

‖ 충격전압파 ‖

(5) 접지임피던스는 서지의 전류파형 및 대지저항률에 따라 달라진다.

2 서지의 파형이 접지임피던스에 미치는 영향

① 콘덴서에 흐르는 전류는 $I_c = C\dfrac{dv}{dt}$ 이기 때문에 접지극의 용량성 리액턴스가 큰 경우에는 순간적으로 대전류가 흐르게 된다.

② 접지극의 유도성 리액턴스가 큰 경우에는 패러데이의 전자유도법칙에 의해서 $e = -L\dfrac{di}{dt}[\text{V}]$ 의 역기전력이 발생하는데 이 역기전력에 의해서 발생하는 전류는 원래의 전류흐름을 방해하는 방향으로 작용하기 때문에 접지극의 임피던스가 매우 커지는 결과를 초래한다. 이런 이유로 피뢰침의 인하도선은 금속관에 넣지 않는 것이 원칙이다.

3 접지전극의 과도현상대책

(1) 접지극의 과도현상에 대한 대책은 서지임피던스를 감소시켜서 과도접지전위 상승을 억제하는 것이 제일 중요하다.

(2) 접지도체의 유효거리를 고려하여 접지도체의 효과를 극대화한다.

(3) 망상접지극은 유효거리 내에서 면적이 넓을수록 임피던스가 감소하므로 면적을 가능한 넓게 한다.

(4) 주접지망의 서지 유입점 근처에 보조접지망을 설치한다.
　① 보조접지망의 굵기는 주접지망과 같거나 더 굵은 것으로 한다.
　② 보조접지망의 반경은 대지저항률이 클수록 넓게 한다.

대지저항률	100Ω·m	500Ω·m	1000Ω·m
보조망의 반경	10m	20m	40m

　③ 보조접지망의 형상은 망상보다는 방사상으로 하는 것이 효과적이다.
　④ 망의 메시간격은 좁을수록 효과적이다.

SECTION 19 약전계통(약전기기용)접지

기출
지문

Q1 약전계통접지에 대하여 설명하시오. 출제예상

Q2 전자차폐(electro magnetic shielding)에 대하여 설명하시오. 출제예상

전 건축전기설비기술사 / 용 전기응용기술사 / 발 발송배전기술사 / 소 소방기술사 / 안 전기안전기술사 / 화 화공안전기술사 / 정 정보통신기술사

1 개요

최근 건축물의 대형화, 첨단화에 따른 사무의 고효율을 위해 정보기기의 도입 및 적용이 확대되고 있다. 이에 따라 약전기기의 안정적인 사용과 기능을 유지시켜 주기 위하여 접지시설을 해야 한다.

2 약전설비의 누설전류

(1) 접지방식

① 대지충전전류에 의한 누설전류가 발생한다.

② 부하기기(OA 기기) 대수 증가 → ELB 정격감도전류 < OA 기기 누설전류 → 누전경보 및 차단현상 발생 → 부하기기 대수제한

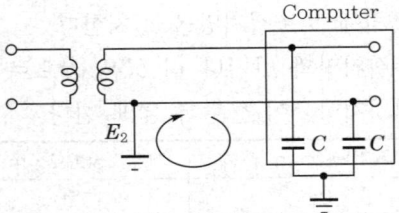

┃ 접지방식의 누설전류 ┃

(2) 비접지방식

① 누설전류 발생이 방지된다.

② 2차 측 회로 전체가 절연유지된다.

③ ELB 부동작 문제가 발생한다.

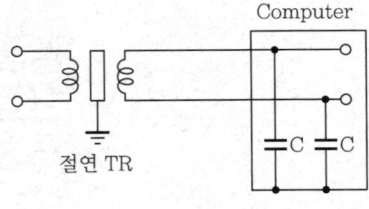

┃ 비접지방식 ┃

3 약전설비의 접지종류

(1) 기준접지

① 접지 이유 : 초고층 B/D의 경우 뇌서지에 대한 서지임피던스로 약전설비에 잡음 등 기능장해를 유발시키는데 약전설비의 기능 유지 및 안정적인 사용을 위한 것이다.

② 접지방법

㉠ 1점 접지나 건축구조체 접지활용

㉡ 기준접지극 연결접지선은 짧게 구성

㉢ 기준접지극 접속부위 접촉저항 → $50\mu\Omega$ 이하로 유지

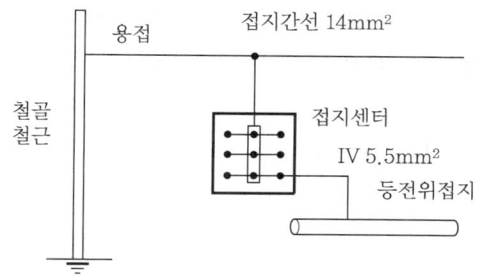

∥ 기준접지 System ∥

(2) 전도성 Noise 대책용 접지(장해제거용 접지)

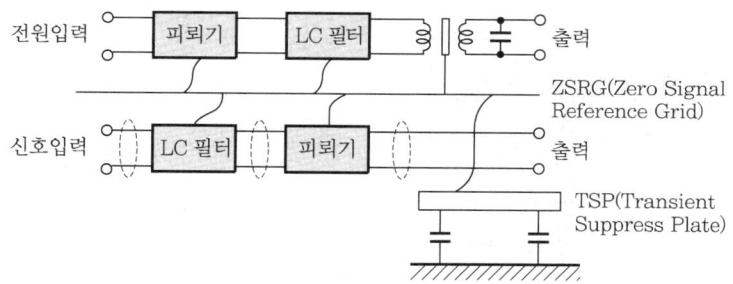

∥ 전도성 Noise 방지도 ∥

① OA 기기의 빌딩 철골, 철근 등과의 정전용량(C) 및 뇌서지의 배전선 침입 시 전원과 신호선의 Noise 제거

② 전원 측에 고조파 침입 → 컴퓨터 오동작 → Line filter 설치 → 고조파 흡수 → 대지로 방류 → 컴퓨터 오동작방지

627

(3) 방사성 Noise 방지 접지

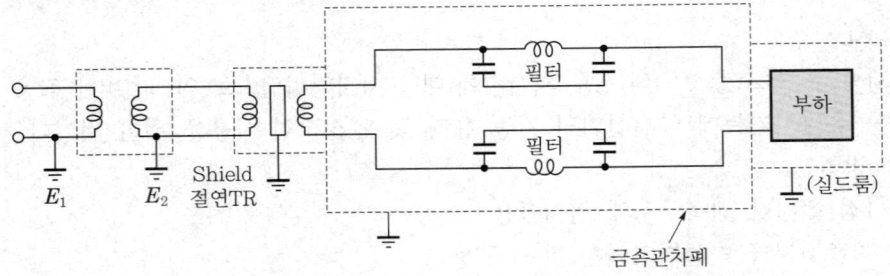

‖ 방사성 노이즈 차폐 및 접지 ‖

① EMI(전자기 방해, 전자기 간섭, 전자파 장해)로 인한 Noise 제거
② 정전기 Noise 방지용 접지 : 이동용 매체에 의해 발생하는 정전기 축적을 방지하기 위한 정전기 방출용 접지
③ 전계에 의한 Noise 제거(방사 noise)
④ 자계에 의한 Noise 제거

(4) Surge 방지용 접지

Surge에 대해 LA나 Surge absorber로 저저항값으로 접지시키므로 2차 측 기기가 뇌 Surge, 개폐 Surge로부터 기기를 보호받을 수 있다.

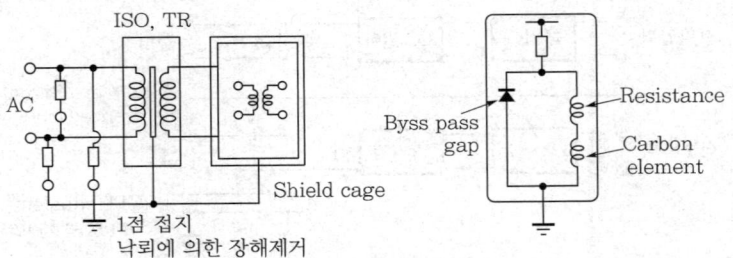

‖ Surge 방지용 접지 ‖

4 종합적인 Noise 방지 접지

(1) 약전계통의 접지시공

① 단독접지 : 타 접지극과 20m 이상 이격 시공
② 1점 접지 : 기기 간의 접지는 기준전위 유지(등전위)
③ 건축구조체 접지의 활용 : 기준전위 확보 또는 등전위화를 위하여 구조체 접지를 활용함

(2) 건축구조체 접지 시 문제점과 대책

① 문제점

㉠ 약전기기의 공용접지 : 평상시 잡음의 발생 우려가 있다.

㉡ 단독접지의 경우 : 낙뢰 발생 시 접지전위차에 의한 기기의 절연파괴 우려

② 평상시 단독접지가 이상적이며 낙뢰 시 절연성능이 낮은 약전설비의 피해가 우려되어 공용접지가 이상적이므로 Earth master를 설치하여 완벽한 보호가 필요하다.

SECTION

20 의료용(병원) 접지

기출
지문

Q1 의료장소의 접지계통방식을 간단히 설명하시오. ［건 119회 출제］

Q2 의료시설에서 발생할 수 있는 매크로 쇼크(macro shock)와 마이크로 쇼크(micro shock)에 대하여 설명하시오. ［건 125회, 안 66회 출제］

Q3 인체의 감전현상을 표현하기 위한 인체 임피던스의 전기적 등가회로를 나타내고 감전의 과정과 방지대책을 설명하시오. ［건 94회 출제］

Q4 한국전기설비규정(KEC)에서 구분하고 있는 의료장소별 계통접지의 적용에 대하여 설명하시오. ［안 126회 출제］

Q5 병원에 적용되는 등전위접지에 대하여 상세히 설명하시오. ［안 78회 출제］

Q6 의료실에 대한 다음 사항을 기술하시오. ［안 80회 출제］
　(1) 접지저항치
　(2) 누전차단기 시설
　(3) 등전위접지 시설
　(4) 변압기 시설

건 건축전기설비기술사 / 용 전기응용기술사 / 발 발송배전기술사 / 소 소방기술사 / 안 전기안전기술사 / 화 화공안전기술사 / 정 정보통신기술사

1 개요

(1) 일반적으로 누전은 기기고장이나 절연물의 열화 등으로 일어나는 누설전류에 기인하며 의료기기에서는 잘 절연된 정상기기인 경우라도 외부도체의 정전용량에 의해 누설전류가 발생하며 이로 인한 Micro shock, Macro shock를 발생시킨다.

(2) 최근 ME 기기 등의 증가로 접지의 중요성이 증가하고 있다.

(3) **접지방식**
　① 보호접지
　② 등전위접지
　③ 정전기 장해방지용 접지
　④ 잡음방지용 접지
　⑤ 수술실 접지

2 의료기기의 누설전류와 감전

(1) 누설전류

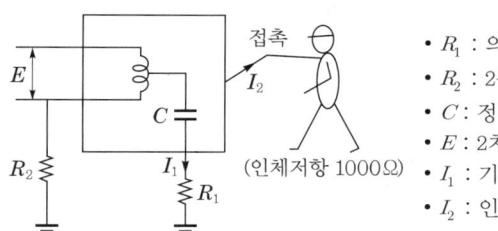

- R_1 : 의료용 접지[Ω]
- R_2 : 2종 접지저항[Ω]
- C : 정전용량[μF]
- E : 2차 사용전압[V]
- I_1 : 기기 외함전류[A]
- I_2 : 인체통과전류[A]

∥ 감전발생 Mechannism ∥

인체의 저항을 1000Ω, 의료용 접지(R_1)를 10Ω이라 하면 인체통과전류(I_2)는 다음과 같다.

$$I_1 : I_2 = 1000 : 10, \quad I_2 = \frac{1}{100}I_1$$

인체통과전류가 약 $\frac{1}{100}I_1$ 이 되어도 환자에게는 경우에 따라서 치명상이 될 수도 있다.

(2) 유기전압(e)

$$e = \frac{\sqrt{C_a(C_a - C_b) + C_b(C_b - C_c) + C_c(C_c - C_a)}}{C_a + C_b + C_c} \times E$$

여기서, C_a, C_b, C_c : 각 상 정전용량[μF]

E : 회로전압[V]

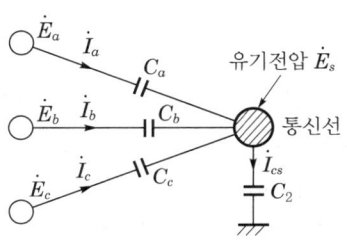

∥ 유기전압 ∥

3 의료설비의 감전전류

건강한 사람은 감지할 수 없는 미약한 누설전류가 환자의 경우 미약한 전류를 감지하지 못하나 그 미약한 누설전류로 인해 심실세동 등의 치명적인 결과를 초래할 수 있다.

631

‖ 의료설비의 감전전류 ‖

종류	반응 및 전류
Macro shock	• 누설전류가 수술자, 환자, 보조원에게 심리적 악영향 및 2차적 장해를 유발시키는 전류 Shock • 최소 감지전류 : 1mA
Micro shock	• 전류의 유입·유출이 심근에 접하고 있거나 지근거리에 있는 경우의 Shock • 최소 감지전류 : 10μA
감지전류	• 인체가 자극을 느끼는 정도의 전류 • 1mA 이상
경련전류	• 근육을 자유로이 움직일 수 없는 정도(도체를 잡은 손이 도체를 놓을 수 없을 정도의 전류) • 10mA 이상
심실세동전류	• 심장이 경련을 일으켜 멈추는 정도의 전류 • 수십[mA] 이상

▮4 의료용 접지방식

(1) 보호접지

① 목적 : Macro shock에 대한 안전대책으로 의료기기, 전기기기 등의 외함에 행하는 접지이다.

② 기능

   ㉠ 누설전류를 신속히 대지로 방전시켜 인체의 통전전류를 억제시킨다.

   ㉡ 기준치 이상 누전 시 전로를 신속히 차단한다.

   ㉢ 전로저항이 0.1Ω 이하로 규정한다.

③ 시공방법

   ㉠ 접지극 : 철골, 철근 콘크리트 건물에서 지하부분의 철근이 가장 좋다.

   ㉡ 접지간선 : 단면적 16mm^2 이상 600V 절연전선을 사용한다.

   ㉢ 각 의료실에 접지센터, 접지단자, 접지콘센트를 시설한다.

   ㉣ 이동용 의료기 : 접지단자 접지콘센트에 시공한다.

   ㉤ 거치용 의료기

     • 접지선 단면적이 8mm^2 이상 시 → 접지센터에 직접 접속

     • 접지선 단면적이 16mm^2 이상 시 → 접지간선에 직접 접속

   ㉥ 접지저항 : 10Ω 이하로 유지

④ 구성도

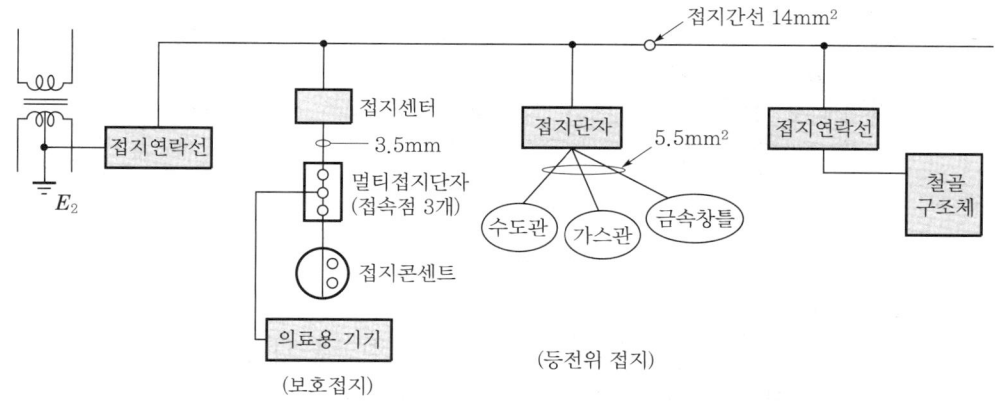

┃ 보호접지 ┃

(2) 등전위접지

① 목적 : Micro shock에 대한 방지대책으로 누설전류가 $10\mu A$ 이하가 되도록 정전자계를 유도할 수 있는 모든 도체(수도관, 가스관, bed frame)들을 한데 묶어 모두 접지한다.

② 대상

 ㉠ 흉부실 수술실, X선 촬영실 내 표면적 $0.02mm^2$ 이상의 접촉 가능한 모든 금속체

 ㉡ 범위(환자기준)

  • 상부 → 2.2m

  • 전면 → 2.5m

③ 시공방법

 ㉠ 전기저항 : 0.1Ω 이하로 유지한다.

 ㉡ 모든 금속체는 연결하여 접지시공한다.

 ㉢ 도전성 물체와 접지 간의 전위차는 10mV 이하로 억제시킨다.

 ㉣ 허용전류한도는 $10\mu A$ 이하로 유지시킨다.

(3) 정전기 장해 방지용 접지

① 목적 : 마찰에 의한 정전기를 대지로 방전시켜 환자의 Shock를 방지한다.

② 대상 : 환자용 승강기의 Push button

③ 시공방법 : 등전위와 병행으로 시공한다.

(4) 잡음방지용 접지

① 목적 : 내외부의 강한 전계자계의 침입으로 인한 기기의 기능 저하를 방지하기 위해서이다.

② 대상 : 뇌파검사실, 심전도실, 수술실 등

③ 시공방법 : 등전위접지와 병행시공

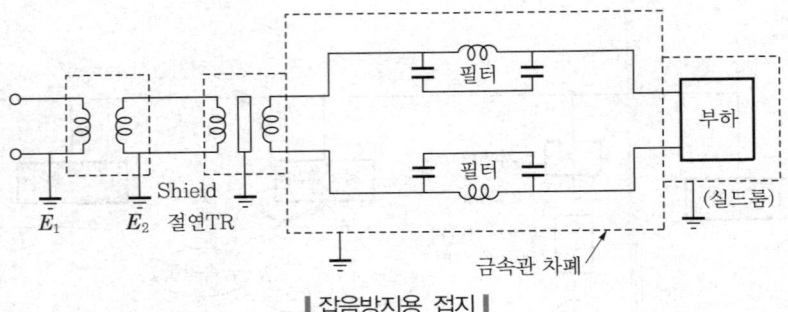

‖ 잡음방지용 접지 ‖

ㄱ Shield room 시공
  • 수동차폐 : 외부로부터 침입하는 전자기파의 침임을 방지한다.
  • 능동차폐 : 내부로부터 발생하는 전자파의 외부방출을 방지한다.
ㄴ Shield의 종류
  • 정전 Shield : 정전기를 유기하는 전하로부터의 영향을 억제시킨다.
  • 전자 Shield : 자계를 발생시키는 물체로 부터의 영향을 억제시킨다.
ㄷ Shield 방법 : 100dB 이하를 목표치로 한다.
ㄹ Shield room 내 조명기구
  • 가능한 안정기는 분리시공이 원칙이다.
  • 백열구 시공을 하고 백열구등도 Shield Cover 처리한다.

(5) 수술실 접지

수술실 접지는 보호접지, 등전위접지, 잡음방지용 접지, 정전기 장해방지용 접지 외 도전상 접지, 절연변압기 등이 포함되는 병원접지의 핵심접지방식이다.

① 도전상 접지
  ㄱ 수술실 내 유기할 수 있는 누설전류 및 정전기를 신속히 대지로 방류시키기 위한 접지방식이다.
  ㄴ 시공방법 : 금속망 설치간격이 최소 30cm, 동판두께 0.2mm, 접지동선은 $5.5mm^2$로 한다.

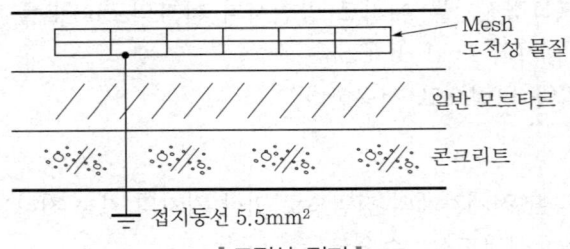

‖ 도전상 접지 ‖

② 절연변압기 구성

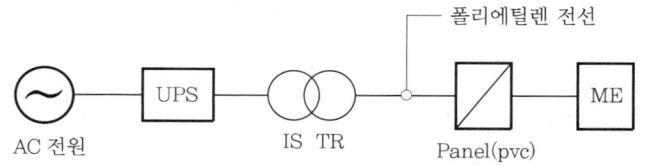

∥ 절연변압기의 구성도 ∥

㉠ 지락 발생 시 지락전류를 억제시켜 감전예방 및 강제적인 전원공급으로 전원공급의 신뢰성을 높인다.

㉡ IS-TR 용량 : 5kVA(표준용량) → 최대 용량 7kVA

㉢ 수술실 1개소당 1대 설치

㉣ 수술실 내 전원은 필히 절연변압기를 거쳐 공급되게 한다.

㉤ 절연변압기의 대지 간 정전용량은 300pF 이하로 유지한다.

(6) 기타

누전차단기 시설

① 비접지전로 외의 의료실에 인체보호용 고속도 고감도형을 시설한다.

② 바닥기준 2.3m 이상의 조명기구는 제외한다.

5 설계 시 검토사항

① 경제성

② Room 특성에 맞는 접지설계

③ 향후 첨단장비에 대한 접지설계

④ 병원기기의 기능을 고려한 접지설계

SECTION 21
도심지 대형건물의 접지설비공사

기출 지문

■ 접지설계 시 적용되는 기초 접지극(foundation earth electrode)과 자연접지극(또는 구조체 이용 접지극)을 설명하시오. [건 92회 출제]

[건] 건축전기설비기술사 / [응] 전기응용기술사 / [발] 발송배전기술사 / [소] 소방기술사 / [안] 전기안전기술사 / [화] 화공안전기술사 / [정] 정보통신기술사

1 개요

① 도심지 대형빌딩은 공간이 협소하여 접지전극 상호 간에 전위간섭이 없도록 이격하는 것이 힘들다.

② 따라서, 접지를 종별로 구분하지 않고 시설할 수 있는 공통접지, 공용접지를 하는 것이 효과적이다.

③ 도심지 대형빌딩의 접지 Concept을 공용접지, 기준접지, 등전위본딩을 실시하여 통합접지 시스템을 구축하는 방향으로 설명하겠다.

2 건물 접지방식의 선정

(1) 독립 접지와 공통 및 통합 접지 비교

구분	독립 접지	공통 및 통합 접지
정의	지락전류 작음 개별적으로 접지하되 20m 이상 이격 설치하는 방식	지락전류 큼 • 공통접지 : 목적이 같은 접지를 상호 연접시키는 방식(전력용, 통신용, 피뢰용) • 통합접지 : 목적이 다른 접지를 상호 연접시키는 방식
신뢰성	낮음(접지 일부 손상 시 기능이 정지)	높음(접지극 연접에 의해)
전위 상승	높음	낮음(병렬접지 효과)
타 기기에 미치는 영향	접지전위의 영향을 주지도 받지도 않음	계통접지의 이상전압 발생 시 타 기기에 유도전압이 상승
경제성	• 제한된 면적에서 접지효과 얻기가 곤란 • 시설비가 고가	• 접지극 연접으로 합성저항의 저감효과 • 시설비 절감
기타	• 단독접지는 지양하는 것이 유리함 • 접지계통이 복잡해서 유지보수가 어려움 • MCCB에 의한 지락보호 불가능	• 공용접지화 및 국제화해야 함 • 접지계통의 단순화로 유지보수가 용이 • 건축구조체 이용, 거대한 접지극 효과 • MCCB에 의한 지락보호 가능 • NEC 및 IEEE에서 사용

(2) 건축구조체를 이용한 한 공용 접지 적용

① 접지저항 2Ω 이하인 경우 건축구조체 이용 가능

② 접지선은 25mm² 이상 연동선, 단거리 시공

③ 회로 출입구 내에 SPD 설치하고 그 접지단자는 건축구조체에 접지

④ 건물 전체가 대지와 등전위가 되도록 시공

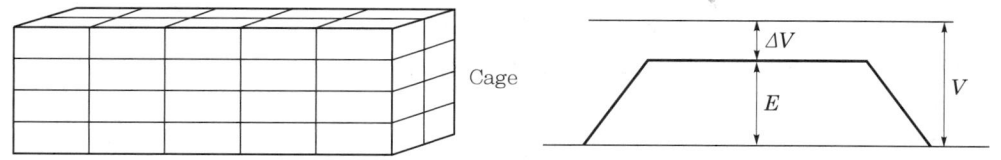

$$대지전압(\Delta V) = 대지전위상승(V) - 구조체전위상승(E)$$

3 기준접지(ZSRG) 실시

① 기준전위 확보를 위한 인공 기준전위면을 설치한다.

② 관련 기기를 기준전위면에 접지한다.

③ 1점 접지를 실시한다.

④ 접지선 길이를 짧게 한다.

⑤ 고주파 영역에서의 임피던스를 억제한다.

4 등전위본딩 실시

(1) 등전위본딩(EB : Equipotential Bonding)이란 위험한 접촉전압을 저감시키기 위해 노출 도전성 부분, 계통 외 도전성 부분 등을 서로 접속하여 등전위화를 도모하는 것이다.

(2) 등전위본딩의 분류

종별	해당 설비	역할
보호용 등전위본딩	저압 전로설비	인체감전보호
기능용 등전위본딩	정보통신설비	전위기준점 확보, EMC 대책
뇌보호용 등전위본딩	뇌보호설비	낙뢰보호, 등전위화

5 통합 접지시스템의 구축

(1) 통합 접지시스템의 정의

전력설비, 통신설비, 피뢰설비 등의 접지전극을 공용하고 기준접지(ZSRG), 등전위본딩, SPD 활용 등을 실시하여 신뢰성과 경제성을 실현한 시스템이다.

※ 시스템이란 필요한 기능을 실현하기 위해 관련 요소를 법칙에 따라 조합한 집합체를 의미한다.

(2) 구성

① 빌딩의 각 층에 설치된 모든 전기·정보·통신 기기는 접지단자에 접지한다.

② 각 층 접지단자(GW)는 주접지단자에 접속한다.

③ 1점 접지가 되는 접지계통에 전체 기준전위점을 확보한다.

④ 국부적 기준전위는 각 층의 ZSRG 등에서 확보한다.

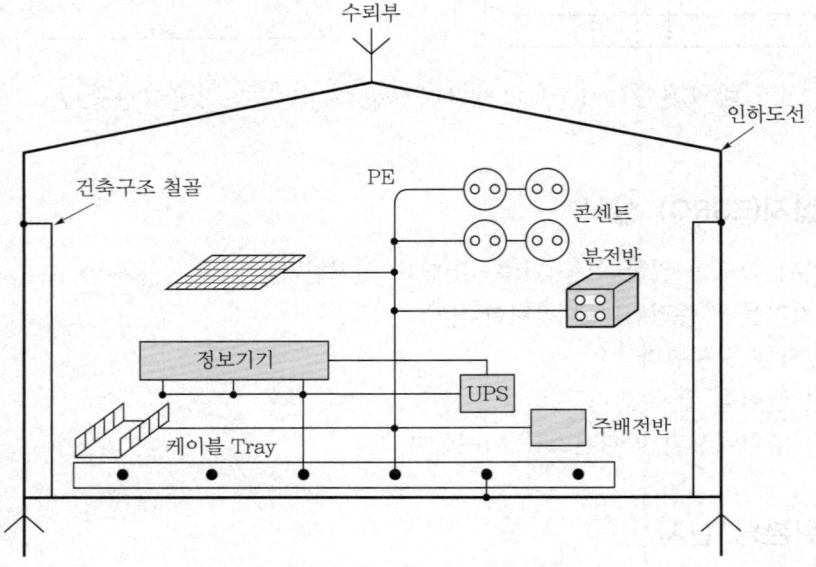

┃통합 접지시스템 구축┃

(3) 고려사항

① 전력용과 피뢰용은 개별적 구축(등전위를 위한 접지극은 연접)을 한다.

② 접지극은 공용화, 통합화한다.

③ 접지형태는 1점 접지를 기본으로 한다.

④ 노이즈, 고조파 등이 중첩된 접지간선은 구분한다.

⑤ 뇌보호용 등전위본딩 : 서지보호장치(SPD)를 설치한다.

6 결론

① 수용가에서는 전기설비기준과 KS C IEC 기술표준의 차이로 접지시스템 구성에 엄청난 혼란을 초래하고 있다.

구분	전기설비기술기준	KS C IEC 표준
접지분류	접지대상에 따른 구분 : 4가지 1종·2종·3종·특별 3종	전원계통의 접지구분 : 18가지 TN 계통 2가지 TT 계통 2가지 IT 계통 14가지
제한기준	접지저항 : 10Ω, 100Ω 등	위험전압(접촉, 보폭) 50V 이하
접지구성	• 종별 개별접지 • 2Ω의 건물 철골접지	등전위본딩에 의한 공용접지
검사방법	접지저항 측정	전위측정, 연속성 시험, 시공방법
뇌서지 보호대책	고압 피뢰기 설치	고압 피뢰기 및 SPD 설치

② 접지방식의 통합이 필요하고 TN 방식 적용 시 이상전압이 약전선로로 침입되어 피해가 발생하지 않도록 보호장치 등을 엄격히 규정해야 한다.

③ 감전보호 및 기기안전에 중점을 두고 접지방식 뿐만 아니라 분전반 및 설비구성 시스템까지 표준화해야 한다.

1. 접지극의 유형(IEC 62305-3의 부속서 E-5·4·2)

(1) A형 접지극

① 배열형태 : 각 인하도선에 접속된 수평 또는 수직 접지극으로 구성되며, A형 접지극 배열의 수는 두 개 이상이어야 한다.

② 각 인하도선의 하단에서부터 측정된 각 접지극의 최소 길이는

　㉠ 수평접지극 : l[m]

　㉡ 수직접지극 : $0.5 \times l$[m]

　　여기서, l : 수직접지극의 최소 길이

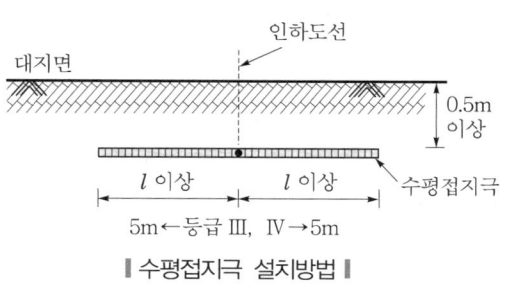

‖ 수평접지극 설치방법 ‖

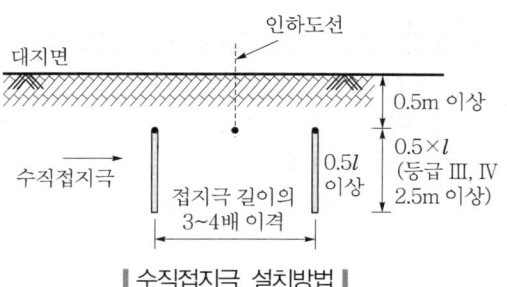

‖ 수직접지극 설치방법 ‖

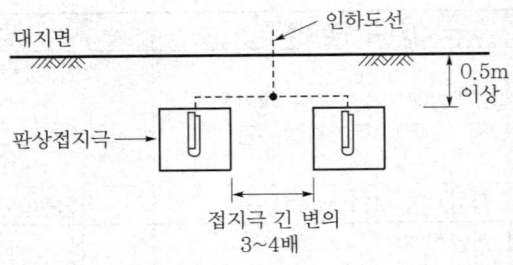

‖ 판상접지극 설치방법 ‖

③ 접지극 시스템의 접지저항이 10Ω 이하이면 제시된 최소 길이로 하지 않아도 된다.
④ 적용 : 낮은 건축물(가옥 등), 기존 건축물, 돌침이나 수평도체로 된 피뢰시스템 또는 독립된 피뢰시스템에 적합하다.

(2) B형 접지극

① 배열형태 : 보호 대상 구조물의 외측에 전체 길이의 최소 80% 이상이 지중에 설치된 판상도체 또는 기초 접지극으로 이루어지며, 접지극은 메시형이다.

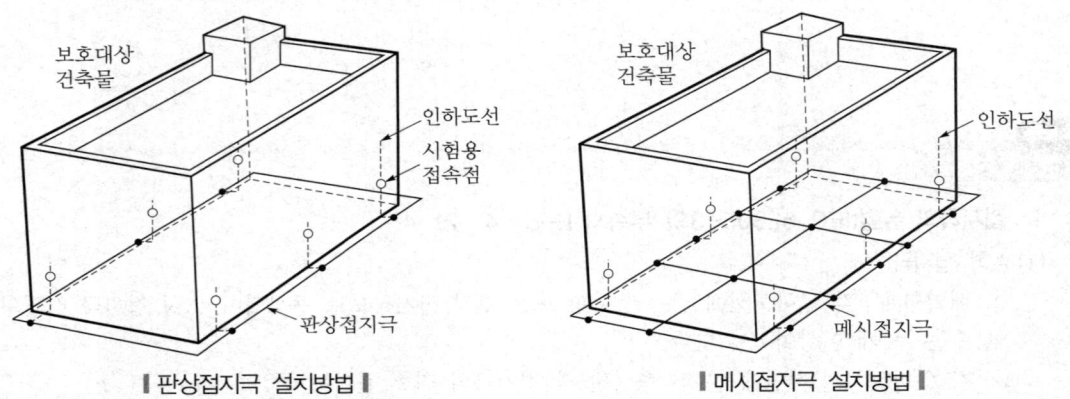

‖ 판상접지극 설치방법 ‖   **‖ 메시접지극 설치방법 ‖**

② 적용
㉠ 견고한 암반이 노출된 장소, IB 건물, 화재위험이 높은 구조물에 적용한다.
㉡ 메시 수뢰부 시스템과 여러개의 인하도선을 가진 피뢰시스템에 적합하다.

2. 단독 · 공통 · 통합 접지(KEC 규정 해설)

(1) 단독접지

① KEC에서는 계통접지방식에 따라 TN, TT 및 IT 접지방식이 표준으로 도입된다. KEC에 의한 접지시스템의 시설종류 중 단독접지방식이란 고압·특고압 계통의 접지극과 저압 계통의 접지극이 독립적으로 설치된 경우를 단독접지라 할 수 있다.

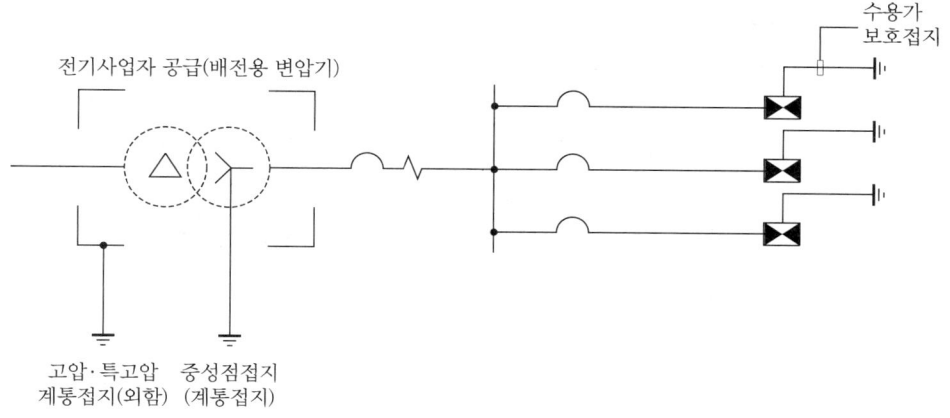

‖ TT 계통 저압 수용가의 단독접지 ‖

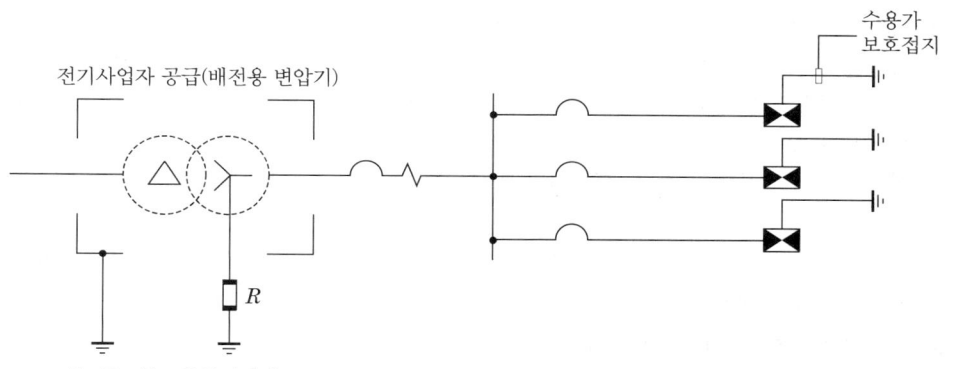

‖ IT 계통 저압 수용가의 단독접지 ‖

② TN 또는 TT 계통 적용 시 지락전류의 최대 차단시간(KEC 211.2의 표 211.2-1 참조) 이내에 전원을 차단하여야 한다.

③ TN 계통의 경우 사고 시 지락전류가 TT 계통보다 상대적으로 커서 과전류차단기에 의한 고장전류 차단이 가능하며 만약 고장전류가 작아 과전류보호장치가 동작하지 않아 차단이 불가능한 경우에는 누전차단기를 추가로 설치해야 한다.

④ TT 계통의 경우 TN 계통에 비해 사고 시 지락전류가 작아 과전류차단기에 의한 고장전류 차단이 불가능하며, 이런 경우 TT 계통의 과전류차단기는 보통 누전차단기를 사용하게 된다.
자동차단조건은 $R_a \times I_a \leq 50\text{V}$이다.

여기서, R_a : 접지저항

I_a : 누전차단기의 정격 감도전류(보통 30mA)

(2) 공통접지

① 공통접지란 등전위가 형성되도록 고압·특고압 접지계통과 저압 접지계통의 공통으로 접지하는 방식이다. KEC에서는 142.6 공통접지 및 통합접지에 의해 공통접지를 허용한다.

641

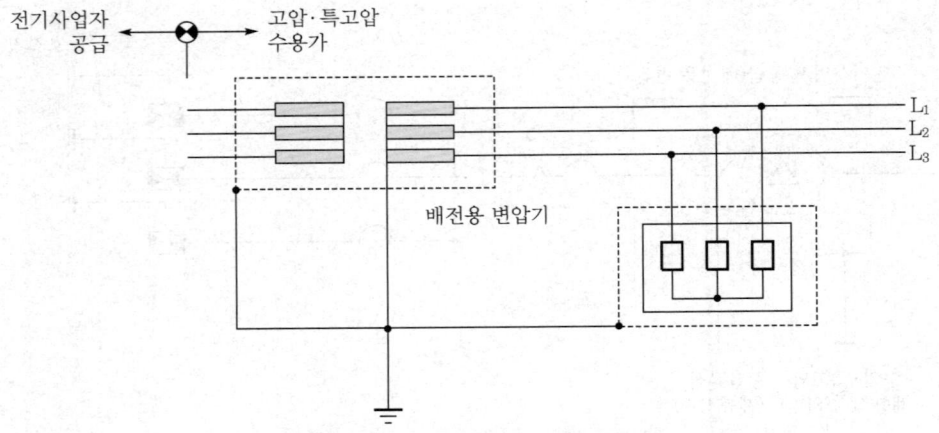

전기사업자
공급

고압·특고압
수용가

배전용 변압기

L₁
L₂
L₃

▌TN 계통의 공통접지방식 ▌

② 국내의 경우 전기사업자로부터 고압 이상의 전압을 수전받는 수용가는 단독접지 및 공통접지 모두를 적용할 수 있다. 다만, 단독접지는 타 접지계통의 영향을 받지 않도록 접지극 간에 충분한 이격거리를 유지해야 하나 여건상 타 접지계통에 영향을 받지 않는 이격거리를 유지하기가 어려운 경우가 많다.

③ 이러한 이유로 해외의 경우 고압·특고압 접지계통과 저압 접지계통을 공통으로 접지하는 공통 접지방식을 추천하고 있다.

④ 공통접지에 관한 표준은 KS C IEC 61936-1(교류 1kV 초과 전력설비-제1부 : 공통규정)의 10. 접지시스템에 의한다.

(3) 통합접지(integrated earthing system)

① 통합접지란 전기설비의 접지계통·건축물의 피뢰설비·전자통신설비 등의 접지극을 통합하여 접지하는 방식을 말한다. 즉, 통합접지는 모든 접지시스템을 통합하여 접지시스템을 구성하는 것을 말하며 설비 간의 전위차를 해소하여 등전위를 형성하는 접지방식이다.

② KEC에서는 142.6에서 통합접지에 관해 규정하고 있고, KS C IEC 60364에서는 통합접지에 대한 규정은 별도로 없으며 KS C IEC 61936-1 10.3 및 부속서 F에 글로벌 접지시스템(GES : Global Earthing System)에 대해 명시되어 있다. 이는 엄격히 말해 통합접지라고 말할 수 없으나 전체계통을 등전위화한다는 개념은 통합접지와 유사하다고 할 수 있다.

3. 접지시스템의 구성요소 예(KS C IEC 60364-5-54 그림 B.54.1)

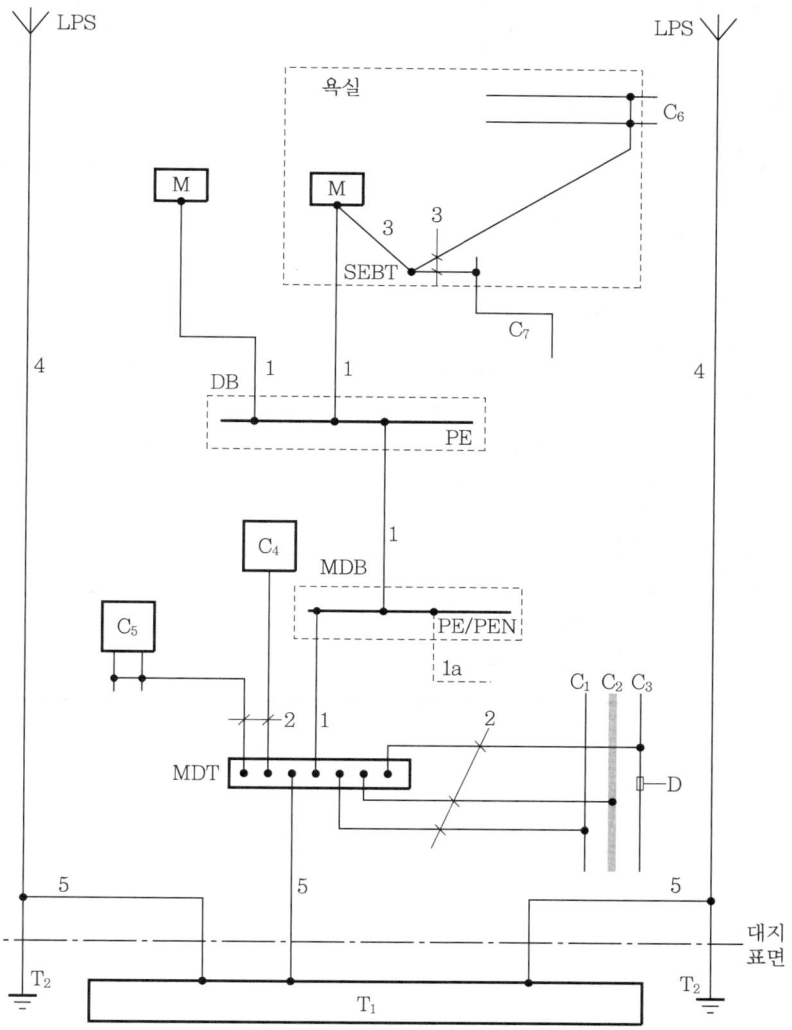

┃ 기초 접지극, 보호도체 및 보호본딩도체에 관한 접비설비의 예 ┃

기호	명칭	비고
C	계통 외 도전부	–
C_1	수도관, 외부로부터의 금속부	또는 지역난방용 배관
C_2	배수관, 외부로부터의 금속부	–
C_3	절연이음새를 삽입한 가스관, 외부로부터의 금속부	–
C_4	공조설비	–
C_5	난방설비	–
C_6	수도관, 예를 들어 욕실 안의 금속부	KS C IEC 60364-7-701-2008 의 701.415.2 참조

기호	명칭	비고
C₇	배수관, 예를 들어 욕실 안의 금속부	KS C IEC 60364-7-701-2008 의 701.415.2 참조
D	절연이음새	–
MDB	주배전반	–
DB	분전반	주배전반으로부터 전력공급
MET	주접지단자	–
SEBT	보조 등전위본딩 단자	–
T₁	콘크리트 매입 기초접지극 또는 토양매설 기초접지극	–
T₂	필요한 경우 피뢰시스템(LPS)용 접지극	–
LPS	피뢰시스템(있는 경우)	–
PE	분전반 안의 PE 단자	–
PE/PEN	주배전반 안의 PE/PEN 단자	–
M	노출도전부	–
1	보호도체(PE)	–
1a	필요하다면 전력공급망으로부터의 보호도체 또는 PEN 도체	–
2	주접지단자 접속용 보호본딩도체	–
3	보조본딩용 보호본딩도체	–
4	피뢰시스템의 인하도선	–
5	접지도체	–

피뢰시스템(KEC)

8 CHAPTER

이상전압의 종류

Q1 뇌 이상전압이 전기설비에 미치는 영향에 대하여 설명하시오. 권 106회 출제

Q2 전력계통의 절연은 이상전압의 크기에 의해 결정된다. 전력계통에서 발생하는 내·외부 이상전압의 원인을 열거하고 각각 설명하시오. 발 121회 출제

권 건축전기설비기술사 / 용 전기응용기술사 / 발 발송배전기술사 / 소 소방기술사 / 안 전기안전기술사 / 화 화공안전기술사 / 정 정보통신기술사

1 개요

(1) 전력계통에서 여러 가지 원인에 의해 정격전압을 초과하는 과전압이 발생되는데 이 과전압을 이상전압이라 하며 전력회로의 기기 및 선로의 절연은 항상 이 이상전압의 위협에 노출되어 있다.

(2) 이상전압의 구분

① 외부 이상전압 : 직격뢰, 유도뢰

② 내부 이상전압 : 지속성 이상전압, 지락 시 과도이상전압, 개폐 Surge

2 외부 이상전압

(1) 직격뢰

① 개념 : 송전선로의 도선, 지지물, 건축물, 인축 등이 뇌의 직격을 받아 그 뇌격전압으로 선로의 절연문제, 건축물의 파손 및 화재, 인축의 손상 등을 유발한다.

② 형태 : 충격파

③ 특징 : 송전선로의 절연문제, 건축물의 파손 및 화재, 인축의 손상 등 위험성이 높다.

④ 대책 : 피뢰침, 가공지선

(2) 유도뢰

① 개념 : 운간 상호 간 또는 뇌운과 대지 간 방전발생 시 뇌운 하부에 있는 송전선로상에 이상전압이 발생한다.

② 형태 : 진행파

③ 특징

　㉠ 발생빈도가 높다.

　㉡ 위험성이 작다.

④ 대책 : 피뢰기

3 외부 · 내부 이상전압의 구분

외부 이상전압 (뇌 과전압)	내부 이상전압			
	과도 이상전압(개폐 과전압)		지속성 이상전압(단시간 과전압)	
	계통 조작 시	고장 발생 시	계통 조작 시	고장 발생 시
직격뢰	무부하선로 개폐 시	고장전류 차단 시	페란티효과	지락 시 이상전압
유도뢰	유도성 소전류 차단 시	고속도 재폐로 시	발전기 자기여자	철공진 이상전압
간접뢰	3상 비동기 투입 시	아크지락 발생 시	전동기 자기여자	변압기 이행전압

4 내부 이상전압

(1) 지속성 이상전압

① 개념 : 지속성 이상전압이란 계통의 사고 혹은 운전조건의 변화에 의해 발생하고 장시간 지속되는 이상전압으로 피뢰기 보호가 불가능하며 계통조건의 개선에 의해 경감이 가능하다.

② 종류

　㉠ 상용주파 이상전압의 개념 : 부하차단, 지락고장, 단선, 탈조 시 발생하는 기본파 성분 이상의 전압이며 장시간 지속하는 이상전압이다.

‖ 상용주파 이상전압의 구분 ‖

계통 조작 시	고장 시
• 무부하 송전선의 Ferranti 효과 • 발전기 자기여자현상	• 기본파 공진전압 • 고조파 공진전압

　㉡ 철심포화로 인한 이상전압 : 기본파 철공진 이상전압과 특수 철공진 이상전압으로 구분된다.

③ 대책 : 페란티효과, 지락 시 이상전압 등 상용주파 이상전압에 견디는 계통절연으로 구성한다.

(2) 지락 시 과도이상전압

① 개념 : 계통에 지락사고가 발생할 때 각 상전압은 사고 발생 전의 정상상태에서 수 10cycle 경과 후 기본주파 접촉성 이상전압으로 변화하며 이 과정의 과도상태에서 수천cycle의 진동성 전압이 발생하는 것을 말한다.

② 종류

　㉠ 1선 지락 시 과도이상전압

　㉡ 2선 지락 시 과도이상전압

　㉢ 지락점 재점호 이상전압

③ 대책 : 에너지가 커서 피뢰기로 흡수, 보호하기는 곤란하고 계통 자체의 개선을 통한 억제방법을 강구해야 한다.

(3) 개폐서지

① 개념 : 회로를 투입 또는 개방 시 발생되는 서지를 말하며 뇌서지에 비해 파고값은 높지 않으나 지속시간이 수[ms]로 비교적 길어 기기의 절연에 악영향을 초래한다.

② 종류

　　㉠ 무부하선로 개폐 Surge

　　㉡ 유도성 소전류 차단 Surge

　　㉢ 고장전류 차단 Surge

　　㉣ 3상 비동기 투입 Surge

③ 특징 : '㉠·㉡'은 대표적인 개폐 Surge로, 실계통에서 자주 관측되고 피뢰기 등의 보호대상이 되는 Surge이며, '㉢·㉣'은 파고값이 낮고 절연협조상 문제가 작다.

5 직격뢰에 의한 이상전압

(1) 개요

직격뢰가 송전선로의 도선, 지지물 또는 가공지선에 인가될 경우 선로의 절연에 영향을 주게 되며 송전선로 등에 아무리 절연을 강화해도 직격뢰에 견딜 수 없어 반드시 섬락(flashover)을 일으키게 된다.

(2) 전압 · 전류 파형

① 충격파 형태(impulse wave)이고 충격파는 서지(surge)라고 부르며 이는 극히 짧은 시간에 파고값에 도달하고 또한 극히 짧은 시간에 소멸되는 파형이다.

② 표준충격파의 파형

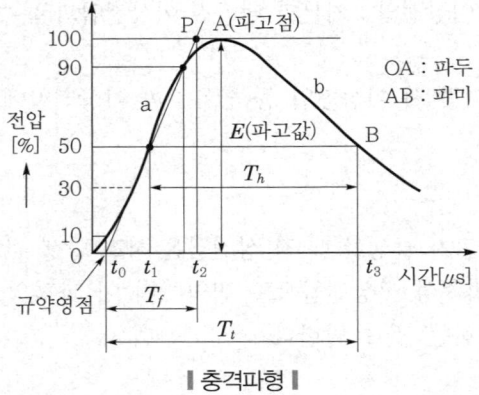

▮ 충격파형 ▮

　　㉠ A점 : 파고점

　　㉡ E : 파고값

　　㉢ T_f : 규약 파두길이

　　㉣ T_t : 규약 파미길이(파고값의 50% 감쇄 때까지의 시간)

ⓤ 전압파형(충격시험 시)
- 파고값 30%와 90%의 직선이 시간축과 교차하는 점을 규약 0점으로 한다.
  - T_f : $1.2\mu s$
  - T_t : $50\mu s$
- 직격뢰에 의한 충격파 파고값 → 수백[kV]
  - T_f : $1 \sim 10\mu s$
  - T_t : $10 \sim 100\mu s$

ⓗ 전류파형(충격시험 시) : 파고값 10%와 90%의 직선이 시간축과 교차하는 점을 규약 0점으로 한다.
- T_f : $8\mu s$
- T_t : $20\mu s$

6 유도뢰에 의한 이상전압

(1) 발생과정

① 뇌운이 송전선로에 접근하면 정전유도에 의해 뇌운 가까운 선로에 뇌운과 반대극성의 구속전하 발생과 동시에 먼 선로에 구속전하와 양이 같으나 극성이 반대인 자유전하가 발생한다.

② 자유전하는 애자 및 코로나에 의해 누설되고 선로에는 구속전하만 남는다.

③ 이 뇌운이 대지 또는 타 뇌운과 방전 시 선로의 구속전하는 순간적으로 자유전하가 되어 대지 간에 전위차가 발생한다.

④ 선로 좌·우측으로 진행파로 되어 진행된다.

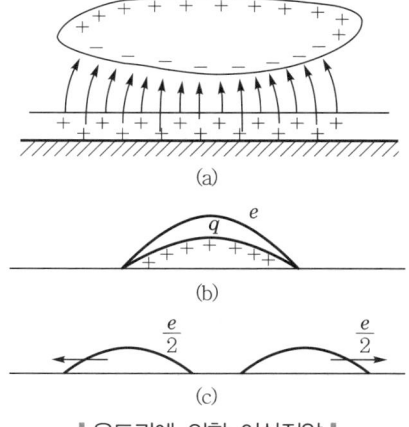

‖ 유도뢰에 의한 이상전압 ‖

(2) 실측에 의한 유도뢰의 크기

① 전압파고값 : 수십[kV] 정도가 대부분이고 200kV를 넘는 경우는 거의 없다.

② 직격뢰에 비해 발생빈도가 많으며 60kV 이상의 송전선에서 유도뢰에 의한 섬락 가능성이 있다.

③ 60kV 이하의 송전선에서는 유도뢰에 의해 애자의 절연파괴는 일어나지 않으므로 절연설계는 직격뢰에 대해서만 대비하면 된다.

SECTION 02 충격파 및 규약표준파형

1 충격파의 정의

전력설비(도선, 가공지선, 지지물 등)가 직격뢰를 받게 될 때 나타나는 뇌전압 또는 뇌전류로서, Surge라고 부르기도 하며, 이 파형은 극히 짧은 시간에 파고값에 달하고, 또 극히 짧은 시간에 소멸하는 Impulse wave를 말한다.

2 규약표준파형

(1) 정의

① 과도적으로 단시간 내에 나타나는 충격전압, 전류파형을 진동파가 겹치지 않는 단극성의 전압·전류만을 설정하여 각종 전기기기의 절연강도, 절연협조에 이용하는 파형이다.

② 이때, 표준파형은 파두시간(파두장)을 $1.2\mu s$, 파미시간 $50\mu s$로, $1.2 \times 50\mu s$를 표준충격으로 사용하고 있다.

(2) 충격파의 파형

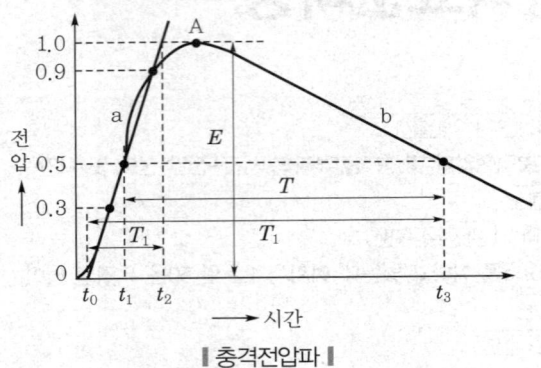
▮충격전압파▮

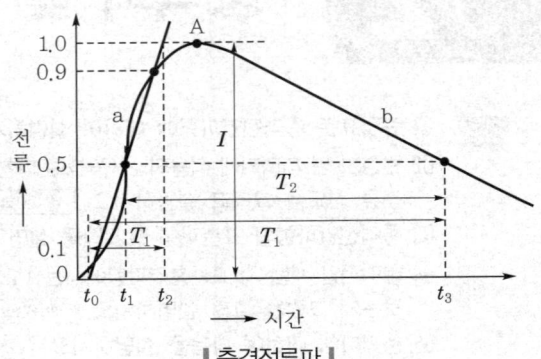
▮충격전류파▮

여기서, E : 전압파고치

　　　　t_0 : 규약원점

　　　　I : 파고치전류

　　　　T_f : 규약파두장, $t_2 - t_0$

　　　　T_f : 규약파미장, $t_3 - t_0$

　　　　$\dfrac{E}{T_f}$: 규약파두준도

　　　　T_h : 규약반파고시간, $t_3 - t_1$

① 표준 충격전압파 : $1.2 \times 50 \mu s$를 표준충격으로 사용
② 표준 충격전류파 : $8 \times 20 \mu s$를 표준충격으로 사용

3 규약파두시간(virtual front time) : T_f

(1) 규약적으로 정한 방법으로, 파두의 계속시간이고 μs로 표시하며 규약파두장이라 한다.

(2) 전압파에서 규약파두시간
파고치 30%에서 90%까지 순시치가 상승하는 데 필요한 시간을 1.67배한 값이다.

(3) 전류파에서 규약파두시간
파고치 10%에서 90%까지 순시치가 상승하는 데 필요한 시간을 1.25배한 값이다.

4 규약원점(virtual origin of an Impulse) : t_0

(1) 전압파에서 규약원점
파고치의 30% 및 90%점을 통하는 시간 좌표축의 교점이다.

(2) 전류파에서 규약원점

① 파고치의 10% 및 90%의 점을 연결한 직선과 전류의 0점을 통하는 시간 좌표축과의 교점이다.

② 공식 : 파고치의 10% 되는 시각보다 $0.1T_f$ 앞선 시간이다.

5 규약파두준도(virtual steepness of the front) : U

파고치를 규약파두시간으로 제한한 값이다.

$$U = \frac{E}{T_f}$$

여기서, E : 전압파고치

6 규약표준파형의 필요성

① 송전계통에는 변압기, 차단기, 기기의 Bushing, 애자, 결합콘덴서, 계기용 변성기 등 많은 기기가 있다. 이들 사이에는 서로 균형있는 절연강도를 유지해야 한다.

② 즉, 계통 전체의 절연설계를 보호장치와의 관계에서 합리화하고 절연비용을 최소한도로 하여 최대 효과를 거두기 위해 절연협조(insulation coordination)를 하여야 한다.

③ 이는 외부의 뇌격에 의한 충격전압만을 대상으로 고려한다.

외부의 뇌격에 의한 이상전압의 파고치는 회로전압과는 무관하여 1000만V 이상이 될 때도 있어 피뢰기와 같은 보호기기 없이 기기 자체의 절연강도로 이에 견딜 수 있도록 높인다는 것은 경제적으로 불가능하다.

④ 따라서, 사용전압등급별로 피뢰기의 제한전압보다 높은 충격파전압을 기준 충격절연강도 (basic impulse insulation level)로 정하여 변압기와 기기의 절연강도 결정에 이용한다. 충격파는 파형 $1.2 \times 50\mu$s를 표준충격파로 사용한다.

7 적용(타국에서의 사용)

① 미국에서는 $1.5/40\mu$s($1.5 \times 40\mu$s로도 표시), JEC(일본)에서는 $1/40\mu$s를 표준으로 사용한다.

② KS(한국), VDE(독일), BS(영국) 등에서는 IEC에 따라서 $1.2/50\mu$s를 표준으로 사용한다.

SECTION 03 진행파의 반사계수와 투과계수

 기출지문

Q1 진행파의 기본원리를 설명하고, 가공선과 케이블의 특성임피던스와 전파속도에 대하여 설명하시오.
〔건 110회 출제〕

Q2 진행파를 해석 시 파동임피던스는 매우 중요한 개념으로 이해되어야 한다. 따라서, 특성임피던스(파동임피턴스)를 전압·전류의 진행파 개념으로 해석하고, 가공전력선과 지중전력선의 특성임피던스 및 진행파 속도를 비교하여 기술하시오. 〔발 68회 출제〕

Q3 이상전압의 발생과 전파과정에서 나오는 진행파의 기본수식을 유도하고 파동임피던스 및 전파속도를 구하시오. 〔발 74회 출제〕

전 건축전기설비기술사 / 용 전기응용기술사 / 발 발송배전기술사 / 소 소방기술사 / 안 전기안전기술사 / 화 화공안전기술사 / 정 정보통신기술사

1 개요

진행파는 선로의 끝 또는 가공선과 지중케이블의 접속점과 같이 서지임피던스가 다른 변위점에서 반사 및 투과 현상이 발생하며 다음의 3가지 경우로 분류한다.

① 서지임피던스가 다른 선로의 접속점
② 선로 종단이 개방된 경우 $Z_2 = \infty$
③ 선로 종단이 단락된 경우 $Z_2 = 0$

2 서지임피던스가 다른 선로의 접속점

$$Z_1 \qquad e_i, i_i \longrightarrow \qquad \longrightarrow e_t, i_t \qquad Z_2$$
$$e_r, i_r \longleftarrow \text{A}$$

❚ 서지임피던스 변위점의 서지진행파 ❚

(1) 반사계수 e_r(전압진행파)

$$i_t = i_i + i_r \quad \text{.. 식 1)}$$
$$e_t = e_i + e_r \quad \text{.. 식 2)}$$
$$e_i = z_1 \cdot i_i, \ e_t = z_2 \cdot i_t, \ e_r = -z_1 \cdot i_r \quad \text{.................. 식 3)}$$
$$i_i = \frac{e_i}{z_1}, \ i_t = \frac{e_t}{z_2}, \ i_r = -\frac{e_r}{z_1} \quad \text{.................... 식 4)}$$

식 1)에 4)를 대입하면

$$\frac{e_t}{z_2} = \frac{e_i}{z_1} - \frac{e_r}{z_1} \quad \text{(여기에 식 2)를 대입하면)}$$

654

$$\frac{e_i + e_r}{z_2} = \frac{e_i}{z_1} - \frac{e_r}{z_1} \quad \text{(양변에 } z_1 z_2 \text{를 곱하면)}$$

$$z_1(e_i + e_r) = z_2(e_i - e_r)$$

$$z_1 e_i + z_1 e_r = z_2 e_i - z_2 e_r$$

$$z_1 e_i - z_2 e_i = -z_1 e_r - z_2 e_r$$

$$z_1 e_r + z_2 e_r = (z_2 - z_1)e_i$$

$$\therefore \ e_r = \frac{z_2 - z_1}{z_1 + z_2} e_i$$

(2) 투과계수 i_t(전류진행파)

식 2)에 3)을 대입하면

$$e_t = e_i + e_r, \quad z_2 i_t = z_1 i_i - z_1 i_r \quad \text{(여기에, } i_r = i_t - i_i \text{를 대입)}$$

$$z_2 i_t = z_1 i_i - z_1 i_t + z_1 i_i, \quad z_2 i_t = 2z_1 i_i - z_1 i_t$$

$$(z_1 + z_2)i_t = 2z i_i$$

$$\therefore \ i_t = \frac{2z_1}{z_2 + z_1} i_i$$

(3) 투과계수 e_t(전압진행파)

식 1)에 4)를 대입하면

$$i_t = i_i + i_r$$

$$\frac{e_t}{z_2} = \frac{e_i}{z_1} - \frac{e_r}{z_1} \quad (e_r = e_t - e_i)$$

$$\frac{e_t}{z_2} = \frac{e_i}{z_1} - \frac{e_t - e_i}{z_1}$$

$$\frac{e_t}{z_2} = \frac{2e_i - e_t}{z_1}$$

$$z_1 e_t + z_2 e_t = 2z_2 e_i$$

$$\therefore \ e_t = \frac{2z_2 e_i}{z_1 + z_2}$$

(4) 반사계수 i_r(전류진행파)

식 2)에 3)을 대입하면

$$e_t = e_i + e_r, \quad z_2 i_t = z_1 i_i - z_1 i_r \quad \text{(여기에, } i_t = i_r + i_i \text{를 대입)}$$

$$z_2(i_i + i_r) = z_1 i_i - z_1 i_r, \quad z_2 i_i + z_2 i_r = z_1 i_i - z_1 i_r$$

$$z_2 i_r + z_1 i_r = z_1 i_i - z_2 i_i$$

$$\therefore \ i_r = \frac{z_1 - z_2}{z_2 + z_1} i_i = -\frac{z_2 - z_1}{z_2 + z_1} i_i$$

655

┃ 진행파의 반사계수 및 투과계수 ┃

구분	반사계수	투과계수
전압진행파	$\dfrac{z_2 - z_1}{z_1 + z_2}$	$\dfrac{2z_2}{z_1 + z_2}$
전류진행파	$-\dfrac{z_2 - z_1}{z_2 + z_1}$	$\dfrac{2z_1}{z_2 + z_1}$

(5) $z_2 > z_1$인 경우 변위점의 전위, 투과하는 전위파의 값은 진행파보다 상승하고 $z_2 < z_1$인 경우 투과하는 전위파는 진행파보다 하강한다.

(6) 가공선과 지중케이블의 연결점에서는 파동임피던스가 다르므로 가공선쪽으로부터 진행파가 지중케이블에 침입할 경우 반사계수는 0.8 정도, 투과계수는 0.2 정도 되어 진행파의 파고값이 급격히 감소한다.

(7) 이것은 제2의 선로에 투과하는 전류는 진입해온 전압파를 2배하여 제1과 제2 선로의 파동임피던스 합계로 나눈다.

▌3 종단이 개방된 경우($Z_2 = \infty$)

(1) 전압진행파

e(침입파)

A ← e' 가상선로

┃ 전압진행파(반사) ┃

$$e_r = \frac{z_2 - z_1}{z_1 + z_2}e_i = \frac{1 - \dfrac{z_1}{z_2}}{1 + \dfrac{z_1}{z_2}}e_i = 1e_i$$

e_r의 파고값은 e_i의 파고값이다.

$$e_t = \frac{2z_2}{z_1 + z_2}e_i = \frac{2e_i}{1 + \dfrac{z_1}{z_2}} = 2e_i$$

e_t의 파고값은 e_i의 2배이다.

(2) 전류진행파

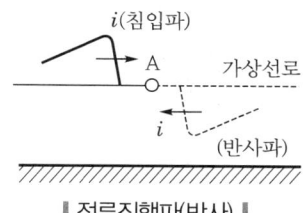

‖ 전류진행파(반사) ‖

$$i_r = -\frac{z_2 - z_1}{z_2 + z_1}i_i = -i_i$$

i_r의 파고값은 $-i_i$의 파고값이다.

$$i_t = \frac{2z_1}{z_2 + z_1}i_i = \frac{2\frac{z_1}{z_2}}{1 + \frac{z_1}{z_2}}i_i = 0$$

i_t의 파고값은 '0'이다.

(3) 전압의 파고값은 침입파의 2배 크기로 투과되어 선로에 침입하며 전류의 파고값은 침입파의 부호가 반전한 처음 그대로의 전류반사파로 변하여 역행한다.

█ 4 종단이 단락된 경우($Z_2 = 0$)

(1) 전압진행파

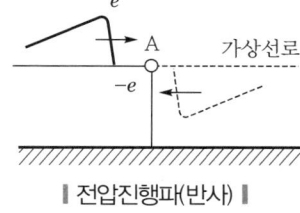

‖ 전압진행파(반사) ‖

$$e_r = \frac{z_2 - z_1}{z_1 + z_2}e_i = \frac{\frac{z_2}{z_1} - 1}{\frac{z_2}{z_1} + 1}e_i = -e_i$$

e_r의 파고값(크기)은 e_i이며 부호는 반대(−)이다.

$$e_t = \frac{2z_2}{z_1 + z_2}e_i = \frac{2\frac{z_2}{z_1}}{1 + \frac{z_2}{z_1}} = 0$$

e_t의 파고값은 '0'이다.

(2) 전류진행파

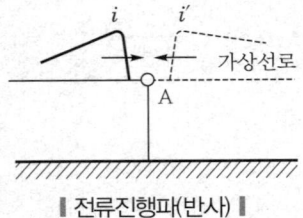

▌ 전류진행파(반사) ▌

$$i_r = -\frac{z_2 - z_1}{z_2 + z_1}i_i = -\frac{\frac{z_2}{z_1} - 1}{\frac{z_2}{z_1} + 1} = i_i$$

i_r의 파고값은 i_i의 파고값이다.

$$i_{t.} = \frac{2z_1}{z_2 + z_1}i_i = \frac{2i_i}{1 + \frac{z_2}{z_1}} = 2i_i$$

i_t의 파고값은 i_i의 2배의 파고값, 즉 전류파는 침입하여 2배가 된다.

5 선로분기점의 진행파

그림과 같이 선로의 도중에 개폐소가 있는 경우를 생각하면 개폐소에서는 서지임피던스 Z_1인 선로가 n개의 선로로 나눠진 셈이 된다.

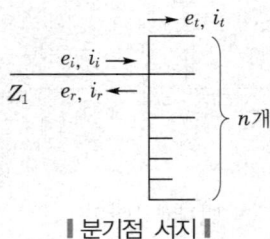

▌ 분기점 서지 ▌

$$i_i = ni_t + i_r \quad \text{················· 식 5)}$$

$$e_t = e_i + e_r \quad \text{················· 식 6)}$$

$$e_i = z \cdot i_i, \ e_t = z \cdot i_t, \ e_r = z \cdot i_r \quad \text{················· 식 7)}$$

$$i_i = \frac{e_i}{z}, \ i_t = \frac{e_t}{z}, \ i_r = -\frac{e_r}{z} \quad \text{················· 식 8)}$$

(1) 투과계수(전류진행파)

식 7)을 6)에 대입

$$z i_t = z i_i + z i_r$$

위 식에 식 5)를 대입하면

$$i_t = i_i + i_i - ni_t = (n+1)i_t = 2i_i$$

$$\therefore \ i_t = \frac{2}{n+1} i_i$$

(2) 투과계수(전압진행파)

식 8)을 5)에 대입

$$\frac{e_i}{z} = n\frac{e_t}{z} + \frac{e_r}{z}$$

위 식에 식 6)을 대입하면

$$e_i = n e_t + e_t - e_i$$

$$\therefore \ e_t = \frac{2}{n+1} e_i$$

(3) 즉, $n=3$일 때 투과파는 침입파의 $\frac{1}{2}$로 감소되고 회로수가 많은 개폐소에서는 뇌서지의 영향이 감소한다.

절연성능 시험과 절연물 $V-t$ 특성[기준충격절연강도(BIL)]

1 개요

① 절연은 사용전압 및 이상전압에 대하여 단독 혹은 절연협조를 통해 유지되어야 한다.
② 전력계통의 기기나 설비는 절연내력, $V-t$ 특성 등이 다르므로 전체를 하나로 보고 절연협조를 구성한다.

2 이상전압의 종류

외부 이상전압 (뇌 과전압)	내부 이상전압			
	과도 이상전압(개폐 과전압)		지속성 이상전압(단시간 과전압)	
	계통 조작 시	고장 발생 시	계통 조작 시	고장 발생 시
직격뢰	무부하선로 개폐 시	고장전류 차단 시	페란티 효과	지락 시 이상전압
유도뢰	유도성 소전류 차단 시	고속도 재폐로 시	발전기 자기여자	철공진 이상전압
간접뢰	3상 비동기 투입 시	아크지락 발생 시	전동기 자기여자	변압기 이행전압

3 $V-t$ 곡선

(1) $V-t$ 곡선의 정의

① 절연체에 고전압 또는 충격파를 가할 때 방전개시전압과 방전시간과의 관계를 표시한 곡선이며, 이와 같은 특성을 $V-t$ 특성이라 한다.

② $V-t$ 곡선

　　㉠ 충격파 파두부분 : 방전개시전압과 방전시간 연결

　　㉡ 충격파 파미부분 : 충격파 파고치와 방전시간 연결

(2) $V-t$ 곡선 특성

① 인가전압이 높을수록 방전시간이 단축된다.

② 충격파 파두준도[kV/μs]가 높을수록 방전시간이 단축된다.

③ 파두준도가 높으면 충격파 앞부분에 섬락(flash over)이 발생하고, 낮으면 충격파 뒷부분에 섬락이 발생한다.

$$※ \ 파두준도 = \frac{충격파의 \ 파고치}{파두장}[kV/\mu s]$$

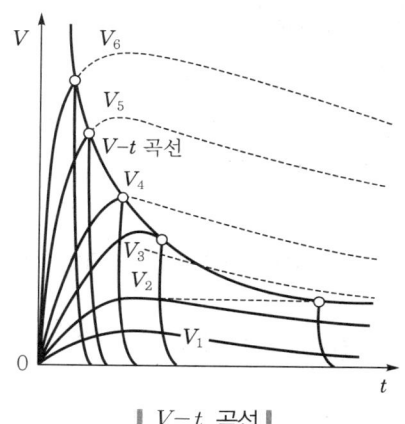

┃ $V-t$ 곡선 ┃

4 기준충격절연강도(BIL)

절연강도시험에는 표준 뇌임펄스 전압파형과 표준 상용주파 전압파형을 사용한다.

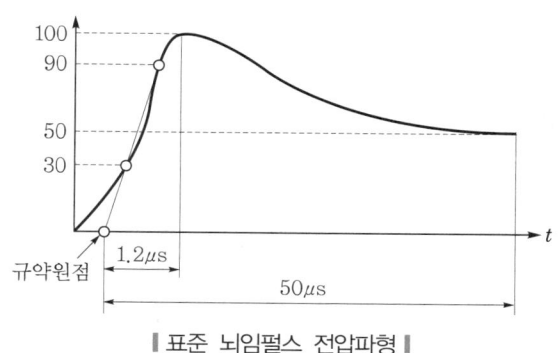

┃ 표준 뇌임펄스 전압파형 ┃

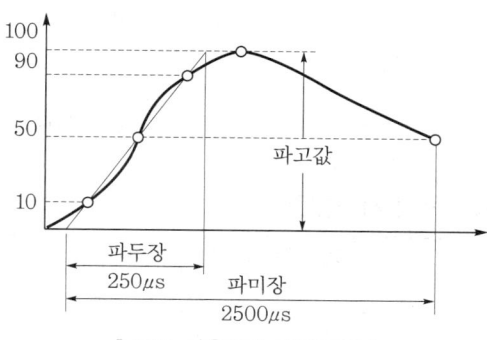

┃ 표준 상용주파 전압파형 ┃

5 절연계급 및 절연강도

(1) 절연계급
① 절연기기나 설비의 절연강도를 구분한 것으로서, 계급을 호수로 표현한다.
② 최고 전압에 따라 절연계급이 설정되고 절연강도규격을 제공한다.
③ 절연계급은 기기절연을 표준화하고 통일된 절연체계를 구성하기 위해 설정한다.

(2) 절연강도
① 기기나 설비의 절연이 그 기기에 가해질 것으로 예상되는 충격전압에 견디는 강도를 말한다.
② 절연강도규격

IEC 규격(LIWL, SIWL)			JEC 규격(BIL)		
기기 최고 전압[kV]	뇌 임펄스 내전압[kV]	상용 주파 내전압[kV]	절연계급 [호]	뇌 임펄스 내전압[kV]	상용 주파 내전압[kV]
24	145/125	50	20A/(20B)	150(125)	50
170	750/650	325/275	140A/(140B)	750(650)	325(275)

③ 절연계급 20호 이상의 비유효 접지계에 대하여 $BIL = (5 \times E) + 50 [kV]$로 결정한다.
④ 유입변압기

$$BIL = (5 \times E) + 50 [kV]$$

여기서, E : 절연호＝최저 전압＝절연계급＝$\dfrac{공칭전압}{1.1}$

22.9kV의 경우 $BIL = 5 \times \dfrac{22.9}{1.1} + 50 = 150 kV$

⑤ 건식 변압기

$$BIL = 상용 주파 내전압 \times \sqrt{2} \times 1.25 [kV]$$

22.9kV의 경우 $BIL = 50 \times \sqrt{2} \times 1.25 = 95 kV$

⑥ 전동기

$$BIL = 2 \times 정격전압 + 1000 [V]$$

(3) 국내 저감절연

계통전압[kV]	전절연 BIL[kV]	현재 사용 BIL[kV]
22.9	150	150
154	750	650(1단 저감)
345	1550	1050(2단 저감)

6 절연협조

(1) 절연협조의 정의

① 전력계통에서 발생하는 각종 이상 전압에 대하여 전기설비 전체의 절연을 기술·경제적으로 합리화하는 것이다.

② $V-t$ 곡선은 절연협조의 기초가 되는 곡선으로, $V-t$ 곡선이 높은 기기는 $V-t$ 곡선이 낮은 기기를 먼저 섬락시킴으로써 절연을 보호한다.

③ 피뢰기 $V-t$ 곡선은 피보호기기 $V-t$ 곡선보다 낮아야만 피보호기기 보호가 가능하다. 즉, $V-t$ 곡선 간의 협조가 절연협조이다.

(2) 절연협조의 기본방침

① 외부 이상전압에 대해서는 피뢰장치를 이용하여 기기절연을 안전하게 보호한다.

② 내부 이상전압에 대해서는 절연강도에 여유를 주어 특별한 보호장치 없이 섬락 또는 절연 파괴 발생을 방지한다.

(3) 각종 절연협조

① 발·변전소
  ㉠ 구내 및 그 부근 1~2km 정도의 송전선에 충분한 차폐효과를 지닌 가공지선 설치
  ㉡ 피뢰기 설치로 이상전압을 제한전압까지 저하시킴

② 송전선
  ㉠ 가공지선과 전선과는 충분한 이격거리 확보(직격뢰 방지)
  ㉡ 뇌와 같은 순간적인 고장은 재투입방식 채용

③ 가공배전선로
  ㉠ 변압기 보호가 기본임
  ㉡ 적정한 피뢰기를 선택하고 적용함

④ 수전설비
  ㉠ 절연협조 중 가장 고난이도이다.
  ㉡ 유도뢰, 과도 이상전압, 지속성 이상전압 등의 대책을 고려한다.

⑤ 배전설비
  ㉠ 접지를 자유롭게 선정한다.
  ㉡ 접지방식 선정과 변압기 이행전압 대책에 중점을 둔다.

⑥ 부하설비
  ㉠ 회로의 개폐빈도가 높기 때문에 개폐서지 대책에 중점을 둔다.
  ㉡ 광범위한 구내 전기설비에는 Surge absorber 등을 설치한다.

⑦ 저압 제어회로
  ㉠ 적절한 절연레벨을 선정한다.
  ㉡ SPD 등을 설치한다.

SECTION 05 피뢰기의 동작특성에 따른 동작곡선

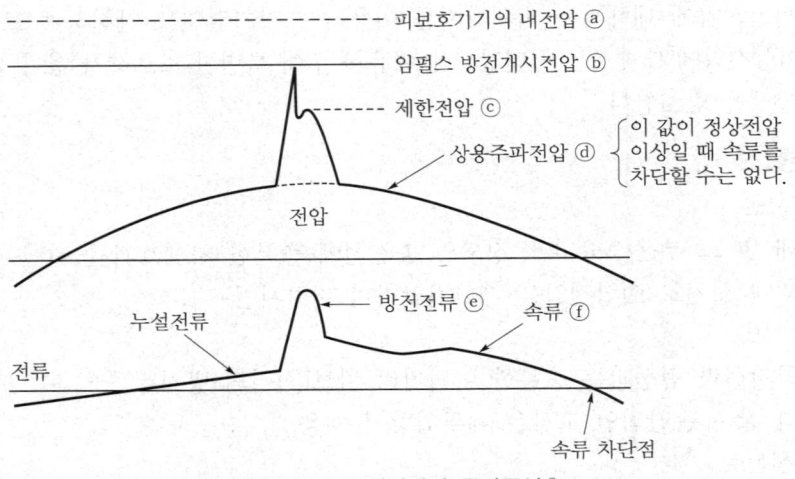

기출지문

Q1 피뢰기에 대하여 다음 사항을 설명하시오. 건 121회 출제
(1) 피뢰기의 구비조건
(2) 피뢰기의 동작특성
(3) 피뢰기의 설치장소
(4) 피뢰기와 피보호기기의 최대 유효거리
Q2 피뢰기의 구조, 종류, 동작특성 및 정격에 대하여 설명하시오. 용 121회 출제

건 건축전기설비기술사 / 용 전기응용기술사 / 발 발송배전기술사 / 소 소방기술사 / 안 전기안전기술사 / 화 화공안전기술사 / 정 정보통신기술사

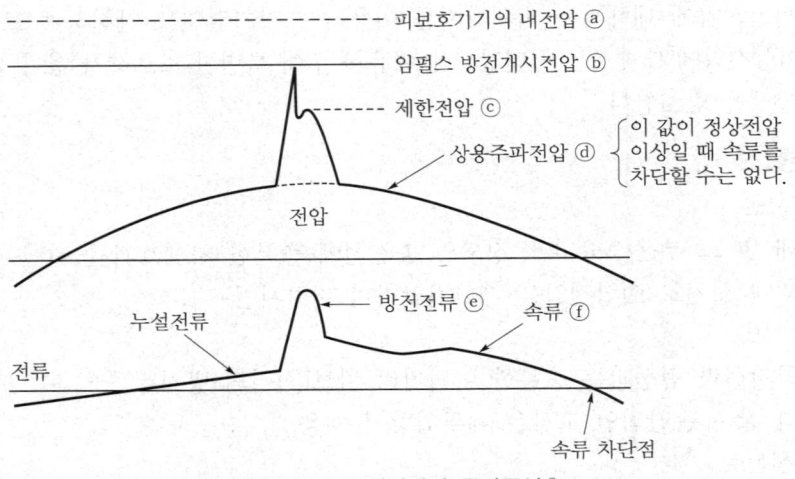

| Gap type 피뢰기의 동작곡선 |

1 충격내전압(impulse withstand voltage) – ⓐ

규정조건하에서 행한 시험에서 한 기기가 견디어야 할 표준파형의 충격전압파고치를 말한다. 즉, BIL이라고도 하며 절연레벨의 기준이 된다.

이 시험은 표준충격전압파형($1.2 \times 50\mu s$) : 1.2 → 파두시간, 50 → 파미장시간의 전압을 대지 간에 양음 각 3회 인가해서 실시한다.

2 충격방전개시전압(impulse spark over voltage) – ⓑ

피뢰기의 양단자 사이에 충격전압이 인가되어 피뢰기가 방전하는 경우 그 초기에 방전전류가 충분히 형성되어 단자 간 전압강하가 시작하기 이전에 도달하는 단자전압의 최고 전압이다.

3 제한전압 – ©

충격전류가 방전으로 저하되어서 피뢰기의 단자 간에 남게 되는 충격전압, 즉 뇌서지의 전류가 피뢰기를 통과할 때 피뢰기의 양단자 간 전압강하로 이것은 피뢰기 동작 중 계속해서 걸리고 있는 단자전압의 파고치로 표시한다.

피뢰기 정격전압[kV]	피뢰기 제한전압[kV]	
	10000A	5000A
18	65	65
21	76	76
24	87	87
75	270	270
138	460	460
288	690	690

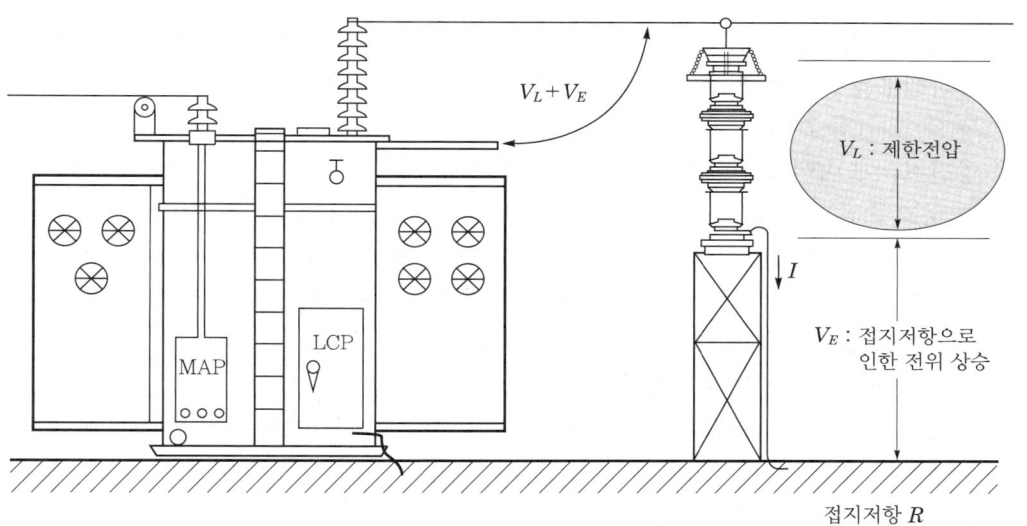

4 상용주파내전압 – ⓓ

규정조건하에서 행한 시험에서 한 기기가 견디어야 하는 상용주파전압의 실효치를 말한다. 이 시험은 실내기기에 대해서는 건조상태에서 대지 간에 1분간 인가하고, 실외기기에 대해서는 다시 같은 전압을 주수상태에서 10s간 인가한다.

5 방전전류 – ⓔ

갭의 방전에 따라 피뢰기를 통해서 대지로 흐르는 충격전류이다.

6 속류(follow current) – ⓕ

피뢰기의 속류란 방전현상이 실질적으로 끝난 후 계속하여 전력계통에서 공급되어 피뢰기에 흐르는 전류를 말한다.

7 방전내량

피뢰기가 방전했을 때 피뢰기를 통해서 흐르는 전류가 너무 대전류이면, 그것만으로도 피뢰기는 파괴되며, 파괴까지는 안 된다 해도 일정 한도를 넘는 전류가 반복해서 흐르면 열화손상을 초래하게 된다. 이 한도를 방전내량이라 하며 임펄스 대전류 통전능력이라고도 한다.

피뢰기의 형식에 따라 발·변전소용, 배전선로용, 저압용의 순서가 된다.

8 정격전압(rated voltage)

① 피뢰기의 정격전압이란 그 전압을 선로단자와 접지단자에 인가한 상태에서 소정의 단위 동작책무를 소정의 횟수로 반복수행할 수 있는 정격주파수의 상용주파전압 최고 한도를 규정한 값(실효치)을 말한다.

② 방전전류에 이어서 전원으로부터 공급되는 상용주파수의 전류를 속류(follow current)라고 하고 속류는 특성요소에 의해서 어느 일정 값 이하로 억제되어야 하기 때문에 직렬갭으로 차단하게 하고 있다. 그러나 만일 이때 피뢰기단자에 인가되는 상용주파수의 전압이 높으면 속류가 너무 커서 차단 불능으로 된다. 이처럼 속류를 끊을 수 있는 최고의 교류전압을 피뢰기의 정격전압이라고 하며 보통 실횻값으로 나타내고 있다.

③ 피뢰기 정격전압 이상의 고전압이 피뢰기의 단자에 걸렸을 경우 이 피뢰기는 속류를 끊을 수 없어 퓨즈처럼 타버리게 된다. 따라서, 몇 볼트의 피뢰기를 사용할 것인가 하는 것은 그 선로에 최고 몇 볼트(교류)의 이상전압이 나타나는가를 조사해서 언제나 그 값을 상회하는 피뢰기를 설치하도록 하여야 한다.

9 상용주파 방전개시전압(power-frequency spark over voltage)

피뢰기의 상용주파 방전개시전압이란 선로단자와 접지단자 간에 인가했을 때 파고치 부근의 직렬갭에서 불꽃방전이 발생하는 등 실질적으로 피뢰기에 전류가 흐르기 시작한 최저의 상용주파 전압을 말하며 실효치로 표시한다(피뢰기 정격전압의 1.5배).

10 방압등급

피뢰기를 대전류 및 소전류로 시험했을 때 방압장치가 확실히 동작하여 용기폭발로 주위기기에 손상을 주지 않는 것으로, A·B·D 등급으로 나누며 시험전류 및 시간은 대략 다음 표와 같다.

방압등급	피뢰기		대전류시험		소전류시험	
	공칭방전전류 [A]	정격전압 [kV]	전류 [Arms]	계속시간 [s]	전류 [Arms]	계속시간 [s]
A	10000	288, 138	40000	0.2	800	방압장치 동작 시까지
B	10000	75, 24, 21, 12, 7. 5	20000	0.2	800	
D	5000	75, 24, 21, 12, 7. 5	16000	0.2	800	

SECTION 06 피뢰기의 선정 및 설치 시 고려사항

기출
지문

Q1 수변전설비에서 피뢰기(LA) 선정 시 고려해야 할 사항에 대하여 설명하시오. [건 127회 출제]

Q2 피뢰기의 정격에 관하여 다음 사항을 설명하시오. [용 128회 출제]
  (1) 정격전압
  (2) 공칭방전전류
  (3) 피뢰기 보호레벨
  (4) 충격비

Q3 피뢰기를 피보호기기에 근접하여 설치하는 이유에 대하여 설명하시오. [발 133회 출제]

Q4 피뢰기의 정격선정 시 주요 착안사항에 대하여 설명하시오. [발 71회 출제]

Q5 발·변전소에 설치되는 피뢰기의 정격전압에 대하여 설명하고, 154kV, 345kV 계통에서의 각각 피뢰기의 정격전압을 선정하시오. [발 75회 출제]

Q6 피뢰기의 사용목적과 선정 시 고려사항에 대해 설명하시오. [발 81회 출제]

건 건축전기설비기술사 / 용 전기응용기술사 / 발 발송배전기술사 / 소 소방기술사 / 안 전기안전기술사 / 화 화공안전기술사 / 청 정보통신기술사

1 개요

(1) 피뢰기의 정의
뇌 또는 개폐서지 등의 이상전압으로부터 기기를 보호하는 장치

(2) 피뢰기의 기능(동작책무)
① 이상전압 침입 시 신속 방전, 보호레벨 이하로 억제(기기절연보호)
② 이상전압 처리 후 원상태로 자동회복(속류차단기능)

2 피뢰 시 구비조건

① 충격방전 개시전압이 낮고 상용주파 방전개시전압이 높을 것(충격비가 작을 것)
② 방전내량이 크고 제한전압이 낮을 것
③ 이상전압 내습 시 신속방전 및 속류차단 능력이 충분할 것
④ 내구성이 좋고 경제적일 것

3 피뢰기 선정순서

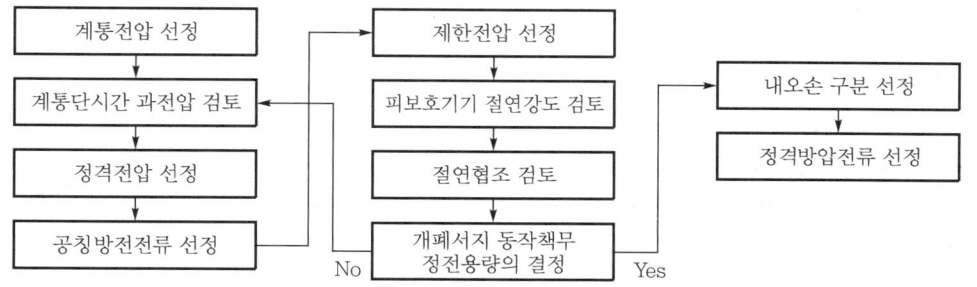

4 피뢰기 선정 시 고려사항

(1) 정격전압의 선정

① 정의 : 피뢰기에서 속류를 차단할 수 있는 상용주파 교류전압의 최고치(실효치)

② 선정방법

ㄱ 접지계수에 의한 법 : 정격전압 $E_R = \alpha\beta V_m = kV_m$

여기서, α : 접지계수 = $\dfrac{1선\ 지락\ 시\ 건전상\ 최대\ 대지전압}{지락\ 전\ 최대\ 선간전압}$

비유효접지계 : 1.0 전후(0.8 ~ 1.2)

유효접지계 : 0.65 ~ 0.8

β : 여유계수 $\begin{cases} 비유효접지계 : 1.1 \\ 유효접지계 : 1.15 \end{cases}$

$k = \alpha\beta \begin{cases} 비유효접지계 : 115\% \\ 유효접지계 : 80 ~ 100\% \end{cases}$

V_m : 계통의 최고 허용전압 = 공칭전압 $\times \dfrac{1.2}{1.1}$

ㄴ 계통(공칭) 전압별 정격전압(내선규정 3250-1절)

계통전압[kV]	345(유효접지)	154(유효접지)	66(PC, 비접지)	22.9(다중 접지)
LA 정격전압[kV]	288	138(144)	75(72)	21(18)

*( )는 ANSI 규격임

(2) 공칭방전전류의 선정

① 정의 : 피뢰기의 갭이 방전함에 따라 피뢰기를 통해 대지로 흐르는 충격전류(파고치)의 규정치(뇌임펄스 전류파고치 = $8 \times 20\mu s$)

② 선정방법

ㄱ 뇌격빈도(IKL), 선로의 뇌차폐 상황 등 고려

ⓛ 공칭방전전류 선정기준(내선규정 3250-2절)

공칭방전전류	설치장소	적용조건
10kA	발전소	전 발전소
	변전소	154kA 계통, 66kA 및 그 이하 (3000kVA 장거리 송전선, 콘덴서 bank 개폐장소)
5kA	변전소	66kV 및 그 이하 계통(3000kVA 이하)
2.5kA	선로 변전소	배전선로

(3) 제한전압 선정

① 피뢰기 방전 중 피뢰기 단자에 억제되어 잔류하는 충격파 전압(파고치)

② 기기의 충격절연강도(BIL)보다 충분히 낮게 선정

③ 제한전압 결정인자

  ㉠ 원전압 파형 및 파고치

  ㉡ 피뢰기 $V-I$ 특성(방전특성)

  ㉢ 선로 및 피보호기기의 정수

  ㉣ 중성점 접지방식

  ㉤ 피보호기기 간 거리

  ㉥ 피뢰기 접지저항, 접지선 굵기 등

④ 제한전압과 방전전류의 관계(피뢰기 설치위치별) 검토

  ㉠ 선로 종단에 피뢰기 설치 시

  ㉡ 가공선로와 Cable 연결점에 피뢰기 설치 시

(4) 절연협조 검토

구분	기기의 절연강도	피뢰기 보호레벨
뇌임펄스	LIWL을 하회하지 않을 것	LIWL×80[%]
개폐임펄스	SIWL을 하회하지 않을 것(LIWL×83[%])	LIWL×70[%]
변압기 LIWL (BIL)	≥ (LA 제한전압 + LA 접지저항 전압강하)×$(1+\alpha)$ 여기서, α : 여유도(약 20%)	

- LIWL(Lightning Impulse Withstand Level, 뇌임펄스 내전압, 1.2/50μs)
- SIWL(Switching Impulse Withstand Level, 개폐서지 내전압, 250/2500μs)

(5) 피뢰기접지

① 접지저항 : 규정값 10Ω 이하(권장 5Ω 이하)

② 접지선 굵기 : $A = \dfrac{\sqrt{t}}{282} I_s [\text{mm}^2]$

  여기서, I_s : 고장전류

  t : 고장지속기간(22kV급 : 1.1 적용)

③ 정격전압별 접지선 굵기

LA 정격전압[kV]	144	72	24/21	18
접지선 굵기[mm²]	100 ~ 150	38 ~ 60	22 ~ 38	14 ~ 22

(6) 개폐서지 동작책무 정전용량 검토

① 10kA 피뢰기에 대해 처리가능한 방전용량 규정

② 정격 14kV에 대해 15, 25, 50, $75\mu F$

③ 개폐 임펄스전압에 대한 시험 시 방전전류

개폐 동작책무 정전용량[μF]	25	50	75
방전전류 파고값[kA]	1	2	3

(7) 내오손 구분 선정

① 오손에 따른 현상 : 외부 플래시 오버 전압 저하, 내부 직렬갭 전위분포 불균일 등

② 종류 : 내오손형, 활선세정형

(8) 정격 방압전류 선정

10kA 이상 피뢰기에 적용, 속류차단 불능 시 애관폭발 방지

5 피뢰기 설치 시 고려사항

(1) 피뢰기 설치장소(KEC-341.13)

① 발·변전소 인입구

② 배전용 변압기 고압 및 특고압 측

③ 특고압 수용가 인입구

④ 가공선과 지중 Cable이 접속되는 장소

(2) 가공선과 Cable 접속계통 설치 예

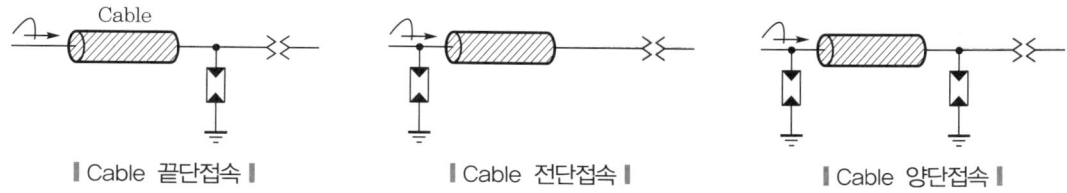

‖ Cable 끝단접속 ‖   ‖ Cable 전단접속 ‖   ‖ Cable 양단접속 ‖

(3) 피뢰기와 피보호기기 사이의 거리

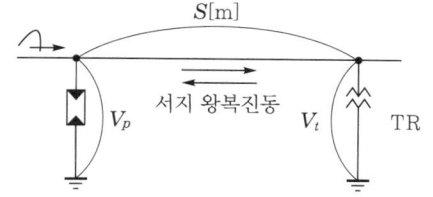

V_p : 제한전압[kV]
v : 서지 전파속도[km/μs]
S : 이격거리[m]
U : 뇌서지 파두준도[kV/μs]
V_t : 기기(변압기)에 걸리는 전압[kV]

① 변압기 단자전압 $V_t = V_p + 2U \cdot \dfrac{S}{v}$

② 거리(S)가 길어지면 왕복진동 서지전압의 누증으로 변압기 단자전압이 상승한다.
따라서, 가능한 피보호기기 가까이 피뢰기를 설치한다.

③ 권장 이격거리

공칭전압[kV]	345	154	66	22.9
거리[m]	85	65	45	20

선로 및 변압기 등의 절연협조

기출
지문

■ 수전설비의 절연강도 검토 시 내부절연과 외부절연에 대한 개념을 설명하고 이에 대한 선로 및 변압기 등의 절연협조에 대하여 설명하시오. 건 104회 출제

건 건축전기설비기술사 / 홍 전기응용기술사 / 발 발송배전기술사 / 소 소방기술사 / 안 전기안전기술사 / 화 화공안전기술사 / 정 정보통신기술사

1 개요

전기기기의 절연은 내부절연과 외부절연으로 구분할 수 있으며, 내부절연은 변압기 등 옥내 수변전설비가 주대상이며, 외부절연은 전력계통의 뇌서지로 인하며, 주로 LA를 통해 절연협조 한다.

2 내부절연과 외부절연의 의미

(1) 내부절연

① 내부절연은 옥내 수변전설비가 주대상이며, 주로 내부서지인 개폐서지, 여자전류 차단서 지, 고장전류 차단서지, 3상 비동기 투입서지, 고속도 재폐로서지, 무부하선로 투입서지 등에서 발생하는 서지에 대한 절연으로 주로 SA에 의해 보호된다.

② 대상 : 변압기, 차단기, 회전기 등의 기기절연

(2) 외부절연

① 외부절연은 가공송전선로로부터 전력계통에 침입하는 뇌서지와 개폐서지가 대상이며, 주로 LA(피뢰기)를 통해 보호한다.

② 외부서지에 대한 절연레벨은 BIL로서 결정된다.

③ 대상 : 가공송전선의 애자, 기기의 애관 등의 표면의 절연

(3) 절연의 크기

① 내부절연 > 외부절연

② 기기의 절연강도 > 피뢰기 제한전압 + 피뢰기 접지저항 전압강하

3 절연협조

(1) 절연협조의 의미

① 절연협조란 전력계통에서 발생하는 각종 이상전압에 대하여 전기설비 전체의 절연을 기술 적 · 경제적으로 합리화하는 것이다.

② $V-t$ 곡선은 절연협조의 기초가 되는 곡선으로, $V-t$ 곡선이 높은 기기는 $V-t$ 곡선이 낮은 기기를 먼저 섬락시킴으로써 절연보호할 수 있다.

③ 피뢰기 $V-t$ 곡선은 피보호기기 $V-t$ 곡선보다 낮아야만 피보호기기를 보호할 수 있다. 즉, $V-t$ 곡선 간의 협조를 절연협조라 한다.

(2) 절연협조 기본방침

① 외부 이상전압에 대해서는 피뢰장치를 이용하여 기기절연을 안전하게 보호한다.
② 내부 이상전압에 대해서는 절연강도에 여유를 주어 특별한 보호장치 없이도 섬락 또는 절연파괴가 일어나지 않도록 한다.

(3) 절연계급과 시험전압

① 계산방법
  ㉠ 상용주파 내전압 시험 : 공칭전압×2.3[kV]
  ㉡ 뇌임펄스 내전압 시험(BIL : Basic Impulse Insulation Level) : 절연계급 20호 이상인 비유효접지 계통에서 → 절연계급×5 + 50[kV]

② 계통전압에 따른 시험전압

공칭전압[kV]	절연계급 [호]	시험 전압치[kV]	
		뇌임펄스 뇌전압시험	상용주파 뇌전압시험 (실효치)
3.3	3A(표준레벨)	45	16
	3B(저레벨)	30	10
6.6	6A(표준레벨)	60	22
	6B(저레벨)	45	16
22.9	20A(표준레벨)	150	50
	20B(저레벨)	125	50
154	140A/B	750	325
	140(S)	900	325

4 선로 및 변압기 등에서의 절연협조

(1) 선로에서의 절연협조

① 발·변전소 절연협조
  ㉠ 구내 및 그 부근 1~2km 정도의 송전선에 충분한 차폐효과를 지닌 가공지선을 설치한다.
  ㉡ 피뢰기 설치로 이상전압을 제한전압까지 저하시킨다.
② 송전선 절연협조
  ㉠ 가공지선과 전선과는 충분한 이격거리를 확보(직격뢰 방지)한다.
  ㉡ 뇌와 같은 순간적인 고장에 대해서는 재투입방식을 채용한다.
③ 가공 배전선로 절연협조
  ㉠ 변압기의 보호
  ㉡ 적정한 피뢰기의 선택 및 적용

④ 수전설비 절연협조

ⓐ 절연협조 중 가장 어렵다.

ⓑ 유도뢰, 과도 이상전압, 지속성 이상전압 등의 대책을 고려한다.

⑤ 배전설비 절연협조

ⓐ 접지를 자유롭게 선정한다.

ⓑ 접지방식 선정과 변압기 이행전압 대책이 중점이다.

⑥ 부하설비 절연협조

ⓐ 회로의 개폐빈도가 높기 때문에 개폐서지 대책이 중점이다.

ⓑ 광범위한 구내 전기설비에는 Surge absorber 등을 설치한다.

⑦ 저압 제어회로 절연협조

ⓐ 적절한 절연레벨을 선정한다.

ⓑ SPD 등을 설치한다.

(2) 변압기 등에서의 절연협조

① 유입변압기

유효접지계통	비유효접지 및 비접지계통
• 저감절연 구성	• 전절연 구성
• BIL이 낮은 변압기 구성	• BIL이 높은 변압기 구성
• 제한전압이 낮은 피뢰기 구성	• 제한전압이 높은 피뢰기 구성

② 건식 변압기

ⓐ 절연구조상 유입변압기 보다 BIL이 낮아 Surge 침입이 작은 Cable 배전계통에 적용

ⓑ 계통에서의 BIL : 상용주파 내전압($50kV \times \sqrt{2} \times 1.25$배 $\simeq 95kV$)

ⓒ 보호협조 : 계통구성이 VCB + 건식 변압기인 경우 VCB 2차에 반드시 SA를 설치하여 개폐 Surge를 방전시켜야 한다.

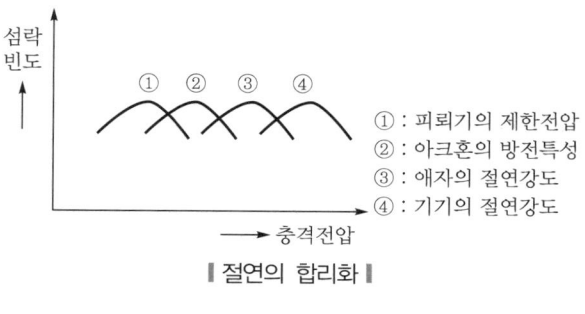

① : 피뢰기의 제한전압
② : 아크혼의 방전특성
③ : 애자의 절연강도
④ : 기기의 절연강도

‖ 절연의 합리화 ‖

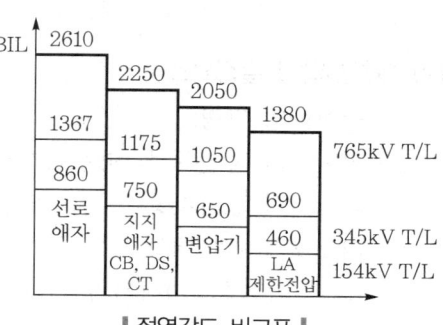

‖ 절연강도 비교표 ‖

675

피뢰기의 충격비와 제한전압

기출지문

Q1 피뢰기의 충격전압비와 제한전압에 대하여 설명하시오. 건 102회 출제

Q2 다음은 피뢰기의 용어이다. 각각에 대하여 설명하시오. 발 65회 출제
(1) 속류
(2) 충격방전개시전압
(3) 충격전압

Q3 피뢰기의 제한전압에 대하여 설명하고 그 값이 어떤 인자에 의해서 결정되는 지를 설명하시오.
발 86회, 안 63회 출제

건 건축전기설비기술사 / 용 전기응용기술사 / 발 발송배전기술사 / 소 소방기술사 / 안 전기안전기술사 / 화 화공안전기술사 / 정 정보통신기술사

1 충격방전개시전압(뇌임펄스 방전개시전압)

(1) 피뢰기 단자 간에 충격파 전압을 인가하였을 경우 방전을 개시하는 전압을 말한다.

(2) 충격방전개시전압 $= \text{TR BIL} \times 0.85\,[\text{kV}]$

(3) 154kV의 경우
① 유입변압기 $\text{BIL} = 5E + 50 = (5 \times 140) + 50 = 750\,\text{kV}$
② 충격방전개시전압 $= 750 \times 0.85 = 638\,\text{kV}$

2 제한전압

(1) 정의
피뢰기 방전 중 이상전압이 제한되어 피뢰기의 양단자 사이에 남는 (충격)임피던스전압으로, 방전개시의 파고값과 파형으로 정해지며, 파고값으로 표현한다.

(2) 제한전압의 결정요소
① 충격파의 파형
② 피뢰기의 방전특성, 피보호기기에 가해지는 전압
③ 피뢰기의 접지저항
④ 피보호기기의 특성
⑤ LA와 피보호기기까지의 거리 등

(3) 피뢰기의 동작특성상의 제한전압

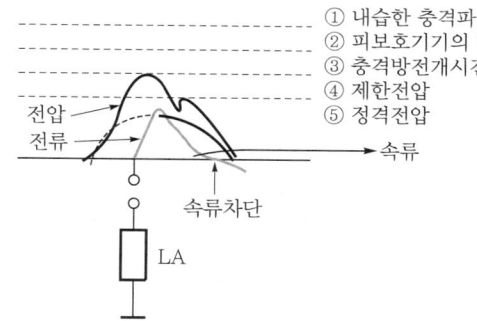

① 내습한 충격파 전압
② 피보호기기의 내전압(BIL)
③ 충격방전개시전압
④ 제한전압
⑤ 정격전압

▎그림 1. LA 동작특성과 제한전압 ▎

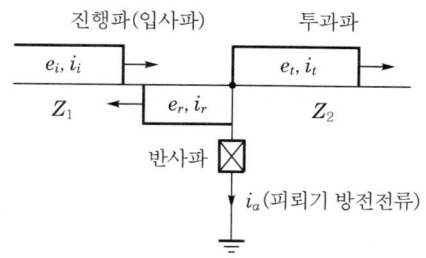

▎그림 2. LA 제한전압 결정원리 ▎

(4) 피뢰기 제한전압 e_a의 계산

① [그림 2]에서 에너지보존법칙인 키르히호프법칙 등을 적용하여 수식을 정리하면,

$$e_a = e_t = e_i - e_r$$

$$i_1 + i_r = i_t + i_a \quad \cdots\cdots\cdots\cdots\cdots\cdots\cdots\cdots\cdots\cdots\cdots\cdots\cdots\cdots\cdots\cdots\cdots\cdots \text{식 1)}$$

$$i_1 = \frac{e_i}{Z_1}, \ \ i_r = \frac{e_r}{Z_1}, \ \ i_t = \frac{e_t}{Z_2} \quad \cdots\cdots\cdots\cdots\cdots\cdots\cdots\cdots\cdots\cdots\cdots\cdots\cdots \text{식 2)}$$

② 식 2)를 식 1)에 대입하면

$$\frac{e_i}{Z_1} + \frac{e_r}{Z_1} = \frac{e_t}{Z_2} + i_a \quad \cdots\cdots\cdots\cdots\cdots\cdots\cdots\cdots\cdots\cdots\cdots\cdots\cdots\cdots \text{식 3)}$$

또, 식 1)의 양변을 Z_1으로 나누면

$$\frac{e_i}{Z_1} - \frac{e_r}{Z_1} = \frac{e_t}{Z_1} \quad \cdots\cdots\cdots\cdots\cdots\cdots\cdots\cdots\cdots\cdots\cdots\cdots\cdots\cdots\cdots\cdots \text{식 4)}$$

③ 식 3) + 식 4)하면

$$2 \cdot \frac{e_i}{Z_1} = e_t\left(\frac{1}{Z_1} + \frac{1}{Z_2}\right) + i_a$$

$$\therefore \ e_a = e_t = \frac{2Z_2}{Z_1 + Z_2}e_i - \frac{Z_1 Z_2}{Z_1 + Z_2}i_a = \frac{2Z_2}{Z_1 + Z_2}\left(e_i - \frac{Z_1}{2}i_a\right)$$

여기서, e_i, i_i : 입사파의 전압·전류

$\qquad\quad e_r$, i_r : 반사파의 전압·전류

$\qquad\quad e_a$: 제한전압

$\qquad\quad i_a$: 피뢰기의 방전전류

$\qquad\quad e_t$, i_t : 투과파의 전압·전류($e_a = e_t$)

$\qquad\quad Z_1$, Z_2 : 파동임피던스$\left(Z_1 = \sqrt{\dfrac{L_1}{C_1}}, \ Z_2 = \sqrt{\dfrac{L_2}{C_2}}\right)$

(5) 피뢰기를 통한 절연협조의 합리화

변압기의 절연강도 > 피뢰기의 제한전압 + 피뢰기 접지저항의 저항강하

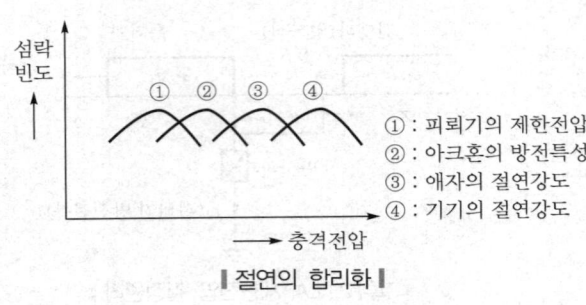

① : 피뢰기의 제한전압
② : 아크혼의 방전특성
③ : 애자의 절연강도
④ : 기기의 절연강도

▮ 절연의 합리화 ▮

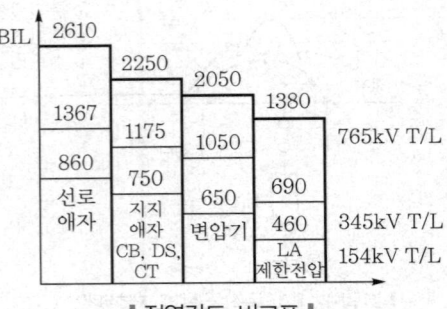

▮ 절연강도 비교표 ▮

(6) 피뢰기의 제한전압과 계통의 BIL과의 관계 예

① 제한전압 = BIL × 0.8 정도
② 충격방전개시전압 ≒ BIL × 0.85 정도

3 상용주파 방전개시전압

① 상용주파수 방전개시전압의 실횻값
② 피뢰기 정격전압의 1.5배 이상
③ 154kV의 경우 : 상용주파 방전개시전압 = 144 × 1.5 = 216 kV

4 충격비

$$충격비 = \frac{충격방전개시전압}{상용주파\ 방전개시전압의\ 파고값} \geq 1$$

678

SECTION 09 피뢰기의 열폭주현상

Q1 산화아연소자(ZnO) 피뢰기의 열폭주현상에 대하여 설명하시오. 건 118회 출제

Q2 최근 국내 배전선로에 자주 사용되고 있는 배전용 폴리머애자와 기존의 자기애자의 장단점을 비교하여 설명하시오. 발 65회 출제

건 건축전기설비기술사 / 응 전기응용기술사 / 발 발송배전기술사 / 소 소방기술사 / 안 전기안전기술사 / 화 화공안전기술사 / 정 정보통신기술사

1 개요

① 열폭주현상이란 누설전류가 증가하고 소자온도가 상승하여 피뢰기가 과열파괴되는 현상을 말한다.

② 산화아연소자(ZnO)의 특성에 의해서 주로 발생하는 현상이다.

2 산화아연소자(ZnO)의 특성

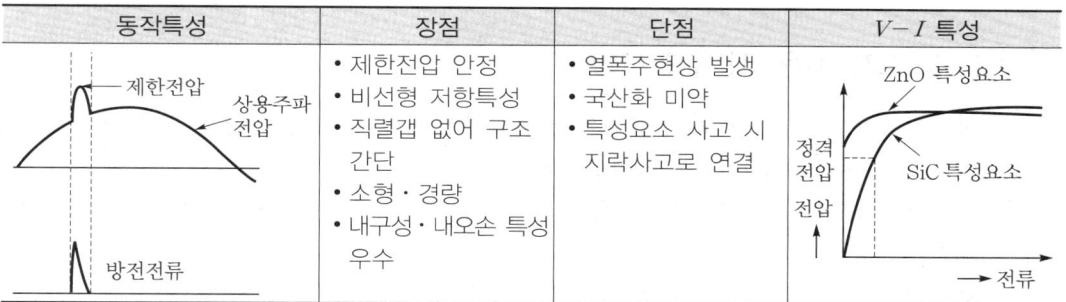

동작특성	장점	단점	$V-I$ 특성
제한전압 상용주파 전압 방전전류	• 제한전압 안정 • 비선형 저항특성 • 직렬갭 없어 구조 간단 • 소형 · 경량 • 내구성 · 내오손 특성 우수	• 열폭주현상 발생 • 국산화 미약 • 특성요소 사고 시 지락사고로 연결	ZnO 특성요소 정격전압 전압 SiC 특성요소 전류

3 피뢰기 열폭주 발생현상

(1) 정상전압(V) 인가 시

① 항시 일정 누설전류 I_L 발생

② $I_R \ll I_C$에 의해 적은 발열 발생

(2) 전압(V) 증가 시

① I_L이 증가함

② 발열에 의한 저항 R 감소 → I_R 증가

③ 발열량 ≫ 방열량 → 축열량이 한도 이상일 경우 열폭주현상이 발생됨

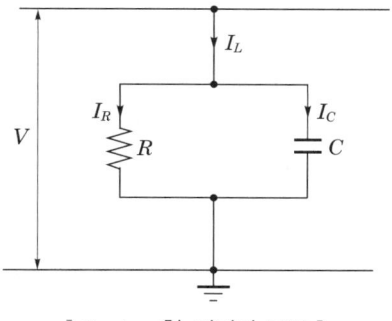

‖Gapless형 피뢰기 구조‖

4 ZnO 소자의 발열특성 및 열폭주 Flow chart

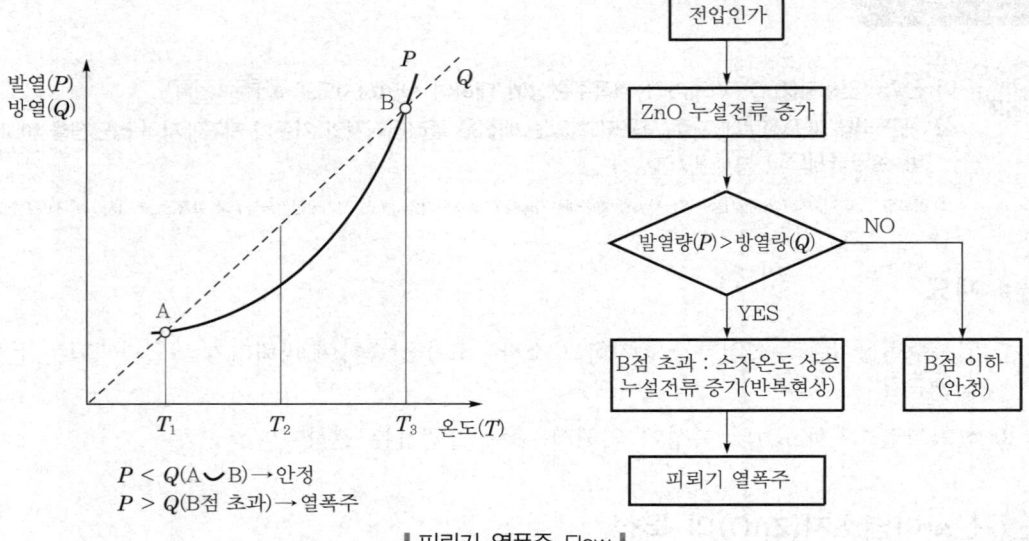

$P < Q (A \backsim B) \rightarrow$ 안정
$P > Q (B점 초과) \rightarrow$ 열폭주

▌피뢰기 열폭주 Flow ▌

5 ZnO 소자 사용 시 주의사항

① 설치한 후 3년 경과한 뒤 누설전류를 점검하여 규정치 이상일 경우 피뢰기를 교체한다.
② 설치 시 Dis-connector 부착형을 사용한다.
③ 동작책무시험이나 방전내량시험에 파괴되지 않고 그 후 인가전압에 열폭주가 되지 않아야
한다.
④ 자기애관 LA보다는 경량이며 신뢰성이 좋은 폴리머 LA를 사용한다.

피뢰기(LA)와 서지흡수기 (SA : Surge Absorber)

기출
지문

Q1 피뢰기(LA)의 정격선정 시 고려사항과 서지흡수기(SA)의 정격에 대하여 설명하시오. [건 120회 출제]

Q2 Mold 변압기 2차 차단기로 VCB를 사용하여 3.3kV 유도전동기 부하에 전력을 공급한다. 변압기 보호용 SA(Surge Arrester)를 다음 계통조건으로 적용할 때 단선도를 적용하고, 각 설비(VCB, SA)에 대하여 설명하시오. [건 98회 출제]
   (1) 22.9/3.3kV 3상 Mold 변압기 1000kVA (BIL : 40kV)
   (2) VCB의 개폐서지전압은 정격전압의 3배

Q3 서지흡수기(surge absorber) 설치대상, 설치위치 및 정격사항에 대하여 설명하시오. [건 132회 출제]

Q4 Surge absorbor가 피뢰기와 용도상 다른 점을 설명하고 적용장소와 그 목적을 기술하시오.
   [발 68회 출제]

건 건축전기설비기술사 / 용 전기응용기술사 / 발 발송배전기술사 / 소 소방기술사 / 안 전기안전기술사 / 화 화공안전기술사 / 정 정보통신기술사

1 개념

① 서지흡수기는 차단기 개폐 시 발생되는 개폐서지, 순간 과도전압 등과 같은 내부 이상전압으로부터 차단기 2차 기기에 악영향을 주는 것을 방지하기 위해 차단기와 보호기기 사이에 설치하는 일종의 피뢰기와 같은 장치이다.

② 건식류 변압기나 계통기기 보호가 목적이다.

2 적용 예

일반적으로 VCB와 몰드변압기 또는 건식 변압기와 같이 계통구성 시 SA를 설치한다.

차단기 2차 보호기		VS		VCB				
		3kV	6kV	3kV	6kV	10kV	20kV	30kV
발전기		불필요		부분적으로 검토요망		–	–	–
변압기	유입	불필요	불필요	불필요	불필요	불필요	불필요	불필요
	몰드	불필요		반드시 적용	반드시 적용	반드시 적용	반드시 적용	반드시 적용
	건식	불필요		반드시 적용	반드시 적용	반드시 적용	반드시 적용	반드시 적용
콘덴서		불필요		불필요	불필요	불필요	불필요	불필요
변압기와 유도기기와의 혼용 사용 시		불필요		반드시 적용	반드시 적용	–	–	–

3 설치위치

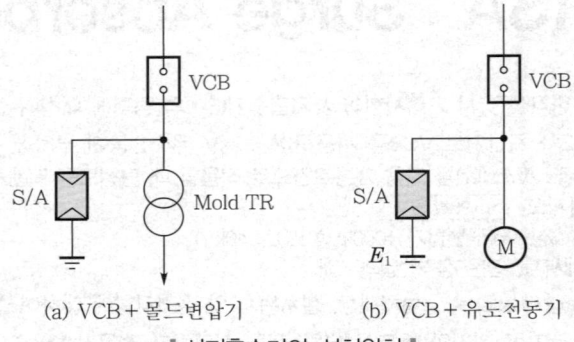

(a) VCB + 몰드변압기   (b) VCB + 유도전동기

┃ 서지흡수기의 설치위치 ┃

서지흡수기는 개폐서지를 발생하는 차단기(VCB) 2차, 보호하고자 하는 기기 전단에 설치하며 설치목적에 따라 차단기 1차에도 설치한다.

4 정격

┃ 서지흡수기의 정격 ┃

공칭전압[kV]	3.3	6.6	22.9
정격전압[kV]	4.5	7.5	18
공칭방전전류[A]	100	100	100

5 절연내전압

(1) 고압 전동기

회전기의 절연강도는 동기기에 대해서 JEC-114, 유도기에 대해서는 JEC-37에 상용주파 시험전압이 규정되어 있다.

┃ 회전기 상용주파 시험전압(JEC-114, JEC-37) ┃

정격전압 [kV]	시험전압[kV](1분간)	
	정격출력 1kW 또는 1kVA 이상	정격출력 1000kW 또는 1000kVA 이상
3	7	7.5
6	13	15
10	21	23
12	25	27
비고	$(2E+1)$	$(2E+3)$ 또는 $2.5E$

(2) 변압기

∥ 변압기 뇌임펄스 시험전압(상용주파 시험전압) ∥

공칭전압[kV]		3.3	6.6	22
유입	절연계급 A	45(16)	60(22)	150(50)
	절연계급 B	30(10)	45(16)	125(50)
건식		25(10)	35(16)	95(50)

① 유입변압기 $BIL = 절연계급 \times 5 + 50[kV]$

② 건식 변압기 $BIL = 상용주파 \ 내전압치 \times \sqrt{2} \times 1.25[kV]$

22.9kV(22kV) $BIL = 50kV \times \sqrt{2} \times 1.25kV ≒ 95kV$

6 LA와 SA의 비교

구분	LA	SA
용도	뇌서지 보호	개폐서지 보호
파고치	높다.	낮다.
파두장 및 파미장	짧다. $1.2 \times 50\mu s$	길다. $250 \times 2500\mu s$
전류용량	크다.	작다.
발생빈도	매우 적다.	매우 많다.
설치위치	수용가 인입구와 변압기 근처	차단기 2차 측 피보호기기 전단

기출
지문

Q1 KS C IEC 62305(Part 3 외부 피뢰시스템)에 의거하여 대형 굴뚝을 낙뢰로부터 보호하기 위한 대책에 대하여 설명하시오. 건 98회 출제

Q2 폭발위험지역을 포함하는 구조물에 외부 피뢰시스템을 설치할 경우 요구되는 일반사항을 설명하시오. 화 132회 출제

Q3 피뢰시스템 구성요소의 용어에 대하여 설명하시오. 건 111회 출제

Q4 뇌보호시스템의 수뢰부 시스템의 배치방법을 설계하는 3가지 방법에 대해 설명하시오. 출제예상

건 건축전기설비기술사 / 용 전기응용기술사 / 발 발송배전기술사 / 소 소방기술사 / 안 전기안전기술사 / 화 화공안전기술사 / 정 정보통신기술사

1 피뢰시스템의 적용범위(151.1)

다음에 시설되는 피뢰시스템에 적용한다.
① 전기설비 및 전자설비 중 낙뢰로부터 보호가 필요한 설비
② 전기전자설비가 설치된 건축물·구조물로서 낙뢰로부터 보호가 필요한 것 또는 지상으로부터 높이가 20m 이상인 필요한 설비

2 피뢰시스템의 구성(151.2)

① 직격뢰로부터 대상물을 보호하기 위한 외부 피뢰시스템
② 간접뢰 및 유도뢰로부터 대상물을 보호하기 위한 내부 피뢰시스템

3 외부 피뢰시스템 설치조건 및 설치기준(152)

(1) 수뢰부 시스템

① 수뢰부 시스템의 선정은 다음에 의한다.
  ㉠ 돌침, 수평도체, 메시도체의 요소 중에 한 가지 또는 이를 조합한 형식으로 시설하여야 한다.
  ㉡ 수뢰부 시스템 재료는 KS C IEC 62305-3(피뢰시스템-제3부 : 구조물의 물리적 손상 및 인명위험)의 '표 6(수뢰도체, 피뢰침, 대지 인입봉과 인하도선의 재료, 형상과 최소 단면적)'에 따른다.
  ㉢ 자연적 구성부재가 KS C IEC 62305-3(피뢰시스템-제3부 : 구조물의 물리적 손상 및 인명위험)의 '5.2.5 자연적 구성부재'에 적합하면 수뢰부 시스템으로 사용할 수 있다.
② 수뢰부 시스템의 배치는 다음에 의한다.
  ㉠ 보호각법, 회전구체법, 메시법 중 하나 또는 조합된 방법으로 배치하여야 한다.
  ㉡ 건축물·구조물의 뾰족한 부분, 모서리 등에 우선하여 배치한다.

③ 지상으로부터 높이 60m를 초과하는 건축물·구조물에 측뢰보호가 필요한 경우에는 수뢰부 시스템을 시설하여야 하며, 다음에 따른다.

㉠ 전체 높이 60m를 초과하는 건축물·구조물의 최상부로부터 20% 부분에 한하며, 피뢰시스템 등급 Ⅳ의 요구사항에 따른다.

㉡ 자연적 구성부재가 '①'의 '㉢'에 적합하면, 측뢰보호용 수뢰부로 사용할 수 있다.

④ 건축물·구조물과 분리되지 않은 수뢰부 시스템의 시설은 다음에 따른다.

㉠ 지붕마감재가 불연성 재료로 된 경우 지붕표면에 시설할 수 있다.

㉡ 지붕마감재가 높은 가연성 재료로 된 경우 지붕재료와 다음과 같이 이격하여 시설한다.
  • 초가지붕 또는 이와 유사한 경우 0.15m 이상
  • 다른 재료의 가연성 재료인 경우 0.1m 이상

⑤ 건축물·구조물을 구성하는 금속판 또는 금속배관 등 자연적 구성부재를 수뢰부로 사용하는 경우 '①'의 '㉢' 조건에 충족하여야 한다.

(2) 인하도선시스템

① 수뢰부 시스템과 접지시스템을 전기적으로 연결하는 것으로 다음에 의한다.

㉠ 복수의 인하도선을 병렬로 구성해야 한다. 단, 건축물·구조물과 분리된 피뢰시스템인 경우 예외로 할 수 있다.

㉡ 도선경로의 길이가 최소가 되도록 한다.

㉢ 인하도선시스템 재료는 KS C IEC 62305-3(피뢰시스템-제3부 : 구조물의 물리적 손상 및 인명위험)의 '표 6(수뢰도체, 피뢰침, 대지인입봉과 인하도선의 재료, 형상과 최소 단면적)'에 따른다.

② 배치방법은 다음에 의한다.

㉠ 건축물·구조물과 분리된 피뢰시스템인 경우
  • 뇌전류의 경로가 보호대상물에 접촉하지 않도록 하여야 한다.
  • 별개의 지주에 설치되어 있는 경우 각 지주마다 1가닥 이상의 인하도선을 시설한다.
  • 수평도체 또는 메시도체인 경우 지지구조물마다 1가닥 이상의 인하도선을 시설한다.

㉡ 건축물·구조물과 분리되지 않은 피뢰시스템인 경우
  • 벽이 불연성 재료로 된 경우에는 벽의 표면 또는 내부에 시설할 수 있다. 단, 벽이 가연성 재료인 경우에는 0.1m 이상 이격하고, 이격이 불가능한 경우에는 도체의 단면적을 100mm^2 이상으로 한다.
  • 인하도선의 수는 2가닥 이상으로 한다.
  • 보호대상 건축물·구조물의 투영에 따른 둘레에 가능한 한 균등한 간격으로 배치한다. 단, 노출된 모서리부분에 우선하여 설치한다.
  • 병렬 인하도선의 최대 간격은 피뢰시스템 등급에 따라 Ⅰ·Ⅱ등급은 10m, Ⅲ등급은 15m, Ⅳ등급은 20m로 한다.

③ 수뢰부 시스템과 접지극 시스템 사이에 전기적 연속성이 형성되도록 다음에 따라 시설하여야 한다.

  ㉠ 경로는 가능한 한 루프형성이 되지 않도록 하고, 최단거리로 곧게 수직으로 시설하여야 하며, 처마 또는 수직으로 설치된 홈통 내부에 시설하지 않아야 한다.

  ㉡ 철근콘크리트 구조물의 철근을 자연적 구성부재의 인하도선으로 사용하기 위해서는 해당 철근 전체 길이의 전기저항값은 0.2Ω 이하가 되어야 한다.

  ㉢ 시험용 접속점을 접지극 시스템과 가까운 인하도선과 접지극 시스템의 연결부분에 시설하고, 이 접속점은 항상 폐로되어야 하며 측정 시에 공구 등으로만 개방할 수 있어야 한다. 단, 자연적 구성부재를 이용하거나, 자연적 구성부재 등과 본딩을 하는 경우에는 예외로 한다.

④ 인하도선으로 사용하는 자연적 구성부재는 KS C IEC 62305-3(피뢰시스템-제3부 : 구조물의 물리적 손상 및 인명위험)의 '4.3 철근콘크리트 구조물에서 강제 철골조의 전기적 연속성'과 '5.3.5 자연적 구성부재'의 조건에 적합해야 하며 다음에 따른다.

  ㉠ 각 부분의 전기적 연속성과 내구성이 확실하고, '①'의 '㉡'에서 인하도선으로 규정된 값 이상인 것

  ㉡ 전기적 연속성이 있는 구조물 등의 금속제 구조체(철골, 철근 등)

  ㉢ 구조물 등의 상호접속된 강제구조체

  ㉣ 건축물 외벽 등을 구성하는 금속구조재의 크기가 인하도선에 대한 요구사항에 부합하고 또한 두께가 0.5mm 이상인 금속판 또는 금속관

  ㉤ 인하도선을 구조물 등의 상호접속된 철근·철골 등과 본딩하거나, 철근·철골 등을 인하도선으로 사용하는 경우 수평 환상도체는 설치하지 않아도 된다.

  ㉥ 인하도선의 접속은 152.4(부품 및 접속)에 따른다.

(3) 접지극 시스템

① 뇌전류를 대지로 방류시키기 위한 접지극 시스템은 다음에 의한다.

  ㉠ A형 접지극(수평 또는 수직 접지극) 또는 B형 접지극(환상도체 또는 기초접지극) 중 하나 또는 조합하여 시설할 수 있다.

  ㉡ 접지극 시스템의 재료는 KS C IEC 62305-3(피뢰시스템-제3부 : 구조물의 물리적 손상 및 인명위험)의 '표 7(접지극의 재료, 형상과 최소 치수)'에 따른다.

② 접지극 시스템 배치는 다음에 의한다.

  ㉠ A형 접지극은 최소 2개 이상을 균등한 간격으로 배치해야 하고, KS C IEC 62305-3(피뢰시스템-제3부 : 구조물의 물리적 손상 및 인명위험)의 '5.4.2.1 A형 접지극 배열'에 의한 피뢰시스템 등급별 대지저항률에 따른 최소 길이 이상으로 한다.

  ㉡ B형 접지극은 접지극 면적을 환산한 평균반지름이 KS C IEC 62305-3(피뢰시스템-제3부 : 구조물의 물리적 손상 및 인명위험)의 '그림 3(LPS 등급별 각 접지극의 최소 길이)'

에 의한 최소 길이 이상으로 하여야 하며, 평균반지름이 최소 길이 미만인 경우에는 해당하는 길이의 수평 또는 수직 매설접지극을 추가로 시설하여야 한다. 단, 추가하는 수평 또는 수직 매설접지극의 수는 최소 2개 이상으로 한다.

      ⓒ 접지극 시스템의 접지저항이 10Ω 이하인 경우 '②'의 'ⓐ'과 'ⓑ'에도 불구하고 최소 길이 이하로 할 수 있다.

  ③ 접지극은 다음에 따라 시설한다.

      ⓐ 지표면에서 0.75m 이상 깊이로 매설하여야 한다. 단, 필요시는 해당 지역의 동결심도를 고려한 깊이로 할 수 있다.

      ⓑ 대지가 암반지역으로 대지저항이 높거나 건축물·구조물이 전자통신시스템을 많이 사용하는 시설의 경우에는 환상도체접지극 또는 기초접지극으로 한다.

      ⓒ 접지극 재료는 대지에 환경오염 및 부식의 문제가 없어야 한다.

      ⓓ 철근콘크리트 기초 내부의 상호 접속된 철근 또는 금속제 지하구조물 등 자연적 구성부재는 접지극으로 사용할 수 있다.

4 내부 피뢰시스템 설치조건 및 설치기준(153)

(1) 전기전자설비 보호

  ① 일반사항

      ⓐ 전기전자설비의 뇌서지에 대한 보호는 다음에 따른다.

        • 피뢰구역의 구분은 KS C IEC 62305-4(피뢰시스템-제4부 : 구조물 내부의 전기전자시스템)의 '4.3[피뢰구역(LPZ)]'에 의한다.

        • 피뢰구역 경계부분에서는 접지 또는 본딩을 하여야 한다. 단, 직접 본딩이 불가능한 경우에는 서지보호장치를 설치한다.

        • 서로 분리된 구조물 사이가 전력선 또는 신호선으로 연결된 경우 각각의 피뢰구역은 개별 접지시스템으로 된 복수의 건축물·구조물 등을 연결하는 콘크리트덕트·금속제 배관의 내부에 케이블이 있는 경우 각각의 접지 상호 간은 병행 설치된 도체로 연결하는 방법으로 서로 접속한다.

      ⓑ 전기전자기기의 선정 시 정격 임펄스 내전압은 표(기기에 요구되는 정격 임펄스 내전압)에서 제시한 값 이상이어야 한다.

  ② 전기적 절연

      ⓐ 수뢰부 또는 인하도선과 건축물·구조물의 금속부분, 내부시스템 사이의 전기적인 절연은 KS C IEC 62305-3(피뢰시스템-제3부 : 구조물의 물리적 손상 및 인명위험)의 '6.3 외부 피뢰시스템의 전기적 절연'에 의한 이격거리(간격)로 한다.

      ⓑ 'ⓐ'에도 불구하고 건축물·구조물이 금속제 또는 전기적 연속성을 가진 철근콘크리트 구조물 등의 경우에는 전기적 절연을 고려하지 않아도 된다.

③ 접지와 본딩

  ㉠ 전기전자설비를 보호하기 위한 접지와 피뢰 등전위본딩은 다음에 따른다.
    • 뇌서지 전류를 대지로 방류시키기 위한 접지를 시설하여야 한다.
    • 전위차를 해소하고 자계를 감소시키기 위한 본딩을 구성하여야 한다.
  ㉡ 접지극은 152.3(접지극 시스템)에 의하는 것 이외에는 다음에 적합하여야 한다.
    • 전자·통신 설비(또는 이와 유사한 것)의 접지는 환상도체접지극 또는 기초접지극으로 한다.
    • 개별 접지시스템으로 된 복수의 건축물·구조물 등을 연결하는 콘크리트덕트·금속제 배관의 내부에 케이블(또는 같은 경로로 배치된 복수의 케이블)이 있는 경우 각각의 접지 상호 간은 병행 설치된 도체로 연결하여야 한다. 단, 차폐케이블인 경우는 차폐선을 양끝에서 각각의 접지시스템에 등전위본딩하는 것으로 한다.
  ㉢ 전자·통신 설비(또는 이와 유사한 것)에서 위험한 전위차를 해소하고 자계를 감소시킬 필요가 있는 경우 다음에 의한 등전위본딩망을 시설하여야 한다.
    • 등전위본딩망은 건축물·구조물의 도전성 부분 또는 내부설비 일부분을 통합하여 시설한다.
    • 등전위본딩망은 메시폭이 5m 이내가 되도록 하여 시설하고 구조물과 구조물 내부의 금속부분은 다중으로 접속한다. 단, 금속부분이나 도전성 설비가 피뢰구역의 경계를 지나가는 경우에는 직접 또는 서지보호장치를 통하여 본딩한다.
    • 도전성 부분의 등전위본딩은 방사형, 메시형 또는 이들의 조합형으로 한다.

④ 서지보호장치 시설(SPD)

  ㉠ 전기전자설비 등에 연결된 전선로를 통하여 서지가 유입되는 경우, 해당 선로에는 서지보호장치를 설치하여 한다.
  ㉡ 서지보호장치의 선정은 다음에 의한다.
    • 전기설비의 보호는 KS C IEC 61643-12(저전압 서지 보호장치-제12부 : 저전압 배전계통에 접속한 서지보호장치-선정 및 적용 지침)와 KS C IEC 60364-5-53(건축전기설비-제5-53부 : 전기기기의 선정 및 시공-절연, 개폐 및 제어)에 따르며, KS C IEC 61643-11(저압 서지보호장치-제11부 : 저압 전력계통의 저압 서지보호장치-요구사항 및 시험방법)에 의한 제품을 사용하여야 한다.
    • 전자·통신 설비(또는 이와 유사한 것)의 보호는 KS C IEC 61643-22(저전압 서지보호장치-제22부 : 통신망과 신호망 접속용 서지보호장치-선정 및 적용지침)에 따른다.
  ㉢ 지중 저압 수전의 경우 내부에 설치하는 전기전자기기의 과전압 범주별 임펄스 내전압이 규정값에 충족하는 경우는 서지보호장치를 생략할 수 있다.

(2) 피뢰 등전위본딩

① 일반사항

　㉠ 피뢰시스템의 등전위화는 다음과 같은 설비들을 서로 접속함으로써 이루어진다.
- 금속제 설비
- 구조물에 접속된 외부 도전성 부분
- 내부시스템

　㉡ 등전위본딩의 상호접속은 다음에 의한다.
- 자연적 구성부재의 전기적 연속성이 확보되지 않은 경우에는 본딩도체로 연결한다.
- 본딩도체로 직접 접속할 수 없는 장소의 경우에는 서지보호장치를 이용한다.
- 본딩도체로 직접 접속이 허용되지 않는 장소의 경우에는 절연방전갭(ISG)을 이용한다.

　㉢ 등전위본딩 부품의 재료 및 최소 단면적은 KS C IEC 62305-3(피뢰시스템-제3부 : 구조물의 물리적 손상 및 인명위험)의 '5.6 재료 및 치수'에 따른다.

　㉣ 기타 등전위본딩에 대하여는 KS C IEC 62305-3(피뢰시스템-제3부 : 구조물의 물리적 손상 및 인명위험)의 '6.2 피뢰 등전위본딩'에 의한다.

② 금속제 설비의 등전위본딩

　㉠ 건축물·구조물과 분리된 외부 피뢰시스템의 경우 등전위본딩은 지표면 부근에서 시행하여야 한다.

　㉡ 건축물·구조물과 접속된 외부 피뢰시스템의 경우 피뢰 등전위본딩은 다음에 따른다.
- 기초부분 또는 지표면 부근 위치에서 하여야 하며, 등전위본딩 도체는 등전위본딩바에 접속하고, 등전위본딩바는 접지시스템에 접속하여야 한다. 또한, 쉽게 점검할 수 있도록 하여야 한다.
- 전기적 절연요구조건에 따른 안전이격거리(간격)을 확보할 수 없는 경우에는 피뢰시스템과 건축물·구조물 또는 내부설비의 도전성 부분은 등전위본딩하여야 하며, 직접 접속하거나 충전부인 경우는 서지보호장치를 경유하여 접속하여야 한다. 단, 서지보호장치를 사용하는 경우 보호레벨은 보호구간기기의 임펄스 내전압보다 작아야 한다.

　㉢ 건축물·구조물에는 지하 0.5m와 높이 20m마다 환상도체를 설치한다. 단, 철근콘크리트, 철골구조물의 구조체에 인하도선을 등전위본딩하는 경우 환상도체는 설치하지 않아도 된다.

③ 인입설비의 등전위본딩

　㉠ 건축물·구조물의 외부에서 내부로 인입되는 설비의 도전부에 대한 등전위본딩은 다음에 의한다.
- 인입구 부근에서 143.1(보호등전위본딩의 적용)에 따라 등전위본딩한다.

- 전원선은 서지보호장치를 사용하여 등전위본딩한다.
- 통신 및 제어선은 내부와의 위험한 전위차 발생을 방지하기 위해 직접 또는 서지보호 장치를 통해 등전위본딩한다.

      ⓒ 가스관 또는 수도관의 연결부가 절연체인 경우 해당 설비 공급사업자의 동의를 받아 절연방전갭 등의 공법으로 등전위본딩하여야 한다.

④ 등전위본딩바

      ㉠ 설치위치는 짧은 도전성 경로로 접지시스템에 접속할 수 있는 위치이어야 한다.

      ⓒ 접지시스템(환상접지전극, 기초접지전극, 구조물의 접지보강재 등)에 짧은 경로로 접속하여야 한다.

      ⓒ 외부 도전성 부분, 전원선과 통신선의 인입점이 다른 경우 여러 개의 등전위본딩바를 설치할 수 있다.

SECTION 12

KEC 피뢰시스템 Part 1 ~ 4의 주요 내용

기출
지문

■ KS C IEC 62305는 Part 1 ~ 4로 구성되어 있으며 낙뢰의 특성, 리스크 관리, 낙뢰대책 제반기술에 대해 설명하시오. 출제예상

건 건축전기설비기술사 / 용 전기응용기술사 / 발 발송배전기술사 / 소 소방기술사 / 안 전기안전기술사 / 화 화공안전기술사 / 정 정보통신기술사

1 개요

① 낙뢰는 건물 전체 또는 일부에 손상, 손실, 기기 오동작을 일으키므로 이에 대한 대책이 요구되어 세계 각국의 낙뢰 전문가들이 수년 동안의 작업을 거쳐 KSC IEC 62305 피뢰설비 규격을 제정하였다.
② KS C IEC 62305 시리즈는 PART 1, 2, 3, 4로 구성되어 있다.

2 주요 내용

① KS C IEC 62305 − 1 : 일반적 사항
② KS C IEC 62305 − 2 : 위험도 해석(관리)
③ KS C IEC 62305 − 3 : 구조물과 인체의 보호
④ KS C IEC 62305 − 4 : 구조물 내부의 전기전자시스템 뇌보호

3 KS C IEC − 62305 − 1(일반적 사항)

(1) 뇌격 지점별 손상과 손실

뇌격점	형태	손상원인	손상유형	손실유형
구조물		S_1	D_1 D_2 D_3	L_1, L_4[2], L_1, L_2, L_3, L_4, L_1[1], L_2, L_4
구조물 근처		S_2	D_3	L_1[1], L_2, L_4

뇌격점	형태	손상원인	손상유형	손실유형
구조물에 접속된 인입설비		S_3	D_1 D_2 D_3	L_1, $L_4^{2)}$, L_1, L_2, L_3, L_4, $L_1^{1)}$, L_2, L_4
인입설비 근처		S_4	D_3	$L_1^{1)}$, L_2, L_4

[비고] 1) 폭발의 위험이 있거나 내부시스템 고장 시 인명피해가 발생할 수 있는 병원 또는 이와 같은 건물
2) 단지 동물의 피해가 유발될 수 있는 건물

(2) 보호대책

① 노출된 전도성 부품의 → 충분한 절연
② 망상접지에 의한 → 등전위화
③ 서지보호기 설치 → LA, SA
④ 물리적 제한 및 경고 표지
⑤ 자탐 및 소화장비 설치
⑥ 대피통로 설치
⑦ 매설케이블인 경우 금속덕트 사용

(3) 회전구체 반경과 뇌격 파라미터(최솟값)

뇌기준	뇌보호등급			
	1등급	2등급	3등급	4등급
최소 피크전류 I[kA]	3	5	10	15
회전 구체의 반경 R[m]	20	30	45	60

4 KS C IEC-62305-2(위험도 해석 관리)

(1) 정의

① 위험성 관리는 낙뢰로 인하여 건축물 또는 인입 설비에 발생되는 위험성을 평가하는 데 적용
② 이러한 위험성 평가에 의해 보호대상물에 대한 보호의 필요성을 판단하고, 보호 필요 시 위험성 저감을 위한 최적의 보호수단을 선정

(2) 손상과 손실

① 피해원인(source)
  ㉠ S_1 : 구조물에 직접 뇌격
  ㉡ S_2 : 구조물 근방에 뇌격

ⓒ S_3 : 인입설비에 직접 뇌격

ⓔ S_4 : 인입설비 근방에 뇌격

② 손상유형(damage)

ⓗ D_1 : 접촉 또는 보폭 전압에 의한 인명의 쇼크

ⓛ D_2 : 물리적 손실(화재, 폭발, 기계적 파괴, 화학물질 누출 등)

ⓒ D_3 : 전기 및 전자 설비의 오동작

③ 손실유형(loss)

ⓗ L_1 : 인명 손실

ⓛ L_2 : 공공시설 손실

ⓒ L_3 : 문화유산 손실

ⓔ L_4 : 경제적 가치의 손실(구조물과 그의 내용물, 인입설비와 기능의 손실)

④ 위험도 분류(risk)

ⓗ R_1 : 인명피해 위험도

ⓛ R_2 : 공공시설피해 위험도

ⓒ R_3 : 문화재 손실 위험도

ⓔ R_4 : 경제적 손실 위험도

(3) 보호대책 선정 절차

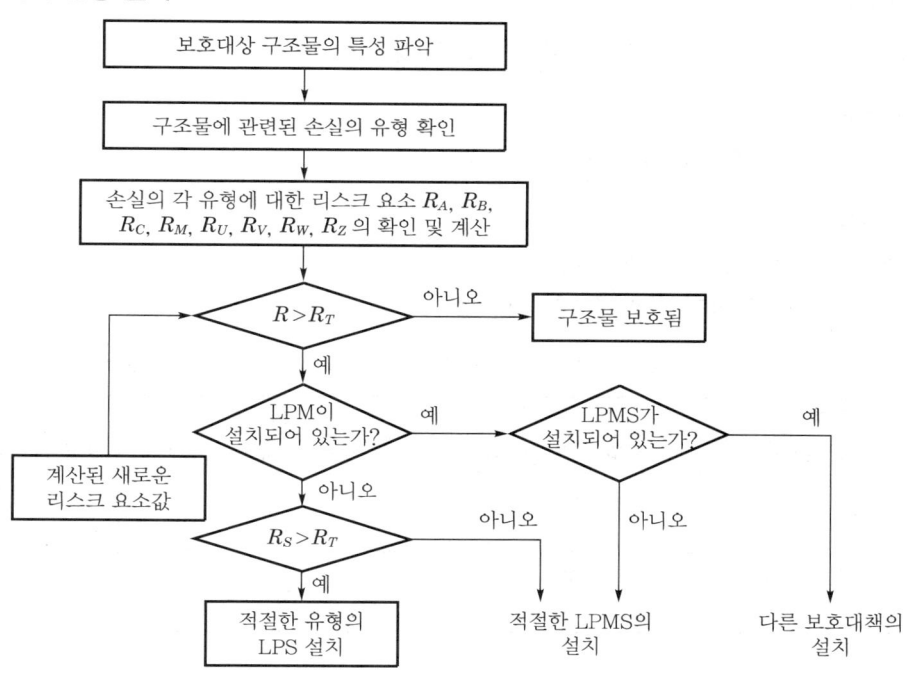

‖ 구조물의 보호대책 선정절차 ‖

5 KS C IEC-62305-3(구조물과 인체의 보호) 낙뢰 보호시스템(LPS)

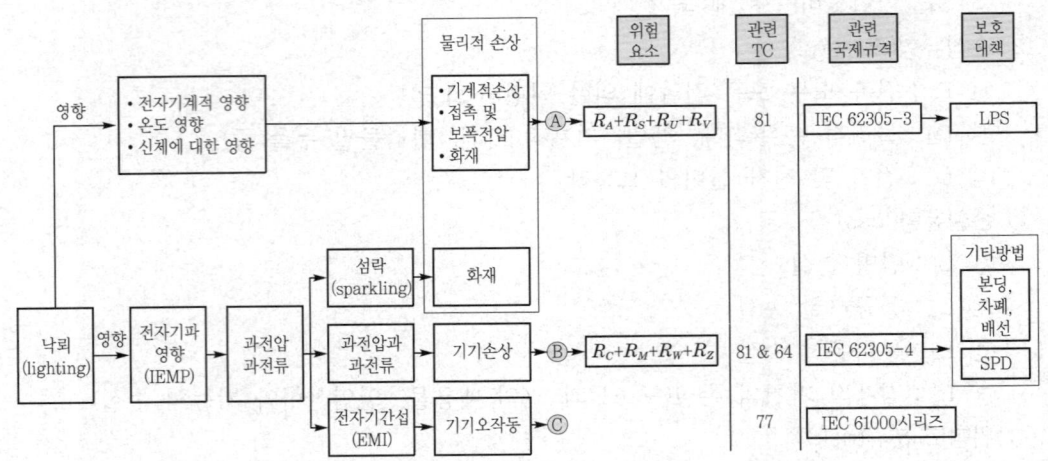

| 낙뢰에 의한 피해의 종류와 보호대책 |

(1) 규격 적용범위

① 기존 : KS C IEC 61024 → 60m 이하 구조물 대상

② 신규 : KS C IEC 62305 → 건물 높이에 관계없이 모든 건물 적용

(2) 철근구조체

저항값이 0.2Ω 이하 시 전기적 연속성으로 규정

(3) 수뢰시스템

돌침, 수평 도체, 메시(mesh) 도체만 규정

(4) 보호각 적용

① 기존 : 돌침에 의한 보호각 적용

② 신규 : 그래프에 의해 연속적으로 나타남

| 피뢰시스템의 레벨별 회전구체 반경, 메시치수와 보호각의 최댓값 |

구분	보호법		
피뢰시스템의 레벨	회전구체 반경 r[m]	메시치수 W[m]	보호각 α[°]
I	20	5×5	다음 그림 참조
II	30	10×10	
III	45	15×15	
IV	60	20×20	

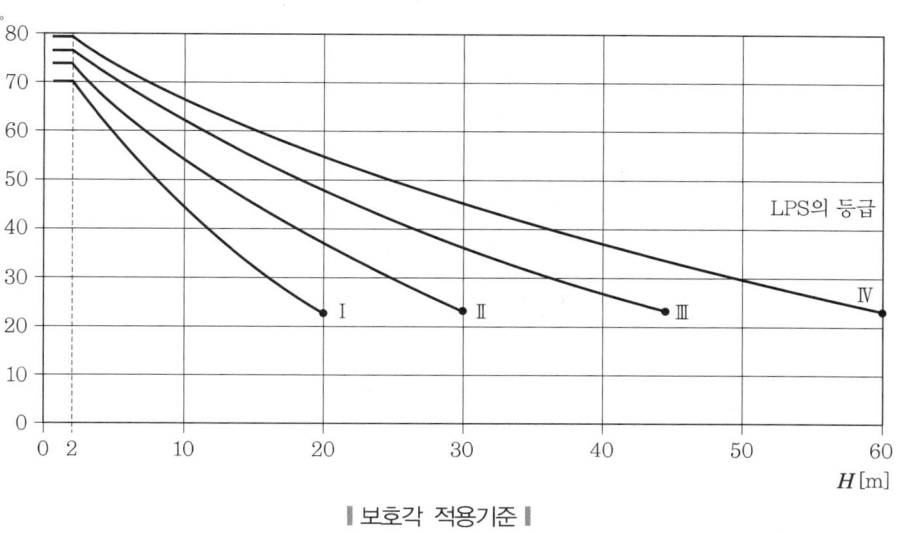

❚ 보호각 적용기준 ❚

6 KS C IEC−62305−4(구조물과 내부의 전기전자시스템 뇌보호) 뇌전자 보호 시스템(SPM)

(1) 뇌보호영역(LPZ : Lightning Protection Zone)

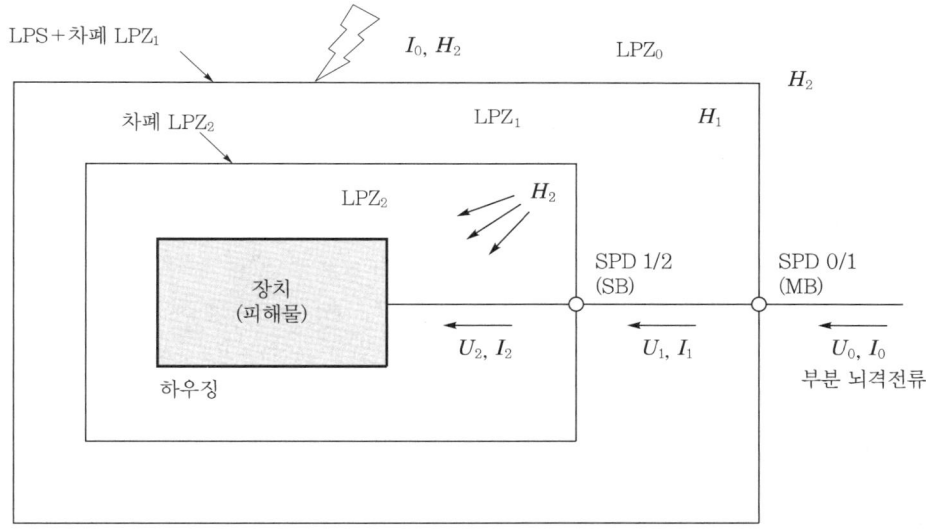

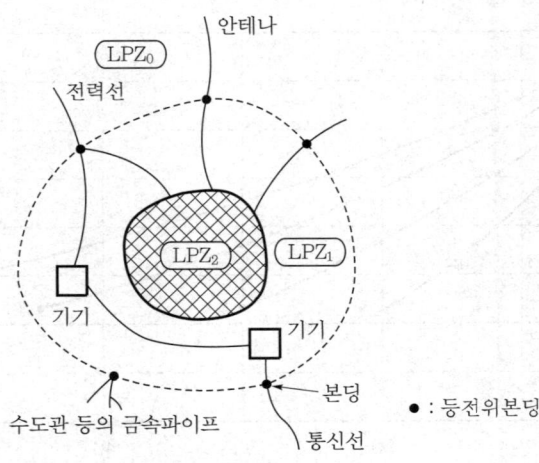

안테나

LPZ₀

전력선

LPZ₂ LPZ₁

기기

기기

본딩

● : 등전위본딩

수도관 등의 금속파이프

통신선

┃LPZ 구분의 개념도┃

(2) SPM 기본 보호대책

① 접지 → 뇌격 전류 분산

② 본딩 → 전위차 및 자계 감소

③ 자기차폐와 선로배치

④ 협조된 서지보호기(SPD)를 사용한 보호

KEC 피뢰시스템의 수뢰부 시스템 배치방법

기출
지문

Q1 철근콘크리트 구조물에서 KS C IEC 62305 피뢰시스템의 자연적 구성부재를 사용하는 요건에 대하여 다음 내용을 설명하시오. 건 112회 출제
  (1) 자연적 수뢰부
  (2) 자연적 인하도선
  (3) 자연적 접지극
Q2 자연적 구성부재 종류 및 피뢰설비의 수뢰부, 인하도선, 접지극으로 간주하기 위한 조건을 설명하시오. 건 130회 출제
Q3 피뢰시스템 구성요소의 용어에 대하여 설명하시오. 건 111회 출제
  (1) 피뢰침(air termination rod)
  (2) 인하도선(down conductor)
  (3) 접지극(earth electrode)
  (4) 서지보호장치(SPD : Surge Protective Device)
Q4 뇌보호시스템(雷保護 system)에 수뢰부 시스템(Air-termination system)의 배치방법을 설계하는 3가지 방법을 기술하시오. 건 76회 출제

건 건축전기설비기술사 / 응 전기응용기술사 / 발 발송배전기술사 / 소 소방기술사 / 안 전기안전기술사 / 화 화공안전기술사 / 정 정보통신기술사

1 개요

(1) KS C IEC 62305의 일반구조물 등에 적용되는 뇌보호시스템(LPS)은 크게 외부 뇌보호시스템과 내부 뇌보호시스템으로 분류한다.
  ① 외부 뇌보호시스템 : 수뢰부 시스템, 인하도선, 접지시스템
  ② 내부 뇌보호시스템 : 등전위본딩(EB), SPD

(2) 수뢰부 시스템은 돌침, 수평도체, 메시도체이다.

(3) 수뢰부 보호범위산정에는 보호각법, 회전구체법, 메시법이 있다.

2 보호각법

(1) 보호각 기준

  ① 기존 KS C 9609는 보호범위를 60° 이하로 한정(위험물 저장취급소 45° 이하)
  ② KS C IEC 61024는 60m 이하 건물보호레벨에 따른 수뢰부 배치에 적용
  ③ KS C IEC 62305는 모든 건물에 적용하며, 높이 보호레벨에 따라 차등 적용

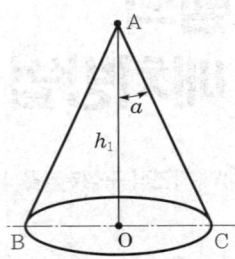

여기서, A : 수직 피뢰침
B : 기준면
OC : 보호영역의 반경
h_1 : 보호를 위한 영역 기준면의
　　상부 수직 피뢰침의 높이
α : 다음 표에 따른 보호각

▎수직 피뢰침에 의한 보호범위 ▎

(2) 보호각 및 보호레벨

▎피뢰시스템의 레벨별 회전구체 반경, 메시치수와 보호각의 최댓값 ▎

구분	보호법		
피뢰시스템의 레벨	회전구체 반경 r[m]	메시치수 W[m]	보호각 α[°]
Ⅰ	20	5×5	다음 그림 참조
Ⅱ	30	10×10	
Ⅲ	45	15×15	
Ⅳ	60	20×20	

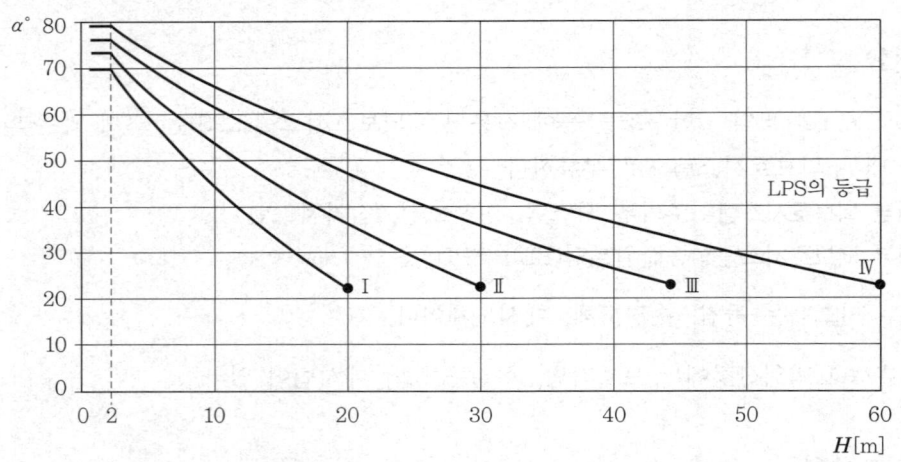

▎보호레벨과 높이에 따른 돌침의 보호각 ▎

표를 넘는 범위에는 적용할 수 없고 회전구체법과 메시법만 적용한다.

H는 보호대상 지역 기준 평면으로부터의 높이 H가 2m 이하일 때 보호각은 불변이다.

(3) 적용

① 건축물에 설치하는 수뢰부 시스템의 하부 또는 수뢰부 시스템 사이의 낙뢰에 대한 보호범위가 일정한 각도 내의 부분이 된다는 것을 기반한다.

② 보호각법은 간단한 형상의 건물에 적용하며 수뢰부 높이는 위 표의 값에 따른다.

3 회전구체법

(1) 적용

① 낙뢰에 대한 보호범위가 구체(공과 같은 물체)를 굴렸을 때 수뢰부 시스템 사이의 구체가 닿지 않는 부분이 된다는 것을 기반한다.

② 앞 표에서 건축물의 보호레벨에 따라 회전시키는 구체의 크기(R)를 다르게 적용한다.

③ 외부 피뢰시스템에서는 뇌격거리의 이론을 기초로 하는 회전구체법을 보호범위로 산정할 경우 기본으로 한다.

(2) 보호범위

① 회전구체반경 R에 따른 보호범위

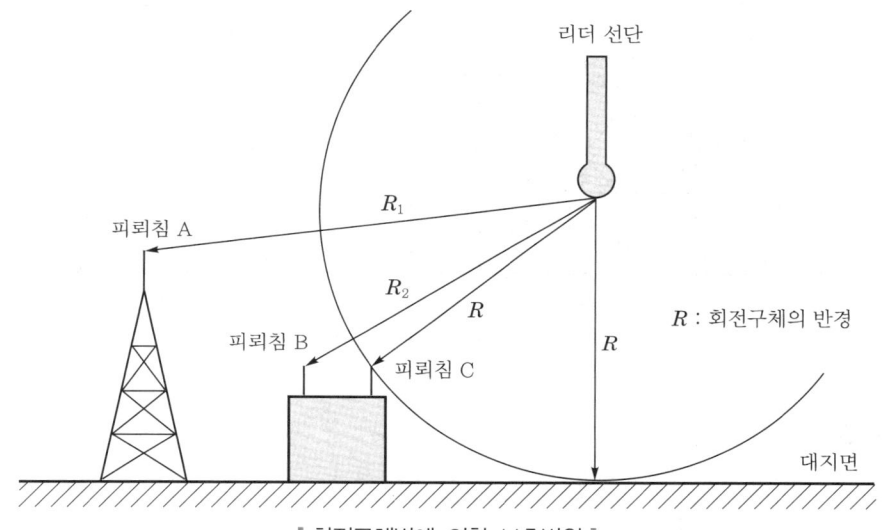

┃ 회전구체법에 의한 보호범위 ┃

② h에 따른 비교

㉠ 현재 KS C IEC 62305는 60m 이상의 일반건축물에 대한 LPS까지도 적용한다.

㉡ 60m를 초과하는 건축물은 회전구체법 및 메시법만을 적용하고 측뢰보호에 관한 것은 건물높이의 80% 이상 부분만 적용한다.

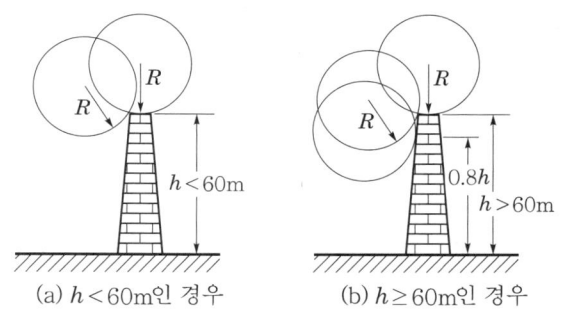

(a) $h < 60$m인 경우   (b) $h \geq 60$m인 경우

┃ 회전구체법에 의한 수뢰부 시스템 설계 ┃

(3) 기본 원리 및 개념

① 회전구체법은 직격뢰와 유도뢰를 고려한 것으로, 스트리머 선단에 의한 측면보호대책을 고려한다.

② 뇌의 리더가 대지면에 가까워진 때를 상정하여 반지름 R의 구가 대지면에 접하도록 범위를 구한다.

③ 모든 접점에는 피뢰침이 필요한 것으로 간주하며 구조물 위에 굴리는 구체가 회전구체, 구체에 의해 가려지는 부분이 보호범위이다.

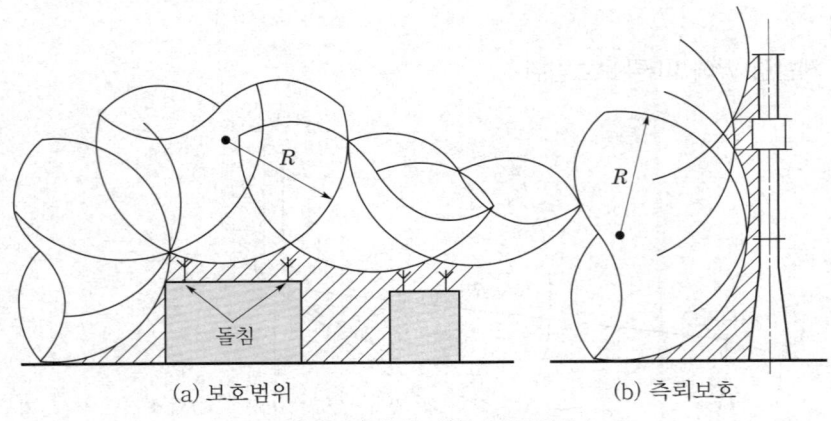

(a) 보호범위　　　　　　　(b) 측뢰보호

‖ 회전구체법에 의한 보호범위 ‖

4 메시법

(1) 적용

① 건축물에 설치하는 수뢰부 시스템이 그물 또는 케이지 형태일 때 이 사이가 낙뢰에 대한 보호범위의 부분이 된다는 것을 기반한다.

② 메시법은 굴곡이 없는 수평이거나 경사진 지붕에 적당하다.

③ 다음 표와 같이 건축물의 보호레벨에 따라 메시의 폭(L)을 다르게 적용한다.

④ 지붕의 경사가 $\dfrac{1}{10}$을 넘으면 메시 대신 메시폭의 치수를 넘지 않는 간격의 평행 수뢰 도체를 사용할 수 있다.

(2) 메시 도체

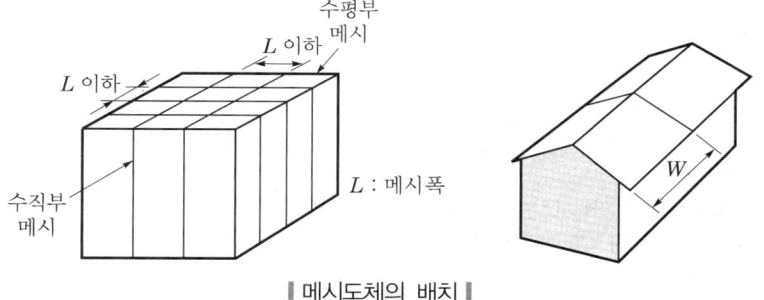

❙ 메시도체의 배치 ❙

보호등급	I	II	III	IV
메시폭(L)	5×5	10×10	15×15	20×20

(3) 수뢰도체 배치

① 지붕 끝선

② 지붕 돌출부

③ 지붕경사가 $\dfrac{1}{10}$ 을 넘는 경우 지붕 마루선

(4) 고려사항

① 관련 회전구체의 반경값보다 높은 레벨의 건축물 측면 표면에 수뢰부 시스템이 시공되었을 때 수뢰망 메시치수는 위 표에 나타낸 값 이하로 한다.

② 수뢰부 시스템망은 뇌격전류가 항상 접지시스템에 이르는 2개 이상의 금속체로 연결되도록 구성한다.

③ 수뢰부 시스템의 보호범위 밖으로 금속체 설비가 돌출되지 않게 한다.

④ 수뢰도체는 가능한 한 짧고 직선경로가 되게 한다.

Q1 상업지구에 위치한 높이 70m, 가로 50m, 세로 40m 장방형 사무용 건축물에 피뢰시스템을 구성하고
자 한다. KEC 규정을 적용하여 다음 사항을 설명하시오. (단, 피뢰시스템은 Ⅳ등급을 적용함)
[건 129회 출제]
(1) 건축물과 분리된 피뢰시스템으로 설계할 때 인하도선 배치방법
(2) 건축물과 분리되지 않는 피뢰시스템으로 설계할 때 인하도선 배치방법과 인하도선수
Q2 직격뢰로부터 대상물을 보호하기 위한 피뢰시스템의 수뢰부, 인하도선, 접지극, 부품 및 접속에 대하
여 설명하시오. [안 125회 출제]
Q3 한국전기설비규정(KEC)의 피뢰시스템에 대한 다음 사항을 설명하시오. [안 128회 출제]
(1) 피뢰시스템의 적용범위
(2) 피뢰시스템의 구성
(3) 건축물·구조물과 분리되지 않은 수뢰부 시스템의 시설기준
(4) 인하도선시스템 중 건축물·구조물과 분리된 피뢰시스템인 경우의 시설기준
(5) 수뢰부 시스템과 접지극 시스템 사이에 전기적 연속성이 형성되도록 하기 위한 시설기준

건 건축전기설비기술사 / 용 전기응용기술사 / 발 발송배전기술사 / 소 소방기술사 / 안 전기안전기술사 / 화 화공안전기술사 / 정 정보통신기술사

1 전기적 절연

① 수뢰부 또는 인하도선과 구조체의 금속부분, 금속설비, 내부 시스템 사이의 전기적 절연은
각 부분 사이의 이격거리 s로 확보할 수 있다.
② 즉, 이격거리(s)보다 실제 거리(d)를 크게 해야 한다(외부 피뢰시스템의 전기절연).
계산된 이격거리(s)가 실제 거리(d)보다 작으면 절연파괴가 가능하지 않다.

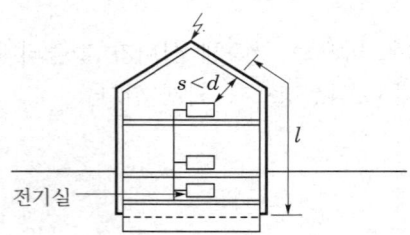

2 이격거리 계산

(1) 관련 식

$$s = \frac{k_i}{k_m} \times k_c \times l \, [\text{m}] \quad \cdots\cdots\cdots\cdots\cdots\cdots\cdots\cdots\cdots\cdots\cdots\cdots\cdots\cdots \text{식 1)}$$

여기서 k_i : 피뢰시스템의 보호등급에 관련된 계수([표 1] 참조)
k_m : 전기절연재료에 관련된 계수([표 2] 참조)

k_c : 수뢰부와 인하도선에 흐르는 뇌전류(부분적)에 관련된 계수([표 3] 참조)

l : 이격거리가 고려되는 점에서 가장 가까운 등전위본딩점 또는 접지단말까지 수뢰부 혹은 인하도선을 따라 측정한 거리[m]

(2) 수뢰부를 따라 측정한 거리 l 은 자연부재 수뢰부 시스템과 같은 연속적인 금속지붕을 갖는 구조물에서는 무시할 수 있다.

▎외부 피뢰시스템의 분리계수 k_i의 값[표 1]▎

LPS의 등급	k_i
I	0.08
II	0.06
III, IV	0.04

▎외부 피뢰시스템의 분리계수 k_m의 값[표 2]▎

재료	k_m
공기	1
콘크리트, 벽돌, 나무	0.5

[주] 1. 여러 개의 절연재료가 직렬로 되어 있는 경우 가장 낮은 재료의 k_m 을 적용하는 것이 바람직하다.
    2. 다른 절연재료의 사용에 대해서는 시설지침서 및 k_m 의 값이 제작자에 의해 제공되어야 한다.

(3) 구조물에 접속된 선로나 외부 도전성 부분의 경우 항상 구조물의 인입점에서 피뢰 등전위 본딩(직접 혹은 서지보호장치에 의한 접속)을 보증할 필요가 있다.

(4) 금속제 또는 전기적인 연속성을 가지는 철근콘크리트조 구조물에 대해서는 이러한 이격거리는 고려하지 않아도 된다.

(5) 수뢰부와 인하도선 사이의 낙뢰전류계수 k_c는 피뢰시스템의 등급, 인하도선의 수 n, 인하도선의 위치, 환상도체의 상호접속과 접지극 시스템의 형식에 의해 결정된다.

(6) 필요한 이격거리는 이격거리가 고려되어야 할 지점에서 접지극 또는 가장 가까운 등전위본딩 지점까지 최단경로의 전압강하에 의해 결정된다.

703

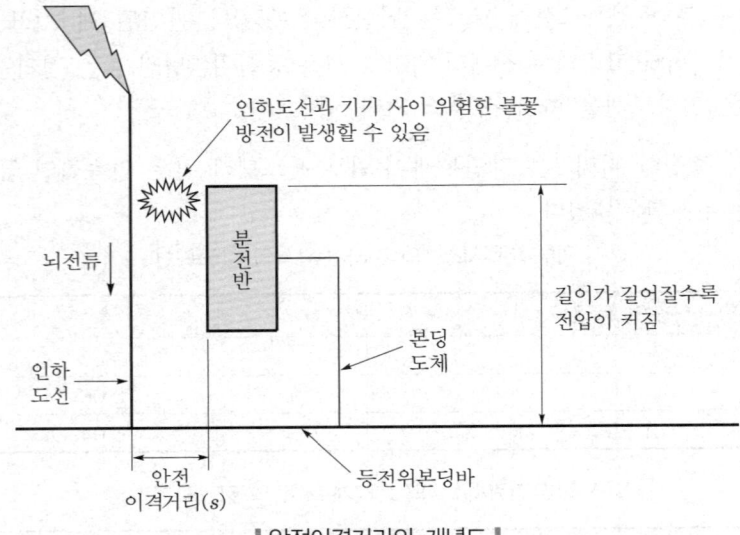

∥ 안전이격거리의 개념도 ∥

3 단순접근법

① 단순접근법은 대체로 안전 측면에서 검토한 것으로서, 식 1)의 적용을 위한 전형적인 구조물은 다음의 조건이 고려되어야 한다.

② 수뢰부와 인하도선에 흐르는 뇌전류(부분적)에 관련된 계수([표 3] 참조) l(이격거리)이 고려되는 점에서 가장 가까운 등전위본딩점까지 인하도선을 따라 측정한 수직거리[m]

∥ 외부 피뢰시스템의 절연 – 계수 k_c의 값[표 3] ∥

인하도선의 수	k_c
1(독립 피뢰시스템의 경우에만 해당)	0.661
2	0.44
3 이상	–

[주] 이 표의 값은 인접한 접지극의 접지저항이 2가 되지 않는 모든 A형 및 B형에 유효하다. 개별접지극의 접지저항이 2 이상인 경우 $k_c = 1$을 가정한다.

4 세부접근법

(1) 메시 수뢰부 시스템과 상호연결된 환상도체를 갖는 피뢰시스템에서 수뢰부와 인하도선에 흐르는 전류값은 전류의 분배 때문에 다르다. 이격거리 s의 보다 더 정밀한 계산을 위해서 다음의 공식을 따른다.

$$s = \frac{k_i}{k_m} \times (k_{c1} \times l_1 + k_{c2} \times l_2 + \cdots\cdots + k_{cn} \times l_n)$$ ·················· 식 2)

[주] 이 접근방식은 매우 큰 건물이나 복잡한 형태의 구조물에서의 이격거리 계산에 적합하다. 각 도체의 계수 k_c 계산을 위해서 수치망 프로그램이 사용된다.

(2) 적용 예시

$$s = k_1 (k_{c1} \cdot l_1 + k_{c2} \cdot l_1 + \cdots\cdots + k_{cn} \cdot l_n)$$

$$= 0.06 \cdot (0.8\,\mathrm{m} + 0.333 \cdot 10\,\mathrm{m} + 0.167 \cdot 10\,\mathrm{m} + 0.083 \cdot 10\,\mathrm{m}) = 0.83\,\mathrm{m}$$

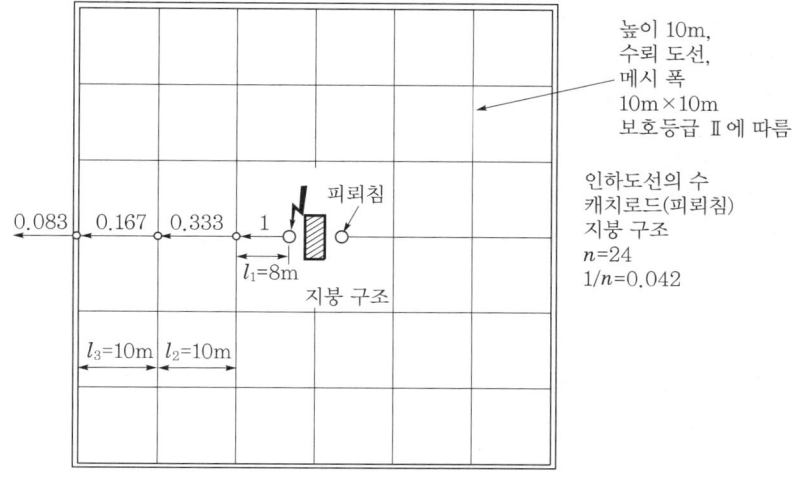

높이 10m,
수뢰 도선,
메시 폭
10m×10m
보호등급 Ⅱ에 따름

인하도선의 수
캐치로드(피뢰침)
지붕 구조
$n = 24$
$1/n = 0.042$

피뢰침
$l_1 = 8\mathrm{m}$
지붕 구조
$l_3 = 10\mathrm{m}$ $l_2 = 10\mathrm{m}$

0.083 0.167 0.333 1

수뢰부 시스템과 피뢰침의 연결은 두 개의 연결선으로 이루어짐.
보호등급 Ⅱ에 대해 계산된 이격거리는 공중에서의 경우 0.48m

❙ 보호등급 Ⅲ의 이격거리 계산의 예 ❙

5 이격거리(s)보다 실제 거리(d)가 작을 경우 대책

① 개별 수뢰부 및 인하도선을 이동함으로써 거리를 증가시킨다.
② 설비를 이동시켜 거리를 늘린다.
③ 추가 리드에 의한 이격거리를 감소시킨다.
④ 별도의 수뢰부 시스템을 설치한다.
⑤ 고전압 절연 리드를 사용한다.
⑥ 비도전성 부재, 예로 다락 덮개, 빗물받이 또는 벽 연결 프로파일과 같은 플라스틱 부품을
   설치할 것

SPM(LEMP 보호대책) 시스템 보호

기출
지문

Q1 시스템(LPMS)과 설계에 대하여 설명하시오. [건 96회 출제]

Q2 KS C IEC 62305 제4부 구조물 내부의 전기전자시스템에서 말하는 LEMP에 대한 기본보호대책 (LEMP)의 주요 내용을 서술하고 그 중 본딩망에 대하여 상세히 설명하시오. [건 103회 출제]

Q3 뇌전자기임펄스(LEMP) 보호대책시스템(LPMS)과 관련하여 다음 사항을 설명하시오. [건 124회 출제]
  (1) 피뢰구역(LPZ)의 대책
  (2) LEMP 보호대책시스템(LPMS) 설계 및 기본

건 건축전기설비기술사 / 응 전기응용기술사 / 발 발송배전기술사 / 소 소방기술사 / 안 전기안전기술사 / 화 화공안전기술사 / 청 정보통신기술사

1 개요

① 외부 피뢰시스템 혹은 피보호구조물의 도전성 부분을 통하여 흐르는 뇌격전류에 의해 피보호구조물의 내부에서 위험한 불꽃방전을 방지할 목적이다.

② 피뢰 등전위본딩 또는 전기적 절연을 한다.

2 피뢰 등전위본딩

피뢰 등전위본딩의 대상은 외부 피뢰시스템과 구조물의 도전성 부분, 설비의 도전성 외함, 구조물에 인입하는 도전성 부분이다.

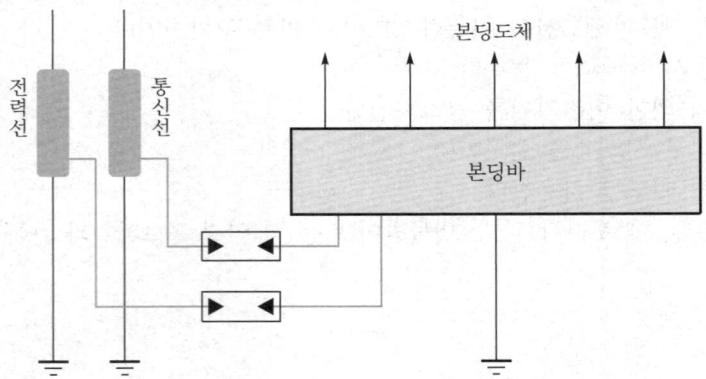

(1) 구조물의 도전성 부분, 설비 도전성 부분에 대한 피뢰 등전위본딩

① 피뢰 등전위본딩은 지표면 또는 부근에 설치하여 점검이 용이하도록 한다.

② 대형 건축물(높이 20m 이상)에서는 2개 이상의 본딩바를 설치하고 상호접속한다.

③ 본딩을 위한 도체의 최소 단면적
  ㉠ 본딩바 상호 간 연결하는 도체 또는 본딩바와 접지시스템에 연결하는 도체
  ㉡ 구조물 내의 도전성 부분과 본딩바에 접속하는 도체

(2) 구조물 내로 인입하는 도전성 부분에 대한 피뢰 등전위본딩

① 인입하는 도전성 부분에 대한 피뢰 등전위본딩은 가급적 인입점 가까운 지점에서 직접 연결 또는 SPD를 통한 접속을 한다.

② 뇌격전류에 충분히 견딜 수 있는 굵기의 도체로 접속한다.

③ 구조물에 인입하는 선로는 협조된 SPD로 본딩한다.

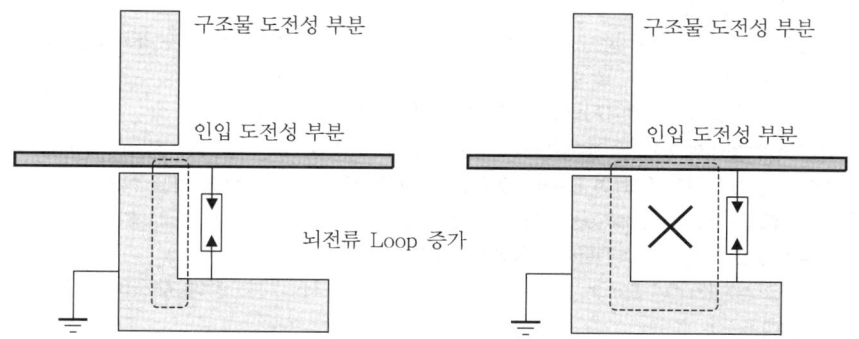

(3) 내부시스템에 대한 피뢰 등전위본딩

① 내부시스템이 차폐층 또는 금속관 등에 의해서 차폐되어 있는 경우에는 차폐층 또는 금속관을 본딩하는 것으로 충분하다.

② 차폐되지 않은 내부시스템 도체는 SPD로 본딩한다(내부시스템 보호가 필요한 경우).

3 외부 피뢰시스템의 전기적 절연

(1) 피뢰 등전위본딩이 어려운 장소에서는 외부 피뢰시스템(수뢰부, 인하도선, 접지시스템)과 전기적 절연을 확보한다.

(2) 최소 이격거리

$$S = K_i \frac{K_c}{K_m} \times l [\text{m}]$$

여기서, K_i : 보호레벨과 관련된 계수

K_c : 인하도선에 흐르는 전류에 관련된 계수

K_m : 절연재료에 관련된 계수

l : 인하도선과 등전위본딩점 사이 최소 거리

SECTION 16 서지보호장치(SPD : Surge Protgective Device)

1 건축물 내 서지의 원인

(1) 직격뢰

건축물에 설치된 피뢰침, 안테나 등에 직접 뇌격이 가해져서 대단히 큰 뇌격전류의 에너지가 대지로 유입됨으로써 국지적인 대지의 전위 상승을 수반하고 극심한 파괴력을 나타낸다.

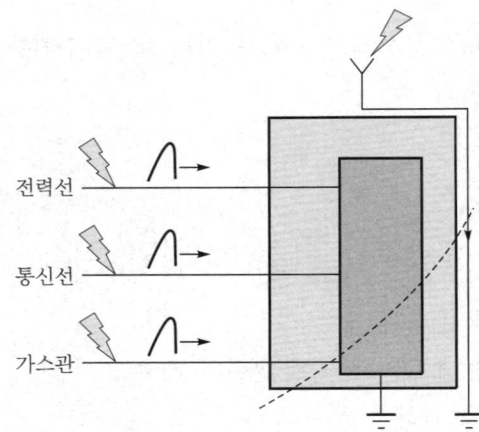

(2) 유도뢰

건축물로부터 거리가 떨어진 곳에서 뇌격의 영향으로 건축물로 인입하는 전력선, 통신선, 수도관 등을 통하여 서지가 전도되어 발생되는 경우로 직격뢰에 의한 에너지보다 작은 편이나 침입하는 뇌서지의 대부분을 차지한다.

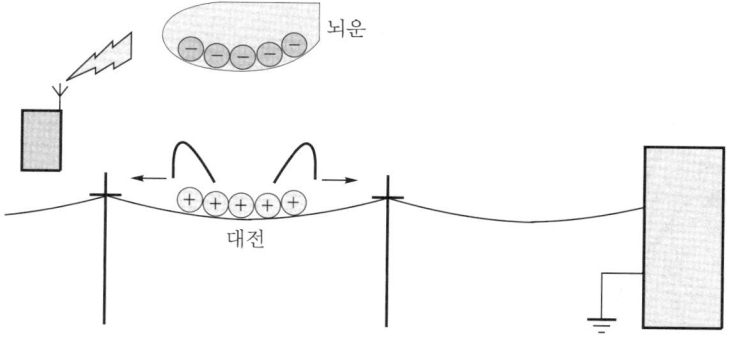

(3) 개폐서지

건축물 내의 개폐장치의 개방 및 투입 시에 발생되는 서지로, C에 저장된 정전에너지 및 L에 저장된 자기에너지가 방전하는 동안에 나타나는 과도진동형태의 서지이다.

2 카테고리별 기기의 임펄스 내전압(KS C IEC 60364)

건축물 내에 설치되는 기기의 설치장소와 공칭전압에 따라서 기기의 임펄스 내전압의 최솟값을 규정한다.

① 기기는 해당 카테고리의 임펄스전압을 견딜 수 있도록 설계한다.
② SPD는 해당 카테고리의 임펄스전압을 초과하지 않도록 제한한다.

구분		카테고리 Ⅳ	카테고리 Ⅲ	카테고리 Ⅱ	카테고리 Ⅰ
공칭 전압	단상 120 ~ 240V	4.0kV	2.5kV	1.5kV	0.8kV
	3상 220/380V	6.0kV	4.0kV	2.5kV	1.5kV
설치위치		인입구	간선/분기선	일반부하	전자기기 내부
해당설비		수배전반 전력량계 누전차단기 인입전선	분전반 콘센트 스위치 실내 배선	조명기구 TV 컴퓨터 에어컨	정밀기기
SPD 형식		Type Ⅰ 또는 Ⅱ	Type Ⅱ 또는 Ⅲ		

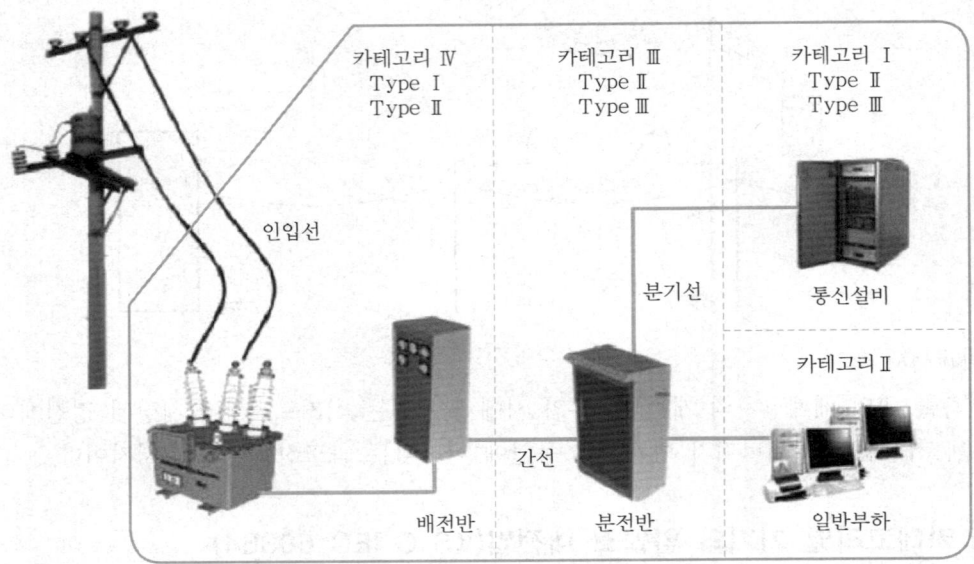

3 서지보호장치(SPD : Surge Protection Device)

(1) 서지보호장치의 개념

매우 짧은 순간에 위험한 서지(surge)의 침입으로 인하여 건축물 내 설비의 절연파괴, 전자부품의 파손, 오작동 등 많은 피해를 감쇄시켜 건축물 내의 설비들을 보호하는 장치를 말한다.

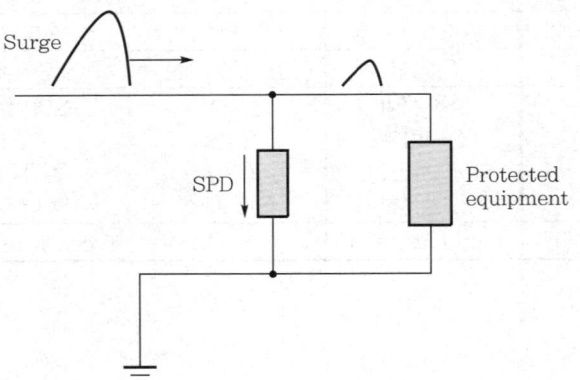

(2) 서지보호장치의 기능

① 정상시는 개방모드로 대지와 절연된 상태를 유지한다.

② 뇌서지가 일정 값 이상 유입되면 단락모드로 신속하게 임피던스를 저감시켜 대지로 서지전류를 방전시켜 서지전압을 저감시킨다.

③ 뇌서지가 소멸되면 다시 신속하게 속류를 차단하고 개방모드로 전환한다.

④ 서지보호장치의 기능이 상실된 고장모드에서는 다음과 같은 보조장치를 갖출 것
   ㉠ 개방모드 : 동작표시기
   ㉡ 단락모드 : SPD분리기

> **⊘ 참고**
>
> **한국전기설비규정(142.6)**
>
> 전기설비의 접지계통과 건축물의 피뢰설비 및 통신설비 등의 접지극을 공용하는 통합접지공사를 하는
> 경우에는 낙뢰 등으로 인한 과전압으로부터 전기설비 등을 보호하기 위하여 153.1의 규정에 따라 서지
> 보호장치(SPD)를 설치할 것

4 SPD의 종류

(1) GDT(Gas Discharge Tube)

① 전극을 일정 간격으로 밀착시킨 후 진공상태에서 네온, 아르곤 등의 불활성 가스를 적정 비율로 주입한 것이다. 일정 전압이 인가되면 방전된다. 방전전압은 가스의 압력과 전극의 간격으로 제어한다.
② 방전내량이 가장 크며, 정전용량이 낮아 고주파 통신용 설비의 보호에 적합하다.
③ 방전개시전압이 높으며, 응답속도가 느린 편으로 정밀장비보호에 부적합하다.
④ 누설전류가 거의 없으며, 통신용으로 사용된다.

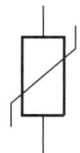

(2) MOV(Metal Oxide Varister)

① 전압에 따라서 저항이 가변하는 ZnO 소자를 사용한다.
② 응답속도가 빠르고(1ns) 방전내량이 커서 가장 많이 사용한다.
③ 속류차단 능력이 우수하다.
④ 누설전류가 비교적 크다.
⑤ ZnO 소자가 갖는 정전용량이 매우 커서 초고속 통신용에 부적합하다.

(3) SAD(Silicon Avalanche Diode)

① 반도체소자인 PN접합 Diode의 특성을 이용한다.
② 반도체 특성인 응답속도가 매우 빨라 보호특성이 매우 우수하다.
③ 내서지 특성이 빈약하여 소용량에 사용한다.

(4) 복합형(hybrid type)

위의 '(1), (2), (3)' 방식들을 조합한 형태를 말한다. 보호기기의 특성에 맞추어 서지보호기를 적용한다.

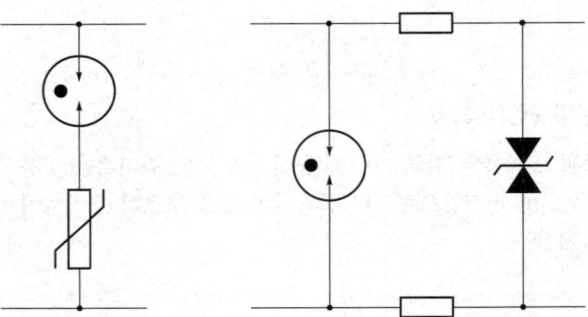

5 서지보호장치의 형식별 시험항목

SPD 형식	SPD 시험의 종류	SPD의 시험항목
Type I	Class I	I_{imp}, I_n
Type II	Class II	I_{max}, I_n
Type III	Class III	V_{oc}

(1) Class I 시험방법

① 직격뢰에 대해 대응하기 위한 SPD 선정을 위한 시험 : 직격뢰가 피뢰설비로 방전되는 경우에 접지저항이 커서 SPD를 통해서 큰 전류를 분류해야 되는 상황이 고려된 것으로 방전에너지가 가장 큰 경우로 뇌전류 $10 \times 350\mu s$는 $8 \times 20\mu s$에 비해서 25배 정도 에너지가 큰 파형이다.

② 최대 임펄스전류(I_{imp})를 $10 \times 350\mu s$, 공칭방전전류(I_n)를 $8 \times 20\mu s$의 파형으로 시험한다.

③ 설치위치는 건축물의 인입구 또는 LPZ₁의 경계에 시설되는 SPD는 Type I을 적용하며, Class I 시험을 통과해야 된다.

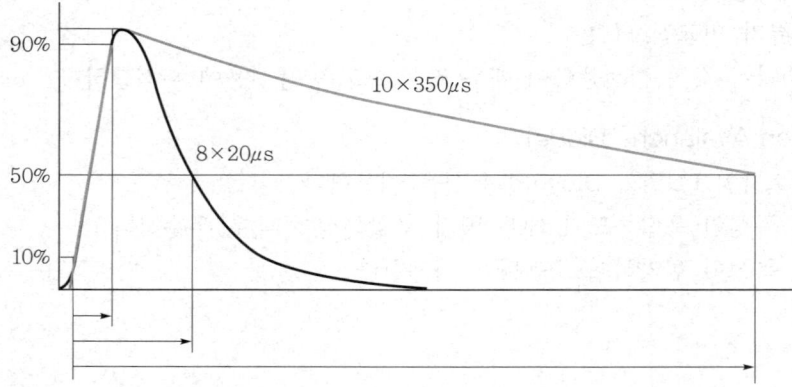

(2) Class Ⅱ 시험방법

① 유도뢰에 대해 대응하기 위한 SPD 선정을 위한 시험이다.

② 최대 방전전류($I_{\max}$)를 $8 \times 20 \mu s$, 공칭방전전류(I_n)를 $8 \times 20 \mu s$의 파형으로 시험한다.

(3) Class Ⅲ 시험방법

콤비네이션 파형(전압임펄스 = $1.2 \times 50 \mu s$, 전류임펄스 = $8 \times 20 \mu s$)으로 시험한다.

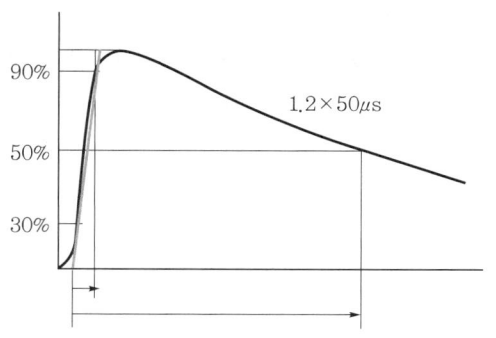
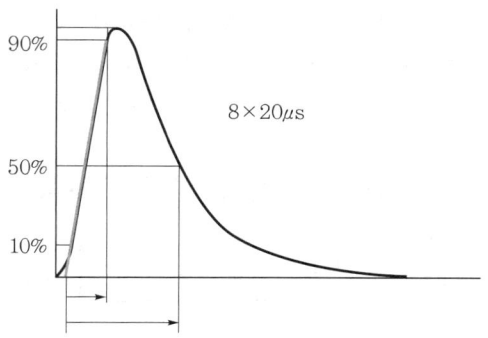

6 뇌보호영역(LPZ)

뇌격에 의한 전자계임펄스(LEMP)의 위험으로부터 설비 및 기기를 보호하기 위한 보호공간의 경계를 기준으로 나눈 것이다.

구분	직격뢰	전자계의 영향
LPZ 0A	가능 영역	전자계 감쇄 없는 영역
LPZ 0B	해당 없음	전자계 감쇄 없는 영역
LPZ₁	해당 없음	공간차폐 대책 마련으로 전자계가 현저히 감소된 영역
LPZ₂	해당 없음	추가적인 공간차폐로 보다 전자계가 현저히 감소된 영역

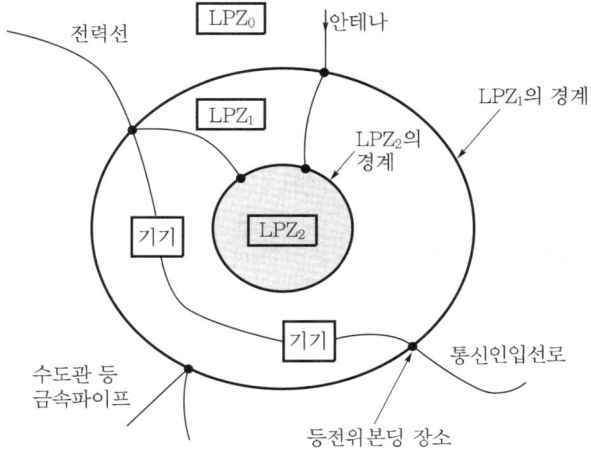

▍여러 가지 LPZ로 분류하기 위한 원리 ▍

713

SPD 선정을 위한 공정도

기출
지문

Q1 SPD의 설계 시 주요 검토사항에 대하여 설명하시오. 건 97회 출제

Q2 건축물에 설치하는 저압 SPD(Surge Protective Device)의 선정 시 고려해야 할 사항에 대하여 설명하시오. 건 118회 출제

Q3 서지보호장치(SPD)의 적용범위, 타 기기와 보호협조, 적용장소에 대하여 설명하시오. 건 125회 출제

Q4 SPD(Surge Protective Device) 선정을 위한 공정(흐름)도를 작성하고 설명하시오. 건 95회 출제

건 건축전기설비기술사 / 홍 전기응용기술사 / 발 발송배전기술사 / 소 소방기술사 / 안 전기안전기술사 / 화 화공안전기술사 / 정 정보통신기술사

1 SPD의 선정절차 및 검토사항

SPD의 설치장소 확인	SPD의 형식을 선정 • 인입구 : 타입 Ⅰ 또는 Ⅱ • 부하 측 : 타입 Ⅱ 또는 Ⅲ
SPD의 설치환경 확인	SPD를 설치할 계통의 전압을 고려하여 U_c를 선정 • 최대 연속동작전압(U_c) • 일시적 과전압(U_{TOV})
고장모드의 추정	SPD에 흐르는 최대 방전전류를 고려하여 보조장치 고려 • 개방모드 : 동작표시기 • 단락모드 : SPD 분리기
SPD와 다른 기기와 상호관계	피보호기기 내전압, 과전류보호장치와 동작협조를 고려 • 전압보호수준(U_p) • 최대 연속동작전류(I_c)
선정한 SPD와 다른 SPD와의 협조	SPD 간 에너지 협조를 고려
SPD의 규격선정	• 전압보호수준(U_p) : 1.5 · 2.5 · 4.0kV • 최대 연속동작전압(U_c) : 110V, 130V, 230V, 240V, 420V, 440V • 임펄스전류(I_{imp}) : 5kA , 10kA , 20kA • 공칭방전전류(I_n) : 1kA, 2kA, 5kA, 10kA, 20kA

2 SPD의 선정(구체적 사항)

(1) SPD의 형식 및 전압보호수준(U_p) 선정

SPD의 설치장소에 따라서 SPD 형식의 선정(타입 Ⅰ, Ⅱ, Ⅲ)과 SPD의 보호레벨(전압보호수준, U_p)을 선정한다.

구분		카테고리 Ⅳ	카테고리 Ⅲ	카테고리 Ⅱ	카테고리 Ⅰ
공칭 전압	단상 120 ~ 240V	4.0kV	2.5kV	1.5kV	0.8kV
	3상 220/380V	6.0kV	4.0kV	2.5kV	1.5kV
설치위치		인입구	간선/분기선	일반부하	전자기기 내부
해당 설비		수배전반 전력량계 누전차단기 인입전선	분전반 콘센트 스위치 실내 배선	조명기구 TV 컴퓨터 에어컨	정밀기기
SPD 형식		Type Ⅰ 또는 Ⅱ	Type Ⅱ 또는 Ⅲ		

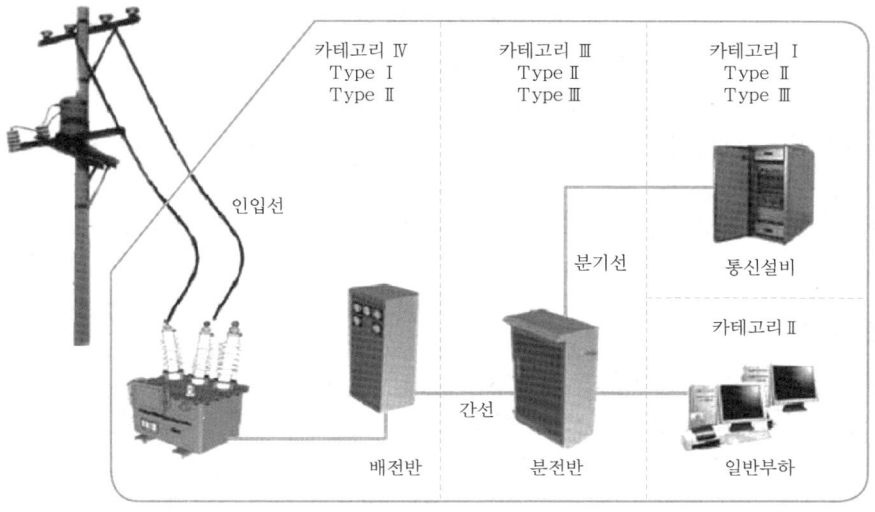

(2) SPD의 최대 연속사용전압(U_c) 선정

SPD의 최대 연속사용전압(U_c)은 계통전압, 공급계통의 종류에 따라서 선정한다.

‖ 공급계통에 따른 SPD의 최대 연속사용전압의 요구사항 ‖

구분	공급계통의 종류				
	TT	TN-C	TN-S	IT(N 有)	IT(N 無)
L-N	$1.45\,U_0(2\,U_0)$	–	$1.45\,U_0$	$1.45\,U_0$	–
L-PE	$\sqrt{3}\,U_0(U_0)$	–	$1.45\,U_0$	$\sqrt{3}\,U_0$	$\sqrt{3}\,U_0$
N-PE	$1.45\,U_0$	–	U_0	U_0	–
L-PEN	–	$1.45\,U_0$	–	–	–

* U_0 : 저압 계통에서 상전압

(3) SPD의 일시적 과전압(U_{TOV})

① SPD는 저압 계통 내의 사고로 인한 일시적 과전압(중성선 단선은 제외)에는 견딜 수 있어야 한다.

715

② 기기를 보호하는 SPD(L-N, L-PE에 접속된 SPD)는 다음 표에 의한 일시적인 과전압으로 한 시험을 통과해야 한다.

┃ 저압 기기의 허용 교류 스트레스 전압 ┃

허용 스트레스 전압[V]	차단시간[s]
$U_0 + 250$	> 5
$U_0 + 1200$	> 0.5

(4) SPD 고장모드 확인

① 서지가 예상한 최대 에너지 및 방전전류용량보다 큰 경우 SPD가 고장나거나 파괴되는 경우가 있어, 이런 경우 SPD 고장모드는 개방모드 또는 단락모드가 된다. SPD가 고장난 경우에 안전성을 확보하기 위해 각 모드에 다음과 같은 보조장치를 설치하는 것이 좋다.

② 개방모드에서 SPD 고장 발생 : 고장난 SPD를 교환하기 위해 SPD의 상태를 표시하는 동작표시기를 설치한다.

③ 단락모드에서 SPD 고장 발생 : 배전계통이 단락에 가까운 상태가 되기 때문에 단락전류로 인해 화재 등이 발생하지 않도록 SPD 분리기 설치한다.

(5) 공칭방전전류

① SPD의 공칭방전전류는 5kA 이상일 것

② 각 상에 설치한 SPD의 보호도체 측(또는 중성선 측) 단자와 보호도체 간 또는 주접지단자 간에 접속되는 SPD의 각 상별 공칭방전전류는 3상 계통의 경우 4배(중성선이 없는 경우는 3배) 이상, 단상 계통은 3배(중성선이 없는 경우는 2배) 이상일 것

(6) 임펄스전류의 선정

① 최대 임펄스전류는 KS C IEC 61312-1에 따라서 산출한 뇌임펄스전류(파형은 $10/350\mu s$)값 이상일 것. 단, 뇌임펄스전류의 값이 규정되지 않은 경우에는 12.5kA 이상으로 할 수 있다.

② 각 상에 설치한 SPD의 보호도체 측(또는 중성선 측) 단자와 보호도체 간 또는 주접지단자 간에 접속되는 SPD의 각 상별 뇌임펄스전류는 3상 계통은 4배(중성선이 없는 경우는 3배) 이상, 단상 계통은 3배(중성선이 없는 경우는 2배) 이상일 것

┃ 뇌격으로 인해서 저압 계통에 발생 예상되는 서지전류 ┃

보호레벨	인입선 뇌격 전류파형(직격뢰) [kA]	인입선로 근처 뇌격 전류파형(유도뢰) [kA]	건축물 뇌격 전류파형(유도뢰) [kA]	건축물 근처 뇌격 전류파형(유도뢰) [kA]
Class I	10	5	10	0.1
Class II	7.5	3.75	7.5	0.15
Class III, IV	5	2.5	5	0.2

• 직격뢰 전류파형 : $10 \times 350\mu s$, 유도뢰 전류파형 : $8 \times 20\mu s$

(7) SPD 간 보호협조 고려

계통에 여러 대의 SPD를 설치하는 경우 상호 간에 에너지협조를 고려한다.

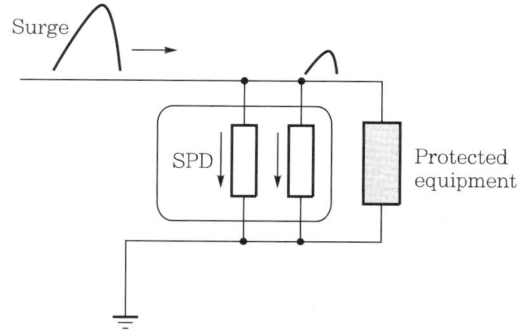

3 SPD 선정 시 주의사항

SPD의 선정에는 피보호기기의 내전압, 회로전압, 주파수(통신용), 설치장소 등을 파악할 필요가 있으며, 적절한 SPD를 설치하지 않을 경우 아래의 장해가 발생된다.

① 기기의 임펄스 내전압과 SPD의 보호레벨의 보호협조가 이루어지지 않으면 기기의 절연파괴가 나타난다. 그러므로 아래사항을 유의해서 선정한다.

> 피보호기기의 내전압 > SPD 전압보호수준(U_p) + 배선길이에 따른 전압강하

② SPD의 주파수특성이 적절하지 않은 SPD를 설치하면 신호가 차단된다.
고주파 통신용으로는 자체 정전용량이 낮은 SPD를 선정하는 것이 유리하다.
③ 전원선에 통신용 SPD를 설치하면 속류에 의해 SPD가 파손된다.

✛LUS 저압 인입구 설치할 SPD의 사양 선정의 예

건축물의 접지가 10Ω, 변압기의 2종 접지저항이 65Ω일 때 뇌격전류가 100kA가 흐를 경우에 SPD의 사양은?

(1) SPD로 분류되어 흐르는 전류계산

저압의 SPD가 동작하면 제한전압이 매우 낮으므로 내부저항은 무시한다.

$$I_{SPD} = \frac{10}{10+65} \times 100 = 13.3 \,\text{kA}$$

(2) Mode당 흐르는 전류는 $\frac{13.3}{3} = 4.5 \,\text{kA}$

(3) Mode당 Class Ⅱ(type Ⅰ)의 5kA($10 \times 350 \mu$s) 이상의 SPD를 선정한다.

(4) 만약 Class Ⅱ(type Ⅱ)의 SPD를 선택한다면

4.5×25배 $= 112.5\,\text{kA}$

$8 \times 20\,\mu\text{s}$ 이상의 SPD를 선택해야 한다.

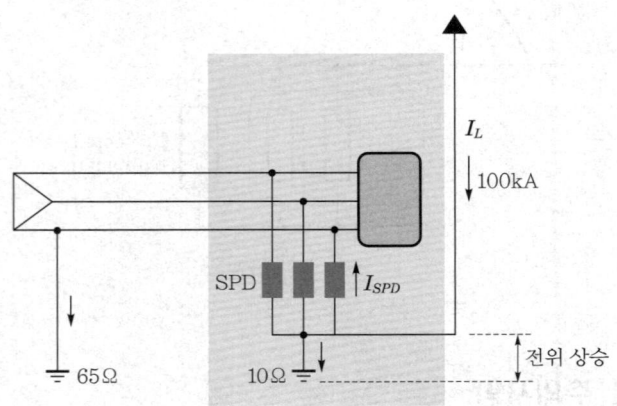

4 SPD의 설치

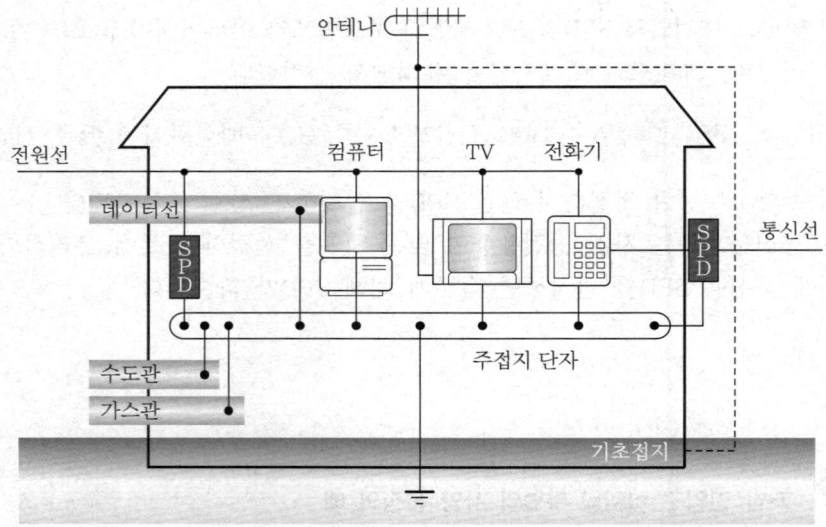

(1) SPD의 설치장소

① 인입구 또는 그 부근에 설치하며, 피보호설비에 근접하여 설치한다.

② 전력선과 통신용 등전위본딩용으로 설치(인입구, LPZ 경계)한다.

(2) SPD의 설치방법

① SPD의 접속위치 : 선과 대지 사이에 SPD 설치가 기본이다.

   ㉠ 선과 대지 사이에 설치 : '선과 대지' 사이에서 발생하는 과전압 보호

   ㉡ 선과 중성선 사이에 설치 : '선과 중성선' 사이에서 발생하는 과전압 보호

   ㉢ 중성선과 대지 사이에 설치 : '중성선과 대지' 사이에서 발생되는 과전압 보호

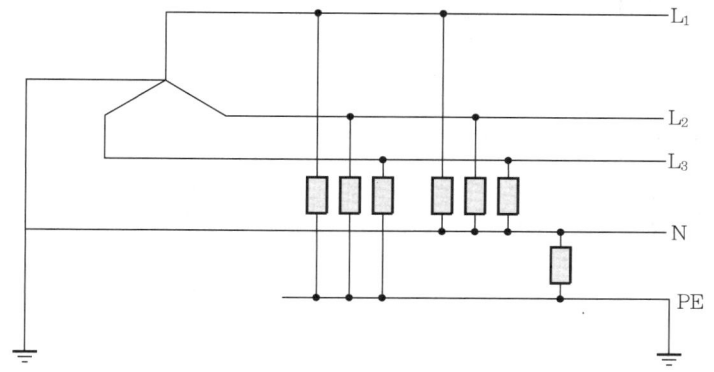

② SPD의 설치원칙

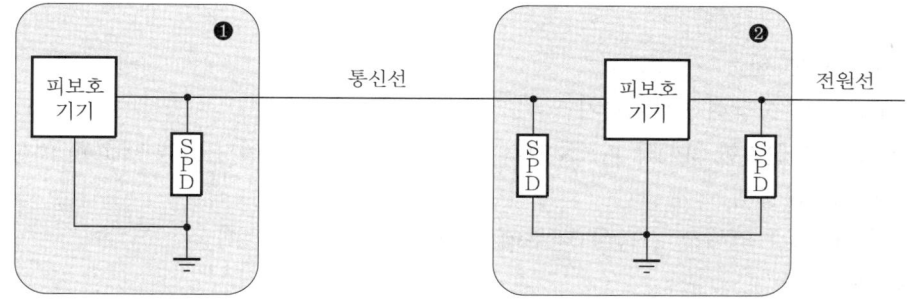

   ㉠ 거리가 떨어진(10m 이상) 경우 기기의 내전압 레벨이 낮은 경우에는 인입구에 설치된 SPD만으로는 보호가 불충분하기 때문에 피보호기기 직전에 적절한 SPD를 설치해야 한다.

   ㉡ 피보호기기와 SPD는 반드시 공통으로 접지하고, 최대한 가까이에 시설하며, SPD의 접지선은 극단적으로 짧게 해야 하고, 기기에 접속되어 있는 전체의 입력부분에 SPD를 설치해야 효과적이다.

③ SPD의 배선방법 : '접속은 최단 거리로'

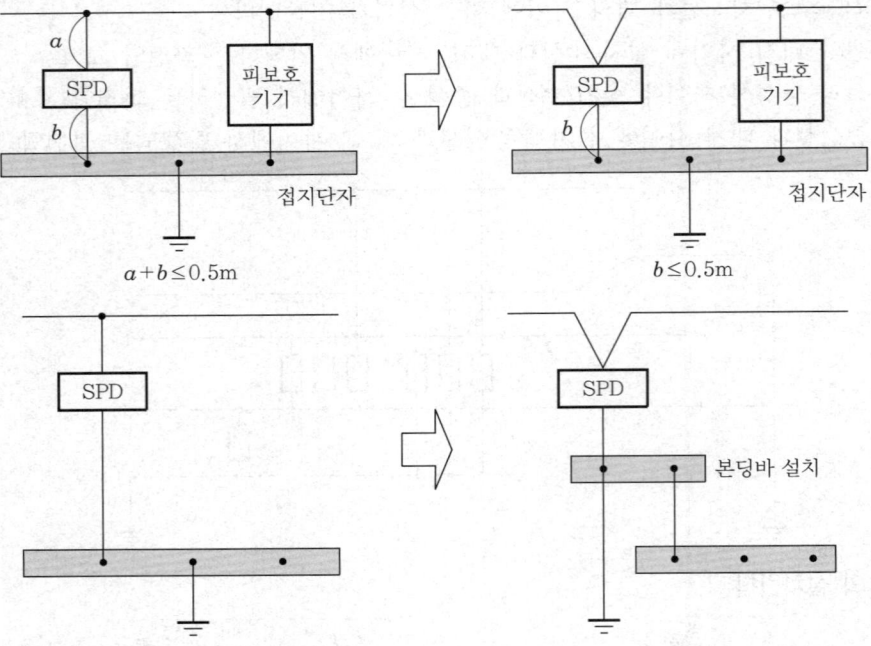

④ 추가적인 SPD 보호

   ㉠ 내전압이 상당히 낮은 기기

   ㉡ 인입구에 설치한 SPD와 피보호기기 간 거리가 상당히 떨어져 있을 때(10m 이상) 전위의 진동현상 발생

   ㉢ 뇌격전류에 의해서 건축물 내부에 전자계 영향을 받을 때

⑤ 접지선의 굵기

   ㉠ 설비의 인입구 부근에서 SPD 접지선 : 10mm^2 이상

   ㉡ 건축물에 피뢰설비가 없는 경우 : 4mm^2 이상

전력품질

9 CHAPTER

SECTION 01 전원외란(power disturbance)

1 개요

① 최근 자동화·정보화 추세에 힘입어 정밀전자기기 및 반도체 스위칭소자를 이용한 기기사용이 급증하고 있다.

② 이러한 장비들은 전원외란에 민감하기 때문에 품질향상대책을 세워야 하며 전력품질에 대한 구체적 기준을 마련해야 한다.

2 전력품질기준

(1) 기준전압

구분	공칭전압[V]	전압유지범위
저압	110	±6V
	220	±13V
	380	±38V
고압	6600	−600 ~ +300V
특고압	22900	−2100 ~ +900V

(2) 기준주파수

① 상시 : $60 \pm 0.2Hz$ → 우리나라는 0.1Hz로 유지하고 있다.

② 비상시 : $57.5 \sim 62Hz$

(3) 정전

① 순간 정전 : 0.07 ~ 2초

② 단시간 정전 : 2초 ~ 1분

③ 장시간 정전 : 30분 이상

(4) 고조파 관리기준(한전 공급약관)

전압	지중		가공	
	V_{THD}[%]	EDC[A]	V_{THD}[%]	EDC[A]
66kV 이하	3	–	3	–
154kV 이상	1.5	3.8	1.5	–

3 전원외란의 형태

전원외란이란 전원이 정상상태에서 벗어나는 현상을 총칭해서 말하는 것이다.

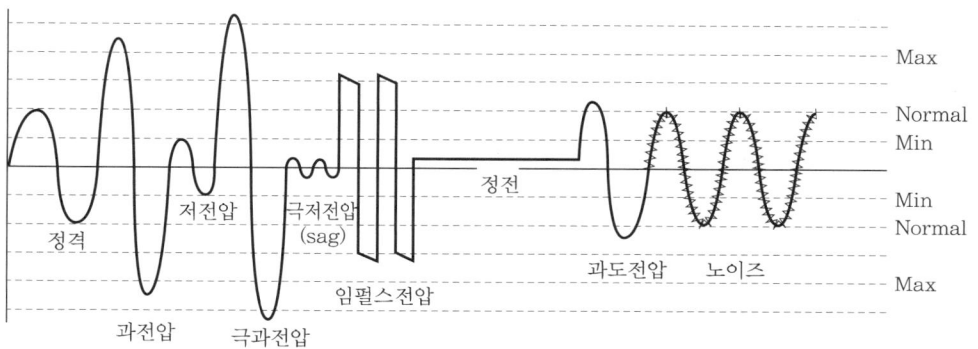

‖ 전원외란 형태의 예 ‖

4 전원외란의 기본특성

외란의 형태	지속시간	전압크기
전압이도(voltage sag)	0.02 ~ 30cycle	0.1 ~ 0.9pu
전압융기(voltage swell)	0.02 ~ 30cycle	1.1 ~ 1.4pu
순간정전	0.07 ~ 2s	0.1pu 이하
서지, 스파이크, 임펄스	수μs ~ 수ms	1.4pu 이상
고조파 60Hz ~ 3kHz	정상 사용상태	1.0 ~ 1.2pu
노이즈 5kHz 이상	간헐적	0.1 ~ 7%
전압불평형	정상 사용상태	0.5 ~ 2%

5 결론

① 전력품질향상을 위해서는 공급가와 수용가 모두의 관심과 노력이 필요하다.

② 공급자는 Smart gride 기반에 FACTS, 분산형 전원, 전력저장장치 등을 적용하여 Self-healing이 가능한 전력망을 구축해야 한다.

③ 수용가는 신뢰성 높은 Custom power 기기를 이용해 외란에 대비해야 한다.

④ 또한, 전력요금 차별화를 통해서 고신뢰도 전원공급을 요구하는 수용가를 만족시키는 방법도 고려해볼 만하다.

고조파 발생원인 및 영향, 대책

1 개요

(1) 기본이 되는 주파수 60Hz를 가진 파형을 기본파라고 하고, 기본파의 정수배에 해당하는 주파수를 가진 파형을 고조파라 한다.

(2) 주로 120Hz ~ 3kHz 주파수를 고조파라 한다.

(3) 비정현파 = 기본파 + 고조파

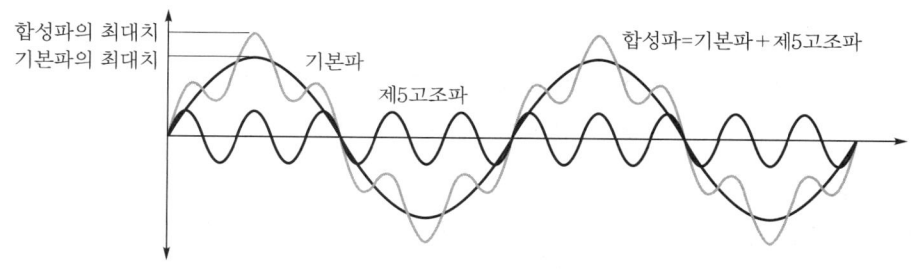

$$I_h = \frac{2\sqrt{3}}{\pi}\left(I_d \sin\omega t + \frac{1}{5}\sin5\omega t + \frac{1}{7}\sin7\omega t + \frac{1}{11}\sin11\omega t + \frac{1}{13}\sin13\omega t + \cdots\cdots\right)$$

(4) 고주파

높은 주파수의 파형이 단독으로 존재하는 파이다.

2 고조파의 발생원인

(1) 전력변환장치(inverter, converter, UPS 등)

(2) 아크로, 전기로 등

(3) 형광등 전자식 안정기

(4) 회전기기

철심포화에 의한 경우

(5) 변압기

철심포화특성이 여자돌입전류에 의한 경우

(6) 과도현상에 의한 것

3 고조파의 영향

(1) 통신선 유도장애

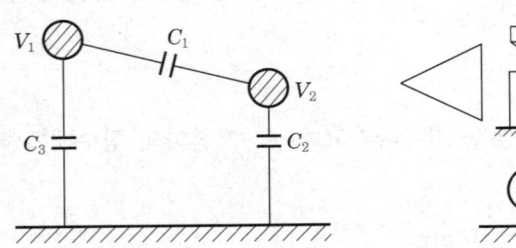

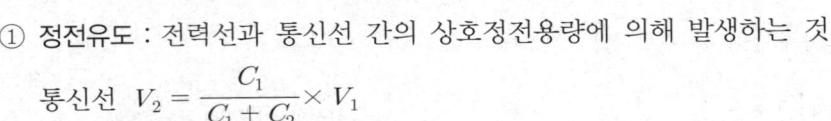

① 정전유도 : 전력선과 통신선 간의 상호정전용량에 의해 발생하는 것

$$통신선 \ V_2 = \frac{C_1}{C_1 + C_2} \times V_1$$

② 전자유도 : 전력선과 통신선 간의 상호인덕턴스에 의해 발생하는 것

$$통신선 \ V_n = -j\omega Ml \times (I_a + I_b + I_c) = -j\omega Ml \times 3I_0$$

(2) 기기의 악영향

① 변압기 : 출력 감소, 동손 증가, 철손 증가, 권선온도 상승, 과열 및 이상소음 발생

② 콘덴서 및 리액터 : 공진현상 발생, 단자전압 상승, 전류실효치 증가, 실효용량 증가, 손실 증가

③ 전동기 : 손실 증가, 소음 증가, 진동 증가, 맥동토크 발생, 역상토크 발생

④ 케이블 : 중성선 케이블 과열, 중성선 대지전위 상승

⑤ 형광등 : 역률개선용 콘덴서 및 초크코일의 과열, 소손

⑥ 통신선 : 전자유도에 의한 잡음 발생

⑦ 전력량계 : 측정오차 발생, 전류 Coil의 소손 발생

⑧ 계전기 : 설정레벨의 초과 또는 위상변화로 오동작

⑨ 전력퓨즈 : 과대한 고조파전류에 의한 용단

⑩ 음향기기 : 트랜지스터, 다이오드, 콘덴서 등의 부품 고장, 수명 저하, 성능 열화, 잡음 발생

⑪ 계기용 변성기 : 측정 정밀도 악화

(3) 고조파의 공진 유발

① 전원 측 $I_{on} = \dfrac{nX_L - \dfrac{X_c}{n}}{nX_o + \left(nX_L - \dfrac{X_c}{n}\right)} \cdot I_n$

② 콘덴서 측 $I_{on} = \dfrac{nX_o}{nX_o + \left(nX_L - \dfrac{X_c}{n}\right)} \cdot I_n$

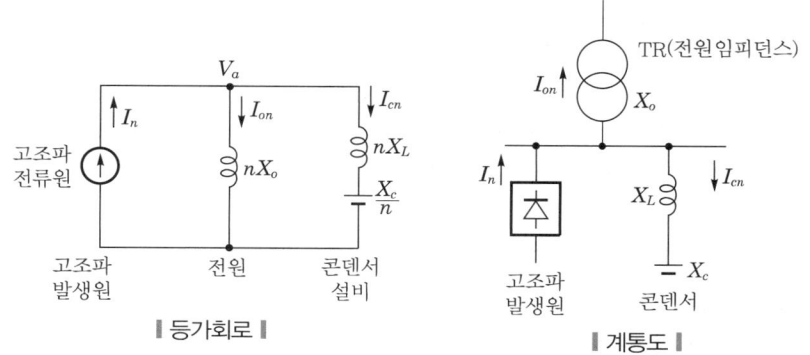

| 등가회로 | | 계통도 |

회로상태	회로조건	n차 고조파
유도성	$nX_L - \dfrac{X_c}{n} > 0$	확대 안 됨, 바람직한 패턴
직렬공진	$nX_L - \dfrac{X_c}{n} = 0$	모두 콘덴서로 유입
용량성	$nX_L - \dfrac{X_c}{n} < 0$	확대
병렬공진	$nX_o = \left\| nX_L - \dfrac{X_c}{n} \right\|$	극단적으로 확대

4 고조파 방지대책

(1) 발생원 측 대책

① 전력변환기 다펄스(多 pulse)화

$I_n = K_n \times \dfrac{I_1}{n}$

$n = mp \pm 1$

여기서, n : 1, 2, 3 ……

$\qquad\quad p$: 펄스출력

㉠ 고조파 차수가 높을수록 고조파는 현저히 감소한다.

ⓛ 고조파 전류 억제방법 중 가장 좋은 방법이나 Thyristor 소자수 증가로 설치공간과 비용이 크게 증가한다.

② 리액터 설치(AC 및 DC)

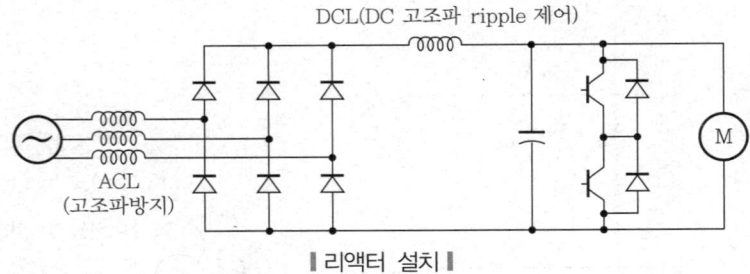

┃ 리액터 설치 ┃

㉠ AC 리액터는 부하 측에서 전원 측으로 고조파 확산을 방지한다.

㉡ DC 리액터는 리플을 방지한다.

③ 필터 설치

구분		내용	구성도
수동 필터	동조 필터	• 특정 주파수에서 저임피던스가 되는 필터 • CLR의 직렬공진회로로 구성	
	고차 필터	• 넓은 주파수 대역에서 저임피던스가 되는 필터 • 일반적으로 동조필터로 흡수한 고조파 이외의 고조파를 High pass filter로 흡수	동조필터 고차필터
능동필터		역위상의 고조파를 발생시켜 서로 상쇄함	

④ PWM 제어방식을 채용한다.

⑤ 콘덴서에 직렬 리액터를 설치한다.

(2) 계통 측 대책

① **계통분리** : 고조파 부하용 변압기 및 배전선을 일반부하용과 분리하여 전용화한다.

② **전원단락용량의 증대** : 부하의 고조파 발생량 I_n은 고조파전압 V_n과 비례하고($V_n = X_L \cdot I_n$) 전원단락용량을 크게 하면 역비례하여 작아진다.

$$n = \frac{\omega_n}{\omega} = \frac{1}{\omega}\sqrt{\frac{1}{LC}} = \sqrt{\frac{1}{\omega^2 LC}} = \sqrt{\frac{1/\omega C}{\omega L}}$$

$$= \sqrt{\frac{X_C}{X_L}} = \sqrt{\frac{1/X_L}{1/X_C}} = \sqrt{\frac{E^2/X_L}{E^2/X_C}}$$

$$= \sqrt{\frac{전원단락용량}{콘덴서용량}}$$

③ 변압기 △ 결선

(3) 피해기기 측 대책

① 장애기기의 고조파 내량을 증대시킨다.

② 직렬 리액터와 전력용 콘덴서의 운용을 개선한다.

③ 변압기, 전동기, 발전기, UPS, 케이블, 차단기 등의 용량을 여유있게 설계한다.

5 결론

고조파 발생부하를 갖는 건물설계 시에는 다음 사항들을 유의한다.

(1) 케이블 굵기

정상전류분 외에 고조파 전류를 계산하여 충분한 간선굵기를 선정한다.

(2) 변압기용량

K-factor와 THDF를 적용하여 부하설비용량의 2.0 ~ 2.5배 정도로 해야 한다.

(3) 비상발전기용량

고조파부하를 고려하여 RG 방식으로 산정한다.

(4) 변압방식

Two-step 방식으로 채택하는 것이 유리하다.

SECTION 03 고조파 허용기준 THD, EDC와 IEEE 519의 TDD

기출
지문

Q1 고조파가 전력기기에 미치는 영향 및 대책에 대하여 설명하시오. [응 128회 출제]

Q2 고조파의 발생원인 및 영향, 방지대책에 대하여 설명하시오. [응 126회 출제]

Q3 종합 고조파 왜형률(THD)을 설명하시오. [건 66회 출제]

[건 건축전기설비기술사 / 응 전기응용기술사 / 발 발송배전기술사 / 소 소방기술사 / 안 전기안전기술사 / 화 화공안전기술사 / 정 정보통신기술사]

1 개요

분산형 전원 계통연계와 관련하여 배전계통 고조파 국내규정은 IEC/TR 61000-3-6에 기초하여 개정 적용된 한전의 '배전계통 고조파 관리기준'에 의한 계통 전체에 대한 고조파 전압의 허용목표수준을 종합 고조파 왜형률(THD) 5% 이하로 정하고 있다.

2 고조파 관련 기준검토

(1) 계통 전체에 대하여 고조파 왜형 허용목표수준을 나타내는 지표로 IEEE 기준 및 IEC 기준을 적용한다.

(2) IEEE 기준

IEEE Std 519에서는 고조파 전류에 기반한 종합 부하 왜형률(TDD)을 사용한다('09. 12월 개정 이전 사용).

(3) IEC 기준

IEC/TR 61000-3-6 고조파 전압에 기반한 종합 고조파 왜형률(THD)을 사용한다.

(4) 국내 기준

IEC 기준에 의한 종합 고조파 왜형률(THD)이 5% 미만을 '배전계통 고조파 관리기준'에 도입하여 2009년 12월 전면 개정하여 현재까지 적용해 사용되고 있다(TDD와 THD 기준은 각각 장단점이 있음).

3 국내 고조파 허용기준

(1) THD(Total Harmonic Distortion : 종합 고조파 왜형률)

① 전압(전류) THD는 기본파 전압(전류) 실효치에 대한 고조파 전압(전류) 실효치의 비로써 표현한다.

② 고조파 전압 규제치의 판단기준으로 사용한다.

$$V_{THD} = \frac{\sqrt{{V_2}^2 + {V_3}^2 + \cdots\cdots + {V_n}^2}}{V_1} \times 100\,[\%]$$

(2) EDC(등가방해 전류)

① 전력계통에서 발생한 고조파는 인접해 있는 통신선에 영향을 주며 통신선에 영향을 주는 고조파 전류의 한계를 EDC로써 규제하고 있다.

② $EDC = \sqrt{\sum_{n=1}^{\infty} ({S_n}^2 \times {I_n}^2)}\,[A]$

여기서, S_n : 통신 유도계수

I_n : 영상 고조파 전류

(3) TIF(통신유도장애)

① VT product : 고조파 전압이 통신선에 미치는 영향 정도를 말한다.

$$VT_{product} = \frac{\sqrt{\sum_{h=1}^{h} (T_h \times I_h \times Z_h)^2}}{V_1} \quad (h : 1 \sim 100\text{차까지})$$

여기서, T_h : 차수별 통신 유도장애계수

I_h : 차수별 고조파 전류

Z_h : 차수별 임피던스(고조파)

V_1 : 기본파 상전압

② IT product : 고조파 전류가 청각에 미치는 장애 정도를 말한다.

$$IT_{product} = \sqrt{\sum_{h=1}^{h} (T_h \times I_h)^2}$$

여기서, T_h : 차수별 통신 유도장애계수

I_h : 차수별 고조파 전류

(4) 한전공급약관의 THD, EDC

전압	지중		가공	
	$V_{THD}[\%]$	EDC[A]	$V_{THD}[\%]$	EDC[A]
66kV 이하	3	–	3	–
154kV 이상	1.5	3.8	1.5	–

4 IEEE 519에서 정하고 있는 고조파 유출계수

(1) TDD(Total Demend Distortion : 총수요 왜형률)

① 최대 부하전류에 대한 고조파 전류 함유율의 비이다.

② 고조파 전류 규제치의 판단기준으로 사용한다.

$$I_{TDD} = \frac{\sqrt{\sum_{n=2}^{\infty} I_n^2}}{I_L} \times 100 = \frac{\sqrt{I_2^2 + I_3^2 + I_4^2 + I_5^2 + I_6^2 + \cdots\cdots + I_\infty^2}}{I_L} \times 100 [\%]$$

여기서, I_n : 각 차수별 고조파 전류
I_L : 최대 부하전류

(2) 고조파 전류 규제치

l_{SC}/l_L	수전전압 69kV 이하의 경우에 적용					
	고조파 차수					TDD
	11차 이하	11 ~ 17차	17 ~ 23차	23 ~ 35차	35차 이상	
< 20	4.0	2.0	1.5	0.6	0.3	5.0
20 ~ 50	7.0	3.5	2.5	1.0	0.5	8.0
50 ~ 100	10.0	4.5	4.0	1.5	0.7	12.0
100 ~ 1000	12.0	5.5	5.0	2.0	1.0	15.0
> 1000	15.0	7.0	6.0	2.5	1.4	20.0

* l_{SC} : 단락전류, l_L : 최대 부하전류

(3) 실제 측정치에서 I_{TDD} 규제치 만족 여부 판단

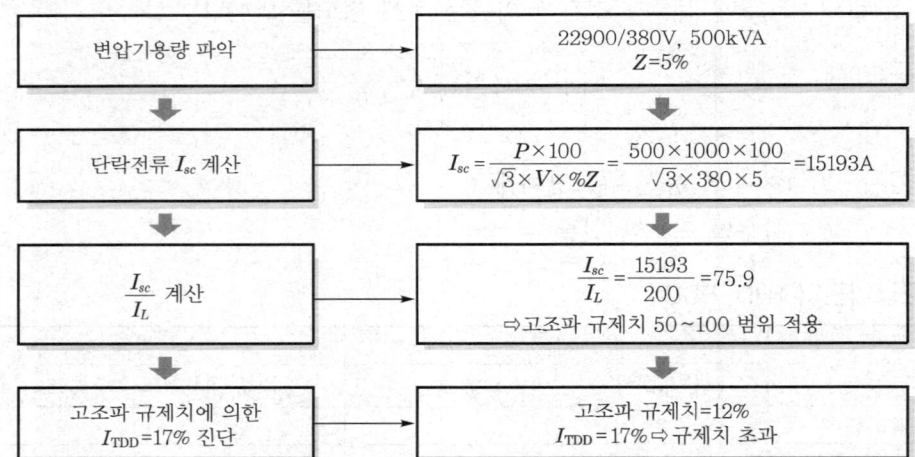

변압기용량 파악 → 22900/380V, 500kVA
$Z=5\%$

단락전류 I_{sc} 계산 → $I_{sc} = \dfrac{P \times 100}{\sqrt{3} \times V \times \%Z} = \dfrac{500 \times 1000 \times 100}{\sqrt{3} \times 380 \times 5} = 15193A$

$\dfrac{I_{sc}}{I_L}$ 계산 → $\dfrac{I_{sc}}{I_L} = \dfrac{15193}{200} = 75.9$
⇨ 고조파 규제치 50~100 범위 적용

고조파 규제치에 의한 $I_{TDD}=17\%$ 진단 → 고조파 규제치=12%
$I_{TDD}=17\%$ ⇨ 규제치 초과

5 THD(종합 고조파 왜형률)와 TDD(총수요 왜형률)의 비교

(1) 전력전자 소자에서 발생하는 고조파는 기기 단독으로 볼 때는 고조파 함유율이 매우 높지만 수용가 전체부하로 볼 때는 비중이 매우 낮을 수도 있다.

(2) 예를 들어 최대 부하전류 1000A인 수용가에 기본파 전류 20A, 제3고조파 전류 10A를 발생하는 부하가 설치되어 있다면

① 종합 고조파 왜형률(I_{THD}) $= \dfrac{10}{20} \times 100 = 50\%$

② 총수요전류 왜형률(I_{TDD}) $= \dfrac{10}{1000} \times 100 = 1\%$

(3) 즉, 상대적인 왜형률은 높지만 고조파 전류의 크기는 작기 때문에 전류왜형률을 I_{THD}로 나타내는 것은 큰 의미가 없다.

(4) 이러한 문제를 해결하기 위하여 IEEE 519에서는 I_{TDD}(총수요전류 왜형률)이라는 것을 정의하여 사용한다.

6 결론

① 신재생에너지 계통연계와 관련한 고조파 관련 기준은 IEC 기준에 의해 도입 적용된 종합 고조파 왜형률(THD) 5% 미만을 「배전계통 고조파 관리기준」 개정에 도입(2009년 12월 기준 전면 개정)하여 현재까지 적용해 사용되고 있다.

② 현재 개정 검토되고 있는 「송·배전용 전기설비 이용규정」(안)에 대한 변경사항에 대하여는 고조파로 인한 문제점은 없을 것으로 판단된다.

고조파가 전력용 변압기에 미치는 영향

**기출
지문**

Q1 고조파가 전력용 변압기에 미치는 영향과 대책에 대하여 설명하시오. [건 76회, 발 121회 출제]

Q2 고조파 발생원리와 전력용 변압기와 회전기에 미치는 영향과 대책을 설명하시오. [건 130회 출제]

Q3 K–factor에 관련하여 다음을 설명하시오. [건 131회 출제]
  (1) THDF(Transformer Harmonics Derating Factor)
  (2) K–factor 변압기

Q4 K–factor 적용 변압기에 대하여 설명하고, 와류손(pu)–13 K–factor–25인 경우 여유율을 구하시오.
  [안 122회 출제]

건 건축전기설비기술사 / 응 전기응용기술사 / 발 발송배전기술사 / 소 소방기술사 / 안 전기안전기술사 / 화 화공안전기술사 / 정 정보통신기술사

1 개요

(1) 기본이 되는 주파수 60Hz를 가진 파형을 기본파라고 하며, 기본파의 정수배에 해당하는 주파수를 가진 파형을 고조파라 한다.

(2) 주로 60Hz ~ 3kHz 주파수를 고조파라 한다.

(3) 비정현파 = 기본파 + 고조파

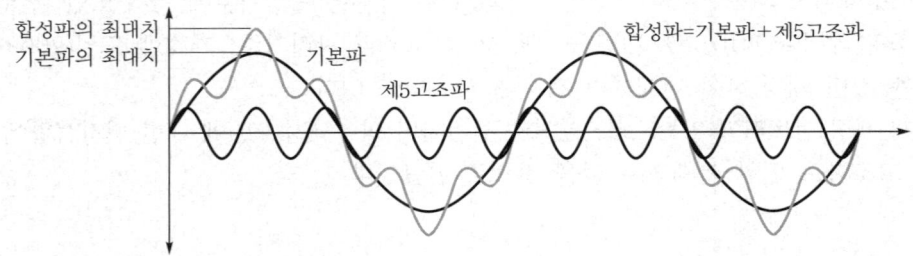

합성파의 최대치
기본파의 최대치
기본파
제5고조파
합성파=기본파+제5고조파

$$I_h = \frac{2\sqrt{3}}{\pi} I_d \left[\sin\omega t + \frac{1}{5}\sin5\omega t + \frac{1}{7}\sin7\omega t + \frac{1}{11}\sin11\omega t + \frac{1}{13}\sin13\omega t + \cdots\cdots \right]$$

(4) 고주파

높은 주파수의 파형이 단독으로 존재하는 파이다.

2 고조파의 영향(변압기에 미치는 영향)

(1) 변압기 출력 감소

① K–factor : 비선형 부하에 의한 고조파의 영향에 대하여 변압기가 과열현상없이 전원을 안정적으로 공급할 수 있는 능력을 K–factor라 한다.

② $K\text{-factor} = \sum(h^2 \times I_h^2)$

$K\text{-factor}$값	부하특성
1	순수한 선형부하, 찌그러짐 현상이 없음
7	3상 부하 중. 50% 비선형 부하, 50% 선형부하
13	3상의 비선형 부하
20	단상과 3상의 비선형 부하
30	단상의 비선형 부하

③ 변압기 출력감소율(THDF)

$$THDF = \sqrt{\frac{P_{LL-R}[\text{pu}]}{P_{LL}[\text{pu}]}} = \sqrt{\frac{1 + P_{EC-R}[\text{pu}]}{1 + K\text{-factor} \cdot P_{EC-R}[\text{pu}]}}$$

여기서, P_{LL} : 고조파 전류를 감안한 부하손

P_{LL-R} : 정격에서 부하손

P_{EC-R} : 와류손

④ $K\text{-factor}$ 적용 : 몰드변압기에서 $K\text{-factor}$가 13일 경우(와류손은 14% 발생)

$$THDF = \sqrt{\frac{1 + 0.14}{1 + 13 \times 0.14}} \times 100 = 64\%$$

(2) 변압기 동손 증가

① 고조파 전류의 중첩 및 표피효과에 의한 저항 증가

② 동손 I^2R 증가

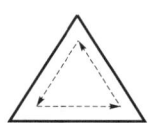

‖ 영상분 고조파 순환 ‖

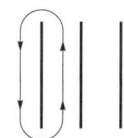

‖ 와전류 손실 ‖

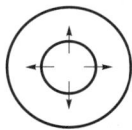

‖ 표피효과 ‖

(3) 변압기 철손 증가

① 철손 : $P_i = P_h + P_e$

② 히스테리 시스손 : $P_h = K_h \cdot f \cdot B_m^{1.6 \sim 2.0}$

③ 와류손 : $P_e = K_e \cdot (K_f \cdot fB \cdot t \cdot B_m)^2$

(4) 변압기 권선온도 상승

$$\Delta\theta_0 = \Delta\theta_1 \times \left(\frac{I_e}{I_1}\right)^{1.6}$$

여기서, I_e : 고조파 포함 실효치 전류

(5) 변압기 과열 및 이상소음 발생

① 영상분 고조파는 변압기 1차로 변환되어 △ 권선 내를 순환한다.

② 순환전류는 열로 바뀌게 되어 많은 열이 발생한다.

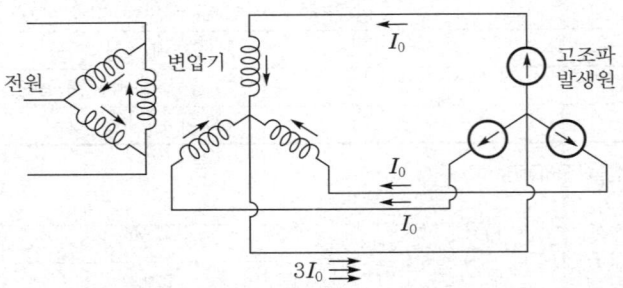

3 고조파 대책

(1) 발생원 측 대책

① 전력변환기 다펄스(多 pulse)화

$$I_n = K_n \times \frac{I_1}{n}$$

$$n = mp \pm 1$$

여기서, m : 1, 2, 3 ……

p : 펄스출력

고조파 차수가 높을수록 고조파는 현저히 감소한다.

② 리액터 설치(AC 및 DC)

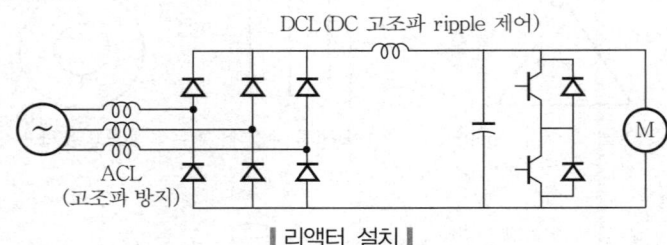

‖ 리액터 설치 ‖

㉠ AC 리액터는 부하 측에서 전원 측으로 고조파 확산을 방지한다.

㉡ DC 리액터는 리플을 방지한다.

③ 필터설치

구분		내용	구성도
수동 필터	동조 필터	특정 주파수에서 저임피던스가 되는 필터	동조필터 고차필터
	고차 필터	넓은 주파수 대역에서 저임피던스가 되는 필터 (high pass filter)	
능동필터		역위상의 고조파를 발생시켜 서로 상쇄함	

④ PWM 제어방식을 채용한다.

⑤ 콘덴서에 직렬 리액터를 설치한다.

(2) 계통 측 대책

① 계통 분리 : 고조파 부하용 변압기 및 배전선을 일반부하용과 분리하여 전용화한다.

② 전원 단락용량의 증대 : 전원 단락용량을 크게 하면 역비례하여 작아진다.

$$n = \frac{\omega_n}{\omega} = \frac{1}{\omega}\sqrt{\frac{1}{LC}} = \sqrt{\frac{1}{\omega^2 LC}} = \sqrt{\frac{1/\omega C}{\omega L}}$$

$$= \sqrt{\frac{X_C}{X_L}} = \sqrt{\frac{1/X_L}{1/X_C}} = \sqrt{\frac{E^2/X_L}{E^2/X_C}}$$

$$= \sqrt{\frac{전원단락용량}{콘덴서용량}}$$

③ 변압기 △ 결선

(3) 피해기기 측 대책

① 장애기기의 고조파 내량을 증대시킨다.

② 직렬 리액터와 전력용 콘덴서의 운용을 개선한다.

③ 변압기, 전동기, 발전기 등의 용량을 여유있게 설계한다.

4 결론

① 고조파 발생부하를 갖는 건물설계 시에는 변압기용량 K-factor와 THDF를 적용하여 부하설비용량의 2.0 ~ 2.5배 정도로 해야 한다.

② 변압방식으로 Two-step 방식으로 채택하는 것이 유리하다.

③ 비상발전기용량은 고조파부하를 고려하여 RG 방식으로 산정한다.

고조파가 중성선에 미치는 영향

기출
지문

Q1 중성선의 단면적 산정 시 고려할 사항에 대하여 설명하시오. 〔건 99회 출제〕

Q2 전기수용설비의 3상 4선식 배전방식에서 중성선의 과전류현상과 영상고조파전류의 영향에 대하여 설명하시오. 〔건 103회 출제〕

Q3 중성선에 흐르는 영상 고조파전류의 발생원리, 영향, 대책에 대하여 설명하시오. 〔건 128회 출제〕

Q4 비선형 부하가 연결된 배전계통에서 중성선의 과부하 발생원인 및 역률 저하현상에 대하여 설명하시오. 〔발 130회 출제〕

Q5 배전설비 간선에서 고조파전류의 발생원인과 영향 및 대책에 대하여 설명하시오. 〔안 129회 출제〕

건 건축전기설비기술사 / 응 전기응용기술사 / 발 발송배전기술사 / 소 소방기술사 / 안 전기안전기술사 / 화 화공안전기술사 / 정 정보통신기술사

1 개요

① 기본이 되는 주파수 60Hz를 가진 파형을 기본파라고 하며 기본파의 정수배에 해당하는 주파수를 가진 파형을 고조파라 한다.

② 주로 60Hz ~ 3kHz 주파수를 고조파라 한다.

2 발생원인

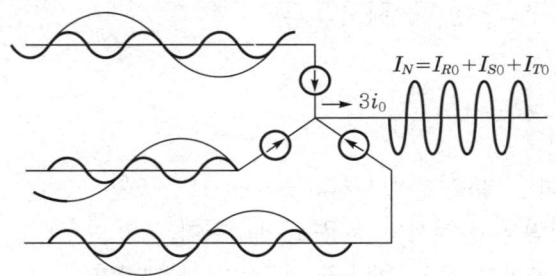

$$I_N = I_{R0} + I_{S0} + I_{T0}$$

❙ 중성선 과열(제3고조파 전류중첩의 원리) ❙

$$I_{R3} = I_m \sin 3\omega t$$
$$I_{S3} = I_m \sin 3(\omega t - 120°) = I_m \sin 3\omega t$$
$$I_{T3} = I_m \sin 3(\omega t - 240°) = I_m \sin 3\omega t$$

따라서, $I_{R3} + I_{S3} + I_{T3} = 3I_m \sin 3\omega t$

3 영향

(1) 변압기 과열 및 이상소음 발생

① 유출된 영상분 고조파는 변압기 1차로 변환되어 △ 권선 내를 순환하게 된다.

② 순환전류는 열로 바뀌게 되어 많은 열이 발생한다.

(2) 변압기 출력감소

① 변압기 출력감소율(단상)

$$THDF = \frac{\sqrt{2}\,I_{\mathrm{truerms}}}{I_{\mathrm{peak}}}$$

여기서, I_{truerms} : 진폭과 주기를 실시간으로 측정하여 구한 rms

② 변압기 출력감소율(3상)

$$THDF = \sqrt{\frac{P_{LL-R}[\mathrm{pu}]}{P_{LL}[\mathrm{pu}]}}$$

여기서, P_{LL} : 고조파를 감안한 부하손

P_{LL-R} : 정격에서 부하손

(3) 중성선 케이블 과열

① 영상분 고조파 전류가 중성선에 흐르게 되면 전류의 제곱에 비례하여 케이블이 가열된다.

② 제3고조파는 기본파의 3배인 180Hz의 주파수 성분을 갖기 때문에 표피효과에 의해 과열은 더욱 가중된다.

(4) 중성선 대지전위 상승

① 중성선에 제3고조파 전류가 흐르면 중성선과 대지 간에 전위차가 발생한다.

② $V_{N-G} = I_N(R + j3X_L)$

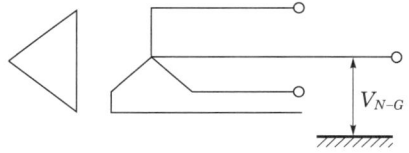

┃ 중성선 대지전위 상승 ┃

(5) 통신선 유도장애 증가

① 정전유도 : $V_2 = \left(\dfrac{C_1}{C_1 + C_2}\right) \times V_1$

② 전자유도 : $V_n = -j\omega M l \times (I_a + I_b + I_c) = -j\omega M l \times (3I_0)$

(6) 역률 저하

① 선형부하의 경우

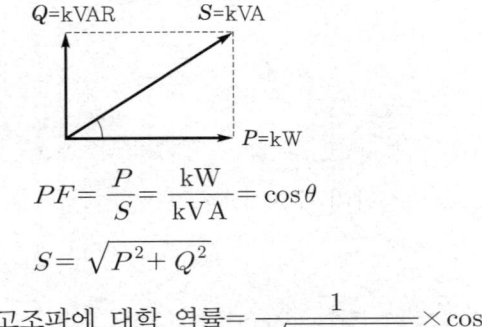

$$PF = \frac{P}{S} = \frac{\text{kW}}{\text{kVA}} = \cos\theta$$

$$S = \sqrt{P^2 + Q^2}$$

고조파에 대학 역률 $= \dfrac{1}{\sqrt{1 + THD^2}} \times \cos\theta$

② 비선형부하의 경우

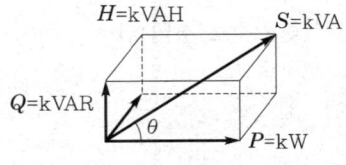

$$PF = \frac{P}{S} = \frac{\text{kW}}{\text{kVA}} \neq \cos\theta$$

$$S = \sqrt{P^2 + Q^2 + H^2}$$

(7) 발전기출력이 저하된다.

4 방지대책

(1) 발생원 측 대책
① 전력변환기의 다펄스(多 pulse)화
② 리액터 설치(AC 및 DC)
③ 필터 설치
④ PWM 제어방식 채용
⑤ 콘덴서에 직렬리액터 설치

(2) 계통 측 대책
① 계통 분리
② 전원단락용량의 증대
③ 변압기를 △결선

(3) 중성선 측 대책
① 제3고조파 Blocking filter : LC의 병렬공진 특성을 이용하고 제3고조파에 대하여 고임피던스가 되도록 한다.

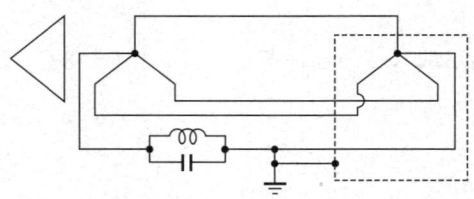

∥제3고조파 Blocking filter∥

② 능동필터 설치(3상 4선식) : 역위상의 고조파 전류를 공급하여 고조파를 상쇄시킨다.

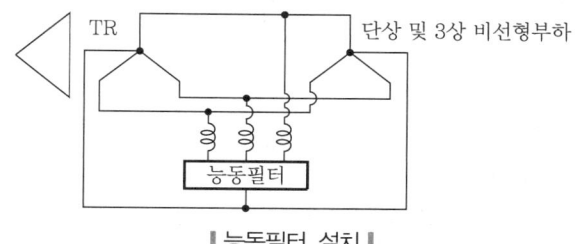

▌능동필터 설치▐

③ ZED 설치(zero harmonic eliminating device) : 영상 임피던스는 작게 하고 정상 및 역상 임피던스는 크게 하여 영상분 전류만 ZED로 흐르게 한다.

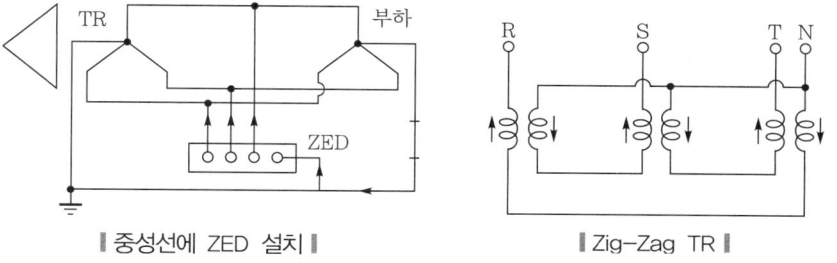

▌중성선에 ZED 설치▐　　　　　　　　▌Zig-Zag TR▐

5 영상분 고조파 필터 설치위치

필터와 변압기와의 거리가 멀수록, 즉 분전반에 가까울수록 필터 설치 후 효과가 높다.

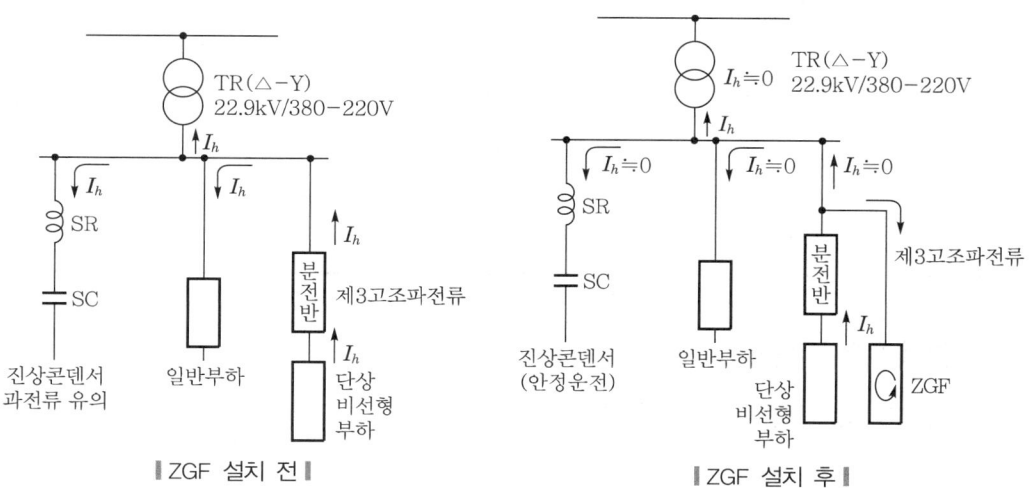

▌ZGF 설치 전▐　　　　　　　　▌ZGF 설치 후▐

3상 평형배선에서 4심 및 5심 케이블 고조파전류 저감계수

1 개요

3상 4선식 배전방식에서 컴퓨터 등의 OA 기기 사용 증가로 발생되는 영상분 고조파에 의해 중성선에 선전류보다 큰 전류가 흐르게 되는데 이처럼 회로 내 허용전류에 영향을 미치게 되므로 이를 고려하여야 한다.

2 4심 및 5심 케이블 고조파전류 저감계수(KS C IEC 60364-5-52)

선전류의 제3고조파 성분	저감계수	
	선전류를 고려한 규격결정	중성선 전류를 고려한 규격결정
0 ~ 15	1.0	–
15 초과 33	0.86	–
33 초과 45	–	0.86
> 45	–	1.0

3 저감계수의 적용

(1) 선전류를 고려한 규격결정(고조파성분 33% 이하인 경우)

$$케이블\ 허용전류 = \frac{회로부하전류}{선전류를\ 고려한\ 저감계수}$$

(2) 중성선 전류를 고려한 규격결정(고조파성분 33% 초과인 경우)

① 중성선 전류 = 부하전류 × 고조파성분[%] × 3

② 케이블 허용전류 = $\dfrac{중성선\ 전류}{중성선\ 전류를\ 고려한\ 저감계수}$

4 고조파전류에 대한 저감계수의 적용사례

39A의 부하가 걸리도록 설계된 3상 회로를 4심 PVC 절연케이블을 이용하여 목재의 벽에 설치한다고 했을 경우

① 제3고조파 성분이 20% 포함하고 있다면 선전류를 고려한 저감계수 0.86을 적용

→ 설계부하전류 = $\dfrac{39}{0.86} = 45\,\text{A}$

따라서, Cable 굵기는 표에 의거해 10mm^2를 선정한다.

② 제3고조파 성분이 40% 포함하고 있다면 중성선 전류는 $39 \times 0.4 \times 3 = 46.8\,\text{A}$이므로 중성선 전류를 고려한 저감계수 0.86을 적용한다.

→ 설계부하전류 = $\dfrac{46.8}{0.86} = 54.4\,\text{A}$

따라서, Cable 굵기는 표에 의거 10mm^2를 선정한다.

③ 제3고조파 성분이 50% 포함하고 있다면 중성선 전류는 $39 \times 0.5 \times 3 = 58.5\,\text{A}$이므로 저감계수는 1을 적용한다.

따라서, Cable 굵기는 표에 의거 16mm^2를 선정한다.

5 결론

① 이상의 Cable 규격은 모두 Cable 허용전류를 기준으로 결정한 것이며 전압강하 및 그 밖의 설계 관련 사항을 배제한 것이다.

② 따라서, 설계 시 고조파 전류성분의 발생 정도에 따른 저감계수 적용을 반드시 고려하여야 한다.

SECTION 07 고조파가 전력용 콘덴서 및 직렬리액터에 미치는 영향

기출 지문

Q1 고조파가 콘덴서에 미치는 영향과 대책에 대하여 설명하시오. 〔건 120회 출제〕

Q2 전기설비에서 영상분 고조파가 콘덴서에 미치는 영향을 설명하시오. 〔건 121회 출제〕

Q3 역률개선용 콘덴서를 적용할 때 발생하는 고조파 장해에 대한 대책으로 직렬리액터를 사용한다. 직렬 리액터를 사용하는 이유를 설명하고, 영향이 큰 제3·5 고조파 저감을 위한 직렬리액터의 용량을 산정하시오. 〔건 94회 출제〕

Q4 고조파 전류가 콘덴서 회로에 미치는 영향에 대한 다음 사항을 설명하시오. 〔발 126회 출제〕
(1) 직·병렬 공진현상 및 영향
(2) 콘덴서 단자전압에 미치는 영향
(3) 고조파장해 방지대책

〔건〕 건축전기설비기술사 / 〔응〕 전기응용기술사 / 〔발〕 발송배전기술사 / 〔소〕 소방기술사 / 〔안〕 전기안전기술사 / 〔화〕 화공안전기술사 / 〔정〕 정보통신기술사

1 고조파의 정의

① 주기적인 왜형파의 각 성분 중 기본파 이외의 것이다.

② 제n고조파란 기본파에 대해 크기는 $\frac{1}{n}$배, 주파수는 n배인 파형으로, 보통 제2~50차 (120Hz ~ 3kHz) 정도까지를 말한다.

2 고조파 발생 Mechanism

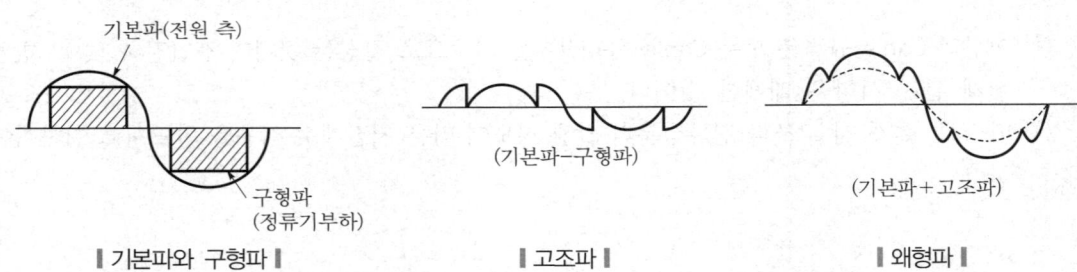

∥ 기본파와 구형파 ∥   ∥ 고조파 ∥   ∥ 왜형파 ∥

3 고조파가 콘덴서에 미치는 영향

(1) 용량성, 공진현상 발생

고조파 왜곡 확대로 인한 기기(콘덴서, 리액터, TR) 과열 또는 소손

① 고조파 발생회로 해석

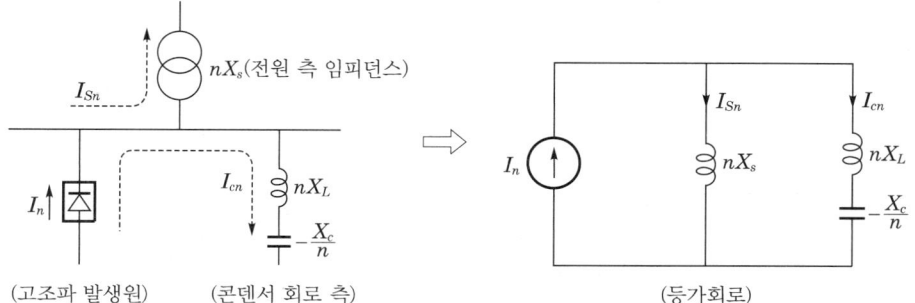

(고조파 발생원)　　(콘덴서 회로 측)　　　　　　　　　(등가회로)

㉠ $I_{sn} = \dfrac{nX_L - \dfrac{X_c}{n}}{nX_s + \left(nX_L - \dfrac{X_c}{n}\right)} \times I_n$

$I_{cn} = \dfrac{nX_s}{nX_s + \left(nX_L - \dfrac{X_c}{n}\right)} \times I_n$

㉡ 여기서, $\dfrac{nX_L - \dfrac{X_c}{n}}{nX_s} = \beta$ 라 놓으면

$\dfrac{I_{sn}}{I_n} = \dfrac{\beta}{1 + \beta}$, $\dfrac{I_{cn}}{I_n} = \dfrac{1}{1 + \beta}$ 이 된다.

② 고조파 분류(分流) 패턴 및 확대현상

회로조건	패턴	확대현상
$\beta > 0$ $\to \left\lvert nX_L - \dfrac{X_c}{n} \right\rvert > 0$ or $\dfrac{I_{sn}}{I_n} < 1$, $\dfrac{I_{cn}}{I_n} < 1$	유도성	고조파 확대현상 없음(바람직한 패턴)
$\beta = 0$ $\to \left\lvert nX_L - \dfrac{X_c}{n} \right\rvert = 0$ or $\dfrac{I_{sn}}{I_n} = 0$, $\dfrac{I_{cn}}{I_n} = 1$	직렬공진	고조파는 전부 콘덴서 회로 측으로 유입(filter로써 작용)

회로조건		패턴	확대현상
고조파 확대 조건	$-\dfrac{1}{2} < \beta < 0$	용량성 $(\beta < 0)$	콘덴서 회로 측으로 고조파 확대
	$\beta < -2$		전원 측으로 고조파 확대
	$-2 < \beta < -\dfrac{1}{2}$		전원 및 콘덴서 회로 양측으로 고조파 확대
	$\beta = -1$ $(1+\beta=0)$	병렬공진	고조파 양측으로 무한확대(절대 피해야 할 패턴)

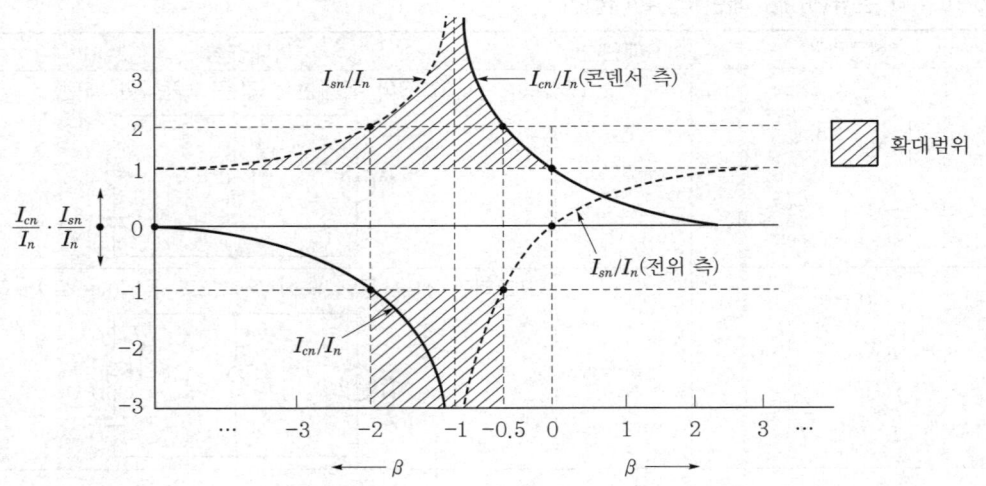

(2) 콘덴서 전류 실효치 증대

① $X \propto \dfrac{1}{f}$: 고조파 전류는 임피던스가 낮은 콘덴서 측으로 유입된다.

② $I = I_1 \cdot \sqrt{1 + \sum \left(\dfrac{I_n}{I_1}\right)^2}$ [A] : 부싱리드 및 내부배선 접속부 과열

(3) 콘덴서 단자전압 상승

$$V = V_1 \cdot \left(1 + \sum \dfrac{1}{n} \cdot \dfrac{I_n}{I_1}\right)$$

콘덴서 내부소자 또는 직렬리액터 내부 층간 및 대지절연 파괴

(4) 콘덴서 실효용량 증가

$$Q = Q_1 \cdot \left\{1 + \sum \dfrac{1}{n} \cdot \left(\dfrac{I_n}{I_1}\right)^2\right\}$$

유전체손 증가 → 내부소자 온도 상승, 콘덴서 열화

(5) 고조파 전류로 인한 손실 증가

$$W = W_1 \cdot \left\{1 + \sum n^\alpha \cdot \left(\dfrac{I_n}{I_1}\right)^2\right\} \ (단, \ 1 < \alpha < 2)$$

4 대책

(1) 직렬리액터의 부착

합성리액턴스가 유도성이 되도록 리액터를 선정(제5고조파의 경우 6% 선정)한다.

① $5\omega L \geq \dfrac{1}{5\omega C} \rightarrow X_L \geq 0.04 X_c$ 이므로 유도성을 고려 6% 적용

② 유도성을 고려한 공진차수 $n = \sqrt{\dfrac{X_c}{X_L}} = \sqrt{\dfrac{1}{0.06}} = 4.1$차

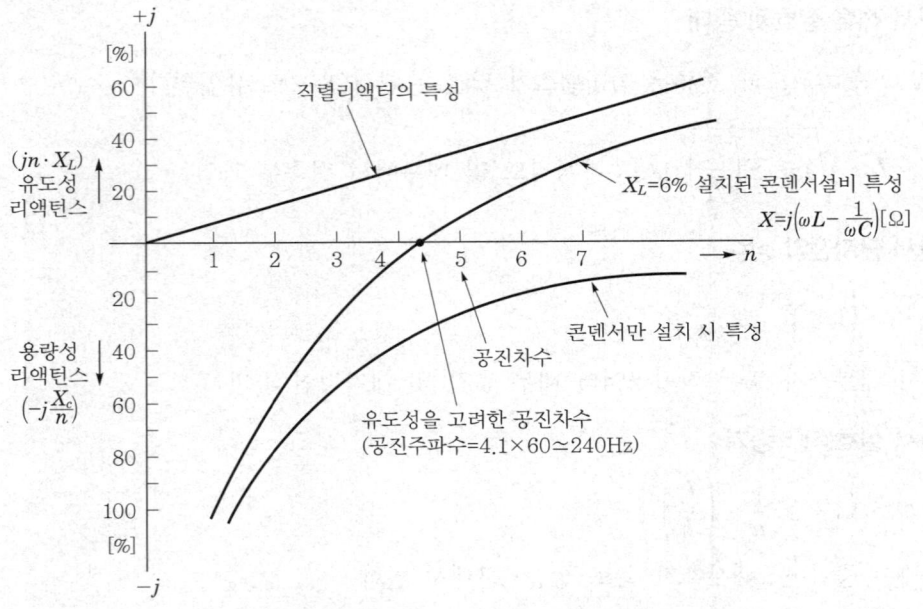

$+j$

[%]

60

40

$(jn \cdot X_L)$
유도성
리액턴스

20

직렬리액터의 특성

X_L=6% 설치된 콘덴서설비 특성

$X = j\left(\omega L - \dfrac{1}{\omega C}\right)$ [Ω]

1 2 3 4 5 6 7 → n

20

용량성
리액턴스
$\left(-j\dfrac{X_c}{n}\right)$

40

60

80

100

[%]

$-j$

공진차수

콘덴서만 설치 시 특성

유도성을 고려한 공진차수
(공진주파수=4.1×60≃240Hz)

❚ 콘덴서설비의 합성임피던스와 주파수 관계 ❚

(2) 저압 측 자동역률 조정장치 취부

경부하 시 전압 상승(페란티현상)을 방지한다.

(3) 전력용 콘덴서 사용 대신 동기조상기 채용을 검토한다.

5 결론

기술한 바와 같이 전력계통의 콘덴서회로에서 기기의 열화, 손상을 방지하기 위하여 공진현상
및 용량성으로 인한 고조파 확대가 발생하지 않도록 설계 시 주의가 필요하다.

SECTION 08 고조파가 누전차단기에 미치는 영향

기출
지문
Q1 LED 고조파 유출이 누전차단기에 미치는 영향에 대하여 설명하시오. 출제예상

Q2 인버터/서보모터 회로에서 누설전류가 많을 때 차단기 선정에 대해 설명하시오. 출제예상

⚙ 건축전기설비기술사 / ❀ 전기응용기술사 / ✈ 발송배전기술사 / 🔥 소방기술사 / 🛡 전기안전기술사 / 🏭 화공안전기술사 / 📡 정보통신기술사

1 개요

① 기본이 되는 주파수 60Hz를 가진 파형을 기본파라고 하며 기본파의 정수배에 해당하는 주파수의 파형을 고조파라 한다.

② 주로 120Hz ~ 3kHz 주파수를 고조파라 한다.

③ 비정현파 = 기본파 + 고조파

2 고조파가 누전차단기에 미치는 영향

(1) 입·출력 전류 불평형에 의한 오동작

① 평상시에는 누전차단기의 입·출력 전류가 같으므로 동작하지 않는다.

$$I_1 = I_2, \quad I_1 - I_2 = 0$$

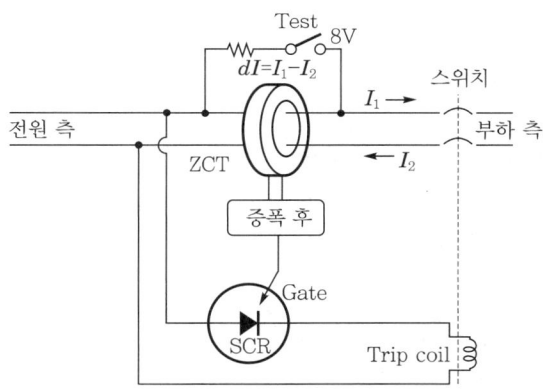

‖ 누전차단기의 원리도 ‖

② 부하에서 고조파가 발생하면 입·출력 전류 간 불평형이 발생한다.

$$I_1 = I_2 + K_n \frac{I_n}{n}, \quad I_1 - I_2 = K_n \frac{I_n}{n}$$

③ 따라서, ZCT에 $K_n \dfrac{I_n}{n}$ 크기의 고조파가 발생하면 ZCT에서는 이를 누설전류로 인식하여 오동작이 발생한다.

④ 부하 측의 고조파는 누전차단기를 오동작시킨다.

(2) 선로의 상시 누설전류 증가로 인한 오동작

① 선로에 고조파성분이 많아지면 대지정전용량에 의한 상시 누설전류가 증가하고 이것이 누전차단기의 정격감도전류 이상이 되면 누전차단기가 오동작하게 된다.

② 여러 분기회로를 하나의 누전차단기로 보호하면 더욱 쉽게 발생한다.

③ 발열

　　㉠ 고조파로 인한 선로 및 누전차단기의 통전부에 열이 발생한다.

　　㉡ 누전차단기 열화의 원인이 된다.

④ 누전차단기와 인접한 선로의 고조파로 인한 유도작용으로 오동작이 발생한다.

3 대책

(1) 부하 측에서의 고조파 경감대책

① 발생원 측 대책

　　㉠ 전력변환기 다펄스(多 Pulse)화

　　　• $I_n = K_n \times \dfrac{I_1}{n}$

　　　$n = mp \pm 1$

　　　여기서, m : 1, 2, 3, ……

　　　　　　p : 펄스출력

　　　• 고조파 차수가 높을수록 고조파는 현저히 감소한다.

　　　• 고조파 전류 억제방법 중 가장 좋은 방법이지만 Thyristor 소자수 증가로 설치공간과 비용이 크게 증가한다.

　　㉡ 리액터 설치(AC 및 DC)

　　　• AC 리액터는 부하 측에서 전원 측으로 고조파 확산을 방지한다.

　　　• DC 리액터는 리플을 방지한다.

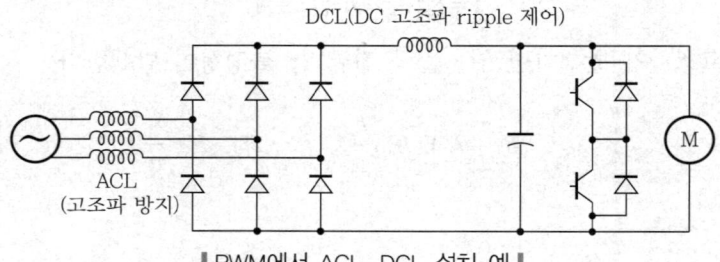

∥ PWM에서 ACL, DCL 설치 예 ∥

ⓒ 필터 설치

구분		내용	구성도
수동 필터	동조 필터	• 특정 주파수에서 저임피던스가 되는 필터 • CLR의 직렬공진회로로 구성	
	고차 필터	• 넓은 주파수 대역에서 저임피던스가 되는 필터 • 일반적으로 동조필터로 흡수한 고조파 이외의 고조 파를 High pass filter로 흡수	동조필터　　고차필터
능동필터		역위상의 고조파를 발생시켜 서로 상쇄함	

ⓔ PWM 제어방식을 채용한다.

ⓜ 콘덴서에 직렬리액터를 설치한다.

② **계통 측 대책**

㉠ 계통 분리 : 고조파 부하용 변압기 및 배전선을 일반부하용과 분리하여 전용화한다.

㉡ 전원단락용량의 증대 : 부하의 고조파 발생량 I_n은 고조파 전압 V_n과 비례하고

($V_n = X_L \cdot I_n$) 전원단락용량을 크게 하면 역비례하여 작아진다.

$$n = \frac{\omega_n}{\omega} = \frac{1}{\omega}\sqrt{\frac{1}{LC}} = \sqrt{\frac{1}{\omega^2 LC}} = \sqrt{\frac{1/\omega C}{\omega L}} = \sqrt{\frac{X_C}{X_L}} = \sqrt{\frac{1/X_L}{1/X_C}}$$

$$= \sqrt{\frac{E^2/X_L}{E^2/X_C}} = \sqrt{\frac{\text{전원단락용량}}{\text{콘덴서용량}}}$$

㉢ 변압기 △ 결선

③ **피해기기 측 대책**

㉠ 장애기기의 고조파 내량을 증대시킨다.

㉡ 직렬리액터와 전력용 콘덴서의 운용을 개선한다.

㉢ 변압기, 전동기, 발전기, UPS, 케이블, 차단기 등의 용량을 여유있게 설계한다.

(2) 누전차단기 측 대책

① 고조파 내량이 있는 계통을 설치한다.

② 고조파 발생원과 이격하여 설치한다.

③ 회로의 상시 누설전류를 고려하여 정격감도전류를 정한다.

④ 발열 등을 예상하여 관련 정격에 여유율을 준다.

SECTION 09 고조파가 발전기에 미치는 영향

 기출 지문
Q1 비선형 부하가 비상발전기에 미치는 영향 및 대책에 대해 설명하시오. [출제예상]
Q2 고조파/비선형 부하에 의한 전압왜곡현상으로 AVR(사이리스터) 위상제어 불능에 대해 설명하시오.
[출제예상]

건 건축전기설비기술사 / 응 전기응용기술사 / 발 발송배전기술사 / 소 소방기술사 / 안 전기안전기술사 / 화 화공안전기술사 / 정 정보통신기술사

1 개요

발전기에 고조파 부하가 접속되면 발전기의 부하 측에 고조파 전류원이 존재하는 것과 같기 때문에 발전기에 고조파 전류가 흐르고 고정자권선, 제동권선 등의 손실을 증가시켜 전압파형을 왜곡시킨다.

2 발전기에 미치는 고조파 영향

① 발전기에 미치는 고조파의 영향은 고조파 전류(영상분, 역상분)에 의한 손실을 등가역상 전류(I_{2eq})로 환산하여 계산한다.
② 또한, 역상전류가 15%를 초과한 경우는 정격출력을 얻을 수 없기 때문에 초과의 출력을 선정하거나 필터 설치 등의 대책이 필요하다.
③ 제작회사에 따라서 등가역상전류내량의 설계기준을 25%로 하는 경우도 있다.

3 발전기 댐퍼 권선 손실 증가

① 댐퍼봉, 단락 동판(변류기 2차 측 권선 작용)
② 발전기에 역상전류가 흐르게 되면 역상회전자계의 자속이 댐퍼 권선회로와 쇄교한다.
③ 댐퍼 권선 손실이 증가한다.
④ 발전기 출력이 저하된다.

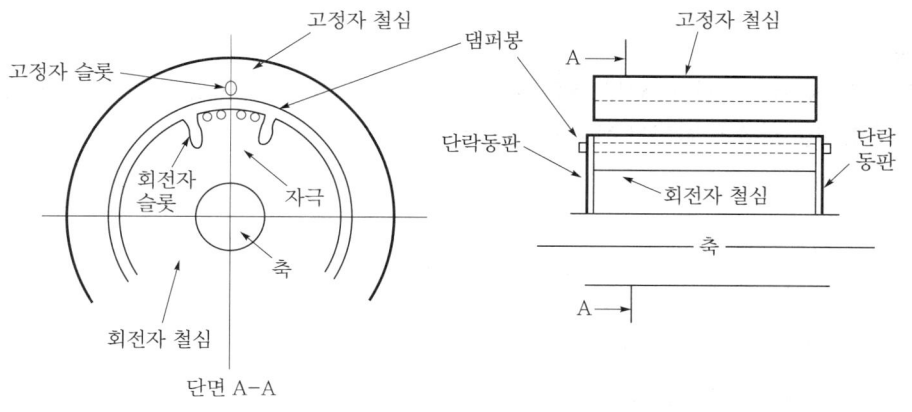

┃ 발전기 댐퍼 권선 손실 증가 ┃

댐퍼봉, 단락동판(변류기 2차 측 권선 작용)

⬇

발전기에 역상전류가 흐르게 되면

⬇

역상회전자계의 자속이 댐퍼권선회로와 쇄교

⬇

댐퍼권선 손실 증가, 발전기 출력 저하

┃ 발전기 손실 증가 Flow ┃

4 등가역상전류

(1) 발전기 등가역상전류

$$I_{2eq} = \sqrt{\sum \left(\sqrt[4]{\frac{v}{2}} \times I_v \right)^2}$$

여기서, I_{2eq} : 등가역상전류[%]

　　　 v : 정류기상수(6의 배수)

　　　 I_v : 고조파 전류[%]

 **예제**

발전기 1000kW, 부하전류 996A[고조파 부하량 623kW, 역률 95%, 제5고조파 : I_5(22%), 제7고조파 : I_7(7%)]인 경우의 발전기 등가역상전류는?

풀이

등가역상전류 백분율 $I_{2eq}[\%] = \sqrt{(c \cdot I_5)^2 + (c \cdot I_7)^2}$

$c = \sqrt[4]{\dfrac{6}{2}} = 1.316 \rightarrow$ 6펄스 계통에서 5·7차를 역상영향으로 환산계수

$I_{2eq}[\%] = \sqrt{(1.316 \times 22)^2 + (1.316 \cdot 7)^2} = 30.38\%$

기본파 전류가 996A일 때 등가역상전류 $I_{2eq} = 0.3038 \times 996 = 303\,A$

(2) 발전기의 등가역상전류 허용값

① 100MW 이하 돌극기=12%, 터빈발전기=8% 이하(IEC 34-1/VDE 0530)
② 교류발전기의 경우 15% 이하(JEM-1354)

5 비상용 발전기 고조파에 대한 필요 용량배수

비상용 발전기에 고조파 부하가 있는 경우 필요 용량배수는 다음과 같다.

정류기 상수	I_R : 정류회로 부하의 등가역상 전류(단, 정류회로 입력 kVA base)	I_G : 발전기 측 허용 등가역상전류 (단, 발전기출력 kVA base)		
		수소 냉각발전기 9%	공냉식 발전기 12%	디젤발전기 15~20%
		$n = I_R/I_G$: 고조파 부하에 대응하는 최소 필요 발전기용량배수		
6	44.0	4.89	3.66	2.94 ~
12	19.6	2.17	1.63	1.0 ~ 1.3
18	13.4	1.49	1.11	1.0
24	10.3	1.14	1.0	1.0

SECTION 10 고조파가 회전기에 미치는 영향

기출
지문

Q1 고조파가 전동기에 미치는 영향과 대책에 대하여 전동기 종류별로 설명하시오. 〔건 120 · 113회 출제〕

Q2 고조파가 전력용 변압기와 회전기에 미치는 영향과 대책을 설명하시오. 〔건 117회 출제〕

Q3 고조파 발생원리와 전력용 변압기와 회전기에 미치는 영향과 대책을 설명하시오. 〔건 130회 출제〕

건 건축전기설비기술사 / 응 전기응용기술사 / 발 발송배전기술사 / 소 소방기술사 / 안 전기안전기술사 / 화 화공안전기술사 / 정 정보통신기술사

1 고조파(harmonics)

(1) 기본파(전원의 주파수)의 정수배 주파수를 갖는 정현파 성분을 말한다.

(2) 기본파의 정현파 전원이 비선형 특성을 갖는 부하에 인가되면 파형이 일그러지는 왜곡파가 발생한다. 부하의 비선형 특성에 따라서 특유의 고조파가 포함된다.

정현파 전압　　　비선형 부하　　　왜형파 전류
　　　　　(변압기, 전력전자 변화 소자 등)

┃ 고조파의 발생원인 ┃

고조파	원인	영향	대책
• 주기적인 복합파형 중 기본파 이외의 파형 • 푸리에 급수의 해석 • 발생차수($n=mp\pm1$)	• 비선형 부하의 전력변환장치 • 철심포화 • 과도현상	• 손실, 소음, 진동 증가 • 맥동, 역상토크 발생 • 역률, 효율, 수명 저하	• 계통분리 및 전원단락용량 증대 • Custom power 기기, PWM+다펄스화 • 필터, 리액터, SR 설치, 방진고무 사용 • 공극자속 평활화, 공진주파수 생성 방지, 인버터 사용

(3) 고조파의 해석

① 푸리에 급수

$$f(t) = a_0 + \sum_{n=1}^{\infty} a_n \sin n\omega t + \sum_{n=1}^{\infty} b_n \cos n\omega t$$

② 고조파 함유율과 전류계산

전압 종합 왜형률(V_{THD})	전류 종합 왜형률(I_{THD})	전류 총수요 왜형률(I_{TDD})
기본파 대비 고조파 전압 함유율[%] $V_{THD} = \dfrac{\sqrt{\sum V_n^2}}{V_1} \times 100[\%]$	기본파 대비 고조파 전류 함유율[%] $I_{THD} = \dfrac{\sqrt{\sum I_n^2}}{I_1} \times 100[\%]$	최대 부하전류 대비 고조파 전류 함유율[%] $I_{TDD} = \dfrac{\sqrt{\sum I_n^2}}{I_L} \times 100[\%]$

여기서, V_1, I_1 : 기본파

　　　　V_n, I_n : n차 고조파

　　　　I_L : 부하전류

③ 고조파 발생차수

　㉠ $n = mp \pm 1$

　　여기서, n : 차수

　　　　　　m : 상수

　　　　　　p : Pulse 수

　㉡ 다펄스 시 저차고조파 미발생 함유율 저감

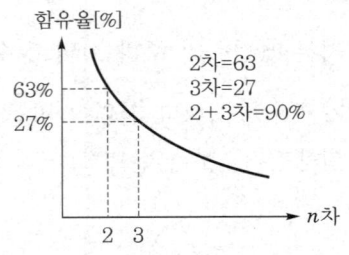

함유율[%]

63%　27%　　2차=63
3차=27
2+3차=90%

2　3　　n차

‖ 고조파 발생차수 ‖

(4) 고조파와 임피던스

① 임피던스 $Z = R + jX$(고조파 유입 시 주파수 상승, $f = 120 \sim 3000Hz$)

리액턴스(X_L)	커패시턴스(X_C)
$X_L = \omega L = 2\pi f L$ • 임피던스(X_L) 상승 • 전류제동특성 표피효과 증가 • 전류제동	$X_C = \dfrac{1}{\omega C} = \dfrac{1}{2\pi f C}$ • 임피던스(X_C) 저하 • 전류유입특성 전류통과 • 전류유입기기 과열, 소손

② 공진조건식

직렬공진$\left(\omega L = \dfrac{1}{\omega C}\right)$	병렬공진$\left(\omega C = \dfrac{1}{\omega L}\right)$
• Z 최소화, 전류 최대 특성 • 수동필터 적용, 최대 전력 전달조건	• Z 최소화, 전류 확대, 계통 전체 영향 • Facts 설비적용 방지 : SVC, UPFC

2 고조파의 발생원인

전력변화장치의 비선형부하	철심포화	과도현상
• 인버터, 컨버터, UPS 등 • 아크로, 전기로, 전기철도 • 형광등(안전기), LED(SMPS)	• 회전기의 철심포화 • 변압기의 철심포화 특성이 　여자돌입전류에 의한 경우	과도현상에 의한 경우

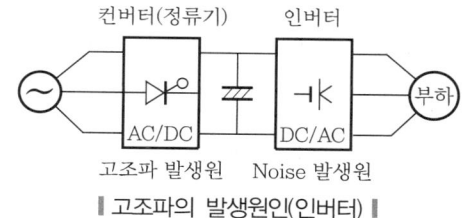

┃ 고조파의 발생원인(인버터) ┃

(1) 컨버터(thyristor)

비선형부하에 의한 고조파 발생원이다.

(2) 인버터(IGBT)

고속스위칭에 의한 Noise 발생원이다.

3 고조파가 회전기(전동기)에 미치는 영향

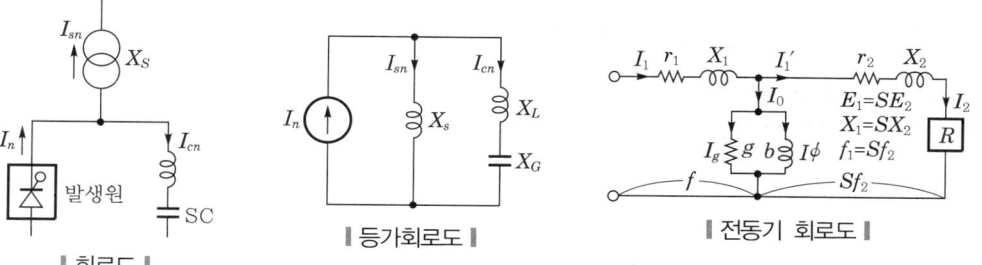

┃ 회로도 ┃   ┃ 등가회로도 ┃   ┃ 전동기 회로도 ┃

(1) 손실의 증가

영향	대책
• 부하손(=동손)의 증가 $P_c = K I_1^2 R (1 + CPF^2)$[W] • 무부하손의 증가($P_i = P_h + P_e$) $P_h = K_h f B_m^{1.6}$[W/kg] $P_e = K_e (Kp f t B_m)^{2.0}$[W/kg]	• $R = \rho \dfrac{l}{A}$ 에서 저항(R)을 작게 하여 동손 저하 • 자속밀도 낮게 철손 감소 • 인버터를 이용한 파형 개선

※ CDF(Current Distortion Factor : 전류왜형률)

① 동손은 기본파 전류+고조파 전류=중첩에 의한 손실

② 철손의 경우 주파수 상승에 따른 히스테리시스손(P_h), 와류손(P_e) 증가

③ 손실 증가로 회전기의 온도 상승, 역률·효율 저하

(2) 토크의 감소

① 토크 $T = \dfrac{P_2}{W}$

∴ $T \propto P_2$ 비례

② $P_2 = I_2^2 \times \dfrac{r_2}{S} = \left(\dfrac{SE_2}{\sqrt{\left(\dfrac{r_2}{S}\right)^2 + X_2^2}}\right)^2 \times \dfrac{r_2}{S} = \dfrac{SE_2^2 \cdot r_2}{\left(\dfrac{r_2}{S}\right)^2 + X_2^2}$

③ 전동기는 X_L로 구성 $X_L = \omega L = 2\pi f L$로 주파수 상승 시 X_2의 증가로 T는 감소 (P_2 감소)

④ 토크 감소로 인한 과열, 소음의 원인

(3) 맥동토크의 발생(크롤링 현상 = 회전자계 영향)

① 기본파 + 고조파 = 왜형파로 인한 맥동토크 발생

② 진동 증대, 공작기계 가공 시 제품불량 원인(연마면에 줄무늬)

③ 구동주파수가 낮을 시, 회전속도가 낮을 시 현저함(회전자계가 회전자에 영향)

(4) 역상토크 발생

① 고조파에 포함된 역상분에 의한 역상토크로 회전기기 토크 발생

② 과열, 소손의 원인(부하 측 전동기보다 전원 측 발전기에 피해)

(5) 소음의 증가 및 진동 발생

소음의 증가	진동 발생
• 전동기소음 : 전자소음, 통풍소음, 회전자축소음 • 고조파는 전자소음 증대	• 회전체의 불균형 • 기계의 고유진동수와 공진 • 맥동토크에 의한 진동

4 대책

발생원 측	계통 측	전동기 측
• Custom power 기기 • PWM 방식 채용 • 전력변환기의 다펄스화 • 콘덴서에 SR 설치 • 리액터 설치(ACL, DCL) • 필터 설치(능동, 수동)	• 계통 분리(고조파 부하 분리) • 전원의 단락용량 증대 $I_n = \dfrac{V_n}{X_L}$ 단락용량 증대 시 I_n 역비례 감소 $n = \sqrt{\dfrac{X_L}{X_C}} = \sqrt{\dfrac{P}{Q}} = \sqrt{\dfrac{전원용량}{콘덴서용량}}$ • TR △결선 적용	• 공진자속 평활화 • 공진주파수 생성방지 • 자속밀도 낮게 • 기기에 방진고무판 방진커플링 사용 • 인버터 간 ACL 사용, PWM 방식 사용, 파형 개선 등

인버터제어 엘리베이터의 전원 설비 고조파 영향

기출
지문
■ 인버터 제어방식에 의한 전동기를 사용하는 경우 주파수 변환에 의한 고조파 영향과 대책에 대하여 설명하시오. [출제예상]

건 건축전기설비기술사 / 용 전기응용기술사 / 발 발송배전기술사 / 소 소방기술사 / 안 전기안전기술사 / 화 화공안전기술사 / 정 정보통신기술사

1 개요

① 고조파는 기본파(60Hz)에 대한 정수배의 주파수로서, 크기는 $\frac{1}{n}$, 주파수는 n배이다.

② 인버터로 제어하는 엘리베이터의 발생 고조파는 저차 고조파와 고차 고조파이며, 고차 고조파는 빌딩 내의 통신기기, OA 기기 등의 약전설비에 전자파 장해 등의 영향을 줄 수 있는 가능성이 있으므로 저감대책이 필요하다.

2 고조파의 발생

(1) 인버터제어 엘리베이터의 구성도

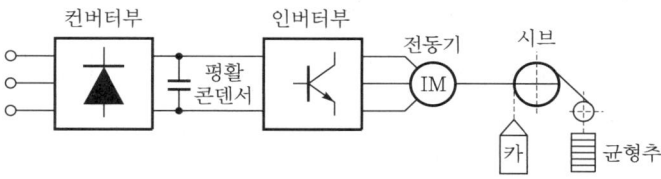

(2) 저차 고조파 발생

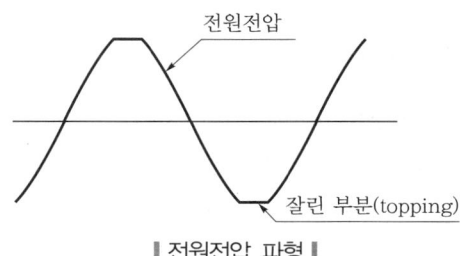

∥ 전원전압 파형 ∥

① 인버터의 입력 측은 교류를 직류로 변환하기 위하여 컨버터부와 평활 콘덴서로 구성되어 있다.

② 이와 같은 회로에는 전원전압과 직류전압과의 차전압으로 충전전류가 전원에서 콘덴서로 유입된다.

③ 이의 입력전류로 전원전압은 최댓값의 윗부분이 다음 그림과 같이 잘려진 파가 되어 저차 고조파가 발생된다.

④ 이 저차 고조파는 전원설비용량, 배전선의 긍장 및 전선굵기 등에 영향을 주지 않으므로 문제가 되지 않는다.

(3) 고차 고조파 발생

① 인버터제어 엘리베이터의 인버터부는 일반적으로 PWM(Pulse Width Modulation : 펄스 폭 변조) 제어방식이 채용되고 있다. 즉, 권상기 전동기는 VVVF 제어로 구동되고 있다.

② 이때 인버터장치의 출력계통은 대지에 대하여 고조파로 전위변동하므로 고조파가 발생한다.

③ 다음 그림은 고차 고조파가 전파하는 경로이다. 전파경로는 복사, 전자 및 정전유도, 선로전파의 3종류가 있다.

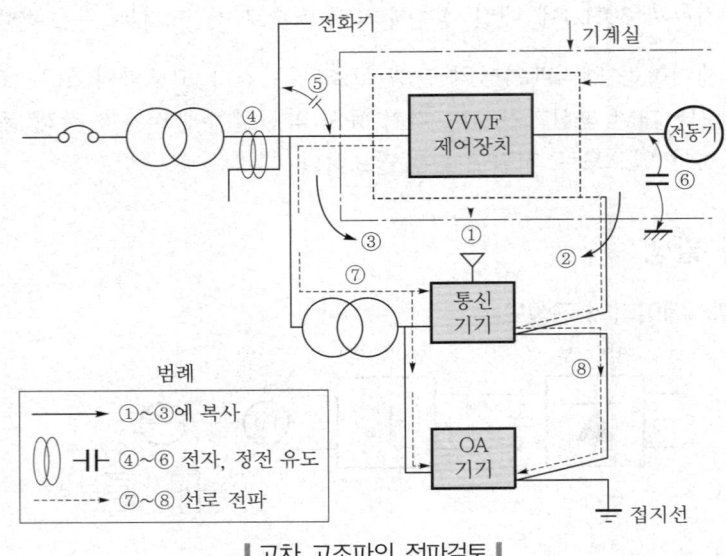

┃ 고차 고조파의 전파검토 ┃

3 고차 고조파의 영향 저감대책

(1) 통신기기, OA 기기 등의 약전설비

엘리베이터의 동력선은 통신기기, OA 기기 등의 약전설비의 전원선·통신선과 적어도 1m 이상 이격하여 배선공사를 하거나 이격공사가 불가능한 경우 금속관 배선을 시공한다.

(2) 전원 변압기

엘리베이터의 전원공급용 변압기와 공동으로 약전설비의 전원을 사용하게 되면 고조파의 영향이 크다. 다음의 그림은 전원공급이 서로 분리되어 전용전원으로 공급하는 일례이다.

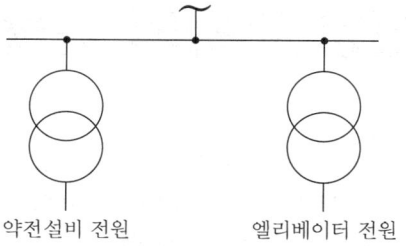

❚ 전원변압기의 분리 일례 ❚

(3) 접지선

① 엘리베이터의 접지선과 통신기기, OA 기기 등의 약전설비의 접지선은 공용을 피하고 각각 독립된 접지선 공사를 한다.

② 다음의 그림은 접지선 배선공사의 일례이다.

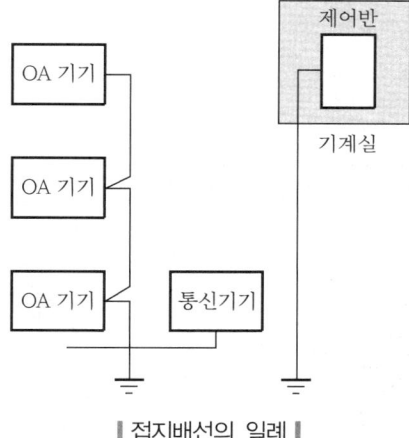

❚ 접지배선의 일례 ❚

SECTION 12 비선형 부하의 역률계산

기출지문

Q1 비선형 부하가 연결되어 있는 회로에서 역률을 계산하는 방법에 대하여 설명하시오. 건 103회 출제

Q2 비선형 부하 시 중성선의 과부하현상 및 역률저하에 대하여 논하시오. 발 66회 출제

Q3 요즘 전력전자부하의 사용증가로 인한 비선형 부하에 따른 역률저하현상을 벡터도를 이용하여 설명하시오. 발 68회 출제

Q4 최근 전력전자기기의 확대보급에 따라 비선형 부하가 증가하고 있다. 비선형 부하와 역률과의 상관관계를 설명하고, 또한 중성선의 과부하현상에 대하여 설명하시오. 발 86회 출제

Q5 SMPS(Switched Mode Power Supply)의 종류 및 역률개선회로에 대하여 설명하시오. 건 68회 출제

Q6 기본파에 제3고조파가 유입된 경우 고조파에 의한 역률저하현상을 수식으로 설명하시오. 발 121회 출제

건 건축전기설비기술사 / 응 전기응용기술사 / 발 발송배전기술사 / 소 소방기술사 / 안 전기안전기술사 / 화 화공안전기술사 / 정 정보통신기술사

1 비선형 부하와 역률

(1) 비선형 부하

선형 부하	비선형 부하
• 전압과 전류의 비가 직선적 관계 • RLC 회로만으로 구성	• 전압과 전류의 비가 비직선적 관계 • Thyristor의 정류, 고속스위칭 영향

전압, 전류비=직선적

전압, 전류비=비직선적

(2) 역률(power factor)

① 전압과 전류의 위상차로 공급전력이 부하에서 유효하게 이용되는 비율

② $PF = \dfrac{P}{P_a} = \dfrac{P}{\sqrt{P^2 + P_r^2}}$

여기서, P : 실제 소비전력[kW]

P_a : 전원용량[kVA]

P_r : 전원부하 왕복 손실 유발[kVA]

③ 각 회로의 역률

R만의 회로	RLC 회로	고조파회로
직류파형과 같이 계산(1)	위상차 적용(L, C)	고조파 추가계단(3차원)
$PF = \dfrac{P}{VI}$ (역률 $= 1$)	$PF = \dfrac{P}{V_1 \cos\theta}$	$PF = \dfrac{1}{\sqrt{1 + THD^2}} \cos\phi$

2 비선형 부하의 역률 계산순서

푸리에 급수	고조파 성분	합성실효치
계산 $I(t) = I_1 + I_H$	• 실효치 계산 • I_H 계산	계산 $I = \sqrt{I_P^2 + I_Q^2 + I_H^2}$
합성상호 관계식	**벡터표현**	**역률의 계산**
계산 $S = \sqrt{P^2 + Q^2 + H^2}$	$PF = \dfrac{P}{\sqrt{P^2 + Q^2 + H^2}}$	비선형 부하 역률계산

(1) 푸리에 급수 계산

$$I(t) = \sqrt{2} \left\{ I_1 \cos\left(\omega t - \phi_1\right) + I_2 \cos\left(\pi \omega t - \phi_2\right) \right.$$
$$\left. + I_3 \cos\left(3\omega t - \phi_3 + \cdots\cdots + I_n \cos\left(n\omega t - \phi_n\right)\right) \right\}$$
$$= \underbrace{\sqrt{2}\, I_1 \cos\left(\omega t - \phi_1\right)}_{\text{기본파} = I_1} + \underbrace{\sum_{n=2}^{\infty} \sqrt{2}\, I_n \cos\left(n\omega t - \phi_n\right)}_{\text{고조파} = I_H}$$

$$\therefore \ I(t) = I_1 + I_H$$

(2) 고조파성분만의 실효치 계산

$$I_H = \sqrt{I_2^2 + I_3^2 + \cdots\cdots + I_n^2}$$

(3) 합성실효치의 계산

① 기본파성분은 전압과 동상은 유효성분과 전압과 직교하는 무효성분으로 분리

② $I = \sqrt{I_P^2 + I_Q^2 + I_H^2}$

기본파 유효전력(P)	기본파 무효전력(Q)	고조파전류 무효전력(H)
$P = VI_1 \cos\phi_1 = VI_P$	$Q = VI_1 \sin\phi_1 = VI_Q$	$H = VI_H$

(4) 합성 상호관계식

$$S = \sqrt{P^2 + Q^2 + H^2}$$

여기서, P : 유효전력

Q : 무효전력

H : 고조파전류 무효전력

(5) 벡터의 표현

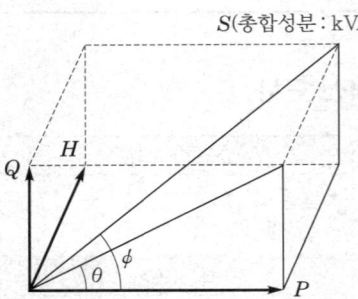

┃ 고조파를 포함한 피상전력 벡터도 ┃

① $kVA = \sqrt{(kW)^2 + (kVAR)^2 + (kVAH)^2}$

② $S = \sqrt{P^2 + Q^2 + H^2}$

③ $PF = \dfrac{P}{S} = \dfrac{P}{\sqrt{P^2 + Q^2 + H^2}} \neq \cos\theta$

(6) 역률의 계산

선형 부하(고조파 없음)	비선형 부하(고조파 포함)
• 기본파 역률로 FPF(Fundamental PF) • 변위율 표현(displacement factor) : 전압과 전류에 의한 위상차 간 지수표현 $PF = \cos\theta = \dfrac{P}{P_a} = \dfrac{P}{\sqrt{P^2 + P_r^2}}$	$PF = \dfrac{1}{\sqrt{1 + (THD)^2}} \cos\phi$ $PF = DF \times HF$ 여기서, DF : 기본파성분의 변위율 HF(Harmonics Factor) : 고조파

(7) 비선형 부하의 역률계산식

① $PF = \dfrac{1}{\sqrt{1 + THD^2}} \cos\phi$

② HTD(Total Harmonics Distortion : 종합 고조파 왜형률)

　㉠ 고조파에 의한 전압, 전류의 파형이 왜곡되면 역률 저하

　㉡ 전류의 파형이 왜곡된 정도를 나타내는 총고조파 왜형률을 의미

③ 계산 예

　㉠ $DPF = 0.95$

　㉡ $THF = 0.9$

ⓒ $PF = \dfrac{1}{\sqrt{1+THD^2}}\cos\phi = \dfrac{1}{\sqrt{1+0.9^2}} \times 0.95$

$\qquad = 0.7433 \times 0.95 = 0.70.61$

∴ 70%

ⓔ 고조파전류의 실효치가 기본파전류의 크기와 같은 크기일 때, 즉 고조파의 왜형률이 100%인 경우의 역률은 기본파성분만 있는 경우에 비해 약 70% 수준이다.

3 결론

① 일반적으로 역률 개선 시 콘덴서만 추가하는 경우 과보상으로 인한 진상회로로 계통에 악영향을 초래한다(계통공진).

② 따라서, 고조파전류의 함유율을 확인하고 역률 개선을 종합적으로 검토해야 한다.

③ 고조파 제거로 수동필터, 능동필터 TR의 Zig-Zag 결선을 적용하나, 근본적으로 고조파 발생을 최소화해야 한다.

SECTION

13 수동필터와 능동필터

기출
지문

Q1 전원계통에서 고조파를 억제하기 위한 수동필터와 능동필터를 비교하고, 설계 시 고려사항에 대하여 설명하시오. 건 103회 출제

Q2 전원계통에 유입되는 고조파를 억제하기 위한 수동필터와 능동필터의 원리를 비교 설명하시오. 건 63회 출제

Q3 고조파 장해를 방지하기 위해 설치하는 수동필터와 능동필터의 특징을 비교 설명하시오. 건 132회 출제

건 건축전기설비기술사 / 응 전기응용기술사 / 발 발송배전기술사 / 소 소방기술사 / 안 전기안전기술사 / 화 화공안전기술사 / 정 정보통신기술사

1 고조파(harmonics)

고조파	원인	영향	허용기준	대책
• 주기적인 복합파형 중 기본파 이외의 파형 • 벡터 적합성 = 왜형파(distortion)	• 비선형 부하의 전력변환장치 • 철심포화 • 과도현상	• 통신선의 유도장해 • 고조파 공진 • 기기 악영향 • 계전기 오동작	• THD[VI] • TDD[I] • EDC, TIF THDF	• 계통분리 및 전원단락용량 증대 • Custom power 기기, PWM + 다펄스화 • 필터, 리액터, SR 설치, TR △결선, 기기내량 증가

(1) 고조파(harmonics)

① 주기적인 복합파형 중 기본파 이외의 파형($V_n \leq 20\%$), 기본파의 정수배파형(120 ~ 3000Hz)

② 크기는 $\dfrac{1}{n}$배, 기본파와 벡터적 합성 = 왜형파(distortion)

(2) 고조파 함유율과 해석

① 고조파 발생차수

㉠ $n = mp \pm 1$

여기서, n : 차수

m : 상수

p : Pulse수

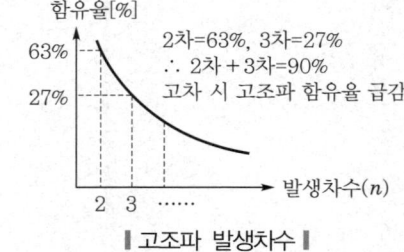

함유율[%]

63%

27%

2차=63%, 3차=27%
∴ 2차＋3차=90%
고차 시 고조파 함유율 급감

2 3 ……   발생차수(n)

┃ 고조파 발생차수 ┃

㉡ 다펄스화 시 저차 고조파 미발생 함유율 저감

② 푸리에 급수에 의한 해석 가능

$$f(t) = a_0 + \sum_{n=1}^{\infty} a_n \sin n\omega t + \sum_{n=1}^{\infty} b_n \cos n\omega t$$

③ 고조파 함유율

전압함유율	전류함유율	고조파 전류계산
$V_n = \dfrac{V_n}{V_1} \times 100[\%]$	$I_n = \dfrac{I_n}{I_1}$	$I_n = K_n \times \dfrac{I_1}{n}$

여기서, V_1, I_1 : 기본파 전압·전류

n : n차 고조파

K_n : 고조파 저감계수

(3) 고조파와 임피던스

① 임피던스 $Z = R + jX$(고조파 유입 시 주파수 상승, $f = 120 \sim 3000Hz$)

리액턴스(X_L)	커패시턴스(X_C)
$X_L = \omega L = 2\pi f L$(표피효과) 여기서, X_L : 상승 전류제동특성	$X_C = \dfrac{1}{\omega C} = \dfrac{1}{2\pi f C}$ 여기서, X_C : 저하 전류유입 기기과열 소손

② 공진조건식

직렬공진 시$\left(\omega L = \dfrac{1}{\omega C}\right)$	병렬공진 시$\left(\omega C = \dfrac{1}{\omega L}\right)$
• Z 최소화, 전류 최대 특성 • 최대 전력 전달조건 동조 수동필터 적용	• Z 최소화, 전류 확대, 계통 전체 영향 • Blocking filter 수동(고차)필터 적용

2 수동필터(passive filter)

원리	종류	효과
• 고조파에 따른 직·병렬 공진 이용 • 임피던스의 변화를 이용한 특정차수의 고조파 제거	• 동조(직렬공진) • 고차(직·병렬 공진) • 3차형(병렬공진)	• 저차 고조파 제거 효과 우수 • 특정 고조파 대지방류 • L, C 용량 선정에 주의 필요

(1) 회로도

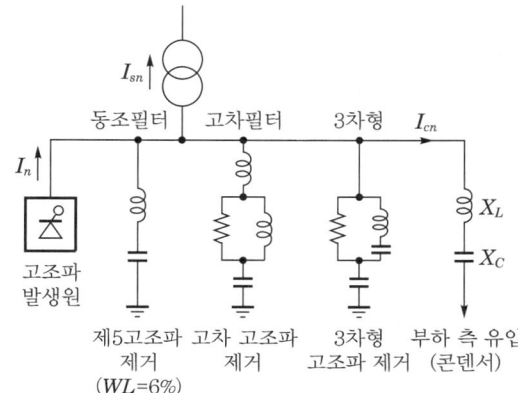

• 단일동조 : 직렬공진
• 고차필터 : 직·병렬 공진
• 3차형 : 병렬공진
 (＝고조파 대지방류)

(2) 원리

① 수동필터(passive filter, 특정 고조파를 대지로 방류)

  ㉠ 제3고조파 : TR △결선 순환방지

  ㉡ 제5·7·9고조파 : 수동필터를 통한 대지방류

② 고조파에 따른 임피던스 변화 이용

  ㉠ $nX_L = \dfrac{X_C}{n}$

  ㉡ 직렬, 병렬, 직·병렬 공진을 이용하여 고조파 제거

(3) 종류

구분	내용
동조필터(band PF)	저차 고조파 제거(5, 7, 9) → 함유율 급감
고차필터(high PF)	고차 고조파 제거
3차형 필터(c-type PF)	임피던스 조정을 통한 임의 고조파 제거 가능

3 능동필터(active filter)

(1) 구성도

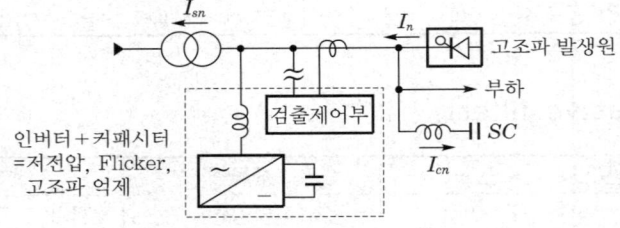

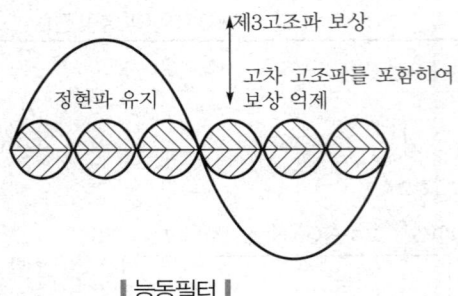

‖ 능동필터 ‖

(2) 원리

① 고조파의 흡수, 보상, 억제

② 인버터 구동방식을 이용, 저전압, Flicker, 고조파 억제

(3) 종류

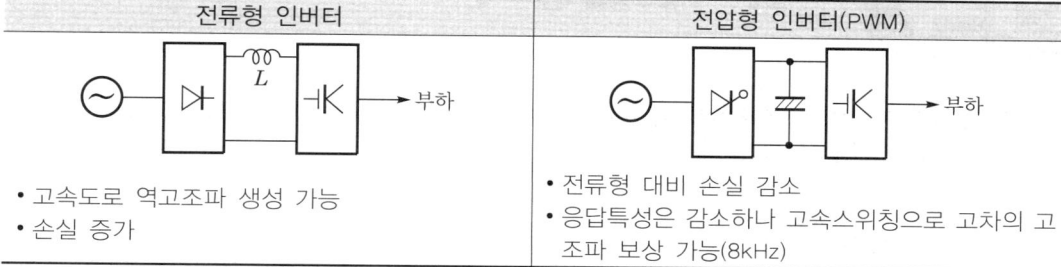

전류형 인버터	전압형 인버터(PWM)
• 고속도로 역고조파 생성 가능 • 손실 증가	• 전류형 대비 손실 감소 • 응답특성은 감소하나 고속스위칭으로 고차의 고조파 보상 가능(8kHz)

4 주요 특징 비교

구분	수동필터	능동필터
효과	• 직·병렬 공진＋분로 이용＝특정 고조파 제거 • 저차 고조파는 확대문제 • 전원 임피던스 영향	• 임의의 고조파 동시억제 가능 • 저차 고조파 확대 방지 • 전원 임피던스의 영향과 무관
장점	• 가격 저렴 • 손실이 작음 • 직렬, 병렬, 직·병렬 공진 이용	• 다차수, 변동고조파 대응 양호 • 전압변동＋Flicker＋저전압 개선 　＝역률 개선효과 • 비상발전기 등가역상전류 보상＋주파수변동 억제
단점	• 전원주파수, 전원 임피던스 변동 시 효과 저감 • 계통의 설비변경 시 임피던스 변화 • 부하의 증가, 전원전압 왜곡 시 과부하가 됨[재검토 필요(LC 공진 변화)]	• 고차(25차 이상) 고조파 개선 효과 저하 • 손실, 소음 발생 및 고가 • 유지보수, 전문기술인력 필요
역률 개선	고정식	가변제어 가능
증설	필터 간 협조 필요(LC 용량 재검토)	용이
손실	저손실(용량의 1 ～ 2%, [VAR])	고손실(용량의 5 ～ 10%, [kVA])
정격용량	각 분로마다 기본파 용량	$P = V_3 \times V \times$ 보상전류 실효치
가격	저가	고가(3 ～ 6배)

순시전압강하

1 순시전압강하(instant voltage SAG)의 특징

정의	원인	영향	대책
전압의 실횻값이 0.1 ~ 0.9pu 감소, 0.5 ~ 30cycle	• 계통, 수용가 사고 • 단락, 지락, 뇌서지	• MC 개방 • 방전등 소등	• 계통분리, 전원분산배치 • 고저항 접지방식 채용
LA 동작, 차단기 동작시간 초과 시 과도현상	• 차단기 Recloser • 대용량 전동기 직입 기동	• 인버터기기 정지 • 사무용 기기 정지 • 계전기 오동작	• UPS, DPI, 콘덴서 설치 • 별도 전원 사용(열병합, UPS)

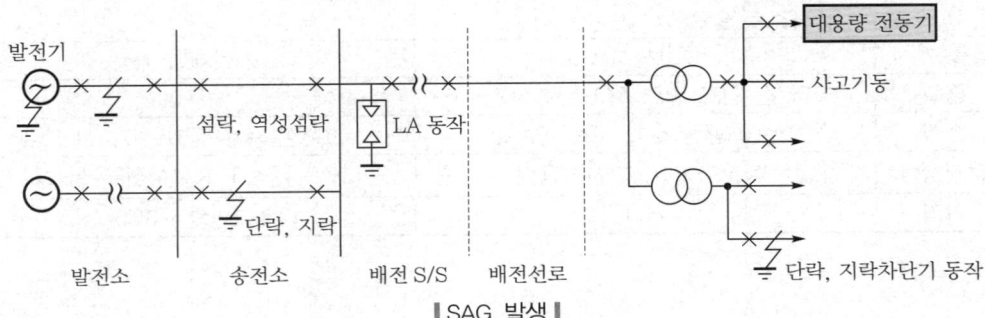

‖SAG 발생‖

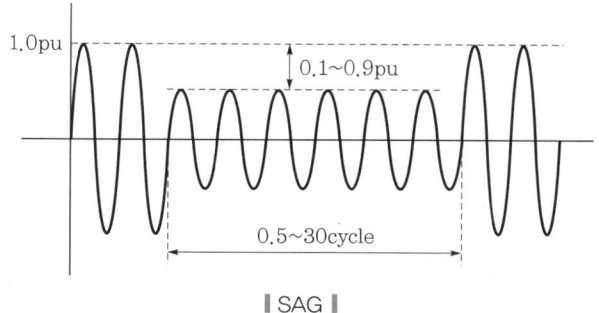

┃ SAG ┃

(1) 정의

① IEEE에서는 전력계통에서 전압의 실횻값이 0.1 ~ 0.9pu 이내이며, 지속시간은 0.5 ~ 30cycle로 규정한다.

② 지속시간은 LA의 동작 또는 차단기 동작시간으로 고장구간 분리 복구를 의미한다.

(2) 원인

구분	전력계통 측(사고전류 미발생)	수용가 측(사고전류＋차단기 개방)
원인	• 계통사고(단락, 지락) • Surge(뇌, 개폐서지) • 역섬락에 의한 Recloser	• 수용가 측 단락·지락 사고 • 대용량 전동기 기동(직입) • Surge(뇌, 개폐서지＝LA 동작)
특징	• 사고전류 미동반, 모선, Bank 전체 영향 • 1선 지락 시 수용가는 2상에만 영향 　(△－Y 결선)	• 사고전류동반＋사고 Bank에만 발생 • 수용가 측에만 영향, 한전 측 영향 미비

(3) 영향

① 전압강하와 지속시간이 클수록 예민한 기기 정지현상(오동작 e ＝30%, 한전계통 15%)

② 유도전동기 기동 시 전압강하의 허용한도(발전기 20%, 한전계통 15%)

구분	영향
방전등	• 저전압 소등, 재점등시간 필요(10분 이내) • 파센의 법칙 영향 $V_S = \dfrac{BPd}{\log\left(\dfrac{APd}{\log\left(1+\dfrac{1}{2}\right)}\right)}$
전자접촉기	순간적 전원상실 MC 개방(재투입 필요)
인버터	전력전자소자 보호를 위한 자동정지, 자동절제(E/V, E/S, 승강기)
사무용 기기	메모리 상실, 오동작에 의한 정지
계전기	보호계전기와 연동 시 관련 차단기 개방(UVR, OCR, OCGR)

(4) 대책

① 전력계통 측 대책

대책	효과	문제점
가공선로의 케이블화	전선의 접촉사고 방지(단락, 지락)	송전용량의 제한과 비용 증가
계통분리	SAG 범위 축소	신뢰도 저하, 분리점 설정 곤란
전원의 분단배치	전압강하폭 감소	현장입지와 공급신뢰도 검토 필요
고저항 접지방식	1선 지락 시 전압강하 감소	기기절연 비용 증가(단절연 곤란)

② 수용가 측 대책

대책	효과	비고
UPS 설치	UPS로 SAG 보상	UPS(dynamic, fly wheel 등)
콘덴서 설치 전압보상	전압평활화	Capacitor, ESS, DPI(Dip Proofing Inverter)
무효전력 보상	전력 보상	SVC, AVR, DVR($\Delta V = X \cdot \Delta Q$)
별도의 전원 사용	별도 전원	열병합, 자가발전, ALTS, Spot network 방식

③ 기타 방법

- ㉠ 계통의 %Z 조정 : 고임피던스(전압강하, 변동률, 손실 증가 및 안정도 저하)
- ㉡ 제어회로의 동력지연 : 계전기(UVR) 동작시간 지연설정
- ㉢ PF 채용 : 사고전류를 0.01s(0.5cycle) 이내 차단
- ㉣ 신축한 TR Tap 조정 : SCR, S-DVR 사용(현실적 곤란)

2 결론

(1) 계통 또는 수용가 사고 시 SAG를 동반한 피해가 발생할 수 있다.

(2) 특히 전력계통사고 시 주변 전체에 영향이 파급된다.

(3) 심야시간 발생 시 양식장, 수족관 어류 피해가 속출할 수 있다.

(4) 따라서, 중요설비는 반드시 UPS 전원설치, 자동제어회로의 Sequence 개선, OCR, OCGR 이 아닌 UVR 동작 시에도 자동 Reset 및 자동전원 투입회로 변경 사용이 필요하다.

(5) DPI의 사용(Voltage Dip Proofing Inverter)

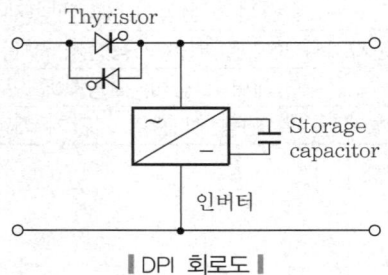

‖ DPI 회로도 ‖

① 부하와 직렬로 Static S/W

② 병렬로 Inverter 연결

③ 평상시 부하전력공급, 콘덴서 충전

④ SAG 발생 시 전원 차단 인버터에 의한 전압보상 $600\mu s$ 이내

⑤ 복전 시 복구 1초 이내 콘덴서 재충전

(6) EDLC(Electric Double Layor Capacitor : 전기 이중층 커패시터)

① 순간적인 전하의 충 · 방전 이용

② 순시전압강하 대책응용

　㉠ 저압 회로의(100 ~ 200V) 순간방전을 이용한 순시전압강화 보상

　㉡ ELDC는 순간적으로 큰 전력공급 가능(DPI 회로와 동일)

SECTION 15 플리커

Q1 플리커(flicker) 정의 및 경감대책에 대하여 설명하시오. 건 119·91회 출제

Q2 부하급변이나 전압변동으로 나타나는 플리커(flicker) 현상이 발생하는 주된 원인과 방지대책을 기술하시오. 발 75회 출제

Q3 배전계통에서 플리커(flicker)와 고조파의 원인 및 대책에 대하여 설명하시오. 발 134회 출제

건 건축전기설비기술사 / 용 전기응용기술사 / 발 발송배전기술사 / 소 소방기술사 / 안 전기안전기술사 / 화 화공안전기술사 / 정 정보통신기술사

1 개요

① 최근의 전력수요의 신장과 더불어 OA, FA, 각종 제어장치, 가전제품, 전자기기 등의 고성능화 및 광범위한 보급에 따라 공급전압에 대한 고도의 안정성, 즉 전력의 질적 향상에 대한 요구가 더욱 증대화되고 있다.

② 또한, 공장 등의 부하도 생산성 향상, 효율화 등의 목적으로 생산설비의 대용량화와 고속제어화가 가속화되고 있는 추세이다.

③ 특히 아크로, 용접기, 압연기 등의 대형화가 원인이 되어 공장뿐만 아니라 일반전력계통에 전압변동이나 이것에 수반되는 플리커 장해 등이 발생되어 생산, 연구 그리고 일상생활에 영향을 미치는 사례가 증가하고 있다.

2 플리커에 의한 장해

(1) 플리커의 원인 및 현상

∥플리커를 발생시키는 전기기기와 장해현상∥

원인	구체적 예	주요 장해현상
아크로, 방전기기의 운전, 정지의 반복 등 부하변동이 클 때	• 용접기 • 아크로 • 아크시험기	• 조명의 깜박거림 • 전동기의 회전수 변화, 이상음(맥놀이음 : 소리가 커졌다 작아졌다 하는 이상음)
뇌해에 의한 뇌서지 침입 및 유도서지	• 직격뢰 • 유도뢰	• 수변전설비, 지락계전기 오동작, 기기의 소손 • 중앙 감시반 및 전화기 등 반도체회로 사용기기의 입·출력 회로 소손
전동기 등 부하설비 차단기의 개폐동작	• 반송기계 • 대형 프레스	전동기 과열
고장 시의 대전류 및 고장전류 차단	• 단락 • 지락	차단기 트립동작에 의한 변압기의 서지전압 인가

원인	구체적 예	주요 장해현상
높은 돌입전류 발생기기 투입	• 변압기 여자 돌입전류 • 콘덴서 돌입전류	변압기 보호용 퓨즈용단
개폐시간이 극도로 짧고, $\dfrac{dv}{dt}$ 변화량이 급준한 기기 사용	인버터	인버터 2차 측 전동기의 절연열화, 과열, 이상음 (맥놀이음)

(2) 장해발생의 형태

장해발생형태는 조명 깜박임이 가장 많으며 이상음, 소손, 오동작, 과열 등으로 분류될 수 있다. 그러나 플리커 장해를 경험한 수용가는 이러한 현상들이 다발적으로 동시에 나타나는 경우가 대부분인 것으로 분석되었다.

❚ 장해발생형태(건수/%) ❚

장해내용	조명 깜박임	이상음 (맥놀이음)	소손	오동작/ 운전정지	과열	진동	계
발생건수	32	14	10	7	7	7	77
점유율	42	18	13	9	9	9	100

(3) 플리커의 문제

① 플리커 : 특고압 수용가 설비 중 아크로나 압연기 등 무효전력이 많고, 빈번하고 불규칙하게 변동하는 부하가 있을 경우 전력계통에 전압변동이 발생한다. 이 전압변동이 일정 한도를 넘으면 조명의 조도에 영향을 미쳐 깜박거림을 일으켜 인간의 눈에 불쾌감을 주기도 하고 컴퓨터나 정밀기기에 각종 오동작, 운전불능 장해를 유발시키는 등 나쁜 영향을 미치는데 이와 같은 현상을 플리커라 한다.

② 전압변동 : 전압변동이란 부하전류가 변화함에 따라 전압이 상승 또는 강하하는 것으로, 그 크기나 성질은 부하의 종류에 따라 달라진다. 전압변동의 크기는 전압변동률 ΔV로 정의된다.

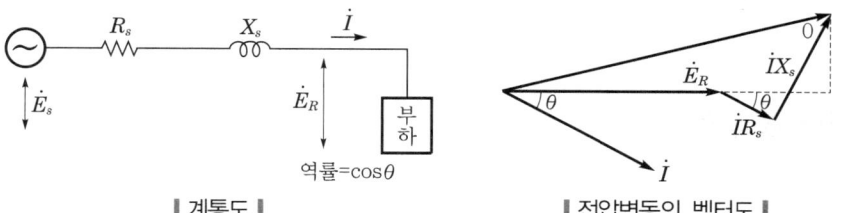

❚ 계통도 ❚   ❚ 전압변동의 벡터도 ❚

$$\Delta V = \frac{E_S - E_R}{E_R} \times 100 = \frac{E_S I \cdot \cos\theta + E_R I \cdot \sin\theta}{E_R} \times 100$$

$$= \%R_S \cdot P + \%X_S \cdot Q[\%]$$

여기서, E_S : 송전단전압[V]

E_R : 수전단전압[V]

$\cos\theta$: 부하의 역률

I : 부하전류[A]

$\sin\theta$: 부하의 무효율

R_S : 계통의 저항분[Ω]

X_S : 계통의 리액턴스분[Ω]

$\%R_S$, $\%X_S$: 계통의 %저항 및 %리액턴스[%](10MVA 기준)

P, Q : 부하의 유효전력 및 무효전력(10MVA 기준 pu값)

일반적으로 특고압 수전의 경우 송전선의 임피던스는 $\%R_S \ll \%X_S$이고, 또한 부하의 변동분은 역률이 나쁜 경우가 많으므로 ΔV를 좌우하는 것은 $\%X_S \cdot Q$라고 할 수 있다.

(4) 전압변동의 종류

전압변동은 주기에 의해 크게 다음의 세 가지로 분류되며, 주요 전압변동의 종류와 형태를 나타낸다.

① 장주기로 변화하는 전압변동(수분 ~ 수시간 주기)

② 단주기 또한 불규칙한 전압변동(수사이클 및 수분 주기)

③ 순시적 변화나 스탭의 전압변동(순시 ~ 수사이클)

종류	변동원인	일반적인 변동주기	일반적인 변동형태
장주기	계통전압의 동요	수분 ~ 수시간	
단주기	아크로	수사이클 ~ 수십사이클	
	용접기	수사이클 ~ 수십 초	
	압연기 교류전기차 등	수초 ~ 수분	
순시	계통사고 시 전력기기 투입 시 등	순시 ~ 수사이클	

이외에도 고조파에 의한 파형(전압)왜곡은 광의로 해석하면 일종의 전압변동이라고 할 수 있으나, 위 '① ~ ③'의 전압변동과는 다르므로 여기서는 생략한다.

3 플리커 발생원

(1) 아크로

노 내에 투입된 스크래프(용재, 쇠조각)를 흑연전극에 교류전압을 인가하여, 상용주파 대전류 아크를 발생시켜 아크열로 철 스크랩(steel scrap)을 용해시키는 것으로, 용해 시 전극을 단락시키거나 아크길이의 빈번한 변동으로 불규칙한 전압변동을 초래한다.

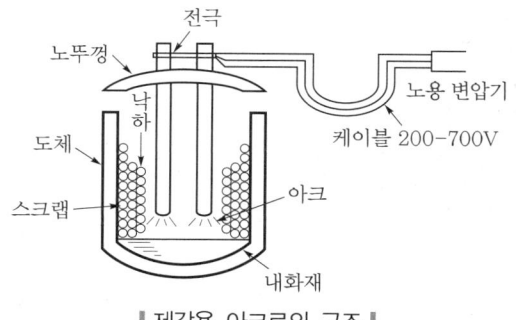

┃ 제강용 아크로의 구조 ┃

(2) 압연기

압연기는 소비전력이 큰 대형밀(mill)의 경우 다듬질공정에서 70MW 정도에 이르므로 전압변동 문제를 야기할 수 있다.

(3) 용접기

아크용접기나 저항용접기 같은 용접기는 입력용량이 크고, 단시간 통전(수사이클 ~ 수초)과 불통전기간(수초 ~ 수분)이 반복되는 특성을 갖는 부하이며, 단상 부하가 대부분이므로 전압 플리커가 문제된다.

4 플리커의 평가법

(1) 플리커 평가방법

그림은 전압변동량 ΔV를 나타내는 것으로, 인간의 감도는 10Hz의 변동에 가장 민감하게 반응하는 것으로 이 전압변동을 10Hz로 환산하여 평가하는 ΔV_{10}의 값을 평가기준으로 채용하게 되었다.

$$\Delta V_{10} = a_f \times \Delta V_f [\%]$$

또한, 전압변동이 몇 개의 주파수로 이루어질 때는 각 주파수마다의 변동량을 2승합 평방근 처리하여 실효치로 한다.

$$\Delta V_{10} = \sqrt{\Sigma (a_f \times \Delta V_f} [\%]$$

여기서, a_f : 변동주파수 f에 관한 시감도계수($a_f = \Delta V_{10} / \Delta V_f$)

ΔV_f : 변동주파수 f에 관한 전압변동량[%]

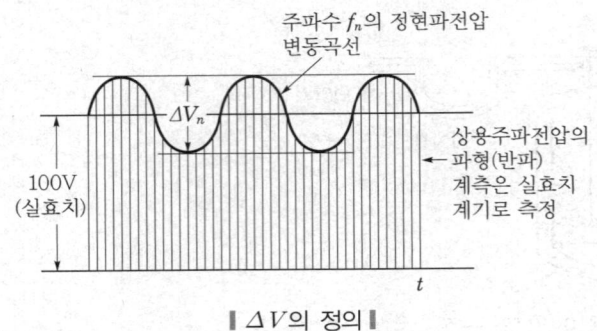

▮ ΔV의 정의 ▮

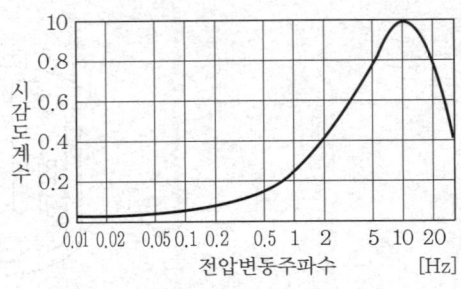

▮ ΔV_{10} 계산에 사용되는 시감도계수 ▮

(2) 플리커 측정법

깜박임의 표시척도를 구하기 위해 변동전압을 전파정류회로를 통해 정류하고, 기본파의 고조파 성분을 제거한 다음 변동성분의 포락선을 구한다. 이 부분을 ΔV 검출기로 측정한다.

(3) 플리커 관리기준

▮ 플리커 허용기준치(공급약관 세칙 제26조) ▮

구분	허용기준치	비고
예측계산치	2.5% 이하	최대 전압변동률로 표시
실측치	0.45V	ΔV_{10}으로 표시하며 1시간 평균치임

5 플리커 대책

플리커의 주된 원인은 부하변화에 의한 전원전압의 변동이므로 이 전압변동의 요인을 제거하는 것이 대책이 된다.

일반적으로 전력계통에서는 $\%R_S \ll \%X_S$이므로 ΔV를 좌우하는 것은 $\%X_S \cdot Q$의 항으로 결정된다.

즉, $\Delta V \fallingdotseq \%X_S \cdot Q$

(1) 전원계통의 리액턴스를 보상하는 방법

① 전원계통 변경에 의한 방법
② 직렬 커패시터에 의한 방법
③ 3권선 보상변압기에 의한 방법

(2) 전압강하를 보상하는 방법

① 부스터에 의한 방법
② 상호 보상리액터에 의한 방법

(3) 부하의 무효전력 변동분을 흡수하는 방법

① 동기조상기와 완충리액터에 의한 방법

② 병렬 포화리액터에 의한 방법

③ 사이리스터용 커패시터 개폐에 의한 방법

④ 사이리스터용 리액터 제어에 의한 방법

(4) 아크로전류의 변동분을 억제하는 방법

① 노용 직렬리액터에 의한 방법

② 가포화 리액터에 의한 방법 $\left(\dfrac{dv}{dt}\right)$

16 건축물에서의 전자파의 종류와 성질 및 대책

기출
지문
Q1 수변전설비에서 전력품질을 저해하는 전자파의 원리, 발생원인, 침입경로, 영향, 대책에 대하여 설명하시오. [건 128회 출제]

Q2 전자파 환경의 EMI(Electro Magnetic Interference), EMS(Electro Magnetic Susceptibility), EMC (Electro Magnetic Compatibility)에 대하여 설명하시오. [건 130회 출제]

[건] 건축전기설비기술사 / [응] 전기응용기술사 / [발] 발송배전기술사 / [소] 소방기술사 / [안] 전기안전기술사 / [화] 화공안전기술사 / [정] 정보통신기술사

1 전자파

(1) 개요

① 빌딩의 대형화로 정보처리, 사무기기 사용 증가에 따른 EMC 문제가 대두되고 있다.

② 전원 및 통신선의 공통접지, 전위차 등에 의한 고장이 발생한다.

(2) 전자파

정의(electro magnetic wave)	경로
• 전기에 의한 전기장과 자기장의 흐름 • 진동이 동시 발생, 주기적 발생 파동 • 전기가 흐르는 모든 기기에 발생으로 전자파 환경 대책 필요	• CE(Conducted Emission) : 전도성 전자파(유선) • RE(Radiated Emission) : 방사성 전자파(무선)

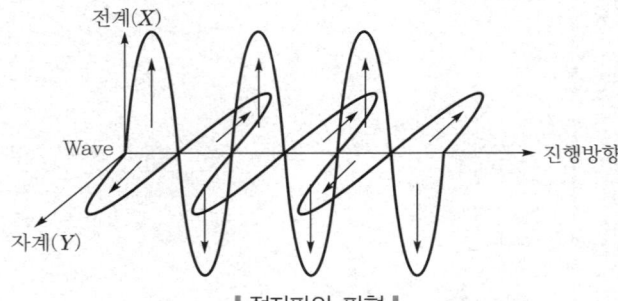

‖ 전자파의 파형 ‖

(3) 전자파 용어

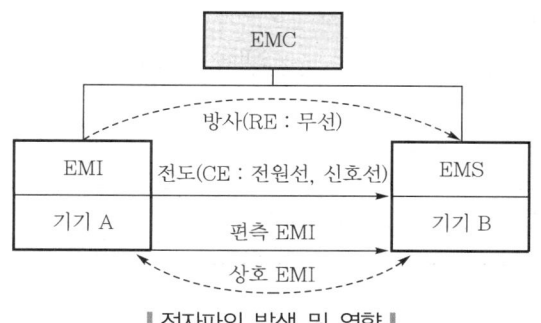

▌ 전자파의 발생 및 영향 ▌

① EMC(Electro Magnetic Compatibility : **전자파환경 적합성**) : 전자파의 편측과 상호 EMI 양쪽에 적응능력, 성능확보능력
② EMI(Electro Magnetic Interference : **전자파장해**)
   ㉠ 전자파가 다른 기기에 간섭, 기능장해 현상
   ㉡ 편측 EMI와 상호 EMI로 구분

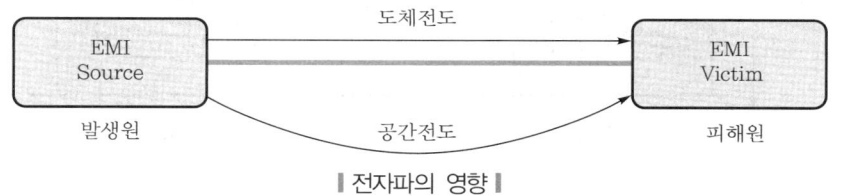

▌ 전자파의 영향 ▌

③ EMS(Electro Magnetic Suceptibility : **전자파내량**) : 전자파 간섭에 의한 피해기기의 민감한 정도의 표현
④ EMF(Electro Magnetic Field : **전자기장 환경인증**) : 전자파가 인체에 미치는 영향 평가

(4) 전자파내성(EMS)

Surge와 같은 교란에 얼마나 잘 견디는지를 나타내는 정도를 전자파내성(EMS)이라 한다.

▌ 전자파내성의 종류 ▌

종류	내용
정전기내성	겨울철, 자동차문 개폐 시 나타나는 정전기 방전현상
조합서지내성	낙뢰, 차단기 동작 시의 개폐서지 발생현상
급과도 버스트내성	VCB, 단로기 등의 동작 시 발생현상
고주파 전도내성	고주파 노이즈가 케이블에 유압현상(150kHz ~ 80MHz)
고주파 방사내성	안테나, 레이더에서 발생하는 무선고주파
자계내성	전류에 의한 자계가 전자기기에 미치는 영향

종류	내용
상용주파전압 전도내성	직류회로에 교류전원 인가 시 기기에서 발생
주파수 변화내성	주파수 변동 시 기기가 받는 영향
순간정전전압 강하내성	급격한 부하의 투입, 차단, 재폐로 시 발생
진동서지내성	유도부하 개폐 시 발생
전압변동 고주파내성	부하의 변동, 전력용 반도체 소자 사용 시 발생
직류전원 리플내성	직류전원의 Ripple 전압에 의한 발생
불평형 내성	3ϕ 전압의 크기가 다를 때 기기가 받는 영향

2 전자파의 성질

(1) 저항결합

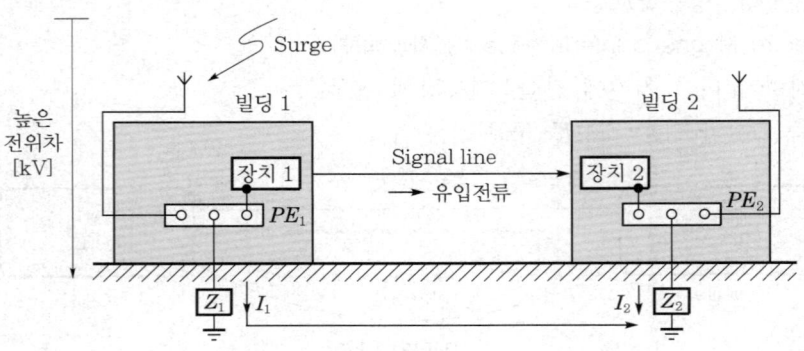

‖ 저항결합 ‖

① 두 회로의 공통임피던스 사용 시 과도현상에 의한 회로전달
② 결합메커니즘은 두 회로의 공유임피던스에 의한 영향이 결정
③ 빌딩 1의 낙뢰 시 접지저항에 의한 수[kV](100kV)의 전위차 유발
④ 고전압은 장치 1 → 장치 2의 절연섬락으로 소손 우려
⑤ 서지전류값은 두 빌딩의 접지저항값에 의해 결정($V = RI$)

(2) 유도결합

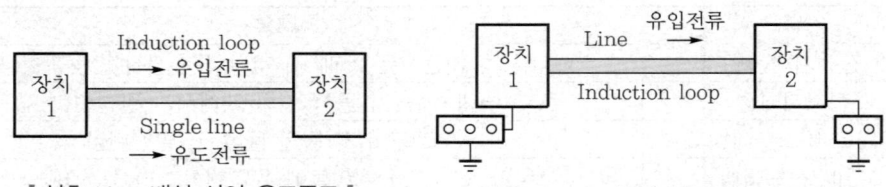

‖ 신호 Line 배선 사이 유도주도 ‖   ‖ 신호 Line 및 접지 사이 유도주도 ‖

① 별도 접지 시 정전유도영향 $V_2 = \dfrac{C_1}{C_1 + C_2} V_1$
② 공통접지 시 전자유도영향 $I = jWML3\,I_0$

③ 정전유도, 전자유도에 의한 기기절연 파괴 우려

(3) 정전결합

정전용량 결합에 의한 충전, 절연거리를 통하여 대지방류

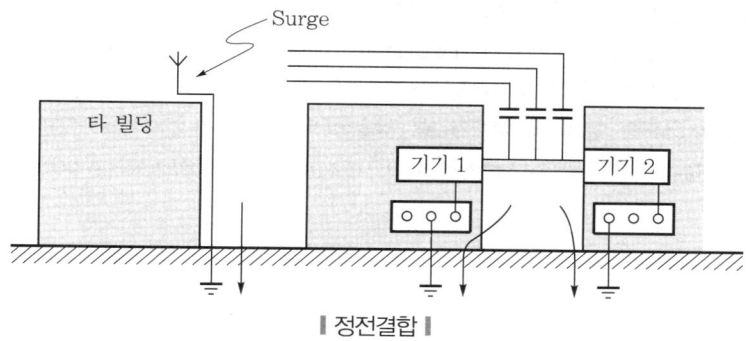

▌정전결합▐

3 건축물에서의 대책

(1) 전자파장해 저감

전자파장해 저감장치	EMI 발생기기 주변에 기기 미설치

• 접지(기본접지, 공통, 등전위, 본딩), By-pass 도체 등
• Filter 설치(전자파 흡수, 방류)
• 차폐(차폐, 실드케이블)
• 기타 : 공통루프(유도루프 억제)
   - 케이블 직각교차, 동심도체 케이블+보호접지
   - 최소 이격거리(간격), 인버터, 전동기 배선 멀티코어
	• 유도부하 스위칭장치(정류기, UPS)
	• 인버터와 전기 Motor
	• 형광등, LED, 용접기
	• 변압기, 차단기, 주파수변환장치 : Elevator, Escalator 주변에 기기 미설치

(2) 부대설비 빌딩인입

① 금속배관(수도, 가스, 난방)은 건물 동일 장소에 입·출구 선택
② 등전위본딩, 본딩 Bar 설치

(3) 분리건물

독립 등전위본딩 시 상호분리를 위한 신호용 TR 사용

(4) 신호케이블

차폐, Twist pair 사용

SECTION 17

전자파 양립성(EMC), 전자파 간섭(EMI), 전자파 감응성(EMS)

기출
지문

Q1 전자파 적합성(EMC) 시험에 대하여 설명하시오. [건] 129회 출제

Q2 건축물의 EMC(Electro Magnetic Compatibility) 대책을 설명하시오. [건] 118회 출제

Q3 전자파 적합성(EMC) 시험 중 EMI와 EMS에 대하여 각각 설명하시오. [용] 126회 출제

Q4 EMC, EMI, EMS를 설명하고 대책방안을 기술하시오. [정] 105회 출제

[건] 건축전기설비기술사 / [용] 전기응용기술사 / [발] 발송배전기술사 / [소] 소방기술사 / [안] 전기안전기술사 / [화] 화공안전기술사 / [정] 정보통신기술사

1 개요

① EMC(Electro-Magnetic Compatibility)란 전자파 적합성, 양립성이라 해석되며 '전자파를 주는 측과 받는 측의 양쪽에 적용하여 성능을 확보할 수 있는 기기의 능력'으로 정의된다.

② 전자파 적합성(EMC : Electro-Magnetic Compatibility)을 만족시키기 위해서는 전기전자기기로부터 발생하는 전자파 간섭(EMI : Electro-Magnetic Interference)을 가급적 줄이고, 외부 전자파 환경에 대한 전자파 감도(EMS : Electro-Magnetic Susceptibility)를 억제하여 기기 자체의 전자파 내성을 강화해야 한다.

③ 최근 가전기기의 사용이 많아지고 전력사용이 늘어남에 따라 가정 내, 혹은 사무실 내의 전자파 방사와 그에 따른 영향에 관심이 늘어나고 있으며 이에 따라 전자파 방사의 정도를 법적으로 규제하고 있다.

2 EMC 개념과 종류

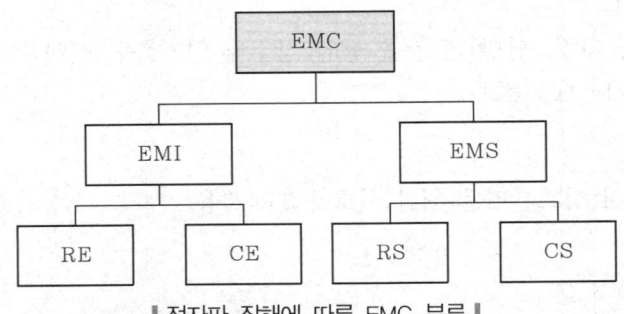

┃ 전자파 장해에 따른 EMC 분류 ┃

① RE(Radiation Emission) : 제품 내부의 불요전자파 잡음 방사
② CE(Conductive Emission) : 제품의 선 등을 통한 불요전자파 잡음 방사
③ RS(Radiation Susceptibility) : 불요전자파 에너지 방사를 통한 유입
④ CS(Conductive Susceptibility) : 불요전자파 에너지가 선 등으로 유입

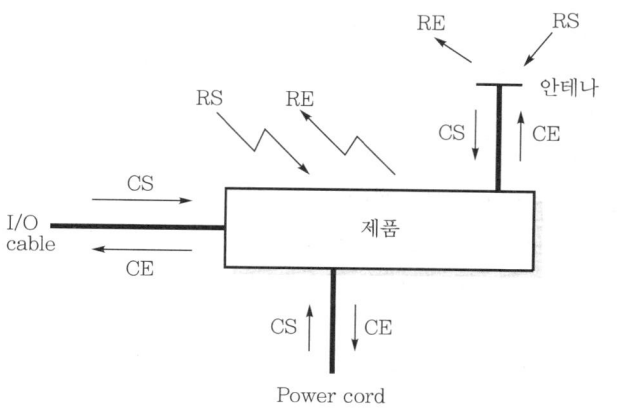

‖ 제품을 통해 본 EMC 개념 ‖

(1) EMC(Electro Magnetic Compatibility : 전자파 양립성, 전자파 적합성)

① 전자파를 발생시키는 기기로부터 나오는 전자파가 다른 기기의 성능에 장해를 주지 아니함과 동시에 다른 기기에서 나오는 전자파의 영향으로부터도 정상동작할 수 있는 능력이다.

② 이 용어는 EMS와 EMI를 모두 포함하는 포괄적인 용어로서, 어떤 기기가 동작 중에 발생되는 전자파를 최소한으로 하여 타 기기에 간섭을 최소화해야 하며(EMI), 또한 외부로부터 들어오는 각종 전자파에 대해서도 충분히 영향을 받지 않고 견딜 수 있는 능력을 갖추어야 한다(EMS)는 의미이다.

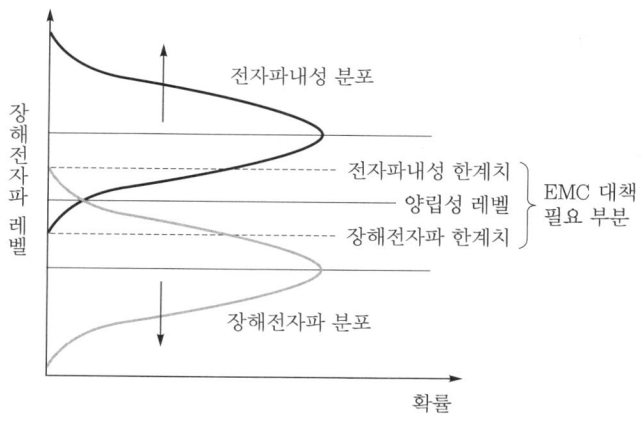

‖ 장해전자파 및 전자파내성 레벨의 분포 ‖

(2) EMI(Electro Magnetic Interference : 전자파 간섭, 전자파 장해)

① 전자기기로부터 부수적으로 발생되는 불필요한 전자파가 공간으로 방사되거나 전원선 등을 통해 전도되어 그 자체의 기기 또는 통신이나 타 기기에 전자기적 장해를 유발시키는 현상이다.

② EMI의 발생원은 자연적인 것과 인위적인 것이 있는데 자연적인 것은 전자폭풍, 우주잡음, 태양방사 등이고 인위적인 것은 고의적인 것과 비고의적인 것이 있다.

③ 고의적인 발생원은 기능수행을 위해 의도적으로 무선주파수를 발생시켜 송신하는 것으로, AM 방송, FM 방송, TV 방송 송신기, 레이더 등이 있다.

④ 비고의적인 발생원은 통신목적이 아닌 장치인 컴퓨터, TV 모니터 등으로부터 발생되는 무선주파 에너지원을 말한다.

⑤ CE(Conductive Emission) : 전도 방출

⑥ RE(Radiation Emission) : 방사 또는 복사 방출

　㉠ EMP(Electro-Magnetic Pulse)

　㉡ ESD(Electro-Static Discharge) : 정전기 방전

　㉢ EFT(Electronic Fast Transient)

(3) EMS(Electro Magnetic Susceptibility : 전자파 내성, 전자파 감응성)

① 전자파 장해가 존재하는 환경에서 기기·장치 또는 시스템이 성능 저하 없이 동작할 수 있는 능력으로서 적합등록을 하여야 하는 기기류가 방사 또는 전도되는 불요전자파의 영향으로부터 고유성능을 유지하면서 동작할 수 있는 능력이다.

② EMS란 전자파가 존재하는 환경에서 기기나 장비가 성능 저하를 일으킬 수 있는 정도로 기기의 부하와 주위 환경에 크게 받는다.

③ CS(Conductive Susceptibility) : 전도 내성

④ RS(Radiation Susceptibility) : 방사 또는 복사 내성

3 EMC 및 EMI 대책

(1) 접지(grounding)

캐비닛, 섀시, 케이블, 회로 등의 접지를 최적으로 함

(2) 필터링(electronic filtering)

전원 및 신호라인에 커먼모드 필터, 페라이트비드, 바리스터 등의 필터 사용

(3) 실링(mechanical shielding)

캐비닛, 섀시, 실드 재료로 차폐

(4) 적절한 배선과 부품 배치

부품의 Layout, 배선, 패턴을 최적으로 함

(5) RF 회로분리

전파방사 우려가 있는 RF 회로의 분리배치

4 EMC 규제기구

(1) IEC 산하 국제무선장애특별위원회(CISPR, International Special Committee on Radio Interference)

① 여러 가지 장애원에 의해 발생되는 불요 전자파 차단

② 무선장애의 측정기법과 측정기기

③ 장애원에 의해 발생되는 방사전자파량 제한값 설정

④ 무선장애에 대한 방송용 수신기기의 내성을 위한 요구사항

(2) IEC/TC77(기술위원회, Technical Committee – 77)

전자파 내성(electro-magnetic immunity) 분야 규격표준화 업무 담당

(3) 국내

한국전자통신연구원(ETRI), 한국표준과학연구원, 국립전파연구원, 산업기술시험원, 한국전기연구원 등에서 관련 규정을 연구·시험하고 있다.

5 EMC의 중요성

① 전자파의 상호 간섭이나 영향은 기기나 시스템에 오동작을 일으킬 수 있으며 인체에 유해한 영향을 준다.

② 최근 전자파 이용에 따른 역작용으로 전자파 환경오염에 대한 심각성과 국내·외 규제기준의 폭이 점점 더 강화되고 있으며, WTO 경제체제하에서 새로운 무역장벽의 수단으로 대두되고 있다.

SECTION 18

노이즈 장애 및 대책

기출지문
Q1 고조파와 노이즈를 비교 설명하시오. [건 100회 출제]
Q2 최근 마이크로프로세서의 발전으로 디지털계전기가 널리 보급되고 있다. 디지털계전기의 설치 환경 및 노이즈의 영향 및 방지대책에 대하여 설명하시오. [건 100회 출제]
Q3 디지털 보호계전기의 노이즈 침입모드와 노이즈 보호대책에 대하여 설명하시오. [건 107회 출제]

[건] 건축전기설비기술사 / [응] 전기응용기술사 / [발] 발송배전기술사 / [소] 소방기술사 / [안] 전기안전기술사 / [화] 화공안전기술사 / [정] 정보통신기술사

1 개요

(1) 노이즈 발생원인은 뇌서지 같은 자연현상도 있지만 대부분은 우리가 인공적으로 만들어 내고 있다.

(2) 노이즈는 전기·전자 기기가 목적하는 기능을 발휘하지 못하도록 방해하는 불필요한 전기적 에너지의 총칭이다.

(3) **노이즈의 3요소**

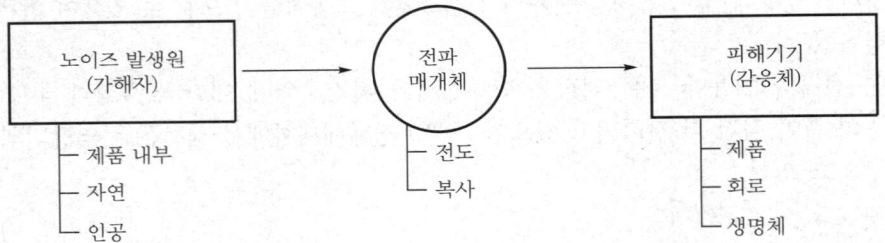

2 노이즈 전달경로

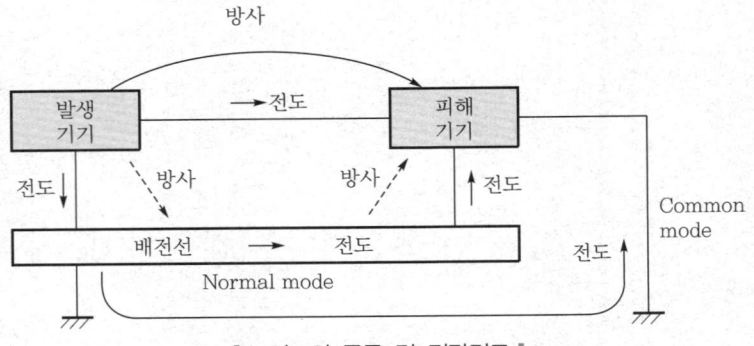

‖ 노이즈의 종류 및 전달경로 ‖

(1) 전도성 노이즈에 의한 것

전원선 또는 신호선을 타고 인입하는 노이즈

(2) 방사성 노이즈에 의한 것

공간을 타고 인입하는 노이즈

3 노이즈의 종류

종류	내용
전자파 Noise(방사 노이즈)	300만MHz까지 주파수의 전자파
Normal mode noise(차동성분)	전원선 간에 걸리는 Noise
Common mode noise(동상성분)	전원선과 접지점 간에 걸리는 Noise
전원 Noise(입력귀환노이즈)	기기 내부에서 전원 측으로 복귀해오는 노이즈

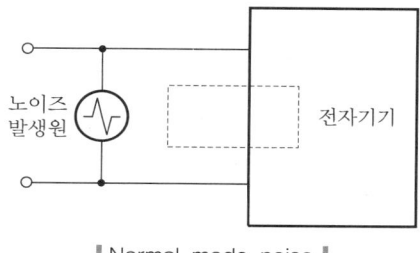

‖ Normal mode noise ‖

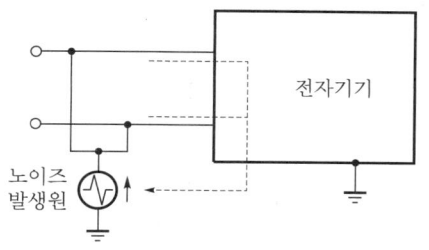

‖ Common mode noise ‖

4 노이즈의 영향

① 외란에 의한 오동작 → 기능 저하, 소자 소손
② Memory 소자 오동작
③ 신호선 잡음 발생
④ 자동화 설비 오동작

5 노이즈의 방지대책

(1) 일반적인 노이즈 대책(고려사항)

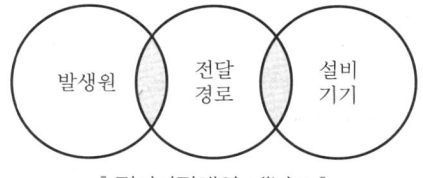

‖ 전자파장해의 개념도 ‖

① 발생 방지 : 기기 내부로부터 발생하는 노이즈 억제

② 침입 방지 : 바이패스, 절연 등을 고려
③ 내량 증가 : 피해기기 내량을 증가시킴

(2) 전원설비 노이즈 대책

① 신호선은 Twist shield 케이블 사용 : Normal mode noise에 대한 장애방지

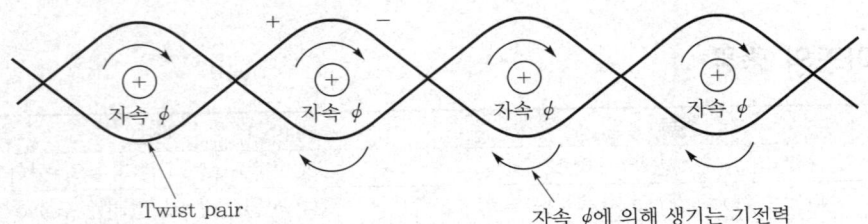

Twist pair
자속 ϕ에 의해 생기는 기전력

② Common mode choke 설치 : 코일을 같은 방향, 같은 권수로 감아서 전류에 의해 생기는 자속을 상쇄

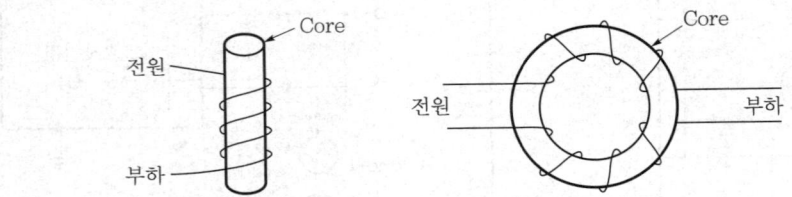

③ Noise cut transformer의 설치

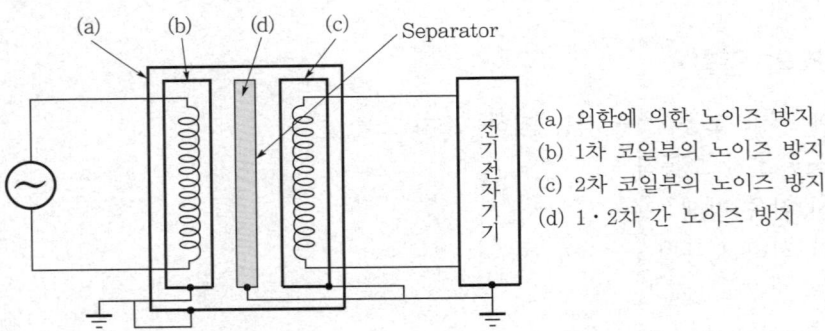

(a) 외함에 의한 노이즈 방지
(b) 1차 코일부의 노이즈 방지
(c) 2차 코일부의 노이즈 방지
(d) 1·2차 간 노이즈 방지

④ Noise filer 설치 : LC 필터 및 Active filter를 설치

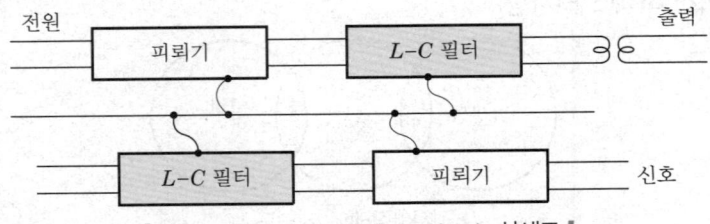

‖Computer power & Data circuit 상세도‖

⑤ 과전압 보호소자 설치

㉠ 직렬소자는 신호회로에 사용(인덕터, 저항기)

㉡ 병렬소자는 전원회로에 사용(배리스터, 제너다이오드)

(3) 간선설비 노이즈의 대책

① 회로구성 : 정보기기용 간선을 별도로 구성

② 전선 사용

㉠ 굵은 도체 사용

㉡ 다심 케이블을 사용

㉢ 저임피던스형 Bus duct를 사용

③ 배선공사

㉠ 차폐효과를 얻기 위해 금속관 내에 배선해야 함

㉡ 관로의 연결부위는 전기적으로 Bonding 해야 함

㉢ 배선경로는 부하용 간선과 충분히 이격시켜야 함

791

SAR의 의미 및 전자파가 인체에 미치는 영향과 대책

Q1 전자기장의 인체에 대한 영향 및 대책에 대하여 설명하시오. 건 92회 출제

Q2 RF(Radio Frequency) 전자파의 방호를 위하여 사업장에서 준수하여야 할 사항에 대하여 논하시오.
안 71회 출제

Q3 RF(Radio Frequency) 및 Micro-wave가 생체에 미치는 영향 중 중추신경에 미치는 영향에 대하여
약술하시오. 안 74회 출제

건 건축전기설비기술사 / 용 전기응용기술사 / 발 발송배전기술사 / 소 소방기술사 / 안 전기안전기술사 / 화 화공안전기술사 / 청 정보통신기술사

1 개요

(1) SAR의 정의

Specific Absorption Rate의 약자로, 인체의 전자파 흡수율을 말한다.

(2) 휴대전화에서 발생하는 전자파 노출에 대해 인체보호를 위한 노출제한기준은 전자파흡수율
(SAR)로서 정의하며, SAR는 주로 무선주파수 대역에서 노출원과 피노출체 간의 정량화를
위한 것이다.

2 의미

(1) 관련 식

$$SAR = \frac{\sigma}{2\rho}|E_i|^2 [\text{W/kg}]$$

여기서, σ : 인체의 도전율
ρ : 밀도
E_i : 국부전계벡터의 실효치

(2) SAR의 의미

① 일상생활에서 전자기기(휴대폰, 컴퓨터, 전자레인지 등)를 이용할 때 우리 눈에는 보이지
않지만 전자파가 발생한다. 이러한 전자파는 사람이나 동물의 몸에 흡수가 될 수 있는데
이를 숫자로 표현한 값을 전자파흡수율(SAR)이라 한다.

② SAR은 단위시간 당 인체의 단위질량(1kg 또는 1g)에 흡수되는 전자파에너지의 양을 의미하
며 단위는 [W/kg] 또는 [mW/g]이다.

③ 주파수가 낮은(저주파, 1Hz ~ 100kHz) 전자파에 인체가 노출되면 인체에 유도되는 전류
때문에 신경을 자극하게(자극작용) 되고 주파수가 높은(고주파, 100kHz ~ 10GHz) 전자파
에 인체가 노출되면 체온을 상승시키는 열적 작용이 발생하게 된다.

④ 휴대폰 전자파는 고주파로서, 인체에 체온 상승을 발생시킬 수 있고 이러한 열적 작용을 정량적으로 표현한 것이 전자파 (인체)흡수율(SAR : Specific Absorption Rate)이다.

3 SAR의 국내외 기준

(1) SAR 관련 국내법

▌ 전자파 흡수율(SAR) 기준(제4조 관련) ▌

주파수	구분	전자파 흡수율 기준[W/kg]		
		전신	머리/몸통	사지
100kHz ~ 10GHz	일반인	0.08	1.6	4
	직업인	0.4	8	20

(2) 휴대전화에 대한 주요 국가·기관들의 SAR 제한치

기관 또는 국가	대한민국	FCC (미국)	ICNIRP (국제기구)	CENELEC (유럽)	ARIB (일본)
SAR 기준치 [W/kg]	1.6	1.6	2	2	2

(3) 우리나라에서는 휴대전화 단말기 시험 시, 머리·몸통 국부 SAR 1.6W/kg 기준을 적용하고 있으며, 이 값은 미국 FCC 기준과 동일하다(유럽, 일본, ICNIRP는 2.0W/kg). 따라서, 휴대폰 사용자가 전자파로부터 안전하게 보호되도록, 단말기 설계·출시 전에 SAR 시험을 통해 1.6W/kg 이하임을 인증받아야 한다.

4 전자파가 인체에 미치는 영향

(1) 열적 및 비열적 영향

구분	현상	영향
열적 영향	전자파가 인체를 통과하면서 일체의 줄열 발생 (100kHz 이상에서)	• SAR = 1W/kg(단시간 4W/kg 수준에서 1℃의 체온 상승이 일어남) • 인체에 조사되는 전자파의 양이 적으므로 영향이 비교적 작음
비열적 영향 (자극작용)	세포, 분자 단위에서 발생하는 영향 (1 ~ 100kHz 미만)	• 신경회로장애, 근육수축, 두통, 불면증 등이 나타날 수 있음 • 백혈병의 일부 유발인자라는 연구가설이 존재함 • 그러나 세포분자레벨에서의 영향으로 확실히 규명이 되어 있지 않음

(2) 눈에 대한 작용

① 눈의 수정체는 혈관이 없어 냉각능력이 부족하여 열에 매우 민감하다.

② 열작용이 강한 마이크로파나 라디오파에 노출될 경우 백내장 발생위험이 크다.

(3) 중추신경계에 대한 작용

① 두통, 피로감, 불면증 등의 현상이 발생한다.

② 다각적 현상으로 발한, 저혈압 등 심혈관 장애, 둔화 현상이 발생한다.

5 대책

① 작업자의 경우 피복시간 및 SAR 기준을 정밀하게 적용하여 영향을 최소화함

② 사업장 환경조사 실시, 현상파악 및 과방출 기기 사용제한

③ 근로자의 근무시간 조정 및 휴식 보장

④ 작업자 보호구는 최후의 대책으로 사용하고 근본적인 대책 강구

⑤ 피복유발기기 이격 및 접극 제한

⑥ 관련 품질기준을 만족시킨 제품을 사용하도록 함

ᛈLUS 국내외 동향

전자파 흡수율(SAR : Specific Absorption Rate) 기준

┃ 전자파 흡수율(SAR) 기준 ┃

기관 또는 국가	대한민국	FCC (미국)	ICNIRP (국제기구)	CENELEC (유럽)	ARIB (일본)
SAR 기준치[W/kg]	1.6	1.6	2	2	2

현재 미국 FCC는 1996년부터 ANSI/IEEE 표준에 근거하여 이동통신 단말기에 대한 SAR 규제를 시행하여 왔다. 이동통신 단말기의 FCC 승인을 위해 기존 시험항목에 SAR 기준에 대한 시험성적서를 추가하도록 하였다. 측정절차는 IEEE SCC(표준조정위원회) 34를 중심으로 국제적 전문가들을 중심으로 지속적으로 개선시키고 있으며, FCC는 과년도에 측정절차를 개정한 바 있다.

유럽의 경우는 1995년 CENELEC(유럽전자기술표준화위원회)에서 발표한 고주파 대역 전자기장 노출에 대한 인체보호기준(ENV 50166-2)을 근거로 SAR 측정절차(EN 50360, 50361)를 개발하였다. 일본은 과거 우정성 산하 TTC에서 개발한 이동통신단말기에 대한 SAR 기준을 적용하고 있으며, 측정절차는 ARIB에서 개정한 측정절차를 적용하여 2002년 6월부터 총무성 산하 우정사업청에서 강제기준으로 시행, 규제 중이다.

전자파 흡수율 측정방법에 대한 표준화는 IEC TC106 WG4의 IEC 62209(300MHz ~ 3GHz 주파수 대역에서 휴대전화에 대한 전자파 흡수율 결정 절차)에서 진행되고 있다.

한편, 우리나라는 2000년 12월 정보통신부에서 위의 표에서와 같은 SAR 규제기준과 전자파 흡수율 측정기준을 고시하였으며, 이동통신 단말기를 대상으로 전자파 흡수율의 강제규제는 2002년 4월부터 시행하고 있다. 현재 한국전자통신연구원에서는 국제 표준화 동향을 학문적 측면에서 지속적으로 모니터하고 이를 토대로 보다 개선된 측정기준개발을 검토하고 있으며, 국립전파연구원에서는 구체적인 기준의 적용과 규제방안을 모색하고 있다.

유도장해, 정전유도, 전자유도의 정의와 영향 및 유도장해 경감 대책

기출지문

Q1 잡기잡음(electrical noise) 중에서 정전유도잡음과 전자유도잡음을 설명하시오. 건 96회 출제

Q2 유도장해현상과 관련하여 다음 사항을 설명하시오. 건 129 · 120회 출제
  (1) 정전 및 전자 유도장해현상
  (2) 전력선측과 통신선측 유도장해대책
  (3) 차폐효과

Q3 송전선로에 의한 전자유도 장해현상의 원인과 장해현상 및 근접 통신선에 유기되는 전자유도전압 등을 설명하시오. 발 63회 출제

Q4 전력계통에서의 유도장해의 종류별 특성과 방지대책을 기술하시오. 발 66회 출제

Q5 송전선과 통신선에 관련된 유도장해(inductive interference)에 대해 다음 질문에 답하시오.
  발 84회 출제
  (1) 유도장해란 무엇인가?
  (2) 유도장해가 발생하는 원인을 크게 2가지로 나누어 설명하시오.
  (3) 유도장해의 방지대책인 차폐선 효과에 대해서 설명하시오.

Q6 전력선이 통신선에 근접해 있을 경우 통신선에 전압 및 전류가 유도되어 정전유도, 전자유도가 발생하게 된다. 정전유도와 전자유도에 대하여 다음 사항을 각각 설명하시오. 발 132회 출제
  (1) 개념
  (2) 유도전압 계산식
  (3) 특징
  (4) 경감대책

건 건축전기설비기술사 / 용 전기응용기술사 / 발 발송배전기술사 / 소 소방기술사 / 안 전기안전기술사 / 화 화공안전기술사 / 정 정보통신기술사

1 유도장애의 정의

전력선이 통신선에 근접했을 때 통신선에 미치는 전기적 영향이 제한치를 초과하여 통신시설의 절연파괴나 운용장애를 유발하고 인명의 위험을 초래하는 것이다.

2 정전유도

(1) 전력선과 통신선 간의 상호 정전용량에 의해 발생하는 것이다.

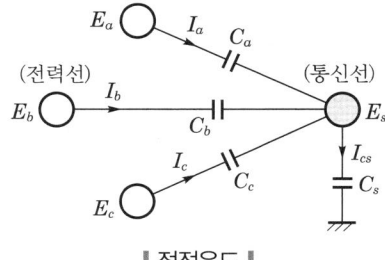

┃ 정전유도 ┃

$$|E_s| = \frac{\sqrt{C_a(C_a - C_b) + C_b(C_b - C_c) + C_c(C_c - C_a)}}{C_a + C_b + C_c + C_s} \times E$$

(2) 경감대책

① 전력선과 통신선의 이격거리를 크게 함

② 전력선과 통신선 간 차폐선 설치

③ 전력선 계통을 완전히 연가

④ 전력선에 연피케이블 통신선에 광케이블 등 차폐효과가 좋은 것을 사용

⑤ 전력선의 지상고를 높여 전계강도를 약화시킴

3 전자유도

(1) 전력선과 통신선 간의 상호인덕턴스에 의해 발생하는 것이다.

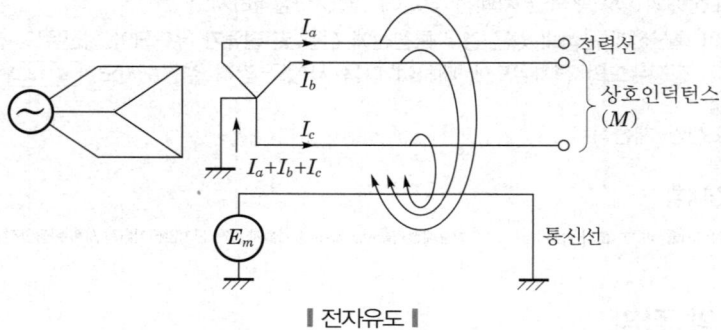

┃ 전자유도 ┃

$$E_m = - j\omega M l(I_a + I_b + I_c) = - jwm\,l(3I_0)$$

(2) 전력선 측 경감대책(전력선= 전차선)

① 전력선과 통신선 간 이격거리를 크게 함 → M의 저감

② 전력선과 통신선 간 차폐선을 설치(가공지선) → M의 저감

③ 전력선과 통신선이 교차된 경우 직각으로 교차함 → M의 저감

④ 고장 지속시간의 단축(고속도 차단방식의 채용) → I_0의 경감

⑤ 중성점 저감접지의 경우 저항값을 가능한 크게 함(I_g 억제) → I_0의 경감

⑥ 중성점 직접 접지의 경우 기유도전류의 분포 조절(다중 접지) → I_0의 경감

(3) 전력선과 차폐선 설치

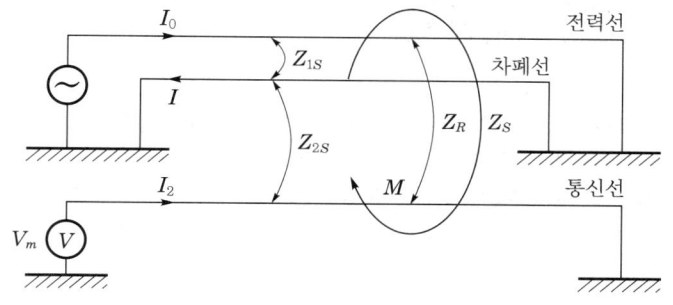

┃ 전력선과 차폐선 설치 관계도 ┃

① 차폐선 양단이 완전히 접지된 경우 통신선에 유도되는 전압(V)식

$$V = - Z_{12} I_0 + Z_{2S} I_1 = - Z_{12} I_0 + Z_{2S} \frac{Z_{1S} I_0}{Z_S} = Z_{12} I_0 \left(1 - \frac{Z_{1S} Z_{2S}}{Z_S Z_{12}} \right)$$

여기서, Z_{12} : 전력선과 통신선 간의 상호임피던스

  I_0 : 전력선의 영상전류[A]

  Z_{2S} : 통신선과 차폐선 간의 상호임피던스

  I_1 : 차폐선의 유도전류[A]

  Z_{1S} : 전력선과 차폐선 간의 상호임피던스

  Z_S : 차폐선의 자기임피던스

② 차폐선 차폐계수(λ) : Z_S를 저감시킬수록 차폐효과가 커진다.

$$\lambda = \left| 1 - \frac{Z_{1S} Z_{2S}}{Z_S Z_{12}} \right|$$

(4) 통신선 측 경감대책

① 통신선 중간에 중계코일(절연변압기)을 넣어서 구간 분할 → L의 단축

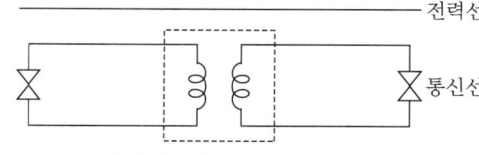

┃ 전력선과 통신선의 관계도 ┃

② 연피케이블 사용 → M의 저감

③ 유도전압의 억제 : 통신선 측에 우수한 피뢰기 설치

④ 통신잡음의 저감 : 배류코일 등으로 통신선을 접지하고 유도전류를 대지로 흘림

⑤ 통신선의 루트 변경 및 광케이블 사용

보호계전장치의 서지노이즈 억제대책

기출
지문

Q1 최근 마이크로프로세서의 발전으로 디지털계전기가 널리 보급되고 있다. 디지털계전기의 설치 환경 및 노이즈의 영향 및 방지대책에 대하여 설명하시오. 〔건 100회 출제〕

Q2 디지털 보호계전기의 노이즈 침입모드와 노이즈 보호대책에 대하여 설명하시오. 〔건 107회 출제〕

Q3 보호계전장치의 Surge 경감대책에 대하여 기술하시오. 〔발 72회 출제〕

〔건 건축전기설비기술사 / 응 전기응용기술사 / 발 발송배전기술사 / 소 소방기술사 / 안 전기안전기술사 / 화 화공안전기술사 / 정 정보통신기술사〕

1 보호계전기

구성	목적	오동작 시 문제점	대책
• 검출부 : 사고검출 (PT, CT) • 판단부 : Tap 설정 동작 판단 • 동작부 : 동작지령, 차단기 차단(digital 보호계전기 적용)	• 사고검출, 고속도차단 • 보호대상, 기기손상 방지 • 사고확대 방지, 정전 예방 • 전력계통의 안전도 향상	• 동작구간 정전발생 • 신뢰도 저하 • 고장분석, 복전시간 지연	• PT, CT의 정전실드, Spark killer • Limitter, Line filter • 차폐, 흡수, 접지회로 강화 • 배선의 분리이격, 장한검출방식, 프린트 기판배선

(1) 주요 구성

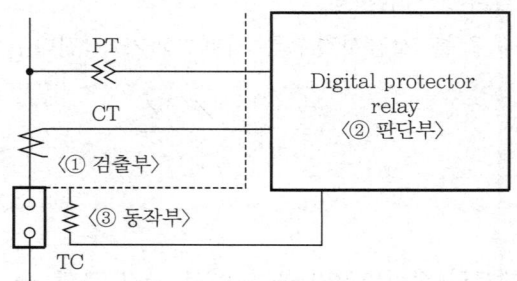

┃ 보호계전기의 구성 ┃

① 검출부 : 전압, 전류에 의한 사고검출(PT, CT)
② 판단부 : Tap 설정 초과 시 동작판단
③ 동작부 : 동작지령에 의한 차단기 차단

(2) 목적 및 오동작 시 문제점

목적	오동작 시 문제점
• 사고구간 검출, 고속도 선택 차단 • 보호대상물 보호로 기기손상 방지 • 사고확대 방지로 정전 예방 및 전력계통의 안정도 향상	• 동작구간의 정전 발생(=신뢰도 저하) • 고장분석 및 복전시간 지연

2 Noise 및 Surge

(1) Noise 및 Surge

① 전원의 정상상태에서 벗어나는 현상(외란)

② 전압변동(sag, swell, intteruption), Surge, 고조파, Noise, Flicker, 전압불평형

③ Surge의 경우 낙뢰와 개폐서지로 분류

(2) 발생원인 및 전달경로

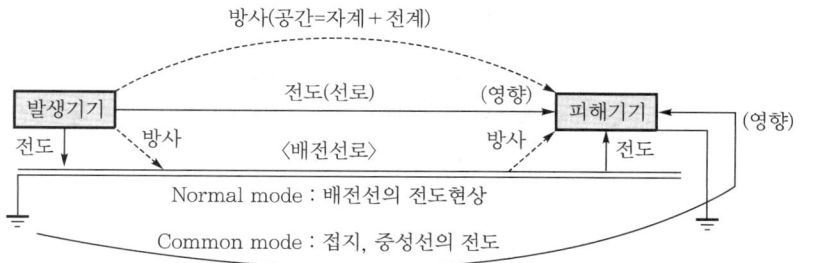

┃Noise의 발생원인 및 전달경로┃

발생원인	전달경로
• 자연적 : 낙뢰, 태양의 전자폭풍 • 인공적 　－ 의도성 : 방송파(TV, 라디오) 　－ 비의도성 : 가전제품(전자레인지 등)	• 방사성 노이즈(RE) : 전도성 노이즈＋공간을 통한 전파 • 전도성 노이즈(CE) : 전기회로의 도체를 통한 전파(계전기 noise) 　※ Normal mode와 Common mode로 구분

(3) 대책

구분	내부 발생 및 외부 침입억제	이행전압 저감(차폐, 흡수, 접지)
내부서지	Spark killer, Line filter	배선분리, Twist pair, 접지회로강화
외부서지	PT, CT 정전실드, 필터콘덴서, Limmitter	실드선 사용, PT, CT, 제어회로 콘덴서 설치

3 보호계전기 노이즈 및 서지보호 대책

(1) PT, CT의 정전실드

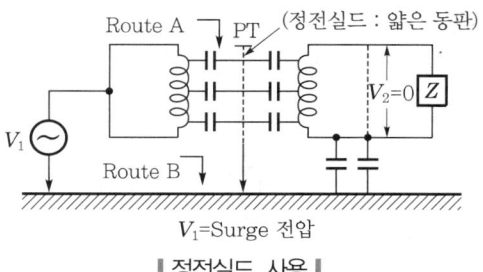

V_1=Surge 전압

┃정전실드 사용┃

① 정전실드는 PT, CT 간에 침입하는 Common mode noise 제거 목적
② 1·2차 권선 간 정전실드(얇은 동판) 설치
③ 정전실드로 1차 측 접지 간 노이즈 제거
④ 즉, 2차 측 이행전압 제거 의미

(2) Line filter

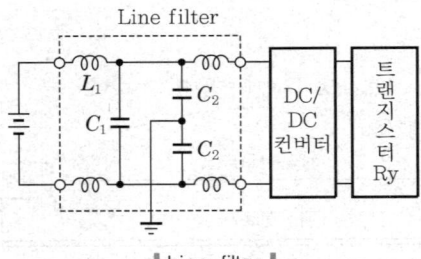

‖ Line filter ‖

① 전원회로의 극간 및 대지 간에 침입하는 서지 제거 목적
② Line filter는 LC, Low filter 일종
  ㉠ $L_1 - C_1$: 극간 서지 제거
  ㉡ $L_1 - C_2$: 대지, 접지 간 서지 제거
③ C_2 중간을 접지로 사용

(3) Limitter

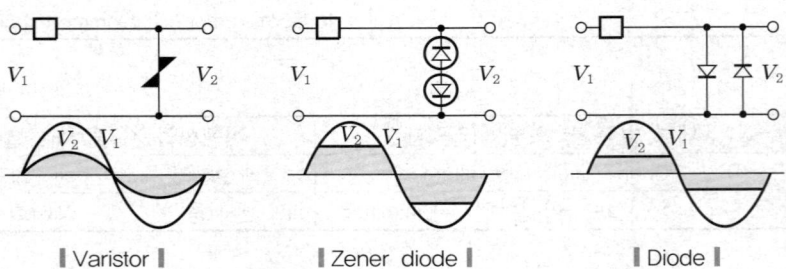

‖ Varistor ‖   ‖ Zener diode ‖   ‖ Diode ‖

① PT, CT 회로의 극간에 침입하는 과대서지에 대한 전자회로 보호 목적
② 반도체소자의 비직진성을 이용, 즉 인가전압 상승 시 임피던스 저하특성 이용

(4) 보호계전기의 Spark killer

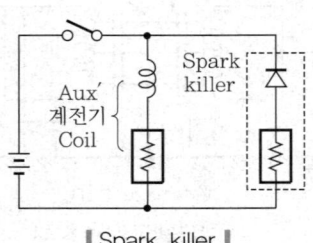

‖ Spark killer ‖

① 보호계전기 인가전압 개방 시 코일(L)에 축적된 에너지 방출, 개폐서지전압 발생

$$\left(e = -L\frac{di}{dt}\right)$$

② 보호계전기 Coil과 Spark killer를 이용하여 다이오드의 역전압 방지와 서지전압의 열소비 억제 기능

③ 직렬저항 삽입으로 복귀시간 지연, Diode 단락 시 접점 및 반도체소자 소손 방지

(5) 배선의 분리이격

① 정전유도에 의한 Noise 제거(거리 이격)

② A전선과 B전선의 거리 이격

③ C_A 용량 작게 또는 C_B 용량 크게(대지와 근접)

④ V_B의 감소로 Noise 서지 감소

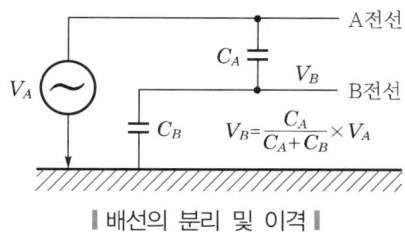

∥ 배선의 분리 및 이격 ∥

(6) 접지회로의 강화(전기장 제거)

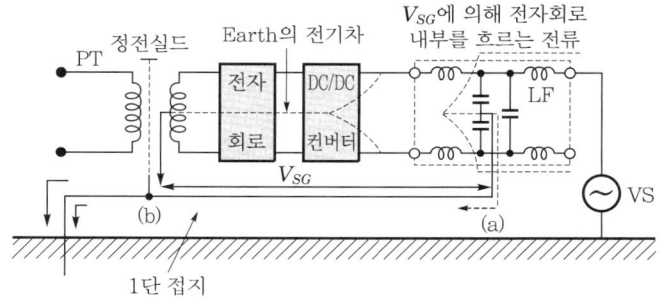

∥ Transistor relay 내부의 Earth 회로 ∥

• 접지도선을 굵게 하여 서지임피던스 저감

• 정전실드 단자와 접지 기준면을 만들어 PT/CT의 정전실드 단자와 실드선의 실드 접지단자와 접속

① PT에 정전실드, Line filter 설치, Common mode noise 침입 시 a−b 단자에 대지전위와 V_{SG} 생성, 전자회로 내부로 전류에 의한 노이즈 발생 억제

② 접지모선 굵게, 서지임피던스 낮게, 정전실드 단자로 실드선을 접지단자와 접촉

(7) 차폐 및 흡수

① 차폐 : 자계에 의한 방사성 노이즈 억제

전기차폐	자기차폐
• 고주파 전계대책 • 도전율이 높은 재료 선정	• 저주파 자계대책 • 투자율이 높은 재료 선정

② 흡수 : 전자파를 내부에서 흡수하여 열에너지 변환 감소(저항손실, 자기손실, 복합형)

(8) Noise 방지를 위한 장한검출방식

Transistor 계전기의 검출방식 → Level 검출방식, 위상비교방식 구분 → 노이즈문제

① 정한 시 Level 검출방식 : 정전값을 일정 시간 초과 확인 후 출력신호

② 적분위상 비교방식 : 복수입력 위상의 중복부분을 시간적분 → 설정값 초과 시 동작

(9) 프린트 기판의 배선

0V 전위의 기준전압의 패턴강화, 직교배선을 통한 노이즈 억제

정전기 발생 메커니즘과 대전현상 및 방지대책

기출
지문

Q1 인텔리전트 빌딩(IB : Intelligent Building) 설계 시 정전기 장해의 발생원인과 방지대책에 대하여 설명하시오. [건 111회 출제]

Q2 빌딩에서의 정전기 발생원인과 방지대책에 대하여 설명하시오. [건 120회 출제]

Q3 정전기의 방전현상 중 코로나방전에 대하여 설명하시오. [건 124회 출제]

Q4 정전기의 발생을 유발하는 정전기의 대전 종류 5가지를 제시하고 설명하시오. [건 93회 출제]

건 건축전기설비기술사 / 응 전기응용기술사 / 발 발송배전기술사 / 소 소방기술사 / 안 전기안전기술사 / 화 화공안전기술사 / 정 정보통신기술사

1 정의

① 정전기란 전하의 공간적 이동이 적어 이 전류에 의한 자계효과가 전계효과에 비해 무시할 정도로 아주 적은 전기를 말한다.

② 정전기의 발생은 주로 2개의 물체가 접촉할 때 본래 전기적으로 중성상태에 있는 물체에서 정(+) 또는 부(−)로 극성 전하가 과잉되는 현상이다.

2 정전기 발생 메커니즘

(1) 일함수

① 물체에 빛을 쪼이거나 가열하는 등의 에너지를 가하면 물체 내부의 자유전자가 외부로 방출되는데 이때 필요한 최소 에너지를 일함수라 한다.

② 즉, 물체와 전자 사이의 결합을 끊기 위한 최소한의 에너지를 말한다.

(2) 정전기 발생 메커니즘

① 전하의 이동 : 두 종류의 물체를 접촉시키면 낮은 일함수를 갖는 물체에서 전자가 튀어나와 높은 일함수를 갖는 물체로 이동한다.

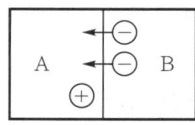

② 전기 2중층 형성 : 그 결과 높은 일함수를 갖는 물체는 부(−)로 대전되고 낮은 일함수를 갖는 물체는 정(+)으로 대전되어 전기 2중층을 형성한다.

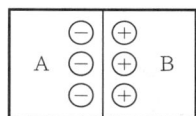

③ 전하분리에 의한 정전기 발생 : 전하분리로 전위가 상승하여 정전기가 발생한다.

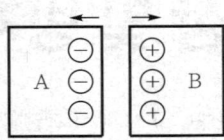

④ 전하소멸 : 대전된 전하가 주위 물체로 방전하여 소멸된다.

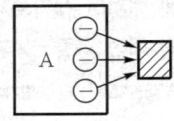

3 정전기 발생에 영향을 주는 요인

(1) 물체의 특성
접촉, 분리하는 2개의 물체가 대전서열 중에서 가까운 위치에 있으면 작고, 떨어져 있으면 큰 경향이 있다.

(2) 물체의 표면상태
① 물체의 표면이 거칠면 정전기 발생에 큰 영향을 준다.
② 물체의 표면이 수분, 기름 등에 의해 오염되어 있거나 부식(시화)되어 있으면 영향을 준다.

(3) 물체의 이력
처음 접촉·분리가 일어날 때 최고로 크고, 접촉·분리가 반복되어짐에 따라서 서서히 작게 되는 경향이 있다.

(4) 접촉면적 및 접촉압력
접촉압력이 크면 정전기의 발생도 크게 되어 접촉면적이 증가한다.

(5) 분리속도
속도가 크면 전하분리에 주어지는 에너지가 커져 정전기의 발생이 증가한다.

4 정전기 발생형태(정전기의 방전형태)

(1) 불꽃방전
가스기구의 점화불꽃에서 볼 수 있듯이 강한 발광과 파괴음을 수반하는 방전이다.

(2) 뇌상 불꽃방전
불꽃방전의 일종으로, 번개와 같은 수지상(樹枝狀)의 발광을 수반하기 때문에 이렇게 불린다. 이 방전은 강력하게 대전한 입자군이 대규모(지름 수[m] 이상)의 구름모양으로 확산되어(대전운이라 부름) 일어나는 특수한 방전이라 할 수 있다.

(3) 코로나 방전

그 가까이에서만 절연파괴를 일으키는 부분방전으로서, 약간의 발광과 소음을 수반한다.

(4) 연면방전

연면방전은 절연물의 표면에 따라 강한 발광을 수반하여 일어나는 방전이다.

5 정전기의 대전현상

(1) 마찰대전

마찰대전은 물체가 마찰하면 일어나는 대전현상이며, 서로 마찰한 2개의 물체의 접촉·분리에 의해 정전기가 발생한다.

예를 들면 벨트나 롤 및 분체와 시트 등 주로 마찰대전에 의해 대전한다.

(2) 박리대전

박리대전은 밀착하고 있는 물체를 당길 때 일어나는 대전현상이며 접촉·분리에 의해 정전기가 발생한다. 예를 들면 종이, 필름, 시트, 포 등 얇은 물질은 밀착하고 있기 때문에 박리대전을 일으킨다.

(3) 유동대전

도전율이 낮은 액체류를 배관 등으로 수송할 때 정전기가 발생하는 현상이다.

(4) 유도대전

대전물체의 부근에 절연된 도체가 있을 때 정전유도를 받아 전하의 분포가 불균일하게 되며 대전된 것이 등가로 되는 현상이다.

(5) 비말대전

공기 중에 분출한 액체류가 미세하게 비산되어 분리하고, 크고 작은 방울로 될 때 새로운 표면을 형성하기 때문에 정전기가 발생하는 현상이다.

(6) 적하대전

고체표면에 부착해 있는 액체류가 성장하고 이것이 자중으로 액적, 물방울로 되어 떨어질 때 전하분리가 일어나서 발생하는 현상이다.

(7) 충돌대전

분체류에 의한 입자끼리 또는 입자와 고체(예 용기병)와의 충돌에 의해서 빠르게 접촉·분리가 일어나기 때문에 정전기가 발생하는 현상이다.

(8) 분출대전

분체류, 액체류, 기체류가 단면적이 작은 개구부(노즐, 균열 등)에서 분출할 때 마찰이 일어나서 정전기가 발생하는 현상이다.

(9) 침(심)강대전 및 부상대전

침강대전, 부상대전은 액체의 유동에 따라 액체 중에 분산된 기포 등 용해성의 물질(분산물질)이 유동이 정지함에 따라 비중차에 의해 탱크 내에서 침강 또는 부상할 때 일어나는 대전현상이다.

(10) 동결대전

동결대전은 극성기를 갖는 물 등이 동결하여 파괴할 때 일어나는 대전현상으로, 파괴에 의한 대전의 일종이다.

6 정전기 재해

(1) 화재 및 폭발

폭발 생성분위기를 착화시키기 위해서는 충분한 방전에너지를 방출하는 정전기방전이 있을 때 발생된다.

(2) 전격

정전기가 대전되어 있는 인체로부터 혹은 대전물체로부터 인체로 방전이 일어나면 인체에 전류가 흘러 전격재해가 발생한다.

(3) 생산장해

생산장해는 정전기의 역학현상과 방전현상에 의해 발생한다.

7 정전기 방지대책

위험물제조소의 정전기 대책	일반설비의 정전기 대책
• 발생억제 　– 마찰 작게 　– 대전방지제(첨가제) 　– 도전성 재료(철망함 등)	• 도체의 대전방지대책 　– 접지 및 본딩 　– 배관 내 액체의 유속제한 　– 정치시간
• 축적 예방 　– 접지, 본딩 　– 가습 　– 완화시간(정치) 　– 제전기 설치 　– 공기의 이온화	• 부도체의 대전방지대책 　– 가습 　– 대전방지제 사용 　– 제전기 사용 : 전압인가식, 자기방전식, 방사선식
• 액체수송 부분 　– 수송 시 유속제한 　– 주입구 적정 조치	• 인체의 대전방지대책 　– 대전방지화 　– 대전방지 작업복 　– 손목접지대

SECTION

23 FACTS(유연송전시스템)

기출
지문

Q1 유연송전시스템(FACTS : Flexible AC Transmission System)의 일종인 UPFC(Unified Power Flow Controller)의 구조와 기능에 대하여 설명하시오. [발 71회 출제]

Q2 일반적인 유연송전시스템(Flexible AC Transmission System)에 의한 전력조류 제어방법을 열거하시오. [발 75회 출제]

Q3 유연송전시스템(FACTS)에서 사용하는 기기의 종류를 열거하고, 각 기기별로 보상목적과 보상대상, 제어목적에 대하여 설명하시오. [발 83회 출제]

Q4 송전계통의 전력전송능력을 향상시키기 위해 사용되는 다음의 FACTS(Flexible AC Transmission System) 기기들의 동작원리, 적용방법 및 효과를 각각 설명하시오. [발 123회 출제]
   (1) STATCOM(Static Compensator)
   (2) TCSC(Thyristor Controlled Series Capacitor)
   (3) UPFC(Unified Power Flow Controller)

전 건축전기설비기술사 / 응 전기응용기술사 / 발 발송배전기술사 / 소 소방기술사 / 안 전기안전기술사 / 화 화공안전기술사 / 정 정보통신기술사

1 FACTS(Flexible Ac Transmission System : 유연송전시스템)

(1) 구성도

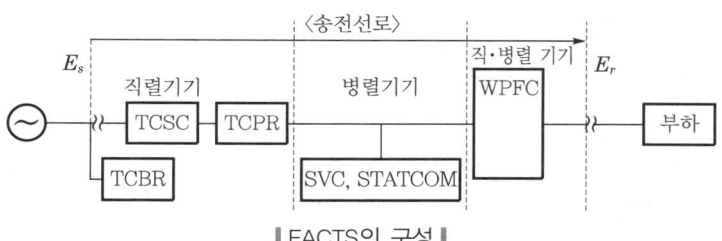

┃FACTS의 구성┃

(2) 정의 및 원리

FACTS(유연송전시스템)	원리
• 송전선로계통의 전압무효전력, 위상각 제어 • 병렬조류 조정의 신전력시스템 • 전력수송 + Thyristor control = 계통의 설비이용률 극대화(즉, 계통의 안정도 향상 목적)	$$P = \dfrac{E_s \cdot E_r}{X} \sin \delta$$ • 계통의 리액턴스 조정(X) : TCSC, STATCOM, SVC • 위상각 보정(δ) : TCPR • 전압보정(E_s, E_r) : SVC, STATCOM • 발전전력 조정(P) : TCBR • 종합적 제어(V, X, δ) : UPFC

(3) 개발 배경 및 목적

개발 배경(문제점)	개발 목적
• 전압강하, 변동, 손실 유발 • 임피던스제어 곤란 • 병렬조류의 불균형 • 계통의 안정도 저하	• 전압변동 억제, 전기품질, 공급신뢰도 향상 • 손실강도, 송전전력 증대(무효전력 최소화) • 임피던스제어, 전력조류제어로 설비이용률 향상 • 전력계통의 안정도 향상(사고영향 최소화)

(4) 주요 특징(장점)

설비면	운용면
• 구조 간단, 신뢰도 우수 • 소음, 진동 미발생 • 무효전력의 연속정밀제어 • 빠른 응답 속도(0.2s)	• 임피던스, 무효전력 조정, 전력병렬조류제어 • 손실 최소화 송전용량 증대 • 사고영향 최소화, 계통의 안정도 증대 • 송전선로 이용률 향상 및 경제성

2 FACTS의 종류별 특징

(1) TCBR(Thyristor Controlled Braking Resistor : 사이리스터 제어 제동저항)

목적	원리	특징
발전전력 조정(P)	계통 고장 시 발전기단자에 직렬저항 삽입, 가속 중인 발전기 군의 에너지 흡수, 발전기 보호, 과도안정도 향상	• 정밀제어 기능 • Brake의 투입, 자동 차단 • 제동저항의 임계차단시간을 정할 필요 없음

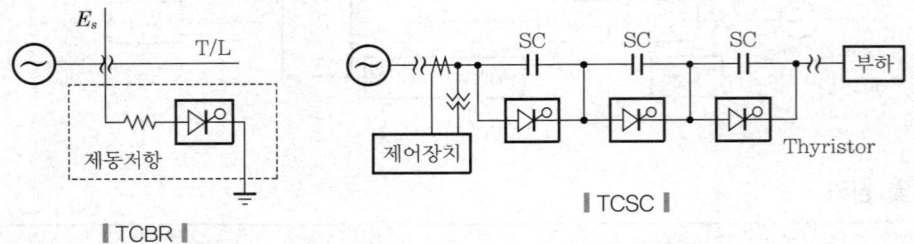

| TCBR | | TCSC |

(2) TCSC(Thyristor Controlled Series Capacitor : 사이리스터 제어 직렬콘덴서)

목적	원리	장점	단점

• 임피던스 제어(X_C)
• 무효전력 보상
• 전력조류 제어
• 안정도 향상
	• X_C 투입 X_L 보상
	• SC를 직렬삽입
	• Thyristor를 통한 제
	  어 및 By−pass
		• 기존 선로에 설치 용이
		• 공기단축 가능
		• 경제성 우수
			• SC 보상 시 과전압 우려
			• 선로고장 시 고장전류에
			  의한 SC 소손 우려
			• SC 소손방지를 위한 보호
			  장치 필요(SR)

(3) TCPR(Thyristor Controlled Phase Angle Regulator : 사이리스터 제어 위상변환기)

목적	원리	특징(장점)
• 위상각 제어(δ) • 전력조류 제어 • 계통안정도 향상	• Thyristor + 위상조정 TR Tap 조정 • 무효전력조정, 위상 제어(독립권선 TR) • 독립권선 TR 3대를 By-pass 또는 역접속	• 상시운영 가능 • 조류제어 용이 • 계통동요 억제, 과도안정도 향상

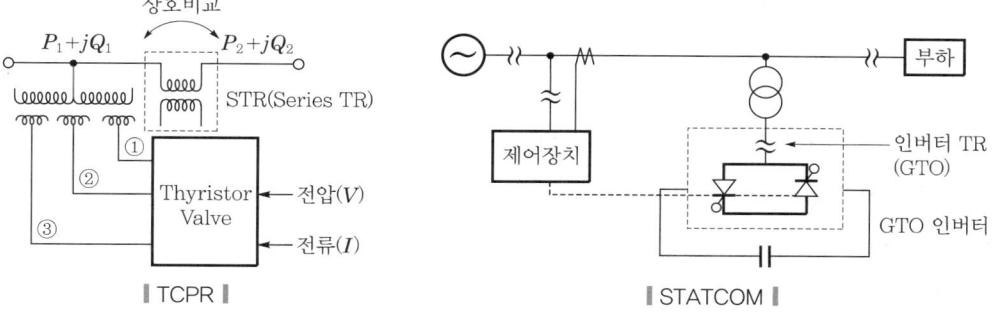

┃ TCPR ┃   ┃ STATCOM ┃

(4) STATCOM(Static Synchronous Compensator : 자려식 SVC)

① 자려식 SVC로 인버터를 이용한 무효전력제어(SVC와 동일 원리)

② GTO 인버터 + 출력위상동기화 + 전압차 = 무효전력의 보상

③ 특징은 SVC와 동일 + 설치면적 축소 가능(SVC의 70%)

(5) SVC(Static Var Compensator : 정지형 무효전력 보상기)

① 회로도

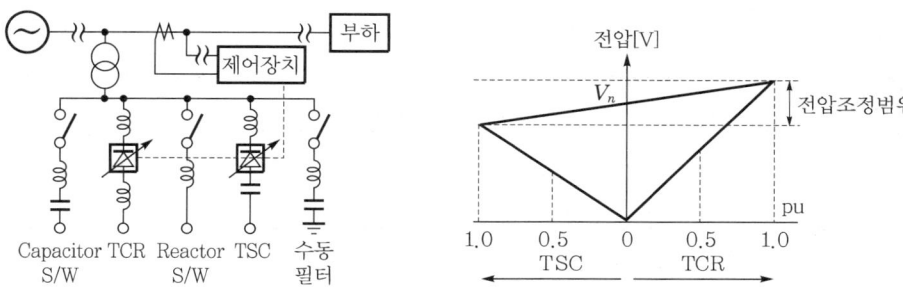

┃ 무효전력과 전압조정 범위 ┃

② SVC

목적	원리	종류	제어
• 무효전력 조정 • 선로전압 조정 • 고조파 제거기능	• TCR, TSC 이용 • 무효전력 최소화 • 전압을 일정유지	• TCR, TSC • TCR + TSC • FC(MSC) + TCR	• TCR : Thyristor + Reactor(= 연속제어) • TSC : Switching + Capacitor(= 다단제어) • FC : 고정콘덴서군 • MSC : 가변콘덴서군

③ SVC 장단점

　㉠ 장점

　　• 연속제어 + 빠른 응답특성(0.02s)

　　• 무효전력, 전압변동, 손실 억제, 송전용량 증가

　　• 부하변동에 따른 전압변동 개선효과

　　• 계통의 과도안정도 향상

　㉡ 단점

　　• Thyristor의 용량한계

　　• 고속스위칭에 의한 고조파 발생(수동필터 흡수 대지방류)

　　• Capacitor 개폐 시 특이현상 발생

(6) UPFC(Unified power Flow Controller : 종합전력 조류제어기)

① 회로도

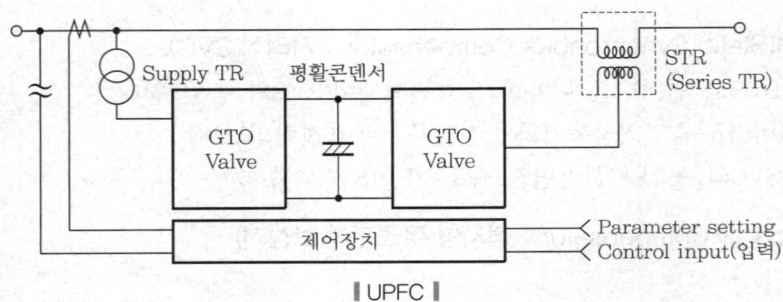

‖ UPFC ‖

② UPFC

목적	원리	특징
무효전력조정	인버터를 이용하여 무효전력 흡수 보상	종합적인 제어기능(연속, 분리제어)
선로전압조정	무효전력 최소화로 전압 제어	전력조류 제어
위상각 제어	DC 콘덴서 활용 유효전력 공급 및 소비	계통의 안정도 향상

③ 장점 : 위 5가지 설비의 장점을 모두 포함한다.

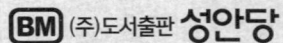

기출 주제별로 완전 분석한
건축전기설비기술사 상권

2026. 1. 7. 초 판 1쇄 인쇄
2026. 1. 14. 초 판 1쇄 발행

지은이 | 오진택, 김정진
펴낸이 | 이종춘
펴낸곳 | **BM** ㈜도서출판 **성안당**

주소 | 04032 서울시 마포구 양화로 127 첨단빌딩 3층(출판기획 R&D 센터)
      10881 경기도 파주시 문발로 112 파주 출판 문화도시(제작 및 물류)
전화 | 02) 3142-0036
      031) 950-6300
팩스 | 031) 955-0510
등록 | 1973. 2. 1. 제406-2005-000046호
출판사 홈페이지 | **www.cyber.co.kr**
ISBN | 978-89-315-1429-2 (14560)
      978-89-315-1428-5 (전2권)
정가 | 70,000원

이 책을 만든 사람들
기획 | 최옥현
진행 | 박경희
교정·교열 | 이은화
전산편집 | 유해영
표지 디자인 | 박현정
홍보 | 김계향, 임진성, 김주승, 최정민
국제부 | 이선민, 조혜란
마케팅 | 구본철, 차정욱, 오영일, 나진호, 강호묵
마케팅 지원 | 장상범
제작 | 김유석

www.cyber.co.kr
성안당 Web 사이트

■ **도서 A/S 안내**

성안당에서 발행하는 모든 도서는 저자와 출판사, 그리고 독자가 함께 만들어 나갑니다.
좋은 책을 펴내기 위해 많은 노력을 기울이고 있습니다. 혹시라도 내용상의 오류나 오탈자 등이 발견되면 **"좋은 책은 나라의 보배"**로서 우리 모두가 함께 만들어 간다는 마음으로 연락주시기 바랍니다. 수정 보완하여 더 나은 책이 되도록 최선을 다하겠습니다.

성안당은 늘 독자 여러분들의 소중한 의견을 기다리고 있습니다. 좋은 의견을 보내주시는 분께는 성안당 쇼핑몰의 포인트(3,000포인트)를 적립해 드립니다.

잘못 만들어진 책이나 부록 등이 파손된 경우에는 교환해 드립니다.

• 저자 문의 e-mail : prob74@naver.com
• 본서 기획자 e-mail : coh@cyber.co.kr(최옥현)
• 홈페이지 : http://www.cyber.co.kr 전화 : 031) 950-6300